水利行业职业技能培训教材

水文勘测工

主编　张留柱

黄河水利出版社
·郑州·

内 容 提 要

本书依据人力资源和社会保障部、水利部制定的《水文勘测工国家职业技能标准(2019年版)》的内容要求编写。全书分为水利职业道德、基础知识和操作技能三部分。基础知识部分包括水文基本概念、水文要素测验、安全生产等基本知识和相关法律、法规、行业规范等。操作技能部分按初级工、中级工、高级工、技师和高级技师职业技能标准要求分章节编写，包括现行水文测验项目的测验与试验、资料获取与整编、技术指导与培训等内容。

本书和《水文勘测工题库》构成水文勘测工较完整、配套的学习(资料)体系，可供水文勘测工职业技能培训、职业技能竞赛和职业技能鉴定(职业技能等级认定)使用，也可供大中专院校及技校学生学习参考。

图书在版编目(CIP)数据

水文勘测工/张留柱主编. —郑州：黄河水利出版社，2021. 1

水利行业职业技能培训教材

ISBN 978-7-5509-2920-3

Ⅰ. ①水… Ⅱ. ①张… Ⅲ. ①水文观测-技术培训-教材 Ⅳ. ①P332

中国版本图书馆 CIP 数据核字(2021)第026028号

出 版 社：黄河水利出版社 网址：www. yrcp. com

地址：河南省郑州市顺河路黄委会综合楼14层 邮政编码：450003

发行单位：黄河水利出版社

发行部电话：0371-66026940、66020550、66028024、66022620(传真)

E-mail：hhslcbs@ 126. com

承印单位：河南承创印务有限公司

开本：787 mm×1 092 mm 1/16

印张：46. 5

字数：1 075 千字 印数：1—2 000

版次：2021年1月第1版 印次：2021年1月第1次印刷

定价：139. 00 元

水利行业职业技能培训教材及题库
编审委员会

主　任　侯京民　水利部人事司司长
副主任　王新跃　水利部人事司副司长
　　　　陈　楚　水利部人才资源开发中心主任
成　员　司毅军　水利部运行管理司副巡视员
　　　　魏新平　水利部水文司副司长
　　　　唐晓虎　水利部人事司处长

水利行业职业技能培训教材及题库
编审委员会办公室

主　任　陈　楚(兼)
副主任　孙　斐　水利部人才资源开发中心副主任
　　　　唐晓虎(兼)
成　员　郭健玮　水利部运行管理司副处长
　　　　刘　岩　水利部运行管理司处长
　　　　余达征　水利部水文司处长
　　　　朱　玮　水利部人才资源开发中心处长
　　　　崔　洁　水利部人才资源开发中心高级经济师
　　　　范连志　水利部建设管理与质量安全中心副处长
　　　　张留柱　黄河水利委员会水文局副总工程师
　　　　岳瑜素　黄河水利科学研究院防汛所总工程师
　　　　王士军　南京水利科学研究院副所长

《水文勘测工》编写和审查人员

主　　编	张留柱	水利部黄河水利委员会水文局
编写人员	吉俊峰	水利部黄河水利委员会水文局
	刘社强	水利部黄河水利委员会水文局
	崔　洁	水利部人才资源开发中心
	夏志培	水利部长江水利委员会水文局
主　　审	陈松生	水利部长江水利委员会水文局

前 言

为适应新时代水利改革发展需要，进一步提高水利行业从业人员的技能水平，根据2019年人力资源和社会保障部、水利部颁布的水工闸门运行工等水利国家职业技能标准，水利部组织编写了相应职业的技能培训教材及题库。

各职业技能培训教材主要内容包括水利职业道德、基础知识和操作技能，以及职业技能鉴定理论知识模拟试卷。

本套教材及题库具有专业性、权威性、科学性、整体性、实用性和稳定性，可供水利行业相关职业从业人员进行职业技能培训和评价使用，也可作为相关职业技能竞赛的重要参考。

本次教材编写的技术规范或规定均采用最新颁布的标准，涉及的个别计量单位虽不属法定计量单位，但考虑到这些计量单位与有关规定、标准的一致性和实际使用的现状，本次出版时暂行保留，在今后修订时再予以改正。

编写全国水利行业职业技能培训教材及题库，是水利人才培养的一项重要举措。由于时间紧，任务重，不足之处在所难免，希望大家在使用过程中多提宝贵意见，使其日臻完善，并发挥重要作用。

水利行业职业技能培训教材及题库
编审委员会
2020年8月

编写说明

水文勘测工职业技能培训教材是依据人力资源和社会保障部、水利部制定的《水文勘测工国家职业技能标准(2019年版)》的内容要求编写的。按照该标准体系和水文勘测工职业技能的特点,本书以水利职业道德,基础知识,初级工、中级工、高级工、技师、高级技师的操作技能为篇级,操作技能以职业功能为章级,以工作内容为节级,涵盖操作技能要求和相关知识。各技术等级之间的内容从初级工的具体、简单操作,逐步向高级技师的检查维护、指导培训发展,依次递进,高级别涵盖低级别的要求。编写工作力求做到深入浅出、循序渐进、内容精练、重点突出、注重理论知识与实践操作的有机结合。

水文勘测工是依托水力学和水文学等相关基础知识,按照技术规程,从事水文要素(降水量、水位、流量、冰情、土壤墒情、地下水、泥沙、水面蒸发等)测报、水文资料整编、水文调查和水文观测场地勘察测量等工作的人员。水文勘测工职业涉及的专业知识范围广,各地区水文规律和对水文测报的要求不尽相同,相应监测设备和测报技术水平差异很大,因此本书编写强调技术发展的先进性,兼顾设备的普遍性和通用性,尽量做到通俗易懂。

本书编写严格遵守国家和水利部颁布的有关水文勘测的最新标准及规范;全面涵盖了当前从事水文勘测职业活动所需要的最新知识与技能要求,较好地体现了科学性、先进性;突出了适应职业技能培训和职业技能鉴定(职业技能等级认定)的特色,按职业技术等级及知识模块单元编写,有助于职工的培训学习和系统自学,不仅能够有助于通过职业技能鉴定(职业技能等级认定)考核,更能做到水文勘测的实用技术与操作技能得以巩固和提高。

与本书配套的《水文勘测工题库》由黄河水利出版社同时出版发行。《水文勘测工国家职业技能标准(2019年版)》《水文勘测工》《水文勘测工题库》三者构成水文勘测工职业技能培训和职业技能鉴定(职业技能等级认定)完整配套的学习(资料)体系。其中,《水文勘测工国家职业技能标准(2019年版)》起着统领指导和依据作用,也是本书编写的提纲。本书是实施培训学习和技能鉴定(职业技能等级认定)的支撑;《水文勘测工题库》与本书配套使用,可加深理解本教材内容,增强培训效果,支持选题组卷考试与职业技能鉴定(职业技能等级认定)。

本书主要介绍成熟的相关知识和操作技能,编写中参考引用了许多标准、规范、规程的内容(具体工程作业的实施,应严格执行有关标准、规范、规程的详细规定和质量标准),还参阅了大量文献资料(包括网络材料和一些单位的技术材料),在此谨向原作者致谢!

本书编写得到了人力资源和社会保障部职业技能鉴定中心、水利部人事司、水利部水文司、水利部人才资源开发中心、水利部信息中心(水利部水文水资源监测预报中心)、水利部黄河水利委员会水文局、水利部长江水利委员会水文局、汉江集团丹江口水力发电厂、湖北水利水电职业技术学院、黄河水利出版社等单位的大力支持。本书编写修订历经多稿,先后指导编写和审查书稿的人员还有侯京民、王新跃、陈楚、魏新平、唐晓虎、孙斐、段敬玉、余达征、章树安、张建新、姚春生、张玉卓、侯健、袁东良、王怀柏、张家军、牛占、李里、原金勇、屠新武、赵赛生、赵昕、龙兴、王卫国、吕洪予等。在此表示诚挚的感谢!

限于编者水平,疏漏之处在所难免,敬请读者批评指正。

编　者

2020 年 8 月

目　录

第 3 篇　操作技能——初级工

第4篇　操作技能——中级工

第 5 篇 操作技能——高级工

第6篇 操作技能——技师

第 7 篇　操作技能——高级技师

第 1 篇　水利职业道德

习近平总书记指出,“一个国家、一个民族不能没有灵魂”“精神是一个民族赖以长久生存的灵魂”。国家和民族要有精神,行业同样也要有精神。行业精神如行业之灵魂,代表行业形象,彰显行业特色,引领行业未来。水利行业是一个具有悠久历史的古老行业,自大禹开始的历代治水人,不仅传承发展了丰富的治水经验和先进的治水技术,还孕育形成了独具特色的水利精神。培养和树立良好的水利精神,也是水利职业道德建设的重要任务。行业精神是一个行业进行长期职业道德教育和思想政治工作的结果,是行业职业道德的结晶。我国正处在水利改革发展的关键时期,水利作为国民经济的基础,更需要有本行业的具有新时期特征的水利精神。这对水利事业的发展有着重要意义。

为加强部风行风建设,水利部党组在全行业开展了新时代水利精神总结凝练工作,并在 2019 年 1 月召开的全国水利工作会议上,确定了“忠诚、干净、担当,科学、求实、创新”的新时代水利精神。“忠诚、干净、担当”是做人层面的倡导,水利人以忠诚为政治品格,以干净为道德底线,以担当为职责所在。“科学、求实、创新”是做事层面的倡导,水利事业以科学为本质特征,以求实为作风要求,以创新为动力源泉。

本教材职业道德部分以新时代水利精神为引领,对水利行业从业人员应掌握的职业道德理论知识、应遵守的职业守则以及如何提高职业道德修养等内容,进行深入浅出、简洁明了的阐述,旨在引导广大水利工作者如何在水利职业活动中弘扬和践行新时代水利精神。

水利职业道德列为水利行业职业技能培训教材的重要内容,对于大力加强水利职业道德建设、培育高素质水利干部职工队伍、树立行业良好形象、深入贯彻落实水利改革发展总基调具有十分重要的意义。

1　基本知识

1.1　水利职业道德的概念

道德是由社会政治关系所决定并符合时代特征的,用善恶标准进行评价的,依靠社会舆论、风俗习惯和内心信念来维系和调节个人与社会之间利益关系的社会意识和行为活动的总和。

职业道德,是从业者在职业活动中应该遵循的符合自身职业特点的职业行为规范,是人们通过学习与实践养成的优良职业品质,它涉及从业人员与服务对象、职业与职工、职业与职业之间的关系。

水利职业道德是水利工作者在自己特定的职业活动中应当自觉遵守的行为规范的总和,是社会主义道德在水利职业活动中的体现。水利工作者在履行职责过程中必然产生相应的人际关系、利益分配、规章制度和思想行为。水利职业道德就是水利工作者从事职业活动时,调整和处理与他人、与社会、与集体、与工作关系的行为规范或行为准则。水利职业道德作为意识形态,是世界观、人生观、价值观的集中体现,是水利人共同的理想信念、精神支柱和内在力量,表现为价值判断、价值选择、价值实现的共同追求,直接支配和约束人们的思想行为。具体界定着每个水利人什么是对的,什么是错的,什么是应该做的,什么是不应该做的。

1.2 水利职业道德的主要特点

（1）贯彻了社会主义职业道德的普遍性要求。水利职业道德是体现水利行业职业责任、职业特点的道德。水利职业道德作为一个行业的职业道德，是社会主义职业道德体系中的组成部分，从属和服务于社会主义职业道德。社会主义职业道德对全社会劳动者有着共同的普遍性要求，如全心全意为人民服务、热爱本职、刻苦钻研业务、团结协作等，都是水利职业道德必须贯彻和遵循的基本要求。水利职业道德是社会主义职业道德基本要求在水利行业的具体化。社会主义职业道德基本要求与水利职业道德的关系是共性和个性、一般和特殊的关系。

（2）紧紧扣住了水利行业自身的基本特点。水利行业与其他行业相比有着显著的特点，这决定了水利职业道德具有很强的行业特色。这些行业特色主要有：一是水利工程建设量大、投资多、工期长，要求水利工作者必须热爱水利，具有很强的大局意识和责任意识。二是水利工程具有长期使用价值，要求水利工作者必须树立“百年大计、质量第一”的职业道德观念。三是工作流动性大、条件艰苦，要求水利工作者必须把艰苦奋斗、奉献社会作为自己的职业道德信念和行为准则。四是水利是一门复杂的、综合性很强的自然科学，要求水利工作者必须尊重科学、尊重事实、尊重客观规律、树立科学求实的精神。五是水利工作是一项需要很多部门和单位互相配合、密切协作才能完成的系统工程，要求水利工作者必须具有良好的组织性、纪律性和自觉遵纪守法的道德品质。

（3）继承了传统水利职业道德的精华。水利职业道德是在治水斗争实践中产生，随着治水斗争的发展而发展的。古往今来，治水兴水艰苦卓绝，古有大禹治水“三过家门而不入”，李冰父子“利济斯民”“利济全川”，今有杨贵带领林县人民修建红旗渠自力更生、艰苦创业，中华民族抗击1998年特大洪涝灾害坚韧不拔、顽强拼搏。水利人的事业是奉献的事业，水利人的精神是实干的精神，这种真抓实干的精神在新的历史时期应继续发扬光大。中华人民共和国成立以来，随着水利事业的飞速发展，水利职业道德也进入了一个崭新的发展阶段。在三峡水利枢纽工程、南水北调工程、小浪底水利枢纽工程等具有代表性的水利工程建设中，中华人民共和国水利工作者以国家主人翁的姿态自觉为民造福，发扬求真务实的科学精神，顽强拼搏、勇于创新、团结协作，成功解决了工程量和技术上的一系列世界性难题，并涌现出许多英雄模范人物，创造出无数感人的事迹，表现出中华人民共和国水利工作者高尚的职业道德情操，极大地丰富和发展了中国传统水利职业道德的内容。

1.3 水利职业道德建设的紧迫性

（1）推进社会主义精神文明建设的迫切需要。党的十九大报告指出：“加强思想道德建设。”人民有信仰，国家有力量，民族有希望。近年来，各地区各部门广泛开展中国特色社会主义和中国梦宣传教育，相继推出一大批时代楷模、道德模范、最美人物、身边好人，社会主义精神文明建设呈现出积极向上的良好态势，公民思想道德建设迈出了新的步伐。但与此同时，也存在不少问题。正如中共中央、国务院印发的《新时代公民道德建设实施纲要》中所指出的：“一些地方、一些领域不同程度存在道德失范现象，拜金主义、享乐主义、极端个人主义仍然比较突出；一些社会成员道德观念模糊甚至缺失，是非、善恶、美丑不分，见利忘义、唯利是图，损人利己、损公肥私；造假欺诈、不讲信用的现象久治不绝，突破公序良俗底线、妨害人民幸福生活、伤害国家尊严和民族感情的事件时有发生。"思想道德是精神文明的重要组成部分,职业道德建设又是思想道德建设的重要内容之一。因此,推动水利事业发展、社会和谐进步,推进社会主义精神文明建设必须加强水利职业道德建设。

(2)加强水利干部职工队伍建设的迫切需要。党的十八大以来,习近平总书记就国情、水情,水利地位作用,水安全形势,全面推行河长制、湖长制,水旱灾害防治,水利工程建设,长江经济带发展,黄河流域生态保护和高质量发展,生态环境保护等工作发表了一系列重要论述,提出了"节水优先、空间均衡、系统治理、两手发力"的治水思路,吹响了加快水利改革发展新跨越的进军号角。全面贯彻落实中央关于水利的决策部署,抓住这一重大历史机遇,探索中国特色水利现代化道路,掀起治水兴水新高潮,迫切要求水利工作要为社会经济发展和人民生活提供可靠的水资源保障和优质服务。这就对水利职工队伍的素质提出了新的更高的要求。水利职业道德作为水利思想政治建设的重要组成部分和有效途径,必须深入贯彻落实党的十九大精神和习近平总书记关于水利工作的重要讲话精神,紧紧围绕水利中心工作,以促进水利职工的全面发展为目标,充分发挥职业道德在提高广大职工的思想政治素质上的导向、判断、约束、鞭策和激励功能,为水利改革发展实现新跨越提供强有力的精神动力和思想保障。

(3)树行业新风、促进社会风气好转的迫切需要。随着现代社会分工的发展和专业化程度的提高,市场竞争越来越激烈,整个社会对从业人员的职业观念、职业态度、职业纪律、职业责任、职业义务和职业作风等要求也越来越高。如果说企业是社会的细胞,那么行业就是社会的重要组成部分。职工的职业道德水平如何,直接关系到各行各业的行风建设。如果每个水利工作者都能注重自己的职业道德品质修养,就有利于在全行业形成健康和谐的水利新风,在全社会树立起水利行业的良好形象。同时,高尚的水利职业道德情怀能外化为职业行为,传递感染水利工作的服务对象和其他人员,有助于形成良好的社会氛围,带动全社会道德风气的好转。

1.4 水利职业道德建设的基本原则

(1)必须以习近平新时代中国特色社会主义思想为指导。习近平总书记强调,提高干部素质第一位的任务是坚定理想信念,练就"金刚不坏之身";根本途径是用科学理论武装头脑,解决好世界观、人生观、价值观这个"总开关"问题;衡量理想信念是否坚定的标准是"六个是否",即是否能在重大政治考验面前有政治定力,是否能树立牢固的宗旨意识,是否能对工作极端负责,是否能做到吃苦在前、享受在后,是否能在急难险重任务面前勇挑重担,是否能经得起权力、金钱、美色的诱惑。通过水利职业道德进一步加强职业观念、职业态度、职业技能、职业纪律、职业作风、职业责任、职业操守等方面的教育和实践,引导广大干部职工树立为人民服务的职业道德宗旨、筑牢全面发展的职业道德理念、遵循诚实守信的职业道德操守,形成修身立德、建功立业的行为准则,全面提升水利职业道德建设的水平。

(2)必须大力培育和弘扬社会主义核心价值观。坚持不懈地用习近平新时代中国特色社会主义思想的最新理论成果武装水利干部职工头脑,用中国特色社会主义共同理想凝聚力量,用以爱国主义为核心的民族精神和以改革创新为核心的时代精神鼓舞斗志,培育社会主义核心价值观。把社会主义核心价值观贯穿于社会生活方方面面,贯彻到水利职业道德中,使广大水利干部职工自觉奉行。通过教育引导、舆论宣传、文化熏陶、实践养成、制度保障等,使社会主义核心价值观内化为精神追求,外化为自觉行动。

(3)必须坚持加强思想道德建设与加强制度建设相结合。要充分发挥制度保障对加强职业道德建设的促进作用。历史和现实反复说明,道德的问题单凭道德自身来解决,往往是靠不住的。道德需要制度的保障,才能得以约束;伦理需要机制的干预,才能得以规范。二者相结合,是充分发挥其作用的结合,既要把制度的理念渗透到思想道德建设之中,又要将人的行为准则、价值观念、道德标准,通过适当的程序上升为制度,形成二者之间的良性互动。要把道德导向贯穿于水法治建设全过程,落实到水利立法、执法、普法各环节。在水利建设、水资源管理、河湖管控、水生态保护等立法工作中体现道德要求。严格水行政执法,加大涉水领域的执法力度,以法治的力量维护道德。推进水利普法工作,营造讲法治、重道德的良好环境,引导广大水利干部职工增强法治意识、坚守道德底线。

(4)必须把"四德"建设作为着力点。职业道德、社会公德、家庭美德、个人品德是公民道德的四个重要组成部分。人的活动,从时空上讲,或者在职业岗位,或者在公共场所;既不在职业岗位,又不在公共场所,就在家庭之中。在职业岗位上要遵守职业道德,在公共场所要遵守社会公德,在家庭之中要遵守家庭美德,在日常生活之中养成好品行。开展以职业道德为重点的"四德"教育,积极践行以爱岗敬业、诚实守信、办事公道、热情服务、奉献社会为主要内容的职业道德,推动岗位规范建设,鼓励人们在工作中做一个好的建设者。持续强化教育引导、实践养成、制度保障,不断提升水利干部职工道德素质。

(5)必须弘扬和践行新时代水利精神。"忠诚、干净、担当,科学、求实、创新"的水利精神,是新时期推进现代水利、可持续发展水利宝贵的精神财富。水利职业道德要成为弘扬和践行水利行业精神的有效途径和载体,进一步增强广大干部职工的价值判断力、思想凝聚力和改革攻坚力,鼓舞和激励广大水利干部职工献身水利、勤奋工作、求实创新,为水利事业又好又快发展提供强大的精神动力和力量源泉,涵养水利新风正气。以新时代水利精神引领行业新风正气,动员引导水利干部职工从身边做起、从小事做起,自觉践行新时代水利精神。

2 职业守则

2.1 爱岗敬业、忠于职守

爱岗敬业就是要热爱本职工作,在工作中兢兢业业、忠于职守、持之以恒地完成工作任务,认真负责地履行全部岗位职责。

忠于职守是对每个从业人员提出的认真履行职业责任、遵守职业纪律的基本要求。忠于职守也是一种职业态度,它要求每一个从业者勤勤恳恳地工作,对工作一丝不苟,不得有失职行为,并持之以恒,尽职尽责,甚至不惜牺牲自己的一切。

爱岗与敬业是相互联系、相辅相成的,只有做到将个人的好恶放在一边,干一行,爱一行,专一行,才能真正做到爱岗敬业。忠于职守是爱岗敬业的具体体现,也是对爱岗敬业的进一步升华。忠于职守就是要负责地干好本职工作,以勤恳踏实的态度面对工作,不互相推诿。

爱岗敬业、忠于职守是水利职业道德的基本规范,是对所有从业人员的基本要求。爱岗敬业、忠于职守也是践行新时代水利精神的具体体现。鄂竟平部长明确提出:水利人要以忠诚为政治品格。水利干部的忠诚,是一种更为无私、更为可贵的忠诚,是对党的信仰忠诚,对党组织忠诚,对党的路线方针政策忠诚,对党和国家事业忠诚,对人民忠诚。水利职工将忠诚作为首要政治原则、首要政治本色、首要政治品质,增强“四个意识”、坚定“四个自信”、做到“两个维护”,时刻对标对表,经常校正偏差,真正做到信赖党中央、拥护党中央、紧跟党中央,不折不扣地贯彻好、执行好、落实好党中央的决策部署,确保水利事业始终沿着正确的政治方向前进。

水利是一项社会性很强的公益事业,与生产生活乃至人民生命财产安全息息相关。一个水利工作者必须做到爱岗敬业,忠于职守,才能在急、难、险、重的工作任务面前,淡泊名利,顽强拼搏,先公后私,先人后己,以致在关键时刻,能够牺牲个人的利益去维护人民和国家的利益。

2.2　谦虚谨慎、团结协作

谦虚谨慎、团结协作是水利工作者处理各种工作关系的行为准则和基本要求,是确保水利工作者做好各项工作、始终保持昂扬向上的精神状态和创造一流工作业绩的重要前提。

谦虚的态度是一切求知行为的保障。谦虚谨慎是中华民族的传统美德,也是水利工作者磨炼和培养出来的优良作风。水利工作者要孜孜不倦地钻研业务知识,以谦虚谨慎的态度向任何对象学习。谦虚也是团结协作的基础,在工作中还要讲团结协作,要团结周围的人,发挥集体的伟大力量,促进人与人之间的感情,使大家能融洽和睦相处,营造出良好的工作氛围。

团结协作,就是把各种力量组织起来,心往一处想,劲往一处使,拧成一股绳,把意志和力量都统一到实现党和国家对水利工作的总体要求和工作部署上来,战胜各种困难,齐心协力搞水利建设。

现代水利已经分化出众多的学科,现代水利工作的开展已经离不开各学科之间的精诚合作,团结才能凝聚智慧,唯有合作才能促进水利事业的可持续发展。

2.3　依法守规、严谨求实

依法守规,不仅要严格依照国家制定的各项法律法规,还要遵守与职业活动相关的劳动纪律、安全操作规程等。依法守规是安全、优质、高效工作的保证,只有做到依法守规,工作才能有序地进行。

在社会主义民主政治的前提下,依法守规是每个公民应尽的社会责任和道德义务,是保持社会和谐安宁的重要条件。从国家的根本大法到水利行业的规章制度,都是为维护人民的共同利益而制定的。

严谨求实就是要求水利工作者要树立科学治水的思想,尊重客观规律,老老实实按客观规律办事。水利工作是改造江河,造福人民,功在当代,利在千秋的伟大事业。水利工作的科学性、复杂性、系统性和公益性决定了水利工作者必须坚持科学认真、严谨求实的态度。水是重要资源,有其自身运动的自然规律、生态规律。当前,水资源短缺、水生态损害、水环境污染的问题不断累积、日益突出,成为常态问题。解决这些问题,必须以践行

“科学、求实、创新”的新时代水利精神为价值取向,必须坚持实事求是、科学治水,坚持一切从客观实际出发,深入实际调查研究,为认识当下、规划未来、制定政策找到客观基点,不断提高水利工作的科学性。

在职业活动中,严谨求实主要体现在水利工作者明确目标任务要求,对工作步骤、环节、细节牢牢把握,杜绝失误和差错,确保操作结果符合标准甚至高于标准,没有瑕疵;依法守规更多体现为自觉地遵守职业纪律,严格按照职业活动的各项规章制度办事。职业纪律具有法规强制性和道德自控性。一个水利工作者依法守规主要靠国家法律法规约束及个人的道德约束来实现。

2.4 精益求精、工匠精神

精益求精是指已经很好了,还要求更好,是从业者对每件产品、每道工序都凝神聚力,追求极致的职业品质。作为一种精神,精益求精是优秀的水利工作者共同具有的思想特征和行为准则。

工匠精神,从本质上讲是一种职业精神,是职业道德、职业能力、职业品质的体现,是从业者的一种职业价值取向和行为表现。

党的十九大报告强调,“要建设知识型、技能型、创新型劳动者大军,弘扬劳模精神和工匠精神,营造劳动光荣的社会风尚和精益求精的敬业风气”。工匠精神作为一种优秀的职业道德文化,它的传承和发展契合了时代发展需要,具有重要的时代价值和广泛的社会意义。

现代水利建设和发展,不仅需要大批科学技术专家,同时需要千千万万的具有工匠精神的技能人才。“十三五”水利人才规划提出:要在全行业培育“执着专注、作风严谨、精益求精、敬业守信、推陈出新”的水利工匠精神。水利工匠精神体现了一个水利工作者对水利职业的热爱和执着追求,在工作中一丝不苟、耐心专注、严谨求实、精益求精。这就是水利工作者不断完善职业能力和技术技能的职业道德体现。

2.5 安全作业、保护环境

安全作业是指水利工作者必须提高认识,增强安全防范意识。树立“安全第一,预防为主”思想,做到警钟长鸣,居安思危,常备不懈,确保江河度汛、设施设备和人员自身的安全。

安全作业对水利安全具有特别重要的意义。水利工程是我国国民经济发展的基础设施和战略重点,国家每年都要出巨资用于水利建设。大中型水利工程的安全问题直接关系到能否为社会经济发展提供可靠的水资源保障,直接关系千百万人的生产、生活甚至生命财产安全。水利工作者要坚持安全发展理念,牢固树立“红线”意识,始终把人民群众生命安全放在第一位,把安全生产工作贯穿于水利工程建设和管理的全过程,正确处理好进度、效益与安全的关系。

环境保护是我国的一项基本国策,保护环境是可持续发展的基础,保护环境的实质就是保护生产力。水资源是有限的,也是非常宝贵的,随着经济社会发展,我国的水资源形势依然严峻,水资源短缺、水生态损害、水环境污染问题十分突出,治水主要矛盾已经从人民群众对除水害兴水利的需求与水利工程能力不足之间的矛盾,转变为人民群众对水资源水生态水环境的需求与水利行业监管能力不足之间的矛盾。水利部在深入学习习近平总书记治水重要论述精神,深刻分析我国治水矛盾变化的基础上,提出了“水利工程补短板、水利行业强监管”的改革发展总基调。

保护水资源要按照习近平总书记提出的“节水优先、空间均衡、系统治理、两手发力”的治水思路,采取有效措施促进水资源合理开发、利用和保护。

保护水资源要贯彻落实习近平总书记在黄河流域生态保护和高质量发展座谈会上的重要讲话精神,在水资源管理方面重点把握三个要点:一是“让黄河成为造福人民的幸福河”;二是“重在保护,要在治理”;三是“把水资源作为最大的刚性约束”。

2.6　服从指挥、坚守岗位

服从指挥是指作业过程中,服从现场的统一指挥和调度,并严格遵守作业方案、操作规程和安全防范措施。

水利工作者在生产运行管理过程中一要严格遵守各项规章制度和劳动纪律,在指定的作业范围内工作,对自己在工作中的行为负责。二要服从工作分配,服从领导或项目负责人的指挥,高质量、高效率地完成岗位职责所赋予的各项任务。

坚守岗位是职工对自己工作岗位的责任和担当、履行职责的态度,是敬业精神的高度体现。一个水利工作者只有爱岗敬业,才能建立起高度的职业责任心,切实担负起职业岗位赋予的责任和义务,做到坚守岗位,履职尽责。

新时代水利精神倡导担当为要。当前,水利改革发展面临的新情况、新问题、新挑战层出不穷。从改变自然、征服自然转向调整人的行为、纠正人的错误行为。特别是纠正人的错误行为,是非常困难且有风险的,不可能轻轻松松实现,是要啃硬骨头、破坚冰的。水利职工要以滚石上山、攻城拔寨的拼劲,履职尽责、勇于担当,攻坚克难、锐意进取,特别是在关键时刻豁得出来、顶得上去,全力推进水利改革发展迈上新台阶。

水利改革发展任重道远,新形势下,防汛抗旱压力依然存在,水生态治理与保护任务依然艰巨,水资源供需矛盾依然突出。一个水利工作者必须树立全心全意为人民服务、为社会服务的思想,才能服从大局、服从指挥,坚守岗位,以致在关键时刻,能够舍小家顾大家,无私奉献。

3　水利职业道德培养的主要途径

3.1　积极参加水利职业道德教育

水利职业道德教育是为培养水利改革和发展事业需要的职业道德人格,依据水利职业道德规范,有目的、有计划、有组织地对水利工作者施加道德影响的活动。

任何一个人的职业道德品质,都不是生来就有的,而是通过职业道德教育,不断提高对职业道德的认识后逐渐形成的。一个从业者走上水利工作岗位后,他对水利职业道德的认识是模糊的,只有经过系统的职业道德教育,并通过工作实践,对职业道德有了一个比较深层次的认识后,才能将职业道德意识转化为自己的行为习惯,自觉地按照职业道德规范的要求进行职业活动。

水利职业道德教育,要以为人民服务,树立正确的世界观、人生观、价值观教育为核心,大力弘扬艰苦奋斗的光荣传统;以实施水利职业道德规范,明确本职岗位对社会应尽的责任和义务为切入点,抓住人民群众对水利工作的期盼和关心的热点、难点问题;以与群众的切身利益密切相关,接触群众最多的服务性部门和单位为窗口,把职业道德教育与遵纪守法教育结合起来,与科学文化和职业技能教育结合起来,采取丰富多彩、灵活多样、群众喜闻乐见的形式开展教育活动。

每个水利工作者要积极参加职业道德教育,才能不断深化对水利职业道德的认识,增强职业道德修养和职业道德实践的自觉性,不断提高自身的职业道德水平。

3.2 自觉进行水利职业道德修养

水利职业道德修养是指水利工作者在职业活动中,自觉根据水利职业道德规范的要求,进行自我教育、自我陶冶、自我改造和自我锻炼,提高自己道德情操的活动,以及由此形成的道德境界,是水利工作者提高自身职业道德水平的重要途径。

职业道德修养不同于职业道德教育,具有主体和对象的统一性,即水利工作者个体就是这个主体和对象的统一体。这就决定了职业道德修养是主观自觉的道德活动,决定了职业道德修养是一个从认识到实践,再认识到再实践,不断追求、不断完善的过程。这一过程将外在的道德要求转化为内在的道德信念,又将内在的道德信念转化为实际的职业行为,是每个水利工作者培养和提高自己职业道德境界、实现自我完善的必由之路。

水利职业道德修养不是单纯的内心体验,而是水利工作者在改造客观世界的斗争中改造自己的主观世界。职业道德修养作为一种理智的自觉活动,一是需要科学的世界观做指导。马克思主义中国化的最新理论成果是科学世界观和方法论的集中体现,是我们改造世界的强大思想武器。每个水利工作者都要认真学习,深刻领会马克思主义哲学关于一切从实际出发,实事求是、矛盾分析、归纳与演绎等科学理论,为加强职业道德修养提供根本的思想路线和思维方法。二是需要科学文化知识和道德理论做基础。科学文化知识是关于自然、社会和思维发展规律的概括和总结。学习科学文化知识,有助于提高职业道德选择和评价能力,提高职业道德修养的自觉性;有助于形成科学的道德观、人生观和价值观,全面、科学、深刻地认识社会,正确处理社会主义职业道德关系。三是理论联系实际,知行统一为根本途径。要按照水利职业道德规范的要求,勇于实践和反复实践,在职业活动中不断学习、深入体会水利职业道德的理论和知识。要在职业工作中努力改造自己的主观世界,培养和锻炼自己的水利职业道德观。要以职业岗位为舞台,自觉地在工作和社会实践中检查和发现自己职业道德认识和品质上的不足,并加以改正。四是要认识职业道德修养是一个长期、反复、曲折的过程,不是一朝一夕就可以做到的,一定要坚持不懈、持之以恒地进行自我锻炼和自我改造。

3.3 广泛参与水利职业道德实践

水利职业道德实践是一种有目的的社会活动,是组织水利工作者履行职业道德规范、取得道德实践经验、逐步养成职业行为习惯的过程;是水利工作者职业道德观念形成、丰富和发展的一个重要环节;是水利职业道德理想、道德准则转化为个人道德品质的必要途径,在道德建设中具有不可替代的重要作用。

组织道德实践活动,内容可以涉及水利工作者的职业工作、社会活动以及日常生活等各方面。但在一定时期内,须有明确的目标和口号,具有教育意义的内容和丰富多彩的形式,要讲明活动的意义、行为方式和要求,并注意检查督促,肯定成绩,找出差距,表扬先进,激励后进。如在全行业开展“践行核心价值观,争做最美水利人”活动;在各单位开展

“文明科室”“文明窗口”“文明工地”“文明站所”“最美家庭”“星级文明户”等创建活动，激发干部职工参与热情；组织志愿者开展“关爱山川河流 · 保护湖泊”活动等。通过这些活动，进行社会主义高尚道德情操和理念的实践。

每一个水利工作者都要积极参加单位及社会组织的各种道德实践活动。在生动、具体的道德实践活动中，亲身体验和感悟做好人好事、向往真善美所焕发的高尚道德情操和观念的伟大力量，加深对高尚道德情操和观念的理解，不断用道德规范熏陶自己，改进和提高自己，逐步把道德认识、道德观念升华为相对稳定的道德行为，做水利职业道德的模范执行者。

第 2 篇　基础知识

第 1 章　水文基本概念

地球上各种水体的存在形态和运动变化过程称为水文现象。如蒸发、降水、下渗、径流等是水文现象;河流水位涨落、流量的大小、含沙量的大小、输沙量的多少、水温冰情变化等也是水文现象。研究水文现象,阐明水文循环和水文现象各要素物理机制与相互关系的自然科学称为水文学。水文学研究河流及湖泊、冰川、沼泽、地下水、河口等水体中水的时空分布及变化规律,为防治水害和开发水资源奠定基础。水文科学主要靠建立从局部到全球的水文观测站网,对自然界业已发生的水文现象开展观测,并对观测资料进行分析和研究,预测或预估未来水文情势状况,为人类的生活和生产服务。按地球圈层范畴,水文学可分为水文气象学、地表水文学和地下水文学。其中的地表水文学又可分为海洋水文学和陆地水文学。陆地水文学主要研究存在于大陆表面上的各种水体及其水文现象的形成过程与运动变化规律。

1.1　自然界水循环

地球上的水以液态、固态和气态分布于地面、地下和大气中,形成河流、湖泊、沼泽、海洋、冰川、积雪、地下水和大气水等水体,构成一个浩瀚的地球水圈。地球水圈处于永不停息的运动状态,水圈中各种水体通过蒸发、水汽输送、降水、地面径流和地下径流等水文过程紧密联系,相互转化,不断更新,形成一个庞大的动态系统。

在太阳能的作用下,自然界中的水分不断地从水面、陆面和植物表面蒸发,化为水汽上升到高空,然后被气流带到其他地区,在适当的条件下凝结,在重力作用下以降水的形式降落到地面上。到达地面的水,一部分渗入地下成为地下水,一部分形成地面径流流入江河汇归海洋,还有一部分又重新蒸发回到大气中。其中,渗入地下的地下水,一部分也逐渐蒸发,一部分吸附于土壤颗粒上成为土壤水,一部分存在于岩石裂隙或土壤孔隙中的地下水,形成地下径流,最终也流入海洋。水的这种不断蒸发、输送、凝结、降落、产流、汇流的转化、迁移和交替的往复循环过程,称为水文循环。如图 2-1-1 所示为水文循环过程示意图(图中数字为全球水循环各环节年度数值,单位为万 km^3/a)。

水自海洋以水汽进入空气中,被气流带到大陆以降水的形式到达地表或地下,最后又以径流注入海洋,完成一次循环,称为水文大循环。水从海洋蒸发,又降落到海洋,或从陆地的水体、土壤蒸发进入大气,最后又以降水的形式回到陆地上,这种“就地”蒸发、“就地”降落的水循环,称为水文小循环。水文循环无始无终,大致沿着海洋(或陆地)→大气→陆地(或海洋)→海洋(或陆地)的路径,循环不已。水文循环的内因,是水的三态(液态、气态和固态)在常温下相互转换的物理特性,而外因则是太阳辐射能和地心引力。在地面以上平均约 11 km 的大气对流层顶至地面以下 1~2 km 深处的广大空间,无处不存在水文循环的行踪。全球任何一个地区或水体都存在着各具特色的区域水文循环系统,

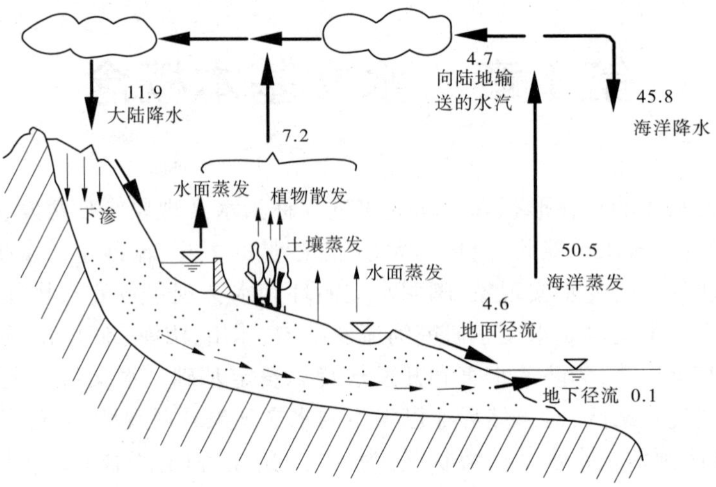

图 2-1-1　水文循环过程示意图

各种时间尺度和空间尺度的水文循环系统彼此联系着、制约着，构成了全球水文循环系统。

水文循环包括许多过程。一般都要经过蒸发、大气水分输送、降水（包括凝结过程）和径流形成（包括地面径流和地下径流以及下渗过程）四个重要环节。不同纬度带的大气环流使一些地区成为水汽源地，那里蒸发大于降水，而使另一些地区成为水汽辐合区，那里降水大于蒸发。通过降水形成的径流路径相对固定，不同规模的跨流域调水工程能够改变地面径流的路径。

1.2　河流、水系、流域

1.2.1　河流

降水或由地下涌出地表的水，汇集在地面低洼处，在重力作用下经常或周期性地沿洼地流动，这就是河流。河流在我国的称谓很多，较大的称江、河、川、水，较小的称溪、涧、沟、曲等。

河流根据其地理—地质特征可分为河源、上游、中游、下游和河口五段，多数发育成熟的河流，五段特征比较明显。河源是河流最初具有地表水流形态的地方，也是全流域海拔最高的地方，通常与山地冰川、高原湖泊、沼泽和泉相联系。上游指紧接河源的河段，一般特征为侵蚀强烈、河谷窄、纵比降大或呈阶梯状并多急滩和瀑布，水流流速大、流量小。中游水量逐渐增加，但比降已较和缓，流水下切力已开始减小，河床比较稳定，侵蚀和堆积作用大致保持均衡，纵断面往往呈平滑下凹曲线。下游河谷宽广，河道弯曲，河道比降较小，河水流速小而流量大，淤积作用显著，多处可见浅滩和沙洲。河口是河流的终点，是河流入海、入湖或汇入更高级河流处，经常有泥沙堆积或形成三角洲，有时分汊现象显著。

以海洋为最后的归宿，流入海洋的河流称为外流河；流入内陆湖泊或沼泽，或因渗漏、蒸发而消失于荒漠中的河流称为内流河,也叫"无尾河"或"瞎尾河"。

水文学一般描述河流特征的要素有:

(1)河流长度。指从河源起始断面,沿河流中泓线至终了断面的距离,单位为km。

(2)河流弯曲率。天然河流一般是弯曲的,在河流上取两横断面,两横断面间沿河流中泓线的长度与两横断面中泓点之间的直线长度的比值为该河段的弯曲率。

(3)落差。河源与河口的高程差,称河流的总落差;而某一河段两端的高程差,则是这一河段的落差。

(4)河流比降。河段上相邻两断面河底的高程差与两断面之间中泓线长度的比值(单位河长的落差)称河流的比降,用小数或百(千、万)分数表示。

(5)河流纵断面。河流中沿水流方向各断面深泓点河底的连线称为中泓底线,反映了河床高程的沿程变化。通过中泓底线的竖直剖面称为河流的纵断面。

以河底高程为纵轴,距河口的距离为横轴建立直角坐标系,据实测河底高程值和距离值定出各点的坐标,连接各点即得到河流纵断面图。河流纵断面图能够直观地反映河流比降的变化。

(6)河流横断面。通常指河流垂直于水流方向的河槽剖面。

可据实测河道地形高程数据绘出横断面图。断面内通过水流的部分称为过水断面,相应的面积为过水断面面积。不同水位下,河槽相应的过水断面面积不同。

1.2.2　水系

由河流的干流和各级支流,流域内的湖泊、沼泽或地下暗河彼此连接形成的干支流网络系统称水系。在我国河流编码标准中认为,有两条以上大小不等的支流汇入干流,才称为水系或河系。

水系中的河流有干、支流之分。在水系中汇集全流域径流的河流称干流,干流一般是指水系中长度最长、水量最大的那一条河流。但有些河流的干流,既不是最长也非水量最大,而是历史传承的延续。例如我国的汉江及其支流褒河汇合点以上,褒河的长度比汉江长得多,按长度论,汉江的干流应该是褒河而不是汉江。美国的密西西比河比它的支流密苏里河短得多,但是习惯传承把前者当作干流。

流入干流的河流称为支流。而支流又有一级、二级、三级……之分。在我国,一种惯用的方法是,把直接汇入干流的河流称一级支流,汇入一级支流的称二级支流,以此类推。

受地质构造、地理条件以及气候等因素所影响,自然形成的水系,其平面形态千奇百异,但归纳起来主要有扇状、羽毛状、平行状和混合状等几类。扇状水系是众多支流集中汇入干流,流域形状如扇状。羽毛状水系的支流自上游到下游比较均匀地分布于干流两侧,在不同地点依次汇入干流,流域形如羽毛状。平行状水系的支流与干流大体成平行趋势,至河口附近相交汇。混合状水系的支流与干流的关系介于前几类之间,相应的流域形状也介于其之间。人工精心设计开挖形成的平原水系可为网状结构。

水系的形状影响着洪水汇合的先后、集中的快慢及流量的大小。对面积相同、水系形状不同的流域,同一场暴雨形成的流域出口断面流量过程线明显不同。扇状水系由于集流快,当全流域发生暴雨时,易形成大洪水;平行状水系由于各支流汇集到流域出口断面的同时性强，所产生的洪水过程较急剧(过程线较尖瘦)；羽毛状水系各支流由于汇集到流域出口断面的时间相互错开，所产生的洪水过程涨落较缓。

水系的名称通常以干流的河名命名，如长江水系、黄河水系、珠江水系等。但也有用地理区域或把同一地理区域内河性相近的几条河综合命名，如湖南省境内的湘、资、沅、澧四条河流共同注入洞庭湖，称为洞庭湖水系；江西省赣江、抚河、信江、饶河、修水均汇入鄱阳湖，称为鄱阳湖水系；海河、滦河、徒骇河及马颊河都各自入海，称为华北平原水系，等等。

我国水文资料整编规范和流域管理机构对水系也有较明确的规定，一般只将较大的或独立性较强的支流才规定为水系，如黄河的水系规定为黄河、洮河、湟水、窟野河、无定河、汾河、渭河、泾河、北洛河、伊洛河、沁河、大汶河。

1.2.3 流域

每一条河流和每一个水系都从一定的陆地区域(包括一定深度)上获得补给，这部分陆地便是河流和水系的流域，流域就是河流和水系在陆地的集水区。河流和水系的地面集水区与地下集水区往往并不是重合的，但地下集水区很难直接测定，所以在分析水文地理特征或进行水文计算时，多用地面集水区代表河流的流域。由两个相邻集水区之间的最高点连接成的不规则曲线，即为两条河流或两个水系的分水线(或地面分水线)。对于任何河流或水系来说，分水线之内的范围就是它的流域。

补给内流河的流域范围称为内流流域。补给外流河的流域范围称为外流流域。

常用流域特征要素主要有流域面积、河网密度、流域长度和平均宽度、流域形状、流域平均高程、流域坡度等。

(1)流域面积。流域地面分水线和出口断面之间所包围的平面面积称流域面积，又称集水面积，基本单位为 km^2。中国河流众多，流域面积在 100 km^2 以上的河流约 5 万条，流域面积在 1 000 km^2 以上的河流约 1 500 条，超过 1 万 km^2 的河流有 79 条，其中长江流域面积达 180 万 km^2。在同等降水情况下，流域面积大小直接影响河流水量大小及径流的形成过程。

(2)河网密度。指单位流域面积上的河流长度，即流域中干支流总长度和流域面积之比，基本单位为 km/km^2。

(3)流域长度和平均宽度。从流域出口断面至分水线的最长直线距离称流域长度，以 km 计。流域面积与流域长度的比值称流域平均宽度，以 km 计。

(4)流域形状。表示流域形状特征的参数一般有形态因子、形状系数(也叫圆度)和伸长比。流域面积与流域长度平方的比值称为形态因子。流域分水线的实际长度与流域同面积圆的周长之比称形状系数(也可用流域面积与周长和流域周长相等的圆面积相比)。流域形状系数接近于 1 时，流域的形状接近于圆形，这样的流域易造成大的洪水。流域形状越狭长，流域形状系数越小，径流变化越平缓。面积等于流域面积的圆的直径与流域长度的比值称伸长比，伸长比越小，流域越趋于狭长形。

(5)流域平均高程。指流域内各相邻等高线间的面积，乘以其相应平均高程，其乘积之和与流域面积的比值。

流域平均高程主要影响降水的形式和流域内的气温,进而影响流域的水量变化。

(6)流域坡度。流域上两点之间的坡度是该两点高差与它们之间直线距离的比值。由于流域地面高低不平,故流域坡度是空间位置的函数。它是坡地漫流过程的一个影响因素,在小流域洪水汇流计算时,是一个重要参数。流域平均坡度按式(2-1-1)计算

$$J = (a_1J_1 + a_2J_2 + \cdots + a_iJ_i)/A \tag{2-1-1}$$

式中　J——流域平均坡度;

J_i——相邻两等高线间的平均坡度;

a_i——相邻两等高线间的面积,km^2;

A——流域面积,km^2。

1.3　地表水和地下水

1.3.1　地表水

地表水指存在于地壳表面,暴露于大气中的水,亦称“陆地水”。地表水水体基本赋存类型为河流、湖泊(水库)、沼泽、冰川四种。

(1)河流是最活跃的地表水体,它水量更替快,便于取用,历来就是人类开发利用的主要对象,在农业灌溉、城镇供水、水力发电和航运等方面为促进社会经济发展起到了巨大的作用。但由于河川径流的年际年内变化大,多水季节容易发生洪涝灾害,所以在开发利用河流水时要体现兴利与除害并重。

(2)湖泊是陆地上的贮水洼地,是由湖盆、湖水及其中所含物质组成的宽阔水域的综合自然体。湖水含盐量小于 1 000 mg/L 的湖泊称淡水湖;湖水含盐量在 1 000~35 000 mg/L 的湖泊称咸水湖;湖水含盐量大于 35 000 mg/L 的湖泊称盐湖。水库是在河道山谷、低洼地及地下含水层修建拦水坝(闸)、溢堰或隔水墙所形成的拦蓄水量、调节径流的蓄水区。

淡水湖和水库具有存贮、调节径流的作用,能缓解来水与用水的矛盾,提高河川径流的利用程度。咸水湖直接供水意义不大,但常蕴藏丰富的矿物资源。

(3)沼泽是土壤经常过度湿润浸水饱和,地表长期或暂时积水,生长着喜湿性植物的区域。沼泽对维护生物多样性作用较大。

(4)冰川是在两极或高山地区,一段长时间内固态降水量超过融化量和蒸发量,在重力作用下能自行沿地面缓慢运动,长期存在的天然巨大冰体。

极地冰川和冰盖目前尚难以开发利用,但中低纬度的高山冰川则是巨大的“固体水库”,可贮存固态降水,其冰雪融水水质优良,对河流有补给调节作用。

1.3.2　地下水

广泛埋藏于地表以下的各种状态的水,统称为地下水。地下水主要存在于地壳岩石裂隙或土壤空隙中,主要来源为大气降水入渗,天然排泄主要为出露泉。根据地下埋藏条件的不同,地下水可分为上层滞水、潜水和承压水三大类。

（1）上层滞水是由于局部的隔水作用，下渗的大气降水停留在浅层的岩石裂隙或沉积层中所形成的蓄水体。

（2）潜水是埋藏于地表以下第一个稳定隔水层上的地下水，通常所见到的地下水多半是潜水。当潜水流出地面时就形成泉。它主要由降水和地表水入渗补给。

（3）承压水是埋藏较深的、流动于两个隔水层之间的地下水。这种地下水往往具有较大的水压力，当井或钻孔穿过上层顶板时，强大的压力就会使水体喷涌而出，形成自流水。

1.4 水文测站及水文站网

1.4.1 水文测站

1.4.1.1 水文测站的概念

水文测站是在河流上或流域内设立的，按一定技术标准经常收集和提供水文要素的各种水文观测现场的总称。水文测站是水文要素的观测场所，这个场所可能是常年驻守有测验人员，有固定的观测河段，有围栏保护的庭院，也可能是巡测的断面或自动观测仪器安装的一个具体观测点。

1.4.1.2 水文测站分类

水文测站有多种分类，下面是几种常见的分类。

1. 按目的和作用分类

水文测站按设站的目的和作用分为基本站、辅助站、实验站和专用站。

（1）基本站是为综合需要的公用目的，经统一规划而设立，能获取基本水文要素值多年变化资料的水文测站。基本站应保持相对稳定，在规定的时期内连续进行观测，收集的资料应刊入水文年鉴或存入数据库长期保存。

（2）辅助站是为帮助某些基本站正确控制水文情势变化或为补充基本站网不足而设立的一个或一组测站。辅助站是基本站的补充，弥补基本站观测资料的不足，在计算站网密度时辅助站不参加统计。

（3）实验站是为深入研究某些专门问题而设立的一个或一组水文测站，实验站也可兼作基本站。

（4）专用站是为科学研究、工程建设及管理运用等特定目的而设立的水文测站。这类站不具备或不完全具备基本站的特点，其观测项目和年限依设站目的而定，有的可兼作基本站或辅助站。

2. 按观测项目分类

水文测站按观测项目可分为水文站、水位站、降水量站和蒸发站。

（1）水文站是设置在河流、渠道和湖泊、水库进出口以测定流量为主的水文测站，也称流量站。一般情况下，水文站除测定流量外，还测量水位，根据需要还可测定降水、蒸发、泥沙、水质等有关项目。

（2）水位站是以观测水位为主，可兼测降水量等项目的水文测站。

(3)降水量站又称雨量站,是观测降水量的水文测站。

(4)蒸发站是观测蒸发量的水文测站,蒸发站一般同时观测降水量。

3. 天然河道流量站根据集水面积大小和作用的分类

天然河道流量站根据集水面积大小和作用可分为大河控制站、区域代表站和小河站。

(1)干旱、半干旱区集水面积在 5 000 km^2 以上、湿润区集水面积在 3 000 km^2 以上大河干流上的流量站,称为大河控制站。

(2)干旱、半干旱区集水面积在 500 km^2 以下、湿润区集水面积在 200 km^2 以下的河流上的流量站,称为小河站。

(3)其余的天然河道上的流量站,称为区域代表站。

4. 按测验控制精度分类

1)流量站分类

国家基本水文站,按流量测验精度分为三类,各类流量测验精度水文站的划分见表 2-1-1。

表 2-1-1　各类流量测验精度水文站的划分

类别	测验精度要求	测站主要任务	集水面积(km^2)	
			湿润区	干旱、半干旱区
一类精度水文站	应达到按现有测验手段和方法能取得的可能最好精度	收集探索水文特征值在时间上和沿河长的变化规律所需长系列样本和经济社会需要的资料	≥3 000	≥5 000
二类精度水文站	可按测验条件努力达到的最好精度	收集探索水文特征值沿河长和区域的变化规律所需具有代表性的系列样本和经济社会所需要的资料	<10 000 ≥200	<10 000 ≥500
三类精度水文站	应达到测站任务对使用精度的要求	收集探索小河在各种下垫面条件下的产汇流规律和径流变化规律,以及水文分析计算对系列代表性要求所需的资料	<200	<500

当水文测站因受测站控制和测验条件限制而需要调整时,可降低一个精度类别。

2)泥沙站的分类

泥沙站按泥沙测验精度分为三类:

(1)一类站。为对主要产沙区、重大工程设计及管理运用、河道治理或河床演变研究等起重要控制作用的站。该类站应施测悬移质输沙率、含沙量及悬移质和床沙的颗粒级配,测验精度要求最高,并进行长系列的全年观测;部分一类站,根据需要可采用直接法或间接法进行全沙输沙率测验或进行河道断面测量。

(2)二类站。为一般控制站和重点区域代表站。该类站应施测悬移质输沙率和含沙量;大部分二类站应测悬移质颗粒级配,测验精度低于一类站。

(3)三类站。为一般区域代表站和小河站。该类站应施测悬移质输沙率和含沙量;部分三类站应测悬移质颗粒级配,测验精度可低于一、二类站。

1.4.2 水文站网

1.4.2.1 水文站网的概念

水文站网是水文测站在地理上的分布网,是在一定地区或流域内,按一定原则,用适当数量的各类水文测站构成的水文资料收集系统。

1.4.2.2 水文站网分类

由基本站组成的水文站网称基本水文站网。收集某一项目水文资料的水文测站组合在一起,构成这个单一项目类型的站网,如流量站网、水位站网、泥沙站网、雨量站网、水面蒸发站网、水质站网、地下水站网等。通常所称的水文站网,就是这些单项观测站网的总称,有时也简称为站网。

将满足某一方面功能监测要求的水文测站结合在一起,组成具有这个功能的水文站网,如水资源监测站网、防汛监测站网、水资源保护监测站网、水土保持监测站网、旱情监测站网、水生态监测站网、水文基本规律探索监测站网、水文科学实验监测站网等。

1.4.2.3 水文站网密度

水文站网密度是反映一个地区或流域内的水文测站数量及平均疏密程度的指标,以每站平均控制面积或单位面积内站数来表示。水文站网密度也常反映地区水文站网发展水平。

水文站网密度,可以用"现实密度"与"可用密度"这两种指标来衡量。通常情况下水文站网密度是指现实密度。

(1)现实密度是指单位面积上正在运行的站数。

(2)可用密度则是指单位面积上包括正在运行和虽然停止观测,但已取得有代表性的资料或可以延长系列的测站在内的站数。

能满足水资源评价和开发利用最低要求的站网称为容许最稀站网。一个流域在进行站网规划时首先要考虑应建成容许最稀站网,然后根据需要与可能逐步发展并优化站网,力求在适应当地经济发展水平的投入条件下,使站网的整体功能最强。

1.5 水资源及生态环境保护基本常识

1.5.1 水资源

水资源是指地表和地下可供人类利用又可更新的水。通常是指较长时间保持动态平衡,可通过工程措施供人类利用可恢复和更新的淡水。

在世界许多地方,对水的需求已经超过水资源所能负荷的程度,同时有许多地区濒临水资源利用不平衡的严重境况。

水资源利用程度的主要指标为水资源开发利用率,其意义是指流域或区域用水量占水资源可利用量的比率,体现的是水资源开发利用的程度。通常从水资源规划利用角度采用该指标的评估因子,即供水能力(或保证率)为 75%时的可供水量与多年平均水资源总量的比值。

水资源开发利用又可分为河川径流(简称地表水)水资源开发利用和地下水资源开发利用两类,一般以流域为单元时可两类综合统计(综合利用率不特别指出时也仅为地表水资源开发利用)或分别统计;以河流为单元时只统计地表水资源开发利用,比如一条河流的开发利用就是指该河流的地表水资源开发利用。

国际上一般认为,对一条河流的开发利用不能超过其水资源量的 40%。目前,黄河、海河、淮河水资源开发利用率都超过 50%,其中海河更是高达 95%,超过国际公认的 40%的合理限度。因此,水资源可持续利用已成为我国经济社会发展的战略问题,提高用水效率,建设节水型社会成为必需的国策。

1.5.2　生态环境

广义的生态环境是指生物及其生存繁衍的各种自然因素、条件的总和,是一个大系统,由生态系统和环境系统中的各个“元素”共同组成。

生态是指生物(原核生物、原生生物、动物、真菌、植物五大类)之间和生物与周围环境之间的相互联系、相互作用。

环境是指围绕着人群空间,以及其中可以直接、间接影响人类生活和发展的各种自然因素和社会因素的总体。目前,我国关于环境的权威定义是《中华人民共和国环境保护法》第二条给出的“影响人类生存和发展的各种天然和经过人工改造的自然因素的总体,包括大气、水、海洋、土地、矿藏、森林、草原、野生生物、自然遗迹、人文遗迹、自然保护区、风景名胜、城市和乡村等”。可见生态与环境虽然是两个相对独立的概念,但两者又紧密联系、相互交织。

一般情况下,生态环境是指影响人类生存与发展的水资源、土地资源、生物资源以及气候资源数量与质量的总称,是关系到社会和经济持续发展的复合生态系统。

1.5.3　生态环境保护

生态环境保护目标是遏制生态环境破坏,减轻自然灾害的危害;促进自然资源的合理、科学利用,实现自然生态系统良性循环;维护生态环境安全,确保国民经济和社会的可持续发展。

生态环境保护与水紧密相关。河流、湿地、河口三角洲等与河流紧密相连的区域本身具有生物多样性,它们对于更广泛区域的生物多样性也具有重要意义,是构筑生态屏障、开展生态保护的主要对象。水生态环境监测,进而开展生态环境研究保护的主要目标内容是河道内流量与生态系统的关系、滨海区淡水流入量与生态系统的关系、滨河湿地与生态系统的关系、水量与水质的关系及其对生态系统的影响等。

第 2 章　降水、水面蒸发观测

2.1　降水与蒸发

2.1.1　降水

2.1.1.1　降水的基本概念

大气中的液态或固态水，在重力作用下，克服空气阻力，从空中降落到地面的现象称为降水。降水的主要形式是降雨和降雪，其他形式还有雾、露、霜、雹等。

降水是重要的气象要素，也是重要的水文要素。降水是地表水、地下水的来源，是水文循环的重要环节。

2.1.1.2　描述降水的基本要素

（1）降水量（深）：是时段内（从某一时刻到其后的另一时刻）降落到地面一定面积上的降水总量。按此定义，降水量应由体积度量，基本单位为 m^3。但传统上总是用单位面积的降水量即平均降水深（或降水深）度量降水量，单位多以 mm 计。降水量一般用专门的雨量计测出降水站点的降水深，如果仪器承接的是雪、雹等固态形式的降水，则一般将其溶化成水再进行测量，也用 mm 数记录。但在进行水资源评价等考虑总水量时多用体积度量降水量。

降水多发生在较大的面积上，但测站观测的是仪器承雨口的平均降水深，仪器承雨口相对于实际降水面积很微小，常作为几何的点看待，因此，测站观测的降水量也称"点降水量"，实际降水面积（或流域）的平均降水量又称"面降水量"。随着雷达测雨等现代技术的应用，直接测量面降水量也逐步成为现实。

（2）降水历时：指降水过程中从某一时刻到其后另一时刻经历的降水时间，并不特指一次降水过程从开始到结束的全部历时。若指一次降水过程从开始到结束所经历的时间，则称为"次降水历时"。降水历时通常以 min、h 或 d 计。

（3）降水强度：单位时间内的降水量称为降水强度，降水强度是评定降水强弱急缓的概念，常用单位是 mm/min 或 mm/h 或 mm/d。

（4）日降水量：水利行业标准《降水量观测规范》（SL 21—2015）规定以北京时间每日 8 时至次日 8 时的降水量为该日的降水量，即从昨日 8 时至今日 8 时的降水量为昨日降水量。根据《地面气象观测规范　总则》（GB/T 35221—2017）中 4.2.1 规定，我国气象部门降水量观测是以北京时间的 20 时为日分界。

（5）降水面积：降水笼罩范围的水平投影面积称为降水面积，一般以 km^2 计。

2.1.1.3　降水分类

1. 按形态分类

降水根据形态可分为液态降水和固态降水两类。液态降水主要有雨、雾、露等,固态降水主要有雪、雹、霜、冰粒、冰针等。实际降水过程中有时也会出现液态固态混合型的(如雨夹雪)降水形式。

2. 按强度分类

根据降雨强度的大小,降雨可分为微量降雨(零星小雨)、小雨、中雨、大雨、暴雨、大暴雨和特大暴雨共7个等级(见表2-2-1)。同样地,降雪也按其强度大小,分为微量降雪(零星小雪)、小雪,中雪、大雪、暴雪、大暴雪和特大暴雪共7个等级(见表2-2-2)。

表2-2-1　降雨分类标准　(单位:mm)

等级	24 h降雨量	12 h降雨量
微量降雨(零星小雨)	<0.10	<0.10
小雨	0.10~9.9	0.10~4.9
中雨	10.0~24.9	5.0~14.9
大雨	25.0~49.9	15.0~29.9
暴雨	50.0~99.9	30.0~69.9
大暴雨	100.0~249.9	70.0~139.9
特大暴雨	≥250.0	≥140.0

表2-2-2　降雪分类标准　(单位:mm)

等级	24 h降雪量	12 h降雪量
微量降雪(零星小雪)	<0.10	<0.10
小雪	0.10~2.4	0.10~0.9
中雪	2.5~4.9	1.0~2.9
大雪	5.0~9.9	3.0~5.9
暴雪	10.0~19.9	6.0~9.9
大暴雪	20.0~29.9	10.0~14.9
特大暴雪	≥30.0	≥15.0

2.1.2　蒸发

2.1.2.1　蒸发的基本概念

水分子从物体表面(蒸发面)向大气逸散的现象称为蒸发。水体中的水分子总是处在不停的运动之中,当水面上一些水分子获得的能量大于水分子之间的黏聚力时,就会突破水面而跃入空气之中,这就是蒸发的物理机制。另外,也会有一些水汽分子从空气中返回水面,这就是凝结现象。因此,蒸发和凝结是具有相反物理过程的两种现象。蒸发必须消耗能量,单位水量蒸发到空气中所需的能量称为蒸发潜热。凝结则要释放能量,单位水量从空气中凝结返回水面释放的能量称为凝结潜热。

2.1.2.2 蒸发分类

自然界有形形色色的蒸发面,主要有水面、裸土层面、植物叶面、冰雪面等,因此,按蒸发面的类型分,蒸发可分为水面蒸发、土壤蒸发、植物散发、冰雪蒸发等。流域表面是多种蒸散发类型的组合,水文学也常笼统说成“流域蒸散发”,用以概括流域蒸散发的总况。

2.1.2.3 水面蒸发

水面蒸发是可以直接观测的典型蒸发,一般在专门的盛水蒸发器中观测某时段开始和结束的水面高度计算出高差,其水面高差即为该时段的净蒸发量,蒸发量的单位一般用mm。但在进行水资源评价等考虑总水量时多用体积度量蒸发量,由深度蒸发量乘以水面(陆面)面积获得。裸土层面、植物叶面、冰雪面等的蒸发不易直接观测,通常由水量平衡方程推算其蒸发量。

描述蒸发快慢强弱用蒸发率这个概念,其意义是单位时间从单位蒸发面面积逸散到大气中的水分子数与从大气中返回到蒸发面的水分子数之差值(净蒸发),当蒸发量以深度单位表示时,蒸发率常用的单位有 mm/h、mm/d、mm/a 等。若单位时间从单位蒸发面面积逸散到大气中的水分子数小于从大气中返回到蒸发面的水分子数,净蒸发量为负。蒸发率的大小取决于三个条件:一是蒸发面上贮存的水分多少,这是蒸发的供水条件;二是蒸发面上水分子获得的能量多少,这是水分子脱离蒸发面向大气逸散的能量供给条件;三是蒸发面上空水汽输送的速度,这是保证向大气逸散的水分子数量大于大气返回蒸发面的水分子数量的动力条件。影响蒸发率的能量条件和动力条件均与气象因素,例如日照时间、气温、饱和差、风速等有关,故将它们合称为气象条件。

在充分供水条件下,单位时间从单位面积蒸发面逸散到大气中的水分子数与从空气中返回到蒸发面的水分子数之差值(当为正值时)称为蒸发能力,又称蒸发潜力或潜在蒸发。显然,蒸发能力只与能量条件和动力条件有关,而且它总是大于或等于同气象条件下的蒸发率。

水面蒸发是在充分供水条件下的蒸发,因此水面蒸发率与水面蒸发能力是完全相同的。影响水面蒸发的因素可归纳为气象因素和水体因素。气象因素主要包括太阳辐射、温度、湿度、风速、气压等。水体因素主要包括水面大小和形状、水深、水质等。

2.2 降水量、水面蒸发量常用观测方法与仪器

2.2.1 降水量常用观测方法及仪器

2.2.1.1 降水量常用观测方法

测定降水量和降水强度的方法主要有使用各种雨量器、雨量计、雪量计、量雪测具等直接测定,以及使用雷达、卫星云图估算的遥感间接测定等方法。使用雨(雪)量器(计)测量降水,雨量站网必须有一定的空间密度、观测频次。目前,水文行业降水量常用观测方法主要是直接测定方法。

雷达测雨是利用雷达天线发射出去的电磁波在空间传播时,若遇到云、雨、雪、雹等目标物,就有一部分辐射能会被反射回来,并被雷达天线接收,在显示器上就会出现云、雨、雪、雹等的回波图像,分析回波图像或与传统观测对比研究,可提供一定区域上降水量和降水时空分布的资料。雷达测雨具有覆盖面积大的优点。气象卫星观测降水具有瞬时观测范围大、资料传递迅速等优点,但观测精度还有一定的局限性。

2.2.1.2　降水量常用观测仪器

1. 观测仪器分类

(1)按观测对象分。降水量观测仪器可分为观测液体降水的雨量计(器)和观测固态降水的雪量计。可以同时观测降雨和降雪的降水观测仪器称为雨雪量计。测定液体降水量的仪器,有雨量器和雨量计两种。

(2)按传感原理分。降水量观测仪器按传感原理可分为直接计量(雨量器)、液柱测量(又有虹吸式、浮子式)、翻斗测量(单层翻斗与多层翻斗)、称重式测量等仪器,还有采用新技术的光学雨量计、超声波雨量计和雷达雨量计等。

(3)按记录周期分。降水量观测仪器按记录周期可分为日记和长期自记。

2. 雨量器

雨量器也常被称为普通雨量器、人工雨量器等,是用于测量一段时间内累积降水量的仪器。

3. 虹吸式雨量计

虹吸式雨量计主要由承水部分、虹吸部分和自记部分组成。降雨从承雨器通过漏斗进入浮子室,室内水深随降雨量的累积量和速度而上升,带动浮子传感器随之上升,浮子以机械传动的方式将运动传给记录笔,记录笔与时钟(自记钟)驱动的卷筒配合,在卷筒上的过程线纸上记录绘出降水量过程图形。浮子室的高度有限,所以设计有虹吸管路,当降雨达到限定量后,虹吸及时将水量吸入储水器。

4. 翻斗式雨量计

翻斗式雨量计由筒身、底座、内部翻斗结构三部分组成。降雨从承雨器通过漏斗进入翻斗传感器,雨量达到翻斗传感器分辨力(0.1 mm或0.2 mm或0.5 mm)后,翻斗立即翻转泄水,翻转的机械运动传感给光、电、磁等感应器(转换开关),记录或输出一个电信号,电信号进入步进图形记录器或计数器或电子传输器实现记录或遥传。翻斗传感器分辨力确定后,翻斗的运动次数和速率反映了降雨的累积量和强度。翻斗式雨量计主要有单(层)翻斗雨量计、双(层)翻斗雨量计和三层翻斗雨量计三种。

5. 称重式雨量计

称重式雨量计采用称重法测量原理,雨量计用一定直径的承雨口承接降水,承接的降水留在雨量计内的盛水容器中,雨量计内有精确的自动称重机构,不断地自动称量承接的降水重量,从而得到降水量和降水强度。只要自动称重机构准确性够高且很稳定,称重式雨量计将不受降水强度影响。

6. 其他类型雨量计

除上述介绍雨量计外,目前降水量观测中尚使用的有浮子式雨量计、雷达雨量计、超声波雨量计、光学雨量计等类型。浮子式雨量计是将承雨口收集到的雨水全部汇集到浮子室,再用一浮子感测浮子室内的雨水水面位置,根据水面位置的变化转化为降水深,测定降水量。

雷达雨量计、超声波雨量计是通过发射电波或超声波,测量盛水容器中水面的高度,根据水面高度变化转化为降水深,测定降水量。

光学雨量计工作原理是测量雨滴经过一束光线时由于雨滴的衍射效应引起光的闪烁,闪烁光被接收后进行谱分析,其谱分布与雨强以及雨滴的直径大小和雨滴降落速度等有关系,从而判断降水种类、降水强度与有无降水等。

2.2.2　水面蒸发量常用观测方法及仪器

2.2.2.1　蒸发量观测方法

观测蒸发量的方法主要有使用各种蒸发仪器直接观测,以及使用卫星遥感估算的间接测定等方法,水文测验中常用观测方法是采用仪器直接观测蒸发量。

2.2.2.2　蒸发量常用观测仪器

常用的水面蒸发观测仪器主要有蒸发皿、标准水面蒸发器和自记水面蒸发器三种类型。

1. 蒸发皿

我国采用的蒸发皿是口径为 20 cm、壁厚 0.5 cm 的铜质桶状器皿。

2. 标准水面蒸发器

标准水面蒸发器起初采用钢板制作,称为 E-601 型水面蒸发器,后经改进采用玻璃钢(玻璃纤维增强树脂)制造,称 E-601B 型水面蒸发器或标准水面蒸发器。E-601B 型水面蒸发器隔热性能、强度、耐腐蚀性、耐冻裂等方面均优于 E-601 型蒸发器。目前,水文、气象部门一般蒸发观测中多使用 E-601B 型水面蒸发器。

标准水面蒸发器主要由蒸发桶、水圈、测量装置和溢流桶等组成。

蒸发桶是蒸发器的主体部分。该部件是用玻璃钢材料加工制造,具有防腐、抗冻、隔热的优越性能。蒸发桶桶身上部为圆柱体,器口内径为 61.8 cm(面积为 3 000 cm^2),圆柱体高 60.0 cm,下部为一锥形底,锥体高 8.7 cm(整个器高为 68.7 cm)。蒸发桶口缘为里直外斜的刃形,斜面为 40°~50°,桶体内部光滑、洁白。桶内壁装有测针插座,测针轴杆上装有静水器,观测时起静水防风浪作用。桶口处嵌有溢流管,以排泄蒸发桶内因降雨过多而溢出的水量。

水圈装置在蒸发桶外围,由四个形状和大小都相同的弧形水槽组成,作用是抵偿强降雨时蒸发桶向外溅溢损失,即认为强降雨时蒸发桶向外的溅溢和水圈向蒸发桶溅溢的量大致相等或一定程度抵偿。

测量装置是专门用于测量蒸发器内水面高度的部件,应用螺旋测微器的原理制成。溢流桶是承接因降暴雨而由蒸发桶溢出水量的盛水器,可用镀锌铁皮或其他不吸水的材料制成。

3. 自记水面蒸发器

自记水面蒸发器也称自动蒸发器,是在 E-601B 型蒸发器的蒸发桶内安装自动化“水位计”实现蒸发自动观测。但蒸发器的水位测量精度和分辨力要求都高于一般水位计。

为了保证蒸发桶内水面满足蒸发观测要求,自动蒸发器还设有向蒸发桶内补水的设备。

测量蒸发桶内水位有很多方法,据此可以设计成多种型号的自动蒸发器。目前在用较多的主要有补水式自记蒸发器、浮子式自记蒸发器和超声波自记蒸发器等。

(1)补水式自记蒸发器:主要由蒸发桶、补水装置、控制部分、电源组成。补水的工作原理主要是当蒸发使蒸发桶内的水面下降,当下降一个预定值时,补水式自记蒸发器会自动向蒸发桶内补入一定水量,使蒸发桶内水面上升到原来高度。补水时间和补水量、蒸发量均自动测量。

(2)浮子式自记蒸发器:主要由高分辨力的精密浮子水位计、自动补水机构、控制部分、记录装置、电源等构成。蒸发桶作为一个水体,用连通管将桶内水体与一个小的“静水井”相连,用高精度、高分辨力的浮子式水位计测量此“静水井”内的水位,也就测得了蒸发桶内水面的变化。再辅以自动向蒸发桶补水和自动处理降水影响的功能,就实现了自动蒸发测量。实际应用时,此“静水井”就是仪器内部的浮子室。

(3)超声波自记蒸发器:是应用超声波测量水位的原理来测量蒸发桶或大型蒸发池内水面高度,由此测得蒸发量。

2.3 降水量、水面蒸发量观测场地基本要求

2.3.1 降水量观测场地基本要求

2.3.1.1 一般要求

降水量观测场应选在能代表其周围大部分地区天气、气候特点的地方,并且尽量避免小范围和局部环境的影响,同时应当选在当地最多风向的上风方。观测场应避开强风区,其周围应平坦、空旷,不受突变地形、树木和建筑物的影响;观测场不能完全避开建筑物、树木等障碍物的影响时,雨量器(计)至障碍物边缘的距离应大于障碍物顶部与承雨器口高差的2倍;在山区,观测场不宜设在陡坡上、峡谷内和风口处,应选择相对平坦的位置,使承雨器口至山顶的仰角不大于30°;场内地面应平整,地面种草,其高不宜超过20 cm。设置的小路和门应便于观测,路宽不大于0.5 m;观测场四周应设置不高于1.2 m的防护栏栅,栏栅条的疏密不应影响降水量观测精度。测站建成之后,应长期稳定,不应轻易搬迁。

2.3.1.2 风对降水量观测的影响

影响降水量观测值准确性的因素很多,其中风的影响最大。气流在运动过程中,遇较大障碍物后流线变形,在障碍物的迎风面流线会向上抬升,流线密度增加,形成增压区,风速加大;而背风面则形成负压区,风速减小,并有涡旋乱流。雨滴或雪片降落时,呈分散的质点运动形式,在有风的情况下,雨滴或雪片降落迹线随风速风向的改变而改变,使处于障碍物周围的雨量器(计)测得的降水量比实际降落到水平地面上的降水量偏大或偏小。为了尽量减小风的影响,观测场应设置在比较开阔地带,并避开强风区。

为研究障碍物引起风场变形的影响,对观测场距四周不同类型障碍物的最小距离,许多国家进行了大量的野外试验研究工作。苏联、美国进行了风洞试验,研究障碍物阻碍气

流运动，流线变形产生雨雪降落迹线偏移引起的降水量观测误差的物理机制。我国试验结果表明：对孤立的房屋，在迎风面，距房屋边墙为房高的 3～4 倍时，风速基本不受影响，风向仰角小于 4.5°；与边墙距离为房高的 2 倍时，风速减小最大达 15%，最大仰角为 6°；与边墙距离为房高的 1 倍时，风速减小最大达 50%，最大仰角为 15.7°。距离障碍物越近风速越小，气流辐合抬升作用越强，到房檐附近，风向仰角可达 30°。房顶中心处风速增大达 15%，风向仰角达 23°，形成增压区。在背风面，气流流线受房屋的影响很大，成为俯仰角交错的乱流区，最大仰角达 80°，最大俯角达 50°，与边墙距离为房高的 4 倍时，气流流线尚未恢复正常。侧风面的影响范围小于迎风面。

为尽量避开建筑物、树木等障碍物的影响，观测场离开障碍物的距离，各国都有严格规定。世界气象组织（WMO）要求孤立物体离开观测仪器距离应不小于其高度的 4 倍。多数国家规定器口到障碍物顶部的仰角不大于 15°（其距离相当于障碍物高度的 3.7 倍）。

2.3.1.3　房顶设置雨量计引起的误差

20 世纪 70 年代以来，由于多种原因的影响，部分地区把雨量器（计）设置在房顶上。我国选择了 36 个站点进行房顶雨量器（承雨器口高于地面 3.7～11.3 m）与地面雨量器的比测，比测结果表明：房顶雨量器（计）比地面雨量器（计）的观测成果系统偏小，具体见表 2-2-3（表中误差包括用皮管引水的湿润损失），且偏小值随器口离地面高度的增加而增大，随房屋高低和形式及其环境条件的不同而有较大的差异，唯有少数设在避风区的山区站，由于常年风速小，房顶仪器观测误差不大。

表 2-2-3　房顶雨量器观测误差统计

项目		房顶类型	房顶雨量器口高度（m）	站数	相对误差（%）		
					平均	最大	最小
日雨量	<5 mm	平顶	3.7～11.3	24	−11.8	−30.9	−1.8
		坡顶	4.5～9.2	12	−15.0	−21.3	−4.0
	≥5 mm	平顶	3.7～11.3	24	−5.7	−11.7	−1.0
		坡顶	4.5～9.2	12	−9.5	−13.4	−1.9
	不分级	平顶	4.0～10.2	15	−4.7	−9.1	−1.7
		坡顶	4.5～9.2	3	−2.5	−4.1	−1.2
月雨量		平顶	4.0～11.3	22	−5.5	−14.1	−1.1
		坡顶	4.5～9.2	14	−8.7	−17.3	−2.3
年雨量		平顶	4.0～11.3	11	−5.6	−10.5	−1.1
		坡顶	4.5～9.2	10	−8.2	−15.8	−2.2

房顶雨量器测雪偏差更大，日降雪量平均偏小 54.7%，最大偏小 94%；月降雪量平均偏小 49.4%。因此，应尽量避免将雨量计设在房顶上。

2.3.1.4　观测场地栏栅

观测场地栏栅对观测场地和仪器起保护作用。用标准的钢铁、木板或竹片设置观测场栏栅还可兼起防风作用。

2.3.1.5　**雨量观测场设置的具体要求**

(1)除试验和比测需要外,一般情况下,观测场最多设置两套不同的观测设备。

(2)当雨量观测场内仅设一台雨量器(计)时,其标准场地面积应按 4 m×4 m 设置;要同时放置雨量器和自记雨量计时,其标准场地面积应按 4 m×6 m 设置。

(3)若因试验和比测需要,雨量器(计)上加防风圈测雪及设置测雪板或设置地面雨量器(计)的雨量站,应根据有关规定加大观测场面积。

(4)观测场地应平整,地面种草,其高度不宜超过 20 cm。场地四周设置栏栅防护,场内铺设观测人行小路。栏栅条的疏密以不阻滞空气流通又能削弱通过观测场的风力为准,在多雪地区还应考虑在近地面不致形成雪堆。杆式雨量器(计)可在其周围半径为 1.0 m 的范围内设置栏栅防护。

(5)观测场内有多种或多个仪器时,仪器安装的原则为:保持距离,互不影响;北高南低,东西成行;靠近小路,便于观测。

2.3.1.6　**雨量观测场的平面布置**

(1)观测场内的仪器布置应以仪器相互不影响观测为原则,场内的小路及门的设置方向要便于进行观测。一般观测场平面布置如图 2-2-1 所示。

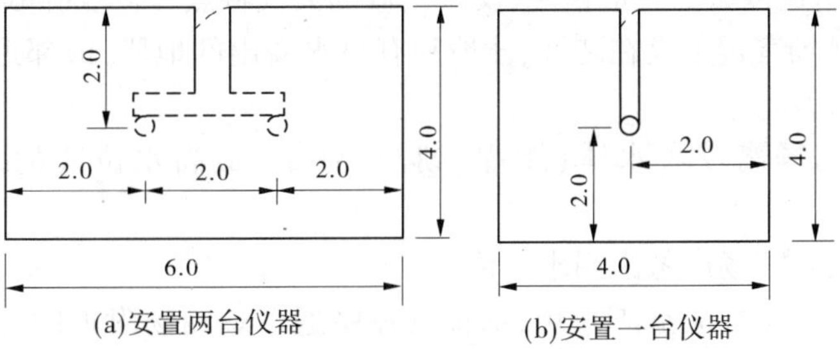

图 2-2-1　降水量观测场平面布置　(单位:m)

(2)水面蒸发站的降水量观测仪器按《水面蒸发观测规范》(SL 630—2013)的要求布置。

(3)观测场地周围有障碍物时,应测量障碍物所在的方位、高度及其边缘至仪器的距离,在山区应测量仪器口至山顶的仰角。

2.3.1.7　**雨量观测场地的保护**

(1)降水量观测场地及其仪器设备等是水文测验的基本设施,根据《中华人民共和国水法》和《中华人民共和国水文条例》应受保护,不允许任何单位和个人侵占或破坏。

(2)在观测场四周按规定的障碍物距仪器最小限制距离内,属于保护范围,不得兴建建筑物,不得栽种树木和高秆作物。

(3)应保持观测场内平整、清洁,经常清除杂物杂草。对有可能积水的场地,在场地周围开挖窄浅排水沟,以防止场内积水。

(4)场地栅栏应保持完整、牢固,定期清洗或刷漆,有废损时应及时更换。

(5)观测员和指导站应经常检查维护,以《中华人民共和国水法》第四十一条为依据,保护测站场地和设施。

（6）当观测场四周保护区内出现影响降水量观测精度的树木、房屋及其他障碍物时，应及时与有关部门联系，或报告上级主管部门，根据国家有关法规进行处理。

2.3.1.8 **雨量站考证簿的编制**

（1）考证簿是雨量站最基本的技术档案，是使用降水量资料必需的考证资料，在查勘设站任务完成后即应编制。以后若有变动，应将变动情况及时填入考证簿。

（2）考证簿内容包括：测站沿革，观测场地的自然地理环境、平面图，观测仪器，委托观测员的姓名、住址、通信和交通等。

（3）考证簿编制一式四份（或三份）和电子文档，分别存本站（委托雨量站可不保存考证簿）、指导站、市水文领导部门、省（自治区、直辖市）或流域水文领导机关。

（4）公历逢五年份，应全面考证雨量站情况，修订考证簿；公历逢零年份也可重新进行考证。雨量站考证内容有变化或迁移时，应随即补充或另行建立考证簿。

2.3.2 水面蒸发量观测场地基本要求

2.3.2.1 **蒸发观测场地环境要求**

（1）选择蒸发观测场首先应考虑其区域代表性，场地附近的下垫面条件和气象特点，应能代表和接近附近区域的一般情况，反映区域的天气特点，避免局部地形影响。

（2）蒸发观测场宜避免设在陡坡、洼地和有泉水溢出的地段，或邻近有丛林、铁路、公路和大型工矿的地方。

（3）蒸发观测场离较大水体（水库、湖泊、海洋）最高水位线的水平距离应大于100 m。

（4）选择蒸发观测场应考虑用水方便。

（5）蒸发观测场四周应空旷平坦，保证气流畅通。观测场附近的丘岗、建筑物、树木等障碍物所造成的遮挡率宜小于10%。若受条件限制，其遮挡率应不大于25%。

2.3.2.2 **蒸发观测场地设置要求**

（1）观测场地大小应根据各站的观测项目和仪器情况而定。设有气象辅助项目的场地应为16 m（东西向）×20 m（南北向）；没有设气象辅助项目的场地应为12 m×12 m。

（2）观测场地应平整、整洁，应有必要的排水措施，避免产生积水。

（3）观测场地地面应种植草坪或低秆作物，其高度不宜超过20 cm，场内应铺设0.3~0.5 m宽的观测道路。

（4）观测场地四周应设置高约1.2 m的围栅，设置时应注意减少围栅对场内气流的畅通影响，并将进入观测场的门设置在北面。

（5）在风沙严重的地区，可在风沙的主要来路上设置拦沙障。拦沙障可用秫秸等做成矮篱笆或栽植矮小灌木丛。拦沙障应注意不影响场地气流畅通，其高度和距离应符合观测场地环境的要求。

2.3.2.3 **场内仪器安置要求**

仪器的安置应以相互之间不受影响和观测方便为原则，并满足以下具体要求：

（1）高的仪器安置在北面，低的仪器顺次安置在南面。

(2)仪器之间距离,南北向不小于 3 m,东西向不小于 4 m,与围栅距离不小于 3 m。场内仪器布设如图 2-2-2 所示。

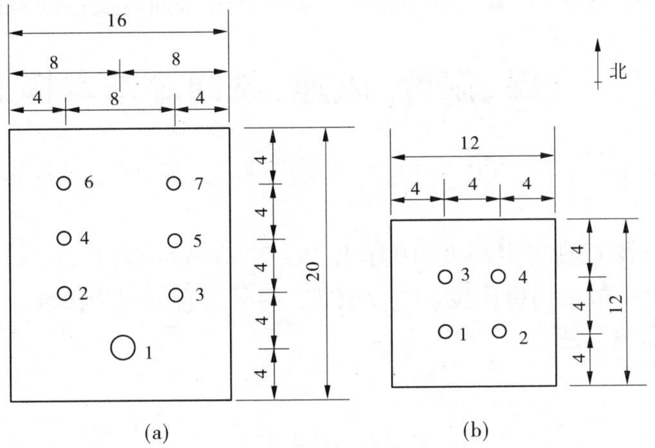

1—标准水面蒸发器(或自记水面蒸发器);2—专用雨量器;3—蒸发皿;
4—自记雨量计或雨量器;5—风速仪(表);6、7—百叶箱

图 2-2-2　水面蒸发场仪器布设　(单位:m)

2.3.2.4　水面蒸发场的维护

(1)应经常保持场地清洁,及时清除树叶、纸屑等垃圾,清除或剪短场内杂草,保持草高不超过 20 cm。不准在场内存放无关物件和晾晒东西以及种植其他农作物。

(2)经常保持围栅完整、牢固。发现有损坏时,应及时修整。

(3)在暴雨季节,必须经常疏通排水沟,防止场地积水。在冬季有积雪的地区,一般应保持积雪的自然状态。

(4)经常检查场内仪器设备安装是否牢固,是否保持垂直或水平状态。发现问题应及时整修。

(5)设有风障的站,应经常检修风障。

2.4　降水量、水面蒸发量观测误差

2.4.1　降水量观测误差

用雨量器(计)观测降水量,由于受观测场环境、气候、仪器性能、安装方式和人为因素等影响,降水量观测值存在系统误差和随机误差。降水量观测误差主要由风力误差、湿润误差、蒸发误差、溅水误差、积雪漂移误差、仪器误差、仪器计量误差、测记误差、仪器残留误差组成。

2.4.2　水面蒸发量观测误差

观测水面蒸发量,由于受蒸发场选择的环境、气候、仪器性能、安装方式和人为因素等

影响,水面蒸发量观测值存在系统误差和随机误差。水面蒸发量观测误差主要由风沙误差、溅水误差、仪器误差、仪器计量误差、估读误差等组成。

另外,有降水之日的降水量观测误差也是影响该日水面蒸发量误差的来源之一。

2.5　气温、湿度、风速、风向等基本概念

2.5.1　气温

气温由地面气象观测规定高度(国际 1.25~2.00 m,我国 1.50 m)上的空气温度反映。我国气温记录一般采用摄氏度(℃)为单位,国际上有的以华氏度(°F)为单位。摄氏度与华氏度的换算关系是

$$C = \frac{5}{9}(F - 32) \tag{2-2-1}$$

或

$$F = \frac{9}{5}C + 32 \tag{2-2-2}$$

式中　C——摄氏度,℃;

F——华氏度,℉。

空气温度记录可以表征一个地方的冷热状况特征,因此,气温是地面气象观测中的常规要素之一。气象业务标准规定定时气温基本站每日观测 4 次(每日 2 时、8 时、14 时、20 时),基准站每日观测 24 次(每小时 1 次),可计算日平均气温,也可从中摘录日最高气温和日最低气温。气温一般用气温计观测,也可采用自记仪器按预置的间歇周期记录气温变化过程线。

2.5.2　湿度

湿度是表示大气干燥程度的物理量。在一定的温度下,一定体积的空气里含有的水汽越少,则空气越干燥;水汽越多,则空气越潮湿。在此意义下,常用绝对湿度、相对湿度等物理量来表示湿度。

(1)绝对湿度。是一定体积空气中含有的水蒸气质量,其一般单位是 g/m^3。绝对湿度的最大限度是饱和状态下的最高湿度。绝对湿度只有与温度一起描述才有意义,因为空气中能够含有的水蒸气的量随温度而变化。在不同的压强下绝对湿度也不同,因为随着压强的变化,空气的体积也在变化。但绝对湿度越靠近最高湿度,它随压强的变化就越小。

(2)相对湿度。是绝对湿度与最高湿度之比,它的值显示水蒸气的饱和度有多高。相对湿度为 100%的空气是水蒸气饱和的空气。相对湿度为 50%的空气含有达到同温度的空气饱和点的一半的水蒸气。相对湿度超过 100%的空气中的水蒸气一般会凝结出来。随着温度的增高,空气中可以含的水蒸气就越多(最高湿度增大),在同样多的水蒸

气的情况下,温度升高则相对湿度就会降低,因此在观测相对湿度的同时必须观测温度。

2.5.3 风

风是空气流动引起的一种自然现象,常指空气的水平运动分量,即空气的水平运动称为风。风包括方向和大小,即风向和风速。

(1)风向。指风吹来的方向,例如北风就是指空气自北向南流动。风向一般用8个方位表示,分别为北、东北、东、东南、南、西南、西、西北。

(2)风速。指空气在单位时间内流动的水平距离,以m/s计,取一位小数。风速的观测资料有瞬时值和平均值两种。风速的测量多采用风速计、轻便风速表、风向风速计,以及热球微风仪等仪器。

风速也可据风对地面物体的影响程度,采用风力等级来估计。将风的大小分为13(0~12)个等级,称为风力等级,简称风级。在自然界,风力有时是会超过12级的,强台风或龙卷风的风力,都可能比12级大得多,只是12级以上的大风比较少见,一般不具体规定级数。

(3)风在图中的标示。风在图中可由风矢标示,风矢由风向杆和风羽组成。在北半球,风向杆箭头指出风的方向,风羽表示风力,风羽由垂直在风向杆末端右侧三四个短划和三角构成。

第 3 章　水位观测

3.1　基面与水位

3.1.1　基面

基面是计算高程和水位的起始水平面。也就是说,高程和水位的数值,一般以一个基本水准面为准起算,这个基本水准面称为基面。水文资料中涉及的基面有绝对基面、假定基面、测站基面和冻结基面等。

绝对基面是以某一海滨地点的特征海平面(多年平均海水面)的高程定为零(0.000 m)的水准基面。绝对基面也称标准基面、基准面或高程基准,我国曾经使用过的绝对基面主要有大连、大沽、黄海、废黄河口、吴淞、珠江口等基面,目前我国采用的是 1985 国家高程基准(简称国家 85 高程基准、85 高程基准等)。1985 国家高程基准是根据青岛验潮站 1952~1979 年验潮资料计算确定的平均海水面作为中国的水准基面(零高程面),于 1987 年由国家测绘局颁布,作为我国统一的测量高程基准。

假定基面是为计算水文测站水位或高程而假定的水准基面。常在测站附近设有国家水准点,或者一时不具备接测条件的情况下使用。

测站基面是水文测站选在略低于历年最低水位或河床最低点的一种专用假定的固定基面。

冻结基面是水文测站首次使用某种基面后,即将其高程固定下来的基面。

3.1.2　高程

某点的高程是该点沿铅垂线方向到基面的距离,与基面对应有绝对高程(简称高程)、假定高程等概念。以绝对基面起算的高程的另一称谓即“海拔高度”。在测量学中,高程的方向即某地表点受地球引力的方向,也就是该点与地球重心所连接的地球引力线的方向。

3.1.3　水位

水位是水体(如河流、湖泊、水库、海洋、沼泽等)的自由水面相对于基面的高程,其单位以 m 计。水位是基本的水文要素之一,是掌握水体变化的重要标志,除可独立地表明其超过水工建筑物时会溢流等情势外,还经常用水位资料按水位流量关系推算流量变化过程,用水位推算水面比降等,在进行泥沙、水温、冰情等项目的测验工作中有时也需要水位观测资料。

实际工作中,需要了解某一点位某一时期内水位变化的一般规律和水位变化中的某些特征值，例如平均水位（时段平均水位、湖面多点位同时平均水位）、某一点位某一时期最高（低）水位、中水位、常水位等。中水位常指测站一年中水位值的中值，常水位指测站一年中水位最经常出现的值。

3.2　基本水位断面、比降水位断面的概念

3.2.1　基本水位断面

基本水位断面也称基本水尺断面，是水文测站为经常观测水位而设置的断面。一般设在测验河段的中央或具有断面控制地点的上游附近，大致垂直于流向。

若通过基本水位断面的水位与实测流量建立稳定、简单的关系来推求流量和其他水文要素的变化过程，则基本水位断面与测流断面之间不应有较大支流汇入或由其他因素造成水量的显著差异，测验条件好的站，二者可以合用一个断面。

3.2.2　比降水位断面

单位河长水位的落差，叫作河流的比降（纵比降）。通常以上、下比降断面的落差（水位差）除以间距计算河段平均纵比降，纵比降一般以‰（千分率）或‱（万分率）表示。

为测算河段纵比降而设置的水位观测断面叫比降水位断面。在观测比降水位的河段上应设置上、下两个比降断面，上、下比降断面宜等距布设在基本水尺断面的上、下游。当断面上水面有明显的横比降时，应在两岸观测水位，由两岸同时水位计算横比降或断面平均水位，以及计算水面平均纵比降。

第 4 章　河流流量测验

4.1　河流流量基本概念

水文测验中,流量是指单位时间内通过河道(或管道)某一过水断面的水体体积, 流量也称流率、断面流量等。如果能够测量出流过某一断面水流的体积,并记下测量时间,用前者除以后者就可得到流量。当然,如果能够测量得到断面面积和水流的断面平均流速,用断面平均流速乘以断面面积也可得到流量。单位时间内,水流通过以某一水深垂线为中心的单位河宽过水面积上的水流体积,称单宽流量。将过水断面划分为若干部分,单位时间内,水流通过某一部分面积上的水流体积称为部分流量。

流量通常采用的符号为 Q,采用的单位为 m^3/s(立方米每秒)。根据测验仪器的精度,流量记载计算中通常取三位有效数字,小数不超过三位。

4.2　流量测验断面概念

4.2.1　测验断面分类

河槽中垂直于水流流向的剖面,称为河流的横断面,也称为过流断面或过水断面。直观地理解,横断面是有界的平面,其下界为河底,上界为水面线,两侧为河槽边坡(包括两岸的堤防)。河流中微小流束的流向是复杂多变的,通常只能根据主流的宏观流向确定与其垂直的断面。随着水位升降或河床变化,横断面是变化的,水文测验中常将最高水位以上若干高度(如 0.5 m 或 1.0 m)对应的断面称为大断面。

水文测站的测验断面根据不同的用途分为基本水尺断面、流速仪测流断面、浮标测流断面、比降水尺断面等。基本水尺断面一般设在测验河段的中央,平行于测流断面(与流向基本垂直)。其他断面可以分别设立,也可以重合,如有些测站将浮标中断面和流速仪测流断面重合。从理论上讲,水位流量关系是指某个断面上的水位与通过该断面的流量之间的关系,但实践中为了避免测流和观测水位工作相互干扰,一般不会将基本水尺断面和测流断面完全重合。水文测站各种观测断面布设见图 2-4-1。

4.2.2　基本水尺断面

4.2.2.1　作用

通过基本水尺断面长年观测水位,提供水位变化过程的信息资料,并利用它来推求通过断面的流量等水文要素的变化过程。

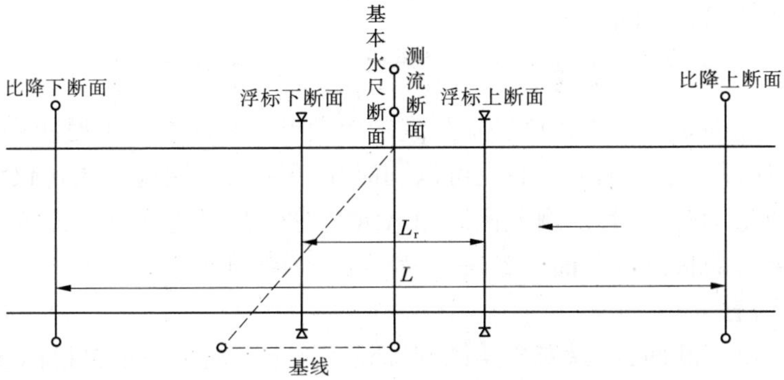

图 2-4-1　水文测站断面布设示意图

4.2.2.2　**设置位置**

设立基本水尺断面,应以是否有助于建立稳定、简单的水位流量关系为主要目标。因此,基本水尺断面应设置在断面控制地点上游附近的测验河段内。当改变基本水尺断面位置对水位流量关系的改善无明显作用时,一般应将基本水尺断面设置在测验河段的中央位置。

4.2.2.3　**布设要求**

基本水尺断面的设置应符合下列要求:

(1)基本水尺断面应大致与流向垂直。

(2)断面处水流平顺、两岸水面无横比降,无漩涡、回流、死水等发生,地形条件便于观测及安装自记水位计和其他测验设备。

(3)河道的基本水尺断面,应设在顺直河段的中间,尽量与测流断面靠近。当基本水尺断面与测流断面不重合时,它们之间不应有较大支流汇入、汊流流出或有其他干扰水流的因素,以免造成水量的显著差异,应保持两断面的水位有稳定的关系。

(4)堰闸站的上游基本水尺断面,应设在堰闸上游水流平稳处,与堰闸的距离不宜小于最大水头的3~5倍;下游基本水尺断面应设在闸下游水流平稳处,距消能设备末端的距离不宜小于消能设备总长的3~5倍。

(5)水库水位站的基本水尺,应设于坝上游水流平稳处,当坝上水位不能代表闸上水位时,应另设闸上水尺。当需用闸坝下游水位推流时,应在邻近下游水流平稳处设置水尺断面。

(6)湖泊水位站基本水尺断面应设于有代表性的水流平稳处。

(7)基本水尺断面一经设置,不得轻易变动。当遇不可预见的特殊情况必须迁移断面位置时,应进行新旧断面水位比测,比测的水位级应达到多年平均水位变幅的75%左右。

(8)当河段内有固定分流,其分流量超过断面总流量的20%,且两者之间没有稳定关系时,宜分别设立水尺断面。

4.2.3　流速仪测流断面

4.2.3.1　作用

流速仪测流断面是为用流速仪法施测流量而设置的断面。由于泥沙测验必须与流量测验同时进行,所以流速仪测流断面也可以同时用于输沙率测验。流速仪测流断面除用于流速仪进行流量测验外,其他测流仪器如 ADCP 等测流时也多在此断面进行。测站的流速仪测流断面常简称测流断面。

4.2.3.2　设置位置

设立流速仪测流断面,应以安全操作、保证质量、设备简单为主要目标,在满足这些要求的前提下,应使其与平均流向相垂直。应设在河岸顺直、等高线走向大致平顺、水流集中的测验河段中部。当需进行浮标法测流时,可将浮标法测流中断面与流速仪法测流断面重合布设,配合应用。

4.2.3.3　布设要求

流速仪法测流断面的布设应符合下列要求:

(1)测流断面应垂直于断面平均流向,当测流断面与流向不垂直时,流向偏角会使测得的流量产生误差。当流向偏角为 10°时,其误差约为 1.5%,其值虽小,但这一误差为系统误差,会使测得成果系统偏大,因此其影响较大,不应忽视。

(2)若一个测流断面不能同时满足不同时期(高、中、低水)的测流,可设置不同时期的测流断面,且要求流速仪测流断面不同时期均应垂直于断面平均流向,偏角不得超过 10°。当超过 10°时,应根据不同时期的流向分别布设测流断面。不同时期各测流断面之间也不应有水量加入或分出。

(3)低水期河段内有分流、串沟存在且流向与主流相差较大时,可设置不同方向的几个测流断面。

(4)若测流断面不与基本水尺断面重合,应尽量缩短两断面之间的距离,中间不能有支流汇入与水流分出,以满足两断面间的流量相等。

(5)当测流断面与基本水尺断面相距较远时,测流断面也应设立水尺,以便在测流期间观读水位,供计算面积、流量之用。

(6)在水库、堰闸等水利工程的下游布设流速仪测流断面,应避开水流异常紊动影响。

4.2.3.4　水流平面图的绘制

布设断面首先要弄清测验河段的水流方向,即绘制水流平面图。水流平面图是反映测验河段水流流向的图,如图 2-4-2 所示。图中的流向是以某断面处若干个部分流量的矢量来表示的。各部分流量的矢量和就是断面流量的矢量,其方向代表水流通过该断面时的平均流向。这个流向是布设测站各个断面的依据。水流平面图的测绘方法步骤如下:

(1)布设断面。先拟设一个测流断面,在拟设测流断面位置的上、下游各平行地布设几个断面,并设置断面桩,各断面之间的间距应基本相等,且最好不小于断面平均流速的 20 倍,如图 2-4-2 中共布设 5 个断面。

(2)施测流向。用全站仪或经纬仪(或平板仪)交会各个断面的断面桩、水边点,然后

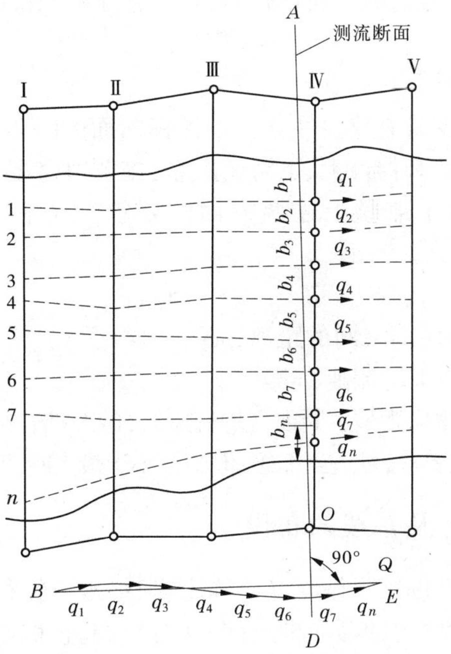

图 2-4-2　水流平面图

在上游向河流中均匀投放 10~15 个浮标，并测定每个浮标流经各个断面时的起点距和相应的时间。

(3)整理计算交会资料。整理计算各断面测角交会资料，绘制测验河段平面图，并在该平面图上将各个浮标经过各断面的位置绘出，并按顺序用虚线连成折线。虚线走向即代表水流的流向，选择虚线走向比较一致处的断面为初选的测流断面，称为“原断面”。

(4)绘制流速矢量线。在初选的测流断面上，计算各部分面积和部分虚流量，然后按比例绘制各部分虚流量的矢量线。

(5)由矢量线确定断面方向。在图的下方将各部分虚流量的矢量值用推平行线的方法连成矢量多边形，定出矢量和的方向 *BE*，垂直于 *BE* 线的 *AD* 线即为最后确定的测流断面线。从图上求出原断面线与 *BE* 线的夹角，根据两角之差用经纬仪将原断面校正到 *AD* 方向，并埋设断面桩。

4.2.4　浮标测流断面

4.2.4.1　作用

浮标测流断面是为用浮标法施测流量而设置的断面。浮标测流断面有 3 个，即测定浮标位置和过水断面面积的浮标测流中断面，用于测定浮标漂流速度的浮标上断面、浮标下断面。

4.2.4.2　位置

浮标测流中断面应尽可能与流速仪测流断面重合。在中断面的上、下游等距离处布设上、下浮标断面。上、下浮标断面之间的距离，主要考虑测验误差和用浮标测得的流速的代表性,尽可能缩短测流历时。所谓代表性,是指浮标测得的流速应能够代表浮标中断面的瞬时流速。

4.2.4.3　**断面间距**

为了使浮标测得速度具有代表性,上、下浮标断面的间距应尽量缩短。另外,为了减少浮标测流时的计时误差和保证上、下游的联系,施测时又要有足够的时间,这就要求其间距有足够的长度。为了兼顾上述两方面的要求,上、下浮标断面之间的距离可用式(2-4-1)计算:

$$L_f = (80 \sim 50)V_{max} \tag{2-4-1}$$

式中　L_f——上、下浮标断面之间的距离,m;

V_{max}——最大断面平均流速,m/s。

即上、下浮标断面间距应为最大断面平均流速的50~80倍,具体应用时可根据河段情况而定。山区河流不易达到此要求,可适当缩短,但不得小于最大断面平均流速的20倍。

4.2.5　断面测量标志及基线的布设

流量测验断面一般在勘察设站时就应确定,河势水流无很大的变化一般不改变。断面确定后,要在两岸设置固定的断面桩点(断面桩)和起止桩点(测算起点距用)以把断面落实下来,还要在断面(线)或适当位置设置目视标牌及测流需要的观测设施(如基线、断面起点距标志索牌等)。

4.2.5.1　**断面测量标志的布设**

当断面位置和基线确定后,应设立断面桩、基线桩、断面标志桩以及其他必要的测量标志,以永久确定断面和基线的位置,便于今后测量使用。测量标志的布设应符合下列规定:

(1)各种水尺断面和流速仪、浮标测流断面,应在两岸分别设立永久性的断面桩;高水位的断面桩应在历年最高洪水位以上0.5~1.0 m处;漫滩较远的河流,可设在洪水边界以外;有堤防的河流,可设在堤防背侧的地面上。

(2)用缆道、桥梁等建筑物测流的测站可不设立。当河面较窄时,可在同一岸设立两个断面标志桩,两桩的间距应为近岸标志桩到最远测点距离的5%~10%,并不得小于5 m。

(3)当潮汐河口站河面较宽时,断面标志应高大、颜色鲜明。

(4)水文测验河段应设立保护标志。在通航河道上,应根据需要设立安全标志。严重漫滩的河流,可在滩地固定垂线上设标志杆,其顶部应高出历年最高洪水位以上。用辐射线或方向线法固定测速、测深垂线的测站,当在岸上设置固定标志时,应使每一辐射线或方向线与测流断面的夹角不小于30°,根据地形条件可按方向线法或辐射线法之一布设标志。同一视线内前后两标志的距离不得小于由近岸标志到固定测速、测深垂线距离的5%~10%,并不得小于5 m。

4.2.5.2　**基线的布设**

基线是测验河段岸上设置的测量线段,在测验河段进行水文测验和断面测量时,用于测角交会法推算测验垂线在断面上的位置(起点距)。基线布设应符合下列要求:

(1)基线桩宜设在基线的起点和终点处,可采用基线起点桩兼作断面桩;高水位的基线桩应设在历年最高洪水位以上。

(2)测站使用经纬仪或平板仪交会法施测起点距时,基线应垂直于断面设置,基线的起点恰在断面上。当受地形条件限制时,基线可不垂直于断面。基线长度的选定,以使断面上最远一点的仪器视线与断面的夹角大于 30°,特殊情况下应大于 15°为原则。

(3)不同水位时水面宽度悬殊的测站,可在岸上和河滩下分别设置高、低水位的基线。

(4)测站使用六分仪交会法施测起点距时,布置基线应使六分仪瞄向基线两端形成视线的夹角大于或等于 30°,小于或等于 120°。基线两端至近岸水边的距离,宜大于交会标志与枯水位高差的 7 倍。当一条基线不能满足上述要求时,可在两岸同时设置两条以上或分别设置高、低水位交会基线。

(5)基线长度应取 10 m 的整倍数,用钢尺或校准过的其他尺往返测量两次,往返测量不符值应不超过 1‰。

4.2.6　断面图

描述断面形态常用起点距和河底高程两个参数,以这两个参数量建立直角坐标系,根据实测的系列起点距和对应河底高程数据,在坐标系内点绘连接可绘制成断面图,断面图在许多业务分析中用途很大。

自然河流的断面一般是不规则形状,计算某高程(水位)下的断面面积,可先将断面按河底地形控制点分成竖向的若干梯形,按梯形面积公式由间距(宽或高)和两边水深的均值之乘积分别计算出各梯形面积,然后累加出全断面面积。河道稳定的断面可水平分层计算面积,再以河底往上逐层顺序累加面积,以此为横坐标、高程(水位)为纵坐标,建立在直角坐标系下的水位面积关系曲线,以备应用。

4.2.7　起点距

在测验断面上,以一岸断面桩为起始点,沿断面方向至另一岸断面桩间任一点的水平距离,称起点距。因此,水文测验中这种宽度测量多称为起点距测量。大断面和水道断面的起点距,一般以高水时设在左岸的断面桩作为起点桩(起算零点)。起点距的测定就是测量各测点距起点桩的水平距离。

起点距的测量可用建筑物标志法,地面标志法,直接量距法,计数器测距法,断面索直接观读法,经纬仪、平板仪、六分仪、极坐标等交会法,也可用测距仪、视距法、定位系统等装置测定。

4.3　河流流速分布的一般规律

4.3.1　垂线上的流速分布

4.3.1.1　水深与相对水深

水体的自由水面到其床面的垂直距离称为水深。从水面算起的垂线上任一点的深度与垂线水深的比值称为相对水深。图中 2-4-3 中,各点位的水深为 h,总水深为 H,其比值 h/H 即为相对水深。

采用相对水深易将不同总水深的流速分布曲线绘制在同一坐标系,开展比较与研究。天然河道中常见的垂线测点流速 v 分布曲线,如图 2-4-3 所示。

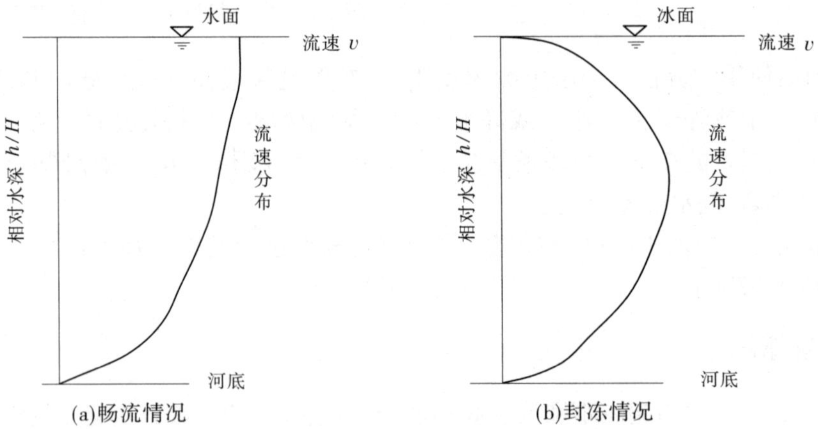

图 2-4-3 河流垂线流速分布曲线示意图

4.3.1.2 垂线流速分布规律

一般情况下,畅流时垂线水面流速最大,河底流速为零,总体垂线流速分布呈一定形状的曲线,如图 2-43(a)所示。封冻的河流,垂线紧邻冰盖的流速和河底流速均为零,总体垂线流速分布呈弓形曲线状,如图 2-4-3(b)所示。潮汐和回水过程的垂线流速分布呈特殊形状的曲线。影响流速曲线形状的因素很多,致使垂线流速分布曲线的形状多种多样。人们总是努力用曲线函数近似描述垂线流速分布,在此列出几种常见的描述垂线流速分布的函数曲线以资了解。

抛物线型

$$v = v_{max} - \frac{1}{2P}(h - h_m)^2 \tag{2-4-2}$$

对数型

$$v = v_{max} + \frac{v_*}{K}\ln\eta \tag{2-4-3}$$

椭圆型

$$v = v_0\sqrt{1 - P\eta^2} \tag{2-4-4}$$

指数型

$$v = v_0\eta^{\frac{1}{m}} \tag{2-4-5}$$

式中 v ——分布曲线上任意一点的流速;

v_{max} ——垂线上的最大测点流速;

v_0——垂线上的水面流速;

v_* ——动力流速;

h ——垂线上的任意点水深；

h_m ——垂线上最大测点流速处的水深；

η ——由河底向水面起算的相对水深；

P ——抛物线焦点的坐标，常数；

K ——卡尔曼常数；

m ——幂指数。

4.3.2　横断面的流速分布

横断面的流速分布一般通过绘制等流速曲线的方法来描述，如图 2-4-4 所示的横断面等流速分布曲线示意图。

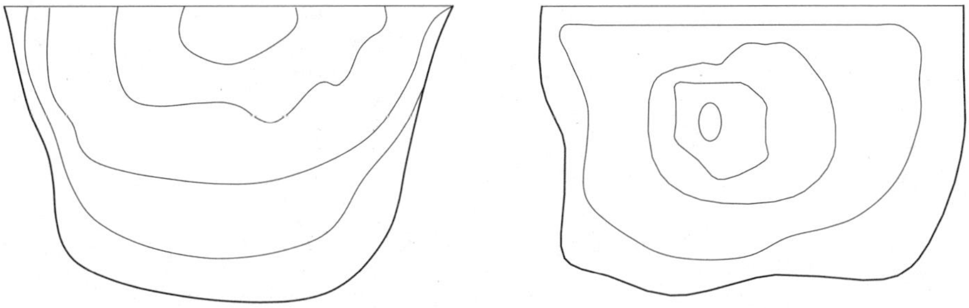

(a)畅流情况　　(b)封冻情况

图 2-4-4　横断面等流速分布曲线示意图

从观测资料分析可知，畅流期断面流速分布状况为：河底与岸坡流速最小（为零），中泓水面流速最大，区间的等流速曲线呈不封闭的环形。封冻期河底、岸坡、冰盖临界流速最小（为零），中泓某水深流速最大，区间的等流速曲线呈封闭的环形。

横断面的流速分布的另一种描述是绘制垂线平均流速沿断面线（河宽）的分布曲线，一般情况下曲线呈弓形曲线状，中泓流速最大，逐步向岸边缩减为零。

4.4　流速面积法测流的基本原理

4.4.1　流速面积法测流原理简介

流速面积法（也称面积流速法）是通过实测断面上的流速和过水断面面积来推求流量的一种方法。设想在水流通过的断面上取微小面积，测量出通过该面积的流速，由流速乘以该微小面积，可得出单位时间内通过微小面积的水体体积，即通过这部分微小面积的部分流量。之所以设想取微小的面积测流速，是认为微小面积上的流速分布可以忽略，测出的就是其面积上的平均流速。如果将过水断面分成许多微小的面积，求得各部分流量，再求其和，就得到通过全断面的流量，这类方法就称为流速面积法测流。另外，根据断面流速分布情况，在断面合适的位置分别测量流速，以一定的规则统计计算断面平均流速，用断面平均流速乘以过水断面面积也可获得流过该过水断面的流量。通过以上分析可知,通过实测断面上的流速和过水断面面积来推求流量的方法称为流速面积法,此法是流量测验中应用最广泛的方法。

4.4.2 流速面积法分类

根据测定流速的方法不同,流速面积法又分为流速仪测流法(简称流速仪法)、测量表面流速的流速面积法、测量剖面流速的流速面积法、测量整个断面平均流速的流速面积法。

第 5 章　河流泥沙测验

5.1　河流泥沙运动的概念与分类

河流泥沙在水流作用下具有两种运动形式：一种是沿河底滑动、滚动或跳跃，称为推移运动，相应的泥沙称为推移质；另一种是被水流挟带随水流悬浮前进，称为悬移运动，相应的泥沙称为悬移质。泥沙的运动形式与水流状况和泥沙粗细有关，简略说来，在一定的水势流速下，相应较细的颗粒成为悬移质，较粗的颗粒成为推移质；对一定的颗粒，流速大成为悬移质，流速小成为推移质。由于天然河道中同一河段流速随时间不断变化，此外，流速也沿程变化，各河段及各时段在流速较小时，细沙也可呈推移形式运动；而流速增大时，粗沙也可转化为悬移质。一些特殊情况，如在流速较大的河段，细沙、粗沙可能都悬浮而无推移；在流速较小的壅水河段，原来处于悬浮状态的泥沙也可转化为推移质，甚至沉降下来，原来处于推移状态的泥沙也可停止运动沉积下来，使全部或上部水流澄清成为不含泥沙的清水。因此，实际情况中推移质和悬移质处于不断调整中，情景甚是复杂。虽然河流泥沙运动状态不能单纯按粒径大小来划分，但总括分析一些一般水力条件下的观测资料，形成的概念是：对于粒径大于 2.0 mm 的砾石和卵石，除在流速特大时，偶尔在近底层悬浮外，一般均呈推移形式运动；对于粒径小于 0.05 mm 的粉沙和黏土，由于它的自重和表面积之比极小，表面力（固体表面接触液体出现的亲和力）大于重力，一般均呈悬浮状态随水流运动；对于粒径为 0.05~2.0 mm 的沙粒，既可推移，也可悬浮，其运动状态取决于泥沙粒径的大小和它所处的水力条件。

河流是水流汇集开拓形成的，一般包括河床（或河道）和水流两部分，水流中的泥沙在流域降水的坡面侵蚀和沟道侵蚀中就有挟带，在河流开拓发育的初期也有泥沙加入。但河流发展到一定时期，河道形成一定规模后，则水流挟带的泥沙有时沉积成为河床，有时水流将河床的泥沙冲挟而成为悬移质或推移质。相对于悬移质和推移质，在水流流动作用下仍停留在河床处于相对静止不动的泥沙称为床沙。

如上理解，河流泥沙有运动与否之分，有悬移质、推移质、床沙之分。由于泥沙运动形式不断调整，有时也使用冲泻质和床沙质两个术语。冲泻质是悬移质泥沙的一部分，它由更小的泥沙颗粒组成，能长期地悬浮于水中而不沉淀，在床沙组成中很少存在，一般认为它来自流域侵蚀过程，在水中的数量多少与来沙条件有关，与河流水流的挟沙能力无关。床沙质在泥沙粒度组成上和河床泥沙粒度组成的相当部分重合一致，在河床床沙组成中大量存在，其运动与否或运动状态和水力条件关系密切，当流速大时，可能成为推移质和悬移质；当流速小时，沉积为床沙。

国际标准（ISO）定义的河流泥沙起源输移分类如图 2-5-1 所示。

从图 2-5-1 中可知，全沙是指通过某一过水断面的全部泥沙。从泥沙向下游输移的

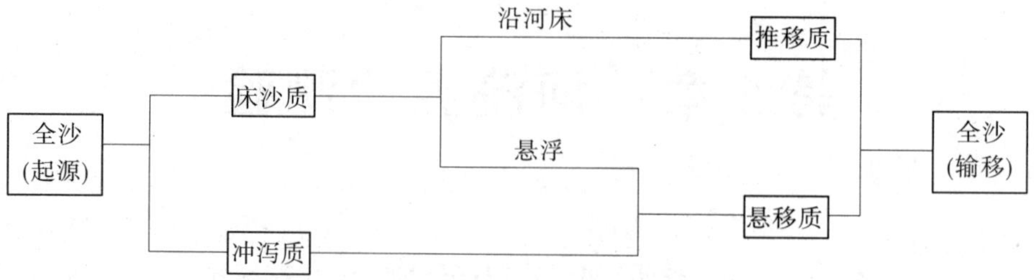

图 2-5-1　河流泥沙起源输移分类

观点讲,全沙包括悬移质和推移质两种;从泥沙来源观点讲,全沙包括床沙质和冲泻质。

5.2　水流挟沙能力的概念

水流挟沙能力是水流能够输移泥沙的能力。在一定水流与河床组成条件下,通常将悬移质中属于床沙部分的饱和含沙量,称为水流挟沙能力。武汉水利电力学院张瑞瑾等分析研究与水流挟沙能力相应的断面平均含沙量,得出

$$\overline{C}_s = K\left(\frac{\overline{V}^3}{g\overline{d}\omega}\right)^m \qquad (2\text{-}5\text{-}1)$$

式中　$\overline{C}_s$ ——与水流挟沙能力相应的断面平均含沙量,kg/m^3;

$\overline{V}$ ——断面平均流速,m/s;

$\overline{d}$ ——断面平均水深,m;

ω ——泥沙沉速,m/s,与泥沙粒径大小和水温有关;

g ——重力加速度,m/s^2;

K、m ——常数,由实测资料推算。

式(2-5-1)属于经验公式且仅适用于天然泥沙。

式(2-5-1)的结构特点表明,河流流速大、泥沙颗粒沉速小、水深浅则挟沙能力强,这与直觉认知相符合。

水流挟沙能力是河流泥沙力学的重要概念,研究者很多,总结的公式也很多,各来自并适应不同的河流条件,统一成普遍使用的公式还比较困难。

对水流挟沙能力适合范围的认知也有不同,有认为水流挟沙能力只限定在悬移质的床沙质,有认为可限定在悬移质,也有认为应包括悬移质和推移质。

水流挟沙能力一般指各级颗粒的沙源均充足的条件下的平衡含沙量,并不代替水流的实际含沙量,各级颗粒的沙源不充足实际会出现"非饱和输沙",条件特殊时也会出现"超饱和输沙"。水流挟沙能力仍是分析河床冲淤或平衡问题的常用概念,如一般认为,当水流挟带的悬移质泥沙超过河段的水流挟沙能力时,这个河段必将发生淤积;反之,则会形成冲刷。

5.3　河流泥沙(悬移质)时空分布的一般规律

5.3.1　河流泥沙变化的影响因素

河流从流域挟带泥沙的多少,与流域坡度、土壤、植被、季节性气候变化、降雨强度以及人类活动等因素有关。河流泥沙随时间的变化,取决于这些因素随时间的不同组合和变化。来源于下垫面条件不同地区河流的洪水,挟带的泥沙将会有显著的差别,人们常说的多沙河流与少沙河流应与流域下垫面状况紧密相关。另外,还有冲积性河流的概念,承水河床由长期冲积的泥沙构成,水流流经这样的河段,常会挟带或沉积大量泥沙。

季节性的气候变化,对河流泥沙的变化也有一定的影响。汛前由于降水少,土壤疏松、干燥、抗冲能力差,因此,初夏洪水常挟带较多的泥沙,反之秋末洪水含沙量常较小。

降雨强度对河流泥沙的影响是雨强大,则侵蚀能力强,从而使河流挟带的泥沙增多。河流输沙量集中在汛期,而且主要集中在几次大洪水过程中,其原因也在于此。

人类活动的结果,将使流域产沙条件发生变化。如修建道路,毁林垦荒,将导致河流泥沙增加;而封山育林,开展水土保持,又可减少河流泥沙;修建水库,常会沉积泥沙。这种影响,将使河流泥沙发生系统性变化。

5.3.2　泥沙的脉动

脉动是忽大忽小不停波动变化的现象。悬移质悬浮在水流中,与流速脉动(紊动)一样,含沙量也存在着脉动现象,而且脉动的强度更大。在水流稳定的情况下,断面内某一点的含沙量是随时在变化的,它不仅受流速脉动的影响,而且还与泥沙特性等因素有关。

推移质的运动形式极为复杂,输移脉动现象比悬移质大得多,受脉动影响,其颗粒大小变化也非常大。

由于脉动,不同瞬时或短历时测量的物理量(如悬移质含沙量)就不稳定,不能反映大的变化趋势,因此,流速、悬移质含沙量、推移质输沙率等水文要素的测量应持续一段时间,最好达一个脉动周期。

5.3.3　悬移质泥沙的垂直分布

悬移质含沙量在垂线上的分布,一般从水面向河底呈递增趋势。含沙量垂向的变化梯度还随泥沙颗粒粗细的不同而异,粒径较细的泥沙,其垂直分布也较均匀,而粒径较粗的泥沙则梯度较大。对于同粒径的泥沙,其垂直分布与流速大小有关,流速大则分布较为均匀,反之则不均匀。

河流泥沙的容重一般为26~27 kN/m^3,比水的容重大。因此,在水流中悬移质必然要受重力作用而下沉,影响泥沙的远距离输送。但泥沙在河流中除受到重力作用外,还受水流的紊动扩散作用。两者共同作用的结果是使悬移质保持悬浮前进的运动状态。在恒定流中，对某一时段的平均情况分析可知，紊动作用沿垂向穿过某一水平面向上的流体数量应等于向下的流体数量，否则连续定律被破坏。但水流中上下各流层中的含沙量是不同的，接近水面的小，靠近河底的大。因此，上下含沙量不均匀，等容积内向上的流体比向下的流体挟带悬移质要多，所以它们的综合效果导致悬移质产生上浮的作用。实际上，水流的紊动作用把悬移质从高含沙区送到低含沙区，使浓度大的变小，浓度小的变大，含沙量的分布变得更均匀些，这种作用称为紊动扩散作用。

悬移质运动是重力作用与紊动扩散作用相互作用的过程。当重力作用超过紊动扩散作用时，泥沙发生淤积；反之，若河床是可冲的，则发生冲刷。当两者作用相当，悬移质由于紊动作用向上运动的数量与受重力作用下沉的数量大致相等时，则水流中时均含沙量将保持不变，河床处于不冲不淤相对平衡状态。但实际上河床通常处于冲淤不平衡状态，而平衡状态是暂时的。重力作用的强弱与悬移质粒径大小和密度有关，粒径和密度愈大，沉速愈大，重力作用愈强。紊动扩散作用的强弱与水流垂直方向紊动强度、悬移质在垂线上分布不均匀性（含沙量梯度）等有关，紊动强度大、含沙量梯度大，紊动扩散作用愈强。另外，对于小颗粒泥沙其表面黏性力及浮力较大，与重力相比就不可忽略。悬移质沿垂线的分布规律，一般是由水面向河底逐渐增大，可用紊动扩散理论分析其分布规律。该理论的基本点是：当液体内不同部位存在某种物质的浓度差异时，则此种物质将从浓度大的一方向浓度小的一方扩散，单位时间通过单位面积的扩散量，即扩散强度与浓度梯度成正比，等于浓度梯度与扩散系数的乘积。

5.3.4 悬移质泥沙的横向分布

含沙量的横向分布形式与河床性质、断面形状、河道形势、泥沙粒径以及上游来水情况等多项因素有关。

根据水流挟沙能力概念，由于悬沙中的冲泻质沉速极小，水流对这种泥沙的挟带能力很强，因此它的含量常处于不饱和状态。其结果是：悬移质中的冲泻质含沙量与水力因素的关系不密切，横向分布较均匀。悬移质中的粗沙（床沙质）含沙量与水力条件有密切关系，流速较大的垂线，挟沙能力较强，流速较小的垂线，挟沙能力较弱，含沙量的横向分布与断面形状和流速的横向变化具有一定相应性。但当含沙量与水力因素关系不密切的冲泻质占悬移质的大部分时，悬移质横向变化常较流速横向变化为小。

对于卵石河床，其断面比较稳定，形状无大变化，流速一般较大，悬移质的挟沙能力处于不饱和状态，因此含沙量横向分布比较稳定、均匀。至于冲积性河道，由于断面经常变化，特别是游荡性河流，主泓摆动频繁，因而含沙量横向分布常较复杂。

含沙量横向分布与河段形势有关。顺直段较长的河段，主泓稳定，含沙量横向分布一般也比较稳定；而位于弯曲段的测验断面，由于河段流向随水位而变化，因此含沙量横向分布常随水位升降而呈周期性变化。

断面上游不远处若有支流汇入，含沙量横向分布还会随支流来水来沙而有一定变化。

5.4　含沙量、输沙率的概念

5.4.1　含沙量

含沙量是度量浑水中泥沙所占比例的概念,最常见的是质量体积比(也称混合比)含沙量,即用浑水中泥沙质量与浑水体积的比例来表达含沙量,一般将计算结果表述为"单位体积浑水内所含(悬移质)干沙的质量称为含沙量",通常的符号为 S 或 C 或 C_s,计量单位为 kg/m^3 或 g/L 及 g/m^3 或 mg/L 等。

这种表述也提供了含沙量的一种测算方法,即若在浑水水流中取得一个水样,测量得其体积为 V_{hs},泥沙质量为 W_s,则水样的含沙量可由式(2-5-2)求出

$$S = \frac{W_s}{V_{hs}} \tag{2-5-2}$$

含沙量的另外两种表达是:"单位体积浑水内所含悬移质泥沙的体积称为体积比含沙量",通常的符号为 S_V;"单位质量浑水内所含悬移质干沙的质量称为质量比含沙量",通常的符号为 S_W。这两种表达的特点是无量纲单位,在有些理论研究中使用比较方便。

借助水的密度 γ_w、干沙的密度 γ_s 可以推出上面几种含沙量表述的换算关系

$$S = \gamma_s S_V = \frac{\gamma_w S_W}{1 - (1 - \gamma_w/\gamma_s)S_W} \tag{2-5-3}$$

$$S_V = \frac{S}{\gamma_s} = \frac{\gamma_w S_W}{\gamma_s - (\gamma_s - \gamma_w)S_W} \tag{2-5-4}$$

$$S_W = \frac{S}{\gamma_w + (1 - \gamma_w/\gamma_s)S} = \frac{\gamma_s S_V}{\gamma_w + (\gamma_s - \gamma_w)S_V} \tag{2-5-5}$$

从上面的几种表述可知,在河流泥沙中含沙量的概念一般限定在悬移质,推移质和床沙无含沙量的说法。

含沙量和特定因素或条件组合及进行统计计算会衍化出很多与含沙量关联的概念术语,如考虑空间位置的测点含沙量,垂线平均含沙量、断面平均含沙量及单样含沙量,时间统计的日(月、年)断面平均含沙量等。在河流输沙测算研究中还有考虑流速的输移含沙量。

5.4.2　输沙率

单位时间内通过河流某一断面的泥沙质量称为输沙率,有悬移质输沙率、推移质输沙率和全沙输沙率等具体的概念术语,床沙不参与输移,故无床沙输沙率的说法。

输沙率通常的符号为 Q_s、q_s,单位为 g/s 或 kg/s 或 t/s 等。

某断面悬移质输沙率 Q_s、断面平均含沙量 S 和流量 Q 的基本关系式为

$$S = \frac{Q_s}{Q} \tag{2-5-6}$$

对于一次断面悬移质泥沙测验,若将测算的目标量确定为断面平均含沙量,经典的测

验方法是所谓“输沙率法”。基本做法是，根据一般的断面流速、含沙量分布不均匀的特点，在断面布置测验垂线，在垂线选择测点，测验（测定）各点含沙量，通过对断面各点含沙量和所代表的流量（流速、面积等因素）区域计算部分输沙率，继之统计出全断面的输沙率 Q_s，进而由式(2-5-6)计算断面平均含沙量 S。“输沙率法”推算的断面平均含沙量考虑了区域流量（流速、面积等因素），符合部分流量加权原理。在此基础上衍生出许多断面平均含沙量 S 的测算方法，也可试验研究新的方法，《河流悬移质泥沙测验规范》（GB/T 50159—2015）要求“采用不同的悬移质输沙率测验方法测定断面平均含沙量，均必须符合部分流量加权原理和精度要求”。

推移质泥沙测取过程中，可以将水、沙分离，在测验位置测算得到的一般是“单宽输沙率”，进而统计计算全断面输沙率。

第6章 水质采样

6.1 水质、水污染的基本概念

6.1.1 水质

水质是水体质量的简称。它标志着水体的物理(如色度、浊度、臭味等)、化学(无机物和有机物的含量)和生物(细菌、微生物、浮游生物、底栖生物)特性及其组成的状况。为评价水体质量的状况,规定了一系列水质参数和水质标准,如生活饮用水、工业用水和渔业用水等水质标准。

天然水评价指标一般为色、臭、味、透明度、水温、矿化度、总硬度、氧化—还原电位、pH、生化需氧量和化学需氧量等。天然水中的大气降水水质与当地的气象条件和降水淋溶的大气颗粒物的化学成分有关;地表水水质与径流流程中的岩石、土壤和植被有关;地下水水质主要与含水层岩石的化学成分和补给区的地质条件有关。

6.1.2 水污染

水污染是指水体因某种物质的介入,而导致其化学、物理、生物或者放射性等方面特性的改变,从而影响水的有效利用,危害人体健康或者破坏生态环境,造成水质恶化的现象,通俗地讲,水污染也可认为是水中有害物质含量过高造成水的使用价值降低或丧失。水污染主要体现在污水中的酸、碱、氧化剂,以及含铜、镉、汞、砷等的化合物,苯、酚、二氯乙烷、乙二醇等有机毒物,会毒死水生生物,影响饮用水源、风景区景观。污水中的有机物被微生物分解时消耗水中的溶解氧,影响鱼类等水生生物的生命,水中溶解氧耗尽后,有机物进行厌氧分解,产生硫化氢、硫醇等难闻气体,使水质进一步恶化。

水污染主要由人类活动产生的污染物造成,它包括工业污染源、农业污染源和生活污染源三大部分。工业污染源是指工业企业排出的生产过程中使用过的废水,具有量大、面广、成分复杂、毒性大、不易净化、难处理等特点。农业污染源包括牲畜粪便、化肥、农药、除草剂等。牲畜粪便、化肥中流失的氮、磷、钾等营养元素,随表土流入江河、湖泊(水库),会导致江河、湖泊(水库)受到不同程度的富营养化污染,造成藻类以及其他生物异常繁殖,引起水体透明度和溶解氧的变化,从而致使水质恶化。生活污染源主要是城市生活中使用的各种洗涤剂和污水、垃圾、粪便等,多为无毒的无机盐类,生活污水中含氮、磷、硫多,致病细菌多。

污水进入河流,会造成河流污染。河流污染水体被引用为生活用水,人就会直接受危害;被引用灌溉作物,会污染土壤,进入作物体,人类食用作物也会受到危害。可见,河流水质监测和河流水污染防治是事关人类生命健康的重要公益事业。

6.2 水质采样安全防护知识

6.2.1 水质采样

为检验各种规定的水质特性，从水体中采集具有代表性水样的过程称水质采样。水质采样时需要使用水质采样器。

6.2.2 水质采样器

水质采样器是采集水质样品的一种器具，有人工采样器和自动采样器两类。人工采样器的材料必须对水样的组成不产生影响，且易于洗涤，后继使用要求对先前的样品不能有任何残留。自动采样器一种是适合于与流量成比例的戽斗式采样器；另一种是适合于废水水流频繁采样要求的管式采样器，其探测设备由装置在不同高度上的几根管子操作，以便调整废水水流的流量变化。

水质贮样容器要选性能稳定、杂质含量低的材料制成的容器，如聚乙烯和硼硅玻璃材质的容器是常规监测中广泛使用的，也可用石英或聚四氟乙烯制成的容器。水质贮样容器使用的基本要求是不能或不易吸附待测组分。

6.2.3 安全防护知识

（1）水上作业必须穿救生衣或戴救生圈。

（2）采集水质污染水样，应根据可能的污染物和污染程度，采取全面防护和专门防护器具，如防护服、防护眼镜、防护口罩、防护手套、防护鞋等，肌肤不直接接触污染水，必要时可加长采样器具的杆柄或改用自动器械采样。

（3）在桥上采样时，应在人行道上作业，防止发生事故，如果因采样作业干扰交通，应在桥上设置有人作业显示标志。

（4）在通航河流的桥上采样时，应注意来往船只和航行安全。

（5）在船上采样必须有两人以上，船要有良好的稳定性，采样过程中，船要悬挂信号旗，以示采样工作正在进行中，防止商船和捕捞船只靠近。测船驾驶人员必须经过专门培训合格方能上岗，并按照水中安全规则与规定作业，测船严禁超载。在较小河流中用橡皮船采样时，应有安全绳系在河岸坚固的物体上，船上还须有人拉绳随时做好保护。

（6）需要涉水采样时，应有两人以上同时进行作业，采样前应用探深杆对水深进行探测，水深达到大腿处时，不得涉水采样。冬季需要破冰采样时，应预先检查冰层的位置和范围并做好标识，行走和采样时应有专人做监视。

（7）利用酸或碱来保存水样时，应戴上手套、保护镜，穿防护服，谨慎操作，避免烟雾吸入或直接与皮肤、眼睛及衣服接触。

（8）酸碱保存剂在运输期间，应妥善贮存，防止溢出。若发生溢出，应立即用大量的清水冲洗稀释或用化学物质中和。

第7章　地下水及土壤墒情监测

7.1　地下水基本知识

7.1.1　地下水的概念

地下水是指广泛埋藏于地表以下,存在于地壳岩石孔隙裂隙或土壤空隙中的各种状态的水,即埋藏在地表以下各种形式的重力水。

7.1.2　地下水的来源与补给

地下水的来源有降水渗入地下(渗入水)、水汽进入地下后凝结(凝结水)、岩浆中分离出来的气体冷凝(初生水)、与沉积物同时生成或海水渗入到原生沉积物的孔隙中而形成(埋藏水)等。

地下水的补给主要有降水入渗补给、灌溉水入渗补给、地表水补给、越流补给和人工补给等。

7.1.3　地下水分类

按起源不同,可将地下水分为渗入水、凝结水、初生水和埋藏水;按矿化程度不同,可分为淡水、微咸水、咸水、盐水、卤水;按含水层性质分类,可分为孔隙水、裂隙水、岩溶水;按埋藏条件不同,可分为上层滞水(包气带水)、潜水、承压水。

(1)上层滞水指埋藏在离地表不深的包气带中局部隔水层之上的重力水,其动态变化与气候、水文因素的变化密切相关,一般雨季出现,干旱季节消失。

(2)潜水指埋藏在地表以下第一个稳定隔水层以上具有自由水面的重力水,一般在第四纪松散沉积物的孔隙及坚硬基岩风化壳的裂隙、溶洞内多有存在,通常所见到的地下水多半是潜水,当潜水流出地面时就形成泉。

(3)承压水指埋藏并充满两个稳定隔水层之间的含水层中的重力水,承压水不具有潜水那样的自由水面和重力作用下的自由流动,而是在静水压力的作用下以水交替的形式进行运动,动态变化不显著,当上覆的隔水层被凿穿时,水能从钻孔上升或喷出。上层滞水和潜水基本由当地水入渗补给,而承压水补给区与分布区常不一致。

藏于地表以下第一个稳定隔水层之上具有自由水面的潜水,也称浅层地下水,是地质结构中位于第一透水层中、第一隔水层之上的地下水,也指具有自由水面的潜水和与潜水有较密切水力联系的弱承压水。浅层地下水与地表降水有直接联系,由大气降水、地表径流渗入形成,埋藏浅,更新较快,水质较差,水质与水量均受降水和径流影响。

地下水资源是指浅层地下水中参与水循环且可以更新的动态水量,可用多年平均年补给量(包括井灌回归补给)表示。

7.2　地下水位监测

地下水位指的是地下含水层中水面的高程。

地下水位监测通常在测井中实施,应在井口固定点或附近地面设置水准点,以不低于水文五等水准测量标准接测水准点高程。手工法测水位时,用布卷尺、钢卷尺、测绳等测具测量井口固定点至地下水水面竖直距离,井口固定点高程减去该距离即为地下水位。有条件的地区,可采用自记水位计或地下水多参数自动监测仪器进行水位监测。同一水文地质单元的水位监测井群,各井监测日期及时间应尽可能一致。

与地下水有水力联系的地表水体的水位监测,应与地下水位监测同步进行。

7.3　土壤墒情的概念

7.3.1　墒情与湿度

墒指土壤的湿度,土壤墒情指土壤干湿程度的情况。土壤湿度受大气、土质、植被等条件的影响。土壤湿度大小影响田间气候、土壤通气性和养分分解,是土壤微生物活动和农作物生长发育的重要条件之一。

土壤为固相骨架、水、空气组合的三相体,在野外判断土壤湿度通常用手感来鉴别,一般分为四级。一级是“湿”,用手挤压土壤时能从中流出水;二级是“潮”,土壤放在手上留下湿的痕迹,可搓成土球或土条但无水流出;三是“润”,土壤放在手上有凉润感觉,用手压会稍留印痕;四是“干”,土壤放在手上无凉快感觉,黏土成为硬块。

7.3.2　含水率与含水量

土壤湿度即土壤的干湿程度,是土壤含水造成的,可用含水量的科学概念表示。一种含水量的表达是指 100 g 烘干土中含有水分的质量数值,称绝对含水量。但一般多用土壤中所含水分的质量与烘干土质量的比值的百分数表示,称土壤质量含水率(也称土壤质量含水量或土壤重量含水量),计算为“土壤质量含水率 = 水分质量/烘干土质量×100%”。也可用土壤中水的体积与土壤烘干密实总体积之比表示含水量,称为土壤容积含水率(也称土壤体积含水量)。对一定的土壤结构,土壤容积含水率与土壤质量含水率之间可以通过下式换算

$$\theta = \gamma_0 \omega \tag{2-7-1}$$

式中　θ——容积含水率;

γ_0——土壤干密度;

ω——土壤质量含水率(%)。

含水量还可以用土壤含水量相对于饱和含水量的百分比,或相当于田间持水量的百分比等相对概念表达,称相对含水量。

饱和含水量是土壤中所有空隙均被水充满时的土壤含水量。

田间持水量是土壤中毛细管悬着水达到最大时的土壤含水量,它是不受地下水影响条件下土壤在自然状况下能保持水分的最高数值。若向土壤补充的水超过田间持水量,则超过部分将不能为土壤保持而以自由重力水形式下渗。田间持水量是对作物有效的最高土壤水含量,且被认为是一个常数,常用来作为灌溉上限和计算灌水定额的指标。但田间持水量是一个理想化的概念,严格来说不是一个常数。虽在田间可以测定,但却不易再现,且随测定条件和排水时间而有相当的出入,故至今尚无精确的仪器测定方法。

土壤含水量小于适宜土壤含水量时为缺水,也称脱墒。土壤含水量小于凋萎含水量时为受旱。适宜土壤含水量和凋萎含水量对特定的作物或条件等是不同的,因此脱墒和受旱并无常数指标值。

从以上有关叙述中可知,土壤含水量是一个较为宽泛的概念,但也蕴含有一定或单位土壤体积含有水量的意义;土壤含水率则是归一化了的较严格概念。工程中土壤含水量和土壤含水率两个概念有时通用或同用。

称量法,也称烘干法,是唯一可以直接测量土壤含水量的方法,也是目前国际上的标准方法。土壤含水量常用的监测方法还有张力计法、电阻法、中子法、γ 射线法、驻波比法、时域反射法及光学法等,其都是间接测量方法。

第 8 章　水文情报预报

8.1　水文情报的概念

8.1.1　水文情报

“情报”的词义是指带有机密性的信息。水情的概念通常是指由水文测站观测获得的河流、湖泊、水库、渠道和其他水体水文要素的情势变化信息。水文情报包括水情信息和报告两层含义,不进行报告的信息不属于水文情报。水文情报也专指为防汛、抗旱、水资源管理等特定任务需要而有选择地收集、整理、分析、发送的水文信息。从水文要素的范围和空间分布来看,水情信息只是根据需要方提出的需求,由搜集方在可能条件下从整个水文信息中选择的一部分,领导部门一般根据需要与可能统一安排所管理测区由哪些测站在什么条件向哪些单位报告哪些水文项目(要素),需要水文情报的单位部门安排专门岗位或人员负责接收情报。

8.1.2　水文情报的特点

一般情况下,测站应按任务书规定开展水文情报工作;特殊情况下,基层水文测验单位若发现突发水文事件,应迅速报告直接或相关领导机构。

水情信息报告和传递必须迅速、准确,以能及时为防洪、防凌、抗旱和充分利用水资源决策提供信息。

必要时,部分水文信息按规定应予以保密。

8.2　水文信息传输的主要方式

信息传输是将命令或状态信息从一端传送到另一端,信息系统一般包括传送端(信源)、信道和接收端(信宿)三部分。按照传输信道介质可将信息传输系统分为有线和无线两种,有线一般用电缆(线)、光缆等传输,无线是利用电波传输,其实两种方式可接续配合应用。传送端、接收端以及中继可以用电话、电台、中继站、卫星、计算机网络等。

水文信息传输可以建设专用系统,也可借用公共通信系统。移动通信技术和局域网、广域网系统目前在水文信息传输中应用较广。水文自动测报系统是通过应用遥测、通信和计算机等先进技术来实现水文数据自动采集、传输、处理和预报的现代化水文信息系统。各类系统都应保证相当的可靠性及传送速度。

水文信息传输要按照《水文信息编码标准》(SL 330—2018)的方法整理水文数据,接收到水文信息后要翻译成水文数据常规格式及注记提供使用。

8.3　水文预报的概念

8.3.1　基本概念

水文预报是根据前期或现时水文气象资料，运用水文学、气象学、水力学的原理和方法，在研究水文现象变化规律的基础上，对某一水体、某一地区或某一水文站未来一定时间内的水文情势做出定性或定量的预测。

8.3.2　分类

水文预报根据采用的方法一般分三类：第一类是根据水文现象形成和演变的基本规律，充分分析历史资料，建立预报要素与前期水文气象要素之间关系的经验和半经验方法；第二类是根据预报要素形成和演变的物理机制与影响因素的关系，建立具有一定预见期的水文模型法；第三类是应用概率论和数理统计的原理、方法，从大量历史水文气象资料中寻求水文要素演变的随机现象的统计预报方法。

水文预报根据预见期的长短可分为四类：预见期小于 3 d 的称短期预报；预见期在 4~10 d(或 15 d 以内)的称中期预报；一般认为预见期在 15 d 以上、1 年之内的为长期水文预报；预见期在 1 年以上的称超长期水文预报。

8.3.3　水文预报的主要内容

水文预报的内容比较广泛，如预报河流、湖泊、水库等汛期洪水的洪峰水位、最大流量，以及洪水水位、流量过程；预报枯季水位、流量和河网蓄水量的变化；预报水体冻结和消融过程的流冰、封冻、解冻日期等控制节点和封冻冰厚等特征数据，还有入海河口风暴潮预报、河流含沙量和水库泥沙冲淤情况的预报等。

8.3.4　水文预报的程序与作用

按照预报方法和掌握的资料，可以制作预报方案。实施预报时，将已知的前期有关数据整理分析后，根据预报方案进行处理和演算，获得预报结果。方案给出的预报结果，还要经过研讨、协商、审查等缜密环节才能发布。

水文预报的成果可为防洪、抗旱、水资源合理利用、水利水电工程施工及管理运行、国防事业建设等提供依据。水文站根据上游有关测站的水文情报做出本站的洪水情势预报，对指导本站测验洪水作用很大，应予以重视。

第 9 章　水文测量

9.1　水文测量的概念与主要仪器

9.1.1　水文测量的概念

水文测量是指水文业务中开展的高程测量、断面测量和地形测量。

测量学是研究地球的形状和大小以及确定地面点位(包括平面位置和高程)的科学。测量工作主要是确定地面点的点位。地面点的位置可以用它的平面直角坐标和高程来确定。测定地面点平面直角坐标的主要测量作业是测量水平角和水平距离。测定地面点高程的主要作业是测量高差。高差测量、水平角测量、水平距离测量是确定地面点位置的三个基本作业。

9.1.2　水文测量的特点

(1)在水文测站设立、测验断面测量、地形测量、水库库容测量、河道的冲淤变化监测、流量测验及水文调查等水文测量外业工作中应用广泛。

(2)在高程测量方面有专门要求。

(3)测站地形图测绘面积较小且独立。

(4)普通测绘仪器和现代化先进仪器并用。

(5)测量作业区域相对固定。

(6)部分测量工作仅在规定专用项目中开展。

9.1.3　使用的主要仪器

水文测量使用的主要仪器有水准仪(包括水准尺)、经纬仪、全站仪、全球卫星导航系统等。另外,还有平板仪(测角)、测距仪、罗盘等仪器。

9.1.3.1　水准仪

水准仪是为水准测量提供水平视线的仪器,在水准尺的配合下实现水平测量。我国水准仪按仪器精度分,有 DS_{05}、DS_1、DS_3、DS_{10} 等四种型号的仪器。D、S 分别为“大地测量”和“水准仪”的汉语拼音第一个字母,数字 05(0.5)、1、3、10 表示该仪器的精度,即每千米往、返测高差的中误差(mm)限值。如 DS_3 型水准仪,表示该型号仪器进行水准测量每千米往、返测高差的中误差可达±3 mm 。DS_{05}、DS_1 型水准仪适用于精密水准测量,也称精密水准仪,DS_3、DS_{10} 型水准仪适用于普通水准测量,也称普通水准仪。

水准仪主要构件有望远镜、水准器、基座(包括垂直轴、脚螺旋)等。望远镜用来精确瞄准远处目标并对水准尺进行读数;水准器是用以整平仪器的器具,分为管水准器和圆水准器两种;基座主要由轴座、脚螺旋、底板和三脚压板构成,其作用是支承仪器的上部,并通过连接螺旋与三脚架连接。圆水准器装在水准仪基座上,转动脚螺旋,可使圆水准气泡居中,用于粗略整平。测量的配套工具有水准尺和尺垫等,水准尺是材料优良标度的尺具。

水准仪按产生水平视线的方式,分为微倾水准仪和自动安平水准仪,按读数方式,可分为光学水准仪和电子水准仪(又称数字水准仪)。图 2-9-1 是 S_3 型微倾水准仪的结构示意图,可资了解水准仪的主要部件和结构。该类型水准仪的使用步骤大致为,①安置:从仪器箱中取出水准仪,安放在三脚架头上,搬动到测站位置,高度调整适中;②粗平:调整脚螺旋使圆水准器气泡居中,粗略整平仪器(与竖轴大致铅垂);③瞄准:对准目标水准尺,旋转物镜调焦螺旋使水准尺成像清晰;④精平:用微倾螺旋调整水准管气泡居中,使仪器视线达到精平;⑤读数:转动微倾螺旋,使水准管的气泡精确居中,然后立即利用十字丝中横丝读取标尺上数值,一般情况下,水准仪的望远镜是倒像,与水准尺倒写的数字配合从望远镜中看到的是正写的数字,同时看到尺上刻划的注记是从上向下递增的,因此读数应由上向下读,并按 m、dm、cm 及 mm,一次读出四位数。

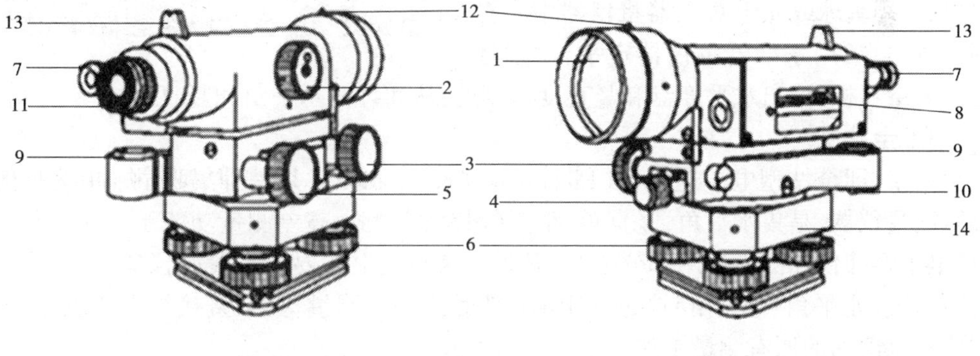

1—物镜;2—物镜调焦螺旋;3—微动螺旋;4—制动螺旋;5—微倾螺旋;6—脚螺旋;
7—管水准气泡观察窗;8—管水准器;9—圆水准器;10—圆水准器校正螺钉;
11—目镜;12—准星;13—照门;14—基座

图 2-9-1　S_3 型微倾水准仪的结构示意图

自动安平水准仪特点是:在使用时,只要用圆水准器粗略整平仪器后,借助于设在仪器内的一整套垂直(水平)调整和光学自动补偿装置,就能使仪器的视准轴自动位于水平位置。

激光水准仪是在原来水准仪结构的基础上,安装发射激光光束的发射器,仪器将激光器发出的激光束导入望远镜筒内,沿视准轴方向射出水平激光束,在水准标尺上配备能自动跟踪的光电接收靶,代替人工读数,进行水准测量。

数字水准仪是在仪器望远镜光路中增加了分光镜和光电探测器等部件,采用条形码分划水准尺和图像处理电子系统,构成光、机、电及信息存储与处理的一体化水准测量系统。数字水准仪采用自动电子读数代替人工读数,基本不存在读错、记错等问题,没有人为读数误差;多条码(等效为多分划)测量,削弱标尺分划误差,自动多次测量,削弱外界环境变化的影响;速度快、效率高,实现自动记录、检核、处理和存储,可实现水准测量从外业数据采集到最后成果计算的内外业一体化。

9.1.3.2 **经纬仪**

经纬仪是用于角度测量的仪器。其主要构件有望远镜、水准器、基座、水平度盘、竖直度盘等，望远镜、水准器、基座的功能同水准仪，水平度盘、竖直度盘分别标度水平角和竖直角的分划。仪器上的望远镜不仅可以在水平面内转动，而且还能在竖直面内转动。

根据度盘刻度和读数方式的不同，经纬仪分为游标经纬仪、光学经纬仪和电子经纬仪。光学经纬仪按测角精度，分为 DJ_{07}、DJ_1、DJ_2、DJ_6 和 DJ_{15} 等不同级别。其中，“DJ”分别为“大地测量”和“经纬仪”的汉字拼音第一个字母，下标数字 07(0.7)、1、2、6、15 表示仪器测角的精度等级，即一测回方向观测中误差的秒数。图 2-9-2 是 DJ_6 型一款光学经纬仪影像图，可概略了解经纬仪的主要部件和结构。

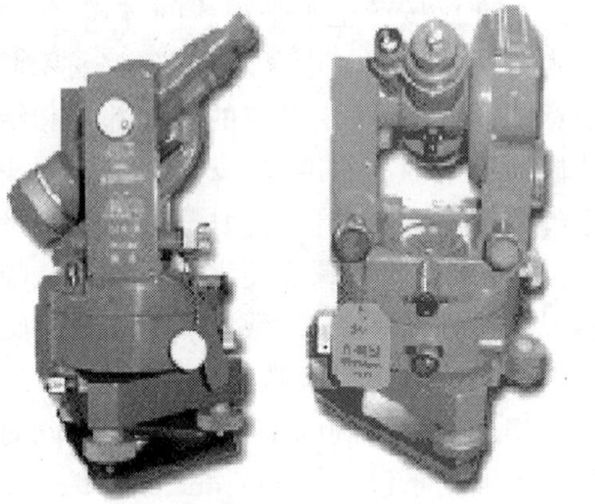

图 2-9-2 DJ_6 型一款光学经纬仪影像图

测量时，将经纬仪安置在三脚架上，到测站位置后，用垂球或光学对点器将仪器中心对准地面测站点，用水准器将仪器定平，用望远镜瞄准测量目标，读出水平度盘和竖直度盘刻度，从而计算水平角和竖直角。

9.1.3.3 **全站仪**

全站仪，即全站型电子速测仪(Electronic Total Station)，是一种集光、机、电为一体的高技术测量仪器，是集水平角、竖直角、距离(斜距、平距)、高差测量功能于一体的测绘仪器，由电子经纬仪和测距仪两部分组成，只要在测站点上按要求安置好仪器，它就可以同时进行角度(水平角、竖直角)测量和距离(斜距、平距)测量，甚至直接给出测点坐标，即可以完成该测站的所有测量工作。

全站仪主要由电源、测角、测距、中央处理器(CPU)、输入、输出几部分组成。测角部分相当于电子经纬仪，可以测定水平角、竖直角和设置方位角。测距部分相当于电磁波测距仪，一般用红外光源测定至目标点的斜距，并可根据所测竖直角计算平距及高差。中央处理器接受指令，分配各种观测作业，进行测量数据的运算。一般情况下，全站仪具有观测值的各种改正、取各次观测值的平均值、极坐标法或交会法的坐标计算功能。输入、输出部分包括键盘、显示屏和接口。从键盘可以输入操作指令、数据和设置参数；显示屏可以显示出仪器当前的工作模式、状态、观测数据和运算结果；接口使全站仪能与磁卡、磁盘、微机交互通信，传输数据。野外的测量数据可以直接传入计算机，进行计算、编辑和绘图。同时，测量作业所需要的已知数据可以从计算机中输入全站仪。这样，不仅提高了野外测量的工作效率，而且可以实现整个测量作业的高度自动化。

全站仪的基本操作与使用方法根据目的和用途而有所不同，但主要步骤有设站对点，设定测站点的三维坐标、量仪器高、量棱镜高并输入全站仪软件系统，设置棱镜常数，设置大气改正值或气温、气压值等；然后照准目标按下测记按钮(测两目标水平夹角，照准测量第一个目标 *A* 后，再照准测量第二个目标 *B*)。

9.1.3.4　全球卫星导航系统(GNSS)

全球卫星导航系统(Global Navigation Satellite System,GNSS)是能在地球表面或近地空间的任何地点为用户提供全天候的三维坐标的空基无线电导航定位系统。全球卫星导航系统泛指所有的卫星导航系统,包括美国的 GPS、俄罗斯的 Glonass、欧洲的 Galileo、中国的北斗卫星导航系统,以及相关的增强系统,如美国的 WAAS(广域增强系统)、欧洲的 EGNOS(欧洲静地导航重叠系统)和日本的 MSAS(多功能运输卫星增强系统)等。下面以 GPS 为例介绍全球卫星导航系统。

1. 空间部分

GPS 的空间部分由 24 颗卫星(21 颗工作卫星,3 颗备用卫星)组成,它位于距地表 20 200 km 的上空,均匀分布在 6 个轨道面上(每个轨道面 4 颗),轨道倾角为 55°。卫星的分布使得在全球任何地方、任何时间都可观测到 4 颗以上的卫星,并能保持良好定位解算精度的几何位置。这就提供了在时间上连续的全球导航能力。GPS 卫星产生两组电码,一组称为 C/A 码(Coarse/ Acquisition Code,11 023 MHz),一组称为 P 码(Precise Code, 10 123 MHz),P 码频率较高、不易受干扰、定位精度高,因此受美国军方管制,并设有密码,一般民间无法解读,主要为美国军方服务。C/A 码精度较低,主要开放给民间使用。

2. 地面控制部分

地面控制部分由一个主控站、5 个全球监测站和 3 个地面控制站组成。监测站均配装有精密的铯钟和能够连续测量到所有可见卫星的接收机。监测站将取得的卫星观测数据,包括大气层的气象数据,经过初步处理后,传送到主控站。主控站从各监测站收集跟踪数据,计算出卫星的轨道和时钟参数,然后将结果送到 3 个地面控制站。地面控制站在每颗卫星运行至上空时,把这些导航数据及主控站指令注入卫星。这种注入对每颗 GPS 卫星每天一次,并在卫星离开注入站作用范围之前进行最后的注入。如果某地面站发生故障,那么在卫星中预存的导航信息还可用一段时间,但导航精度会逐渐降低。

3. 用户设备部分

用户设备部分即 GPS 信号接收机。其主要功能是能够捕获到按一定卫星截止角所选择的待测卫星,并跟踪这些卫星的运行。当接收机捕获到跟踪的卫星信号后,就可测量出接收天线至卫星的伪距离和距离的变化率,解调出卫星轨道参数等数据。根据这些数据,接收机中的微处理计算机就可按定位解算方法进行定位计算,计算出用户所在地理位置的经纬度、高度、速度、时间等信息。接收机硬件和机内软件以及 GPS 数据的后处理软件包构成完整的 GPS 用户设备。GPS 接收机的结构分为天线单元和接收单元两部分。接收机一般采用机内和机外两种直流电源。设置机内电源的目的在于更换外电源时不中断连续观测,在用机外电源时机内电池自动充电。关机后,机内电池为 RAM 存储器供电,以防止数据丢失。目前,各种类型的接收机体积越来越小,重量越来越轻,便于野外观测使用。

GPS 信号接收机技术开发与解算能力不断增强,应用领域不断拓广,使用技能不断成熟,在水文测验和水道地形测量中已广泛应用。

4. GPS 测量定位基本原理

用户用 GPS 接收机在某一时刻同时接收到三颗以上的 GPS 卫星信号，测量出测站点(接收机天线中心) P 至三颗以上的 GPS 卫星距离，并解算出该时刻 GPS 卫星的空间坐标，据此利用距离后方交会法解算出测站 P 的位置。设时刻 t_i 在测站点 P 用 GPS 接收机同时测得 P 点至三颗 GPS 卫星 S_1、S_2、S_3 的距离 ρ_1、ρ_2、ρ_3，通过 GPS 电文解译出该时刻三颗 GPS 卫星的三维坐标分别为 (X^j, Y^j, Z^j) $(j=1,2,3)$。用距离后方交会法求解 P 点的三维坐标 (X, Y, Z) 的观测方程为

$$\left.\begin{aligned}\rho_1^2 &= (X - X^1)^2 + (Y - Y^1)^2 + (Z - Z^1)^2\\\rho_2^2 &= (X - X^2)^2 + (Y - Y^2)^2 + (Z - Z^2)^2\\\rho_3^2 &= (X - X^3)^2 + (Y - Y^3)^2 + (Z - Z^3)^2\end{aligned}\right\} \tag{2-9-1}$$

同时刻接收到三颗以上 GPS 卫星的信号，可组成多组的如上方程组，解算出多组 (X, Y, Z) 坐标，采取进一步处理，获得更好成果。

9.2 水准测量的概念

水准仪的基本功能是在仪器按要求整平后提供一个扫描水平面，在水准尺的配合下，可扫描不同位置水准尺同一水平面与立尺点的高差尺寸，若准确知道该水平面的高程等均由该高程减去各位置的高差尺寸，即可算出各位置的高程，此法称为“仪高法”；其实在不知道水准仪扫描水平面高程的情况下，在地面两点间安置水准仪，观测竖立在两点上的水准标尺读数，测定地面两点同一水平面与立尺点的高差尺寸后，也可由这两个高差尺寸相减而得出两点之间的高差数值，此法称为“高差法”。一般情况下，水准测量多用高差法作业。通常受仪器有效视距的限制，常由水准原点或任一已知高程点出发，沿选定的水准路线顺序设置测量站点，逐站逐点测定前进方向各点与后点的高差，由高差累计值加起始原点的高程，推算出目标点的高程。沿水准路线的水准测量如图 2-9-3 所示。

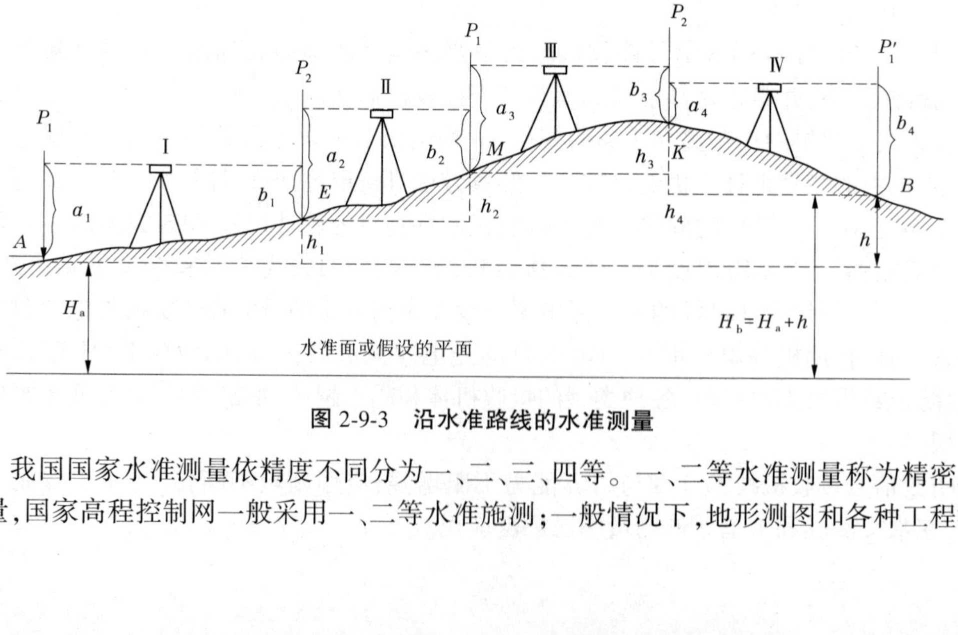

图 2-9-3 沿水准路线的水准测量

我国国家水准测量依精度不同分为一、二、三、四等。一、二等水准测量称为精密水准测量，国家高程控制网一般采用一、二等水准施测；一般情况下，地形测图和各种工程测量

采用三、四等水准施测。水文测量的水准测量分为三、四、五等，各有不同的要求和适用条件。

水文工作中，引测、校测水准点、水尺零点以及水文设施的高程等均要进行水准测量。在地形测量中建立高程控制，在断面测量中确定水面和岸上地形转折点高程，皆要进行水准测量。

水准点是用水准测量方法测定的高程控制点，该点相对于某一采用基面的高程是已知的，并设有标志或埋设带有标志的标石。水文站常用的水准点有基本水准点和校核水准点两种。基本水准点是水文测站永久性的高程控制点，应设在测站附近历年最高水位以上、不易损坏且便于引测的地点。校核水准点是水文测站用来引测断面、水尺和其他施设高程经常做校核测量的水准点，一般应设在尽量靠近观测断面、便于经常引测的地方。

9.3　角度测量的概念

角度测量是指测定水平角或竖直角的工作。水平角是一点到两个目标的方向线垂直投影在水平面上所成的夹角。竖直角是一点到目标的方向线和一特定方向之间在同一竖直面内的夹角，通常水平方向和目标间的夹角称为高度角（仰角或俯角），天顶方向和目标方向间的夹角称为天顶角。

使用经纬仪测量水平角度时，安置经纬仪，利用水准器整平仪器，使仪器中心与测站标志中心在同一铅垂线上，这时水平度盘的中心位于水平角顶点的铅垂线上（位置为 O），转动望远镜找（照）准目标 A 读出方向数值 a，再转动望远镜找（照）准目标 B 读出方向数值 b，则水平角 AOB 的角值为 $b-a$。

使用经纬仪测量高度角（仰角或俯角），同样安置经纬仪，整平仪器，使仪器中心与测站标志中心在同一铅垂线上，转动望远镜找（照）准目标读出角度数值即为目标的仰角或俯角角值；但要测算两个任意点与仪器中心点在竖直面的角值，则需先转动望远镜找（照）准目标 C 读出方向数值 c，再转动望远镜找（照）准目标 D 读出方向数值 d，则竖直面的角 COD 的角值为 $c-d$（注意：一般仰角取正值，俯角取负值）。

在角度观测中，为了消除仪器的某些误差，需要用盘左和盘右两个位置进行观测，取盘左、盘右观测角度的平均值作为角值的观测结果。

9.4　地形测量与地形图的概念

9.4.1　地形测量

我们知道，如果在地面建立一个平面直角坐标系，则可以准确测量和清楚表达地表任一点在该坐标系的平面位置，通常的方法是测量这个点相对于坐标原点为起点的某坐标轴的水平夹角和该点到坐标原点的距离，用经纬仪测角和测距仪测距可实现这个目标。要确定这个点对于某基面的高程，从某已知高程点开始用水准测量的方法即可实现。测量出地表相当多点的平面坐标和高程数值，就形成三维地形的轮廓概念。测定地表的地物、地形在水平面上的投影位置和高程,并按一定比例缩小,用符号和注记标绘可制成地形图。

实际的地形测量要复杂得多,但一般包括控制测量和碎部测量两阶段。控制测量是用较高精度的仪器和方法测定一定数量的平面控制点和高程控制点,作为绘制地形图的依据。平面控制测量包括首级控制和图根控制两级,首级控制以大地控制点为基础,采用卫星定位静态测量、三角测量或导线测量方法在整个测区内测定一些精度较高、分布均匀的控制点;图根控制测量是在首级控制下,采用卫星定位动态测量、小三角测量、图根导线交会定点方法等加密满足测图需要的控制点。高程控制点根据需要选取高程测量等级实施测量。地物特征点、地形特征点统称为碎部点,碎部测量就是测绘碎部点的平面位置和高程。碎部点平面测量常以控制点为依据用极坐标法测定,高程通常用三角高程法测量计算,即用经纬仪从已知高程点测到未知点直线的竖直高度角和两点直线段的距离(视距),由三角学的公式计算未知点的高程。

经纬仪、平板仪、水准仪、测距仪等可联合用于地形测量,但全站仪和 GNSS 的全能优势已经带领地形测量进入新时代。应用全站仪和 GNSS 接收机时,按要求输入有关参数,对(在)流动点测记(采集)信息,经后续解算处理可获得测量点位的地形坐标,甚至制出地形图。全站仪和 GNSS 接收机的视测范围较经纬仪等大得多,可省去频繁迁移测站及带来的误差,利于计算机绘图。

9.4.2 地形图

地形图指的是地表起伏形态和地物位置、形状在水平面上的投影图。将地面上的地物和地貌按水平投影的方法(沿铅垂线方向投影到水平面上)以一定的比例尺缩绘到图纸等介质上就形成地形图。地形图的主要地理要素有地形、水系、交通线和居民点等。图上只有地物,不表示地面起伏的图称为平面图。概略地表示制图区域基本特征的地形图也称普通地理图,如行政区挂图,一般标绘水系、交通线、居民点及区域境界线而不绘制等高线就是普通地理图。

地形图表示地形的基本方法是等高线法。等高线是地表高程相等点连线投影到平面上的曲线(闭合),地形的形态、类型(如山体、岭谷、坡地、台地等)都可用一组等高线图形来反映。当然,等高线之间的等高距越小,对地形高度的描述越详细。

我们知道,地球是一个椭球体,我国“2000 大地坐标系”采用的椭球体长半径为 6 378.137 km,短半径为 6 356.752 km。地球围绕太阳公转,本身也自转,应有自转轴,地球自转轴同地面相交的两点称极点。由于地球转动很复杂,实际将地轴看作是一根通过地球南北两极和地球中心的假想线。在地球中腰画一个与地轴垂直的大圆圈,使圈上的每一点都和南北两极的距离相等,这个圆圈就叫作“赤道”。我们把赤道定为纬度 0°,向南向北各为 0°~90°,在赤道以南的叫南纬,在赤道以北的叫北纬,北极就是北纬 90°,南极就是南纬 90°。经线也称子午线,是通过地球自转轴的平面与地球表面的交线(圆圈),经度是两条经线所在平面之间的夹角。国际约定,以英国格林尼治天文台所在地作为经度起算点(0°),向东(西)从 0°~180°为东(西)经,东经 180°和西经 180°重合在一条经线上,那就是 180°经线。地面点的高程可从大地平均海平面起算,这样地球上任一点的空间位置就由地理经度、纬度和高程确定了。

如果地形图涉及的区域很小，可以看作平面，将该平面缩小绘制地形图是无大的变形的。如果地形图涉及的区域很大，就会出现椭球表面曲面不能展开为平面的问题，解决的一种思路是高斯-克吕格圆柱投影，高斯-克吕格圆柱投影原理如图 2-9-4 所示，设想用一个空心圆柱体包着地球水准面，使圆柱体沿着某一子午圈与地球的水准面相切，这条切线称为轴子午线（又称中央子午线）。

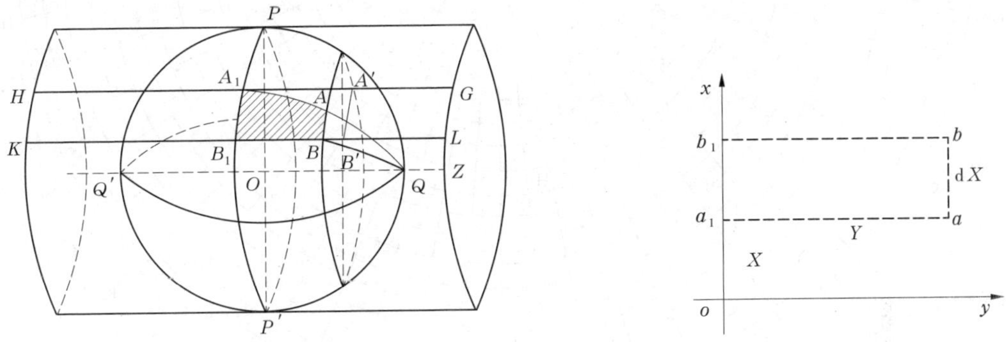

图 2-9-4　高斯-克吕格圆柱投影原理

在这种情况下，球面上的轴子午线就毫无改变地转移（投影）到圆柱面上。另外，扩大赤道面与圆柱面相交，交线是与轴子午线垂直的。当将圆柱面展为平面时，在该平面就形成两条正交直线，这两条正交直线就可作为平面直角坐标系的 x 轴（子午直线）和 y 轴（赤道直线），交点为坐标原点。由此可知，凡与轴子午线正交（与赤道面平行）的圆（纬度圈），投影到圆柱面上均成为与 y 轴平行的直线；凡与轴子午线平行的圆，投影到圆柱面上均成为与 x 轴平行的直线；轴子午线之外的子午线投影到圆柱面上为曲线。地图投影的方式种类很多，但不管哪种投影，在地形图上除个别点线外其余都有变形变位。

为了使地形图中投影的长度变形和角度变形不致超过一般测量的精度，通常采用精度 6°带的高斯-克吕格投影，即自格林尼治子午线（0°经度）起，自西向东每隔 6°经度划分地球为 60 个 6°经度带，对应选择 3°，9°，15°，…，165°，171°，177°经度为轴子午线投影。每一个高斯-克吕格投影的 6°经度带都有自己的坐标系和坐标原点，横坐标的计算是以轴子午线以东为正，以西为负；纵坐标的计算以赤道以北为正，以南为负。为使横坐标值均为正值起见，规定给予一个带的原点以+500 km 的横坐标值，即使坐标原点西移 500 km。小比例尺地形图一般标划经纬网线，大比例尺地形图在四角标注经纬度数值，在图区标划 km 网线。

我国的基本地形图是按照国家统一制定的规范测绘编制的，具有统一的大地控制基础（目前为 2000 大地坐标系）、统一的投影和分幅编号。我国的地形图同国际一样，是以 1:100 万地图为基础统一编号的，即从赤道起算向两极每纬度差 4°为一列，用字母 A，B，…，V 依次表示。从经度 180°起算，自西向东以经度 6°为一行，用数字 1，2，…，60 依次表示（在纬度 60°～76°双幅合并，即每幅图包括经差 12°、纬差 4°；在纬度 76°～88°由四幅合并，即每幅图包括经差 24°、纬差 4°；纬度 88°以上单独为一副）。各幅图由代表居民点或其他名称命名，例如北京在 J 列第 50 行幅的图中，编号为 J-50 的图即命名为北京幅。

1∶100 万地图分幅编号（北半球东经区）如图 2-9-5 所示。基本地形图的分幅和编号规定如表 2-9-1 所示。

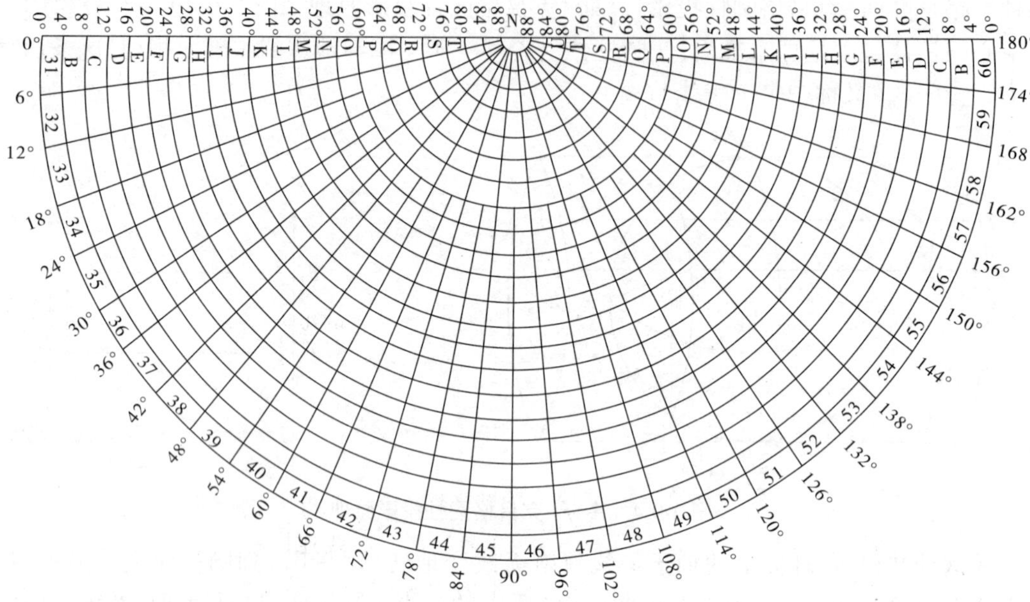

图 2-9-5　1∶100 万地图分幅编号（北半球东经区）

表 2-9-1　基本地形图的分幅和编号规定

比例	经度差	纬度差	分幅说明	编号规则	图中 1 cm 的地面长	一般等高距
1∶100 万	6°	4°	分幅制图编号基础	纬度分列 A，B，…，V，经度分行 1，2，…，60，中间由横短线连接，如北京幅 J−50	10 km	
1∶50 万	3°	2°	每一幅 1∶100 万图包括 4 幅，分别编为 A、B、C、D	在 1∶100 万图幅编号后用横短线连接本编号，如 J−50−A	5 km	

续表 2-9-1

比例	经度差	纬度差	分幅说明	编号规则	图中 1 cm 的地面长	一般等高距
1:25 万	1°30′	1°	每一幅 1:100 万图包括 16 幅；每一幅 1:50 万图包括 4 幅，分别编为 a、b、c、d	在 1:50 万图幅编号后用横短线连接本编号，如 J-50-A-d	2.5 km	50 m（高山 100 m）
1:10 万	30′	20′	每一幅 1:100 万图包括 144 幅，分别编为 1，2，3，…，143，144	在 1:100 万图幅编号后用横短线连接本编号，如 J-50-122	1 km	20 m（高山 40 m）
1:5万	15′	10′	以 1:10 万图为基础，每一幅 1:10 万图包括 4 幅，分别编为 A、B、C、D	在 1:10 万图幅编号后用横短线连接本编号，如 J-50-122- C	500 m	10 m（高山 20 m）
1:2.5 万	7′30″	5′	以 1:10 万图为基础，每一幅 1:10 万图包括 16 幅；每一幅 1:5万图包括 4 幅，分别编为 1，2，3，4	在 1:5万图幅编号后用横短线连接本编号，如 J-50-122-C-4	250 m	
1:1万	3′45″	2′30″	以 1:10 万图为基础，每一幅 1:10 万图包括 64 幅，分别编为（1），（2），…，（63），（64）	在 1:10 万图幅编号后用横短线连接本编号，如 J-50-122-（17）	100 m	

基本地形图是编制各种专题地图的基础。用基本地形图可以分析地形、水系，开展水文综合研究和规划作业。

第10章 安全常识

10.1 涉水作业安全常识

10.1.1 涉水作业准备

(1)涉水作业前,涉水人员应穿好救生衣或防水服等救生设备。

(2)在不熟悉河段涉水测验时,应在有人保护情况下,用测深杆进行水深探测,同时采用电波流速仪或浮标等简易测量判断流速。

(3)在测验河段涉水测验时,应首先查阅资料了解断面水深、流速等情况。

(4)水深在0.6 m以上或超过髋时,或遇暴雨、雷电天气时,禁止涉水测验。

(5)当出现能见度过低或其他恶劣天气时,不宜采用涉水作业。

10.1.2 涉水作业过程

(1)在了解河流水深、流速、河底大致情况后,在确信没有危险的情况下,方可正式涉水测验。

(2)涉水测验时应有不少于两人在场。

(3)涉水过河时首先要面向上游,并注意随时观察上游的情况。

(4)移动时不宜交叉迈步,避免失去平衡。可用横向迈步的方法移动,即前脚探路,落实站稳后,后脚靠拢,前脚再向前探路。

(5)到达测点后,身体应侧面向上游站立(面向对岸),两脚开立,略宽于肩,测速过程中,测速设备应在两腿前,下游腿适当用力,保持身体平衡,并注意观测上游漂浮物情况。

(6)不论白天或夜间涉水测流,都要有人在上游观望水势,当发现有涨水迹象时,应立即通知测流人员停止涉水测验,转移到安全地区。

10.2 高空作业安全防护知识

所谓高空作业,是指人在一定位置为基准的高处进行的作业。国家标准《高处作业分级》(GB/T 3608—2008)规定:高处作业是指在距坠落高度基准面2 m或2 m以上有可能坠落的高处进行的作业。高空作业有两方面的危险:一是高空作业者的坠落;二是高空作业处下落物砸人的概率高。水文缆道缆车(吊箱)的测验作业、缆道养护作业等属于高空作业,应了解高空作业安全防护的一般概念,遵守专门的作业安全规定。

遇6级以上大风时,禁止露天进行高空作业。当结冻积雪严重,无法清除时,停止高空作业。高空作业、高处悬吊作业区,必要时在容易出险处安装符合安全要求的安全网、防护栏。高空作业区地面要划出禁区,并设围挡,挂上警示牌。

年满 18 岁,经体格检查合格后经过专门的业务培训方可从事高空作业。作业前要做好安全教育和技术交底,落实安全措施。工作时精力集中、不准打闹;工作完毕,清理现场物料,并从指定路线上下。凡患有高血压、心脏病、癫痫病、精神病和其他不适宜高处作业的人,禁止高空或登高作业。

高空作业人员,要正确穿戴和使用防护用品,不准穿光滑的硬底鞋、高跟鞋和拖鞋。要使用合格的安全帽、安全带和安全绳。安全帽应戴紧、戴正,帽带应系在颌下并系紧;帽箍应根据人头型来调整箍紧,以防低头作业时帽子前滑挡住视线。安全带要束紧腰带,腰扣组件必须系紧系正;安全带的绳子牢固系在坚固的建筑结构件或金属结构架上,不准系在活动物件上。为保证高空作业人员在移动过程中始终有安全保证,当进行特别危险作业时,要求在系好安全带的同时,系挂在安全绳上。禁止使用麻绳来做安全绳。使用 3 m 以上的长绳要加缓冲器。一条安全绳不能两人同时使用。进行高处焊接、气割作业时,系好安全带,并且必须事先清除火星飞溅范围内的易燃易爆物品。

高空作业有一些“差速保护器”类的安全器械,应按规定使用,使用前应进行检查。

高处作业、高处悬吊作业所用的工具、零件、材料等必须装入工具袋。上下时手中不得拿物件;不得在高处投掷材料或工具等物件;不得将易滚易滑的工具、材料堆放在高空人员站立处。

靠近电源(低压)线路作业前,应先联系停电,确认停电后方可进行工作,并应设置绝缘挡壁,作业人员最少离开电线(低压)2 m。禁止在高压线下作业。

使用梯子时,必须先检查梯子是否坚固,是否符合安全要求。立梯坡度以 60°为宜,梯底宽度不小于 50 cm,并有防滑装置,梯顶无搭钩、梯脚不能稳固时,须有人扶梯,人字梯拉绳必须牢固。

10.3　水上作业安全常识

10.3.1　水上水文测验作业安全措施

(1)测验前对测船进行安全检查,要做到船体完好不漏水,有排水救生工具,机船发动机运转正常。测船救生衣应按在船人员总数的 120%配备,前甲板应配备 2 根安全救生带,每层甲板应配备 2 个救生圈。船上应备太平斧,供紧急必要时断缆之用。

(2)测验过程中,测验人员不得擅离岗位,密切注视水情变化和漂流物及测验设施运行情况,当发现有危及安全生产的迹象时应采取措施予以防范。

(3)测验人员要听从驾驶人员的安全指挥,必须穿戴好救生衣,按岗位分工坚守在自己的工作位置,禁止乱跑乱动。救生衣要口哨袋朝外穿在身上;要拉好拉链,双手拉紧前领缚带,缚好颈带,将下缚带在前身左右交叉缚牢;穿妥后检查每一处是否缚牢。

(4)当发生危险性较大的风浪、雷电时禁止出船,正在测验时,要立即靠岸,暂停测验,并及时通知有关人员采取措施,改用其他测验方式测验。

(5)船上的通信设备要处于正常状态,保持与岸上的通信联系。

(6)测船靠岸时,未停稳前,测验人员禁止下船。

10.3.2 一般自救和帮救

水上遇险通常包括人身落水、船体触礁、失火等险情,救生包括自救、帮救等,技术措施主要包括游泳方法、借用漂浮物法、稳定情绪呼救待救等。

落水遇险自救的基本原则为"尽可能保持体力,以最小的体力消耗在水上维持最长时间"。为了达到这一要求,当在水中遇险时,必须放慢呼吸频率、放松身体肌肉、减缓身体的动作、尽可能利用身上或身旁任何可增加浮力的物体,使身体浮在水上,以待救援。会游泳和有救生技能的人,若能保持镇静并能鼓起勇气,一定会成功逃生。

落水进入漩涡危险较大,脱离漩涡自救要了解漩涡的特点。漩涡多发生在水流汇合处、宽广河湾、内湾、暗礁、水底地洞、水边、桥梁下。漩涡虽然在水底只有一小点,但越往底下吸力越大,越往上层漩涡越大,旋力越弱。遇到漩涡可设法顺漩涡冲出解脱。若是较浅的漩涡,如溪流冲击所形成的小漩涡,没有漩涡眼,可以设法潜水解脱。脱离漩涡除可用潜水冲出外,也可采用爬泳顺着漩涡的离心力尽快地冲出。

船在水面航行遇险时,应视具体情况抗险避险自救。当船只进水或翻船时,切不可弃船离去,应保持镇静,扒扶住船只的两侧,等待救助。若有条件,此时应该迅速穿上救生衣,发出求救信号(手机、信号弹、燃烧的衣物都可发出求救信号)。如果船上人数较多,可分成两部分,分别扒扶船的两侧,等待救援。如果船只进水但未沉没,应留在船内,因船只虽然进水,若能保持平衡,短时间仍然不会下沉或翻覆,此时可用船桨或双手把小船慢慢划回岸边。如果在遇险的船舶上被迫"弃船",决不能放弃逃生的念头,要在工作人员的指挥下,登上救生筏或穿上救生衣,按顺序离开事故船只。如果来不及登上救生筏或者救生筏不够不得不跳水,应迎着风向前跳,以免遭漂浮物的撞击。跳水时双臂交叠在胸前,压住救生衣,双手捂住口鼻,以免跳下时呛水。眼睛望前方,双腿并拢伸直,脚先下水。不要向下望,否则身体会前扑,摔进水里,容易受伤。如果跳法正确,并深屏一口气,救生衣会使人在几秒钟内浮出水面,如果救生衣上有防溅兜帽,应该解开套在头上。跳船的正确位置应该是船尾,并尽可能地跳得远一些,不然船下沉时涡流会把人吸入船底下。弃船跳进水中要保持镇定,既要防止被水上漂浮物撞伤,又不要离出事船只太远,以免搜救人员寻不到。若船在海中遇险,要耐心等待救援,看到救援船只挥动手臂示意自己位置。如果在江河湖泊中遇险,若水流不急,很容易游到岸边;若水流很急,不要直接朝岸边游去,而应该顺着水流游向下游岸边;如果河流弯曲,应向内湾处游,通常那里较浅并且水流速度较慢,应在那里上岸或者等待救援。

岸上或入水救援落水人时,应镇静观察落水人的状况,可及时投放救生器材,招呼落水人寻找救生器材;会游泳的人入水救人时应注意不被落水人缠住手脚。

10.4 安全用电常识

电力是现代生产和社会生活的基本能源,水文业务活动与用电也紧密联系,工作人员应具备安全用电常识,操作电类仪器设备必须遵守有关规程,只有在采取必要的安全措施的情况下,才能使用和维修电器设备。

人体可以导电,人的安全电压是不高于36 V,最基本的安全是不能用身体连通高于36 V的火线和地线(零线)。这里仅就一般安全用电常识提示如下:

(1)功率大的用电器一定要接地线。照明灯等电器的开关一般接在火线端。单相三孔插座接线时专用接地插孔应与专用的保护接地线相连;采用接零保护时,接零线应从电源端专门引来,而不应就近利用引入插座的零线。

(2)不靠近高压带电体(室外高压线、变压器等),不直接接触低压带电体。

(3)水的导电性较强,借水导电的信号电压要低于人体安全电压;不用湿手扳开关、插入或拔出插头。有人触电时,施救人员不得直接与其发生身体接触,应立刻关掉总开关,然后用干燥的木棒将人和电线分开。

(4)安装、检修电器应穿绝缘鞋,站在绝缘体上,且要切断电源。

(5)使用试电笔不能接触笔尖的金属杆。

(6)禁止用铜丝、铝丝等高熔点导电材质代替保险丝,禁止用橡皮胶代替电工绝缘胶布。

(7)在电路中安装触电保护器,并定期检验其灵敏度。

(8)在雷雨时,不可走近高压电杆、铁塔、避雷针的接地线和接地体周围,以免因跨步电压而造成触电。雷雨天气,人直接操作导电类的仪器工具要注意防雷击人;不使用收音机、录像机、电视机、计算机、GPS和手机等有信号源仪器,且拔出电源插头,拔出电视机天线插头;暂时不使用电话,若不得不使用,可用免提功能键。

10.5　防雷避雷常识

10.5.1　雷电的形成、分类和伤害

雷电是自然界(大气)一种大规模静电放电现象。雷电多形成在积雨云中,积雨云随着温度和气流的变化会不停地运动,运动中摩擦生电,就形成了带电荷的云层。某些云层带有正电荷,另一些云层带有负电荷。另外,由于静电感应常使云层下面的建筑、树木等有异性电荷。随着电荷的积累,雷云的电压逐渐升高,当带有不同电荷的雷云与大地凸出物相互接近到一定距离时,其间的电场强度超过25~30 kV/cm,将发生激烈的放电,同时出现强烈的闪光。由于放电时温度高达2 000 ℃,空气受热急剧膨胀,随之发生爆炸的轰鸣声,这就是闪电与雷鸣。

地球上任何时候都有雷电在活动,雷电的大小和多少以及活动情况,与各个地区的地形、气象条件及所处的纬度有关。一般山地雷电比平原多,沿海地区比大陆腹地要多,建筑物越高,遭雷击的机会越多。

雷电可分直击雷、球形雷、感应雷和雷电侵入波四种。直击雷是由云层与地面凸出物之间的放电形成的强电流。球形雷是发红光或极亮白光快速运动(运动速度大约为2 m/s)的火球。感应雷是由于雷云接近地面,在地面凸出物顶部感应出大量异性电荷的现象,巨大雷电流在周围空间产生迅速变化的强大磁场也是感应雷。雷电侵入波是由于

雷击而在架空线路上或空中金属管道上产生的冲击电压沿线路或管道迅速传播的强电波。

雷电具有极大的破坏力,其破坏作用是综合的,包括电性质、热性质和机械性质的破坏。可以在瞬间毁坏发电机、电力变压器、水文仪器等电气设备绝缘,引起短路导致火灾或爆炸事故。可以在极短的时间内转换成大量的热能,造成易燃物品的燃烧或金属熔化飞溅而引起火灾。球形雷能从门、窗、烟囱等通道侵入室内,造成极其危险的电火。雷电侵入波使高压窜入低压,可造成突然爆炸起火等严重事故。

雷电对人的伤害方式,归纳起来有直接雷击、接触电压、旁侧闪击和跨步电压四种形式。直接雷击袭击到人体,在高达几万到十几万安培的雷电电流通过人体导体流入大地的过程中,人体及器官承受不了电热而受伤害甚至死亡。接触电压是雷电电流通过高大物体泄放强大雷电电流过程中,会在高大导体上产生高达几万到几十万伏的电压,人不小心触摸到这些物体时,受到这种触摸电压的袭击,发生触电事故。旁侧闪击是当雷电击中一个物体,泄放的强大雷电电流传入大地过程中,如果人就在雷击中的物体附近,雷电电流就会在人体附近,将空气击穿,经过电阻很小的人体泄放下来使人遭受袭击。跨步电压是当雷电从云中泄放到大地的过程中产生电位场,人进入电位场后两脚站的地点电位不同,在人的两脚间就产生电压,也就有电流通过人的下肢,造成伤害。

受雷击被烧伤或严重休克的人,身体并不带电,应马上让其躺下,扑灭身上的火,并对他进行抢救。若伤者虽失去意识,但仍有呼吸或心跳,则自行恢复的可能性很大,应让伤者舒适平卧,安静休息后,再送医院治疗。若伤者已停止呼吸或心脏跳动,应迅速对其进行口对口人工呼吸和心脏按压,并及时送往医院抢救。

10.5.2 人身避雷措施

(1)雷雨天气尽量不要在旷野里行走,应尽量离开山丘、海滨、河边、池旁;有雷情尽快离开铁丝网、金属晒衣绳、孤立的树木和没有防雷装置的孤立小建筑等;不宜进行户外球类运动;切勿游泳或从事其他水上作业;若在水面以及其他空旷的场地作业,应尽快离开,寻找地方躲避。

(2)雷雨天要远离建筑物的避雷针及其接地引下线,远离各种天线、电线杆、高塔、烟囱、旗杆,远离帆布篷车和拖拉机、摩托车等。电视机的室外天线在雷雨天要与电视机脱离,而与接地线连接。

(3)雷雨天若有条件应进入有宽大金属构架、有防雷设施的建筑物或金属壳的汽车和船只。不要躲在大树下。雷雨天应关好门窗,防止球形雷窜入室内造成危害。

(4)雷雨天要穿塑料等不浸水的雨衣;要小步慢走,不要用金属杆的雨伞,肩上不要扛带有金属杆的工具。

(5)雷暴时,人体最好离开可能传来雷电侵入波的线路和设备 1.5 m 以上;拔掉电源插头;不要打电话;不宜使用未加防雷设施的电器设备;不要靠近室内的金属设备(如暖气片、自来水管、下水管);尽量离开电源线、电话线、广播线,以防止这些线路和设备对人体的二次放电。另外,不要穿潮湿的衣服,不要靠近潮湿的墙壁。

(6)人在遭受雷击前,会突然有头发竖起或皮肤颤动的感觉,这时应立刻躺倒在地,或选择低洼处蹲下,双脚并拢,双臂抱膝,头部下俯,尽量缩小暴露面。

10.5.3　防雷

防雷是指通过组成拦截、疏导最后泄放入地的一体化系统方式,以防止由直击雷或雷电电磁脉冲对建筑物本身或其内部设备和器件造成损害的防护技术。防雷措施主要是在建筑物上安装避雷针、避雷网、避雷带、避雷线、引下线和接地装置,或在金属设备、供电线路上采取接地保护。水文测报通常采取的防雷措施大致介绍如下:

(1)各种水文设施、设备、仪器按要求安装避雷设施设备,采用技术和质量均符合国家标准的防雷设备、器件、器材,避免使用非标准防雷产品和器件。

(2)应定期由有资质的专业防雷检测机构检测防雷设施,评估防雷设施是否符合国家规范要求。

(3)单位应设立防范雷电灾害责任人,负责防雷安全工作,建立各项防雷设施的定期检测、雷雨后的检查和日常的维护制度。例如,雷电活动期,适时向防雷接地浇水,减小入地电阻,以利于雷电流入地;雷雨过后,检查安装在电话程控交换机、电脑等电器设备电源上和信号线上的过压保护器有无损坏,发现损坏时应及时更换。

第11章　相关法律、法规知识

11.1 《中华人民共和国劳动法》相关知识

11.1.1 总则

《中华人民共和国劳动法》由总则、促进就业、劳动合同和集体合同、工作时间和休息休假、工资、劳动安全卫生、女职工和未成年工特殊保护、职业培训、社会保险和福利、劳动争议、监督检查、法律责任、附则等十三章内容组成,是一部保护劳动者的合法权益,调整劳动关系,建立和维护适应社会主义市场经济的劳动制度,促进经济发展和社会进步的法律。在中华人民共和国境内的企业、个体经济组织(以下统称用人单位)和与之形成劳动关系的劳动者,适用本法。国家机关、事业组织、社会团体和与之建立劳动合同关系的劳动者,依照本法执行。

国家采取各种措施,促进劳动就业,发展职业教育,制定劳动标准,调节社会收入,完善社会保险,协调劳动关系,逐步提高劳动者的生活水平。国家提倡劳动者参加社会义务劳动,开展劳动竞赛和合理化建议活动,鼓励和保护劳动者进行科学研究、技术革新和发明创造,表彰和奖励劳动模范和先进工作者。

11.1.2 劳动合同

劳动合同是劳动者与用人单位确立劳动关系、明确双方权利和义务的协议。建立劳动关系应当订立劳动合同。订立和变更劳动合同,应当遵循平等自愿、协商一致的原则,不得违反法律、行政法规的规定。劳动合同依法订立即具有法律约束力,当事人必须履行劳动合同规定的义务。

11.1.3 劳动者的权益与职责

劳动者享有平等就业和选择职业的权利、取得劳动报酬的权利、休息休假的权利、获得劳动安全卫生保护的权利、接受职业技能培训的权利、享受社会保险和福利的权利、提请劳动争议处理的权利以及法律规定的其他劳动权利。

劳动者就业,不因民族、种族、性别、宗教信仰不同而受歧视。妇女享有与男子平等的就业权利。禁止用人单位招用未满十六周岁的未成年人。从事特种作业的劳动者必须经过专门培训并取得特种作业资格。

用人单位应当依法建立和完善规章制度,保障劳动者享有劳动权利和履行劳动义务。劳动者应当完成劳动任务,提高职业技能,执行劳动安全卫生规程,遵守劳动纪律和职业道德。劳动者在劳动过程中必须严格遵守安全操作规程。

工资分配应当遵循按劳分配原则,实行同工同酬。用人单位支付劳动者的工资不得低于当地最低工资标准。工资应当以货币形式按月支付给劳动者本人。不得克扣或者无故拖欠劳动者的工资。

用人单位在元旦、春节、国际劳动节、国庆节、法律和法规规定的其他休假节日期间应当依法安排劳动者休假。国家实行带薪年休假制度。

11.1.4　用人单位的职责

用人单位必须建立、健全劳动安全卫生制度,严格执行国家劳动安全卫生规程和标准,对劳动者进行劳动安全卫生教育,防止劳动过程中的事故,减少职业危害。

用人单位与劳动者发生劳动争议,当事人可以依法申请调解、仲裁、提起诉讼,也可以协商解决。对劳动者造成损害的,应当承担赔偿责任。

劳动者有权依法参加和组织工会。工会代表和维护劳动者的合法权益,依法独立自主地开展活动。劳动者依照法律规定,通过职工大会、职工代表大会或者其他形式,参与民主管理或者就保护劳动者合法权益与用人单位进行平等协商。

11.1.5　国家的职责

国家通过各种途径,采取各种措施,发展职业培训事业,开发劳动者的职业技能,提高劳动者素质,增强劳动者的就业能力和工作能力。国家确定职业分类,对规定的职业制定职业技能标准,实行职业资格证书制度,由经备案的考核鉴定机构负责对劳动者实施职业技能考核鉴定。

国家发展社会保险事业,建立社会保险制度,设立社会保险基金,使劳动者在年老、患病、工伤、失业、生育等情况下获得帮助和补偿。用人单位和劳动者必须依法参加社会保险,缴纳社会保险费。任何组织和个人不得挪用社会保险基金。

县级以上各级人民政府劳动行政部门依法对用人单位遵守劳动法律、法规的情况进行监督检查,对违反劳动法律、法规的行为有权制止,并责令改正。

11.2　《中华人民共和国水法》相关知识

11.2.1　总则

《中华人民共和国水法》由总则,水资源规划,水资源开发利用,水资源、水域和水工程的保护,水资源配置和节约使用,水事纠纷处理与执法监督检查,法律责任,附则等八章内容组成,是一部为了合理开发、利用、节约和保护水资源,防治水害,实现水资源的可持续利用,适应国民经济和社会发展的需要而制定的法规。在中华人民共和国领域内开发、利用、节约、保护、管理水资源,防治水害,适用本法。

11.2.2　水资源的权属与管理

水资源(包括地表水和地下水)属于国家所有。水资源的所有权由国务院代表国家行使。国家对水资源实行流域管理与行政区域管理相结合的管理体制。国务院水行政主管部门负责全国水资源的统一管理和监督工作。流域管理机构,在所管辖的范围内,行使法律、行政法规规定的和国务院水行政主管部门授予的水资源管理和监督职责。县级以上地方人民政府水行政主管部门按照规定的权限,负责本行政区域内水资源的统一管理和监督工作。农村集体经济组织的水塘和由农村集体经济组织修建管理的水库中的水,归各该农村集体经济组织使用。

国家对用水实行总量控制和定额管理相结合的制度,对水资源依法实行取水许可制度和有偿使用制度。但是,农村集体经济组织及其成员使用本集体经济组织的水塘、水库中的水的除外。国务院水行政主管部门负责全国取水许可制度和水资源有偿使用制度的组织实施。任何单位和个人引水、截(蓄)水、排水,不得损害公共利益和他人的合法权益。

11.2.3　水资源规划

开发、利用、节约、保护水资源和防治水害,应当全面规划、统筹兼顾、标本兼治、综合利用、讲求效益,发挥水资源的多种功能,协调好生活、生产经营和生态环境用水。应当按照流域、区域统一制定规划。建设水工程,必须符合流域综合规划。调蓄径流和分配水量,应当依据流域规划和水中长期供求规划,以流域为单元制定水量分配方案。制定规划,必须由县级以上人民政府水行政主管部门会同同级有关部门组织进行水资源综合科学考察和调查评价。县级以上人民政府水行政主管部门和流域管理机构应当加强水文、水资源信息系统建设,应当加强对水资源的动态监测。基本水文资料应当按照国家有关规定予以公开。

11.2.4　水资源节约与保护

国家厉行节约用水,大力推行节约用水措施,推广节约用水新技术、新工艺,发展节水型工业、农业和服务业,建立节水型社会。建设项目的节水设施没有建成或者没有达到国家规定的要求,擅自投入使用的,由县级以上人民政府有关部门或者流域管理机构依据职权,责令停止使用,限期改正,处五万元以上十万元以下的罚款。

国家保护水资源,采取有效措施,保护植被,植树种草,涵养水源,防治水土流失和水体污染,改善生态环境。按照流域综合规划、水资源保护规划和经济社会发展要求,拟定国家确定的重要江河、湖泊的水功能区划。禁止在饮用水水源保护区内设置排污口。

禁止在江河、湖泊、水库、运河、渠道内弃置、堆放阻碍行洪的物体和种植阻碍行洪的林木及高秆作物。禁止在河道管理范围内建设妨碍行洪的建筑物、构筑物以及从事影响河势稳定、危害河岸堤防安全和其他妨碍河道行洪的活动。禁止在水工程保护范围内从事影响水工程运行和危害水工程安全的爆破、打井、采石、取土等活动。禁止侵占、毁坏水工程及堤防、护岸等有关设施,毁坏防汛、水文监测、水文地质监测设施。

在河道管理范围内建设桥梁、码头和其他拦河、跨河、临河建筑物、构筑物,铺设跨河管道、电缆,应当符合国家规定的防洪标准和其他有关的技术要求,工程建设方案应当依照防洪法的有关规定报经有关水行政主管部门审查同意。

11.2.5 水事纠纷处理

不同行政区域之间发生水事纠纷的,应当协商处理;协商不成的,由上一级人民政府裁决,有关各方必须遵照执行。单位之间、个人之间、单位与个人之间发生的水事纠纷,应当协商解决;当事人不愿协商或者协商不成的,可以申请县级以上地方人民政府或者其授权的部门调解,也可以直接向人民法院提起民事诉讼。县级以上地方人民政府或者其授权的部门调解不成的,当事人可以向人民法院提起民事诉讼。在水事纠纷发生及其处理过程中煽动闹事、结伙斗殴、抢夺或者损坏公私财物、非法限制他人人身自由,构成犯罪的,依照刑法的有关规定追究刑事责任;尚不够刑事处罚的,由公安机关依法给予治安管理处罚。

11.3 《中华人民共和国防洪法》相关知识

11.3.1 总则

《中华人民共和国防洪法》由总则、防洪规划、治理与防护、防洪区和防洪工程设施的管理、防汛抗洪、保障措施、法律责任、附则等八章内容组成,是为了防治洪水,防御、减轻洪涝灾害,维护人民的生命和财产安全,保障社会主义现代化建设顺利进行的一部法律。防洪工作实行全面规划、统筹兼顾、预防为主、综合治理、局部利益服从全局利益的原则。开发利用和保护水资源,应当服从防洪总体安排,实行兴利与除害相结合的原则。防洪工作按照流域或者区域实行统一规划、分级实施和流域管理与行政区域管理相结合的制度。任何单位和个人都有保护防洪工程设施和依法参加防汛抗洪的义务。

11.3.2 防洪规划

防洪规划是指为防治某一流域、河段或者区域的洪涝灾害而制定的总体部署,包括国家确定的重要江河、湖泊的流域防洪规划,其他江河、河段、湖泊的防洪规划以及区域防洪规划。防洪规划应当服从所在地流域、区域的综合规划;区域防洪规划应当服从所在流域的流域防洪规划。防洪规划是江河、湖泊治理和防洪工程设施建设的基本依据。编制防洪规划,应当遵循确保重点、兼顾一般,以及防汛和抗旱相结合、工程措施和非工程措施相结合的原则,充分考虑洪涝规律和上下游、左右岸的关系以及国民经济对防洪的要求,并与国土规划和土地利用总体规划相协调。防洪规划应当确定防护对象、治理目标和任务、防洪措施和实施方案,划定洪泛区、蓄滞洪区和防洪保护区的范围,规定蓄滞洪区的使用原则。受风暴潮威胁的沿海地区的县级以上地方人民政府,应当把防御风暴潮纳入本地区的防洪规划;对山体滑坡、崩塌和泥石流隐患进行全面调查,划定重点防治区,采取防治措施;城市、村镇和其他居民点以及工厂、矿山、铁路和公路干线的布局,应当避开山洪威胁,已经建在受山洪威胁的地方的,应当采取防御措施;平原、洼地、水网圩区、山谷、盆地等易涝地区,应当制定除涝治涝规划;国务院水行政主管部门应当会同有关部门和省、自治区、直辖市人民政府制定长江、黄河、珠江、辽河、淮河、海河入海河口的整治规划。在江河、湖泊上建设防洪工程和其他水工程、水电站等，应当符合防洪规划的要求；水库应当按照防洪规划的要求留足防洪库容。

11.3.3　治理与防护

防治江河洪水，应当蓄泄兼施，充分发挥河道行洪能力和水库、洼淀、湖泊调蓄洪水的功能，加强河道防护，因地制宜地采取定期清淤疏浚等措施，保持行洪畅通。防治江河洪水，应当保护、扩大流域林草植被，涵养水源，加强流域水土保持综合治理。整治河道和修建控制引导水流向、保护堤岸等工程，应当兼顾上下游、左右岸的关系，按照规划治导线实施，不得任意改变河水流向。禁止在河道、湖泊管理范围内建设妨碍行洪的建筑物、构筑物，倾倒垃圾、渣土，从事影响河势稳定、危害河岸堤防安全和其他妨碍河道行洪的活动。禁止在行洪河道内种植阻碍行洪的林木和高秆作物。禁止围湖造地。禁止围垦河道。确需围垦的，应当进行科学论证，经水行政主管部门确认不妨碍行洪、输水后，报省级以上人民政府批准。任何单位和个人不得破坏、侵占、毁损水库大坝、堤防、水闸、护岸、抽水站、排水渠系等防洪工程和水文、通信设施以及防汛备用的器材、物料等。

11.3.4　防汛抗洪

国务院设立国家防汛指挥机构，负责领导、组织全国的防汛抗洪工作。在国家确定的重要江河、湖泊可以设立由有关省、自治区、直辖市人民政府和该江河、湖泊的流域管理机构负责人等组成的防汛指挥机构。有防汛抗洪任务的县级以上地方人民政府设立由有关部门、当地驻军、人民武装部负责人等组成的防汛指挥机构。

在汛期，气象、水文、海洋等有关部门应当按照各自的职责，及时向有关防汛指挥机构提供天气、水文等实时信息和风暴潮预报；电信部门应当优先提供防汛抗洪通信的服务；运输、电力、物资材料供应等有关部门应当优先为防汛抗洪服务。

在汛期，水库、闸坝和其他水工程设施的运用必须服从有关的防汛指挥机构的调度指挥和监督。在汛期，水库不得擅自在汛期限制水位以上蓄水，其汛期限制水位以上的防洪库容的运用，必须服从有关防汛指挥机构的调度指挥和监督。在凌汛期，有防凌汛任务的江河的上游水库的下泄水量必须征得有关的防汛指挥机构的同意，并接受其监督。

中国人民解放军、中国人民武装警察部队和民兵应当执行国家赋予的抗洪抢险任务。

11.3.5　防洪区概念

防洪区是指洪水泛滥可能淹及的地区，分为洪泛区、蓄滞洪区和防洪保护区。洪泛区是指尚无工程设施保护的洪水泛滥所及的地区。蓄滞洪区是指包括分洪口在内的河堤背水面以外临时贮存洪水的低洼地区及湖泊等。防洪保护区是指在防洪标准内受防洪工程设施保护的地区。

洪泛区、蓄滞洪区和防洪保护区的范围，在防洪规划或者防御洪水方案中划定，并报请省级以上人民政府按照国务院规定的权限批准后予以公告。

11.4 《中华人民共和国安全生产法》相关知识

11.4.1 总则

《中华人民共和国安全生产法》由总则、生产经营单位的安全生产保障、从业人员的安全生产权利义务、安全生产的监督管理、生产安全事故的应急救援与调查处理、法律责任、附则等七章内容组成,是为了加强安全生产工作,防止和减少生产安全事故,保障人民群众生命和财产安全,促进经济社会持续健康发展的一部法律。在中华人民共和国领域内从事生产经营活动的单位的安全生产,适用本法。

11.4.2 生产经营单位的安全生产保障

安全生产工作应当以人为本,坚持安全发展,坚持安全第一、预防为主、综合治理的方针,强化和落实生产经营单位的主体责任,建立生产经营单位负责、职工参与、政府监管、行业自律和社会监督的机制。生产经营单位必须加强安全生产管理,建立、健全安全生产责任制和安全生产规章制度,改善安全生产条件,推进安全生产标准化建设,提高安全生产水平,确保安全生产。不具备安全生产条件的,不得从事生产经营活动。生产经营单位必须执行依法制定的保障安全生产的国家标准或者行业标准。必须对安全设备进行经常性维护、保养,并定期检测,保证正常运转。维护、保养、检测应当做好记录,并由有关人员签字。组织制定并实施本单位的生产安全事故应急救援预案;及时、如实报告生产安全事故。应当对从业人员进行安全生产教育和培训,保证从业人员具备必要的安全生产知识,熟悉有关的安全生产规章制度和安全操作规程,掌握本岗位的安全操作技能,了解事故应急处理措施。未经安全生产教育和培训合格的从业人员,不得上岗作业。

生产经营单位的主要负责人对本单位的安全生产工作全面负责。发生生产安全事故时,应当立即组织抢救,并不得在事故调查处理期间擅离职守。

11.4.3 从业人员的权利义务

生产经营单位与从业人员订立的劳动合同,应当载明有关保障从业人员劳动安全、防止职业危害的事项,以及依法为从业人员办理工伤保险的事项。生产经营单位的从业人员有依法获得安全生产保障的权利,并应当依法履行安全生产方面的义务。

11.4.4 政府的职责

县级以上地方各级人民政府应当根据本行政区域内的安全生产状况,组织有关部门按照职责分工,对本行政区域内容易发生重大生产安全事故的生产经营单位进行严格检查;发现事故隐患,应当及时处理。应当组织有关部门制定本行政区域内特大生产安全事故应急救援预案,建立应急救援体系。

11.5 《中华人民共和国水污染防治法》相关知识

11.5.1 总则

《中华人民共和国水污染防治法》由总则、水污染防治的标准和规划、水污染防治的监督管理、水污染防治措施、饮用水水源和其他特殊水体保护、水污染事故处置、法律责任、附则等八章内容组成。是一部为了保护和改善环境,防治水污染,保护水生态,保障饮用水安全,维护公众健康,推进生态文明建设,促进经济社会可持续发展的法律。本法适用于中华人民共和国领域内的江河、湖泊、运河、渠道、水库等地表水体以及地下水体的污染防治。

水污染防治应当坚持预防为主、防治结合、综合治理的原则,优先保护饮用水水源,严格控制工业污染、城镇生活污染,防治农业面源污染,积极推进生态治理工程建设,预防、控制和减少水环境污染和生态破坏。

排放水污染物,不得超过国家或者地方规定的水污染物排放标准和重点水污染物排放总量控制指标。

11.5.2 水污染防治的标准和规划

国务院环境保护主管部门会同国务院水行政主管部门和有关省、自治区、直辖市人民政府,可以根据国家确定的重要江河、湖泊流域水体的使用功能以及有关地区的经济、技术条件,确定该重要江河、湖泊流域的省界水体适用的水环境质量标准,报国务院批准后施行。国务院环境保护主管部门根据国家水环境质量标准和国家经济、技术条件,制定国家水污染物排放标准。

防治水污染应当按流域或者按区域进行统一规划。国家确定的重要江河、湖泊的流域水污染防治规划,由国务院环境保护主管部门会同国务院经济综合宏观调控、水行政等部门和有关省、自治区、直辖市人民政府编制,报国务院批准。

未划入国家确定的重要江河、湖泊的跨省、自治区、直辖市的江河、湖泊的流域水污染防治规划,根据国家确定的重要江河、湖泊的流域水污染防治规划和本地实际情况,由有关省、自治区、直辖市人民政府环境保护主管部门会同同级水行政等部门和有关市、县人民政府编制,经有关省、自治区、直辖市人民政府审核,报国务院批准。

省、自治区、直辖市内跨县江河、湖泊的流域水污染防治规划,根据国家确定的重要江河、湖泊的流域水污染防治规划和本地实际情况,由省、自治区、直辖市人民政府环境保护主管部门会同同级水行政等部门编制,报省、自治区、直辖市人民政府批准,并报国务院备案。经批准的水污染防治规划是防治水污染的基本依据,规划的修订须经原批准机关批准。

县级以上地方人民政府应当根据依法批准的江河、湖泊的流域水污染防治规划,组织制定本行政区域的水污染防治规划。

11.5.3　水污染防治的监督管理

建设单位在江河、湖泊新建、改建、扩建排污口的,应当取得水行政主管部门或者流域管理机构同意;涉及通航、渔业水域的,环境保护主管部门在审批环境影响评价文件时,应当征求交通、渔业主管部门的意见。

直接或者间接向水体排放工业废水和医疗污水以及其他按照规定应当取得排污许可证方可排放的废水、污水的企事业单位和其他生产经营者,应当取得排污许可证,城镇污水集中处理设施的运营单位,也应当取得排污许可证。排污许可证应当明确排放水污染物的种类、浓度、总量和排放去向等要求。

禁止企事业单位和其他生产经营者无排污许可证或者违反排污许可证的规定向水体排放规定的废水、污水。向水体排放污染物的企业事业单位和其他生产经营者,应当按照法律、行政法规和国务院环境保护主管部门的规定设置排污口;在江河、湖泊设置排污口的,还应当遵守国务院水行政主管部门的规定。

国家建立水环境质量监测和水污染物排放监测制度。国务院环境保护主管部门负责制定水环境监测规范,统一发布国家水环境状况信息,会同国务院水行政等部门组织监测网络,统一规划国家水环境质量监测站(点)的设置,建立监测数据共享机制,加强对水环境监测的管理。

国家确定的重要江河、湖泊流域的水资源保护工作机构负责监测其所在流域的省界水体的水环境质量状况,并将监测结果及时报国务院环境保护主管部门和国务院水行政主管部门;有经国务院批准成立的流域水资源保护领导机构的,应当将监测结果及时报告流域水资源保护领导机构。

国务院有关部门和县级以上地方人民政府开发、利用和调节、调度水资源时,应当统筹兼顾,维持江河的合理流量和湖泊、水库以及地下水体的合理水位,保障基本生态用水,维护水体的生态功能。国务院环境保护主管部门应当会同国务院水行政等部门和有关省、自治区、直辖市人民政府,建立重要江河、湖泊的流域水环境保护联合协调机制,实行统一规划、统一标准、统一监测、统一的防治措施。

11.5.4　饮用水水源保护

国家建立饮用水水源保护区制度。饮用水水源保护区分为一级保护区和二级保护区;必要时,可以在饮用水水源保护区外围划定一定的区域作为准保护区。在饮用水水源保护区内,禁止设置排污口。禁止在饮用水水源一级保护区内新建、改建、扩建与供水设施和保护水源无关的建设项目;已建成的与供水设施和保护水源无关的建设项目,由县级以上人民政府责令拆除或者关闭。禁止在饮用水水源一级保护区内从事网箱养殖、旅游、游泳、垂钓或者其他可能污染饮用水水体的活动。禁止在饮用水水源二级保护区内新建、改建、扩建排放污染物的建设项目;已建成的排放污染物的建设项目,由县级以上人民政府责令拆除或者关闭。在饮用水水源二级保护区内从事网箱养殖、旅游等活动的,应当按照规定采取措施,防止污染饮用水水体。禁止在饮用水水源准保护区内新建、扩建对水体污染严重的建设项目;改建建设项目,不得增加排污量。饮用水供水单位应当做好取水口和出水口的水质检测工作。发现取水口水质不符合饮用水水源水质标准或者出水口水质不符合饮用水卫生标准的,应当及时采取相应措施,并向所在地市、县级人民政府供水主管部门报告。供水主管部门接到报告后,应当通报环境保护、卫生、水行政等部门。饮用水供水单位应当对供水水质负责,确保供水设施安全可靠运行,保证供水水质符合国家有关标准。

11.6 《中华人民共和国突发事件应对法》相关知识

11.6.1 总则

《中华人民共和国突发事件应对法》由总则、预防与应急准备、监测与预警、应急处置与救援、事后恢复与重建、法律责任、附则等七章内容组成。为了预防和减少突发事件的发生,控制、减轻和消除突发事件引起的严重社会危害,规范突发事件应对活动,保护人民生命财产安全,维护国家安全、公共安全、环境安全和社会秩序,制定本法。突发事件的预防与应急准备、监测与预警、应急处置与救援、事后恢复与重建等应对活动,适用本法。按照社会危害程度、影响范围等因素,自然灾害、事故灾难、公共卫生事件分为特别重大、重大、较大和一般四级。有关人民政府及其部门为应对突发事件,可以征用单位和个人的财产。被征用的财产在使用完毕或者突发事件应急处置工作结束后,应当及时返还。财产被征用或者征用后毁损、灭失的,应当给予补偿。

11.6.2 监测与预警

(1)国务院建立全国统一的突发事件信息系统。县级以上地方各级人民政府应当建立或者确定本地区统一的突发事件信息系统,汇集、储存、分析、传输有关突发事件的信息,并与上级人民政府及其有关部门、下级人民政府及其有关部门、专业机构和监测网点的突发事件信息系统实现互联互通,加强跨部门、跨地区的信息交流与情报合作。县级以上人民政府及其有关部门、专业机构应当通过多种途径收集突发事件信息。获悉突发事件信息的公民、法人或者其他组织,应当立即向所在地人民政府、有关主管部门或者指定的专业机构报告。专业机构、监测网点和信息报告员应当及时向所在地人民政府及其有关主管部门报告突发事件信息。有关单位和人员报送、报告突发事件信息,应当做到及时、客观、真实,不得迟报、谎报、瞒报、漏报。

(2)国家建立健全突发事件监测制度。县级以上人民政府及其有关部门应当根据自然灾害、事故灾难和公共卫生事件的种类和特点,建立健全基础信息数据库,完善监测网络,划分监测区域,确定监测点,明确监测项目,提供必要的设备、设施,配备专职或者兼职人员,对可能发生的突发事件进行监测。国家建立健全突发事件预警制度。可以预警的自然灾害、事故灾难和公共卫生事件的预警级别,按照突发事件发生的紧急程度、发展势态和可能造成的危害程度分为一级、二级、三级和四级,分别用红色、橙色、黄色和蓝色标示,一级为最高级别。

(3)可以预警的自然灾害、事故灾难或者公共卫生事件即将发生或者发生的可能性增大时,县级以上地方各级人民政府应当根据有关法律、行政法规和国务院规定的权限和程序,发布相应级别的警报,决定并宣布有关地区进入预警期,同时向上一级人民政府报告,必要时可以越级上报,并向当地驻军和可能受到危害的毗邻或者相关地区的人民政府通报。发布三级、四级警报,宣布进入预警期后,县级以上地方各级人民政府应当根据即将发生的突发事件的特点和可能造成的危害,采取下列措施:

启动应急预案;

责令有关部门、专业机构、监测网点和负有特定职责的人员及时收集、报告有关信息,向社会公布反映突发事件信息的渠道,加强对突发事件发生、发展情况的监测、预报和预警工作;

组织有关部门和机构、专业技术人员、有关专家学者,随时对突发事件信息进行分析评估,预测发生突发事件可能性的大小、影响范围和强度以及可能发生的突发事件的级别;

定时向社会发布与公众有关的突发事件预测信息和分析评估结果,并对相关信息的报道工作进行管理;

及时按照有关规定向社会发布可能受到突发事件危害的警告,宣传避免、减轻危害的常识,公布咨询电话。

(4)发布一级、二级警报,宣布进入预警期后,县级以上地方各级人民政府还应当针对即将发生的突发事件的特点和可能造成的危害,采取下列一项或者多项措施:

责令应急救援队伍、负有特定职责的人员进入待命状态,并动员后备人员做好参加应急救援和处置工作的准备;

调集应急救援所需物资、设备、工具,准备应急设施和避难场所,并确保其处于良好状态、随时可以投入正常使用;

加强对重点单位、重要部位和重要基础设施的安全保卫,维护社会治安秩序;

采取必要措施,确保交通、通信、供水、排水、供电、供气、供热等公共设施的安全和正常运行;

及时向社会发布有关采取特定措施避免或者减轻危害的建议、劝告;

转移、疏散或者撤离易受突发事件危害的人员并予以妥善安置,转移重要财产;

关闭或者限制使用易受突发事件危害的场所,控制或者限制容易导致危害扩大的公共场所的活动;

法律、法规、规章规定的其他必要的防范性、保护性措施。

11.7　《中华人民共和国水文条例》相关知识

(2007年4月25日国务院令第496号公布,根据2013年7月18日《国务院关于废止和修改部分行政法规的决定》第一次修订,根据2016年2月6日国务院令第666号《国务院关于修改部分行政法规的决定》第二次修订)。

第一章　总　则

第一条　为了加强水文管理，规范水文工作，为开发、利用、节约、保护水资源和防灾减灾服务，促进经济社会的可持续发展，根据《中华人民共和国水法》和《中华人民共和国防洪法》，制定本条例。

第二条　在中华人民共和国领域内从事水文站网规划与建设，水文监测与预报，水资源调查评价，水文监测资料汇交、保管与使用，水文设施与水文监测环境的保护等活动，应当遵守本条例。

第三条　水文事业是国民经济和社会发展的基础性公益事业。县级以上人民政府应当将水文事业纳入本级国民经济和社会发展规划，所需经费纳入本级财政预算，保障水文监测工作的正常开展，充分发挥水文工作在政府决策、经济社会发展和社会公众服务中的作用。

县级以上人民政府应当关心和支持少数民族地区、边远贫困地区和艰苦地区水文基础设施的建设和运行。

第四条　国务院水行政主管部门主管全国的水文工作，其直属的水文机构具体负责组织实施管理工作。

国务院水行政主管部门在国家确定的重要江河、湖泊设立的流域管理机构（以下简称流域管理机构），在所管辖范围内按照法律、本条例规定和国务院水行政主管部门规定的权限，组织实施管理有关水文工作。

省、自治区、直辖市人民政府水行政主管部门主管本行政区域内的水文工作，其直属的水文机构接受上级业务主管部门的指导，并在当地人民政府的领导下具体负责组织实施管理工作。

第五条　国家鼓励和支持水文科学技术的研究、推广和应用，保护水文科技成果，培养水文科技人才，加强水文国际合作与交流。

第六条　县级以上人民政府对在水文工作中做出突出贡献的单位和个人，按照国家有关规定给予表彰和奖励。

第七条　外国组织或者个人在中华人民共和国领域内从事水文活动的，应当经国务院水行政主管部门会同有关部门批准，并遵守中华人民共和国的法律、法规，在中华人民共和国与邻国交界的跨界河流上从事水文活动的，应当遵守中华人民共和国与相关国家缔结的有关条约、协定。

第二章　规划与建设

第八条　国务院水行政主管部门负责编制全国水文事业发展规划，在征求国务院有关部门意见后，报国务院或者其授权的部门批准实施。

流域管理机构根据全国水文事业发展规划编制流域水文事业发展规划，报国务院水行政主管部门批准实施。

省、自治区、直辖市人民政府水行政主管部门根据全国水文事业发展规划和流域水文事业发展规划编制本行政区域的水文事业发展规划，报本级人民政府批准实施，并报国务院水行政主管部门备案。

第九条　水文事业发展规划是开展水文工作的依据。修改水文事业发展规划,应当按照规划编制程序经原批准机关批准。

第十条　水文事业发展规划主要包括水文事业发展目标、水文站网建设、水文监测和情报预报设施建设、水文信息网络和业务系统建设以及保障措施等内容。

第十一条　国家对水文站网建设实行统一规划。水文站网建设应当坚持流域与区域相结合、区域服从流域、布局合理、防止重复、兼顾当前和长远需要的原则。

第十二条　水文站网的建设应当依据水文事业发展规划,按照国家固定资产投资项目建设程序组织实施。

为国家水利、水电等基础工程设施提供服务的水文站网的建设和运行管理经费,应当分别纳入工程建设概算和运行管理经费。

本条例所称水文站网,是指在流域或者区域内,由适当数量的各类水文测站构成的水文监测资料收集系统。

第十三条　国家对水文测站实行分类分级管理。

水文测站分为国家基本水文测站和专用水文测站。国家基本水文测站分为国家重要水文测站和一般水文测站。

第十四条　国家重要水文测站和流域管理机构管理的一般水文测站的设立和调整,由省、自治区、直辖市人民政府水行政主管部门或者流域管理机构报国务院水行政主管部门直属水文机构批准。其他一般水文测站的设立和调整,由省、自治区、直辖市人民政府水行政主管部门批准,报国务院水行政主管部门直属水文机构备案。

第十五条　设立专用水文测站,不得与国家基本水文测站重复。在国家基本水文测站覆盖的区域,确需设立专用水文测站的,应当按照管理权限报流域管理机构或者省、自治区、直辖市人民政府水行政主管部门直属水文机构批准。其中,因交通、航运、环境保护等需要设立专用水文测站的,有关主管部门批准前,应当征求流域管理机构或者省、自治区、直辖市人民政府水行政主管部门直属水文机构的意见。

撤销专用水文测站,应当报原批准机关批准。

第十六条　专用水文测站和从事水文活动的其他单位,应当接受水行政主管部门直属水文机构的行业管理。

第十七条　省、自治区、直辖市人民政府水行政主管部门管理的水文测站,对流域水资源管理和防灾减灾有重大作用的,业务上应当同时接受流域管理机构的指导和监督。

第三章　监测与预报

第十八条　从事水文监测活动应当遵守国家水文技术标准、规范和规程,保证监测质量。未经批准,不得中止水文监测。

国家水文技术标准、规范和规程,由国务院水行政主管部门会同国务院标准化行政主管部门制定。

第十九条　水文监测所使用的专用技术装备应当符合国务院水行政主管部门规定的技术要求。

水文监测所使用的计量器具应当依法经检定合格。水文监测所使用的计量器具的检定规程，由国务院水行政主管部门制定，报国务院计量行政主管部门备案。

第二十条 水文机构应当加强水资源的动态监测工作，发现被监测水体的水量、水质等情况发生变化可能危及用水安全的，应当加强跟踪监测和调查，及时将监测、调查情况和处理建议报所在地人民政府及其水行政主管部门；发现水质变化，可能发生突发性水体污染事件的，应当及时将监测、调查情况报所在地人民政府水行政主管部门和环境保护行政主管部门。

有关单位和个人对水资源动态监测工作应当予以配合。

第二十一条 承担水文情报预报任务的水文测站，应当及时、准确地向县级以上人民政府防汛抗旱指挥机构和水行政主管部门报告有关水文情报预报。

第二十二条 水文情报预报由县级以上人民政府防汛抗旱指挥机构、水行政主管部门或者水文机构按照规定权限向社会统一发布。禁止任何其他单位和个人向社会发布水文情报预报。

广播、电视、报纸和网络等新闻媒体，应当按照国家有关规定和防汛抗旱要求，及时播发、刊登水文情报预报，并标明发布机构和发布时间。

第二十三条 信息产业部门应当根据水文工作的需要，按照国家有关规定提供通信保障。

第二十四条 县级以上人民政府水行政主管部门应当根据经济社会的发展要求，会同有关部门组织相关单位开展水资源调查评价工作。

从事水文、水资源调查评价的单位，应当具备下列条件：

（一）具有法人资格和固定的工作场所；

（二）具有与所从事水文活动相适应并经考试合格的专业技术人员；

（三）具有与所从事水文活动相适应的专业技术装备；

（四）具有健全的管理制度；

（五）符合国务院水行政主管部门规定的其他条件。

第四章 资料的汇交保管与使用

第二十五条 国家对水文监测资料实行统一汇交制度。从事地表水和地下水资源、水量、水质监测的单位以及其他从事水文监测的单位，应当按照资料管理权限向有关水文机构汇交监测资料。

重要地下水源地、超采区的地下水资源监测资料和重要引（退）水口、在江河和湖泊设置的排污口、重要断面的监测资料，由从事水文监测的单位向流域管理机构或者省、自治区、直辖市人民政府水行政主管部门直属水文机构汇交。

取用水工程的取（退）水、蓄（泄）水资料，由取用水工程管理单位向工程所在地水文机构汇交。

第二十六条 国家建立水文监测资料共享制度。水文机构应当妥善存储和保管水文监测资料，根据国民经济建设和社会发展需要对水文监测资料进行加工整理形成水文监测成果，予以刊印。国务院水行政主管部门直属的水文机构应当建立国家水文数据库。

基本水文监测资料应当依法公开,水文监测资料属于国家秘密的,对其密级的确定、变更、解密以及对资料的使用、管理,依照国家有关规定执行。

第二十七条　编制重要规划、进行重点项目建设和水资源管理等使用的水文监测资料应当完整、可靠、一致。

第二十八条　国家机关决策和防灾减灾、国防建设、公共安全、环境保护等公益事业需要使用水文监测资料和成果的,应当无偿提供。

除前款规定的情形外,需要使用水文监测资料和成果的,按照国家有关规定收取费用,并实行收支两条线管理。

因经营性活动需要提供水文专项咨询服务的,当事人双方应当签订有偿服务合同,明确双方的权利和义务。

第五章　设施与监测环境保护

第二十九条　国家依法保护水文监测设施。任何单位和个人不得侵占、毁坏、擅自移动或者擅自使用水文监测设施,不得干扰水文监测。

国家基本水文测站因不可抗力遭受破坏的,所在地人民政府和有关水行政主管部门应当采取措施,组织力量修复,确保其正常运行。

第三十条　未经批准,任何单位和个人不得迁移国家基本水文测站,因重大工程建设确需迁移的,建设单位应当在建设项目立项前,报请对该站有管理权限的水行政主管部门批准,所需费用由建设单位承担。

第三十一条　国家依法保护水文监测环境。县级人民政府应当按照国务院水行政主管部门确定的标准划定水文监测环境保护范围,并在保护范围边界设立地面标志。

任何单位和个人都有保护水文监测环境的义务。

第三十二条　禁止在水文监测环境保护范围内从事下列活动:

(一)种植高秆作物、堆放物料、修建建筑物、停靠船只;

(二)取土、挖砂、采石、淘金、爆破和倾倒废弃物;

(三)在监测断面取水、排污或者在过河设备、气象观测场、监测断面的上空架设线路;

(四)其他对水文监测有影响的活动。

第三十三条　在国家基本水文测站上下游建设影响水文监测的工程,建设单位应当采取相应措施,在征得对该站有管理权限的水行政主管部门同意后方可建设。因工程建设致使水文测站改建的,所需费用由建设单位承担。

第三十四条　在通航河道中或者桥上进行水文监测作业时,应当依法设置警示标志。

第三十五条　水文机构依法取得的无线电频率使用权和通信线路使用权受国家保护。任何单位和个人不得挤占、干扰水文机构使用的无线电频率,不得破坏水文机构使用的通信线路。

第六章　法律责任

第三十六条　违反本条例规定,有下列行为之一的,对直接负责的主管人员和其他直接责任人员依法给予处分；构成犯罪的，依法追究刑事责任：

（一）错报水文监测信息造成严重经济损失的；

（二）汛期漏报、迟报水文监测信息的；

（三）擅自发布水文情报预报的；

（四）丢失、毁坏、伪造水文监测资料的；

（五）擅自转让、转借水文监测资料的；

（六）不依法履行职责的其他行为。

第三十七条　未经批准擅自设立水文测站或者未经同意擅自在国家基本水文测站上下游建设影响水文监测的工程的，责令停止违法行为，限期采取补救措施，补办有关手续；无法采取补救措施、逾期不补办或者补办未被批准的，责令限期拆除违法建筑物；逾期不拆除的，强行拆除，所需费用由违法单位或者个人承担。

第三十八条　不符合本条例第二十四条规定的条件从事水文活动的，责令停止违法行为，没收违法所得，并处 5 万元以上 10 万元以下罚款。

第三十九条　违反本条例规定，使用不符合规定的水文专用技术装备和水文计量器具的，责令限期改正。

第四十条　违反本条例规定，有下列行为之一的，责令停止违法行为，处 1 万元以上 5 万元以下罚款：

（一）拒不汇交水文监测资料的；

（二）非法向社会传播水文情报预报，造成严重经济损失和不良影响的。

第四十一条　违反本条例规定，侵占、毁坏水文监测设施或者未经批准擅自移动、擅自使用水文监测设施的，责令停止违法行为，限期恢复原状或者采取其他补救措施，可以处 5 万元以下罚款；构成违反治安管理行为的，依法给予治安管理处罚；构成犯罪的，依法追究刑事责任。

第四十二条　违反本条例规定，从事本条例第三十二条所列活动的，责令停止违法行为，限期恢复原状或者采取其他补救措施，可以处 1 万元以下罚款；构成违反治安管理行为的，依法给予治安管理处罚；构成犯罪的，依法追究刑事责任。

第四十三条　本条例规定的行政处罚，由县级以上人民政府水行政主管部门或者流域管理机构依据职权决定。

第七章　附　则

第四十四条　本条例中下列用语的含义是：

水文监测，是指通过水文站网对江河、湖泊、渠道、水库的水位、流量、水质、水温、泥沙、冰情、水下地形和地下水资源，以及降水量、蒸发量、墒情、风暴潮等实施监测，并进行分析和计算的活动。

水文测站，是指为收集水文监测资料在江河、湖泊、渠道、水库和流域内设立的各种水文观测场所的总称。

国家基本水文测站，是指为公益目的统一规划设立的对江河、湖泊、渠道、水库和流域基本水文要素进行长期连续观测的水文测站。

国家重要水文测站，是指对防灾减灾或者对流域和区域水资源管理等有重要作用的基本水文测站。

专用水文测站，是指为特定目的设立的水文测站。

基本水文监测资料，是指由国家基本水文测站监测并经过整编后的资料。

水文情报预报，是指对江河、湖泊、渠道、水库和其他水体的水文要素实时情况的报告和未来情况的预告。

水文监测设施，是指水文站房、水文缆道、测船、测船码头、监测场地、监测井、监测标志、专用道路、仪器设备、水文通信设施以及附属设施等。

水文监测环境，是指为确保监测到准确水文信息所必需的区域构成的立体空间。

第四十五条　中国人民解放军的水文工作，按照中央军事委员会的规定执行。

第四十六条　本条例自 2007 年 6 月 1 日起施行。

11.8　《中华人民共和国河道管理条例》相关知识

（1988 年 6 月 10 日中华人民共和国国务院令第 3 号发布；根据 2011 年 1 月 8 日《国务院关于废止和修改部分行政法规的决定》第一次修订；根据 2017 年 3 月 1 日《国务院关于修改和废止部分行政法规的决定》第二次修订；根据 2017 年 10 月 7 日《国务院关于修改部分行政法规的决定》第三次修订；根据 2018 年 3 月 19 日《国务院关于修改和废止部分行政法规的决定》第四次修订）

《中华人民共和国河道管理条例》（2018 年 3 月 19 日修正版）由总则、河道整治与建设、河道保护、河道清障、经费、罚则、附则等七章内容组成。其内容如下。

第一章　总　则

第一条　为加强河道管理，保障防洪安全，发挥江河湖泊的综合效益，根据《中华人民共和国水法》，制定本条例。

第二条　本条例适用于中华人民共和国领域内的河道（包括湖泊、人工水道、行洪区、蓄洪区、滞洪区）。

河道内的航道，同时适用《中华人民共和国航道管理条例》。

第三条　开发利用江河湖泊水资源和防治水害，应当全面规划、统筹兼顾、综合利用、讲求效益，服从防洪的总体安排，促进各项事业的发展。

第四条　国务院水利行政主管部门是全国河道的主管机关。

各省、自治区、直辖市的水利行政主管部门是该行政区域的河道主管机关。

第五条　国家对河道实行按水系统一管理和分级管理相结合的原则。

长江、黄河、淮河、海河、珠江、松花江、辽河等大江大河的主要河段，跨省、自治区、直辖市的重要河段，省、自治区、直辖市之间的边界河道以及国境边界河道，由国家授权的江河流域管理机构实施管理，或者由上述江河所在省、自治区、直辖市的河道主管机关根据流域统一规划实施管理。其他河道由省、自治区、直辖市或者市、县的河道主管机关实施管理。

第六条 河道划分等级。河道等级标准由国务院水利行政主管部门制定。

第七条 河道防汛和清障工作实行地方人民政府行政首长负责制。

第八条 各级人民政府河道主管机关以及河道监理人员,必须按照国家法律、法规,加强河道管理,执行供水计划和防洪调度命令,维护水工程和人民生命财产安全。

第九条 一切单位和个人都有保护河道堤防安全和参加防汛抢险的义务。

第二章 河道整治与建设

第十条 河道的整治与建设,应当服从流域综合规划,符合国家规定的防洪标准、通航标准和其他有关技术要求,维护堤防安全,保持河势稳定和行洪、航运通畅。

第十一条 修建开发水利、防治水害、整治河道的各类工程和跨河、穿河、穿堤、临河的桥梁、码头、道路、渡口、管道、缆线等建筑物及设施,建设单位必须按照河道管理权限,将工程建设方案报送河道主管机关审查同意。未经河道主管机关审查同意的,建设单位不得开工建设。

建设项目经批准后,建设单位应当将施工安排告知河道主管机关。

第十二条 修建桥梁、码头和其他设施,必须按照国家规定的防洪标准所确定的河宽进行,不得缩窄行洪通道。

桥梁和栈桥的梁底必须高于设计洪水位,并按照防洪和航运的要求,留有一定的超高。设计洪水位由河道主管机关根据防洪规划确定。

跨越河道的管道、线路的净空高度必须符合防洪和航运的要求。

第十三条 交通部门进行航道整治,应当符合防洪安全要求,并事先征求河道主管机关对有关设计和计划的意见。

水利部门进行河道整治,涉及航道的,应当兼顾航运的需要,并事先征求交通部门对有关设计和计划的意见。

在国家规定可以流放竹木的河流和重要的渔业水域进行河道、航道整治,建设单位应当兼顾竹木水运和渔业发展的需要,并事先将有关设计和计划送同级林业、渔业主管部门征求意见。

第十四条 堤防上已修建的涵闸、泵站和埋设的穿堤管道、缆线等建筑物及设施,河道主管机关应当定期检查,对不符合工程安全要求的,限期改建。

在堤防上新建前款所指建筑物及设施,应当服从河道主管机关的安全管理。

第十五条 确需利用堤顶或者戗台兼做公路的,须经县级以上地方人民政府河道主管机关批准。堤身和堤顶公路的管理和维护办法,由河道主管机关商交通部门制定。

第十六条 城镇建设和发展不得占用河道滩地。城镇规划的临河界限,由河道主管机关会同城镇规划等有关部门确定。沿河城镇在编制和审查城镇规划时,应当事先征求河道主管机关的意见。

第十七条 河道岸线的利用和建设,应当服从河道整治规划和航道整治规划。计划部门在审批利用河道岸线的建设项目时,应当事先征求河道主管机关的意见。

河道岸线的界限,由河道主管机关会同交通等有关部门报县级以上地方人民政府划定。

第十八条　河道清淤和加固堤防取土以及按照防洪规划进行河道整治需要占用的土地，由当地人民政府调剂解决。

因修建水库、整治河道所增加的可利用土地，属于国家所有，可以由县级以上人民政府用于移民安置和河道整治工程。

第十九条　省、自治区、直辖市以河道为边界的，在河道两岸外侧各10公里之内，以及跨省、自治区、直辖市的河道，未经有关各方达成协议或者国务院水利行政主管部门批准，禁止单方面修建排水、阻水、引水、蓄水工程以及河道整治工程。

第三章　河道保护

第二十条　有堤防的河道，其管理范围为两岸堤防之间的水域、沙洲、滩地（包括可耕地）、行洪区，两岸堤防及护堤地。

无堤防的河道，其管理范围根据历史最高洪水位或者设计洪水位确定。

河道的具体管理范围，由县级以上地方人民政府负责划定。

第二十一条　在河道管理范围内，水域和土地的利用应当符合江河行洪、输水和航运的要求；滩地的利用，应当由河道主管机关会同土地管理等有关部门制定规划，报县级以上地方人民政府批准后实施。

第二十二条　禁止损毁堤防、护岸、闸坝等水工程建筑物和防汛设施、水文监测和测量设施、河岸地质监测设施以及通信照明等设施。

在防汛抢险期间，无关人员和车辆不得上堤。

因降雨雪等造成堤顶泥泞期间，禁止车辆通行，但防汛抢险车辆除外。

第二十三条　禁止非管理人员操作河道上的涵闸闸门，禁止任何组织和个人干扰河道管理单位的正常工作。

第二十四条　在河道管理范围内，禁止修建围堤、阻水渠道、阻水道路；种植高秆农作物、芦苇、杞柳、荻柴和树木（堤防防护林除外）；设置拦河渔具；弃置矿渣、石渣、煤灰、泥土、垃圾等。

在堤防和护堤地，禁止建房、放牧、开渠、打井、挖窖、葬坟、晒粮、存放物料、开采地下资源、进行考古发掘以及开展集市贸易活动。

第二十五条　在河道管理范围内进行下列活动，必须报经河道主管机关批准；涉及其他部门的，由河道主管机关会同有关部门批准：

（一）采砂、取土、淘金、弃置砂石或者淤泥；

（二）爆破、钻探、挖筑鱼塘；

（三）在河道滩地存放物料、修建厂房或者其他建筑设施；

（四）在河道滩地开采地下资源及进行考古发掘。

第二十六条　根据堤防的重要程度、堤基土质条件等，河道主管机关报经县级以上人民政府批准，可以在河道管理范围的相连地域划定堤防安全保护区。在堤防安全保护区内，禁止进行打井、钻探、爆破、挖筑鱼塘、采石、取土等危害堤防安全的活动。

第二十七条　禁止围湖造田。已经围垦的，应当按照国家规定的防洪标准进行治理，逐步退田还湖。湖泊的开发利用规划必须经河道主管机关审查同意。

禁止围垦河流，确需围垦的，必须经过科学论证，并经省级以上人民政府批准。

第二十八条　加强河道滩地、堤防和河岸的水土保持工作，防止水土流失、河道淤积。

第二十九条　江河的故道、旧堤、原有工程设施等，不得擅自填堵、占用或者拆毁。

第三十条　护堤护岸林木，由河道管理单位组织营造和管理，其他任何单位和个人不得侵占、砍伐或者破坏。

河道管理单位对护堤护岸林木进行抚育和更新性质的采伐及用于防汛抢险的采伐，根据国家有关规定免交育林基金。

第三十一条　在为保证堤岸安全需要限制航速的河段，河道主管机关应当会同交通部门设立限制航速的标志，通行的船舶不得超速行驶。

在汛期，船舶的行驶和停靠必须遵守防汛指挥部的规定。

第三十二条　山区河道有山体滑坡、崩岸、泥石流等自然灾害的河段，河道主管机关应当会同地质、交通等部门加强监测。在上述河段，禁止从事开山采石、采矿、开荒等危及山体稳定的活动。

第三十三条　在河道中流放竹木，不得影响行洪、航运和水工程安全，并服从当地河道主管机关的安全管理。

在汛期，河道主管机关有权对河道上的竹木和其他漂流物进行紧急处置。

第三十四条　向河道、湖泊排污的排污口的设置和扩大，排污单位在向环境保护部门申报之前，应当征得河道主管机关的同意。

第三十五条　在河道管理范围内，禁止堆放、倾倒、掩埋、排放污染水体的物体。禁止在河道内清洗装贮过油类或者有毒污染物的车辆、容器。

河道主管机关应当开展河道水质监测工作，协同环境保护部门对水污染防治实施监督管理。

第四章　河道清障

第三十六条　对河道管理范围内的阻水障碍物，按照“谁设障，谁清除”的原则，由河道主管机关提出清障计划和实施方案，由防汛指挥部责令设障者在规定的期限内清除。逾期不清除的，由防汛指挥部组织强行清除，并由设障者负担全部清障费用。

第三十七条　对壅水、阻水严重的桥梁、引道、码头和其他跨河工程设施，根据国家规定的防洪标准，由河道主管机关提出意见并报经人民政府批准，责成原建设单位在规定的期限内改建或者拆除。汛期影响防洪安全的，必须服从防汛指挥部的紧急处理决定。

第五章　经　费

第三十八条　河道堤防的防汛岁修费，按照分级管理的原则，分别由中央财政和地方财政负担，列入中央和地方年度财政预算。

第三十九条　受益范围明确的堤防、护岸、水闸、圩垸、海塘和排涝工程设施，河道主管机关可以向受益的工商企业等单位和农户收取河道工程修建维护管理费，其标准应当根据工程修建和维护管理费用确定。收费的具体标准和计收办法由省、自治区、直辖市人民政府制定。

第四十条 在河道管理范围内采砂、取土、淘金,必须按照经批准的范围和作业方式进行,并向河道主管机关缴纳管理费。收费的标准和计收办法由国务院水利行政主管部门会同国务院财政主管部门制定。

第四十一条 任何单位和个人,凡对堤防、护岸和其他水工程设施造成损坏或者造成河道淤积的,由责任者负责修复、清淤或者承担维修费用。

第四十二条 河道主管机关收取的各项费用,用于河道堤防工程的建设、管理、维修和设施的更新改造。结余资金可以连年结转使用,任何部门不得截取或者挪用。

第四十三条 河道两岸的城镇和农村,当地县级以上人民政府可以在汛期组织堤防保护区域内的单位和个人义务出工,对河道堤防工程进行维修和加固。

第六章 罚 则

第四十四条 违反本条例规定,有下列行为之一的,县级以上地方人民政府河道主管机关除责令其纠正违法行为、采取补救措施外,可以并处警告、罚款、没收非法所得;对有关责任人员,由其所在单位或者上级主管机关给予行政处分;构成犯罪的,依法追究刑事责任:

(一)在河道管理范围内弃置、堆放阻碍行洪物体的;种植阻碍行洪的林木或者高秆植物的;修建围堤、阻水渠道、阻水道路的;

(二)在堤防、护堤地建房、放牧、开渠、打井、挖窖、葬坟、晒粮、存放物料、开采地下资源、进行考古发掘以及开展集市贸易活动的;

(三)未经批准或者不按照国家规定的防洪标准、工程安全标准整治河道或者修建水工程建筑物和其他设施的;

(四)未经批准或者不按照河道主管机关的规定在河道管理范围内采砂、取土、淘金、弃置砂石或者淤泥、爆破、钻探、挖筑鱼塘的;

(五)未经批准在河道滩地存放物料、修建厂房或者其他建筑设施,以及开采地下资源或者进行考古发掘的;

(六)违反本条例第二十七条的规定,围垦湖泊、河流的;

(七)擅自砍伐护堤护岸林木的;

(八)汛期违反防汛指挥部的规定或者指令的。

第四十五条 违反本条例规定,有下列行为之一的,县级以上地方人民政府河道主管机关除责令其纠正违法行为、赔偿损失、采取补救措施外,可以并处警告、罚款;应当给予治安管理处罚的,按照《中华人民共和国治安管理处罚法》的规定处罚;构成犯罪的,依法追究刑事责任:

(一)损毁堤防、护岸、闸坝、水工程建筑物,损毁防汛设施、水文监测和测量设施、河岸地质监测设施以及通信照明等设施;

(二)在堤防安全保护区内进行打井、钻探、爆破、挖筑鱼塘、采石、取土等危害堤防安全的活动的;

(三)非管理人员操作河道上的涵闸闸门或者干扰河道管理单位正常工作的。

第四十六条 当事人对行政处罚决定不服的,可以在接到处罚通知之日起15日内,向做出处罚决定的机关的上一级机关申请复议,对复议决定不服的,可以在接到复议决定之日起 15 日内,向人民法院起诉。当事人也可以在接到处罚通知之日起 15 日内,直接向人民法院起诉。当事人逾期不申请复议或者不向人民法院起诉又不履行处罚决定的,由做出处罚决定的机关申请人民法院强制执行。对治安管理处罚不服的,按照《中华人民共和国治安管理处罚法》的规定办理。

第四十七条 对违反本条例规定,造成国家、集体、个人经济损失的,受害方可以请求县级以上河道主管机关处理。受害方也可以直接向人民法院起诉。

当事人对河道主管机关的处理决定不服的,可以在接到通知之日起,15 日内向人民法院起诉。

第四十八条 河道主管机关的工作人员以及河道监理人员玩忽职守、滥用职权、徇私舞弊的,由其所在单位或者上级主管机关给予行政处分;对公共财产、国家和人民利益造成重大损失的,依法追究刑事责任。

第七章 附 则

第四十九条 各省、自治区、直辖市人民政府,可以根据本条例的规定,结合本地区的实际情况,制定实施办法。

第五十条 本条例由国务院水利行政主管部门负责解释。

第五十一条 本条例自发布之日起施行。

第 12 章　相关技术标准知识

12.1　《降水量观测规范》(SL 21—2015)

《降水量观测规范》(SL 21—2015)是为统一降水量的观测技术,提高降水量观测资料质量,制定的水利行业标准。《降水量观测规范》(SL 21—2015)适用于基本雨量站的降水量观测,专用雨量站可参照执行。

《降水量观测规范》(SL 21—2015)共有 9 章和 7 个附录,正文主要有范围、规范性引用文件、术语与定义、总则、观测场地、仪器与安装、人工雨量器观测、自记雨量计观测、降水量资料整理等内容。附录主要包括附录 A　降水量观测误差、附录 B　雨量站考证簿、附录 C　降水量观测仪器、附录 D　地面雨量器(计)与防风圈安装、附录 E　降水量人工观测记载簿、附录 F　雨量站检查维护情况记录表、附录 G　虹吸式雨量计记录订正等内容。

12.2　《水面蒸发观测规范》(SL 630—2013)

《水面蒸发观测规范》(SL 630—2013)是为统一全国蒸发观测方法、观测仪器、资料整编的技术要求,保证水面蒸发观测成果的质量而制定的水利行业标准。《水面蒸发观测规范》(SL 630—2013)适用于防汛抗旱、工程建设、水资源管理及科学研究等方面搜集蒸发基本资料的水面蒸发观测。

《水面蒸发观测规范》(SL 630—2013)共有 6 章和 5 个附录,正文主要技术内容有总则、蒸发站布设与观测场地、蒸发仪器与安装、水面蒸发观测、蒸发自动观测、水面蒸发资料的计算与整理等。附录主要包括附录 A　蒸发站考证簿编制说明、附录 B　水面蒸发观测记载簿的格式及填制说明、附录 C　蒸发仪器的维护、附录 D　水面蒸发量观测误差、附录 E　漂浮水面蒸发场的设置和观测等内容。

12.3　《水位观测标准》(GB/T 50138—2010)

《水位观测标准》(GB/T 50138—2010)是为统一全国水位站布设、水位观测设施设备的建设与管理、水位的观测与数据处理等方面的技术要求,保证水位观测成果的质量而制定的国家标准。《水位观测标准》(GB/T 50138—2010)适用于河流、湖泊、水库、人工河渠、海滨、感潮河段等水域的水位观测。

《水位观测标准》(GB/T 50138—2010)共有 8 章和 5 个附录。正文主要技术内容包括总则、水位站、水位观测基本设施布设、水位观测设备、水位的人工观测、水位的自动监测、水位观测结果的计算与订正、水位观测的误差控制等。附录主要包括附录 A　水准标石的型式与埋设、附录 B　纸介质模拟自计水位计、附录 C　报表的编制规定、附录 D　弧形闸门开启高度的换算、附录 E　水位观测不确定度的估算等内容。

12.4 《河流流量测验规范》(GB 50179—2015)

《河流流量测验规范》(GB 50179—2015)是为统一全国河流流量测验方法与分析计算等方面的技术要求,保证流量测验成果质量而制定的国家标准。《河流流量测验规范》(GB 50179—2015)适用于天然河流、湖泊、水库、人工河渠、潮汐影响和水工程影响河段的流量测验。《河流流量测验规范》(GB 50179—2015)明确规定使用新的流量测验技术,应采用本规范推荐的流量测验方法进行比测试验,并进行成果精度评定;多线多点流速仪法的流量测验成果可作为率定或校核其他测流方法的标准。

《河流流量测验规范》(GB 50179—2015)共分 6 章 5 个附录,正文主要技术内容包括总则、测验河段的选择和断面设立、断面测量、水位级划分与流量测验方式方法、流量测验成果检查和分析、流量测验成果精度评定等。附录主要包括附录 A　基本水文站精度类别划分方法、附录 B　流速仪法、附录 C　浮标法、附录 D　流量测验表格式及填制说明、附录 E　偏角改正表等内容。

12.5 《河流悬移质泥沙测验规范》(GB/T 50159—2015)

《河流悬移质泥沙测验规范》(GB/T 50159—2015)是为统一河流悬移质输沙率、含沙量和颗粒级配测验的方法和要求,保证测验成果质量,做到技术先进、经济合理,更好地适应国民经济建设和社会发展对泥沙测验的需求而制定的国家标准。《河流悬移质泥沙测验规范》(GB/T 50159—2015)适用于国家基本站、实验站和专用站开展河流悬移质泥沙基本观测或专项观测,也适用于水文调查中的悬移质泥沙测验。《河流悬移质泥沙测验规范》(GB/T 50159—2015)明确规定采用新的悬移质泥沙测验方法或使用新的测沙仪器,均应进行误差试验或比测试验,并进行成果精度评定;采用本规范所规定的各项精度时,应选择具有代表性的测站长期收集、积累试验资料进行检验。

《河流悬移质泥沙测验规范》(GB/T 50159—2015)共分 9 章和 4 个附录,正文主要包括总则,仪器选择及技术要求,悬移质输沙率及颗粒级配测验,单沙与单颗测验,高含沙水流条件下的泥沙测验,悬移质水样处理,悬移质泥沙测验资料的计算、检查与分析,悬移质泥沙测验方式选择与测验方法的试验分析,悬移质泥沙测验不确定度估算等内容。附录主要包括附录 A　悬移质水样处理设备及操作方法(分沙器设备及其操作方法、比重瓶检定方法、泥沙密度测定方法、过滤泥沙的操作方法)、附录 B　悬移质泥沙测验记录记载表格式及填制说明、附录 C　悬移质泥沙测验计量单位及有效数字、附录 D　高含沙水流流变特性试验方法等内容。

12.6 《地下水监测工程技术规范》(GB/T 51040—2014)

《地下水监测工程技术规范》(GB/T 51040—2014)是为规范和促进地下水监测工作开展,统一地下水监测技术标准,保障地下水监测工作为地下水资源的开发、利用、配置、节约、保护、管理和其他各项社会公益事业提供科学依据而制定的国家标准。《地下水监测工程技术规范》(GB/T 51040—2014)适用于地下水监测站的规划、建设、测验、资料整编、信息系统建设和信息服务等方面的技术工作。

《地下水监测工程技术规范》(GB/T 51040—2014)共分 9 章和 5 个附录,正文主要包括总则、术语、站网规划与布设、监测站建设与管理、自动监测系统建设、信息监测、地下水实验站、资料整编、信息服务系统等内容。附录主要包括附录 A　地下水监测站基本情况表式样及填表说明、附录 B　地下水监测原始记载表式样及填表说明、附录 C　地下水监测资料整编成果表式样及填表说明、附录 D　地下水基本监测站分布图编制说明、附录 E　标识符索引等内容。

12.7 《土壤墒情监测规范》(SL 364—2015)

《土壤墒情监测规范》(SL 364—2015)是水利行业标准,适用于水利行业土壤墒情监测工作。

《土壤墒情监测规范》(SL 364—2015)共分 10 章和 7 个附录,正文包括范围、规范性引用文件、术语和定义、总则、站网布设、监测站查勘与调查、土壤墒情监测一般规定、土壤含水量监测步骤与要求、土壤墒情自动测报系统建设要求、资料整编等内容。附录主要包括附录 A　说明表及位置图、附录 B　土壤干容重测定方法、附录 C　田间持水量测定方法、附录 D　监测记录表、附录 E　信息采集系统、附录 F　土壤水分自动监测仪器率定与比测方法、附录 G　土壤含水量相关要素计算公式等内容。

12.8 《河流冰情观测规范》(SL 59—2015)

《河流冰情观测规范》(SL 59—2015)是为统一全国河流冰情观测技术要求,提高观测成果质量制定的水利行业标准。《河流冰情观测规范》(SL 59—2015)适用于受结冰影响的河流、湖泊、水库、渠道的基本站、专用站、实验站和辅助站(断面)的冰情观测。

《河流冰情观测规范》(SL 59—2015)共分 11 章和 7 个附录,正文主要内容包括范围、规范性引用文件、术语和定义、总则、冰情目测、冰情图测绘、冰厚测量、冰流量测验、冰塞与冰坝观测、水内冰观测、冰情资料等。附录主要包括附录 A　冰情现象、附录 B　报表格式及填制说明、附录 C　冰情符号、附录 D　冰情要素单位和有效数字、附录 E　冰情观测仪器设备、附录 F　冰流量要素测验、附录 G　冰坝特征观测与计算方法等内容。

12.9 《水文测量规范》(SL 58—2014)

《水文测量规范》(SL 58—2014)是为统一水文测量中高程测量、断面测量和地形测量的技术标准,适应水文测量技术发展,保证水文测量成果质量而制定的水利行业标准。《水文测量规范》(SL 58—2014)适用于水文站网建设,水文测验,水文调查的三、四、五等高程测量,河道断面测量及地形测量。《水文测量规范》(SL 58—2014)明确规定以中误差或限差作为衡量测量精度的指标,以两倍中误差作为限差;采用先进测量仪器和新测绘技术时,精度不应低于本标准相应的要求。

《水文测量规范》(SL 58—2014)共4章2个附录,主要技术内容有总则、高程测量、断面测量、地形测量等。附录主要包括附录A　水尺零点高程测量记载表与填制说明、附录B　断面测量记载表等内容。

12.10 《水文资料整编规范》(SL 247—2012)

《水文资料整编规范》(SL 247—2012)是为统一全国水文资料的整编内容和技术要求,适应水文资料整编技术的发展,提高水文资料成果质量而制定的水利行业标准。《水文资料整编规范》(SL 247—2012)适用于全国各类水文、水位、降水、蒸发站的水文资料整编。《水文资料整编规范》(SL 247—2012)明确规定水文资料应逐年进行整编、审查、复审等;对于水文资料整编的新技术和新方法,应与用其他方法整编并行一年,并经综合检验符合本规范精度要求,报复审汇编单位批准后方可正式投产使用。

《水文资料整编规范》(SL 247—2012)共分8章和2个附录,正文主要技术内容包括总则、整编工作阶段及质量、整编内容与定线精度、整编方法、数据结构与文件名、资料审查、资料复审、存储等。附录主要包括附录A　水文资料整编要素编制说明、附录B　整编成果表样等内容。

12.11 《水文情报预报规范》(GB/T 22482—2008)

《水文情报预报规范》(GB/T 22482—2008)是为了统一全国水文情报、洪水预报以及其他水文情报预报服务而制定的国家标准。《水文情报预报规范》(GB/T 22482—2008)适用于中华人民共和国领域内的水文情报预报工作和相关活动。

《水文情报预报规范》(GB/T 22482—2008)共分8章,主要包括范围、规范性引用文件、术语和定义、总则、水文情报、洪水预报、其他水文预报、水文情报预报服务等内容。

12.12 《水环境监测规范》(SL 219—2013)

《水环境监测规范》(SL 219—2013)是为规范水环境与水生态监测工作,保证监测成果的客观公正性、系统性和科学性而制定的水利行业标准。《水环境监测规范》(SL

219—2013)适用于水环境与水生态监测,不适用于海洋水体监测。

《水环境监测规范》(SL 219—2013)共分 12 章 5 个附录,正文主要包括总则、监测站网、地表水监测、地下水监测、大气降水监测、水体沉降物监测、水生态调查与监测、入河排污口调查与监测、应急监测、移动监测与自动监测、实验室质量保证与质量控制、数据记录处理与资料整汇编等内容。附录主要包括附录 A　分析精密度和准确度允许差、附录 B　沉降物样品预处理方法、附录 C　数据上报整汇编表、附录 D　监测资料整汇编成果图表式样及填制说明、附录 E　水质年鉴刊印规定等内容。

12.13 《水文调查规范》(SL 196—2015)

《水文调查规范》(SL 196—2015)是为统一水文调查方法和技术要求,明确水文调查的工作内容,弥补水文站网定位观测的局限性,扩大水文资料收集范围,增强水文资料的完整性、一致性,或其他特定目的而制定的水利行业标准。《水文调查规范》(SL 196—2015)适用于水文测站面上调查、流域或区域专项水文调查。

《水文调查规范》(SL 196—2015)共分 9 章和 5 个附录,正文主要内容包括范围、规范性引用文件、术语和定义、总则、流域基本情况调查、水量调查、暴雨和洪水调查、枯水和旱情调查、专项调查等。附录主要包括附录 A　水文调查报告的编写、附录 B　各分项水量的调查与计算、附录 C　暴雨、洪水调查资料整理与计算、附录 D　水库、淤地坝淤积量测算方法、附录 E　泥石流调查表等内容。

12.14 《水文站网规划技术导则》(SL 34—2013)

《水文站网规划技术导则》(SL 34—2013)是为统一全国水文站网规划技术要求,发挥站网的整体功能,提高水文站网的社会效益和经济效益,更好地适应国民经济建设和社会发展对水文站网布设的需求而制定的水利行业标准。《水文站网规划技术导则》(SL 34—2013)适用于河流、湖泊、水库、人工河渠及其流域内(含地下水体)以及海滨水文站网的规划与调整。《水文站网规划技术导则》(SL 34—2013)明确规定全国水文站网应实行统一规划;编制水文站网规划,应依据国民经济和社会发展需要,遵循流域与区域相结合、区域服从流域,布局科学、密度合理、功能齐全、结构优化,经济高效、适度超前的原则。

《水文站网规划技术导则》(SL 34—2013)共分 12 章,正文主要有总则、基本规定、流量站网、水位站网、泥沙站网、降水量站网、水面蒸发站网、地下水站网、水质站网、墒情站网、实验站、专用站等内容。

第 3 篇　操作技能——初级工

第 1 章　降水量观测

1.1　观　测

1.1.1　人工雨量器观测降水量

降雨降落在人工雨量器承雨器内的降水量通过漏斗集中流到储水器内。到达观测时间或降雨结束后,使用专用的量雨杯量出储水器内的降水深(量)。

用人工雨量器观测降水量,可采用定时分段观测,段次划分及相应观测时刻(整小时)见表 3-1-1。水文测站观测降水量所采用的段次,可根据《测站任务书》或者上级有关具体规定执行。

表 3-1-1　降水量分段次观测时刻表

段次	观测时刻
1 段	8 时
2 段	20 时,8 时
4 段	14 时,20 时,2 时,8 时
8 段	11 时,14 时,17 时,20 时,23 时,2 时,5 时,8 时
12 段	10 时,12 时,14 时,16 时,18 时,20 时,22 时,24 时,2 时,4 时,6 时,8 时
24 段	从本日 9 时至次日 8 时,每 1 h 观测 1 次

降水量观测段次,少雨季节可采用 1 段次或 2 段次,遇大雨、暴雨时应随时增加观测段次;自记雨量计与人工雨量器进行校测可采用 1 段次或 2 段次,当自记雨量计发生故障时,应不少于 2 段次。

(1)每日观测时,应检查人工雨量器有无变形,漏斗有无裂纹,有无堵塞,储水筒有无漏水,器口是否水平。

(2)观测降水量时,若遇较大降水,应取出储水筒内的储水器,放入备用储水器,然后到室内用量雨杯测记降水量。若降水很小或已停止,可携带量雨杯到观测场测记降水量。

(3)使用量雨杯读数时,视线应与水面凹面最低处平齐,观读至量雨杯的最小刻度,并立即记录,然后校对读数一次。降水量很大时,可分数次量取,分别记在备用纸上,然后累加得其总量,并记录在降水量人工观测记载表中。

(4)暴雨时,应及时更换储水器,防止降水溢出。若已溢出,应同时更换储水筒,并量测筒内降水量。

(5)当遇特大暴雨,无法进行正常观测工作时,应及时进行暴雨调查,调查估算值应记入降水量人工观测记载表中，并加文字说明。

(6)观测后应清除储水器、储水筒和量雨杯内的积水。应定期清洗储水器、储水筒和量雨杯。

1.1.2 自记雨量计观测降水量

自记雨量计有翻斗式、虹吸式、称重式、轮盘斗式等类型。这里主要介绍翻斗式雨量计、虹吸式自记雨量计观测降水量。

1.1.2.1 翻斗式雨量计

翻斗式雨量计在投产使用前，应清除以前传感器的试验数据，对存储器进行必要的设置和初始化，设置的内容有站号、日期、时钟、仪器分辨力、存储记录时间间隔、通信方式等；记录时间间隔宜设置为 5 min，需要时可设置为 1 min，对时误差应小于 60 s。

翻斗式雨量计每日 8 时应观测，有降水之日应在 20 时巡查仪器。遇暴雨时应适当增加巡查次数，以便及时发现和排除故障，防止漏记降水过程。

每日观测的存储器(记录)的降水量，当降水强度在 0.1～4.0 mm/min 范围内变化时，误差应在±4%以内。时间误差：机械钟不应大于±5 min，石英晶体钟不应大于±1 min。

1.1.2.2 虹吸式自记雨量计

虹吸式自记雨量计每日 8 时应观测，有降水之日应在 20 时巡查仪器，并画注 20 时记录笔尖所在位置的时间记号。遇暴雨时应适当增加巡查次数，以便及时发现和排除故障，防止漏记降水过程。

每日 8 时观测前，在记录纸正面填写观测日期和月份。到 8 时整，立即对着记录笔尖所在位置，在记录纸零线上画一短垂线，作为检查自记钟快慢的时间记号。用笔档将自记笔拨离纸面，给机械钟上发条或检查电子钟电池。

更换记录纸，给笔尖加墨水，对准记录笔开始记录时间，画时间记号。换纸时无雨或仅降小雨，应在换纸前，慢慢注入一定量清水，使其发生人工虹吸，检查注入量与记录量之差是否在±0.05 mm 以内，虹吸历时是否小于 14 s，虹吸作用是否正常，检查或调整合格才能换纸。

观测自然虹吸量。若有自然虹吸量，应更换储水器，然后用量雨杯测量储水器内的水量，并记载在该日观测记录统计表中；暴雨时，估计降水量有可能溢出储水器时，应及时用备用储水器更换测记。观测后应稍停片刻，观察仪器记录画线、自记钟等运转情况，仪器运转正常方可离开。

1.1.3 降水量观测记载

自记雨量计观测记录的雨量数据一般存储在固态存储介质中，利用软件可随时导出(调出)各时段雨量数据。用人工雨量器观测的降水量数据应按要求记载在表 3-1-2 中。

表 3-1-2　降水量人工观测记载表

____月份　　　　(采用　　段次)　　　　第　　页

日	观测起止时间		实测降水量(mm)	时段降水量(mm)	日降水量		备注
	起时	止时			日	降水量(mm)	

降水量人工观测记载表填写应符合下列要求：

(1)月份，填写降水量观测记载的月份。

(2)采用段次，填写当月采用的观测段次。

(3)观测起止时间，在定时观测时段降水量时，起止时间记至时，段次划分和观测时间应符合本章 1.1.1 的规定；未到定时观测，因暴雨或蒸发观测需要加测降水量及观测冰雹直径时，起止时间宜记至分。

(4)实测降水量，填写降水量观测值；降雪或降雹时，在降水量数值右侧加注降水物符号。

(5)时段降水量，填写观测段次内的各次实测降水量累计值；降雪或降雹时，在降水量数值右侧加注降水物符号；观测值欠准时，在降水量数值右侧加欠准符号“※”；观测值不全时对降水量数值加括号；因故障缺测，且确知其量达仪器 1/2 个分辨力时，缺测时段记缺测符号“—”；降雪量缺测，但测其雪深者，将雪深折算成降水量填入，并在“备注”栏注明。

(6)日降水量，累加昨日 8 时至今日 8 时各次观测的降水量作为昨日降水量；时段降水量右侧注有符号者，日降水量右侧亦应注相同的符号；某时段实测降水量不全或缺测，日降水量应加括号；规定测记初终霜或雾、露、霜量的站，应在初终霜之日填霜的符号；在雾、露、霜量右侧注相应的降水物符号；未在日分界观测降水量者，在“日降水量”栏记合并符号“↓”。

(7)备注，在观测工作中，若发生缺测、欠准等影响观测资料精度和完整的事件，或发生特殊雨情、大风和冰雹以及雪深折算关系等，应采用文字在“备注”栏详细说明。

1.1.4　降水量观测资料整理

(1)当一个站同时有自记资料(数字存储或遥测记录)和人工观测资料时，应使用自记记录资料。自记记录资料有缺失、失真等问题的部分，可用人工观测资料代替，但应附注说明。自记记录资料无法整理时，可全部使用人工观测资料。遥测无人值守的站，可不记观测物符号。

(2)人工观测资料和虹吸式自记资料整理应坚持随测、随算、随整理、随分析，以便及时发现观测中的差错和不合理记录，及时进行处理、改正，并备注说明。

(3)委托雨量站应及时完成观测资料整理、降水量订正、故障处理说明，必要时，可将原始资料复印或抄录备份。

(4)有降水之日于8时观测完毕后,应立即检查观测记载,记载应正确、齐全。

(5)计算日降水量时,当某日内任一时段观测的降水量注有降水物或降水整编符号时,则该日降水量也应注相应符号。

(6)有数字存储或遥测记录资料时,应定期从数字存储器或从数据接收中心原始数据库中下载降水量资料,结合计算机软件进行资料审核、处理。

1.2　资料整编

1.2.1　降水量整编软件操作流程

目前,全国水文部门进行水文资料整编、审查、复查与汇编等各个环节所采用的水文资料整汇编系统有两种,即南/北方片水文资料整汇编软件系统,分别于2005年、2007年推广应用,并一直在更新升级。

降水量整编软件只是南/北方片水文资料整汇编软件系统中的一个计算模块,其操作流程为:

(1)测站控制信息录入(包括河名、站名、站码、测站性质等)。

(2)降水资料控制信息录入[包括资料年份、汛期摘录滑动段制、最大降水量表(1)或表(2)信息、降水量摘录时段信息、附注信息等]。

(3)降水量数据录入(人工观测资料由人工录入,数字记录数据一般由软件导入)。

(4)进行降水量整编计算。

(5)整编成果输出。输出符合整汇编刊印规范格式的逐日降水量表、降水量摘录表及各时段最大降水量表(1)或表(2)。

(6)整编成果存储(导入数据库)。

1.2.2　降水量的标记符号与数据格式要求

1.2.2.1　降水量符号

为区分雨、雪、雾、露、霜等不同形态降水量,资料整编时常在降水量数值右侧加标记符号,即降水物符号,如表3-1-3所示。单纯降雨和无人驻守雨量站可不注记降水物符号。

表3-1-3　降水物符号

降水物	雪	有雨,也有雪	有雹,也有雪	雹或雨夹雹	霜	雾	露
符号	※	·※	A※	A	U	═	Ω

1.2.2.2　降水量的表达方式与数据格式要求

1.降水量时间数据

降水量时间数据应采用下列由月、日、时、分组合的基本格式表示,并符合下列要求:

××　××　××.××
月　日　时　分

(1)“月”“日”“时”三项应分别采用两位整数表示,“分”应采用小数点后两位表示。

(2)分的值应按六十进制的形式填记。

(3)组合时间数据的左“0”和右“0”均可省略。

(4)相邻观测时间,若月,或月、日,或月、日、时相同时,后者的相同部分可省略。

2. 降水量数据

降水量数据应采用下列由降水量数值、要素性质与降水物或整编符号组合的基本格式表示,并符合下列要求:

×××××. ×××	*	*	*
降水量数值	要素性质	降水物符号	整编符号

(1)降水量取用精度宜根据观测仪器分辨率确定,记至小数后一位或整数。小数点后无数值时小数点及其后“0”可省略。

(2)整编符号包括缺测、改正、插补、不全、合并、分列、欠准等。

1.2.3 时段降水量和日降水量计算

1.2.3.1 时段降水量

时段降水量是该时段内的降水量观测(或存储记录)值之和。计算时段降水量就是将该时段内(人工或自记)观测(或存储记录)的各次降水量值累加求和。

【例 1】 表 3-1-4 是某降水站 5 月 5 日人工观测记载降水量数据,请计算该站 5 月 5 日 8 时至 20 时的时段降水量。

表 3-1-4　人工观测降水量数据

日	观测起止时间		实测降水量(mm)	日	观测起止时间		实测降水量(mm)
	起时	止时			起时	止时	
5	0	2	0.5	5	12	14	1.2
	2	4	0.8		14	16	0.9
	4	6	1.1		16	18	0.8
	6	8	1.6		18	20	0.6
	8	10	1.0		20	22	0.5
	10	12	0.8	⋮	⋮	⋮	⋮

该站 5 月 5 日 8 时至 20 时的时段降水量为

$$P_{8\sim20}=1.0+0.8+1.2+0.9+0.8+0.6=5.3(\text{mm})$$

【例 2】 表 3-1-5 是某降水站 7 月 6 日自记仪器存储记录的部分数据,请计算该站 7

月6日2时至3时的时段降水量。

表 3-1-5 自记记录降水量数据

起	止	降水量 (mm)	起	止	降水量 (mm)	起	止	降水量 (mm)
时:分	时:分		时:分	时:分		时:分	时:分	
⋮	⋮	⋮	02:20	02:25	0.4	02:50	02:55	0
1:55	02:00	0.2	02:25	02:30	0.2	02:55	03:00	0.2
02:00	02:05	0.4	02:30	02:35	0.2	03:00	03:05	0.4
02:05	02:10	0.4	02:35	02:40	0.4	03:05	03:10	0.2
02:10	02:15	0.2	02:40	02:45	0.6	03:10	03:55	0.2
02:15	02:20	0.6	02:45	02:50	0.2	⋮	⋮	⋮

该站7月6日2时至3时的时段降水量为

$$P_{2\sim3}=0.4+0.4+0.2+0.6+0.4+0.2+0.2+0.4+0.6+0.2+0+0.2=3.8(\text{mm})$$

1.2.3.2 日降水量

日降水量计算就是累加昨日8时至本日8时自记雨量计或人工雨量器观测(或存储)记录的各时段降水量,即为昨日的日降水量。

【例3】 表3-1-6是某降水站8月21日、22日时段降水量数据,请计算该站8月21日降水量。

表 3-1-6 时段降水量数据

月	日	起时	止时	降水量 (mm)	月	日	起时	止时	降水量 (mm)
8	21	0	2	5.3	8	21	20	0	2.6
		2	8	3.7		22	0	2	3.2
		8	14	4.4			2	8	1.5

该站8月21日降水量为

$$P_{21日}=4.4+2.6+3.2+1.5=11.7(\text{mm})$$

1.2.4 降水量数据合理性分析判断

(1)相同站点不同仪器间的降水量数据合理性分析判断。同时具有自记雨量计与人工雨量器观测数据的站,可以进行同时段(同一日)的降水量分析对照,对不合理的降水量数据进行改正或剔除。

(2)相邻站间的降水量数据合理性分析判断。相邻雨量站可分析对照日、月、年降水量,根据场次降水的连续性及时空分布规律,分析判断相邻站点降水量数据的合理性,对不合理的降水量数据进行改正或剔除。

(3)同时有蒸发观测的雨量站应与蒸发量数据进行对照检查,分析判断降水量数据的合理性。

第 2 章　水位观测

2.1　观　测

2.1.1　水尺及水尺零点高程

水尺是为直接观测河流或其他水体水位而设置的标尺。水尺零点高程是指按规定设立的水尺其零刻度线相对于某一基面的高程值。水尺零点高程的测量方法和仪器要求基本同水文四等水准测量,测量结果精确至 mm,当计算水位无特殊要求时,水尺零点高程可按四舍六入法取至 cm。

2.1.2　人工观测水位

(1)对设置的水尺应按规定统一编号。观测水位时,应先将所需观读水尺的编号写入记载表中,再观读、记录水尺读数。

(2)水位观测。观测员应根据《测站任务书》要求、河流特性及水位涨落变化情况,合理分布确定水位观测段次,做好观测前准备工作。每天将使用的时钟与标准北京时间核对一次,日误差不应超过 5 min。携带观测记载簿及记录铅笔,提前 5 min 到达观测断面。到达观测时间时,应准时观读,并现场记录水尺读数。观测记载应符合下列要求:

①水位观测一般读记至 1 cm,时间记至 1 min。水尺读数应按从 m、dm、cm 的顺序读取,并以 m 为单位记录,记至两位小数。

②在观测水尺读数时,观测员身体应蹲下,使视线尽量与水面平行,以减少折光产生的误差。水面平稳时,直接读取水面截于水尺上的读数;有波浪时,为尽量减少因波浪对水位观测产生的误差,可利用水面的暂时平静进行观读,或者分别观读波浪的峰顶和谷底在水尺上的读数,取其平均值;波浪较大时,可先套好静水箱再进行观测;也可采用多次观读,取其平均值等方法进行观测。

③观测矮桩式水尺时,测尺应垂直放在桩顶固定点上观读。当水面低于桩顶且下部未设水尺时,应将测尺底部触及水面,读取与桩顶固定点齐平的读数,并在记录的数字前加“-”号。

④观测悬锤式或测针式水位计时,应使悬锤或测针恰抵水面,读取悬尺或游标尺在固定点的读数(固定点至水面的高度),并在记录的数字前加“-”号。

⑤观测前应注意观察水尺情况,如直立式水尺发生倾斜、弯曲,倾斜式水尺发生隆鼓等情况时,应在记载表备注说明,并及时使用其他水尺观测。

2.1.3 水尺零点高程校测

2.1.3.1 基本要求

水尺零点高程校测的频次与时机应以能掌握水尺零点高程的变化情况、取得准确而连续的水位资料为原则,并应符合下列规定:

(1)每年年初或汛前应校测全部水尺,汛后应校测本年度洪水到达过的水尺;库区站应根据水库的蓄水过程选择适当的时机进行水尺校测。

(2)有封冻的测站,还应在每年封冻前和解冻后校测全部水尺。当汛后与封冻、汛前与解冻相隔时间很短时,可以适当减少校测次数。

(3)冲淤严重或漂浮物较多的测站,在每次洪水过后,应及时校测洪水到达过的水尺。

(4)当发现水尺变动或在整理水位观测成果时发现水尺零点高程有疑问,应及时进行校测。

2.1.3.2 水尺零点高程采用

校测水尺零点高程时,当校测前后高程相差不超过本次测量的允许不符值,或虽超过允许不符值,但基本水尺小于 10 mm,比降水尺小于 5 mm 时,其水尺零点高程应采用校测前的高程;当校测前后高程之差超过该次测量的允许不符值,且基本水尺大于 10 mm,比降水尺大于 5 mm 时,经复测确认后应采用校测后的高程,并应及时查明水尺变动的原因及时间,确定水位的改正方法,并订正有关水位。

2.1.3.3 校测方法

水尺零点高程的校测可按水文测量的三等水准测量方法或四等水准测量方法测量。

2.1.4 自记水位计的比测与校测

2.1.4.1 比测

新安装的自记水位计或改变仪器类型时应进行比测。比测合格后,方可正式使用。一般为自记水位计与同位置、同时刻的水尺观测水位比测。比测时可按水位变幅分几个测段分别进行,宜包括水流平稳、变化急剧等情况,每段比测次数应在 30 次以上。比测结果以水尺观测水位为准,计算自记水位计的误差且进行统计分析,统计误差限制为:一般水位站,置信水平 95%的综合不确定度应为 3 cm,系统误差应为±1 cm;波浪问题突出的近海地区水位站,综合不确定度可放宽至 5 cm。计时的比测以北京时间为准,机械钟的走时误差不应超过表 3-2-1 普通级的规定,石英钟走时误差不应超过表 3-2-1 精密级的规定。在比测合格的水位和计时限幅内,自记水位计可正式使用,比测资料可作为正式资料。不具备比测条件的无人值守站可只进行校测。

2.1.4.2 校测

自记水位计校测在仪器的正常观测使用期进行,应定期或不定期进行,校测频次可根据仪器稳定程度、水位涨落率和巡测条件等确定。每次校测时,应记录(人工)校测时间、(人工)校测水位值、自记水位值、是否重新设置自记水位计水位初始值等信息,作为水位资料计算整编的依据。当(人工)校测水位与自记水位系统偏差超过±2 cm 范围时,应经确认后重新设置水位初始值。

表 3-2-1　纸介质模拟自记水位计允许记时误差　　（单位:min）

记录周期	允许误差	
	精密级	普通级
日记	±0.5	±5
周记	±2	±10
双周记	±3	±12
月记	±4	—
季记	±9	—
半年记	±12	—
年记	±15	—

自记水位计的校测可根据具体情况选用下列方式方法：

（1）设有水尺的自动监测站，可采用水尺观测值进行校测。

（2）未设置水尺的自动监测站，可采用水准测量的方法进行校测，也可采用悬锤式水位计、测针式水位计进行校测。

（3）采用纸记录的自记水位计的水位校测。

①使用日记式自记水位计时，每日 8 时定时校测一次；资料用于潮汐预报的潮水位站应每日 8 时、20 时各校测一次。当一日水位变化较大时，应根据水位变化情况适当增加校测次数。

②使用长周期自记水位计时，对周记式自记水位计和双周记式自记水位计应每 7 天校测一次，对其他长期自记水位计应在使用初期根据需要加强校测，当运行稳定后，可根据情况适当减少校测次数。

③校测水位时，应在自记纸的时间坐标上画一短线。需要测记附属项目的站，应在观测校核水位的同时观测附属项目。

2.1.5　风向、风力、水面起伏度及水温观测

风向、风力及水面起伏度的观测，可根据需要及河流特性确定。

2.1.5.1　风向、风力观测

风向、风力观测宜采用器测法，无条件采用器测法的测站可采用目测；风向应以磁方位表示，方位符号应按表 3-2-2 的规定统一采用；目测风力等级可按表 3-2-3 估测。

表 3-2-2　方位符号

方位	北	东北	东	东南	南	西南	西	西北
符号	N	NE	E	SE	S	SW	W	NW

表 3-2-3 风力等级

风力等级	名称	陆上地物征象	相当于平地 10 m 高处的风速(m/s)	
			范围	中数
0	无风	静,烟直上	0~0.2	0
1	软风	烟能表示风向,树叶略有摇动	0.3~1.5	1
2	轻风	人面感觉有风,树叶有微响,旗子开始飘动,高的草开始摇动	1.6~3.3	2
3	微风	树叶及小枝摇动不息,旗子展开,高的草摇动不息	3.4~5.4	4
4	和风	能吹起地面灰尘和纸张,树枝动摇,高的草呈波浪起伏	5.5~7.9	7
5	清劲风	有叶的小树摇摆,内陆的水面有小波,高的草波浪起伏明显	8.0~10.7	9
6	强风	大树枝摇动,电线呼呼有声,撑伞困难,高的草不时倾伏于地	10.8~13.8	12
7	疾风	全树摇动,大树枝弯下来,迎风步行感觉不便	13.9~17.1	16
8	大风	可折毁小树枝,人迎风前行感觉阻力甚大	17.2~20.7	19
9	烈风	草房遭受破坏,屋瓦被掀起,大树枝可折断	20.8~24.4	23
10	狂风	树木可被吹倒,一般建筑物遭破坏	24.5~28.4	26
11	暴风	大树可被吹倒,一般建筑物遭严重破坏	28.5~32.6	31
12	飓风	陆上少见,其摧毁力极大	>32.6	

2.1.5.2 水面起伏度观测

水面起伏度应以水尺处的波浪变幅为准。按表 3-2-4 的规定分级记载。对水库、湖泊和潮水位站,当起伏度达到 4 级时,应加测波高。当水尺设有静水设备时,水面起伏度应由静水设备内实际发生的变幅确定,并应在水位观测记载表的备注栏中加以说明。

表 3-2-4 水面起伏度分级

水面起伏度级别	0	1	2	3	4
波浪变幅(cm)	≤2	3~10	11~30	31~60	>60

2.1.5.3 水温观测

1. 观测地点选择

水温观测地点,河道站一般在基本水尺断面或其附近靠近岸边的畅流处;堰闸站可选在闸上或闸下基本水尺断面附近畅流处;水库观测可在坝上水尺附近便于观测并有代表性的地点。为使所测水温有一定的代表性,观测地点附近不应有泉水、工业废水、生活污水等流入。

2. 观测时间和次数

水温应与水位同步观测,一般在每日 8 时(西部地区冬季可改在其他时间)观测一次,有特殊要求时可增加观测时间和次数。当进入冬季稳定封冻期后,水温观测连续 3~5 d 均在 0.2 ℃以下时,即可停测。当冰面有融化迹象时要及时恢复观测。

3. 水温观测的方法

水温可用温度表法和热敏电阻法等方法观测。一般用刻度不大于 0.2 ℃的框式水温计、深水温度计或热敏电阻温度计,后两种适用于深水观测。使用的水温计,须定期进行检定。

水温读数一般应精确至 0.1~0.2 ℃。观测时,当水深小于 1 m 时,可放至半深处;水太浅时,可斜放入水中,不能触及河底;水深大于 1 m 时,水温计应放在水面以下 0.5 m 处。水温计放入水中停留时间应不少于 5 min。

2.1.6 水位观测资料记载整理

2.1.6.1 水(潮)位观测记载簿

水(潮)位观测记载簿分为封面、观测应用的设备和水尺零点(或固定点等)高程说明表、基本水尺水(潮)位记载表。水位观测记载簿封面有测站名称和编码,流域水系名,所在行政区地名,记载水位的年度月份,观测、校核、站长签名,共有页数等。观测应用的设备和水尺零点(或固定点等)高程说明表中,"基面以上米数"应填写测站所采用的基面名称;"基面在__________基面(基准)以上"应填写测站所采用的冻结基面或测站基面与现行的国家高程基面的换算关系;书写行填写水尺高程变动的日期、原因,校测时水尺的情况及设置临时水尺情况等相应内容。

2.1.6.2 基本水尺水(潮)位记载表

基本水尺水(潮)位记载表表式见表 3-2-5。

表 3-2-5 ________站基本水尺水(潮)位记载表

________年________月　　　　　　　　　　　　　　　　　　第________页

日	时:分	水尺编号	水尺零点(或固定点)高程(m)	水尺读数(m)	水位(m)	日平均水位(m)	流向	风及起伏度	备注

表中各项目填写应符合下列要求:

(1)"日""时:分"应填写水位观测的时间。分别用两位数字表示,小于两位数时,应在个位前加"0"。例如:日期填写"06",时分填写"08:06"。

(2)水尺编号应填写该次所读的水尺的编号。

(3)水尺零点(或固定点)高程应填写该水尺或固定点的零点应用高程。

(4)水尺读数及水位应填写该次观读的水尺读数及计算出的水位。不参加日平均水位计算的水位,应用铅笔在数值下方画一横线;选为月特征值的最高水位(或潮水位站选为高潮的水位),应用红铅笔在数值下方画一横线;选为月特征值的最低水位(或潮水位站选为低潮的水位),应用蓝铅笔在数值下方画一横线。

(5)日平均水位应填入该日第一次观测时间的相应栏内。用自记水位计观测的站,本栏不填。有顺逆流的站,当全日逆流或一日兼有逆流、停滞时,应在日平均水位右侧加记"V"符号;当全日停滞时,加记"×"符号;当一日兼有顺逆流、停滞时,加记"N"符号;当全日顺流或一日兼有顺流、停滞时,可不另外加记顺流符号。

2.2 资料整编

2.2.1 瞬时水位和日平均水位计算

2.2.1.1 瞬时水位计算

瞬时水位 Z 数值用某一基面以上米数表示,为水尺读数 h 与水尺零点高程 Z_0 的代数和,即 $Z=Z_0+h$。计算时应注意水尺读数的正负号。

2.2.1.2 日平均水位计算

日平均水位是在某一水位观测点一日内水位变化状况的总体表征。其严格推求的物理几何原理是称作面积包围法的等面积变换,做法是将一日内水位变化过程线下与时间坐标轴包围的不规则梯形概化为面积相等的矩形,其矩形高代表的水位即为日平均水位。

日平均水位是概化值,其可能仅与日水位过程的若干瞬时水位相等,推算方法除面积包围法外,在日水位变化不大的情况下,还有时刻水位代表法、算术平均法等。测站可根据每日水位变化情况、观测次数及整编方法确定选用日平均水位计算方法。

1. 时刻水位代表法

时刻水位代表法是用当日某时刻观测或插补水位值作为本日的日平均水位。该法适用于一日内水位变化平稳,只观测一次水位的情况,该次水位值即为当日的日平均水位。

2. 算术平均法

算术平均法是用当日一次以上观测水位值的算术平均值作为本日的日平均水位。该法适用于一日内水位变化平缓,或变化虽较大,但观测或摘录时距相等的情况,可按式(3-2-1)计算:

$$\overline{Z}=\frac{\sum_{i=1}^{n}Z_i}{n} \tag{3-2-1}$$

式中 $\overline{Z}$ ——日平均水位,m;

n ——日观测水位的次数;

Z_i ——日各观测时刻的水位值,m。

3. 面积包围法

面积包围法是以各次水位观测或插补值在一日 24 时中所占时间的小时数为权重，用加权平均法计算值作为本日的日平均水位值。计算时可将一日内 0~24 时（当无 0 时或 24 时实测水位时，应根据前后相邻水位直线插补推求）的折线水位过程线下与时间坐标轴包围之面积除以一日内的小时数得之。面积包围法计算日平均水位（见图 3-2-1）可按式（3-2-2）计算：

$$\overline{Z} = \frac{1}{48}[Z_0 a + Z_1(a + b) + Z_2(b + c) + \cdots + Z_{n-1}(m + n) + Z_n n] \qquad (3\text{-}2\text{-}2)$$

式中　$\overline{Z}$——日平均水位，m；

$a,b,c,\cdots,n$——观测时距，h；

$Z_0,Z_1,Z_2,\cdots,Z_n$——相应时刻的水位值，m。

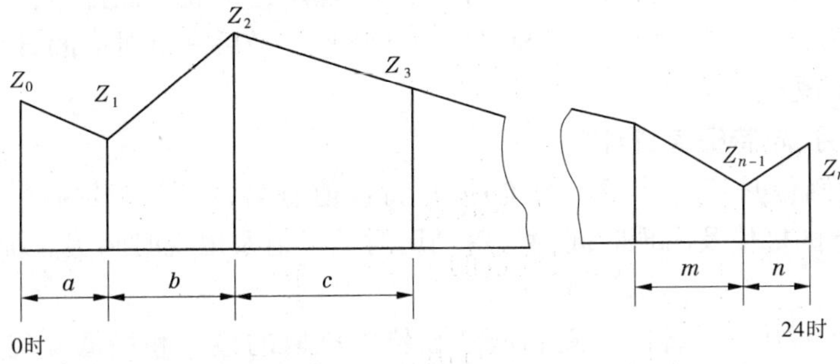

图 3-2-1　面积包围法计算日平均水位示意图

通常以面积包围法求得的日平均值作为标准值，用其他方法求得的日平均值与标准值相比，其允许误差一般为 2 cm。

2.2.2　水位数据摘录与整理

水位资料整编时，一般要编制水位数据加工表，把一年（或一月）的人工或自记水位计观测或记录的水位数据按下列原则进行摘录与整理。

（1）人工观测记录频次不大时，应全部摘录加工。当某一时段（洪水期）观测记录频次很大时，可进行精简摘录，但精简后的水位过程应与实测水位过程一致，洪峰、谷底等水位极值和水位变化转折点水位一般不应精简。

（2）当采用自动监测资料进行水位整编时，应先进行精简。当水位过程呈锯齿状时，宜采用中心线平滑方法进行处理；当水位过程平缓时，可采用摘录的方式进行处理。

（3）对人工观测记录或自动监测资料进行精简或处理后的水位加工数据必须满足下列要求：

①精简或处理后的水位变化过程应完整。

②精简或处理后计算的日平均水位与采用所有数据计算的日平均水位相差不宜超过 2 cm。

③有流量资料整编的测站，精简或处理后的水位变化过程应满足推求流量的要求。

2.2.3　水位(潮位)月、年特征值统计

2.2.3.1　水位月、年特征值统计

(1)水位月特征值包括月平均水位、月最高水位及其发生日期、月最低水位及其发生日期。统计计算时,月平均水位以该月日平均水位总和除以该月的日数得之;月最高水位及其发生日期、月最低水位及其发生日期应在该月瞬时水位记录中挑选。

(2)水位年特征值包括年平均水位、年最高水位及其发生日期、年最低水位及其发生日期、各种保证率水位。

①年平均水位以本年日平均水位总和除以该年的日数得之。

②年最高水位及其发生日期、年最低水位及其发生日期应在本年瞬时水位记录中挑选。

③各种保证率水位统计计算,将全年各日日平均水位由高到低排序,从中依次挑选第1日、第15日、第30日、第90日、第180日、第270日及最后一个对应的日平均水位,即为相应保证率的水位。

2.2.3.2　潮位月、年特征值统计

表3-2-6为潮位月年统计表。潮位月、年特征值有高、低潮的最高、最低潮位及出现时间,涨、落潮差的极值及出现时间,涨、落潮历时的极值及出现时间等。统计填写应符合下列要求:

(1)潮位:填写从本月各次高潮和低潮潮位中挑取的最高和最低潮位及其出现日期和时分。将各次高潮和低潮的潮位分别相加得月总数,分别除以高潮和低潮的潮位次数,即得平均高潮潮位和平均低潮潮位。

(2)潮差和历时:从全月各次潮差和历时中分别求出涨潮潮差和落潮潮差、涨潮历时和落潮历时的总数及算术平均值,并挑选各自最大值、最小值及其日期(均以高潮所在日期为准)。

(3)各栏出现的日期(农历:月-日):统一采用"月-日"形式,如6月21日填"6-21";农历月份为闰月的,应加"闰"字,如闰5月16日应填"闰5-16"。

(4)一月中部分日期因受洪水影响没有潮汐现象,而其他日期仍有潮汐现象时,各项目应做月统计。挑选高潮最高与低潮最低时,潮汐消失期间逐日最高、最低水位均参加统计。其他项目可根据有潮汐期间的资料进行统计。资料无残缺时,统计的数字上均不加括号,资料有残缺时,只选极值,按一般规则加括号或不加括号;不算平均值,在平均栏填"—"符号。

(5)当全月潮汐现象消失时,月统计只统计填写全月的最高水位和最低水位,其余各栏空白。

(6)年统计中各项极值从各月极值中挑选,出现日期(公历,日)的填写方式,采用"月-日"形式,如6月21日应填"6-21"。平均值应将12个月的总数相加除以各该值全年出现的次数求得。也可用12个月的月平均值相加除以12求得。

(7)附注:说明特殊潮汐现象;受洪水影响潮汐现象消失的起止时间;有关资料精度、断面迁移及其他应说明的事项。

表 3-2-6　××河　××站　潮位月年统计表

表内潮位(冻结基面以上米数)±×××m = ××基面以上米数　　潮差(m)　　历时(时：分)

项目					一月	二月	三月	四月	五月	六月	七月	八月	九月	十月	十一月	十二月	全年
潮位	高潮	最高	潮位														
			日期	公历：日　时分													
				农历：月-日													
		最低	潮位														
			日期	公历：日　时分													
				农历：月-日													
		平均潮位															
	低潮	最高	潮位														
			日期	公历：日　时分													
				农历：月-日													
		最低	潮位														
			日期	公历：日　时分													
				农历：月-日													
		平均潮位															

续表 3-2-6

项目					一月	二月	三月	四月	五月	六月	七月	八月	九月	十月	十一月	十二月	全年
潮差	涨潮	最大	潮差														
			日期	公历： 日													
				农历：月-日													
		最小	潮差														
			日期	公历： 日													
				农历：月-日													
		平均潮差															
	落潮	最大	潮差														
			日期	公历： 日													
				农历：月-日													
		最小	潮差														
			日期	公历： 日													
				农历：月-日													
		平均潮差															

续表 3-2-6

项目					一月	二月	三月	四月	五月	六月	七月	八月	九月	十月	十一月	十二月	全年
历时	涨潮	最大	历时														
			日期	公历：　日													
				农历:月-日													
		最小	历时														
			日期	公历：　日													
				农历:月-日													
		平均历时															
	落潮	最大	历时														
			日期	公历：　日													
				农历:月-日													
		最小	历时														
			日期	公历：　日													
				农历:月-日													
		平均历时															
附注																	

2.2.4　水位过程线绘制

水位过程线是点绘的水位随时间变化的连续曲线，分为逐时（瞬时）水位过程线和逐日平均水位过程线。逐时水位过程线在每次观测水位后随即点绘，以便作为掌握水情变化趋势，合理布设流量、泥沙测次的参考，同时是流量资料整编时建立水位流量关系和进行合理性检查的重要参考依据。逐日平均水位过程线用以概括反映全年的水情变化趋势。水位过程线一般与流量、含沙量、降水量、岸上气温、冰厚等水文要素过程线绘制在同一张图中。人工点绘时使用专用图纸，也可使用 Excel 或专用软件（如整汇编软件）绘制。

点绘过程线时图面要求布置适当、点清线细、点线分明。图上应注明图名（××河××站20××年××月水位过程线图）、坐标名称及单位——水位（××基面以上米数）（米）和时间（小时、天等）、图例，以及点绘人、校核人签名。

人工点绘通常选用水文要素过程线专用图纸，用黑铅笔绘制。纵坐标为水位，横坐标为时间。图幅大小可按月或年水位的变化幅度及确定比例大小后选择，也可在确定的图幅上由水位变幅选择比例尺，比例一般选择 1、2、5 或 10、1/10 的倍数，同一张图内一般不要变换比例。

在绘制逐时水位过程线时，各相邻点间一般用直线连绘。实测点间用实线连接，为插补过程时用虚线连绘。月水位极值用┴或┬（横线 7 mm、竖线 4 mm）符号标示，月最高水位符号用红色，月最低值水位符号用蓝色。当一日内水位变化较大时，可将日平均水位用横线表示在水位过程线上。有河干或连底冻时，在开始与终了时间处画一竖线，中间注“河干”或“连底冻”字样。

水位过程线上除点绘水位值外，还应在实测流量相应时刻、相应水位处点绘实测流量符号，并注明实测号数。

第3章　流量测验

3.1　测　验

3.1.1　流速面积法测算流量的基本原理

流速面积法(也称面积流速法)是通过实测断面上的流速和过水断面面积来推求流量的一种方法,是水文行业经常性的测验方法。设想取面积微小的流束,测量出流速及断面平均流速,由流速乘以面积,可得出单位时间内流过该流束过水断面的水体体积,这类方法就称为流速面积法测流。

根据测定流速的方法不同,流速面积法分为流速仪测流法(简称流速仪法)、测量表面流速的流速面积法、测量剖面流速的流速面积法、测量整个断面平均流速的流速面积法。其中,流速仪测流法是指用流速仪测量断面上一定测点流速,推算断面流速分布。使用最多的是转子式流速仪,也可以使用电磁流速仪、多普勒点流速仪。

3.1.1.1　流速仪测流法

根据流速仪法依据测定平均流速的方法不同,又分为选点法(也称积点法)和积分法(积分法又分为积深法和积宽法)等。

(1)积点法是将流速仪停留在测速垂线的预定点即所谓测点上,测定各测点流速,计算垂线平均流速,进而推求断面流量的方法。目前,普遍用它作为检验其他方法测验精度的基本方法。

(2)积分法是流速仪以运动的方式测取垂线或断面平均流速的测速方法。根据流速仪运动形式的不同,积分法又可分为积深法、积宽法。

①积深法是流速仪沿测速垂线匀速提放测定各垂线平均流速推求流量的方法。积深法具有测取快速、简便,并达到一定精度等优点。

②积宽法是利用桥测车、测船或缆道等渡河设施设备拖带流速仪,并将其置于一定水深处,渡河设施设备沿选定垂直于水流方向的断面线匀速横渡,边横渡边测量,连续施测不同水层的平均流速,并结合实测的水深和起点距或借用的测断面资料来推求流量的方法,该法可连续进行全断面测速。积宽法又根据使用积宽设备仪器的不同分为动车法、动船法和缆道积宽法等。

3.1.1.2　测量表面流速的流速面积法

测量表面流速的流速面积法有水面浮标测流法(简称浮标法)、电波流速仪法、光学流速仪法、航空摄影法等。这些方法都是通过先测量水面流速,再推算断面流速,获得流量成果。

(1)浮标法是通过测定水中的天然或人工漂浮物随水流运动的速度,结合断面资料及浮标系数来推求流量的方法。浮标有水面浮标、小浮标、深水浮标、浮杆等。

一般情况下,认为浮标法测验精度稍差,但它简单、快速、易实施,只要断面和流速系数选取得当,仍是一种有效可靠的方法,特别是在一些特殊情况(如暴涨、暴落、水流湍急、漂浮物多、常规测验设备失效等)下,该法有时是唯一可选的方法,也有些测站把它作为应急方法。

(2)电波流速仪法是利用电波流速仪测得水面流速,然后用实测或借用断面资料计算流量的一种方法。电波流速仪是一种利用多普勒原理的测速仪器,可以称为微波多普勒测速仪。由于电波流速仪使用电磁波,频率高,可达 10 GHz,属微波波段,可以很好地在空气中传播,衰减较小,因此,其仪器可以架在岸上或桥上,仪器不必接触水体即可测得水面流速,属非接触式测量,适合桥测、巡测和大洪水时其他转子式流速仪无法实测时使用。

(3)光学流速仪法测流有两种类型,一种是利用频闪效应,另一种是利用激光多普勒效应。

频闪效应是在高处用特制望远镜观测水的流动,调节电机转速,使反光镜移动速度趋于同步,镜中观测的水面波动逐渐减弱;当水面呈静止状态时,即在转速计上读出摆动镜的角度。若仪器光学轴至水面的垂直距离已知,用三角关系即可算得水面流速。

激光多普勒效应是将激光射向所测范围,经水中细弱质点散射形成低强信号,通过光学系统装置来检测散射光,同时通过得到的多普勒信号,可推算出水面流速。

(4)航空摄影法测流是利用航空摄影的方法对投入河流中的专用浮标、浮标组或染料等连续摄像,根据航测照片来解析、确定断面流量的方法。

3.1.1.3 测量剖面流速的流速面积法

测量剖面流速的流速面积法又有声学时差法、声学多普勒流速剖面仪法等。

(1)声学时差法是通过测量横跨断面的一个或几个水层的平均流速流向,利用这些水层平均流速和断面平均流速建立关系,求出断面平均流速。配有水位计测量水位,以求出断面面积,计算流量。国际上时差法仪器较成熟可靠、精度较高,较为常用。时差法具有自动化运行、数字化数据、无人值守、常年自动运行、提供连续的流量数据、适应双向流等特点。

(2)声学多普勒流速剖面仪法也称 ADCP 法,ADCP 是英文 Acoustic Doppler Current Profiler 的缩写,ADCP 是 20 世纪 80 年代初开始发展和应用的新的流量测验仪器。ADCP 按进行流量测验的方式可分为走航式和固定式。固定式按安装位置不同可以分为水平式、垂直式。垂直式根据安装方式又分为坐底式和水面式。

3.1.2 流速面积法测算流量的设施设备和器具

3.1.2.1 流速仪的准备

流速测量也可根据情况和条件选用电波流速仪、超声波流速仪等其他自动化仪器。

流速仪通常可拆分成旋转部件、身架部件和尾翼等三个主要部分。使用前,这些部件以设计合适的位置装在仪器箱内,仪器箱放在稳当安全的地方。准备使用时,先看箱体有无损坏;开箱后,轻拿各部件做外观检查;检查无损后,将旋转部件和尾翼装在身架上,旋紧螺栓;口对桨叶轻轻吹气,试验检验旋转部件的灵敏性,仪器灵敏才能使用;接通电源和信号器,转动桨叶检验信号,信号通畅可靠才能使用。流速仪组装检验完好后,安装到铅鱼或悬杆上。

3.1.2.2　**起点距测量仪器器具的准备**

正常情况下可采用断面索、辐射杆、平板仪、六分仪、经纬仪等仪器或设施测量起点距。

河道水面较窄、枯水期能涉水测量时,可用钢尺或皮尺直接丈量断面起点距。

可利用红外测距仪、GNSS 等自动测量仪器直接测量断面起点距。

测流前,平板仪、六分仪、经纬仪、红外测距仪、GNSS 等仪器要按测量仪器使用准备的要求检查,钢尺或皮尺应目视检查,其他起点距测量器具也应检验或校测。

3.1.2.3　**水深测量仪器器具的准备**

(1)测深杆。是用金属或其他材料制成的带有刻度的刚性标杆。测深杆上的尺寸标志,当在不同水深读数时,应能精确至水深的1%。应准备几根长度不同的测深杆,并放在既安全又便于取用的地方(如顺船放在船舷后船舱顶盖上)。有的测深杆杆头设置触底盘做零点,可检查触底盘是否牢靠。

(2)测深锤。是由重锤和带有分米(dm)标志的测绳组成的一种测量水深的测具。测绳上的尺寸标志,应在测绳浸水、受测深锤重量自然拉直的状态下设置。

测站应有备用的系有测绳的测深锤1~2个。当断面为乱石组成,测深锤易被卡死损失时,备用的系有测绳的测深锤不宜少于2个。

每年汛前和汛后,应对测绳的尺寸标志进行校对检查。当测绳的尺寸标志与校对尺的长度不符时,应根据实际情况,对测得的水深进行改正。当测绳磨损或标志不清时,应及时更换或补设。

(3)测深铅鱼。实际就是用铅鱼作为重锤,牵拉悬吊悬索入水触底,观读悬索与水面相交处的分划数值或自动记录悬索从水面到入水触底的长度。这些装置一般都设置在专门的水文绞车上,根据具体装置,水深的测读方法可采用直接读数法、游尺读数法、计数器计数法等。在缆道上使用铅鱼测深,应在铅鱼上安装水面和河底信号器;在船上使用铅鱼测深,可只安装河底信号器。准备时,应检验信号是否可靠。可在铅鱼的鱼身部分垂直于水平轴线涂5~10 cm宽红白相间的油漆条带,以作为水上悬空时的安全警示标志。

悬吊铅鱼的钢丝索尺寸,应根据水深、流速的大小和铅鱼重量及过河、起重设备的荷载能力确定。采用不同重量的铅鱼测深时,悬索尺寸宜做相应的更换。

(4)超声波测深仪及其他自动测深仪器,应按说明书或操作要求做准备。在使用前应进行现场比测,比测点宜分布于不同水深的垂线处。

3.1.2.4　**起点距测量**

(1)直接测距法。用全站仪、激光测距仪、卫星定位系统等测距仪器直接测得各垂线起点距。

(2)建筑物标志法。在跨河建筑物(主要是专用的跨河断面标志索)上设立标志,并应符合下列规定:

①宜采用等间距的尺度标志。河宽大于50 m时,最小间距可取1 m;河宽小于50 m

时,最小间距可取 0.5 m。每 5 m 整倍数处,应采用不同颜色的标志加以区别。

②测深、测速垂线固定的测站,可只在固定垂线处设置标志。标志的编号必须与垂线的编号一致,并采用不同颜色或数码表示。

③第一个标志应正对断面起点桩,其读数为零;不能正对断面起点桩时,可调整至距断面起点桩一整米数距离处,其读数为该处的起点距。

④对跨河断面标志索,每年应在符合现场使用的条件下,采用经纬仪测角交会法检验 1~2 次。当缆索伸缩或垂度改变时,原有标志应重新设置,或校正其起点距。

⑤跨度和垂度不固定(升降式)的过河缆索,不宜在缆索上设置标志。

(3)地面标志法。地面标志法可采用辐射线法、方向线法、相似三角形交会法、河中浮筒式标志法、河滩上固定标志法等。各种方法应符合下列规定:

①河滩上固定标志的顶端应高出历年最高洪水位。

②确定测深、测速垂线的起点距时,应使测船上的定位点位于测流断面线上。

③每年应对标志进行一次检测。标志受到损坏时,应及时进行校正或补设。

(4)计数器测距法。使用计数器测距法(主要用于铅鱼循环/升降索系统)应符合下列规定:

①应对计数器进行率定,并应与经纬仪测角交会法测得的起点距比测检验。比测点不应少于 30 个,并均匀分布于全断面。垂线的定位误差不得超过河宽的 0.5%,绝对误差不得超过 1 m。超过上述误差范围时,应重新率定。

②每次测量完毕后,应将行车开回至断面起点距零点处,检查计数器是否回零。当回零误差超过河宽的 1%时,应查明原因,并对测距结果进行改正。

③每年应对计数器进行一次比测检验。当主索垂度调整,更换铅鱼、循环索、起重索、传感轮及信号装置时,应及时进行比测率定。

(5)仪器交会法。有经纬仪测角的水平交会法和极坐标法、平板仪、交会法、六分仪交会法等。使用仪器交会法应符合下列规定:

①使用经纬仪和平板仪测定垂线和桩点的起点距时,应在观测最后一条垂线或一个桩点后,将仪器照准原后视点校核一次。当判定仪器确未发生变动时,方可结束测量工作。

②使用六分仪测定垂线的起点距时,应先对准测流断面线上一岸的两个标志,使测船上的定位点位于断面线上。

③每年应对测量标志进行一次检查。标志受到损坏时,应及时进行校正或重设。

(6)直接量距法。量距时,应注意使钢尺或皮卷尺在两垂线或桩点间保持水平。

3.1.2.5　水深测量

测量水体水面某点到其床面的垂直距离的作业称为测深。测深工具主要有测深杆、测深锤、铅鱼、超声波测深仪及其他自动测深仪器等。

1. 测深杆测深

测深杆适应于水深较小、流速也较小时的水深测量。测深杆测深操作,即手持杆尾将杆头从稍上游入水,待杆头触底杆身竖直时,观读杆身与水面相交处的分划数值。

(1)测深杆上的尺寸标志在不同水深读数时,应能精确至水深的 1%。

(2)河底比较平整的断面,每条垂线的水深应连测两次。当两次测得的水深差值不超过较小水深值的2%时,取两次水深读数的平均值;当两次测得的水深差值超过2%时,应增加测次,取符合限差2%的两次测深结果的平均值;当多次测量达不到限差2%的要求时,可取多次测深结果的平均值。

(3)对于河底不平整或波浪较大的断面,以及水深小于1 m的垂线,其限差按3%控制。河底为乱石或较大卵石、砾石组成的断面,应在测深垂线处和垂线上、下游及左、右侧共测五点,并取五点水深读数的平均值为测点水深。四周测点距中心点,小河宜为0.2 m,大河宜为0.5 m。

2. 测深锤测深

(1)测深锤适用于水深较大、流速也较大时的水深测量。测深锤测深操作一般需要两人配合,一人手持锤头从稍上游放锤入水,一人手抓测绳,待锤头触底绳伸展竖直时,观读绳与水面相交处的分划数值。

(2)每条垂线的水深应连测两次。两次测得的水深差值,当河底比较平整的断面不超过最小水深值的3%,河底不平整的断面不超过5%时,取两次水深读数的平均值;当两次测得的水深差值超过上述限差范围时,应增加测次,取符合限差的两次测深结果的平均值;当多次测量达不到限差要求时,可取多次测深结果的平均值。

3. 铅鱼测深

(1)水深的测读方法可采用直接读数法、游尺读数法、计数器计数法等。当采用计数器测读水深时,应进行测深计数器的率定、测深改正数的率定、水深比测等工作。水深比测的允许误差:当河底比较平整或水深大于3 m时,相对随机不确定度不应超过2%;当河底不平整或水深小于3 m时,相对随机不确定度不应超过4%;当相对系统误差应控制在±1%范围内,水深小于1 m时,绝对误差不应超过0.05 m。不同水深的比测垂线数不应少于同水位级的测深垂线数,并应均匀分布。当比测结果超过上述限差范围时,应查明原因,予以校正。当采用多种铅鱼测深时,应分别进行率定。

(2)每次测深之前,应仔细检查悬索(起重索)、铅鱼悬吊、导线、信号器等是否正常。当发现问题时,应及时排除。测深时应读记悬索偏角,当悬索偏角大于10°时,一般进行湿绳改正;干绳长度改正,需要根据缆索高度等情况计算后确定。

(3)每条垂线水深的测量次数及允许误差范围,与测深锤测深的要求相同。

4. 超声波测深仪测深

(1)超声波测深仪在使用前应进行现场校准,校准点不宜少于3个,并分布于不同水深处。

(2)当测深换能器在水下离水面有一段距离时,应对测读或记录的水深做换能器入水深度的改正。当发射换能器与接收换能器之间有较大水平距离,使得超声波传播的距离与垂直距离之差超过垂直距离的2%时,应做斜距改正。

(3)施测前应在流水处水深不小于1 m的深度上观测水温,并根据水温做声速校正。

(4)当采用无数据处理功能的数字显示测深仪时,每次测深应连续读取5次以上读数,取其平均值。

3.1.3　转子式流速仪的使用方法

3.1.3.1　流速测点布置的一般要求

(1)一条垂线上相邻两测点的最小间距不宜小于流速仪旋桨或旋杯的直径。

(2)测水面流速时,流速仪转子旋转部分不得露出水面。

(3)测河底流速时,应将流速仪下放至相对水深0.9以下,并应使仪器旋转部分的边缘离开河底2~5 cm。测冰底或冰花底时,应使流速仪旋转部分的边缘离开冰底或冰花底5 cm。

3.1.3.2　流速仪的安装设置及要求

(1)流速仪可装在缆道铅鱼使用,也可装在缆道吊厢或测船上使用,还可涉水持杆使用。装在测船使用,离船边的距离不应小于1.0 m;小船不应小于0.5 m。

(2)流速仪可采用悬杆悬吊或悬索悬吊。悬吊方式应使流速仪在水下呈水平状态。当多数垂线的水深或流速较小时,宜采用悬杆悬吊。

(3)采用悬杆悬吊时,应使装在悬杆上的仪器能在水平面范围内随导向尾翼转动,以平行于测点上当时的流向。当采用固定悬杆时,悬杆一端应装有底盘,盘下应有尖头。

(4)铅鱼可采用单点或可调重心的"八字形"悬索悬吊方式,以保持随遇稳定。流速仪装在铅鱼专用杆桩上,能在水平面范围内随导向尾翼转动,以平行于测点上当时的流向。

3.1.3.3　流速仪测点定位和选点法测速垂线测点分布

起点距测量确定垂线位置,在垂线测出水深后可确定测点深度。水文测验中流速点位常从水面起算用点位深度除以全水深的"相对水深"表示。使用流速仪进行流速测验时,首先应根据水深及测验方案确定流速测点的相对位置。以流速测点的相对位置乘以垂线应用水深(冰期为有效水深),即流速测点的实际位置(水深),然后据此可以进行流速仪定点测速。如水深5.0 m,相对水深0.2处,即为水面之下1.00 m的点位。将流速仪下放到该点位,即可实施该点的流速测验。

流速仪选点法测速垂线流速测点分布位置如表3-3-1所示。通常将一点法、二点法和三点法称为常测法,五点法为精测法,六点法和十一点法为专门试验等特殊需要时选用的方法。

表3-3-1　流速仪选点法测速垂线流速测点分布位置

测点数	相对水深位置	
	畅流期	冰期
一点	0.6或0.5;0.0;0.2	0.5
二点	0.2、0.8	0.2、0.8
三点	0.2、0.6、0.8	0.15、0.5、0.85
五点	0.0、0.2、0.6、0.8、1.0	—
六点	0.0、0.2、0.4、0.6、0.8、1.0	—
十一点	0.0、0.1、0.2、0.3、0.4、0.5、0.6、0.7、0.8、0.9、1.0	—

3.1.3.4　流速仪测速历时

为了获取时均流速,消除流速脉动的影响,一般采取延长测速历时的方法进行流速测验。考虑天然河道水流中各项水力因素的变化,以及单次流量测验对总体测验时间的要求,单个流速测点上的测速历时一般采用 100 s。在洪水涨落变化较快、流速变率较大、垂线上测点较多等条件下,为了不至于因测速历时过长而影响流量测验精度,允许测速历时减为 60 s。对洪水暴涨暴落,或有水草、漂浮物、严重赶潮、流冰等特殊情况时,为了取得资料,测速历时可以再度缩短,但不应少于 30 s。

流速仪测量流速的起点时刻为某信号过后的时刻,终止时刻为超过预定时间的某信号过后的时刻。期间实际时间不一定刚好为预定时间,由实际时间和信号数,按流速仪流速计算公式计算流速。

3.1.4　浮标测速

3.1.4.1　浮标测流原理

浮标随水流漂移,其速度与水流速度之间有较密切的关系。浮标测速(流)就是通过测定水中的天然或人工制作的漂浮物(浮标)随水流漂移运动的速度(浮标虚流速),结合断面资料便可计算出断面虚流量。断面虚流量再乘以浮标系数,可得到断面流量。

依据浮标测流基本原理,断面流量可表示为

$$Q = Q_{\mathrm{f}} - \frac{\sqrt{gS}}{k}\int_0^B h^{3/2}\mathrm{d}b \tag{3-3-1}$$

其中
$$Q_{\mathrm{f}} = v_{\max}BH$$

式中　Q——断面流量,m^3/s;

Q_{f}——最大流速计算出的流量,称虚流量,m^3/s;

g——重力加速度,m/s^2;

S——水面比降;

k——卡曼常数;

B——水面宽,m;

h——垂线上某一点的水深,m,水深积分变量;

b——断面上某一点的起点距,m,宽度积分变量;

$v_{\max}$——最大流速,m/s;

H——水深,m。

浮标按其来源可分为天然漂浮物浮标和人工制作投放的浮标;按其在垂线水深中的位置不同可分为水面浮标、深水浮标、浮杆 3 种;按其在河流断面的位置情况可分为均匀浮标法和中泓浮标法。

3.1.4.2　水面浮标测速

1. 水面浮标的制作

(1)浮标入水部分,表面应较粗糙,不应呈流线形,应保持浮标在水中漂流稳定。浮标的入水深度不得大于水深的 1/10。

(2)浮标露出水面部分的受风面积应尽可能小些,不致被风浪倾倒或卷入水下。

(3)浮标的材料可就地取材(麦秸、稻草等),形状可以是柱形、十字形或井字形等,但一站各次测流所用浮标的材料、形式、大小、入水深度等应大致相同。

(4)河面较宽时,浮标露出水面部分应有易于识别的明显标志(旗帜、烟雾等)。

(5)夜间测流可采用火光照明或电光照明等形式的夜明浮标。

(6)浮标制作后宜放入水中试验。

2. 浮标投放设备

采用水面浮标测流的测站,宜设置浮标投放设备。浮标投放设备由运行缆道和投放器构成,并应符合下列要求:

(1)投放浮标的运行缆道,其平面位置应设置在浮标上断面的上游一定距离处,距离的远近,应使投放的浮标在到达上断面之后能转入正常运行,其空间高度应在调查最高洪水位以上。

(2)浮标投放设备应构造简单、牢固、操作灵活省力,并应便于连续投放和养护维修。

(3)没有条件设置浮标投放设备的测站,可用船投放浮标,或利用上游桥梁等渡河设施投放浮标。

3. 水面浮标的投放方法

(1)用均匀浮标法测流,应在全断面均匀地投放浮标,有效浮标的控制部位,宜与测流方案中所确定的部位一致。在各个已确定的控制部位附近和靠近岸边的部分应有1~2个浮标。

浮标投放顺序,自一岸顺次投放至另一岸。当水情变化急剧时,可先在中泓部分投放,再在两侧投放。当测流段内有独股水流时,应在每股水流投放有效浮标3~5个。

(2)当采用浮标法和流速仪联合测流时,浮标应投放至流速仪测流的边界以内,使两者测速区域相重叠。

(3)用中泓浮标法测流,应在中泓部位投放3~5个浮标,选择运行正常的浮标作为测速计算依据。

(4)当采用漂浮物浮标法测流时,宜选择中泓部位目标显著,且和浮标系数试验所选漂浮物浮标类似的漂浮物3~5个测定其流速。测速的技术要求应符合中泓浮标法测流的有关要求。漂浮物的类型、大小、估计的出水高度和入水深度等,应详细注明。

4. 水面浮标测速

根据浮标的投放情况,水面浮标测速可分为均匀浮标法测速、中泓浮标法测速、漂浮物浮标法测速、水面浮标和流速仪联合测速。

水面浮标测速由上、中、下断面观察测记人员配合实施,浮标运行历时的测记和浮标位置的测定按下列规定:

(1)断面监视人员必须在每个浮标到达断面线时及时发出信号。

(2)记时人员在收到浮标到达上、下断面线的信号时,及时开启和关闭秒表,正确读记浮标的运行历时,时间读数精确至0.1 s。当运行历时大于100 s时,可精确至1 s。在此作业的基础上,可由上、下断面间距除以浮标流经其间的时间获得流速数值。

(3)仪器交会人员应在收到浮标到达中断面线的信号时,正确测定浮标的位置,记录浮标的序号和测量的角度,计算出相应的起点距。

浮标起点距位置的观测,应采用经纬仪或平板仪测角交会法测定。开始测量前,应定好后视位置;应在每次测流交会最后一个浮标以后,将仪器照准原后视点校核一次,当确定仪器位置未发生变动时,方可结束测量工作。

3.1.4.3 小浮标测速

1. 小浮标的制作

小浮标是在流速仪无法施测的浅水中测量水流速度的小型人工浮标。小浮标宜采用厚度为1~1.5 cm的较粗糙的木板,做成直径为3~5 cm的小圆浮标,表面不宜过于光滑和呈流线形。一个测站所采用的小浮标形式,在经过系数试验后应基本固定下来,不要随意改变。

2. 小浮标测速

(1)小浮标适用于水深及流速很小、水流比较平稳的断面测速。一般限于水深小于0.16 m,并应尽可能选择无风天气使用。

(2)可根据水流情况临时在测流断面上、下游设立两个辅助断面,间距(浮标航距)应不少于2 m,并使辅助断面与测流断面平行。

(3)每个浮标的运行历时一般应不少于20 s,若流速较大,可酌情缩短,但不能少于10 s。

(4)当出现漫滩情况,滩地部分水深很浅时,可以采用流速仪和小浮标联合测验。

3.1.4.4 浮杆、深水浮标测速

1. 浮杆的制作

一种常见的制作方法是,用直径1.5~2 cm的两根木杆,分别刻成凹、凸形,互相并拢,再用铁皮包起,两杆要能够上下错动,以根据水深调整浮杆长度。

另一种常见的制作方法是,用直径3 cm左右的一根木杆,和一个直径稍大一点的铁皮筒套接,木杆上每隔相等的距离(2~5 cm)开若干小孔,与铁皮筒上的孔相连,以此调整浮杆长度,来适应不同的水深。

浮杆使用时下端应系适当的重物,以保证浮杆在水中运行时的平衡。

2. 深水浮标的制作

一种常见的制作方法是,深水浮标由上、下两个浮标组成,下浮标为深水浮标的主体,可使用具有一定重量的装水(沙)的玻璃瓶等简易材料。上浮标起浮托和标志作用,其体积和比重宜小些,直径为下浮标的1/5~1/4,一般可用小软木塞制成。连接上、下浮标的细线一端系于下浮标的中心,另一端穿过上浮标中心小孔。细线应能够调整长度适应测点深的要求。

3. 浮杆或深水浮标测速

(1)浮杆或深水浮标适用于水深较大、流速很小、水流比较平稳的断面测速。如果仅是部分流速很小,可以采用浮杆或深水浮标与流速仪联合测验。

(2)在测流断面上、下游设立两个辅助断面,间距可取2~3 m,并使辅助断面与测流

断面平行。

(3)浮标投放前,应先根据水深大小调整好浮杆的入水深度或深水浮标的测点深度。

(4)每个浮标的运行历时一般应不少于 20 s,当深水浮标的个别测点流速已大于流速仪测速下限时,浮标的运行历时可适当少于 20 s。

3.1.5　转子式流速仪施测流量记载计算

记载计算表统计计算时,流量测验相关量(要素)的单位和有效数字取用位数应按现行相关标准执行。有效数字按四舍六入法则取舍,即有效数字后的数字小于 5 者舍去;大于 5 者末位有效数字进 1;当等于 5 时,其末位有效数为奇数者进一,为偶数者舍去。

3.1.5.1　记载计算表结构

畅流期流速仪法测深、测速记载及流量计算表可分为表头部分、主体部分、统计部分(表式见表 3-3-2)。表头部分主要记载与本次流量测验相关的一些信息,包括站名、测流断面、测验时间、天气情况、起点距计算情况、停表牌号等;主体部分主要记载流量测验与计算的主要信息,包括起点距、水深、流速、部分面积、部分流量等;统计部分在表的尾部,记载来自主体部分的统计信息,包括最大值、平均值、水面宽、断面面积、断面流量、相应水位、水位观测等统计结果。

3.1.5.2　记载计算表内容

1. 表头部分

施测时间:以北京时间为标准。一般以水边或第一条测深垂线的起点距定位观测时间作为本次流量测验作业的开始时间。结束时间则是另一岸水边起点距定位观测结束的时间,或最后一条测速垂线测速结束(若为测深垂线,则为水深测量结束的时间)。

天气:天气状况记录的是测验时的天气情况,主要分为晴、阴、多云、雨、雪等。

风向风力:记录测验过程中风向、风力的平均情况。

流向:指主流流向,局部回流等情况一般不予考虑。"∧"代表顺流,"∨"代表逆流,"×"代表停滞。

流速仪牌号及公式:需要填记所使用流速仪的型号、牌号,以及所使用桨号对应的检定公式。如果在测验过程中有更换流速仪或流速仪桨号的情况,则需要备注,并把更换的流速仪公式等信息列出。

检定或比测后使用小时数(次数):是指流速仪自出厂启用或上次检定/比测后重新启用所累计使用的小时数(次数)。统计使用次数时,每个单次一般指一个完整的单次流量测验,或用于其他流速测验的一个完整过程。

起点距计算公式:主要填记测流断面名称,以及起点距计算所使用的基线和公式。起点距若是直接量读,则如实填记直接量读的器具即可。

断面名称:如"流速仪测流断面(基下 50 m)"。

渡河方法:填写所用的具体方法,如测船、吊厢、缆道铅鱼、渡桥、涉水等。

测距方法:填所用的测距方法,如断面索牌。

测深方法:填所用的具体方式,如测深杆、悬吊铅鱼等。

表 3-3-2　＿＿＿＿站测深、测速记载及流量计算表(二)(畅流期流速仪法)

施测时间：　年　月　日　时　分至　日　时　分(平均：　日　时　分)　天气：　风向风力：　流向：

流速仪牌号及公式：　检定或比测后使用小时数(次数)：　起点距计算公式：　停表牌号：

垂线号数		角度或读数(°)	起点距(m)	时间		测流断面水位(m)	测得水深(m)	湿绳总长(m)	悬索偏角(°)	长度改正数(m)		水深或应用水深(m)	河底高程(m)	流速仪位置		测速记录		流向偏角(°)	流速(m/s)					测深垂线间		水道断面面积		部分流量(m³/s)
测速	测深			测深	测速	基本水尺水位(m)				干绳	湿绳			相对深度	测点深或湿绳长(m)	总转数	总历时(s)		测点	流向改正后	系数	垂线平均	部分平均	平均水深(m)	间距(m)	测深垂线间(m²)	部分(m²)	

断面流量	m³/s	水面宽	m	糙率		水位记录	水尺名称	编号	水尺读数(m)	零点高程(m)	水位(m)
水道断面面积	m²	平均水深	m	水位涨率	m/h		基本		始：　终：　平均：		
死水面积	m²	最大水深	m	相应水位	m		测流		始：　终：　平均：		
平均流速	m/s	上下比降水位差	m	上下比降水尺间距	m		比(辅)上		始：　终：　平均：		
最大测点流速	m/s	水面比降	$\times 10^{-4}$	垂线数			比(辅)下		始：　终：　平均：		
				测点总数							

说明	渡河方法：	测距方法：	测深方法：	悬架支点至水面高差(m)：	流速仪悬吊方式：		铅鱼质量(kg)：悬索直径(mm)：	仪器轴中心至铅鱼底距离(m)：	计算流量所用断面施测号数：	回零误差：	总不确定度：	已定系统不确定度：

备注

施测：＿＿＿＿　计算：＿＿＿＿(　月　日)校核：＿＿＿＿(　月　日)复校：＿＿＿＿(　月　日)　施测号数：＿＿＿＿

流速仪悬吊方式:填悬索、悬杆等所用具体方式。

铅鱼质量(kg):填记所用铅鱼重量。用悬杆时不填。

2. 主体部分

垂线号数:垂线包括水深测量(测深)垂线和流速测验(测速)垂线。通常情况下,两类垂线按起点距的顺序分别编号填写,水边点不编号,只在相应栏内填写"左水边""右水边"字样。

起点距:起点距若是直接量读,则直接把量读的垂线起点距记入该栏内,若是通过交会法等其他方法间接测量,则需要把仪器交会的角度或测距计数器的读数与起点距一并计入。

水深:当使用测深杆施测水深时,直接把测量的水深记入"水深或应用水深"一栏;当使用悬索悬吊测深锤或铅鱼测深时,应读记悬索偏角,并对水深测量结果进行包括干绳改正和湿绳改正两部分的偏角改正,将改正后的水深记入"水深或应用水深"一栏;当使用超声波测深仪等仪器测量水深时,应考虑仪器倾斜的斜距改正,以及仪器至水面(仪器在水面下某一深度时)或至河底(仪器在近河底某一深度时)的固定改正值;借用断面计算流量时,此栏可空置不填。

流速仪位置:包括相对水深和测点深。流速仪位置的相对水深指流速仪测点深度与该垂线应用水深的比值;测点深指流速仪测速位置距水面的垂直距离,即相对水深与垂线应用水深的乘积。

测速记录:包括信号数、总转数和总历时。信号数填流速仪接触信号次数,总转数填接触信号次数与每一信号转数的乘积。总历时填测速时仪器接触信号次数的相应历时,以秒(s)计。

流向偏角:一般指垂线上的水面流向,需要时,对计算出的垂线平均流速进行改正。如果测量每一测点处的流向偏角,则对该测点处的流速进行改正。

3.1.5.3 面积计算

测流过程测量的断面示意如图 3-3-1 所示,图中水平(横轴)线为断面线,竖直箭头为水面指向河底。有关面积计算说明如下。

图中每一部分面积的计算,是假定两测深垂线间的水体在断面上的截面为一规则的梯形("左水边"或"右水边"相邻部分有可能为三角形)。两测深垂线间的水平距离(间距或部分水面宽)为该梯形的高,两测深垂线的水深分别为该梯形的上、下底边长。据此,部分面积 S 的计算公式为

$$S=(D_{i+1}-D_i)(h_{i+1}+h_i)/2=b_ih_{i,i+1} \tag{3-3-2}$$

垂线起点距 D_i 测定后,它们的起点距之差即为测深垂线间的间距 $b_i=D_{i+1}-D_i$。有些情况(如涉水用尺量)直接量测了两测深垂线间的间距 b_i,则可把 b_i 的数值填入表 3-3-2 相应栏目内,起点距栏空白。

一般认为,两相邻测深垂线间的水深变化是线性渐变,因此两相邻测深垂线间的平均水深就等于相邻两测深垂线水深的算术平均值,即 $h_{i,i+1}=(h_{i+1}+h_i)/2$。

在实际测验时,若两条测速垂线间的水深有较明显的转折变化,则需要在两条测速垂

线之间加测测深垂线。此时,相邻两条测速垂线间的面积应该由其间分割出的两个或多个测深垂线间的部分面积累加。

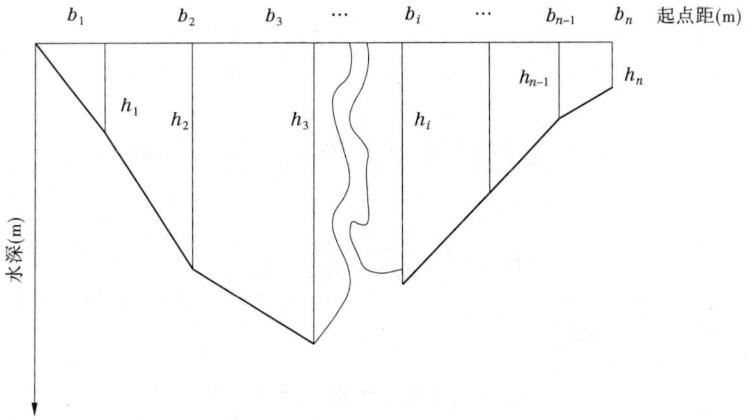

图 3-3-1　测流过程测量的断面示意图

3.1.5.4　流速计算

1. 测点流速计算

当我们使用一架率定过的流速仪时,只要测定了测速历时 t 和测速历时内流速仪转动的转数 N,就可以由式(3-3-3)计算出该测点的水流流速 v。

$$v = a + bn = a + bN/t \tag{3-3-3}$$

式中　a——仪器常数,m/s;

b——水力螺距,m/转;

$n(N/t)$——流速仪每秒的转数,转/s。

例如,在使用一架率定公式为 $v=0.0051+0.2524n$ 的流速仪测定水下某一位置的水流流速时,测速历时 t 为 101 s,该测速历时内流速仪转动的转数(接触信号次数与每一信号转数的乘积) N 为 500 转,则该点水流流速为 $v = 0.0051 + 0.2524 \times 500/101 = 1.25$(m/s)。

如果该点实测的流向偏角大于 10°,在计算垂线平均流速之前,应对各测点流速做偏角改正。计算公式为

$$v_N = v\cos\theta \tag{3-3-4}$$

式中　v_N——垂直于断面的测点流速,m/s;

v——实测的测点流速,m/s;

θ——测点流向偏角,即流向与断面垂直线的夹角。

大多时候,直接对所计算的垂线平均流速做偏角改正。计算公式仍为式(3-3-4),但式中 v_N 为垂直于断面的垂线平均流速,m/s;v 为计算的未经改正的垂线平均流速,m/s;θ 为垂线流向偏角。

2. 畅流期垂线平均流速的计算

(1)当垂线上没有回流时,垂线平均流速按下列公式计算:

十一点法

$$V_m = \frac{1}{10}(0.5v_{0.0} + v_{0.1} + v_{0.2} + v_{0.3} + v_{0.4} + v_{0.5} + v_{0.6} + v_{0.7} + v_{0.8} + v_{0.9} + 0.5v_{1.0}) \tag{3-3-5}$$

五点法

$$V_m = \frac{1}{10}(v_{0.0} + 3v_{0.2} + 3v_{0.6} + 2v_{0.8} + v_{1.0}) \tag{3-3-6}$$

三点法

$$V_m = \frac{1}{3}(v_{0.2} + v_{0.6} + v_{0.8}) \tag{3-3-7}$$

或

$$V_m = \frac{1}{4}(v_{0.2} + 2v_{0.6} + v_{0.8}) \tag{3-3-8}$$

二点法

$$V_m = \frac{1}{2}(v_{0.2} + v_{0.8}) \tag{3-3-9}$$

一点法

$$V_m = K_{\eta i} v_{\eta i} \tag{3-3-10}$$

式中　V_m——垂线平均流速，m/s；

$v_{0.0}, v_{0.1}, v_{0.2}, \cdots, v_{1.0}$ 及 $v_{\eta i}$——各相对水深处的测点流速，m/s；

$K_{\eta i}$——0.6或0.5、0.0、0.2等相对水深处的流速系数。

（2）当垂线上有回流时，回流流速应为负值，可采用图解法量算垂线平均流速。

（3）实测流向偏角大于10°，但仅在水面或其他个别测点施测流向，则可先用各测点的实测流速算出“实测的”垂线平均流速，再经偏角校正换算为“垂直于断面的”垂线平均流速。

3. 冰期垂线平均流速的计算

冰期垂线平均流速可按下列公式计算：

六点法

$$V_m = \frac{1}{10}(v_{0.0} + 2v_{0.2} + 2v_{0.4} + 2v_{0.6} + 2v_{0.8} + v_{1.0}) \tag{3-3-11}$$

三点法

$$V_m = \frac{1}{3}(v_{0.15} + v_{0.5} + v_{0.85}) \tag{3-3-12}$$

二点法

$$V_m = \frac{1}{2}(v_{0.2} + v_{0.8}) \tag{3-3-13}$$

一点法

$$V_m = K_{0.5} v_{0.5} \tag{3-3-14}$$

式中各符号的意义同畅流期公式。

4. 垂线流速系数的确定

流速系数是垂线平均流速与垂线某测点流速的比值，其试验确定方法如下：

(1)畅流期半深流速系数，采用五点法测速资料绘出垂直流速分布曲线，内插出 0.5 水深的流速，与垂线平均流速对比，经多次分析后确定。

(2)封冻期半深流速系数，采用六点法或三点法测速资料分析确定。

(3)畅流期 0.2 水深的流速系数，可用本站二点法或多点法的资料分析确定。

(4)畅流期水面流速系数由多点法测速资料或其他加测水面流速的资料分析确定，或根据实测的水面比降、河床糙率等资料分析计算。

3.1.5.5　流量统计计算

1. 部分平均流速的计算

这里的部分是测速垂线划分的部分面积，相应该部分面积的平均流速，可按式(3-3-15)计算：

$$\overline{V}_i = \frac{V_{m(i-1)} + V_{mi}}{2} \tag{3-3-15}$$

式中　$\overline{V}_i$ ——第 i 部分断面的平均流速，m/s；

V_{mi} ——第 i 条垂线的平均流速，m/s，i 为序号。

靠岸边或死水边的部分平均流速，按下式计算：

$$V_1 = \alpha V_{m1} \tag{3-3-16}$$

$$V_n = \alpha V_{mn} \tag{3-3-17}$$

式中　V_{m1}——开始测验临岸垂线的平均流速，m/s；

V_{mn} ——最后测验临岸垂线的平均流速，m/s；

α ——岸边流速系数。

岸边流速系数 α 可根据岸边情况在表 3-3-3 中选用适当数值。

表 3-3-3　岸边流速系数 α 值

岸边情况		α 值
水深均匀地变浅至零的斜坡岸边		0.67~0.75
陡岸边	不平整	0.8
	光滑	0.9
死水与流水交界处的死水边		0.6

2. 断面流量的计算

(1)部分断面面积通过的流量可按下式计算：

$$q_i = \overline{V}_i A_i \tag{3-3-18}$$

式中　q_i ——第 i 部分断面的流量，m^3/s；

$\overline{V}_i$ ——第 i 部分断面的平均流速，m/s；

A_i ——按测速垂线划分的第 i 部分断面面积，m^2。

（2）全断面流量 Q 可按下式计算：

$$Q = \sum q_i \tag{3-3-19}$$

当断面上有回流时，回流区的部分流量应为负值。

3.1.5.6　统计部分计算统计说明

（1）断面流量，即全断面流量，由各部分实测流量合成。有分流串沟时，一般采用主流、分流合并记载的方法，但需要在备注栏内注明各分流流量；如果主流、分流分别记载，则需考虑各自对应的水位，以及同一组水尺所控制的各分流流量之和。当断面上有回流时，回流区的部分流量应为负值，以正、负流量的代数和计算断面流量。

（2）水道断面面积，即测流时相应水位下的过水断面面积，由各部分实测面积合成。死水面积指流速为“0”的死水区部分水道断面实测面积。

（3）平均流速，即全断面平均流速，由全断面流量除以相应水道断面面积计算而得。若断面有死水区且面积较大，死水区面积不参与断面平均流速计算。最大测点流速是本次流量测验中所有实测测点流速中的最大值。

（4）水面宽，即所有部分水面宽的和，若为独股水流，则为两岸边起点距的差。

（5）平均水深，即水道断面面积除以水面宽。“最大水深”是本次流量测验中所有实测垂线应用（有效）水深中的最大值。

（6）水面比降，即与本次流量测验对应的上、下比降水位之差除以上、下比降断面间距，单位是万分率。

（7）糙率，即一般用谢才-曼宁公式计算：

$$n = \frac{1}{\overline{V}} R^{2/3} S^{1/2} \tag{3-3-20}$$

式中　n ——糙率；

$\overline{V}$ ——断面平均流速，m/s；

R ——水力半径（宽浅河道一般用平均水深代替 R），m；

S ——水面比降。

（8）相应水位，与本次流量测验对应的基本断面水位。

（9）垂线数/测点总数，垂线数是指测速垂线数，测点总数是指流速实测点总数。

（10）备注，填写表中已有栏目不能包括的测验过程中需要说明的情况，如水面现象、仪器工作情况、水流变化情况等可能对流量测验结果产生影响的因素。

3.2　资料整编

3.2.1　流量特征值摘录统计与校核

时段平均流量是指（人们）根据该时段内流量（水位）变幅大小，用不同数学模型（算术平均法、加权法等)计算出的某一流量值。选择方法不同,同一时段的时段平均流量也会有差异。资料整编中的时段平均流量计算及特征值统计(挑选)通常是以“日”“月”“年”为顺序进行。

3.2.1.1 流量特征值

流量特征值分流量日特征值、流量月特征值、流量年特征值。流量日特征值一般包括日最大流量及发生日期、日最小流量及发生日期、日平均流量,流量月特征值一般包括月最大流量及发生日期、月最小流量及发生日期、月平均流量,流量年特征值一般包括年最大流量及发生日期、年最小流量及发生日期、年平均流量、年径流量、年径流模数、年径流深等。

3.2.1.2 推求流量特征值的一般要求

对水文资料整编业务的一般情况,主要在“逐日平均流量表”开展流量月、年统计。月、年统计应符合下列要求,摘录、校核也遵循此要求。

(1)月、年统计的内容为总量、总数、平均值、最高(大)值、最低(小)值及发生日期。

(2)按规定插补的资料,在统计中与实测资料一并处理;列入表内的可疑资料、改正资料,均参加统计。

(3)月、年总量或总数是该月、年逐日数字之总和。有正、负号的,是代数和。总数按逐日数字的最多小数位数保留其小数位。

(4)月、年平均值,除有特殊规定者外,均应以月、年总数除以该月、年的日数得之。全月或全年中记录不全的,除有特殊规定者外,不统计月、年平均值,在相应栏内填“—”符号。

(5)指明为月、年最大、最小日量或日平均值者,均应自月、年逐日值中挑选。其他月、年最高(大)、最低(小)则均指瞬时值,应自月、年各次瞬时值(包括插补值)或过程线上挑选。插补的0时值,无论在平水期或恰为峰、谷点者,均应参加月、年的极值统计。

(6)月、年最高(大)、最低(小)相同的数值出现两日(无论连续发生与否)以上,应填第一次出现日期。若极值发生在0时,宜填后一天的日期。若发生在某月第一天0时,参加前后两月挑选,被选为上月极值者应填上月的最后一日,被选为下月极值者应填下月的第一日。年极值应在月极值中挑选。

(7)全月或全年记录不全的,最高(大)、最低(小)值仍应统计,所选数值视情况加“( )”。

(8)全月缺测者,月总数、平均、最高(大)、最低(小)及发生日期栏应填“—”号。

(9)月、年统计栏的所有总量、总数、最高(大)、最低(小)及发生日期等除资料不全加“( )”号外,均不应加其他整编符号,必要时可在附注栏内说明。

3.2.2 利用水位流量关系推算流量

3.2.2.1 水位流量拟合曲线概念

水位流量关系曲线是在以流量为横坐标、水位为纵坐标的坐标系中,以实测流量和测流期间的相应水位数据对为坐标值标出点据,按点据趋势拟合成的曲线。由于断面情况和水流条件不同,水位流量拟合曲线可能是单一曲线或多条曲线及复杂的曲线。曲线也可以变换为曲线方程。根据水位数值，可以利用水位流量拟合曲线关系推算流量；也可以用其他水力因素和流量建立拟合曲线，由其他水力因素推算流量。

3.2.2.2　由水位流量关系曲线直接查读推算流量

使用确定的水位流量关系曲线由水位推算流量，应明确水位流量关系曲线对应的推流时段，或推流时段对应的水位流量关系曲线的具体线条或线段。

在确认的线条或线段推流时，从纵坐标轴确认的水位数值处，向右水平移动或做水平线至与水位流量关系线交叉确定交叉点，再自此交叉点向下垂直移动或作竖直线至与横坐标轴交点，该交点流量值就是要推算的与纵坐标轴确认的水位数值对应的流量。例如，图 3-3-2 为某站某时段确定使用的水位流量关系曲线。某日 8 时水位为 72.80 m，图中线上由 72.80 m 水位查得的对应流量为 1 060 m^3/s（该站 8 时）。至 20 时，本站水位涨至 73.60 m，查得 73.60 m 水位对应的流量为 1 410 m^3/s（该站 20 时）。

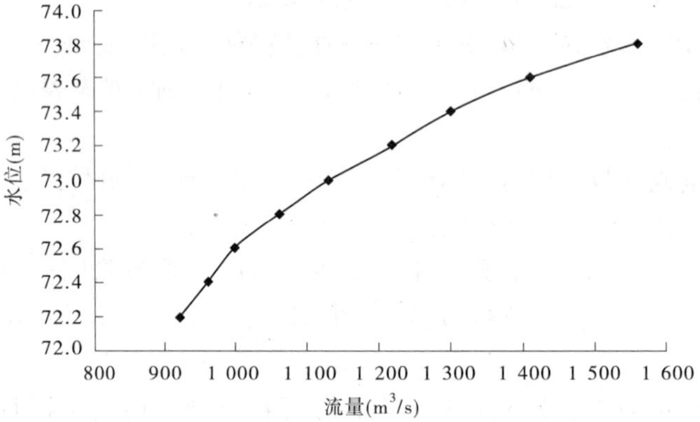

图 3-3-2　某站某时段确定使用的水位流量关系曲线

3.2.2.3　用水位流量关系表或其他推流检数表推流

在做图比例尺较小或不同人员不同时间由水位流量关系曲线直接查读推算流量时，会出现同一水位读出不同流量的矛盾。实践中的一种做法是，对使用时段较长的水位（或其他水力因素）与流量（或流量系数）关系曲线，可在精细查读的基础上，按需要的精度编制水位流量关系表或其他推流检数表推流，制表要求所有内插的流量与曲线的偏差，在曲线的上中部不应超过±1%，下部不应超过±3%。换用曲线前后的流量应衔接，低水放大曲线接头处的流量应一致。这样就可以在水位栏查读确认的水位，在流量栏查读对应的流量。

3.2.2.4　用拟合的水位流量方程计算流量

实测水位流量数据可采用数学模型拟合出方程式，除用坐标曲线和列表法表达外，也可用插值法（如一元三点插值法）或通过选用解析式（3-3-21）~式（3-3-24）的数学模型来近似表达拟合曲线。计算机整编就是用拟合曲线方程计算流量，不同的线条或线段可根据趋势选择适合的数学模型，各数学模型编码存入指定存储区，应用时按编码调出到内存，将使用时段或适合条件的水位数值代入方程式计算出流量。

(1)指数方程：

$$Q = CZ_e^n \tag{3-3-21}$$

或

$$\ln Q = \ln C + n\ln Z_e \tag{3-3-22}$$

式中　Q——流量，m^3/s；

Z_e——水位与一常数之差，m；

C、n——常数。

(2)对数方程：

$$Y = b_0 + b_1X + b_2X^2 + \cdots + b_mX^m \tag{3-3-23}$$

式中　Y——$\ln Q$；

X——$\ln Z_e$；

$b_0, b_1, b_2, \cdots, b_m$——系数。

(3)多项式方程：

$$Q = a_0 + a_1Z_e + a_2Z_e^2 + \cdots + a_mZ_e^m \tag{3-3-24}$$

式中　$a_0, a_1, a_2, \cdots, a_m$——系数。

第 4 章　冰情观测

4.1　观　测

4.1.1　冰情目测

冰情目测是对主要冰情现象及变化的一般了解。

4.1.1.1　基本要求

基本站应进行冰情目测;在指定河段上或宜形成冰塞、冰坝等河段可根据需求确定观测项目。

4.1.1.2　目测河段的选择

(1)基本站冰情目测河段应选在基本水尺断面附近,湖泊、水库站冰情目测应在湖内或库区内的水尺断面及其附近进行。水库坝前站观测区段宜在基本水尺断面附近的可视范围内。

(2)冰情实验(专用)站或辅助站可根据需要在指定河段及易形成冰塞、冰坝等河段进行目测。

(3)库区站和冰情辅助站宜在基本水尺断面附近可视范围良好或弯道、卡口、扩散段、收缩段等区段确定观测河段和设置观测基点。

(4)冰情目测河段长度不应小于测时河宽的 3~5 倍。

(5)观测河段宜避开码头、渡口、排污口等易受干扰的河段。

(6)观测河段或断面一旦确定,不宜随意或频繁变更,断面应设有永久性断面标志,并绘制点之记。在河段内选择较高的地点作为冰情观测基点,基点应选择观测方便、可观测到河段冰情全貌的地点,若一个基点不能满足要求,可选 2~3 个。

4.1.1.3　观测要求

(1)在河流出现冰情现象的时期内,应与水位观测同时进行冰情目测以及气温、水温、风向风速(力)和天气状况观测。冰情发生显著变化时应增加测次。目测冰情项目按测站测验任务书要求,目测时可用望远镜做更详细的观测。

(2)冰情目测应包括下列主要冰情现象:初生冰、岸冰、流冰花、流冰、封冻、连底冻、冰上流水、融冰、冰层浮起、冰滑动、流冰堆积、冰塞、冰坝、解冻及《河流冰情观测规范》(SL 59—2015)附录 A 所列冰情现象和终冰日期。

(3)在指定的测站上,当《河流冰情观测规范》(SL 59—2015)附录 A 所列冰情出现时,应进行全面观测。其余测站,可只观测下列主要冰情现象:初生冰、岸冰、流冰花、流冰、封冻、连底冻、冰上流水、融冰、冰层浮起、冰滑动、流冰堆积、冰塞、冰坝、解冻和终冰日期。

(4)对于冰情现象由出现至消失的过程中,变化不大或变化缓慢的,冰情目测应满足下列要求:

①初生冰、封冻、连底冻、冰层浮起、解冻、终冰,测记发生日期,其中封冻、解冻,说明其类别。

②封冻冰缘、悬冰、冰上冒水,记载发生日期与位置。

③冰礁、冰桥、冰堆、冰上覆雪、冰缝、冰脊、冰丘、冰变色、融冰、冰上有水、冰上流水、层冰层水、冰层塌陷、冰滑动、流冰堆积、残冰堆积,测记发生日期、位置、尺寸或范围。

④岸冰、清沟,测记出现日期、位置、尺寸及类别。

(5)流冰、流冰花观测应测记流冰或流冰花的疏密度及其变化情况;测记最大流冰块的尺寸与速度;观测冰花团的种类。

(6)冰塞目测应测记冰塞形成的位置、发生与消失的时间及过程;对于持续时间较长的冰塞,要调查冰花聚集的范围;观测受冰塞现象影响的水位变化过程;了解冰塞壅水、冰花阻塞引起的灾害情况。

(7)冰坝观测应测记冰坝形成、溃决及发生明显变化的时间及过程;测记冰坝的位置,估算其几何尺寸;观测受冰坝影响的水位变化过程;进行冰情图测绘;调查冰坝引起的灾害情况。

(8)当冰情现象比较复杂时,宜采用摄影、摄像、遥感等方法获取冰情变化过程资料。

4.1.2　冰厚测量

冬季结冰地区基本站、冰情实验(专用)站应进行冰厚测量;基本站的冰厚测量河段选择宜与测验河段一致。冰情实验(专用)站和易发生冰塞、冰坝的河段,可根据需要在指定河段测量;冰厚测量断面应在两岸设置固定标志,并引测高程和施测横断面。

4.1.2.1　固定点冰厚测量

(1)测孔位置选择宜符合下列规定:

①测孔位置相对固定,测量成果能代表断面平均冰厚。

②测量断面与基本水尺断面或测流断面重合。

③避开冰堆、冰塞、冰坝、冰桥、冰上冒水等特殊冰情现象的地点。

④测孔位置选择应保证测验人员安全和测验质量,避开清沟、岸边、浅滩、入河排污口、水利工程回水等影响。

(2)测孔的布设应符合下列规定:

①大中河流的固定点冰厚测量应在同一断面上,选择不少于两个测孔,一测孔选择在河心或中泓处,另一测孔选择在距冰底边 4~10 cm 处。小河的固定点冰厚测量可仅在中泓处进行。当出现特殊冰情或有需求时可适当增加测孔。

②湖泊、水库的固定点冰厚测量应在同一断面上,当冰面宽小于 500 m 时,不少于两孔测量;当冰面宽大于 500 m 时,可根据需要适当增加测孔,测孔在断面上均匀布设。

③测孔更换应符合下列规定:

使用冰钻的测站,每次测量宜换用新测孔,新测孔应位于原测孔附近 1 m 内,冰面上天然状态应未被破坏;

使用冰穿的测站，在发现原测孔的冰厚不能代表真实情况时，应在原测孔附近 1 m 内更换测孔，并进行一次对比观测。

④依据全断面平均冰厚校验固定点冰厚的代表性。同时，观测的固定点冰厚与由河段冰厚测量算出的中泓平均冰厚之差不超过河段中泓平均冰厚的±20%，认为固定点冰厚代表性好，否则应重新选点。

(3)冰厚测量应符合下列规定：

①冰厚测量按下列程序进行：量取冰上雪深，开凿测孔，量取冰花厚，量取水浸冰厚和冰厚，测量水深。

②在距测孔 2 m 内，可选 3～4 处测量未受扰动的雪深，并取其平均值。观察并记录可见范围内的冰盖表面特征。

③冰下冰花厚可使用量冰花尺或普通量冰尺测量。

④使用普通量冰尺测量水浸冰厚和冰厚时，应符合下列规定：

量冰尺的横钩与直尺垂直，且横钩长度不小于 30 cm；

当冰孔冒水淹没冰面时，应等待水面静止后，测量水浸冰厚和冰厚，如果水面在 1 h 内尚未停止，可只测量冰厚；

当冰盖悬于水面以上时，以冰孔中水面至冰底的距离作为水浸冰厚并取其负值；

当层冰层水中的水层厚度大于上、下两层冰厚之和的 1/10 时，应分别测量上层冰厚、水层厚和下层冰厚；

有条件的测站，可采用雷达冰厚仪测量雪深、冰厚和冰花厚。

⑤采用雷达冰厚仪进行冰厚测量，应对仪器进行复杂环境下试验，评价标准除仪器测量标准差外，应重点分析仪器的适应性、稳定性，应能准确分辨出冰上覆雪深度、冰厚、冰花厚等冰情现象。

⑥采用固定式测冰尺、雷达冰厚仪等免凿冰孔测量仪器测量冰厚，在使用前应与普通量冰尺或其他常用仪器进行比测。使用时应严格执行操作规程。

(4)固定点冰厚测量时间与测次要求如下：

①固定点冰厚测量应在封冻后进行，封冻初期冰厚变化较大时，每日测量一次。稳定封冻后，每月 1 日、6 日、11 日、16 日、21 日、26 日进行测量。当冰厚大于 70 cm 时，可在每月 1 日、11 日、21 日进行测量。

②当发生连底冻时，可停止观测。

③固定点冰厚测量应与当日 8 时水位观测结合进行。

4.1.2.2 **河段冰厚测量**

(1)测量河段长度、断面和测孔数目应符合下列规定：

①基本站冰厚测量河段宜与测验河段一致，并能有效控制弯道、深槽、浅滩，以及平封、立封等情况。测量断面相对固定，测量成果能使计算的河段平均冰厚、单位河长冰体积有足够的代表性。

②测量河段长度宜为当时冰面宽度的 3～5 倍，最短不小于 100 m，最长不宜超过 1 000 m。

③断面和测孔布设应以控制冰厚、冰下冰花厚变化转折点为原则。测量断面数不少

于 5 个。当冰面宽度大于 25 m 时,每个断面测孔数不少于 5 个。河段冰厚测量断面、测孔布设应符合表 3-4-1 的规定。

表 3-4-1　河段冰厚测量断面、测孔布设

冰面宽度 B(m)	冰厚测量的最短河段长度(m)	最少断面数(个)	每个断面最少测孔数(个)	说明
$B \geq 100$	$(3 \sim 5)B$	10	7	当 $B>500$ m 时,可适当减少
$25 \leq B<100$	300~500	10	5	
$B<25$	100~300	5	3	每个断面只能设一个测孔时,设在中泓处

④冰厚、冰下冰花厚度变化复杂时,断面数和测孔数应适当增加。

⑤冰厚测量的断面应在两岸设置固定标志,引测高程,施测横断面。

(2)河段冰厚测量次数应符合下列规定:

①河段稳定封冻期不足 2 个月的,每年可只在冰盖最厚时测量 1 次。河段封冻期在 2 个月以上的,每年可在封冻初期和在冰盖最厚时各测 1 次。

②在无冰凌灾害的河流(河段),应在设站初期的 2~3 个冬季内连续测量。以后可每隔 3~5 年测量 1 次。在突出严寒、温暖、多雪、少雪、极端丰枯水等特殊年份应加测。

(3)河段冰厚测量应包括下列内容:

①观测河段内的冰面特征。

②测量冰上雪深、冰花厚、水浸冰厚、冰厚和相应水深。

③确定冰花分布界限,绘制冰花分布图。

④绘制冰情图、河段冰厚等值线图。

(4)测孔位置选定应符合下列规定:

①岸边测孔选在冰底边附近,其余测孔在中间均匀分布。

②远离冰堆、冰礁、冰桥等特殊冰情。

③当断面上有较大清沟时,应在清沟上、下两端另设辅助断面,设置测孔。

(5)测孔选定后应测量起点距,在一个冬季进行多次测量的,各次测量的测孔位置宜一致。

(6)采用开凿测孔方法施测河段冰厚,测量应从下游断面依次向上游进行。

(7)同一断面上测孔的开凿和测量,应在同日内完成。

(8)测定冰花分布界限时,应在有冰花与无冰花两个测孔中间加凿测孔,当有、无冰花两个测孔距离小于 1/10 冰底宽时,可选两孔中间位置作为冰花界限。

(9)冰厚平面图测绘应符合下列规定:

①河段冰厚平面图的控制测量比例尺宜采用 1∶5 000~1∶2 000,各种冰情现象范围应在图上描述清晰,各断面应标注在图上。

②采用雷达冰厚仪进行断面法河段冰厚测量时,断面上测点数量应较凿测孔测量适

当增加；以散点法进行河段冰厚测量时，测点间距应以准确勾绘冰厚等值线为原则，其测孔间距在图上距离不宜大于 3 cm。

4.2　资料整编

4.2.1　冰情要素记载

主要冰情可按表 3-4-2 所列《河流冰情观测规范》（SL 59—2015）规定的冰期冰情符号记载。

表 3-4-2　冰情观测记载符号

序号	冰情现象	符号	序号	冰情现象	符号
1	初生冰	C	8	封冻	I
2	岸冰	H	9	冰上流水	]
3	稀疏流冰花（疏密度≤0.3）	″	10	融冰或冰层浮起	[
4	流冰花（含中密度和密集流冰花，疏密度≥0.4）	#	11	冰坝	A̲
5	稀疏流冰（疏密度≤0.3）	○	12	冰塞	A
6	流冰（含中密度和密集流冰，疏密度≥0.4）	●	13	冰滑动	E
7	连底冻	L	14	层冰层水	S

冰情要素单位和有效数字见表 3-4-3。

表 3-4-3　冰情要素单位和有效数字

名称	符号	单位	取用位数	示例	附注
敞露水面宽	B	m	记至 1 m	23，8	
冰厚	d_g	m	记至 0.01 m	1.25	
水浸冰厚	d_i			1.23	
冰花厚	d_{sg}			0.08	
冰上雪深	h_x			0.07	
底冰厚	d_d			0.23	
岸冰宽	B_g	m	不小于 10 m，记至 1 m； 小于 10 m，记至 0.1 m	53， 9.2	
冰块长、宽	L_i	m	取两位有效数字，小数不过一位	12， 1.3	

续表 3-4-3

名称	符号	单位	取用位数	示例	附注
冰流量	Q_g	m^3/s	取两位有效数字，小数不过两位	25	
单位冰流量	Q_{ug}	m^3/s		12	
单厚冰流量	Q_u	m^3/s		0.15	
流冰总量	R_g	m^3 $10^4 m^3$	取三位有效数字，小数不超过两位	1.35, 0.84	
冰速	v_g	m/s	大于或等于 1 m 时，取三位有效数字；小于 1 m 时，取两位有效数字，小数不过三位	4.81, 0.36, 0.032	
水内冰重	W_g	g	取三位有效数字，记至 5 g	4 550, 145	
冰块重	W_g	g	记至 50 g	1 100	
冰花重	W_{sg}			650	
冰花折算系数	β		记至 0.01	0.46	
冰花密度	ρ_{sg}	t/m^3	记至 0.01 t/m^3	0.58	冰块密度的单位同此
冰凌孔隙率	ε_{sg}		记至 0.01	0.15	冰块孔隙率的单位同此
疏密度	η		精测法记至 0.01， 目估法记至 0.1	0.46, 0.3	
总冰量	V_g	$10^4 m^3$ 或 $10^8 m^3$	取四位有效数字，小数不过四位	65.83	

4.2.2　冰情数据合理性检查

冰情数据的合理性检查，包括单站合理性检查和上、下游对照检查。单站合理性检查主要是通过绘制本站冰厚、冰上雪深、水位及气温等过程线，分析冰厚及冰情资料合理性。上、下游对照检查，是将位于同一河流上的上、下游站的冰厚、冰花厚、冰上雪深的过程线绘在一张图上（冰上雪深绘在冰面以上），并绘入冰情符号，在图上分析各因素沿河长的演变情况。

对于初级工而言，冰情数据的合理性检查，主要从数据的填写位置、有效位数的取舍、计算是否正确，以及数据有无遗漏、符号是否正确、单位是否正确、表格中各项目填写是否齐全、校核手续是否完备等方面做表面的检查和初步的计算分析。

第 5 章　土壤墒情监测

5.1　监　测

5.1.1　土壤含水量与土壤墒情表示方法

土壤含水量的一种表达是指 100 g 烘干土中含有水分的质量数值,称绝对含水量。但一般多用土壤中所含水分的质量与烘干土质量比值的百分数表示,即土壤质量含水率。

含水量也可用土壤中水的体积与土壤总体积之比表示,即土壤体积含水率。

含水量还可以用土壤含水量相对于饱和含水量的百分比,或相当于田间持水量的百分比等相对概念表达,称相对含水量。

饱和含水量是土壤中所有空隙均被水充满时的土壤含水量。

土壤湿度受大气、土质、植被等条件的影响,是土壤墒情的一个重要指标。在野外判断土壤湿度通常用手感来鉴别,一般分为四级:一级是"湿",用手挤压土壤时能从中流出水;二级是"潮",土壤放在手上留下湿的痕迹,可搓成土球或土条但无水流出;三是"润",土壤放在手上有凉润感觉,用手压会稍留印痕;四是"干",土壤放在手上无凉快感觉,黏土成为硬块。

5.1.2　人工采集土样方法和要求

5.1.2.1　取土方法和要求

(1)在野外取样点按照观测的要求在不同深度用铲或取土钻取土样,不宜开挖取土剖面,避免对土壤结构破坏较大。采样时应避开低洼积水处和排水沟,避免地表水和土壤中自由水分沿取土钻(铲)或取土剖面渗入下层,影响土壤含水量的监测精度。

(2)取土地点距离上一次取土地点应不小于 0.5 m,以避免上一次取土形成的松软土层对本次取土所得到的数据造成影响。

(3)使用取土钻前应铲除监测点地表植被,避免露水或杂草等植被进入取土孔。

(4)取土完成后应对取土造成的地面孔洞进行填补平整,恢复监测点土壤结构,避免雨水沿地面孔洞下渗破坏监测点附近土壤水分的均匀性和一致性。

5.1.2.2　装土方法和要求

(1)在同一取样地点的不同深度上应重复取样三次,每次取样的土量应为 30~50 g。土样体积约为铝盒容积的 2/3。

(2)土壤装入铝盒前应清除盒中残存的泥土,土壤装入铝盒后盖紧盒盖并揩抹干净铝盒外的泥土,检查盒盖号和盒号是否一致。在土壤水分测定记录表上记录取样日期、取样地点、取样深度和盛样铝盒号码。

(3)将铝盒放入塑料袋中,避免阳光暴晒并及时送入室内称量,不得长期放置。

5.1.2.3　**注意事项**

(1)使用规范规定的标准器具,正确使用取土器具。

(2)选择合适的取土时机,避免降水日和地表积水日。

(3)选择合适的取土地点,在选定的平面位置和深度上精准取土样。

(4)开挖或钻孔前应对地表植被等进行处理,取土后对造成的地面孔洞进行填补平整。

(5)土样装入铝盒后应立即盖紧,确保铝盒与盒盖号码一致,密封保存铝盒确保土样水分不流失。

5.1.3　土样采样器操作方法

人工取土工具主要包括挖土锹、取土钻、铲、环刀、削土刀、铝盒等。取土钻材质为不锈钢,分为直筒式和螺旋式两种。直筒式取土钻的下端为直筒形,取土效果良好;螺旋式取土钻的下端为螺旋形,其主要功能是钻孔。螺旋式取土钻容易刮擦钻孔内壁,取出的土壤难以确定深度位置,故不宜使用螺旋式取土钻采集土壤样品。下面以直筒式取土钻为例介绍土样采样器的操作方法。

取土时,取土钻应与地表垂直,双手握住取土钻把手,下压与旋转同步进行,下压要缓慢均匀用力,旋转方向为顺时针或逆时针,不得顺时针和逆时针交替旋转。取土钻钻进和提起过程中,均采用同一旋转方向,不得不经旋转直接钻进和提起取土钻。

5.1.4　便携式仪器监测土壤含水量

土壤墒情便携式监测仪器常用探头为探针式的时域反射法(TDR)类仪器、频域法类仪器,可采用直接插入法来观测土壤含水量。

5.1.4.1　**总体要求**

(1)定点监测和巡测土壤含水量时,采用挖坑插入或打孔插入观测的方法。打孔时,孔径应大于探针导管的外径。直接插入法观测时,要避开上次的测坑和土壤结构被破坏的地块,探针插入土壤时应使探针与土壤密切接触,避开孔隙、裂缝、石块和其他非均质异物。

(2)土壤含水量测点,应保持其相对的稳定性,不随意改变观测位置,以保持观测资料的连续性和一致性。

(3)所用仪器正式使用前应与取土烘干法进行对比观测和标定,精度应达到2%。当有系统误差时应予以校正。

(4)土壤—水分输出曲线方程由多项式表达,一般用三次多项式便可得到良好的对应测量精度。在非饱和状态土壤水分测量中,也可采用简单的线性公式计算测量结果。

(5)仪器实际应用中可能会有数量较多的探头同时使用,每个探头技术参数的一致性十分重要,个体差异应在容许误差范围内,满足无须系统标定即可互换使用的条件。

5.1.4.2　**监测要求**

(1)墒情基本站点的监测频次为每旬监测一次。当发生旱情时应加测,前期干旱少雨,发生有效降水后应加测,加测次数根据旱情和抗旱需要具体安排。稳定封冻期可停测。

(2)主要监测项目为土壤含水量,辅助监测项目为作物表象信息、旱象图像和视频,可同时调查作物种类、灌溉时间、灌溉水量、干旱程度等。

(3)首次监测或监测位置变动时,应填制土壤墒情监测站说明表、绘制土壤墒情监测站监测点位置图。若无特殊要求,墒情基本站采用10 cm、20 cm、40 cm三个土层采集土壤含水量。每个土层应至少采集两个点,相差应不大于2%,否则应加测一点,取测量结果相差不大于2%的测量值进行算术平均作为成果数据。确定站点位置后应开展准备工作,如测定土壤质地和土壤干容重、率定公式、确定站点编码和经纬度等。

5.1.4.3 资料采集填记

(1)定位信息采集:利用定位设备测定监测点的地理坐标(经度和纬度)。

(2)辅助信息采集:现场观察监测地块作物种类、记录作物表象信息,利用旱象采集设备采集作物实时图片或视频。现场查勘作物水分状况。

(3)土壤含水量信息:记录不同土层深度的土壤含水量。

5.1.5 土样烘干与称重

土壤含水量的监测方法很多,其中较常用的方法有烘干法、张力计法、中子水分仪法及时域反射法和频域法。烘干法设备简单,但测试结果准确可靠,是测定土壤含水量最普遍的方法,也是标准方法,常作为标定一种新的土壤含水量测定仪器精度和可靠性的基准方法使用。

人工监测土壤墒情主要用取样烘干法,用到的器具有烘箱、干燥器、微波炉、天平(感量0.01 g)、铝盒、记录表及铝盒重量记录表等。

5.1.5.1 土样称重与烘干的基本操作要求

土样称量时应在精度1%的天平上进行,并由熟练使用天平的工作人员操作,称量时应核对盒号,登记盒质量并做好湿土质量的记录。

湿土称量后,揭开盒盖,把盒盖垫在铝盒下放入烘箱烘烤。揭开盒盖时应在干净纸张上进行,以防盒内土壤撒出,当有土壤撒出时应小心收集起来放入盒内。

把揭开盒盖的土壤样品放入烘箱中,使烘箱温度保持在105~110 ℃,持续恒温6~8 h。若是黏性土壤可延长时间直至达到恒质量时取出。

有机质含量丰富的土壤可降低烘箱温度,延长烘烤时间,以避免土壤中有机质气化而影响土壤含水量的精度。

土壤烘干后关闭烘箱电源,待冷却后取出,盖好盒盖放入干燥器中冷却至常温时称量,并核对铝盒和盒盖号码,做好记录。当土壤样品多或无干燥器时可直接在烘箱中冷却至常温后再称量。从烘箱中取出土样时应小心,避免打翻土样。

5.1.5.2 土壤墒情监测烘干法测定记录

土壤墒情监测烘干法测定记录表如表3-5-1所示,表中主要内容填记要求为:

(1)“采样时间”:填采样时的月、日、时(时以小时计,记至一位小数)。

(2)“土样编号”:按照唯一性原则统一编号。

(3)“采样深度”:采样点的深度,记至 1 cm,即 0.01 m。

(4)“土壤类型”:填有机土、人为土、灰土、火山灰土、铁铝土、变性土、干旱土、盐成土、潜育土、均腐土、富铁土、淋溶土、雏形土、新成土等。

(5)“土壤质地”:填粗砂土、细砂土、面砂土、砂粉土、粉土、粉壤土、黏壤土、砂黏土、粉黏土、壤黏土、黏土等。

(6)“作物种类”:填监测地块监测时的作物种类(小麦、玉米、棉花、谷子、大豆、油菜、烟草等)。

(7)“地下水埋深”:填墒情监测站或附近的地下水埋深,记至 0.01 m。

(8)“作物生长阶段”:填监测地块监测时作物生长阶段(一般可分为播种期、苗期、拔节期、孕穗期、灌浆期、成熟期等 6 个阶段)。

(9)“灌溉时间”:填监测地块进行灌溉的月、日。

(10)“作物水分状况”:指监测到的水分状况,填涝、渍、正常、缺水、萎蔫、发黄、枯死或其他。

(11)“连续无雨日”:填墒情监测站点连续无降水的天数,记至 d。

(12)“时段降水量”:填墒情监测站(或附近)前次报送至本次报送时的时段累积降水量,记至 0.1 mm。

表 3-5-1　＿＿＿＿＿站测点土壤墒情监测烘干法测定记录表

测次　采样时间：　年　月　日　时　烘干温度：　℃　烘干时间：　日　时　分至　日　时　分

项目		取样深度(cm) 10	20	40	60	80	100
称样容器编号							
称样容器+湿土质量(g)	(1)						
称样容器+干土质量(g)	(2)						
称样容器质量(g)	(3)						
干土质量(g)	(4)=(2)-(3)						
土壤水质量(g)	(5)=(1)-(2)						
土壤含水量(%)	(6)=(5)/(4)×100						
测点平均土壤含水量(%)							

主要作物种类		地下水埋深(m)		表土情况	主要作物生长描述
主要作物生长阶段		时段降水量(mm)			
主要作物水分状况		连续无雨日			
土壤类型		灌溉时间			
土壤质地		其他			

取样：　　　测定：　　　一校：　　　二校：

5.2　资料整编

5.2.1　土壤墒情监测数据录入

5.2.1.1　土壤墒情监测信息

土壤墒情监测信息的主要内容及具体的填写要求为：

（1）站名、站址：站名填土壤墒情监测站名称；站址填监测站所在地名，一般填至省（直辖市、自治区）、市（地、州、盟）、县（市、区、旗）、乡（镇）、村。

（2）坐标：填土壤墒情监测站的坐标（东经、北纬），记至°，小数不超过 7 位。

（3）测站编码：由 12 位阿拉伯数字构成，代表省（直辖市、自治区）、市（地、州、盟）、县（市、区、旗）、乡（镇）、村的行政区划码。

（4）监测方式：分为人工墒情监测、固定自动墒情监测、移动自动墒情监测 3 种，可填写人工、固定自动、移动自动。

（5）测次：按土壤墒情监测站全年的测次以时间顺序编号。

（6）监测时间：采集土壤样品的时间，月、日、时，精确至 min。

（7）监测深度：采集点到地面的深度，计量单位为 cm，保留整数。

（8）土壤质量含水量：相应监测深度的土壤质量含水量，用百分数表示，保留 1 位小数。

（9）土壤体积含水量：相应监测深度的土壤体积含水量，用百分数表示，保留 1 位小数。

（10）土壤干容重：土壤烘干后的密度，计量单位为 g/cm^3，保留 2 位小数。

（11）地下水埋深：填土壤墒情监测站（或附近）的地下水埋深，单位为 m，记至 0.01 m。

（12）时段降水量：填土壤墒情监测站（或附近）前次报送至本次报送时的时段累积降水量，单位为 mm，记至 0.1 mm。

（13）时段蒸发量：指土壤墒情监测站点（或代表蒸发站）前次报送至本次报送时的时段累积蒸发量，单位 mm，记至 0.1 mm。

（14）土壤质地：根据中国土壤质地分类方法对墒情监测站土壤质地进行分类。

（15）作物名称：土壤墒情监测点处的主要农作物名称。

（16）作物水分状态：可用涝、渍、正常、缺水、萎蔫、发黄、枯死描述。

（17）作物生长阶段：是指作物处于何种生长阶段（播种期、苗期、拔节期、成熟期等）。

（18）耕作制度：农作物种植制度、种植方式，可填写常年耕种、季节耕种，单种、复种、休闲、间种、套种、混种、轮作、连作等。

5.2.1.2　土壤墒情监测数据录入

土壤墒情资料整编软件系统将规范中采用的各类监测方法归纳为 3 类：称重类、仪器类、放射类，按规范分别设计了相应的记录表格作为录入表格，会根据监测站基本信息表设定的监测方法自动分配。为方便批量录入，系统为称重类提供了浏览式录入方式，还提供了接收自测报数据的功能。

1. 称重类

称重类方法指取土烘干法，这是各地长期以来普遍采用的最基本的墒情监测方法。在监测站基本信息建立后，进入系统中“取土烘干法”土壤含水量分析计算（称重类）的录入界面，录入以下信息。

取样深度：可以录入监测站信息表中设定的任意厚度，但不超过 6 个土层。

平行样：为每个土层预留了 3 个平行样，也允许是 1 个或 2 个，系统会自动识别并正确计算均值。

土壤体积含水量：在记录表中增加了土壤体积含水量，是评价土壤干旱程度等必需的指标之一。

地块状态：对正常、部分饱和、饱和等情况，系统是根据实测数据分析自动得到的；封冻情况是人为添加的，系统也保留这种没有监测数据和计算结果的测次。

代表日量的测次：对取土烘干法，系统允许一日取土监测多次，并自动将首次录入的测次标记为代表日量的测次，若需更改须在浏览式录入界面中进行。

灌溉时间：指距离监测日期最近的一次灌溉时间，超过 20 d 的时间将被忽略。

固定不变的数据：容器编号、容器质量、各土层的干容重、田间持水量等是系统从监测站基本信息中读取的，也可以在这里临时改动。

2. 仪器类

进入系统中“时域反射法等仪器类”土壤含水量分析计算（仪器类）的录入界面，录入相关信息。仪器类与称重类不同的是：仪器类为每日预留了 24 个测次，用户自行设定时间，可以将监测数据填写到任意一行和多行；每测次 2 个平行样；代表日量的测次是由用户自行选择的。

3. 放射类

放射类方法指中子水分仪法，录入同仪器类。

5.2.2　土壤墒情监测数据整理分析

目前，土壤墒情监测资料整编都使用计算机“资料整编软件系统”进行计算、处理。土壤墒情监测数据整理就是先对（年内）墒情原始监测数据进行校核、审查，确定整编方法并按照“资料整编软件系统”的数据格式要求，把整理后的数据一一录入计算机的过程。最终经“资料整编软件系统”计算、打印、输出，形成满足规范要求的土壤墒情整编成果报表。

对于初级工而言，土壤墒情监测数据的合理性检查，主要从数据的填写位置、有效位数的取舍、计算是否正确，以及数据有无遗漏、符号是否正确、单位是否正确、表格中各项目填写是否齐全、校核手续是否完备等方面做表面的检查和初步的计算分析。

第 6 章　地下水观测

6.1　观　测

6.1.1　地下水位测量器具

6.1.1.1　测盅

测盅是最简单的地下水位测具,其盅体是长约 10 cm 的中空圆筒,直径数厘米,圆筒一端开口,另一端封闭系测绳,测绳上标有刻度,测量时人工提测绳,测盅开口端向下放至地下水面。上下提放测盅,测盅开口端接触水面时会发出撞击声,由此判断水面位置。读取测绳上刻度,得到地下水埋深,计算出地下水位。此方法简单,但由于判断测盅接触水面和测绳的误差,水位观测值误差较大。

6.1.1.2　悬锤式水位计

悬锤式水位计,又称为电接触悬垂式水尺、水位测尺,由水位测锤、测尺、接触水面指示器(音响、灯光、指针)、测尺收放盘等组成。

测锤有一定重量,其重量应能拉直悬索,端部有两个相互绝缘的触点。测尺是刻度准确柔性金属长卷尺,其上附有 2 根导线和指示器触点接触。端部相互绝缘的两个触点接触地下水体时,导线连通,地面上的指示器(音响、灯光、指针)发出信号,表示已到达地下水面,从测尺上读取读数,得到地下水埋深,计算出地下水位。

这种水位计简单,使用方便,便于携带,适用于各种地下水位的观测,准确性较高。测尺长度不受限制,可用于不同埋深和变幅的水位观测。

悬锤式水位计的基准板或基准点的高程测量与水尺零点高程测量的要求相同,可每年汛前校测一次,当发现有变动迹象时,应及时校测。其编号方法与水尺编号相同。

人工监测水位,应测量两次,间隔时间不应少于 1 min,取两次水位的平均值,两次测量允许偏差为±0.02 m。当两次测量的偏差超过±0.02 m 时,应重复测量直至满足允许偏差限制。

6.1.2　地下水埋深测量

地下水埋深是指地下水面至地面的距离。“地下水埋深”等于“固定点至地下水水面距离平均值”加上“地面高程”再减去“固定点高程”之代数和。因此,地下水埋深测量实际上就是地下水位测量,其测量方式有以下几种。

6.1.2.1　人工观测法

人工观测法测水位时,用布卷尺、钢卷尺、测绳(测盅)等测具测量井口固定点至地下水水面竖直距离。人工观测法通过查看水痕与测尺读数相减的方式计算水位埋深，误差较大。

6.1.2.2　浮子式水位计

利用轻质浮子跟踪地下水位升降，以机械方式直接传动记录。其工作原理是：当地下水位静止时，浮子静止在水面上，仪器的重锤悬停在对应高度上静止不动，编码器输出值与水面高度值相对应，保持一致；当水位下降时，浮子跟随水位变化沿着井管的中心向下运动，与水面相对位置保持不变，并拉动测缆向下走，带动测轮逆时针转动并同时驱动卷扬轮、卷扬轴顺时针转动，提升重锤到对应高度上，同时水位编码器输出与水位变化量相对应的值；水位上升时，操作相反。浮子式水位计受测量环境影响，浮子会附着微生物滋生藻类等致使测量灵敏度随时间推移下降，需维护人员经常维护比测，且无法测得水温。

6.1.2.3　人工与水位仪接收系统结合法

把测头放入水位管内，手拿钢尺电缆，让水位测头在管内中心位置缓慢向下移动，当测头触点接触到水面时，水位仪接收系统会发出蜂鸣声提示接触水面，此时读出钢尺电缆在管口处的读数，即为水位管内水面至管口的距离。

6.1.2.4　压力式一体化遥测水位计

采用静压液位测量原理，内置中央处理单元实时采集或定时采集压力传感器、温度传感器数据，在内部运用复杂算法通过软件对压力传感器数据进行线性修正和温度补偿；采用高性能锂电池供电，将采集的水位、水温等数据存储并通过 GPRS 或短消息远程传输数据，该水位计自动化程度高，适应性强，能够对地下水位进行快速、精确、稳定的测量，适用于不具备长期供电条件、环境恶劣的监测现场，方便在偏远地区使用。

6.1.3　地下水水温观测

(1)水温基本监测站的监测频次为每年 4 次，分别为每年 3 月、6 月、9 月、12 月的 26 日 8 时。

(2)水温监测的同时应监测气温及地下水位。

(3)监测水温、气温的测具由仪器和防护组成，仪器的最小分度值应不小于 0.2 ℃，允许误差为±0.2 ℃。

(4)水温监测应符合下列规定：

①监测水温的测具应放置在地下水水面以下 1.0 m 处，或放置在泉水、正在开采的生产井出水水流中心处，静置 5 min 后读数。

②连续进行两次水温监测，当这两次监测数值之差的绝对值不大于 0.4 ℃时，将这两次监测数值及其算术平均值计入相应原始水温监测记载表中；当两次监测数值之差的绝对值大于 0.4 ℃时，应重复监测。

(5)水温测具和气温测具应每年检定一次，检定测具的允许误差为±0.1 ℃。

6.2　资料整编

6.2.1　地下水监测数据读取与录入

地下水监测数据读取与录入是地下水监测资料整编的一个重要环节,保证读取与录入监测数据质量是做好地下水监测资料整编的基础。(电算)整编过程分为数据输入阶段(数据读取与录入阶段)、数据校核阶段、整编制表阶段。第一阶段主要是原始数据的读取(或导入)与录入,第二阶段主要进行合理性分析,第三阶段是整编成果输出。

地下水监测要素主要包括:

高程(地面高程、固定点高程):单位是 m,记至 0.001 m。

水位:单位是 m,记至 0.01 m。

埋深、水深、井深:单位是 m,不小于 100 m,记至 1 m;小于 100 m,不小于 5 m,记至 0.1 m;小于 5 m,记至 0.01 m。

开采量(流量):单位是 m^3,取三位有效数字,小数不过三位。

水温:单位是℃,记至小数后一位。

6.2.2　地下水监测数据整理分析

6.2.2.1　地下水位监测数据整理分析

(1)编制代表性监测点的地下水位动态及影响因素综合图表。

(2)根据全年地下水位监测资料,划分地下水位动态类型和动态成因类型,并编制相应图表。

(3)运用数理统计方法,分析多年地下水位动态类型、变化幅度、变化趋势等。

(4)编制枯、丰水期地下水埋藏深度及等水位(压)线图,并确定地下水位下降漏斗区的范围。

(5)编制当年末与上年末同期水位变化差值分布图。表示出水位上升区、下降区及其变化差值。

(6)编制历年地下水位下降漏斗演变剖面图,并分析演变趋势。

6.2.2.2　地下水水量监测数据整理分析

(1)编制代表性监测点单井出水量变化过程及影响因素综合图表。

(2)编制代表性泉涌水量变化过程及影响因素综合图表。应用多年资料求得泉水量衰减方程及其消耗系数,计算泉涌水量的保证程度。

(3)按行政区或水文地质分区统计年度地下水开采量,编制开采井密度分布图、开采模数分区图等图件。

6.2.2.3　地下水水温监测数据整理分析

(1)结合水温监测数据的季节、年度和多年周期性变化特征,分析地下水水温随时间的变化规律。

(2)编制代表性地段主要开采层(或专门研究热动态的含水层)水温变化及影响因素

综合过程线。在水温异常或变化较大的情况下，需要编制地下水水温特征值升降变化梯度分布图。

(3)根据地下水水温变化特征，分析判断地下水补给、径流、排泄条件，地表水与地下水补排关系及各含水层间的水力联系等。

6.2.2.4　专门监测点监测数据整理分析

在整理为了防治与地下水有关的环境地质问题而专门布设的监测点的监测数据资料时，应分析它与地下水位、开采量、开采强度及开采方式的关系。

第 7 章　水质监测

7.1　现场采样

7.1.1　水质水样及采集要求

7.1.1.1　水体水质

水质是水体质量的简称，标志着水体的物理、化学和生物的特性及其组成的状况。水质指标是判断水体质量的具体项目和衡量标准，概括起来主要分为物理性、化学性和生物学三大类。

1. 物理性指标

（1）感官物理性状指标：温度、色度、臭和味、浑浊度、透明度等。

（2）其他物理性指标：溶解性总固体、电导率、悬浮物等。

2. 化学性指标

（1）一般化学性指标：碱度、硬度、各种阴阳离子、总含盐量、一般有机物质等。

（2）有毒的化学性指标：各种重金属、氰化物、多环芳烃、各种农药等。

（3）氧平衡指标：溶解氧、化学需氧量、生化需氧量、总需氧量等。

3. 生物学指标

细菌、微生物、浮游生物、底栖生物等。

7.1.1.2　水样

水样是为了了解水体的物质成分及物理化学性质，而从指定的水域中间断或连续地采集一部分具有代表性的能提供分析、鉴定、试验的水体实物。

按水样的采集方法可将水样分为如下几种类型：

（1）瞬时水样：指从水体中不连续地随机采集的样品。

（2）混合水样：指在同一采样点上以流量、时间、体积或是以水量为基础，按照已知比例（间歇的或连续的）混合在一起的样品。

（3）综合水样：指从不同采样点同时采得的瞬时水样混合在一起的样品。

7.1.1.3　水样采集必须满足的基本要求

（1）所采集的水样体积应满足分析和重复分析的需要。

（2）所采集的水样必须具有足够的真实代表性。为保证所采集的水样的代表性，必须选择科学的采样技术、合理的采样位置、合适的采样方法和采样时间。

（3）所采集的水样必须不受任何意外的污染。

7.1.1.4　采样器分类

水质采样器包括表层采样器、单层采样器、积深式采样器、封闭管式采样器（横式采样器、竖式采样器和排空式采样器等)、泵式采样器、溶解氧采样器、自动式采样器、降雨采样器。

7.1.2　地表水水质取样方法

7.1.2.1　采样方式与适用范围

(1)涉水采样。适用于水深较浅的小河、近岸、河岸或码头。采样时要面向上游,保证水样免受泥沙、垃圾或其他漂浮物的污染。

(2)桥梁采样。适用于有桥梁的监测断面。采样时应将绳子一端系在采样器上,另一端安全而牢靠地系在桥上固定的位置。

(3)船只采样。适用于水体较深的河流、湖泊和水库。采样时应位于上游一侧采集,使机器浮油污染减至最低程度。采样时必须用抛锚或马达使船处于平衡状态浮在水面,保证悬吊采样器的绳子能到达垂线位置,并能精确读出采样水深。

(4)缆道采样。适用于山区流速较大的河流。若用吊厢,雷同于桥梁采样。

(5)冰上采样。适用于北方冬季冰冻河流、湖泊和水库。采样时为获得一个合适的工作场地,应除去冰面上覆盖的雪,用冰镩或冰钻钻开一个洞,在冰盖以下采集水样。

7.1.2.2　采样方法与适用范围

(1)时间积分采样:指在一定地点,从水体某一特定深度采集一定时间内的混合水样。时间积分法采集的水样为混合水样,适用于在某一采样点上采集一定时段内的混合水样。

(2)深度积分采样:指在一定地点,从水体不同深度间歇或连续采集而得到的混合水样。深度积分法采集的水样为综合水样,适用于采集沿采样垂线不同深度的混合水样。

7.1.2.3　采样注意事项

(1)采样时,采样器口部应面对水流方向,用船只采样时,船首应逆向水流,采样在船舷前部逆流进行,以避免船体污染水样。

(2)除细菌、油等测定用水样外,容器在装入水样前,应先用该采样点水样冲洗三次。装入水样后,应按要求加入相应的保存剂后摇匀,并及时填写水样标签。

(3)采集溶解氧、生化需氧量和有机物等项目的水样时,必须将水样充满容器,不留空间,并用水封口。

(4)采样时不可搅动水底部沉降物。

(5)测定油类的水样,应在水面至水面下 300 mm 采集柱状水样,并单独采样,全部用于测定。采样瓶不能用采集的水样冲洗。

(6)测定湖泊、水库水 COD、高锰酸盐指数、叶绿素 a、总氮、总磷时的水样,静置 30 min 后,用吸管一次或几次移取水样至盛样容器,吸管进水尖嘴应插至水样表层 50 mm 以下位置。

(7)测定油类、五日生化需氧量、DO、硫化物、余氯、粪大肠菌群、悬浮物、放射性等项目要单独采样。

(8)因采样器容积有限,需多次采样时,可将各次采集的水样倾入洗净的大容器中,混匀后分装,但本法不适用于溶解氧及细菌等易变项目测定。

(9)沉降物采样前,采样器应用水样冲洗,采样时应避免搅动底部沉积物。

(10)为保证样品代表性,在同一采样点可采样 2~3 次,然后混匀。

(11)沉降物样品采集后应沥去水分,除去石块、树枝等杂物。

(12)沉降物样品的采集应与水质采样同步进行。

7.1.3　地下水水质取样方法

7.1.3.1　采样的基本方法

地下水采样较常用的采样方法有井口采样、钻井采样、抽取采样和深度采样 4 种。

(1)井口采样。适用于供水水源水质的常规监测或监督饮用水的水质状况。采样时直接用采样瓶从井口水龙头或生产井排液管中采集水样,也可以从距配水系统最近的水龙头或井口储水箱中取样。

(2)钻井采样。适用于了解劣质地下水所处的水平位置和研究含水层内地下水水质沿垂向变化情况。通常在钻井过程中用抓斗式采样器或气体泵采集样品。

(3)抽取采样。适用于地下水质在竖直方向是均匀的地方,或所要求的是近似平均成分的垂直混合样品。采样时直接通过一根安放于测井内的管子抽取水样或经采样瓶虹吸抽取,也可以通过气动法压缩气体(一般用氮气)将水柱从测井内推至地面。

(4)深度采样。适用于样品的来源是已知的情况下和不稳定性分析参数的采样。采样时将深水采样器放至井中,让它在指定深度灌满水,然后将采样器提至地面,并将水样转入采样瓶中。

7.1.3.2　采样注意事项

(1)采样时采样器放下与提升时动作要轻,避免搅动井水及底部沉积物。

(2)用机井泵采样时,应待管道中的积水排净后再采样。

(3)自流地下水样品应在水流流出处或水流汇集处采集。

7.1.4　现场采样安全防护

7.1.4.1　一般安全措施

(1)河流涉水采样应由两人以上同时进行,采样前应用探深杆对水深进行探测,水流较急时,应在河岸一坚固的物体上系一根安全绳,水深大于 0.7 m 时严禁涉水采样。

(2)采样人员涉水或水上作业,应佩戴救生衣,投放作业标识。

(3)在公共交通桥上采样时,应在人行道上作业,防止发生事故。如果因采样作业干扰交通,应提前与地方交通部门协商,并在桥上设置明显的警示标志。

(4)在通航河流的桥上采样时,应特别注意来往船只。

(5)在船上采样必须有两人以上,船要有良好的稳定性。采样过程中船要悬挂信号旗,以示采样工作正在进行中。

(6)采样人员自行划船采样,必须持驾驶证,熟悉水性,并按照水中安全规则与规定作业,测船严禁超载。

(7)在较小河流中用橡皮船采样时,应有安全绳系在河岸坚固的物体上,船上还须有人随时做好保护。

(8)在吊厢采样时吊厢应按操作规程运行,采样人员在吊厢上系一根安全绳,岸上要有专人做监视工作。

(9)需要破冰采样的地方,应预先检查薄冰层的位置和范围,做好标识。行走和采样时应有专人做监视工作。

(10)当采样人员进入有毒气体环境中时,要使用气体防毒面具、呼吸器具、苏醒器具和其他安全设备。此外,在进入封闭空间之前,要测量氧气的浓度和可能存在的有毒蒸汽和毒气。

(11)采样过程中应注意不要接触有毒植物。严重污染的河流,可能有细菌、病毒及其他有害物质,应注意防护安全。

(12)安装在河岸上的仪器和其他设备,为了防止洪水淹没或破坏行为,应采取适当的防护措施。

7.1.4.2　化学处理安全措施

(1)利用酸或碱保存水样时,应戴上手套、保护镜,穿上实验服小心操作,避免烟雾吸入或直接与皮肤、眼睛及衣服接触。

(2)酸碱保存剂在运输期间应妥善贮存,防止溢出。溢出部分应立即用大量的水冲洗稀释或用化学物质中和。

7.1.5　现场采样记载要求

7.1.5.1　现场采样记载一般规定

(1)记录事项应随取样作业的展开即时记入正式记录表格中,不允许事后整理,不得以回忆方式填写,以保证记录的原始真实性。

(2)原始记录改错禁止抹去原先记录的痕迹,应保留整个改错记录的过程。

(3)所有的现场记载应完整、清楚、准确,并在离开测站或测验现场之前完成。

7.1.5.2　贮样容器的标识方法

(1)每个水样瓶均需贴上标签,内容应包括采样点位、测定项目、保存方法等。

(2)标签应使用水不溶性的墨水填写,严寒季节墨水不易流出时,可用硬质铅笔书写。

(3)对于未知的特殊水样以及危险或潜在危险物质(如酸),应用记号标出。

标签应事先设计打印好,在现场取样完成后,及时填记粘贴在存样容器上。

7.1.5.3　现场采样记载表

水质现场采样记载表中各栏目意义明显,按照测验方法过程填写。项目除列出的项外,其他根据监测实际项目续填。

7.2　样品现场处理

7.2.1　贮样容器洗涤

(1)贮样容器的一般清洗方法应符合以下要求:

①新的容器应使用不含磷酸盐的去污粉或洗涤剂,用软毛刷洗刷容器内外表面及盖

子,以清除灰尘和包装材料。

②玻璃容器使用盐酸和硫酸混合液进行清洗,若贮存有机物,应用重铬酸钾洗液浸泡,然后用自来水冲洗数次,再用纯水冲洗干净,直至瓶壁不挂水珠,晾干备用。

③聚乙烯容器应使用 1 mol/L 的硝酸或盐酸浸泡 1~2 d,然后用自来水冲洗数次,再用纯水冲洗干净,晾干备用。

(2)贮存微量重金属水样的容器,应使用1+4 硝酸浸泡 24 h 以上,然后用自来水冲洗至近中性,再用纯水冲洗干净。

(3)贮存痕量有机物水样的容器,应按贮样容器一般清洗方法清洗干净后,在烘箱内 180 ℃下烘干 4 h,再用纯化过的乙烷或石油醚冲洗数次,最后用氮气或其他惰性气体干燥处理。

(4)贮存阴离子表面活性剂水样的容器,应使用去污粉或洗涤剂刷洗,然后用甲醇洗 1 min,再依次用自来水、纯水冲洗干净。

(5)贮存微生物水样的容器,除按贮样容器一般清洗方法洗涤干燥外,还应用防潮硬纸将瓶塞与瓶颈包扎好,于 160 ℃干热灭菌 2 h,或置于高压灭菌锅中,于 120 ℃和 200 kPa 下灭菌 20 min。当要采集加氯处理水样时,样品瓶应在灭菌前,按每 125 mL 样品加入 0.1 mL 10%(m/m,即质量比)硫代硫酸钠溶液,以除去余氯对细菌的抑制作用。

(6)采样前应随机抽查已洗好的贮样容器数个,加入纯水,按样品保存技术要求加入相应保存剂,在规定条件下放置一定时间,然后进行实验室分析,不应检出待测组分,否则应查明原因重新清洗。

7.2.2 样品存贮

各种水质的水样从采集到分析的这段时间内,物理的、化学的、生物的作用会发生不同程度的变化,这些变化使得进行分析时的样品已不再是采样时的样品。为了使这种变化降低到最低程度,必须在采样时对样品加以保护。

7.2.2.1 水样变化的原因

(1)物理作用:光照、温度、静置或震动、敞露或密封等保存条件及容器材质都会影响水样的性质。如温度升高或强震动会使得一些物质(如氧、氰化物及汞等)挥发,长期静置会使 $Al(OH)_3$、$CaCO_3$、$Mg_3(PO_4)_2$ 等沉淀。某些容器的内壁能不可逆地吸附或吸收一些有机物或金属化合物等。

(2)化学作用:水样及水样各组分能发生化学反应,从而改变某些组分的含量与性质。例如空气中的氧能使二价铁、硫化物等氧化,聚合物解聚,单体化合物聚合等。

(3)生物作用:细菌、藻类及其他生物体的新陈代谢会消耗水样中的某些组分,产生一些新组分,改变一些组分的性质,生物作用会对样品中待测的一些项目(如溶解氧、二氧化碳、含氮化合物、磷及硅等)的含量及浓度产生影响。

7.2.2.2 贮样容器的准备

1. 一般规则

所有的准备都应确保不发生正负干扰。

尽可能使用专用容器。若不能使用专用容器,那么最好准备一套容器进行特定污染物的测定,以减少交叉污染。同时,应注意防止以前采集高浓度分析物的容器洗涤不彻底,污染随后采集的低浓度污染物的样品。

对于新容器,一般应先用洗涤剂清洗,再用纯水彻底清洗。但是,用于清洁的清洁剂和溶剂可能引起干扰,如果使用,应确保洗涤剂和溶剂的质量。

2. 清洗程序

(1)清洁剂清洗塑料或玻璃容器程序:用水和清洁剂的混合稀释溶液清洗容器和容器帽;用实验室用水清洗两次;控干水并盖好容器帽。

(2)溶剂洗涤玻璃贮样容器程序:用水和清洁剂的混合稀释溶液清洗容器和容器帽;用自来水彻底清洗;用实验室用水清洗2~3次;用丙酮清洗并干燥;用与分析方法匹配的溶剂清洗并立即盖好容器帽。

(3)酸洗玻璃或塑料贮样容器程序:用自来水和清洁剂的混合稀释溶液清洗容器和容器帽;用自来水彻底清洗;用10%硝酸溶液清洗;控干后,注满10%硝酸溶液;密封,浸泡至少24 h;用实验室用水清洗,并立即盖好容器帽。

3. 用于测定农药、除草剂等样品的贮样容器的准备

因除聚四氟乙烯外的塑料容器会对分析产生明显的干扰,故一般使用棕色玻璃瓶。按一般规则清洗(用水及洗涤剂—铬酸—硫酸洗液—蒸馏水),在烘箱内180 ℃烘干4 h。冷却后再用纯化过乙烷或石油醚冲洗数次。

4. 用于微生物分析的贮样容器

用于微生物分析的贮样容器及塞子、盖子应经高温灭菌,灭菌温度应确保在此温度下不释放或产生出任何能抑制生物活性、灭活或促进生物生长的化学物质。

玻璃贮样容器,按一般清洗原则洗涤,用硝酸浸泡,再用蒸馏水冲洗,以除去重金属或铬酸盐残留物。在灭菌前可在容器里加入硫代硫酸钠($Na_2S_2O_3$)以除去余氯对细菌的抑制作用。(以每125 mL容器加入0.1 mL的10 mg/L $Na_2S_2O_3$ 计量)

7.2.2.3　贮样容器的封存

对需要测定物理-化学分析物的样品,应使水样充满贮样容器至溢流并密封保存,以减少因与空气中氧气、二氧化碳的反应干扰及样品运输途中的振荡干扰。但当样品需要被冷冻保存时,不应溢满封存。

7.2.2.4　生物检测样品的处理保存

用于化学分析的样品和用于生物分析的样品是不同的。加入生物检测的样品中的化学品能够固定或保存样品,“固定”用于描述保存形态结构,而“保存”是用于防止有机质的生物化学或化学退化。保存剂,从定义上说,是有毒的,而且保存剂的添加可能导致生物的死亡。死亡之前,振动可引起那些没有强核壁的脆弱生物,在“固定”完成之前就瓦解。为使这种影响降低到最低,保存剂快速进入核中是非常重要的,有一些保存剂,例如卢格氏溶液可导致生物分类群的丢失,在特定范围的特定季节内可能就成为问题。如在夏季,当频繁检测硅-鞭毛虫时,就可以通过添加防腐剂,如卢格氏碱性溶液来解决。

生物检测样品的保存应符合下列标准:预先了解防腐剂对预防生物有机物损失的效果;防腐剂至少在保存期间,能够有效地防止有机质的生物退化;在保存期内,防腐剂应保证能充分研究生物分类群。

7.2.2.5　放射化学分析样品的处理与保存

用于化学分析的样品和用于放射化学分析的样品是不同的。安全措施依赖于样品的放射能的性质。这类样品的保存技术依赖放射类型和放射性核素的半衰期。

7.2.2.6　样品的冷藏、冷冻保存

1. 冷藏法

冷藏法指在1~5 ℃冷藏并在暗处保存的方法。该方法可以抑制生物活动，减缓物理挥发作用和化学反应速度。在大多数情况下，使用冷藏法保存样品就足够了，但不适用于长期保存，对废水样品的保存时间更短。

2. 冷冻法

冷冻法指在-20 ℃冷冻保存。该方法可以抑制生物活动，减缓物理挥发作用和化学反应速度。该方法较之冷藏法能延长贮存期，但不适用于测试微生物及挥发性物质的样品。如果样品包含细胞、细菌或微藻类，在冷冻过程中，会破裂、损失细胞组分，同样不适用冷冻。冷冻需要掌握冷冻和融化技术，以使样品在融化时能迅速、均匀地恢复其原始状态，用干冰快速冷冻是令人满意的方法。一般选用塑料容器，推荐聚氯乙烯或聚乙烯等塑料容器。

7.2.2.7　常用样品保存技术

表3-7-1列出物理、化学及生物分析指标的保存技术。样品的保存时间、容器材质的选择以及保存措施的应用都取决于样品中的组分及样品的性质，而现实中的水样又是千差万别的。因此，每个监测人员都应结合具体工作验证这些要求是否适用。此外，如果采用的分析方法和使用的保存剂及容器之间有不相容的情况，则常需从同一水体中取数个样品，按几种保存措施分别进行分析以找出最适宜的保存方法和容器。

表3-7-1中的内容只是保存样品的一般技术要求。由于天然水和废水的性质复杂，在分析前，需要验证一下采用“常用样品保存技术”处理过的每种类型样品的稳定性。

表3-7-1　物理、化学及生物分析指标的保存技术

序号	测试项目或参数	采样容器	保存方法及保存剂用量	可保存时间	最少采样量（mL）	容器洗涤方法	说明
1	pH	P或G		12 h	250	I	尽量现场测定
2	色度	P或G		12 h	250	I	尽量现场测定
3	浊度	P或G		12 h	250	I	尽量现场测定
4	气味	G	1~5 ℃冷藏	6 h	500		大量测定可带离现场
5	电导率	P或BG		12 h	250	I	尽量现场测定
6	悬浮物	P或G	1~5 ℃暗处	14 d	500	I	
7	酸度	P或G	1~5 ℃暗处	30 d	500	I	
8	碱度	P或G	1~5 ℃暗处	12 h	500	I	
9	二氧化碳	P或G	水样充满容器，低于取样温度	24 h	500		最好现场测定
10	溶解性固体	P或G	1~5 ℃冷藏	24 h	100		

续表 3-7-1

序号	测试项目或参数	采样容器	保存方法及保存剂用量	可保存时间	最少采样量(mL)	容器洗涤方法	说明
11	化学需氧量	G	用硫酸酸化至 pH≤2	2 d	500	Ⅰ	
		P	−20 ℃冷冻	1 m	100		最长 6 m
12	高锰酸盐指数	G	1~5 ℃暗处冷藏	2 d	500	Ⅰ	尽快分析
		P	−20 ℃冷冻	1 m	500		
13	五日生化需氧量	P	−20 ℃冷冻	1 m	1 000		冷冻最长保持 6 m(浓度<50 mg/L 保存 1 m)
14	溶解氧	溶解氧瓶	加入硫酸锰、碱性碘化钾叠氮化钠溶液，现场固定	24 h	500	Ⅰ	尽量现场测定
15	总磷	P 或 G	用硫酸、盐酸酸化至 pH≤2	24 h	250	Ⅳ	
		P	−20 ℃冷冻	1 m	250		
16	氨氮	P 或 G	加硫酸酸化至 pH≤2	24 h	250	Ⅰ	
17	亚硝酸盐氮	P 或 G	1~5 ℃冷藏避光保存	24 h	250	Ⅰ	
18	硝酸盐氮	P 或 G	1~5 ℃冷藏	24 h	250	Ⅰ	
		P 或 G	用盐酸酸化至 pH 为 1~2	7 d	250		
		P	−20 ℃冷冻	1 m	250		
19	总氮	P 或 G	用硫酸酸化至 pH 为 1~2	7 d	250	Ⅰ	
		P	−20 ℃冷冻	1 m	500		
20	硫化物	P 或 G	水样充满容器。1 L 水样加氢氧化钠至 pH 为 9，加入 5%抗坏血酸 5 mL，饱和 EDTA 3 mL，滴加饱和醋酸锌，至胶体产生，常温避光	24 h	250	Ⅰ	
21	易释放氰化物	P	加氢氧化钠到 pH>12；1~5 ℃暗处冷藏	24 h	500		24 h(存在硫化物时)
22	硫酸盐	P 或 G	1~5 ℃冷藏	1 m	200		
23	阴离子表面活性剂	P 或 G	1~5 ℃冷藏用硫酸酸化至 pH 为 1~2	2 d	500	Ⅳ	不能用溶剂清洗
24	氯化物	P 或 G		1 m	100		
25	余氯	P 或 G	避光	5 min	500		最好在采集样品后 5 min 内现场分析

续表 3-7-1

序号	测试项目或参数	采样容器	保存方法及保存剂用量	可保存时间	最少采样量(mL)	容器洗涤方法	说明
26	氰化物	P(聚四氟乙烯除外)		1 m	200		
27	钠	P	1 L 水样中加浓硝酸 10 mL	14 d	250	Ⅱ	
28	镁	P	1 L 水样中加浓硝酸 10 mL	14 d	250	酸洗Ⅱ	
29	钾	P	1 L 水样中加浓硝酸 10 mL	14 d	250	酸洗Ⅱ	
30	钙	P	1 L 水样中加浓硝酸 10 mL	14 d	250	Ⅱ	
31	六价铬	P 或 G	加氢氧化钠到 pH 为 8~9	14 d	250	酸洗Ⅱ	
32	锰	P 或 G	1 L 水样中加浓硝酸 10 mL	14 d	250	Ⅲ	
33	铁	P 或 G	1 L 水样中加浓硝酸 10 mL	14 d	250	Ⅲ	
34	铜	P	1 L 水样中加浓硝酸 10 mL	14 d	250	Ⅲ	
35	锌	P	1 L 水样中加浓硝酸 10 mL	14 d	250	Ⅲ	
36	砷	P 或 G	1 L 水样中加浓硝酸 10 mL;DDTC 法,盐酸 2 mL	14 d	250	Ⅲ	
37	硒	P 或 G	1 L 水样中加浓盐酸 2 mL	14 d	250	Ⅲ	
38	镉	P 或 G	1 L 水样中加浓硝酸 10 mL	14 d	250	Ⅲ	如用溶出伏安法测定,可改用 1 L 水样中加浓高氯酸 19 mL
39	汞	P 或 G	如水样为中性,1 L 水样中加浓盐酸 10 mL	14 d	250	Ⅲ	
40	铅	P 或 G	如水样为中性,1 L 水样中加浓硝酸 10 mL	14 d	250	Ⅲ	如用溶出伏安法测定,可改用 1 L 水样中加浓高氯酸 19 mL
41	总硬度	P 或 G	1 L 水样中加浓硝酸 10 mL	14 d	250	Ⅱ	
42	石油类	G 溶剂	用盐酸酸化至 pH≤2	7 d	1 000		

续表 3-7-1

序号	测试项目或参数	采样容器	保存方法及保存剂用量	可保存时间	最少采样量（mL）	容器洗涤方法	说明
43	挥发酚	G	加磷酸酸化至 pH<4，添加硫酸铜溶液，使样品中硫酸铜浓度约为 1 g/L；4 ℃下冷藏	24 h	1 000		
44	挥发性有机物	G	用 1+10 盐酸调至 pH≤2，加入抗坏血酸 0.01～0.02 g 除去残余氯；1～5 ℃避光保存	12 h	1 000		
45	杀虫剂（包含有机氯、有机磷、有机氮）	G（溶剂洗，带聚四氟乙烯瓶盖）或 P（适用草甘膦）	1～5 ℃冷藏	萃取 5 d	1 000～3 000		不能用水样冲洗采样容器，不能用水样充满容器；萃取应在采样后 24 h 内完成
46	叶绿素	P 或 G	1～5 ℃冷藏	24 h	1 000		棕色采样瓶
		P	用乙醇过滤萃取后，-20 ℃冷冻	1 m	1 000		
		P	过滤后-80 ℃冷冻	1 m	1 000		
47	多环芳烃	G 溶剂洗，带聚四氟乙烯瓶盖	1～5 ℃冷藏	7 d	500		尽可能现场萃取。如果样品加氯，采样前 1 000 mL 样加 80 mg $Na_2S_2O_3 \cdot 5H_2O$

注：1. P 为聚乙烯瓶（桶），G 为硬质玻璃瓶，BG 为硼硅酸盐玻璃瓶。

2. m 表示月。

3. Ⅰ、Ⅱ、Ⅲ、Ⅳ表示四种洗涤方法。解释如下：

Ⅰ：洗涤剂洗一次，自来水洗三次，蒸馏水洗一次。对于采集微生物和生物的采样容器，须经 160 ℃干热灭菌 2 h。经灭菌的微生物和生物采样容器必须在两周内使用，否则应重新灭菌。经 121 ℃高压蒸汽灭菌 15 min 的采样容器，若不立即使用，应于 60 ℃将瓶内冷却水烘干，两周内使用。细菌检测项目采样时不能用水样冲洗采样容器，不能采混合水样，应单独采样 2 h 后送实验室分析。

Ⅱ：洗涤剂洗一次，自来水洗二次，（1+3）硝酸荡洗一次，自来水洗三次，蒸馏水洗一次。

Ⅲ：洗涤剂洗一次，自来水洗二次，（1+3）硝酸荡洗一次，自来水洗三次，去离子水洗一次。

Ⅳ：铬酸洗液洗一次，自来水洗三次，蒸馏水洗一次。如果采集污水样品，可省去蒸馏水、去离子水清洗的步骤。

微生物指标的保存技术见表 3-7-2。

表 3-7-2 微生物指标的保存技术

待测项目	采样容器	保存方法及保存剂用量	最少采样量(mL)	可保存时间	容器洗涤方法	备注
细菌总数、大肠菌总数、粪大肠菌、粪链球菌、沙门氏菌、志贺氏菌等	灭菌容器或硬质玻璃瓶	1~5 ℃冷藏		尽快(地表水、污水及饮用水)		取氯化或溴化过的水样时,所用的样品瓶消毒之前,按每 125 mL 加入 0.1 mL 10%(*m/m*)的硫代硫酸钠以消除氯或溴对细菌的抑制作用。对重金属含量高于 0.01 mg/L 的水样,应在容器消毒之前,按每 125 mL 容积加入 0.3 mL 的 15%(*m/m*)EDTA

放射性指标的保存技术见表 3-7-3。

表 3-7-3 放射性指标的保存技术

待测项目	采样容器	保存方法及保存剂用量	最少采样量(mL)	可保存时间	备注
α 放射性	P	用 HNO_3,pH 为 1~2	2 000	1 m	如果样品已蒸发,不酸化
	P	1~5 ℃暗处冷藏	2 000	1 m	
β 放射性(放射碘除外)	P		2 000	1 m	如果样品已蒸发,不酸化
	P		2 000	1 m	
γ 放射性	P		5 000	2 d	

注:P 为聚乙烯瓶(桶);m 表示月。

7.2.3 样品运输

水样采集后必须立即送回实验室,根据采样点的地理位置和每个项目分析前最长可保存时间,选用适当的运输方式。

水样运输前应将容器的外(内)盖盖紧。装箱时应用泡沫塑料等分隔,以防破损。同一采样点样品应装在同一包装箱内,若需分装在两个或几个箱子中,则需在每个箱内放入相同的现场采样记录表。运输前应检查现场记录上的所有水样是否全部装箱。要用醒目色彩在包装箱顶部和侧面标上“切勿倒置”的标记。

除防震、避免日光照射和低温运输外,还要防止新的污染物进入容器和沾污瓶口使水样变质。

每个水样瓶均需贴上标签，内容有采样点位编号、采样日期和时间、测定项目、保存方法，并写明用何种保存剂。

在水样运送过程中，应有押运人员，每个水样都要附有一张管理程序登记卡。在转交水样时，转交人和接受人都必须清点和检查水样并在登记卡上签字，注明日期和时间。

在运输途中如果水样超过了保质期，管理员应对水样进行检查。如果决定仍然进行分析，那么在出报告时，应明确标出采样时间和分析时间。

水样运抵实验室后，收样人员应对照水样标签和送样单核查验收无误后在送样单上签名。若不相符或有异常情况，应注明情况，作为样品分析和资料整编的依据，同时要反馈给采样的组织部门采取补救措施。

7.2.4　采样记录表填写

7.2.4.1　地表水现场资料记载

表 3-7-4 为地表水水质现场采样记载表一般格式。应在现场及时按照地表水水质监测记载表的结构内容（包括采样人员姓名等）填记清楚。

（1）“测定项目”：在贮样器上标明并在采样原始记录上填该样品用于分析测试的项目。

（2）“断面名称”：与水文（水位）站结合的，填××水文（水位）站基本断面，否则填断面附近的地名或具有特征的建筑物名称。

（3）“地点”：填监测断面所在地名，一般填至省（自治区、直辖市）、县（市）、乡（镇）、村。

（4）“采样点”：记录采样垂线上采样点的位置，如水面下 0.5 m、1/2 水深、河底以上 0.5 m。

（5）“样品保存方法”：记录在采样现场，样品转移至贮样器后所实施的样品保存方法，如冷藏、冷冻、加入保存剂的种类及其量。

（6）“质量控制记录”：记录采样时所实施的质量控制技术，包括现场平行样、现场空白样、现场加标样等。

（7）“采样时间”：填采样时的时间，填至年、月、日、时、分。

（8）现场测定参数记载：

①“水温”：记载水样的温度，以摄氏度（℃）计，有效数字最多 3 位数，小数点后最多 1 位数。

②“pH”：记载就地测定或现场测定水样的 pH，有效数字最多 2 位数，小数点后最多 2 位数。

③“电导率”：记载用电导率仪现场测定水样的电导率数值，以 μS/cm 计，有效数字最多 3 位数，取整数。

④“浊度”：记载用浊度仪现场测定水样的浊度，以度计，有效数字最多 3 位数，取整数。

⑤“氧化还原电位”：记载用铂电极和甘汞电极现场测定水样的氧化还原电位（以 mV 计）。

表 3-7-4　水质现场采样记载表

测次编号：　　采样时间：　　年　　月　　日　　时　　分

水系：　　河名：　　断面名称：　　地址：　　省(区)　　县(市)　　乡(镇)　　村

水样类型：									采样方法：									
水位：　m			流量：　m^3/s						水面宽：　m						气温：　℃			
项目／位置	原状水			石油类			硫化物			溶解氧			细菌类					
垂线	左	中	右	左	中	右	左	中	右	左	中	右	左	中	右	左	中	右
离岸距离(m)																		
水深(m)																		
测层深(m)																		
样品现场处理与保存方法																		
项目／位置																		
垂线	左	中	右	左	中	右	左	中	右	左	中	右	左	中	右	左	中	右
离岸距离(m)																		
水深(m)																		
测层深(m)																		
样品现场处理与保存方法																		

现场测定项目

水温(℃)	pH	电导率(μS/cm)			溶解氧(mg/L)			样品现场制备
		左	中	右	左	中	右	

污染现象观察(色、臭、浊度等)：

备注：

采样人：　　收样人：　　年　　月　　日　　时　　分　　复核：　　年　　月　　日

⑥“DO”:记载用膜电极现场测定水样中的溶解氧,以 mg/L 计,有效数字最多 3 位数,小数点后最多 1 位数。

(9)现场观测样品表观信息:

①描述水体中水的异常颜色、异常气味、水藻过量生长、水面油膜及死鱼等现象。

②描述水样中有无悬浮物质、沉降物质及颜色等。

③臭:水样采集后,检验人员依靠自己的嗅觉,在 20 ℃和煮沸后稍冷闻其臭,用适当词句描述臭特性,并按表 3-7-5 臭强度等级中的 6 个等级报告臭强度。

表 3-7-5　臭强度等级

等级	强度	说明
0	无	无任何气味
1	微弱	一般饮用者难以察觉,嗅觉敏感者可以察觉
2	弱	一般饮用者刚能察觉
3	明显	已能明显察觉
4	强	有很明显的臭味
5	很强	有强烈的恶臭

7.2.4.2　地下水现场资料记载

应在现场及时按照地下水水质监测记载表的结构内容填记清楚。

(1)测定项目:在贮样器上标明并在采样原始记录上填该样品用于分析测试的项目。

(2)监测站名称:监测站编号所代表的监测站的中文名称。

(3)监测站地点的位置:填监测站所在地名,一般填至省(自治区、直辖市)、县(市)、乡(镇)、村。

(4)井深:记载自地面至井底的距离,以 m 计。

(5)采样深度:记载从水面以下的某采样点采样的水深,以 m 计。

(6)地下水类型:记载“潜水”“承压水”“裂隙水”“岩溶水”,可用组合表示,如“潜水;裂隙水”。

(7)地下水开采量:按月开采量统计记载。其中,水表法根据“月初、月末水表读数差”填写;水泵出水量统计法根据“水泵单位时间出水量”与“累计开泵时间”的乘积填写;用水定额调查统计法中,“农田灌溉地下水开采量”根据“灌溉面积”“灌溉定额”“灌溉次数”三者的连乘积填写,“乡镇工业生产地下水开采量”根据“产值”与“万元产值用水定额”的乘积填写,“农村生活地下水开采量”根据“人口数”与“人均日用水定额”的乘积再加上“牲畜头数”与“牲畜日用水定额”的乘积之和填写。

其他现场测试项目数据记录、样品保存方法、采样时间、采样人姓名等的填记同地表水有关项目。

第 4 篇　操作技能——中级工

第 1 章　降水量观测

1.1　观　测

1.1.1　人工雨量器结构与工作原理

人工雨量器结构如图 4-1-1 所示，主要由承雨器、储水筒、储水器和器盖等组成，并配有专用量雨杯。承雨器口内直径为 200 mm，量雨杯的内直径为 40 mm，量雨杯的内截面面积正好是承雨器口内截面面积的 1/25，承雨器口接得 1 mm 的降水量在量雨杯内高 25 mm。因此，量雨杯的刻度即以 25 mm 高度为降水量 1 mm 的标定值，并精确至 0.1 mm。量雨杯总刻度为 10.5 mm，最小刻度为 0.1 mm。用于观测固态降水量的人工雨量器，还配有无漏斗的承雪器，或采用漏斗能与承雨器分开。

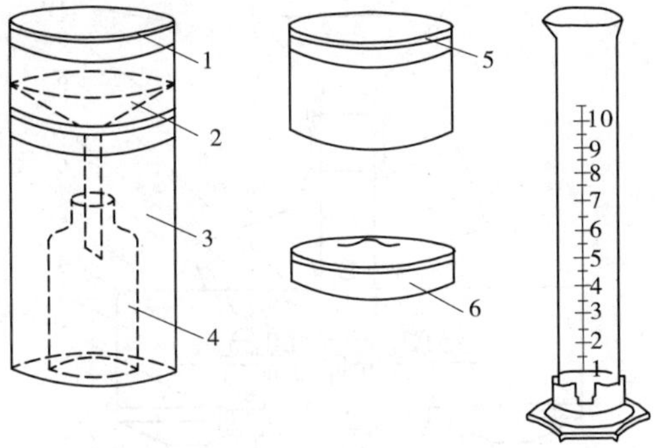

(a)人工雨量器　　(b)量雨杯

1—承雨器；2—漏斗；3—储水筒；4—储水器；5—承雪器；6—器盖

图 4-1-1　人工雨量器及量雨杯

1.1.2　自记雨量计结构与工作原理

1.1.2.1　翻斗式雨量计

翻斗式雨量传感器主要由承雨器、翻斗、发信部件、底座组成，如图 4-1-2 所示，内部结构如图 4-1-3 所示。

翻斗式雨量计工作原理：降雨由承雨器口进入雨量计，通过进水漏斗流入翻斗的某一侧斗内，当流入雨水量到一定要求值时，水的重量以及其重心位置使得整个翻斗失去原有的平衡状态，向一侧翻转。翻斗上安装有永磁磁钢，固定支架上安装有高灵敏度的干簧管。磁钢随翻斗翻转而运动，在运动过程的中间接近支架上的干簧管，随即离开，使干簧管内的触点产生一次接触断开过程，即达到翻斗翻转一次产生一个电信号的目的。将翻

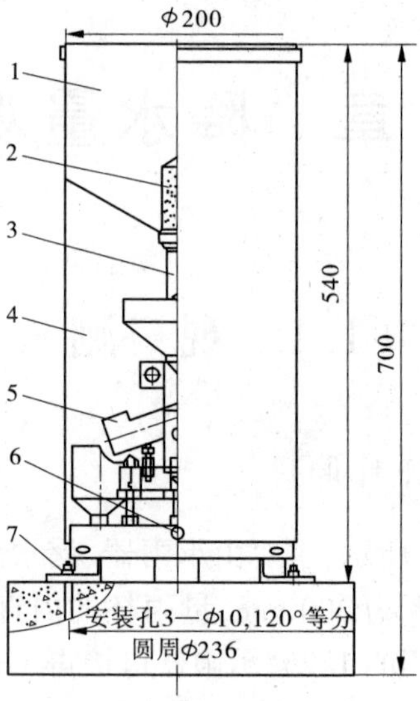

1—承雨器；2—防虫网；3—漏嘴；4—筒身；5—翻斗；6—M6 固定螺钉；7—M8 地脚螺钉

图 4-1-2　翻斗式雨量传感器　（单位：mm）

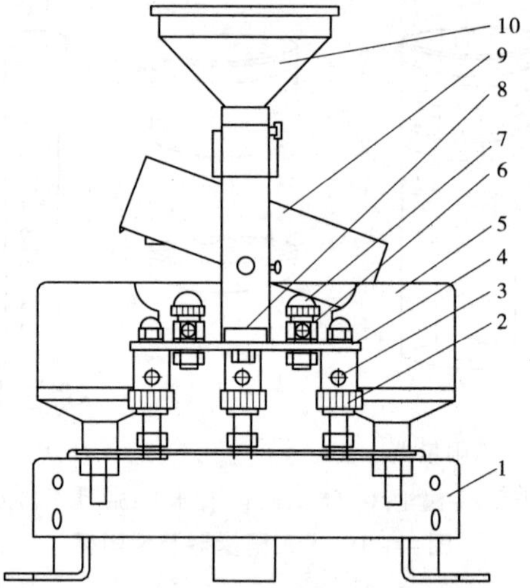

1—底座；2—调平螺帽；3—调平锁紧螺钉；4—工作平台；5—集水罐；6—调斗锁紧螺钉；7—调斗螺钉；8—圆水准气泡；9—翻斗；10—漏斗

图 4-1-3　翻斗式雨量传感器内部结构

斗翻转水量调节成要求值，如 0. 2 mm、0. 5 mm、1. 0 mm 雨量（雨量计承雨口径为 200 mm 时，分别为 6. 28 mL、15. 7 mL、31. 4 mL 水量），则每一电信号代表 0. 2 mm、0. 5 mm 或 1. 0 mm 降水量。

1. 1. 2. 2　虹吸式雨量计

虹吸式雨量计结构如图 4-1-4 所示，主要由承雨器、浮子室、虹吸管、自记钟、记录笔、外壳等组成。

虹吸式雨量计是利用虹吸原理对降水量进行连续测量。降水由承雨器收集，流入浮子室，持续降水引起浮子室内水位升高，浮子室内的浮子亦因受浮力作用而随之升高，并带动浮子杆上的记录笔在记录纸上运动。在转动钟筒的记录纸上绘出一条随时间变化的降水量上升曲线。当降水量累计达 10 mm 时，浮子室内的水位恰好到达虹吸管弯头处，启动虹吸，浮子室内的雨水从虹吸管迅速排出。虹吸过程中，浮子随虹吸室内的水位下降而下降，虹吸结束时，浮子降落到起始位置。若继续降水，则又重复上述过程，从而保持循环工作。根据记录纸上的记录曲线，可以判断降雨的起止时间、降水量和降水强度。

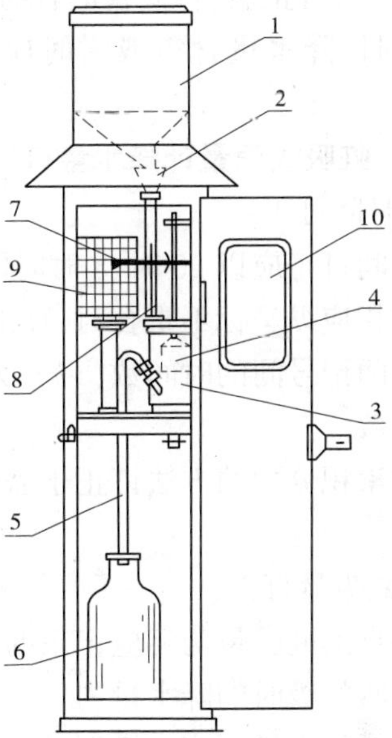

1—承雨器；2—小漏斗；3—浮子室；4—浮子；5—虹吸管；6—储水器；7—记录笔；8—笔档；9—自记钟；10—观测窗

图 4-1-4　虹吸式雨量计结构

1.1.3　降水量订正

1.1.3.1　虹吸式雨量计降水量订正要求

虹吸式雨量计降水量订正应符合下列要求：

(1) 每日观测后，将测得的自然虹吸量填入表 4-1-1 第(1)栏，然后根据记录纸查算表中各项数值，若记录时间和降水量超差，应先进行时间订正，再进行降水量订正。

表 4-1-1　虹吸式雨量计降水量观测记录统计

(1)	自然虹吸水量(储水器内水量)=	mm
(2)	自记纸上查得的未虹吸水量 =	mm
(3)	自记纸上查得的底水量 =	mm
(4)	自记纸上查得的日降水量 =	mm
(5)	虹吸订正量=(1)+(2)-(3)-(4)=	mm
(6)	虹吸订正后的日降水量=(4)+(5)=	mm
(7)	时钟误差：8 时至 20 时　　分；　20 时至 8 时　　分	
备注：		

(2) 一日内记录时间误差超过 10 min，且对时段降水量有影响时，或一日内记录时间误差超过 5 min，且对暴雨极值和日降水量有影响时，应进行时间订正。

(3) 当自然虹吸水量大于记录量，且按每次虹吸平均差值达到 0.2 mm，或一日内自然虹吸水量累积差值大于记录量达 2.0 mm 时，应进行虹吸订正；虹吸记录线倾斜值达到 5 min，应进行虹吸记录线倾斜订正；记录线不正常应进行处理；使用有器差的虹吸式自记雨量计观测时，应进行器差订正。

(4)经过订正后,将摘录的各时段降水量填记在自记纸相应的时段与记录线的交点附近;某时段降水量含雹或雪时应加注雹或雪的符号,统计日降水量时也应加注相应符号。

1.1.3.2　虹吸式雨量计降水量订正方法

(1)时间订正:

①时间订正应以20时、8时时间为标准。根据20时、8时观测时间记号,当记号与自记纸上的相应纵坐标不重合时,算出时差。

②以两记号间的时间数(以h为单位)除以两记号间的时差(以min为单位),得每小时的时差数。

③用累积分配的方法订正于需摘录的整点时间上,并用铅笔画出订正后的正点纵坐标线。

(2)虹吸量订正:

①将自然虹吸量与相应记录的累积降水量之差值平均(或者按降水强度大小)分配在每次自然虹吸时的降水量内。

②自然虹吸量不应小于记录量,否则应分析偏小的原因;若偏小程度不大,可能是蒸发或湿润损失;若偏小程度较大,应检查储水器是否漏水,或仪器有其他故障等。

(3)虹吸记录线倾斜订正:

①以放纸时笔尖所在位置为起点,画平行于横坐标的直线,作为基准线。

②通过基准线上正点时间各点,做平行于虹吸线的直线,作为纵坐标订正线,基准线起点位置在零线的,如图4-1-5、图4-1-6所示;起点位置不在零线的,如图4-1-7所示。

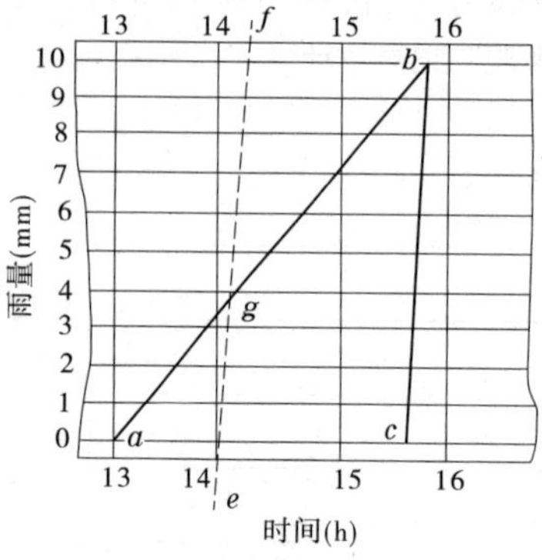

注:起点位置在零线,右斜。

图4-1-5　虹吸线倾斜订正示意图(一)

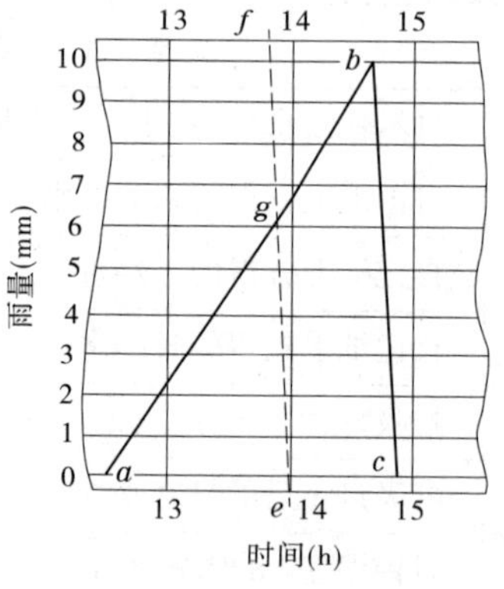

注:起点位置在零线,左斜。

图4-1-6　虹吸线倾斜订正示意图(二)

③纵坐标订正线与记录线交点的纵坐标雨量,即为所求值。如在图4-1-5中要摘录14时的正确的雨量读数,则通过基准线14时的坐标点,做一直线*ef*平行于虹吸线*bc*,交记录线*ab*于*g*点,*g*点纵坐标读数(如图4-1-5中*g*点为3.5 mm)即为14时订正后的雨量读数;其他时间的订正值依此类推。

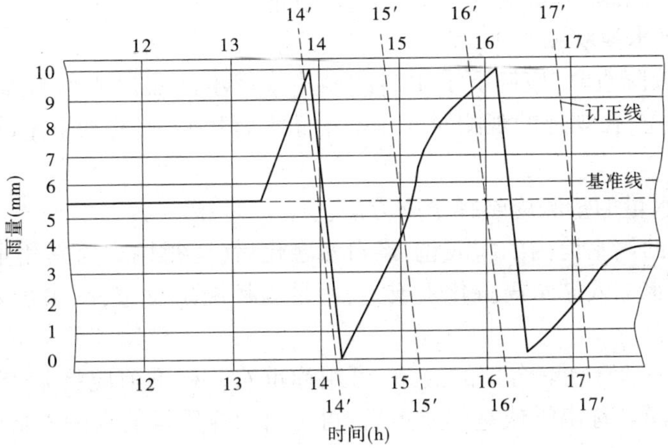

注：起点位置不在零线。

图 4-1-7　虹吸线倾斜订正示意图(三)

④若遇虹吸倾斜和时钟快慢同时存在，则先在基准线上做时钟快慢订正(时间订正)，再通过订正后的正确时间，做虹吸倾斜线的平行线(纵坐标订正线)，再求订正后的雨量值。

(4)凡记录线出现下列情况，应以储水器收集的降水量为准进行处理：

①记录线在 10 mm 处呈水平线并带有波浪状，时段记录雨量比实际降水量偏小。

②记录笔到 10 mm 或 10 mm 以上等一段时间后才虹吸，记录线呈平顶状，应从开始平顶处顺趋势延长至与虹吸线上部延长部分相交，延长部分的降水量不应大于按储水器水量算得的订正值。

③大雨时记录笔不能很快回到零位，致使一次虹吸时间过长。

(5)下列记录线虽不正常，但可按实际记录线查算降水量：

①虹吸时记录笔不能降至零线，中途上升。

②记录笔不到 10 mm 就发生虹吸。

③记录线低于零线或高于 10 mm 部分。

④记录笔跳动上升，记录线呈台阶形，可通过中心绘一条光滑曲线作为正式记录。

(6)使用有器差的虹吸式雨量计观测时，应进行器差订正。

①先向承雨器注水，当产生虹吸时立即停止，待笔尖落至零线后，用量雨杯量取 10 mm 清水，缓慢注入承雨器，每次注入约 1 mm，自记笔尖从零线上升，分别记录每次加水后自记笔的记录值和注入量。依此重复试验 5 次以上。

②将试验结果以累计加水量为纵坐标，相应记录的累计值为横坐标，点绘相关图；若各点呈一直线，且与坐标轴成 45°，则无器差；否则，应求出器差，以后使用时应将记录值进行器差订正。

1.1.4　固态降水量观测

夏季一些地方会降雹，冬季北方多数地区会降雪，雹和雪统称为固态降水。可以使用人工雨量器观测固态降水量。

1.1.4.1 **固态降水量观测**

(1)在降雪或降雹时,应卸下承雨器的漏斗或将承雨器换成承雪器,取去储水器,用储水筒承接雪或雹,在规定的观测时间用备用储水筒替换,并将换下来的储水筒加盖带回室内处置。

(2)固态降水量的量测应选择下列方法:

①取回室内的储水筒内的雪或雹,经自然融化后(不得用火烤),用量雨杯量测。

②取定量温水加入储水筒融化雪或雹,用量雨杯测出总量,减去加入的温水量,即得雪或雹量。

③配有感量不大于 1 g 台秤的测站,可用称重法。称重前应将附着在筒外的降水物和泥土等清除干净。称出雪或雹的质量后,再称出同样质量的水倒入量雨杯量读,得到降水量。

(3)遇固态降水物或测记雾、露、霜时,应记录降水物符号。降水物符号应记于降水量数值的右侧,单纯降雨和无人驻守雨量站可不注记降水物符号。

1.1.4.2 **雪深与雪压观测**

雪深与雪压观测应符合下列要求:

(1)雪深记录以 cm 为单位,记至 1 cm。

(2)当观测场四周视野地面被雪覆盖超过一半时,应测记雪深。

(3)可在观测场安置面积为 1 m×1 m 的测雪板进行雪深测量,亦可在观测场附近选择一块平坦、开阔地面,于入冬前平整好,并做上标志作为测记雪深的场地。

(4)测记雪深应采用最小刻度为 1 cm 的专用测雪杆。

(5)每次测量雪深应分别测 3 点,求其平均值作为该次测量的值;在测雪板上观测,3 点相距 0.5 m;在附近场地上观测,3 点相距 5~10 m,且每次测点位置不应重复。

(6)雪深应折算成降水量。当雪深超过 5 cm 时,可用体积法或称重法测量与雪深相应的雪压(记至 0.1 g/cm^2),同时观测降雪形态,作为建立雪深和雪压关系的参数;未测雪压者,可将雪深与同期用人工雨量器观测的降雪量建立关系(亦应考虑降雪形态),必要时可乘以 0.1 系数将雪深折算成降水量。

(7)雪深、雪压或雪深折算系数应记在降水量人工观测记载簿相应的备注栏中,也可列表单独记载。

(8)雪深和雪压应只观测当日或连续数日降雪的新积雪。

(9)一日或连续数日降雪停止后,应将测雪板上或测记雪深场地上的积雪清除;冬季降雪量较大且不易消融的地区,可采用压实并平整场地上积雪的办法测量新积雪深。

1.1.4.3 **冰雹直径观测**

冰雹直径观测应符合下列要求:

(1)冰雹直径记录以 mm 为单位,记至 1 mm。

(2)遇降较大冰雹时,应选测几颗能代表为数最多的冰雹粒径作为平均直径,并挑选测量最大冰雹直径。

(3)被测冰雹的直径,为三个不同方向直径的平均值。

（4）冰雹直径应记录在降水量人工观测记载簿相应的备注栏中。

1.2　资料整编

1.2.1　降水量特征值统计计算

1.2.1.1　降水月特征值统计计算

（1）月降水量统计计算。月降水量是本月各日降水量累加之总和。全月各日未降水时，月降水量记为“0”；一月内有部分日期（时段）雨量缺测时，月降水总量仍予计算，但应加括号；全月缺测时，记“—”符号；有跨月合并情况的，合并的量记入后月，前后月的月总量不加任何符号。

（2）月降水日数统计计算。本月降水日数是各降水日累加之总和。全月无降水日时，记为“0”；全月缺测时，记“—”号。一月内有部分日期缺测时，根据有记录期间的降水日数统计，但应加括号。确知有降水和记载合并符号之日，可加入全月降水日数统计。

（3）月最大日降水量挑选。月最大日降水量应从本月各日降水量数值中比较挑选确认。全月无降水时，月最大日降水量不统计；全月缺测时，记“—”号；一月部分日期缺测或无记录时，仍应统计挑选，但应加括号。若确知其为月最大，则不加括号；一月部分日期有合并降水时，若合并各日的平均值比其余各日仍大，可选作月最大日降水量，并加括号；全月只有合并的降水量时，月最大日降水量不统计，记“—”号。

1.2.1.2　降水年特征值统计计算

（1）年降水量、年降水日数、年最大日降水量可按月特征值统计计算方法予以统计计算。

（2）年内各时段最大降水量统计。全年最大1日降水量从年内各日降水量数值中比较挑选；连续3日、7日、15日、30日（包括无降水之日在内）的最大降水量从全年日降水量序列数值中统计分析比较后选择确认，并记明其开始日期（以8时为日分界）。全年资料不全时，统计值应加括号。确知其为年最大值时，可不加括号。

1.2.1.3　各时段最大降水量表（1）统计编制

表4-1-2为各时段最大降水量表（1）表式。

表4-1-2　各时段最大降水量表（1）

<table>
<tr><td rowspan="2">站次</td><td>时段（min）</td><td>10</td><td>20</td><td>30</td><td>45</td><td>1×60</td><td>1.5×60</td><td>2×60</td><td>3×60</td><td>4×60</td><td>6×60</td><td>9×60</td><td>12×60</td><td>24×60</td></tr>
<tr><td>最大
站名</td><td colspan="13">降水量（mm）
开始　月-日</td></tr>
<tr><td></td><td></td><td></td><td></td><td></td><td></td><td></td><td></td><td></td><td></td><td></td><td></td><td></td><td></td><td></td></tr>
</table>

该表统计与填写方法如下：

(1)各时段最大降水量宜采用 1 min 或 5 min 滑动进行挑选。

(2)表中各时段最大降水量值,应在全年的自记记录值上连续滑动挑选。

(3)自记雨量计短时间发生故障,经邻站对照分析插补修正的资料可参加统计。

(4)无自记记录期间可采用人工观测资料挑选,但应附注说明暴雨的时间、降水量等情况。一年内暴雨期自记记录不全或有舍弃情况,且无人工观测资料时,应在有自记记录期间挑选,并附注说明情况。若年内主要暴雨均无自记记录,则不编制本表。

(5)挑选的“时段最大降水量”及“开始月日”应分记两行,上行为“时段最大降水量”,下行为对应时段的“开始月日”。日期以零时为日分界。

1.2.1.4　各时段最大降水量表(2)统计编制

表 4-1-3 为各时段最大降水量表(2)表式。

表 4-1-3　各时段最大降水量表(2)

站次	时段(h) 最大 站名	1			2			3			6			12			24		
		降水量(mm)	开始		降水量(mm)	开始		降水量(mm)	开始		降水量(mm)	开始		降水量(mm)	开始		降水量(mm)	开始	
			月	日		月	日		月	日		月	日		月	日		月	日

该表统计与填写方法如下:

(1)表内各小时时段降水量,根据实测(或自记采集)记录的各时段降水量统计而得。

(2)自记站或人工观测站均应按观测时段或摘录时段滑动统计。合并摘录时,应按合并前资料滑动统计。

(3)按 24 段观测或摘录的,各种时段最大降水量均应统计;按 12 段观测或摘录的,统计 2 h、6 h、12 h、24 h 的最大降水量;按 8 段观测或摘录的,统计 3 h、6 h、12 h、24 h 的最大降水量;按 4 段观测或摘录的,只统计 6 h、12 h、24 h 的最大降水量。

(4)挑选出来的各时段最大降水量,均应填记其时段开始的日期。日期以零时为日分界。

1.2.2　降水量插补

降水量缺测之日,可根据地形、气候条件相近的邻近站降水时程分布情况,采用邻站平均值法、比例法或等值线法进行插补。自记仪器出现故障,降水过程不准确但其时段总量准确,或有准确的人工观测总量时,以时段或日量插补,不加插补符号;其他情况插补降水量者,应在日量后加插补符号。

1.2.3　降水量资料合理性检查

(1)降水量的单站合理性检查应符合下列要求:

各时段最大降水量应随时间加长而增大,长时段降水强度一般应小于短时段的降水强度。

各时段最大降水量应大于或等于摘录时段中相应的时段量;24 h 最大降水量应大于或等于一日最大降水量。

(2)降水量资料的综合合理性检查应符合下列要求:

用各站的逐日降水量表进行对照检查。在发生大暴雨或发现有问题的地区,可用相邻各站某次暴雨的自记累积曲线或时段降水量进行检查。通常,相邻站的降水时间、降水量、降水过程具有一定规律性。如果发现某站情况特殊,应进一步检查其原因。

用各站月、年降水量及降水日数进行对照检查。若发现某站降水量或降水日数与邻站相差较大,应分析原因,并附注说明。

暴雨、汛期及年降水量等值线检查。分析暴雨中心、汛期及年降水量分布的合理性。

第 2 章　水位观测

2.1　观　测

2.1.1　转换水尺水位比测

转换水尺水位比测是指水位在涨落过程中,水面同时到达(相截于)相邻两支水尺的尺面上,可以观测到同一时刻两支水尺的读数,并计算出各支水尺水位,用以检验两支水尺观测的水位是否衔接,并可检验水尺零点高程有无变动。

当水位的涨落过程需要换水尺观测时,应对两支相邻水尺同时比测一次。换尺频繁时期,若能确定水尺稳固,可不必每次换尺时都比测。

在水尺水位涨落换读观测中,两支相邻水尺同时比测的水位差不超过 2 cm 时,以平均值作为观测的水位。当比测的水位差超过 2 cm 时,应查明原因或校测水尺零点高程。若能判明某支水尺观测不准确,可选用较准确的那支水尺读数计算水位,并应在未选用的记录数值上加一圆括号。应详细记录选用水位数值的依据,并将记录结果填入水位记载表的备注栏内。

经比测,若确认前期使用的水尺水位不准确,应查明变动原因及时段,相应做订正处理。若确认后期(将要)使用的水尺水位不准确,应重新校测水尺零点高程并在后期采用。

2.1.2　冰期水位观测

冰期应观测河道、水库(湖泊)等水体的自由水面的水位。水位测次,以能测得完整的水位变化过程为原则。

当观读水尺处周围出现微冰、流冰花等冰情,水尺处能观测到自由水面时,直接观读水尺读数。

当观读水尺处为岸冰时,应将水尺周围的冰层打开,观读自由水面的水位。

封冻期观测水位,应将水尺周围的冰层打开,捞除碎冰,待水面平静后观读自由水面的水位。

打开冰孔后,当水面起伏不定时,应测记平均水位;当自由水面低于冰层底面时,应按畅流期水位观测方法观测。当水从冰孔中冒出向冰上四面溢流时,应待水面回落平稳后观测;当水面不能回落时,可筑冰堰,待水面平稳后观测,或避开流水处另设新水尺进行观测。

当发生全断面冰上流水时,应将冰层打开,观测自由水面的水位,并量取冰上水深;当水下已冻实时,可直接观读冰上水位。

当发生层冰层水时,应将各个冰层逐一打开,然后观测自由水位。当上述情况只是断面上的局部现象时,应避开这些地点重新凿孔,设尺观测。

当水尺处冻实时,应向河心方向另打冰孔,找出流水位置,增设水尺进行观测;当全断面冻实时,可停测,记录连底冻时间。

对于出现全断面冰上流水、层冰层水、冻实等冰情时,应在水位记载表中注明。

2.1.3　比降水尺水位观测与水面比降计算

2.1.3.1　比降水尺水位观测

比降水尺水位一般由两名观测员同时观测。水位变化缓慢时,可由一人观测。观测步骤为:先观读上(或下)比降水尺,后观读下(或上)比降水尺,再返回观读一次上(或下)比降水尺,取上(或下)比降水尺的均值作为与下(或上)比降水尺的同时水位,往返的时间应基本相等。

比降水位一般读记至1 cm。当上、下比降断面的水位差小于0.2 m时,比降水位应读记至0.5 cm;时间应记录至1 min。

2.1.3.2　水面比降计算

水面比降数值S是用观测到的上、下比降断面的水位计算而得的,等于上、下比降断面水位Z_u、Z_l的差值除以上、下比降断面间距L,并以万分率(10^{-4})表示,计算公式为

$$S = \frac{Z_u - Z_l}{L} \times 10\ 000 \tag{4-2-1}$$

2.2　资料整编

2.2.1　缺测水(潮)位数据插补

2.2.1.1　水位数据插补

当遇到水位数据短时间缺测时,可根据不同情况,选用以下方法进行插补。

1. 直线插补法

当缺测期间水位变化平缓,或虽变化较大,但属单一的上涨或下落趋势时,可用缺测时段两端的观测值按时间比例内插求得缺测期间的值,称为直线插补法。用面积包围法计算日平均水位时,若0时或24时没有实测水位记录的,亦可用此法进行插补。计算公式为

$$\Delta Z = \frac{Z_2 - Z_1}{\Delta t_{1\leftrightarrow 2}} \tag{4-2-2}$$

$$Z_i = Z_1 + \Delta t_{1\rightarrow i} \times \Delta Z \tag{4-2-3}$$

式中　ΔZ——单位时间的水位差值;

Z_1、Z_2——缺测时间前、后的水位;

$\Delta t_{1\leftrightarrow 2}$——缺测时间;

$\Delta t_{1\rightarrow i}$——观测$Z_1$后到需要内插时刻的时间;

Z_i——需要内插时刻的水位。

2. 水位相关曲线法

当缺测期间水位变化较大，跨越峰、谷，且本站水位与同河邻站水位有密切相关关系，区间无大支流汇入或无大量引出、引入水量，河段冲淤变化不大时，可点绘两站水位相关线，用邻站相应时段水位经相关线查读插补本站缺测时段水位，这种方法称为水位相关曲线插补法。相关曲线可用同时水位或相应水位(同相位)点绘。若当年资料不足，可借用往年水位过程相似时期的资料。

3. 水位过程线曲线趋势法

当缺测期间水位有起伏变化，如上、下游站区间径流增减不多，冲淤变化不大，水位过程线又大致相似时，将本站与邻站的水位绘在同一张及同一坐标过程线纸上，参照邻近站相应时段的水位过程线趋势，勾绘出本站缺测期间的水位过程线，在过程线上查读缺测时间的水位，这种方法称为水位过程线插补法。

2.2.1.2　**潮位数据插补**

因故缺测高低潮位之间的潮位，可根据前后潮位变化趋势或参照相似潮汐，分别选用以下方法插补高低潮之间潮位：

(1)当缺测期间潮位接近直线变化时，可采用直线插补法。

(2)当缺测期间潮位有起伏变化时，可根据相似潮汐的水位涨落比例采用比例插补法进行插补。插补时，可先将相似潮的潮位变化过程根据转折点分为数段，然后将需要插补潮的潮位变化过程相应部分亦分为同等数段，则可采用相应段的历时关系式(4-2-4)和潮位涨落差关系式(4-2-5)推求插补出对应的 t_i' 和 $\Delta Z_i'$ 获得缺测期间潮位数值。

$$\frac{t_i}{t}=\frac{t_i'}{t'} \tag{4-2-4}$$

$$\frac{\Delta Z_i}{\Delta Z}=\frac{\Delta Z_i'}{\Delta Z'} \tag{4-2-5}$$

式中　t——相似潮的涨(落)潮历时，h；

t'——需要插补潮的涨(落)潮历时，h；

t_i——相似潮的第 i 段历时，h；

t_i'——需要插补潮的第 i 段历时，h；

ΔZ——相似潮的涨(落)潮潮差，m；

$\Delta Z'$——需要插补潮的涨(落)潮潮差，m；

ΔZ_i——相似潮的第 i 段潮位涨(落)差，m；

$\Delta Z_i'$——需要插补潮的第 i 段潮位涨(落)差，m。

因故缺测高潮位或低潮位及出现时分，而本站与邻站(或上、下游站)的相应高(低)潮位及其出现时分有密切相关关系时，可根据两站同时期(包括缺测前、后一段时期及与缺测的潮期相隔半月或一月的时期内)的实测资料，分别点绘相应的高、低潮位及其出现时分相关曲线，采用高(低)潮位相关插补法插补缺测的数值。

如果只有个别高潮位或低潮位及其出现时分缺测时，可直接根据缺测前后的本站各潮期高、低潮位及其出现时分的变化规律，并参照与缺测的高(低)潮相隔半月的时期内各次高、低潮位及其出现时分的变化趋势，插补缺测的个别高(低)潮位及其出现时分。

2.2.2　水位资料考证订正

为保证水位资料质量，每年应对水尺零点进行不少于 2 次考证测量。水尺零点考证测量应在汛前和汛后分别安排。当发现可能存在变动影响或洪水漫过水尺、校核点等情况时，应及时进行考证；当水位出现年特征值时，也应及时进行考证。水位资料订正分为水尺零点高程变动订正和自记水位观测数值误差订正。

2.2.2.1　水尺零点高程变动时的水位订正

当水尺零点高程变动大于 1 cm 时，需查明变动原因及时间，并对相关的水位记录进行改正。

水尺零点高程变动的时间，可根据绘制的本站与上、下游站的逐时水位过程线或相关线比较分析确定。当能确定水尺零点高程突变的原因和日期时，在变动前应采用原测高程，校测后采用新测高程，变动开始至校测期间应加一改正数。其订正示意图见图 4-2-1。

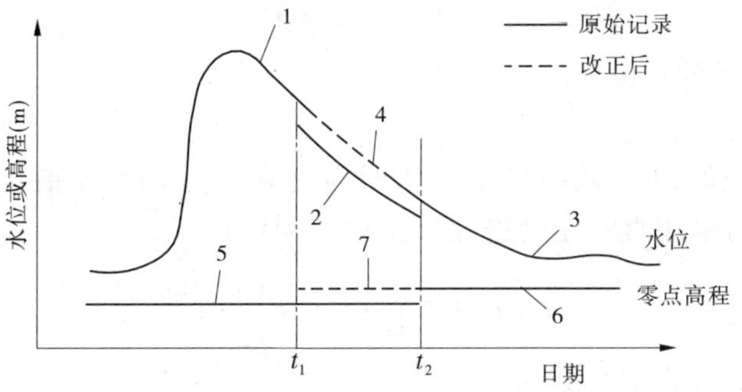

1、2、3—原始记录水位过程线；4—改正后的水位过程线；5—校测前水尺零点高程；
6—校测后水尺零点高程；7—改正后的水尺零点高程；t_1—水尺零点高程变动起始时间；t_2—校测水尺零点高程时间

图 4-2-1　水尺零点高程突变时水位订正示意图

当已确定水尺零点高程在某一段期间内发生渐变时，应在变动前采用原测高程，校测后采用新测高程，渐变期间的水位按时间比例改正，渐变终止至校测期间的水位应加同一改正数。其订正示意图见图 4-2-2。

2.2.2.2　自记水位观测值误差的水位订正

自记水位的订正应以校核水尺水位为基准值，订正标准为：自记水位与校核水尺水位比较，河道站系统偏差超过±2 cm，时间误差超过±2 min；资料用于潮汐预报的潮水位站，当使用精度较高的自记水位计时，水位误差超过 1 cm，时间误差超过 1 min；当堰闸站采用闸上、下游同时水位推流且水位差很小时，可按推流精度的要求确定时间和水位误差的订正界限。

(1) 对于水位变化不大或水位变化虽大而水位变率变化不大时，一般用直线比例法订正；水位变率变化较大时，应分析原因，分段处理，各段分别采用合适的方法订正。

当时间和水位误差同时超过规定时，应先做时间订正，再做水位订正。订正方法如下：

①初始值订正：按设置的时间确定各订正时段后，根据订正值按时间先后逐时段按

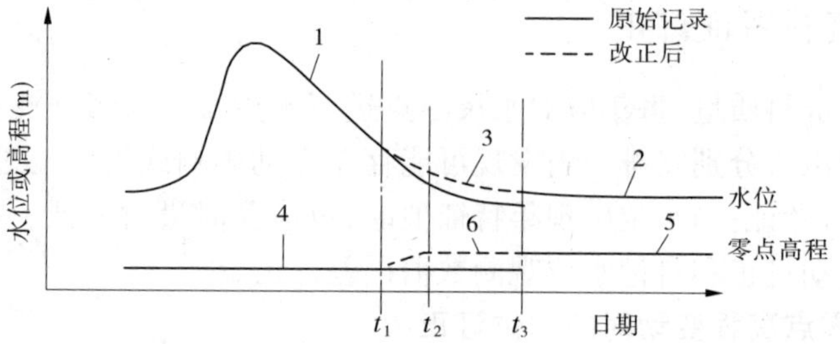

1、2—原始记录水位过程线;3—改正后的水位过程线;4—校测前水尺零点高程;
5—校测后水尺零点高程;6—改正后的水尺零点高程;t_1、t_2—水尺零点高程变动起讫时间;
t_3—校测水尺零点高程时间

图 4-2-2　水尺零点高程渐变时水位订正示意图

式(4-2-6)订正:

$$Z = Z_0 + \Delta Z \tag{4-2-6}$$

式中　Z——订正后的水位,m;

Z_0——订正前的水位,m;

ΔZ——订正值,m,初始值设置偏大时为负值,偏小时为正值。

②时间订正:可采用直线比例法,按式(4-2-7)计算:

$$t = t_0 + (t_2 - t_3) \times \frac{t_0 - t_1}{t_3 - t_1} \tag{4-2-7}$$

式中　t——订正后的自记时刻,h;

t_0——订正前的自记时刻,h;

t_1——前一次校对的准确时刻,h;

t_2——相邻后一次校对的准确时刻,h;

t_3——相邻后一次校对的自记时刻,h。

③水位订正:可采用直线比例法或曲线趋势法。当采用直线比例法订正时可按式(4-2-8)计算:

$$Z = Z_0 + (Z' - Z'') \times \frac{t - t_1}{t_2 - t_1} \tag{4-2-8}$$

式中　Z——订正后 t 时刻的水位,m;

Z_0——订正前 t 时刻的水位,m;

Z'——t_2 时刻校核水尺水位,m;

Z''——t_2 时刻自记记录的水位,m;

t_1——起算时刻(该时刻自记水位与校核水位相等)。

(2)对于自记水位计因测井滞后产生的水位差进行订正时,可按式(4-2-9)计算:

$$\Delta Z_1 = \frac{1}{2gc^2}\left(\frac{A_W}{A_P}\right)^2\left[\alpha\left(\frac{dZ}{dt}\right)^2 - \beta\left(\frac{dZ}{dt}\bigg|_{t=0}\right)^2\right] \tag{4-2-9}$$

式中　ΔZ_1——订正值,m;

g——重力加速度,9.81 m/s^2;

c——流量系数(测井进孔实际流量与理论流量的比值);

A_W——测井截面面积,m^2;

A_P——进水管截面面积,m^2;

$\frac{dZ}{dt}$——订正时刻测井内的水位变率,m/s,其值大于 0 时 α 取+1,小于 0 时 α 取 -1;

$\left.\frac{dZ}{dt}\right|_{t=0}$——换纸时刻测井内的水位变率,m/s,其值大于 0 时 β 取+1,小于 0 时 β 取 -1;

α、β——$\frac{dZ}{dt}$、$\left.\frac{dZ}{dt}\right|_{t=0}$ 的系数。

(3)对自记水位计测井内外含沙量不同而产生的水位差进行订正时,可按式(4-2-10)计算:

$$\Delta Z_2 = \left(\frac{1}{\rho_0} - \frac{1}{\rho}\right)(h_0 C_{s0} - h_t C_{st})/1\ 000 \tag{4-2-10}$$

式中　ΔZ_2——订正值,m;

ρ_0——清水密度,1.00 t/m^3;

ρ——泥沙密度,t/m^3;

h_0、h_t——换纸时刻、订正时刻进水管的水头,m;

C_{s0}、C_{st}——换纸时刻、订正时刻测井外含沙量,kg/m^3。

(4)当水位过程出现中断时,应进行插补。当模拟纸质记录曲线中断不超过 3 h 且不是水位转折时期时,一般测站可按曲线的趋势用红色铅笔以虚线插补描绘;潮水位站可按曲线的趋势并参考前一天的自记曲线,用红色铅笔以虚线插补描绘。当中断时间较长或跨峰时,不宜描绘,其中断时间的水位,可采用水位过程线曲线趋势法或相关曲线法插补计算,并应在编制的水位记录摘录表的资料备注栏中注明。无法插补时,按缺测处理。

(5)水位自动监测值为瞬时值,水位过程若呈锯齿状,可采用中心线平滑方法进行处理。为模拟纸质时,可用红色铅笔通过中心位置画一细线;数字记录时,可使用相关软件处理后,再摘录水位瞬时值。当记录线呈阶梯形时,应用红色铅笔按形成原因加以订正。

(6)对于气介式观测仪器,在寒冷天气时,水面若结冰,应打破冰层,记录并采用露出自由水面时间段的水位。应注意剔除未破冰层观测数据。

2.2.3　水(潮)位整编成果合理性检查

2.2.3.1　单站水位过程线连续或突变检查

水位整编成果的单站合理性检查可采用逐时或逐日水位过程线分析检查,根据水位变化的一般特性(如水位变化的连续性、涨落率的渐变性、洪水涨陡落缓的特性等)和变化的特殊性(如受洪水顶托、冰塞、冰坝及决堤等影响),检查水位变化的连续性与突涨、突落及峰形变化的合理性。水库及堰闸站,还应检查水位的变化与闸门启闭情况的相应性。

2.2.3.2　水位整编成果的综合合理性检查

(1)审查考证材料,抽查原始资料,对整编成果进行全面检查。

(2)上、下游水位过程线对照,检查相邻站水位变化是否相应。当上、下游各站水位之间具有相似的关系时,应进行此项检查。检查时,将上、下游站的过程线点绘纵排在一起,比较相应时段各站水位变化趋势。若发现水位变化过程不相应,则要分析原因。在有闸坝的河段上,做闸上、下游水位对照时,可点绘平均闸门开启高度过程线加以比较。当闸门全部提出水面时,上、下游站水位变化与无闸河段相同。关闸时,下游水位陡落,上游水位陡涨;开闸时情况相反。

(3)特征水位沿河长演变图检查。当一条河流上测站较密、比降平缓、无大的冲淤、绝对基面又一致时,可进行此项检查。特征水位沿河长演变图绘制,以水位为纵坐标,至河口距离为横坐标,点绘上、下游各站同时水位或相应的最高、最低水位,连绘的各特征水位线应从上游平滑递降到下游河口;否则,水位或基面高程可能有误。检查时,还可将历年同类的图互相对照。

(4)上、下游水位相关图检查。此法适用于上、下游水流条件相似,河床无严重冲淤,无闸坝影响,水位关系密切的站。可根据以往资料归纳总结出来的规律,检查本年度资料是否合理。

2.2.3.3　潮位整编成果的单站合理性检查

(1)根据潮位变化的连续性,采用潮位过程线检查有无突涨突落等不合理现象。

(2)根据日、月、年中潮汐涨落的周期性进行检查,其主要变化特征一般符合下列特点,若有差异应进行分析。

①半日周期潮汐的平均周期宜约为 12 h 25 min。

②河口以内各站,涨潮历时较短而落潮历时较长。

③日潮不等现象呈有规律性的变化。

④在春分、秋分时期的朔、望,日潮不等现象最不显著;而在夏至、冬至附近的朔、望,则最为显著。

(3)洪水期间,潮位过程受到干扰,应结合洪水大小,分析潮位过程的合理性。在洪水影响下,其主要变化特征一般符合下列特点,若有不同应进行分析。

①涨潮历时缩短甚至为零,落潮历时增长。

②涨、落潮差都变小,甚至没有。

③洪水越大,或越往上游,潮汐周期现象逐渐减退乃至消失。

2.2.3.4　潮位整编成果的综合合理性检查

(1)上、下游潮位过程线对照。用各站过程线直接对比。潮差的大小应与距河口的距离成反比,高(低)潮位的出现时分则应自下游向上游推迟。涨潮历时愈向上游愈短,落潮历时与之相反。检查时要注意强风的影响。在河口三角洲地区,河汊交错,进潮口门较多,要了解潮波传播的方向,作为分析各站高(低)潮位出现时间顺序的依据。受洪水影响以致一个长时期潮区界下移,潮汐现象消失时,应按河道站的方法进行合理性检查。

(2)各站潮汐特征值的检查。用各站的潮位月年统计表,将同月份的潮汐特征值排在一起进行比较,检查其合理性。

第3章　流量测验

3.1　测　验

3.1.1　流速分布一般规律及断面布线、垂线布点的规定

3.1.1.1　垂线和断面流速分布一般规律

天然河道中,因河流或断面不同,垂线流速分布往往会呈现不同的流速分布曲线形状(抛物线型、指数曲线型、对数曲线型等)。一般水面的流速大于河底,且流速分布曲线呈一定形状。垂线上最大流速畅流期出现在水面至 $0.2h$ 范围,封冻期因盖面冰的影响,最大流速会从水面附近移向半深处附近。断面上流速分布受断面形状、糙率、冰情、水草、河流弯曲形势、水深及风等因素影响,不同断面上的流速分布往往也不会完全相同。断面流速分布,一般河底与岸边附近流速最小;对水面而言,近两岸边的流速小于中泓处的流速,最深处水面流速最大。

3.1.1.2　畅流期断面测速垂线布设要求

(1)测速垂线应大致均匀分布,并能基本控制断面地形和流速沿河宽分布的主要转折点,无大补大割;主槽垂线布设应较河滩为密。条件允许时宜均匀分布测速垂线。均匀布线的直接理解是各垂线之间断面间距相等的“等部分宽”布线,延伸该概念,还有各垂线之间断面面积相等的“等部分面积”布线,各垂线之间断面流量相等的“等部分流量”布线。

(2)对测流断面内大于断面总流量1%的独股分流、串沟,应布设测速垂线。

(3)随水位级的不同,断面形状或流速横向分布有较为明显变化的测站,应分高、中、低水位(大、中、小流量)级分别布设垂线。

(4)测速垂线的位置宜固定,当发生下列情况之一时,应随时调整或补充测速垂线:

①水位涨落或河岸冲刷,使靠岸边的垂线距岸边太远或太近时。

②断面上出现死水、回流,需确定死水、回流边界或回流流量时。

③河底地形或测点流速沿河宽分布有明显变化时。

④冰期的冰花分布不均匀或测速垂线上冻时。

⑤冰期在靠近岸冰与畅露河面分界处出现岸冰时。

(5)当主流摆动剧烈或河床不稳定以及漫滩严重时,宜选取测速垂线较多的方案。

(6)潮水河的测速垂线数目,可适当少于无潮河流。用船施测时宜为5~7条,用缆道施测时宜为7~9条,特别宽阔或狭窄的河道可酌情增减,但不得少于3条。当高潮水位与低潮水位的水面宽以及水深悬殊时,应在每个潮流期内根据潮水位涨落变化情况,调整测速垂线数目及岸边测速垂线的位置。

3.1.1.3　垂线流速测点分布要求

流速仪测流的垂线流速测点分布应能控制流速沿垂线的转折变化，以满足垂线平均流速计算的精度要求。测速垂线上的测点数目及位置分布应符合相关规定（见初级工流量部分）。

3.1.1.4　测定死水边界或回流边界要求

（1）当测流断面出现死水区时，应根据以往的测验资料分析确定或目测确定死水边界。死水区的面积不超过断面面积的3%时，可做流水处理；超过3%时，应用低速流速仪、深水浮标或其他方法测定死水边界，并做死水区处理。

（2）当测流断面出现回流区时，断面回流量未超过断面顺流量的1%且在不同时间内顺逆不定时，可只在顺逆流交接两侧布置测速垂线测定其边界，回流可做死水处理；当断面回流量超过断面顺流量的1%时，除应测定其边界外，还应在回流区内布设适当的测速垂线，并测出回流量。

3.1.2　测船、缆道测流

水文测站的河道特性、水流特性不同，测流时的渡河设备也往往不同，有的测站使用测船测流，有的测站使用缆道测流，有的测站利用测桥测流。一些河道、水流变化复杂的测站，测船、缆道、测桥等渡河设施及设备可能会同时配置。

3.1.2.1　测船测流

测船施测流量时，除测流技术人员（含船工）外，测船上一般配有水文绞车、水深测记装置、流速测记装置、发电机、铅鱼等。测流开始，先观测记录水位及测船开始岸边的起点距及水深，测船开始沿测流断面线（根据水面宽大小）运行一定距离停止，测验人员用观读起点距标识牌（或六分仪、经纬仪等）确定该测速（或测深）垂线的起点距，同时用测深工具施测水深，按水深大小，确定垂线上各测速点（如0.2、0.8）的具体位置，用水文绞车及铅鱼将流速仪准确定位到相应位置，并按一定历时（100 s或60 s）施测各测点流速。每条垂线的测验数据（起点距、水深、测点流速、垂线平均流速、部分断面面积等）都应在现场随测、随算。第一条测速线测完后，再运行测船到第二条测速（或测深）垂线处，同样进行垂线起点距定位，水深测量、测点流速施测。以此类推，一直要施测到河流另一岸边。记录人员根据流量记录计算规则，计算出各垂线间的部分面积、部分流量，汇总后就会推算出本次测船施测的断面流量、断面面积、水面宽、断面平均流速等。

3.1.2.2　水文缆道测流

水文缆道在测流中的基本功能是，在岸上作业室人员的操控下，运载铅鱼流速仪等到达测验设计的垂线，测量水深和预定测点的流速。特点之一是要将水深、流速等测量信号传回到测验缆道作业室。另外也有吊箱缆道，测验人员乘坐吊箱到达测验设计的垂线，测量水深和预定测点的流速并记载计算，或将信息传回岸上作业室记载计算。

目前，有些缆道测流系统设计得自动化程度较高，编写有各种情况的应用软件，在计算机操控下进行程序化作业，按规定格式记载计算出流量测验成果表。有的系统在监控摄像配合下，由操作台视屏可观察作业情景，很是方便，代表着水文缆道测验作业的现代水平或发展方向。

3.1.3　测桥测流

测桥测流方式不但能节省人力，降低劳动强度，确保人身安全，提高工作效率，而且有利于开展巡测，抢测洪峰。专建的水文测验工作桥可称为水文测桥，有些渠道或小河上建有这样的测桥，有的测桥上装备动力驱动和测验设备及控制机构，自动方便地到达预定测验位置并实施测验作业。有的测桥可人行，测验人员携带简易的设备仪具，到达预定测验位置并实施测验作业。一般水文测验作业常常借用断面附近的普通桥，有的设计装备专门的桥测车实施测验作业，有的在特大洪水时在桥上观测水势，投放浮标测流。

3.1.3.1　桥上测流主要设备配置及要求

桥上测流主要设备有桥测车和铅鱼等。桥测车的机械性能可靠，仪表信号传递误差在规定范围内。桥测车的悬臂伸长应能满足至桥测断面的要求，悬臂应力强度应能承受施测本站最大流速时所悬吊的配套铅鱼重量及水流的冲击力。桥测车操作运行时，车身应具有足够的稳定性和安全系数，应配备太平斧及其他必要的应急安全设施。

悬吊铅鱼的重量宜随流速、水深不同而变更，保证定位能符合必要的精度。偏角改正办法应按《河流流量测验规范》(GB 50179—2015)的有关规定执行。有条件的桥上测流站，可试验新技术、新仪器的应用，经过比测试验，精度符合要求时方可采用。

3.1.3.2　桥测流量计算

测站在改为桥上测流前，宜同步与常规流速仪渡河测流方法比测收集一年以上的流量资料，比测次数不少于 30 次，并应按下式分析计算各级水位下的流量改正系数 K：

$$K = \sum K_i / n \tag{4-3-1}$$

式中　K——某划分水位级内的流量改正系数；

K_i——相应水位级内各单次流量改正系数；

n——某划分水位级内流量比测次数。

新建桥上测流站，当无条件进行率定检验时，可暂借用条件相似的桥上测流站的流量改正系数。

垂线平均流速的计算，当采用一点法测流时，必须将测点流速乘以本站试验得出的垂线平均流速系数。每孔平均流速计算，采用对应于每桥孔的各条垂线平均流速的算术平均值。应根据试验确定边孔流速系数，计算边孔的部分平均流速。

特殊情况下，未实测水道断面时，应根据断面冲淤变化规律选用相邻测次断面插补。每孔水道断面面积，桥墩边与最临近桥墩流速垂线间的过流面积以桥墩中心线到该流速垂线计算水面宽，非临近桥墩流速垂线间的过流面积按通常方法计算，各部分面积之和为整个桥孔的过流面积。

计算的桥测流量应乘以流量改正系数作为本站天然河道的流量成果，其计算公式为

$$Q = KQ_c \tag{4-3-2}$$

式中　Q——天然河道的流量，m^3/s；

K——流量改正系数；

Q_c——桥测流量，m^3/s。

当缺乏高水(相当于断面平均流速 2 m/s 以上)试验资料,且按每孔对应于中央位置处布置一条测速垂线时,*K* 值可按各站中、低水位的桥测水位流量关系变化趋势进行分析,在表 4-3-1 的 *K* 值范围内取值。

表 4-3-1　桥测流量改正系数 *K*

测流断面距桥墩上游距离(m)	*K* 值范围
2	0.95~0.99
4	0.96~1.00

3.1.3.3　桥测流量误差控制措施

避开或减小桥墩对水流的急剧影响。桥上测流断面离桥墩端上游的距离,应根据试验资料分析确定,或参照类似水流条件和墩型的试验成果确定。

测速垂线的布设宜在建站初期选取典型桥孔,加密测速垂线,经抽样计算分析后再确定垂线位置。未经试验,不宜采用常规的 0.6 水深一点法测速。

可加重铅鱼重量并选用优化铅鱼体形以减少偏角。当河面不太宽,条件允许时,可采用拉偏缆索校正测点位置。

3.1.4　浮标法测算流量

3.1.4.1　浮标法测流方法的选用

浮标法测流包括水面浮标法、深水浮标法、浮杆法和小浮标法,分别适用于流速仪测速困难或超出流速仪测速范围的高流速、低流速、小水深等情况的流量测验。测站应根据所在河流的水情特点,按下列要求选用测流方法,制订测流方案。

(1)当一次测流起止时间内的水位涨落差符合流速仪法测流的一般要求时,应采用均匀浮标法测流。均匀浮标法测流方案中有效浮标横向分布的控制部位,按流速仪法测流方案的测速垂线数及其所在位置确定。多浮标测流方案中有效浮标横向分布的控制部位,应包含少浮标方案中有效浮标的控制部位在内。

(2)当洪水涨、落急剧,洪峰历时短暂,不能用均匀浮标法测流时,可用中泓浮标法测流。

(3)当浮标投放设备冲毁或临时发生故障,或河中漂浮物过多,投放的浮标无法识别时,可用漂浮物作为浮标测流。

(4)当测流断面内一部分断面不能用流速仪测速,另一部分断面能用流速仪测速时,可采用浮标法和流速仪法联合测流。

(5)深水浮标法和浮杆法测流,适用于低流速的流量测验。测流应在无水草生长、无乱石突出、河底较平整、纵向底坡较均匀的顺直河段实施。

(6)小浮标法测流,宜用于水深小于 0.16 m 时的流量测验。当小水深仅发生在测流断面内的部分区域时,可采用小浮标法和流速仪法联合测流。

(7)风速过大,对浮标运行有严重影响时,不宜采用浮标法测流。

3.1.4.2　浮标系数的确定和选用

采用浮标法测流的测站,浮标的制作材料、形式、入水深度等规格本站必须统一。浮标系数应经过试验分析,不同的测流方案应使用各自相应的试验浮标系数。

当因故改用其他类型的浮标测速时,其浮标系数应另行试验分析。当测验河段或测站控制发生重大改变时,应重新进行浮标系数试验,并采用新的浮标系数。

需要使用浮标法测流的新设测站,自开展测流工作之日起,应同时进行浮标系数的试验,宜在 2~3 年内试验确定本站的浮标系数。在取得浮标系数试验数据之前,可借用本地区断面形状和水流条件相似、浮标类型相同的测站试验的浮标系数。

本站因故无浮标系数时,可根据测验河段的断面形状和水流条件,在下列范围内选用浮标系数:

(1)一般情况下,湿润地区的大、中河流可取 0.85~0.90,小河流取 0.75~0.85;干旱地区的大、中河流取 0.80~0.85,小河流取 0.70~0.80。

(2)特殊情况下,湿润地区取 0.90~1.00,干旱地区取 0.65~0.70。

(3)对于垂线流速梯度较小或水深较大的测验河段,宜取较大值;垂线流速梯度较大或水深较小的测验河段,宜取较小值。

3.1.4.3　均匀浮标法单次流量测验允许误差

对断面比较稳定和采用试验浮标系数的测站,均匀浮标法单次流量测验允许误差见表 4-3-2。

表 4-3-2　均匀浮标法单次流量测验允许误差　(%)

站类	允许误差	
	总不确定度	系统误差
一类精度的水文站	10	-2~1
二类精度的水文站	11	-2~1
三类精度的水文站	12	-2.5~1

注:对断面冲淤变化较大或采用经验浮标系数的测站,浮标法单次流量测验的允许误差,应根据实际情况加以研究确定。

3.1.4.4　浮标法测流的工作内容

(1)观测基本水尺、测流断面水尺、比降水尺水位。

(2)投放浮标,观测每个浮标流经上、下断面间的运行历时,测定每个浮标流经中断面线时的起点距位置。

(3)观测每个浮标运行期间的风向、风力(速)及应观测的项目。

(4)施测浮标中断面面积。

(5)计算实测流量及其他有关统计数值。

(6)检查和分析测流成果。

3.1.4.5　浮标法流量计算

1. 均匀浮标法实测流量的分析计算

(1)每个浮标的流速按下式计算:

$$v_{fi} = \frac{L_f}{t_i} \tag{4-3-3}$$

式中　v_{fi} ——第 i 个浮标的实测流速，m/s；

L_f ——浮标上、下断面间的垂直距离，m；

t_i ——第 i 个浮标的运行历时，s。

(2)测深垂线和浮标点位的起点距(D)，可按经纬仪和平板仪交会法的有关方法计算。

(3)绘制浮标流速横向分布曲线和横断面图，用图解分析法计算流量如图 4-3-1 所示。

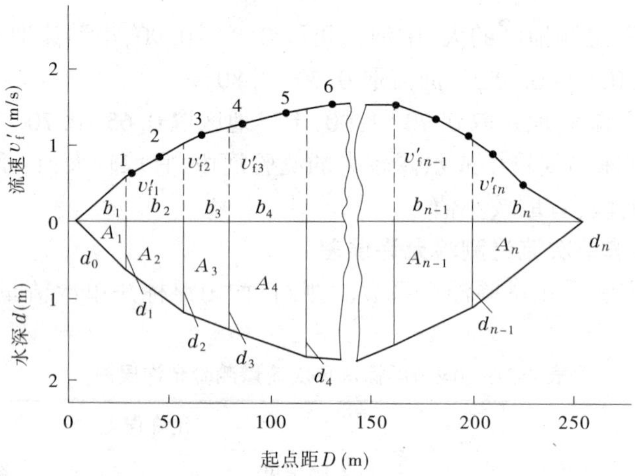

图 4-3-1　用图解分析法计算流量示意图

在水面线的上方，以纵坐标为浮标流速，横坐标为起点距，按坐标数值点绘每个浮标流速的点位，对个别突出点应查明原因，属于测验错误者则予舍弃，并附注说明。

当测流期间风向、风力(速)变化不大时，可通过点群中心勾绘一条浮标流速横向分布曲线。当测流期间风向、风力(速)变化较大时，应适当照顾到各个浮标的点位勾绘分布曲线。勾绘分布曲线时，应以水边或死水边界作为起点和终点。在水面线的下方，以纵坐标为水深或河底高程，横坐标为起点距，点绘横断面图。

(4)在各个部分面积的分界线处，从浮标流速横向分布曲线上读出该处的流速数值(称虚流速)。

(5)部分平均虚流速、部分面积、部分虚流量、断面虚流量的计算方法与流速仪法测流的计算方法相似(见初级工流量测验"3.1.5　转子式流速仪施测流量记载计算——3.1.5.5 流量统计计算")。

(6)断面流量按式(4-3-4)计算：

$$Q = K_f Q_f \tag{4-3-4}$$

式中　Q ——断面流量，m^3/s；

K_f ——浮标系数；

Q_f ——断面虚流量，m^3/s。

2. 中泓浮标法或漂浮物浮标实测流量计算

中泓浮标法或漂浮物浮标实测流量按式(4-3-5)计算：

$$Q = K_{mf}A_m\bar{v}_{mf} \tag{4-3-5}$$

式中　Q——断面流量，m^3/s；

K_{mf}——中泓（或漂浮物）浮标系数；

A_m——断面面积，m^2；

$\bar{v}_{mf}$——中泓（或漂浮物）浮标流速的算术平均值，m/s。

3. 浮标法、流速仪法联合测流实测流量的计算

浮标法、流速仪法联合测流是有滩、槽河道洪水漫滩后时常用的组合方法，根据具体情况，有的是槽中用浮标法，滩中用流速仪法，或者相反。这种情况下实测流量的计算也应分析，即绘制出滩地部分的流速仪法垂线平均流速（或浮标流速）和主槽部分的浮标流速（或流速仪法垂线平均流速）得横向分布曲线，对于滩地和主槽边界处浮标流速和流速仪法垂线平均流速的横向分布曲线互相重叠的一部分，在同一起点距上两条曲线查出的流速比值，应与试验的浮标系数接近。当差值超过 10%时，应查明原因。当能判定流速仪测流成果可靠时，可按该部分的流速仪法垂线平均流速横向分布曲线，并适当修改相应部分的浮标流速横向分布曲线，使两种测流成果互相衔接。

分析处理合理后，分别按流速仪法和浮标法实测流量的计算方法，计算主槽和滩地部分的实测流量，两部分流量之和为全断面实测流量。

4. 小浮标法实测断面流量的计算

小浮标法实测断面流量，可由断面虚流量乘以断面小浮标系数计算。每条垂线上小浮标平均流速，可由上、下断面间距除以平均历时计算。断面虚流量的计算方法同均匀浮标法实测流量的计算。

3.1.5　单次流量测验成果的合理性检查

每次流量测验结束，均应在现场对单次流量的每一步测验环节、计算结果和测验成果，结合测站特性、河流水情和测验现场的具体情况随时进行检查分析，当发现测验工作中有差错时，应查清原因，在现场纠正或补救。单次流量测验成果的检查分析内容有以下几个方面。

3.1.5.1　流速、水深和起点距测量记录的检查分析

（1）点绘垂线流速分布曲线图，检查分析其分布的合理性。当发现有反常现象时，应检查原因，有明显的测量错误时，应进行复测。

（2）点绘垂线平均流速或浮标流速横向分布图和水道断面图，对照检查分析垂线平均流速或浮标流速横向分布的合理性。当发现有反常现象时，应检查原因，有明显的测量错误时，应进行复测。

（3）采用固定垂线测速的站，当受测验条件限制，现场点绘分析图有困难，或因水位急剧涨落需缩短测流时间时，可在事先绘制好的流速、水深测验成果对照检查表上，现场填入垂线水深、测点流速、垂线平均流速的实测成果，与相邻垂线及上一测次的实测成果对照检查。

（4）水深和起点距测量记录可和流速分布对比，一般流速大的区段起点距居中、水深

也较大。

3.1.5.2　流量测验成果的检查分析

流量测验成果应在每次测流结束的当日进行流量的计算、校核,并应按下列要求进行合理性检查分析:

(1)将该次水位、流量、面积、流速数值点绘在水位(或其他水力因素)与流量、水位与面积、水位与流速关系图坐标系,与其他测次绘制曲线图,检查分析其变化趋势和三条关系曲线相应关系的合理性。

(2)采用连实测流量过程线进行资料整编的测站,可点绘水位、流速、面积和流量过程线图,对照检查各要素变化过程的合理性。

(3)冰期测流,可点绘冰期流量改正系数过程线图或水浸冰厚及气温过程线图,检查冰期流量的合理性。

(4)当发现流量测点反常时,应检查分析反常的原因。对无法进行改正而具有控制性的测次,宜到现场对河段情况进行勘察,并及时增补测次验证。

3.1.5.3　流量测次布置的合理性检查分析

流量测次布置合理性检查分析,应在每次测流结束后将流量测点点绘在逐时水位过程线图的相应位置上。采用落差法整编推流的站,应同时将流量测点点绘在落差过程线图上,并结合流量测点在水位或水力因素与流量关系曲线图上的分布情况,进行对照检查。当发现测次布置不能满足资料整编定线要求时,应及时增加测次,或调整下一测次的测验时机。

3.1.6　计算机辅助测流系统

计算机辅助测流系统目前尚未有明确的定义,从概念上来说,将计算机技术应用于流量测验,辅助工作人员实施部分作业就应关联到计算机辅助测流系统。从发展过程和应用方面看,应分几个层次区分,如水文测验早期的计算器代替算盘开展水文数值计算,后来编写程序软件或利用成熟软件设计流量测验记载计算表,填记数据实现计算机成表作业等属于一个层级;将流速仪、水面、河底等信号输入计算机记录处理,以及如水面雷达流速仪、ADCP 等新型测流仪器直接配备计算机也属于一个层次;用计算机控制缆道运行,控制铅鱼运动等又是一个层次。目前将几个层次组合,由计算机控制管理为中心使之成为系统,比较完善具有代表性的是铅鱼缆道自动半自动测流系统和浮标监视测流系统,下面简略介绍这两类系统的功能组成。

3.1.6.1　铅鱼缆道自动半自动测流系统

这类系统一般在岸上建设视野开阔、机电设置优良的作业控制室,安装集成度较高的作业台,作业台板面有规律地安置操控按钮(或计算机软件图标按钮)、显示屏和有关仪表,在计算机及其专门软件的支持下,主要实施如下功能:

(1)开动水平运行机构,使其驱动的铅鱼以一定速度运行到断面预定的起点距,并将起点距信息数值传递到计算机有关程序。

(2)开动竖直运行机构,使其驱动的铅鱼以一定速度入水测深,按照预定测点的相对水深控制铅鱼运行到位,并将水深、相对水深信息数值传递到计算机有关程序。

(3)随铅鱼一起运行到位的流速仪开始测速作业,接收流速仪信号,同时记录流速测量有效时间,将信息数值传递到计算机,按有关程序计算测点流速;计算垂线平均流速和部分面积对应的平均流速。

以(1)、(2)、(3)步程按垂线依序实施。

(4)计算部分面积、部分流量。

(5)完成流量测验记载计算表其他相关计算和成果统计。

(6)存储或打印成果表。

设计良好的系统,还设置有电视摄像监控机构等;在作业台板面,可以观察铅鱼仪器的运行过程和到位状态,可以看到测算的数据添加过程;可以远程通信和遥控作业;在条件适宜时,可以设置为完全自动测流等。

上述系统,只要不用水平运行机构,即可成为船用或巡测车等自动半自动测流系统。

3.1.6.2　浮标监视测流系统

浮标监视测流系统在上、中、下断面设置高清广角摄像机云台,可以清晰地观察断面水流;在基线观测点设置全站仪;在作业控制室的作业台板面设置大屏幕,屏幕背景显示河段地图并清楚地标示上、中、下断面线;还设置操控按钮(或计算机软件图标按钮)、显示屏和有关仪表。在计算机及其专门软件的支持下,主要实施如下功能:

(1)某浮标投放后,到达上、中、下断面摄像机视野,浮标摄像信号即传送到大屏幕,控制台操作人员就跟踪监视,在通过上断面线的瞬间,启动一路计时器,开始记录时间;在通过中断面线的瞬间,接收全站仪信号;在通过下断面线的瞬间,关闭一路计时器,记录浮标从上断面线到下断面线的运行时间。一般设置若干路计时器和记录器,对浮标编号后,分别记录若干浮标的运行时间和定位信息。有的系统在中断面线还设计了起点距标度,可以直接判读浮标的起点距位置数值。

(2)根据接收的信息数据,计算浮标流速和起点距。

(3)绘制浮标流速沿断面线的分布曲线,结合断面测量或借用断面数据对应绘制断面图,进行虚流量计算。

(4)完成流量测验记载计算表其他相关计算和成果统计。

(5)存储或打印成果表。

3.2　资料整编

3.2.1　测站考证内容与要求

测站考证是对可能影响水文要素观测成果的测验环境条件、观测技术、数据质量和测站测验任务等变化情况进行的核查工作。相关测量、记录、图件、情况说明等形成考证资料的工作在平常就应做好。

3.2.1.1　测站考证图表

测站考证图表,设站第一年应编制。公历逢五年份,应重新编制全部考证图表。测站考证图表主要包括:

(1)测站说明表[有河道(包括潮水河)站、水库(堰闸)站两种表式]或测站技术档案卷宗。

(2)测验河段平面图。

(3)水文站以上(区间)主要水利工程基本情况表。

(4)水文站以上(区间)主要水利工程分布图。

(5)陆上(漂浮)水面蒸发场说明表及平面图。

3.2.1.2 测站考证内容及要求

(1)对测站的设立、停测、恢复、迁移、测站性质和类别及领导关系的变动等较大事件的发生时间、变动情况等应进行测站沿革考证,并应于当年考证清楚。

(2)对测验河段及其附近河流情况应进行考证,考证内容应包括:测验河段顺直长度及距弯道距离;高中水控制条件;河床组成、冲淤、河岸坍塌及河道开挖治理情况;高水分流、漫滩和枯水期浅滩、沙洲出现情况;附近有无支流汇入及引排水工程;上、下游附近固定或临时性阻水建筑物;感潮河段的潮汐影响程度;工矿废水排入等。

(3)遇有下列情况之一时应及时考证,并编制有关图表:

测站迁移或测验断面、测验河段有较大改变者。

测站特性受断面上、下游水利工程和其他人类活动影响有较大变化者。

基本水尺断面或中高水测流断面迁移,超出原来刊印的图幅范围者。

引据水准点、基本水准点、基面或测验设施有重大变动者。

测站性质改变,如水位站改为水文站者。

水文站以上(区间)水利工程有较大变动者。

水文站以上集水区界限有较大变动者。

陆上(漂浮)水面蒸发场迁移或仪器、场地有较大变动者。

(4)对断面及主要测验设施布设情况应进行考证,并符合下列要求:

应查清基本水尺断面、测流断面和比降水尺断面的布设情况和相对位置。如某断面迁移,应查清其迁移的时间、原因、距离及方位等。

应查清主要测验设施建成年月及使用、更新、改建情况等。

(5)基面和水准点考证应符合下列要求:

查清本站采用的冻结基面(或测站基面)与绝对基面(或假定基面)表示高程之间的换算关系。当因水准网复测、平差或变换绝对基面,使引据水准点高程数值变动时,则本站水准点的绝对高程和冻结基面与绝对基面间的高差做相应的改变,而水准点用冻结基面表示的高程仍应保持不变。

查清各水准点本身有无因自然或人为因素影响,使高程数值发生变动。如果某水准点发生上升或下沉变动,则其用冻结基面和绝对基面表示的高程均须做相应的改变。考证时,应根据水准点校测记录,分析判明变动的原因与时间,以确定各个时期的正确高程数值。

(6)水库、堰闸站应对水库或堰闸工程指标进行考证。

(7)对测站以上(区间)主要水利工程基本情况应进行考证,并查清其分布及变动情况。

(8)对陆上(漂浮)水面蒸发场的沿革,附近地势以及场地周围障碍物的变动情况应进行考证。

3.2.2　测站考证图表编制

3.2.2.1　测站说明表编制

测站(包括水库、堰闸、渠道站)说明表表式见表 4-3-3、表 4-3-4,其编制应符合下列要求:

(1)一个测站有几个独立的水文测验断面时,可合编一张说明表。表头的站次应全部标出,河流写干流名称,站名写总的站名。如南沙河峡口水库站有三个断面:峡口水库(坝上)、峡口水库(溢洪道)、峡口水库(渠道)。合编的表头写"23~25 南沙河峡口水库站说明表"。

(2)"测站沿革"应按时间顺序填列,并符合下列要求:

①"设立或变动情况"及"发生年月"填写设立、停测、恢复、迁移、测站性质和类别变动、领导机关变更(更名)等事件及其发生的年月。其中,"迁移"填写基本水尺断面迁移的方向和距离,如"上迁 150 m"等;"测站性质和类别变动"的填写方法,如"水文站改水位站""常年站改汛期站"等。非断面迁移等原因而改变站名者,填写"更改站名"或"恢复站名"。

②"站名"填写各观测时期采用的站名。

③"站别"填写测站的类别,如"水文""水位"等。

④"领导机关"填写流域或省(自治区、直辖市)一级的水文或水利领导机关全称,也可填写直接的领导机关全称。

⑤"说明"填写需要说明的有关情况,如迁移前后新旧断面水位的换算关系;是常年站、汛期站或巡测站。

(3)"水库(堰闸)工程指标"填写应符合下列要求:

①水库站按表内所列各项指标,逐项填写。无某项指标时,该栏空白。

②堰闸站只填写引(排)水闸有关指标。删去水库工程指标、溢洪道、溢洪闸等栏,将引水闸有关指标分成两行填入。

(4)"测验河段及其附近河流情况"应用文字叙述,内容宜包括:

①测验河段顺直情况,河槽形态及中高水主槽宽度,高、低水位时岔流、串沟、逆流、回水、死水等情况。测验河段地形复杂的测站,应说明滩地及主槽流向的关系、开始漫滩的水位、漫滩宽度及对测验可能产生的影响。

②河床组成及冲淤变化情况。冲淤剧烈及游荡性河段,应着重说明。

③水生植物和滩地、河岸的植物种类及生长情况。

④上、下游对水流及测验有影响的支流、弯道、引排水工程、堤防、桥梁及阻水建筑物的情况。

(5)"断面及主要测验设施布设情况"填写应符合下列要求:

①先填写基本水尺断面布设情况,再填写从上游向下游依次排列的其他断面和主要测验设施布设情况。

表 4-3-3 测站说明表

<table>
<tr><td rowspan="2">测站沿革</td><td colspan="2">设立或变动情况</td><td>发生年月</td><td>站名</td><td>站别</td><td colspan="2">领导机关</td><td colspan="2">说明</td></tr>
<tr><td colspan="2"></td><td></td><td></td><td></td><td colspan="2"></td><td colspan="2"></td></tr>
<tr><td>测验河段及其附近河流情况</td><td colspan="9"></td></tr>
<tr><td rowspan="2">断面及主要测验设施布设情况</td><td colspan="2">名称</td><td colspan="3">位置</td><td colspan="2">布设年月</td><td colspan="2">使用情况</td></tr>
<tr><td colspan="2"></td><td colspan="3"></td><td colspan="2"></td><td colspan="2"></td></tr>
<tr><td rowspan="2">基本水尺水位观测设备</td><td colspan="2">名称和型式</td><td colspan="3">水尺板或牌质料或自记台类型</td><td colspan="4">位置</td></tr>
<tr><td colspan="2"></td><td colspan="3"></td><td colspan="4"></td></tr>
<tr><td rowspan="3">水准点</td><td rowspan="2">编号</td><td rowspan="2">测量或变动日期</td><td rowspan="2">冻结基面以上高程(m)</td><td colspan="2">绝对或假定基面</td><td rowspan="2">型式及位置</td><td rowspan="2" colspan="2">引据水准点</td><td rowspan="2">变动原因</td></tr>
<tr><td>高程(m)</td><td>基面名称</td></tr>
<tr><td></td><td></td><td></td><td></td><td></td><td></td><td colspan="2"></td><td></td></tr>
<tr><td>附注</td><td colspan="9"></td></tr>
</table>

表 4-3-4　水库(堰闸、渠道)站说明表

测站沿革	设立或变动	发生年月	站名	站别	领导机关	说明

<table>
<tr><td rowspan="8">水库
(堰闸)
工程指标</td><td>项目</td><td>水位
(m)</td><td>库容
[10^4
(10^8)m^3]</td><td rowspan="4">溢洪道</td><td colspan="2">长度</td><td>m</td><td rowspan="8">引水闸(或输水洞)</td><td>型式</td><td></td></tr>
<tr><td></td><td></td><td></td><td rowspan="2">堰顶</td><td>高</td><td>m</td><td>孔数</td><td></td></tr>
<tr><td></td><td></td><td></td><td>宽</td><td>m</td><td>孔径</td><td>高 m,宽 m</td></tr>
<tr><td></td><td></td><td></td><td colspan="2">设计最大流量</td><td>m^3/s</td><td>设计最大流量</td><td>m^3/s</td></tr>
<tr><td></td><td></td><td></td><td rowspan="4">溢洪闸</td><td colspan="2">型式</td><td></td><td>翼墙型式</td><td></td></tr>
<tr><td colspan="3" rowspan="3">开始蓄水日期

年　月</td><td colspan="2">孔数</td><td></td><td>墩头型式</td><td></td></tr>
<tr><td colspan="2">每孔</td><td>高 m,宽 m</td><td>堰顶闸底形状</td><td></td></tr>
<tr><td colspan="2">设计最大流量</td><td>m^3/s</td><td>实灌面积</td><td>hm^2</td></tr>
</table>

测验河段及其附近河流情况	

断面及主要测验设施布设情况	名称	位置	布设年月	使用情况

基本水尺水位观测设备	名称和型式	水尺板或牌质料或自记台类型	位置

水准点	编号	测量或变动日期	冻结基面以上高程(m)	绝对或假定基面		型式及位置	引据水准点	变动原因
				高程(m)	基面名称			

附注	

②"名称"填写测站布设的各种断面及已使用的主要测验设施的名称。测验设施主要是水文缆道、水文缆车、过河索吊船、水文测桥、浮标投放器等。

③"位置"说明填写基本水尺断面在附近能参证的固定建筑物或重要标志的哪一个方向和其间的距离;其他均填写同基本水尺断面的相对位置,例如"基上 10 m""基下 100 m"等。

④"布设年月"填写断面布设及测验设施建成开始使用的年月。

⑤"使用情况"填写断面及测验设施的使用情况,例如:"用于中低水测流取沙""高水投放浮标""各级水位使用"等。

(6)"基本水尺水位观测设备"填写应符合下列要求:

①"名称和型式"填写观测水位所使用的水尺、校核水尺和自记水位计型式。例如:"直立式水尺""倾斜式水尺""悬垂式水尺""浮子式水位计""雷达式水位计""压力式水位计""气泡式水位计"等。

②"水尺板或牌质料或自记台类型"填写水尺板或牌的质料或自记水位观测平台类型。水尺板或牌质料可包括木质、搪瓷、不锈钢等;悬垂式水尺板或牌质料不填写。自记台类型填写岛式、岸式、岛岸结合式等。

③"位置"说明水尺或自记水位计设置的岸别及其至基本水尺断面或固定建筑物的方向和距离。例如:水位观测平台在"左岸基上 15 m""右岸闸上 15 m"等。

(7)"水准点"应按引据水准点、基本水准点、校核水准点的顺序填写,并符合下列要求:

①上次整编至本次整编测站说明表之间,水准点经过复测或高程发生变化时,每个水准点均填两行,前一行填上次整编的最后一个高程,后一行填本次整编最后一次测定或变更的高程。前一次整编后,水准点未做校测,只填上次整编的最后一次高程,校测高程变动在允许范围内,填原高程及新测日期。

②"引据水准点"应按原测设机关水准系统的编号填写。上次整编的水准点,若未重新编号,仍填写原编号;若特殊原因又重新编号,应填写新编号,用括号注明原编号。

③测量日期填写各水准点第一次测定或以后复测的日期,一般填写年、月、日。变动日期指水准网平差、变换基面等的日期,只填至月。

④"冻结基面以上高程"填写各水准点在本站冻结基面以上的高程数值。当各水准点没有上升、下降等变动时,其冻结基面以上高程不变。在使用测站基面的地区,应将"冻结"两字改为"测站"。

⑤引据水准点的绝对高程根据原测量部门资料填写。本站水准点的绝对高程根据接测记录填写。当引据水准点由于水准平差或变换基面而使其高程发生了变化,并经复审单位确定采用新的高程数字时,则本站水准点绝对高程要做相应改变。若本站尚未与水准网接测,则将本站各水准点用假定基面表示的高程填写。"绝对或假定基面名称":填写所采用的基面名称,如"85 基准""黄海""假定"等。

⑥"型式及位置"填写水准点型式,例如"暗标、混凝土""明标、钢管铜头"等;位置填写水准点对固定建筑物的方向和距离,附近没有固定建筑物时,可填写岸边及相对于基本水尺断面的方向和距离。

⑦"引据水准点"填写基本水准点和校核水准点各自的引据水准点的编号。

⑧"变动原因"用简单文字填写,例如:"地震""测错""平差""改基面"等。

(8)"附注"应填写水准点、历史洪水情况及其他需要补充说明的问题。

3.2.2.2　测验河段平面图编制

测验河段平面图编制应符合下列要求:

(1)测验河段平面图包括水库、堰闸、渠道站的测验河段平面图。一个测站有几个测验断面者,可合绘一张图。应根据最近一次实测的测验河段平面图,用规定的图例绘制。

(2)外图廓尺寸,两边长分别为 16.5 cm 和 23.2 cm,图的上方为正北方向,也可略向左右偏斜,并绘入指北针符号。

(3)平面图应包含断面上、下游一定范围的河段长度,内容包括:

①河道、流向。河道在图上的宽度不宜小于 1~2 cm。

②水准点及参证点的位置、名称、编号。

③各组断面的位置。凡用图例符号可以表示断面性质的,不再注汉字。基本水尺断面在上次填写测站说明表以后有迁移时,应将新、旧断面同时绘入,并注明站的序号及使用时间。若距离较远无法绘入,可用文字注明方向和距离。

④各水尺断面、水位观测平台:按所在岸别分别绘入。

⑤主要测验设施:如水文缆道、水文缆车、过河索吊船、水文测桥、浮标投放器等,并绘入各种支架的类型。

⑥测验河段附近的村庄、山崖、桥梁、码头、铁路、公路、房屋及其他可供参证的物体。

⑦堰闸、堤岸等主要水工建筑物及其他对水流有较大影响的物体。

⑧观测场及测站办公地址。若距离过远,可标明通往站址的道路、方向和距离。

⑨等高线、直线比例尺。

3.2.2.3　其他相关表、图编制

1. 水文站以上(区间)主要水利工程基本情况表编制

水文站以上(区间)主要水利工程基本情况表表式见表 4-3-5,其编制标准由复审或汇编单位确定。填写顺序可按测站一览表中水文站的编排方法,并符合下列要求:

表 4-3-5　水文站以上(区间)主要水利工程基本情况表

序号	河名	工程名称	地点	坐标		控制面积 (km^2)	总库容 [10^4 (10^8) m^3]	实际最大灌溉面积 (10^4hm^2)	实际最大引排水量 [10^4(10^8)m^3]	建成年月	附注
				东经	北纬						

(1)"河名",水库、堰闸填写所在河流名称。灌区、虹吸、抽水站填写引水河名。

(2)"工程名称"填写水利工程的名称。如"白莲河水库""红旗灌区"等。

(3)"地点"填写水利工程所在地名。水库填写大坝位置的地名;灌区填写渠首位置

的地名。宜填写省(自治区、直辖市)、县(市)、乡(镇)、村(小地名)四级。

(4)"坐标"按工程的具体位置从1:50 000或1:100 000地形图上查或采用GNSS测定的成果填写。

(5)"控制面积"及"总库容",水库、堰闸填写此栏,从有关部门收集数据填写。

(6)"实际最大灌溉面积",从有关部门收集近几年实灌面积最大一年的数字填写。

(7)"实际最大引排水量",从有关部门收集近几年引、排水量最大一年的数字填写。按测站具体情况确定正、负。引水量为正,排水量为负,加负号。

(8)"建成年月",水库应填写开始蓄水的年月,其他工程填写建成投入运用的年月。

(9)"附注"填写需要说明的有关问题,如水库的死水位、正常蓄水位、淤积、干涸、工程变动等情况。

2. 水文站以上(区间)主要水利工程分布图编制

水文站以上(区间)主要水利工程分布图编制应选用适当比例尺的地形图编绘,用符号标注出水利工程分布情况。分布图应包括以下内容:

(1)水系、河流、湖泊、沙漠及流域、水系界。

(2)省界,市、县(区、旗)以及必要的村镇符号及名称。

(3)铁路、主要公路。

(4)水文站、水位站、降水量站(包括巡测、间测、委托、调查点)。

(5)主要水利工程。

(6)直线比例尺,指北针。

3. 陆上(漂浮)水面蒸发场说明表及平面图编制

陆上(漂浮)水面蒸发场说明表表式(含平面图)见表4-3-6,其编制方法应符合下列要求,"附注"应说明冰期、非冰期采用仪器等情况。

(1)表名,若为陆上水面蒸发场,将表头"(漂浮)"字样删去;若为漂浮水面蒸发场,则将表头"陆上"及括号删去。

(2)"测站沿革"按时间顺序填写。"设立或变动""发生年月"填写场地设立、停测、迁移、仪器和场地四周变动及其发生年月;"站名"填写各观测时期采用的站名;"仪器型式"填写采用的主要蒸发器型式;"领导机关"填写流域或省(自治区、直辖市)一级水文(或其他)领导机关全称;"说明"填写需要说明的有关问题,如迁移、仪器更换及场地变动等情况;"附近地势"填写场地高程、四周地势及对本区域的代表性等;"场地四周障碍物"填写障碍物名称、方向、距离、高度、折实系数、遮挡率及有关说明。

(3)障碍物遮挡率可按式(4-3-6)计算:

$$\Delta Z = HBC/L \tag{4-3-6}$$

式中 ΔZ ——某一障碍物遮挡率;

H ——障碍物高度,m;

B ——障碍物两侧方位角之差占整个圆(360°)的百分数;

C ——折实系数,指障碍物的实际遮挡面积与障碍物整体面积之比,可根据实际情况估算,建筑物折实系数应为1.00,树木、篱笆折实系数应小于1.00;

L ——障碍物与蒸发器的水平距离,m。

表 4-3-6　陆上(漂浮)水面蒸发场说明表及平面图

<table>
<tr><td rowspan="2">测站沿革</td><td>设立或变动</td><td>发生年月</td><td>站名</td><td>仪器型式</td><td>领导机关</td><td colspan="2">说明</td></tr>
<tr><td></td><td></td><td></td><td></td><td></td><td colspan="2"></td></tr>
<tr><td>附近地势</td><td colspan="7"></td></tr>
<tr><td rowspan="2">场地四周障碍物</td><td>名称</td><td>方向(%)</td><td>距离(m)</td><td>高度(m)</td><td>折实系数</td><td>遮挡率(%)</td><td>说明</td></tr>
<tr><td></td><td></td><td></td><td></td><td></td><td></td><td></td></tr>
<tr><td>附注</td><td colspan="7"></td></tr>
<tr><td>平面图</td><td colspan="7"></td></tr>
</table>

4. 陆上(漂浮)水面蒸发场平面图绘制

陆上(漂浮)水面蒸发场平面图绘制应符合下列要求:

(1)平面图要实测,应绘入场地的围栅、观测仪器的布设、四周环境及障碍物等情况。

(2)四周障碍物的绘入范围以观测场地中心至障碍物水平距离小于 3 倍障碍物高度为原则,超出 3 倍的不宜绘入。

(3)注明比例、正北方向。

3.2.3　水位流量关系曲线绘制与分型分析

3.2.3.1　水位流量关系曲线图绘制

(1)水位流量关系图绘制于普通直角坐标纸上,水位在纵坐标,流量在横坐标,比例的选择应能使确定的水位流量关系曲线与横坐标轴约呈 45°夹角。横、纵坐标比例尺一般宜选 1、2、5 的十、百、千等整倍数。

(2)在坐标系中以实测流量数值和相应水位分别为横、纵坐标,按坐标数值在图上点绘点据。为了便于分析测点的走向变化,应在每个测点的右上角或同一水平线以外的一定位置,注明测点序号。测流方法不同的测点,用不同的符号表示(如:“⊙”表示流速仪法测得的点据,“△”表示浮标法测得的点据,“∨”表示深水浮标或浮杆法测得的点据,“×”表示用水力学法推算的或上年末、下年初的接头点据)。按点据的走向趋势绘制水位流量关系线。

(3)根据需要,在水位流量关系图上应同时点绘水位面积、水位流速关系线,以检查确定水位流量关系曲线的合理性,即以同一水位为纵坐标,自左至右,依次以流量、面积、流速为横坐标点绘于普通坐标纸上。选定适当比例尺(一般宜选 1、2、5 的十、百、千倍数),使水位流量、水位面积、水位流速关系曲线分别与横坐标大致成 45°、60°、60°的交角,并使三种曲线互不交叉。如图 4-3-2 所示为水位流量、水位面积、水位流速关系曲线示例,可资参考。

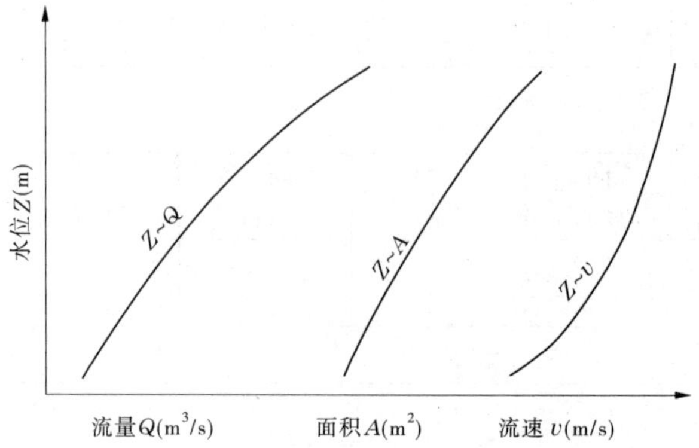

图 4-3-2 水位流量、水位面积、水位流速关系曲线示意图

(4)流量变幅较大、测次较多、水位流量关系点据分布散乱的站,可分期点绘关系图,一般一定阶段或年度再综合绘制一张总图。水位流量关系曲线下部,读数误差超过 2.5%的部分,应另绘放大图,在放大后的关系曲线上推求的流量应与原线数值吻合。流量很小,点据很少时,误差可适当放宽。

(5)对于全年的水位流量关系图,为使前后年资料衔接,图中应绘出上年末和下年初的 3~5 个点据。

(6)在关系图上还要注明河名、站名、年份及水位流量、水位面积、水位流速关系曲线的标题和注记,在图下方要填写点图、定线、审查者的姓名,三关系线的纵、横坐标及名称都要填写清楚。

3.2.3.2 水位流量关系曲线的确定

水位流量关系曲线的确定应以实测流量测次为依据,并参考水位过程(线)、断面变化等有关影响。分析逐时水位过程线、汛期洪峰水位过程线,可克服直接定线的盲目性。洪水期间变化复杂的水位流量关系线的确定,应结合测站特性、历史洪水等因素综合分析。

3.2.3.3 水位流量关系曲线的性质

天然河道的水位流量关系,虽各不相同,但一般呈一条或多条凹向横轴(流量轴)的曲线。当水位增高时,低水控制被淹没失去作用,而由其下游某一新控制所取代且控制的历时较长,若由新控制所形成的水位流量关系曲线比由低水控制所形成的曲线的坡度陡,则会发生反曲现象。

复式河槽中,当水面漫滩以后,面积增加很多,流量曲线也会出现转折,但不像面积曲线那样显著。

基本水尺断面与测流断面相距不远,两断面的同时流量可以认为相等时,则对水位流量关系曲线基本无影响。当距离很远,两断面间有径流加入或损失,以及槽蓄影响等使同时流量不等时,则对水位流量关系就有显著影响。

测站控制（如河道及断面形态、河床组成、水位观测位置、基本水尺断面与测流断面之间的关系等）发生变动，水位流量关系也会发生变动。水位流量关系有变动时，将水位流量关系点据依时序连接，即为连时序法定线。连时序线可以向任何方向弯曲，在查读流量时，每条线段只能对应某一固定推流时段。

3.2.3.4　稳定的水位流量关系

1. 水位流量关系稳定的条件

水位流量关系是否稳定，主要取决于影响流量的各水力因素是否稳定。从谢才-曼宁公式等可知，要使水位流量关系保持稳定，必须在测站控制良好的情况下，同一水位的断面面积、水力半径、河床糙率、水面比降等各水力因素均保持不变，或者各水力因素虽有变化，但能集中反映在能使断面面积、断面平均流速两因素互相补偿，这样同一水位只有一个相应流量，其关系就成为单一曲线。

2. 稳定水位流量关系点的分布

一般关系点据应密集，分布呈一带状，置信水平为 95% 的随机不确定度满足定线精度指标，且关系点据没有明显的系统偏离。

3.2.3.5　不稳定的水位流量关系的几种形式与影响因素

在天然河道里，一个河段的水力因素常发生变化，因而水位流量关系能保持长期稳定的很少。当测站控制条件较差，各有关水力因素不能保持不变，又不能互相补偿时，则形成不稳定的水位流量关系。因其所受主要影响因素不同，水位流量关系点的分布规律也不相同，其关系可分以下几种。

1. 受冲淤影响的水位流量关系

当测站的控制河段或控制断面发生冲刷或淤积时，同水位的面积增大或减小，水位流量关系也受到相应影响。冲淤现象是很复杂的，从冲淤发生时间的持续性分为经常性冲淤和不经常性冲淤；从冲淤形态分有纵横断面普遍冲淤和局部冲淤等情况。

受不经常性冲淤影响时，水位流量、水位面积关系点据随时间分布呈几个较稳定的带组，且具有在某一时段从一带组向另一带组过渡的性质。若受经常性冲淤影响，则关系点据分布散乱，显现不出相对稳定的时段。

受普遍冲淤影响时，反映在冲淤前后的水位流量、水位面积关系点据的分布呈纵向平移，两者平移的程度也大体一致。当受局部冲淤影响时，反映在水位流量、水位面积点据分布无一定规律，且两者的分布并不相应。

2. 受变动回水影响的水位流量关系

水文站受下游支流顶托、拦河建筑物蓄水、冰凌壅塞等影响，水位抬高，产生变动回水，水面比降减小，与不受回水影响比较，同水位下的流速、流量减小。

受变动回水影响期间，水位流量、水位流速关系点据的分布都很散乱，而水位面积关系点据则密集呈一条带状。若分析水位相近测点测流时的落差值，则可看出落差值大时流量也大的同步移动。

3. 受洪水涨落影响的水位流量关系

受洪水涨落影响的站，洪水时，由于洪水波产生附加比降，洪水过程的流速与同水位下稳定流时的流速相比，涨水流速增大，流量也增大；落水时则相反。

在一次洪水过程中，水位面积关系点据分布为带状。水位流量、水位流速关系点据的分布有涨水点偏右，落水点偏左，峰、谷点居中间的相应性；若依时序连接各点，则形成以峰、谷点连线为轴线的逆时针方向的绳套曲线。绳套的宽窄，由洪水特性所决定，一般孤立洪峰形成单式绳套；出现连续洪峰时，由于河谷壅水影响，后到洪峰绳套略向左移，形成复式绳套。

对于同一条河流的同一场洪水，从上游到下游，其水位流量关系逐渐由单一曲线转变为绳套曲线，愈向下游绳套套圈愈大。这种现象说明，从河流的上游到下游由于河底比降越来越小，以致附加比降的作用越来越明显。

4. 受水生植物影响的水位流量关系

受河床水生植物生长影响的站，当水生植物逐渐繁茂时，过水面积减小，糙率增大，水位流量关系点据逐渐左移；待水生植物逐渐衰枯，水位流量关系点据又逐渐右移。有时，洪水涨落可能对水生植物的繁殖造成突然性破坏，而失去上述的规律性。

5. 受结冰影响的水位流量关系

受结冰影响的站，冰期水流有效过水面积减小，摩阻增大，水位流量关系点据的分布，总的趋势是偏在畅流期水位流量关系曲线的左边。若下游有冰塞、冰坝，使水位抬高，形成回水顶托影响，就会有与“2.”项相同的表现。有些小河的冰期流量，随气温的周期日变化而有相应的变化，对水位流量关系也产生影响。

6. 受混合因素影响的水位流量关系

水位流量关系受到两种以上因素的影响，且其影响均较显著时，称为受混合因素影响。常见的有冲淤与洪水涨落、冲淤与回水、洪水涨落与回水等混合因素影响型。在混合因素影响下，水位面积、水位流速、水位流量关系点据的分布都很散乱，但在不同时期，随着某种因素的变化起主导作用，而显现上述有关成因的分布规律。

3.2.3.6　水位面积关系曲线的性质

在断面稳定时，水位面积关系曲线只取决于河宽和水深的大小，而与水力因素无直接关系，只有在河床不稳定、断面变化剧烈时，水位面积关系曲线才有复杂表现。

1. 基本水尺断面与测流断面重合且断面不变的情况

天然河道的河宽 B 一般是随水位的增高而增加的。水位愈高，河宽愈大，水位面积关系曲线的斜率($1/B$)就愈小，所以面积曲线呈一条凹向横轴(面积轴)的曲线。只有在两岸悬崖突出的情况下，才有反曲的可能。

在矩形或“U”形河槽的上部，河宽不随水位的增减而变化，面积的大小只与水深(水位)有关，因而面积曲线为一条直线。

复式河槽，在漫滩水位转折处，面积曲线会呈现突变，比突变前明显平缓。

2. 基本水尺断面与测流断面重合而断面有变化的情况

随着断面的变化，水位面积关系亦随之而变，若断面经常变动，水位面积关系也较散乱。若河底发生冲淤，在冲淤前后面积曲线上部呈水平移动的状态。若河槽上部宽度变化很小，则上部曲线也近似直线移动。

3. 基本水尺断面与测流断面不重合的情况

若测流断面与基本水尺断面不重合，水位面积曲线远较上述情况复杂。这种曲线可以看作是先以测流断面水位与面积绘成关系曲线后，再加上两断面间的水面落差（基本水尺断面在上游为正，在下游为负）而成。如两断面间落差是常数，则两断面的水位面积关系曲线具有完全相同的形状与性质。但实际上，其落差并不是一个稳定的常数，它是随水位的高低、涨落率的大小和河势及断面形态不同而变的数值，因此其基本水尺断面的水位面积曲线往往不能代表测流断面的水位面积曲线的情况。

3.2.3.7　水位流速关系曲线的性质

流速受多种水力因素和测验误差的影响，水位流速关系远较水位面积关系复杂。

1. 基本水尺断面与测流断面重合时的情况

若断面整齐，比降变动不大，水位流速关系曲线一般是一条凹向纵轴（水位轴）的曲线。高水部分以垂线为其极限。

在漫滩时流速曲线有明显的转折。漫滩后，面积突然增加，但滩地上流速很小，故平均流速减小，至滩地上有相当水深后，流速又渐增。

断流水位以下有深潭时，流速曲线反曲。

其他影响流速的因素很多，若高低水位间比降、糙率有较大的变化，皆可造成流速曲线的反曲现象。

2. 基本水尺断面与测流断面不重合时的情况

基本水尺断面与测流断面不重合时，水位流速关系情况比较复杂。当有冲淤变化或比降、糙率等变动时，水位流速关系都将发生变化。

3.2.4　水位流量关系曲线检验

水位流量关系曲线检验内容包括符号检验、适线检验和偏离数值检验三项。关系曲线为单一曲线、使用时间较长的临时曲线及经单值化处理的单一线，且测点在 10 个以上者，应做关系曲线检验。

3.2.4.1　符号检验

水位流量关系曲线确定后，应分别统计测点偏离曲线的正、负号个数（偏离值为零者，作为正、负号测点各半分配），按式(4-3-7)计算统计量 u 值，并将其与用给定的显著性水平 α 查表 4-3-7 所得的 $u_{1-\alpha/2}$ 值比较。当计算的 $u < u_{1-\alpha/2}$ 时，则认为合理，即接受假设；否则，应拒绝原假设。

$$u = \frac{|k - np| - 0.5*}{\sqrt{npq}} = \frac{|k - 0.5n| - 0.5}{0.5\sqrt{n}} \tag{4-3-7}$$

式中　u ——统计量；

n ——测点总数；

k ——正号或负号个数；

p 、q ——正、负号概率，各为 0.5；

* ——连续改正数（离散型转换为连续型）。

3.2.4.2　适线检验

应按测点水位由低至高排列顺序，从第二点开始统计偏离正、负符号变换，变换符号记 1，否则记 0。统计记“1”的次数，按式(4-3-8)计算 u 值，并与用给定的显著性水平 α 查

表 4-3-7 所得的 $u_{1-\alpha}$ 比较，当 $u<u_{1-\alpha}$ 时，则认为合理，即接受检验；否则，应拒绝原假设。

表 4-3-7　临界值 $u_{1-\alpha/2}$ 与 $u_{1-\alpha}$

显著性水平 α	0.05	0.10	0.25
置信水平 $1-\alpha$	0.95	0.90	0.75
$u_{1-\alpha/2}$	1.96	1.64	1.15
$u_{1-\alpha}$	1.64	1.28	—

$$u=\frac{(n-1)p-k-0.5}{\sqrt{(n-1)pq}}=\frac{0.5(n-1)-k-0.5}{0.5\sqrt{n-1}} \tag{4-3-8}$$

式中　u——统计量；

n——测点总数；

k——变换符号次数，$k<0.5(n-1)$ 时做检验，否则不做此检验；

p、q——变换、不变换符号的概率各为 0.5。

3.2.4.3　**偏离数值检验**

应按式(4-3-9)和式(4-3-10)分别计算 t 值、$s_{\bar{p}}$ 值，并将 t 值与用给定显著性水平 α 查表 4-3-8 所得的 $t_{1-\alpha/2}$ 值比较，当 $|t|<t_{1-\alpha/2}$ 时，则认为合理，即接受检验；否则，应拒绝原假设。

$$t=\frac{\bar{p}}{s_{\bar{p}}} \tag{4-3-9}$$

$$s_{\bar{p}}=\frac{s}{\sqrt{n}}=\sqrt{\sum(p_i-\bar{p})^2/[n(n-1)]} \tag{4-3-10}$$

式中　t——统计量；

$\bar{p}$——平均相对偏离值；

$s_{\bar{p}}$——$\bar{p}$ 的标准差；

s——p 的标准差；

n——测点总数；

p_i——测点与关系曲线的相对偏离值。

当上述三种检验结果均接受原假设时，认为定线正确；若三种检验(或其中一、二种检验)结果拒绝原假设，应分析原因，对原定线适当修改，重做检验。

3.2.4.4　**显著性水平 α 值的选用与临界值的确定**

(1)符号检验：α 值采用 0.25，临界值按表 4-3-7 确定。

(2)适线检验：α 值采用 0.05~0.10，临界值按表 4-3-7 确定。

(3)偏离数值检验：α 值采用 0.10~0.20，临界值按表 4-3-8 确定。

表 4-3-8　临界值 $t_{1-\alpha/2}$

α	k							
	6	8	10	15	20	30	60	∞
0.05	2.45	2.31	2.23	2.13	2.09	2.04	2.00	1.96
0.10	1.94	1.86	1.81	1.75	1.73	1.70	1.67	1.65
0.20	1.44	1.40	1.37	1.34	1.33	1.31	1.30	1.28
0.30	1.13	1.11	1.09	1.07	1.06	1.06	1.05	1.04

注：表中 k 为自由度，对于偏离数值检验，取 $k=n-1$（n 为测点总数）；对于 t（学生氏）检验，取 $k=n_1+n_2-2$（n_1、n_2 分别为第一、第二组测点总数）。

3.2.4.5　t（学生氏）检验

实施流量间测（或巡测），采用历年综合水位流量关系曲线整编的测站，本年度为校测且测点数在 5 个以上的，需判断历年综合曲线能否继续使用，或判断相邻年份、相邻时段是否需分别定线时，均应进行 t（学生氏）检验，并应符合下列要求：

（1）进行 t（学生氏）检验时，应按式（4-3-11）、式（4-3-12）分别计算 t 值、s 值，并应将 t 值与用给定的显著性水平 α 及计算的 k 值查表 4-3-8 的 $t_{1-\alpha/2}$ 值比较，当 $|t|<t_{1-\alpha/2}$ 时，应认为原定曲线仍可使用，不需另行定线。

$$t=\frac{|\bar{x}_1-\bar{x}_2|-|\mu_1-\mu_2|}{s\sqrt{\dfrac{1}{n_1}+\dfrac{1}{n_2}}}=\frac{d-\mu_d}{s_d} \tag{4-3-11}$$

$$s=\sqrt{\left[\sum(x_{1i}-\bar{x}_1)^2+\sum(x_{2i}-\bar{x}_2)^2\right]/(n_1+n_2-2)} \tag{4-3-12}$$

式中　t——统计量；

x_{1i}——第一组测点（用于校测检验时为原用确定水位流量关系曲线的流量测点）对关系曲线的相对偏离值；

x_{2i}——第二组测点（用于校测检验时为校测的流量测点）对上述同一关系曲线的相对偏离值；

$\bar{x}_1$、$\bar{x}_2$——第一组、第二组平均相对偏离值；

μ_1、μ_2——第一组、第二组样本总体均值；

n_1、n_2——第一组、第二组测点总数；

s——第一组、第二组测点综合标准差；

d——两组样本均值差的绝对值（$d=|\bar{x}_1-\bar{x}_2|$）；

μ_d——两组样本的总体均值差的绝对值（$\mu_d=|\mu_1-\mu_2|$）；

s_d——样本均值差的标准差。

（2）进行 t（学生氏）检验时，α 值采用 0.05，临界值按表 4-3-8 确定。

（3）采用最小二乘法定线者时，式（4-3-11）和式（4-3-12）中的 $\bar{x}_1$ 可做零处理。在假设两组总体均值相等，即 $\mu_1=\mu_2$ 时，则式（4-3-11）可变为式（4-3-13）：

$$t = \frac{d}{s_d} = \frac{\bar{x}_1 - \bar{x}_2}{s\sqrt{1/n_1 + 1/n_2}} \tag{4-3-13}$$

(4)用于年际曲线及临时曲线的合并或分开定线检验时,当$|t|<t_{1-\alpha/2}$且曲线间最大偏差符合规范合并定线条件时,可合并定线。

3.2.5　水位流量关系高水、低水延长方法

水文站因故未能测得洪峰流量或枯水流量时,为推求全年完整的流量过程,必须对水位流量关系曲线做高水或低水延长。一般情况下,高水部分延长不应超过当年实测流量所占水位变幅的30%;低水部分延长不应超过15%。若超过此范围,应至少用两种方法做比较,并在有关成果表中,对延长的根据做出说明。

3.2.5.1　高水延长

1.根据水位面积、水位流速曲线做高水延长

河床比较稳定,水位面积、水位流速关系点据比较集中,曲线趋势明显的站,可用此法。如图4-3-3所示的用水位面积、水位流速曲线做高水延长,延长方法为:

(1)根据最近实测的大断面资料,绘出水位面积关系曲线。

(2)高水的水位流速曲线,常趋近于与纵轴接近平行的直线,根据这种特性,可顺实测的水位流速关系曲线趋势向上延长。

(3)以延长部分的各级水位的流速乘以相应面积得相应流量,据此便可绘出延长部分的水位流量关系曲线。

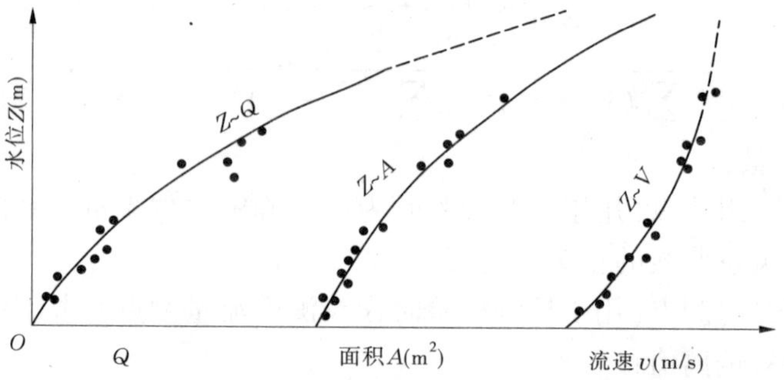

图4-3-3　用水位面积、水位流速曲线做高水延长示意图

2.用谢才-曼宁公式做高水延长

河道顺直、河床底坡平坦、断面均匀较稳定的站,可用谢才-曼宁公式做高水延长,方法如下。

1)有糙率和比降资料的延长方法

有糙率和比降资料的站,可点绘水位与糙率关系曲线,并延长至高水。选用高水时的糙率n值与实测的比降S,由实测大断面资料算得的过流水力半径R或平均水深$\bar{d}$和过流面积A,代入谢才-曼宁公式计算高水时的流速、流量,据此延长水位流量关系曲线。

高水无实测比降时,可由洪水痕迹推算洪峰时的比降,并可点绘水位与比降关系曲线,延长至高水位,进行验证。

2) 无糙率和比降资料的延长方法

无糙率和比降资料的站,可根据实测流量资料,用谢才-曼宁公式计算 $\frac{1}{n}S^{1/2}(=v/\bar{d}^{2/3})$ 值,并据以点绘 $Z\sim\frac{1}{n}S^{1/2}$ 关系曲线。一般高水部分 $\frac{1}{n}S^{1/2}$ 值接近常数,故可顺趋势沿平行于纵轴的方向延长至高水。依据实测大断面资料,计算面积 A 、平均水深 $\bar{d}$ 和 $A\bar{d}^{2/3}$,点绘 $Z\sim A\bar{d}^{2/3}$ 关系曲线。高水延长部分,按不同水位在曲线上分别查得相应的 $\frac{1}{n}S^{1/2}$ 和 $A\bar{d}^{2/3}$ 值,以两者乘积求得流量,据此延长水位流量关系曲线(如图 4-3-4 所示)。若高水漫滩,则主槽和漫滩部分应分别计算流量进行延长。

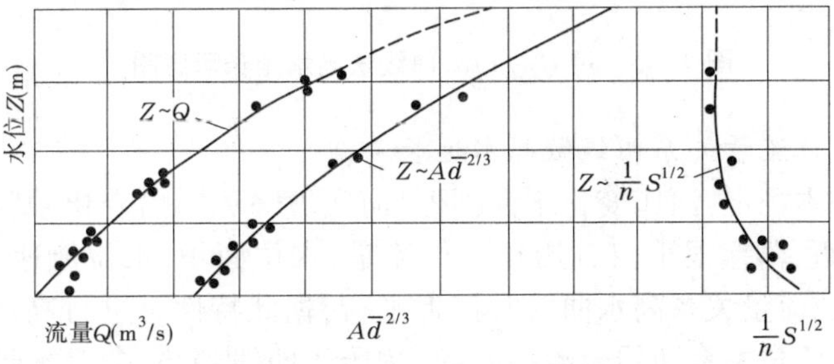

图 4-3-4　用谢才-曼宁公式做高水延长示意图

3. 用 $Q\sim A\sqrt{\bar{d}}$ 曲线法延长

本法适用于断面为窄深的单式河槽,无显著冲淤,高水糙率和比降变化不大的站。根据谢才-曼宁公式,若 R 以平均水深 $\bar{d}$ 代替,在高水部分, $C\sqrt{S}$ 值近似为常数 K ,则原式可改写为

$$Q = CA\sqrt{RS} = KA\sqrt{\bar{d}} \tag{4-3-14}$$

即高水部分 Q 与 $A\sqrt{\bar{d}}$ 近似呈直线关系,可据此做高水曲线延长。延长方法叙述如下:

如图 4-3-5 所示的用 $Q\sim A\sqrt{\bar{d}}$ 曲线法的高水延长,依据实测大断面资料,计算各级水位的 $A\sqrt{\bar{d}}$ 值,并点绘 $Z\sim A\sqrt{\bar{d}}$ 关系曲线。根据实测部分的 $Z\sim Q$ 曲线和 $Z\sim A\sqrt{\bar{d}}$ 曲线,查得各级水位的 Q、$A\sqrt{\bar{d}}$ 值,点绘 $Q\sim A\sqrt{\bar{d}}$ 关系曲线,并顺趋势按直线向上延长。以不同高水位 Z ,在 $Z\sim A\sqrt{\bar{d}}$ 曲线上查得 $A\sqrt{\bar{d}}$ 值,再以 $A\sqrt{\bar{d}}$ 值在 $Q\sim A\sqrt{\bar{d}}$ 曲线上查得相应 Q 值,据此点绘在原水位流量关系曲线上,连绘成平滑的高水延长曲线。将各条曲线绘制在一起,便于对比分析;也可以各自建立坐标系单绘各自的曲线,只要概念清楚,也能分析。

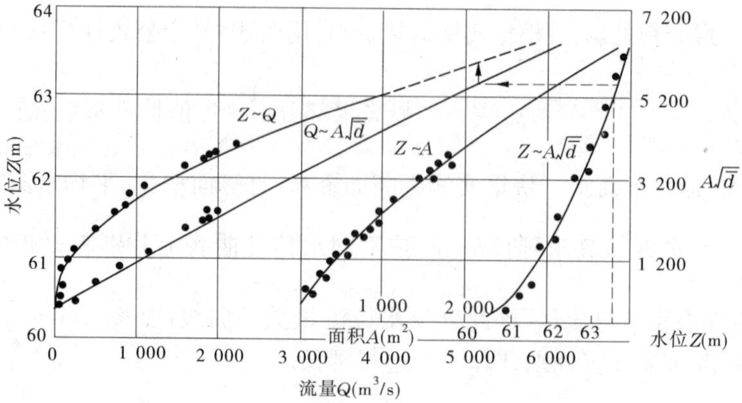

图 4-3-5　用 $Q\sim A\sqrt{d}$ 曲线法高水延长示意图

4. 参照历年水位流量关系曲线做高水延长

当测站控制基本稳定,河床变化不太剧烈,河底坡降无突出变化,基本水尺位置未迁移(或迁移距离很近,落差很小),其历年水位流量、水位面积、水位流速关系曲线无突出变化时,则各年水位流量关系高水曲线常接近平行,据此特性可进行高水延长。延长时,将历年和本年水位流量关系曲线合绘在一起,按历年曲线趋势,参照本年断面冲淤、流速和比降变化情况,向上延长。

3.2.5.2　低水延长

1. 根据水位面积、水位流速曲线做低水延长

河床比较稳定,水位面积、水位流速关系点据比较集中,曲线趋势明显的站,可用此法。延长方法为:

(1)根据最近实测的大断面资料,绘出水位面积关系曲线。

(2)低水水位流速曲线在断面无深潭情况下,常是向上凹的曲线,根据这种特性,可顺实测的水位流速关系曲线趋势延长。

(3)以延长部分的各级水位的流速乘以相应面积得相应流量,据此便可绘出延长部分的水位流量关系曲线。

2. 以断流水位为控制做低水延长

(1)根据水文站纵横断面资料确定。若水文站下游有浅滩或石梁,则以其顶部高程作为断流水位;若下游较长距离内河底平坦,则以基本水尺断面最低点高程作为断流水位。

(2)分析法。若断面整齐,在延长部分的水位变幅内,河宽变化不大,且无浅滩、分流等现象,可用此法。

在水位流量关系曲线中低水弯曲部分,从低向高依次取 a、b、c 三点,使这三点的流量关系满足 $Q_b=\sqrt{Q_aQ_c}$,则断流水位 Z_0 可按式(4-3-15)计算:

$$Z_0=\frac{Z_aZ_c-Z_b^{2}}{Z_a+Z_c-2Z_b} \tag{4-3-15}$$

式中　Z_0——断流水位,m;

Z_a、Z_b、Z_c——水位流量关系曲线上 a、b、c 三点的水位,m。

(3)图解法。原理和使用条件与分析法相同。如图 4-3-6 所示的图解法推求断流水位,按 $Q_b=\sqrt{Q_aQ_c}$ 的条件选 a、b、c 三点,在水位流量关系曲线图上通过 b、c 点做平行于横轴的两条水平线,分别与通过 a、b 点所做垂直于横轴的线相交于 d、e 点,使 ed、ba 的延长线相交于 f,过 f 点做平行于横轴的水平线交于纵轴,该交点即为断流水位 Z_0。

(4)延长方法。以断流水位和流量为零的坐标(Z_0,0)为控制点,依趋势将水位流量关系曲线向下延长至需要的水位处即可。

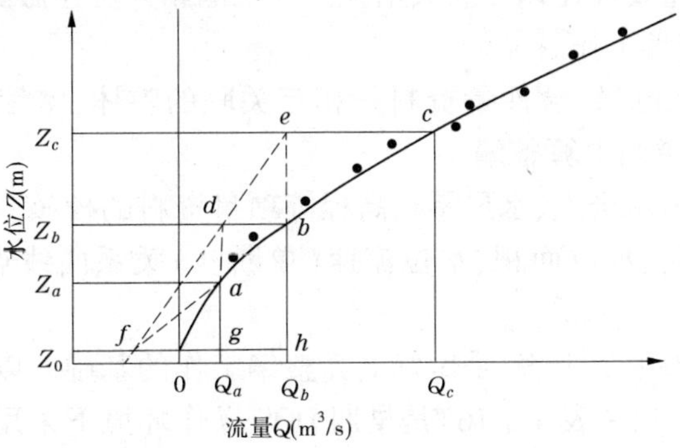

图 4-3-6　图解法推求断流水位示意图

3.2.6　水位流量关系临时曲线

3.2.6.1　适用条件

临时曲线法主要适用于不经常性冲淤的站,也可用于处理受结冰影响的水位流量关系。在水位流量关系相对稳定的时段内各定一条曲线,称为临时曲线。各临时曲线间以过渡方式相连接,并据以推求流量。

3.2.6.2　定线和推流方法

以实测流量、断面面积为依据,在水位流量、水位面积关系图上,按时序分析测点的分布规律,结合水位过程线,分析确定相对稳定时段和关系点分组,按定单一曲线的要求,分别定出各稳定时段的水位流量关系曲线(临时曲线)。

过渡时段的处理。两相邻临时曲线间的过渡时段,可绘过渡线连接。过渡线不具有稳定曲线的性质,可以反曲。根据过渡段的水位变化和关系点分布情况,可分别采用自然过渡、连时序过渡、内插曲线过渡等方法处理。

定线后,应将各条曲线(临时曲线和过渡线)依时序编号。按通用整汇编软件要求,做好每条曲线的推流起止时间、推流结点等的加工和录入工作。计算机根据每条临时曲线的使用时段、水位数据及结点数据等,会推算出瞬时水位对应的流量。

3.2.6.3　用临时曲线法推求冰期流量时的注意事项

有较长时期的固定岸冰或稳定的封冻,不受冰凌堆积或冰塞影响,其水位流量关系点据呈几组密集点带时,可用此法。

定线时,对突出点和两测次间水位突涨突落现象,必须结合冰情变化分析测点偏离原因,采用符合情况的方法恰当处理。

春季或秋季的畅流期曲线与其相邻近的冰期临时曲线之间,可用绘过渡线或内插曲线推流。

3.2.7 流量数据整编加工表编制

从 2018 年开始,全国开展以提高水文资料时效性为目的的水文资料整汇编改革,在站整编环节的责任和重要性比以往大大增强。要求测站人员在做好日常水文测报工作的同时,即时开展在站整编工作。

水文测站的水位、流量、含沙量资料是相互关联的整体,整编时称水流沙资料整编(电算软件界面称"河道站电算整编")。

在站整编时要先做水准点、水尺零点高程等项目资料的校核、考证;水流沙原始资料的校核、审查;水位流量、水位面积、水位流速(单断沙)关系曲线点绘(人工或利用计算机)、校核及审查。

编制水流沙数据整编加工表,是做好电算整编工作的基础。以下 8 种水流沙资料电算数据加工表(见表 4-3-9~表 4-3-16)是早期 DOS 操作环境下采用整编程序前必须要做的一项重要工作。随着计算机技术、网络技术的快速发展,目前,南北方片整汇编软件所需的测站水流沙资料电算数据加工表内容已大大减少,但电算整编的原理和环节基本类似。

表 4-3-9 水流沙资料电算数据加工表(一)

河名: 站名: 文件名: .DAT

标识符	含义	类型	输入数值
NF	资料年份,填公元年号	整型	,
IZH	站号,按整编或刊印站序编号	整型	,
ITZS	全年观测水位的时间次数	整型	,
IHZS	全年观测水位的测次数	整型	,
ISZS	全年施测单沙的测次数	整型	,
IQDS	全年推流时段数	整型	,
IZD	洪水水文要素摘录段数	整型	,
IHSW	水位小数位计算标志,计至厘米的填 0,计至 0.1 cm 的填 1,计至 0.5 cm 的填 5	整型	,

续表 4-3-9

标识符	含义	类型	输入数值
ISDS	全年推沙时段数	整型	,
IHRX	打印逐日平均水位或水位月年统计表标志。前者填 1,后者填 0	整型	,
IQRX	打印逐日平均流量或流量月年统计表标志。前者填 1,后者填 0	整型	,
IRRX	打印逐日平均输沙率或输沙率月年统计表标志。前者填 1,后者填 0	整型	,
ZSRX	打印逐日平均含沙量或含沙量月年统计表标志。前者填 1,后者填 0	整型	,
HC	水位常数标志省相同水位整米数填 0.0;减水位常数的填水位常数;既不减水位常数又不省水位整数填-1.0(实型量)	实型	,
QT	流量起时	实型	,
ZT	流量止时	实型	,
ST	含沙量起时	实型	,
SZT	含沙量止时	实型	,

制表:　　月　日　校核:　　月　日　审核:　　月　日

编制说明:根据测站情况及表内各项说明(含义)填写。

表 4-3-10　水流沙资料电算数据加工表(二)

洪水水文要素摘录段数(摘录段数 IZD=　)				
序号	起　时 Q S J		止　时 Z S J		附　注
	月	日　时　分	月	日　时　分	
		,　.　,		,　.　,	
		,　.　,		,　.　,	
		,　.　,		,　.　,	
		,　.　,		,　.　,	

制表:　　月　日　校核:　　月　日　审核:　　月　日

编制说明:根据本年洪水涨落过程,按照《水文年鉴汇编刊印规范》(SL 460—2009)的要求,将选定的洪水水文要素摘录时段,按时间先后顺序分别填入表内。

表 4-3-11 水流沙资料电算数据加工表(三)(推流时段)

序号	整编曲线编号	水位范围		推流结束时间 QTD		编号 JQXH 电算曲线	编号 IQF 推流方法	结点数	
		最高(m)	最低(m)	月 日 时 分				$H\sim Q$ 结点数 *IQJS*	改正结点数 *IGJS*
		.	.	,	. ,				
		.	.	,	. ,				
		.	.	,	. ,				
		.	.	,	. ,				
		.	.	,	. ,				

制表: 月 日 校核: 月 日 审核: 月 日

编制说明:当点绘确定好水位流量关系曲线(或其他整编方法时段后),按时间先后顺序分别填入序号、整编曲线编号、推流水位范围、推流结束时间、电算曲线编号(一般与整编曲线编号相同)、推流方法(曲线一般为一元三点插值法填 3)、节点数(根据曲线的曲度确定选择(水位)和查线(流量)组数的多少)。

表 4-3-12 水流沙资料电算数据加工表(四)(水位流量结点)

序号	线号	HJ		QJ	序号	线号	HJ		QJ
				.					.
				.					.
				.					.
				.					.
				.					.

制表: 月 日 校核: 月 日 审核: 月 日

编制说明:当点绘确定好水位流量关系曲线后,按人工推流的方法,从每条曲线的最低水位开始,根据曲线曲度大小,一直推流到最高水位,结点的密度以能控制推流精度为原则(计算机用结点推求的某水位级的流量与曲线偏差,在曲线的上中部不应超过±1%,下部不应超过±3%),若不符合精度要求,就应该适当加密结点数量。本表中的结点总数应与表(三)中的结点数相同。

表 4-3-13　水流沙资料电算数据加工表(五)

序号	整编曲线编号	推沙结束时间 QTD			电算曲线编号 ISXH	推沙方法编号 ISF	推沙时段结点数 ISJS
		月	日	时　分			
				.			
				.			
				.			
				.			
				.			

制表:　　　月　日　　　校核:　　　月　日　审核:　　　月　日

编制说明:当点绘确定好单断沙关系线后,按时间先后顺序分别填入每条关系线序号、整编曲线编号、推沙结束时间、电算曲线编号(一般与整编曲线编号相同)、推沙方法(直线一般填 1)、结点数(直线一般结点数为 2)。

表 4-3-14　水流沙资料电算数据加工表(六)

序号	线号	SJ	SDJ	序号	线号	SJ	SDJ
		.	.			.	.
		.	.			.	.
		.	.			.	.

制表:　　　月　日　　　校核:　　　月　日　审核:　　　月　日

编制说明:当点绘确定好单断沙关系线后,若为直线,只需列出两组(单沙、断沙)数据,一般取关系线最小、最大单沙及其对应的最小、最大断沙数据。单断沙关系线若为曲线,其做法与表(四)中的水位流量关系曲线(结点加工)类似。

表 4-3-15　水流沙资料电算数据加工表(七)

时间(TS)			含沙量 S	时间(TS)			含沙量 S
月	日	时·分		月	日	时·分	
		.				.	
		.				.	
		.				.	
		.				.	
		.				.	

制表:　　　月　日　　　校核:　　　月　日　审核:　　　月　日

编制说明:本表是反映全年(或某一时段)的单沙过程,线号是表示该时段单断沙关系线的“电算曲线编号”,与表(五)中的“整编曲线编号”对应。

表 4-3-16　水流沙资料电算数据加工表(八)

时间(TS)							水位 H		时间(TS)							水位 H	
月		日		时·分					月		日		时·分				
					·									·			
					·									·			
					·									·			
					·									·			
					·									·			

制表：　　　　　月　　日　　　校核：　　　　月　　日　　审核：　　　　月　　日

编制说明：本表是反映全年(或某一时段)的水位过程。利用自动化仪器(如超声波、雷达水位计、电子水尺)存储水位过程数据，一般会利用专业软件对水位记录过程进行简化处理并导入整汇编软件，人工应做好数据的合理性检查、校核工作。

3.2.8　流量特征值统计计算

3.2.8.1　日平均流量推求

(1)日平均水位查线法。当水位流量关系曲线较为平直，水位及其他有关水力因素在一日内变化平缓时，可根据日平均水位查读水位流量曲线或按模型公式计算推求日平均流量。

(2)算术平均法。适用于一日内流量变化不大或等时距摘录的时期。其方法是：应先用观测的瞬时水位查读水位流量曲线或按模型公式计算推求出瞬时流量，将一日内各次流量相加，除以一日内的观测次数。0 时、24 时无资料时，不要求插补。

(3)面积包围法。适用于洪水时期一日内流量变幅较大，观测或摘录时距不等时。利用计算机进行资料整编时均采用此法。其方法是：应先用观测的瞬时水位查读水位流量曲线或按模型公式计算推求出瞬时流量，以时距为权重，进行加权计算，其原理与日平均水位的计算相同。计算时，0 时、24 时都应有流量，否则应先插补其值。计算公式为

$$\overline{Q}=\frac{1}{48}[\Delta t_1Q_0+(\Delta t_1+\Delta t_2)Q_1+(\Delta t_2+\Delta t_3)Q_2+\cdots+\Delta t_nQ_n] \qquad (4\text{-}3\text{-}16)$$

式中　$Q_0, Q_1, \cdots, Q_n$——瞬时水位推得的瞬时流量，m^3/s；

$\Delta t_1, \Delta t_2, \cdots, \Delta t_n$——相邻两瞬时流量间的时距，h；

$\overline{Q}$——日平均流量，m^3/s。

以面积包围法求得的日平均值作为标准值，其他方法求得的日平均值与其相比，其允许相对误差：中高水为±2%，低水为±5%，流量很小时可适当放宽。

(4)年头年尾与上、下年流量应衔接。

计算出日平均流量，可编制整编成果的“逐日平均流量表”，进而统计计算月年特征值。

3.2.8.2　流量月特征值统计计算

(1)月平均流量以月总数除以当月日数得之。

(2)月径流量以月总数乘以一日秒数(86 400)得之。

(3)月最大、最小流量及发生日期,应在当月瞬时流量过程中挑选。

水位流量关系曲线为单一曲线者,月最高、最低水位推求的流量即为月最大、最小流量。水位流量关系为水力因素法(或单值法处理)定线或时序型曲线,应先从该月高水、低水中推求出若干可能为最大、最小的数值,再从中挑选月最大、最小流量。用实测流量过程线法者,在过程线上选取。编制几股水流的合成逐日平均流量表时,应在该月高水、低水时期,分别推求各股水流瞬时流量,将各股相应时间的流量相加,求出瞬时总流量,再挑选最大、最小流量。

3.2.8.3　**流量年特征值统计计算**

(1)年平均流量以年总数除以当年日数得之。

(2)年径流量以年总数乘以一日秒数(86 400)得之。河道站断面上游或水库站有实测引出(入)径流量,引出(入)径流量或水库蓄水变量参加或不参加年径流深度及年径流模数计算的,均应在附注栏说明。

(3)径流模数以年平均流量(m^3/s)除以集水面积(km^2),再乘以 1 000 得之。

(4)径流深度以年径流量(m^3)除以集水面积(km^2),再除以 1 000 得之。统计径流模数、径流深度时,河道站应加入(减去)断面上游实测引出(入)径流量。

(5)洪量统计:在逐日平均流量表中,统计最大 1 d、3 d、7 d、15 d、30 d、60 d 洪量。

第 4 章 水文测量

4.1 水准测量

4.1.1 水准仪与水准尺的使用

4.1.1.1 水准仪使用

1. 使用前准备

仪器使用一般经过领取、架设、测量、迁站、装箱等过程，各环节都需注意检查、正确使用及维护测量仪器工具。下面以水准仪、经纬仪为例说明准备事项。

(1)领取仪器时注意辨认仪器型号，查看检验记录等信息；检查仪器箱盖是否关妥、锁好，背带、提手是否牢固；脚架与仪器是否相配，脚架各部分是否完好，脚架腿伸缩处的连接螺旋是否滑丝。

(2)仪器开箱时应平放在地面上或其他台面上，不要托在手上或抱在怀里开箱，以免将仪器摔坏。取出仪器前，要注意观察仪器安放的位置与方向，以免使用结束装箱时因安放位置不正确而损伤仪器。

(3)仪器自箱内取出前一定要先放松制动螺旋，以免取出仪器时因强行扭转而损坏制动、微动装置，甚至损坏轴系。自箱内取出仪器时，应一手握住照准部支架，另一手扶住基座部分，轻拿轻放，不要用一只手抓仪器。自箱内取出仪器后，要随即将仪器箱盖好，以免沙土、杂草等进入箱内，并避免搬动仪器时丢失附件。仪器在取出、放入及使用过程中，要注意避免触摸仪器的目镜、物镜，以免沾污，影响成像质量。不允许用手指或手帕等物直接擦拭仪器的目镜、物镜等光学部分。

2. 架设仪器时的注意事项

(1)脚架三条腿拉出的长度要适中。伸缩式脚架三条腿抽出后，要拧紧固定螺旋，用力不能过猛，以免造成螺旋滑丝。要防止因螺旋未拧紧而使脚架自行收缩造成仪器摔坏。

(2)架设脚架时，三条腿分开的跨度要适中，跨度太小则脚架稳定性差，跨度太大则脚架腿容易滑动。若在斜坡上架设仪器，应使两条腿在坡下(可稍放长)，一条腿在坡上(可稍缩短)。若在光滑地面上架设仪器，要采取安全措施(例如用细绳将脚架三条腿连接起来)，防止脚架滑动摔坏仪器。

(3)在脚架安放稳妥并将仪器放到脚架上后，应一只手握住仪器，另一只手旋紧仪器和脚架间的中心连接螺旋，避免仪器从脚架上滑落。

(4)仪器箱多为薄型材料制成，不能承重，因此，严禁踩、坐在仪器箱上。

3. 仪器在使用过程中注意事项

(1)在阳光或雨天观测时必须撑伞，防止日晒和雨淋(包括仪器箱)。

(2)任何时候仪器旁必须有人守护。禁止无关人员拨弄仪器,注意防止行人、车辆碰撞仪器。

(3)若遇目镜、物镜外表面蒙上水汽而影响观测(在冬季较常见),应稍等一会或用纸片扇风使水汽散发。若镜头上有灰尘应用仪器箱中的软毛刷拂去,严禁用手帕或其他纸张擦拭,以免损伤镜面。观测结束应及时套上物镜盖。

(4)操作仪器时,用力要均匀,动作要准确、轻捷。制动螺旋不宜拧得过紧,微动螺旋和脚螺旋旋转应使用其中间部分,用力过大或动作太猛都会造成对仪器的损伤。

(5)转动仪器时,应先松开制动螺旋,然后平稳转动。使用微动螺旋时,应先旋紧制动螺旋。

4. 仪器迁站时的注意事项

(1)在远距离迁站或通过行走不便的地区时,必须将仪器装箱后再迁站。

(2)在近距离且平坦地区迁站时,可将仪器连同三脚架一起搬迁。首先检查连接螺旋是否旋紧,松开各制动螺旋,再将三脚架腿收拢,然后一只手托住仪器的支架或基座,另一只手抱住脚架,稳步行走。搬迁时切勿跑行,防止摔坏仪器。严禁将仪器横扛在肩上搬迁。

(3)迁站时,要清点所有的仪器和工具,防止丢失。

5. 仪器装箱时的注意事项

(1)仪器使用完毕,应及时盖上物镜盖,清除仪器表面的灰尘和仪器箱、脚架上的泥土。

(2)仪器拆装前,要先松开各制动螺旋,将脚螺旋调至中段并使大致等高。然后一手握住仪器基座,另一只手将支架中心连接螺旋旋开,双手将仪器从脚架上取下放入仪器箱内。

(3)仪器装入箱内要试盖一下,若箱盖不能合上,说明仪器未正确放置,应重新放置,严禁强压箱盖,以免损坏仪器。在确认安放位置正确后再将各制动螺旋略微旋紧,防止仪器在箱内自由转动而损坏部件。

(4)清点箱内附件,若无缺失则将箱盖盖上、扣好搭扣、上锁。

4.1.1.2　水准尺使用要求

1. 水准尺的选用

水文测站进行高程测量使用的水准尺,应采用双面水准尺,若因条件限制,四、五等水准测量可采用单面尺,不得使用塔尺。

对于新购置或初次使用的水准尺,应对水准尺上圆水准器、分划面弯曲差、dm分划误差、一对水准尺零点不等差及基、辅分划读数差和名义米长等检校和测定。

2. 立尺点的选择

选择合适的立尺点可以提高测量工作的效率和质量。对于不同的测量工作其立尺点有所不同,在水准点上,水准尺应立于原点上;转点处应将尺垫踩实,立于尺垫半球顶端上,前视转为后视时立尺点位置不变,保证逐站传递高程的正确性;由后视转为前视时,为使前、后视距基本相等,转移时可用步丈量距离。测量立尺时应随时注意听从仪器观测员的指挥。

地形测量时,地物点应立于控制点位上,如长方形房屋的几何图形的三个角上;地貌点应立于特征点及转折点上,如测绘山顶时,应立尺于山顶最高点和山顶附近坡度变化处,以利于绘出其形状。

3. 扶尺

测量时,水准尺应扶直、扶稳,使水准尺立于测点的铅垂线上。水准尺处于垂直状态下,所测读的数据才是准确的。

扶尺员应站在尺后,双手握住把手,两臂紧贴身躯,借助尺上水准器将尺铅直立在测点上。对无气泡的水准尺,观测员可从望远镜中观察尺子与竖丝是否平行来判断尺子是否左右倾斜。当水准尺前后倾斜时,观测员难以发现,导致读数偏大。使用尺垫时,应事先将尺垫踏实,将尺立在半球顶端。在作业过程中,要经常注意尺底的清洁,以免造成零点有误。使用塔尺时,要防止尺段下滑造成读数错误。

4. 水准尺的读数方法

在水准尺竖直、水准仪气泡居中的前提下读取中横丝截取的尺面数字。

读尺之前,要弄清、掌握所用水准尺的分划和注字规律。读数时,对于望远镜看到的水准尺影像是倒镜时,应按从上往下、从小向大的方向读数,以 dm 标注数字为参照点,先读出注记的 m 数和 dm 数,再读出 cm,最后估读 mm 数,不要漏 0(如 1.050 的两个 0 都应读记)。对于成正镜的望远镜,应按从下往上、从小向大的方向读取。

4.1.2　水准仪测量原理

水准测量是利用水准仪提供的水平视线,借助于带有分划的水准尺,直接测定水平视线在水准尺上的交汇读数,进而推算地面上两点间的高差,然后根据已知点高程和测得的高差,推算出未知点高程。如图 4-4-1 所示,A 点为后视点,A 点尺上的读数 a 称为后视读数;B 点为前视点,B 点尺上的读数 b 称为前视读数,则 A、B 两点高差为 $h_{AB}=a-b$ 。由 A 点高程 H_A 推算未知点 H_B 高程的方法有高差法和视线高法(H_i 是仪器水平视线高程)。

(1)高差法:　　$H_B = H_A + h_{AB}$

(2)视线高法:　　$H_i = H_A + a, H_B = H_i - b$

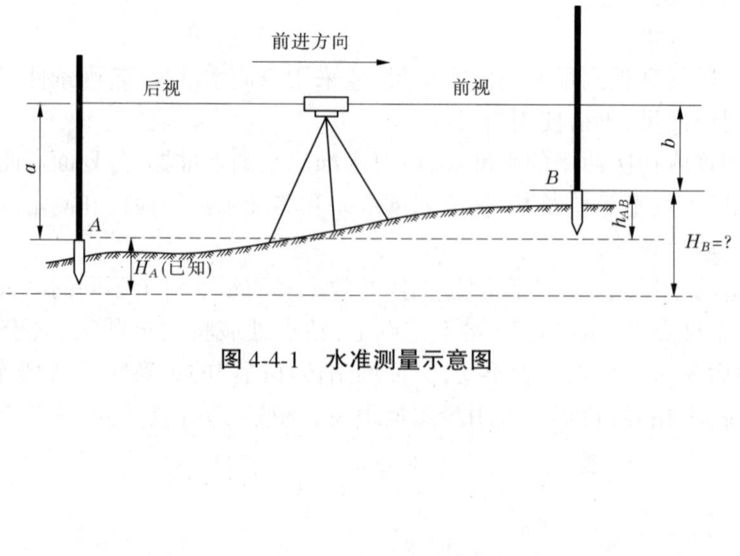

图 4-4-1　水准测量示意图

4.1.3　四等水准测量技术要求

4.1.3.1　水准路线概念

进行水准测量所经过的路线，称为水准路线。相邻两固定点间的路线称为测段。在水文普通测量中，水准路线布设主要有闭合水准路线、附合水准路线、支水准路线三种形式，前两种路线的测量成果可以得到高级水准可靠的检核。

1. 闭合水准路线

闭合水准路线如图 4-4-2(a)所示，是从一已知水准点 BM_A 出发，经过测量各测段的高差，求得沿线其他各点高程，最后又闭合到 BM_A 的环形路线。

2. 附合水准路线

附合水准路线如图 4-4-2(b)所示，是从一已知水准点 BM_A 出发，经过测量各测段的高差，求得沿线其他各点高程，最后到另一已知水准点 BM_B 的路线。

3. 支水准路线

支水准路线如图 4-4-2(c)所示，是从一已知水准点 BM_1 出发，沿线往测其他各点高程到终点 2，又从 2 点返测至 BM_1，其路线既不闭合又不附合，但必须是往返施测的路线。

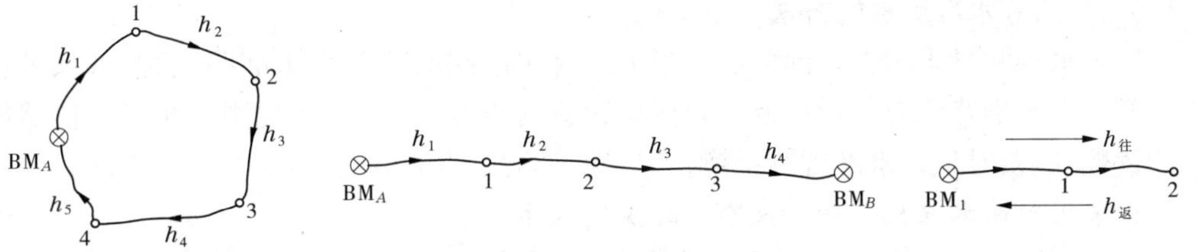

(a)闭合水准路线　(b)附合水准路线　(c)支水准路线

图 4-4-2　水准路线图

4.1.3.2　四等水准测量的用途和一般要求

四等水准一般用于接测高程基点、固定点和洪水痕迹的高程。地形测量的高程控制测量和大断面岸上部分的高程测量均可使用四等水准测量，没有条件按三等水准接测校核水准点高程时，可改用四等水准接测。水文四等水准测量的一般要求如下：

(1)水准仪采用不低于国产水准仪系列的 S_3 级。在每次外业测量前要对仪器做全面检查；水准标尺一般应用双面水准尺。若因条件限制，可用单面水准尺(禁止使用塔尺或折尺)，但测量时，在每一仪器站读取第一次读数后，即应变换仪器高度 10 cm 以上，再进行第二次测读。

(2)四等水准路线支线长度一般应不超过 15 km。在两高级点间布设的附合路线长度应不超过 80 km；测站水准点联测和比降观测水准点高程测量的路线长度应不超过 1 km。

(3)四等水准测量要求视线高度保证三丝能读数。在每一仪器站的允许视线长度不超过 100 m，前后视距不等差单站不超过 3 m，测段累计不超过 10 m。同时要求，各项测量允许高差限差满足如表 4-4-1 所列的水文四、五等水准允许高差限差。

表 4-4-1　四、五等水准允许高差限差及数字水准仪重复测量次数

测量等级	同尺黑、红面读数差（mm）	同站黑、红面所测高差之差（mm）	左右线路转点差（mm）	检测间歇点高差之差（mm）	数字水准仪重复测量次数
四等水准	3.0	5.0	4.0	5.0	≥2
五等水准	4.0	6.0	6.0	6.0	≥2

注：1. 使用双摆位自动安平水准仪观测时，不计算黑、红面读数差。

2. 使用数字水准仪，同一标尺两次观测所测高差之差执行同站黑、红面所测高差之差。

（4）四等水准左右路线高差不符值为$\pm14\sqrt{L}$ mm；路线、区段、测段往返测高差不符值、附合路线（或环线）闭合差：平原为$\pm20\sqrt{L}$ mm，丘陵、山区为$\pm25\sqrt{L}$ mm 或$\pm6\sqrt{n}$ mm（L 为各种路线往返平均长度，均以 km 为单位，L 小于 1 km 时，按 1 km 计；n 为水准测段测站数）。

（5）一般高程测量和水尺零点高程测量等常用水准仪，每年应进行不少于 1 次的水准仪圆水准气泡和 i 角的检验与校正。

4.1.3.3　四等水准测量的方法

四等水准测量采用中丝读数法。当为闭合水准路线或附合水准路线时，可只进行单程测量。支水准路线应进行往返观测或单程双转点左、右路线法观测。在每一仪器站的观测读数，应及时记入水准观测手簿。

1. 采用双面水准尺时每一仪器站的操作程序

（1）安平仪器（当望远镜绕垂直轴旋转时，符合水准器气泡两端影像分离应不大于 1 cm）。

（2）照准后视水准尺的黑面（此时水准尺垂直立于桩点或尺垫上，下同），转动微倾螺旋使符合水准器气泡精确居中，先读视距丝读数，然后读中丝读数；再照准后视水准尺的红面，用中丝读取红面读数，即后黑——下、上、中，后红——中读数。

（3）照准前视水准尺黑面，按（2）项操作，转动微倾螺旋使符合水准器气泡精确居中，按前黑——下、上、中，前红——中读数。

其操作顺序简称为后黑、后红、前黑、前红。也可按三等水准测量观测要求顺序后黑、前黑、前红、后红进行。

2. 采用一镜双高单面水准尺时每一仪器站的操作程序

（1）安平仪器（要求同上）。

（2）照准后视水准尺，使用微倾螺旋使符合水准器气泡精确居中，先读视距丝读数，然后读中丝读数，即后黑——下、上、中。

（3）照准前视水准尺，进行第（2）项操作，即前黑——下、上、中。

（4）变换仪器高度 10 cm 以上，然后按第（1）、（2）项操作，读前视水准尺中丝读数，即前黑——中。

（5）按第（2）项的操作，用中丝测读后视水准尺读数，即后黑——中。

其操作顺序简称为后、前、前、后。

4.1.3.4　测量结果检查

1. 测站检查

在每一仪器站观测时，应及时检算前后视距不等差，同尺黑、红面读数差以及同站黑、红面高差之差是否符合所要求的限差。当符合限差要求时，方可迁至下一站，否则应重测。

2. 测段检查

每测完一个测段，应立即计算往、返测或单程双转点左、右路线测量的高差。当闭合差（或不符值）超过要求的限差时，应按下列要求重测和计算高差结果：

(1)对可靠程度低的往测或返测可进行单程重测。

(2)如果重测的单程高差与同一方向原测高差的不符值符合限差，且其平均数与反方向的原测高差亦符合限差，应取其平均值作为该单程的高差结果。

(3)若重测的高差与同方向的原测高差不符值超出限差，而重测的单程高差与反方向原测高差没有超出限差，应用重测的单程高差与反方向原测单程高差计算闭合差。

(4)若该单程重测后与原往、返测的单程高差计算结果均超出限差，应重测另一单程，至符合限差要求。

(5)用单程双转点左右路线观测时，可只重测1个单程单线，并与原测结果中符合限差的1个左或右单线的高差取平均值。

(6)如果重测结果分别与原测的左、右线结果比较均符合限差，应取3次单线的结果平均值。

(7)当重测的结果与原测2个单线结果均超出限差，应分析原因再测1个单程单线，至符合限差要求。

4.1.3.5　操作注意事项

(1)测量最好能在无风或风小的天气进行；测量时仪器须用浅色测伞遮蔽阳光；迁站时仪器应罩上白色布罩，且不应将仪器横扛肩上前进。

(2)当因天气等影响成像不够清晰时，应适当缩短视线长度至成像清晰再测读。视线长度用视距法测定，为使其前后视距不等差符合要求，测量过程中应注意不使其累积差系统过大。

(3)测量时，水准尺应垂直放在尺桩或尺垫（地钉）上。安放尺垫时，须先铲除松土或草皮。在土质松软地段，可用长40 cm、直径8~10 cm、顶端钉有圆帽钉的木桩，打入土中以代替尺垫，仪器脚架也应安放在不带帽钉的同样木桩上，以免沉陷。

(4)地形高程控制及长距离引测的水准测量，作业时应遵守下列事项：

①使用的水准仪、水准尺，应在使用前进行相应等级的全面检验与校正。在使用中应经常进行水准仪圆水准气泡和 i 角的检验与校正，i 角不得大于20″。水准尺的米间隔平均真长与名义长之差，木质标尺不得大于0.5 mm/m。数字水准仪系统分辨力（10 m视距）应优于0.02 mm。

②安放仪器三脚架时，宜使其中两脚与水准路线的方向平行，第三脚交替轮换置于路线方向的两侧。

③同一仪器站测量时,除水准路线转弯处外,每一仪器站的前、后视尽可能在同一直线上;不应两次调焦。转动仪器的倾斜螺旋和测微鼓时,其最后旋转方向应为旋进。使用自动安平水准仪时,相邻仪器站应交替对准前、后视调平仪器。

④每一测段的往测或返测,其仪器站数均应为偶数,以消除一对水准尺零点不等差。由往测转向返测时,两标尺应互换前、后站位置,并应重新安置仪器。

⑤若一次连续测量不能测完一个测段(指往、返双向),应在测至水准点或固定点以后方能间歇;否则,应选择 2 个坚实可靠的固定点作为间歇点。间歇后应进行检测,应先检测间歇前最末一个仪器站的两个固定转点,比较间歇前、后所测高差之差,若在 5 mm 以内(三等 3 mm、五等 6 mm),方可从最后的转点继续向前测量;否则,须继续检测间歇前的各转点,以确定没有变动的转点,然后由此点继续起测。转点间的关系位置,须在记载簿上绘图编号标示。

4.1.4　四等水准测量成果记录与整理

4.1.4.1　测量数据资料记录通用要求

(1)观测记录必须现场填写在规定的表格内,不得用其他纸张记录后再行转抄。

(2)凡记录表格上规定填写的项目应填写齐全。

(3)所有记录与计算均用 3H 及以上硬度的铅笔记载。字体应端正清晰,字高应稍大于表格行高的一半。一旦记录中出现错误,可在留出的空隙处对错误的数字进行更正。观测者读数后,记录者应立即回报读数,经确认后再记录,以防听错、记错。

(4)禁止对记载数据擦拭、涂改与挖补。发现错误应在错误数组上用斜线画去,将正确数字写在原数上方,不得使原数组模糊不清。当某整个部分内容因错误舍弃时,可用较长斜线画去该部分,并保持原内容清晰。所有记录的修改和观测成果的舍弃,均应在备注栏内注明原因(如测错、记错或超限等)。

(5)禁止连环更改,若已修改了平均数,则不准再改计算得此平均数之任何一原始数。若已改正一个原始读数,则不准再改其平均数。假如两个读数均错误,则应重测重记。

(6)读数和记录数据的位数应齐全,"0"值位不能空缺。如在普通测量中,水准尺读数 0325,其中的"0"不能省略。不同等级水准测量水准尺读数均应记至四位。

(7)数据计算时,应根据所取的位数,按"4 舍 6 入,奇进偶舍"的规则进舍。如 1.314 4、1.313 6、1.314 5、1.313 5 等数,若取三位小数,则均记为 1.314。

(8)每测站观测结束,应在现场完成计算和检核,确认合格后方可迁站。

4.1.4.2　四等水准测量成果的记录与检查

1. 记载计算表式

四等水准测量记载计算表格式见表 4-4-2。

表4-4-2 四等水准测量手簿(双面尺法) (单位:m)

测站编号	点号	后尺 下丝 上丝 后距 视距差 d	前尺 下丝 上丝 前距 累积差 $\sum d$	方向及尺号	标尺读数 黑面	标尺读数 红面	K+黑-红	平均高差	备注
		(1) (2) (9) (11)	(5) (6) (10) (12)	后 前 后-前	(3) (7) (15)	(4) (8) (16)	(13) (14) (17)	(18)	
1	BM_1— TP_1	1 571 1 197 37.4 -0.2	0 739 0 363 37.6 -0.2	后12 前13 后-前	1 384 0 551 +0.833	6 171 5 239 +0.932	0 -1 +1	+0.832 5	K为水准尺尺常数,表中: K_{12}=4.787 K_{13}=4.687
2	TP_1— TP_2	2 121 1 747 37.4 -0.1	2 196 1 821 37.5 -0.3	后13 前12 后-前	1 934 2 008 -0.074	6 621 6 796 -0.175	0 -1 +1	-0.074 5	
3	TP_2— TP_3	1 914 1 539 37.5 -0.2	2 055 1 678 37.7 -0.5	后12 前13 后-前	1 726 1 866 -0.140	6 513 6 554 -0.041	0 -1 +1	-0.140 5	
4	TP_3—A	1 965 1 700 26.5 -0.2	2 141 1 874 26.7 -0.7	后13 前12 后-前	1 832 2 007 -0.175	6 519 6 793 -0.274	0 +1 -1	-0.174 5	

表中第一行各栏括弧中数字表示该栏记录或计算的先后顺序,其中(1)~(8)为观测读数记录。使用单面水准尺采用一镜双高法时,变动仪器高的前、后读数分别相当于双面尺的黑、红面读数。

记录和计算的数值一般记至mm(以m为单位小数位取至0.001),但前、后视距差记至dm(以m为单位小数位取至0.1)。

2. 测站计算及检查

测站检查可以校核本站的测量结果是否符合要求。

1) 视距部分

视距等于下丝读数与上丝读数的差乘以100。

后距:(9)=[(1)-(2)]×100

前距:(10)=[(5)-(6)]×100

计算前、后视距差：(11)＝(9)－(10)≤±3 m

计算前、后视距累积差：(12)＝上站(12)＋本站(11)≤±10 m

2) 水准尺读数检核

同一水准尺的红、黑面中丝读数之差，应等于该尺红、黑面的尺常数 K(4.687 m 或 4.787 m)。红、黑面中丝读数差(13)、(14)按下式计算：

$(13)=(3)+K_{前}-(4)\leqslant\pm3$ mm

$(14)=(7)+K_{后}-(8)\leqslant\pm3$ mm

3) 高差计算与校核

根据黑、红面读数计算黑、红面高差(15)、(16)，计算平均高差(18)。

黑面高差：(15)＝(3)－(7)

红面高差：(16)＝(4)－(8)

黑、红面高差之差：(17)＝(15)－[(16)±0.100]＝(14)－(13)(校核用)，式中 0.100 是两根水准尺的尺常数之差(m)。

黑、红面高差之差(17)的值，四等不得超过 5 mm。

平均高差：$(18)=\dfrac{1}{2}\{(15)+[(16)\ \pm 0.100]\}$

当 $K_{后}=4.687$ m 时，式中取＋0.100 m；当 $K_{后}=4.787$ m 时，式中取－0.100 m。

3. 每页或多站计算的校核

每页或多站检查可以校核相应测段的测量结果是否符合要求。

1) 视距计算检查

后视距离总和减前视距离总和应等于末站视距累积差，即

$\sum(9)-\sum(10)=$ 末站(12)

总视距 $=\sum(9)+\sum(10)$

2) 高差计算检查

黑、红面后视读数总和减黑、红面前视读数总和应等于黑、红面高差总和，还应等于平均高差总和的 2 倍，即

测站数为偶数时：

$\sum[(3)+(4)]-\sum[(7)+(8)]=\sum[(15)+(16)]=2\sum(18)$

测站数为奇数时：

$\sum[(3)+(4)]-\sum[(7)+(8)]=\sum[(15)+(16)]=2\sum(18)\pm0.100$

4. 线路检查

线路校核可以校核整个线路的测量结果是否符合要求。

计算水准线路的高差闭合差并与允许闭合差比较，若闭合差(或不符值)不超过允许的限差，说明测量成果符合要求；否则，应检查测量和计算过程。

4.1.4.3 四等水准测量记载计算示例

用双面水准尺进行四等水准测量的记录、计算与校核见表 4-4-2，现用表中数据示例每页检核。

(1)视距计算检查：

$\sum(9)-\sum(10)=138.8-139.5=-0.7=$第 4 站的(12)

总视距$=\sum(9)+\sum(10)=278.3$

(2)高差计算检查：

$\sum[(3)+(4)]-\sum[(7)+(8)]=32.700-31.814=+0.886$

$\sum[(15)+(16)]=+0.886$

$\sum(18)=+0.4430$　　　$2\sum(18)=+0.886$

4.1.5　水尺零点高程测量与计算

4.1.5.1　水尺零点高程测量

水尺零点高程测量就是经过测量确定水尺零刻度线(到某一基面)的高程。

(1)水尺零点高程测量仪器要求和测量方法基本同四等水准测量,均应采用往返测量。水准尺可采用双面水准尺,若用单面水准尺,往、返测均应采用一镜双高法。一镜双高法变换仪器高度前、后所测两尺高差之差限差,与同站黑、红面所测高差之差限差相同。水尺零点高程测量限差应符合表 4-4-3 的规定。

表 4-4-3　水尺零点高程测量限差

地势	同尺黑、红面读数差(mm)	同站黑、红面所测高差(mm)	往返不符值(mm)	视线长度(m)	单站前后视距差(m)
不平坦	≤3	≤5	$\pm4\sqrt{n}$	≤50	≤5
平坦	≤3	≤5	$\pm3\sqrt{n}$	≤100	≤5

注:1. n 为单程仪器站数;

2. 要求视线高度:三丝能读数。

(2)需要校测的各支水尺,在往测和返测过程中都应逐个测量。推算往、返两次各水尺零点高程均应由校核水准点或基本水准点开始。

(3)接(校)测水尺时,直立式水尺的零点若不能在水尺上直接测读,可在水尺桩一侧钉一能安放水准尺的小木块,使木块上端的平面与水尺上的整分米分划齐平,每次接测或校测时将水准尺固定放置在小木块上读数;矮桩式水尺测量时,应将水准尺放在桩顶帽钉或固定点上;倾斜式水尺应在不同倾斜度适当的整分米分划线处安放水准尺测读其高程;悬锤式和测针式测定其固定点高程。

4.1.5.2　水尺零点高程测量记载与计算

1. 水尺零点高程测量记载

水尺零点高程测量记载表如表 4-4-4 所列。

(1)起点距栏填写各支水尺距零点标志桩的距离,距仪器站间距即仪器测量的视距。

(2)后视、前视和间视栏填写水准尺中丝读数,上、下两栏分别为水准尺黑、红面读数,其差为某号尺黑、红面间的尺常数。

表 4-4-4　水尺零点高程测量记载表

仪器站号	测点	起点距或间距(m)	距仪器站间距(m)(后视/前视)	后视(m)	前视(m)	间视(m)	高差(m)		平均高差(m)		高程(m)
							+	−	+	−	

水尺编号	高程(m)			原测高程(m)	取用高程(m)	闭合差(m)	
	往测	返测	平均			实测	允许
							$\pm m\sqrt{\quad}=$
							$\pm m\sqrt{\quad}=$
							$\pm m\sqrt{\quad}=$
							$\pm m\sqrt{\quad}=$

(3)高差为后视读数减前视或间视读数。

(4)平均高差为高差上、下两栏的平均值。

(5)高程为水准点或转点高程加本测点高差。间视是水准路线两尺点之间附加的点,若水尺距离很近,用一镜多尺测量时常可有若干间视点,间视栏可填记占几栏(向下顺延),若无附加点应空白不填。

(6)返测时,由水准点算起,将返测记录的后视当前视,前视当后视,反算各测点的前、后视高差和高程。

2. 水尺零点高程的计算

计算各支水尺的往、返测高程不符值,若符合规定精度,再计算各支水尺往、返高程平均值,决定水尺零点高程。

各支水尺往、返算出的零点高程不符值若不超出表 4-4-4 的限差,应以往、返两次高程的平均值作为新测的水尺零点高程。新测水尺零点高程与原用的水尺零点高程相差不超过该次测量的允许不符值,或虽超过允许不符值,但比降水尺不大于 5 mm,其他水尺不大于 10 mm 时,其水尺零点高程仍应沿用原高程;否则,应采用新测高程。

4.2　断面测量

河道断面测量分为横断面和纵断面。超出一定洪水位或特定高程的垂直于水流平均流向的河流横断面在水文测验中称为大断面,如水文测验中的基本水尺断面、流速仪测流断面、浮标中断面等都属于大断面。水流过流断面俗称小断面或过流断面。横断面一般用断面上各点(垂线)与起始点的水平距离(也称起点距)及相应高程描述,数据由长度测量和高程测量获得,测量一般分为岸上和水下两部分施测。

4.2.1　交会法测量断面起点距

4.2.1.1　基线交会法

基线交会法一般要设置已知两者之间距离的断面基线杆桩和起点杆桩,以提供测量交会角的条件。断面线、基线及有关杆桩与仪器测量的关系如图 4-4-3 所示,图中 P 是断面起点,A 是基线的在线点,B 是基线的外点,C 是待测起点距的目标点,P、A、B 点都有杆桩(通常分别称为起点杆桩、断面杆桩、基线杆桩),C 点在断面移动、有标志(一般为渡船)。CP 是断面线,A 点在断面线上,$PA=k$;AB 是基线,$AB=l$;BC 是基线外桩点 B 与待测起点距目标点 C 的视线。在基线杆桩和目标点形成的三角形 ABC 中,$\angle CAB=\alpha$,$\angle ABC=\beta$,$\angle BCA=\theta$,$\theta=180°-(\alpha+\beta)$,$\beta=180°-(\alpha+\theta)$。其中,$PA=k$,$AB=l$,$\angle CAB=\alpha$ 是设计的已知条件。

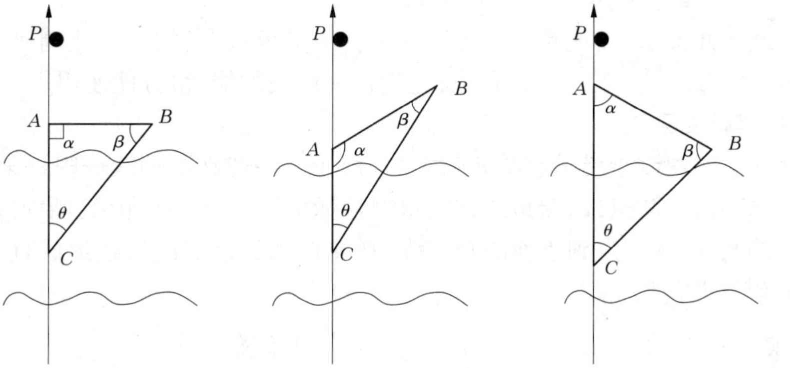

(a)断面线与基线呈直角　(b)断面线与基线呈钝角　(c)断面线与基线呈锐角

图 4-4-3　断面线、基线及有关杆桩与仪器测量的关系

使用经纬仪、平板仪交会法测量时,仪器架设在 B 点,以 BA 为后视方向,BC 为前视方向,测得的是$\angle ABC=\beta$,按三角形的正弦定理和有关已知条件,用式(4-4-1)可计算目标点 C 的起点距 L。

$$L=l\frac{\sin\beta}{\sin(\alpha+\beta)}+k \tag{4-4-1}$$

当$\angle CAB=\alpha=90°$时,L 为

$$L=l\tan\beta+k \tag{4-4-2}$$

使用六分仪交会法测量时,仪器架设在 C 点,测得的是$\angle BCA=\theta$,用式(4-4-3)可计算目标点 C 的起点距 L。

$$L=l\frac{\sin(\alpha+\theta)}{\sin\theta}+k \tag{4-4-3}$$

当$\angle CAB=\alpha=90°$时,L 为

$$L = l\cot\theta + k \tag{4-4-4}$$

使用仪器交会法测量注意事项如下：

(1)使用经纬仪和平板仪测定垂线及桩点的起点距时，应在观测最后一条垂线或一个桩点后，将仪器照准原后视点校核一次。当判定仪器确未发生变动时，方可结束测量工作。

(2)使用六分仪测定垂线的起点距时，应先对准测流断面线上一岸的两个标志，使测船上的定位点位于断面线上。

(3)每年应对测量标志进行一次检查，标志受到损坏时，应及时进行校正或重设。

4.2.1.2 交会法平板仪台

平板仪或小平板仪交会法也属于基线交会法，先在图纸绘制基线，使图上基线与实际基线平行，用照准仪在交会图纸上测绘出每个桩点或每条测深垂线位置的视线，可度量图 4-4-3 中角 $\angle ABC=\beta$ 的度值，再按式(4-4-1)或式(4-4-2)计算起点距；也可用图解法确定其起点距，即按一定比例尺，在图上绘出断面线、基线、观测基点的图线(点)，并在断面线标示起点距数值，画出视线交于断面线，交点上断面线的读数即为起点距。要求所选比例尺一般应使图上的基线长度不小于 20 cm。

一些测站按此方法，在观测基点建设了交会法平板仪台，按一定比例尺将断面线、基线、观测基点的图线(点)就刻绘在台上，还创造一些视准器，很方便使用。

4.2.1.3 极坐标交会法

极坐标交会法观测布局示意图如图 4-4-4 所示。一般在断面线或附近某点利用地形或建设高于水面的观测点，以俯角的方向观测目标垂线位置的俯角值，断面线或与断面线呈一定角度的直线、观测点到水面的竖直线、观测点到目标点的视线形成直角三角形，由已知量和观测量推算起点距。

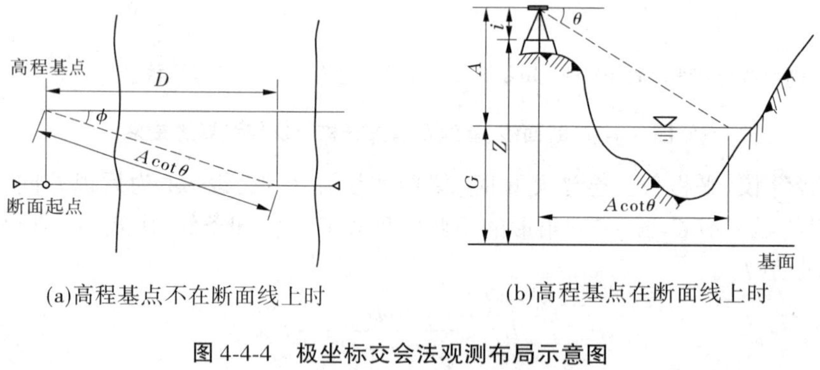

(a)高程基点不在断面线上时　　(b)高程基点在断面线上时

图 4-4-4 极坐标交会法观测布局示意图

当高程基点不在断面线上时，按式(4-4-5)计算起点距：

$$D = A\cot\theta\cos\varphi = (Z + i - G)\cot\theta\cos\varphi \tag{4-4-5}$$

当高程基点在断面线上时，即 $\varphi = 0°$，则起点距计算公式简化为

$$D = A\cot\theta = (Z + i - G)\cot\theta \tag{4-4-6}$$

式中 D——起点距，m；

A——水面与仪器水平视线的高差，m；

Z——高程基点的高程,m;

i——仪器高,m;

G——与高程基点同一基面以上的水位,m;

θ——实测俯角;

φ——交会视线与断面线的方位角之差。

注意,φ 随起点距变化,需要在观测 θ 的同时予以观测。不难看出,极坐标交会法实际是竖直面的基线交会法。

4.2.2　角度与距离测量

4.2.2.1　**角度测量**

角度测量分水平角的观测和竖直角的观测。使用经纬仪进行水平角观测常用方法有测回法和方向观测法(全圆方向法)两种。根据观测的方向数不同所采用的方法有所不同,测回法仅适用于观测两个方向形成的单角。一个测站上需要观测的方向数在 2 个以上时,要用全圆方向法观测。垂直角观测方法有中丝观测法和三丝观测法。

在经纬仪角度观测中,为了消除仪器的某些误差,都必须进行盘左(也称上半测回)和盘右(也称下半测回)两个位置进行观测,上、下两个半测回角值之差不超过限差时,合为一测回,取平均值作为角的观测结果。盘左又称正镜,就是观测者对着望远镜的目镜时,竖盘在望远镜的左边;盘右又称倒镜,是指观测者对着望远镜的目镜时,竖盘在望远镜的右边。

为了提高观测精度,当需观测多个测回时,为了消减度盘刻度不匀的误差,每个测回都要改变度盘的位置,则各测回起始方向大致按 180°/n(n 为测回数)的差值,安置水平度盘读数。最后成果取多个测回的平均值。

1. 测回法测水平角

如图 4-4-5 所示,欲测 OA、OB 两方向之间的水平角 $\angle AOB$ 时,以 O 点为仪器测站,安置、对中、整平仪器,在 A、B 处设立观测标志。用测回法观测水平角的步骤为:

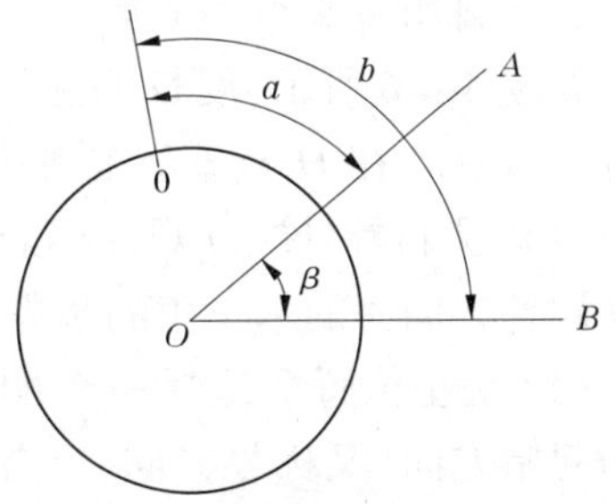

图 4-4-5　测回法观测水平角的步骤

(1) 盘左观测。照准目标 A,读取水平度盘读数 $a_{左}$;顺时针方向转动,照准目标 B,读取水平度盘读数 $b_{左}$,则盘左所得角值即为 $\beta_{左}=b_{左}-a_{左}$。上述过程为盘左半测回观测,也称为上半测回观测。

(2) 盘右观测。将望远镜纵转 180°,重新照准目标 B,并读取水平度盘读数 $b_{右}$;然后逆时针方向转动,照准目标 A,读取水平度盘读数 $a_{右}$,则盘右所得角值为 $\beta_{右}=b_{右}-a_{右}$。这一过程为盘右半测回观测,也称为下半测回观测。

(3) 上、下两个半测回合称一测回。检查上、下两个半测回角值之差 $\Delta\beta=|\beta_{左}-\beta_{右}|$,不超过限差(如对于 DJ_6 经纬仪不超过 40″)时,取上、下测回所得角值的平均值即 $\beta=\dfrac{\beta_{左}+\beta_{右}}{2}$ 为一测回的角值。超过限差时,则应重测。

测回法的记录与检查如下：

以图 4-4-5 为例，测回法水平角观测记载表格式见表 4-4-5。

表 4-4-5 水平角观测记载表(测回法)

测站	目标	竖盘位置	水平度盘读数(° ′ ″)	半测回角值(° ′ ″)	一测回平均角值(° ′ ″)	备注
1	2	3	4	5	6	7
O	A	左	00 02 06	68 47 12	68 47 09	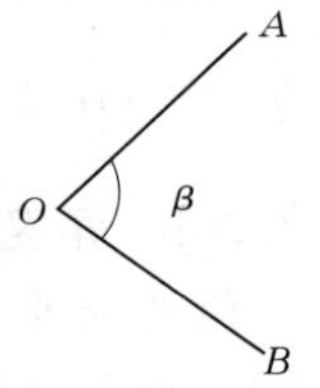
	B		68 49 18			
	A	右	180 02 24	68 47 06		
	B		248 49 30			

(1)观测读数记载。

各方向盘左水平度盘读数记入第 4 栏中竖盘位置“左”相应栏，盘右水平度盘读数记入第 4 栏中竖盘位置“右”相应栏。

(2)水平角的计算。

①盘左所得角值 $\beta_{左}$，填入第 5 栏中竖盘位置“左”相应栏。

②盘右所得角值 $\beta_{右}$，填入第 5 栏中竖盘位置“右”相应栏。

③若上、下两个半测回角值之差不超限(按 DJ_6 经纬仪 $\Delta\beta \leqslant 40''$)，上、下测回所得角值的平均值 β，填入第 6 栏。

当有多个测回时取其平均值，作为最后成果。

2. 全圆测回法测水平角

如图 4-4-6 所示，设 O 为测站点，A、B、C、D 为观测目标。在 O 点安置整平经纬仪，在 A、B、C、D 观测目标处竖立观测标志，用全圆测回法观测各方向间的水平角的步骤为：

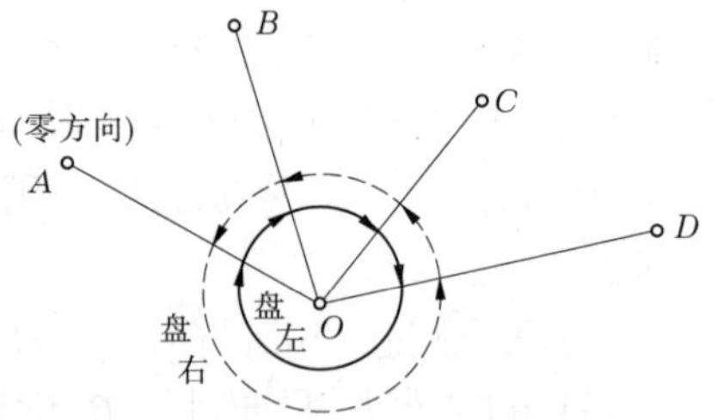

图 4-4-6 全圆测回法测水平角

(1)盘左位置。选择一个明显目标，如 A 作为起始方向(又称零方向)。先照准 A，将水平度盘读数大致安置在等于或大于 0°处，再顺时针方向依次观测 B、C、D 各方向，为了校核应再次瞄准零方向 A，称为上半测回归零。零方向 A 的两次读数之差的绝对值，称为半测回归零差，归零差不应超过表 4-4-6 的规定。如果归零差超限，应重新观测。

每观测一个方向均读取水平度盘读数并记录。以上称为上半测回。

(2)盘右位置。将望远镜纵转 180°，逆时针方向依次照准目标 A、D、C、B、A，读取水平度盘读数并记录。观测中又二次照准零方向 A，称为下半测回归零，限差要求同前。此为下半测回。

(3)上、下两个半测回合起来称为一测回。

表 4-4-6　水平角全圆测回法技术要求

经纬仪型号	半测回起始方向归零差	一测回中两倍照准差(2c)	同一方向值各测回较差	前、后半测回角差
DJ_2	12″	18″	12″	20″
DJ_6	18″	—	24″	40″

全圆测回法的记录与检查如下：

以图 4-4-6 为例，全圆测回法水平角观测记载表格式见表 4-4-7。

表 4-4-7　水平角观测记载表(全圆测回法)

测站	测回数	目标	水平度盘读数 盘左 ° ′ ″	水平度盘读数 盘右 ° ′ ″	2c ″	平均读数 ° ′ ″	归零后方向值 ° ′ ″	各测回归零后方向平均值 ° ′ ″	备注
1	2	3	4	5	6	7	8	9	10
O	1	A	00 02 12	180 02 00	+12	(00 02 10) 00 02 06	00 00 00	00 00 00	
		B	37 44 15	217 44 05	+10	37 44 10	37 42 00	37 42 04	
		C	110 29 04	290 28 52	+12	110 28 58	110 26 48	110 26 52	
		D	150 14 51	330 14 43	+8	150 14 47	150 12 37	150 12 33	
		A	00 02 18	180 02 08	+10	00 02 13			
	2	A	90 03 30	270 03 22	+8	(90 03 24) 90 03 26	00 00 00		
		B	127 45 34	307 45 28	+6	127 45 31	37 42 07		
		C	200 30 24	20 30 18	+6	200 30 21	110 26 57		
		D	240 15 57	60 15 49	+8	240 15 53	150 12 29		
		A	90 03 25	270 03 18	+7	90 03 22			

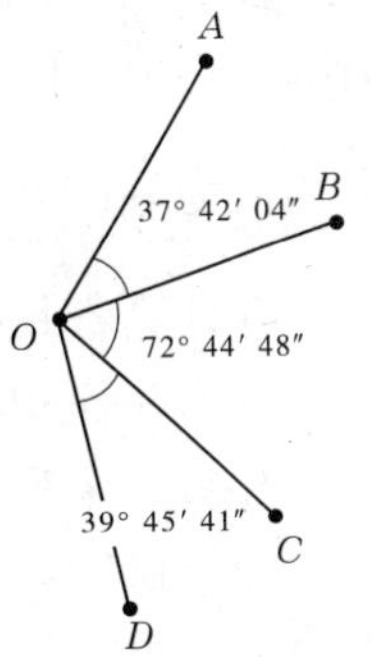

(1)观测读数记载。

各目标方向盘左水平度盘读数记入第 4 栏，盘右水平度盘读数记入第 5 栏。

(2)水平角的计算。

①计算两倍视准轴误差 2c 值：

$$2c = 盘左读数 - (盘右读数 \pm 180°)$$

上式中，当盘右读数 > 180°时取“-”号，盘右读数 ≤ 180°取“+”号。例如 OB 方向 $2c = 37°44'15'' - (217°44'05'' - 180) = +10''$。

计算的各方向 2c 值，填入第 6 栏。一测回内各方向 2c 值不应超过表 4-4-6 的规定。如果超限，应重测。

②计算各方向的平均读数。

平均读数又称为各方向的方向值。计算时，以盘左读数为准，将盘右读数加或减 180°后，和盘左读数取平均值，即

$$平均读数=\frac{1}{2}[盘左读数+(盘右读数\ \pm180°)]$$

例如，OB 方向的平均读数为 $\frac{1}{2}[37°44'15''+(217°44'05''-180°)]=37°44'10''$，计算值填入表第 7 栏。

起始方向有两个平均读数，应再取其平均值，即 $\frac{1}{2}(00°02'06''+00°02'13'')=00°02'10''$，填入表第 7 栏上方小括号内。

③计算归零后的方向值。

各方向归零后方向值为各方向的平均读数(第 7 栏)减去起始方向平均读数的平均值(括号内数值)，填入第 8 栏，但起始方向归零后的方向值为零。

例如，OB 的归零后方向值为 $(37°44'10''-0°02'10'')=37°42'00''$，但起始方向 OA 归零后的方向值为 00°00'00″。

④计算各测回归零后方向值的平均值。

多测回观测时，同一方向值各测回差，符合表 4-4-6 的规定，则取各测回归零后方向值的平均值，作为该方向的最后结果，填入第 9 栏。例如 OB 方向各测回归零后方向值的平均值为 $\frac{1}{2}(37°42'00''+37°42'07'')=37°42'04''$。

⑤计算各目标间水平角值。

将第 9 栏相邻两方向值相减即得水平角值。

3. 竖直角观测

经纬仪中丝观测法是仅用十字丝的中丝照准目标，以盘左竖直角和盘右竖直角的平均值为最后结果。三丝观测法是分别按上、中、下丝的次序照准目标进行观测，取 3 个盘左和 3 个盘右，共 6 个竖直角平均值为最后结果。

设 O 为测站点，A 为目标点。在 O 安置、对中、整平经纬仪，在目标点 A 立观测标志，中丝观测法观测步骤为：

(1)盘左位置。照准目标 A，使十字丝横丝切于目标顶端。转动竖盘指标水准管微动螺旋，使水准管气泡居中，读取竖盘读数 L，并记录。

(2)盘右位置。倒转望远镜，再照准目标 A 同一位置，并使竖盘指标水准器气泡居中，读取竖盘读数 R，并记录。

竖直角观测记录与检查如下：

竖直角观测记载表格式见表 4-4-8。示例为 DJ_6 经纬仪中丝观测法，竖直度盘为顺时针注记，盘左位置竖盘始读数为 90°。

(1)观测读数记载。

目标 A，盘左竖直度盘读数 L(设为 94°33′24″)与盘右竖直度盘读数 R(设为 265°26′00″)，记入第 4 栏中竖盘位置“左”和“右”相应栏。

表 4-4-8　竖直角观测记载表

测站	目标	竖盘位置	竖盘读数 ° ′ ″	半测回竖直角 ° ′ ″	指标差 ″	一测回竖直角 ° ′ ″	备注
1	2	3	4	5	6	7	8
O	*A*	左	94　33　24	−4　33　24	−18	−4　33　42	
		右	265　26　00	−4　34　00			

(2)竖直角计算。

①根据竖直度盘注记,盘左位置竖盘始读数计算竖直角。盘左竖直角值 $\alpha_L=90°-L=90°-94°33'24''=-4°33'24''$,填入第 5 栏中竖盘位置"左"相应栏。

②盘右垂直角值 $\alpha_R=R-270°=265°26'00''-270°=-4°34'00''$,填入第 5 栏中竖盘位置"右"相应栏。

③竖盘指标差为 $x=\frac{1}{2}[(L+R)-360°]=\frac{1}{2}[(94°33'24''+265°26'00'')-360°]=-18''$,填入第 6 栏,竖盘指标差不超限(按 DJ_6 经纬仪 $\leqslant 24''$)。

④一测回平均竖直角 $\alpha=\frac{1}{2}(\alpha_L+\alpha_R)=\frac{1}{2}(-4°33'24''-4°34'00'')=-4°33'42''$,填入第 7 栏。

4.2.2.2　距离测量

1. 距离测量基本概念

不在同一水平面上的两点间直线连线的长度称为两点间的倾斜距离,倾斜距离投影在水平面上的直线长度称为水平距离。

距离测量的一般目标是测定地面上两点间的水平直线长度。测量的方法有钢尺量距、视距测量、光电测距等。可根据不同的测距精度要求和作业条件(仪器、地形等)选用测距方法。在平坦地区测距可用钢卷尺沿地面直接丈量。精度要求不高的间接量距可利用经纬仪、水准仪十字丝的上、下丝进行视距测量。高精度的远距离量距可用电磁(光)波发射与接收类的电子物理仪器测定距离。

2. 钢尺丈量距离的用具

距离丈量常用工具有钢尺(皮尺)、标杆、测钎及线锤等。钢尺基本分划为 mm。根据尺的零点位置不同,有端点尺和刻线尺之分,端点尺以尺的最外端作为尺子零点,刻线尺在尺子的前端刻有零点分划线,后类尺比较常用,使用时应注意零点位置。标杆(又称花杆)主要用来做标点和定线。测钎用来标定尺段端点位置和计算丈量尺段数。线锤用来对点、标点和投点,常用于在斜坡上丈量水平距离。除这些用具外,必要时准备经纬仪配合定线。

3. 距离丈量的工作内容

钢尺距离丈量的工作内容包括直线定线和各段距离丈量。量距分为一般量距和精密量距。下面介绍量距实施方法。

1)直线定线

水平距离测量时,当地面上两点间的距离超过一整尺长时,或地势起伏较大,一尺段无法完成丈量工作时,需要在两点的连线上标定出若干个点,这项工作称为直线定线。按精度要求的不同,直线定线有目估定线(用于一般量距)和经纬仪定线(用于精密量距)两种方法。

(1)目估定线。

目估定线如图 4-4-7 所示,欲在 AB 直线上定出 C 、D 等分段点,采用目估定线的方法。

第一步,在 A 、B 点上竖立标杆,测量员甲立于 A 点后 1~2 m 处,目测标杆的同侧,由 A 瞄向 B ,构成一视线。

第二步,甲指挥乙持标杆于 C 点附近左右移动,直到三支标杆的同侧位于同一视线上。

第三步,甲指挥乙将标杆或测钎竖直插在地上,得出 C 点。用同样的方法,得出 D 点等。

图 4-4-7　目估定线

(2)经纬仪定线。

经纬仪定线如图 4-4-8 所示,欲在 AB 直线内精确定出 1,2,…分段点的位置,采用经纬仪定线的方法。

第一步,由甲将经纬仪安置于 A 点,用望远镜瞄准 B 点,固定照准部制动螺旋。

第二步,甲将望远镜向下俯视,用手势指挥乙移动标杆,使标杆与十字丝竖丝重合,在标杆的位置打下木桩,再根据十字丝竖丝在木桩上钉小钉,准确定出 1 点的位置。用同样的方法定出 2,3,…分段点。

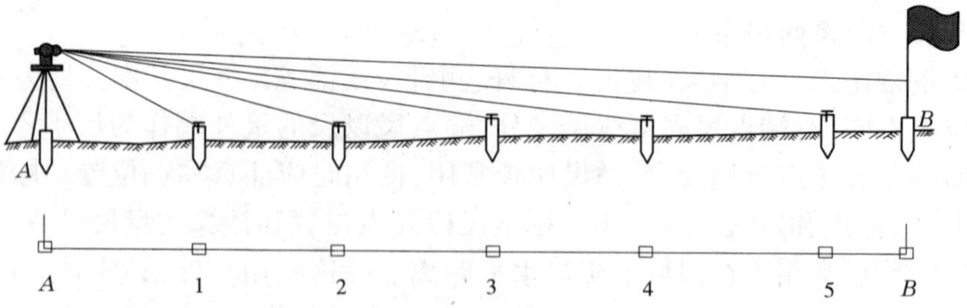

图 4-4-8　经纬仪定线

2)距离丈量

钢尺量距为了防止丈量错误和提高精度,一般应由 A 点至 B 点进行往、返测量,返测时应重新进行定线。取往、返测距离的平均值作为直线 AB 最终的水平距离,用式(4-4-7)计算。

$$D_{av} = \frac{1}{2}(D_{AB} + D_{BA}) \tag{4-4-7}$$

式中　D_{av}——往、返测距离的平均值，m；

D_{AB}——往测的距离，m；

D_{BA}——返测的距离，m。

(1)平坦地面的距离丈量方法。

距离丈量经直线定线后，用钢尺量第 1 整尺段 l，用线锤和测钎定出点位。继续丈量 2,3,…整尺段，最后丈量不足整尺段的余长 q 至终点，记清量过的整尺段数和余长，分别记入观测手簿中。往测完成后，及时返测(由终点量至起点)，并做记录。然后需计算水平距离和检核丈量结果的精度。单程测量距离用式(4-4-8)计算：

$$D_{AB} = nl + q \tag{4-4-8}$$

式中　D_{AB}——单程测量距离，m；

n——整尺段数(A、B 两点之间所拔测钎数)；

l——钢尺长度，m；

q——不足一整尺的余长，m。

(2)倾斜地面的距离丈量。

平量法：丈量 AB 点间各测段水平距离的总和即为 AB 水平距离。

斜量法：斜量法如图 4-4-9 所示，当倾斜地面的坡度比较均匀时，可以沿倾斜地面丈量出 A、B 两点间的斜距 L_{AB}，用经纬仪测出直线 AB 的倾斜角 α，或测量出 A、B 两点的高差 h_{AB}，然后用式(4-4-9)或式(4-4-10)计算 AB 的水平距离 D_{AB}。

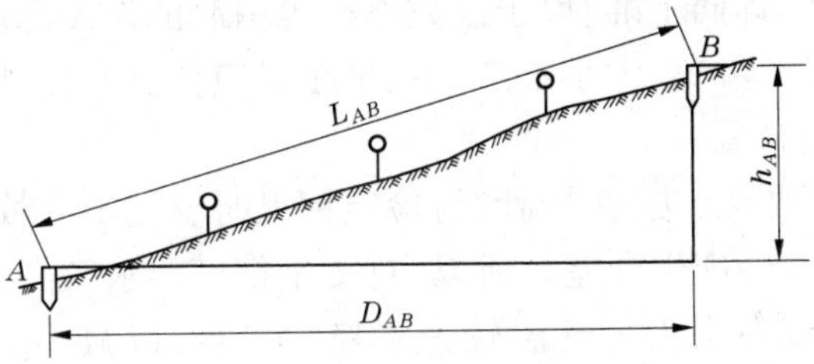

图 4-4-9　斜量法

$$D_{AB} = L_{AB}\cos\alpha \tag{4-4-9}$$

$$D_{AB} = \sqrt{L_{AB}^2 - h_{AB}^2} \tag{4-4-10}$$

3)距离丈量的精度评价

量距精度通常用相对误差 K 来表示，计算公式为式(4-4-11)，通常将相对误差 K 化为分子为 1 的分数形式，即

$$K = \frac{|D_{AB} - D_{BA}|}{D_{av}} = \frac{1}{\dfrac{D_{av}}{|D_{AB} - D_{BA}|}} \tag{4-4-11}$$

相对误差分母愈大，则 K 值愈小，精度愈高；反之，精度愈低。在水文测站大断面断

面桩及各固定点之间的距离往、返测量时，要求相对误差不大于 1/500；在基线测距时，往、返测量相对误差不大于 1/1 000。

4. 钢尺量距的误差及注意事项

1) 尺长误差

钢尺的名义长度和实际长度不符，产生尺长误差。尺长误差是积累性的，其大小与所测量距离呈正比。

2) 定线误差

丈量时钢尺偏离量测直线方向，使测量线路成为一折线，会导致丈量结果偏大。

3) 拉力误差

钢尺有弹性，受拉力时会伸长。钢尺在丈量时所受拉力应与检定时拉力相同。如果拉力变化 26 kN，尺长将改变 1 mm。一般量距时，只要保持拉力均匀即可。

4) 钢尺垂曲误差

钢尺悬空丈量时中间下垂，称为垂曲，由此产生的误差为钢尺垂曲误差。垂曲误差会使量得的长度大于实际长度，故在钢尺检定时，亦可按悬空情况检定，得出相应的尺长方程式。在成果整理时，按此尺长方程式进行尺长改正。

5) 钢尺不水平误差

用平量法丈量时，钢尺不水平，会使所量距离增大。对于 30 m 的钢尺，如果目估尺子水平误差为 0.5 m(倾角约 1°)，由此产生的量距误差为 4 mm。因此，用平量法丈量时应尽可能使钢尺水平。

6) 丈量误差

钢尺端点对不准、测钎插不准、尺子读数不准等引起的误差都属于丈量误差。这种误差对丈量结果的影响可正可负，大小不定。在量距时应认真操作，以减小丈量误差。

7) 温度变化引起的误差

钢尺的长度随温度变化，丈量时温度与检定钢尺时温度不一致，或测定时的空气温度与钢尺温度相差较大，都会产生误差。所以，对丈量精度要求较高时，应进行温度改正，尺温测定宜使用点温计，或在阴天等气温较为平稳时进行，以减小空气温度与钢尺温度的差值。

4.2.3　水深测量

测量水体水面某点到其床面的垂直距离的作业称为水深测量，测站在进行大断面、流量等测验时会施测断面垂线水深。测深工具主要有测深杆、测深锤、铅鱼、超声波测深仪及其他自动测深仪器等。

4.2.3.1　测深杆测深

测深杆适应于水深较小、流速也较小时的水深测量。测深杆测深操作，即手持杆尾将杆头从稍上游入水，待杆头触底杆身竖直时，观读杆身与水面相交处的分划数值。

(1)采用测深杆测量水深时，应在垂线上进行两次测深。水深不小于 5 m 时，记至 0.1 m；水深小于 5 m 时，记至 0.01 m。

(2)测深杆测深的两次水深相差应不大于 5 cm，河底不平坦或有波浪时应不大于 8

cm,取两次测深的平均值作为实测水深。河底由较大卵石、砾石组成时,除应在垂线上进行两次测深外,还应同时在其上、下游,左、右侧 0.2 m 以内各测两次,取其平均值作为实测水深。

4.2.3.2　测深仪原理及水深测量

测深仪测深原理是测量超声波从水面发射到河底返回的历经时间,已知其在水中的传播速度后,由时间和速度两要素就可计算出水面到河底的距离,即垂线水深值。测深仪使用应按其仪器说明书进行。

(1)超声波测深仪在使用前,应进行现场比测。比测点不宜少于 30 个,并宜均匀分布于各级水位不同水深的垂线处。当比测的相对随机不确定度不超过 2%,相对系统误差不超过±1%时,方可投产使用。

(2)测深前测量船应与水位站及定位观测站校对时间。水位观测应在测前 10 min 开始,测后 10 min 结束。

(3)每次测深前可采用声速剖面仪测定声速,或测量水温及含盐度计算声速,对测深仪进行参数设置。

(4)每次测深前后,根据不同水深分级,应在测区用测深仪与其他测深工具进行比测,比测点宜为 3~5 点,并记录比测数据。水深不大于 20 m 时,比测互差应不大于 0.2 m;水深大于 20 m 时,比测互差应不大于水深的 1%;否则,应查找原因。

(5)当使用机动船测深时,应根据需要测定测深仪换能器动吃水改正数。当测深仪与 RTK 配合测深时,应量取天线相位中心至换能器底部距离,可不再测定动吃水改正数。

(6)河底不平整的断面,宜采用将换能器放至河底向上发射超声波的方式测深。

4.2.4　经纬仪、测距仪、全站仪测量原理与操作要求

经纬仪分为光学经纬仪和电子经纬仪,光学经纬仪采用光学(水平、竖直)度盘,借助光学放大和光学测微器读数进行水平角、竖直角测量。电子经纬仪与光学经纬仪的根本区别在于用于微处理机控制的电子测角系统代替光学读数系统,能自动显示测量数据。测距仪的基本原理是利用仪器发出的光波经被测量物体的反射后又被测距仪接收,测距仪同时记录光波往返的时间。光速和往返时间的乘积的一半,就是测距仪和被测量物体之间的距离。全站仪即全站型电子速测仪,是近代电子科技与光学经纬仪结合的新一代既能测角又能测距的仪器,在电子经纬仪的基础上又增加了测距仪的功能。下面以全站仪为例介绍其操作要求。

4.2.4.1　全站仪组成

全站仪由照准部、基座、水平度盘、电源等部分组成,采用编码度盘或光栅度盘,读数方式为电子显示,有功能操作键,还配有数据采集处理软件和数据通信接口。一般仪器组成的上半部分包含有测量的四大光电系统,即水平角测量系统、垂直角测量系统、水平补偿系统和测距系统。通过键盘可以输入操作指令、数据和设置参数。以上各系统通过 I/O 接口接入总线与微处理机联系起来。

微处理机(CPU)与数据测记处理软件是全站仪的核心部件,主要由寄存器系列(缓冲寄存器、数据寄存器、指令寄存器)、运算器和控制器组成。微处理机的主要功能是根

据键盘指令启动仪器进行测量作业，执行测量过程中的检核和数据传输、处理、显示、储存等业务，保证整个光电测量工作有条不紊地进行。输入输出设备是与外部设备连接的装置（接口），使全站仪能与磁卡和微机等设备交互通信、传输数据。

目前，世界各测绘仪器厂商均生产各种型号的全站仪，如日本索佳（SOKKIA）SET 系列，拓普康（TOPCON）GTS 系列，尼康（NIKON）DTM 系列；瑞士徕卡（LEICA）TPS 系列；中国苏光 NTS、OTS 系列，南方 NTS 系列，北光 DZQ 系列等。而且精度也越来越高，使用也越来越方便。全站仪正朝着功能全、全自动、易操作、体积小、质量轻的方向发展。

4.2.4.2　全站仪的基本操作与使用

不同型号的全站仪，仪器机械结构、测角及测距原理、控制和显示系统虽不尽相同，但其基本功能和使用方法大体一致。下面简要介绍全站仪的基本功能操作与使用方法。一般显示屏显示符号说明如表 4-4-9 所示。

表 4-4-9　一般全站仪显示屏显示符号说明

显示符号	内容	显示符号	内容
V	竖直角	N	北向坐标（x）
%	坡度	E	东向坐标（y）
HR	水平角（右角）	Z	高程
HL	水平角（左角）	*	正在进行测距
HD	水平距离	m	以米为单位
SD	倾斜距离	in	以英尺为单位
VD	高差	in	以英尺与英寸为单位

注：1 ft = 0. 304 8 m；1 in = 2. 54 cm。

1. 仪器的安置

操作步骤与一般经纬仪基本相同，将全站仪安置于测站点，对中、整平。在观测点安置棱镜等。

2. 水平角测量

按角度测量键，使全站仪处于角度测量模式，调焦照准第一个目标 A，设置 A 方向的水平度盘读数为 0°00′00″；照准第二个目标 B，此时显示的水平度盘读数即为两方向间的水平夹角。依软件程序要求按完成键或存储键结束测量。

如果测竖直角，可在读取水平度盘的同时读取竖盘的显示读数。

3. 距离测量

通过光电测距功能测定两点间的倾斜距离，与同时测定的竖直角、仪器高、棱镜高等数据，经三角关系数据计算得到水平距离和高差。

（1）在距离测量模式下，设置棱镜常数。测距前须将棱镜常数输入仪器中，仪器会自动对所测距离进行改正。

（2）设置大气改正值或气温、气压值。光在大气中的传播速度会随大气的温度和气压而变化。实测时，可输入温度和气压值，全站仪会自动计算大气改正值（也可直接输入大气改正值)，并对测距结果进行改正。

(3)量仪器高、棱镜高并输入全站仪。

(4)距离测量。照准目标棱镜中心，按测距键，距离测量开始，测距完成时显示斜距、平距、高差。依软件程序要求按完成键或存储键结束测量。

全站仪的测距模式有精测模式、跟踪模式、粗测模式三种。精测模式是最常用的测距模式，测量时间约2.5 s，最小显示单位1 mm；跟踪模式，常用于跟踪移动目标或放样时连续测距，最小显示一般为1 cm，每次测距时间约0.3 s；粗测模式，测量时间约0.7 s，最小显示单位1 cm或1 mm。在距离测量或坐标测量时，可按测距模式键选择不同的测距模式。

4. 坐标测量

平面坐标测量原理为极坐标法，使用测站点已知数据，与测定的水平角和距离数据经实时数据处理而得；高程坐标为已知点高程加三角高程测量的高差。

(1)在坐标测量模式下，设定测站点的三维坐标。

(2)设定后视点的坐标或设定后视方向的水平度盘读数为其方位角。当设定后视点的坐标时，全站仪会自动计算后视方向的方位角，并设定后视方向的水平度盘读数为其方位角。

(3)设置棱镜常数、大气改正值或气温、气压值。

(4)量仪器高、棱镜高并输入全站仪。

(5)照准目标棱镜，按坐标测量键，全站仪开始测距并计算显示测点的三维坐标。依软件程序要求按完成键或存储键结束测量。

4.2.5　大断面测量与计算的技术要求

大断面测量一般都要进行起点距和高程测量，起点距是指在测验断面上，以一岸(一般为左岸)断面桩为起始点，沿断面方向至另一岸断面桩间任一点的水平距离。

(1)基本水尺、流速仪、浮标、比降、堰闸上下游水尺等各断面均应在设站时进行大断面测量。

(2)设站以后的大断面测量的测次应符合有关水文测验标准的规定。

(3)断面的施测工作应在水位比较平稳、河床相对稳定的季节进行，宜在每年的汛前、汛后进行。汛期河势变化比较大时，应进行相应加测；当年发生较大洪水时，洪水过后应加测。

(4)大断面测量包括水下部分和岸上部分的测量。岸上部分应测至历年最高洪水位以上0.5~1.0 m；对于滩地较宽的河流，可只测至洪水边；有堤防的河流，应测至堤防背河侧的地面，无堤防而洪水漫溢至与河流平行的铁路、公路、围圩时，应测至其外侧。每隔5年宜进行1次全断面测量。

(5)大断面岸上部分测量前，应清除断面上的障碍物。在岸上主要转折点设桩，滩地很宽的断面，可设置固定桩。测点布设应能控制地形的转折变化。

(6)大断面水下部分的测深垂线数目应满足表4-4-10的规定，并应符合下列要求：

①垂线可均匀分布，但主槽、陡岸边及急剧转折部位应适当加密。

②断面最深点应布设垂线。

③串沟和独股水流的测深垂线数应不少于表 4-4-10 所要求的一半。

④新设站或者河床转折变化复杂的测站,测深垂线数可适当增加。

⑤不应漏测水边点。

表 4-4-10　大断面测量的最少测深垂线数目

水面宽(m)		<5	5	50	100	300	1 000	>1 000
垂线数（条）	窄深河道	5	6	10	12	15	15	15
	宽浅河道		6	10	15	20	25	>25

注:水面宽与平均水深的比值小于 100 时为窄深河道,不小于 100 时为宽浅河道;任一水面宽的最少测深垂线数目可内插求出。

(7)断面测量过程中的水位观测和计算应符合下列要求:

①水位变化不大于 5 cm 时,应在同一岸观测开始和结束的水位,以其算术平均值作为计算水位。

②水位变化大于 5 cm 时,应在各垂线测深时观测水位,各测点河底高程用相应观测的水位值作为计算水位。水位变化平稳时,也可由观测水位内插测深垂线相应水位。

③横比降大于 5 cm 时,应进行横比降改正。

④断面上有分流或串沟时,应对每个较大的分流或串沟至少在一岸观测 1 次水位,单独计算出各股水流的河底高程。

(8)大断面的高程测量中,水边线以上地形转折点的高程,宜采用五等水准或 RTK 方式测量;除转点外的各地形点高程,应读记至 cm。

(9)复测大断面时,若能闭合于已知高程的固定点,可只进行单程测量。

4.2.6　大断面测量资料整理与大断面图绘制

岸上部分测量成果的整理,应按一般水准测量的要求进行内业工作,计算各点次的高程,并附相应的起点距测算成果。

水下部分测量成果的整理。水下部分的水深测量、垂线起点距及水位观测资料的整理方法,应与外业的不同测法相适应。最后求出各垂线的河床高程及起点距。

大断面图一般在毫米方格纸或在电脑上绘制。根据岸上和水下测量成果,以各垂线的高程为纵坐标,起点距为横坐标绘制,两坐标的比例宜分别根据具体的高程与起点距变幅考虑。绘制时各实测点之间宜用实线连接,并标出施测时的水位和历年最高洪水位线(并注明历年最高水位相应流量数值),如图 4-4-10 所示。对于多次大断面套绘图,实测点之间可用不同符号区别,连线可使用不同颜色区分。随着计算机的普及及计算机技术的发展,许多计算机绘图软件都有绘制坐标图(包括断面图)的功能,可充分利用计算机绘图功能,绘制大断面图。

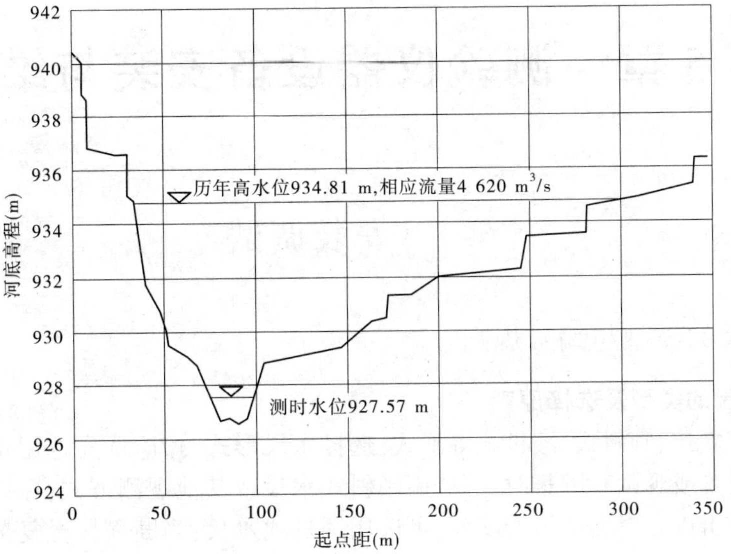

图 4-4-10　某站实测大断面图

第 5 章　测验仪器设备安装与维护

5.1　安装调试

5.1.1　水尺的类型与编号规则

5.1.1.1　水尺的类型及选择原则

水尺分直立式、倾斜式、矮桩式等形式，选择水尺形式时，应优先选用直立式水尺；当直立式水尺设置或观读有困难时，可选用倾斜式水尺或其他观测方式；在易受流冰、航运或漂浮物等冲击以及岸坡平坦的断面，可选用矮桩式水尺；当断面情况复杂时，可按不同的水位级设置不同形式的水尺。

5.1.1.2　水尺编号规则

为便于正确识别和记载各水尺观读的数值，水位测验设置的水尺应统一编号，并标示在各水尺桩(面)上。一般直立式水尺标注在靠桩上部，矮桩式水尺标注在桩顶，倾斜式水尺标注在斜面上的明显位置。

设置的各类水尺和水位计均应统一编号。按不同断面水尺组和从岸上向河心依次排列的次序，采用英文字母与数字的组合编号，编号的排列顺序为：组号、脚号、支号、支号辅助号。

组号用于区别不同断面，代表水尺断面名称，用大写英文字母表示，P 为基本水尺，C 为流速仪测流断面水尺，S 为比降水尺，B 为其他专用或辅助水尺。设在重合断面上的水尺编号，按基本水尺、流速仪测流断面水尺、比降水尺、其他专用或辅助水尺顺序，选用前面一个，如基本水尺兼作流速仪测流断面水尺时，组号用 P。必要时，可另行规定其他组号。

脚号用于区别同一类水尺有上、下游断面设置的情况，代表同类水尺的不同断面位置，用小写英文字母 u 表示上，l 表示下。如比降断面分为比降上、下断面，比降上断面表示为 S_u，比降下断面表示为 S_l。一个断面上有多股水流时，自左岸开始用 a，b，c，…小写英文字母做脚号，但不选用 u、l 等已规定专用的字母。

支号用于区别同一组水尺在本断面的位置，代表同一组水尺中各支水尺从岸上向河心依次排列的次序，用数字表示，如 P_1，P_2，…。当在原设一组水尺中增加水尺时，应从原组水尺中最后排列的支号连续排列，如在 P_5、P_6 之间增加水尺时用 P_6 之后的顺序号 P_7、P_8、P_9 等。

支号辅助号代表同支水尺零点高程的变动次数或在原处改设的次数，用数字表示。当某支水尺被毁，新设水尺的相对位置不变时，应在支号后面加辅助号，并用连接符“—”与支号连接。如 P_9 水尺被毁两次均新设，相对位置不变，其编号为 P_{9-2}。

当设立为临时水尺时,在组号前面加符号"T",支号应按设立的先后次序排列,当校测后定为正式水尺时,应按正式水尺统一编号。

水尺编号应注意字母和角号的书写规则。组号为大写(含临时水尺组号T);脚号为小写,与支号、支号辅助号均为下标角号。水尺编号的标注应清晰直观。

当水尺设置变动较大时,可经一定时期后将全组水尺重新编号。水尺编号一般情况下一年重编一次。

5.1.2　水尺的设置和安装要求

5.1.2.1　水尺的标划

水尺的刻度要求清晰,一般用"E"字形,左右交错排列。最小刻度为1 cm,误差不大于0.5 mm。当水尺长度在0.5 m以下时,累积误差不得超过0.5 mm;当水尺长度在0.5 m以上时,累积误差不得超过长度的1‰。水尺面宽不宜小于5 cm。数字一般按dm标度,应清楚且大小适宜,下边缘应靠近相应的刻度处。刻度、数字及底板的色彩对比应鲜明,且不易褪色和剥落。

一般多使用成品搪瓷水尺板面,长度不足时使用多支板面拼接,也可自行刻画。搪瓷水尺板如图4-5-1所示。

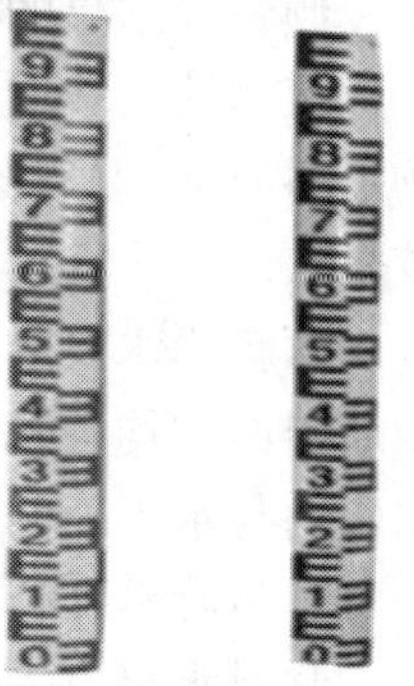

图4-5-1　搪瓷水尺板

5.1.2.2　水尺的布设

水尺设置的位置应在测验断面上便于观测员接近,直接观读水位处。在风浪较大的观测点,宜设置静水设施。

水尺观读控制范围,应高(低)于测站历年最高(低)水位0.5 m以上(下),在此变幅可沿断面分高低安置一组多支水尺。相邻两支水尺的观测范围应有不小于0.1 m的重合;当风浪经常性较大时,重合部分可适当增大。当水位超出水尺的观读范围时,应及时增设水尺,例如河道接近干涸或断流,当水边即将退出最后一支水尺时,应及时向河心方向增设水尺。

同一组基本水尺,各支水尺宜设置在同一断面线上。当因地形限制或其他原因不能设置在同一断面线时,其最上游水尺与最下游水尺的水位差不应超过1 cm。同一组比降水尺,若不能设置在同一断面线上,偏离断面线的距离不得超过5 m,同时任何两支水尺的顺流向距离偏差不得超过上、下比降断面间距的1/200。

临时水尺布设:原水尺损坏,原水尺处冻实或干涸;断面出现分流且分流流量超出总流量的20%;发生特大洪水或特枯水位,超出原设水尺的观读范围;分洪溃口以及出现其他特殊情况,均应及时设置临时水尺,以保证水位测验正常进行。

5.1.2.3　水尺的安装

1. 直立式水尺的安装

直立式水尺的水尺板应固定在垂直的靠桩上,靠桩宜呈流线形,可用型钢、铁管或钢筋混凝土等材料制作,或用直径10~20 cm木桩做成。当采用木桩时,表面应做防腐处理。安装时,应将靠桩浇筑在稳固的岩石或水泥护坡上,或直接将靠桩打入河床。

靠桩入土深度应大于 1 m。松软土层或冻土层地带,宜埋设至松土层或冻土层以下至少 0.5 m;在淤泥河床上,入土深度不宜小于靠桩在河底以上高度的 1.5 倍。

在阻水作用小的坚固岩石或混凝土块石的河岸、桥墩、水工建筑物上,可直接刻绘刻度或安装水尺板。

水尺应与水平面垂直,安装时应吊垂线校正。

2. 矮桩式水尺的安装

矮桩式水尺的矮桩材料及入土深度与直立式水尺靠桩相同,桩顶应高出床面 10~20 cm,桩顶应牢固并呈水平面,木质矮桩顶面宜打入直径为 2~3 cm 的金属圆头钉,以便放置测尺。两相邻桩顶的高差宜为 0.4~0.8 m,平坦岸坡宜为 0.2~0.4 m。

3. 倾斜式水尺的安装

倾斜式水尺的安装坡度应大于 30°。倾斜式水尺应将金属板固紧在岩石岸坡上或水工建筑物的斜坡上,按斜线与垂线长度的换算,在金属板上刻画尺度,或直接在水工建筑物的斜面上刻画,刻度面的坡度应均匀,刻度面应光滑。一般每间隔 2~4 m 应设置高程校核点。

倾斜式水尺的尺度刻画方法:方法一是用测定水尺零点高程的水准测量方法在水尺板或斜面上均匀测定几条高程控制线,然后按比例内插需要的分画刻度。方法二是先测出斜面与水平面的夹角,然后按照斜面长度与垂直长度的换算关系绘制水尺刻度。

4. 临时水尺的安装

临时水尺可采用直立式或矮桩式,并应保证在使用期间牢固可靠。当发生特大洪水、特枯水位或水尺处干涸冻实时,临时水尺应在原水尺失效前设置。

当在观测水位时才发现观测设备损坏时,可立即打一个木桩至水下,使桩顶与水面齐平,或在附近的固定建筑物、岩石上刻上标记,先用校测水尺零点高程的方法测得水位后,再设法恢复观测设备。

5. 测针式水位计的设置

测针式水位计的位置,以能测到历年最高水位和最低水位为宜。当测不到时,应配置多台测针式或其他相同观测精度的设备。当同一断面需要设置两个以上水位计时,水位计可设置在不同高程的一系列基准板或台座上,但应处在同一断面线上;当受条件限制达不到此要求时,各水位计偏离断面线的距离不宜超过 1 m。

安装时,应将水位计支架紧固在用钢筋混凝土或水泥浇筑的台座上,测杆应与水面垂直,安装时可用吊垂线调整,并可加装简单的电器设备来判断指示针尖是否恰好接触水面。

6. 悬锤式水位计的设置

悬锤式水位计宜设置在水流平顺无阻水影响的地方,能测到历年最高水位、最低水位。当条件限制测不到时,应配置其他观测设备。

安装时,支架应紧固在坚固的基础上,滚筒轴线应与水面平行,悬锤重量应能拉直悬索。安装后,应进行严格的率定,并定期检查测索引出的有效长度与记数器或刻度盘读数的一致性,其误差应小于±1 cm。

安装的各类人工观测水尺及水位计均应测量水尺零点高程和水位计固定点(基准点)的高程。

5.2　维修养护

5.2.1　雨量器(计)的管理维护

5.2.1.1　检查

新安装在观测场的雨量器(计),应按照有关规定和使用说明书认真检查仪器各部件安装是否正确。对传感器人工注水试验,观察相应显示记录,检查仪器运转是否正常。若显示记录器为数字存储器,还应进行时间校对,检查降水量数据读出功能是否符合要求。

经过运转检查和调试合格的仪器,试用7 d左右,证明仪器各部分性能合乎要求和运转正常后,才能正式投入使用。数字存储器正式使用前,需对其内存储的试验数据予以清除,对画线模拟记录的试验数据予以注明;在试用期内,检查时钟的走时误差是否符合要求,若仪器有校时功能,应检查校时功能是否正常。

停止使用的自记雨量计,在恢复使用前,应按照上述要求,进行注水运行试验检查。

每年应用分度值不大于0.1 mm的游标卡尺测量各个仪器的承雨器口直径1~2次。检查时,应从5个不同方向测量器口直径。

每年应用水准器或水平尺对承雨器口平面是否水平进行1~2次检查。若外筒有漏水现象,应及时修理或撤换。

凡是检查不合格的仪器,应及时调整。无法调整的仪器,应送厂维修。

5.2.1.2　维护

应注意保护仪器,防止碰撞。保护器身稳定,器口水平不变形。无人驻守的降水量站,应对仪器采取特殊安全防护措施。

应保持仪器内外清洁,及时清除承雨器中的树叶、泥沙、昆虫等杂物,保持传感器、承雨器汇流畅通,以防堵塞。

传感器与显示记录器间有电缆连接的仪器,应定期检查插座是否密封防水,电缆固定是否牢靠,并检查电源供电状况,及时更换电量不足的蓄电池。

多风沙地区在无雨或少雨季节,可将承雨器加盖,但要注意在降雨前及时将盖打开。

在结冰期间仪器停用时,应将传感器内积水排空,全面检查养护仪器,器口加盖,用塑料布包扎器身,也可将传感器取回室内保存。

长期自记雨量计的检查和维护工作,应在每次巡回检查和数据收集时,根据实际情况进行。

每次对仪器进行调试或检查都应有详细的记录,以备查考。

5.2.1.3　校准

(1)对停止使用的自记雨量计,在恢复使用前应按要求进行注水运行试验检查、校准。

(2)不得轻易拧动翻斗雨量计的翻斗定位螺钉,若经检查调试后,翻斗雨量计记录误差仍不符合要求,可检查调整翻斗基点,其方法是:首先将翻斗清洗干净,并将计量翻斗和计数翻斗同倾于一侧,然后在定位螺钉上做一个明显的记号。同时,旋动两个定位螺钉,且旋转的方向要一致，即两个定位螺钉同时“进”或“退”，必须使两个翻斗翻倒的水量相等。以大约0.5 mm/min、2 mm/min、4 mm/min的模拟降水强度注水，检查记录量和计数量与排水量之差是否符合要求。若不符合要求，应再细心旋动定位螺钉调整基点。

(3)宜每年对虹吸式自记雨量计进行一次器差检查。徐徐向承雨器注水，当产生虹吸时立即停止，待记录笔落到零线后，用量雨杯量取10 mm清水，分10次向承雨器注水，每次注入1 mm，记录每次加水后自记笔的记录值。如此重复试验五遍，将试验结果以累计加水量为纵坐标，相应记录值为横坐标，点绘相关图。若相关线通过原点，且与坐标轴呈45°的直线，则无器差；否则，应求出器差，对记录值进行器差订正。

(4)凡检查不合格的仪器，都应及时调整、维修或换用新仪器，送生产工厂检修、校准等。

5.2.2　蒸发仪器的管理维护

5.2.2.1　标准水面蒸发器

(1)标准水面蒸发器每年至少进行一次渗漏检验。不冻地区可在年底蒸发量较小时进行。封冻地区可在解冻后进行。在平时(特别是结冰期)也应注意观察有无渗漏现象。若发现某一时段蒸发量明显偏大，而又没有其他原因，应挖出检查。若有渗漏现象，应立即更换备用蒸发器，并查明或分析开始渗漏日期。根据渗漏强度决定资料的修正或取舍，并在记载簿中注明。

(2)要特别注意保护测针座不受碰撞和挤压。当发现测针座遭碰撞时，应在记载簿中注明日期和变动程度。

(3)测针每次使用后(特别是雨天)均应用软布擦干放入盒内，拿到室内存放，还应注意检查音响器中的电池，以及线路是否完好。

(4)经常检查蒸发器的埋设情况，发现蒸发器下沉倾斜、水圈位置不准、防坍墙破坏等情况时，应及时修整。

(5)经常检查器壁油漆是否剥落、生锈。一经发现，应及时更换蒸发器，将已锈的蒸发器除锈并重新油漆后备用。

5.2.2.2　80 cm、20 cm口径蒸发器(皿)

(1)经常检查蒸发器(皿)是否完好，有无裂痕或口缘变形，发现问题应及时修理。

(2)经常保持蒸发器(皿)体洁净，每月用洗涤剂彻底洗刷一次。

(3)经常检查放置蒸发器(皿)的基础是否牢固，发现问题及时处理。

5.2.3　自记水位计的管理维护

自记水位计日常检查一般包括机房环境安全、接头连接、电源工作、仪器工作、记录误差、数据保存等方面，检查可根据具体仪器配置和有关条件设计记录文档格式，随检查随记录，出现问题及时处理，记录文档保存备查。

(1)检查机房和测验环境的卫生、安全等，使仪器始终保持在良好的工作环境和工作状态中。记录仪表应存放在干燥、通风、清洁和不受腐蚀气体侵蚀的地方，并按说明书要求进行使用、保养和维护。

(2)检查主要记录仪表的接地、避雷针等防雷装置是否连接正常。

(3)检查设备与各种电缆的连接是否完好,保证接头紧固;是否存在因漏水或沿电缆、电源线入口进水造成故障。

(4)检查测站供电情况,供电电压是否在正常范围。仪器配接的蓄电池连接是否完好。仪器电源指示灯是否正常,处于何种供电状态。

(5)检查自记水位计记录显示或打印过程情况,判断水位计工作是否正常,出现故障应及时采取措施,使用其他方法观测;判断仪器参数设置是否符合测验要求;通过校测及其他测验(如流量测验观测的相应水位)观测值对比记录精度,保证观测数据的连续性、正确性和完整性。

(6)对于气介式的超声波、雷达等水位仪器测量端,应定期检查换能器安装处是否有鸟类、昆虫结网或脏物遮挡声波的发射与接收。

(7)检查仪器工作一定时期的数据备存情况,应定期将存储在仪器的测量数据读出备份保存,保证测量数据的安全。

(8)纸介质模拟记录的自记水位计检查:

①在换记录纸时,应检查水位轮感应水位的灵敏性和走时机构工作的正常性。电源应充足,记录笔、墨水应适度。换纸后,应上紧自记钟,将自记笔尖调整到当时的准确时间和水位坐标上,观察 1~5 min,待一切正常后方可离开,当出现故障时应及时排除。

②应按记录周期定时换纸,并应注明换纸时间与校核水位。当换纸恰逢水位急剧变化或高、低潮时,可适当延迟换纸时间。

5.2.4　转子式流速仪的管理维护

5.2.4.1　转子式流速仪的组成与工作原理

转子式流速仪主要由转子、旋转支承、发信、尾翼和机身(身架、轭架)等部分组成。转子式流速仪根据转子的不同又分为旋桨式流速仪和旋杯式流速仪两种。我国研制的 LS25-1 型旋桨式流速仪是旋桨式流速仪的代表型号,每套仪器包括两只可以互换使用的旋桨,1 号桨用于测量 0.06~2.5 m/s 的流速,2 号桨用于测量 0.2~5.0 m/s 的流速。LS68-2 型旋杯式流速仪是旋杯式流速仪的代表型号,适用水深为 0.2 m 以上,流速的测量范围为 0.02~0.5 m/s。

转子式流速仪是根据水流对流速仪转子的动量传递而进行工作的。当水流流过流速仪转子时,水流直线运动能量产生转子转矩。此转矩克服转子的惯量、轴承等内摩阻,以及水流与转子之间相对运动引起的流体阻力等,使转子转动。转子转速与水流速度之间的经验公式为

$$V = Kn + C$$

现行标准规定的公式为

$$V = a + bn$$

式中　V——水流速度;

K、b——流速仪转子的水力螺距;

C、a——仪器常数;

n——流速仪转子的转率。

5.2.4.2　流速仪的维护与检查

(1)在每次使用流速仪之前,必须检查仪器有无污损、变形,仪器旋转是否灵活及接触丝与信号是否正常等情况。

(2)流速仪在每次使用后,应立即按仪器说明书规定的方法拆洗干净,并加仪器润滑油。

(3)流速仪装入箱内时,转子部分应悬空搁置。

(4)储藏备用的流速仪,易锈部件必须涂黄油保护。

(5)仪器箱应放于干燥通风处,并应远离高温和有腐蚀性的物质。仪器箱上不应堆放重物。

(6)仪器箱中所有的零(附)件及工具应随用随放还原处。

(7)仪器说明书和检定图表、公式等应妥善保管。

5.2.5　地下水位计的管理维护

5.2.5.1　地下水位计的基本结构

常用地下水位监测仪器包括浮子式地下水位计、压力式地下水位计等。

地下水位计的基本结构一般为传感器、测量控制装置、数字存储器、电源等部分。

浮子式地下水位计的结构为水位感应器(浮子、平衡锤、悬索、水位轮)、轴角编码器(计数器、码轮组部件、开关组部件、支承系统、机壳、底座)、数字存储器、电源等。

压力式地下水位计的结构为压力传感器、测量控制装置、数字存储器、电源和专用电缆等。

5.2.5.2　管理维护

根据仪器的结构性能,对水位计进行基本的管理维护,如运动部分是否灵活、密封是否良好、信息传输是否通畅、存储或记录是否有效等。

浮子式地下水位计由于水位编码器的性能各异,需注意维护;地下水埋深较大时,要注意悬索、水位轮的配合,避免悬索和水位轮之间打滑;还应注意小浮子感应水位变化的灵敏度。另外,浮子式水位计对测井的倾斜度有要求,应用时要注意。

压力式地下水位计应注意检查耐压密封性能。

地下水位计要做好保护措施,要耐干扰、抗雷击、防破坏。

第6章　水文情报预报

6.1　信息整理

6.1.1　水情信息编码与译码规则

为及时、准确、有效地传输和便于计算机快速高效地处理实时水情信息，水利部制定了中华人民共和国水利行业标准《水情信息编码》(SL 330—2011)，以此统一水情信息的编码。

水情信息编码采用代码标识符加数据(值)描述的方法，表示水文要素的标识及属性。水文要素值采用实际观测值或计算值，水文要素的观测时间采用北京时间，并以24小时法计时。

根据《水情信息编码》(SL 330—2011)，可以对拟发的水情信息进行编码，也可对接收到的水情信息进行译码。

6.1.1.1　水情信息编码格式

水情信息编码由编码分类码、水情站码、观测时间码、要素标识符、要素标识符对应的数据、结束符"NN"六部分组成，各部分由空格分隔，不应缺漏。水文要素标识符与其数据应成对编列，标识符编列在前，数据紧列其后。水情信息的编码基本格式见图4-6-1。

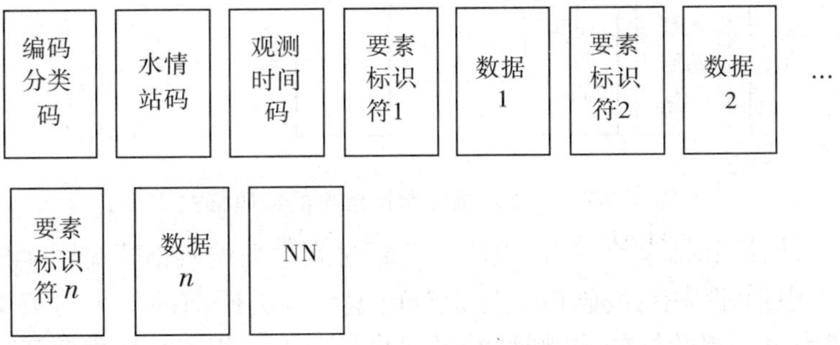

图4-6-1　水情信息编码基本格式

需要在一条编码中编报一个水情站不同观测时间的水情信息时，可使用引导标识符"TT"引导后续各观测时间码及其对应的水情信息，各部分之间用空格分隔。不同观测时间水情信息的编码格式见图4-6-2。

需要在一条编码中编报多个同类水情站的水情信息时，可使用引导标识符"ST"引导其他水情站信息，各部分之间用空格分隔。多个水情站水情信息的编码格式见图4-6-3。

需要在一条编码中按等时间间隔顺序编报一个水情站的序列数据时，可使用等距时间序列格式。等距时间序列格式由编码格式标识符、水情站码、观测时间码、时间步长码、

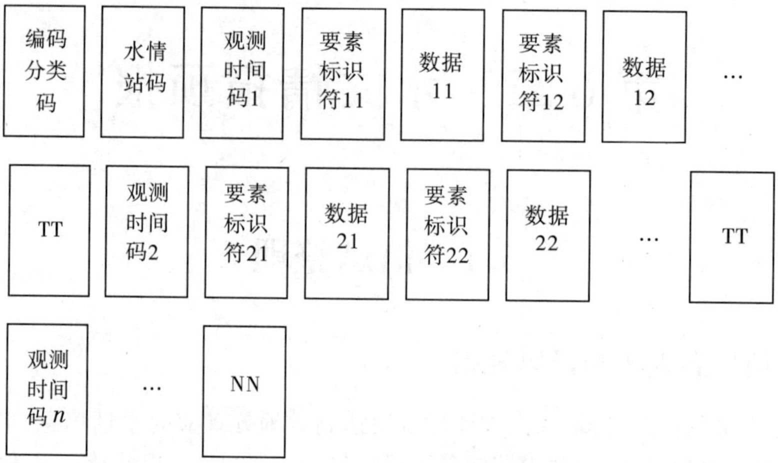

图 4-6-2　不同观测时间水情信息的编码格式

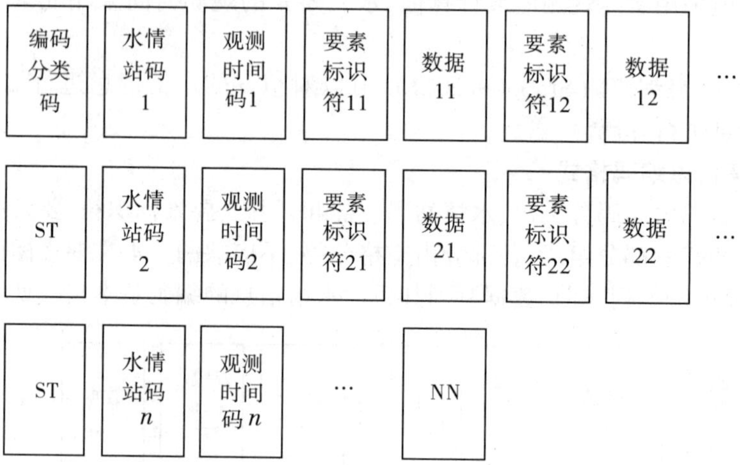

图 4-6-3　多个水情站水情信息的编码格式

要素标识符组、数据组和结束符“NN”组成。等距时间序列编码格式见图 4-6-4。

在等距时间序列编码中:编码格式标识符由编码分类码前面加大写英文字母“C”构成;观测时间码为第一组数据的观测时间;时间步长码表示相邻数据组之间的观测时间间隔,不得缺省;要素标识符组编列需要报送的水文要素的标识符。一条编码中,只能有一个要素标识符组;需要编报的数据应按观测时间分组,同一观测时间的所有数据为一个数据组,数据组应按时间顺序编列;数据组中的数据应与要素标识符组中编列的水文要素标识符一一对应,当某个要素没有数据时,应在数据组相应位置上填列字符“M”。

编报旬、月特征值信息的规定:旬、月特征值可以在一条编码中组合编报,也可单独编报,但不应与瞬时值、时段值信息混合编报;旬、月极值编报应由极值信息标识符引导,并应在极值前编列极值发生时间,不能缺省;一旬(月)内有 2 次或 2 次以上的极值相同时,发生时间应编列第 1 次的出现时间;旬、月特征值应按先均值后极值、先旬后月、先高

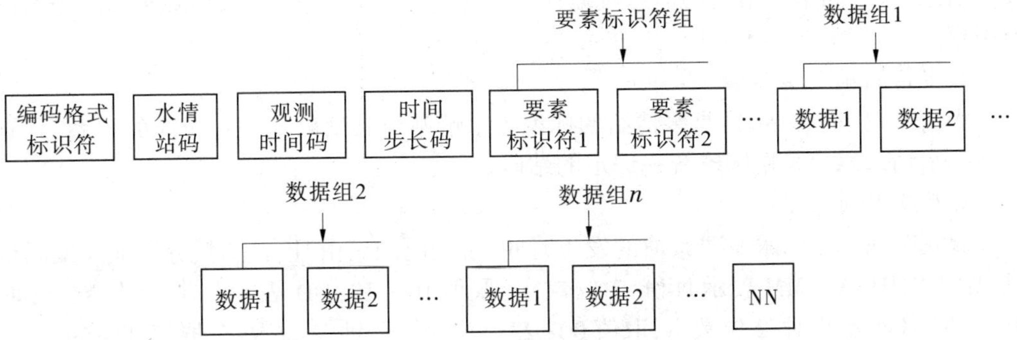

图4-6-4　等距时间序列编码格式

(大)后低(小)、先水位后流量的顺序编列。

编报需要修正已报送信息的规定:在需要修正信息的编码分类码前加符号"R",组成修正信息的编码分类码,其他部分的编码形式不变;编报修正信息时,应列出原编码中与错误信息同类的全部内容;原编码中漏编某组信息时,应列出原编码中与漏编信息同类的全部内容;修正已报送的信息时,不应使用等距时间序列格式。

6.1.1.2　水情信息编码的基本规则

1. 水情信息编码分类码

根据水情信息特性,编码分类码可分为降水、河道、水库(湖泊)、闸坝、泵站、潮汐、土壤墒情、地下水情、水文预报9类。编码分类码、可编报的水情信息及编列顺序见表4-6-1。

表4-6-1　编码分类码、可编报的水情信息及编列顺序

序号	水情信息类别	编码分类码	适用的水情站类	可编报的水情信息及编列顺序
1	降水	P	雨量	①降水;②蒸发
2	河道	H	水文(位)	①降水;②蒸发;③河道水情;④沙情;⑤冰情
3	水库(湖泊)	K	水库	①降水;②蒸发;③水库水情;④冰情
4	闸坝	Z	闸坝	①降水;②蒸发;③闸坝水情;④沙情;⑤冰情
5	泵站	D	泵站	①降水;②蒸发;③泵站水情
6	潮汐	T	潮汐	①降水;②蒸发;③潮汐水情
7	土壤墒情	M	墒情	①降水;②蒸发;③土壤墒情
8	地下水情	G	地下水监测站	①降水;②蒸发;③地下水情
9	水文预报	F	发布水情预报的水情站	水文预报

一份水情信息编码只能由一种编码分类码引导,不同水情站类的信息应由各自的编码分类码引导并单独编报,不应混合编报。在同一编码分类码引导下,各水情信息可在同一份水情信息编码中组合编报,也可单独编报。当专门编报多个水情站点的降水量和蒸

发量信息时,不同水情站类的信息可编列在一份信息编码中,但应采用降水编码分类码进行引导。

2. 水情站码

水情站码(简称站码)是水情站的标识。水情站与其站码是一一对应的关系,具有唯一性。水情站码应采用国家统一编定的站码。

3. 观测时间码

观测时间码表示水文要素值的发生时间,观测时间码由月、日、时、分组成。编码格式是:MMDDHHNN。MM 表示月份,2 位数字,取值 01 ~ 12;DD 表示日期,2 位数字,取值 01 ~ 31;HH 表示小时,2 位数字,取值 00 ~ 23;NN 表示分钟,2 位数字,取值 00 ~ 59。

对于时段平均值或时段累计值,观测时间码表示水文要素观测时段末的时间。对于日、旬、月平均值、极值等水情特征值,观测时间码表示水文要素的报送时间,其中日水情特征值的报送时间为次日 8 时,旬、月水情特征值的报送时间为旬、月终了后的次日(11 日、21 日和下月 1 日)8 时。

4. 时间步长码

时间步长码是表示某组等时段水文数据之间的时间间隔。时间步长码由标识符、时间类型和时间间隔组成,编码格式为:DRxnn。DR 是时间步长码标识符;x 表示时间类型,由 D、H 和 N 分别表示日、小时和分钟;nn 由 2 位数字组成,表示与 x 对应的时间长。编码时,x 由表示时间的类型之一代替,类型有 D(日)、H(小时)、N(分钟),则 nn 对应取值范围分别为 01 ~ 31、01 ~ 23、01 ~ 59。

5. 要素标识符

要素标识符应由主代码、副代码、时段码与属性码四部分组成。各类水情信息的编码要素及标识符见《水情信息编码》(SL 330—2011)附录 B。编码格式为:主代码 [副代码] [时段码] [属性码]。其中:主代码为水文要素类型码,1 位;副代码为主代码的补充说明,1 位;时段码为水文要素所涉及的时段长,1 ~ 3 位;属性码为水文要素的属性标识符,1 位;[ ]中的内容可缺省,下同。

(1)主代码是水文要素类型码。其要素分类及其类型码见表 4-6-2。

表 4-6-2 水文要素分类及其类型码

序号	要素分类	类型码	序号	要素分类	类型码
1	面积、气温	A	9	降水量	P
2	水温	C	10	流量	Q
3	密度	D	11	径流深	R
4	蒸发量	E	12	含沙量	S
5	气压	F	13	时间、历时	T
6	水深	H	14	流速、速度	V
7	距离、长度	L	15	水(径流)量	W
8	土壤含水量	M	16	水位、潮位	Z

(2)副代码是对所要表示的水文要素主代码做出的补充说明,包括水文要素具有的方位属性等。部分水文要素及其副代码见表 4-6-3。

表 4-6-3　部分水文要素及其副代码

序号	要素	副代码	序号	要素	副代码
1	(闸、坝)上	U	4	右	R
2	(闸、坝)下	B	5	入流	I
3	左	L	6	出流	G

(3)时段码描述水文要素观测(或计算)值的时段长度。若时段码所描述的水文要素是一个连续值,如江河流量,则设定该水文要素值是时段平均值;若水文要素为累积值,如时段降水量、蒸发量,则设定该水文要素值为时段总量;在报送水情信息时,月、旬、日的时段码分别由 M、X、D 表示;24 h 以内的时段码用相应的小时数表示,小时数的取值范围为 00~23;1 h 以内的时段码用"N"加相应的分钟数表示,分钟的取值范围为 01~59。对于水文要素的瞬时值,不列时段码。

(4)属性码用于表示水文要素的最高(或最低)、最(或极)大(或最小、极小)等特征属性。其属性分别用代码"M""N"表示。

(5)要素标识符应与相应水文要素观测(或计算)值关联编码,不应单独出现在水情信息编码中。

6. 数据编码

(1)在水情信息编码中,数据应采用实测值或计算值。基面以下的水位值或零度以下的温度值及逆流流量用负值表示。

(2)数据的单位和有效位数以《水情信息编码》(SL 330—2011)和国家有关标准为准。

(3)数据应填列在与所属水文要素相对应的规定位置上,由空格分隔。

6.1.2　水情信息编码

6.1.2.1　降水量编码

1. 编码的有关规定

在降水量信息编码中,可编报降水、蒸发类信息。降水信息的编码内容包括降雨、降雪和降雹等信息。

规定编报降水量的水情站,一日内编报次数分为六级。具体规定为:均从每天 8 时起算时间,一级是 1 段 1 次,只在每天 8 时报送一次;二级是 2 段 2 次,每天 8 时、20 时各报送一次;三级是 4 段 4 次,每天 8 时、14 时、20 时、次日 2 时各报送一次;四级是 8 段 8 次,每天 8 时、11 时、14 时、17 时、20 时、23 时、次日 2 时、次日 5 时各报送一次;五级是 12 段 12 次,每天 8 时后每次报送间隔 2 h,全天共报送 12 次;六级是 24 段 24 次,每天从 8 时起,每小时报送一次,全天共报送 24 次。

编报时段降水量:若一日内各个时段降水量均未达到起报标准,8 时除编报日降水量外,还要同时编报各时段降水量;到规定编报时间,若时段降水量达到起报标准,应立即编报这个时段的降水量;前一个或几个规定时段内降水量均未达到起报标准,其后某一规定时间已达到起报标准时,除编报这一规定时段内的降水量外,还要按时间先后,列报本日内该时段之前未达到起报标准的各个时段降水量。时段降水量为零的各时段,可不编报。

编报时段降水量及日降水量信息时,应列报天气状况。天气状况的标识符为“WS”,天气状况类型为:5 代表降雪,6 代表降雨夹雪,7 代表降雨,8 代表阴天,9 代表晴天。

每日 8 时要编报前一日的日降水量,并将每日 8 时作为前一日日降水量编码的观测时间。旬、月降水量为零时也要编报。

编报暴雨加报时,暴雨加报的时间应为 1 h、2 h 或 3 h 等整小时正点,暴雨加报的雨量标准一般在规定时段内降雨量达到 20 mm、30 mm、50 mm;在规定的时段内,当降水量达到暴雨加报标准时要立即单独编报暴雨加报,并同时编列降雨历时;加报的暴雨量不应跨日计算;加报过的暴雨量仍要参加时段降水量及日降水量的统计;当暴雨加报时间与时段或日降水量编报时间相同时可不编报暴雨加报;若遇间歇性暴雨,则降雨历时为观测时段内累计降雨时间;观测时间编码应以暴雨加报时段末为准。

当发生雹情时,应在雹情停止时立即编报降雹历时和雹粒直径。

当降雪或雨夹雪时,降雪量或雨夹雪量均应折合成降水量编报。当地面积雪时,应在 8 时水情报文的降水量信息之后,列报积雪深度和密度等信息。旬、月内的降雪量或雨夹雪量,均应折合成降水量,以编报旬、月降水量。

2. 编码格式

降水量编码以降雨、降雪、降雹的顺序编报。

降雨以时段降水量、降水历时、日降水量、天气状况、旬降水量、月降水量的顺序列报(日、旬、月降水量的标识符分别为 PD、PX、PM)。

暴雨加报以暴雨量、降水历时、天气状况的顺序列报。

降雪以降水量、天气状况、积雪深度、积雪密度的顺序列报。

降雹以降雹历时、雹粒直径的顺序列报。

降水量编码基本格式见图 4-6-5,暴雨加报编码基本格式见图 4-6-6。

3. 编码示例

(1)时段降水量编码。某雨量站 11110000,采用三级标准编报,降水量的起报标准为有雨即报。6 月 18 日 8~14 时降水量为 1.4 mm,14 时天气阴,则该时段降水量编码为:

P 11110000　06181400　P6　1.4　WS　8　NN

(2)日降水量编码。某水库站 10701210,规定有雨即报,6 月 28 日 8 时至 29 日 8 时日降水量 16.8 mm,29 日 8 时天气阴。其编码为:

K 10701210　06290800　PD　16.8　WS　8　NN

(3)日、旬、月降水量编码。某雨量站 10701210,采用一级编报标准。6 月 30 日 8 时至 7 月 1 日 8 时降水量 2.6 mm,8 时天气晴;6 月下旬降水量 58 mm,6 月月降水量 269 mm。其编码为:

P 10701210　07010800　PD　2.6　WS　9　PX　58　PM　269　NN

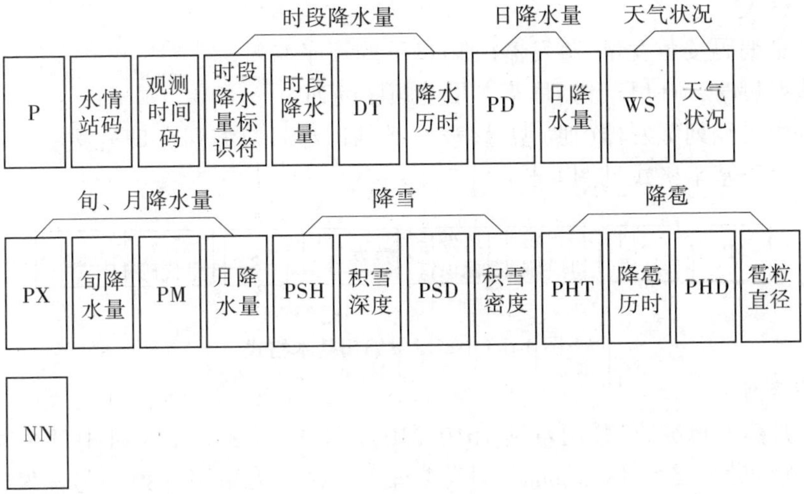

图 4-6-5　降水量编码基本格式

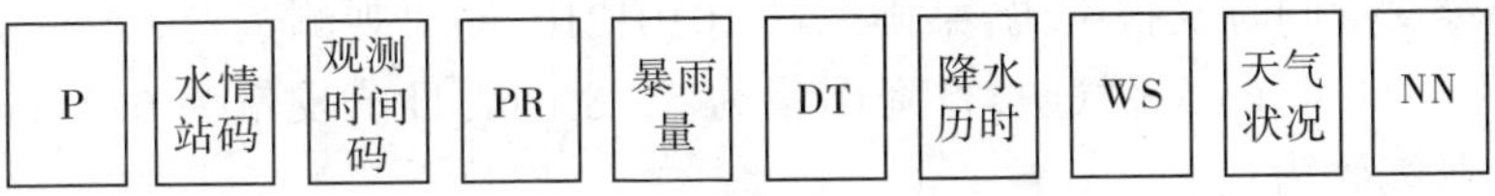

图 4-6-6　暴雨加报编码基本格式

(4)暴雨加报编码。某水情站 11110000,采用三级拍报,起报标准为 10 mm,规定进行暴雨加报,加报标准为 1 h 降雨超过 30 mm 即作为暴雨计。7 月 14 日 8~9 时降雨 31 mm,9 时天气雨;9~10 时又降雨 42 mm,10 时仍在降雨;10~11 时降雨 2 mm,11~13 时无雨;13~14 时又降雨 10.1 mm,14 时天气阴;8~14 时时段降雨量为 85.1 mm。

9 时的暴雨加报编码为:

P 11110000　07140900　PR　31　DT　1　WS　7　NN

10 时的暴雨加报编码为:

P 11110000　07141000　PR　42　DT　1　WS　7　NN

14 时时段降水量已到编报标准。其编码为:

P 11110000　07141400　P6　85.1 WS　8　NN

6.1.2.2　蒸发量编码

1. 编码的有关规定

蒸发量编码内容包括蒸发量、蒸发器(皿)型号等信息。

每日 8 时应编报前一日蒸发量,将每日 8 时作为前一日蒸发量编码的观测时间。

编发蒸发器(皿)型号时,若为本月首次编报日蒸发量,或蒸发器(皿)型号改变,应列报蒸发器(皿)型号。编报旬、月蒸发量(标识符分别为 EX、EM)时,应编列蒸发器(皿)型号。

蒸发器(皿)型号的编码标识符为"ES",代码 1 表示型号为 E-601,代码 2 为 ϕ 20,8 为 ϕ 80,9 为其他类型。

2. 编码格式

蒸发信息编码按蒸发量、蒸发器(皿)型号的顺序编列。

编报蒸发量时,应以日、旬、月蒸发量的顺序编列。

若编码中需编列蒸发器(皿)型号,蒸发器(皿)型号应编列在日蒸发量之后。

蒸发量编码基本格式见图 4-6-7。

P	水情站码	观测时间码	蒸发量标识符	蒸发量	ES	器型号代码	NN

图 4-6-7　蒸发量编码基本格式

3. 编码示例

日、旬、月蒸发量编码:某雨量站 10101210,7 月 31 日 8 时至 8 月 1 日 8 时蒸发量为 5.1 mm,下旬的蒸发量为 48.3 mm,7 月蒸发量为 128 mm,采用 ϕ 80 型号蒸发器。其编码为:

P 10101210　08010800　ED　5.1　ES　8　EX　48.3　EM　128　NN

降水量、蒸发量同时发报编码:某雨量站 10101210,同时观测蒸发。6 月 18 日 8 时测得 6 h 降雨量为 41.4 mm,天气阴,日降雨量为 56.8 mm,日蒸发量为 6.2 mm,蒸发器为 E−601B 型。其编码为:

P 10101210　06180800　P6　41.4　PD　56.8　WS　8　ED　6.2　ES　1　NN

6.1.2.3　河道水情编码

1. 编码的有关规定

河道水情编码内容包括水位、流量、断面面积、流速、风力风向、波浪高度、气压等信息。

编报水位与流量时,水势与流量测法应同时编列。水势为观测时的水位变化趋势,当观测的水位低于相邻的前次即为落;反之即为涨;若相邻水位相同,即为平。水势编码时的格式码为“ZS”,代码 4 表示水势落,代码 5 表示水势涨,代码 6 表示水势平。流量测法编码的格式码为“QS”,代码 1 表示用水位流量关系曲线法推算流量,代码 2 表示用浮标及溶液测流法测得的流量,代码 3 表示用流速仪及量水建筑物测得的流量,代码 4 表示用估算方法计算的流量,代码 5 表示用 ADCP 测得的流量,代码 6 表示用电功率反推法得到的流量,代码 9 表示用其他方法测算的流量。

凡指定编报流量的水情站,每次编报水位时,要列报相应流量。当水位没有实际应用价值时,可只编报流量值。编报实测流量时,要列报其相应水位。

断面面积和流速可随实测流量一并编报。当编报流速时,可编列断面平均流速和断面最大流速。断面面积测法编码的格式码为“AS”,代码 1 表示用水位面积关系曲线推算的面积,代码 2 表示用测深杆(锤、铅鱼)测得的面积,代码 3 表示用回声测深仪测得的面积,代码 5 表示用 ADCP 测得的面积,代码 9 表示用其他方法测算的面积。流速测法的编码格式码为“VS”,代码 1 表示用流速仪法,代码 2 表示用浮标法,代码 3 表示用声学法,代码 5 表示用 ADCP 法,代码 9 表示用其他方法。

每日 8 时要编报前一日的日平均水情信息,并将每日 8 时作为前一日的日平均水情编码的观测时间。

当编报旬、月水情极值时,要同时编列发生时间。各项极值的出现时间不论相同与否,应分别列报,不能缺省。一旬(月)内有 2 次或 2 次以上的水情特征值相同时,发生时间应编列第一次的出现时间。

河道水流特征可分河水干涸、断流、起涨、洪峰、逆流和顺逆不定等六种情况,当出现河水干涸、断流、起涨、洪峰时,应立即编报。河道水流特征编码的格式码为“HS”,代码 0 表示河水干涸,代码 2 表示断流,代码 3 表示顺逆不定,代码 4 表示逆流,代码 5 表示起涨,代码 6 表示洪峰。

起涨水位一般应在涨势明显后,立即补报起涨转折点的水位。洪峰水位一般应在水势由涨趋平,判定已达峰顶时,立即编报。

河道发生干涸或断流现象时,应于开始发生时列报一次干涸或断流标志,以后可停止编报。当河道再次过流时,应恢复正常编报。

编报波浪高度时,应同时列报风力、风向。

2. 编码格式

河道水情编码要按水位、流量、断面与流速、风力风向、波浪高度、河道径流量顺序编列。

水位编码要按水位、水势顺序编列。当水位为特征值时,不编列水势信息。

流量编码要按流量、流量测法、水流特征的顺序编列。当流量为特征值时,不编列流量测法和水流特征信息。

断面信息要按断面面积、断面测法的顺序编列。

流速信息应按断面平均流速、断面最大流速、流速测法的顺序编列。

旬、月水文特征值信息要按先均值后极值、先旬后月、先水位后流量、先高(大)后低(小)的顺序编列。

河道水情编码基本格式见图 4-6-8,河道水情旬、月特征值信息编码格式见图 4-6-9。

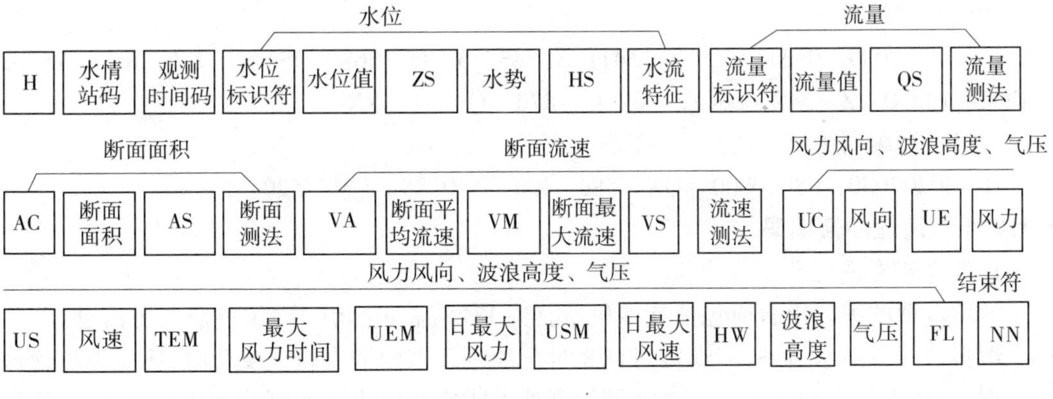

图 4-6-8　河道水情编码基本格式

3. 编码示例

(1)8 时河道水情编码。某河道站 40505202,6 月 17 日 8 时水位 134.72 m,水势涨,查线流量为 1 350 m^3/s,则编码为:

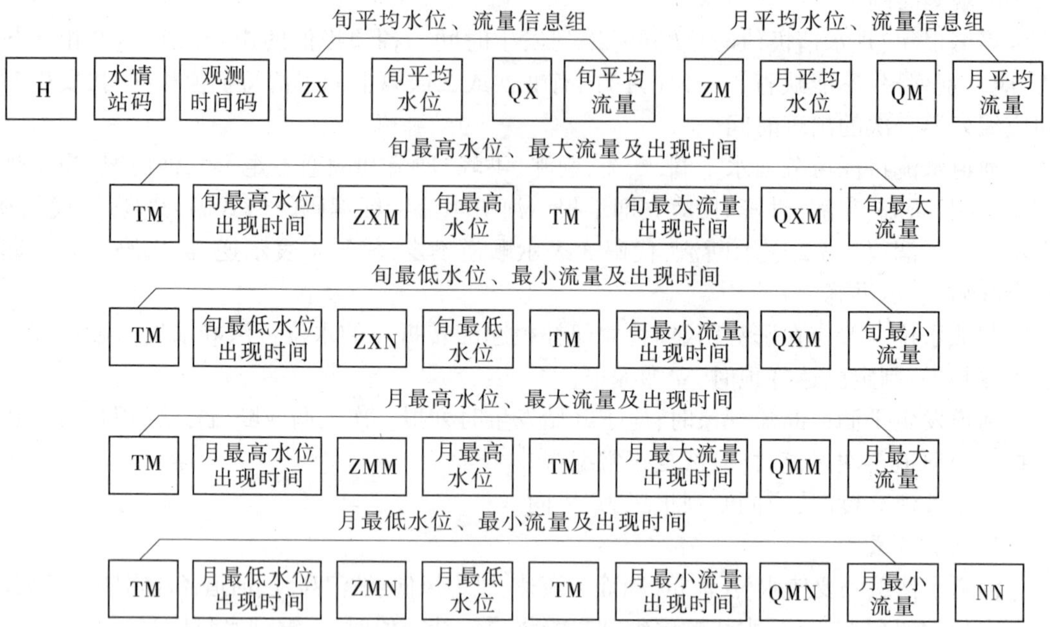

图 4-6-9　河道水情旬、月特征值信息编码格式

H 40505202　06170800　Z　134.72　ZS　5　Q　1350　QS　1　NN

(2)水位流量、实测流量、断面面积、月平均水位流量编码。某河道站 30707030,7 月 31 日 12 时 35 分用流速仪实测的流量为 568 m^3/s,相应水位 541.52 m,水势涨,用测深杆测得断面面积 705 m^2。7 月月平均水位为 540.85 m,7 月下旬平均流量为 584 m^3/s,7 月月平均流量为 520 m^3/s,8 月 1 日 8 时水位 542.06 m,水势平,相应流量 870 m^3/s(查线),8 月 1 日 8 时应编报实时水位流量及 7 月下旬和旬平均流量,则应分别编码如下:

实时水情编码为:

H　30707030　07311235　Z　541.52　ZS　5　Q　568　QS　3　AC　705　AS　2　TT 08010800　Z　542.06　ZS　6　Q　870　QS　1　NN

旬月均值编码为:

H　30707030　08010800　QX　584　ZM　540.85　QM　520　NN

6.1.2.4　河道沙情编码

1. 编码的有关规定

沙情水情的编码内容应包括含沙量、旬(月)径流总量、旬(月)输沙总量等信息。

编报含沙量的水情站,应编报每日 8 时含沙量。当沙情有较大变化时,还应编报含沙量过程,并列报日平均含沙量。含沙量的测算方式格式码为一般测验时用 SQS,日平均用 SDS,沙峰用 SMS;其后紧跟测算方法码:代码 1 表示混合法,代码 2 表示单沙法,代码 3 表示单位水样推估法,代码 4 表示实测断面平均含沙量法,代码 9 表示其他方法。

当日的含沙量最迟应在次日内报出,沙峰应在当日内报出。旬、月输沙总量应在旬(月)终了后 3 日内报出。观测时间应以旬(月)终了日次日(1 日、11 日、21 日)8 时编列。

编报输沙总量时，应同时列报相应的径流总量。编报调(输)水量时，可仅编报每日径流总量。一般径流总量的单位用百万 m^3，输沙总量的单位用万 t。

2. 编码格式

沙情编码应按含沙量、沙峰、日平均含沙量、日径流输沙总量的顺序编列。

含沙量、沙峰、日平均含沙量均应按含沙量值、含沙量测算方式的顺序编列。

输沙总量要按先旬后月、先径流总量后输沙总量的顺序单独编报。

河道站沙情编码基本格式见图 4-6-10，河道站沙情旬、月特征值编码基本格式见图 4-6-11。

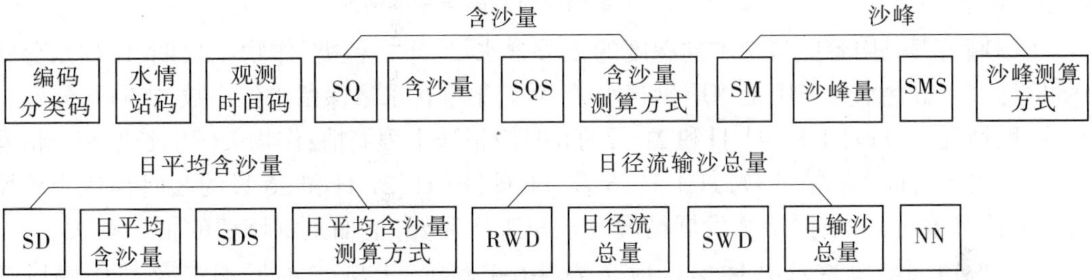

图 4-6-10　河道站沙情编码基本格式

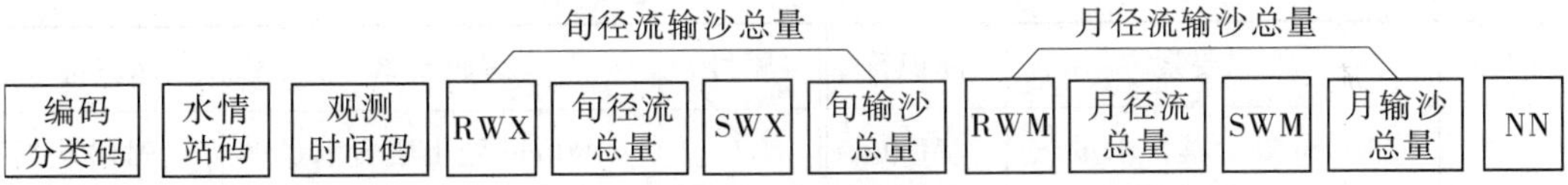

图 4-6-11　河道站沙情旬、月特征值编码基本格式

3. 编码示例

(1)同时列报推求与实测的断面平均含沙量的编码。某河道站 40101558，7 月 15 日 13 时由单位水样推求的断面平均含沙量为 98.4 kg/m^3，同日 18 时实测的断面平均含沙量为 253 kg/m^3，其编码为：

H　40101558　07151300　SQ　98.4　SQS　3　TT　07151800　SQ　253　SQS　4　NN

(2)加报沙峰并报日平均含沙量编码。某河道站 40101558，8 月 18 日 15 时实测沙峰断面平均含沙量为 1 240 kg/m^3，18 日日平均含沙量 1 100 kg/m^3(由实测成果用流量加权法求得)，其编码为：

H　40101558　08181500　SM　1240　SMS　4　TT　08190800　SD　1100　SDS　4　NN

(3)报旬及月径流总量和输沙总量编码。某河道站 41206532，9 月下旬径流总量 6.286 亿 m^3，输沙总量 0.305 8 亿 t，9 月月径流总量 24.78 亿 m^3，输沙总量 1.482 亿 t，10 月 1 日 8 时编报的编码为：

H　41206532　10010800　RWX　628.6　SWX　3058　RWM　2478　SWM　14820　NN

6.1.2.5　土壤墒情编码

1. 编码的有关规定

在土壤墒情信息编码中,可编报降水量、蒸发量和土壤墒情三类信息。土壤墒情信息编码基本格式见图 4-6-12。

编码分类码	水情站码	观测时间码	降水量类	蒸发量类	土壤墒情类	NN

图 4-6-12　土壤墒情信息编码基本格式

土壤墒情编码内容应包括不同深度的土壤含水量、作物种类、作物生长期、作物水分状态等信息。土壤含水量采用土壤质量含水量表示,土壤含水量保留 1 位小数,省略百分号。

一般情况下,每月 1 日、11 日和 21 日的 8 时应报送土壤墒情;作物关键生长期和旱情发展期应每隔 5 日报送墒情,即每月 1 日、6 日、11 日、16 日、21 日和 26 日的 8 时报送土壤墒情;当旱情严重时,可根据旱情发展情况和抗旱工作需要,增加土壤墒情的报送频次。

土壤墒情编码要素及其标识符应按表 4-6-4 确定,土壤含水量测法及其代码应按表 4-6-5 确定,作物种类及其代码应按表 4-6-6 确定,作物生长期分类及其代码应按表 4-6-7 确定,作物水分状态及其代码应按表 4-6-8 确定。

表 4-6-4　土壤墒情编码要素及其标识符

序号	编码要素	标识符	序号	编码要素	标识符
1	10 cm 处土壤含水量	M10	7	100 cm 处土壤含水量	M100
2	20 cm 处土壤含水量	M20	8	垂线平均土壤含水量	MA
3	30 cm 处土壤含水量	M30	9	土壤含水量测法	MM
4	40 cm 处土壤含水量	M40	10	作物种类	MK
5	60 cm 处土壤含水量	M60	11	作物生长期	MG
6	80 cm 处土壤含水量	M80	12	作物水分状态	MS

表 4-6-5　土壤含水量测法及其代码

土壤含水量测法	烘干法	张力计法	中子水分仪法	时域反射法	频域法
MM	1	2	3	4	5

表 4-6-6　作物种类及其代码

作物种类	小麦	玉米	棉花	谷子	大豆	油菜	烟草
MK	1	2	3	4	5	6	7

表 4-6-7　作物生长期分类及其代码

作物	作物生长期 MG					
	1	2	3	4	5	6
小麦	播种期	苗期	返青期（冬小麦）	拔节期	孕穗灌浆期	成熟期
玉米	播种期	苗期	拔节期	抽雄期	灌浆期	成熟期
棉花	播种期	苗期	蕾期	花铃期	吐絮期	—
谷子	播种期	苗期	拔节期	抽穗期	灌浆期	成熟期
大豆	播种期	苗期	分枝期	花荚期	鼓粒期	成熟期
油菜	播种期	苗期	返青期	开花期	结荚期	—
烟草	播种期	苗期	团棵期	现蕾期	成熟期	—

表 4-6-8　作物水分状态及其代码

作物水分状态	涝	渍	正常	缺水	萎蔫	发黄	枯死	其他
MS	1	2	3	4	5	6	7	8

2. 编码格式

土壤墒情编码中，应按不同深度的土壤含水量、测法、作物种类、作物生长期、作物水分状态的顺序编列。土壤墒情信息编码基本格式见图 4-6-13。

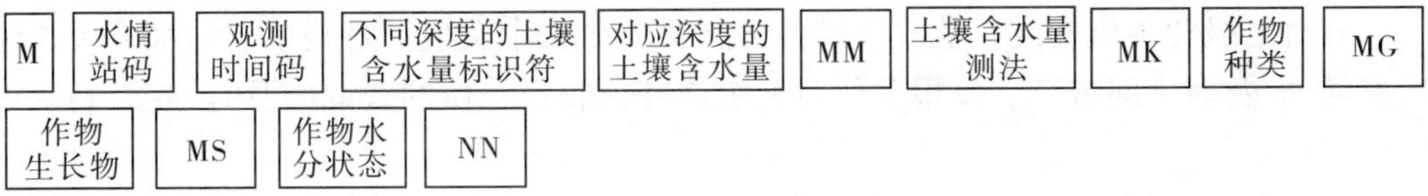

图 4-6-13　土壤墒情信息编码基本格式

3. 编码示例

某墒情监测站 50501320，6 月 1 日 8 时，在冬小麦地里，用烘干法测得地表以下 10 cm 处土壤含水量为 8.1%，20 cm 处为 10.2%，40 cm 处为 14.4%，冬小麦处于孕穗灌浆期。其编码为：

M　50501320　06010800　M10　8.1　M20　10.2　M40　14.4　MM　1　MK　1　MG　5　NN

某墒情监测站 30704513，10 月 11 日 8 时，用烘干法测得地表以下 10 cm 处土壤含水量为 16.0%，20 cm 处为 19.1%，40cm 处为 23.4%。观测地冬小麦正在出苗，生长正常。其编码为：

M　30704513　10110800　M10　16.0　M20　19.1　M40　23.4　MM　1　MK　1　MG　2　MS　3　NN

6.1.2.6 **水情错报修正**

发报单位若发报后发现出错,应立即查明原因,按规定核发水情错报更正,必要时用多种通信方式发报并说明原因。

水情错报一般有以下两种情况:

(1)站号错或观测时间码错。站号错造成在接收数据库中不仅本站的信息没有记录,而且还给其他站加上了一条错误记录;观测时间码错会造成数据库记录错误。这种情况应及时通知信息接收单位,在人工干预下通过合理方式修改数据库。

(2)标识码或数值错及漏编某组信息,这种情况应发水情错报修正报。用"R"开头的水情信息码表示修正码,也就是在需要修正信息的编码分类码前加符号"R",组成修正信息的编码分类码,其他部分的编码形式不变。通常的做法是,在原发有错误的报文中改正错误,在需要修正信息的编码分类码前加符号"R"后重发。也可以仅发出错类的部分,但应列出原编码中与错误信息同类的全部内容。例如,一条河道水情信息编码中,同时列出了降水量、河道水情和沙情,报文发出后发现河道水情中的流量数据有误,应编报修正报文,则修正报文中应包含水位等原编码中所有河道水情信息,而不仅仅是流量信息,但降水量与流量无直接关系,可不列入修正报文。

示例:某河道站 20204028,发出的编码为"H 20204028 07110800 Z 28.42 ZS 4 Q 370 QS 1 TT 07201336 Z 28.52 ZS 5 Q 598 QS 2 NN",经检查发现实测流量有误,应立即发修正编码,这时编码为"RH 20204028 07201336 Z 28.52 ZS 5 Q 398 QS 2 NN"。

另外,修正已报送的信息,不应使用等距时间序列格式。对特殊水情,虽无错误,认为必要时也可发说明文字或用语音报告,同时做好档案记载。

有时上级业务机构或其他收报单位会从对比分析中发现某发报单位的水情错报或提出疑问,应及时询问查证。发报单位对上级或其他收报单位的查询应及时办理,确认正误后立即回复。

水情发报单位应经常总结容易出错的经验教训,对重大的错报应写出检查,报告上级。

6.1.3 水情信息分类和归档

6.1.3.1 **水情信息分类**

不同测站(或部门)监测的水文要素不同,水情信息分类也不尽相同。根据水情信息特性及编码规则,可将水情信息分为降水、河道、水库(湖泊)、闸坝、泵站、潮汐、土壤墒情、地下水情、水文预报9类。各类信息还可细分。如河道信息又可分水位、流量、泥沙信息等。

6.1.3.2 **水情信息归档**

目前,测站(或部门)水情信息资料不进行归档。水情信息资料一般保存在各单位(部门)的计算机磁盘中或专门的"水情信息数据库"中,存储年限为1~5年不等。目前,档案部门归档的是水文监测原始成果及整汇编成果。

6.2　水情报送

6.2.1　测站水情信息报送

测站水情信息上传报送应符合下列规定:

(1)水情站每次观测的水文数据应在观测后立即发出。凡负责转发水情的测站和单位,应随收随发,不应延误积压。

(2)当传输环节出现故障等特殊情况时,应及时采取应急措施传递水情信息,并尽快排除故障。

(3)各水情站在测报工作中,应做到"四随"(随测算、随编报、随整理、随分析)和"四不"(不错报、不迟报、不缺报、不漏报)。人工错报率不应超过 2%,水文自动测报系统误码率不应超过 0.2%。各级水情部门应建立相关制度,加强水情工作管理,保证水情信息的及时准确。

(4)水情站码应采用国家有关部门批准的站码体系,不应占用其他流域或地区的测站编号。各有关省(自治区、直辖市)和流域机构应交换所辖水情站的水情站码。

(5)水情站码确定后,不应轻易变动。当需要变动时,应按国家有关规定办理:

①临时个别站变动时,应报相关流域机构水情主管部门批准,及时通知有关信息接收单位。

②变动若干个水情站的水情站码时,应由省级水情主管部门提出,流域机构负责协调,于汛末提出调整方案,报国家水情主管部门批准。省级水情主管部门应及时整理出新、旧水情站码对照表,及时分发至所有接收水情信息的单位,于次年汛期开始使用。

(6)正常情况下,一天内报送水情信息的段次分为六级,视水情按任务书要求分级别报送测站水情信息。

(7)各水情站的信息报送任务和报送标准由主管机关根据暴雨洪水特性、防汛抗旱部门对水文情报预报的需求等实际情况制定,在下达测站任务书、水情任务书或其他文件中加以规定。各水情站应严格按照要求及时报送水情信息。若工作需要,水情站应加密报送段次。遇特殊水情,应随时编报。

(8)凡是指定编报日值(均值和总量)的水情站,日值信息应随每日 8 时水情一同编报。

(9)凡是指定编报旬(月)降水量、蒸发量、水位、流量、(蓄)水量、水(气)温等特征值(极值和均值)的水情站,应于旬、月终了后次日(11 日、21 日和下月 1 日)及时编报。

(10)水库、湖泊段号和区号编定应符合下列规定:

①段号:自水库大坝(湖泊的主要出流断面)向上游按每 10 km 一段进行平行划分,依次称其段号为 1,2,3,…。

②区号:自水库、湖泊区域最左侧垂直于大坝中轴线(湖泊的主要出流断面)的边界起,向右侧按每 100 m 一个区间进行平行划分,依次称其区号为 1、2、3、…。

③段、区号:对于一个水库(湖泊),其段、区号一经编定,不得随意更改。确需改变

时,应由流域机构批准,并报国家水文主管部门备案。改变后,主管机关应及时编制新旧区、段号对照表,并通知有关信息接收单位。

(11)流域机构、省(自治区、直辖市)下属水文预报发布单位的代码编定后,应及时通知所有信息接收单位,不应随意变更。

6.2.2　水情信息查询

随着计算机技术和通信技术的发展,水情信息的传送与接收已广泛使用计算机网络,水情信息也显示在计算机网页上。计算机网络技术发展很快,水平不断提升和更新,应注重结合水文测报业务学习和实践应用。

一般情况下,各流域、各省(自治区、直辖市)都有自己的水情信息网,以提供实时水情信息,方便用户查询。同时,各水情信息网还开发有统计、计算、绘图等功能,使得水情信息产品内容更丰富,实用性更强。

上网查询水情信息时,需要输入需查询水情信息的网址,利用已有的网络,即可找到要查询的水情信息网页,从中选择需要的水情信息。

电话查询有关测站水情信息,就是使用公共或专门的电话系统,打电话询问水情,记录在专门的记载簿中,并及时告知有关负责人员。

第7章　冰情观测

7.1　观　测

7.1.1　冰流量计算

7.1.1.1　简测法

用简测法施测冰流量时，冰流量计算应符合下列规定：

(1)当河段内流冰全部为流冰块或全部为流冰花时，冰流量用式(4-7-1)或式(4-7-2)计算，其中冰花折算系数用式(4-7-3)计算：

$$Q_g = Bv_g\eta d_g \tag{4-7-1}$$

或

$$Q_g = Bv_g\eta d_{sg}\beta \tag{4-7-2}$$

$$\beta = \frac{\rho_{sg}}{0.91} \tag{4-7-3}$$

式中　Q_g——冰流量，m^3/s；

B——敞露水面宽，m；

d_g——平均冰块厚度，m；

d_{sg}——平均冰花团厚度，m；

v_g——平均冰速，m/s；

η——平均疏密度；

β——冰花折算系数；

ρ_{sg}——冰花密度，t/m^3；

0.91——冰密度，t/m^3。

(2)当河段内流冰为冰块和冰花团混合流动并已分别观测流冰块和流冰花疏密度时，可分别计算冰块流量和冰花流量，再求总冰流量。

(3)采用分部观测疏密度和冰速时，冰流量用式(4-7-4)或式(4-7-5)计算：

$$Q_g = d_g\sum_{i=1}^{n} b_i v_{gi}\eta_i \tag{4-7-4}$$

$$Q_g = d_{sg}\beta\sum_{i=1}^{n} b_i v_{gi}\eta_i \tag{4-7-5}$$

式中　b_i——第i部分宽，m；

v_{gi}——第i部分平均冰速，m/s；

η_i——第i部分平均疏密度；

n——部分数；

其他符号意义同前。

(4)用简测法分部观测疏密度和冰速时，应用式(4-7-6)计算断面平均疏密度，应用式(4-7-7)或式(4-7-8)计算断面平均冰速：

$$\eta = \frac{1}{B}\sum_{i=1}^{n} b_i \eta_i \tag{4-7-6}$$

$$v_g = \frac{Q_g}{Bd_g\eta} \tag{4-7-7}$$

$$v_g = \frac{Q_g}{Bd_{sg}\beta\eta} \tag{4-7-8}$$

7.1.1.2 精测法

用精测法施测冰流量时，冰流量计算应符合下列规定：

(1)绘制流冰疏密度和冰速分部曲线。

(2)按式(4-7-9)计算部分单厚冰流量：

$$q_{ui} = \frac{1}{2}b_i(v_{gi}\eta_i + v_{gi+1}\eta_{i+1}) \tag{4-7-9}$$

式中 q_{ui}——第 i 部分的单厚冰流量，m^2/s；

η_i——第 i 条垂线的疏密度；

v_{gi}——由第 i 条疏密度测线起点距在冰速分部曲线上查得的相应冰速，m/s；

b_i——流冰疏密度两测线间部分宽，m。

(3)按式(4-7-10)计算单厚冰流量：

$$Q_u = \sum_{i=1}^{n-1} q_{ui} \tag{4-7-10}$$

(4)按式(4-7-11)或式(4-7-12)计算冰流量：

$$Q_g = d_g Q_u \tag{4-7-11}$$

$$Q_g = \beta d_{sg} Q_u \tag{4-7-12}$$

(5)用精测法施测冰流量时，按式(4-7-13)和式(4-7-14)分别计算断面平均疏密度和断面平均冰速：

$$\eta = \frac{1}{2B}\sum_{i=1}^{n-1}(\eta_i + \eta_{i+1})b_i \tag{4-7-13}$$

$$v_g = \frac{Q_u}{B\eta} \tag{4-7-14}$$

7.1.1.3 摄影法

用摄影法施测冰流量时，图像的识别模式、像素位移模拟技术以及冰流量求解方法，应符合精测法计算冰流量的基本原理。

7.1.2 河流冰情图测绘

7.1.2.1 基本要求

(1)当冰情现象比较复杂，不易用文字表达时，应进行冰情图测绘。冰情图测绘应采用表4-7-1规定的符号填制。

(2)冰情图测绘可采取目测和仪器测量结合的方法进行。

(3)指定河段上或易形成冰塞、冰坝等特殊冰情现象的河段可根据需求进行冰情图测绘。

表4-7-1　冰情图绘制符号

序号	冰情名称	符号	序号	冰情名称	符号
1	水面		11	冰脊	
2	封冻冰层及河岸		12	冰缝(裂缝)	
3	初生冰		13	冰上冒水	
4	稀疏流冰花		14	冰上有水	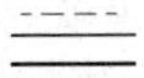
5	中度流冰花		15	冰上流水	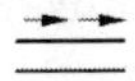
6	密集流冰花		16	层冰层水	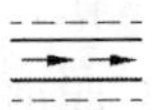
7	稀疏流冰		17	冰坝	
8	中度流冰		18	流冰堆积	
9	密集流冰		19	冰塞	
10	冰堆		20	冰上覆雪	

7.1.2.2　测绘河段的选择

(1)基本站测绘河段应有良好的代表性,宜与本站测验河段或冰厚测量河段重合(冰情图测绘河段与测验河段重合,有利于冰情系列资料的积累,掌握冰情现象的变化规律,保证资料可靠性、一致性和代表性)。湖泊、水库坝前站宜在坝前及基本水尺断面附近范围内进行。

(2)冰情实验(专用)站可根据需要在冰塞、冰坝易发河段进行冰情图测绘。

(3)测绘河段长度宜为当时河宽的3~5倍,河宽小于200 m时,测绘河段不应小于300 m;河宽大于200 m时,可适当缩短测绘河段长度,但不应小于1 000 m,且宜包含本站已设各类测验断面。

7.1.2.3　测绘要求

(1)测次要求:封冻的河流,在整个冰期不少于3次;无稳定封冻期的河流,在整个冰期测绘 2~4 次;在稳定封冻之前有封而复解、冰塞、冰坝等冰情变化剧烈时,应增加测次。

(2)测站或河段有近期的河段地形图资料的,应以河段地形图作为底图,利用测站已设控制点进行冰情图测绘,所采用坐标系统与河段地形图一致。

(3)新设测站或河段宜采用当地经济生产和社会生活常用的平面及高程控制系统进行控制测量,在此基础上进行冰情图测绘。

(4)水库(湖泊)站可利用已有的地形测量成果进行冰情图测绘。

(5)基本站应在测绘河段内布设 5~10 个断面,并尽量利用已有的断面。各断面应在结冰前设置断面标志。

(6)测绘冰情图的比例尺宜采用 1∶5 000~1∶2 000(冰情图测绘可根据需要采用 1∶10 000 以上比例尺地形图作为底图,亦可根据测绘、水利等部门建立的平面控制系统控制点成果进行测绘),各种冰情现象范围应在图上描述清晰,各断面应标注在图上。

(7)断面间距宜为地形图上 2 cm,测点间距宜为地形图上 1 cm。根据需要断面间距可适当加密或放宽。

(8)冰情图测绘可采用全球卫星定位系统进行首级控制,可利用全站仪等测取各种冰情现象的界限及范围,亦可采用断面控制进行冰情图测绘。

(9)冰情图完成外业测绘后,有条件的测站应及时进行数据转换、录入和计算机绘图等相关工作。冰情图整理应符合下列规定:

①对照前期测绘的冰情图,检查冰情变化是否合理,当发现问题时应分析查找原因,及时补测、修改。

②在图纸空白处用文字说明冰情变化过程,注明施测编号、时间、水位、天气状况、风向风速、气温等。

(10)当河段冰情复杂时,可采用地面摄影、航空摄影或机载雷达等方法测绘冰情图,发生严重冰坝现象或需要了解大范围冰情时,可采用卫星遥感信息获取的资料绘制冰情图,并应符合下列规定:

①地面摄影可采用数码相机,相机距水面高度不应小于当时水面或冰面宽的 1/10;有条件的测站可采用量测摄影机,测量范围宜控制在 300 m 内,并设有图像控制点。图像控制点,可在河流两岸各布设一排像片控制点,图像控制点的精度应满足图根点的精度要求。根据测区的大小在图像控制点上布置不同大小的觇牌。

②摄影时应填写拍照卡片,记载日期、编号、拍摄位置,并进行主要冰情现象描述。

③采用航空摄影、机载雷达、卫星遥感等测绘方法可根据需要委托专业部门实施。

7.2 资料整编

7.2.1 冰情资料整编内容和要求

7.2.1.1 冰情目测和冰情图资料

(1)冰情目测记载资料应在每月末进行初步整理,整理应包括下列内容:

①将冰情目测记载与冰情图对照,检查观测资料的合理性。

②检查所选的每日主要冰情是否满足冰情摘录要求。编制冰厚及冰情要素摘录表时应对原始观测记录进行审核。水位连底冻时,应在冰情栏中采用封冻符号填写,在水位栏中填写“连底冻”。冰滑动、冰上流水、岸边融冰、冰层浮起均应作为封冻统计。流冰花不作为流冰统计。

③编写月冰情说明。

(2)冰情图资料应在每次测绘外业完成后进行初步整理,整理应包括下列内容:

①以河段地形图为底图绘制冰情图,与冰情记载对照检查资料合理性。其他河段冰情图应与前期同河段冰情图或同期冰情影像资料进行对比,检查资料合理性。

②图上应注明测次、施测日期、天气状况、风向风速、水温、气温、测时水位等。

③编写冰情图说明。

(3)在次年初,应对冰情观测记载和冰情图测绘资料进行年度整理,整理应包括下列内容:

①原始观测数据审核整理,编制冰厚及冰情要素摘录表和冰情统计表。

②整理冰情图,根据冰期各次冰情图成果绘制综合冰情图。综合冰情图应能描述测验河段冰情现象变化的全过程。

③编写年度冰情说明。将冰厚及冰情要素摘录表中未反映的冰情现象的发生位置、尺寸范围、演变过程、性质特征等,做简要叙述。

(4)在每年终冰后,应对冰情图进行整理,整理应包括下列内容:

①将同一河段不同时期冰情图展绘在同一幅图内,以不同线型和颜色加以区别绘制综合冰情图。

②根据综合冰情图进行合理性分析。

③编制冰情图测绘报告。

7.2.1.2　冰厚资料

(1)固定点冰厚资料整编应包括下列内容:

①编制冰厚及冰情要素摘录表中的冰厚、冰上雪深、岸上气温部分。

②绘制冰厚、冰上雪深、冰花厚、水位、气温和累积负气温过程线,并进行单站合理性检查。

③指定的测站应分析冰厚计算公式的系数。冰厚计算公式的系数可按式(4-7-15)计算:

$$k = \frac{d_g}{\sqrt{(-t)}} \tag{4-7-15}$$

式中　k——系数;

d_g——冰厚,m;

$\sqrt{(-t)}$——自秋季日平均气温稳定转负之日起算的累计日平均负气温,℃。

(2)整理实测河段冰厚成果,分析固定点冰厚观测位置的代表性,并按下列要求绘制河段冰厚纵、横断面图:

①横断面图宜与同时测绘的冰情图绘于一张图上,各横断面上应绘出水深、水浸冰

厚、冰厚、冰下冰花厚和冰上雪深等。

②纵断面图上应绘出水面高程线、中泓河底高程线、断面平均冰面与冰底高程线及各断面冰花最低点高程连线。

③绘制年度河段最大冰厚等值线图及各施测日期的冰厚等值线图。

④推算河段冰体总量,计算单位河段蓄冰量。

7.2.1.3 冰流量资料

(1)冰流量资料整编应包括下列内容:

①编制实测冰流量成果表。对原始观测记录进行审核、整理后,编制实测冰流量成果表。连底冻在冰情栏中采用封冻符号填写,在水位栏中填写汉字。冰滑动、冰上流水、岸边融冰、冰层浮起均作为封冻统计。

②绘制日平均气温、水温、流冰疏密度、流冰块、冰花团厚度和日平均水位混合过程线并对照分析。

③推算日平均冰流量,编制逐日平均冰流量表并计算流冰总量。

④单站合理性检查。

⑤编制冰流量资料整编说明表。

(2)推求日平均冰流量可采用冰流量与相关因素关系曲线法、冰流量因素过程线法和单位冰流量过程线法。

(3)计算流冰总量时,应分别计算春季和秋(冬)季的流冰总量,再计算年度流冰总量。

(4)冰期总冰流量的计算应按春、冬两个时段分别计算。1月1日至流冰终止日为春季,秋季开始流冰之日至年末为冬季。各季逐日平均冰流量之和乘以1 d之秒数即得季总冰流量。

7.2.2 冰情资料统计计算

7.2.2.1 冰情统计表编制

冰情统计表以测站冰厚及冰情要素摘录表为基础,按水系汇列各站冰情特征日期、封冻天数及冰厚特征等项资料。冰情统计表如表4-7-2所示。

表4-7-2 冰情统计表

河名	站名	特征冰情日期(月-日)						实际封冻天数(d)		最大冰厚(m)				附注
		解冻	终止流冰	终冰	初冰	开始流冰	封冻	上半年	下半年	河心	出现月-日	岸边	出现月-日	

(1)初冰、终冰:初冰填写下半年第一次出现冰情的日期,终冰填写上半年最后一次

出现冰情的日期。

(2)开始流冰、终止流冰：分别填写下半年第一次出现流冰和上半年最后一次出现流冰的日期。

(3)封冻、解冻：分别填写下半年第一次封冻和上半年最后一次解冻的日期。

(4)实际封冻天数：分别填写上半年、下半年实际封冻的天数。

(5)最大冰厚：填写本年测得的河心或岸边最大冰厚及出现日期。

(6)初冰、开始流冰、封冻等冰情有提前或后延现象的，应在次年成果表附注中说明。

(7)附注：填写需要说明的事项。示例：去冬今春封冻出现在今春×月×日。

7.2.2.2　冰情年特征值统计

(1)河心最大冰厚、岸边最大冰厚及最大冰上雪深：从本年断面冰厚测量记载表中挑选各项最大值填写，并注明出现日期。

(2)最大流冰块的长度、宽度及冰速：从本年冰情观测记载表中挑选最大流冰块，将其长、宽及其漂流速度填写。

7.2.2.3　日平均冰流量计算统计

推求日平均冰流量可采用冰流量与相关因素关系曲线法、冰流量因素过程线法和单位冰流量过程线法。

(1)采用冰流量与相关因素关系曲线法应符合下列规定：

①根据下列情况选择相关因素，绘制不同的关系曲线：当实测冰流量与疏密度关系密切时，用实测冰流量与疏密度绘制关系曲线；当敞露水面宽变化较大，影响实测冰流量与流冰疏密度关系时，可用敞露水面宽做参数绘制实测冰流量与疏密度关系曲线，或绘制实测单宽冰流量与疏密度关系曲线；当冰厚变化较大，影响实测冰流量与流冰疏密度相关关系时，可用冰厚做参数绘制实测冰流量与疏密度关系曲线，或绘制实测单厚冰流量与疏密度关系曲线。

②冰流量变化较大时，宜将流冰期分段，分别绘制不同的关系曲线。

③绘制的冰流量与相关因素关系曲线，应满足关系点分布均匀，且75%以上关系点偏离曲线不超过±20%时方允许使用。

④当1日内相关因素变化小，且观测时距基本相等时，可用相关因素日均值直接查日平均冰流量；否则，应用各实测相关因素推出实测冰流量，用面积包围法计算日平均冰流量。

(2)当冰流量测次少，或冰流量与相关因素的关系不够密切，但有冰流量要素过程观测资料时，可采用冰流量要素过程线法，按下列要求推求日平均冰流量：

①绘制实测冰流量要素混合过程线。

②当冰流量变化平稳或连续流冰时，可用各要素日均值直接计算日平均冰流量。

③当冰情变化剧烈或阵性流冰时，应先从混合过程线上查变化控制点各要素值求瞬时冰流量，用面积包围法计算日平均冰流量。

④采用冰流量要素过程线法计算日平均冰流量时，应根据各次疏密度观测时间，在过程线上查出各要素相应值，以算术平均法计算各要素的日平均值，再计算日平均冰流量。日平均冰流量采用式(4-7-16)或式(4-7-17)计算，其中日平均冰花折算系数采用式(4-7-18)计算：

$$\overline{Q}_g = \overline{B}\,\overline{d}_g \overline{v}_g \tag{4-7-16}$$

或

$$\overline{Q}_g = \overline{B}\,\overline{d}_{sg}\,\overline{\beta}\,\overline{v}_g \tag{4-7-17}$$

$$\overline{\beta} = \frac{\overline{\rho}_{sg}}{0.91} \tag{4-7-18}$$

式中 $\overline{Q}_g$——日平均冰流量，m^3/s；

$\overline{B}$——日平均敞露水面宽，m；

$\overline{d}_g$——日平均冰块厚度，m；

$\overline{v}_g$——日平均冰速，m/s；

$\overline{d}_{sg}$——日平均冰花团厚度，m；

$\overline{\beta}$——日平均冰花折算系数；

$\overline{\rho}_{sg}$——日平均冰花团密度，t/m^3。

(3)当冰流量测次较多，基本控制流冰过程，且冰流量要素观测仅有疏密度时，可采用单位冰流量过程线法。采用此法应先绘制单位冰流量过程线，再按下列要求计算日平均冰流量：

①当1日内冰流量变化不大，可用日平均疏密度与日单位冰流量推求日平均冰流量。

②当1日内冰流量变化较大，应先算瞬时冰流量，再用面积包围法计算日平均冰流量。

③采用单位冰流量过程线法计算冰流量时，应按式(4-7-19)计算：

$$Q_{sg} = \frac{Q_g}{\eta} \tag{4-7-19}$$

式中 Q_{sg}——单位冰流量，m^3/s。

④按下列方法根据不同的情况和1日内冰流量测次确定日平均单位冰流量。

只测1次冰流量的，该次单位冰流量即为日平均单位冰流量；测数次冰流量的，各次单位冰流量均值为日平均单位冰流量；未测冰流量之日，用相邻日值内插求日平均单位冰流量；瞬时冰流量为实测疏密度乘以在单位冰流量过程线查得的相应时刻单位冰流量。

7.2.3 冰情资料整编成果审查

冰情资料整编成果审查应符合下列规定：

(1)对照原始记录，审查冰厚及冰情要素摘录表和冰情统计表。

(2)根据水厚、冰上雪深及岸上气温综合过程线图，审查冰厚的合理性。

(3)冰流量资料审查应包括以下方面：

①对照原始记录，审查实测冰流量成果表。

②审查推求冰流量的方法。

③采用冰流量与相关因素关系曲线法整编的站，应审查选用的相关因素及定线的合理性。

④采用冰流量因素过程线法整编的站，应检查有关因素过程线的合理性。

⑤采用单位冰流量法整编的站，应审查冰流量测次对流冰的控制情况。

第8章　土壤墒情监测

8.1 监　测

8.1.1 土壤墒情人工监测仪器设备

人工监测土壤墒情取土工具主要包括挖土锹、取土钻、洛阳铲、环刀、削土刀、铝盒等，用于开挖监测点取土剖面或钻取不同采集深度的土壤采集样品，并按规定装样、保存。

取土钻材质为不锈钢，主要分为直筒式和螺旋式两种。直筒式取土钻的下端为直筒形，取土效果良好，而螺旋式取土钻的下端为螺旋形，其主要功能是钻孔。螺旋式取土钻容易刮擦钻孔内壁，取出的土壤难以确定深度位置，故不宜使用螺旋式取土钻采集土壤样品。直筒式取土钻总长80~100 cm，以取土管斜尖为零点，在取土管和连杆上标记刻度，刻度最小单位为cm。取土管长15~25 cm，内径不小于3 cm。

洛阳铲一般材质为不锈钢或铁镍合金，前端套筒直径3~5 cm。

环刀材质为不锈钢，用于采集监测点原状土，可以用来测定土壤干容重、饱和含水量及田间持水量等水分常数。环刀一般容积有100 cm^3 和200 cm^3 两种，配有相应直径的环刀手柄、无孔顶盖、有孔底盖等，环刀一端带有刃口，便于切入土壤。

削土刀把手一般由实木或塑料制作，刀体材质为不锈钢，用于环刀取样时挖出环刀，并削平环刀两个端面。

铝盒带有盒盖，用于盛放土壤样品，一般铝盒直径为4~5 cm，高3~4 cm，盒体本身及盒盖统一编号。

8.1.2 土壤墒情自动监测仪器使用要求

8.1.2.1 土壤含水量自动监测的一般要求

(1)土壤含水量的自动监测系统应包括土壤水信息的采集、传输、存储和处理及自动报送功能。

(2)土壤含水量自动监测站的所有仪器设备须符合标准化的要求，不得采用自行研制的仪器设备。

(3)土壤含水量自动监测站的空间布点原则同一般监测站。

(4)土壤含水量自动监测站的采样时间可从早上8时开始每隔6 h采样一次，而报送和整编土壤含水量信息时，以早上8时的数据为准。

8.1.2.2 土壤墒情自动监测仪器设备使用要求

1.张力计法

(1)使用张力计法观测土壤含水量时首先应做好各观测点的土壤水分特性曲线。

(2)张力计有指针式和电子压力传感器两种类型。张力计安装前应进行外观检查,真空表指针应指示零点且转动灵活。电子张力计采用压力传感器替代真空表,其测量精度高,可以接入数据采集器进行连续自动测量。

(3)张力计安装前要进行排气和密封检查。

(4)真空表至陶土管中部的高差形成静水压力,当做精确测量时应在读数中减去静水压力值。

(5)用于定位测量土壤含水量,可按观测要求定点布设张力计。为减少张力计因陶土管渗水而产生的相互影响,任意两支张力计的间距不应小于 30 cm。

(6)埋设张力计时应避免扰动原状土壤。应用直径等于或略小于陶土管直径的钻孔器,开孔至待测深度,在钻孔底部放入少量泥浆后插入张力计,使陶土管与土壤紧密接触并将地面管子周围的填土捣实,以防水分沿管进入土壤。

(7)埋设深度处的土壤含水量不应超过张力计的量测范围。一般接近地面且含水量变化幅度大的土层不适合埋设张力计,可用烘干法量测土壤含水量。

(8)埋置张力计 1~2 d 后,当仪器内的压力与陶土头周围的土壤吸力平衡时方可正常观测,观测时间以每天早上 8 时为宜,读数前可轻击真空表,以消除指针摩擦对观测值的影响。

(9)按照观测要求读取真空表的土壤吸力值后,由吸力值查土壤水分特性曲线得出体积含水量的数字。

(10)水传感张力计只有在气温为零度以上时才能正常观测,气温低于零度时应当拆除真空表头,使其自然排干管内水分,以防冻坏。

(11)在使用过程中若集气室气体过多需进行补水排气,补水时慢慢打开密封盖,注入凉开水或蒸馏水,使气体排出,或用针管注水排气。注水时管内失压,管内水外流至土壤中影响含水量的量测精度,补水日期应记录在表上,以便在资料分析时对数据进行合理取舍。

(12)使用电子压力传感器的张力计,一般具有温度补偿功能(0~50 ℃),可以由数据采集器进行自动连续测量。

2. 中子水分仪法

(1)操作人员在使用中子水分仪前应进行专门的培训和操作训练,应熟悉所持型号的中子水分仪的使用和保养方法、辐射防护方法和国家有关放射源使用和保管的有关规定。在当地相关主管部门登记,取得含放射源仪器的使用许可证。

(2)测管的埋设,应根据观测要求在代表性地块的代表区域中布置测点和量测深度,监测点一经设置后不得随意变动,以保证土壤含水量观测资料的一致性。

(3)测管的材质取铝合金管或硬塑料管,用塑料管时避免使用聚氯乙烯管和含氢量高的塑料管,管材应有一定的强度和防腐蚀性能,以防管壁变形和腐蚀。

(4)测管下端用锥形底盖密封以防止地下水分的进入,测管上端以橡皮塞密封以防雨水及地表水分的进入。在灌溉或降雨过程后,放下中子探测管前应检查测管内是否有积水,有积水时不能进行测量。

(5)导管安装前应向管内注水并保持数小时,检查导管底部封接处是否漏水,若漏水则不能使用。

(6)在野外观测使用的各种型号中子水分仪应有完整的技术资料和使用说明书,使用前应进行率定和检验。

(7)对于只给出读数 R 的中子水分仪,应测试其标准读数 R_w,并根据试验标定测区土壤的含水量曲线,建立体积含水量 θ 和计数比 R/R_w 的关系线,其直线方程为

$$\theta = m(R/R_w) + C \tag{4-8-1}$$

式中　θ——体积含水量,以小数计;

m——直线斜率;

R——中子仪土壤中的实测读数;

R_w——标准计数;

C——相关直线的截距。

(8)对于直接给出体积含水量的中子水分仪,在不同土壤质地区域观测时应对中子水分仪的读数进行校核。有较大误差时应通过率定修正。

(9)对中子水分仪进行率定时可采用野外率定方法。

(10)若更换探测器,应对仪器重新进行率定。

(11)野外观测土壤含水量时,首先应按照说明书的规定读取标准计数,并在没有外部放射性物质或高含氢物质的环境下进行。读取的当前标准计数与既往标准计数的误差应在规定的标准误差范围内。否则,应检查仪器的工作状态是否正常。

(12)应备有标准的记录表格,观测结束后根据观测的结果和标定方程计算出每个测点的平均体积含水量。

(13)发生故障时不可随意拆卸,应送指定的单位进行修理。

(14)中子源在发生意外情况遗失或外露时应及时报告有关部门,并隔离辐射区域防止核辐射对人体的损害和扩散。

(15)在观测过程中观测人员应按操作规则搬运和使用中子水分仪,应设有专门的房间、配有专门的工作人员来保管中子水分仪,保管室与居室和工作室应有一定的距离。

(16)使用中子水分仪应按照国家环保部门对含放射源仪器的管理办法执行。

(17)中子水分仪的观测记录和换算方法按统一的表格进行。

3. 时域反射法(TDR 仪法)

(1)TDR 仪正式使用前应与取土烘干法进行对比观测,当有系统误差时应予以校正。

(2)TDR 探头分探针和管式两大类。探针式可以埋设在土壤的剖面中进行定点连续测量,管式探头须和测管配合使用,可对土壤不同深度连续测量。测管可用硬质塑料管,埋设时注意管体与土壤间的良好接触。

(3)测出的含水量为测针长度或探管有效作用范围内对应深度的平均体积含水量。

(4)在观测时应注意 TDR 仪设置的功能及适应的土壤。特别是有机土壤和无机土壤应根据仪器上的功能设置来选择对应计算公式。当 TDR 观测功能有土壤含水量、土壤温度、土壤电导率时应同时记录三个要素的观测值,以便于分析不同温度、不同电导率对土壤含水量监测的影响。对已考虑电导率和温度影响的 TDR 仪可直接使用仪器观测土壤含水量,对未考虑此两要素影响的仪器,在高电导率土壤或高温且温度变化剧烈期应考虑

上述两要素对土壤含水量观测的影响,并经试验分析得出修正方法。

(5)探针式 TDR 仪观测土壤含水量时,可采用在土壤中埋设探针的置入法观测或直接插入法来观测土壤含水量。

4. 频域法

频域法包括频域分解法(FD)、驻波法(SWR)、频率反射法(FDR)等。

(1)频域分解法:该方法利用矢量电压测量技术,在某一理想测试频率下将土壤的介电常数进行实部和虚部的分解,通过分解出的介电常数虚部可得到土壤的电导率,由分解出的介电常数实部换算出土壤含水量。

(2)驻波法:是基于微波理论中的驻波原理确立的土壤水分测量方法,它不再利用高速延迟线测量入射—反射时间差 ΔT,而是测量它的驻波比。试验表明三态混合物介电常数的改变能够引起传输线上驻波比的显著变化,因此通过测量传输线两端的电压差即可获得土壤体积含水量信息。

(3)频率反射法:频率反射仪的传感器主要由一对电极(平行排列的金属棒或圆形金属环)组成一个电容,其间的土壤充当电介质,电容与振荡器组成一个调谐电路,振荡器工作频率 F 随土壤电容的增加而降低,即

$$F = \frac{1}{2\pi\sqrt{L}}\left(\frac{1}{C} + \frac{1}{C_b}\right)^{0.5} \tag{4-8-2}$$

式中 F——振荡器工作频率;

L——振荡器的电感;

C——土壤电容;

C_b——与仪器有关的电容。

土壤电容随土壤含水量的增加而增加,于是振荡器频率与土壤含水量呈非线性反比关系。FDR 使用扫频频率来检测共振频率(此时振幅最大),土壤含水量不同,发生共振的频率不同。

操作方法可参考“5. 探针式土壤水分测试仪使用方法”。

5. 探针式土壤水分测试仪使用方法

(1)探针式土壤水分测试仪包括时域反射仪(TDR)、频率反射仪(FDR)、驻波仪(SWR)等。

(2)置入法定点观测土壤含水量投资较大,探针和电缆的价格很贵,墒情监测站可在代表性和试验性地块采用置入法观测,而在巡测点采用直接插入法来观测土壤含水量。

(3)作为土壤含水量自动监测仪器,采用置入法观测。置入法水平安置探针时,可在观测剖面旁挖坑,探针可在挖出的剖面按测点深度水平插入原状土壤中,探针的插入位置距开挖剖面应有一定的距离,安装完毕后土坑应按原状土的情况填实。

(4)置入法垂向安置探针时,应在被测地块按观测的不同深度钻孔,孔径应与探针导管的外径相同或略小,地表导管周围土壤应填实以保证导管与周围土壤密切接触,防止地表和土壤中各层间的水分沿导管与土壤间的缝隙流动。垂向埋入探针时,两组探针间距不应少于 30 cm,以防止钻孔对土壤结构的破坏影响不同深度测点的观测值。水平和垂向埋入法均要保持各测点两探针间相互平行。

(5)直接插入或定点监测和巡测土壤含水量时,采用挖坑插入或打孔插入观测的方法,打孔时,孔径应大于探针导管的外径。直接插入法观测时要避开上次的测坑和土壤结构被破坏的地块,探针插入土壤时应使探针与土壤密切接触,避开孔隙、裂缝、石块和其他非均质异物。

(6)对置入法的土壤水测点,应保持其相对的稳定性,不随意改变观测位置,以保持其观测资料的连续性和一致性。

(7)每次观测后应用干布擦拭探针,揩干净泥土和水分,再进行下一次观测。为避免插入方法引起的观测误差,可在同一深度进行重复观测。重复观测时应避开上一次的针孔,取两次接近的读数的均值作为该点的土壤含水量。

8.1.3　土壤墒情监测采样记录表填记

土壤墒情监测采样记录表格式见表 4-8-1。表中有关内容填记要求如下:

(1)“监测日期”:填采样时的年、月、日、时、分。

(2)“天气”:填晴、阴、雨。

(3)“采集编号”:按照唯一性原则统一编号。

(4)“采集深度”:填采样点的深度,记至 1 cm。

(5)“土壤质地”:填粗砂土、细砂土、面砂土、砂粉土、粉土、粉壤土、黏壤土、砂黏土、粉黏土、壤黏土、黏土等。

表 4-8-1　______站土壤墒情监测采样记录表

监测时间：　　年　　月　　日　　时　　分　　　　天气：

<table>
<tr><td colspan="5">监测地点：　省(自治区、直辖市)　　市(地、州、盟)　　县(市、区、旗)　　乡(镇)　　村　　组</td></tr>
<tr><td rowspan="6">土壤采集</td><td rowspan="2">采集编号</td><td rowspan="2"></td><td colspan="2">主要作物种植情况</td></tr>
<tr><td>耕作制度</td><td></td></tr>
<tr><td rowspan="2">采集深度(cm)</td><td rowspan="2"></td><td>作物名称</td><td></td></tr>
<tr><td>播种面积(hm^2)</td><td></td></tr>
<tr><td rowspan="2">土壤质地</td><td rowspan="2"></td><td>作物生长阶段</td><td></td></tr>
<tr><td>作物根系深度(cm)</td><td></td></tr>
<tr><td colspan="2">表土情况</td><td></td><td>作物水分状况</td><td></td></tr>
<tr><td colspan="2">地下水埋深(m)</td><td></td><td rowspan="2">其他</td><td rowspan="2"></td></tr>
<tr><td colspan="2">灌溉时间</td><td></td></tr>
<tr><td colspan="3">现场情况记录</td><td colspan="2">采样点位示意图　↑北</td></tr>
</table>

监测：　　　　　　记录：　　　　　　校对：

(6)“耕作制度”:按作物年(熟、作)实际情况,可填一年一季(熟、作),或一年二季(熟、作),或一年三季(熟、作),或二年三季(熟、作)。

(7)“作物名称”:填监测地块监测时的作物名称(小麦、玉米、棉花、谷子、大豆、油菜、烟草等)。

(8)“表土情况”:监测点地表状态或表层土壤状态描述,可填写:干土、灌溉、积水、封冻。其中,有干土层时需测干土厚,单位 cm,记至 1 cm。

(9)“播种面积”:以 hm^2 为单位填写。

(10)“地下水埋深”:填土壤墒情监测站或附近的地下水埋深,记至 0.01 m。

(11)“作物生长阶段”:填监测地块监测时作物生长阶段(一般可分为播种期、苗期、拔节期、抽穗期、灌浆期、成熟期等 6 个阶段)。

(12)“灌溉时间”:填监测点进行灌溉的月、日。

(13)“作物水分状况”:可用涝、渍、正常、缺水、萎蔫、发黄、枯死描述。

(14)“现场情况记录”:填采样现场除以上内容外需交代的情况。

(15)“采样点位示意图”:可以参照明显地物标志位草绘。

8.1.4 土壤墒情仪器法观测记录表填记

(1)土壤墒情仪器法观测记录表。

土壤墒情仪器法观测记录表格式如表 4-8-2 所示。

表 4-8-2 ______站土壤墒情仪器法观测记录表

监测点名(号):　　　　　　　　　　监测时间:　　年　　月　　日

<table>
<tr><td colspan="2">仪器名称</td><td></td><td>仪器型号及编号</td><td></td><td>校正情况</td><td></td></tr>
<tr><td colspan="2">土壤质地</td><td></td><td>地下水埋深(m)</td><td></td><td>主要作物名称</td><td></td></tr>
<tr><td colspan="2">作物生长阶段</td><td></td><td>作物水分状况</td><td></td><td>作物根系深度(cm)</td><td></td></tr>
<tr><td colspan="2">时段降水量(mm)</td><td></td><td>连续无雨日 (d)</td><td></td><td rowspan="2">表土情况</td><td rowspan="2"></td></tr>
<tr><td colspan="2">灌溉时间</td><td></td><td>其他</td><td></td></tr>
<tr><td colspan="2">施测时间</td><td colspan="3">采集深度(cm)</td><td rowspan="2">垂向平均体积含水量(%)</td><td rowspan="2">垂向平均重量含水量(%)</td></tr>
<tr><td>时</td><td>分</td><td>10</td><td>20</td><td>40</td></tr>
<tr><td></td><td></td><td></td><td></td><td></td><td></td><td></td></tr>
<tr><td></td><td></td><td></td><td></td><td></td><td></td><td></td></tr>
<tr><td></td><td></td><td></td><td></td><td></td><td></td><td></td></tr>
</table>

注:采集深度有不同的,可自行增加栏数。

观测:　　　　　　　　　　计算:　　　　　　　　　　校核:

(2)表 4-8-2 中有关内容填记要求如下：

①“监测点名(号)”:填此墒情监测点的名称。

②“监测时间”:填监测时的年、月、日。

③“仪器型号及编号”:填所使用仪器的型号及编号。

④“校正情况”:填校正合格与否。

⑤“时段降水量”:指土壤墒情监测站点(或附近)前次报送至本次报送时的时段累积降水量,单位为 mm,记至 0.1 mm。

⑥“连续无雨日”:填土壤墒情监测站点连续无降雨的天数,单位为 d,记至 1 d。

⑦“施测时间”:填每一监测点的监测时间(时、分)。

⑧“垂向平均体积含水量”:填用测点深度含水量计算出的垂向平均体积含水量。

⑨“垂向平均重量含水量”:填用垂向平均体积含水量计算出的垂向平均重量含水量。

8.1.5　土壤墒情监测站说明表和位置图

表 4-8-3 是某年杨楼站土壤墒情监测站说明表及位置图示例,其填制内容比较典型可资参考。具体到特定土壤墒情监测站应根据勘测情况编制填写。

表 4-8-3　某年杨楼站土壤墒情监测站说明表及位置图

<table>
<tr><td rowspan="2">站址</td><td colspan="5">安徽省宿州市萧县杨楼镇孙庄村
行政编号:341322102210</td><td colspan="4">土壤剖面说明</td></tr>
<tr><td colspan="5">东经:116.816 840 0　北纬:34.330 740 0</td><td>深度
(cm)</td><td>剖面图</td><td>土壤
质地</td><td>土层</td></tr>
<tr><td>土壤类型</td><td>潮土</td><td>取样方法</td><td>取土钻</td><td>采集深度</td><td>10 cm
20 cm
40 cm</td><td>0</td><td rowspan="4">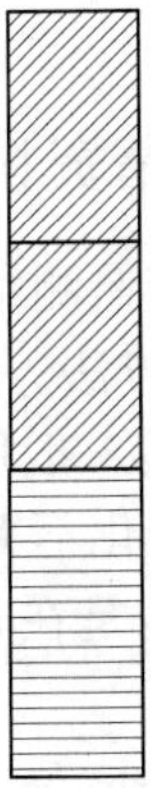</td><td>粉壤土</td><td>耕作层</td></tr>
<tr><td>称量器具</td><td>电子天平</td><td>感量</td><td>0.01 g</td><td>烘干
方法</td><td>恒温
干燥箱</td><td>15</td><td>粉壤土</td><td>犁底层</td></tr>
<tr><td>烘干温度</td><td colspan="2">105 ℃±2 ℃</td><td>地下水位
站名</td><td colspan="2">杨楼</td><td>30</td><td rowspan="2">黏壤土</td><td rowspan="2">心土层</td></tr>
<tr><td>雨量站名</td><td colspan="2">杨楼</td><td>蒸发站名</td><td colspan="2">杨楼</td><td>50</td></tr>
</table>

续表 4-8-3

说明	本站于 2001 年 5 月 1 日开始土壤墒情监测,人工取土烘干法监测土壤含水量。2001 年 7 月 21 日起监测点由水文站移至陇海铁路南侧,位于孙庄东北 1.4 km。监测地块常年耕种,两年三茬,套种,现种植玉米,无机灌设施。土壤质地以粉壤土为主,保水保肥通气性较好,耕作层为灰黄棕色粉壤土,较疏松,通气性能好;犁底层为灰黄棕色粉壤土,片块状,较紧实;心土层细粉沙含量高,浅灰黄色黏壤土,结构细密。监测点冬季无冻土,地下水埋深 6~8 m,地面高程为 38 m
监测点位置示意图	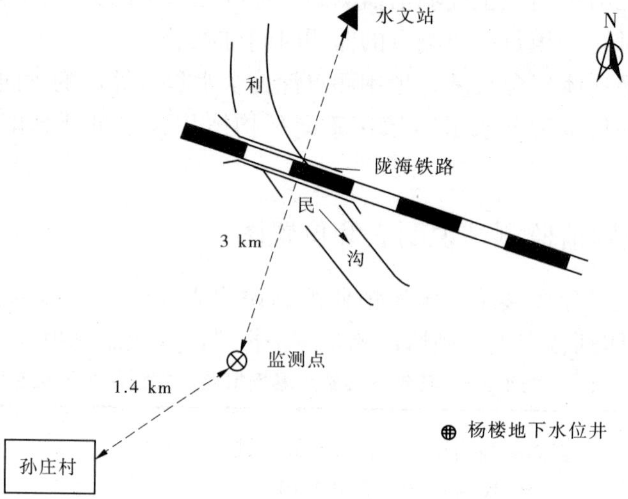

8.2　资料整编

8.2.1　土壤墒情资料的缺测插补

根据土壤墒情监测站缺测资料情况,其插补方法一般有直线插补、时间插补、相似性插补、相关插补等方法。

(1)直线插补:一般用于逐日监测的墒情站短期内资料缺测,且缺测前后影响土壤墒情的气象因素等变化不大。

(2)时间插补:是在时间维度上通过分析墒情站墒情资料时间序列特征,对缺测数据资料进行插补。

(3)相似性插补:是分析计算相邻监测站点墒情要素之间的相似性,对缺测数据资料进行插补。

(4)相关插补:建立土壤相对湿度与气象因子模型。气象因子包括当月降水、气温、大风、日照时数、前一个月降水、最后一次测墒等。相关插补适合对"存在块状缺测或资料不连续"的人工观测墒情资料进行缺测插补和数据系列重建工作。

8.2.2　土壤墒情监测站考证

土壤墒情监测站考证是土壤墒情资料整编阶段的一项重要内容，主要包括下列内容：

(1)对土壤墒情监测站的设立、停测、恢复、迁移，监测项目的变动，监测站点的类别及隶属关系的变更等较大事件的发生时间、变动情况等，应进行测站沿革考证，并于当年考证清楚。

(2)对土壤墒情监测站原有耕地变动情况、农田水利工程变动情况、与其配套的雨量站和地下水观测井变动情况、配套气象站变动情况以及主要作物种植情况等应于当年考证清楚。

(3)对土壤墒情监测站土壤剖面结构，各层土壤的类型、质地，地下水埋深，田间持水量测定方法，原始记录的完整性以及质量保证情况等应于当年考证清楚。

土壤墒情测站考证后形成的成果集中以“表4-8-3　某年杨楼站土壤墒情监测站说明表及位置图”的形式给出，并配以必要的文字说明。

8.2.3　土壤墒情特征值统计计算

8.2.3.1　土壤墒情特征值

土壤墒情特征值主要包括日平均土壤含水量，日最高(低)土壤含水量及其发生时间，日变幅；月平均土壤含水量，月最高(低)日平均土壤含水量及其发生时间，月变幅；年平均土壤含水量，年最高(低)日平均土壤含水量及其发生时间，年变幅等。

8.2.3.2　土壤墒情统计要求

(1)统计数值时，平均值采用算术平均法计算，尾数按四舍五入处理；挑选极值时，若多次出现同一极值，则记录首次出现者的发生时间。

(2)逐日监测的墒情站，月内缺测不超过5次者，进行月不完全统计；超过5次者，不进行月统计。

(3)逐旬监测的墒情站，月内缺测1次者，进行月不完全统计；超过1次者，不进行月统计。

(4)年内不完全月统计不超过2个或仅有1个不进行月统计者，进行年不完全统计；年内月不完全统计超过2个或不进行月统计者超过1个，不进行年统计。

(5)有稳定封冻期的地区，年缺测不超过规定监测频次15%的墒情站，进行不完全年统计；超过15%的，不进行年统计。

8.2.3.3　土壤墒情特征值计算

(1)日(月、年)平均土壤含水量，是日(月、年)内各测次的平均土壤含水量的算术平均值，计算结果保留1位小数。

(2)日(月、年)最高(低)土壤含水量，是指日(月、年)内最高(低)的土壤含水量。

(3)日(月、年)最高(低)土壤含水量发生时间，是指日(月、年)内最高(低)的土壤含水量发生时间(日期)，若多次出现同一极值，则记录首次出现者的发生时间(日期)。

(4)日(月、年)变幅，是指日(月、年)内最高土壤含水量与最低土壤含水量的差值，计算结果保留1位小数。

第 9 章　地下水观测

9.1　观　测

9.1.1　地下水监测站基本情况填记

地下水监测站基本情况表有几种结构类型，其中地下水统测站基本情况一览表如表 4-9-1 所列。有关填记内容与要求说明如下：

表 4-9-1　地下水统测站基本情况一览表

________ 省(自治区、直辖市)_______市(州、盟)______县(市、旗)　　基面名称 ______

<table>
<tr><th rowspan="3">序号</th><th colspan="3">统测站</th><th colspan="4">位置</th><th colspan="6">坐标</th><th colspan="2">井深</th><th rowspan="3">统测井类型</th><th rowspan="3">地下水类型</th><th colspan="2">高程(m)</th><th colspan="2">监测项目</th><th rowspan="3">监测频次</th><th rowspan="3">备注</th></tr>
<tr><th rowspan="2">名称</th><th rowspan="2">类别</th><th rowspan="2">编号</th><th rowspan="2">乡(镇)</th><th rowspan="2">村</th><th rowspan="2">方向</th><th rowspan="2">距离(m)</th><th colspan="3">东经</th><th colspan="3">北纬</th><th rowspan="2">原来(m)</th><th rowspan="2">现在(m)</th><th rowspan="2">井口固定点</th><th rowspan="2">地面</th><th rowspan="2">水位</th><th rowspan="2">水质</th></tr>
<tr><th>°</th><th>′</th><th>″</th><th>°</th><th>′</th><th>″</th></tr>
<tr><td></td><td></td><td></td><td></td><td></td><td></td><td></td><td></td><td></td><td></td><td></td><td></td><td></td><td></td><td></td><td></td><td></td><td></td><td></td><td></td><td></td><td></td><td></td><td></td></tr>
<tr><td></td><td></td><td></td><td></td><td></td><td></td><td></td><td></td><td></td><td></td><td></td><td></td><td></td><td></td><td></td><td></td><td></td><td></td><td></td><td></td><td></td><td></td><td></td><td></td></tr>
<tr><td></td><td></td><td></td><td></td><td></td><td></td><td></td><td></td><td></td><td></td><td></td><td></td><td></td><td></td><td></td><td></td><td></td><td></td><td></td><td></td><td></td><td></td><td></td><td></td></tr>
</table>

(1)“统测站——名称”：为监测站编号所代表的监测站的中文名称。

(2)“统测站——类别”：填写国家级监测站、省级行政区重点监测站或普通基本监测站。

(3)“统测站——编号”：按照《全国水文测站编码方法》编制的监测站编号。

(4)“位置——方向”：按 N、NE、E、SE、S、SW、W、NW 八个方位填写，“位置——距离”用单位“m”，精确到百位。

(5)“坐标”：按测量的地理坐标数值填记。

(6)“井深”：分“原来”和“现在”，前者指上次或某特定次观测时，后者指当次或某特定次观测时。两者之差为“淤积厚度”。

(7)“统测井类型”：填写生产井、民井、勘探井或专用监测井。

(8)“地下水类型”：填写潜水、承压水、裂隙水、岩溶水。可用组合表示，如潜水；裂隙水。

(9)“高程”：填井口固定点和地面的测量高程。

(10)“监测项目”：可在水位、水质栏下打钩。

(11)“监测频次”：填若干天、旬、月、季度、半年、年等。

(12)“备注”:填写裁撤、更换井的原因和日期,以及新换井编号和原井的相对位置等。

9.1.2　地下水监测原始记载

地下水监测内容有水位、水温、开采量等,都涉及专门的原始记载表,表4-9-2为地下水位逐日监测原始记载表。

表4-9-2　地下水位逐日监测原始记载表

_________省(自治区、直辖市)　　_________市(州、盟)　　_________县(市、旗)

<table>
<tr><td rowspan="3">监测站</td><td colspan="2">名称</td><td></td><td rowspan="3">位置</td><td colspan="2">___乡(镇)_____村</td><td rowspan="2">高程(m)</td><td>固定点</td><td></td></tr>
<tr><td colspan="2">类别</td><td></td><td rowspan="2">地理坐标</td><td>东经　°　′　″</td><td>地面</td><td></td></tr>
<tr><td colspan="2">编号</td><td></td><td>北纬　°　′　″</td><td>井深(m)</td><td colspan="2"></td></tr>
<tr><td colspan="3">监测日期</td><td colspan="3">固定点至地下水水面距离(m)</td><td>地下水埋深(m)</td><td>地下水位(m)</td><td colspan="2">备注</td></tr>
<tr><td>年</td><td>月</td><td>日</td><td>第一次读数</td><td>第二次读数</td><td>平均值</td><td></td><td></td><td colspan="2"></td></tr>
<tr><td rowspan="7"></td><td rowspan="4">1</td><td>1</td><td></td><td></td><td></td><td></td><td></td><td colspan="2"></td></tr>
<tr><td>2</td><td></td><td></td><td></td><td></td><td></td><td colspan="2"></td></tr>
<tr><td>⋮</td><td></td><td></td><td></td><td></td><td></td><td colspan="2"></td></tr>
<tr><td>31</td><td></td><td></td><td></td><td></td><td></td><td colspan="2"></td></tr>
<tr><td>2</td><td>⋮</td><td></td><td></td><td></td><td></td><td></td><td colspan="2"></td></tr>
<tr><td>⋮</td><td></td><td></td><td></td><td></td><td></td><td></td><td colspan="2"></td></tr>
<tr><td>12</td><td>⋮</td><td></td><td></td><td></td><td></td><td></td><td colspan="2"></td></tr>
</table>

记载:_______　年　月　日　校核:_______　年　月　日　复核:_______　年　月　日

表4-9-2有关填记内容与要求说明如下:

(1)“监测站”“位置”等填记同表4-9-1,其中“监测站类别”填国家级监测站、省级行政区重点监测站、普通基本监测站、统测站或实验站。

(2)“井深”指最近一次测量的地面至井底的距离。

(3)“地下水埋深”根据“固定点至地下水水面距离”加上“地面高程”再减去“固定点高程”之代数和填写;“地下水位”根据“固定点高程”减去“固定点至地下水水面距离”之差填写。

(4)“缺测”“可疑”的表示符号分别为“-”“※”;“停测”时,相应数据格保持空白,并在“备注”中说明原因。

(5)采用汛期逐日监测,非汛期5日监测的水位原始记载表,其中非汛期时间段的非监测日按“停测”填写。

(6)“备注”内填写监测数值异常的原因及监测站附近挖塘开渠、开采地下水等影响监测精度的情况。

9.1.3　地下水位和埋深转换计算

地下水位即地下含水层中水面的高程。地下水埋深指地下水位与地面高程之差,也就是地下水水面至地面的距离。地下水位与地下水埋深可用图 4-9-1 示意。

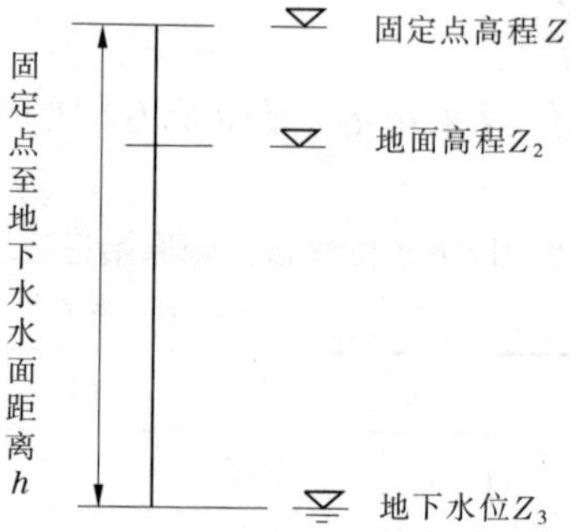

图 4-9-1　地下水位与地下水埋深示意图

由图 4-9-1 容易得出：

$$Z_3 = Z_1 - h \tag{4-9-1}$$

$$H = Z_2 - Z_3 = h + Z_2 - Z_1 = Z_1 - Z_3 - (Z_1 - Z_2) \tag{4-9-2}$$

式中　Z_1——固定点高程；

Z_2——地面高程；

Z_3——地下水位；

h——固定点至地下水水面距离；

H——地下水埋深。

也就是说，地下水位由“固定点高程”减去“固定点至地下水水面距离”之差计算。地下水埋深可由“地面高程”减去“地下水位”计算；也多用“固定点至地下水水面距离”加上“地面高程”再减去“固定点高程”之代数和计算；或者用观测井(孔)口上的固定点高程减去地下水位，再减去观测井(孔)口上的固定点高程与地面的高程之差计算。

统计时段内(标志时间前若干天)测站地下水埋深的平均值，称为平均地下水埋深，计量单位为 m。

9.2　资料整编

9.2.1　地下水位缺测资料插补

地下水缺测水量、水温资料不得插补；经审核定为“可疑”的水量监测资料，按“缺测”对待。地下水位资料缺测插补应符合下列规定：

(1)逐日监测资料，每月缺测不超过两次且缺测前、后均有不少于连续 3 个监测数值者可插补；5 日监测资料，每月缺测不超过一次且缺测前、后均有不少于连续 3 个监测数值者可插补；统测资料不得插补。

(2)“井干”“井冻”“可疑”数值在插补时均按“缺测”对待。

(3)插补方法可采用相关法、趋势法或内插法。相关法是根据同一水文地质单元内相邻监测站同步监测的地下水位相关图(或相关曲线),推求其间某监测站的某一缺测水位值;趋势法是根据监测站地下水位过程线的变化趋势,通过外延或内插,推求缺测水位值;内插法是根据缺测水位前、后两次地下水位的监测数值,以其均值作为插补值。

(4)插补的水位值应在右上角划插补符号"□",插补数值参加资料统计。

9.2.2　地下水测站考证表编制

地下水测站基本资料考证包括下列内容:

(1)监测站的位置、编号。

(2)监测站附近影响监测精度的环境变化情况,即监测站周围 500~1 000 m 范围内有无挖沟、修塘、建闸蓄水、凿井、取土等影响监测精度的人类活动。

(3)监测站布设、停测、更换的时间,监测站类别、监测项目、监测频次的变动情况。

(4)监测井深、淤积、洗井、灵敏度试验情况。

(5)高程测量(包括引测、复测和校测)记录。

(6)测具的检定情况。

经考证,监测站附近环境变化导致监测项目不符合布设目的者,或测具检定不符合要求者,相应监测期间的监测资料不予整编。校核水准点或井口固定点未按要求进行高程测量的水位监测站,监测资料只参加地下水埋深资料的整编。

考证后,应对各监测站的技术档案进行整理。各监测站技术档案整理的内容包括:监测站设备及其附近人类活动情况,井深、清淤、维修、注水试验、换井情况,监测项目、频次和监测站类别的变动、停测及原因,固定点、水准点校测记录等。

经基本资料考证和原始监测资料审核并合格的监测站,应分别编制"地下水监测站基本情况考证成果一览表"(见表 4-9-3)、"地下水统测站考证成果一览表"见表 4-9-4 和"地下水基本监测站分布图"。

(7)"地下水监测站基本情况考证成果一览表""地下水统测站考证成果一览表"填制说明:

①"监测站——名称":为监测站编号所代表的监测站的中文名称。

②"监测站——编号":按照《全国水文测站编码方法》编制的监测站编号。

③"位置"中,"方向"按 N、NE、E、SE、S、SW、W、NW 八个方位填写,单位"m"精确到百位。

④"监测站——类别":填写国家级监测站、省级行政区重点监测站或普通基本监测站。

⑤"监测井类型":填写生产井、民井、勘探井或专用监测井。

⑥"统测井类型":填写生产井、民井、勘探井。

⑦"地下水类型":填写"潜水""承压水""裂隙水""岩溶水"。可用组合表示,如"潜水;裂隙水"。

⑧"井深":指最近一次测量的地面至井底的距离。

⑨"备注":内填写监测数值异常的原因及监测站附近挖塘开渠、开采地下水等影响监测精度的情况。

(8)地下水基本监测站分布图编制说明:

表 4-9-3　地下水监测站基本情况考证成果一览表

________年________省(自治区、直辖市)　________市(州、盟)　________县(市、旗)　基面名称____________

序号	监测站			位置				地理坐标						起始监测日期			监测井类型	地下水类型	井深(m)		高程(m)		监测项目							备注
								东经			北纬												水位							
	名称	类别	编号	乡(镇)	村	方向	距离(m)	°	′	″	°	′	″	年	月	日			原井深	现井深	井口固定点	地面	自动监测	逐日	汛期逐日	5日	水量	水质	水温	

制表:________　年　月　日　　校核:________　年　月　日　　审核:________　年　月　日

表 4-9-4　地下水统测站考证成果一览表

________年________省(自治区、直辖市)　________市(州、盟)　________县(市、旗)　基面名称____________

序号	统测站		位置				地理坐标						井深(m)	统测井类型	地下水类型	监测项目				高程(m)		备注
							东经			北纬						水位			水质	井口固定点	地面	
	名称	编号	乡(镇)	村	方向	距离(m)	°	′	″	°	′	″				汛前	汛后	年末				

制表:________　年　月　日　　校核:________　年　月　日　　审核:________　年　月　日

①图名:“××省(自治区、直辖市)地下水基本监测站分布图”(××××年)。

②采用标准地形图做底图,比例尺由各省(自治区、直辖市)确定,底图应具有下列要素:

经纬网,网线距为 1°,主要水系,大、中型湖泊,水库,骨干铁路、公路;

国界,海岸线,省(自治区、直辖市)界,市(州、盟)界,县(旗)界;

各类型区界线及代号,骨干气象站、水文站、水位站、雨量站、蒸发站、实验站(场);

比例尺及方向标。

③用于编图的资料应为经考证、审核并合格的年度整编资料。编图要素包括基本监测站编号、类别、地下水类型、井深、监测项目及频次。

④参考图例分别表示如下:

类型区界线参考图例:

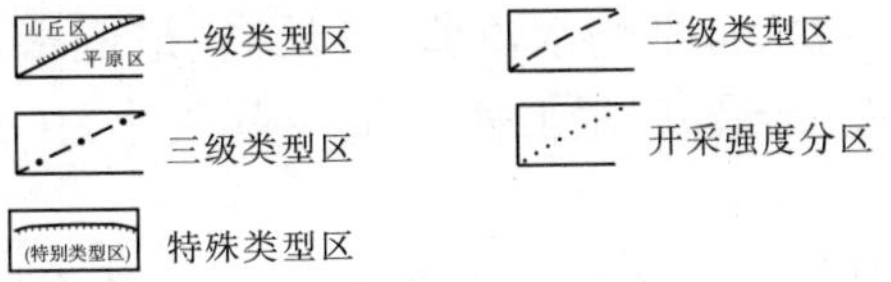

国家级监测站参考图例:

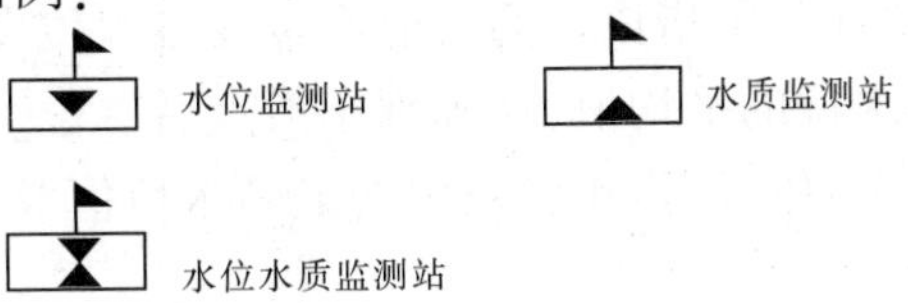

省级重点监测站参考图例:

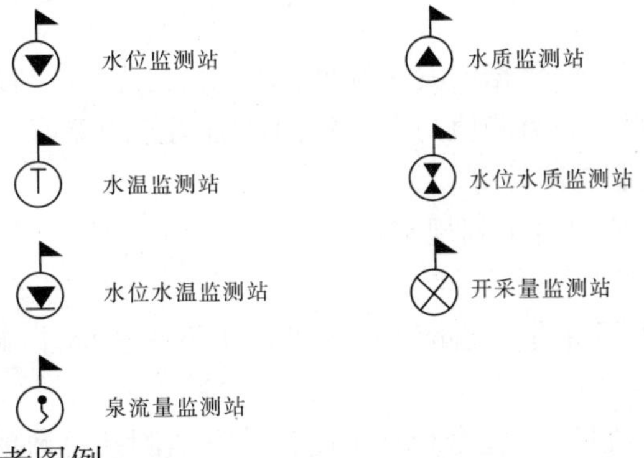

普通基本监测站参考图例:

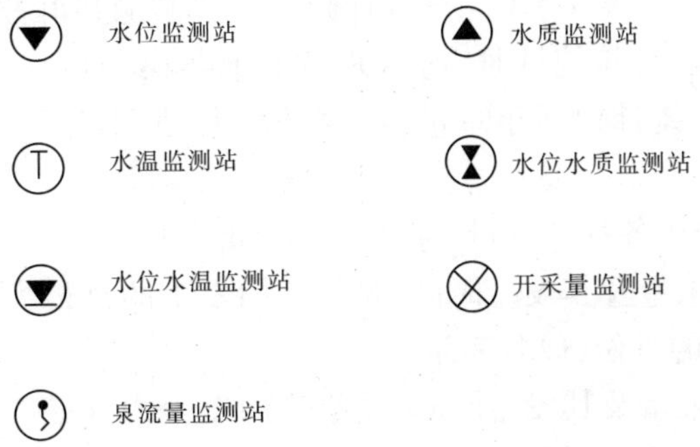

9.2.3 地下水月、年特征值统计计算

9.2.3.1 水位月、年特征值统计计算

(1)水位数值统计应符合下列规定：

①月内无缺测资料，进行月完全统计；年内无缺测资料，进行年完全统计。

②逐日水位资料，月内缺测不超过4次者，进行月不完全统计；超过4次者，不进行月统计。

③5日水位资料，月内缺测1次者，进行月不完全统计；超过1次者，不进行月统计。

④年内月不完全统计不超过2个或仅有1个不进行月统计者，进行年不完全统计；年内月不完全统计超过2个或不进行月统计者超过1个，不进行年统计。

(2)水位月特征值统计包括月平均水位值，月最高、最低水位值及其发生日期。年特征值统计包括年平均水位值，年最高、最低水位值及其发生月、日，年变幅，年末差。具体要求如下：

①月平均水位表示年内各月的平均水位值，精确至小数点后二位。

②月最高水位及发生时间，是指该月最高水位及该水位发生的时间，以日表示。

③月最低水位及发生时间，是指该月的最低水位及该水位发生的时间，以日表示。

④年平均水位是全年水位的平均值，精确到小数点后二位。

⑤年最高水位及其发生月、日，指年内发生的最高水位值及该水位发生的时间，以月、日表示。

⑥年最低水位及其发生月、日，指年内发生的最低水位值及该水位发生的时间，以月、日表示。

⑦年变幅是指全年水位数据的变化幅度，即年内最高水位与最低水位的差值。

⑧年末差是本年年末的监测值与上一年同期监测值的差值。

9.2.3.2 水量年特征值统计计算

(1)水量数值统计应符合下列规定：

①无缺测资料，进行年完全统计。

②单站缺测一个月开采量(流量)时，可进行年不完全统计；缺测超过一个月时，不进行年统计。

③单站年开采量(流量)不完全统计不超过井群监测站总数的20%时，可进行井群的年不完全统计；年开采量(流量)不完全统计超过相关监测井群监测站总数的20%或有不进行年单站开采量(流量)年统计时，均不进行井群的年统计。

(2)水量年特征值统计包括年总量，年内月最大、最小开采量及其发生时间，具体要求为：

①年总量，是指全年各月开采量(泉流量)之和。

②年内月最大开采量及其发生时间，是指年内发生的月最大开采量(泉流量)值及该开采量(泉流量)发生的月份，以月表示。

③年内月最小开采量及其发生时间，是指年内发生的月最小开采量(泉流量)值及该开采量(泉流量)发生的月份，以月表示。

9.2.3.3　水温年特征值统计计算

(1)水温数值统计应符合下列规定:

①水温监测资料只进行年特征值统计。

②缺测水温资料不得插补;经审核定为“可疑”的水温监测资料按“缺测”对待。

③年内缺测 1 次者,进行年不完全统计;超过 1 次者,不进行年统计。

(2)水温年特征值统计包括年平均水温值,年最高、年最低水温值及其发生的月份,年内水温变幅,年末水温差,具体要求为:

①年平均水温是指全年水温的平均值,精确至小数点后一位。

②年最高水温及其发生的月份,是指年内发生的最高水温值及该水温值发生的月份,以月表示。

③年最低水温及其发生的月份,是指年内发生的最低水温值及该水温值发生的月份,以月表示。

④年内水温变幅,是指全年水温的变化幅度,即年内最高水温与最低水温的差值。

⑤年末水温差,是本年年末与上年年末的水温差值。

第 10 章　水质监测

10.1　现场采样

10.1.1　水质采样器的选用

10.1.1.1　采样器选用原则

凡采样器直接与水样有接触的部件,其材质不应对原状水样产生影响,如由高密度聚乙烯、聚四氟乙烯、有机玻璃或不锈钢等制成。金属材料制成的采样器一般不宜采集痕量金属分析样品。

采样器应有足够的强度,且启动灵活、操作简单、密封性能好,一次最大采水量不应小于 1.0~5.0 L。

采样器应具有设计简单、表面光滑、容易清洗和没有流量干扰等特点,以免样品被采样器沾污失去代表性。

采样器的选择应考虑河流(湖泊、水库)的宽窄、深浅、急缓程度,并与所采集水样的类型及对象相适应。

10.1.1.2　采样器的选用

根据当地实际情况,可选用以下类型的水质采样器:

(1)表层采样器。该采样器是一种普通的敞开式开口容器,适用于采集水面或靠近水面除溶解氧、油类、细菌学指标等有特殊要求外的大部分水质和水生生物监测项目的水样。

(2)单层采样器。该采样器的特点是从表层水到深层水都可以由样品瓶直接在水体中采样,它适用于大部分监测项目的水样采集,尤其是油类和细菌学指标等监测项目必须使用这类采样器。

(3)积深式采样器。该采样器适用于采集平原河流、湖泊、水库沿垂线不同深度的混合水样。采样时将采样器以匀速沉入水中,然后以近似同样的速度上升提至水面,使整个垂直断面的各层水样进入采样瓶。因浅水河流的深度不够,实施积分采样的积程占全深(程)比例小,或容量难取够,积深式采样器不适用于浅水河流。

无积深式采样器时,可采用排空式采样器分别采集每层深度的样品,然后混合。

(4)封闭管式采样器。该采样器是一种能采集较大容量(2 L 以上)不同深度水样的采样器。当采样器沉入水中时,它的口是敞开的,水不停留在采样器中,到达预定深度启动开关装置,从而关闭采样器两端的盖子或插入塞子,即取到所需深度的样品。属于这种类型的采样器有横式采样器、竖式采样器和排空式采样器等,其适用范围如下:

①横式采样器适用于山区水深流急的河流和溪流的水样采集。

②竖式采样器适用于水流平稳的平原河流、湖泊、水库的水样采集。

③排空式采样器适用于水流平稳，水体中除细菌学指标及油类外大部分监测项目分析样品的采集，也适用于采集分层水样和积深水样。

(5)泵式采样器。该采样器由抽吸泵(常用的是蠕动式或手动式真空泵)、采样瓶、安全瓶、采水软管等部件构成，它适用于从特定深度采集大部分监测项目测定用的水样，不适用于油类、叶绿素和细菌学指标分析样品的采集。

(6)溶解氧采样器。该采样器装置示意见图 4-10-1，其适用于溶解氧(或其他溶解性气体)和生化需氧量测定项目水样的采集。这种采样器是在采样瓶内放置一个 250~300 mL 的 BOD 瓶，在采样瓶口的胶塞中插入两根玻璃管，一根靠近 BOD 瓶底，一根靠近采样瓶口。采样时将采样器放至水中所需深度打开夹子，并停放在那里，直到看不见采样器中的空气逸出，然后取出采样器，将特定的锥形塞放在 BOD 瓶中，即取到所需深度的溶解氧样品。

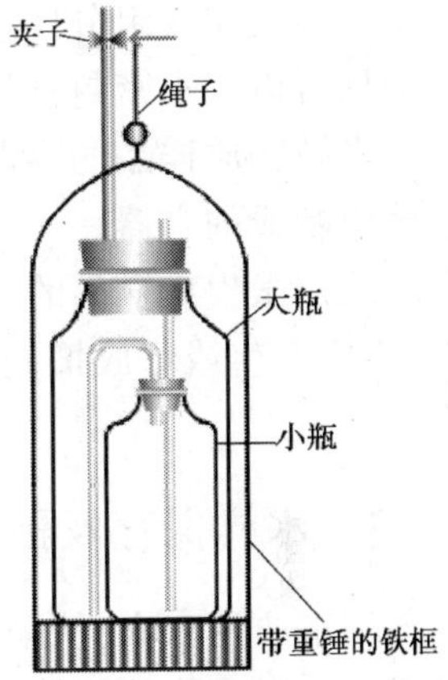

图 4-10-1　溶解氧采样器

(7)自动式采样器。该类采样器分间歇型和连续型，如何选择将依赖于实际采样情况而定。自动式采样器适用于采集位置确定的时间混合积分样，也适用于采集位置移动的时空混合积分样，但不适用于油类、pH、溶解氧、电导率、水温和水生生物等项目的水样采集。

(8)降水采样器。该类采样器分人工采样器和自动采样器。前者为选用上口直径 40 cm、高 20 cm 左右的聚乙烯塑料桶；后者为桶盖带有湿度传感器的聚乙烯塑料桶，降水开始自动打开，降水停止自动关闭。

10.1.2　水质贮样容器的选择

(1)保存样品的贮样容器应充分考虑以下几方面(特别是被分析组分以微量存在时)：

①最大限度地防止容器及瓶塞对样品的污染。一般的玻璃在贮存水样时可溶出钠、钙、镁、硅、硼等元素，在测定这些项目时应避免使用玻璃容器，以防止新的污染。一些有色瓶塞含有大量的重金属。

②容器壁应易于清洗、处理，以减少如重金属或放射性核类的微量元素对容器的表面污染。

③容器或容器塞的化学性质和生物性质应该是惰性的，以防止容器与样品组分发生反应。如测氟时，水样不能贮存于玻璃瓶中，因为玻璃会与氟化物发生反应。

④防止容器吸收或吸附待测组分，引起待测组分浓度的变化。微量金属易于受这些因素的影响，其他如清洁剂、杀虫剂、磷酸盐同样受到影响。

⑤深色玻璃能降低光敏作用。

(2)根据监测项目及组分含量，可选用以下类型的贮样容器：

①硬质(硼硅)玻璃容器。适用于常规采样，宜于贮存测定有机物及生物水样，也宜

于贮存某些无机物(如六价格、硫化物、氨等)水样,不宜贮存碱性水样以及测定锌、钠、钾、钙、镁、硅等水样。

②聚乙烯容器。适用于常规采样,宜于贮存测定金属、放射性及无机项目的水样,不宜贮存测定有机物和痕量汞的水样。

③聚四氟乙烯容器。是材质惰性最好的一种容器,宜于贮存测定痕量有机物和痕量金属元素的水样,也宜于用作自动采样器的采样管。

④可溶气体或组分样品的容器。测定溶解氧和生化需氧量的样品瓶应配有锥形磨口玻璃塞且可以用水密封,以减少空气的吸收程度。

⑤光敏物质样品的容器。测定含有光敏物质的样品(如藻类),应使用不透明材料或有色玻璃制成的容器。

⑥贮存微生物样品的容器。应能经受灭菌过程中产生的高温,并在灭菌和样品存放期间,不应产生或释放抑制生物生存能力或促进繁殖的化学物质,也不得释放有毒化学物质。

10.1.3 水样保存及预处理方法

各种水质的水样,从采集到分析的过程中,由于物理的、化学的和生物的作用,会发生各种变化。微生物的新陈代谢活动和化学作用,能引起水样组分和浓度的变化;二氧化碳含量的变化,可使水样的 pH 和总碱度发生变化;水样也可能由于某些物质的聚合和解聚而发生变化。此外,物理作用也能引起水样的变化,如胶体物质的絮凝作用和沉淀物的吸附作用等,在采样器、贮样容器或悬浮物的表面上产生胶体吸附现象或溶解性物质被溶出等,都会使水样组分发生变化。为尽可能地降低水样的物理、化学和生物的变化,必须在采样时针对水样的不同情况和待测物的特性实施保护措施,并力求缩短运输时间,尽快将水样送至实验室进行分析。当待测物浓度很低时,更要注意水样的保存。

(1)水样的保存要求。

适当的保护措施虽然能够降低水样变化的程度和减缓其变化速度,但并不能完全抑制其变化。有些项目特别容易发生变化,如水温、溶解氧、二氧化碳等必须在采样现场进行测定。有一部分项目可在采样现场对水样做简单的预处理,使之能够保存一段时间。水样允许保存的时间,与水样的性质、分析项目、溶液的酸度、贮存容器的材质、比表面积以及存放的温度等多种因素有关。保存水样应符合下列基本要求:

①抑制微生物作用。

②减缓化合物或络合物的水解及氧化还原作用。

③减少组分的挥发和吸收损失。

(2)冷藏和冷冻法水样保存技术。

(3)添加保存剂法水样保存技术。

①控制溶液 pH。测定金属离子的水样常用硝酸酸化至 pH 为 1~2,既可以防止重金属的水解沉淀,又可以防止金属在器壁表面上的吸附,同时在 pH 为 1~2 的酸性介质中还能抑制生物的活动。此法保存的大多数金属可稳定数周或数月。

测定氰化物的水样需加氢氧化钠调至 pH 为 12;测定六价铬的水样应加氢氧化钠调

至 pH 为 8(因在酸性介质中六价铬的氧化电位高,易被还原)。

②加入抑制剂。为了抑制生物作用,可在样品中加入抑制剂。

在测氨氮、亚硝酸盐氮、硝酸盐氮和 COD 的水样中,加入氯化汞或三氯甲烷、甲苯做防护剂以抑制生物对亚硝酸盐氮、硝酸盐氮和铵盐的氧化还原作用。

在测酚的水样中用磷酸调溶液的 pH,加入硫酸铜以控制苯酚分解菌的活动。

③加入氧化剂。水样中的痕量汞易被还原,引起汞的挥发损失,加入硝酸—重铬酸钾溶液可使汞维持在高氧化态,汞的稳定性大为改善。

④加入还原剂。测定硫化物的水样,加入抗坏血酸对保存有利。

含余氯的水样,能氧化氰离子,可使酚类、烃类、苯系物氯化生成相应的衍生物,为此在采样时加入适量的硫代硫酸钠予以还原,除去余氯干扰。

(4)常用保存剂的作用和应用范围如表 4-10-1 所示。

表 4-10-1　常用保存剂的作用和应用范围

保存剂	作用	适用的监测项目
氯化汞	细菌抑制剂	各种形式的氮,各种形式的磷
硝酸	金属溶剂,防止沉淀	多种金属
硫酸	细菌抑制剂 与有机碱形成盐	有机水样(COD、TOC、油和油脂),氨和胺类
氢氧化钠	与挥发化合物形成盐	氰化物、有机酸类、酚类
冷藏或冷冻	减缓化学反应速率	酸度、碱度、有机物,五日生化需氧量、色度、臭、有机磷、有机氮、生物机体

(5)对保存剂的要求及保存剂的添加。

对地表水和地下水,常用的保存剂最好用优级纯试剂,如酸应使用高纯品,碱或其他试剂使用分析纯试剂。若保存剂内含杂质太多达不到要求,则应提纯。

保存剂可以在实验室预先按所需量加在已洗净晾干的水样容器中,也可在采样后加入水样中。为避免保存剂在现场被沾污,最好在实验室将其预先加入容器内。但易变质的保存剂则不得预先加入。

测定溶解氧的水样应在现场采集后立即按有关分析方法的要求加入硫酸锰溶液和碱性碘化钾—叠氮化钠试剂。加试剂应使用尖细的移液管将试剂加到液面以下,小心盖上塞子,避免带入气泡。

(6)水样预处理方法。

在采样现场对水样的预处理方法主要有:自然沉降 30 min,分离可沉降物;离心和过滤,分离悬浮物、沉淀物、藻类及其他微生物。

自然沉降 30 min:如果水样中含有沉降性固体,如泥沙等,应分离除去。分离方法为:将所采水样摇匀后倒入筒形玻璃容器,静置 30 min,将已不含沉降性的固体但含悬性固体的水样移入盛样容器并加入保存剂(悬浮物和油类水样除外)。

过滤和离心:采样时或采样后,用滤器(滤纸、聚四氟乙烯滤器、玻璃滤器)等过滤样品或将样品离心分离都可以除去其中的悬浮物、沉淀物、藻类及其他微生物。滤器的选择要注意与分析项目相匹配,用前清洗及避免吸附、吸收损失。因为各种重金属化合物、有机物容易吸附在滤器表面,滤器中的溶解性化合物如表面活性剂会滤到样品中。一般测有机项目时选用砂芯漏斗和玻璃纤维漏斗,而在测定无机项目时常用 0. 45 μm 的滤膜过滤。

过滤样品的目的就是区分被分析物的可溶性和不可溶性的比例(例如可溶和不可溶金属部分)。

10. 1. 4　沉降物样品保存及预处理方法

10. 1. 4. 1　沉降物样品的保存

沉积物样品采集后,在-20～-40 ℃冷冻保存,并在样品保存期内测试完毕。悬浮物采用 0. 45 μm 滤膜过滤或离心等方法将水分离后保存。样品保存应符合表 4-10-2 要求。

表 4-10-2　保存剂的作用和应用范围

测定项目	容器	样品保存方法与要求
颗粒度	P、G	小于 4 ℃,保存期 6 个月,样品在分析前严禁冷冻和烘干处理
总固体、水分	P、G	冷冻保存,保存期 6 个月
总挥发性固体	P、G	冷冻保存,保存期 6 个月
总有机碳	P、G	冷冻保存,保存期 6 个月,室温融解
生化需氧量	P、G	尽快分析(4 ℃下可保存 7 d,分析前升温到 20 ℃)
化学需氧量	P、G	尽快分析(4 ℃下可保存 7 d)
油脂	P、G	尽快分析[80 g(湿样)/1 mL 浓盐酸,4 ℃下密封保存,保存期 28 d]
硫化物	P、G	尽快分析[80 g(湿样)/2 mL 1 mol/L 醋酸锌并摇匀,于 4 ℃下避光密封保存,保存期 7 d]
重金属	P、G	-20 ℃下,保存期为 6 个月(汞为 30 d)
有机污染物	G	尽快萃取或 4 ℃下避光保存至萃取,可萃取有机物在萃取后 40 d 内分析,挥发性有机物保存期为 14 d

注:P—塑料;G—玻璃。

10. 1. 4. 2　沉降物样品制备

沉降物样品制备包括样品干燥、粉碎、过筛和缩分等步骤。

(1)根据测试对象,可选用下列方法之一进行样品干燥:

①真空冷冻干燥。适用于对热、空气不稳定的组分。

②自然风干。适用于较稳定组分。

③恒温干燥(105 ℃)。适用于稳定组分。

(2)沉降物样品干燥脱水后,应按下列程序制备样品:

①剔除石块、贝壳、杂草等杂质,平摊在有机玻璃板上,剔除明显的砾石与动植物残体,反复碾压过 20 目筛,至筛上不含泥土。

②测定金属的样品应用玛瑙粉碎器皿研磨至全部样品通过80~200目筛(视测定项目要求而定)。

③筛下样品应采用四分法缩分,得到所需量的沉降物样品后,装入棕色广口瓶中,贴上标签后供测试用或冷冻保存。

(3)样品制备应注意事项:测定金属项目的样品应使用尼龙网筛;测定有机污染物样品应使用不锈钢网筛;测定汞、砷、硫化物等项目的样品宜采用人工方法碎样,并且过80目筛;采用湿样测定不稳定组分时,应同时制备两份样品,其中一份用于含水量测定。

10.2　现场测定

10.2.1　水质现场测定要求

10.2.1.1　地表水水质现场测定

地表水水质现场测定与观测应符合以下要求:

(1)水温、pH、溶解氧、电导率、透明度、感官性状监测项目应在采样现场采用相应方法观测或检验。

(2)现场使用的监测仪器应经检定或校准合格,并在使用前进行仪器校正。

(3)采用深水电阻温度计或颠倒温度计测量时,温度计应在检测点放置5~7 min待测得的水温恒定不变后读数。

(4)感官指标的观测:用相同的比色管,分取等体积的水样和蒸馏水做比较,对水的颜色进行定性描述。现场记录水的气味(臭)、水面有无油膜和泡状等。

(5)水文参数的测量应符合现行国家和行业有关技术标准的规定。潮汐河流各点位采样时,还应同时记录潮位。

(6)测量并记录气象参数,如气温、气压、风向、风速和相对湿度等。

10.2.1.2　地下水水质现场测定

地下水水质现场测定与观测应符合以下要求:

(1)尽量缩短采样与分析的时间间隔,需在现场监测的项目应在水样采集后立即测定;不能及时检验的项目应加入保存剂或在低温下保存。

(2)水位、水温、pH、电导率、浑浊度、色、臭和味应在采样现场观测和测定。

(3)现场使用的监测仪器应经检定或校准合格,并在使用前进行仪器校正。

10.2.1.3　现场采样记载的一般规定

(1)记录事项应随取样作业的展开即时记入正式记录表格中,严禁事后整理,严禁以回忆方式填写,保证记录的原始性和真实性。

(2)原始记录的改错。原始记录改错禁止抹去原先记录的痕迹,应保留整个改错记录的过程。

(3)所有的现场记载应完整、清楚、准确,并在离开测站之前完成。

10.2.2　便携式水质测定仪器配置管理

移动监测以移动实验室为主体,可机动灵活出现在需要监测的区域,实施现场实时监测。为符合移动监测要求,移动实验室需由满足监测环境要求的车、船载体和所配备的车载式或便携式监测设备组成。

(1)移动监测仪器设备配置应符合国家或行业有关技术标准的规定,并应满足下列基本要求:

①仪器设备防水、抗震与抗干扰性能好,便于携带和野外现场使用。

②仪器操作简单、快速、灵敏、实用,监测范围宽,试剂用量少,稳定性好,监测结果显示直观;具有较好的性能价格比。

(2)除标准配置外,还可根据需要选择性配备以下车载式或便携式应急监测仪器设备:

①多普勒流量仪。

②快速检测箱。

③紫外、可见分光光度计。

④极谱仪。

⑤傅里叶变换红外光谱仪。

⑥气相色谱仪或气相色谱质谱仪。

⑦液相色谱仪或液相色谱质谱仪。

⑧综合毒性测定仪等。

(3)移动实验室和车载式或便携式仪器设备运行管理应满足下列要求:

①建立健全移动监测管理制度,成立由车、船驾驶、试验分析等人员组成的移动监测小组,各负其责。

②车、船移动运载工具必须按规定年检,对车船及基础设施设备定期维护和保养。

③移动实验室仪器设备、试剂等有专人负责管理,并定期开展期间核查与维护保养,保证仪器设备、设施任何时候都能正常投入监测工作。

④移动实验室仪器设备、技术资料及运行维护记录等,单独建档保存。

⑤制订检查计划,结合应急演练,定期检验移动实验室各项状态,不断改进和提高移动监测能力与实战技术水平。

第 11 章　泥沙测验

11.1　测　验

11.1.1　悬移质泥沙采样器

11.1.1.1　悬移质取样测验仪器类型

悬移质泥沙测验仪器可分为两大类:第一类为现场取样仪器(采样器),需要经过实验室处理计算得到含沙量;第二类为现场直接测定含沙量的测量仪器(测量仪)。

由于测验方法和条件不同,研制了多种多样的取样仪器工具。悬移质采样器一种常见的分类如表 4-11-1 所示。

表 4-11-1　悬移质采样器分类

取样类型	推求的量	结构形式
瞬时式	单点瞬时含沙量	横式采样器
		垂直圆管采样器
积时式	选点法的单点时段累积平均含沙量 断面(或垂线)多点混合平均含沙量	皮囊式采样器
		抽气式采样器
		自动抽水式取样器
		纳尔匹克(Neypric)悬沙采样器
		调压仓式采样器
		多仓式 DS 型空中卸水式采样器
	时段与水深累积平均含沙量 (用于积深法)	单程悬移质泥沙采样器
		USD 型积深式采样器
		普通瓶式采样器
		皮囊积深式采样器
累积式	累积输沙率	台尔夫特瓶式采样器
		滤袋式采样器
		分流堰式采样器

悬移质泥沙主要取样仪器介绍如下。

1. 横式采样器

横式采样器示意如图 4-11-1 所示。它是瞬时采样器中应用最广泛的一种仪器,仪器由筒体、筒盖、控制机构等组成,筒体容积一般为 1.0~2.0 L,入水后水体充满筒体,用拉索或锤击方式关闭两端筒盖封闭筒体进行取样。在水深较小处可附加测杆用手持式取样,在水深较大河流一般附加在铅鱼上使用。横式采样器机构比较简单,自重较小,操作方便,能在各种水深、流速、含沙量情况下应用。其缺点是器身不符合流线体,阻水严重,所测含沙量是瞬时值,与时均值比较,具有较大的偶然误差,必须重复取样多次测算才能减小测验误差。

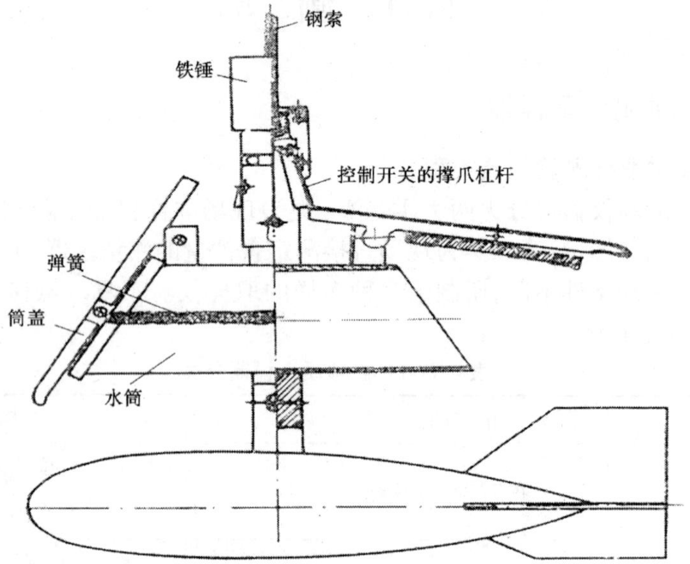

图 4-11-1　横式采样器示意图

2. 积时式采样器

积时式采样器的基本部件一般有贮样容器和与之连接的进样管嘴及之间的进流控制开关,贮样容器多装在铅鱼体内,进样管嘴伸出于铅鱼头外。理想的积时式采样器应符合以下要求:进样管嘴伸出铅鱼或容积仓头部一定距离,所采集的水样不受器身绕流的扰动影响;仪器结构简单,部件牢固,使用维修方便,工作可靠。仪器取样时应无突然灌注现象;在一般含沙量条件下进口流速应接近天然流速(在含沙量很大时,进口流速与天然流速比值随含沙量增大而变小,不能再应用这一准则衡量采样器是否适用);进样管嘴应无积沙现象,能准确测到接近河底的测点含沙量。

积时式采样器又分为选点式和积深式两类。选点式是一种在选择测点上吸取水样,测出某一时段内时均含沙量的仪器,其结构形式有调压仓式、皮囊式、抽气式、自动抽水式、充气式以及单级采样器等多种(这类采样器大多也可用于积深法取样)。积深式是一种沿垂线连续吸取水样,测取垂线平均含沙量的仪器。单纯积深式的仪器无开关控制进流,一般不能用于选点取样。

3. 调压仓式仪器

这种仪器体内有水样仓和调压仓,两者用连通管连接,仪器入水后,调压仓内进水,压缩器内空气使与器外水体的静水压力相平衡,借以保持仪器取样时进水管内流速与天然流速一致。仪器的种类有美国研制的 USP 系列采样器(其中的 USP-50 点位积时式采样器如图 4-11-2 所示）和我国研制的在船上及水文缆道上应用的各类采样器。后者除应具备一般悬沙采样器的基本性能外，还需满足在水文缆道上取样的特定要求，如采样器需具有较大的容积，以适应多点取样、累积混合的要求；仪器的口门开关应能远程控制；采样器在水下停留时，进水管内应无积沙现象等。

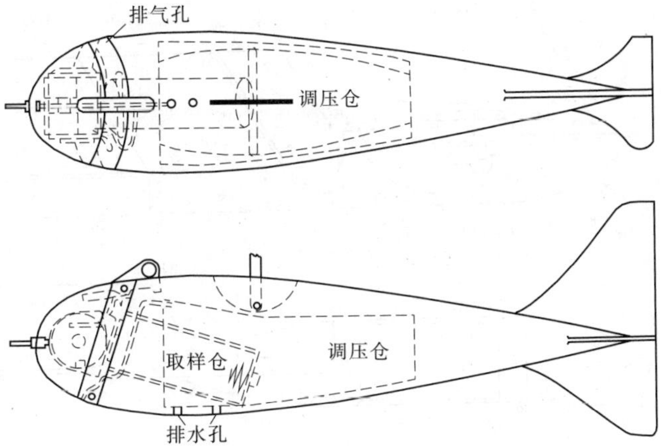

图 4-11-2　USP-50 点位积时式采样器

本类仪器按取样操作方法有如下几种：

(1) JX（如图 4-11-3 所示的 JX 型积时式采样器）、JLC-1、FS、JL 系列型采样器。水样仓容积一般为 2~3 L，适用于全断面混合法、简化断面混合法和垂线混合法等取样测验。做法是逐点连续取样，并将各点的水样累积混合，存贮于同一水样仓内，供后续测算混合水样的含沙量。各个测点取样历时的控制，按输沙率测验中取样点所代表的部分面积与断面总面积的比值确定。

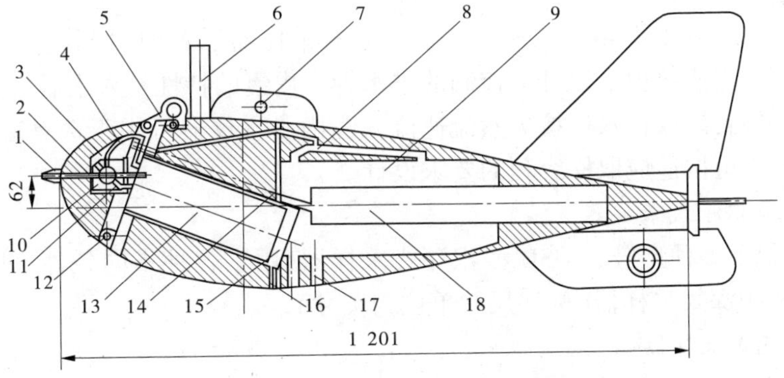

1—管嘴；2—进水管；3—头仓；4—气管；5—卷口；6—悬杆；7—悬吊孔；8—调压连通管；9—调压连通仓；10—阀体；11—排水管；12—铰链；13—水样仓；14—线管；15—水仓套；16—排水孔；17—调压仓；18—控制仓

图 4-11-3　JX 型积时式采样器　（单位：mm）

(2) 多仓式选点采样器（如图 4-11-4 所示的多仓型点位积时式采样器）。仪器管嘴后面设置有由转动机构控制的多路分流盘，分流盘各分水口连接水样仓（6 个水样仓）。仓内设有一满仓信号,当水样达到有效容积时,自动切断控制开关,停止取样。为了使水样进口流速接近于天然流速,除采用锥度管嘴外,还在器身上设置了一文德里管,排气管出口设在文德里管狭颈部,以加大仪器的进口流速使之接近天然流速。本仪器可以在水下采集 6 个水样,分别存贮于 6 个水样仓内,多用于缆道渡河的悬移质泥沙采样。

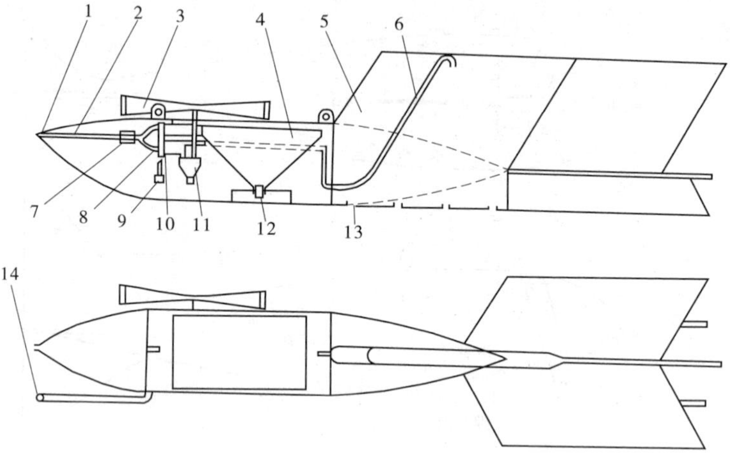

1—管嘴;2—进水管;3—文德里管;4—水样仓(6 个);5—调压仓;6—连通管;7—接头;8—进水盘;9—电磁铁;10—分水盘;11—检漏仓;12—橡皮塞;13—调压仓底孔;14—流速仪安装架

图 4-11-4　多仓型点位积时式采样器

(3)DS 型空中卸水积点式采样器(如图 4-11-5 所示的 DS 型积时式采样器)。仪器用在水文缆道上,缆道行车架上设置有自动分水卸水架机构,架内装有 24 个盛水桶。在某一测点取样以后采样器提出水面,运行到分水卸水架机构,通过一系列的连杆作用,自动将水样分卸到预定盛水桶。其他测点照此操作。

4. 皮囊式采样器

皮囊式采样器(如图 4-11-6 所示皮囊积时式采样器示意图)用乳胶薄膜做皮囊并成为贮样容器,皮囊连接由电磁开关控制的进水管。皮囊的特性是入水后内、外静水压力基本可以随遇平衡,以保持水样按天然流速流入囊内。本仪器可用于选点法和积深法取样测验,皮囊容积可按适应取样容积的要求设计。

5. USD 型积深式采样器

美国研制了多种型号的 USD 型积深式采样器,用于各种不同条件下取样,图 4-11-7 为 USDH-48 积深式采样器(标注尺寸单位为英寸)。

6. 普通瓶式采样器

普通瓶式采样器器身是一容积为 0.5~2.0 L 的玻璃瓶(或塑料瓶等),瓶口为橡皮塞,塞上装有进水管和排气管,适用于水深小于 5.0 m 河流的积深式取样。普通瓶式采样器管嘴安设示意图如图 4-11-8 所示。图 4-11-8 中:p_0 为大气压强;H_1 为进流处水深;p_1 为进流处压强;p 为进瓶压强;H_2 为排气处水深;p_2 为排气处压强;ΔH 为排气水深差。与 ΔH 相应的压强差 $p-p_2$ 造成边进流边排气,实现取样进瓶。

应该指出,普通瓶式采样器的进水管和排气管若采用经过专门设计的采样器管嘴而

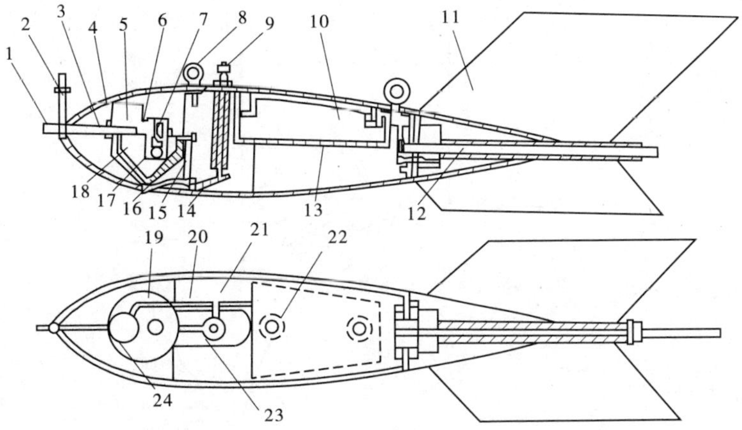

1—进水管嘴;2—流速仪支架;3—进水管;4—铅鱼外壳;5—控制舱;6—冲沙管;7—满容信号;8—悬吊耳;9—放水压杆;10—调压仓;11—尾翼;12—尾翼连接螺栓;13—调压进水口;14—压力臂;15—封水弹簧;16—封水臂;17—浮子;18—盛水仓;19—盛水仓盖;20—调压连通管;21—放水压杆;22—连接螺栓;23—腹部槽孔;24—排气管嘴

图 4-11-5　DS 型积时式采样器

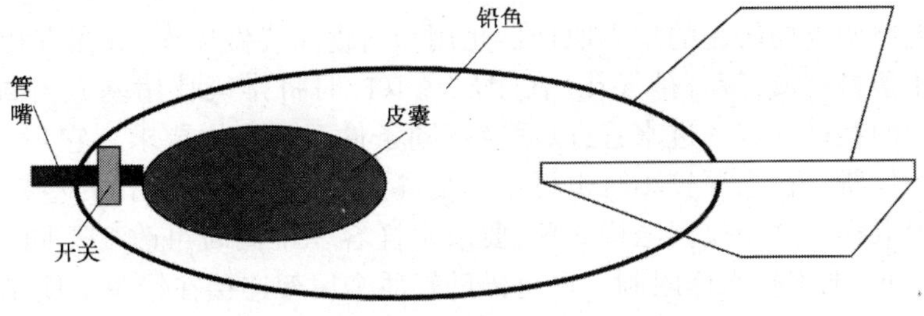

图 4-11-6　皮囊积时式采样器示意图

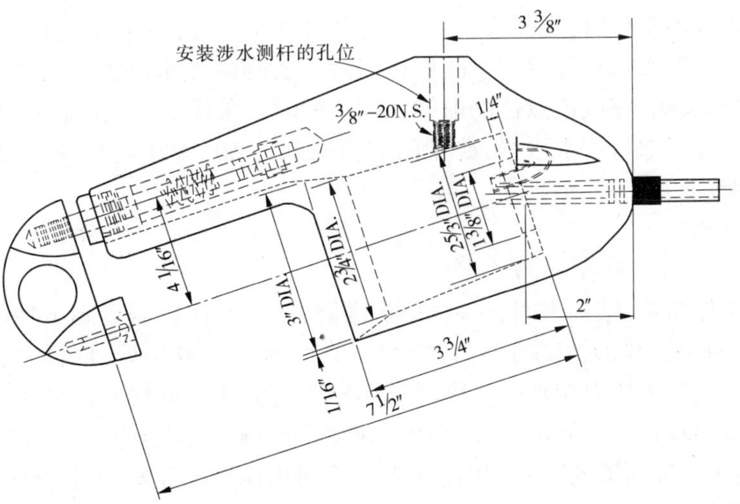

图 4-11-7　USDH-48 积深式采样器(标注尺寸单位为英寸)

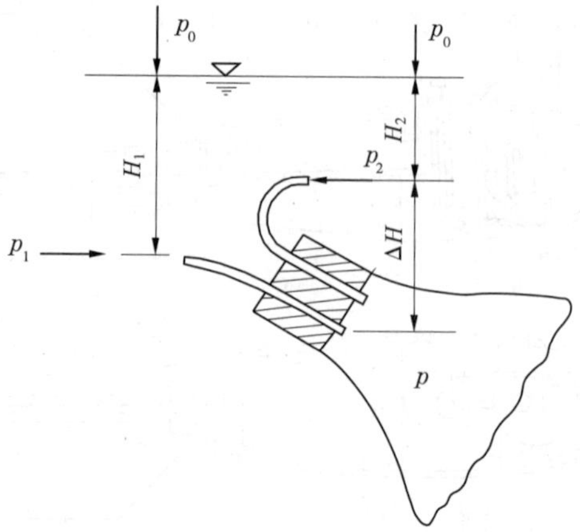

图 4-11-8　普通瓶式采样器管嘴安设示意图

不用任意弯制(紫铜管)而成,可以提高瓶式采样器取样的代表性,使其符合进口流速与天然流速一致的基本要求并经过率定,会与 USD 型积深式采样器效果相当。

7. 瓶囊结合采样器

由美国地质调查局研制的皮囊取样器是用塑料食品袋做皮囊,放在带孔的塑料瓶中。特制的瓶盖用塑料制成,带有排气孔(在用皮囊取样时将排气孔堵塞),并配有用塑料制成的尺寸不同的经过率定的进水管,以适应不同条件下的取样要求。它是一种可兼作皮囊式与瓶式的仪器。在水深较小时也可不用皮囊而直接装上不带孔的塑料瓶,按瓶式采样器进行积深取样。这一仪器结构简单,要求水样容积不同时可改变不同大小的食品袋和塑料瓶,使用范围不受水样限制。也可借助轻质金属架连接在铅鱼上使用。

11.1.1.2　积时式采样器工作原理与技术要求

1. 工作原理

积时式采样器工作时,根据预先计算设定的进样历时,在采样器到达指定取样位置后,打开进水口,使水流在设定的时间内以接近于管嘴附近水流流速的进水速度进样,历时结束,进水口关闭,完成该点位的取样工作。积时式采样器一般以较长的时间使水流通过管嘴进入贮样仓取得浑水水样,典型的进流时间为 60~100 s,在一定程度上消除了泥沙的脉动影响。

2. 技术要求

1)仪器一般技术要求

仪器应制作简单,结构牢固,工作可靠,维修方便,贮样容器可卸下冲洗。仪器(或承装铅鱼)外形应为流线形,管嘴进水口应设置在水流扰动较小处,取样时,应使仪器内的压力与仪器外的静水压力相平衡。仪器取样容积应能适应取样方法和室内分析要求,条件许可时可采用较长的取样历时,以减少泥沙脉动影响。仪器应尽可能取得接近河床床面的水样,用于宽浅河道的仪器,其进水管嘴至河床床面的距离宜小于 0.15 m。当采用各种混合法取样时,仪器应能减少点位变动过程的管嘴积沙影响。

2)仪器适用条件

调压积时式采样器适用于含沙量小于 30 kg/m³ 时的选点法和混合法取样。皮囊积时式采样器适用于不同水深和含沙量条件下的积深法、选点法和混合法取样。普通瓶式采样器,适用于水深在 1.0~5.0 m 的双程积深法和手工操作取样。多仓型积时式采样器多用于缆道多点位采样。

3)积深法取样要求

积时式采样器积深法取样要求:一类站的水深不宜小于 2 m,二、三类站的水深应大于 1 m;仪器的悬吊方式,应保证仪器进水管嘴正对流向;取样仪器应等速提放;当水深小于或等于 10 m 时,提放速度应小于垂线平均流速的 1/3;仪器处于开启状态时,不得在各点位(包括河底)停留;仪器取样容积与仪器水样仓或盛样容器的容积之比应小于 0.9;发现仪器灌满时,所取水样应作废重取。

普通瓶式采样器积深法取样要求:当垂线平均流速不超过 1.0 m/s 时,应选用管径为 6 mm 的进水管嘴;当垂线平均流速大于 1.0 m/s 时,应选用管径为 4 mm 的进水管嘴;仪器排气管嘴的管径均应小于进水管嘴的管径。

11.1.1.3　横式采样器工作原理与技术要求

1. 工作原理

横式采样器两端盖子打开,到达指定的取样位置,在确保采样器轴线与该取样位置水流方向平行的前提下,瞬时关闭采样器两端盖子,取得该取样位置处的瞬时水样。瞬时取样仪器在测验点位以极短的时间取得浑水水样,操作简单便捷,但由于取得的是瞬时水样,无法消除泥沙的脉动影响。

2. 技术要求

仪器内壁应光洁和无锈迹。仪器两端口门应保持瞬时同步关闭和不漏水。仪器的容积应准确。仪器筒身纵轴应与铅鱼纵轴平行,且不受铅鱼阻水影响。横式采样器能在不同水深和含沙量条件下取得瞬时水样,但不宜用于缆道测沙,精度要求较高时不宜使用。

横式采样器取样要求:在水深较大时,应采用铅鱼悬挂仪器;采用锤击式开关取样时,必须在口门关闭后再提升仪器;倒水样前,应稍停片刻,以防止仪器外部带水混入水样。

11.1.2　悬移质泥沙测量仪

悬移质含沙量及颗粒级配测量仪一般根据浑水中泥沙含量和颗粒分布的物理效应而研制,也称物理测沙技术。此类仪器可以在现场直读含沙量及颗粒级配数值,避免了取样、分析等工作程序。我国自 1950 年起就在不断研究,主要研发方向有光电测沙仪、同位素测沙仪、振动式测沙仪、超声波测沙仪等。同时,引进了国外一些先进技术,开展试验应用和改进完善。一些悬移质含沙量测量仪主要技术参数如表 4-11-2 所示。

表 4-11-2　悬移质含沙量测量仪主要技术参数

仪器名称	测沙范围(kg/m^3)	测点流速(m/s)	水深(m)
同位素测沙仪	2.0~1 000.0	≤5	≤20
光电测沙仪(激光测沙仪)	≤5	<2	≤15
振动(管)式测沙仪	1.0~1 000.0	>0.75,≤4	>0.3
超声波测沙仪	0.5~1 000.0	≤3	≤10

11.1.2.1　光电测沙仪

对粒径小于0.05 mm、含沙量不超过1~5 kg/m³ 的粉沙和黏土,而且级配无大变化的泥沙样品可以用光电浑浊度仪器施测含沙量。有的实验室,用不同级配的泥沙事先求出一组含沙量与仪器读数的率定曲线,以便于在已知级配时用光电仪测定含沙量。

OBS(optical backscatter sensor)是应用光电衰减原理的仪器,适用于低含沙量测量。该仪器可以自动采集、自动储存数据,也可以通过电缆实时采集数据,使用极为方便。长江口水文局在长江口深水航道二期治理工程流场观测中,将OBS测量技术应用于现场测定水体含沙量及水温、含盐度,OBS野外施测见图4-11-9,并开展了常规含沙量和含盐度测验方法比对标定试验,效果良好。

图4-11-9　OBS野外施测

11.1.2.2　放射性同位素测沙仪

1970年,黄河水利委员会水利科学研究所和清华大学水利系先后研制了散射式和吸收式的放射性同位素测沙仪,并在部分水文站应用推广。这类仪器含沙量达到或超过50 kg/m³ 时误差较小,低含沙量时误差较大。这类仪器发展和应用的主要顾虑是怕造成放射性污染。

2000年以来,水利部黄河水利委员会水文局在放射性同位素测沙仪的研制开发中,采用安全低能放射源,设计半屏蔽监测水体通道,布设放射—吸收探头体系,配合现代的电子电路及与计算机的接口,编写了悬沙测算和管理软件,使仪器采用技术和集成体都达到可靠使用的水平。2016年,在湟水河民和水文站安装使用,运行两年多,反映良好。

11.1.2.3　超声波测沙仪

关于声波在浑水中传播特性的试验研究,国内早已进行。1980年以来,以超声波在浑水中的衰减测量含沙量的仪器研制工作也开展起来。中国科学院山西煤炭化学研究所采用一组换能器以直接发射—接收的方式研制了测沙仪,并进行室内试验和野外试验。据报告,该仪器测沙范围可达0.5~500 kg/m³,在0.5~5 kg/m³、5~50 kg/m³、50~500 kg/m³

含沙量范围内相对误差分别为±15%、±10%、±5%。

武汉水利电力学院认为,直接发射—接收式的测沙仪器不能保证稳定可靠。他们采用一个换能器配合一个反射板构成发射—反射—接收的复程方式,进行多次反射—接收试验,得出衰减规律。据报告,其试验最大含沙量 120 kg/m^3,用黄河沙在 0.3~60 kg/m^3 范围内平均测量误差为±0.3 kg/m^3。

加拿大生产的一种仪器设计测量范围为 0.5~70 kg/m^3,经在美国进行野外比测,表明含沙量过低时测验准确度较低。

11.1.2.4　**振管型测沙仪**

1980 年以来,云南大学和云南省水文总站、新光电工厂和水利部西北水科所、水利部黄河水利委员会水文局和郑州市自来水公司、黄河水利委员会水利科学研究所和三门峡水电厂依据振管振动周期与含沙量的关系,研制安装了振管型测沙装置,做了大量试验。西方国家对振管测沙也早有研究,美国地质调查局研制有直通管、U 形管等几种形式,对水温变化进行了补偿,在管内流速为 0.12 m/s 条件下试验,测验误差仅为 0.025 kg/m^3。

从原理上看,振管对流过其中的浑水含沙量似无限制,试验数据曾达 1 000 kg/m^3 以上。云南的试验表明,在 10~800 kg/m^3 含沙量范围,相对误差小于±5%的概率达 87%以上。黄河河工模型试验资料表明,当含沙量在 4~150 kg/m^3 时,误差在 8%以内;在 150~1 000 kg/m^3 时,误差不大于 5%。试验还表明,泥沙粒径对含沙量测验无明显影响。

2000 年以来,水利部黄河水利委员会水文局和哈尔滨工业大学合作,设计研发出体积较小外挂型的新型振管型测沙仪。目前推广应用的是 AEX-3 型振动式悬移质测沙仪(见图 4-11-10),主要技术指标如下:

测沙范围:0~800 kg/m^3;

测量精度:含沙量 0~35 kg/m^3 时为±10%,含沙量 35~800 kg/m^3 时为±5%;

使用环境:-10~45 ℃;

水流条件:水深 0.30~15 m,流速 0.5~8 m/s;

测量历时:任意设置(最大 24 h)。

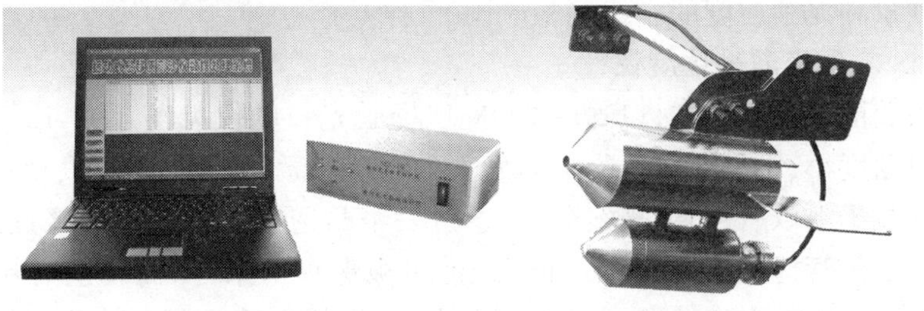

图 4-11-10　AEX-3 型振动式悬移质测沙仪

11.1.2.5　OPUS

OPUS 是"In-and on-line Particle Size Analysis of suspensions and emulsions of high concentration with an industrially approved Sensor based on Ultrasonic Extinction"的缩写简称,字面直译为"基于超声衰减原理用于高浓度悬浮液和乳浊液在线粒度分析的工业准

入传感器”,对我们水文测验来说,可简称为“在线泥沙浓度测量和粒度分析仪”。该仪器研发生产商为德国某公司。OPUS 技术参数如下:

测量体积比含沙量:0.25%~70%;

检测的颗粒或液滴尺寸:0.01~3 000 μm;

工艺过程压力范围:0~40 bar;

工艺过程温度范围:0~120 ℃;

环境温度范围:-20~65 ℃;

pH:1~14。

OPUS 原来是用于工业生产过程监测的仪器,可同时监测悬浮介质的浓度和粒度。水利部黄河水利委员会水文局引进后进行初步改造,改造后下河入水的 OPUS 外形如图 4-11-11 所示。

图 4-11-11　下河入水的 OPUS 外形

水利部黄河水利委员会水文局的检验试验表明,OPUS 测试悬浮泥沙浓度和粒度的效果很好。若进行微型化或探针和机电箱分离设计改造,只使探针入水,将更有利于水文行业水体含沙量和泥沙粒度的在线测验应用。

11.1.2.6　LISST 现场激光粒度仪

该仪器由美国某公司生产,LISST-100X 现场激光粒度仪见图 4-11-12。它是根据大尺寸粒子衍射角度小、小尺寸粒子衍射角度大的原理和激光技术研发的,单色激光光线照射到大小不同粒子上以后,衍射光线分开,通过一个凸透镜将衍射光线聚焦到由 32 个圆环构成的光敏二极管检测器上,接收到激光能量被保存下来,从而转换为粒子的大小分布,32 个探测环可以测量 32 个级别的粒子分布,根据每个检测环上接收到的能量和总能量换算出该尺寸粒子的浓度比例。

LISST 光学传感器测量最低的浓度可以到 0.03 mg/L(30 g/m^3),最高的浓度可以到 10 kg/m^3;LISST 是系列仪器,其中 LISST-100X 用于测量液体中粒子的浓度和粒子的尺寸分布,尺寸测量范围:型 B,1.25~250 μm;型 C,2.5~500 μm;型 D(LISST-FLOC),7.5~1 500 μm。LISST-25 用于测量液体中粒子的浓度和粒子的平均尺寸。LISST-ST 用

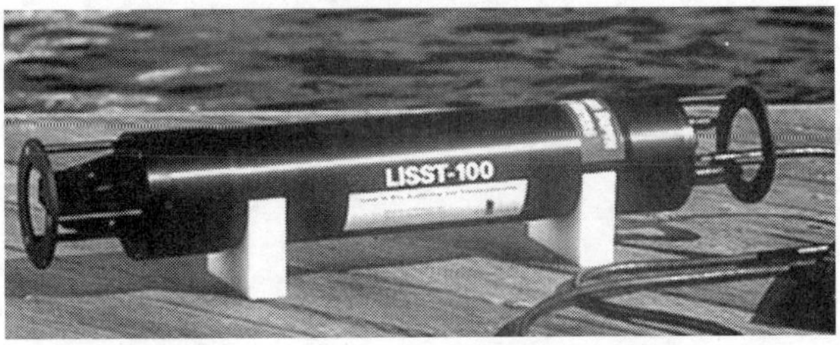

图4-11-12　LISST-100X 现场激光粒度仪

于测量液体中粒子的沉降速度。

水利部长江水利委员会水文局已将 LISST 光学传感器仪器应用于野外测验。

11.1.3　悬移质泥沙现场采样、记载与保存

11.1.3.1　测前准备

泥沙取样测验是比较复杂的水文测验作业，用的器具较多，开始测验前应有充分的准备。准备一般以取样仪器工具为主，并涉及仪器与挂载设备的连接、量样存样器具、记载计算器具等方面。

1. 仪器工具的准备和检验

根据测验项目和测站配备的仪器工具进行仪器工具的准备和检验。一般要检查仪器的完好程度，检验主要的机动结构。如悬移质测验用横式采样器，要检查开启盖门的密封胶垫、弹簧和开关是否满足两端筒盖同时关闭的使用要求，必要时入水试验。积时式采样器开关可用通气试验检查打开通畅和关闭密封性能。用皮囊式采样器要选择管嘴口径、检查皮囊、皮囊排气、试验装卸皮囊、通电并检验开关等。用多仓式选点采样器重点试验转动机构控制的多路分流盘是否顺序分水进入预定的水样仓，检验满仓信号的反映等。普通瓶式采样器注意进水管低于排气管和瓶塞的密封性等。准备仪器电源，检测电压等指标是否在工作要求范围。连接导线，检查接头，特别是入水节点的密封。其他的准备包括计时装置，测深、测速仪器等。

2. 仪器与挂载设备的连接

泥沙取样测验一般在测船、缆道吊厢、缆道铅鱼等渡河平台的有关升降机构支撑下作业。手持横式采样器要检查杆把与仪器是否连接牢靠，还应检查调整拉线开关的绳索使之合适。水深情况下，悬移质取样仪器常挂装在铅鱼上或安装在铅鱼腹仓中，仪器要挂装牢靠、装卸方便。

3. 量样存样器具的准备

从水流中采取的悬移质浑水水样要及时测量体积，需要准备专用量筒和装筒漏斗，量筒一般安放在专制的支架上，支架应稳固且有使量筒保持垂直的功能，量筒放在方便量积操作的位置。水样量积以后要倒装入存样器具，存样器具一般是专制的水样桶、框架叠套的水样盒等，注意标注编号。存样器具使用较多时，应按编号顺序放置在渡河平台的合适位置，从量筒倒装入水样后，更应安全防护。另外，还要准备冲洗器具的清水，在悬移质量积后，清洗取样器和量筒、漏斗等处的剩沙进入存样器具。

4. 其他准备

其他准备包括记载计算器具、记载计算用表准备，以及作业组织、作业流程等其他技术准备。

11.1.3.2 采样作业

1. 横式采样器点位采样

渡河平台到达断面预定垂线位置(一般是断面起点距×××× m)，测量水深，打开横式采样器筒盖，将仪器放入预定水深处(如水深3.00 m，在相对水深0.6处采样，则仪器入水深为1.80 m)，保证筒体顺流，筒口迎流，稍息稳定，使水流最大限度不受干扰地充满筒体，拉动开关，关闭筒盖，将水样封存于筒体中。然后，提升采样后的仪器出水，停留片刻，使仪器体外水流淋滴，移动仪器到量筒和装筒漏斗处，将筒体中封存的水样安全完整地倒进漏斗输入量筒。

若手持采样，仪器在上游适当处入水，顺流下伸，以使仪器到达断面刚好为预定水深；若仪器连接在铅鱼上，采样前要连接好，绞车下放的深度为仪器预定水深，提出水面后，卸下仪器，再进入接样量积作业。

一般情况下，应在现场即时量记水样容积。用量筒测量水样体积时，量筒应垂直，视线与弯月下面平齐，读取弯月下面与量筒的对应刻度数值，精确到mL。量积的读数误差不得大于水样容积的1%。量积过程应注意不得使水样体积和泥沙有所减少或增加。量积后的水样，倒入准备好有编号的存样器具。

量筒量积后用清水冲洗筒体内部残留的泥沙进入量筒或存样器具；完成量筒量积并将水样倒入存样器具后，也要用清水冲洗量筒中的残留泥沙进入存样器具。

横式采样器取得的水样体积，与采样器本身容积一般相差不得超过±10%。为了消除泥沙脉动影响，可以在同一点多次取样混合处理或分别处理后取平均值。

2. 积时式采样器采样

积时式采样器点位采样作业的通常步骤为：渡河平台到达断面预定垂线位置，测量水深，关闭采样仪器开关使水流不能进入贮样容器，将仪器放入预定水深处，保证仪器顺流，管嘴口迎流，稍息稳定。然后打开开关使水流进入贮样容器，记录开始时间；到达预定时间后，关闭仪器开关，停止进流，记录停止时间，提升采样后的仪器出水转移到量积处。若是单贮样容器的仪器，卸下贮样容器，将贮样容器的水样倒进漏斗输入量筒量积，清洗仪具残留的泥沙进入存样器具。若是多贮样容器的仪器，一点位采样完成后，转移到另一点位采样，直至所有的贮样容器都采到水样，或虽不是所有的贮样容器都采到水样，但已经采完预定的点位水样，将仪器转移到量积处，分别卸下贮样容器，将贮样容器的水样倒进漏斗输入量筒量积(一般情况下，应在现场量记水样容积)，清洗仪具残留的泥沙进入存样器具。为了消除或减弱脉动影响，点位采样的持续时间一般不小于100 s，洪水时可以取60 s或30 s。

积时式采样器垂线积深采样作业分单程积深和双程积深，单程积深又分从水面到河底或从河底到水面两个方向。双程积深通常步骤为：渡河平台到达断面预定垂线位置，测量水深，打开采样仪器开关使仪器从水面匀速下降到河底，不停留地立即从河底匀速上提到水面(或者到河底立即关闭开关,稍许停留,开始上提随即打开开关)。下降进入水面前和上提离开水面后(河底停留期间)仪器贮样容器均无水可进,而在水流中的时段过程进水,取得的水样是全水深匀速下降和上升双程的入流。将仪器转移到量积处,卸下贮样容器,将贮样容器的水样倒进漏斗输入量筒量积,清洗仪具残留的泥沙进入存样器具。

从水面到河底的单程积深通常步骤为:打开采样仪器开关使仪器从水面匀速下降到河底,立即关闭开关,贮样容器只在下降过程进水。从河底到水面的单程积深通常步骤为:关闭采样仪器开关使仪器从水面下降到河底,匀速上提,开始上提随即打开开关,贮样容器只在上升过程中进水。取样后,卸下贮样容器,将贮样容器的水样倒进漏斗输入量筒量积,清洗仪具残留的泥沙进入存样器具。

一般认为,双程积深有反向补偿作用;从河底到水面的单程积深上拉下垂比较稳定;习惯上也用从水面到河底的单程积深。

3. 普通瓶式采样器采样

普通瓶式采样器与积时式采样器比较,是无进流控制开关,可以在水面点位实施入水进流、出水断流的测点积时采样,这样一次成功的取样作业取得一个单独的悬沙水样,可以单独处理测算含沙量,这是水面某单点位置时均代表含沙量。普通瓶式采样器双程积深取样方法是:将仪器自水面向河底以均匀的速度下放,到达河底时,迅速转向,并以同样的速度上提,提放速度要求不大于取样垂线平均流速的 1/3。仪器上升离开水面后转移到量积处,打开瓶塞,将水样倒进漏斗输入量筒量积,清洗仪具残留的泥沙进入存样器具。

11.1.3.3　测验记载

(1)单沙含沙量测验记载表见表 4-11-3。

表 4-11-3　单沙含沙量测验记载表

取样断面位置						采样器形式及容量					取样垂线位置及方法					
施测号数	施测时间			基本水尺水位(m)	起点距(m)	水深(m)	仪器位置		盛水样器编号	水样容积(m^3)	水样总容积(m^3)	水样处理		单沙含沙量(kg/m^3)	水温	备注
	月	日	时:分				相对深	测点深(m)				方法	记载簿页号			

单沙含沙量测验记载表填制说明如下:

①"取样断面位置":填采取单样断面的位置,以与基本水尺断面的关系表示。如基上 100 m(测流断面)。

② “采样器形式及容量”：填所用采样器形式及容量，如使用 2 dm^3 的横式采样器，即填横式“2”；使用 3 dm^3 的调压积时式采样器，即填调压积时式“3”。

③ “取样垂线位置及方法”：简要说明取样垂线位置、数目与在垂线上的取样方法。如“（起点距）120 m 一线积深法”；“等流（量）中三线，0.2、0.8 等历时垂线混合法”。

④ “施测号数”：按年编号填记。

⑤ “施测时间”：与编号相应的时间。

⑥ “基本水尺水位”：与编号相应时间的基本水尺水位，由水位观测簿转抄。

⑦ “水样处理——方法”：填使用的方法，如“烘干法”。

⑧ “水样处理——记载簿页号”：填写本次水样处理记载所在的记载簿号与页号，如 3 号簿第 5 页，记为 3~5。

⑨ “单沙含沙量”：自水样处理记载表内抄录。

起点距、水深、仪器位置（相对深、测点深）、盛水样器编号等按测验情况填记。水样容积和水样总容积，若单样为一线一点采取，水样容积和水样总容积数值相同；若单样为多线多点采取，且各点分别量积存样，则各项按点填记，水样总容积为各点水样容积数值之和；若各点水样混合后量积，则只填水样总容积不填各点水样容积，但各点的起点距、水深、仪器位置（相对深、测点深）仍要填记。单样为多线多点采取的情况下，上述④“施测号数”至⑨“单样含沙量”各项填记在多点的第一行。

（2）悬移质输沙率测验记载计算表。悬移质输沙率测验的记载计算一般在专门设计的表格上进行，下面结合“流量及悬移质输沙率测验记载计算表（畅流期流速仪法）”（见表 4-11-4），介绍该表的结构、记载计算方法和过程。

表 4-11-4 结构分为标题、情况和条件、记载计算项目、统计项目、备注、责任人和测次号 7 部分。标题只需填站名；情况和条件按悬移质输沙率施测时间、天气等具体情况和条件填记；“采样器型号”按实际使用的仪器填记，如调压积时式、皮囊积时式、横式、普通瓶式等；“垂线取样方法”按主要或多数垂线的方法填记，如五点法、二点法、积深法等；“备注”填写需要说明的情况问题等；责任人中的“施测”填组织者，“计算”“初校”“复校”填承担者；“施测号数”按年度编号依序填写。

表 4-11-4 是初级工流量部分表 3-3-2“站测深、测速记载及流量计算表（二）（畅流期流速仪法）”的扩展，表中增加了含沙量、输沙率有关项目，本表中的流量部分计算、统计等与前表相同，这里主要介绍输沙率的记载计算。

表 4-11-4 中床沙沙样编号、盛水样器编号、水样容积（cm^3）都在测验现场记载，测点含沙量（kg/m^3）由泥沙实验室处理计算，可从“悬移质水样处理记载表”转抄。若用含沙量测量仪直接测得含沙量，盛水样器编号、水样容积栏不填写。

单位输沙率是测点流速 v（m/s）和测点含沙量 c（kg/m^3）的乘积，单位为[$kg/(s \cdot m^2)$]，意义是单位面积的输沙率。垂线平均含沙量（kg/m^3）根据具体方法的公式计算后填记。部分平均含沙量（kg/m^3）一般是相邻两测沙垂线平均含沙量的均值。部分输沙率一般是相邻两测沙垂线间部分平均含沙量与相应流量的乘积。

表 4-11-4 ＿＿＿＿站流量及悬移质输沙率测验记载计算表（畅流期流速仪法）

施测时间： 年 月 日 时 分至 日 时 分（平均： 日 时 分） 天气： 风向风力： 水温： ℃

流速仪牌号及公式： 鉴定后使用次数： 基线号及计算公式： 采样器型号： 铅鱼重： 垂线取样方法：

垂线号				起点距（m）	测深测速时间	水深（m）	仪器位置		床沙沙样编号	盛水样器编号	水样容积（cm^3）	测速记录			流向偏角（°）	流速（m/s）				测深垂线间		水道断面面积（m^2）		部分流量（m^3/s）		含沙量（kg/m^3）				部分输沙率（kg/s）
测深	测速	取样	床沙				相对	测点深（m）				信号数	总转数	总历时（s）		测点	流向改正后	垂线平均	部分平均	平均水深（m）	间距（m）	测深垂线间	部分	测深垂线间	取样垂线间	测点	单位输沙率	垂线平均	部分平均	

断面流量	m^3/s	水面宽	m	断面平均含沙量	kg/m^3	水位记录	水尺名称	编号	水尺读数（m）	零点高程（m）	水位（m）
断面面积	m^2	平均水深	m	相应单样含沙量	kg/m^3		基本		始： 终： 平均：		
死水面积	m^2	最大水深	m	水面比降	$\times10^{-4}$		测流				
平均流速	m/s	相应水位	m	测线数			比降上				
最大测点流速	m/s	断面输沙率	kg/s	测点数			比降下				
备注											

施测： 计算： （ 月 日） 初校： （ 月 日） 复校： （ 月 日） 施测号数（流量： 输沙率： 单样： ）

断面输沙率 Q_s 是各部分输沙率的累加,断面平均含沙量 $C=Q_s/Q$,为断面输沙率 Q_s 除以断面流量 Q 的商。相应单沙含沙量由“悬移质水样处理记载表”转抄。

全断面混合法悬移质输沙率测验也有专门设计的记载计算表,需要记载测点位置、水样容积等,由“悬移质水样处理记载表”转抄混合法的含沙量即为断面平均含沙量 C,断面输沙率 $Q_s=Q_C$,是断面平均含沙量与断面流量的乘积。

11.1.3.4　水样保存

悬移质泥沙完成现场取样和记载作业后,需运送至泥沙分析室静止沉淀 24 h 后,再按一定的方法进行处理计算。高含沙量需要使用简易处理方法进行含沙量处理计算时,处理后的水样应返回原水样中,重新静止沉淀 24 h。在水样自取样现场至分析室间的运送过程中需要确保无水样损失外。水样在室内存放过程中应注意下列事项:

(1)容器应加盖,防止灰尘等异物落入。

(2)存放过程应保持静止,不应移动或震动。

(3)静置时间不少于 24 h,但存放时间不宜过长(建议冬季不超过 30 d,夏季不超过 10 d)。

(4)应有独立的存放空间,且摆放有序,不易受人为干扰。

11.1.4　泥沙实验室分析用器具

11.1.4.1　量筒

量筒为有体积(容积)刻度的筒体,是量度液体体积的仪器工具。常用的有 10 mL、25 mL、50 mL、100 mL、250 mL、500 mL、1 000 mL 等规格。外壁刻度都是以 mL 为单位,最小分度有 0.1 mL、0.2 mL、0.5 mL 和 1.0 mL 等。一般量筒越大,管径越粗,其精确度越小,由视线的偏差所造成的读数误差也越大。因为量取液体的体积与量筒规格相差越大,准确度越小,所以试验中应根据所取溶液的体积,尽量选用能一次量取的最小规格的量筒。如量取 70 mL 液体,应选用 100 mL 量筒,不应选小于等于 50 mL 和大于 100 mL 的量筒。液体体积大用规格小的量筒分次量取也能引起误差。

向量筒里注入液体时,器(瓶)口紧挨着量筒口,使液体缓缓流入。若实施定量注入,待注入的量比所需要的量稍少时,把量筒放平,更缓慢地或改用胶头滴管滴加到所需要的量。注入液体后,等 1~2 min,使附着在内壁上的液体流下来,再读出刻度值。

观读刻度时,应把量筒放在平整的桌面上,使筒体竖直,刻度面对着人,视线与量筒内液体的凹液面的最低处保持水平,再读出所取液体的体积数。

11.1.4.2　天平

1. 机械天平

机械天平是一种衡器,其结构和作用为由支点(轴)在梁的中心支持着天平梁而形成两个臂,每个臂上挂着一个盘,其中一个盘里放着已知质量的物体(一般已知质量的物体是专门制作的砝码),另一个盘里放待称量的物体,梁上有偏斜指针和刻度指示盘,称量时若指针不摆动且指向正中刻度就指示出待称物体的质量等于已知质量的物体(砝码)的质量,若有偏斜,则偏斜量指示待称物体的质量与已知质量物体(砝码)质量的差值。

支点(轴)也称刀口,多为坚硬的玛瑙制成剑刃状,以增强平衡灵敏度。刀口有升降机构,在称量作业过程中,加载时和调整砝码时,都要落下刀口,只应在称量时升起刀口。有关应用事项列出如下:

(1)天平检定室的温度应保持在15~30 ℃内,不得受震动、气流及其他强磁场的影响,避免阳光直接照射。天平玻璃柜内放置硅胶干燥剂,忌用酸性液体做干燥剂。

(2)旋转开关升刀口时,必须缓慢均匀,过快时会使刀刃急触而损坏,同时由于过剧晃动,造成计量误差。

(3)检定砝码时,砝码应放置于称盘中央,而且不得超过天平最大载荷。

(4)尽量少开启天平的前门,取放砝码时,可通过左右门进行。关闭门时要轻缓。

(5)当天平处在工作位置(升起刀口)时,绝对不能在称盘上取放物品或砝码,或开启天平门,或做其他会引起天平振动的动作。

(6)随时保持天平内部清洁,不得把湿的或有腐蚀性的物品直接放在称盘上称量。

(7)称量完毕,所称物品应从天平内框取出,关好天平开关及天平门。所有砝码必须放回盒中,并使圈砝码指示读数恢复到零。

(8)取放圈砝码时要轻缓,不要过快转动指示盘旋钮至使圈砝码跳落或变位。

2. 电子天平

电子天平是根据电磁力平衡原理研制的全量程不需砝码直接称量的天平。放上称量物后,在几秒钟内即达到平衡显示读数,称量速度快,精度高。电子天平的支承点用弹性簧片取代机械天平的玛瑙刀口,用差动变压器取代升降装置,用数字显示代替指针刻度方式。因而,电子天平具有使用性能稳定、操作简便和灵敏度高的特点。此外,电子天平还具有自动校正、自动去皮、超载指示、故障报警等功能。

电子天平安装室的房间应避免阳光直射,最好选择阴面房间或采用遮光办法。工作室内应清洁干净,避免气流的影响。应远离震源、热源和高强电磁场等环境。工作室内温度应恒定,以20 ℃左右为佳。工作室内的相对湿度应在45%~75%为佳。工作室内应无腐蚀性气体的影响。在使用前调整水平仪气泡至中间位置。电子天平应按说明书的要求进行预热。经常对电子天平进行自校或定期外校,保证其处于最佳状态。操作电子天平不可过载使用以免损坏天平。当长期不用电子天平时应收藏好。

电子天平的主要使用指标如下:

(1)绝对精度。类同于机械天平的感量,如0.1 mg精度的天平或0.01 mg精度的天平等。

(2)称量范围。如半微量天平的称量一般在20~100 g,常量电子天平最大称量一般在100~200 g等。

(3)分度值e。一般用最大称量的10的负次幂表达,如其分度值小于(最大)称量的10^{-5}等。

注意:有时绝对精度和标尺分度值e不统一,如选0.1 mg精度的天平,但标尺分度值可能不是0.1 mg。另外,切忌不可笼统地说要万分之一或十万分之一精度的天平,因为有些厂家是用相对精度来衡量天平的。

电子天平在称量过程中会因为摆放不平而产生测量误差，称量精度越高误差就越大（如精密分析天平、微量天平），为此，大多数电子天平都提供了调整水平的功能，并配置检验水平的水准泡。水准泡必须位于液腔中央，调好之后，应尽量不要搬动，水准泡发生偏移，需重调。

因存放时间较长，位置移动，环境变化或为获得精确测量，电子天平使用前一般都应进行校准操作。注意：电子天平开机显示零点，不能说明天平称量的数据准确度符合测试标准，只能说明天平零位稳定性合格，也不能说明已经校准。通常采用的外校准方法是：把准备好校准砝码（如 100 g）放上称盘，若显示器出现 100.000 0 g，拿去校准砝码，显示器应出现 0.000 0 g；若显示不为零，则再清零，重复以上校准操作，直至出现 0.000 0 g。

电子天平接通电源，预热至规定时间后（天平长时间断电之后再使用时，至少需预热 30 min），开启显示器即可进行称量操作。

电子天平常用的称量方法有直接称量法、固定质量称量法和递减称量法。泥沙处理经常使用的是直接称量法。

3. 称量泥沙天平的精度要求

称量泥沙所用天平的精度，应根据一年内大部分时期的含沙量确定。在一年内大部分时期的含沙量小于 1.0 kg/m^3 的测站，应使用 0.001 g 感量的天平；含沙量大于 1.0 kg/m^3 的测站，可使用 0.01 g 或 0.001 g 感量的天平。

11.1.4.3 比重瓶

比重瓶的一般形状如图 4-11-13 所示。瓶口可装中通细孔的塞子。装满液体塞紧塞子的过程中，多余的液体会从细孔中溢出，从而保证瓶中液体体积准确。

图 4-11-13 比重瓶的一般形状

11.1.5 实验室泥沙分析方法

11.1.5.1 烘干法

采用烘干法处理水样的步骤如下：

（1）量水样容积。

（2）沉淀浓缩水样。

（3）烘干烘杯并称杯质量。烘干烘杯时，应先将烘杯洗净，放入温度为 100～110 ℃的烘箱中烘 2 h，稍后，移入干燥器内冷却至室温，再称烘杯质量。

（4）浓缩水样烘干、冷却。用少量清水将浓缩水样全部冲入烘杯，加热至无流动水时，移入烘箱，在温度为 100～110 ℃的情况下烘干。烘干所需时间，应由试验确定，一般邻次时差取 2 h。试验要求，相邻两次时差 2 h 的烘干沙量之差不大于天平感量时，可采用前次时间为烘干时间。烘干后的沙样，应及时移入干燥器中冷却至室温。

（5）称量。将冷却至室温的烘杯加沙放在天平称质量。

烘杯加沙质量减去烘杯质量即为干沙质量。烘干法所需最小沙量与使用的天平感量有关（一般为其 100 倍），天平感量分别为 0.1 mg、1 mg、10 mg，对应最小沙量分别为 0.01 g、0.1 g、1.0 g。

（6）水中溶解质的处理。采用烘干法时，当河水中溶解质量与沙量之比，一、二、三类站分别大于1.0%、1.5%、2.0%时，应对溶解质的影响进行改正。

(7)烘干法含沙量计算。

11.1.5.2　**过滤法**

采用过滤法处理水样的步骤如下：

(1)量水样容积。

(2)沉淀浓缩水样。

(3)过滤泥沙。

用滤纸过滤泥沙，应根据水样体积大小，确定是否需要将水样进行浓缩，采用浓缩水样或不经浓缩而直接过滤。

水样经沉淀浓缩后的过滤方法为：将已知质量的滤纸铺在漏斗或筛上，将浓缩后的水样倒在滤纸上，再用少量清水将水样容器中残留的泥沙全部冲于滤纸上，进行过滤。

水样不经沉淀浓缩的直接过滤方法示意图如图4-11-14所示。做法为，放好漏斗，铺好滤纸，加入适量清水；水样装于盛样瓶，塞紧瓶塞(大口瓶要如图4-11-14中乙整理好出样管和排气管)，倒转瓶口放在加适量清水的漏斗滤纸中进行滴漏过滤；过滤结束后，拔开瓶塞，用清水冲洗瓶中及瓶塞上残留的泥沙到滤纸上。

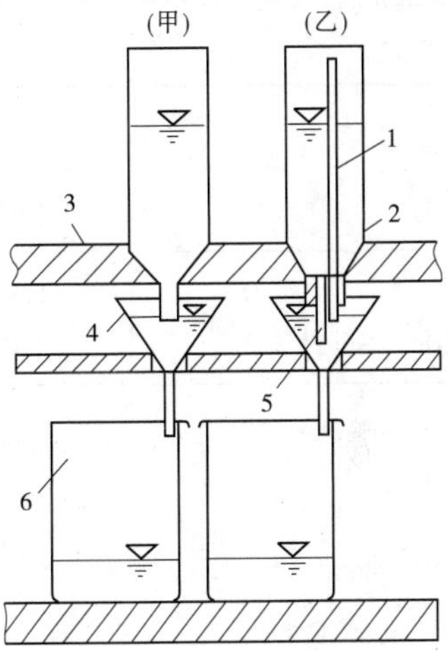

1—气管；2—瓶塞；3—支架；4—漏斗；5—液管；6—盛水容器

图4-11-14　直接过滤法示意图

(4)烘干沙包(滤纸和泥沙)。沙包烘干时间，应由试验确定，并不得少于2 h。当不同时期的沙量或细颗粒泥沙含量悬殊时，应分别试验和确定烘干时间。

在干燥器内存放沙包的个数，应经沙包吸湿量试验确定，一、二、三类站的沙包吸湿量与泥沙量之比分别不应大于1.0%、1.5%、2.0%。

(5)称量。将冷却至室温的沙包放在天平称质量。

过滤法所需最小沙量与使用的天平感量有关，天平感量分别为0.1 mg、1 mg、10 mg，对应最小沙量分别为0.1 g、0.5 g、2.0 g。

(6)滤纸的选用和检验试验。

滤纸应质地紧密、坚韧，烘干后吸湿性小和含可溶性物质少。

选用滤纸应经过可溶性物质含量的试验和漏沙试验。当一、二、三类站的滤纸含可溶性物质质量与泥沙质量之比分别大于1.0%、1.5%、2.0%时，必须采用浸水后的烘干滤纸质量。当一、二、三类站的平均漏沙量与泥沙量之比分别大于1.0%、1.5%、2.0%时，应做漏沙改正。

(7)过滤法含沙量计算。

11.1.5.3　**置换法**

采用置换法处理水样的步骤为：

(1)量水样容积。

(2)沉淀浓缩水样。

(3)浓缩水样装入比重瓶。

(4)测定比重瓶瓶加浑水质量及浑水的温度。

(5)置换法计算含沙量。

水样装入比重瓶后,瓶内不得有气泡;比重瓶内浑水应充满塞孔;称量后,应迅速测定瓶内水温。

比重瓶置换法所需最小沙量见表4-11-5。

表4-11-5 比重瓶置换法所需最小沙量 (单位:g)

天平感量(mg)	比重瓶容积(mL)					
	50	100	200	250	500	1 000
1	0.5	1.0	2.0	2.5	5.0	10.0
10	2.0	2.0	3.0	4.0	7.0	12.0

11.2 资料整编

11.2.1 单沙—断沙关系线

11.2.1.1 关系线绘制

如果在断面探寻一些有代表性的垂线、测点,测得的含沙量或其平均值与断面平均含沙量数值接近,或多次类似测验的单沙—断沙相关关系(简称单断沙关系)良好,则这些有代表性的垂线、测点测得的含沙量或其平均值称为单沙。用输沙率方法测算的断面平均含沙量,或全断面多线多点法分别取样混合后处理悬沙水样测算的断面平均含沙量,或多线多点法分别取样各自处理悬沙水样测算的含沙量平均计算的断面平均含沙量等称为断沙。

对于单断沙关系良好或比较稳定的测站,采用单断沙关系曲线法进行资料整编,单断沙关系线的绘制方法和要求如下。

单断沙关系图通常以断面平均含沙量为横坐标,以相应单沙含沙量为纵坐标,建立直角坐标系,设定单位坐标网,用全年测验的输沙率等断面平均含沙量资料点绘相关曲线图。坐标比例设定要求读数误差不宜超过2.5%,否则应另绘放大图,含沙量很小时可适当放宽。

从概念上说,定线时,根据单断沙关系点分布情况,通过坐标零点和测点点群中心,可定为直线、折线或曲线;可定一条线,也可定多条线。但是实际工作中,单断沙关系结合测站断面条件经反复试验而获得,一般要求在建立的直角坐标系中绘制成直线,这既是对试验结果的要求,也是对试验的指导。

图4-11-15是定为一条直线的单断沙关系线示意图。

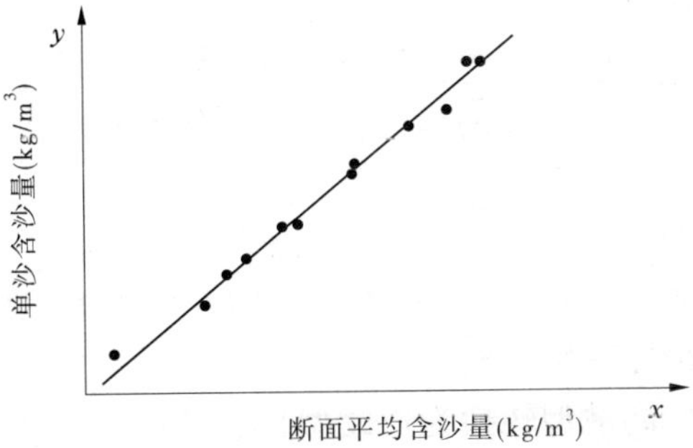

图 4-11-15　单断沙关系为一条直线的示意图

手工建立坐标系和绘制曲线,在方格纸上进行,纵横主网格标度一般可取 1 kg/m³、2 kg/m³、5 kg/m³ 的整数倍数。

用 Excel 软件绘制单断沙关系图的一般步骤介绍如下:

(1)将断面平均含沙量数值填写在第一列,相应单沙数值填写在第二列。

(2)选择全部两列数值,打开图表功能,在图表向导—4 步骤之 1—图表类型视窗,打开标准类型卡,选择散点图的纯散点据型,点击"下一步"。

(3)进入图表向导—4 步骤之 2—图表源数据视窗,在数据区域卡选择系列产生的"列"项,点击下一步。

(4)进入图表向导—4 步骤之 3—图表选项视窗,打开标题卡在图表标题空白处填写"××站单沙—断沙关系图",数值(X)轴空白处填写"断面平均含沙量(kg/m³)",数值(Y)轴空白处填写"单沙含沙量(kg/m³)";打开网络线卡选择纵横主网络线和次网络线;打开图例卡按需要选择"要""否"或在图面的位置。点击"下一步"。

(5)进入图表向导—4 步骤之 4—图表位置视窗,选择作为新工作表插入或作为其中的对象插入。点击"完成",在新工作表或本工作表以对象方式出现散点图。

(6)在出现的散点图用鼠标右键点击数据点,出现选项附加视窗;选择"添加趋势线"项,出现添加趋势线附加视窗;打开类型卡选择"线性"项,即拟合出直线;打开选项卡,选择"显示公式"和"显示 R^2 值"项,确定之,图表中即出现公式和 R^2 值。

做出图后,还可按需要利用 Excel 软件的有关功能进行编辑优化。

单断沙关系一般按年度建立。根据测站断面特性和可能影响单断沙关系的条件,一年内,在含沙量变化幅度范围选择时机安排有限测次的输沙率和相应单沙测验,获得满足建立年度单断沙关系的数据资料,从而绘制曲线图,也常用历年测次混合点绘曲线图或用历年建立的曲线套绘对比,以分析变化情况,有益于了解研究水文测站特性。

11.2.1.2　关系线检验

各种线型的定线精度应符合规范规定。当一条关系曲线上的测点在 10 个以上时,应做符号检验、适线检验和偏离检验,并应符合下列要求:

(1)符号检验。进行符号检验时,应分别统计测点偏离曲线的正、负号个数(偏离值为零者,作为正、负号测点各半分配),按式(4-11-1)计算统计量 u 值,并将其与用给定的显著性水平 α 查表 4-11-6 所得的 $u_{1-\alpha/2}$ 值比较。当计算的 $u<u_{1-\alpha/2}$ 时则认为合理,即接受

假设;否则,应拒绝原假设。

$$u = \frac{|k - np| - 0.5 *}{\sqrt{npq}} = \frac{|k - 0.5n| - 0.5}{0.5\sqrt{n}} \tag{4-11-1}$$

式中　u——统计量;

n——测点总数;

k———正号或负号个数;

p、q——正、负号概率,各为 0.5;

*——连续改正数(离散型转换为连续型)。

表 4-11-6　临界值 $u_{1-\alpha/2}$ 与 $u_{1-\alpha}$

显著性水平 α	0.05	0.10	0.25
置信水平 $1-\alpha$	0.95	0.90	0.75
$u_{1-\alpha/2}$	1.96	1.64	1.15
$u_{1-\alpha}$	1.64	1.28	—

(2)适线检验。进行适线检验时,应按测点水位由低至高排列顺序,从第二点开始统计偏离正负符号变换,变换符号记 1;否则记 0。统计记“1”的次数,按式(4-11-2)计算 u 值,并与给定的显著性水平 α 查表 4-11-6 的 $u_{1-\alpha}$ 比较。当 $u<u_{1-\alpha}$ 则认为合理,即接受检验;否则,应拒绝原假设。

$$u = \frac{(n - 1)p - k - 0.5}{\sqrt{(n - 1)pq}} = \frac{0.5(n - 1) - k - 0.5}{0.5\sqrt{n - 1}} \tag{4-11-2}$$

式中　k——变换符号次数,$k<0.5(n-1)$时做检验,否则不做此检验;

p、q——变换、不变换符号的概率,各为 0.5;

其他符号意义同前。

(3)偏离数值检验。进行偏离数值检验时,应按式(4-11-3)、式(4-11-4)分别计算 t 值、$s_{\bar{p}}$ 值,并将 t 值与用给定显著性水平 α 查表 4-11-7 的 $t_{1-\alpha/2}$ 值比较,当 $|t|<t_{1-\alpha/2}$ 则认为合理,即接受检验;否则,应拒绝原假设。

$$t = \frac{\bar{p}}{s_{\bar{p}}} \tag{4-11-3}$$

$$s_{\bar{p}} = \frac{s}{\sqrt{n}} = \sqrt{\sum (p_i - \bar{p})^2 / [n(n - 1)]} \tag{4-11-4}$$

式中　t——统计量;

$\bar{p}$——平均相对偏离值;

$s_{\bar{p}}$——$\bar{p}$ 的标准差;

s——p 的标准差;

n——测点总数;

p_i——测点与关系曲线的相对偏离值。

表 4-11-7　临界值 $t_{1-\alpha/2}$

α	k							
	6	8	10	15	20	30	60	∞
0. 05	2. 45	2. 31	2. 23	2. 13	2. 09	2. 04	2. 00	1. 96
0. 10	1. 94	1. 86	1. 81	1. 75	1. 73	1. 70	1. 67	1. 65
0. 20	1. 44	1. 40	1. 37	1. 34	1. 33	1. 31	1. 30	1. 28
0. 30	1. 13	1. 11	1. 09	1. 07	1. 06	1. 06	1. 05	1. 04

注：表中 k 为自由度，对于偏离数值检验，取 $k=n-1$（n 为测点总数）；对于 t（学生氏）检验，取 $k=n_1+n_2-2$（n_1、n_2 分别为第一、第二组测点总数）。

（4）当上述三种检验结果均接受原假设时，应认为定线正确；若三种检验（或其中一、二种检验）结果拒绝原假设，应分析原因，对原定线适当修改，重做检验。

（5）显著性水平 α 值的选用与临界值的确定应符合下列要求：

①符号检验时，α 值采用 0. 25，临界值按表 4-11-6 确定。

②适线检验时，α 值采用 0. 05～0. 10，临界值按表 4-11-6 确定。

③偏离数值检验时，α 值采用 0. 10～0. 20，临界值按表 4-11-7 确定。

（6）t（学生氏）检验。

实施输沙率间测（或巡测），采用历年综合单断沙关系曲线整编的测站，本年度为校测（或巡测）且测点数在 5 个以上的，需判断原定历年综合线能否继续使用，或判断相邻年份、相邻时段是否分别定线时，均应进行 t（学生氏）检验，并应符合下列要求：

①进行 t（学生氏）检验时，应按式（4-11-5）、式（4-11-6）分别计算 t 值、s 值，并应将 t 值与用给定的显著性水平 α 及计算的 k 值查表 4-11-7 的 $t_{1-\alpha/2}$ 值比较。当 $|t|<t_{1-\alpha/2}$ 时应认为原定曲线仍可使用，不需另行定线。

$$t=\frac{|\bar{x}_1-\bar{x}_2|-|\mu_1-\mu_2|}{s\sqrt{\dfrac{1}{n_1}+\dfrac{1}{n_2}}}=\frac{d-\mu_d}{s_d} \tag{4-11-5}$$

$$s=\sqrt{\left[\sum(x_{1i}-\bar{x}_1)^2+\sum(x_{2i}-\bar{x}_2)^2\right]/(n_1+n_2-2)} \tag{4-11-6}$$

式中　t——统计量；

x_{1i}——第一组测点（用于校测检验时为原用确定水位流量关系曲线的流量测点）对关系曲线的相对偏离值；

x_{2i}——第二组测点（用于校测检验时为校测的流量测点）对上述同一关系曲线的相对偏离值；

$\bar{x}_1$、$\bar{x}_2$——第一、第二组平均相对偏离值；

μ_1、μ_2——第一、第二组样本总体均值；

n_1、n_2——第一、第二组测点总数；

s——第一、第二组测点综合标准差；

d ——两组样本均值差的绝对值（$d = |\bar{x}_1 - \bar{x}_2|$）；

μ_d ——两组样本的总体均值差的绝对值（$\mu_d = |\mu_1 - \mu_2|$）；

s_d ——样本均值差的标准差。

②t（学生氏）检验时，α 值采用 0.05，临界值按表 4-11-7 确定。

③采用最小二乘法定线者，式(4-11-5)、式(4-11-6)中的 $\bar{x}_1$ 可做零处理。在假设两组总体均值相等，即 $\mu_1 = \mu_2$ 时，则式(4-11-5)可变为式(4-11-7)：

$$t = \frac{d}{s_d} = \frac{|\bar{x}_1 - \bar{x}_2|}{s\sqrt{1/n_1 + 1/n_2}} \tag{4-11-7}$$

④用于年际曲线及临时曲线的合并或分开定线检验时，当 $|t| < t_{1-\alpha/2}$ 且曲线间最大偏差符合规范合并定线条件时，可合并定线。

11.2.1.3 关系线延长

受输沙率测次数量的限制，实测的断面平均含沙量范围一般会小于单样含沙量的实测范围。这样，在实际确定单断沙关系线时，就需要在实测的断面平均含沙量基础上，结合单样含沙量的实测范围，对单断沙关系线进行高沙延长（由于定线时低沙部分均要求至坐标零点，不存在低沙延长的问题）。

单断沙关系曲线测点总数不少于 10 个，且实测输沙率最大相应单沙为最大实测单沙的 50%以上时，可做高沙延长，延长可顺已定关系曲线趋势，并参考历年关系曲线进行。单断沙关系为直线时，向上延长幅度应小于实测最大单沙的 50%；若为曲线，延长幅度不应超过 30%。

11.2.2 断沙推求

一般来说，输沙率测验费时费力，单沙测验相对简单。根据测站断面特性和可能影响单断沙关系的条件，一年内，在含沙量变化幅度范围选择时机，安排有限测次的输沙率和相应单沙测验，获得满足建立年度的单断沙关系的数据资料，从而绘制单断沙关系线图。其他时间则根据水流、泥沙变化情况布置单沙测验，以控制含沙量变化过程，由单断沙关系线用单沙推算断面平均含沙量。

对于单断沙关系良好或比较稳定，采用单断沙关系曲线法进行资料整编的测站。其推沙方法为：单断沙关系为单一直线、折线或曲线时，可用关系线系数、拟合公式、插值法等方法，由单沙计算断沙；单断沙关系为多条直线（曲线）时，根据各条直线（曲线）使用的推沙时段，在相应时段分别按单一线法计算断沙。

对于单断沙关系点据散乱，采用单断沙比例系数过程线法整编的测站，需要先绘制比例系数过程线：以比例系数（实测断沙与相应单沙的比值）为纵坐标，时间为横坐标，参照水位、流量过程，点绘比例系数过程线。推沙方法为：以实测单沙的相应时间，在比例系数过程线上求得比例系数，再乘以单沙，即为断沙。

当无单沙测验资料或单沙测验资料不完整，采用流量与输沙率关系曲线法整编的测站，需要先绘制流量与输沙率关系曲线：以流量为纵坐标，输沙率为横坐标，点绘在普通坐标纸上，绘出流量与输沙率关系曲线。推沙方法为：根据瞬时流量，在关系曲线上推求相应输沙率，除以流量即为断沙。

11.2.3　含沙量过程线

为了形象或可视化地表达某水文物理量随时间的变化情况，通常制作成过程线，含沙量过程线就是其中的一种。含沙量过程线的横坐标轴是时间，标度常以小时为基本分划，小时内有 10 min、6 min 或 5 min 的加密分划，扩展分划有 24 h(d)、旬、月等；纵坐标轴是含沙量，标度单位为(kg/m^3)，以 1、2、5 的 10^n 为分划。设计坐标系，应把握好含沙量的变化幅度，估计好时间长度。绘制过程线，就是将测验的(时间，含沙量)数据对，标绘在坐标系的对应点位上，相邻点位以直线连接。时间较长，数据较多，过程线效果是波折线，有显著的数据变化时，出现峰谷起伏状。

绘制含沙量过程线是水文站的日常业务之一，要求随测、随算、随点图，特别是洪水期间，不但要及时绘制出过程线，而且要加强分析。

至于选择哪种特征含沙量点绘过程线，由测站根据需要和测站实际确定，一般有断面特征点位含沙量、单沙含沙量、断面平均含沙量等。

特定断面含沙量的变化过程和同断面的水位、流量、输沙率、断面过流面积等水文物理量从各方面描述着河段水文泥沙及河床演变的状况，将它们绘制在同一时间标度的坐标系可以提供直观的分析研究。通常将水位、流量、含沙量三物理量过程线绘制在同一时间标度的坐标系，比较分析之间综合的关系。图 4-11-16 是××水文站 2005 年水位、流量、含沙量过程线示意图。

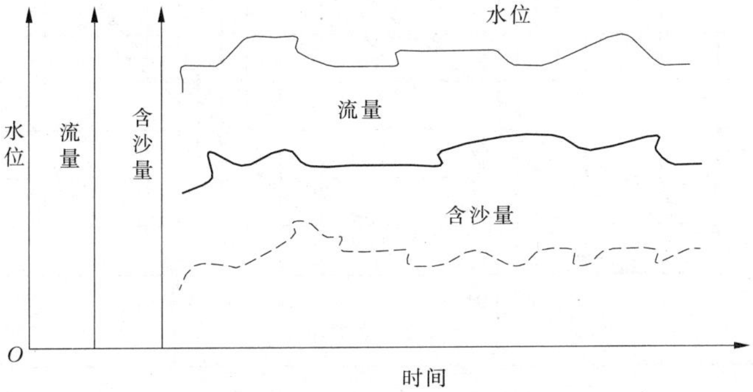

图 4-11-16　××水文站 2005 年水位、流量、含沙量过程线示意图

过程线的另一种绘制常用的做法是：将上、下游若干站的水文物理量绘制在同一时间标度的坐标系，从而分析洪水传播态势过程。

11.2.4　粒度级配曲线

11.2.4.1　粒度级配曲线图表

泥沙半对数坐标系粒度级配曲线图格式如表 4-11-8 所示。

泥沙半对数坐标系粒度级配曲线图表填写说明如下：

表 4-11-8　______站泥沙半对数坐标系粒度级配曲线图（2009 级配曲线图-1）

沙样种类	施测号数	垂线位置		测点位置		代表符号	最大粒径（mm）	分析方法	备注
		号数	起点距（m）	水深（m）	相对水深				

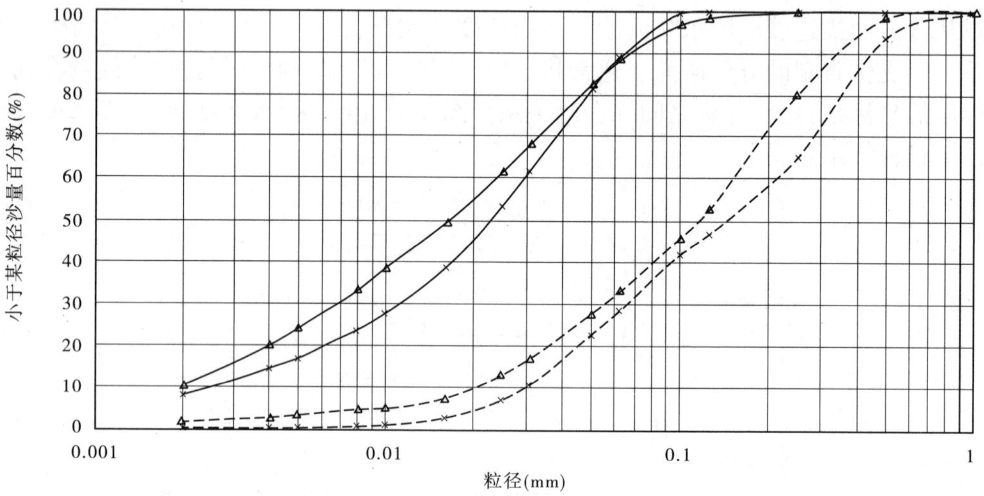

备注说明：

绘图：　　日期：　　校核：　　日期：

（1）“沙样种类”“施测号数”等项：分别抄自分析记录计算表或综合平均计算表。

（2）“代表符号”：将点绘曲线的符号填入，如“ • ”“×”“√”“⊥”“○”“△”“T”等。

（3）“分析方法”：填写相应的颗粒分析方法。用几种分析方法的，均应填写，并注明分级粒径。

（4）半对数级配曲线的横坐标为粒径数值（用对数分度），纵坐标为级配数值（用算术分度）。

11.2.4.2　绘制级配曲线的目的和一般要求

(1)检查泥沙颗粒分析成果合理性、查读特征粒径、变自由粒径级为统一规定的粒径级等,应绘制级配曲线。

(2)绘制级配曲线宜选用以粒径为横坐标(对数分度)、级配数值为纵坐标(算术分度)的半对数直角坐标系,也可选用对数概率直角坐标系或其他坐标系。粒径标度宜采用ϕ分级。

(3)手工绘制级配曲线,通常在专门印制的坐标纸上实施,应根据点据分布状况绘制成曲线。不同分析方法测试的接头部分,应按曲线趋势并通过点据中间连线。对大于2.0 mm的泥沙样品,可根据分析点定线。遇有突出点或特殊线型时,必须详细检查各个工序。发现错误时,应改正并说明。

(4)用计算机软件的图表绘制功能绘制级配曲线时,应选择或设计合适的坐标系,清晰表达级配曲线(簇),提供研究颗粒级配的对比资料。

(5)激光粒度分析仪等自动化仪器,可由配备的计算机程序绘制默认的级配曲线。

(6)级配曲线宜顺趋势延长到级配坐标不大于5%。

11.2.4.3　用Excel软件绘制半对数坐标系级配曲线图步骤

(1)打开Excel软件。

(2)输入粒径—级配数组(或拷入数据表)。

(3)在数据表中选择绘图目标的粒径—级配数组(列或行),打开图表功能进入“图表向导—4步骤之1—图表类型”视窗界面。

(4)在图表类型图目中选择“XY散点图”,在子图表类型图目选择“带点符号的平滑曲线图”或其他,点击“下一步”进入“图表向导—4步骤之2—图表源数据”视窗界面。

(5)点击“下一步”进入“图表向导—4步骤之3—图表选项”视窗界面。打开“标题卡”填写需要的内容,如在“图表标题”填入“××站××沙级配曲线”,在“数轴(X)轴”填入“粒径(mm)”,在“数轴(Y)轴”填入“小于某粒径沙量百分数(%)”;打开“网格线卡”,选择X、Y轴主次网格线;打开“图例卡”,选择是否要图例及布置图例位置;点击“下一步”进入“图表向导—4步骤之4—图表位置”视窗界面。

(6)选择“作为新工作表”插入“或作为其中的对象插入”,点击完成出现算术标度坐标系的曲线图。点击X坐标轴进入“坐标轴格式视窗”。

(7)打开“刻度卡”,选择“对数刻度”,在“最大值”“最小值”“主要刻度单位”“次要刻度单位”“与Y轴交叉位置”等提示区填写合适的数值,点击“确定”完成曲线绘制。

(8)要在该坐标系绘制其他粒径—级配数组的曲线,可在上图区:①点击“鼠标右键”,出现“操作提示视窗”;②选择“数据源”进入“数据源视窗”;③打开“系列卡”;④选择“添加项”;⑤填写“名称”(名称会出现在图例中);⑥点击“X值”栏,到数表区选择数值;⑦点击“Y值”栏,到数表区选择数值;⑧点击“确定”完成曲线绘制。

(9)绘制的曲线或曲线簇,可移贴到如“表4-11-8半对数坐标系粒度级配曲线图”的图区。

11.2.5 单断颗关系线

按照绘制单断沙关系的方法,可以绘制单样颗粒级配(单颗)和断面平均颗粒级配(断颗)的相关关系(单断颗关系)。一般以断颗级配百分数(%)为横坐标,以单颗级配百分数(%)为纵坐标,建立直角坐标系,两坐标轴标度百分数(%)分划取10的整数倍。

同样,断面平均颗粒级配测验分析费时费力,单样颗粒级配测验相对简单,水文站会根据测站断面特性和可能影响单断颗关系的条件,一年内,在泥沙颗粒级配变化幅度范围选择时机,在输沙率测次中安排部分测次的断面平均颗粒级配测验和相应单沙颗粒级配测验,获得满足建立年度单断颗关系的数据资料,从而绘制单断颗关系线图。其他时间则根据水流、泥沙变化情况,结合单沙测验布置单颗测验,以控制泥沙颗粒级配变化过程,由单断颗关系线用单颗推算断面平均颗粒级配。

具体应用时,由已知的单颗百分数(%),在该单颗所在时段的相应单断颗关系线上,直接查读横坐标上的断颗百分数(%),即为该已知单颗百分数(%)所对应的断面平均颗粒级配百分数(%)。

第 12 章　水面蒸发观测

12.1　观　测

12.1.1　水面蒸发量观测

12.1.1.1　蒸发观测的基本要求

水面蒸发观测的标准仪器是改进后的 E-601B 型蒸发器，凡属国家基本站网的水面蒸发站，都应采用这种标准蒸发器进行观测。

水面蒸发量于每日 8 时观测一次(蒸发量的日分界是每日 8 时，与降水量日分界相同)。蒸发量以 mm 计，测记至 0.1 mm。在蒸发量观测的同时应进行降水量观测。

观测人员应于定时观测前到达观测场地，检查各项仪器设备是否良好，尤其当大雨或大风过后，应查清蒸发器(皿)内的水有无溅进或泼出。若发现不正常情况，应在观测之前予以解决。若某一仪器不能在观测前恢复正常状态，则须立即更换仪器，并将情况记在观测记载簿内。在没有备用仪器更换时，除尽可能采取临时补救措施外，还应尽快报告上级机关。

12.1.1.2　蒸发器的种类与结构

1. 标准水面蒸发器(E-601B 型)

标准水面蒸发器(E-601B 型)主要由蒸发桶、水圈、溢流桶和测针等四部分组成，在无暴雨地区，可不设溢流桶。标准水面蒸发器结构见图 4-12-1，测针示意图见图 4-12-2。

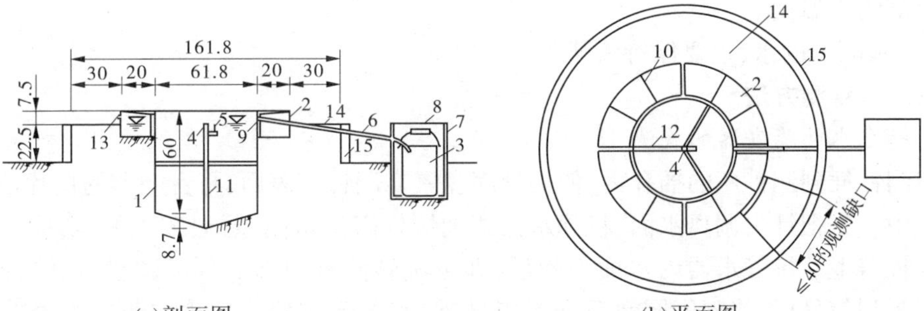

(a)剖面图　　(b)平面图

1—蒸发桶；2—水圈；3—溢流桶；4—测针座；5—器内水面指示针；6—溢流用胶管；7—放置溢流桶的箱；8—箱盖；9—溢流嘴；10—水圈上缘的撑档；11—直管(静水器)；12—直管支撑；13—水圈的排水孔；14—土圈；15—土圈外围的防坍设施

图 4-12-1　标准水面蒸发器结构　(单位：cm)

蒸发桶是蒸发器的主体部分，器口内径为 61.8 cm(面积为 3 000 cm^2)，圆柱体高 60.0 cm，锥体高 8.7 cm(整个器高为 68.7 cm)。在桶壁开有溢流孔，孔口经溢流管与溢流桶相连通。

水圈由 4 个形状和大小都相同的弧形水槽组成。水圈的作用是抵偿强降雨时蒸发桶向外溅溢损失,即认为强降雨时蒸发桶向外的溅溢和水圈向蒸发桶溅溢的量大致相等或一定程度抵偿。

测针是专用于测量蒸发器内水面高度的部件。为避免因视觉产生的观测误差,可采用针尖接触水面即发出音响的电测针。

溢流桶是承接因降暴雨而由蒸发桶溢出水量的圆柱形盛水器。溢流桶放置位置应离开蒸发桶一定距离,两者由溢流管连接。

2. 口径 20 cm 蒸发皿

口径 20 cm 蒸发皿为壁厚 0.5 mm、高约 10 cm、口缘镶有 8 mm 厚内直外斜的刀刃形铜圈的铜质桶状器皿,器口正圆,口缘下设一倒水小嘴。

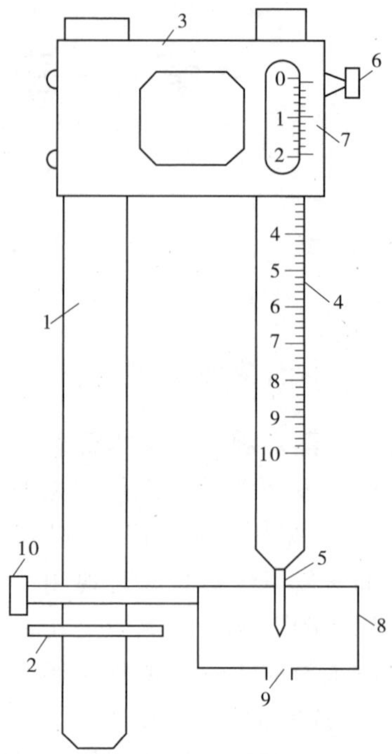

1—插杆;2—圆盘;3—金属支架;4—测杆;5—尖针;6—摩擦轮;7—游标尺;8—静水器;9—底孔;10—螺丝

图 4-12-2　标准水面蒸发器测针示意图

12.1.1.3　观测用水要求

(1)蒸发器(皿)的用水应取用能代表当地自然水体的水,水质一般要求为淡水。在取用地表水困难的地区,可使用能供饮用的井水。当用水含有泥沙或其他杂质时,应待沉淀后使用。

(2)蒸发器(皿)中的水,要经常保持清洁,宜一个月换水一次,并应随时捞取漂浮物,发现器(皿)内水体变色、有味或器(皿)壁上出现青苔时,应立即换水。换入的水体水温应与换前的水温相近。

(3)水圈内的水,也要保持清洁。

12.1.1.4　观测方法

1. 标准水面蒸发器的观测

将测针插到测针座的插孔内,使测针底盘紧靠测针座表面,将音响器的极片放入蒸发器的水中。先把针尖调离水面,将静水器调到恰好露出水面,若遇较大的风,应将静水器上的盖板盖上。待静水器内水面平静后,即可旋转测针顶部的刻度圆盘,使测针向下移动。当听到信号后,将刻度圆盘反向慢慢转动,直至音响停止后再向正向缓慢旋转刻度盘,第二次听到信号后立即停止转动并读数。每次观测应测读两次。在第一次测读后,应将测针旋转 90°~180°后再读第二次。要求读至 0.1 mm,两次读数差不大于 0.2 mm,即可取其平均值;否则,应即检查测针座是否水平,待调平后重新进行两次读数。

在风沙严重地区,风沙量对蒸发量影响明显时,可设置与蒸发器同口径、同高度的集沙器,收集沙量,然后进行订正。

遇降雨溢流时,应测记溢流量。溢流量可用台秤称重、量杯量读或量尺测读。但经折算成与标准水面蒸发器相应的毫米数,其精度应满足 0.1 mm 的要求。

2. 口径 20 cm 蒸发皿的观测

测量前一天 8 时注入的 20 mm 深清水经 24 h 蒸发后剩余的水量深度,记入观测记载簿余量栏。然后倒掉余量,重新量取 20 mm 深(干燥地区和干燥季节应量取 30 mm 深)清水注入蒸发皿内,并记入次日注入水量栏。

遇较强降水时,为防止水量溢出蒸发皿,应提前从器内汲出一定的水量,该水量记入观测前栏。若在观测时正遇降水,在取走蒸发皿时应同时取出专用雨量器中的贮水瓶,待放回蒸发皿时同时放回贮水瓶。量取的降水量记入“降水量”栏。

降水或其他原因致使蒸发量为负值时,记为“0.0”。蒸发皿内的水量全部蒸发完时,按注入水量值记录,并在数字前加“>”。

12.1.2　蒸发量记载整理

12.1.2.1　蒸发观测记载

水面蒸发观测记载簿封面页中的“站名”后分别填“陆上”或“漂浮”,其他各项按《水面蒸发观测规范》(SL 630—2013)有关规定填写。封里页为蒸发观测仪器说明,如本月有两种型号蒸发器,分别在两册记载簿填记本月实际应用的蒸发器型号及有关设备,其他需说明事项栏填需说明的情况。

蒸发观测记载表分别见表 4-12-1 和表 4-12-2。两表中的“日期”栏填当天观测的日期,“观测(时:分)”栏应填记 08:00,临时加测或因故推迟观测时,应按实际观测时间填写。

表 4-12-1 中,“降水量”填记本日 8 时测得的降水量,记入上一日即前日(或时段)。“取出或剩余水量”栏,观测前填记取出的水量,观测后填记前一天 8 时注入的清水经 24 h 蒸发后剩余的水量。“日蒸发量”填记日蒸发量,如结冰期,应用专用台秤称量。“月统计”按规范规定填记。

表 4-12-2 中,“蒸发器水面高度”填记测针读数。观测后不加(汲)水,只填“加(汲)水前”栏,观测后加(汲)水的,则将加(汲)水后的测针读数记入“加(汲)水后”栏。封冻期若用称重法,则填写加水前后的称重结果。“加(汲)水量”宜填记降水前后临时加(汲)水量,加水在数字前填“+”号,汲水在数字前填“-”号。“溢流量”填写从蒸发器中溢出流入溢流桶中的水量。封冻期从蒸发器中取出雪量时,也记入此栏。积雪全部扫净时,在附注栏说明,不测量雪量。“降水量”填记本日 8 时测得的降水量。“一日累计降水量”填记前一日 8 时到本日 8 时的日总降水量。“日蒸发量”填记按《水面蒸发观测规范》(SL 630—2013)规定算得的日蒸发量。“附注”填记与蒸发观测精度有关事项。风沙地区测定风沙量的结果、冰期结冰情况也填入此栏。

12.1.2.2　日蒸发量计算

(1)不使用溢流桶时,用标准水面蒸发器观测的一日蒸发量按式(4-12-1)计算:

$$E = P + (h_1 - h_2) \tag{4-12-1}$$

式中　E——日蒸发量,mm;

P——日降水量,mm;

h_1、h_2——上次(前一日)和本次(日)的蒸发器内水面高度,mm。

表 4-12-1　＿＿＿站蒸发观测记载表(口径 20 cm)

日期	降水量(mm)	取出或剩余水量(mm)		日蒸发量(mm)	附注	日期	降水量(mm)	取出或剩余水量(mm)		日蒸发量(mm)	附注
		观测前	观测后					观测前	观测后		
1							18				
2							19				
3							20				
4							21				
5							22				
6							23				
7							24				
8							25				
9							26				
10							27				
11							28				
12							29				
13							30				
14							31				
15						月统计	总蒸发量(mm)	最大日蒸发量(mm)	日期	最小日蒸发量(mm)	日期
16											
17											

表 4-12-2　＿＿＿站蒸发观测记载表(E-601B 型)

日期	观测(时:分)	蒸发器水面高度(mm)						加(汲)水量(mm)	溢流量		降水量(mm)	一日累计降水量(mm)	日蒸发量(mm)	附注
		加(汲)水前			加(汲)水后				量杯(尺)读数	折合水深(mm)				
		1	2	平均	1	2	平均							
月统计		总蒸发量　mm						最大日蒸发量　mm　日			最小日蒸发量　mm　日			

(2)使用溢流桶时,用标准水面蒸发器观测的一日蒸发量按式(4-12-2)计算:

$$E = P + (h_1 - h_2) - Ch_3 \tag{4-12-2}$$

式中　h_3——溢流桶内的水深读数,mm;

C——溢流桶与蒸发器面积的比值；

其他符号意义同前。

(3) 口径 20 cm 蒸发皿观测的一日蒸发量，按式(4-12-3)计算：

$$E = \frac{W_1 - W_2}{31.4} + P \tag{4-12-3}$$

式中　W_1、W_2——上次(前一日)和本次(日)称得的蒸发皿的质(重)量，g；

31.4——蒸发皿内每毫米水深的质量，g；

其他符号意义同前。

(4) 负值的处理。有时计算的日蒸发量出现负值，可能是空气中水汽在水面的凝结量大于蒸发量，也可能是其他原因造成的，应随时检查、分析。当实际的蒸发量很小，蒸发量算出负值时，一律做零处理，并在记载簿内说明。

(5) 风沙量的计算和订正。由集沙器中收集到的 1 日或时段风沙量，均应烘干后称出其质量，然后按式(4-12-4)将沙重折算成毫米数。

$$h_{沙} = \frac{W_s}{800} \tag{4-12-4}$$

式中　$h_{沙}$——风沙订正量，mm；

W_s——沙质量，g；

1/800——折算系数，mm/g。

计算所得的风沙订正量，应加在蒸发量上。若测得的是时段(多日)风沙量，则应根据各日风速的大小、地面干燥程度等，采取均匀或权重分配法，将分配量分别加到各日蒸发量中。若分配量小于 0.05 mm，则可几日订正 0.1 mm，但实际订正量之和应与总的风沙量相等。

12.1.3　水面蒸发量观测误差来源

观测水面蒸发量，由于受蒸发场选择的环境、气候、仪器性能、安装方式和人为因素等影响。水面蒸发量观测值会存在系统误差和随机误差。水面蒸发量观测误差来源主要有以下几个方面：

(1) 风沙误差：由风沙吹入蒸发仪器中造成的误差，实际测得的是时段风沙量，则应根据各日风速的大小、地面干燥程度等，采取均匀或权重分配法，将分配量分别加到各日蒸发量中。若分配量小于 0.05 mm，则可几日订正 0.1 mm，但实际订正量之和应与总的风沙量相等，以减少水面蒸发量观测误差。

(2) 溅水误差：较大雨滴降落到蒸发器的水面上，可溅起一定高度，并形成一层雨雾随风流动降入地面。正好落在器口边缘的雨滴及降落在防风圈上的雨滴也可能溅入器口。溅水误差与雨滴和风力大小成增函数关系，具体数据可通过试验确定。

(3) 仪器误差：观测场布设、仪器安装及变形等造成的误差。仪器误差是仪器作为工厂的合格产品本身具有的误差，包括仪器现场安装调试不合格、器口安装不水平等人为原因产生的误差，属于人为误差，应力求避免。可通过选用合格仪器、精心安装调试、经常校正仪器，减少仪器误差。

(4)仪器计量误差:观测仪器(测针、量杯、台秤等)刻划造成的误差,即蒸发量测量、溢流量测量分辨力带来的误差,其大小取决于该仪器的测量精度,不同的仪器其计量误差可能是系统误差,也可能是随机误差。

(5)估读误差:在没有人为或仪器产生粗差的条件下,因正常观测数值估读产生的合理误差。

另外,有降水之日的降水量观测误差也是影响该日水面蒸发量的误差来源之一。

12.2 资料整编

12.2.1 资料整编工作内容与流程

12.2.1.1 水面蒸发量资料整编工作内容

(1)编绘水面蒸发场说明表及平面图。

(2)数据整理。按《水文资料整编规范》(SL 247—2012)要求和整编通用程序有关水面蒸发量整编数据格式的要求,对水面蒸发量原始记录(记载)进行加工,再用通用整编程序操作方法步骤进行蒸发量资料的整编。

(3)编制逐日水面蒸发量表及水面蒸发量辅助项目月、年统计表。

(4)单站合理性检查。

(5)编制水面蒸发量资料整编说明书。

12.2.1.2 水面蒸发量资料的插补、改正和换算

当缺测日的天气状况与前后日大致相似时,可根据前后日观测值直线内插,也可借用附近气象站资料。

观测水气压力差和风速的站,可绘制有关因素的过程线或相关线进行插补。

当水面蒸发量很小时,测出的水面蒸发量是负值,应改正为“0.0”,并加改正符号。

一年中采用不同口径的蒸发器进行观测的站,当历年积累有 20 cm 口径蒸发皿与 E-601B 型蒸发器比测资料时,应根据分析的换算系数进行换算,并附注说明。

12.2.1.3 逐日蒸发量表编制

逐日水面蒸发量表(见表 4-12-3)中的数值从审核后的观测记载表中抄录。

若算出的水面蒸发量为负值,则一律记为“0.0+”。

水面蒸发量短时间缺测,尽量参照邻站及有关因素插补,插补的日蒸发量值加“□”符号。

蒸发器结冰期间,不论是逐日观测或数日测记一次水面蒸发总量,均在观测值右侧加注结冰符号“B”,未观测日栏内填记合并及结冰符号“↓B”;连续封冻期较长的站,也可不注结冰符号,改在附注栏说明。非结冰期数日测记一次水面蒸发总量的,在未观测日栏填记合并符号“↓”。

因故未能正点观测,若对日蒸发量影响较大,应附注说明。

结冰期跨月观测时,应按日数的比例分别算出前月分配量和后月分配量。前月分配量记在月末一日栏内;后月分配量记在观测之日栏内。两个数值均加注结冰符号“B”及分列符号“Φ”。

表 4-12-3　××河××站逐日水面蒸发量表

蒸发器位置特征：　　　　蒸发器型式：　　　　水面蒸发量　　　　mm

月	1 月	2 月	3 月	4 月	5 月	6 月	7 月	8 月	9 月	10 月	11 月	12 月
1												
2												
3												
4												
5												
6												
7												
8												
9												
10												
11												
12												
13												
14												
15												
16												
17												
18												
19												
20												
21												
22												
23												
24												
25												
26												
27												
28												
29												
30												
31												
水面蒸发量												
最大												
最小												

<table>
<tr><td rowspan="2">年统计</td><td>水面蒸发量</td><td colspan="2">最大日水面蒸发量　　　月　日</td><td>最小日水面蒸发量　月　日</td></tr>
<tr><td colspan="2">终冰　　　　　　月　日</td><td colspan="2">初冰　　　　　月　日</td></tr>
<tr><td>附注</td><td colspan="4"></td></tr>
</table>

12. 2. 2 蒸发特征值统计计算

12. 2. 2. 1 蒸发量月特征值统计计算

月水面蒸发量为月内各日水面蒸发量之和。一月内有合并、分列数值时,应当作资料齐全看待,月水面蒸发量不加不全统计符号。

月最大日水面蒸发量、最小日水面蒸发量从月内逐日值中挑选。有合并数值的,以每一合并期间的总量除以相应总日数,算出该期间的日平均水面蒸发量,参加月最大值、最小值挑选。当平均值被挑选为最大值或最小值时,应加不全统计符号。

12. 2. 2. 2 蒸发量年特征值统计计算

全年水面蒸发量为各月水面蒸发量之和。

年最大日水面蒸发量、最小日水面蒸发量是从各月最大值、最小值中挑选。

一月或一年内使用两种不同类型蒸发器观测,应换算为同一口径资料。当不能换算时,则不做月或年统计。

初冰、终冰日期按结冰符号所在日统计发生日期。终冰日期为本年 1 月 1 日至 6 月 30 日期间蒸发器内最后一次结冰日期,初冰日期为从本年 7 月 1 日至年末期间蒸发器内第一次结冰的日期。初、终冰均在上半年出现时,在初冰的月、日前加填年份,或者空白,但要在附注说明。

附注中一般要注明冰期观测仪器及方法、特殊观测情况、换算系数、插补及其他有关资料精度的说明。

12. 2. 3 单站整编成果合理性检查

把每月的蒸发量、降水量、水汽压差、气温、风速等日量或平均值绘制在一张图中,形成该月的综合过程线。从过程线上对照检查各要素的起伏变化是否合理,是否有突出偏大、偏小现象,检查不同蒸发器、雨量器的观测值是否合理。逐日水面蒸发量与逐日降水量对照时,对突出偏大、偏小确属不合理的水面蒸发量,应参照有关因素和邻站资料予以改正。

绘制蒸发量和水汽压差的比值与风速相关图或气温与蒸发量相关图,检查点据分布是否合理。水面蒸发量还可以与水汽压差、风速的日平均值进行对照。水汽压差与风速愈大,则水面蒸发量也愈大。

各种图表应结合运用,检查各种图表所暴露的问题是否一致,有无矛盾,初步确定有问题的数据。检查时还应利用历年的有关图表。条件允许时,还可以利用邻站的有关图表。

第 5 篇　操作技能——高级工

第 1 章　降水量观测

1.1　观　测

1.1.1　气象要素与降水量

气象要素是表明大气物理状态、物理现象的各项要素，主要有气温、气压、风力、风向、湿度、降水等天气现象。气温、气压、湿度等气象要素与降水量关系较密切。

气温是大气的温度，是描述大气冷热程度的量。对某空间区域空气的冷热程度或热状态来说，实质上是空气分子平均动能的表现。空气分子运动的平均速度大，平均动能就大，气温也就高；反之，空气分子运动平均速度小，平均动能就少，气温也就低。另外，对某空间区域空气热状态变化而言，分子运动平均速度的增大是与外界输入的能量（如光照激发、热量输入、电化反应等）相关的；分子运动平均速度的减小是与某空间区域向外输出热能相关的。地面大气温度一般指地面以上 1.25~2 m 的大气温度。测量气温的仪器有温度表和温度计。

水汽压是空气中水汽所产生的分压力，是间接表示大气中水汽含量的多少。大气中水汽含量多时，水汽压就大；反之，水汽压就小。可降水量和相应的地面水汽压之间，存在着良好的数值对应关系。

绝对湿度是一定体积的空气中含有的水蒸气的质量，其单位是 g/m^3，一般可由水汽压反映。相对湿度由水汽压与饱和水汽压的比值反映。

气温、气压、湿度、风速等气象要素与蒸发关系也较密切，与其他水文要素及测验也有关系，所以开展有关气象要素的观测及分析研究也是水文业务的基础工作之一。

1.1.2　辅助气象要素观测

1.1.2.1　空气温度和湿度观测

1. 要求和设备

设有气象辅助项目的站，一般只需进行 8 时、14 时、20 时 3 次温度和湿度的定时观测。若有需要，也可观测日最高、最低气温。配有自记温度计、湿度计的站，可做气温和相对湿度的连续记录。

干、湿球温度表是由两支型号完全一样的温度表组成的，安装在百叶箱中。百叶箱是安置测定温、湿度仪器的防护设备。它的作用是防止太阳对仪器的直接辐射和地面对仪器的反射辐射，保护仪器免受强风、雨、雪等的影响，并使仪器感应部分有适当的通风，能真实地感应外界空气温度和湿度的变化。

2. 观测和记录

定时观测程序为干、湿球温度表，最低温度表酒精柱，毛发温度表，最高温度表，最低温度表游标，调整最高、最低温度表，温度计和湿度计读数并做时间记号。

各种温度表读数要准确到小数后一位。温度在 0 ℃以下时，应加“-”（负号）。读数记入观测簿相应栏内，并按所附检定证进行器差订正。若湿度超过检定证范围，则以该检定证所列的最高（或最低）温度值的订正值进行订正。

温度表读数时必须保持观测时视线和水银柱顶端齐平，以避免视差；动作要迅速，读数力求敏捷，尽量缩短停留时间，并且勿使头、手和灯接近球部，不要对着温度表呼吸；注意复读，避免发生误读或颠倒零上、零下的差错。

当湿球纱布开始冻结后，应立即从室内带一杯蒸馏水对湿球纱布进行融冰，待纱布变软后，在球部下 2~3 mm 处剪断，然后把湿球温度表下的水杯从百叶箱内取走，以防水杯冻裂。

气温在-10.0 ℃或以上，湿球纱布结冰时，观测之前须先进行湿球融冰。融冰用的水温不可过高，要相当于室内温度，能将湿球冰层融化即可。融冰时间可参照下述情况掌握：当风速、湿度正常时，在观测前 30 min 左右进行；湿度很小、风速很大时，在观测前 20 min 以内进行；湿度很大、风速很小时，要在观测前 50 min 左右进行。

读干、湿球温度表的示值时，须先看湿球湿度是否稳定，等稳定不变时再进行读数和记录。在读数后再用铅笔侧棱试试纱布软硬，了解湿球纱布是否冻结。若已冻结，应在湿球读数右侧记一“B”字符号；若未冻结则不记。

气温在-10.0 ℃以下时，停止观测湿球温度，改用毛发湿度表或湿度计测定湿度。但在冬季偶有几次气温低于-10.0 ℃的地区，这时仍可用干、湿球温度表进行观测。

气温在-36.0 ℃以下时，改用酒精温度表观测气温（因为已接近水银的凝固点-38.9 ℃）。酒精温度表应事先悬挂在干球温度表这边，安装要求同干球温度表。如果没有备用的酒精温度表，则可用最低温度表酒精柱的示度来测定空气温度。

1.1.2.2 风的观测

一般只进行风速的观测，若有需要，可同时进行风向观测。风速、风向观测一般可用 DEM6 型轻便风向风速表（由风速仪表、风向指标和手柄三部分构成，是一种用于测量风向和一分钟平均风速的仪器）进行，每日（8 时、14 时、20 时）观测 3 次。当风向、风速表（计）发生故障而无备用仪器时，可用目测法进行风向、风速观测。

在场地上，应事先垂直埋设一带有固定风速表装置的铁管（铁管应涂刷白漆），其高度应使风速表安装后旋杯中心线离地面 1.5 m。观测时，将表固定在铁管上，使风速刻度盘与当时的风向平行。

观测风向时，将方位盘的制动小套向右转一角度，使方位盘按地磁子午线的方向稳定下来，注视风向标约 2 min，记录其摆动范围的中间位置。

观测风速时，应待旋杯转约 30 s 证明运转速度正常后，按下风速钮，风速指针开始转动，1 min 后指针自动停止，即可读出风速示值，记入专用记载簿表格的读数栏内。根据读数从该仪器的订正曲线（可事前查制订正表）查出风速，记入订正后栏内。观测完毕，务必将方位盘制动小套向左转一角度，固定好方位盘。不观测风向的站，可将风向仪部分卸下。

1.1.2.3　气象要素记载

辅助气象要素观测后，要及时、准确地在专用的气象辅助项目观测记载表中记载。

1.2　资料整编

1.2.1　辅助气象要素观测资料整理

1.2.1.1　气温日平均值计算

每日 8 时、14 时、20 时观测 3 次气温时，日平均值为 8 时、14 时、20 时和次日 8 时观测值之和除以 4，按式（5-1-1）计算：

$$t = \frac{1}{4}(t_8 + t_{14} + t_{20} + t_{次日8}) \tag{5-1-1}$$

当有最低气温资料时，则日平均值按式（5-1-2）计算：

$$t = \frac{1}{4}\left[\frac{1}{2}(次日最低气温 + 次日8时气温) + t_8 + t_{14} + t_{20}\right] \tag{5-1-2}$$

连续或短周期间歇观测的气温记录仪器或系统，日平均气温原则上可按面积包围法计算，计算时间范围为本日 8 时至次日 8 时。

1.2.1.2　气温月、年特征值统计

气温月、年特征值统计如表 5-1-1 所示。根据逐日平均气温，可按其算术平均法计算出旬、月、年平均气温。从实测（观测）值中挑选月、年极值。

表 5-1-1　______站气温月、年统计表　（气温：℃）

日期		1月	2月	3月	4月	5月	6月	7月	8月	9月	10月	11月	12月
旬平均	上												
	中												
	下												
月统计	平均												
	最高												
	日期												
	最低												
	日期												
年统计		最高气温　　月　日				最低气温　　月　日				平均气温			
附注													

1.2.2 降水量观测误差

用雨量器(计)观测降水量,由于受观测场环境、气候、仪器性能、安装方式和人为因素等影响,降水量观测值存在系统误差和随机误差。误差来源如下:

(1)风力误差。因高出地面安装的雨量器(计),在有风时阻碍空气流动,引起风场变形,在器口形成涡流和上升气流,器口上方风速增大,降水迹线偏离,导致仪器承接的降水量系统偏小而产生的误差。风力误差的大小与风速、器口安装高度、雨量器(计)形状、雨滴大小有关,降雪时的风力误差值大于降雨。风力误差是降水量观测系统误差的主要来源,仪器安装不当可使年降雨量偏小 2%~10%,年降雪量偏小 10%~50%。

(2)湿润误差。在干燥情况下,降水开始时,雨量器(计)有关构件会黏滞一些降水,使降水量系统偏小而产生的误差。湿润误差的大小与仪器结构、观测操作方法、风速、空气湿度和气温有关。每次降水量的湿润误差,一般为 0.05~0.3 mm,可使年降水量偏小 2%左右;降微量小雨次数多的干旱地区,年湿润误差可达 10%左右。

(3)蒸发误差。降水汇入贮水器、雨停后截留在翻斗内的降水量,因蒸发损失而产生的误差。蒸发误差与风速、气温、空气湿度以及仪器封闭性能有关。蒸发误差可达年降水量的 1%~4%。

(4)溅水误差。较大雨滴降落到地面上,可溅起 0.3~0.4 m 高,并形成一层雨雾随风流动降入地面雨量器(计),以及正好落在承雨器口边缘和防风圈上的雨滴溅入承雨器,导致降水量偏大而产生的误差。溅水误差与雨滴和风力大小成增函数关系,防风圈的溅水误差可使年降水量偏大 1%左右,地面雨量器(计)的溅水误差可使年降水量偏大 0.5%~1.0%。

(5)积雪漂移误差。风力将积雪吹起漂入承雪器口,造成伪降雪,致使降雪量偏大而产生的误差。

(6)仪器误差。因承雨器口不水平和仪器受碰撞变形等产生的误差。

(7)仪器计量误差。因仪器计量精度不准确产生的误差,其大小取决于仪器的测量精度。

(8)测记误差。由于观测人员的视差造成的随机误差。

(9)仪器残留误差。仪器排水不尽而产生的误差,如翻斗式雨量计在降水停止后不足一斗时,将残留在翻斗内,无法进行计量;或在降水前期因有上次降水留量,降水量未满一斗时就会翻斗计量,造成部分降水量值的延后,属于随机误差,具有抵偿性。

1.2.3 降水量等值线图绘制

(1)降水量等值线是表示某一给定时间内(如年、季、月)的降水量相等各点的连线,可以直观显示降水量的地理分布状况,对防汛、水库调度等工作意义重大。降水量等值线的分布显示表面值的变化方式。值的变化量越小,线的间距就越大。值上升或下降得越快,线的间距就越小。等值线的符号一般是细线加数字注记。运用一组等值线来表示降水的分布、数量特征及变化趋势,称为等值线法。在一幅等值线图上,等值线的数值间隔通常是常数,根据等值线的疏密可以判断制图对象的变化趋势,即降水量等值线密集表示

地区降水量差值大,降水量等值线稀疏表示地区降水量差值小。降水量等值线绘制方法主要有以下三种:

①目估法。根据图纸上的特征点值,首先用直观插点确定等值线的位置,然后用圆滑曲线连接相邻的各等值点,即得等值线图。

②解析法。由于特征点选在坡度变化处,可认为两点间的坡面线为直线。首先用内插法计算各等值线在这两点直线间的位置,然后勾绘等值线图。

③计算机辅助绘图法。在数学处理的基础上,把离散的数据点向连续性图形转换,利用数据点值间的内插和外推获得等值点,再用判别法连接各等值点。或者利用已有格网等值点值拟合一个曲面函数,根据曲面函数逐步追踪等值线。把这些过程编制程序,利用微机和 $x \sim y$ 自动绘图仪绘出等值线图。

(2)下面以 Surfer 软件绘制降水量等值线图为例说明绘制原理和方法。

Surfer 软件是美国 Golden Software 公司出品的一款用于制作工程图形的共享软件,运行平台为 Windows 9X、Windows NT、Windows XP 等。该软件具有将 *XYZ* 坐标系统中数据自动转变为数据图、等值线图、三维网络立体图等多种工程图件的功能。结合 VB、Excel、Surfer 软件,可以二次开发等值线图自动生成软件,将行政图、流域图与等值线图完美结合。

使用 Surfer 软件制作降水量等值线图,就是利用该软件主要的绘制等高线制作功能,但是并非具备了降水量数据文件就可以绘制等值线图,该软件需要对降水量数据文件进行处理,并获取流域图的相对地理坐标或绝对地理坐标,再运用该软件进行绘制,绘制方法如下:

(1)获取流域(或地区)图降水量站点的相对地理坐标或绝对地理坐标,将各站点位置地理坐标数据转换成为专门格式数据文件。首先运行 Surfer 软件,选择基面图选项中插入需要绘制等值线的标有雨量站点分布位置、流域水系(或地区)图等标识的地图,通过数字化功能获取各雨量站点的相对地理坐标,并将该数据系列存储为各降水量站点专用坐标数据系列。

(2)获取流域(或地区)图外延的相对地理坐标数据,并将坐标数据转换为专用数据格式文件。使用相同的地图,通过数字化功能获取流域图外延的相对地理坐标。

(3)给各降水量站点的相对地理坐标赋值,在相对应的降水量站点坐标处输入对应站点相应时段的降水量值。

使用 Surfer 软件绘制降水量等值线图大大提高了工作效率,具有速度快、效果好等特点,能够满足防汛工作对时效性的要求,同时根据绘制出的降水量等值线图可以直观、快速地判断产生洪水的暴雨中心位置。可采用相对地理坐标数据进行降水量等值线图绘制,也可通过各降水量站点经纬度值作为坐标参数进行降水量等值线图绘制。

第 2 章　流量测验

2.1 测　验

2.1.1 不稳定河床对流量测验的影响及测流方案选择

2.1.1.1 不稳定河床对流量测验的影响

冲积河流河床稳定性是指在一定的来水来沙条件下,由于河流纵、横向输沙不平衡引起的河床高程变化和主流(或深泓)横向移动的特性。河流形态与河床稳定性密切相关,决定着河床稳定性,而河床稳定性又反映河流形态的某些特征。当来水来沙条件发生变化时,河床稳定性随之发生变化,河型也可能因此发生转变。不稳定河床通常是指在断面水流、泥沙等因素的作用下河床频繁发生纵横向(深度、宽度)变化,河床变化参数超出河床纵向稳定性指标和横向稳定性指标。

不稳定河床的断面面积和流速横向分布变化较大使断面水深和流速纵横向变化加剧,直接影响流量测验的测次控制与单次流量测验中的垂线布设等。要控制施测好断面流速的转折变化情况,就必须根据不稳定河床引起的断面流速表现特征,适当增加流量测验次数,且每次流量测验时,应合理增加布设测速垂线及垂线上测点数目,控制好断面纵横向流速的转折变化。不稳定河床的过流断面宽和水深变化剧烈,要施测好断面面积的变化情况,就要合理增加布设测深垂线数目,注意控制好断面水深转折变化,避免部分面积计算时出现“大割大补”。

2.1.1.2 不稳定河床条件下流速仪法测流方案选择

测流方案的选择,应根据测站精度类别、不同水位级和资料用途等,分析确定断面垂线数目、垂线测点数目和测点测速历时。

(1)垂线数目的确定应符合下列规定:

①有条件进行精简分析的水文站,应收集多线法实测资料,进行精简分析,确定垂线数目。

②为避免测速垂线数目引起的随机误差和系统误差对流量影响过大,断面内任意两条相邻测速垂线的间距不宜过大,高、中、低水位时垂线间距与总水面宽的比例应符合“一类站 7%~10%,二类站 8%~11%,三类站 9%~12%”的规定;相当于等水面宽布线时,一、二、三类站布设垂线不少于 10 条、9 条、8 条。

③当有下列情况时,测速垂线数目应适当增加:断面宽深比特别大或漫滩严重的;河床是大卵石、乱石组成或分流串沟较多的;为特殊的服务需求,流量资料精度要求较高的。

④在水情变化急剧时,测速垂线数目可酌量减少;但水面宽小于 50 m 时不宜少于 5 条,且应使其测流精度不低于浮标法的精度。

⑤代表线法测速垂线的数目和布设位置宜根据各种水情变化情况分析多套方案(多线和少线的),以便视测验条件而选用。并应注意:主流摆动剧烈或河床不稳定的情况垂线不宜过少;垂线较少时应尽量避免布设在流速脉动特别大的地点;垂线应优先布设在主流部分。

⑥潮流站测速垂线数目和布设位置宜根据河宽、水深、河道地形、流速横向分布及河床稳定程度等予以分析,并酌情减少。

(2)垂线测速点数目的确定应符合下列规定:

①有条件进行精简分析的水文站,应收集多点法实测资料,进行精简分析,确定垂线测点数目。

②没有条件进行精简分析的水文站和新布设的测流断面,宜采用二点法(畅流期)或三点法(冰期)。在垂线流速分布很不规则的垂线上,只要水深足够,宜采用五点法(畅流期)或六点法(冰期)。

③为了缩短测流历时,提高测流成果精度,遇下列情况可采用一点法测速:水位涨落急剧,用正常的流速测点数测速会使测流过程的水位涨落差超过相应规定时;大风浪及其他原因,仪器准确定位困难时;卵石或乱石河床,测河底附近测点可能会碰坏仪器时;冰期流冰严重,测流安全受到影响时。

④当用一点法测速时,测点位置应先布设在0.6相对水深处。因悬索偏角太大,在0.6相对水深处测速困难时,可布设在水面或0.2相对水深处测速。

(3)测点测速历时的确定应符合下列规定:

①有条件进行精简分析的水文站,垂线上测点测速历时宜通过精简分析确定;没有条件进行精简分析的水文站和新布设的测流断面,不应短于100 s。

②采用较少的垂线、测点,同时用较短的测速历时能达到精度要求时,测速历时可缩短为60 s。

③河流暴涨暴落或水草、漂浮物、流冰严重,采用60 s的测速历时仍有困难时,测速历时可缩短为30 s。

④ 潮流站在流速变率较大或垂线测点较多时,测速历时可采用30~60 s。

2.1.2 实测流量相应水位与计算

2.1.2.1 相应水位的概念

相应水位是与测流过程及测得流量相关的概念,若测流期间河道是均匀流,流量和水位均稳定不变,则期间的水位就是本次测流流量的相应水位。若在一次实测流量过程中,水位有所变化,则需要采用合适的归算推求相应水位。图5-2-1中的Z_m就是该实测流量Q的相应水位(注意,图中表达的意图是不同位置部分流量或垂线测验时的水位,阶梯状是着意突出。其实是不同时间或时刻的水位,在确定的时刻断面线河流水面是水平的而不是阶梯状)。

2.1.2.2 相应水位计算方法

1.算术平均法

测流过程中水位变化引起水道断面面积的变化,当平均水深大于1 m时不超过5%,

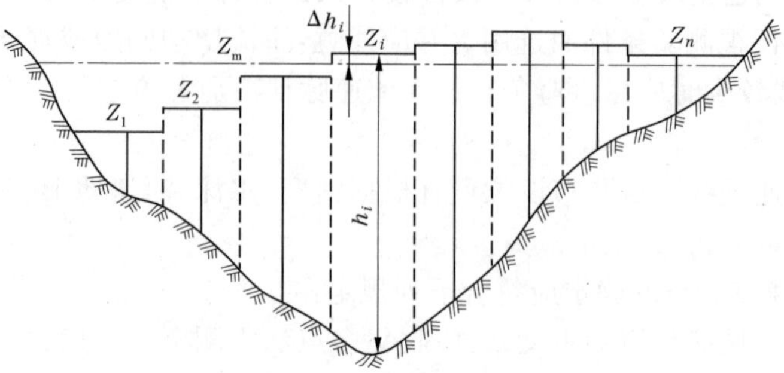

图 5-2-1　实测流量的相应水位

或当平均水深小于 1 m 时不超过 10%，可取测流开始和终了两次水位的算术平均值为相应水位；当测流过程跨越水位峰顶或谷底时，应采取多次实测或摘录水位的算术平均值作为相应水位。

2. $b'_i V_{mi}$ 加权平均法

测流过程中水道断面面积的变化超出算术平均法适用范围时，相应水位按式(5-2-1)计算。

$$Z_m = \frac{b'_1 v_{m1} Z_1 + b'_2 v_{m2} Z_2 + \cdots + b'_n v_{mn} Z_n}{b'_1 v_{m1} + b'_2 v_{m2} + \cdots + b'_n v_{mn}}$$

$$= \frac{\sum_{i=1}^{n} b'_i v_{mi} Z_i}{\sum_{i=1}^{n} b'_i v_{mi}} \qquad (5\text{-}2\text{-}1)$$

式中　Z_m——相应水位，m；

b'_i——测速垂线所代表的水面宽度，m，宜采用该垂线两边两个部分宽的平均值，在岸边垂线上，宜采用水边至垂线的间距再加该垂线至下一条垂线间距的一半之和；

v_{mi}——第 i 条垂线的平均流速，m/s；

Z_i——第 i 条垂线测速时的基本水尺水位，m，实测或插补而得。

当使用这种方法计算连续测流法实测流量的相应水位时，所采用的垂线平均流速、部分宽度、测时水位等数值的垂线号数和施测时间，应同计算部分流量和断面流量时所取的号数和时间一致。

3. 部分流量法

考虑在一次实测流量中，某级水位测得的部分流量占全断面的权重，加权计算平均水位作为相应水位。部分流量法适用于各垂线水深相比变化不大的测站。

$$Z_m = \frac{\sum_{i=1}^{n} q_i Z_i}{\sum_{i=1}^{n} q_i} \qquad (5\text{-}2\text{-}2)$$

式中　Z_m——相应水位,m;

Z_i——实测流量过程中的第 i 个水位分级,m;

q_i——与第 i 个水位分级对应流的部分流量,m^3/s。

其实,在式(5-2-1)中给 $b_i'v_{mi}$ 乘以水深 h_i 就有 $h_i b_i' v_{mi} = q_i$,则演化为式(5-2-2),这样处理比划分水位级可操作性强一些。

4. 其他方法

当采用其他方法计算的相应水位,与 $b_i'v_{mi}$ 加权平均法相比,水位差不超过 1 cm 时,也可以采用。

2.1.3　流量测次布置

2.1.3.1　确定测流次数的基本原则

水文站一年中的测流次数,应根据高、中、低各级水位的水流特性,测站控制条件,测验精度,定线推流要求以及需求等综合确定,能够准确掌握各个时期的水情变化、合理控制各级水位和水情变化过程转折点;当发生的洪水、枯水超出历年实测流量的相应水位时,应对超出部分增加测次。

2.1.3.2　河道站测流次数的布置

1. 畅流期流量的测次

(1)河床稳定,控制良好,并有足够资料证明水位与流量关系是稳定的单一线时,或水位与流量关系虽然不是稳定的单一线,但能应用其他有关水力因素与流量建立关系,而相关曲线是稳定的单一线时,以后可按水位变幅均匀布置测次,每年一般不少于 15 次。当洪水及枯水超出历年实测流量的水位,或发现关系曲线有变化时,应机动加测。

(2)受冲淤或水生植物等影响的测站,一般根据冲淤变化或水生植物生长情况每 3~5 d 测流 1 次。水生植物生长情况有变化的时期,适当增加测次。

(3)受变动回水影响或混合影响的测站,其测流次数应视变动回水或混合影响变化频繁的程度而适当增加,以能测得断面流量的变化过程为度。

2. 洪水过程流量测验时机掌握及流量测次

洪水期应根据测站特性及洪水测验任务书并结合上游降雨及来水情况,科学把握流量测验时机。每次较大洪水过程,一般测流不少于 5 次,即涨水和落水时段至少各测 2 次,峰顶附近测 1 次。当峰形变化复杂或洪水过程持续时间较长时,应适当增加测次。暴涨暴落的山溪性小河测站,每次洪水过程,应至少在涨水、落水及峰顶附近各测流 1 次。

3. 冰期流量的测次

结冰河流的测流次数及分布应能够控制流量变化过程或冰期改正系数变化过程为原则。流冰期小于 5 d 者,应 1~2 d 施测 1 次,超过 5 d 者,应 2~3 d 施测 1 次。稳定封冻期测次可较流冰期适当减少。封冻前和解冻后可酌情加测。对流量日变化较大的测站,应通过加密测次,进行试验分析确定一日内的代表性测次时间。

2.1.3.3　潮流站测次布置

潮流量测验应根据试验资料确定的各代表潮流期合理布置测次。每个潮流期内潮流量的测速次数,应根据流速变化的大小、缓急程度适当分布,能够准确掌握全潮过程中流速变化的转折点。

2.1.3.4 新设站测次布置

新设站初期的测流次数，应比同类型测站适当增加。

2.1.4 声学多普勒仪器测算流量

2.1.4.1 声学多普勒流量测验基本原理

声学多普勒剖面流速仪(ADCP)目前在水文测流上应用较多，定点式固定安装在河底或水面，可以测量一条垂线的流速分布；移动位置，可以测量各垂线的流速分布。

ADCP的原理是利用声学多普勒效应测流速，通过仪器之换能器向流体中发射一定频率的超声波短脉冲，再测量随流体运动的悬浮粒子反射回的声波，因发射和反射的多普勒频移与流速密切相关，而测得多普勒频移可推算出被测流体的流速。同时，利用超声波在水中的传播速度和发射反射时差推算水深及水中测位之深。所以，ADCP具有同时测深和测速的功能，各级点位深度和流速的二维分布就是垂线的流速分布。若仪器沿断面线运动，就可测出许多垂线的流速分布，也就呈现出断面三维的流速分布图景。

2.1.4.2 ADCP走航式测流

一般将仪器安装在船上，仪器作业前，要根据要求和断面、测船动力情况及可能最大流速，设置ADCP的深度单元的尺寸和数目、脉冲间隔时间、走航采样频率等基本测验参数。测验时，船舶驾驶员应熟悉测验断面附近河流的水深、水流情况。船横向行进后，仪器在水面表层横跨断面，可测得经过处的多条垂线的流速分布，进而得到全断面的流速数据，同时利用ADCP内的回声测深功能测得各预定垂线的水深，或利用底跟踪或外接GNSS、测深仪(GNSS、测深仪等外接设备的刷新频率或采样频率宜大于声学多普勒流速仪流量测验的采样频率)测得各垂线的地理坐标，转换为断面上的起点距；由此计算断面各部分流量和全断面流量。走航式ADCP实施测流过程应缓慢匀速航行。常用多次重复测量的结果分析后统计计算(如有效结果的平均)作为实测流量值。

利用走航式声学多普勒流速仪进行流量测验主要程序包括测验前的准备工作，现场进行流速、流向、流量等的测验计算操作，流量测验文件编制和存档等。要求盲区的设置应不小于厂商推荐的最小盲区；垂线流速流向测验时间应不少于30 s，以减少水流脉动引起的误差；流量相对稳定的，应进行2个测回断面流量测量，取均值作为实测流量值。测验成果应使用声学多普勒流速仪专用流量测验记录表进行记载。测量实施过程及完成后还要进行仪器参数设置是否正确、盲区设定是否正确、插补方法是否恰当、测船航速是否过快、有没有底沙运动等主要方面的检测审查。

走航式声学多普勒流速仪测验流量，仪器入水深度测量，测验盲区流速插补方法，水位、水深、水边距离测量，船速测量等产生的误差都会传递到流量成果里。采用含30个脉冲的数据组的平均值，可减小噪声和流速脉动引起的流速测量误差；选取合适的垂线经验公式进行盲区流速插补可减小测验盲区流速插补误差；定期校准声学多普勒流速仪和改进有关安装测量条件可提高测验水平和质量。

走航式ADCP的流量计算方法和转子式流速仪相同，都是通过将整个断面划分为若干部分，根据测量出的各部分断面的面积和流速分别计算各部分的流量，最后累积得到断面总流量。ADCP 划分的部分断面的数量较多，概念上精度很高，并且还能够划分很多的水流层，也可以通过计算累加不同水流层的流量得到全断面的流量。

应用走航式 ADCP 时应注意河床走沙、河底推移质、高含沙量、较大流速、水草、船速及铁质船体对磁场的影响等问题。另外，其流量成果的处理，包括特征值选择，也是需要积累经验，谨慎对待。

2.1.4.3 定点式声学多普勒流速仪流量测验

定点式声学多普勒流速仪流量测验包括船测多线法流量测验、垂向代表线法流量测验、横向流量测验。定点式流量测验，应根据所测断面的河宽、水深、流速和含沙量等情况选用合适的声学多普勒流速仪。

1. 船测多线法

船测多线法是船载仪器探头在多垂线位置浮停测量垂线流速分布。其测速垂线数目及位置应满足《河流流量测验规范》(GB 50179—2015)的有关规定；同一条垂线流速流向测验时间应不少于 30 s，以减少水流脉动引起的误差；盲区流速可采用指数流速分布、常数流速分布或经过率定的其他流速分布进行插补。岸边流量可选用岸边流速系数(一般通过比测确定)进行计算。

2. 垂向代表线法

垂向代表线法流量测验可采用俯视式测流和仰视式测流两种方法。俯视式测流一般将仪器安装在测船、浮标或平台上到代表线位置进行垂线测验。仰视式测流一般将仪器安装在代表线位置河底的基座上。

垂向代表线法流量测验采用的代表线数目及位置应通过比测、分析确定。流量测验相关关系的建立与使用应符合下列规定：

(1)相关关系的建立应以仪器实测流速和实测断面平均流速为依据。

(2)断面平均流速可用流速仪精测法或走航式声学多普勒流速仪测量。

(3)应收集不同水位级的关系率定资料，分析各种情况下的相关关系。

(4)各水流条件关系率定的样本数应大于 30。

(5)定线精度指标应符合 SL 247 的要求。

(6)选取相关关系最优的关系线推算流量。

(7)不同水情可采用不同的相关关系。

3. 横向流量测验

横向流量测验是将声学多普勒流速仪安装在河岸、渠道侧壁或其他建筑物侧壁上，测量水平方向的流速分布。横向流量测验应符合下列技术规定：

(1)横向流量测验时，声学多普勒流速仪的安装位置应通过试验优化确定，优化关系曲线或模型宜满足整编精度要求。

(2)声学多普勒流速仪的安装应使其中心轴线与测流断面平行。

(3)横向测速频次可根据水情变化情况、模型推流的需要确定。

(4)应适当安排水道断面的测量次数，以减少借用断面带来的误差。

横向流量测验也可滑动升降 ADCP 测得若干流层仪器有效测程范围的流速分布数据。通过建立所测流速、水位及其他有关要素与断面平均流速或流量的关系模型,推算断面流量。若通过较少流层的测验获得断面流量成果,需要分析研究流层的代表性或建立稳定的换算关系的有效性,因为横向流速实测区间的代表性误差是横向流量测验误差的来源之一。

2.1.5　电波流速仪测算流量

2.1.5.1　电波流速仪流量测验基本原理

电波流速仪是一种非接触式(不接触水体)测速仪器,它基于多普勒效应,利用电磁波在不同介质表面发生反射时,波源、观察者、媒质之间发生相对运动而引起电磁波频率改变的原理制成。应用电波流速仪测速时,波源与观察者处于静止状态,水体相对运动,进而引起反射波的频率改变(电波流速仪仅利用反射波)。频率改变量的大小与水体流动的相对速度有关。在一定施测条件下,测量结果只与媒质(水体)运动速度及水体表面水力情况有关。而且流速越快,漂浮物越多,波浪越大,反射信号就越强,更有利于电波流速仪工作。适合高洪时以桥测和巡测方式进行水面流速测量。

电波流速仪施测到的流速仅为水面流速,要将其用于流量测验,还必须率定水面流速系数,通过该系数将实测到的水面流速转换为垂线平均流速,进而计算断面平均流速,实测(或借用)断面面积,最终推算出断面流量。

2.1.5.2　电波流速仪流量测验模式

1. 人工手持电波流速仪测算流量

人工手持电波流速仪测流可利用测船、桥梁等渡河设施,按照《河流流量测验规范》(GB 50179—2015)的要求,在测流断面上,手持电波流速仪依次施测固定垂线上一定数量的水面流速点,并施测相应点的起点距、水深,开始与结束时应观测水位。流量推算时,先利用水面流速系数将电波流速仪施测的水面点流速转化为相应垂线流速,再计算断面平均流速及断面面积(或借用面积),最终推算出断面流量。

在野外正常使用电波流速仪前,需要和转子式流速仪在断面上不同点、在不同流速段进行同步比测。比测时应注意转子式流速仪测水面流速的技术要求,比测检定结果分析应考虑转子式流速仪引起的误差,以及电波流速仪误差允许范围。取得可靠的比测资料,分析获得有效换算系数后,可根据实际情况,将测速成果换算到转子式流速仪测速水平。在野外正常使用测流,还需要注意保持各垂线点在同一断面线。

2. 自动在线流量监测系统测算流量

自动在线流量监测系统,一般根据断面流速分布情况,选择几条具有代表性的断面垂线安装电波流速仪。定时测量垂线流速、水位,然后计算断面过水面积和流量,可实现河流流量无人值守定时测流监测。系统一般由电波流速仪、水位计、流量监测装置、供电系统、GPRS 远程通信模块、中心站数据平台等组成。通过非接触式的电波流速仪探头获得水面流速数据,通过有线(或无线)方式,将流速信息输出到 RTU 或者中心站,通过中心站软件可以实时获取(推算)流量数据。

2.2　资料整编

2.2.1　水位流量关系实测点对关系线的误差计算

2.2.1.1　标准差计算

水位流量关系实测点对关系线的标准差可按式(5-2-3)或式(5-2-4)计算:

$$S_e = \left[\frac{1}{n-2}\sum(\ln Q_i - \ln Q_{ci})^2\right]^{\frac{1}{2}} \tag{5-2-3}$$

$$S_e = \left[\frac{1}{n-2}\sum\left(\frac{Q_i - Q_{ci}}{Q_{ci}}\right)^2\right]^{\frac{1}{2}} \tag{5-2-4}$$

式中　S_e——多个实测流量(关系点流量)对关系线流量的统计标准差误差;

n——实测流量即关系点流量点数;

Q_i——某实测流量即关系点流量数值;

Q_{ci}——某实测流量对应关系线流量的数值。

2.2.1.2　随机不确定度计算

随机不确定度可按式(5-2-5)计算:

$$X_Q = 2S_e \tag{5-2-5}$$

式中　X_Q——置信水平 95%的随机不确定度。

2.2.1.3　系统误差计算

定线的系统误差可按式(5-2-6)计算:

$$\mu = \frac{1}{n}\sum\frac{Q_i - Q_{ci}}{Q_{ci}} \tag{5-2-6}$$

式中　μ——定线的系统误差。

计算出随机不确定度和系统误差后,若不超出《水文资料整编规范》(SL 247—2012)规定的定线指标,所定水位流量关系曲线即为合格。

2.2.2　不同定线推流方法的适用条件及应用要求

2.2.2.1　改正系数法

1. 适用条件

改正系数法主要适用于冰期水位流量关系不稳定,但没有冰塞、冰坝壅水现象,或断面水流受水草生长影响的测站。采用改正系数法时,要求流量测次足够多,分布均匀,流量精度较高且能控制流量变化转折点。

2. 定线和推流方法

(1)绘制标准曲线:依据实测流量资料,点绘水位流量关系图,定出畅流期(不受冰期或水草影响期)水位流量关系曲线,作为标准曲线,并结合冰情(或水草生长情况)和水位过程线,确定冰期(或水草影响期)与畅流期界限;若畅流期水位流量为非单一曲线,可根据测站具体情况确定一条标准曲线。

（2）计算改正系数：以实测（冰期或水草影响期）流量除以同水位在标准曲线上查得的流量，依次计算各测次的改正系数。

（3）点绘改正系数过程线：以改正系数为纵坐标、时间为横坐标建立坐标系，用计算的改正系数点绘过程线。在连绘改正系数过程线时应参考水位、气温、水浸冰厚（或水草生长情况）等有关因素，将改正系数过程线连成一条平滑的过程线。一般，改正系数值随水浸冰厚的增加而减小，随水位的升高而增大。

（4）推求流量：以瞬时水位在标准曲线上查算初步流量，乘以相应时间的改正系数，即为所求流量。

2.2.2.2　切割水位法

1. 适用条件

切割水位法主要适用于受结冰如冰塞、冰坝及其他因素影响，水位突然壅高的测站。采用切割水位法时，要求流量测次较多，分布均匀，流量精度较高且能控制流量变化转折点。

2. 定线和推流方法

（1）以畅流期水位流量关系曲线作为标准曲线，参照上游不受影响的邻近站的水位过程线或用其他方法，切割壅高的水位部分，使其恢复为正常水位。

（2）推求流量：以切割后的正常水位，在标准曲线上查算流量，即为所求流量。

2.2.2.3　上游站水位法

1. 适用条件

上游站水位法主要是处理受洪水涨落影响的水位流量关系的方法，适用于断面及河床比较稳定，测站上游附近无支流加入，不受变动回水影响的测站。

2. 定线和推流方法

（1）试错法定线。本法是在断面上游（$L/2$）附近分别设立几组水尺同时观测水位，并分别建立各水尺水位与本站断面流量关系。当发现水位流量关系仍为绳套，仅幅度缩小，说明水尺至测流断面距离小于半个抵偿河长；当发现水位流量关系为反绳套，说明水尺至测流断面距离大于半个抵偿河长。运用这个规律，能较快地试错出水位流量关系为（或接近）单一线的那组水尺。这组水尺所在断面即为抵偿河长的中断面。

（2）推求流量。经过试错，建立了稳定的（上游）水位与（本站断面）流量关系曲线，用上游（站的）水位，在水位流量关系曲线上查算流量，即为所求流量。

2.2.2.4　本站水位后移法

1. 适用条件

本站水位后移法主要是处理受洪水涨落影响的水位流量关系的方法，适用于断面及河床比较稳定，测站上游附近无支流加入，不受变动回水影响的测站。

本站水位后移法是利用本站实测流量与其测流时间后移一个时段的水位建立关系，后移的时间为洪水波在 $L/2$ 上的传播时间，其实质是用同一测站两水位在时间上的后移来代替两断面在空间上的后移。

2. 定线和推流方法

（1）确定后移时间初值：通过实测的水位流量关系点中涨落率为 0 的点初定一条稳

定的水位流量关系曲线，挑选几个具有代表性的涨落率较大的测点，分别求出各测点距初定水位流量关系线的水位纵差，除以相应测点的涨落率，求其平均时间，作为后移时段的初始值 Δt。

（2）用试错法确定（$Z_{t+\Delta t} \sim Q$）水位流量关系曲线：给定各种不同的后移时段，以测流平均时间后移一个时段后的水位与实测流量建立关系（若水位流量关系仍为绳套，仅幅度变小，说明 Δt 值偏小；若水位流量关系为顺时针绳套，说明 Δt 值偏大，按此规律便能很快试算出所需的 Δt 值），以满足单一曲线定线要求且水位流量关系曲线不确定度最小者为最优。若各级水位的后移时段不是常数，应按水位级分别确定。

（3）推求流量：以某瞬时后移一个最优时段后的水位（后移的水位），在所定的单一水位流量关系曲线上推算出的流量，即为所求流量。

在掌握了后移时段的规律后，可在每次实测流量后，加测后移时段的水位，可避免插补水位带来的误差。图 5-2-2 为某站水位后移法实例。

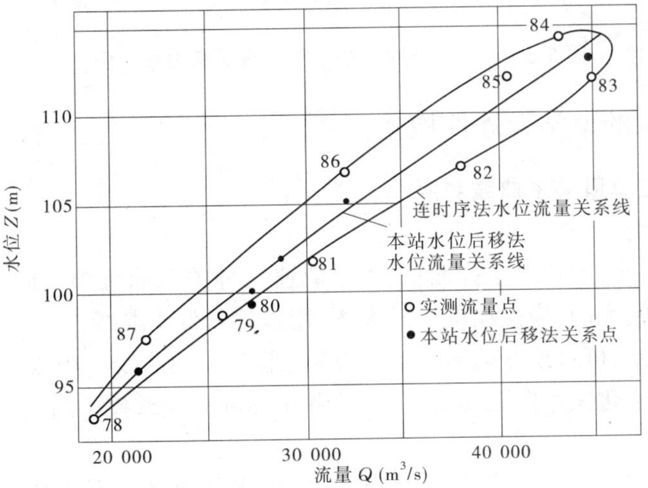

图 5-2-2　××站水位后移法实例

2.2.2.5　连时序法

1. 适用条件

连时序法主要适用水位流量关系受某一因素或混合因素影响而连续变化的测站。影响因素包括变动回水、洪水涨落、断面冲淤、不稳定的结冰、水草生长等。使用本法要求流量测次较多，并能控制水位流量关系变化的转折点。

2. 定线和推流方法

（1）绘制水位流量关系曲线。先点绘水位流量、水位面积、水位流速关系图，并依测点时序分析，找出各个时期的主要影响因素。然后参照水位过程线，并结合受主要因素影响所导致的水位面积或水位流速关系变化趋势，连绘水位流量关系曲线（见图 5-2-3）。

（2）定线注意事项。连绳套形曲线，其绳套顶部和底部应分别与相应洪水峰顶和谷底水位相切。过渡线与临时曲线或稳定曲线相切；影响因素无明显变化的较稳定时段，可通过测点中心定线,定线精度应符合《水文资料整编规范》(SL 247—2012)规定;若测点控制不够,应借助主要影响因素变化趋势连绘曲线;当测点较多,曲线较复杂时,可分时段点图定线,但应使各图曲线之间互相衔接。

(3)推求流量。依据已定的时序曲线,用瞬时水位直接在相应时段曲线上查算流量,即为所求流量。

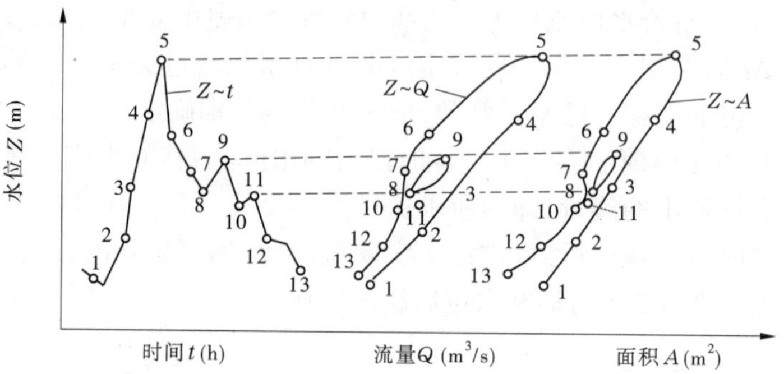

图 5-2-3　××站连时序法水位流量关系曲线实例

2.2.3　流量资料的单站合理性检查

2.2.3.1　历年水位流量关系曲线对照

1. 对照图的绘制

将历年和本年,水位流量、水位面积、水位流速三种关系曲线绘于同一图中并注明各曲线年份。流量变幅大的,应点绘低水放大图,用以检查低水曲线。

用临时曲线的站,可只绘变幅最大及最左边、最右边的曲线。用改正水位法、改正系数法定线推流及单值化关系曲线的站,可只绘各年标准曲线或校正曲线。

2. 检查内容

高水控制较好,冲淤或回水影响不严重时,历年水位流量关系曲线高水部分的趋势,应基本一致;历年水位流量关系曲线低水部分的变化,应该是连续的,相邻年份年头年尾曲线应该衔接或接近一致;水情相似年份的水位流量关系曲线,其变动程度相似;用相同方法处理的单值化曲线,其趋势应是相似的。若发现曲线有异常情况,应检查其原因。通过检查,可发现定线是否正确及高水延长是否合理。

2.2.3.2　流量与水位过程线对照

1. 对照图的绘制

将水位、流量过程线绘在同一图上。必要时,在流量过程线图上绘入各实测流量点据,在水位过程线图上绘各实测流量的相应水位点据。

2. 检查内容

主要检查流量变化过程是否连续合理,与水位是否相应。除冲淤特别严重或受变动回水影响及其他特殊因素影响外,两种过程线的变化趋势应一致,峰形一般应相似,峰、谷相应。流量过程线上的实测点据,不应呈明显系统偏离,水位过程线上的实测流量相应水位点据应与过程线基本吻合。对照时,若发现反常情况,可从推流所用的水位、方法、曲线的点绘和计算等方面进行检查。

2.2.3.3 **降水与径流关系对照检查**

此项检查适用于中、小河流站,或发现资料有问题须加引证的站。

降水与径流关系,一般是用径流系数列表进行检查,也可点绘历年各次暴雨—径流或年降水—径流关系图检查。

1.计算方法

(1)对照时段的确定。一般是以每次洪水的起止时间作为一个对照时间单位,包括完整的降水过程和相应的径流过程。当连续洪水难以分割时,也可作为一个对照时段单位。

(2)计算流域平均降水量。根据流域内及其周围各站降水量,用算术平均法、加权平均法或等雨深线法计算流域平均降水量。

(3)计算径流深及径流系数。

(4)按各次洪水列出降水与径流关系对照表或点绘关系图进行检查。

2.检查内容

主要检查径流系数变动范围,分析规律,以发现较大问题。影响降水与径流关系的因素虽然复杂,但特定地区各次洪水的降水与径流关系的变动有一定范围。可与往年径流系数比较,若相差很大或突出不合理,需深入检查其原因。

2.2.4 流量通用整编程序的结构与管理维护

(1)对于一个水文站来说,要使用(北方片)通用整编程序进行流量资料整编,一般都是将水位、流量、含沙量结合在一起进行(程序界面称"河道站电算整编")。其主要功能如下:

①综合数据录入。包括测站基础信息、整编控制信息、摘录时段控制数据、推流控制数据、推沙控制数据、水位过程、单沙过程、附注及输出表等。

②水沙联合数据录入。考虑到某些测站的特殊需要而附加设计开发的,录入界面有1个表格编辑器、2个绘图页面(沙量过程、水位过程)和1个输入法控制4部分组成。

③数据校对。水文资料整编数据量非常庞大,如果单靠整编人员人工校对,既费时又极易出错。利用计算机自动数据校对功能,可大大提高整编工作效率。

④资料整编。本系统中资料整编程序可以一次性完成单个或多个水文站的数据处理,并将整理成果以成果表的形式输出到Excel中,也可以将计算成果保存到水文数据库中。

⑤数据导出。导出数据即将数据库中的数据导出,以文本格式保存。

⑥数据导入。导入数据,即将文本文件(本程序导出的)导入到数据库中。当一台计算机需要另一台计算机中的数据时,或数据库数据损坏时会用到此功能。

⑦数据管理。设计综合数据管理器的目的是方便整编人员对水文资料的管理、检索和检查。

(2)管理和维护好通用整编程序是新形势下做好水文资料"即时整编"工作的基础。通用整编程序开发单位应根据计算机、网络、整汇编等技术发展及用户提出的问题、建议,不断更新、提高、完善通用整编程序的功能和效率，以更好地满足整汇编工作实际需求。各“通用整编程序”用户应严格按照“通用整编程序用户操作手册”对程序及计算机、网络等进行定期或不定期管理和维护，用户较多的单位（部门）应明确专人负责整编数据成果传输、汇总、保存，冗余数据删除，涉密资料保密等，及时解决“网上整编”出现的故障和问题。

2.2.5 流量整编成果审查

2.2.5.1 流量整编成果审查的内容

流量整编成果审查的内容主要有：实测大断面成果表审查，即大断面施测、变化情况的合理性审查；实测流量成果表审查，即全年实测流量的正确性、合理性审查；逐日平均流量表审查，即全年各时段整编方法、定线、高低水延长、关系曲线检验、推流等环节的合理性审查等；洪水水文要素摘录表审查，即洪水水文要素摘录的完整性和合理性审查。

2.2.5.2 审查流量资料方法及要求

（1）审查大断面施测、变化情况，断面借用应合理。

（2）抽查在水位流量关系图中对曲线影响较大的测点或诸因素的情况，重点审查计算、点绘、断面借用、浮标系数等的正确性。

（3）定线推流方法应符合测站特性，本年所定曲线一般应与历年曲线趋势基本一致，线与线之间的曲线过渡应合理，年初、年末曲线应衔接。对于特殊水情采用的推流方法应做重点审查，并符合下列要求：

①用水力因素法（包括落差法、校正因素法、抵偿河长法等）定线推流的站，应审查参证水尺、相关因素、后移时间等的选用及计算方法、关系点分布等。

②用时序法（包括连时序法、改正水位法、改正系数法、连实测流量过程线法）定线推流的站，重点审查关系点分布、改正系数或水位改正数等的计算方法。

③用临时曲线法推流的站，审查时段划分与过渡线处理的合理性。

④审查水位流量关系线高低水延长部分，应审查延长方法并用另外的方法验证情况。

⑤检查各种检验，其结果应满足要求。检查水位流量关系曲线或水力因素与流量（系数）关系线的定线精度，其误差指标应符合《水文资料整编规范》（SL 247—2012）规定。

⑥检查低水曲线放大后的读数精度，并与中高水曲线衔接。

（4）审查推流使用的各种实测点，结点数据的整理及原始数据文件，并符合下列要求：

①采用一元三点插值法计算流量时，应审查选取结点的密度，使计算流量与曲线实读流量的误差，高、中水不超过±1%，低水不超过±3%。

②多时段推流的测站，应审查各时段推流结束时间的合理性，换用曲线或改变推流方法时，前后应衔接。

（5）审查堰闸、涵管、隧洞选择的推流方法，流态判别与处理应与实际相符。

第3章　水文测量

3.1 水准测量

3.1.1 水准仪的结构

水准仪按结构可分为微倾水准仪、自动安平水准仪、激光水准仪和数字水准仪(又称电子水准仪)。我国水准仪按仪器精度分 DS_{05}、DS_1、DS_3、DS_{10} 等四种型号。D、S 分别为“大地测量”和“水准仪”的汉语拼音第一个字母,数字 05、1、3、10 表示该仪器的精度,即每千米往、返测高差的中误差(mm)限值。如 DS_3 型水准仪,表示该型号仪器进行水准测量每千米往、返测高差可达±3 mm 。DS_{05}、DS_1 型水准仪适用于精密水准测量,也称精密水准仪;DS_3、DS_{10} 型水准仪适用于普通水准测量,也称普通水准仪。

图 5-3-1 是 S_3 型微倾水准仪的结构示意图。水准仪主要构件有望远镜、水准器、基座(包括垂直轴、脚螺旋)等,望远镜用来精确瞄准远处目标并对水准尺进行读数;水准器是用以整平仪器的器具,分为管水准器和圆水准器两种;基座主要由轴座、脚螺旋、底板和三脚压板构成,其作用是支承仪器的上部,并通过连接螺旋与三脚架连接。圆水准器装在水准仪基座上,转动脚螺旋,可使圆水准气泡居中,用于粗略整平。测量的配套工具有水准尺和尺垫等,水准尺是材料优良有标度的尺具。

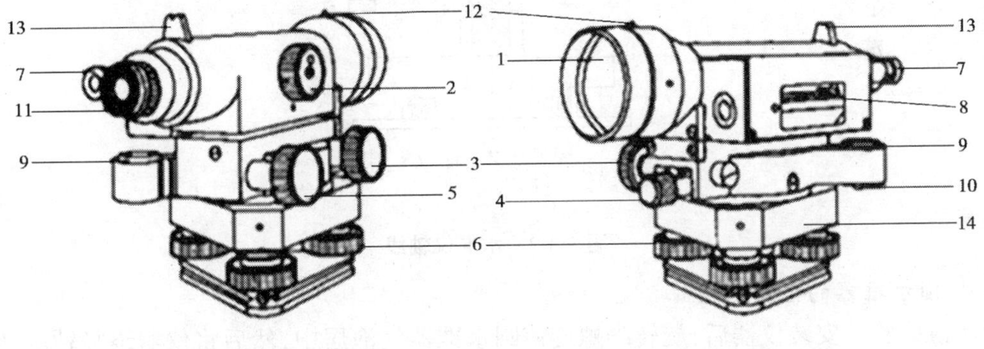

1—物镜;2—物镜调焦螺旋;3—微动螺旋;4—制动螺旋;5—微倾螺旋;6—脚螺旋;
7—管水准气泡观察窗;8—管水准器;9—圆水准器;10—圆水准器校正螺丝;
11—目镜;12—准星;13—照门;14—基座

图 5-3-1　S_3 型微倾水准仪结构示意图

自动安平水准仪的特点是在使用时,只要用圆水准器粗略整平仪器后,借助于设在仪器内的一整套垂直(水平)调整和光学自动补偿装置,就能使仪器的视准轴自动位于水平位置。

激光水准仪是在原来水准仪结构的基础上,安装发射激光光束的发射器,仪器将激光器发出的激光束导入望远镜筒内,沿视准轴方向射出水平激光束,在水准标尺上配备能自动跟踪的光电接收靶,代替人工读数,进行水准测量。

数字水准仪是在仪器望远镜光路中增加了分光镜和光电探测器等部件,采用条形码分划水准尺和图像处理电子系统,构成光、机、电及信息存储与处理的一体化水准测量系统。数字水准仪采用自动电子读数代替人工读数,基本不存在读错、记错等问题,没有人为读数误差;多条码(等效为多分划)测量,削弱标尺分划误差,自动多次测量,削弱外界环境变化的影响;速度快、效率高,实现自动记录、检核、处理和存储,可实现水准测量从外业数据采集到最后成果计算的内外业一体化。

3.1.2　水准仪和水准尺的检验与校正

3.1.2.1　水准仪检验与校正

根据水准测量的原理,水准仪必须能提供一条水平的视线,才能正确地测出两点间的高差。为此,水准仪在结构上应满足如图 5-3-2 所示的水准仪轴线几何条件,即视准轴 CC 垂直于仪器的竖轴 VV;圆水准器轴 $L'L'$ 应平行于仪器的竖轴 VV,垂直于视准轴 CC;十字丝的横丝应垂直于仪器的竖轴 VV;水准管轴 LL 应平行于视准轴 CC,垂直于竖轴 VV。在水准测量作业之前,应对水准仪进行认真的检验与校正,以满足这些条件。下面介绍普通水准仪检校的内容。

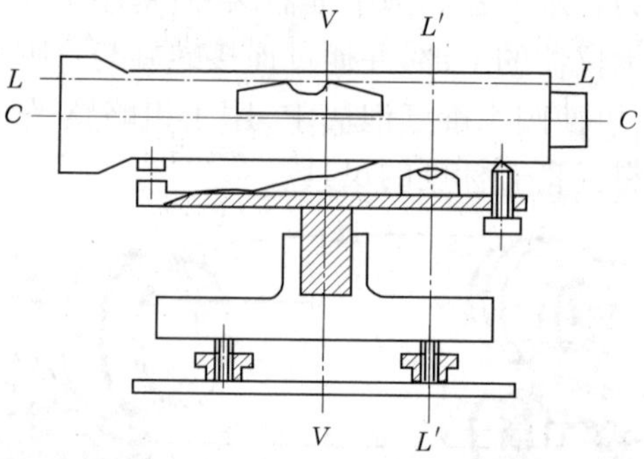

图 5-3-2　水准仪轴线

1. 圆水准器的检验与校正

(1)检验。安装仪器后,旋转脚螺旋使圆水准器气泡居中,然后将仪器绕竖轴旋转到任何方向,圆水准器的气泡总是保持在居中位置,说明圆水准器轴平行于仪器竖轴;若气泡偏离出分划圈外,说明圆水准器与视准轴不垂直,则需要校正。

(2)校正。先调整脚螺旋,使气泡移动偏离值的一半,然后稍旋松圆水准器底部中央固定螺丝,用校正针拨动三个校正螺丝,使气泡居中。如此反复检校,直至气泡都在分划圈内。最后旋紧固定螺丝。

圆水准器校正螺丝的结构如图 5-3-3 所示。此项校正,需反复进行,直至仪器旋转到任何位置时,圆水准器气泡皆居中。最后旋紧固定螺丝。

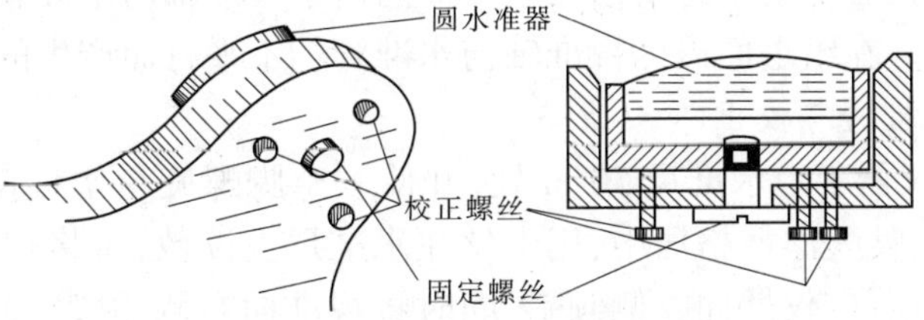

图 5-3-3　圆水准器校正螺丝的结构

2. 符合水准器分划值的检验

检验普通水准仪时,可先安平仪器,在距仪器 40~50 m 处打一木桩设置水准尺,并精确量出其间距。使符合水准气泡偏于水准管的一端,并读气泡两端的分划值数值,计算其平均值;再读水准尺上的读数。转动倾斜螺旋,使符合水准气泡偏于水准管的另一端,重复以上观测。然后可按式(5-3-1)计算分划值。

$$L=\frac{h}{nD}\rho'' \tag{5-3-1}$$

式中　L——符合水准器分划值;

h——两次水准尺读数之差,m;

n——两次气泡移动的格数;

D——仪器至水准尺的距离,m;

ρ''——角度换算常数(角度 1 弧度的秒数),其值为 206 265″。

3. 十字丝的检验与校正

(1)检验。安置水准仪,使圆水准器的气泡严格居中后,先用十字丝交点瞄准某一明显的点状目标 M,如图 5-3-4(a)所示,然后旋紧制动螺旋,转动微动螺旋使镜头微转,如果目标点 M 不离开中丝,如图 5-3-4(b)所示,则表示中丝垂直于仪器的竖轴;如果目标点 M 离开中丝,如图 5-3-4(c)所示,则需要校正。

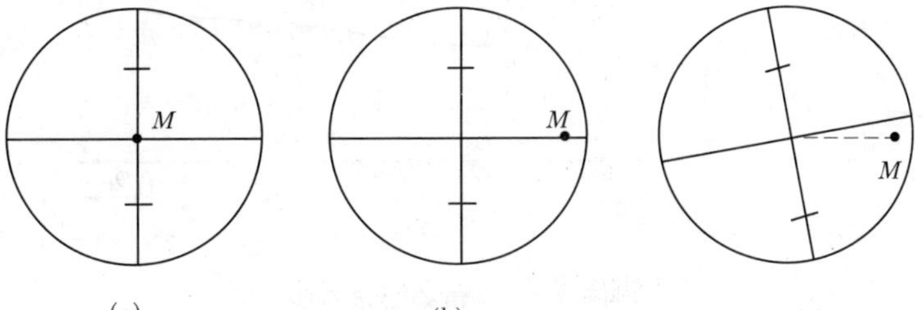

图 5-3-4　十字丝中丝垂直于仪器的竖轴的检验

(2)校正。松开十字丝分划板座的固定螺丝转动十字丝分划板座,使中丝一端对准目标点 M,再将固定螺丝拧紧,重新检验、校正。此项校正也需反复进行。

4. 水准轴平行于视准轴的检验与校正

望远镜视准轴和水准管轴都是空间直线,它们相互平行,无论是在包含视准轴的铅垂面还是水平面上的投影都是平行的。在水平面内由于视准轴与水准管轴不平行所产生的误差叫作交叉误差。在铅垂面内因视准轴与水准管轴不平行而产生的交角,称为 i 角。

1)交叉误差的检验与校正

(1)检验。置仪器于距水准尺 50 m 处,并使一个脚螺旋与望远镜、水准尺在同一视准面内。安平仪器,使气泡严格居中,用中丝在水准尺上读数,再将视准面左侧的一个脚螺旋向一方转动两周,使仪器向左侧倾斜,同时将视准面右侧的脚螺旋反方向转动,使中丝仍保持原有读数,此时观测气泡两端是否符合其偏离的距离。然后反方向转动两侧的脚螺旋,使中丝保持在原有读数的情况下,气泡两端恢复到符合的位置。

同法,使仪器向右侧倾斜,使中丝仍保持原有读数,观测气泡两端是否符合其偏离的距离。若两次检验气泡均符合居中,或同方向偏离相同的距离,则表示视准轴与水准管轴在铅垂面互相平行,无交叉误差。若两次检验气泡偏离的距离为反方向,且大于 2 mm 时,则应校正。

(2)校正。将水准器一侧的校正螺旋放松,另一侧的校正螺旋拧紧,使水准器一端向左右移动,至气泡两端恢复符合。

2)i 角的检验与校正

(1)i 角检验的方法。如图 5-3-5 所示,在较平坦场地上取一直线,用钢尺量距使 $AI_2=D_2$ 为 40~50 m,$BI_2=D_1$ 为 5~7 m,$AI_1=I_1B$,即 A、B 的中间点为 I_1,I_1、I_2 为安置仪器处,A、B 为立标尺处。分别在 A、B 处各打一尺桩立标尺,先后在 I_1、I_2 处安置仪器,仔细整平后,分别在 A、B 标尺上各照准后读基本分划 4 次,分别为 a_1、b_1、a_2、b_2,则 i 角按式(5-3-2)计算。

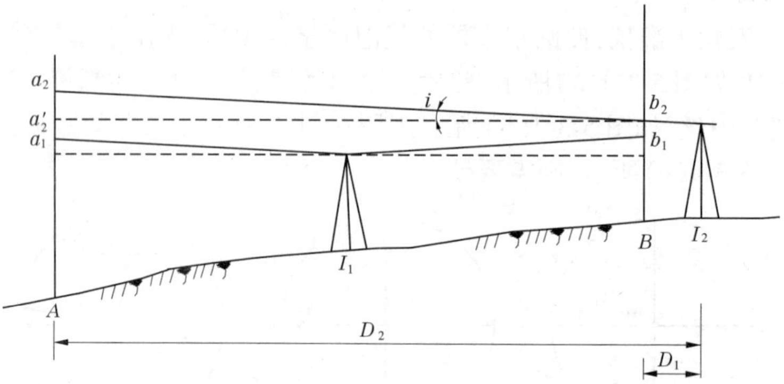

图 5-3-5　i 角检验示意图

$$i=\frac{\Delta\rho''}{D_2-D_1}-1.61\times10^{-5}(D_1+D_2) \tag{5-3-2}$$

$$\Delta=\frac{(a_2-b_2)-(a_1-b_1)}{2} \tag{5-3-3}$$

式中　i——仪器视准轴与水准轴的交角,(″);

Δ——仪器视准轴倾斜的读数误差,mm;

ρ''——角度换算常数,即角度 1 弧度的秒数,其值为 206 265″;

D_1——在 I_2 处仪器距 B 标尺的距离,mm;

D_2——在 I_2 处仪器距 A 标尺的距离,mm;

a_2——在 I_2 处观测 A 标尺的读数平均值,mm;

b_2——在 I_2 处观测 B 标尺的读数平均值,mm;

a_1——在 I_1 处观测 A 标尺的读数平均值,mm;

b_1——在 I_1 处观测 B 标尺的读数平均值,mm。

三、四等水准测量水准仪的 i 角大于 20″时,即应进行校正。

(2) i 角校正。对于自动安平水准仪,应送有关修理部门进行校正。对于气泡式水准仪,可按下述方法校正。

如图 5-3-6 所示,在 I_2 处,用倾斜螺旋将望远镜视线对准 A 标尺上应有的正确读数 a_2',a_2'按式(5-3-4)计算,即

$$a_2' = a_2 - \frac{\Delta D_2}{D_2 - D_1} \tag{5-3-4}$$

然后校正水准器改正螺丝使气泡居中(见图 5-3-6)。校正后将仪器望远镜对准 B 标尺读数 b_2',气泡不居中时再行校正。b_2'按式(5-3-5)计算。

$$b_2' = b_2 - \frac{\Delta D_1}{D_2 - D_1} \tag{5-3-5}$$

需反复进行校正,使读数符合要求,也即 i 角符合要求为止。

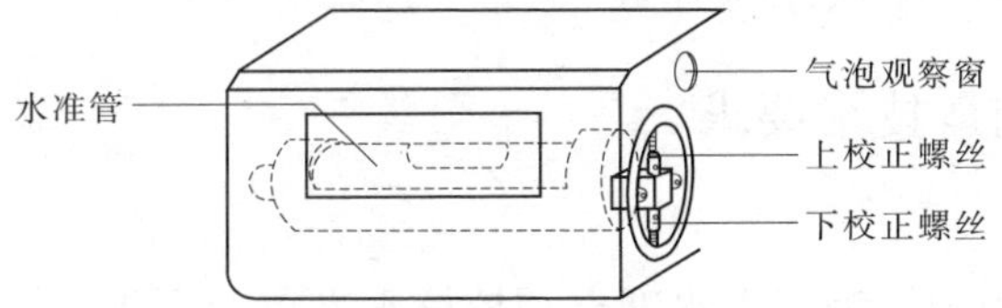

图 5-3-6　水准管的校正

3.1.2.2　水准尺检验与校正

水准尺是水准测量使用的重要工具,水准尺的质量直接影响水准测量的成果,因此在进行水文三、四等水准测量时,必须对水准尺进行外观检查,进行分划面弯曲差及圆水准器的检验。

1. 外观检查

检查水准尺有无缺陷、裂缝、碰伤、划痕、脱漆等现象;水准尺刻画线和数字注记是否粗细均匀、清晰,能否读数使用;尺的底部有无磨损情况等。

2. 分划面弯曲差的检验与校正

1) 分划面弯曲差的测定

在水准尺两端引张一细直线,在水准尺分划面的两端及中央分别量取分划面至细直线的垂直距离,两端垂直距离的平均值与中央垂直距离之差,即为分划面的弯曲差。计算公式为

$$f = R_{中} - (R_{上} + R_{下})/2 \tag{5-3-6}$$

式中　f——分划面弯曲差，mm；

$R_{中}$——中间读数，mm；

$R_{上}$——上端读数，mm；

$R_{下}$——下端读数，mm。

三、四等水准测量使用的水准尺（长度 3 m）分划面弯曲差 f 应不大于 8 mm；否则，应进行尺长改正。

2）尺长改正

按下式计算结果进行尺长改正：

$$\Delta L_c = \frac{8f^2}{3L_c} \tag{5-3-7}$$

式中　ΔL_c——水准尺长度改正数，mm；

f——分划面弯曲差，mm；

L_c——水准尺名义长度，mm。

3. 圆水准器的检验与校正

在距水准仪约 50 m 处的尺垫上安置水准尺，安平（检校、整平）水准仪后，使水准尺的中线或边缘与望远镜中的竖丝重合，此时观察水准尺的圆水准器气泡是否居中。若气泡不在中央，用改正针将其调整至中央，然后将水准尺转动 90°重复上述操作，反复检验数次，直至气泡精确位于中央位置。这样才能使水准尺按标尺上圆水准器指示准确地位于垂直位置。

3.1.3　三等水准测量技术要求

3.1.3.1　一般要求

三等水准测量多用于接测基本水准点和校核水准点的高程，一般要求如下：

（1）水准仪使用不低于水准仪系列的 S_3 级，水准标尺通常采用双面水准尺。

（2）三等水准路线的支线长度，应不超过 45 km。三等附合水准路线，其长度应不超过 150 km；闭合路线环线周长应不超过 200 km；测站水准点联测和比降观测水准点高程测量的路线长度应不超过 2. 8 km。当水准路线长度大于 20 km 时，应每隔 10 km 左右分一测段，在测段的端点应设置或选定相当于校核水准点标准的固定点。

（3）三等水准测量在每个仪器站的视线长度应不大于 75 m；前后视距不等差，单站不超过 2 m，测段累计不超过 5 m。

（4）三等水准测量单站高差限差见表 5-3-1。

表 5-3-1　三等水准测量单站高差限差　　（单位：mm）

测量方法	同尺黑、红面读数差	同站黑、红面所测高差之差	左右线路转点差	检测间歇点高差之差
光学测微法	1. 0	1. 5	1. 5	3. 0
中丝读数法	2. 0	3. 0	—	

注：1. 使用双摆位自动安平水准仪观测时，不计算黑、红面读数差。

2. 使用数字水准仪，同一标尺两次观测所测高差之差执行同站黑、红面所测高差之差。

三等水准往返测量高差不符值的限差：检测已测测段高差之差为±$20\sqrt{L}$ mm；路线、区段、测段往返测高差不符值、附合路线、环线闭合差：平原地区为±$12\sqrt{L}$ mm，丘陵、山区为±$15\sqrt{L}$ mm 或±$4\sqrt{n}$ mm；左右路线高差不符值为±$8\sqrt{L}$ mm。L 为各种路线往返平均长度，均以 km 为单位。L 小于 1 km 时，按 1 km 计；n 为水准测段测站数，每千米水准测站数超过 16 站时，用 n 计算。

(5) 水准测量成果超限时，应重测。若在本站检查发现后应立即重测；若迁站后才检查发现，则应从水准点或符合限差要求的测段或间歇点开始重测。

3.1.3.2　三等水准测量方法

三等水准测量采用中丝读数法，应进行往返观量。当使用有光学测微器的水准仪和线条式因瓦水准尺进行观测时，也可采用光学测微法进行单程双转点观测。

一个仪器站的双面中丝读数法观测程序应为：

(1) 安平仪器，当望远镜绕垂直轴旋转时，符合水准器气泡两端影像分离，应小于 1 cm。

(2) 照准后视水准尺的黑面（此时利用标尺上的圆水准器，将水准尺垂直立于测桩或尺垫上，下同），用倾斜螺旋使水准气泡严密居中，然后精确读数，顺序为后视黑——下、上、中。

(3) 照准前视水准尺的黑面按（1）项操作步骤调平，然后精确读数，顺序为前视黑——中、下、上。

(4) 照准前视水准尺的红面，调平精确读数，前视红——中。

(5) 照准后视水准尺的红面，调平精确读数，后视红——中。

其操作顺序简称为后黑、前黑、前红、后红。

光学测微法的仪器安平同前要求，但照准水准尺基本分划时，符合水准气泡两端影像分离应不大于 2 mm，中丝读数应读至 0.1 mm。采用补偿式自动安平水准仪进行水准测量时，先将水准仪概略整平，即可按相应等级水准仪观测顺序进行测量。

三等水准测量尺面中丝读数应读记至 1 mm，计算平均高差取至 0.5 mm。用测微法时，中丝读数计算高程平均高差均取至 0.1 mm。各类水准测量的视距和视距差取至 0.1 m。

三等水准测量结果检查与四等水准测量结果检查相同（见中级工水准测量部分）；三等水准测量成果的记载计算表式及方法与四等水准测量基本相同（见中级工水准测量部分）。测量过程中应注意在每一仪器站的允许视线长度、前后视距不等差，同尺黑、红面读数差与同站黑、红面所测高差之差，左、右线路转点差，检测间歇点的允许限差要求与四等水准测量不同。

3.1.3.3　水准测量误差的主要来源与控制

水准测量误差主要来自三个方面，即仪器误差、观测误差、外部条件引起的误差。了解误差来源，以便将误差减小到最小。

1. 仪器误差

(1) 水准仪校正后的残余误差：主要是指水准管轴与视准轴不平行，虽经校正但仍然存在着残余误差。这种误差大多是系统性的，若观测时，使前后视距相等，便可消除或减弱此项误差的影响。因此，规定水准仪 i 角不得大于 20″，在长距离引测时应做 i 角检验；应按规定掌握前后视距不等差、测段累计允许限差；在同一测站，前后视不得调焦等。

(2)水准尺误差：水准尺刻画不准确、尺长变化、弯曲等原因，都会影响水准测量的精度。因此，水准尺需经过检验才能使用。对于水准尺的零点差，可在一个测段中使测站数为偶数的方法予以消除。

2. 观测误差 τ

(1)水准管气泡居中的误差。水准测量的主要条件是视线必须水平，它是利用水准管气泡位置居中来实现的。设水准管分划值为 τ''，居中误差一般为 $\pm 0.15\tau''$，采用符合水准器时，气泡居中精度可提高一倍，故居中误差为

$$m_\tau = \pm \frac{0.15\tau''}{2\rho''}L \tag{5-3-8}$$

式中　τ''——分划值，以秒计；

ρ''——角度换算常数，等于 206 265″；

L——视距长，m。

视距长与气泡居中误差成正比关系，因此，在《水文测量规范》(SL 58—2014)中规定其视距长：三等水准测量应小于或等于 75 m；四、五等水准测量应小于或等于 100 m、150 m。

(2)估读水准尺的误差。在水准尺上估读 mm 数的误差与人眼的分辨能力、望远镜的放大倍率以及视距长度有关。因此，对不同等级水准测量时的视距长度均做了规定。

(3)水准尺倾斜误差。在水准测量中，若水准尺在视线方向前后倾斜，将使尺上读数偏大。可通过在水准尺上安装圆水准器，使水准尺保持在竖直位置上予以克服。

3. 外部条件引起的误差

(1)水准仪下沉。仪器下沉使视线降低，从而引起高程误差。因此，在进行三等水准测量时，应采用后黑、前黑、前红、后红的观测程序，则可减弱其影响。

(2)尺垫下沉。如果在转站时尺垫发生下沉，将使下一站后视读数增加，高差增大。采用往返观测的方法，取成果的中数，可以减弱其影响。

(3)大气折光的影响。空气中温度不均匀，将使光线发生折射，视线即不成为一条直线。特别在晴天，靠近地面的温度较高，使尺子上的读数增大。一般应将视线高出地面以上 0.3 m，以减少此项影响。

(4)温度的影响。温度的变化不仅引起大气折光的变化，而且当烈日照射水准管时，管内液体温度升高，气泡向着温度高的方向移动，因而影响仪器的水平产生气泡居中误差。所以，一般限制晴天进行测量的时间，并随时注意撑伞以遮太阳。

以上各项误差来源，是采用单独影响的原则进行分析的，在实际中则是综合影响的。由于随机误差有相互抵消的特性，综合影响误差不是简单的累加。只要在作业中注意上述误差来源，采取相应措施，严格按规定进行操作，各项和综合误差将会大为减小，观测精度将得到提高。

3.1.4　跨河水准测量

当水准测量跨越江河、湖泊、洼地、沟谷等障碍地段时，一般因跨越的宽度大，不能满足相应等级水准测量有关视距、前后视距差等技术指标，采取特殊方法进行的水准测量，称为跨河水准测量。

3.1.4.1　跨河水准测量的方法

当河宽不大于允许视线长度时，可直接进行跨河水准测量，但在仪器站上应变换一次仪器高度，观读两次，两次高差之差应小于7 mm，取两次结果的平均值。当河宽大于允许视线长度，有桥梁和冰面可以利用时，可通过桥面或冰面进行水准测量。否则，应根据跨河视距长度、水流及仪器设备等情况，分别使用不同方法进行观测，其测量精度不低于四等水准要求。常用的测量方法有直接读尺法、微动觇板法、水面传递高程法、经纬仪倾角法等。

微动觇板法是专制可套滑在水准尺上的觇板，隔河测量时，观测与扶尺人员配合，以醒目准确地读取水准尺刻划。水面传递高程法是在水面平静时，将水面看作基面，采取措施(如在河边挖坑引水，坑中打桩设点)测出河流两岸测点与水面的高差，此两高差之差即为两点之间的高差。直接读尺法和倾角法下面专门介绍。

跨河视线长度在300 m以内，可采用直接读尺法或采用静水面传递高程法。当跨河水准测量的视线长度大于300 m且小于2 000 m时，采用经纬仪倾角法进行测量；当采用三等水准最大视线长度小于500 m，采用四等水准最大视线长度小于1 000 m时，可采用微动觇板法。

跨河视线长度超过2 000 m时，采用的方法和要求须依据测区条件进行专项设计。

3.1.4.2　跨河水准测量的场地布设

跨河水准测量的场地布设以两岸两站“等距”“等高”为基本原则，目的是抵偿因单站不等距、大气垂直折光等因素可能造成的误差。

(1)等距。安置仪器及标尺的位置，要求跨河视线长度力求相等，岸上视线长度不得短于10 m，且两岸视线长度应相等。两岸仪器至水边的距离，应基本相等。跨河水准测量场地等距布设示意如图5-3-7所示。当使用一台仪器观测时，宜采用如图5-3-7(a)所示的Z字形布局，图中I_1、I_2处为仪器与远标尺轮换安置点，b_1、b_2为近标尺安置点，$I_1b_1=I_2b_2$，且为10~20 m；使用两台仪器观测时，可采用如图5-3-7(b)所示的平行四边形或如图5-3-7(c)所示的等腰梯形布局，图中I_1、I_2为两岸仪器安置位置，b_1、b_2为两岸水准标尺的立尺点。测量的是b_1、b_2之间的高差，已知其中一个高程，可推算另一个高程。

(2)等高。两岸安置仪器和水准尺的点应尽量等高。当跨河视线长度不大于300 m时，视线高度距水面距离不应小于2 m。当跨河视线长度大于300 m时，视线距水面高度不小于3 m(水位受潮汐影响时，按最高潮位计)。当不能满足上述要求时，应搭台解决。

(3)标尺设立点应牢固。设置木桩顶面直径宜大于10 cm，长度为30~50 cm，入土长度应满足标尺点牢固的要求，桩顶高于地面10 cm以上，并钉上圆帽钉。

(4)为了计算高程和检查立尺点高程是否发生变化，应在距跨河点300 m以内，设立临时水准点。

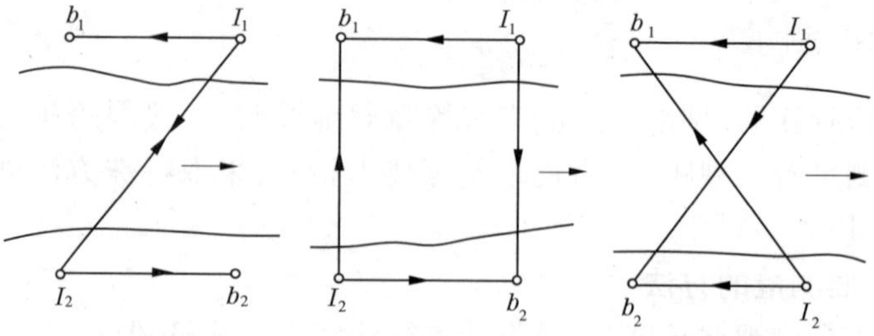

图 5-3-7　跨河水准测量场地等距布设示意

(5)视线长度不大于 300 m 时,跨河水准测量应观测 2 个测回。2 个测回的高差不符值:三等水准测量应不大于 8 mm,四等水准测量应不大于 16 mm,超出限差时,应分析原因。

(6)当视线长度不大于 300 m 时,跨越水流平缓的河流、静水湖泊、池塘等的四等水准测量,可采用静水传递高程法进行 2 次观测。2 次观测结果不符值,应不超过$\pm 20\sqrt{L}$ mm(L 为两岸水准点间的水平距离,以 km 计)。

(7)跨越北方地区的河流、沼泽、水草地等,可利用寒冬季节在冰上进行水准测量,并应遵守下列规定:

①寒冬前,应预先在两岸选定跨河地点和埋设水准标石,并与路线上的水准点进行连测。

②冰上水准测量时,应在冰层有足够厚度和表面周日变化最小期间(宜在每年 12 月底至次年 2 月底)进行,观测过程中应注意安全。

③观测开始前,可沿选定线路依相应等级水准测量所采用的视线工具,选定安置仪器及标尺的地点,清除积雪,可在安置标尺处凿一小孔,插入一不小于 30 cm×10 cm×10 cm 的木桩(桩顶钉入圆帽钉),然后浇水使其冻结。在安置仪器脚架的每一脚下,可预先冻入木桩以支撑仪器脚架。

④冰上水准测量观测方法和各项限差均应符合相应等级水准测量的规定。

3.1.4.3　跨河水准测量的注意事项

(1)跨河水准测量宜在风力微弱和气温变化较小的阴天进行,以减小大气垂直折光的影响。风力在 4 级以上或风向平行跨河视线时,不宜观测。

(2)当晴天观测时,应在日出后 1 h 开始至地方时间 09:30;自地方时间 15:00 后开始至日落前 1 h。观测时仪器须用白色伞遮蔽阳光。

(3)仪器调岸观测时,不得碰动调焦螺旋和目镜。

(4)立水准尺时,应保持圆水准器的气泡居中。

(5)跨河水准测量前,应进行临时水准点与水准尺的立尺点连测。在每日观测前用单程进行检测。当检测高差与联测高差比较,不超出规定限差时,即可进行跨河观测。若检测超限,则再检测另一个单程。

(6)当跨河视线长度大于 300 m 时,跨河水准测量的记录和计算应用专门的手簿。当跨河视线长度小于 300 m 时,可用一般水准测量记载簿记载。手簿上应写明水准路线名称、等级、跨河水准所在测段、跨越河流名称、水准测量所用的仪器、水准尺形式及必要的技术参数等项目；按适当比例尺绘出跨河场地示意图，包括跨河水准联测图、跨河水准测量平面示意图。

3.1.4.4　**直接读尺法**

（1）按图 5-3-7（a）布设场地，并按下述操作程序完成一测回观测：

①先在 I_1 与 b_1 的中间，且与 I_1 及 b_1 等距的点上整平水准仪后，用同一标尺按一般操作规程，测定 I_1b_1 的高差 $h_{I_1b_1}$。

②移仪器于 I_1 点，精密地整平仪器后，照准本岸 b_1 点上的标尺，读取黑、红面中丝读数各一次。将仪器转向照准对岸 I_2 点上的标尺，调焦后，即用胶布将调焦螺旋固定，用中丝读标尺黑、红面读数各两次。测定出 I_2b_1 的高差 $h_{I_2b_1}$。

③在确保调焦螺旋不受触动的情况下，立即将仪器搬到对岸 I_2 点上，同时将 b_1 点上的标尺移置到 I_1 点上。待仪器精密整平后，按②的反顺序及操作要求，首先照准对岸 I_1 点上的标尺读数，然后照准本岸 b_2 点上的标尺读数。测定出 b_2I_1 的高差 $h_{b_2I_1}$。

④将仪器搬到 b_2 和 I_2 中间等距的点上，按一般操作方法测定 I_2 与 b_2 的高差 $h_{b_2I_2}$。

同样，反方向先在 I_2 与 b_2 的中间架设水准仪测出 $h_{I_2b_2}$，后到 I_2 架设水准仪测出 $h_{I_1b_2}$，再到 I_1 架设水准仪测出 $h_{I_2b_1}$，后将仪器搬到 b_1 和 I_1 中间等距的点上测定高差 $h_{b_1I_1}$ 也是一样的。

（2）一测回高差计算。

以（1）的①、②为上半测回观测，测得 $h_{I_1b_1}$ 和 $h_{I_2b_1}$；③、④为下半测回观测，测得 $h_{b_2I_1}$ 和 $h_{b_2I_2}$。如果上半测回所观测的 b_1、b_2 两点的高差为 $h_{b_1b_2}=h_{I_2b_1}+h_{b_2I_2}$，下半测回所观测的 b_2、b_1 两点的高差为 $h_{b_2b_1}=h_{b_2I_1}+h_{I_1b_1}$，则一测回高差按式（5-3-9）计算：

$$H_{b_1b_2}=(h_{b_1b_2}-h_{b_2b_1})/2 \tag{5-3-9}$$

（3）应进行二测回观测，且两测回高差互差应满足相应的规定，取其均值为测得高差。

3.1.4.5　**倾角法**

经纬仪倾角法属于水平三角高程测量，原理是由水平距离和竖直角计算出待测点高出仪器水平视线的高度数值，推算高程或多点之间的高差。现在有了全站仪等高精度的仪器，跨河水准测量或高差测量方便且精度有保证，可满足经纬仪倾角法的精度要求，应创设条件使用。

（1）当跨河水准测量的视线长度大于 300 m 时，应采用倾角法进行测量。

（2）应用倾角法进行三、四等跨河水准测量时，应采用两台垂直度盘指标差稳定的 DJ_2 级经纬仪或测角精度不低于 2″的全站仪，同时在两岸观测。

①观测本岸近标尺时，首先在盘左位置照准近标尺的基本分划线，读取水平视线的标尺厘米分划数，再使水平丝分别照准该分划线的下、上边缘各 2 次；其次纵转望远镜以盘右位置同时照准该分划线的上、下边缘各 2 次，完成一组观测（近标尺只测一组）。盘左或盘右同一边缘两次照准读数差应不大于 3″。

②观测对岸远标尺时,首先在盘左位置用水平丝依次照准下、上标志线各4次,同一标志线的4次照准读数差应不大于3″;再纵转望远镜以盘右位置,按相反次序照准上、下标志线各4次读数。以上操作组成一组观测。依同法进行其他各组的观测。各组算出上、下标志线的倾角 α 和 β,α 或 β 其组间互差应不大于4″。

③上述两项操作组成一岸仪器观测的半测回,两岸仪器同时对测各半测回,组成一个测回。两个测回连续观测时,测回间应间歇15 min左右。

(3)倾角法测量的测回数及每个测回中观测对岸远标尺组数应满足表5-3-2的规定。

表5-3-2 倾角法测量的测回数及每个测回中观测对岸远标尺组数

跨河视线长度(m)	<1 000	1 000~1 500	1 500~2 000	>2 000
测回数	4	8	8	12
组数	2	2	3	3

(4)倾角法各测回互差应不大于式(5-3-10)、式(5-3-11)计算的限值:

三等水准测量:
$$\mathrm{d}H_c = 12\sqrt{NS} \tag{5-3-10}$$

四等水准测量:
$$\mathrm{d}H_c = 20\sqrt{NS} \tag{5-3-11}$$

式中 $\mathrm{d}H_c$——倾角法各测回互差的限值,mm;

N——测回数;

S——跨河视线长度,km。

(5)倾角法测量后高程由式(5-3-12)计算:

$$H_B = H_A + \frac{1}{2}kl\sin 2\alpha + i - v \tag{5-3-12}$$

式中 H_B——地形点高程,m;

H_A——仪器测站点高程,m;

k——仪器乘常数,通常取 $k = 100$;

l——视距间隔,上、下丝读数差,m;

α——观测点的竖直角值,m;

i——仪器高,m;

v——中丝在观测点尺上的读数,m。

3.1.5 水准测量平差计算

3.1.5.1 水准路线闭合差的计算

附合水准路线闭合差由式(5-3-13)计算:

$$\Delta h = \sum h - (H_d - H_u) \tag{5-3-13}$$

闭合水准路线闭合差由式(5-3-14)计算:

$$\Delta h = \sum h \tag{5-3-14}$$

支线水准路线闭合差由式(5-3-15)计算:

$$\Delta h = \left|\sum h_t\right| - \left|\sum h_c\right| \tag{5-3-15}$$

式中　Δh——高差闭合差,m;

$\sum h$——各测段高差的代数和,m;

$\sum h_t$、$\sum h_c$——路线上各测站的往测、返测的高差总和,m;

H_d——路线上终止已知水准点的高程,m;

H_u——路线上起始已知水准点的高程,m。

3.1.5.2　水准路线闭合差的调整分配

附合、闭合、支线水准路线闭合差的改正,一般按测段长度或仪器站数呈正比,反其符号进行分配。

按线路长度的闭合差改正数计算式为

$$\delta_i = -\frac{L_i}{L}\Delta h \tag{5-3-16}$$

按仪器站数的闭合差改正数计算式为

$$\delta_i = -\frac{n_i}{n}\Delta h \tag{5-3-17}$$

式中　δ_i——某一测段上高差改正数,m;

L_i——某一测段前、后视距离之和,m;

L——水准路线总长度,m;

n_i——某一测段仪器站数;

n——水准路线总仪器站数。

3.1.5.3　改正后高差和高程

各测段改正后的高差等于实测高差加上相应的高差改正数 δ_i 。根据已知点高程和各测段改正后的高差,依次推算出水准路线上各点的高程,还应注意检核各测段改正数是否等于高差闭合差。

3.1.6　水准测量成果报告编写

当某项目或工程上的水准测量工作按合同或任务书要求完成后,都应为上级或委托方及时提供"×××工程水准测量成果报告"。其主要内容如下:

(1)概述:主要说明项目的来源、测区概况、作业依据、完成过程及完成时间等。

(2)完成主要工作量:如三等水准测量 25 km,设置水准点 5 个。

(3)水准测量实施:说明水准测量实施过程中执行的标准规范,水准等级,水准仪及水准尺名称、精度,测量成果各项限差满足的标准等级等。

(4)提交资料成果:包括水准测量成果报告及高程点成果表等。

3.2 断面测量

3.2.1 全球卫星导航系统平面定位原理

3.2.1.1 简述

全球卫星导航系统(Global Navigation Satellite System,GNSS)是以人造卫星作为导航台的星级无线电导航系统,为全球陆、海、空、天的各类军民载体提供全天候、高精度的位置、速度和时间信息,又称为天基定位、导航和授时系统。除包括美国 GPS、俄罗斯 GLONSS、欧盟 GALILEO 和中国北斗卫星导航系统 BDS 这四大全球导航卫星系统外,还包括区域系统和增强系统。其中,区域系统有日本的 QZSS 和印度的 IRNSS,增强系统有美国的 WAAS、日本的 MSAS、印度的 GAGAN 以及尼日利亚的 NIG-GOMSAT-1 等。与常规的测量技术相比,GNSS 技术具有以下的优点:

(1)定位精度高。

(2)测站点间无须通视。

(3)全天候作业。

(4)效率高、观测时间短。

(5)节省人力、物力。

(6)操作简单。

由于进行 GNSS 测量时,要求保持观测站的上空开阔,以便于接受卫星信号,因此,GNSS 测量在某些难于接受卫星信号环境(如地下工程测量、紧靠建筑物的某些测量工作及在两旁有高大楼房的街道的测量等)下并不适用。

3.2.1.2 GNSS 全球定位系统组成

GNSS 全球定位系统一般由空间部分(卫星星座)、地面控制部分(地面监控系统)和信号接收处理部分(用户接收机)三部分组成。

3.2.1.3 GNSS 定位方法的分类与原理

(1)GNSS 的定位方法。按用户接收机天线在测量中所处的状态,可分为静态定位和动态定位;若按定位的结果来分,可分为绝对定位和相对定位。

(2)绝对定位原理。绝对定位的基本原理是以 GNSS 卫星和用户接收机天线之间的通信观测量为基础,测定用户接收机至 GNSS 卫星之间的距离。从理论上说,如果接收机同时对 3 颗卫星进行距离测量,根据已知的卫星瞬时坐标,即可确定用户接收机所对应地点(接收机天线相位中心的位置)的三维坐标(x,y,z)。

(3)相对定位原理。GNSS 相对定位,亦称差分 GNSS 定位,其基本定位原理是用两台或多台用户接收机安置在一条或多条基线的端点上,并同步观测相同的 GNSS 卫星,以确定基线端点(测站点)在 WGS-84 坐标系中的相对位置。

(4)GNSS 定位常用方法。目前广泛应用的是相对定位模式,有后处理静态定位和动态定位、实时动态定位(RTK)。

3.2.2　GNSS 测量系统数据处理

3.2.2.1　外业成果记录

GNSS 测量作业所获取的成果记录应包括观测数据、测量手簿等。

观测记录的形式一般有两种。一种由接收机自动形成,并保存在机载存储器中,供随时调用和处理,这部分内容主要包括接收到的卫星信号、实时定位结果及接收机本身的有关信息。外业观测中接收机内存储介质上的数据文件应及时拷贝成一式两份,并在外存储介质外面适当处制贴标签,注明网区名、点名、点号、观测单元号、时段号、文件名、采集日期、测量手簿编号等。两份存储介质应分别保存在专人保管的防水、防静电的资料箱内。接收机内所存数据文件卸载到外存介质上时,不应进行剔除、删改或编辑。另一种是测量手簿,由操作员随时填写,其中包括观测时的气象元素等其他有关信息。表 5-3-3 为 GNSS 测量手簿记录格式,按有关要求填写。

表 5-3-3　GNSS 测量手簿记录格式

<table>
<tr><td>点号</td><td></td><td>点名</td><td></td><td>图幅编号</td><td></td></tr>
<tr><td>观测记录员</td><td></td><td>观测日期</td><td></td><td>时段号</td><td></td></tr>
<tr><td>接收机型号及编号</td><td></td><td>天线类型及其编号</td><td></td><td>存储介质类型及编号</td><td></td></tr>
<tr><td>原始观测数据文件名</td><td></td><td>Rinex 格式数据文件名</td><td></td><td>备份存储介质类型及编号</td><td></td></tr>
<tr><td>近似纬度</td><td>°　′　″　N</td><td>近似经度</td><td>°　′　″　E</td><td>近似高度</td><td>m</td></tr>
<tr><td>采样间隔</td><td>s</td><td>开始记录时间</td><td>h　min</td><td>结束记录时间</td><td>h　min</td></tr>
<tr><td colspan="2">天线高测定</td><td colspan="2">天线高测定方法及略图</td><td colspan="2">点位略图</td></tr>
<tr><td colspan="2">测前:　　　　测后:
测定值____m　　____m
修定值____m　　____m
天线高____m　　____m
平均值____m　　____m</td><td colspan="2"></td><td colspan="2"></td></tr>
<tr><td colspan="2">时间(UTC)</td><td colspan="2">跟踪卫星数</td><td colspan="2">PDOP</td></tr>
<tr><td colspan="2"></td><td colspan="2"></td><td colspan="2"></td></tr>
<tr><td colspan="2"></td><td colspan="2"></td><td colspan="2"></td></tr>
<tr><td colspan="2"></td><td colspan="2"></td><td colspan="2"></td></tr>
<tr><td colspan="2"></td><td colspan="2"></td><td colspan="2"></td></tr>
<tr><td colspan="2"></td><td colspan="2"></td><td colspan="2"></td></tr>
<tr><td colspan="2"></td><td colspan="2"></td><td colspan="2"></td></tr>
<tr><td colspan="2"></td><td colspan="2"></td><td colspan="2"></td></tr>
<tr><td>记事</td><td colspan="5"></td></tr>
</table>

3.2.2.2　**数据处理**

GNSS 数据应按照相关要求，对各项内容严格检查，确保准确无误。然后，进行后续的平差计算和数据处理。

GNSS 测量采用连续同步观测的方法，信息量大、数据多，是常规测量方法无法相比的；同时，采用的数学模型、算法等形式多样，数据处理的过程较复杂。在实际工作中，卫星定位的数据处理，一般均可借助相应的数据处理软件自动完成，随着定位技术的不断发展，数据处理软件的功能和自动化程度不断增强和提高。

GNSS 数据处理基本流程如图 5-3-8 所示，包括数据的粗加工和预处理、基线向量计算和基线网平差计算、坐标系统转换或与地面网的联合平差等。数据的采集与实时定位在外业测量过程中完成；数据的粗加工和预处理一般采用随机配置的软件将接收机中的数据传输至计算机，进行预处理；基线数据处理可采用随接收机配备的软件，也可采用高精度数据处理专用的软件进行。数据处理软件应经有关部门的试验鉴定并经业务部门批准方能使用。

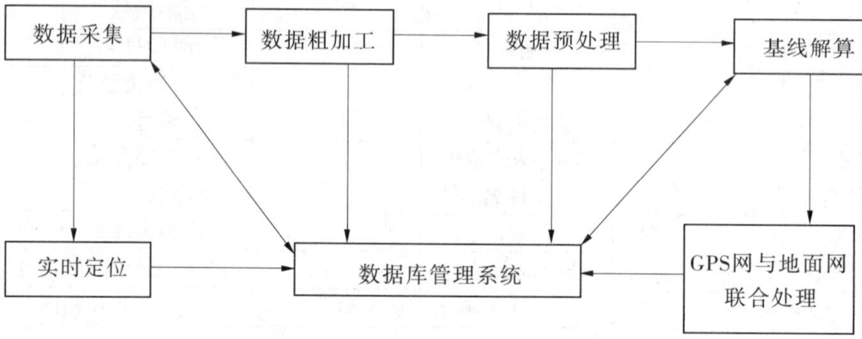

图 5-3-8　GNSS 数据处理基本流程

3.2.3　纵断面测量技术要求

纵断面是指在水面和河床之间河道沿水流方向的剖面，一般有由河流深泓点控制的深泓纵断面，也有由主流向和平均河底高程描述的纵剖面。河道纵断面测量实际是许多横断面测量后的择点组合。其测量技术要求如下：

（1）水文测站地形测量、洪水调查、河流主槽的河底高程和水面线发生较大变化时均应进行纵断面测量。

（2）纵断面测量包括整个测验河段及下游对测验河段起控制作用的石梁、跌水、拦河闸（坝）、桥梁等，不宜小于测验河段长的 2 倍。洪水调查时的纵断面测量应包括各种推算方法的计算断面。

（3）纵断面测量的测点间距应不大于比降断面间距的 1/2。在基本水尺、流速、浮标、比降等测验断面及纵向河底转折点处均应布设测点。

（4）当水流平稳，比降均匀一致时，纵断面的水面高程（水位）可采用瞬时水面法用四等水准测定，也可用上、下游水位内插法计算；当河段内比降变化较大时，应分段用四等水准测定水位。也可采用电磁波测距高程导线或 RTK 以不低于四等水准的精度要求施测水位。

(5)深泓点的测量,应在各测点的河道主槽横断面上探测出最大水深,同时测出水面高程,由水面高程减去最大水深求得深泓点高程,也可用同次地形资料进行计算。

(6)需要绘制平均河底高程线时,纵断面各测点处均应实测横断面。

(7)纵断面测量中各横断面及断面的间距测量应符合下列要求:

①各横断面宜垂直流向。

②当各横断面平行时,断面间距可在一岸测量;各横断面不平行时,应在两岸测量,取用中泓处的距离。

③各横断面纵向距离应进行往返测量,不符值应小于 1/500;测量比降时,比降断面间距的不符值应小于 1/1 000。

3.2.4　纵断面图及洪水水面线绘制

3.2.4.1　纵断面图绘制

(1)纵断面图应在方格纸上绘制或采用计算机绘图技术绘制,纵坐标为高程、横坐标为沿河长水平距离,纵、横坐标比例尺宜采用 1、2、5 的倍数,高程比例尺宜为水平距离比例尺 10 的整倍数。

(2)图中应注明水系、河名、站名(地名)、施测时间。

(3)在高程比例尺的左边注明采用基面名称。

(4)在相应位置用虚线标出各断面的位置,并注明断面编号或名称。

(5)连接相邻横断面上河底高程的最低点,绘出深泓河底线。

(6)根据各测点同时间的水面高程(水位)绘出瞬时水面线。洪水调查时应将各次大洪水水面线绘出,并注明相应水位和水面比降数值。

(7)绘出石梁、跌水、拦河闸(坝)、桥梁等工程的位置及关键部位的高程、洪水调查的洪痕及高程。

(8)绘出支流汇入口中心位置,注明支流名称。

(9)视需要绘制平均河底高程线等。

(10)视需要可加绘两岸堤顶高程线,并在大堤线上方注明其名称。

3.2.4.2　洪水水面线的绘制及合理性分析

洪水调查时应将各大水年的洪水水面线绘出,并注明相应水位和水面比降数值。洪水水面线纵坐标根据测量的或调查的水面洪痕点高程、横坐标为沿河长水平距离绘制。可结合绘出河底线、测时水面线,标出大断面、洪痕点的位置(左、右岸洪痕应以不同符号区别)。

绘制洪水水面线,需做合理性分析。应以评定可靠程度较高、代表性较好的洪痕点为依据,同时参照河底线,中、高水和近期大洪水的水面线,并考虑河段地形等方面因素绘制。若两岸有洪痕,应分别绘出水面线,并以其中较能代表主流一岸的水面线为准。同时,考虑诸如河道地形、洪水涨落率大小、河床的组成及植物生长情况等因素影响。其中,地形地貌的影响最为明显，如一般山区河流洪水水面线平行于河底纵断面线，洪水水面比降与河底平均比降关系密切，在河底比降有显著变化的地方，水面线比降也有明显的改变。又如上游河道地形较陡，调查河段地形平缓，则比降随水位的上升而加大；反之，调查河段的比降随水位上升变缓。

3.2.5　断面测量方案编制

断面测量是一项专业性很强的业务工作，实施前必须做好断面测量方案编制工作，并经上级部门或项目甲方审查批复。这样才能更好地指导断面测量工作的实施和开展。方案编制要条理清晰、切合实际、重点突出、可操作性强。一般断面测量方案编制内容及结构如下：

1　概况

1.1　项目背景：项目来源和具体目标等。

1.2　项目实施：项目组织、协作实施单位等。

1.3　测区概况：测区地理位置、范围，以及交通、地势地貌等情况概述。对断面测量工作的影响等。

2　作业依据

2.1　采用高程系统。

2.2　作业依据：作业时依据的技术标准及文件等。

2.3　测量工作任务：断面数量，各断面间距及宽度等。

2.4　已有资料分析利用：作业区周边可利用的水准高程等资料情况。

3　项目准备

3.1　测验人员准备（主要指针对性的业务培训）。

3.2　测验仪器、工具准备。

3.3　运输车辆及水上测验船准备。

3.4　内业规范、资料、计算表格等准备。

4　断面测量组织形式及进度计划

4.1　项目组织机构：可成立项目领导小组，安全、质量检查小组等。

4.2　进度安排计划：按上级或甲方要求，明确各阶段工作完成时间表。

5　断面测量的实施方法

5.1　实地查勘及断面桩点埋设。

5.2　断面布设及水下、岸上（外业）测量。

5.3　内业计算处理。

6　断面测量质量控制（管理）措施

7　安全生产管理措施

8　提交资料成果清单

3.3　地形测绘

3.3.1　平面控制、高程控制和碎部测量的概念

为了限制误差的累积和传播，保证测图和施工的精度及速度，测量工作必须遵循"从整体到局部，先控制后碎部"的原则，即先进行整个测区的控制测量，再进行碎部测量。

控制测量是在一定区域内，按测量任务所要求的精度，测定一系列地面标志点（控制点）的平面坐标和高程，并建立控制网的测量工作。测定控制点的平面位置工作，称为平面控制测量；测定控制点的高程工作，称为高程控制测量。控制测量的实质就是测量控制点的平面位置和高程。

碎部测量是以控制点为基础，测定地物、地貌的平面位置和高程，并将其绘制成地形图的测量工作。碎部测量工作分两个过程：一是测定碎部点的平面位置及高程；二是利用地图符号在图上绘制各种地物和地貌。

3.3.2　地形碎部测图

3.3.2.1　碎部测图概述

碎部测量是根据比例尺要求，运用地图综合原理，利用图根控制点对地物、地貌等地形图要素的特征点，用测图仪器进行测定并对照实地用等高线、地物、地貌符号和高程注记、地理注记等绘制成地形图的测量工作，即基于控制下直接进行的散点测量。

碎部测量以控制点为基础，一是测定碎部点的平面位置和高程；二是使用地图符号在图上绘制各种地物和地貌。地物的测绘实际上是地物平面形状的测绘，地物平面形状可用其轮廓点（交点和拐点）和中心点来表示。地貌也有相应能够反映其特征的方向变化线和坡度变化线的特征点，确定了其平面位置及高程，则地貌的基本形状也就表示出来了。因此，无论是地物还是地貌，其形态都是由一些特征点，即碎部点的点位所决定的。

碎部测图的方法有经纬仪测图、平板仪测图等传统测图法（也称白板测图），也有航空摄影测量法及数字测图法等现代化的方法。

传统测图法是通过测量将碎部点展绘在图纸上，以手工方式描绘地物和地貌，具有测图周期长、精度低等缺点，主要适用于小区域、大比例尺的地形测图。一般工作内容和程序为：通过收集资料和现场初步踏勘拟订技术计划；进行测区的基本控制测量和图根控制测量；进行测图前的一系列准备工作，以保证测图工作的顺利进行；在测站点密度不够时要进行加密测站点测量；在各测站点控制区域选择碎部点逐点完成碎部测图工作；进行地形图拼接、整饰，检查、验收测量成果等。

航空摄影测量法是测绘大面积地形测图的主要方法，基本作业方式是利用航空摄影像片，以野外实测的控制点为基础，借助航测内业仪器制作地形图。

数字测图是对利用各种手段采集到的地面数据进行计算机处理，而自动生成以数字形式储存在计算机存储介质上的地形图的方法。需要时可以用计算机成图软件绘制出纸介质底图。

3.3.2.2　测图准备工作

(1)资料准备:包括收集测图规范、地形图图式、控制点成果以及拟订任务书和技术计划书等。

(2)仪器与工具准备:测图前应对测图仪器按规定进行检查、检验与校正,使其能满足测图要求。

(3)图板图纸准备:

①图纸。一般采用厚度为0.07~0.1 mm,并经过热定型处理的伸缩性小、无色透明、不怕潮湿的聚酯薄膜。

②坐标网格绘制。在图纸上精确地绘制10 cm×10 cm直角坐标格网。坐标格网绘制可采用对角线法、专用格网尺法、绘图仪等进行。绘制完后,必须检查方格网的长对角线长度与其理论值之差(应小于0.3 mm),检查图廓的边长与其理论值之差(应小于0.2 mm)。超限必须重新进行绘制。

③控制点展绘。先确定待展点所在的方格,用比例尺或分规在网格上截取横(纵)坐标值的分点,垂直连接分点(线),则其交点即为展点在图上的位置。各点展绘完后,必须逐点检核,用比例尺在图上量取各控制点之间的距离与已知的边长(可由控制点坐标反算)的最大误差(不得超过图上0.3 mm),超限应重新展绘。检查无误后,注明其点名、点号和高程。

3.3.2.3　碎部测图方法

测定碎部点平面位置主要用极坐标法,就是根据测站点上的一个已知方向,测定已知方向与测站点到所测碎部点方向之间的夹角,量测测站点至所测碎部点的水平距离,以确定碎部点的位置。高程测算确定一般采用三角高程法。地形碎部测图的方法,按使用仪器的不同,分为经纬仪测图、大平板仪测图和全站仪测图、GNSS测图等。

1. 经纬仪测图

经纬仪测图一般采用极坐标法测量碎部点,依靠经纬仪来确定碎部点的方向和距离,然后根据所测的方向和距离,将碎部点在图纸上展绘出来。经纬仪测图如图5-3-9所示,操作程序如下:

①安置仪器。在已知点上安置经纬仪,对中、整平后,量取并记录仪器高i。将经纬仪精确照准已知点B,将水平度盘读数归零。

②观测。在需要测量的碎部点上立标尺,经纬仪照准标尺,读取碎部点方向与起始方向间的水平角(称为碎部点方向角)、视距、垂直角。

③记录。记录员在观测员读数时,将读取的视距、垂直角、水平角读数数据记入碎部点观测记录手簿的相应栏内。再分别计算出测站点至碎部点的水平距离或碎部点的坐标和碎部点的高程,并及时报给绘图员进行展点。

2. 全站仪测图

全站仪测图步骤基本同经纬仪操作,其碎部点上的标尺改用手持式棱镜,输入仪器高、棱镜高等参数,对准棱镜,使用光电测距测量视距。全站仪提供碎部点方向与起始方向间的水平角、测站点至碎部点的水平距离,或碎部点的坐标和碎部点的高程,进行碎部点点绘。

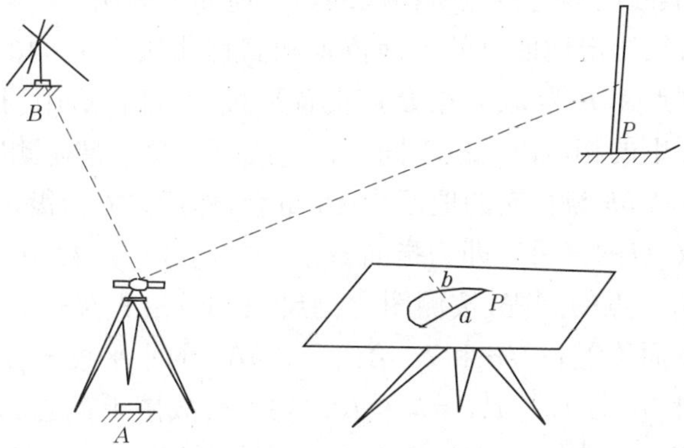

图 5-3-9　经纬仪测图

目前,全站仪测图采集数据的方式有全站仪测记法和全站仪配合电子平板(或电子手簿)采集数据。测记法采集数据是用带有内存数据功能的全站仪现场直接储存观测数据或人工记载,采用极坐标法或直角坐标法展点。电子平板采集数据是全站仪通过电子平板(便携式计算机)配合相应的测图软件现场计算出点位的坐标,通过电子平板连接专用计算机及自动绘图仪自动绘图。

3. GNSS 测图

一般采用 GNSS 实时动态定位技术(RTK)进行。设立基准站后,由一人背着 GNSS 流动接收机到达地物或地貌碎部点位置(移动站)停留几秒钟,并同时输入特征编号,能够实时提供碎部测点的三维坐标成果。也可将一个区域碎部点测完后,带回室内,由专业的软件接口进行数据处理,就可以输出所要求的地形图。

3. 3. 3　平板仪测图

平板仪测图是我国各生产单位用于测绘大比例尺地形图的一种传统方法。在平板仪测量中,水平角用图解法测定,水平距离用钢尺、皮尺、光电测距或图解法测定,在现场按测得的几何元素做图,因此平板仪测量又称图解测量。

3. 3. 3. 1　平板仪的结构

平板仪是在野外直接测绘地形图的一种仪器,它可以同时测定地面点的平面位置和高程。平板部分由图板、基座和三脚架组成。图板一般为 60 cm×60 cm×3 cm 的木质平板。基座用连接螺旋安装在三脚架上。放松连接螺旋,平板和基座可在三脚架头上做小范围移动。基座上有脚螺旋,可以整平图板,还有制动螺旋和微动螺旋,可以控制图板在水平方向的转动。照准仪主要由望远镜、竖盘和直尺组成,望远镜及竖盘和经纬仪相同。传统的方法为配合在照准点上竖立的视距标尺,可以测定距离和高差,现在都用光电测距。直尺和望远镜的视准轴在同一竖直面内(或相距很近的平行竖直面内),望远镜瞄准目标后,直尺在平板上的方向即代表瞄准方向,据此可以在图板上画方向线。

3. 3. 3. 2　平板仪测图原理

平板仪测图是以控制点和图根点或是以图解交会或图解支导线等方法临时测定的点

为测站点，在图上已展绘出的这些点所构成的边与地面上的相应边相互重合或平行时，用大平板仪的照准仪直接测定地面点的平面位置和高程。如图 5-3-10 所示，设在测图板上已展绘出的地面控制点 A、B 为 a、b，在 B 点安置平板仪，进行对中、整平和定向。对中是使地面点 B 和测图板上的相应点 b 位于同一铅垂线上。整平是使测图板成水平位置。定向是使测图板上的直线 ab 与相应的地面线 AB 重合，然后以 b 为极点，用大平板仪的望远镜照准地面点 C，过 C 点的直尺边即为指向 C 点的方向线。用视距测量等方法测定 B 点到 C 点的水平距离和 C 点的高程，按测图比例尺（$1:M$）沿直尺边自 b 点截取相应长度，即得 C 点在图上的平面位置 c。ba 和 bc 给出了 $\angle ABC$ 的水平投影 β 角，β 角即为地面直线 BA 和 BC 所夹水平角，且 $ba : BA' = bc : BC' = 1:M$，故图上的 $\triangle abc$ 与地面上的 $\triangle ABC$ 的水平投影 $\triangle A'BC'$ 相似，则由 $ac : A'C' = 1:M$ 可求得地面上 AC 的水平距离。

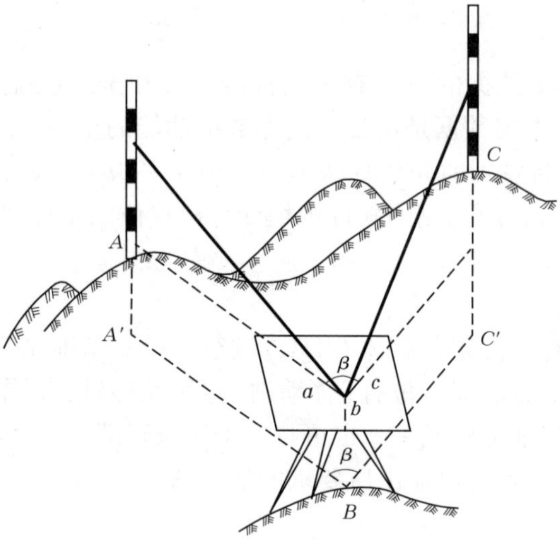

图 5-3-10　平板仪测图原理

按上述相似原理，对地物、地貌特征点逐点逐站地边测边绘，即可测绘出地形图。

3.3.3.3　**大平板仪测图作业**

（1）在测站点上安置大平板仪，进行对中、整平和定向，并量取仪器高。

（2）用照准仪瞄准碎部点上的标尺，读取测站至标尺的视距、垂直角以及目标高，并计算出测站至标尺的水平距离和碎部点的高程。

（3）按测图比例尺，用卡规在复式比例尺（或三棱尺）上截取水平距离在图上的长度，使照准仪的直尺边正确通过图板上测站点的刺孔，用卡规沿照准仪的直尺边将碎部点展刺在图板上，并在点位旁注记高程。

（4）重复上述（2）、（3）步骤，将测站四周所要测的全部碎部点测绘完为止。

（5）根据所测绘的碎部点，按规定的图式符号，着手描绘地物、地貌，并随时注意和实地对照检查，发现错误立即改正。必须经过全面检查后，方可迁至下一测站工作。

3.3.4　水文测站地形测量

3.3.4.1　水文测站地形图控制测量

(1)水文测站地形测量一般测区面积不大,使用平面直角坐标系,采用白纸测图成图方式。

(2)水文测站地形图的平面控制,大测区应采用基本、图根、仪器站三级控制,以小三角网或量距导线作为首级控制。小测区可采用以图根网为首级控制的两级控制。

(3)水文测站地形图的高程控制,大测区首级控制点高程,应采用四等水准测量。其余控制点高程,可采用五等水准测量;高出最高洪水位以上且用水准施测有困难的,也可采用三角高程测量。

(4)布设控制网时,应将可利用的国家点和水文站固定点作为控制点,控制网内应至少有 3 个设置永久性标志的控制点,其中应包括起始数据点。

(5)控制网平差均可采用近似平差计算方法。

3.3.4.2　测绘测验河段地形图的要求

(1)测量的时间。水文测站的地形应在建站初期进行测量,以后地形有显著变化时应重新测量或局部重测。地形变化不大时,重测时间应不超过 20 年。

(2)岸上和水下同时测量。水文测站地形测量分为岸上和水下两部分,岸上和水下地形测量宜同时进行。因特殊原因不能同时进行时,落水期应先测水下后测岸上,涨水期则相反。测量时应避免出现成图空白区域。

(3)测量的范围。河道站在垂直水流方向的宽度,应测至历年最高洪水位以上 0.5~1.0 m;漫滩较宽的河流应测至漫滩边界;有堤防的河段应测至堤防背河侧的地面。在顺水流方向,应包括对水位流量关系起控制作用的全河段,其长度应大于宽度,滩地较宽的可适当变通。

水库站、堰闸站、渠道站应包括各观测地段。当观测地段较分散时,可用小比例尺图标明各观测地段位置,各地段按需要测绘大比例尺地形图。

(4)测站地形图测绘的内容。测绘的内容包括测站的平面、高程控制点、断面标志、基线桩及水准点;水边线及历年最高水位下的漫滩边界;等高线及流向、地物;河流、串沟、岛、居民区及其他建筑物;站房、观测场、测验设施设备点位、水尺、断面、测井等点位;主要交通线名称和通往的地点等。

(5)测图比例尺与图幅尺寸。水文测站地形图选用的测图比例尺,应使测验河段在正常水位的水面宽不小于图上的 3 cm。宜选用 1∶1 000、1∶2 000、1∶5 000 比例尺,小测区也可选用 1∶500 测图比例尺。图幅尺寸可选用(长×宽):40 cm×40 cm、40 cm×50 cm 或 50 cm×50 cm。

(6)坐标系。水文测站地形图应采用平面直角坐标系。利用国家与其他部门控制网时,应采用相应坐标系统。利用国家控制网困难时,可在国家地形图上量概略坐标与方位角,作为独立坐标系统的起算数据。

(7)基本等高距。地形图基本等高距应按表 5-3-4 规定选用。其岸上和水下宜采用同一种基本等高距。

(8)精度要求。地形图基本精度应符合表 5-3-5 规定。

表 5-3-4　地形图基本等高距

测图比例尺	等高线间距(m)	
	平原地区	山地地区
1∶500	0. 25、0. 5	1、2
1∶1 000	0. 5、1	1、2
1∶2 000	0. 5、1	1、2
1∶5 000	1	1、2、5

注:1. 对于天然湖泊或水库参照平原地区选用等高距。
2. 对于潮汐河口、浅水型湖泊、水库可根据任务书要求,等高距可适当加密。

表 5-3-5　地形图基本精度

地形类别	地面倾角(°)	地物点图上点位中误差(mm)	地形点高程中误差(m)	等高线高程中误差(m)	
				岸上	水下
平原	<6	±0. 5	$\pm h/4$	$\pm h/2$	$\pm 1h$
山区	≥6	±0. 75	$\pm h/3$	$\pm 1h$	$\pm 2h$

注:h 为基本等高距。

(9)质量保证措施。进行地形测量作业之前,应对所用仪器、测具进行全面检查、校正。作业时间长的,在作业过程中应进行主要项目的检查与校正。

3. 3. 5　地物地貌测绘

3. 3. 5. 1　地物测绘

1. 地形图图式及地物分类

实际的地物和地貌在地形图上是用各种符号表示的,这些符号总称为地形图图式。为便于交流和使用,统一地形图的测绘、编制等工作,国家有关部门对地形图图式进行规范化管理,制定颁布了一系列国家基本比例尺地图图式,它是地形图测绘与使用的重要依据。一般常用地形符号从《国家基本比例尺地图图式》(GB/T 20257)中选用。在进行水文测站地形图测绘时,水文测验设施及标志、测站类型等,应使用《水文年鉴汇编刊印规范》(SL 460—2009)中的水文制图图式绘制。在工作中应注意,国家基本比例尺地图图式和水文制图图式已修订多次,个别符号在不同版本有差异,在使用过去的地形图时,则需要参照制图时所依据的图式版本。

根据其性质、用途、功能、特点,地形图图式地物分类如表 5-3-6 所示。

表 5-3-6　地形图图式地物分类

地物类型	地物类型举例
水系	江河、运河、沟渠、湖泊、池塘、井、泉、堤坝、闸等及其附属建筑物
居民地	城市、集镇、村庄、窑洞、蒙古包以及居民地的附属建筑物
道路网	铁路、公路、乡村路、大车路、小路、桥梁、涵洞以及其他道路附属建筑物
独立地物	三角点等各种测量控制点、亭、塔、碑、牌坊、气象站、独立石等
管线与垣墙	输电线路、通信线路、地面与地下管道、城墙、围墙、栅栏、篱笆等
境界与界碑	国界、省界、县界及其界碑等
土质与植被	森林、果园、菜园、耕地、草地、沙地、石块地、沼泽等

地形图测绘时应根据使用的比例尺，按测量规范和图式的要求，将各种地物表示在地形图上。地物在地形图上表示的原则是：凡能按比例尺表示的地物，则将它们的水平投影位置的几何形状依照比例尺描绘在地形图上（如房屋、双线河等），或将其边界位置按比例尺表示在图上，边界内绘上相应的符号（如果园、森林、耕地等）；不能按比例尺表示的地物，在地形图上地物中心位置标绘相应的地物符号（如水塔、烟囱、纪念碑等一般用符号标绘）；凡是长度能按比例尺表示，而宽度不能按比例尺表示的地物，则其长度按比例尺表示，宽度以相应符号表示。

2. 地物符号

地物的类别、形状、大小及其在图上的位置，是用地物符号表示的。根据地物的大小及描绘方法不同，地物符号可分为比例符号、半比例符号、非比例符号及地物注记。

1）比例符号

凡按照比例尺能将地物轮廓缩绘在图上的符号称为比例符号，又称为面状符号，如房屋、江河、湖泊、森林、果园等。这些符号与地面上实际地物的形状相似，可以在图上量测地物的面积。

当用比例符号仅能表示地物的形状和大小，而不能表示出其类别时，应在轮廓内加绘相应符号，以指明其地物类别。

2）半比例符号

凡长度可按比例尺缩绘，而宽度不能按比例尺缩绘的狭长地物符号，称为半比例符号，也称线性符号，如道路、河流、通信线以及管道等。半比例符号的中心线即为实际地物的中心线。这种符号可以在图上量测地物的长度，但不能量测其宽度。

3）非比例符号

当地物的轮廓很小或无轮廓，以致不能按测图比例尺缩小，但因其重要性又必须表示时，可不管其实际尺寸，均用规定的符号表示。这类地物符号称为非比例符号，如测量控制点、独立树、里程碑、钻孔、烟囱等。这种地物符号和有些比例符号随着比例尺的不同是可以相互转化的。

4）地物注记

用文字、数字等对地物的性质、名称、种类或数量等在图上加以说明，称为地物注记。

地物注记可分为如下三类：

(1)地理名称注记。如居民点、山脉、河流、湖泊、水库、铁路、公路和行政区的名称等均须用各种不同大小、不同的字体进行注记说明。

(2)说明文字注记。在地形图上为了表示地物的实质或某种重要特征，可用文字说明进行注记。如咸水井除用水井符号表示外，还应加注"咸"字说明其水质；石油井、天然气井等其符号相同，必须在符号旁加注"油""气"以示区别。

(3)数字注记。在地形图上为了补充说明被描绘地物的数量和说明地物的特征，可用数字进行注记。如三角点的注记，其分子是点名或点号，其分母的数字表示三角点的高程。

在地形图上对于某个具体地物的表示，是采用比例符号还是非比例符号，主要由测图比例尺和地物的大小而定，《国家基本比例尺地图图式》(GB/T 20257)中有明确规定。但一般而言，测图比例尺越大，用比例符号描绘的地物就越多；相反，比例尺越小，用非比例符号表示的地物就越多。随着比例尺的增大，说明文字注记和数字注记的数量也相应增加。符号和注记还要处理地物成图后的重合、接边等更细致的问题，可参看有关规范和标准的规定。

3. 地物测绘

在居民地测绘时，应在地形图上表示出居民地的类型、形状和行政意义等。独立地物应准确测绘并按规定的符号正确予以表示。道路(包括各类道路，所有铁路、公路、大车路、乡村路)测绘，一般应立尺于道路中心并测定高程，使用比例或半比例符号表示。水系测绘时，海岸、河流、湖泊、水库、池塘、沟渠、泉、井以及各种水工设施均应实测，水涯线(水面与地面的交线)、洪水位(历史上最高水位的位置)应测绘。植被、土质测绘时要测定其边界，对经济林地、土质类别应加种类说明注记；永久性的电力线、通信线路的电杆、铁塔位置应实测。

3.3.5.2　地貌测绘

在地形图上，地貌通常用等高线法配合地貌符号和高程注记点表示。等高线能够表示地貌的起伏形状、地面的坡度和地面点的高程。对于等高线不能单独表示或不能表示的地貌，配合使用地貌符号和地貌注记来表示。常见地貌及相应等高线如图 5-3-11 所示。

1. 等高线

等高线是地图上地面高程相等的相邻点连成的闭合曲线。

1) 等高距、等高线平距及示坡线

地形图上相邻两条等高线之间的高差称为等高距。采用的等高距越小，则图上等高线越密，地貌显示就越详细。等高距越大，则图上等高线越稀，地貌显示就越简略。因此，等高距的选择应根据测区地形情况、测图比例尺和使用地形图的目的等因素来确定。

等高线平距是地形图上两条相邻等高线之间的相距长度(水平投影面距离)，也称等高线间距，与地面坡度的缓陡相关。

示坡线是指示斜坡降落的方向线，与等高线垂直相交，一般在山头、洼地、鞍部、图廓边及斜坡方向不易判读的地方标示。如盆地的示坡线一般选择在最高、最低两条等高线

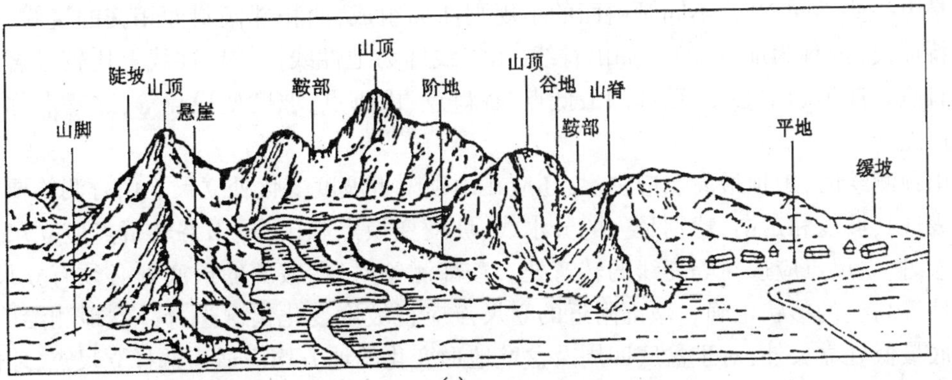

(a)

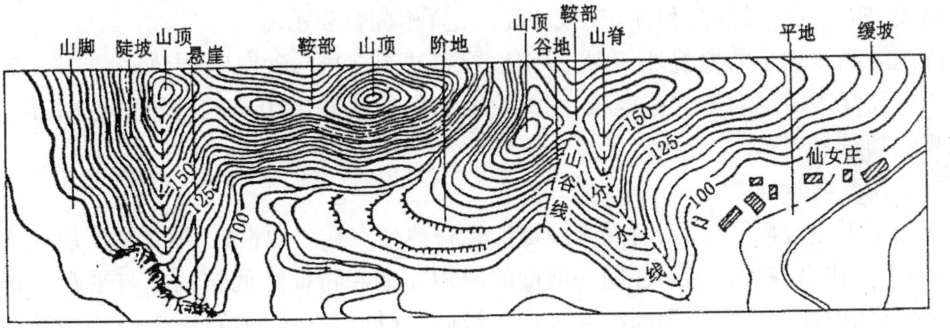

(b)

图 5-3-11　常见地貌及相应等高线

的内侧,山头的示坡线仅表示在高程最大的等高线上的外侧。

2) 等高线的分类

地形图上等高线主要分为首曲线、计曲线、间曲线三种。按规定的等高距(称为基本等高距)描绘的等高线称为首曲线,亦称基本等高线,用细实线绘制。为了识图和用图时等高线计数方便,每隔 4 根基本等高线加粗描绘一条并注记有相应高程的等高线,称为计曲线,又称加粗等高线。计曲线的高程应是 5 倍基本等高距的整倍数,用宽实线绘制。当用首曲线不能反映出重要的局部地貌时,可加绘等高距为 1/2 基本等高距的等高线,称为间曲线,又称半距等高线,用长虚线绘制,表示时可以不闭合。

3) 等高线的特性

(1) 等高性。在同一条等高线上,各点的高程是相同的。

(2) 闭合性。等高线是一条完整的闭合曲线,若不在本幅图内闭合,必在图幅外闭合。

(3) 非交性。除在陡崖或悬崖处外,等高线既不会重合,也不会相交。

(4) 缓稀陡密性。等高线平距的大小与地面坡度大小成反比。同比例尺地形图,等高线的平距大表示坡度缓,平距小表示坡度陡。

(5) 山脊线和山谷线与等高线正交。

2. 地貌的测量

地貌形态较多,由山地、盆地、山脊、山谷、鞍部等基本地貌组成。地球表面的形态,可看作是由一些不同方向、不同倾斜面的不规则曲面组成,两相邻倾斜面相交的棱线,称为地貌特征线(或称为地性线)。如山脊线、山谷线即为地性线。在地性线上比较显著的点有:山顶点、洼地的中心点、鞍部的最低点、谷口点、山脚点、坡度变换点等,这些点称为地貌特征点。

山顶测绘时,山顶最高点应立尺,还应在山顶附近坡度变化处立尺。山脊测绘要能真实地表现其坡度和走向,特别是大的分水线、坡度变换点和山脊、山谷转折点应立尺。山谷测绘时,立尺点应选在等高线的转弯处。鞍部测绘时,在鞍部的最底处必须有立尺点,以便使等高线的形状正确。鞍部附近的立尺点应视坡度变化情况选择。盆地测绘时,除在盆底最低处立尺外,对于盆底四周及盆壁地形变化的地方均应适当选择立尺点,才能正确显示出盆地的地貌。山坡测绘时,应在山坡上坡度变化处立尺。梯田在地形图上一般以等高线、梯田坎符号和高程注记(或比高注记)相配合表示。

除用等高线表示的地貌外,有些特殊地貌如冲沟、雨裂、砂崩崖、土崩崖、陡崖、滑坡等不能用等高线表示。对于这些地貌,用测绘地物的方法测绘出这些地貌的轮廓、位置,用图式规定的符号表示。

3. 等高线的勾绘

在测定了地貌特征点后,对照实际地形先将地性点连成地性线,通常用实线连成山脊线,用虚线连成山谷线。然后在同一坡度的两相邻地貌特征点间按高差与平距呈正比关系,使用目估内插法来确定等高线通过点。最后,根据等高线的特性,把高程相等的点用光滑曲线连接起来,即为等高线。等高线勾绘出来后,还要对等高线进行整饰,注意区别计曲线、首曲线等,加粗计曲线并注记高程。山顶、鞍部、凹地等坡向不明显处的等高线应沿坡度降低的方向加绘示坡线。

3.3.5.3 地物地貌测绘成图

地球表面上的物体和地表形状,在测量工作中可概括为地物和地貌。地物是指地球表面上相对固定性的物体,如河流、湖泊、道路、房屋和植被等;地貌是指高低起伏、倾斜缓急的地表形态,如山地、谷地、凹地、陡壁和悬崖等。测量地物的位置和形状、地貌的特征控制点位并绘制成地图是认识世界的基础。

1. 地物测图

地物包括自然地物(如河流、湖泊、森林、草地、独立岩石等)和人工地物(如房屋、铁路、公路、水渠、桥梁等)。凡是能以比例尺表示的地物,均应将它们的水平投影位置按相似的几何形状描绘在地形图上。对不能以比例尺表示的地物,则以相应的地物符号表示在地物的中心位置上,如水塔、烟囱、纪念碑等。地物测绘主要是测定其形状的特征点,如地物的转折点、交叉点和中心点等,连接这些特征点,可得与实地相似的地物形状。

2. 地貌测图

地貌是指地球表面高低起伏、凸凹不平的自然形态,常用等高线表示,故地貌的测绘主要是等高线的测绘。首先要测定地貌特征点,如山顶和鞍部、山脊和山谷的地形变换点、山坡倾斜变换点、山脚地形变换点等。地性线连接好后,在同一坡度的两相邻点之间,内插出整米高程的等高线通过点,并参照实地,把相等高程的点连接起来,即为等高线。

3. 地形图接幅

地形图是分幅测绘的,为保证相邻图幅的相互拼接,每一幅图的四边一般均需测出图廓外 5 mm 以上。拼接时,要检查相邻图幅两边的地物、地貌是否衔接,注记名称是否相同,地物有无遗漏,地形总貌是否一致。一般规定,地形图的接边较差不大于规范规定的地物、地貌测绘中误差的 2 倍。小于限差时,平均配赋,注意保持地物、地貌相互位置和走向的正确性。超过限差时,则应到实地检查纠正。

3.3.6　碎部地形点的计算与点绘

碎部点通常使用经纬仪、全站仪或大平板仪等进行测量,配合量角器或坐标展点器进行绘图,也可使用全站仪、GNSS 测量,使用测图软件、绘图仪进行数字化成图。

3.3.6.1　**碎部地形点计算**

1. 碎部点水平距离及高程的计算公式

如图 5-3-12 所示的碎部点水平距离及高程的计算中,A 为测站点,B 为碎部点。碎部点水平距离及高程的计算公式如下:

$$S = kl\cos^2\alpha \tag{5-3-18}$$

$$H_B = H_A + \frac{1}{2}kl\sin 2\alpha + i - v \tag{5-3-19}$$

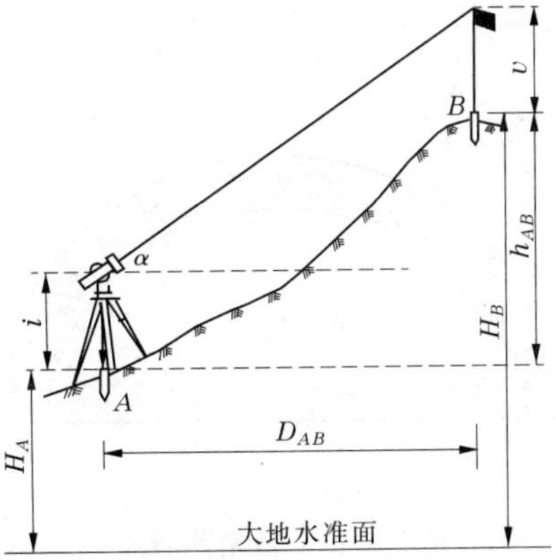

图 5-3-12　碎部点水平距离及高程的计算示意图

2. 碎部点坐标计算公式

$$\left.\begin{aligned} x_B &= x_A + kl\cos^2\alpha\cos\beta \\ y_B &= y_A + kl\cos^2\alpha\sin\beta \end{aligned}\right\} \tag{5-3-20}$$

式(5-3-18)~式(5-3-20)中

S ——水平距离;

k ——仪器乘常数,通常取 $k = 100$;

l ——视距间隔,上下丝读数差;

α ——碎部点的竖直角值;

H_B ——地形点高程;

H_A ——仪器测站点高程；

v ——中丝在碎部点地形尺上的读数；

i ——仪器高；

x_B 、y_B ——碎部地形点坐标；

x_A 、y_A ——仪器测站点坐标；

β ——测站与碎部点连线的水平方向的方位角。

3.3.6.2　碎部地形点点绘

常规测图的点绘有量角器展点和坐标展点器展点两种方法。

1. 量角器展点

量角器展点是以仪器测站点为起算点，根据碎部点的水平方向读数和计算的水平距离确定碎部点的点位。其特点为工具简单、操作方便、效率较高。一般展点使用的量角器半径不应小于 10 cm，其偏心差不大于 0.2 mm。

如图 5-3-13 所示量角器展点，在测站点 A 附近适当位置安置图板，先用小钢针穿过半圆量角器的刻划中心，轻轻钉在图上 a 点处，然后在图上 ab 方向上画一条细线，作为起始方向线。该方向就是图上的零方向。展点时，先根据碎部点的水平方向角读数，用量角器在图纸上确定碎部点的方向。然后，根据碎部点的水平距离，在量角器直径刻划线上依照比例尺量取测站点至碎部点水平距离的图上长度，即可定出 P 点在图上的位置，并在点旁注记碎部点的高程。

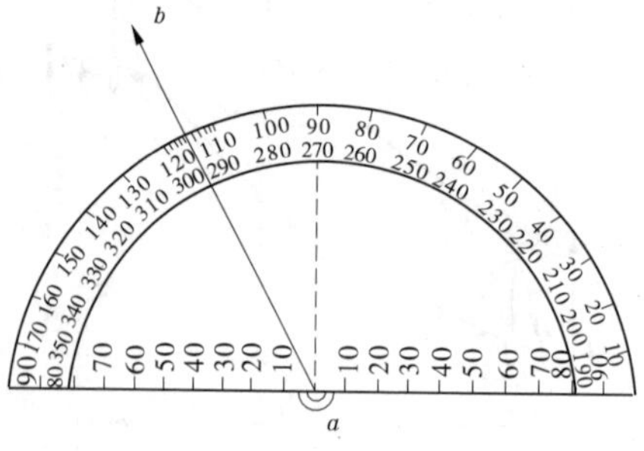

图 5-3-13　量角器展点

量角器展点时，量角器在不断地旋转运动中，量角器刻划中心的刺孔会越来越大，使量角器中心在展点过程中发生变动，从而影响展点精度。

2. 坐标展点器展点

坐标展点器是按直角坐标设计的，展点前必须将碎部点观测计算的水平距离和水平方位角转换计算为坐标数值。使用时，以坐标网格线为起算点，在图纸的坐标网格内，按纵、横坐标的余数值展点。一般展点使用的展点器刻画误差不应超过 0.2 mm。

坐标展点器展点如图 5-3-14 所示。设在 1∶1 000 比例尺测图中，算得碎部点 P 的坐标为 $x_B = 3\ 261.42$ m，$y_B = 1\ 974.88$ m。展点时，先根据 P 点的坐标判断它所在的方格，然后计算 P 点相对于该方格的坐标尾数：$\Delta x = 3\ 261.42 - 3\ 200 = 61.42$(m)，$\Delta y = 1\ 974.88 - 1\ 900 = 74.88$(m)。使展点器左、右两边线与 1 900 m 和 2 000 m 两纵坐标线重合，并上下移动展点器，使 61.42 m 精确对准 3 200 m 横坐标线。再沿展点器上边缘于 74.88 m 处刺出一点，即为碎部点 P 在图上的位置，在其旁边注记高程。用坐标展点器展点精度一般好于量角器展点。

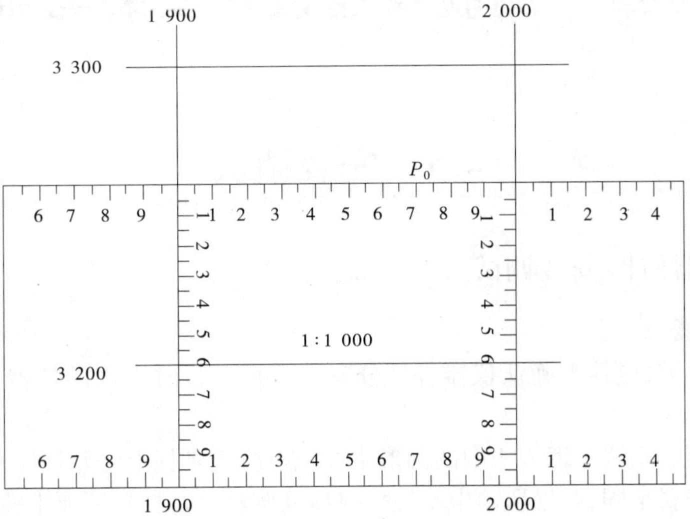

图 5-3-14　坐标展点器展点

3.3.6.3　地形图的检查

为了保证地形图的测绘质量，除测绘过程中做好经常性检查外，在地形图测完后，必须对成图质量进行全面检查。地形图的检查包括室内检查、野外巡查和仪器检查。

(1)室内检查。检查图上地物、地貌表示符号、注记是否正确；等高线描绘是否合理、地形点高程是否相符等；若发现错误或疑点，应到野外进行实地检查修改。

(2)野外巡查。在室内图面检查的基础上，选择合理的巡查路线，将原图上的地物、地貌与实地对照比较。

(3)仪器检查。在内业检查和野外巡查基础上进行。到野外测站使用仪器实地检查选择的一些地形点的位置和高程，验证是否符合要求，如果发现点位的误差超限，应按正确的观测结果修正。

3.3.6.4　测绘成果的整理

测图工作结束后，应将各种资料予以整理并装订成册，以便提交验收和保存。这些资料包括平面和高程控制测量、地形测图两部分。主要有控制点分布略图、控制测量观测手簿、计算手簿、控制点成果表、地形测量手簿、地形原图等。

第 4 章　测验仪器设备安装与维护

4.1　安装调试

4.1.1　雨量器(计)安装调试

4.1.1.1　雨量器

雨量器安装前,应检查确认仪器各部分完整无损。暂时不用的仪器备件,应妥善保管。

雨量器要固定安置于埋入土中的圆形木柱或混凝土基柱上。基柱埋入土中的深度要能保证雨量器安置牢固,在暴风雨中不发生抖动或倾斜。基柱顶部要平整,承雨器口应水平。要使用特制的带圆环的铁架套住雨量器,铁架脚用螺钉或螺栓固定在基柱上,保证雨量器的安装位置不变,还要便于观测时替换雨量筒。

地面观测场的人工雨量器的安装高度,以承雨器口在水平状态下至观测场地面的距离计为 0.7 m。多年平均降雪量占年降水量达 20%以上的地区,观测降雪量的雨量器安装高度宜为 2.0 m;积雪深的地区,可适当提高,但不应超过 3.0 m,并要在器口安装防风圈。

雨量器安装后高度不应随意变动,以保持降水量观测资料的一致性和可比性。

使用水平尺测量承雨器口不同方向的水平情况时,确保承雨器口的水平,并测定安装高度和观测场地地面高程。

4.1.1.2　自记雨量计

自记雨量计安装前,应先检查确认仪器各部分完整无损,传感器、显示记录器工作正常,方可投入安装。

用螺栓将仪器底座固定在混凝土基柱上,承雨口应水平。仪器底座与基座连接应牢固,外壳有筒门的仪器,其筒门朝向应背对本地常见风向。部分仪器可加装 3 根钢丝拉线(绳)拉紧仪器,绳脚与仪器底座的距离宜为拉高的 1/2。各零部件应安装正确,有水准气泡的仪器应通过调整旋钮、增减垫片等措施,调节水准气泡居中。

记录存储传输装置应安装稳固,信号线和电源线应连接正确、牢固,显示记录器应安装在稳固的桌面上;用电缆传输信号时,电缆长度应尽可能短,宜加套保护管后埋地敷设;若架空铺设,应有防雷措施;有防水要求的插头和插座应密封,安装牢固。使用交流电的仪器,应同时配备直流备用电源,以保证记录的连续性。

采用数字存储的显示记录器,安装时应使用电量充足的蓄电池,并注意连接极性。当配有太阳能电池时,应保证连接正确。根据仪器说明书的要求,正确设置各项参数后,再进行仪器调试和人工注水试验,其结果应符合仪器性能要求。试验完毕,应清除仪器内部的存留水量和试验数据。

雨雪量计的安装，应针对不同仪器的工作原理，妥善处理电源、燃气源、不冻液等安全隐患，注意安全防范。

自记雨量计及人工雨量器防风圈的安装应便于观察，并能减弱器口处气流对降水的影响，雨水不应溅入承雨口。仪器安装完毕应复核承雨器口是否水平，并测定安装高度和观测场地地面高程。

对虹吸式雨量传感器，应进行示值标定、虹吸管位置的调整、零点和虹吸点稳定性检查。对翻斗式雨量传感器，分别以大约 0.5 mm/min、2.0 mm/min、4.0 mm/min 的模拟降水强度，用量雨杯向承雨器注入清水(分辨力为 0.1 mm、0.2 mm 的仪器注入量为 10 mm，分辨力为 0.5 mm、1.0 mm 的仪器注入量分别为 12.5 mm 和 25 mm)，将显示记录值与排水量比较，其计量误差应在允许范围内。若超过其允许值，则应按仪器说明书的要求步骤，调节翻斗定位螺钉，改变翻斗翻转基点，直至合格。

4.1.2　蒸发器安装调试

4.1.2.1　蒸发器安装

1. 标准水面蒸发器(即 E-601B 型蒸发器)的安装

埋设 E-601B 型蒸发器时，蒸发器口缘高出地面 30.0 cm，并保持水平。埋设时可用水准仪检验，器口高差应小于 0.2 cm。

水圈应紧靠蒸发桶，蒸发桶的外壁与水圈内壁的间隙应小于 0.5 cm。水圈的排水孔底和蒸发桶的溢流孔底，应在同一水平面上。

水圈与地面之间应设一宽 50.0 cm(包括防坍墙在内)、高 22.5 cm 的土圈。土圈外层的防坍墙用砖顺向平摆干砌而成。在土圈的北面留一不大于 40.0 cm 的观测缺口。蒸发桶的测针座应位于观测缺口处。

埋设仪器时宜少扰动原土，坑壁与桶壁的间隙用原土回填捣实。溢流桶应设在土圈外带盖的套箱内，用胶管将蒸发桶上的溢流嘴与溢流桶相接。安装后，蒸发桶外的雨水应不能从接口处进入溢流桶。

冰期有观测蒸发总量需求时，蒸发桶外应设套桶。套桶的内径稍大于蒸发桶的外径，两桶器壁间隙应小于 0.5 cm。套桶高度应稍低于蒸发桶，使其套在蒸发桶口缘加厚部分的下面，两桶底恰好接触。为防止两桶间隙的空气与外界直接对流，应在套桶口加橡胶垫圈或用棉、麻塞紧，并在口缘 4 个方向设起吊用的铁环。

安装完成后应检查测针底座是否水平。同时，在蒸发桶中注水至最高水位处，水圈内注水高度应与蒸发桶内水面高度接近。

2. 80 cm 口径蒸发器的安装

在要安装蒸发器的位置，做一高 25 cm 的墩台，将蒸发器套盆安置在墩台上，放好木垫块，将蒸发器安置在木垫块上，使器身上下、左右不能有松动，器口水平。

3. 20 cm 口径蒸发皿的安装

在场内预定的位置上，埋设一直径为 20 cm 的木柱，柱顶四周安装一铁质圈架，圈架应有一定深度，将蒸发皿安放其中。蒸发皿外壁不与支柱接触，空气充分流通，支撑体不对蒸发皿有温度影响。蒸发皿口应保持水平,距地面高度为 70.0 cm。木柱的入土部分应涂刷沥青防腐,木柱地上部分和铁质圈架应涂刷白漆。

4. 20 m^2 蒸发池

蒸发池应建于平坦的地方,场地面积应不小于 25 m×25 m,地面覆盖宜接近周围地区一般的自然覆盖。在不影响蒸发池自然通风前提下,四周应设高约 1.2 m 的围栅,场内铺设 0.3~0.5 m 宽的观测小路,并配有面积大于 20 m^2 的预水池。

应避开树、建筑物、灌木或百叶箱、仪器等障碍物,这些障碍物距蒸发池的距离,应大于它们高出蒸发池高度的 5 倍。对于成排障碍物,应增至 10 倍。蒸发池周围的草坪及植物,应保持低于蒸发池边缘的高度。

4.1.2.2 蒸发器调试与管理

(1)E-601B 型蒸发器、80 cm 口径蒸发器、20 cm 口径蒸发皿及 20 m^2 蒸发池应按《水面蒸发观测规范》(SL 630—2013)进行观测、调试。

(2)蒸发池(器)中的水,要经常保持清洁,应随时捞取漂浮物,发现器内水体变色、有味或出现青苔时,应立即换水。换水时间应安排在无雨无风的早晨,换水时间应控制在 1 h 内。换入的水体水温与换前的水温相差不大于 3 ℃,并做好记录。一般情况下,面积为 20 m^2 的蒸发池每年在 8 月下旬或 9 月上旬换水一次;其他蒸发器每月至少换水一次,6~8 月高温季节,视蒸发桶内水质情况,适当增加换水次数。

(3)暴雨前、后应加测蒸发池(器)的水面高度,以消除溅水不平衡造成的蒸发量误差。

(4)蒸发池(器)中的水面距器口的距离应经常保持在 75 mm 左右,其上、下变幅不得超过 10 mm。20 cm 口径蒸发皿的加水深全年为 20 mm(干燥地区和干燥季节应为 30 mm),每次观测后应补足 20 mm(或 30 mm),补入的水温应与换水前的水温一致。20 cm 口径蒸发皿每旬应换水一次。换水前一天应用备用蒸发皿加上 20 mm(或 30 mm)清水加盖后置于观测场内。待第二天原蒸发皿观测后,将备用蒸发皿补足 20 mm(或 30 mm)清水替换原蒸发皿。

(5)20 cm 口径蒸发皿的专用台秤和 E-601B(套桶)蒸发器称重的磅秤、吊秤,应在使用前进行一次检验,以后宜每月检验一次。测针要经常检查零位是否正确,若有误差,应进行调整。调整要在 8 时测完前一天的蒸发量后进行,调整后要重新测定水面高度。

(6)大暴雨时,要及时从蒸发池、蒸发器中取水,以免外溢。取出的水量,用称重法换算成蒸发池、蒸发器中的深度。

4.1.3 自记水位计安装调试

4.1.3.1 自记水位计的安装设置

自记水位计设置应能测记到本站观测断面历年最高水位和最低水位。当受条件限制,一套自记水位计不能测记历年最高、最低水位时,可同时配置多套自记水位计或其他水位观测设备,且处在同一断面线上,相邻两套设备之间的水位观测值应有不小于 0.1 m 的重合。

1. 自记水位计传感器安装的基本要求

安装前应按其说明书对技术指标进行全面的检查和测试。

传感器安装应牢固,不易受风力或水流冲击的影响;波浪较大的测站,应采取波浪抑制措施。对采用设备固定点高程进行初始值设置的测站,设备固定点高程的测量精度应不低于四等水准测量精度。

1)浮子式自记水位计

浮子式自记水位计测井不应干扰水流的流态,井壁必须垂直,截面可建成圆形或椭圆形,应能容纳浮子随水位自由升降,浮筒(浮子)与井壁应有5~10 cm间隙。测井口应高于设计最高水位0.5~1 m,井底应低于设计最低水位0.5~1 m。

进水管管道应密封不漏水,进水管入水口应高于河底0.1~0.3 m,测井入水口应高于测井底部0.3~0.5 m。根据需要可以设置多个不同高程的进水管。井底及进水管应设防淤和清淤设施,卧式进水管可在入水口设置沉沙池。测井及进水管应定期清除泥沙。多沙河流,测井应设在经常流水处,并在测井下部上、下游的两侧开防淤对流孔。因水位滞后及测井内外含沙量差异引起的水位差均不宜超过1 cm。

记录仪器室应有一定的空间方便维护,能通风、防雨、防潮。

2)气泡式水位计

气泡式水位计入水管管口可设置在历年最低水位以下0.5 m,河底以上0.5 m处。入水管应紧固,管口高程应稳定。当设置一级入水管会超出测压计的量程时,可分不同高程设置多级入水管。

水下管口的高程可按水尺零点高程测量的要求测定。供气装置的压力,应随时保持在测量所需的压力以上。当水位上涨时,应保证向管内连续不断地供气,以防止水流进入管内。测量水位时,从水下溢出的气泡应调节在1个/s左右。当观测气泡不便时,可观测气流指示器。

3)压阻式水位计

压阻式水位计的压力传感器宜置于设计最低水位以下0.5 m。当受波浪影响时,可在二次仪表中增设阻尼装置。传感器的底座及安装应牢固,感压面应与流线平行,不应受到水流直接冲击。

4)超声波式水位计

超声波式水位计可采用气介式或液介式。气介式应设置在历史洪水位0.5 m以上。液介式宜设置在历年最低水位以下1 m,河底以上0.5 m,且不易淤积处。当水体的深度小于1 m时,不宜采用液介式。

传感器的安装应牢固。传感器发射(接收感应)面应平行于水面,应有防水、防腐、防损坏措施;液介式应定时为传感器冲沙,传感器表面的高程可按水尺零点高程测量的要求测定。

5)雷达水位计

雷达水位计传感器应牢固安装于支架上,传感器发射面应与水面水平。传感器设置在历史洪水位0.5 m以上,距离边壁至少0.8 m,以减弱扰动反射信号的影响。

2. 自记水位计参数设置

自记水位计安装测试完成后或根据不同时期的观测要求,及时进行时间、水位初始值

(或零点高程)及采集段次等基本参数设置,以保证观测时间、水位数值精度或误差及观测频次符合测验任务书要求。

(1)时钟设置。以标准时间(北京时间)进行设置。

(2)水位初始值或零点高程设置。根据人工观测水位与同时刻自记水位计观测值的差值,或通过测量仪器测定传感器感应面距水面的距离确定水位初始值。或者将传感器安装的零点高程输入。

(3)采集段次设置。按测站在汛期、枯水期、高洪时期的观测任务和报汛要求进行设置,其观测频次应不低于人工观测的要求(连续工作模拟记录的仪器不需此设置)。

4.1.3.2 自记水位计的比测、校测与调试

1. 比测

自记水位计的比测应在仪器安装后或改变仪器类型时进行。一般为自记水位计与同位置同时刻的水尺观测水位比测。比测时可按水位变幅分几个测段分别进行,包括水流平稳、变化急剧等情况,每段比测次数应不少于 30 次。比测结果应符合:一般水位站置信水平 95%的综合不确定度为 3 cm,系统误差为±1 cm;受波浪影响突出的近海地区水位站,综合不确定度可放宽至 5 cm。在比测合格的水位变幅内,自记水位计可正式使用,比测资料可作为正式资料。不具备比测条件的无人值守站可只进行校测。

2. 校测

自记水位计校测在仪器的正常观测使用期进行,应定期或不定期进行,校测频次可根据仪器稳定程度、水位涨落率和巡测条件等确定。每次校测时,应记录校测时间、校测水位值、自记水位值、是否重新设置水位初始值等信息,作为水位资料计算整编的依据。

自记水位计的校测可根据测站设施情况确定。设有水尺的自动监测站,可采用水尺观测值进行校测。未设置水尺的可采用悬锤式水位计、测针式水位计或水准测量的方法进行校测。

3. 调试

当自记水位计走时误差或校测水位与自记水位系统偏差超出《水位观测标准》(GB/T 50138—2010)规定的误差范围时,应对该自记水位计的记时钟时间或水位初始值进行调试,并经确认后重新设置。

4.1.4 转子式流速仪比测

流速仪在使用一定时间后,或虽未使用,但放置时间超过规范规定,或特殊情况需要检校其精度的,应开展比测试验。比测应符合以下规定:

(1)常用流速仪在使用时期内,应定期与备用流速仪进行比测。其比测次数,可根据流速仪的性能、使用历时的长短及使用期间流速和含沙量的大小情况而定。当流速仪实际使用 50~80 h 时应比测一次。

(2)比测宜在水流平稳的时期和流速脉动较小、流向一致的地点进行。

(3)常用与备用流速仪应在同一测点深度上同时测速,并可采用特制的 U 形比测架,两端分别安装常用和备用流速仪,两架仪器间的净距应不小于 0.5 m。在比测过程中,应变换相互比测仪器的位置。

(4)比测点不宜靠近河底、岸边或水流脉动强度大的地点。

(5)不宜将旋桨式流速仪与旋杯式流速仪进行比测。

(6)每次比测应包括较大、较小流速且分配均匀的 30 个以上的测点，比测相对偏差不超过 3%，比测条件差的不超过 5%，且系统偏差能控制在±1%范围内时，常用流速仪可继续使用。超过上述限差时，应停止使用，并查明原因，分析其对已测资料的影响。

(7)没有比测条件的站，仪器使用 2 年后应重新检定。

(8)当发现流速仪运转不正常或有其他问题时，应停止使用。超过检定日期 2 年以上的流速仪，虽未使用，亦应送检。

4.2　维修养护

4.2.1　水文缆道的管理维护

4.2.1.1　钢丝绳的养护维修

1. 养护要求

(1)主索、工作索及其他运行钢丝绳，每年擦油次数为：主索一般每年 1 次；工作索每年不少于 2~3 次，经常入水部分应适当增加擦油次数，防止生锈；其他运行钢丝绳每年不少于 2~3 次。

(2)绳索与锚碇接头部分，要特别注意养护，可涂柏油或黄油，并每年至少检查 1 次。

(3)锚杆与螺旋扣(花兰螺丝)联结处应高出地面，防止积水。缆索与锚杆联结处应加大型衬圈(俗名“牛眼”)。采用混凝土桩锚的，绕绳应整齐，不可挤压，并配用足够数量的钢丝夹头。夹头的松紧，以压扁索径的 1/3 左右为度。钢丝绳夹头数目及夹头间距参照表 5-4-1。

表 5-4-1　钢丝绳夹头数目及夹头间距

钢丝绳直径(mm)	夹头数目(个)	夹头间距(cm)
10~15	≥3	8~10
15~20	4~5	12~14
20~30	5~6	15~20

注：夹头间距应不小于钢丝绳直径的 6 倍。

(4)钢丝绳局部损伤，当断股或扭坏不能解开时，可将扭坏损伤部分截去，采用插股编结方法进行维修。钢丝绳编结最小长度见表 5-4-2。钢丝绳接头应尽量减少，接头之间的距离不得小于 5 m。

表 5-4-2　钢丝绳编结最小长度

钢丝绳直径(mm)	5~10	12~14	16~18	22~26
编结段长度(cm)	60	90	120	150

(5)对支架顶部的钢丝绳长年与滑轮接触受到挤压变形者,维修时应做错位处理。

2. 报废标准

缆道主索、工作索及起重滑轮组钢丝绳等,发现有下列情况之一者应予以报废。

(1)钢丝绳每一搓绕节距(钢丝绳拧一周的长度)长度内,断丝根数顺捻(绕)超过5%,交捻(绕)超过10%时,钢丝绳报废标准见表5-4-3。

表5-4-3　钢丝绳报废标准

钢丝绳构造	搓绕形式	一搓绕节距长度内断丝根数
6×19+1	交绕	12
	顺绕	6
6×37+1	交绕	22
	顺绕	11
6×61+1	交绕	36
	顺绕	18

(2)钢丝绳中有一整股折断时。

(3)钢丝绳疲劳严重,使用时断丝数目增多很快时。

(4)使用达一定的年限时。

每年对主索擦油时,结合检查并记录断丝、断股、锈蚀、直径变化情况,作为更换主索的参考。

4.2.1.2　支架、锚碇的养护维修

1. 支架

支架应保证按设计结构不变形。每年汛前全面检查一次。凡有拉线的支架,其水平荷载都是用拉线来平衡,因此必须经常检查调节拉线的松紧度,保证拉线处于拉紧状态,使支架在各方向的拉力均衡。每年应全面检查调整2~3次,大洪水期应检查1~2次。用钢支架者,除镀锌钢架外,应每隔1~2年进行除锈、油漆养护。除锈后,先涂红丹,再涂油漆。对混凝土支架的钢结构部分,也应照此处理。应定期检查支架基础有无沉陷,架柱有无位移变化,联结螺栓是否松动,混凝土基础有无裂缝等,若不符合要求,要及时检修。

2. 锚碇

定期检查锚碇有无位移,锚碇附近土壤有无裂纹、崩坍、沉陷现象;钢丝绳夹头是否松动,锚杆是否生锈。锚碇周围应有排水措施,以防止积水。

4.2.1.3　驱动设备的养护维修

1. 动力设备

(1)变压器。按供电部门规定,隔一定年限更换变压器油。

(2)柴油机和发电机组。按使用说明书的规定进行技术保养。

(3)电动机。经常检查电动机发热情况,温升超过60 ℃时,应采取降温措施,电动机应接地。发现电动机有异样声响时,应即停车,检查原因,设法排除。测量完毕后,应切断电源。

凡经常与人和物体碰、触的动力线,宜用管套保护,导线接头处必须用绝缘胶布包好。

禁止用湿手接触电器设备。

2. 绞车

经常检查绞车运转情况，若发现不正常情况，应停车检修。经常保持绞车轴承、转动部件油润及表面清洁。尽量避免超负荷运行，为保证高水测验能正常工作，每年汛前应检修1次。

3. 滑轮

经常检查各导向滑轮、游轮、行车轮等运转情况，发现运转不正常应及时检修。滑轮中的轴承要定期检查，若有损坏应及时更换，并保持油润。不允许钢丝绳在滑轮上滑动、擦边、跳槽，若有上述情况存在，应采取措施及时排除。为保证各滑轮正常工作，汛前应全面检修1次，洪水测验时应随时监视各滑轮运转情况。

4.2.1.4　记录仪表的养护维修

各项记录仪表应存放在干燥、通风、清洁和不受腐蚀气体侵蚀的地方，并应按仪表说明书进行使用和养护。主要电子、电器记录仪表应设置接地装置，防止雷电感应短路而烧坏仪器。

各缆道站应建立并认真执行必要的维修制度。贵重和比较复杂的仪器，应由熟悉此项仪器性能的人员负责使用和维修。改装定型的仪器设备须经上级批准方可投用。测站应根据需要备有一定数量的电子元件和电工器材，以便检修使用。使用计数器测距法时注意事项如下：

(1)使用计数器测距，应对计数器进行率定，并应与经纬仪测角交会法测得的起点距比测检验。比测点不应少于30个，并均匀分布于全断面。

(2)垂线的定位误差不得超过河宽的0.5%，绝对误差不得超过1 m；超过上述误差范围时，应重新率定。每次测量完毕后，应将行车开回到断面起点距零点处，检查计数器是否回零。当回零误差超过河宽的1%时，应查明原因，并对测距结果进行改正。

(3)每年应对计数器进行一次比测检验，当主索垂度调整，更换铅鱼、循环索、起重索、传感轮及信号装置时，应及时进行比测率定。

4.2.1.5　防雷设备的检查维修

1. 验收检查

防雷装置施工完毕后，应进行下述事项的验收检查：

(1)检查接闪器、引下线、连接条及接地装置是否使用规定的导体截面，以及是否按规定的位置安装，每个焊接点是否达到所要求的焊接面积及长度，焊接点有无氧化壳及焊水饱满与否。

(2)检查引下线与连接条的弯曲情况，以及上、下楼层相接地点的跨越处理情况。

(3)检查各处接闪器、引下线、支持点的机械强度是否达到要求，以及利用结构钢材做接闪器或引下线的焊接和连接情况，并检查是否因此而影响结构的应力。

(4)检查引下线明装地点的绝缘处理及绳卡的接触情况。

(5)检查接地装置的填土情况，测量接地装置的散流电阻。

2. 检查、养护注意事项

为使防雷装置具有可靠的保护效果，在每年雷雨季节之前，应做定期检查、养护。其检查、养护注意事项如下：

(1)检查是否由于修建建筑物或其他活动,使防雷装置的保护情况发生改变,有无因挖土敷设其他管道时而挖断接地装置。

(2)检查各处明装导体有无因锈蚀或机械力的损伤而折断的情况。引下线距地 2 m 一段的绝缘保护处理有无破坏情况。

(3)检查接闪器有无因接受雷击而熔化或折断情况;接闪器支架有无腐朽现象;断接卡子有无接触不良情况;每次雷电后避雷器有无损坏。绝缘处理后的工作索引入缆道房时,宜在室外该悬索与接地体之间加间隙放电装置。

(4)对缆道房内较大的金属设备,如绞车滑轮等,应将这些金属联线后与接地体连接或加设避雷器装置,以免在雷电期造成人身事故。

(5)检查保护间隙,当发现保护间隙的间距有变动时,应立即调整。接地体应埋设在人们少去的地方,并埋深 0.5 m,防止跨步电压的危险。接地体不宜涂绝缘防腐剂。

(6)测量全部接地装置的散流电阻,当发现接地装置的电阻值有很大变化时,应对接地系统进行全面检查。

(7)避雷针的针尖上或避雷线不允许悬挂收音机、电视机天线或晒衣服的铅丝(天线在雷雨时应该接地)。在装有防雷引下线的墙壁上,离引下线很近的地方不允许有架空进户线。

4.2.2 声学多普勒等测流仪器的管理维护

4.2.2.1 电波流速仪

对电波流速仪日常应注意保管和维护,避免将食物、饮料及其他液体和物质溅到雷达设备上;不使用或运输设备时,应将其放在原包装里;应使用干净的软布(不得沾上清洁液)清洁雷达设备;电波流速仪每用一次需立即充电;充满后,放入箱内保存;一般每两个月充一次电,同时检查各部件是否良好。

4.2.2.2 电磁流速仪

电磁流速仪在河流中使用基本与转子式流速仪相同,可安装在测杆上,也可以悬吊安装在带有尾翼或装在能自动对准流向的铅鱼上。但传感器必须有自动对准水流的导向装置,使仪器正对水流。向水上引装电缆要特别注意电缆长度的限制,电缆不能受水流强力冲击。

电磁流速仪按要求定期检查。需要进行流速比测时,可以在检定水槽进行室内检定,现场使用中还要经常与标准转子式流速仪进行比测。

4.2.2.3 声学多普勒效应流速仪 ADCP

实施声学多普勒效应剖面流速仪走航式流量测验,其安装支架应采用非磁性材料,结构简单、灵活方便、安全可靠,防腐、防锈蚀。安装时,在垂直方向上应保证仪器纵轴垂直,呈自然悬垂状态;仪器探头的入水深度,应根据测船航行速度、测船吃水深度、水流流速和水面波浪大小等因素综合考虑,使探头在整个测验过程中始终不会露出水面。在给仪器通电之前,应确认信号线、电源线连接正确。需要外接 GNSS 的,GNSS 天线宜安装在声学多普勒流速仪正上方平面位置 1 m 以内。

采用定点式声学多普勒流速仪进行流量测验的,信号线、电源线的连接处应采取水密措施。

声学多普勒流速仪的电缆线应放在专用箱中,且保持自然状态,不应有扭曲变形。当发现声学多普勒流速仪的探头表面有附着物时,应用光滑的软布蘸清水小心拭去。声学多普勒流速仪设备检修一般应包括探头检查、电缆(信号)线检查、防腐蚀部件检查等。在每次测量开始前和结束后,应对声学多普勒流速仪进行检查。每年应在汛前定期对声学多普勒流速仪应用进行一次全面系统的检查,包括仪器设备检修和技术人员培训两部分。在仪器正式使用前,仪器有较大的硬件、软件升级后,对严重损坏的仪器硬件维修或更新后等情况下,应对声学多普勒流速仪进行与转子式流速仪的比测、分析。

4.2.3　水文绞车等测流设备的管理维护

4.2.3.1　水文绞车

水文绞车有手摇、机电动力、动力-手摇双功能等类型。结构主要有主体、支架、吊索卷筒、动力与传动机构、索长计数机构等。有的为传送水下仪器(如流速仪)信号,专门制作吊索中加藏导线的铠装电缆并配置信号触接机构。水文绞车的功能主要是悬吊铅鱼或悬杆等入水设备,此类入水设备使流速仪等仪器有了支撑作业平台。水文绞车集成体底部常设置有转动底盘,底盘的下部固定安装在测船边,上部可承载绞车集成体转动,使用时转动支架悬于水面,不用时转回船上,释放悬索铅鱼稳当搁置。

绞车设计必须按照安全、适用、合理、经济的原则,做到布局紧凑、结构牢固、操作集中、使用维修方便。

使用水文绞车的测站要指定专人负责对绞车进行检查、检修和维护保养,发现问题应及时处理。操作人员在绞车开始运行前,应对绞车的固定情况、信号、钢丝绳、连接装置、安全设施进行检查,并将检查结果填写在“水文绞车运行日志”中。水文绞车钢丝绳和保险绳出现断股或断丝,磨损超过规程规定值时,必须停止使用,钢丝绳受到猛烈冲击时,必须立即停车检查、检修。

4.2.3.2　水文测杆

水文测杆是用于测深和安装支承流速仪等仪具实施测流的杆状器具,通常可以分为手持操纵和电动机械操纵两大基本类型。测杆的直径和长度有多种类型,可根据具体需求选择。通用式及涉水用测杆刻度为10 mm或20 mm;单一测深式测杆刻度为20 mm或50 mm。刻度标记无论是否湿水均应明显、清晰,同时要求可从任何角度进行观测。一般测杆的刻度标记宜着颜色。

测杆重量应尽可能轻,以利操作。测杆应具有一定的刚度及强度,以便在使用过程中无明显的弯曲或抖动。测杆不应由于本身的阻拦产生明显的壅水现象,有条件时,测杆的入水部分或近仪器段应考虑采用流线形截面管杆。测杆材料表面应耐腐蚀、抗磨损,宜采用玻璃钢、高强度塑料、铝合金及不锈钢管等型材制成,或采用具有防腐蚀镀层的钢管或铜管等材料制成。

手持操纵测杆一般在水深不超过3 m、流速不超过2 m/s时使用。

电动机械操纵测杆一般都在水深不超过6 m、流速不超过2 m/s时使用。

4.2.3.3　水文测验铅鱼

铅鱼是一种用金属铅或铅、铁混合铸造成的具有一定重量和细长比、外形呈流线鱼形的水文测验器具。在鱼身的背部装有悬挂机构和流速仪悬杆,并与纵、横尾翼及信号等组成铅鱼整机。铅鱼依靠重力维系悬索支点之下悬吊体系的稳定平衡,并为流速仪等仪器安装设置了平台。

铅鱼按外形构造可分为对称型和非完全对称型两类,其类型及规格如表 5-4-4 所列。

表 5-4-4　铅鱼的类型及规格

类型	形式	型号	产品规格(kg)
对称型	儒柯夫斯基线型	CYBW 系列	5、10、15、30、50、75、100、150、200、250、300、400、500、600
	水工	CYYS 系列	100、150、200、250、300、400
非完全对称型	沉压式	CYLY 系列	100、150、200、250、300、400

铅鱼的技术要求如下:

(1)铅鱼的外形流线体要求完整光滑,水体绕流质点沿铅鱼表面,不能出现明显的附面层分离与尾端涡流。

(2)铅鱼在安装附件时应注意不能使整机阻力增大。整机阻力系数应控制在 0.4~0.5。

(3)在使用范围内,铅鱼放置在任意测点位置时,在水中都能保持平衡和迎合流向。铅鱼的纵尾使铅鱼与水流方向的夹角不大于 5°,下纵尾的高度应低于铅鱼底部,使铅鱼在接触水面时,及时起到定向作用。

(4)铅鱼一般应用单点悬吊。在多漂浮物河流,200 kg 以上的铅鱼可用双点悬吊。100 kg 以上的重型铅鱼安装流速仪的悬杆应固定在铅鱼的正前方。仪器至铅鱼头部的水平和垂直距离,在深水江河为铅鱼最大直径的 2 倍;在浅水江河为铅鱼最大直径的 1~1.5 倍。

(5)凡利用缆道悬吊较重铅鱼并兼测水深的,应考虑设置相应的水面、河底信号器。测深信号在使用范围内应简单可靠。

(6)信号源与电源应简单、准确、可靠。有密封要求的元器件应放置在专用密封容器内。密封容器耐压不低于 2×10^5 Pa。

(7)为提高缆道测流信号的传输效率,在铅鱼与悬索之间应配备绝缘装置。

(8)铅鱼的表面应做处理。鱼身部分沿铅鱼水平轴线的横断面方向涂 5~10 cm 宽的红白相间油漆,作为安全警戒标志。铅鱼尾翼不允许涂漆,一律作表面镀锌处理。

(9)水文测验铅鱼的全套设备及附件、配件应齐全,易损件要有充足备件。

(10)水文测验铅鱼在遵守包装、运输、保管和使用规则的条件下,使用寿命为 15~20 年,当无重大损坏或变形时可继续使用。

4.2.3.4　水深及流速测记装置

1. 水深测记装置

水深测记装置一般有两种形式:一种是直接利用绞车滚筒在边缘刻画长度,使用时观测并记下铅鱼等入水到河底的整转数和余长数,由周长乘整转数加余长计算水深;另一种是配置传感轮和计数器。设计好滚筒、传感轮、计数器的直径、分度、传递比等的长度关系,由计数器反映铅鱼等测深设备从入水到河底的长度而求得水深。

水深计数及显示装置,按结构分有机械仪表、电子仪器两大类;按显示方式分有指针显示、数字显示两种。一般由机械传递与电器传递两种形式,将传感轮或滚筒转数传送到计数显示部分。

2. 流速测记装置

水下流速等信号传输可采用专门的电缆,在铅鱼等入水设备仪器与船上后端控制接收设备仪器之间传输信号。也可采用通过钢丝悬索和水体构成的回路进行传输。水下发射装置主要有水下电池和音频振荡脉冲讯号发射器等部件,船上接收装置有简单讯号器、数字计数器、计时计数器和直读流速显示仪等。

第 5 章　水文情报预报

5.1　水情分析

5.1.1　雨水情分析与统计

雨水情分析与统计以降水及水文(位)站点监测(采集)数据为基础,用水文统计、水文预报、水文水利计算等方法,对流域(或区域)的某时期(场次、汛期等)降水及洪水进行计算、统计,并与该流域(区域)降水、洪水历史资料成果进行对照分析,归纳其规律、特性。

5.1.1.1　雨情分析与统计

雨情分析与统计包括流域(或区域)各站点的时段(场次、日、旬、月)的降水量统计及降水频率分析;各站点的 10 min、20 min、30 min、45 min、1 h、2 h、6 h、12 h、24 h 等时段的最大累计降水量统计;流域(或区域)时段(场次、日、旬、月)的面平均雨量分析、计算与统计,降水量等值线分析绘制等。通过雨情分析与统计并结合历史资料,能对流域(或区域)时段(场次、日、旬、月)的暴雨中心、降雨强度、时段最大降水量、与历史资料对比情况、频率分析等有定量(或定性)结论。

5.1.1.2　水情分析与统计

水情分析与统计包括流域(或区域)各水文(位)站点的洪峰流量(发生时间)及洪峰水位(发生时间)统计,分析其是否达到或超过警戒水位、保证水位、历年最高水位(流量)等;结合历史资料系列分析洪水要素重现期,确定本次洪水等级(小洪水、中洪水、大洪水、特大洪水);分析统计、对照各站点洪峰过程径流量、径流模数及其变化规律;对洪峰特性(起涨快慢、峰型胖瘦等)、传播规律(传播时间、洪峰削减率等)及河道冲淤情况的分析统计;结合流域(或区域)降水特性、下垫面变化等分析流域(或区域)产汇流规律。

5.1.2　水情会商报告编写

水情会商是在流域(区域)江河发生较大洪水时,水情部门之间、水情部门与水库调度、防汛指挥部门之间进行交流、沟通及对水情发展趋势共同研判的活动。现在的水情会商一般利用水情会商系统(现代信息技术和网络技术的结合)进行。

水情会商报告编写要以(实时)监测的气象、雨水情信息、流域概况、防汛基本资料等为基础。要合理运用水文统计学原理和相关水文模型对气象及雨水情信息进行趋势性、周期性分析和定性、定量预测。要充分发挥不同单位、专家及预报员的特长及优势,保证会商结论的可靠性和时效性。水情会商报告的内容主要包括:水情会商的时间、地点;参加水情会商的单位(部门)、人员;水情会商会议主持人;会议会商的主题(目前流域区域雨水情的发展情势）及会商后形成的结论和建议（对未来水情趋势的分析判断）；对下一步防汛、水情监测等工作的具体安排部署等。下面是××省水文局2019年汛情形势会商（分析与研判）报告（部分）：

3月13日，××省水文局召开长期预报会商会，对2019年全省汛情形势进行会商分析与研判。会议听取了××省水文局水情信息处及各市局所辖河流长期预报工作开展情况、预报方法及预报意见；分别从大气环流背景、海陆热力条件、水文要素演变规律、旱涝因子关联等影响因素进行了分析、商榷与研判。经会商，预测全省2019年主要江河年径流量接近常年或偏枯，较上年总体呈减少趋势；年最大流量与上年同比总体减小，全省中小河流洪水可能多发，部分支流发生超警洪水可能性大；区域性干旱发生的概率偏大。

5.2　洪水预报

5.2.1　洪水波的形成与运动

当流域上大量降水后，产生的净雨迅速汇集（或大量融雪、水利枢纽工程大量泄水），注入河槽，引起水位猛涨、流量剧增，就形成沿河道水面高低起伏的波状运动，如图5-5-1所示，称其为洪水波。

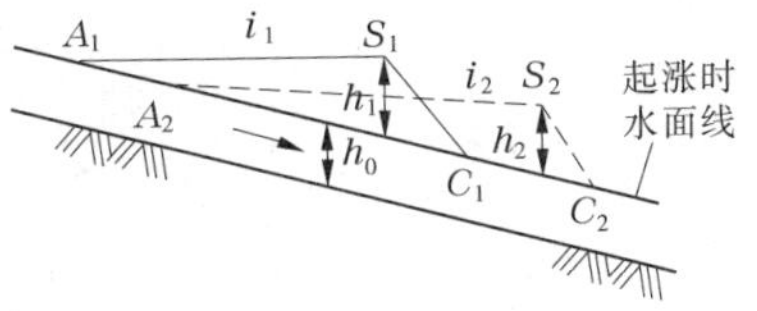

图5-5-1　河道中的洪水波

天然河道里的洪水波是一种渐变的不稳定流，惯性力作用很小，属于扩散波。假定图5-5-1所示河段为棱柱形河槽，则稳定流的水面比降与河道坡降相同，记为i_0，而洪水波的水面坡降i与之不同，波前部分$i>i_0$，波后部分$i<i_0$。洪水波水面比降与同水位的稳定流水面比降之差，称为附加比降i_Δ，即$i_\Delta=i-i_0$。附加比降的存在是洪水波的重要特征，是引起洪水波在运动中发生变形的内在原因。涨洪时$i_\Delta>0$，落洪时$i_\Delta<0$。

洪水波从上游往下游传播过程中，不断发生变形，在无支流汇入的棱柱体河道中，洪水波的变形如图5-5-1所示，有两种形态：一是展开；二是扭曲。在图5-5-1中从t_1到t_2时刻，洪水波的位置自$A_1S_1C_1$传播到$A_2S_2C_2$，由于波前SC的附加比降大于波后AS的附加比降，波前的流速也就大于波后的流速，使洪水在传播过程中，波长不断加大，波高不断降低，即$A_1C_1<A_2C_2$，$h_1>h_2$，这种现象称为洪水波的展平。同时，洪水波上的水深各处不同，使之在运动中发生扭曲。波峰S_1的地方水深最大，流速亦最大；波的开始点C_1水深最小，流速自然较慢。因此，随着洪水波向下游传播，波峰向它的始点C_1逼近，波前长度不断减小，附加比降不断加大，而波后的长度不断增加，附加比降（绝对值）不断减少，波前水量占的比例越来越少，波后水量占的比例则越来越大，我们称这种现象为洪水波的扭曲。这两种现象是同时发生并一起存在的，二者出现的原因都是附加比降的影响。

上面分析的是无支流棱柱体河道中洪水波的运动（变形）。实际上，天然河道并非棱柱体，例如有的地方有滩地，调蓄能力很大；有的地方只有峡谷深槽，调蓄能力很小。有些河段区间支流来水很大,有些则很小,等等。这些外因有时影响很大,常常会使下游的洪峰比上游高,涨洪历时比上游长。在做预报方案时,必须具体河段具体分析,针对洪水波因附加比降产生的展平、扭曲和外在因素引起的调蓄、汇入等影响,采用适当的方法做好洪水预报。

5.2.2　相应水位(流量)洪水预报概念

根据河段洪水波运动和变形规律,利用河段上断面的实测水位(流量),预报河段下断面未来水位(流量)的方法,称为相应水位(流量)法。

5.2.2.1　相应水位(流量)法基本原理

相应水位是指河段上、下游站同次洪水的过程线上同位相的水位,如图 5-5-2 是某次洪水在上游站形成的过程线 $Z_{上} \sim t$ 及在下游站形成的过程线 $Z_{下} \sim t$,起涨点 1 和 1′、洪峰点 2 和 2′、峰谷点 3 和 3′等,都是同相位点。处于同一相位点的上、下游站水位即相应水位。与定义相应水位一样,也可求出上、下游站的相应流量。相应水位之间的时距 τ,为该相应水位自上游站传播到下游站的传播时间。

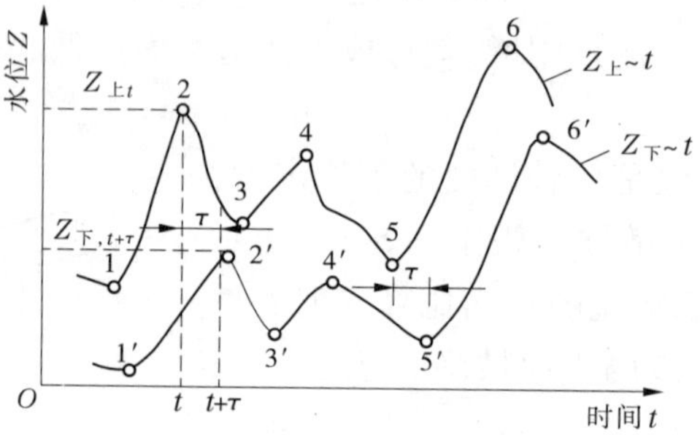

图 5-5-2　上、下游站相应水位过程线对照图

5.2.2.2　相应水位(流量)法的基本方程

断面的水位变化总是由流经断面的流量变化引起的。在河道稳定的情况下,研究相应水位关系,实质上是研究形成该水位的流量在河段传播过程中的变化规律。设河段上、下游站间的距离为 L , t 时刻上游站流量为 $Q_{上,t}$ 经过 τ 后,形成下游站的流量 $Q_{下,t+\tau}$ 。

(1)若河段无区间入流,则相应流量间的关系为

$$Q_{下,t+\tau} = Q_{上,t} - \Delta Q_L \tag{5-5-1}$$

式中　ΔQ_L——河段洪水波展开量,与水位、流量及附加比降有关。

(2)若河段有区间入流,并在 $t + \tau$ 时刻于下游站形成流量 q ,则

$$Q_{下,t+\tau} = Q_{上,t} - \Delta Q_L + q \tag{5-5-2}$$

显然,在建立相应水位(流量)预报方案时,应分析河段内洪水波由内因(主要是水位、流量和附加比降)所引起的展开量和外因(主要是区间面积上的降雨)引起的区间入流量对预报值的影响。

5.2.3　无支流河段相应水位(流量)预报

5.2.3.1　简单的洪峰水位相关法

在断面冲淤变化不大、无回水顶托,且区间入流较小的无支流河段,洪水波在河段传播过程中主要受内在因素制约,上、下游的洪水过程线相应性较好,可用简单的洪峰水位相关法开展预报。

(1)预报方案制作时,要根据上游站和下游站的实测水位过程线,摘录相应的洪峰水位值及其出现时间(见表 5-5-1),并绘制相应洪峰水位关系曲线及其传播时间相关曲线(见图 5-5-3)作为预报方案。

表 5-5-1　××站至××站相应洪峰水位及传播时间

上游站洪峰		下游站洪峰		传播时间 τ (h)
年-月-日 T 时	水位 Z(m)	年-月-日 T 时	水位 Z(m)	
2016-06-13T02	112.40	2016-06-14T08	54.80	30
2016-06-22T14	116.74	2016-06-23T17	57.20	27
2016-07-31T10	123.78	2016-08-01T17	62.76	31
2016-08-12T15	137.21	2016-08-13T08	71.43	17
⋮	⋮	⋮	⋮	⋮

(2)作业预报时,按 t 时上游出现的洪峰水位 $Z_{上,t}$,在 $Z_{上,t} \sim Z_{下,t+\tau}$ 曲线上查得 $Z_{下,t+\tau}$,在 $Z_{上,t} \sim \tau$ 曲线上查得 τ,从而预报出 $t+\tau$ 时下游将要出现的洪峰水位 $Z_{下,t+\tau}$。

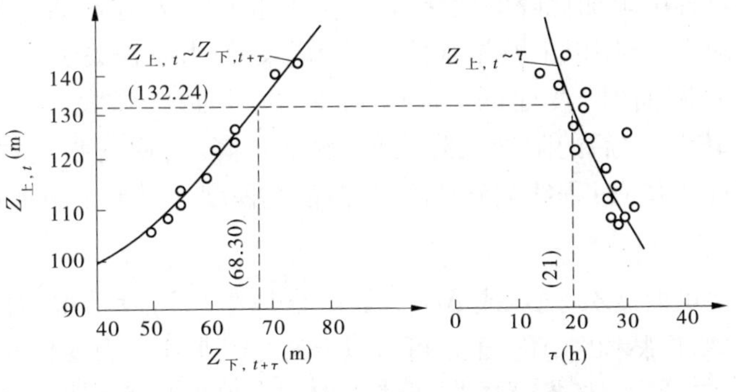

图 5-5-3　××站至××站相应洪峰水位及传播时间关系曲线

5.2.3.2　以下游站同时水位为参数的相应水位法预报洪峰水位

下游站同时水位 $Z_{下,t}$ 就是与上游站水位 $Z_{上,t}$ 出现时刻的下游站水位,它与 $Z_{上,t}$ 一起,一方面反映 t 时刻的水面比降大小,同时反映区间入流和断面冲淤以及回水顶托等因素的影响。

(1)预报方案制作方法。在点绘 $Z_{上,t}$ 与 $Z_{下,t+\tau}$ 的点据时,在点据旁注上、下游站的同时水位 $Z_{下,t}$ 值,然后如图 5-5-4 所示,绘出以下游站同时水位 $Z_{上,t}$ 为参数的等值线,即 $Z_{上,t} \sim Z_{下,t} \sim Z_{下,t+\tau}$ 相关线(相同的 $Z_{下,t}$ 为一条曲线,按各 $Z_{下,t}$ 绘出多条曲线);同理,可绘出与之对应的 $Z_{上,t} \sim Z_{下,t} \sim \tau$ 的多条相关曲线,二者一起组成以下游同时水位为参数的相应水位法预报方案。

(2)作业预报时,t 时刻的水位 $Z_{上,t}$ 及 $Z_{下,t}$ 为已知,可按图 5-5-4 的箭头方向查得 $Z_{下,t+\tau}$ 和 τ,从而预报出 $t+\tau$ 时下游将要出现的洪峰水位 $Z_{下,t+\tau}$。

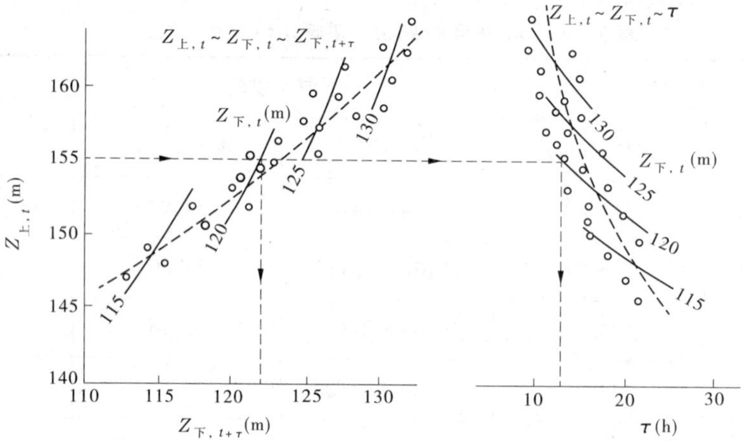

图 5-5-4　以下游站同时水位为参数的相应水位及传播时间关系

5.2.3.3　以上游站涨差为参数的水位(流量)相关法预报洪水过程

上述各种洪峰水位预报方案,可近似地用来预报下游站的洪水过程。但由于它们没有反映涨洪和落洪过程中附加比降的变化等因素,预报的洪水过程常常有比较大的系统误差。为克服这种缺点,可用以上游站水位涨差为参数的水位相关法。

洪水波通过某一断面时,波前的附加比降为正,水面比降大,使涨水过程的涨率 $\Delta Z_{下}/\Delta t$ 为正,且比较大;波后的附加比降为负,水面比降小,使落水过程的涨率为负,且比较小。因此,水位(流量)过程线的涨(落)率在很大程度上反映了附加比降和水面比降的大小。

洪水涨落率通常可取 $\Delta Z_{下}/\Delta t$(或 $\Delta Q_{上}/\Delta t$),Δt 取平均河段洪水传播时间 $\bar{\tau}$,则涨差 $\Delta Z_{上}$(或 $\Delta Q_{上}$)就反映了涨率的变化,于是可得以上游站洪水涨差为参数的水位预报方程为

$$Z_{下,t+\bar{\tau}} = f(Z_t, \Delta Z_{上}) \quad 或 \quad Z_{下,t+\bar{\tau}} = f(Z_t, \Delta Q_{上}) \tag{5-5-3}$$

$$\Delta Z_{上} = Z_{上,t} - Z_{上,t-\bar{\tau}} \quad 或 \quad \Delta Q_{上} = Q_{上,t} - Q_{上,t-\bar{\tau}} \tag{5-5-4}$$

$$\tau = \bar{\tau} \tag{5-5-5}$$

式中,Z_t 可以取 $Z_{上,t}$,也可以取 $Z_{下,t}$,都在一定程度上反映了涨水中的基流影响,应用以往资料,先分析和确定河段平均传播时间 $\bar{\tau}$;其次,在各次洪水的上、下游站实测过程上摘取 $Z_{上,t}$、$\Delta Z_{上} = Z_{上,t} - Z_{上,t-\bar{\tau}}$(或 $\Delta Q_{上} = Q_{上,t} - Q_{上,t-\bar{\tau}}$)、$Z_{下,t}$、$Z_{下,t+\bar{\tau}}$;于是,便可点绘出以 $\Delta Z_{上}$

(或 $\Delta Q_{上}$)为参数的水位预报方案。

(1)预报方案:图 5-5-5 是长江万县站—宜昌站河段以 $\Delta Q_{上}$ 为参数的水位预报方案。

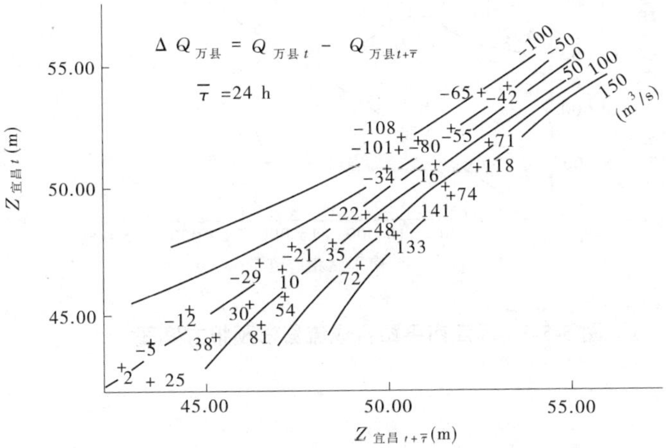

图 5-5-5　万县站—宜昌站以上游站涨差的水位预报方案

(2)作业预报:已知 t 时刻的 $Z_{上,t}$(或 $Z_{下,t}$)、$\Delta Z_{上}$(或 $\Delta Q_{上}$),在图上查出预报的下游水位 $Z_{下,t+\bar{\tau}}$ 和预见期为 $\bar{\tau}$。

5.2.4　有支流河段相应水位(流量)预报

在有支流汇入的河段,下游站的洪水主要是上游站、支流站洪水合成的结果,按照上游干、支流各站的传播时间,把各站同时刻到达下游站的流量叠加起来得合成流量,然后建立合成流量与下游站相应流量的关系曲线,进行预报的方法称为合成流量法。

该法预报下游站流量的关系式为

$$Q_{下,t}=f\left(\sum_{i=1}^{n}Q_{上,i,t-\tau_i}\right) \tag{5-5-6}$$

式中　$Q_{下,t}$——预报的下游站 t 时刻流量;

$Q_{上,i,t-\tau_i}$——上游干、支流站相应流量之和,$i=1,2,\cdots,n$;

τ_i——站 i 到下游站的洪水传播时间;

n——上游干、支流的测站数目。

该法按照上游干、支流各站的传播时间 τ_i,把各站同时刻到达下游站的流量叠和起来得合成流量,然后建立合成流量与下游站相应流量的关系曲线,即该法的预报方案。如图 5-5-6 是闽江南平站合成流量法预报方案,其上游站分别为建瓯、洋口、沙县三站。该法的预见期取决于上游各站中传播时间最短的一个,一般情况下,上游各站中以干流站流量最大,故常用它的传播时间 $t_{干}$ 作为方案的预见期 τ。预报时,假定当时的时间是 t',要预报未来 $t(=t'+\tau)$ 的下游流量,则以上游的干流站当时实测流量,加上其余支流站错开传播时后 $t-\tau_i$ 的流量即得合成流量,于是可在图上查得预报的 t 时刻下游流量 $Q_{下,t}$。

如果附加比降和基流影响较大,则在相关图中加入下游站同时水位 $Z_{下,t}$ 为参数。

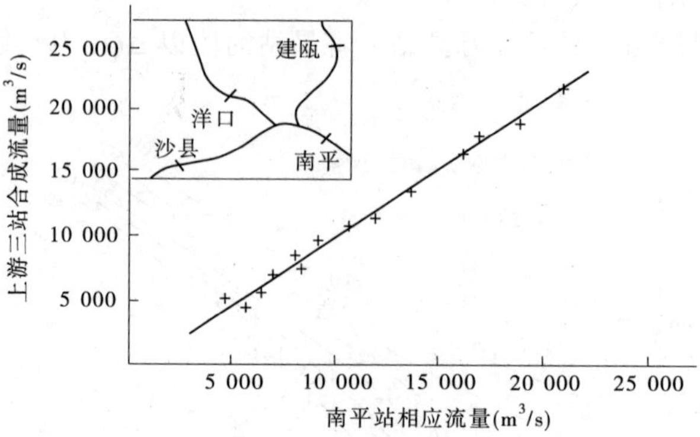

图 5-5-6　闽江南平站合成流量法预报方案图

第6章　冰情观测

6.1　观　测

6.1.1　冰流量测验

冰流量测验仅在专门指定的水文站或河段上进行。冰流量测验应包括实测冰流量和相应冰流量要素过程的观测。冰流量要素过程观测的目的是建立冰流量要素与冰流量之间的关系,推求逐日冰流量。

冰流量施测可采用简测法或精测法。对冰流量测验精度要求较低时,可采用简测法。简测法适用于冰流量微小或冰流量变化较快、一日内测次较多的情况;对冰流量测验精度要求较高时,应以精测法为主,简测法为辅。有条件的中小河流站,可采用摄影方法观测疏密度和冰速。精测法和简测法是冰流量测验的基本方法,采用简测法不需要通过精简分析进行过渡。精测法和简测法的主要区别是:精测法用统计法测疏密度,要求按布设的垂线观测疏密度和冰速,测冰速时同时测定冰块或冰花团流经中断面起点距;简测法用目估法测疏密度,要求在断面流冰范围内均匀布点或分部分观测疏密度和冰速,在测冰速时不测起点距。

(1)冰流量测验河段应符合下列规定:

①河段顺直,水流平稳,河宽基本一致,岸冰间敞露水面宽也应基本一致。

②避开急滩、卡口、弯道等易形成冰凌堵塞,以及桥梁、码头和拦河坝等阻水建筑物对流冰有明显影响的河段。

③冰流量测验宜在流量测验河段进行,应设置上、中、下3个断面。

(2)施测冰流量的测次应符合下列规定:

①稀疏流冰时,可每2~3 d测1次,当稀疏流冰时间很短应及时施测。

②中度流冰和密集流冰时,可每日施测1~2次。

③阵性流冰或流冰疏密度变化急剧时,可适当加密测次。

(3)冰流量施测包括下列内容:

①施测敞露水面宽。

②施测流冰或流冰花团的疏密度。

③施测流冰块或冰花团的速度。

④施测流冰块或冰花团的厚度与冰花团密度。

⑤施测最大流冰块的尺寸。

⑥观测水位与河段冰情。

⑦计算冰流量。

6.1.2 冰情自动监测仪器

冰情图测绘时可采用地面摄影、航空摄影或机载雷达;冰厚测量时可采用雷达冰厚仪;施测流冰或流冰花团的疏密度时可采用摄影法。

6.1.2.1 摄影法施测冰情

采用摄影法施测时,照相机距水面高度不应小于水面宽 1/10,拍摄时,应将河面流冰情况及上、中、下各断面的标志拍摄下来;计算疏密度时,应进行投影校正。

6.1.2.2 雷达冰厚仪施测冰厚

雷达冰厚仪测量冰厚的基本原理是利用电磁波在不同介质界面处的反射—折射现象。雷达在探测冰层厚度时,向冰面下发射脉冲形式的高频宽带电磁波,电磁波在冰层传播过程中遇到水面与其具有电性差异时发生反射,反射信号到达冰层上表面时由接收天线感应接收,并通过超宽带接收机转换、放大、量化和记录下回波时刻 t_1,折射电磁波在冰层中进行传播,至冰层下表面与水的分界面时电磁波会再次发生反射和透射,反射回的电磁波再次在冰层中传播至冰层上表面与空气分界面时会第三次发生反射和透射,透射回来的电磁波同样会被量化和记录下回波时刻 t_2,形成雷达回波图像。雷达回波中所记录下的 t_2 和 t_1 之间的差值即为雷达脉冲电磁波在冰层中的传播双程走时。根据雷达脉冲电磁波在冰中的传播速度,自动寻找到冰层与水面的分界面,即冰层的下底界面,从而计算出冰层厚度值,见图 5-6-1。

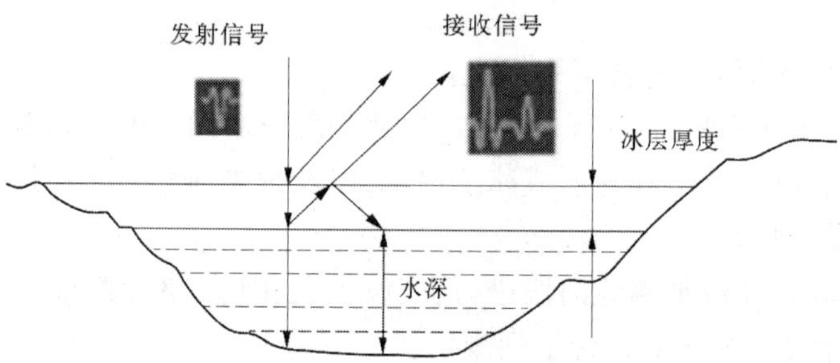

图 5-6-1 雷达冰厚仪工作原理示意图

目前在北方冬季,冰期冰厚测验多数站点仍沿用传统的测验方式,即按照测验时机在观测断面或观测点上人工开凿冰孔,利用量冰尺测量冰厚。存在劳动强度大、工作效率低、测量值误差大、作业安全性差、应急机动能力低等诸多弊端。应用雷达冰厚仪开展冬季冰期测验,可从根本上改变传统打冰孔测量的作业方式,能极大地提高工作效率,减少人工作业的强度和危险性。

6.2　资料整编

6.2.1　单站冰情资料

6.2.1.1　单站冰情资料概念

单站冰情资料有以下 5 种：

(1)冰情目测和冰情图资料。

(2)冰厚资料。

(3)水内冰资料。

(4)冰流量资料。

(5)冰塞、冰坝资料。

6.2.1.2　单站冰情资料整编成果审查内容及要求

(1)对照原始记录，审查冰厚及冰情要素摘录表和冰情统计表。

(2)根据冰厚、冰上雪深及岸上气温综合过程线图，审查冰厚的合理性。

(3)审查冰流量资料应包括以下方面：

①对照原始记录，审查实测冰流量成果表。

②审查推求冰流量的方法。

③采用冰流量与相关因素关系曲线法整编的站，应审查选用的相关因素及定线的合理性。

④采用冰流量因素过程线法整编的站，应检查有关因素过程线的合理性。

⑤采用单位冰流量法整编的站，应审查冰流量测次对流冰的控制情况。

6.2.2　单站冰情资料合理性检查方法

6.2.2.1　原始资料审核

应对观测记录进行审核，如目测冰情的文字叙述能否说明整个冰期的冰情变化过程，冰情图能否表明整个冰期的冰情特性，主要冰情特征值统计是否正确，目测资料与有关因素(如水位、水温、气温等)对照有无问题等。

6.2.2.2　单站合理性检查

(1)进行冰厚资料单站合理性检查时，应绘制冰厚、冰上雪深、水位及气温等过程线，分析冰厚及冰情资料合理性。

(2)冰流量资料单站合理性检查

①采用冰流量与相关因素关系曲线法的测站，应进行历年关系曲线对照，检查线型的合理性。

②将推算的日平均冰流量点绘于各因素混合过程线图上，检查冰流量变化是否合理。

③绘制测站冰流量、冰厚、冰上雪深过程线与气温、疏密度、流冰厚度、水位、流量等综合过程线对照分析，检查各时段冰情资料的合理性。

6.2.2.3　上下游对照检查

当一条河流上有两个以上测站观测冰情，可将上、下游站的冰厚、冰花厚、冰上雪深的过程线绘在一张图上（冰上雪深绘在冰面以上），并绘入冰情符号，在图上分析各因素沿河长的演变情况。分析重点如下：

（1）流速与冰厚的关系，一般是流速愈大的河段，冰层愈薄；反之则厚。

（2）地形的影响主要反映在河床比降上，河床比降平缓的河流，沿河长方向冰厚的变化也就比较平缓。

（3）冰下冰花的堆积，引起冰下冰速的减小，堆积厚度愈大，则阻水程度愈大，流速也就愈小，因而冰厚增长就快；反之增长则慢。

（4）冰厚随各个河段的过水断面面积变化而变化。冰上冒水、冰上流水的冻结等，都会引起冰厚的变化。

第 7 章　土壤墒情监测

7.1　监　测

7.1.1　土壤墒情自动监测仪器设备

7.1.1.1　张力计法

(1)原理。当陶土头插入被测土壤后,管内自由水通过多孔陶土壁与土壤水接触,经过交换后达到水势平衡。此时,从张力计读到的数值就是土壤水(陶土头处)的吸力值,也即为忽略重力势后的基质势的值,然后根据土壤含水量与基质势之间的关系——土壤水特征曲线(土壤体积水分含量与基质吸力水头之关系图)就可以确定出土壤的含水量。张力计法也称负压计法。

(2)仪器组成。张力计主要由陶土头、连通管和压力计组成。陶土头孔径 1.0~1.5 μm,是张力计的关键部件。

(3)特点。

①优点:试验设备和操作都较为简单,在土壤比较湿润的时候测量土壤基质势很准确,可适用于灌溉耕地、喷灌和滴灌土地和水分胁迫转台的连续监测,而且受土壤空间变异性的影响较小。

②缺点:需长时间后才能达到水势平衡,测量范围窄,通常只在 0~0.08 MPa 吸力范围内有效,不适合于干燥土壤,陶土头需定期维护和更换,整个测量过程所消耗的劳力与时间较多,运行费用高。

7.1.1.2　中子水分仪法

(1)原理。从放射源放射出的快速中子,以辐射状辐射至土壤中,当碰撞原子核时可能散射或被吸收,快中子损失能量,从而使其慢化成为热中子。快中子碰撞原子核的质量愈小,减速的比例愈大,特别是碰撞强慢化体氢原子核,中子的减速最大。因此,热中子云的密度主要取决于氢的含量。土壤中绝大部分,甚至几乎所有的氢都存在于水中,所以土壤中水分的含量与热中子数量成正比。热中子数量可由热中子探测器测量获得,根据热中子的计数率与土壤含水量的线性关系,由计数率得出含水量的数值。

(2)仪器组成。中子水分仪包括两个主要部分:探测器(包括一个快中子放射源和一个慢中子检测器)和定标器(或定率器)。定标器用作监视慢中子流,慢中子流与土壤含水量呈比例。快中子放射源可采用镭 226-铍、镅 241-铍等中子源,近年来还有采用微量的纯锎 252,其放射线损伤的危险性很小。选用寿命长的快中子源(如镭 226-铍的半衰期为 1 620 年),可使用很多年而无显著的辐射流变化。探测器有插入型和表面型两种。

(3)特点。

①优点:测量简单,快速,精度高,受温度和压力的影响不大,套管永久安放后能长期定位测定,可达根区土壤任何深度。

②缺点:最主要的缺点是需要田间校准。另外,仪器设备昂贵,一次性投入大。中子法对土壤采样范围为一球体,这使得在层状土壤、土壤表层等情况下测量误差较大。安装套管时会破坏土壤的水分连续性和根系。此外,中子仪存在潜在的辐射危害,对使用者的身体健康有影响,操作者必须经过培训。

7.1.1.3　**时域反射法(TDR)**

(1)原理。是根据电磁波在介质中的传播速度来测定介质的介电常数从而确定土壤体积含水量的方法。电磁脉冲沿着波导棒的传播速度取决于与波导棒相接触和包围着波导棒材料的介电常数(K_α)。电磁脉冲在土壤中传播时,其介电常数与土壤体积含水量有很好的相关性,与土壤类型、密度等几乎无关。一般来说,土壤成分包括空气、矿物质和有机颗粒以及土壤水分等。由于水的介电常数远远大于空气和土壤基质中其他物质的介电常数,因此土壤的介电常数主要依赖于土壤的含水量。

空气-土壤-水分混合物的较粗略的介电常数(K_α)可以通过式(5-7-1)来确定:

$$K_\alpha = (t \times c/L)^2 \tag{5-7-1}$$

式中　K_α——介质的相对介电常数;

t——电磁脉冲从波导的始端到波导的末端所需的时间,s;

c——真空中电磁波的传播速度,m/s;

L——波导的长度,m。

由式(5-7-1)可得

$$v = \frac{L}{t} = \frac{c}{\sqrt{K_\alpha}} \tag{5-7-2}$$

式中　v——电磁波在介质中传播速度,m/s;

其余符号意义同前。

信号发生器产生一个具有陡峭上升沿的阶跃电压信号,以电磁波的形式沿同轴电缆和埋入土壤中的探针(长度为L)传播。由于同轴电缆和探针的阻抗不同,部分电磁波在同轴电缆与探针的连接处(探针首端)发生反射并沿同轴电缆传回;剩下的电磁波继续沿探针传播,在探针末端被全部反射并传回。这两部分反射信号均被高速采样示波器记录下来,使用双切线法可以确定信号传播的时间。其中,t_1是探针首端反射的信号被示波器捕获的时间,t_2是探针末端反射的信号被示波器捕获的时间,θ为土壤体积含水量。考虑到电磁波在探针上来回传播的距离为$2L$,传播的时间为t_2-t_1,则由式(5-7-2)可得土壤介电常数计算公式为

$$K_\alpha = \left(\frac{c}{v}\right)^2 = \left[\frac{c(t_2 - t_1)}{2L}\right]^2 \tag{5-7-3}$$

Topp 等使用该方法测量了土壤的介电常数,得出的计算土壤体积含水量的纯经验公式为

$$\theta = (-530 + 292K_\alpha - 5.5K_\alpha^2 + 0.043K_\alpha^3) \times 10^{-4} \tag{5-7-4}$$

上述公式已被证明广泛适用于各种矿物质土壤。但在实际应用中，由于土壤容重、有机质含量、电导率以及质地等因素都会影响 TDR 测量的结果，为了得到较高的测量精度，仍需要对不同的土壤进行单独标定。

(2)仪器。快沿信号发生器、采样示波器、探头系统(连接被测件和 TDR 仪器)。

(3)特点。

①优点：测量速度快、操作简便、精确度高(能达到 0.05%)、可连续测量；既可测量土壤表层水分，也可用于测量剖面水分；既可用于手持式的实时测量，也可用于远距离多点自动监测；测量数据易于处理。

②缺点：电路复杂、价格昂贵。

7.1.1.4　频域法

频域法包括频域分解法(FD)、驻波法(SWR)、频率反射法(FDR)等。

(1)频域分解法：该方法利用矢量电压测量技术，在某一理想测试频率下将土壤的介电常数进行实部和虚部的分解，通过分解出的介电常数虚部可得到土壤的电导率，由分解出的介电常数实部换算出土壤含水量。

(2)驻波法：是基于微波理论中的驻波原理确立的土壤水分测量方法，它不再利用高速延迟线测量入射—反射时间差 ΔT，而是测量它的驻波比。试验表明三态混合物介电常数的改变能够引起传输线上驻波比的显著变化，因此通过测量传输线两端的电压差即可获得土壤体积含水量信息。

(3)频率反射法：频率反射仪的传感器主要由一对电极(平行排列的金属棒或圆形金属环)组成一个电容，其间的土壤充当电介质，电容与振荡器组成一个调谐电路，振荡器工作频率 F 随土壤电容的增加而降低，即

$$F=\frac{1}{2\pi\sqrt{L}}\left(\frac{1}{C}+\frac{1}{C_b}\right)^{0.5} \tag{5-7-5}$$

式中　L——振荡器的电感；

C——土壤电容；

C_b——与仪器有关的电容。

土壤电容随土壤含水量的增加而增加，于是振荡器频率与土壤含水量呈非线性反比关系。FDR 使用扫频频率来检测共振频率(此时振幅最大)，土壤含水量不同，发生共振的频率不同。

7.1.2　土壤墒情测点位置选择

(1)进行墒情监测的代表性地块的选择应考虑其地貌、土壤、气象和水文地质条件以及种植作物的代表性。

(2)山丘区代表性地块应设在坡面比降较小而面积较大的地片中，不应设在沟底和坡度大的地片中。代表性地块面积一般应大于 666.7 m^2(1 亩)。

(3)平原区代表性地块应设在平整且不易积水的地片。代表性地块面积一般应大于 6 667 m^2(10 亩)。

(4)代表性地块土壤含水量采样点可布置若干点。土壤含水量采样点应布置在距代

表性地块边缘、路边 10 m 以上且平整的地块中，应避开低洼易积水的地方，且同沟槽和供水渠道保持 20 m 以上的距离，避免沟渠水侧渗对土壤含水量产生影响。

（5）同一采样点垂向测点数目可根据检测区域的具体情况采用 20 cm 深一点法，20 cm、40 cm 深二点法，10 cm、20 cm、40 cm 深三点法；若有特殊要求，可在 10 cm、20 cm、40 cm、60 cm、80 cm、100 cm 布点。

7.1.3　土壤质量含水量与体积含水量转换

土壤含水量的一种表达是指 100 g 烘干土中含有水分的质量数值，称绝对含水量。但一般多用土壤中所含水分的质量与烘干土质量比值的百分数表示，即土壤质量含水量，计算公式为

$$\omega = (W_S / W_T) \times 100\% \tag{5-7-6}$$

式中　ω——土壤质量含水量；

W_S——水分质量；

W_T——烘干土质量。

含水量也可用土壤中水的体积与土壤总体积之比表示，即土壤容积含水量。对一定的土壤结构，土壤容积含水量与土壤质量含水量之间可以通过下式换算：

$$\theta = \gamma_0 \omega \tag{5-7-7}$$

式中　θ——土壤容积含水量；

γ_0——土壤干密度；

ω——土壤质量含水量。

含水量还可以用土壤含水量相对于饱和含水量的百分比，或相当于田间持水量的百分比等相对概念表达，称相对含水量。

饱和含水量是土壤中所有空隙均被水充满时的土壤含水量。

7.1.4　土壤墒情监测数据合理性分析

目前，土壤墒情监测资料整编都使用计算机"资料整编软件系统"进行计算、处理。土壤墒情监测数据整理就是先对（年内）墒情原始监测数据进行校核、审查，确定整编方法并按照"资料整编软件系统"的数据格式要求，把整理后的数据一一录入计算机的过程。最终经"资料整编软件系统"计算、打印、输出，形成满足规范要求的土壤墒情整编成果报表。

对土壤墒情监测数据，应从可靠性、代表性、完整性等方面进行合理性分析。可靠性是指土壤墒情监测数据取得过程的方法符合规范要求，计算正确；代表性是指土壤墒情监测数据具有空间和时间上的代表性；完整性是指无缺测、漏测等现象，资料数据能完整地反映土壤墒情在空间和时间上的变化情况。

在做土壤墒情监测数据合理性分析之前，还要先对数据资料进行表面检查，主要从数据的填写位置、有效位数的取舍、计算是否正确，以及数据有无遗漏、符号是否正确、单位是否正确、表格中各项目填写是否齐全、校核手续是否完备等方面做表面的检查和初步的计算分析。

7.1.5　土壤含水量计算

(1)墒情监测站各土层平均土壤体积含水量计算。

第一土层(0~10 cm)平均土壤体积含水量 θ_{ci} 按式(5-7-8)计算:

$$\theta_{c1} = \theta_{10} \tag{5-7-8}$$

第二土层(10~20 cm)平均土壤体积含水量 θ_{c2} 按式(5-7-9)计算:

$$\theta_{c2} = (\theta_{10} + \theta_{20})/2 \tag{5-7-9}$$

第三土层(20~40 cm)平均土壤体积含水量 θ_{c3} 按式(5-7-10)计算:

$$\theta_{c3} = (\theta_{20} + \theta_{40})/2 \tag{5-7-10}$$

第 i 土层平均土壤体积含水量 θ_{ci} 的计算可按上述方法及公式类推。

式中　θ_{c1}、θ_{c2}、θ_{c3}、θ_{ci}——第一、第二、第三、第 i 土层平均土壤体积含水量(%);

θ_{10}、θ_{20}、θ_{40}…——10 cm、20 cm、40 cm…监测深度点的土壤体积含水量(%)。

也可将式(5-7-8)~式(5-7-10)等计算的平均土壤体积含水量分别作为 0~15 cm、15~25 cm、25~45 cm 等厚度层的平均土壤体积含水量。

(2)墒情监测站监测土层深度平均土壤体积含水量按式(5-7-11)计算:

$$\bar{\theta} = \frac{\sum_{i=1}^{n} \theta_{ci} h_i}{H} \tag{5-7-11}$$

式中　$\bar{\theta}$——监测土层深度平均土壤体积含水量(%);

θ_{ci}——第 i 土层的平均土壤体积含水量(%);

h_i——第 i 土层的土壤厚度,cm;

H——土层深度,cm。

(3)墒情监测站各土层平均土壤质量含水量与土层深度平均土壤质量含水量计算公式结构同体积含水量公式结构,但式中的各体积含水量 θ 要由质量含水量 ω 替代。

7.2　资料整编

7.2.1　土壤墒情资料整编成果审查

7.2.1.1　土壤墒情整编资料

土壤墒情整编资料可分为说明资料、基本资料和调查资料。

(1)说明资料宜包括整编说明、墒情监测站一览表、墒情监测站分布图。

(2)基本资料宜包括墒情监测站考证资料(墒情监测站说明表及位置示意图、墒情监测站各监测深度平均田间持水量、墒情监测站平面图)、土壤含水量资料(墒情监测站各监测深度点土壤含水量、墒情监测站各监测深度点土壤湿度)、地下水埋深、连续无雨日、时段降水量、时段蒸发量资料等。

(3)调查资料宜包括主要作物的生理状态、主要作物生长状况、灌溉情况。

7.2.1.2　土壤墒情整编资料审查

土壤墒情整编资料审查的主要工作内容应包括：

(1)抽查原始资料，对考证、监测方法、数据整理表、数据文件及成果表进行全面检查，其余只做主要项目检查。

(2)对全部整编成果进行表面(格式)统一检查。

(3)审查单站合理性检查结果，复查综合合理性检查成果表，做复查范围内的综合合理性检查。

(4)统计错误情况，评定质量。

7.2.2　土壤墒情资料分析

7.2.2.1　准备工作

收集测区内主要作物种类、分布区域、播种面积、耕作制度、作物生育期间的各生长发育指标和作物受旱表象等基本资料，依据主要耕作土壤的质地、干容重、土壤水分常数等数据，对土壤含水量整编成果进行分析整理，绘制监测期间土壤含水量与降水、地下水埋深过程线图，建立不同土壤含水量与作物生长发育和旱涝表象之间的数据关系，总结不同土层深度主要作物不同生育期土壤适宜含水量等。

7.2.2.2　分析内容

土壤墒情资料分析内容可分为下列几个方面：

(1)同一地(测)点土壤含水量数据的分析。

(2)不同地(测)点的土壤含水量数据的汇总分析。

(3)按一定区域和农作物类型进行的、代表一定面积的土壤含水量数据汇总和分析。

7.2.2.3　整编成果分析软件

整编成果分析可应用计算机分析软件进行。应用的计算机分析软件应满足下列功能与要求：

(1)能够实现对各类监测和分析数据进行整理与分析。

(2)能够以网络专题地图的形式直观地展示国家、省、市、县各级区域内土壤墒情等级及监测点状况，包括土壤墒情监测站点地图、土壤墒情状况地图及各土层相对湿度专题图等。

(3)能够以手机短信等形式有针对性地为基础业务部门、各级农业生产组织和农民提供墒情预测、生产指导建议等农田土壤墒情服务。

第 8 章　地下水观测

8.1　观　测

8.1.1　地下水位自动监测仪器

地下水位自动监测仪器主要有浮子式、压力式和其他类型。对于大口径水井，埋深不大时，可以应用所有类型的地表水位计。以声学便携水位计为代表的便携自动式监测仪器发展较快，已有不少种类。

8.1.1.1　便携式自动监测仪器

地下水位观测手段向便携自动式监测仪器发展，已有不少种类，其中声学便携水位计较具代表性，其使用方法提示如下，详细的操作请阅读使用说明书或测站使用规定。

气介声学水位计感应探头固定在井口，通过声波发射和返回的有关物理参数连续计算声学探头与水面之间的距离。使用时，将仪器对准井口，按下有关按钮，即可测得固定点到水面的距离，从而计算水位。以 WL600 声学水位计为例，面板按钮功能为：

(1)按钮“DEPTH”(深度量程选择)：可以选择测量量程，“NORMAL”正常(3～150 m)、“DEEP”深(60～350 m)。

(2)按钮“POWER ON”(电源开关)：将仪器对准井盖口，按下此按钮，只需要几秒钟的时间液晶屏上就可以显示结果。在 3～150 m 量程下，仪器会连续发射 5 次探测声波；在 60～350 m 量程下，仪器在 16 s 之内会发射 4 次探测声波。要延长测量时间，只要按住开关不放即可。

(3)按钮“TEMP”(温度测量)：因为声波的传播速率受环境和井内温度的影响，所以仪器内部有一温度传感器，用来测量温度，进而校正声波速率值。在液晶屏有显示的时候，拨动此开关，来进行温度测量的设置。

8.1.1.2　浮子式地下水位计

浮子式地下水位计的结构和测地表水位用的浮子式水位计相同，包括水位感应器、编码器、数字存储器、电源等，还有平衡锤或自收悬索机构。水位感应器由浮子、悬索、水位轮等元件组成。

在水位测井中安装一个浮子作为水位感测元件，当水位变化时，浮子灵敏地响应水位变化并做相应的涨落运动，同时把此水位涨落的直线运动通过悬索传递给水位轮，使水位轮产生圆周运动，并准确地将直线位移量转换为相应的角位移量。水位轮枢轴就是转角编码器的输入轴，当水位轮旋转的同时，轴角编码器已将水位模拟量转换并编制成相应的数字编码，用数字存储器记录或遥测传输。

浮子式地下水位计结构简单、可靠，便于操作维护，只要测井口径满足安装要求，可以用于所有地点。但是，由于水位轮、浮子、平衡锤的直径很小，小浮子感应水位变化的灵敏度较差，地下水埋深较大时，悬索长也影响水位感应灵敏度，因此编码器的阻力应尽可能小些。

浮子式地下水位计使用前应仔细阅读说明书，检查外观、功能、轴向游隙、转动力矩、跳动量、输出、旋转水位轮转速、悬索的牢固性等。

浮子式地下水位计维护：水位轮枢轴伸出端与机壳之间应定期补充黄油，以免潮湿空气进入，腐蚀内部零件；定期检查浮子、平衡锤与悬索固定处的牢固性；定期用手轻轻盘转水位轮，感觉轴角编码器内部机构运转是否正常；定期用水尺核对水位；对轴角编码器外表定期清除污物，擦拭金属外表，以防氧化生锈；经常检查记录纸、时钟等记录装置等。

8.1.1.3　压力式地下水位计

压力式地下水位计的测量原理、结构组成和压力式地表水位计一致，包括压力传感器、测量控制装置、数字存储器、专用电缆、电源等。

安装使用时，只需将仪器用专用缆索悬挂在地下水测井内的最低水位以下某点位，压力式地下水位计就能测量地下水面以下某一点的静水压力，此压力除以水体的密度，可换算得到此测量点以上水面的高度，该高度加仪器感应面的零点高程从而得到水位。水位计算关系如式(5-8-1)所示。

$$H_{水位} = H_{显示} + H_0 \tag{5-8-1}$$

式中　$H_{水位}$——水位值，m；

$H_{显示}$——水面的高度显示值，m；

H_0——压力传感器的零点高程，m。

压力式水位计应定期校核零点高程并进行比测（一般一个月一次，必要时随时校核），校核后应用传感器新零点高程。

压力水位计的传感器在运输、安装、运行及维修过程中切不可碰撞、跌落、敲击，不可接近高温，不可接触腐蚀性液体和气体；通气防水电缆要固定好，不可承受重压，不可接触锋利物体，电缆和传感器连接部位不可承受重拉力，通气管要始终通畅，不能进水；注意防雷、防破坏；冬天传感器提出水面时注意防冻，温度变化过大（气温变化±20 ℃，水温变化±10 ℃）时要及时注意比测，发现误差偏大时也要重新比测，以便及时修正测量成果。

压力式地下水位计的所有工作部分都可放在地下水测井的水下，不受地面上的干扰。对测井口径没有要求，基本上可以适用于任何埋深。

8.1.1.4　其他地下水位计

（1）自动跟踪式悬锤水位计。悬锤式水位计需人工放测锤，观测灯光、音响信号，自动跟踪式悬锤水位计用一电机自动放测锤，利用导通信号控制测锤接触水面时停止，利用编码器自动测得测尺长度。该仪器结构复杂，可动部件多，水位测量误差较大。

（2）声学测头水位计。固定在井口，通过声波发射返回的参数连续计算声学测头与水面之间的距离。

（3）水位长期自动存储装置水位计。水位记至 cm，时间记至 min，测量误差和走时误差符合要求；具有通过手动或指令显示出最近一次记录的水位测量值和测量时间的功能；能直接或经数据读出机送入计算机整编，并可长期做资料保存。

配有远传装置的水位计，其远传部分应按产品说明书进行安装和使用。

8.1.2　地下水位监测

8.1.2.1　地下水位监测的规定

(1)地下水位监测数值以m为单位，精确到小数点后第二位(cm)。

(2)人工监测水位，应测量两次，间隔时间不应少于1 min，取两次水位观测值的平均值，两次测量允许偏差为±0.02 m。当两次测量的偏差超过±0.02 m时，应重复测量。

(3)水位自动监测仪允许误差为±0.01 m。

(4)每次测量结果应当场核查，发现反常及时补测，保证监测资料真实、准确、完整、可靠。

(5)及时填制水位监测原始记载表。

8.1.2.2　误差影响因素

(1)悬锤式水位计地下水位监测误差受零点指示调整不准确影响。

(2)浮子式水位计地下水位监测误差受滚筒轴线与水面不平行、零点指示调整不准确影响。

(3)布卷尺、钢卷尺、测绳等测具的精度对监测误差也有一定的影响。

(4)地下水位监测误差还受水位观测设备设置的位置不当的影响。

(5)监测人员的业务素质对监测误差有较大的影响。

8.1.2.3　测具检定(检查、校测)规定

(1)自动监测仪器每月检查、校测一次，当校测的水位监测误差的绝对值大于0.01 m时，应对自动监测仪器进行校正。

(2)布卷尺、钢卷尺、测绳、激光测距仪等测具的精度必须符合国家计量检定规程允许的误差规定，每半年检定一次。

(3)固定点的高程测量与水尺零点高程测量的要求相同，可每年汛前校测一次，当发现有变动迹象时，应及时校测。

8.1.3　地下水水样采集

8.1.3.1　地下水采样方法

地下水采样较常用的采样方法有井口采样、钻井采样、抽取采样和深度采样四种。

(1)井口采样。适用于供水水源水质的常规监测或监督饮用水的水质状况。采样时，直接用采样瓶从井口水龙头或生产井排液管中采集水样，也可以从距配水系统最近的水龙头或井口贮水箱中取样。

(2)钻井采样。适用于了解劣质地下水所处的水平位置和研究含水层内地下水水质沿垂向变化情况。通常在钻井过程中用抓斗式采样器或气体泵采集样品。

(3)抽取采样。适用于地下水质在竖直方向是均匀的地方，或所要求的是近似平均成分的垂直混合样品。采样时直接通过一根安放于测井内的管子抽取水样或经采样瓶虹吸抽取，也可以通过气动法压缩气体(一般用氮气)将水柱从测井内推至地面。

(4)深度采样。适用于样品的来源是已知的情况下和不稳定性分析参数的采样。采

样时将深水采样器放至井中,让它在指定深度灌满水,然后将采样器提至地面,并将水样转入采样瓶中。

8.1.3.2　采样注意事项

(1)采样时采样器放下与提升时动作要轻,避免搅动井水及底部沉积物。

(2)用机井泵采样时,应待管道中的积水排净后再采样。

(3)自流地下水样品应在水流流出处或水流汇集处采集。

8.1.3.3　现场填记有关内容

(1)测定项目。在贮样器上标明并在采样原始记录上填该样品用于分析测试的项目。

(2)监测站名称。为监测站编号所代表的监测站的中文名称。

(3)监测站地点的位置。填监测站所在地名,一般填至省(自治区、直辖市)、县(市)、乡、村。

(4)井深。记载自地面至井底的距离,以 m 计。

(5)采样深度。记载从水面以下的某采样点采样的水深,以 m 计。

(6)地下水类型。记载“潜水”“承压水”“裂隙水”“岩溶水”。可用组合表示,如“潜水;裂隙水”。

8.2　资料整编

8.2.1　地下水观测资料整编成果检查

8.2.1.1　检查内容

检查应包括下列内容:

(1)原始记载表计算数据准确性。

(2)由于检测设备和校测高程导致的监测数值修正。

(3)自动监测站监测数据日值计算方法合理性。

(4)单站监测资料合理性。

8.2.1.2　单站监测资料合理性检查

单站监测资料合理性检查应包括下列内容:

(1)利用上年末水位、水温数据,检查本年初监测数据合理性。

(2)利用降水量检查单站水位动态合理性。

(3)对比审查同一含水层(组)各监测站之间的监测资料。

(4)对自动监测数据进行对比分析。

(5)检查水质样品的监测、保存、运送过程,水质分析方法的选用及检测过程,水质检测质控结果和各种原始记录资料的合理性。

8.2.1.3　其他要求

(1)经检查,有下列情况之一的监测站,相应月份的监测资料不应整编:监测方法错误;监测误差超过允许范围;缺测和可疑的监测资料超过监测资料的 1/3。

(2)检查合格的监测站,应编制“地下水监测站基本情况考证成果一览表”“地下水统测站考证成果一览表”和“地下水基本监测站分布图”。

8.2.2　地下水单站资料合理性检查报告编写

编写地下水单站资料合理性检查报告一般包括下列内容:

(1)地下水测站概况。概括描述测站位置、资料特性等。

(2)(年度)监测资料情况。叙述测站各项目(水位、水温、出流量、水质)资料的监测情况,包括资料的连续性、有无缺测、插补方法等。

(3)资料的单站合理性检查、分析。

①将本年初的监测信息与去年末的监测信息进行对照,发现异常应分析原因。

②点绘单项和综合监测信息过程线,进行合理性检查。

③将(年度)监测资料数据与降水、河道水位等进行全方位分析,保证单站资料的充分合理。

(4)单站资料合理性检查结论,即对单站资料成果质量做出评价。

第9章　水质监测

9.1　现场采样

9.1.1　等比例采样器工作原理

传统的手工采样一次只能采一个深度的水样，自动化程度低，误差较大，对采样人员要求高，采样效率低，现有技术中能自动采样的水质等比例采样器，存在由于水体水质采样有很多区域采样人员并不容易到达的技术问题，给水体水质采样工作带来了很大的难度，也给采样人员带来了安全隐患，所以设计一款能自动遥控的水质等比例采样器是十分有必要的。

9.1.1.1　水质等比例自动采样器

水质等比例自动采样器(water ratio automatic sampler)是采集水质样品的一种装置。它可以根据水样采样要求实现多种采样方式(定量采样、定时定量采样、定时流量比例采样、定流定量采样和远程控制采样)及多种装瓶方式(每瓶单次采样——单采和每瓶多次采样——混采)，是对江、河、湖泊、企业排放水等实现科学监测的理想采样工具。采样中若涉及与排污量相关的采样方法(流量比例和定流定量)，则可配置明渠流量计。

便携式等比例多功能水质采样器除可以作为定时或定量采样器独立使用外，也可将本设备与pH计、流量计等在线监测仪器相配合，并与远地计算机联网，在计算机的控制下运行，组成主—从式监测系统。

9.1.1.2　工作原理

水质等比例自动采样器由两大部分构成，一部分是水样自动采集PLC控制电路，另一部分是水样品的自动分瓶灌装机构。采样执行部分由微型真空泵伺服旋转执行机构、气路转换及多种信号传感器组成。在微型机系统的控制下，采用正压清洗、负压提升的原理，能自动完成管路清洗—样品抽吸—样品计量—注瓶—换瓶—样品恒温贮存等功能。样品抽吸的过程中，样品不与泵、阀等直接接触，从而有效地防止了二次污染，以及样品对设备的腐蚀，保证了样品的真实性和采样量的准确性。

9.1.2　等比例采样器应用条件

9.1.2.1　瞬时样品采集

入河排污口监督性或抽查性监测可以采集瞬时样品。污水排放不稳定、污染物浓度有明显变化时，可分时间段采样。但在各次采样时，应注意采样量与实时的污水流量成比例，保证混合样品具有代表性。

9.1.2.2　混合样采集

用自动采样器进行自动采样时，当污水排放量较稳定、污染物浓度变化较小时，可采用时间比例采集混合样；污水流量和污染物浓度随时间变化大于 20%时，应采用流量比例采集混合样。

测定 pH、悬浮物、溶解氧（DO）、化学需氧量（COD）、五日生化需氧量（BOD_5）、硫化物、油类、有机物、余氯、粪大肠菌群、放射性等项目的样品，不宜采集混合样，须单独采集。

9.1.3　等比例采样器使用方法

一般情况下，水质等比例自动采样器具有设定、校对和显示时间功能，包括年、月、日和时、分、秒，全中文操作界面；具有可自动连续或混合定时、定量、按设定比例及水质超标事件触发自动采样，具有自动分瓶功能，计量精度自动校准，有故障报警功能；通信接口，能读取和传输内部数据，可进行远程控制。实际采样时的要求为：

（1）采样前。水质采样前应彻底清洗采样容器及设备；确保从采样点到采样设备的方向是顺风向，防止采样设备污染采样点水体；安全存放采样容器，避免瓶盖污染。

（2）采样时。尽可能使样品容器远离污染，以确保高质量的分析数据；避免采样点水体的搅动。

（3）采样后。擦拭并晾干采样管路，规范存放；避免用手和手套接触样品。检查每个样品中是否存在巨大的颗粒物，如叶子、碎石块等，如果存在，应弃掉该样品，重新采集。

采样后，还应逐项检查现场记录表的填记；检查每个水样瓶标签，内容包括采样点位、测定项目、保存方法等；检查运输水样容器的外（内）盖是否盖紧，箱中容器有无泡沫塑料等分隔保护材料，同一采样点的样品是否装在同一包装箱内，包装箱顶部和侧面标有无“切勿倒置”的标记等；校核清点容器和装箱数量，是否附有现场采样记录表，送样单是否签字并注明装运日期和运输方式等。水样运抵实验室后，收样人员要做同样的检查，无误后方可签名验收。若有问题应及时反馈给采样的组织部门采取补救措施。

（4）相应流量测验。水质自动采样器要实现对水样的等比例采样，就必须知道被采集污水的实时流量，然后根据流量的大小来实现等比例采样；而获得污水的流量就需要接入流量信号，需要将污水流量计信号通过采样器规定的方式接入采样器中。

部分采样器，具有内置的污水流量计的功能，直接适用于四种基本量水堰槽的污水流量测量。这种采样器相当于在仪器的内部集成了一个污水流量计，实现了污水流量测量及水质等比例采样的多功能集成化应用。

要实现污水的流量测量，就必须用到标准的明渠量水堰槽，明渠内的流量越大，液位越高；流量越小，液位越低。

9.2　现场测定

9.2.1　便携式多参数水质分析仪工作原理和使用方法

9.2.1.1　便携式多参数水质分析仪

便携式多参数水质分析仪是指运用多种分析方法，可快速一次测定水中的温度、pH、溶解氧、电导率、氧化还原电位等多项参数的综合性仪器。多参数水质分析仪测定的结果可直接读取，无须换算，具有直观、方便、准确、操作简单等特点，可广泛用于环境保护、水文、化工、水产养殖、水处理厂等部门。

便携式多参数水质分析仪一般可测定温度、pH、溶解氧、电导率、氧化还原电位等五项参数，其技术指标参考值为如下：

(1)测量范围：温度 T：0~50 ℃；pH：0~14；溶解氧 DO：0~20 mg/L；电导率 COND：0~1.9 μs/cm；氧化还原电位 ORP：±1 000 mV。

(2)准确度：温度 T：±1 ℃；pH：±0.02；溶解氧 DO：±0.3 mg/L；电导率 COND：±1% F·S；氧化还原电位 ORP：±1 %F·S。

9.2.1.2 工作原理

1. 温度 T

采用二极管作为温度传感器，加上一定的直流电压，二极管两端电压随温度变化而改变，在 0~100 ℃范围内线性较好，这一信号经处理后直接显示并进行溶解氧、pH、电导自动温度补偿。

2. pH

pH 的测量原理遵循能斯特方程式(5-9-1)，测出 E 值就能测出被测溶液的 pH 值。

$$E = E_0 - 2.303pH \tag{5-9-1}$$

式中 E_0——电极系统的截距电位，在一定条件下可看作一常数；

pH——被测液的 pH 值；

E——由电极系统产生的电池电动势。

3. 电导率

电导率是表示溶液传导电流的能力，常用于间接推测水中离子成分的总浓度。当两个电极(通常为铂黑电极)插入水中，可以测出两电极间的电阻 R。根据欧姆定律，即 $R=\rho \cdot L/A$(温度一定时，L/A 是一常数)，可以计算出 ρ(电阻率)。由于电导率是电阻率的倒数，即可算出电导率。

4. 溶解氧

溶解氧是指溶解于水或液相中的分子态氧，以 DO 表示，溶解氧大小能反映出水体受到污染物特别是有机物污染的程度。采用极谱型薄膜电极法测定 DO 的测量原理是：当电极的阳极和阴极间外加一个固定极化电压时，水中溶解氧渗过氧膜在阴极上还原，产生与氧浓度成正比例的扩散电流，测量电流大小就可以推算出溶解氧的量。

5. 氧化还原电位 ORP

氧化还原电位能帮助我们了解水体中存在什么样的氧化物质或还原物质及其存在量，是水体的综合指标之一。水体的氧化还原电位测定方法，是用稀有金属(铂)做指示电极，饱和甘汞或银/氯化银电极做参比电极，测定相对于甘汞或银/氯化银电极的氧化还原电位值，然后换算成相对于标准氢电极的氧化还原电位值作为报告结果。

通常与大气接触的水，其氧化还原电位值在 0.3~0.5 V，缺氧水在 0~0.2 V，污浊水可至-0.15 V。

9.2.1.3　使用方法

(1)使用前后均应分别进行校正。

(2)使用前进行必要的参数设置和相关检查。

(3)逐项进行检测,检测过程中注意检测目标的监测数据变化。

(4)分析判断检测数据的合理性,及时填记保存最终检测结果。

(5)检测结束,对仪器进行清洗并妥善保存。

9.2.2　水质资料合理性分析

水质检验数据应进行准确性、合理性分析检查。分析检查从以下几方面进行:

(1)检查现场制备室内质量控制样品和检验人员自我质量控制样品测试比例。按给定的室内标准误(偏)差的要求,对检验数据的精密度、准确度和检出限等进行审核。

(2)利用化学物质不同形态的关系进行合理性检验。通常情况下,水中化学物质有下列关系:

①总氮(TN)>无机氮(TIN);总氮(TN)>有机氮(TON)。

②无机氮(TIN)>硝酸盐氮(NO_3—N)>氨氮(NH_3—N)>亚硝酸盐氮(NO_2—N)。

③总磷>正磷酸盐、聚合磷酸盐、可水解磷酸盐以及有机磷。

④总络>三价络、六价络;重金属总量>可溶态、吸附态等分量。

⑤化学需氧量(COD)>高锰酸盐指数(COD_{Mn});化学需氧量(COD)>五日生化需氧量(BOD_5)。

⑥大肠菌群>粪大肠菌群等。

(3)天然水化学项目可根据数据间逻辑相关关系,按表 5-9-1 计算公式及评价标准检查数据的正确性。

(4)根据断面多年年均值、月均值及月内测定值等历史数据,以及同一水系相邻水域同期和近期检验数据,进行合理性检查。

(5)结合其他环境要素,如水文情势、降水量、流量的变化(丰水期、枯水期),地下水补给等物理、化学、生物季节性变化规律进行综合分析,对检验数据进行合理性检查。

(6)数据审核发现偏离或异常,应立即向上级负责人报告,分析和查找原因。同时,采用其他质控措施进行控制。启用副样进行复测时,应经上级负责人签字批准。

测定数据中若有可疑值,经检查非操作失误粗大误差所致,可采用 Dixon 法或 Grubbs 法等检验同组测定数据的一致性后,再决定其取舍。可疑值与数据运算应符合国家相关标准的要求,并按以下规则进行:

①当数据加减时,其结果的数字位数与各数中数字位数最少者相同。

②当各数相乘、除时,其结果的数字位数与各数中数字位数最少者相同。

③对数的数字位数应与真数的数字位数相同。

④欲修约位数的下一位数(称为尾数)的取舍按“四舍六入法则”处理,即当尾数不大于 4 时则舍去;尾数不小于 6 时则进一;当尾数左边第一个数为五,其右的数字不全为零时则进一;其右边全部数字为零时,以保留数的末位的奇偶决定进舍,末位为奇数进一,偶数(含零)舍去。

⑤数据的修约只能进行一次,计算过程中的中间结果不必修约。

表 5-9-1　天然水化学项目分析结果校核的计算公式及评价标准

类型	误差计算公式	评价标准
阴阳离子	$\frac{\sum 阴离子毫摩尔浓度-\sum 阳离子毫摩尔浓度}{\sum 阴离子毫摩尔浓度+\sum 阳离子毫摩尔浓度}\times 100\%$ $离子的毫摩尔浓度=离子价\times\frac{离子的质量浓度(mg/L)}{离子的原子量之和}$	±10%
总含盐量与溶解固体	$\frac{溶解性总固体计算值-溶解性总固体实测值}{溶解性总固体实测值}\times 100\%$ 其中　溶解性总固体计算值(mg/L)=阴离子浓度总和(mg/L)+阳离子浓度总和(mg/L)-$\frac{1}{2}HCO_3^-$的浓度(mg/L)	±5%
硬度	$\frac{硬度的计算值-硬度的实测值}{硬度的实测值}\times 100\%$ 其中　硬度的计算值(mg/L,以 $CaCO_3$ 计)=Ca^{2+}的浓度(mg/L,以 $CaCO_3$ 计)+Mg^{2+}的浓度(mg/L,以 $CaCO_3$ 计)	±5%
溶解固体与电导率	$\frac{TDS}{电导率}=0.55$ 式中　*TDS*——溶解固体,mg/L; 电导率——μS/cm	0.55~0.70
HCO_3^-、游离 CO_2 与 pH 值	$pH_{计算值}-pH_{实测值}$ $pH_{计算值}=6.37+\lg(HCO_3^-)-\lg(CO_2)$	±0.2

第 10 章　泥沙测验

10.1　测　验

10.1.1　悬移质输沙率测验

10.1.1.1　单次输沙率测验

1. 测验原理和方法

一般情况下，河段或河流断面各点位水流流速不相同，含沙量也不相同，要获得单位时间通过断面的悬移质输移沙量（输沙率），就应在断面相当多的点位同时测量含沙量与流速（流量），计算点位区域的输沙率并累加之。

断面输沙率测验作业示意图如图 5-10-1 所示，图中表达了过流断面轮廓、测验垂线及测点点位等有关空间要素，还表达出有关测算量的分布曲线。

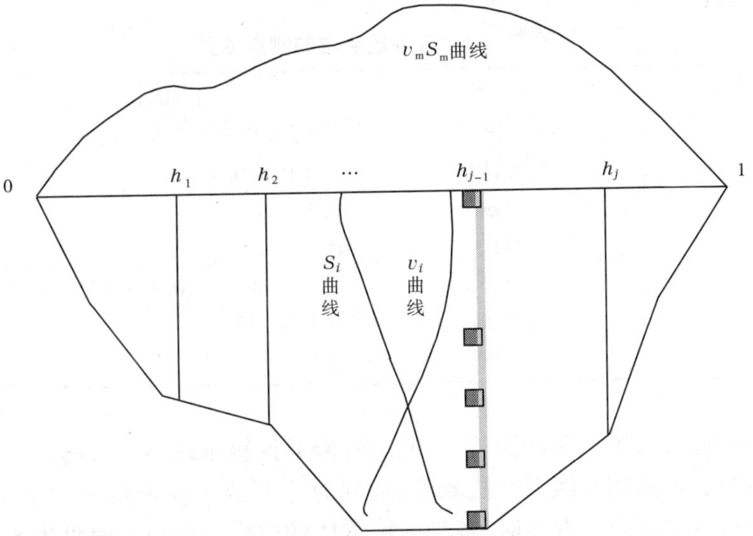

图 5-10-1　断面输沙率测验作业示意图

图中 0—1 线示意断面线；下面的折线示意断面轮廓；h_j 示意垂线（j 为垂线序号），并特写了一条垂线的测点位置；v_i 曲线、S_i 曲线分别示意垂线流速、含沙量分布（i 为序号）；v_m、S_m 为垂线平均流速、含沙量，v_mS_m 曲线示意断面单宽输沙率分布。

断面输沙率具体的测验实施介绍如下：

（1）布置测验垂线。

试验或根据先验知识沿断面方向线在断面布置测验垂线，测量起点距，确定垂线在断面的位置。布置的测验垂线将断面分为若干部分，各部分作为输沙率测验的基本单元。

测验垂线数目,一类站不应少于 10 条,二类站不应少于 7 条,三类站不应少于 3 条。

测验垂线布设方法:对于河床水流比较稳定的情况,一般根据实际条件和符合流量加权原理的要求,可采用单宽输沙率转折点布线法、等部分流量布线法、等部分面积布线法、等水面宽布线法等。等水面宽布线法简明易行,若要布置 n 条垂线,取均分水面宽为 $n+1$ 等份的数值,从一水边起点距逐级累加数值即可确定各垂线的起点距位置。单宽输沙率转折点布线法,应布置较多试验垂线,计算各垂线单宽输沙率并点绘沿断面线的分布图,按图示转折点精简分析确定。等部分流量布线法、等部分面积布线法可根据以往或前次的测流资料建立以断面起点距线度为横坐标,以断面流量/过流面积百分数为竖坐标的直角坐标系。从水边起点距开始,摘取起点距与累计流量/累计过流面积数据对,并计算累计流量/累计过流面积数据与总和数据的百分比,形成(起点距,累计流量/累计过流面积百分比)在坐标系点位的数据对,按数据对在坐标系中点绘折线图。若要布置 n 条垂线,取均分累计流量/累计过流面积百分比为 $n+1$ 等份的数值,由此数值逐步累计的数值,可确定各垂线的起点距位置。

(2)垂线的有关测量。

测量垂线水深,在水深范围抽样布置测点。测量各点的流速;测量各点的含沙量,或采取悬沙水(沙)样到泥沙实验室测定含沙量。这种方法称为选点法,各种选点法的测点位置见表 5-10-1。

表 5-10-1　各种选点法的测点位置

河流情况	方法名称	测点的相对水深位置
畅流期	五点法	水面、0.2、0.6、0.8 及河底
	三点法	0.2、0.6、0.8
	二点法	0.2、0.8
	一点法	0.6
封冻期	六点法	冰底或冰花底、0.2、0.4、0.6、0.8 及河底
	二点法	0.15、0.85
	一点法	0.5

垂线含沙量也可采用积深法测验,应同时施测或推算垂线平均流速。

垂线含沙量还可采用垂线混合法测验,应同时施测或推算垂线平均流速。应用积时式仪器按取样历时比例取样混合时,各种取样方法的取样位置与历时见表 5-10-2;按容积比例取样混合时,取样方法应经试验分析确定。

表 5-10-2　各种取样方法的取样位置与历时

取样方法	取样的相对水深位置	各点取样历时(s)
五点法	水面、0.2、0.6、0.8 及河底	$0.1t$、$0.3t$、$0.3t$、$0.2t$、$0.1t$
三点法	0.2、0.6、0.8	$t/3$、$t/3$、$t/3$
二点法	0.2、0.8	$0.5t$、$0.5t$

注:t 为垂线总取样历时。

（3）测验时间与时机。

输沙率测验历时较长，应尽量缩短时间，一般用开始时间和终止时间的平均时间代表测验时间，可准确到分钟。测验时机宜选择在各有关测验要素变化不大的合适时段。

（4）同时流量测验。

通常情况下，输沙率测验同时施测流量，根据流速和含沙量断面分布特性，两者的垂线数目可以相等，也可以不等，一般流量测验的垂线数目多一些，在全部或部分流量测验的垂线安排输沙率测验垂线，即两者选线应重合；垂线选点法测验流速、含沙量的点位也应重合。

（5）其他配合观测。

测验输沙率时应同时观测水位、水面比降。

2. 悬移质输沙率测验的分析计算

分析计算的目标物理量是断面流量、输沙率和断面平均含沙量，推求全断面流量、输沙率的基本思路是按断面分成的基本单元计算后再累加。

参看图5-10-1断面输沙率测验作业示意图，为分析计算方便，建立断面方向线为 X 轴，水深为 Y 轴，流速方向为 Z 轴的坐标系。

约定的符号：h—垂线水深；Δh—测点控制或代表的水深区段；l—起点距；b—起点距间隔或垂线间距（$b_i=l_{i+1}-l_i$）；s—基本单元面积；S—断面总面积；v—测点流速；v_h—垂线平均流速；V_s—断面基本单元平均流速；V—断面平均流速；q—断面基本单元流量；Q—断面流量；c—测点含沙量，常用测点相对水深具体数值做下标；c_h—垂线平均含沙量；C_s—断面基本单元平均含沙量；C—断面平均含沙量；q_s—断面基本单元输沙率；Q_s—断面输沙率；i、j、k 等—有关量的序列号。

（1）基本单元面积：$s_k = b_i(h_i + h_{i+1})/2$

（2）断面总面积：$s = \sum s_k$

（3）垂线平均流速：$v_{hi} = \sum v_j\Delta h_j / \sum \Delta h_j$

（4）断面基本单元面积平均流速：$V_{sk} = (v_{hi} + v_{hi+1})/2$

（5）断面基本单元面积流量：$q_k = V_{sk}s_k$

（6）断面流量：$Q = \sum q_k$

（7）断面平均流速：$V = Q/S$

（8）垂线平均含沙量：$c_{hi} = \sum c_jv_j\Delta h_j / \sum v_j\Delta h_j$

（9）断面基本单元面积平均含沙量：$C_{sk} = (c_{hi} + c_{hi+1})/2$

（10）断面基本单元面积输沙率：$q_{sk} = C_{sk}q_k$

（11）断面输沙率：$Q_s = \sum q_{sk}$

（12）断面平均含沙量：$C = Q_s/Q$

用积深法、垂线混合法采集的悬沙水样，其实测含沙量为垂线平均含沙量。选点法垂线平均含沙量可将公式 $c_{hi} = \sum c_jv_j\Delta h_j / \sum v_j\Delta h_j$ 具体化，按照表5-10-1各种选点法的测点位置和各点水深区段 Δh 与水深的比例 $\Delta h/\sum\Delta h$ 关系简化，各选点法的垂线平均含沙量计算公式如下：

畅流期五点法：

$$c_{h5}=\frac{1}{10v_h}(v_{0.0}c_{0.0}+3v_{0.2}c_{0.2}+3v_{0.6}c_{0.6}+2v_{0.8}c_{0.8}+v_{1.0}c_{1.0}) \tag{5-10-1}$$

畅流期三点法：

$$c_{h3}=\frac{v_{0.2}c_{0.2}+v_{0.6}c_{0.6}+v_{0.8}c_{0.8}}{v_{0.2}+v_{0.6}+v_{0.8}} \tag{5-10-2}$$

畅流期二点法：

$$c_{h2}=\frac{v_{0.2}c_{0.2}+v_{0.8}c_{0.8}}{v_{0.2}+v_{0.8}} \tag{5-10-3}$$

封冻期六点法：

$$c_{h6}=\frac{1}{10v_h}(v_{0.0}c_{0.0}+2v_{0.2}c_{0.2}+2v_{0.4}c_{0.4}+2v_{0.6}c_{0.6}+2v_{0.8}c_{0.8}+v_{1.0}c_{1.0}) \tag{5-10-4}$$

封冻期二点法：

$$c_{h2}=\frac{v_{0.15}c_{0.15}+v_{0.85}c_{0.85}}{v_{0.15}+v_{0.85}} \tag{5-10-5}$$

一点法垂线平均含沙量由测点含沙量乘以试验系数计算。

断面输沙率的实用公式为式(5-10-6)：

$$Q_s=c_{h-1}q_0+\frac{c_{h-1}+c_{h-2}}{2}q_1+\frac{c_{h-2}+c_{h-3}}{2}q_2+\cdots+\frac{c_{h-(n-1)}+c_{h-n}}{2}q_{n-1}+c_{h-n}q_n \tag{5-10-6}$$

3. 悬移质输沙率法测验记载计算表

悬移质输沙率测验的记载计算表的结构和填记计算，见中级工“表 4-11-4 流量及悬移质输沙率测验记载计算表(畅流期流速仪法)”。

表中测深垂线间面积及部分面积、垂线平均流速及部分平均流速、测深垂线间流量及取样垂线间流量、单位输沙率、垂线平均含沙量、部分平均含沙量、部分输沙率、断面输沙率、断面流量、断面平均含沙量等就是根据上述分析和公式计算的。

4. 全断面混合法输沙率测验

输沙率测验计算也可采用全断面混合法。根据河槽和断面形态的不同，全断面混合法可以是等部分水面宽、等部分面积或等部分流量全断面混合，也可以是经试验有效的其他混合法。混合法可以是将各点位采取的悬沙水样混合在一起，经处理测算出含沙量作为全断面平均含沙量，也可以是将各点位采取的悬沙分别处理测算出含沙量，并将其平均值作为全断面平均含沙量，均宜经过试验确认。采用全断面混合法施测出断面平均含沙量 $\overline{C}_s$ 后，断面悬移质输沙率 Q_s 的计算公式为

$$Q_s=Q\overline{C}_s \tag{5-10-7}$$

当采样与测流同时进行时，流量 Q 为实测流量；不同时进行时，则 Q 为推算的流量。

5. 相应单沙的采取

采用单断沙或单断颗关系进行资料整编，需要建立单断沙关系的站，在进行输沙率测

验的同时,应采取相应单沙水样。相应单沙水样的取样方法和仪器,应与经常的单沙水样测验方法相同。

相应单沙水样的取样次数,在水情平稳时取1次;有缓慢变化时,应在输沙率测验的开始、终了各取1次;水沙变化剧烈时,应增加取样次数,并控制随时间的转折变化。

6. 颗粒级配测验

采用悬移质输沙率测验悬沙水样进行颗粒分析,采用选点法并使用流速仪法测流时,悬移质输沙率测验悬沙水样可兼作颗粒分析,也可在同一测沙垂线上,另取悬沙水样做颗粒分析。各种全断面混合法兼作输沙率颗粒级配的取样方法应经试验分析确定,试验分析前,全断面混合法的取样垂线数目,一类站不应少于5条,二、三类站不应少于3条。

当单沙水样含沙量取样方法与单颗取样方法相同时,可用相应单沙水样做颗粒分析;不同时,应另取水样做颗粒分析。

采取做颗粒分析的悬沙水样时,应同时观测水温。

10.1.1.2　测次分布

1. 悬移质输沙率测次

(1)一年内悬移质输沙率的测次,应主要分布在洪水期。

(2)采用断面平均含沙量过程线法进行资料整编时,每年测次应能控制含沙量变化的全过程,每次较大洪峰的测次不应少于5次;平、枯水期,一类站每月测5~10次,二、三类站每月测3~5次。

(3)历年单断沙关系线与历年单断沙综合关系线比较,一类站其变化在±3%以内时,年测次不应少于15次;二类站做同样比较,其变化在±5%以内时,年测次不应少于10次;历年变化在±2%以内时,年测次不应少于6次。三类站做同样比较,其变化在±5%以内时,年测次不应少于6次;历年变化在±2%以内时,输沙率可实行间测。测次应均匀分布在含沙量变幅范围内。

(4)单断沙关系线随水位级或时段不同而分为两条以上关系线时,每年悬移质输沙率测次应满足:一类站不应少于25次,二、三类站不应少于15次。在关系曲线发生转折变化处应分布测次。

(5)采用单断沙关系比例系数过程线法整编资料时,测次应均匀分布并控制比例系数的转折点。在流量和含沙量主要转折变化处应分布测次。

(6)采用流量输沙率关系曲线法整编资料时,年测次分布应能控制各主要洪峰变化过程,平、枯水期应分布少量测次。

(7)堰闸、水库站和潮流量站的悬移质输沙率测次应根据水位、含沙量变化情况及资料整编要求,分布适当测次。

(8)新开展悬移质输沙率测验的测站,前三年内应适当增加测次。

2. 悬移质颗分测次

一年内测定断面平均颗粒分析的测次,应主要分布在洪水期,并应符合下列规定:

(1)当用断面平均颗粒级配过程线法进行资料整编时,一、二类站,每年测次应能控制颗粒级配变化过程,每次较大洪峰应测3~5次;汛期每月不应少于4次;非汛期,多沙河流每月应测2~3次,少沙河流每月应测1~2次。

(2)一类站历年单断颗关系线与历年综合关系线比较,粗沙部分变化在±2%以内,细沙部分变化在±4%以内时,每年测次不应少于15次;二类站做同样比较,粗沙部分变化在±3%以内,细沙部分变化在±6%以内时,每年测次不应少于10次。

(3)单断颗关系线随水位级或不同时段而分为两条以上关系曲线时,每年测次,一类站不应少于20次,二类站不应少于15次。

(4)单断颗关系点散乱的站应相应增加测次。

(5)三类站每年在汛期洪水时施测5~7次,非汛期施测2~3次。

(6)新开展断面平均颗粒分析测验的测站,前三年内应适当增加测次。

10.1.2　悬移质单样含沙量测验

10.1.2.1　测验方法及内容

在断面探寻一些有代表性的垂线、测点,测得的含沙量或其平均值与断面平均含沙量数值接近,或多次类似测验的单沙—断沙(简称单断沙)相关关系良好,则这些有代表性的垂线、测点测得的含沙量或其平均值可作为单样含沙量。

在一次实测悬移质输沙率过程中同次测算的单样含沙量称为相应单样含沙量。相应单样含沙量是用于探寻建立单断沙相关关系,检验单样含沙量能否实用的方法,一旦确认了这一方法,一般单样含沙量的测验是不需同时施测输沙率的。不测断面输沙率而按相应单沙方式测算含沙量即通常简称的"单沙"测验。

每年或一定时间段只进行一定分布的有限测次的断沙和"相应单沙"测验,建立单断沙关系线,而可较多次的测验"单样含沙量"控制悬沙变化过程,进而通过单断沙关系线推算出全年或一定时间段的断沙过程。

单沙测验位置和方法原则上根据测站条件由试验确定,要求是能求得较稳定的单沙关系。一般来说,单沙在垂线上的测点位置,必须使测得的含沙量近似地代表垂线平均含沙量,以采用二、三点法或积深法取样为宜,只有在含沙量垂直分布比较均匀的测站,才可采用一点法。取样垂线的位置,视含沙量横向分布情况而定。横向分布比较稳定的站,可选择在垂线平均含沙量与断面平均含沙量比值接近1且比较稳定的位置上取样;对于水流紊动特别强烈、含沙量横向分布相当均匀的站,也可选择在邻近水边有明显流动的位置取样。断面比较稳定而含沙量横向分布随水位的升降具有周期性变化的测站,一般应在能控制含沙量横向变化的若干垂线上取样;也可只测一线,按不同水位级选择取样位置。水位、流量等有关要素对单沙影响明显,它们变动时,垂线位置及测点也可随之变动。河床变形剧烈、主泓摆动频繁的站,应根据含沙量横向分布的变动情况,分别采取主流一线、多线或横渡法施测。若测站上游有较大支流入汇,含沙量横向分布受支流来水影响变化甚为复杂,单沙一般应测两条线以上。若单沙垂线所代表的部分流量悬殊,则水样应分别处理,用流量加权法计算单沙。水面较宽要求单沙能有较好的代表性时,可在部分流量相等的几条垂线上取样,混合后作为单位水样。

采取单沙水样的工作内容有:观测基本水尺水位;施测取样垂线的起点距;施测或推算垂线水深;按确定的方法取悬沙水样或测含沙量;单沙需做颗粒分析时,应加测水温。

黄河干流一些河床变动激烈的水文站,经多年多次试验,采用"等流量五线相对水深

0.5(或 0.6)一点法”测取单沙,具体做法介绍如下。

如图 5-10-2 所示,按测流垂线顺序从断面一边起计算累积流量及累积流量与断面流量百分比值,以断面起点距为横坐标,上部以断面累积流量百分比为纵坐标,点绘累积流量分布曲线,横坐标下部可绘断面图。分别在累积流量百分比的第 10、第 30、第 50、第 70、第 90 处查读起点距数值,此各值即单沙取样垂线位置。由于断面变化,每次测流后都要重新安排单沙取样垂线位置。

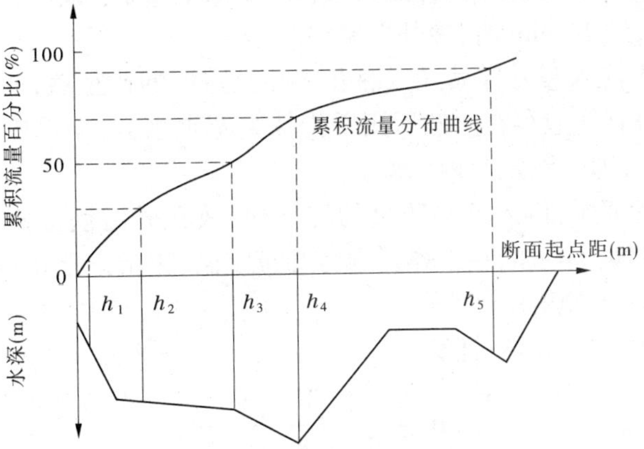

图 5-10-2　“等流量五线相对水深 0.5(或 0.6)一点法”单沙垂线设计示意图

10.1.2.2　测次分布

(1)单沙取样测次分布应能控制含沙量变化过程,并应符合下列规定:

①洪水期。每次较大洪水,一类站不应少于 5~8 次,二类站不应少于 3~5 次,三类站不应少于 3 次;洪峰重叠、水沙峰不一致或含沙量变化剧烈时,应增加测次。在含沙量变化转折处应分布测次。洪水期的一般洪水可适当减少,但应控制含沙量变化过程。

②汛期的平水期,一类站宜 1~2 d 测验 1 次,二、三类站宜 2~5 d 测验 1 次。

③非汛期平水期,含沙量变化平缓时,一类站可 2~7 d 测验 1 次;二、三类站可每 5~10 d 测验 1 次。含沙量变化较大时,可适当增加测次。

④含沙量有周期性日变化时,应经试验确定在有代表性的时间测验。

(2)需进行单样颗粒分析的一、二类站,测次宜分布在洪水期,非汛期宜分布少量测次,测次应能控制泥沙颗粒级配的变化过程。洪水期每次较大洪峰应测验 3~7 次,在流量、含沙量变化转折处应布设测次。洪水期的一般洪水可适当减少测次;汛期的平水期,多沙河流应 5~7 d 测验 1 次,少沙河流可 10 d 测验 1 次;非汛期,多沙河流应 7~10 d 测验 1 次,少沙河流可 15 d 测验 1 次。

三类站若无特殊要求,可只在汛期每次洪水过程中采样分析 1~3 次;非汛期需要时可采样分析 2~3 次。

(3)专用站、实验站和潮流量站应根据设站目的、要求和测验条件,分别确定单沙及单样颗粒分析的测次分布。

10.1.3 泥沙密度测定

测定泥沙密度所用容器或量具为 50 mL 或 100 mL 比重瓶、已知质量的烧杯。作业步骤如下：

(1)将经沉淀浓缩后的样品,用小漏斗注入比重瓶内,瓶内浑液不宜超过容积的 2/3。要求样品中沙量 15~20 g。

(2)将装好样品的比重瓶放在砂浴锅上(或在铁板上铺一层砂子,放在电炉上)煮沸,并不时转动比重瓶,经 15 min 后,冷却至室温。

(3)用纯水缓慢注入装好样品经煮沸并冷却至室温的比重瓶,使水面达到适当高度,插上瓶塞,瓶内不得有气泡存在。然后用手指抹去塞顶水分,用毛巾擦干瓶身,称瓶加浑水质量后,拔去瓶塞,即时测定瓶内水温。

(4)将称量后的浑水,倒入已知质量的烧杯内,放在砂浴锅上蒸至无流动水后,移入烘箱,在 100~105 ℃烘 4~8 h,在干燥器内冷却至室温,称量记至 0.001 g。由此称得的质量减去烧杯质量得出干沙质量。

(5)泥沙密度按式(5-10-8)计算：

$$\rho_s = \frac{W_s \rho_\omega}{W_s + W_\omega - W_{\omega s}} \tag{5-10-8}$$

式中 ρ_s——泥沙密度,g/cm^3；

ρ_ω——纯水密度,g/cm^3；

W_s——泥沙质量,g；

$W_{\omega s}$——瓶加浑水质量,g；

W_ω——与 $W_{\omega s}$ 同温度下的瓶加清水质量,g。

(6)每个沉淀浓缩后的样品须分成两(几)份进行平行测定,取其密度相差不大于 0.02 g/cm^3 的平均值作为密度测定成果。

10.1.4 激光法分析泥沙颗粒级配

10.1.4.1 激光粒度分析仪工作原理

激光粒度分析仪的理论基础基于物理光学的夫琅禾费(J. Von. Fraunhofer)衍射与米氏(G. mie)散射。用激光做光源,光为波长一定的单色光后,夫琅禾费衍射的各级极大衍射强度的角度和米氏散射的主、次多级极大角度就只与粒径有关。对颗粒群的夫琅禾费衍射及米氏散射,经理论分析和技术设计,可采用有效手段,在特定角度处获取次级或多级极大衍射强度和主、次多级散射强度的光能量。颗粒群中与各特定角度对应的颗粒级的多少决定着各特定角处获取的总光能量的大小,各总光能量在全部光能量中的比例,应反映着各颗粒级的分布丰度。通过这一思路可建立表征颗粒级丰度与各特定角处获取的总光能量的数学物理模型,应用时由特定角度测得的总光能量推出颗粒群相应粒径级的丰度比例量。

夫琅禾费衍射公式适应于颗粒完全不透明并且各级颗粒衍射效率一致的情况,在颗粒较大时反映相应粒径比例量的确定性较好。米氏散射公式常用于颗粒较小,并且颗粒的折射率、吸收率及介质折射率、吸收率已知的条件。对于稍大颗粒，两个公式结果的一致性较好。两个公式在不同的激光粒度分析仪的研究开发中都有应用，总的来说，早期的激光粒度分析仪多用夫琅禾费衍射公式，新近的激光粒度分析仪多用米氏散射公式。粒度分析国际标准规定，在颗粒线度大于光波波长的 40 倍时，可用夫琅禾费衍射公式进行粒度分析。

激光粒度分析仪就是利用夫琅禾费衍射及米氏散射原理，在建立颗粒粒径与衍射、散射光强的数理模型的基础上，研制开发的一类由计算机控制操作的颗粒粒度分析仪器。图 5-10-3 为 Malvern 公司 MS2000 型激光粒度分析仪的原理结构示意图。

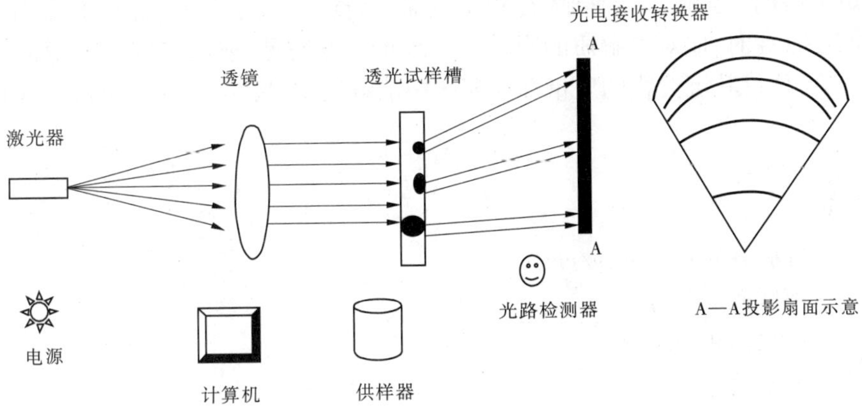

图 5-10-3　激光粒度分析仪的原理结构示意图

10.1.4.2　试样制备

制备试样时，对于湿样，静置后直接将浓度调整为既能充分混匀又易取样的稠糊状浆体，或经试验控制为以能满足最佳取样代表性为标准；对于干样，应用水浸泡 6~8 h，然后充分搅拌，排除干沙表面的吸附气泡，静置后，抽取上部多余水分，按湿样制备方法实施。

10.1.4.3　激光法粒度分析操作步骤

(1)开机顺序和预热时间应按仪器要求进行。

(2)对仪器进行运行状态检查。

(3)设计运行进程和组织成果文档。

(4)设置(或调整)率定的参数值。

(5)输入样品名称、来源，室内温度、湿度等相关信息。

(6)往贮样容器加入符合规定的分散介质(水)，并对其进行背景测量，观察进程和结果，若背景值偏大，应按要求进行光路校准或光路清洁或更换高质量的分散介质(水)。

(7)将一次抽取的有充分代表性的样品完全加入贮样容器中，应保证加入 1~3 次达到遮光度要求的范围(粗沙样的遮光度取正常范围上限，细沙样的遮光度取正常范围下限)，然后进入实际测量。

(8)可重复测量 3 次，观察成果数据与图形，级配曲线吻合良好即作为分析结果，差异较大时应及时查找原因，采取排除气泡、杂质，超声分散或重新取样分析等措施，直至数据一致。

(9)储存(自动储存)测量结果,完成一个样品的粒度检测。

(10)清洁系统,去除粒子残留,为下次粒度检测做好准备。

(11)某样品组粒度分析完毕,应将数据按要求输出并备份。

(12)工作完成或告一段落可关机,关机顺序按仪器要求进行。

10.1.5 泥沙单样含沙量计算

10.1.5.1 烘干法

1. 水中溶解质的处理和计算

采用烘干法时,当河水中溶解质质量与泥沙质量之比,一、二、三类站分别大于1.0%、1.5%、3.0%时,应对溶解质的影响进行改正。方法是:取已知容积的澄清河水,注入烘杯烘干后,称得其沉淀物的质量即为河水中溶解质质量,用式(5-10-9)计算河水溶解质含量:

$$C_j = \frac{W_j}{V_w} \tag{5-10-9}$$

式中 C_j——河水溶解质含量,g/cm³;

W_j——溶解质质量,g;

V_w——河水体积,cm³。

2. 烘干法含沙量计算

烘干法处理的沙量可按式(5-10-10)计算

$$W_s = W_{bsj} - W_b - C_j \cdot V_{nw} \tag{5-10-10}$$

式中 W_s——泥沙质量,g;

W_{bsj}——烘杯、泥沙、溶解质总质量,g;

W_b——烘杯质量,g;

C_j——河水溶解质含量,g/cm³,不需溶解质改正时该值取0;

V_{nw}——浓缩后水样体积,cm³。

若测量得浑水水样体积为 V_{hs},其中的泥沙质量为 W_s,则水样的含沙量 S 可由式(5-10-11)计算:

$$S = \frac{W_s}{V_{hs}} \tag{5-10-11}$$

3. 烘干法悬移质水样处理记载表

烘干法悬移质水样处理记载表一般格式见表5-10-3。

本表中的"水样体积""烘杯编号""烘杯质量"很明确,"泥沙量"等于烘杯加沙量减去烘杯质量。"沙量校正数"即沉淀损失(取负值)和按式(5-10-9)计算的溶解质质量 W_j(取正值)之和,求 W_j 之前应试验求出河水的溶解质含量 C_j 并填写于第二行"溶解质含量"项之后(溶解质含量不必每次都测,只是在发现明显变化时才重测)。"浓缩后水样体积" V_w 则在需要修正溶解质含量时施测。"校正后的泥沙量"等于"泥沙量"减去"泥沙量校正数"。最后栏的"含沙量"按式(5-10-11)由"校正后的泥沙量"除以"浓缩后水样体积”求出。

表 5-10-3　______站悬移质水样处理记载表(烘干法)

取样断面位置:　　采样器形式及容积:　　取样方法:

沉淀损失(%):　　溶解质含量(g/cm^3):

施测号数	水位、施测时间、取样位置、水样容器编号等同中级工“表 4-11-3 单沙含沙量测验记载表”的栏目					水样体积(cm^3)	烘杯编号	浓缩后水样体积(cm^3)	烘杯质量(g)	烘杯加沙量(g)	泥沙量(g)	沙量校正数(g)	校正后沙量(g)	含沙量(kg/m^3)

10.1.5.2　过滤法

1. 过滤法含沙量计算

过滤法沙量可按式(5-10-12)计算:

$$W_s = W_{gsb} - W_{lz} + W_{ls} \tag{5-10-12}$$

式中　W_s——泥沙质量,g;

W_{gsb}——干沙包总质量,g;

W_{lz}——滤纸质量,g;

W_{ls}——漏沙量,g。

含沙量 S 可由式(5-10-11)计算。

2. 过滤法悬移质水样处理记载表

过滤法悬移质水样处理记载表一般格式见表 5-10-4。

表 5-10-4 结构与表 5-10-3 相同,“沙量校正数”即沉淀损失和漏沙量之和,可参阅式(5-10-10)及说明处理;“校正后沙量”即由“泥沙量”加上“沙量校正数”得出。

10.1.5.3　置换法

1. 置换法含沙量计算

置换法沙量按式(5-10-13)计算:

$$W_s = \frac{\rho_s}{\rho_s - \rho_w}(W_{ws} - W_w) = k(W_{ws} - W_w) \tag{5-10-13}$$

式中　W_s——泥沙质量,g;

ρ_s——泥沙密度,g/cm^3;

ρ_w——清水密度,g/cm^3;

W_{ws}——瓶加浑水质量，g；

W_w——同温度下瓶加清水质量，g。

表 5-10-4　______站悬移质水样处理记载表（过滤法）

取样断面位置：　　采样器形式及容积：　　取样方法：

沉淀损失（%）：　　漏沙损失（%）：

施测号数	水位、施测时间、取样位置、水样容器编号等同中级工“表 4-11-3 单沙含沙量测验记载表”的栏目					水样体积（cm^3）	滤纸编号	滤纸质量（g）	滤纸加沙量（g）	泥沙量（g）	沙量校正数（g）	校正后沙量（g）	含沙量（kg/m^3）	备注

$k=\frac{\rho_s}{\rho_s-\rho_w}$称置换系数，是由泥沙密度$\rho_s$和清水的密度$\rho_w$决定的，而水的密度$\rho_w$又与温度密切有关，实际上有关规范或手册中常计算编制泥沙密度和水温二元因素的置换系数查阅表提供应用。

含沙量 S 可由式（5-10-11）计算。

2. 置换法悬移质水样处理记载表

置换法悬移质水样处理记载表一般格式见表 5-10-5。

表 5-10-5　______站悬移质水样处理记载表（置换法）

取样断面位置：　　采样器形式及容积：　　取样方法：

沉淀损失（%）：

施测号数	水位、施测时间、取样位置、水样容器编号等同中级工“表 4-11-3 单沙含沙量测验记载表”的栏目					水样体积（cm^3）	比重瓶编号	瓶加清水量 W_1（g）	瓶加浑水量 W_2（g）	浑水温度（℃）	置换系数 k	W_2-W_1（g）	泥沙量（g）	沙量校正数（g）	校正后沙量（g）	含沙量（kg/m^3）

表(5-10-5)结构与表 5-10-3 相同,沙量校正数即沉淀损失和漏沙量之和,可参阅式(5-10-10)及说明处理,校正后沙量即由泥沙量加上沙量校正数得出。

10.2　资料整编

10.2.1　单断颗关系线

单断颗关系直角坐标系的纵坐标为单颗小于某粒径沙量百分数,横坐标为断颗小于某粒径沙量百分数,刻度为百分数(或小数)。定线时若点子散乱,可按同粒径级点群分组,分别计算各组单、断颗级配的算术平均值(百分数),作为点群重心点,再按重心点定线。若某时段或因其他条件使关系点有明显合拢成多线趋势自成体系,可定成多条线,且分别确定各线的适用条件。

单断颗关系曲线一般有三种表现形式,由单颗推求断颗也有相应的方法要求。

一是曲线起于(0,0)点,终于(100%,100%)点,单、断颗均变化在(0~100%)区间,有满区间一一对应关系。由曲线对应即可从单颗推算断颗。

二是单颗比断颗系统偏粗,曲线起于(0,0)点,终于(100%,x%)点,且 $x\%<100\%$。单颗变化在(0~x%)区间,断颗变化在(0~100%)区间,也即曲线上端在纵坐标有偏离100%的截距。推求断颗只用单颗 x%以下部分,即只要推到对应断颗 100%为止,单颗大于 x%部分放弃不用。实际上与断颗 100%对应的粒径介于规定的粒径级 d_i 和 d_{i+1} 之间,因此只能取 d_{i+1},即在粒径级 d_{i+1} 之下填 100%。

三是单颗比断颗系统偏细,曲线起于(0,0)点,终于(x%,100%)点,且 $x\%<100\%$。单颗变化在(0~100%)区间,断颗变化在(0~x%)区间,也即曲线上端在横坐标有偏离100%的截距。推求断颗用完 100%的单颗后,断颗仅达 x%而尚未达 100%,这时应使断颗增加规定的一个粒径级,令小于此粒径级的级配为 100%。例如,单颗小于 0.125 mm 粒径的级配为 100%时,从曲线上推得断颗小于同粒径级配的百分数为 90%,则使断颗级配增加 0.125 mm 粒径的上一级粒径 0.25 mm,且令断颗小于 0.25 mm 粒径的级配为100%。

10.2.2　悬移质输沙率资料整编内容和方法

10.2.2.1　整编工作内容

悬移质输沙率资料整编工作宜包括以下内容:

(1)实测资料分析与成果数据整理,绘制实测单沙或断沙过程线。

(2)编制实测悬移质输沙率成果表。

(3)绘制实测单样含沙量(简称单沙)与实测断面平均含沙量(简称断沙)关系(简称单断沙关系)曲线,或单断沙比例系数过程线,或流量与输沙率关系曲线,进行关系曲线的分析与检验。

(4)整编逐日平均悬移质输沙率表、逐日平均含沙量表和洪水水文要素摘录表。

(5)进行单站合理性检查。

(6)编制悬移质输沙率资料整编说明表。

10.2.2.2 整编数据要求

悬移质输沙率资料整编数据要求应符合下列规定：

(1)使用在线自动仪器监测，实测含沙量过程数据数量较大时，应进行精简摘录。摘录的数据应能反映含沙量变化的过程，并满足计算日平均输沙率和含沙量及特征值统计的需要；当实测含沙量记录过程为锯齿形时，应使用中心线平滑进行处理后，再摘录。

(2)整编时应使用断沙资料。当实测单沙不能推求断沙时，可使用实测单沙资料进行整编。

10.2.2.3 资料整编方法

1.单断沙关系曲线法

对于单断沙关系良好或比较稳定的测站，可采用单断沙关系曲线法进行资料整编，并应符合下列要求：

(1)关系线绘制：以实测单沙为纵坐标，实测断沙为横坐标，用同一比例尺点绘在普通坐标纸上，一般读数误差不超过2.5%(含沙量很小时可适当放宽)；否则，应另绘放大图。

(2)定线方法：依据单断沙关系点分布情况，通过坐标零点和测点点群中心，可定为直线、折线或曲线。根据关系点的分布类型，又可分为单一线法和多线法。单断沙关系点较密集且分布呈一带状，无明显系统偏离，即可定为单一线；当单断沙关系点分布比较分散，且随时间、水位或单沙的测取位置和方法有明显系统偏离，形成两个以上的带组时，可分别用时间、水位或单沙的测取位置和方法做参数，按照单一线的要求，定出多条关系曲线。

(3)定线精度与关系曲线检验：各种线型的定线精度应符合规范规定。当一条关系曲线上的测点在10个以上时，应进行关系曲线的检验。使用历年综合单断沙关系曲线的测站，本年度为校测者，测点数在5个以上时，应进行 t 检验。

(4)推沙方法：单断沙关系为单一直线、折线或曲线时，可用关系线系数、拟合公式、插值法等方法，由单沙计算断沙；单断沙关系为多条曲线时，根据推沙时段分别按单一线法计算断沙。

2.实测断沙过程线法

对不能采用单断沙关系曲线法，但对断沙成果精度要求较高且实测输沙率测次能控制断沙变化过程的测站，可采用实测断沙过程线法进行资料整编。

3.单断沙比例系数过程线法

对于单断沙关系点据散乱，定线精度不符合表5-10-6的规定，但输沙率测次较多，且分布比较均匀，能基本控制单断沙关系变化转折点的测站，可采用单断沙比例系数过程线法，并符合下列要求：

(1)比例系数可按式(5-10-14)计算：

$$m = \frac{\overline{C}_s}{C_{s'}} \tag{5-10-14}$$

式中 m——比例系数；

$\overline{C}_s$——实测断沙,kg/m^3 或 g/m^3;

$C_{s'}$——与实测断沙所对应的单沙,即相应单沙,kg/m^3 或 g/m^3。

(2)点绘比例系数过程线:以比例系数 m 为纵坐标,时间为横坐标,参照水位、流量过程,点绘比例系数过程线。

(3)推沙方法:以实测单沙的相应时间,在比例系数过程线上求得比例系数,再乘以单沙,即为断沙。

表 5-10-6　悬移质泥沙关系曲线法定线精度指标

站类	定线方法	定线精度指标	
		系统误差(%)	随机不确定度(%)
一类精度水文站	单一线法	±2	18
	多线法	±3	20
二类精度水文站	单一线法	±3	20
	多线法	±4	24
三类精度水文站	各种曲线	±3	28

注:1. 巡测站定线随机不确定度可增大 2%。
2. 流量与输沙率关系曲线法随机不确定度可增大 2%。

4. 流量与输沙率关系曲线法

当无单沙测验资料或单沙测验资料不完整,而流量与输沙率之间存在一定关系,且输沙率测次基本能控制各主要水、沙峰涨落变化过程时,可采用流量与输沙率关系曲线法推求断沙,并符合下列要求:

(1)关系线的点绘:以流量为纵坐标,输沙率为横坐标,点绘在普通坐标纸上,绘出流量与输沙率关系曲线。有突出点时应进行分析,定线精度应符合规范规定。

(2)推沙方法:根据瞬时流量,在关系曲线上推求相应输沙率,除以流量即为断沙。

5. 实测单沙过程线法

对于二、三类站,在设站初期或特殊情况下,仅实测单沙时期以及当输沙率测次太少,不能使用上述方法推求断沙时,可采用实测单沙过程线法进行资料整编。

10.2.2.4　单断沙关系曲线延长

单断沙关系曲线的延长应符合下列规定:

(1)单断沙关系曲线测点总数不少于 10 个,且实测输沙率最大相应单沙为实测最大单沙变幅的 50%以上时,可做高沙延长。单断沙关系为直线时,向上延长变幅应小于年最大单沙的 50%;若为曲线,延长幅度不超过 30%。

(2)单断沙关系曲线延长可顺已定关系曲线趋势,并参考历年关系曲线进行延长。

10.2.2.5　插补缺测含沙量

缺测含沙量可采用如下方法进行插补:

(1)直线插补法:当缺测期间水沙变化平缓,或变化较大但未跨越峰、谷时,可用未测时段两端的实测含沙量,按时间比例内插缺测时段的含沙量。

(2)连过程线插补法：在含沙量与水位、流量变化过程较相应的测站或时期，当缺测期间的水位、流量变化不大，或者是水位起伏变化虽大，但缺测时间不长时，可根据水位、流量的起伏变化过程，连绘含沙量过程线，予以插补。

(3)流量(水位)与含沙量关系插补法：当流量(水位)与含沙量有一定相关关系时，可用缺测时期的前、后流量(水位)过程线上的流量(水位)与含沙量过程线上的含沙量，点绘流量(水位)与含沙量关系曲线，据以插补缺测的含沙量。

(4)上、下游含沙量相关插补法：本站与上、下游站含沙量关系良好时，可点绘上(或下)游站的含沙量与本站含沙量的关系曲线，用以插补本站缺测含沙量。

10.2.3　悬移质泥沙数据整编加工表

在计算日平均输沙率和日平均含沙量之前，需要对实测悬移质泥沙数据成果进行检查，确保准确无误。有些实测整编成果表，如"实测悬移质输沙率成果表"，在考证无误后即可做出。若属推算、计算成果，则要按一定工序完成资料整编工作，尤其是要建立各类关系线或过程线、数据加工、数据导入(录入)后才能做出。

10.2.3.1　实测悬移质输沙率成果表

实测悬移质输沙率成果表要求按年度编制，该表的格式如表 5-10-7 所示。

表 5-10-7　××河××站实测悬移质输沙率成果表

年份：　　测站编码：　　共　　页第　　页

<table>
<tr><th colspan="2">施测号数</th><th colspan="3">施测时间</th><th rowspan="3">流量
(m³/s)</th><th rowspan="3">断面
输沙率
(kg/s)</th><th colspan="2">含沙量(kg/m³)</th><th colspan="2">测验方法</th><th rowspan="3">附注</th></tr>
<tr><th rowspan="2">输沙率</th><th rowspan="2">流量</th><th rowspan="2">月 日</th><th>起</th><th>止</th><th rowspan="2">断面
平均</th><th rowspan="2">单样</th><th rowspan="2">断面
平均
含沙量</th><th rowspan="2">单样
含沙量</th></tr>
<tr><th>时:分</th><th>时:分</th></tr>
<tr><td></td><td></td><td></td><td></td><td></td><td></td><td></td><td></td><td></td><td></td><td></td><td></td></tr>
<tr><td></td><td></td><td></td><td></td><td></td><td></td><td></td><td></td><td></td><td></td><td></td><td></td></tr>
<tr><td></td><td></td><td></td><td></td><td></td><td></td><td></td><td></td><td></td><td></td><td></td><td></td></tr>
<tr><td></td><td></td><td></td><td></td><td></td><td></td><td></td><td></td><td></td><td></td><td></td><td></td></tr>
</table>

表中各栏目意义是清楚的，可从悬移质输沙率测验记载计算表转抄。但应注意，"含沙量"栏下的"单样"填记输沙率测验时实测的"相应单样"，"测验方法"栏下的"单样含沙量"填写本站采用的具体方法，如"固定一线两点混合法"等。"断面平均含沙量"的测验方法分 3 段文字数字填写，第一段填写仪器，第二段填写"垂线/测点数"或"垂线/积深"，第三段填垂线取样方法。例如，填写"横式 15/45 选点"就表示本次采用选点法使用横式采样器在 15 条垂线共 45 点位测取样测验。

10.2.3.2　数据整编加工表

能编制泥沙数据整编加工表是做好泥沙资料电算整编的基础，电算整编时，水文测站的水位、流量、含沙量资料是相互关联的整体。早期 DOS 操作环境下(电算)整编前，必须先做好 8 个"水流沙资料电算数据加工表"，其中与泥沙数据关联的"整编加工表"有"水流沙资料电算数据加工表(一)”“水流沙资料电算数据加工表(二)”“水流沙资料电算数据加工表(五)”“水流沙资料电算数据加工表(六)”“水流沙资料电算数据加工表(七)”5种,其表格格式及加工方法见操作技能——中级工流量测验中的3.2.7部分。

10.2.4　悬移质泥沙日值推算及成果表

10.2.4.1　日值计算资料选用要求

计算日平均输沙率及日平均含沙量选用资料应符合下列要求:

(1)以实测点为点据计算:直接使用实测断沙或单沙,或单沙经过换算的断沙进行日平均值的计算。

(2)以断沙或单沙过程线选摘录点据计算:根据点绘的断沙或单沙过程线,在过程线上摘录足够的,能控制流量、含沙量变化的点次,进行日平均值的计算。

(3)以流量过程线选摘录点据计算:使用流量过程线选摘录点,或日平均流量为点据计算,使用流量与输沙率关系推求相应输沙率,计算日平均值。

10.2.4.2　日平均输沙率和日平均含沙量的计算

输沙率和含沙量在测验整编方面联系很紧密,实际上我们一般直接测算的是点、线或断面混合的含沙量,再逐步推算出输沙率。这里若将流量作为含沙量的权看待,此推算输沙率或平均含沙量的方法可称为流量加权法。具体到计算日平均输沙率,与输沙率的变化过程有关,这时又有时间加权平均的问题。联系下面有关公式的推导,可以认为日平均输沙率计算是以时间加权为主线的,日平均含沙量则是流量时间双加权的。

我们知道,由流量和含沙量可以推算出输沙率。设从流量、断沙过程曲线摘录了用于控制计算时间段输沙量或平均量(平均输沙率)的数值,相应于时刻 t_i 和 t_{i+1} 的流量和含沙量分别为 q_i、p_i 和 q_{i+1}、p_{i+1},则对应的输沙率为 $Q_{si}=q_ip_i$、$Q_{si+1}=q_{i+1}p_{i+1}$。如果认为输沙率随时间呈线性变化,则从 t_i 到 t_{i+1} 的时段平均输沙率为

$$Q_{s1i}=\frac{1}{2}(q_ip_i+q_{i+1}p_{i+1}) \tag{5-10-15}$$

当一日分为 n 个时段,各时段为 $\Delta t_i(i=1,2,\cdots,n)$ 且用 h 做单位时,日平均输沙率为

$$Q_{s1}=\frac{1}{24}\sum_{i=1}^{n}Q_{s1i}\Delta t_i=\frac{1}{48}\sum_{i=1}^{n}[(q_ip_i+q_{i+1}p_{i+1})\Delta t_i] \tag{5-10-16}$$

这就是计算日平均输沙率的48加权法。

另一种思路是认为在 $\Delta t_i=t_{i+1}-t_i$ 时段,流量和含沙量都呈线性变化,用流量均值 $\frac{q_i+q_{i+1}}{2}$ 和含沙量均值 $\frac{p_i+p_{i+1}}{2}$ 的积作为时段平均输沙率 Q_{s2i},即

$$Q_{s2i}=\frac{q_i+q_{i+1}}{2}\times\frac{p_i+p_{i+1}}{2}=\frac{1}{4}(q_i+q_{i+1})(p_i+p_{i+1}) \tag{5-10-17}$$

当一日分为 n 个时段,各时段的 $\Delta t_i(i=1,2,\cdots,n)$ 用 h 做单位时,日平均输沙率为

$$Q_{s2}=\frac{1}{24}\sum_{i-1}^{n}Q_{s2i}\Delta t_i=\frac{1}{96}\sum_{i=1}^{n}[(q_i+q_{i+1})(p_i+p_{i+1})\Delta t_i] \tag{5-10-18}$$

这就是计算日平均输沙率的96加权法。

96 加权法和 48 加权法的基本不同点在于，前者将流量和含沙量看作时间的线性函数，而后者将输沙率看作时间的线性函数，显然这是矛盾的。实际上，96 加权法也只是一种近似方法，当流量和含沙量随时间呈一次线性变化时，它们的积——输沙率随时间的变化应按二次函数描述，这时应该用积分的方法推求时段平均输沙率。

一般来讲，若以积分法的值为准，则在实际上水、沙过程大多同步变化的情况下，48 加权法计算的日平均输沙率系统偏大，96 加权法相应值系统偏小。

以上方法适用于流量和含沙量变化都较大的情况，主要在洪水期应用。它的途径是由各过程控制点的流量和断面平均含沙量，顺次推到时段平均（日平均）的输沙率。由时段平均输沙率与相应时段平均流量可推出时段平均的断面平均含沙量。

当流量变化不大，时段平均含沙量可由含沙量变化过程推算。在以含沙量为纵坐标，时间为横坐标的正交坐标系的含沙量过程线图中，时段平均含沙量具有几何面积纵向均值的意义，故称为面积包围法，实际是时间加权平均法。在流量变化不大，含沙量测次分布均匀的情况下，时间加权平均法各含沙量的时间权大致相等时，又可简化为算术平均法。更进一步，一日只测一次单沙者，推得的断沙即可直接作为日平均断沙。由这些方法推出日平均断面平均含沙量后，其与日平均流量之积便为日平均输沙率。

从介绍的具体算法，如积分法、96 加权法、48 加权法，以及面积包围法、算术平均法、直接单断替代法等计算悬沙日平均值看，有精度依次降低、算法依次简化的特性，特别是积分法常作为衡量其他各法误差的标准。不过现代计算工具的发展，采用误差较小的计算方法是需要和可能的。

10.2.4.3　断面有逆流时日平均输沙率和日平均含沙量的计算

1. 泥沙输移效果法

分别计算断面顺流和逆流的日平均输沙率，如果顺（逆）流的数值大于逆（顺）流的数值，则顺（逆）流值减去逆（顺）流值，得断面顺（逆）流的“效果日平均输沙率”。同理，可计算“效果日平均流量”。“效果日平均输沙率”除以“效果日平均流量”的商可称为“效果日平均含沙量”。一般来说，顺（逆）流日平均输沙率大时，顺（逆）流日平均流量也大，效果日平均输沙率和效果日平均流量均取正（负）号，效果日平均含沙量总取正号。这种方法是从断面泥沙输移的效果来看待输沙率和含沙量，并且与时段平均含沙量等于相应时段平均输沙率除以时段平均流量的概念一致。

2. 顺、逆流各自计算法

按泥沙输移效果法，如果日平均输沙率，顺（逆）流的数值大于逆（顺）流的数值，则顺（逆）流值减去逆（顺）流值，得出的断面顺（逆）流的“效果日平均输沙率”为正（负）；而日平均流量，逆（顺）流的数值大于顺（逆）流的数值，则逆（顺）流值减去顺（逆）流值，得出的断面逆（顺）流的“效果日平均流量”为负（正）。则“效果日平均输沙率”和“效果日平均流量”方向不配套，上述第（1）的泥沙输移效果法失效，只能采取顺、逆流各自计算法，分别求出顺、逆流的日平均输沙率、日平均流量和日平均含沙量，并在整编成果表中附加说明。

3. 顺、逆流绝对值综合法

《水文资料整编规范》（SL 247—2012）规定，“日平均含沙量……用顺、逆流输沙量绝对值综合除以顺、逆流径流量绝对值的综合得之”，此可称为顺、逆流绝对值综合法。此法的明显不足是未能体现明确的“输移含沙量”的概念。

上述各方法，对一日内交替出现的顺、逆流和断面空间分布的顺、逆流都适用，关键是实际悬沙测验的方式方法要能控制顺、逆流的时空变化。至于各方法的应用选择，显然首选泥沙输移效果法。

10.2.4.4　成果表编制

有了日平均输沙率和日平均含沙量数值，可编制年度“逐日平均悬移质输沙率表”和“逐日平均含沙量表”，××河××站逐日平均悬移质输沙率表如表5-10-8所列。“逐日平均含沙量表”结构类同于表5-10-8。

表5-10-8　××河××站逐日平均悬移质输沙率表

集水面积：km^2，输沙率：kg(t)/s

日	1月	2月	3月	4月	5月	6月	7月	8月	9月	10月	11月	12月
1												
2												
⋮												
30												
31												
月统计 平均												
月统计 最大												
月统计 日期												
年统计	最大日平均输沙率　月　日							平均输沙率				
年统计	输沙量　$10^4(10^8)$t							输沙模数　t/km^2				
附注												

10.2.5　泥沙月、年特征值统计计算

输沙率及含沙量月、年平均值及特征值推求应符合下列要求：

(1)月平均输沙率：以月内各日日平均值的总数除以该月的日数得之；月最大日平均输沙率及日期，从该月逐日平均输沙率值中挑选最大值及相应日期。

(2)月平均含沙量：以月平均输沙率除以月平均流量得之。当月内兼有顺、逆流时，可比照日平均含沙量的计算方法统计；全月水流停滞者，以月内各日日平均值的总数除以该月的日数求得月平均含沙量；全月内有部分时间水流停滞者，仍用月平均输沙率除以月平均流量求得。月最大、最小含沙量及日期，从月内有资料期间推算的各次断沙中或含沙量过程线上挑选最大、最小值及相应日期。

(3)年平均输沙率：以年内各日日平均值的总数除以该年的日数得之；年最大日平均输沙率及日期，在全年逐日平均输沙率值中挑选最大值及相应日期。

(4)年输沙量:以年内各日日平均输沙率总数乘以一日秒数(86 400)求得,单位为 t、10^4 t、10^8 t。

(5)年输沙模数:以年输沙量除以测站集水面积得之,单位为 t/km^2。年输沙量以实测值参加计算,因水库调节、渠道引水等原因,对年输沙量影响较大的,在附注栏注明。资料不全的站,不做此项统计。

(6)年平均含沙量:以年平均输沙率除以年平均流量得之。当年内有顺流、逆流、停滞时,可比照月平均含沙量的计算方法统计。年最大、最小平均含沙量及日期,从各月中挑选最大、最小值及相应日期。

第11章　水面蒸发观测

11.1　观　测

11.1.1　冰期蒸发量观测

11.1.1.1　冰期蒸发量观测的基本要求

1. 观测时间和次序

冰期水面蒸发量及气象辅助项目的观测时间、次序,一般情况下与非冰期相同。

2. 冰期较短地区的水面蒸发量观测

凡结冰期很短,蒸发器内间歇地出现几次结有零星冰体或冰盖的站,整个冰期仍用E-601B型蒸发器,按非冰期的要求进行观测。结有冰盖的几天可停止逐日观测,待冰盖融化后,观测这几天的总量。停止观测期间应记合并符号,但不应跨月、跨年。当月初或年初蒸发器内结有冰盖时,应沿着器壁将冰盖敲离,使之呈自由漂浮状态后,仍按非冰期的要求,测定自由水面高度。

3. 稳定封冻期较长地区的蒸发量观测

(1)在结冰初期和融冰后期,8时观测时,蒸发器的冰体处于自由漂浮状态,则不论多少,均用E-601B型蒸发器,按非冰期的要求,用测针测读器内自由水面高度的方法测定蒸发量。

(2)当8时器内结有完整冰盖或部分冰层连接在器壁上,午后冰层融化或融至脱离器壁呈自由漂浮状态的时候,可将观测时间推迟至14时,仍用E-601B型蒸发器按非冰期的要求进行观测。当进入间歇地出现全日封冻时,则可在封冻的日子不观测,待解冻日观测几天的合并量,直至不再解冻进入稳定封冻期。

(3)从进入稳定封冻期,一直到春季冰层融化脱离器壁期间,可根据不同的气候区,选一部分代表站,采取适当的防冻措施,用E-601B型蒸发器观测冰期蒸发总量,同时用20 cm口径蒸发皿观测日(或旬)蒸发量,以便确定折算系数和时程分配。其他测站在此期间则只用20 cm口径蒸发皿观测,其折算系数根据代表站资料确定。代表站的数量应以满足确定折算系数的需要为原则。

为进行年际分配上的方便,E-601B型蒸发器应在年底用称重法(或测针)观测一次。称重时可用普通台秤进行。称重前,应对台秤进行检验,误差以不超过1.0 mm蒸发量为准(普通台秤的感量为300 g)。

为便于资料的衔接,20 cm口径蒸发皿必须提前于历年最早出现蒸发器封冻月份的第1天就开始观测,并延至历年最晚解冻月份的月末。这样,秋、春各有一段时间需同时观测E-601B型蒸发器和20 cm口径蒸发皿。在同时观测期间,两者的观测时间应取得一致。

(4)由于气温突变,在稳定封冻期 E-601B 型蒸发器出现融冰现象,并使冰层脱离器壁而漂浮时,则应立即用测针测读自由水面高度的方法,加测蒸发量。

(5)结冰期要记结冰符号,以“B”表示,并统计每年初、终冰日期。初、终冰日期均以 8 时观测的冰状为准。

11.1.1.2 观测方法

1. E-601B 型蒸发器观测方法

(1)进入冰期后,将 E-601B 型蒸发器布设于套桶内进行观测。在春季,进入融冻期后,即可去掉套桶,按非冻期的布设方法和要求进行观测。

(2)不稳定封冻期用测针测读蒸发量时,蒸发器内的冰体必须全部处于自由漂浮状。若有部分冰体连接在器壁上,则应轻轻敲离器壁后再测读。

(3)封冻期一次总量是用封冻前最后一次和解冻后第一次蒸发器自由水面高度相减而得。整个封冻期只要不出现冰层融化脱离器壁的情况,就不再进行蒸发量测读,但必须预防蒸发器冻裂。防冻裂可采取钻孔抽水减压的方法。结冻初期钻孔时,可适量抽水,抽水的目的是在冰层下预留一定空隙,以备冰厚增加所产生的体积膨胀。抽水量应视两次钻孔期间冰层增加的厚度而定。每次钻孔抽水时,都要注意防止器内的水喷出器外。每次钻孔和抽水的时间及抽出水量,都必须记入记载簿。若在钻孔时发生水喷出器外的情况,要估计喷出的水量,并在附注栏内详细说明。

2. 20 cm 口径蒸发皿观测方法

(1)20 cm 口径蒸发皿的蒸发量可用专用台秤测定。若无专用台秤,也可用其他台秤,但其感量必须满足测至 0.1 mm 蒸发量的要求。台秤应在使用前进行一次检验,以后每月检验一次。检验时,先将台秤放平,并调好零点,接着用雨量杯量取 20 mm 清水放入蒸发皿内,置于台秤上称量(重),比较量杯读数与称量(重)结果是否一致。接着向皿内加 0.1 mm 清水,看其感量是否达到 0.1 mm。发现问题应进行修理和重新检定。

(2)蒸发皿的原状水量为 20 mm 深,每次观测后应补足 20 mm,补入的水温应接近零度。若皿内冰面有沙尘,应用干毛刷扫净后再称重。若有沙尘冻入冰层,须在称重后用水将沙尘洗去后,再补足 20 mm 水量。

(3)每旬应换水一次。换水前一天应用备用蒸发皿加上 20 mm 清水加盖后置于观测场内,待第二天原皿观测后,将备用皿补足 20 mm 清水替换原蒸发皿。

11.1.1.3 封冻期降雪量的处理

各类蒸发器在封冻期降雪时,只要器内干燥,在降雪停止后立即扫净器内积雪。以后再有吹雪落入,也应随时清除,计算时不做订正。当冰面潮湿或降雨夹雪时,应防止器内积雪过满,甚至与器外积雪连成一片的情况出现。要求及时取出积雪,记录取雪的时间和雪量,并适当清除器内积雪,防止周围积雪刮入器内。进行雪量订正时,须把取出的雪量减去。不论是扫雪还是取出雪量,均应在附注中说明。

11.1.2 不同口径蒸发器蒸发量对比观测

水面蒸发观测的标准仪器是改进后的 E-601B 型蒸发器。凡属国家基本站网的水面蒸发站，都应采用这种标准蒸发器进行观测。关于 E-601B 型蒸发器本身的观测准确性及精度，一般在大型蒸发实验站开展。那里建有 20 m^2 以上水面面积的蒸发观测池，认为如此的大水面观测的水面蒸发量接近无限大水面的天然蒸发量。在同样环境条件下安设 E-601B 型蒸发器并与 20 m^2 以上水面面积的蒸发观测池同步观测，从两者的观测数据分析，评定 E-601B 型蒸发器观测准确性及精度。同时，观测可能影响蒸发能力的日照、气象等要素，探索物理关联性及数值模式关系。

一般水文测站除安设 E-601B 型蒸发器外，还安设 20 cm 口径蒸发皿及其他蒸发观测仪器。从水面蒸发的角度看，主要是各类器具水面面积不同，受器具边界影响的比例不同，同步观测的水面蒸发数据有差别，因此宜开展不同口径蒸发器对比观测。基本方式方法是本站各类水面蒸发观测器具安装在同一场地，在约定的每日 8 时各自按规定的观测方法测算蒸发量，以 E-601B 型蒸发器观测的数值为准，通过资料数值分析，评价其他器具观测准确性及精度。参与对比观测的器具都应经检验符合应用要求。

不同口径蒸发器对比观测宜按水文气象分区在不同分区安排少数代表站开展，成果可全水文分区借用；或者各站轮换循环开展，逐步探索各站的各器具观测准确性及精度。

我国结冰地区的结冰期，通常采用专用台秤称量 20 cm 口径蒸发皿的冰—水质量测算蒸发量，稳定封冻期间，可选择部分代表站，采取适当的防冻措施用标准水面蒸发器观测冰期蒸发总量，同时用 20 cm 口径蒸发皿观测日或旬蒸发量，以确定 20 cm 口径蒸发皿与标准水面蒸发器之间的折算系数和时程分配。

11.2　资料整编

11.2.1　冰期蒸发量计算

11.2.1.1　E-601B 型蒸发器观测蒸发量计算

（1）用测针观测一次总量时，可按式（5-11-1）计算：

$$E_{总} = h_{前} - \sum h_{取} - h_{后} + \sum P + \sum h_{加} \tag{5-11-1}$$

式中　$E_{总}$——封冻期一次蒸发总量，mm；

$h_{前}$、$h_{后}$——封冻前最后一次和解冻后第一次的蒸发器自由水面高度，当封冻期间出现融冰而加测时，则分段计算时段蒸发量，mm；

$\sum P$——整个封冻期（或相应时段）的降水量之和，若进行了扫雪，则相应场次的降雪量不做统计，若从蒸发器中取出一定雪量，则应从降雪量中减去取出雪量，mm；

$\sum h_{取}$、$\sum h_{加}$——整个封冻期（或相应时段）各次取出和加入水量之和，mm。

（2）用称量（重）法观测一次总量时，可按式（5-11-2）计算：

$$E_{总} = \frac{W_1 - W_2}{300} + \sum P \tag{5-11-2}$$

式中　$E_{总}$——封冻期一次蒸发总量,mm;

W_1、W_2——封冻前最后一次和解冻后第一次(或某一结冰时段始、末)E-601B 型蒸发器的质量,g,300 为 E-601B 型蒸发器内每毫米水深的质(重)量,g/mm;

$\sum P$——整个封冻期(或相应时段)的降水量之和,若进行了扫雪,则相应场次的降雪量不做统计,若从蒸发器中取出一定雪量,则应从降雪量中减去取出雪量,mm。

11.2.1.2　口径 20 cm 蒸发皿观测蒸发量计算

用口径 20 cm 蒸发皿观测的一次(日)蒸发总量,可按式(5-11-3)计算:

$$E = \frac{W_1 - W_2}{31.4} + \sum P \tag{5-11-3}$$

式中　E——次(日)蒸发总量,mm;

$\sum P$——次(日)时段内累积降水量,mm;

W_1、W_2——上次和本次称得的蒸发皿的质(重)量,g;

31.4——蒸发皿内每毫米水深的质(重)量,g/mm。

11.2.2　蒸发量折算系数和遮挡率影响估算

11.2.2.1　蒸发量折算系数计算

蒸发量折算系数,是指自然水体蒸发量与蒸发器所观测的水面蒸发量的比值。自然水体的蒸发量无法直接测定,一般用 20 m² 蒸发池观测的蒸发量近似代替。其折算系数的计算公式为

$$R = E_{20}/E_i \tag{5-11-4}$$

式中　R——蒸发器的折算系数;

E_{20}——20 m² 蒸发池观测的蒸发量(代表自然水体蒸发量);

E_i——某种型号蒸发器观测的蒸发量。

根据不同的需要,折算系数有以月计算的,也有以年计算的。

不同口径蒸发器蒸发量的折算系数,是指标准水面蒸发器所观测的蒸发量与其他口径蒸发器所观测的蒸发量之间的比值。折算系数以时段总量比值法推求,即月折算系数以月总量的比值推求,年折算系数以年总量的比值推求。

在以往的折算系数研究中,人们将 1~12 月的月折算系数的算术平均值作为年折算系数。算术平均法计算的年折算系数,没有考虑各月蒸发量所占年总量的比重,将各月的折算系数都以等权对待,当各月的蒸发量相差很大,各月的折算系数也相差较大时,算术平均法和总量比值法推求的年折算系数就会出现较大的差异;只有各月的蒸发量相差不大,各月的折算系数相差很小时,算术平均法和总量比值法推求的年折算系数才会接近。

推求年折算系数较为精确的方法是加权计算法。该方法是先求出蒸发器各月蒸发量所占年总量的比重 n_i,再求出各月的折算系数 R_i,然后用各月的比重 n_i 乘以相应月的折算系数 R_i,其总和即为年折算系数,即

$$R_{年} = n_1R_1 + n_2R_2 + \cdots + n_{11}R_{11} + n_{12}R_{12} = \sum n_iR_i \tag{5-11-5}$$

经资料验证,加权法与总量比值法计算的年折算系数数值差别很小,因总量比值法比加权法运算简便,故年折算系数一般采用总量比值法推求。

11.2.2.2　遮挡率对蒸发量影响估算

观测场遮挡率对蒸发器观测的蒸发量影响很大,它使观测到的蒸发量偏小。经全国各地试验,遮挡率对蒸发量影响的关系是

$$E_A = 0.0073ZE_B \tag{5-11-6}$$

式中　E_A——遮挡率影响下的蒸发量偏小值,mm;

Z——观测场遮挡率(%);

E_B——蒸发器在遮挡率影响下的蒸发量观测值,mm。

观测场遮挡率的计算见《水面蒸发观测规范》(SL 630—2013)。在对蒸发器观测的蒸发量进行折算前,最好对观测场遮挡率超过 10%的资料先进行还原计算,计算公式为

$$E_Y = E_B + E_A = E_B + 0.0073ZE_B \tag{5-11-7}$$

式中　E_Y——还原后的蒸发量,mm;

其他符号意义同前。

第 6 篇　操作技能——技师

第1章　流量测验

1.1　测　验

1.1.1　流量测验方法与选择

1.1.1.1　流量测验方法及适应条件

流量测验在水文测验中占有重要地位，国内外采用的流量测验方法和手段很多。根据测验时河流流量大小，可分为洪水流量测验、平水流量测验、枯水流量测验；根据测验时水流是否有冰情，分为畅流期流量测验、流冰期流量测验、封冻期流量测验；按流量测验原理，分为流速面积法、水力学法、化学（稀释）法、直接法等。下面简要介绍几种常用的流量测验方法。

1. 流速仪法

流速仪法是最常用的流速面积法，应用较为广泛，被认为是精度较高的方法，也是各种流量测验方法的基准方法。当水深、流速、测验设施设备等条件满足，测流时机允许时，应尽可能首选流速仪法。

2. 浮标法

浮标法属流速面积法的一种，是通过测定水中天然或人工漂浮物随水流运动的速度，结合断面资料及浮标系数推求流量的方法。一般情况下，认为浮标法测验精度稍差，但它简单、快速、易实施，只要断面和流速系数选取得当，特别适应暴涨、暴落、水流湍急、漂浮物多等特殊水情。

3. 比降面积法

比降面积法属于水力学法的一种，是通过实测或调查测验河段的水面比降、糙率和断面面积等水力因素，用水力学公式来推求流量的方法。比降面积法是洪水调查等估算洪峰流量的重要方法。适应洪水超出测站的测洪能力、需要进行洪水调查推算洪峰流量及超出允许水位变幅的洪水巡测（间测）等。

4. 其他方法

其他流量测验方法有声学多普勒法、水工建筑物法、量水建筑物法、时差法、电磁法、稀释法、容积法、电波流速仪法、国际标准（ISO）推荐的新方法等。各方法的适应条件不再一一论述。采用时一定要结合测站断面水流特性、方法原理等，按相关规范要求进行流量测验。

1.1.1.2　流量测验方法选择

水文站可根据测验河段条件和技术水平，选择适合本站特性的流量测验方法。

1. 流速仪法

满足下列条件的,可采用流速仪法:

(1)断面内大多数测点的流速不超过流速仪的测速范围。

(2)垂线水深不应小于用一点法测速的必要水深。

(3)在一次测流的起讫时间内,水位涨落差不应大于平均水深的10%;水深较小和涨落急剧的河流不应大于平均水深的20%。

(4)流经测流断面的漂浮物不应影响流速仪的正常运转。

流速仪法单次流量测验允许误差应符合表6-1-1的要求,具有综合性功能的水文站,应取最高精度指标。

表6-1-1　流速仪法单次流量测验允许误差

站类	水位级	允许误差(%)				
		X'_Q				$\hat{\mu}_Q$
		基本资料收集	水文分析计算	防汛	水资源管理	
一类精度水文站	高	5	6	5	5	-1.5~1
	中	6	7	6	6	-2.0~1
	低	9	9	8	7	-2.5~1
二类精度水文站	高	6	7	6	6	-2.0~1
	中	7	8	7	7	-2.5~1
	低	10	10	9	8	-3.0~1
三类精度水文站	高	8	9	8	7	-2.5~1
	中	9	10	9	8	-3.0~1
	低	12	12	11	10	-3.5~1

注:1. X'_Q为置信水平为95%总随机不确定度;

2. $\hat{\mu}_Q$为系统误差,为不同资料用途控制指标。测验资料用于其他用途的单次流量测验允许误差,可根据需要分析确定。

水文站应根据表6-1-1确定的精度指标,选择合适的测验仪器和方法。当常规仪器和方法难以达到规定的精度要求时,应改变测验方法,或对测验河段或测验断面进行人工整治处理。

2. 浮标法

满足下列条件可采用浮标法:

(1)流速仪测速困难或超出流速仪测速范围和条件,如高流速、低流速和小水深等情况的流量测验。

(2)垂线水深小于流速仪法中一点法测速的必要水深。

(3)水位涨落急剧,使用流速仪测流,在一次测流的起讫时间内,水位涨落差大于平均水深的10%;水深较小和涨落急剧的河流大于平均水深的20%。

(4)水面漂浮物太多,影响流速仪的正常旋转。

(5)出现分洪、溃口洪水。

3. 比降面积法

属于下列情况的,可采用比降面积法:

(1)高洪期断面较为稳定,水面比降较大的测验河段。

(2)水位涨落急剧,水深小、漂浮物多,不宜使用流速仪法、浮标法测流时。

(3)洪水超出测站的测洪能力。

(4)因洪峰漏测,需要进行洪水调查推算洪峰流量。

(5)洪水超出允许水位变幅的巡测站、间测站。

4. 其他方法

(1)测验河段在非高含沙量或清水区域时,可采用声学多普勒法。

(2)测验河段内有各种坝、闸、泵站等水工建筑物,且流量与有关水力因素之间存在稳定的函数关系的,可采用水工建筑物法。

(3)量水建筑物法,包括各种量水堰和量水槽,适用于水面不宽、水量不大、比降较大、含沙量较小的河段。

(4)含沙量较小、悬浮物较少、测验河段顺直,且无水草生长和气泡的河段,可采用时差法。

(5)测验河段水草丛生、漂浮物较多的,可采用电磁法。

(6)对于水量较小、断面不稳定、水流紊动较强的河段,可采用稀释法(又称示踪剂法)。

(7)因水流而引起水位及河段蓄水量的变化,且测验河段的进出口可以控制的,可采用容积法。

(8)超出常规手段的高洪流量测验,无固定测流设施的水量调查,可采用电波流速仪法。

(9)根据测站的测验条件可采用国际标准(ISO)推荐的其他测验方法。

1.1.2　比降面积法测流原理与方法

1.1.2.1　比降面积法测流原理

比降面积法是用水力学谢才-曼宁公式推算流量的一种方法。它是通过测量水面比降(能量比降),用水力学公式计算河段平均流速 $\overline{V}$,并测量河段若干断面的平均断面面积 $\overline{A}$ 或代表断面面积 A ,从而将平均流速与平均断面面积相乘求得流量。

比降面积法适宜在稳定均匀流情况下使用,不宜用于水力因素和断面变化极其复杂情况下的不稳定流。但对于一般情况下的不稳定流,在一个较短的时间段内,近似地认为其符合明渠稳定流条件,并且其沿程阻力系数在阻力平方区内,也可使用该法测算流量。

对于流量不随时间变化,水深、流速沿程不变的稳定均匀流,测出水面比降后,可用谢才-曼宁公式计算断面平均流速及断面流量,流量及流速计算公式为

$$Q = AV = \frac{1}{n}AS^{\frac{1}{2}}R^{\frac{2}{3}} \tag{6-1-1}$$

式中　Q——流量,m^3/s;

A——过流断面面积,m^2;

V——断面平均流速,m/s;

n——河段糙率;

S——水面比降;

R——水力半径(通常用断面平均水深代替),m。

比降面积法的实施比较简单,主要是观测比降断面水位计算比降、测量或借用断面面积、选择糙率值等。

1.1.2.2　糙率推求

水文测站是以测流时测算的流量 Q、断面面积 A、断面平均流速 V、水力半径 R、水面比降 S 、湿周χ 等要素,反算糙率 n。积累相当多的资料数据后,可建立水位糙率关系曲线(以备选用)。一般要求建立和分析糙率的水位糙率关系点据不少于 30,且均匀分布在曲线的上、中、下部。大、中河流水文站的水位糙率关系曲线,要求有 75%以上的点据偏离曲线中、高水位级不超过±5%,低水位级不超过±10%。小河站的水位糙率关系曲线,要求有 75%以上的点据偏离曲线中、高水位级不超过±8%,低水位级不超过±12%。如果没有高水位时的实测糙率资料,可结合河道河床岸壁组成、河段植物生长情况、河段下游控制情况等的分析,进行糙率曲线延长。

1.1.2.3　影响比降面积法推流的主要因素

影响比降面积法推流的因素有糙率、水面比降、过水面积、水力半径等,其中糙率是主要因素,一个河段的糙率规律性及稳定性如何,对推流精度起决定性作用,应分析掌握糙率的变化规律。有实测资料的站,应从实测资料中推求糙率。漫滩明显的河段,常需按主槽、滩地分别分析糙率推求流量。没有实测资料的河段,糙率可参考上、下游或邻近河流上河槽相似的水文站资料确定。

水面比降的精度,与上、下比降水尺断面的间距有关,应严格按有关规范设置上、下比降水尺断面的间距。面积测量的精度,同流速面积法,在山区测站每次洪水后施测一次断面,一般可达到推流的要求。

从比降面积法的原理来讲,该方法针对的是某一个河段,因此,糙率、水面比降、过水断面面积、水力半径等参数都应该是该河段的一个平均情况。对于不均匀河段,需要通过增设水位断面、面积断面等手段来提高该方法推流的精度。比降面积法主要用于较稳定的河槽,对于河槽不稳定的河流,河流阻力常受水流与河槽交互作用的影响,其推流精度能否保证需要,各地视具体情况试验分析而定。

1.1.2.4　比降面积法适用性

比降面积法推流基于能量方程,而能量方程又是建立在稳定流的基础上,对天然河流不是总能适用,需要满足一定的条件:

(1)推流河段不受变动回水的影响。一般对于水位流量关系为单一线的测站,推流精度较高。

(2)推流河段基本顺直,各级水位岸边水流畅通,观测的水位有代表性。弯曲河段或河段有卡口时,因局部损失不易处理,不能使用比降面积法。

(3)河槽稳定,无频繁冲淤变化,一般断面面积变化在 3%以内,视为稳定。

(4)糙率有较好的规律,历年稳定,无系统偏离现象。

(5)一般情况下,比降面积法适用于山溪性河流。有冲淤变化的河段和大河的中下游不宜采用。

1.1.3　水工建筑物法测流原理与方法

1.1.3.1　水工建筑物法测流原理

水工建筑物测流方法是利用河流、湖泊、水库、渠道上已有的堰闸、涵洞、抽水站、水电站等水工泄水建筑物,通过实测水头(水头差)、闸门开启高度等水力因素,经率定分析或利用经验公式确定流量系数或效率系数,用水力学公式计算流量的一种测流方法。其基本原理是能量转换和守恒原理。下式为闸孔推流公式:

$$Q = \mu Be\sqrt{2gH_0} \tag{6-1-2}$$

式中　Q——流量,m^3/s;

μ——流量系数;

B——闸孔总净宽,m;

e——闸门开启高度,m;

g——重力加速度,m/s^2;

H_0——闸上游水头,m。

1.1.3.2　水工建筑物测流观测内容

1. 水位、水头

人工观测水尺时,在每次闸门启闭过程中,一般应每 0.5~1.0 h 加测水位一次,待闸门变动终止、水位稳定后,再观测水位一次,以后转入正常水位观测。

淹没出流时,建筑物上(下)游基本水尺和闸下辅助水尺,必须同步观测。

实测水头(水头差),用建筑物上(下)游基本水尺观测水位减堰顶(闸底)高程求得。

2. 闸门开启高度和开启孔数

每次开闸、关闸及闸门有变动时,应随时测记闸门的编号、开启高度、开启孔数、开启时间。闸门的开启高度要求测记至 0.01 m,当闸门提出水面后,不记开启高度数,仅记“提出水面”字样。弧形闸门的开启高度,应是弧形闸门开启的弧形长度换算而成的垂直高度。

用启闭机的计数器测记闸门开启高度时,应经常校正零点。由于悬吊闸门钢丝绳伸缩造成的读数误差,应及时检验校正。

闸门开启高度必须由观测人员现场直接观测记载。

3. 流态观测与判别

水工建筑物出流有堰流、孔流、管流三种,其中又分为自由流、淹没流、半淹没流。管流可分为无压流、有压流和半有压流。

流态观测以目测为主,必要时也可辅以有关水力因素的观测资料进行分析计算而确定。流态观测应与水位观测同时进行并做记录。

孔流和堰流、自由堰流和淹没堰流、自由孔流、淹没孔流、半淹没孔流、洞(涵)自由管流和淹没管流、洞(涵)无压流、有压流和半有压流等流态的判别,均应严格按照相关规范进行。

1.1.3.3　流量系数率定

利用水工建筑物测流时,确定水工建筑物流量系数有现场率定、模型试验、同类综合、经验系数等方法。应根据建筑物条件、资料精度要求及经济效益等综合考虑确定试验分析方法和具体系数。

1. 流量系数现场率定

流量系数现场率定,可用流速仪法实测建筑物出流量为标准值,通过实测水头(水头差)等水力因素,用水力学公式计(反)算流量系数。通过多次测验,分析流量系数规律,建立流量系数与有关水力因素的相关关系。当一处工程有多种形式的泄水建筑物混合出流时,应分别逐个率定流量系数。流量系数现场率定,应符合下列要求:

(1) 每一流量系数关系线或关系式,应积累不少于 3 年 30 次的实测资料,均匀分布于流量系数相关因素实测全变幅内的 75%以上。确定后的流量系数关系线或关系式,以后每隔 3~5 年应检测一次。

(2)若在短期内难以测得水力因素全变幅的流量测次,可以分阶段率定流量系数推求流量。每条流量系数关系线上流量测次不少于 20 次,且均匀分布,控制相关因素变幅不低于实测全变幅的 80%。

(3)若当年流量测次不少于 10 次,且均匀分布,控制相关因素变幅不低于实测全变幅的 80%,则可用当年率定的流量系数推求流量。

现场率定流量系数关系线的实测流量点据,应在相关水力因素变幅内均匀分布密集呈带状,实测流量系数与关系线的偏离差值(%)应符合表 6-1-2 的要求。

表 6-1-2　实测流量系数与关系线的偏离差值　(%)

站类	关系线中上部	关系线下部
一类	±5	±8
二类	±8	±10
三类	±10	±15

注:关系线的分界,以底部零向上计算,占全变幅 30%以下为关系线下部,以上为中上部;关系线的使用应在实测资料范围内。

2. 流量系数综合

当进行流量系数综合时,应将各个同类型建筑物和同流态的流量系数与无量纲的水力因素建立相关关系线或关系式。当单站流量系数关系线与建立的综合关系线的偏离差不超过表 6-1-3 规定的允许偏离差(%)时,综合流量系数可以用于同类型建筑物的流量推算。

流量系数的综合,应在单站流量系数率定的基础上进行,且不得少于 3 个站的实测资料。

表 6-1-3　单站流量系数关系线与综合关系线允许偏离差　(%)

站类	关系线中上部	关系线下部
一、二类	±3	±5
三类	±5	±7

3. 流量系数检验

流量系数关系线应进行符号检验、适线检验、偏离数值检验和 t 检验。

1.1.4　流量测验新仪器比测试验

流量测验新仪器如电波流速仪、声学多普勒流速仪(ADCP)等在测站正式投入使用前,应在测站与转子式流速仪进行比测试验。

1.1.4.1　比测试验方案提纲

(1)比测目的、内容与资料收集方法。

(2)新仪器设备型号、环境要求条件、受影响因素、测量精度、测流时机选择。

(3)相关设施设备及仪器的配置。

(4)比测人员分工。

(5)不同水位(流量、含沙量)级条件下流速(流量)比测方法选择、实施。

1.1.4.2　比测试验要求

按照比测方案,根据测站断面水流的变化情况,把握比测试验时机,开展流量测验新仪器与流速仪的比测试验工作,并应符合下列规定:

(1)比测宜在水流相对平稳时进行,并应在高、中、低不同水位(或流量)级下均匀分布测次。

(2)比测有效次数不应少于 30 次。

(3)比测随机不确定度不应超过 6%,比测条件较差的不应超过 7%;系统误差不应超过±1%,条件较差的不应超过±2%。

1.1.4.3　比测分析报告编写提要

比测分析报告的编写主要包括以下内容:

(1)测站基本概况、断面特性、水流特性、测站特性等。

(2)试验目的、内容与比测方法。

(3)新仪器及比测试验设施设备型号、规格说明。

(4)新仪器参数选用的依据与设置。

(5)不同水位(流量、含沙量)级下比测数据精度分析。

(6)存在问题和建议。

(7)主要结论与申报新仪器使用范围。

(8)质量保证体系等。

1.1.5　流量巡测

流量的间测或巡测,其流量测验方法与常测驻测站相同。是否实施流量间测或巡测,应通过分析水位流量关系资料,检验其精度,满足一定条件时,才能制订流量间测或巡测实施方案。

1.1.5.1　巡测方案编制技术要求

1. 流量间测

集水面积小于10 000 km^2 的各类精度的水文站,有10年以上资料证明实测流量及相应水位的变幅已控制历年(包括大水、枯水年份)水位变幅80%以上,历年水位流量关系为单一线,且符合下列条件之一的,可实行间测:

(1)每年的水位流量关系曲线与历年综合关系曲线之间偏离的最大相对误差不应超过下列规定:

① 一类精度站:高水3%,中水5%,低水10%。

② 二类精度站:高水5%,中水8%,低水12%。

③ 三类精度站:高水8%,中水10%,低水15%。

(2)各相邻年份水位流量关系曲线之间并线最大相对误差不超过下列规定时,可停测一年:

① 一类精度站:高水4%,中水5%。

② 二类精度站:高水6%,中水8%。

③ 三类精度站:高水8%,中水10%。

(3)在年水位变幅的部分范围内,水位流量关系呈单一线且符合第(1)项规定。

(4)水位流量关系呈复式绳套,但通过单值化处理,符合第(1)项或第(2)项的规定。

(5)在枯水期内,流量变化不大,枯水径流总量占年径流总量的5%以内,不需要施测流量过程,且根据多年资料分析证明,月径流量与其前期径流量或降水量等因素能够建立较好关系。

(6)多年资料证明潮汐要素与潮流量关系比较稳定的潮流站。

2. 流量巡测

(1)巡测条件。集水面积小于10 000 km^2 的各类精度水文站,符合下列条件之一,可实行巡测:

①水位流量关系呈单一线,流量定线可达到规定精度,且不需要施测洪峰流量和洪水流量过程的。

②实行间测的测站,在停测期间实行检测的。

③枯水期、冰期水位流量关系比较稳定或流量变化平缓,采用巡测资料推算流量,年径流的误差在允许范围以内的。

④枯水期采用定期测流者。

⑤水位流量关系虽不呈单一线,但交通通信方便,能按水情变化及时施测流量的。

⑥中小河流专用站。

(2)巡测技术准备。开展巡测的水文站,与常测驻测站相比,使用的测流方法完全一样,但巡回测流需要配备巡测车或巡测船、野外生活用品、救生设备等;实施巡测前,要分析测站情况和水文特性,研究巡测时机,考虑与相关项目结合的方式,准备需要的资料,优选巡测路线,配齐仪器、测具,组织人力,还应考虑野外通信联系、生活和安全等,形成并编制流量巡测方案,然后按方案结合具体情况开展巡测;熟悉巡测区内测站的水文特征和测站特性,水文要素的季节性变化;水位流量关系形式;单断沙关系形式,单沙停测时段;流量与输沙率关系特性;上下游水文站、辅助站在不同时期、不同水文情势下的相互关系;掌握巡测区测站分布情况,包括测站在流域水系图上的地理位置;测站所处行政区域,测站的控制集水面积;以巡测基地为中心,各测站到巡测基地的交通距离;巡测区及各测站资源配置情况。

(3)巡测时机。

①初步确定各项目一年中的测次数量,在对年水量、沙量有较大影响的时段重点布置测次。

②在洪水期需满足重要城镇防洪、水库调度等要求的测站,枯水期要求实施水量监测、河流生态环境监测的测站,应重点布置测次。

③考虑测站水流沙特性及最佳测验时机,对各项目的测次进行初步布置,确定水文巡测、驻测的时间段。

④冰期应选择能代表日平均流量的时间作为巡测测流时间,必要时进行冰期流量日变化分析,使巡测期间的实测资料具有代表性。

⑤洪水期巡测的站,巡测时机的掌握应以能使实测资料满足定线推流要求为原则。

⑥各巡测站的测验日期应妥善安排,不得互相影响。

⑦应密切关注水雨情变化,掌握巡测区各测站气象、水文等部门的预测预报信息(主要包括江河洪水预警、渍涝灾害预警、山洪灾害预警等信息)安排巡测时机,开展巡测区水文测站巡测工作。

(4)巡测方法及路线。

①根据巡测区测站的分布情况、交通条件、人力资源配置、设备配置及各测站的水流特性选择巡测方法。按照巡测实现的种类,巡测方法可采用辐射式巡测、次第式巡测和结合式巡测;按照巡测实现的时间,巡测方法可采用全年巡测、时段巡测、巡驻结合三种形式。

②根据所管辖各测站的水文特性、巡测时机、交通条件等,在充分保证水文测验成果质量的前提下,以经济效益优先为原则,确定巡测路线。

(5)巡测配备。

①根据巡测区的工作条件及工作内容,配置巡测交通工具、仪器设备及工作人员。

②针对巡测区各站的水文测验项目、水流沙特性,按照现行的国家或者行业标准要求配置仪器设备,宜使用能够提高巡测效率的先进仪器、新技术开展水文巡测。

③根据测站的测验方案及测次布置,确定在不同时期完成巡测任务所需的人力资源配置。

④新建实行巡测的站宜按房屋设施精简、测验设施可靠、技术装备先进高效的原则确定水文基础设施建设及技术装备标准。在满足精度需要的前提下,宜选择人力资源需求低的测验方案。

(6)巡测方案合理性分析。正式开展巡测前,需要从以下几个方面对巡测方案进行合理性分析:

①巡测站点选取的合理性。

②巡测时间选取的合理性。

③巡测方案的可操作性。

1.1.5.2 巡测方案应用

流量巡测方案应用是制订巡测方案的目的和初衷，方案应用前一定要结合巡测区（断面）的河道、水流、交通、仪器设备等具体情况，熟悉和掌握巡测方案的技术路线和具体要求。流量巡测过程中，应严格执行巡测方案中的各项技术规定，巡测结束应及时对巡测中的各个技术环节进行总结，及时为巡测方案的改进与提高积累资料。

1.2 资料整编

1.2.1 明渠均匀流与谢才公式、曼宁公式

1.2.1.1 明渠均匀流

明渠均匀流是指明渠水流中水力要素（如过水断面形状、尺寸、水深、平均流速及流速分布等）均保持沿程不变的水流，又称明渠等速流。其特征是明渠均匀流的水面线与总水头线及渠底线三线平行，故其水面坡度、水力坡度和底坡都相等。

1.2.1.2 谢才公式、曼宁公式

早在1769年，法国工程师谢才（A. Chezy，1718～1798年）通过总结明渠均匀流的实测资料，得出计算过水断面平均流速 V 的公式：

$$V = C\sqrt{RJ} \tag{6-1-3}$$

式中 C——谢才系数；

R——水力半径，m；

J——水力坡度。

谢才系数 C 与沿程阻力系数 λ 的关系为

$$C = \sqrt{8g/\lambda} \tag{6-1-4}$$

式中 g——重力加速度，m/s^2；

λ——沿程阻力系数。

计算谢才系数的经验公式很多，最常用的为曼宁公式：

$$C = \frac{1}{n}R^{1/6} \tag{6-1-5}$$

式中 n——糙率。

在宽浅河道断面，R 常以平均水深 $\bar{d}$ 或 $\overline{H}$ 代替。

由于河渠均匀流总水头线、河渠底线及水面线三者平行，所以也可由渠底比降 i、水面比降 S 代替水力坡度 J。

糙率 n 也称糙率系数，它是与河渠边界壁面的结构粗糙程度、河渠断面形态及水流泥沙运动状态等有关的一个综合性阻力系数，一般经试验或测验反算推求。水力学手册中

常提供各种条件下的 n 的参考数值,可选择采用。如平原地区汛期最大水面宽约 30 m 的顺直、无沙滩、无深潭、清洁的河流,在正常情况下 n 值在 0.030 左右。

应用时式(6-1-3)和式(6-1-5)常写为

$$V = \frac{1}{n}J^{\frac{1}{2}}R^{\frac{2}{3}} \tag{6-1-6}$$

式(6-1-6)称为谢才-曼宁公式,也常简称为曼宁公式。

实际应用时,在确定了上、下游过流(比降)断面间的距离 L 后,通过同时观测上、下游的水位 Z_s、Z_x,可由下式计算水面比降 S:

$$S = \frac{Z_s - Z_x}{L} \tag{6-1-7}$$

因 $V = Q/A$,与式(6-1-3)组合可以得出:

$$Q = AC\sqrt{R}\sqrt{J} = K\sqrt{J} = K\sqrt{S} \tag{6-1-8}$$

式(6-1-8)中 K ($AC\sqrt{R}$)综合反映了河渠断面的形状、大小和结构粗糙程度,称为流量模数。

1.2.2　水工建筑物法推算流量

水工建筑物(如堰、闸、涵洞等)法推算流量主要是选择符合条件的公式和系数,代入观测的水位、水头等参数后予以计算。

流量系数一般可以通过实测流量率定或模型试验率定直接采用,也可根据堰闸形式、闸门开启情况、流态等因素,按水力学基本公式分析获得的不同出流情况下的水力因素与流量系数的相关关系曲线或关系方程式间接推算。一般堰闸、涵管、隧洞流量计算公式及适用范围见表 6-1-4。

1.2.3　校正因数法、落差指数法推流整编

1.2.3.1　校正因数法

校正因数法是单值化处理受洪水涨落影响的水位流量关系的一种方法,适用于水位流量关系曲线呈单式绳套的情况。对于复式绳套,可分解成单式绳套分别定线后再分别进行校正。

校正因数法假定同水位不同涨落率的流量符合式(6-1-9)。可按以下步骤推流整编:

$$Q_m/Q_c = \sqrt{1 + (1/us_c)(\Delta z/\Delta t)} \tag{6-1-9}$$

式中　Q_m——受洪水涨落影响时的流量,m^3/s;

Q_c——与 Q_m 同水位的稳定流流量,m^3/s;

u——洪水波传播速度,m/s;

s_c——稳定流时的比降;

Δz——Δt 时间内水位增量(涨落率),m;

$\sqrt{1+(1/us_c)(\Delta z/\Delta t)}$——校正因数。

表 6-1-4　堰闸、涵管、隧洞流量计算公式及适用范围

公式编号	流量计算公式	相关关系	适用范围	
			出流状态	堰闸、涵管类型
1	$Q=C_1Bh_u^{3/2}$	$h_u \sim C_1$	自由堰流	一般堰闸
2	$Q=\sigma C_1Bh_u^{3/2}$	$h_1/h_u \sim \sigma$ 或 $\Delta Z/h_u \sim \sigma C_1$	淹没堰流	一般堰闸
3	$Q=C_2Bh_1\sqrt{\Delta Z}$	$h_1 \sim C_2$	淹没堰流	平底闸、宽顶堰闸
4	$Q=M_1Be\sqrt{h_u-h_c}$	$e/h_u \sim M_1$	自由孔流	平底闸、宽顶堰闸、平板及弧形闸门闸
5	$Q=M_1Be\sqrt{h_u}$	$e/h_u \sim M_1$	自由孔流	实用堰、跌水壁闸、平底闸
6	$Q=M_2Be\sqrt{\Delta Z}$	$e/\Delta Z \sim M_2$	淹没孔流	一般堰闸
7	$Q=\mu_1a\sqrt{h'_u-h_p}$	$e/d \sim \mu_1$	有压、半有压自由管流	一般涵洞、长洞
8	$Q=\mu'_1a\sqrt{h'_u-h_1}$	$e/d \sim \mu'_1$	有压淹没管流	一般涵洞
9	$Q=\mu_2bh^{3/2}$	$h \sim \mu_2$	无压自由出流	一般涵洞
10	$Q=\mu_\sigma bh^{3/2}$	$h_1/h \sim \mu_\sigma$	无压淹没流	一般涵洞
11	$Q=\mu_3a'\sqrt{h}$	$e/d \sim \mu_3$	自由孔流	进口设置有短管无压隧洞

符号说明：Q—流量，m^3/s；Z_u—上游水位，m；Z_l—下游水位，m；h_u—上游水头，m；$h_u=Z_u-Z_a$；h_l—下游水头，m；$h_l=Z_l-Z_a$；Z_a—闸底或堰顶高程，m；h_c—收缩断面处水深，m；h'_u—涵管出口中心以上水头，m；h_p—下游势能；h—涵管进口水头，m；ΔZ—上、下游水位差，m；$\Delta Z=Z_u-Z_l$；e—闸门开启高度，m；B—闸孔总宽或开启净宽，m；b—涵管宽度，m；d—涵管高度，m；a—涵管断面面积，m^2；a'—涵管进口闸孔过水面积，m^2；C_1、C_2—自由、淹没堰流流量系数；M_1、M_2—自由、淹没孔流流量系数；μ_1、μ'_1—有压半有压自由、淹没管流流量系数；μ_2、μ_σ—无压自由、淹没孔流流量系数；μ_3—进口设置有短管无压隧洞自由孔流流量系数；σ—淹没系数。

1. 初步绘制 $z \sim Q_c$ 关系曲线

通过实测点中涨落率为零的点，并根据涨落水点的涨落率估算各实测点同水位稳定流流量的大小，初步绘制出一条稳定时期的水位流量关系曲线（$z \sim Q_c$），即图 6-1-1 中的 A 线。

2. 绘制 $z \sim \dfrac{1}{us_c}$ 关系曲线

根据水位过程计算各测点涨落率，由实测点的水位推得 Q_c 值，按式(6-1-9)计算各测点的$\dfrac{1}{us_c}$值，绘出 $z \sim \dfrac{1}{us_c}$关系曲线，即图 6-1-1 中的 B 线。

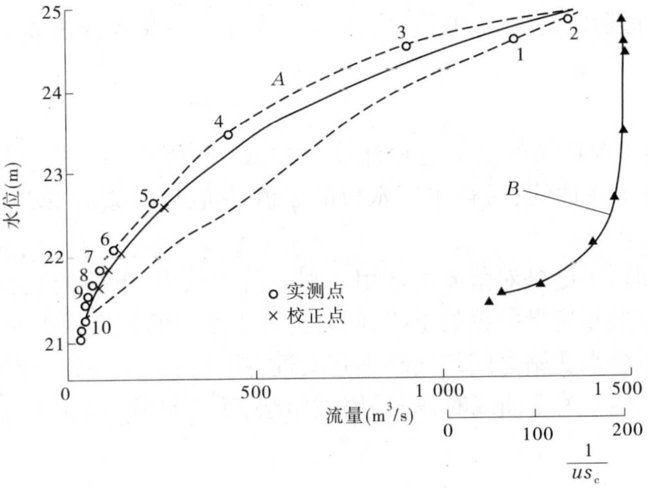

图 6-1-1　校正因数法示例

3. 检验 $z \sim Q_c$ 关系曲线

用各实测点的水位推得 $\frac{1}{us_c}$，用式(6-1-9)反算出 Q_c 值，如果 Q_c 与 $z \sim Q_c$ 关系线的偏差符合定单一曲线的要求，则认为原定的 $z \sim Q_c$ 曲线合格。否则，应根据 Q_c 对原定曲线修正。

4. 流量推求

根据水位过程计算涨落率 $\Delta z/\Delta t$，再由水位推得 Q_c 和 $\frac{1}{us_c}$ 值，按式(6-1-9)计算 Q_m 即为所求流量。

1.2.3.2　落差指数法

落差指数法是处理受变动回水影响的水位流量关系的一种方法，适用于河段基本顺直、河槽基本稳定，且落差有代表性的测站。落差指数法假定同水位不同落差的流量符合式(6-1-10)。按以下步骤推流整编：

$$\frac{Q_1}{(\Delta Z_1)^{\beta}} = \frac{Q_2}{(\Delta Z_2)^{\beta}} = q \tag{6-1-10}$$

式中　Q_1、Q_2——同水位不同落差的流量，m^3/s；

ΔZ_1、ΔZ_2——与 Q_1、Q_2 相应的落差，m；

β——落差指数；

q——流量与落差 β 次方之比(或称校正流量因数)。

1. 优选落差指数 β 值

β 的变化范围为 0.2~0.8，在此区间内，可采用试错法或优选法，以定出的 $Z \sim q$ 关系曲线，通过适线检验、符号检验、反曲检查且不确定度最小时的 β 为最优 β 值(优选出的 β 值能使 $Z \sim q$ 关系的方差或标准差最小)。

2. 确定 $Z \sim q$ 关系曲线

根据优选的 β 值所定的 $Z \sim q$ 曲线，定线精度符合单一曲线的定线要求，即为推求流量采用的曲线。

3. 流量推求

根据(下游)落差参证站的水位过程计算落差 ΔZ 和优选的 β 值，计算出 ΔZ^{β} 值，再由本站水位查 $Z \sim q$ 关系曲线，可得不同水位的 q 值，q 值与相应的 ΔZ^{β} 的乘积即为推求的流量。

用落差指数法时，关键是对落差的选用。观测落差的上、下游两组水尺之间，不能有支流汇入，避免对落差与流量关系的干扰，同时为减少水位的观读误差对落差值 ΔZ 的精度影响，参证站与上游水文站之间的间距不宜太近，使计算的落差有一定的代表性。该法在优选 β 值和绘制 $Z \sim q$ 关系曲线时，需采用试错法，手工计算、绘图工作量较大，采用程序计算相对简捷。

第 2 章　水文测量

2.1　断面测量

2.1.1　卫星定位测量仪静态定位测量

GNSS 测量的实施过程与常规测量一样，按性质可分为外业和内业两大部分；如果按照 GNSS 测量实施的工作程序，可分为 GNSS 网技术设计、选点与建立标志、外业观测、成果检核、内业数据处理等阶段。现以 GNSS 测量中最常用的载波相位观测值为主的静态相对定位法的工作程序做一简单介绍。

2.1.1.1　GNSS 网的技术设计

GNSS 网的技术设计是一项基础性的工作。GNSS 网的布设应根据其布设目的、精度要求、卫星状况、接收机类型和数量、测区已有的资料、测区地形和交通状况以及作业效率等因素综合考虑，按照优化设计原则进行。其主要内容包括精度指标的确定和网的图形设计等。

GNSS 测量精度指标的确定，取决于网的用途，设计时应根据用户的实际需要和可以实现的设备条件，恰当地确定 GNSS 网的精度等级。精度指标通常以网中相邻点之间的距离误差 m_r 来表示，其形式为

$$m_r = a + b \times D \tag{6-2-1}$$

式中　a——GNSS 固定误差，mm；

b——比例误差系数（一般取 1×10^{-6}）；

D——相邻点的距离，mm。

GNSS 网的图形设计是根据用户要求，确定具体的布网观测方案，其核心是如何高质量且低成本地完成既定的测量任务。通常在进行 GNSS 网设计时，必须顾及测站选址、卫星选择、仪器设备装置与后勤交通保障等因素。当网点位置、接收机数量确定后，网的设计就主要体现在观测时间的确定、网形构造及各点设站观测的次数等方面。GNSS 网的布设通常有星形、点连式、边连式和混合式四种。

2.1.1.2　选点与建立标志

GNSS 选点要求充分利用符合要求的已有控制点。点位选在交通方便，有利于同常规地面控制网的联测，易于安置接收设备的地方，且视野开阔，视场内 15°以上不应有障碍物；附近不应有强烈反射卫星信号的物件（如大型建筑物等），应远离大功率无线电发射源（如电视台、电台、微波站等），其距离不小于 200 m，与高压输电线和微波无线电信号传送通道的距离不应小于 50 m。

点位选定后，应按要求埋置标石，绘制点之记、测站环视图和 GNSS 网选点图，作为提

交的选点技术资料。

2.1.1.3 **外业观测作业**

外业观测的主要工作是利用GNSS接收机采集来自GNSS卫星的电磁波信号,其作业过程大致可分为天线安置、接收机操作和观测记录。在外业观测之前,应对所选定的接收设备进行严格的检验,GNSS接收机检验的内容、方法和技术要求,按相关规定执行。外业观测应严格按照技术设计时所拟订的观测计划实施。

1. 观测前的准备

GNSS接收机在开始观测前,应进行预热和静置,具体要求按接收机操作手册进行。

安置天线是GNSS精密测量的重要保证。要仔细对中、整平,量取仪器高(观测时接收机天线相位中心至测站中心标志面的高度)。仪器高要求用钢尺在互为120°方向量三次,互差小于3 mm,取平均值后记录。用三脚架安置天线时,其对中误差不应大于1 mm。

2. 观测作业要求

目前,GNSS接收机的自动化程度相当高,一般仅需按动若干功能键,就能顺利地自动完成测量工作,并且每做一步工作,显示屏上均有提示。

接收机操作的具体方法步骤按接收机操作手册进行。观测时应注意:观测组应严格按规定的时间进行作业。经检查接收机电源电缆和天线等各项连接无误,方可开机。开机后经检验有关指示灯与仪表显示正常后,方可进行自测试并输入测站、观测单元和时段等控制信息。

接收机开始记录数据后,观测员可使用专用功能键和选择菜单,查看测站信息、接收卫星数、卫星号、卫星运行状况、各通道信噪比、相位测量残差、实时定位的结果及其变化、存储介质记录和电源等情况。若发现异常或未预料到的情况,应记录在测量手簿的备注栏内,并及时报告作业调度者。每时段观测前后应各量取天线高一次,两次量高之差不应大于3 mm,取平均值作为最后天线高。若互差超限,应查明原因,提出处理意见记入测量手簿记事栏。

接收机启动前与作业过程中,应随时逐项填写测量手簿中的记录项目。

观测期间观测员要细心操作,防止接收设备震动,更不得移动,要防止人员和其他物体碰动天线或阻挡信号。一个时段观测过程中,不允许进行如接收机重新启动、进行自测试(有故障除外)、改变卫星高度角、改变天线位置、改变数据采样间隔、按动关闭文件和删除文件等功能键操作。

观测期间,不应在天线附近50 m以内使用电台,10 m以内使用对讲机。

经检查,所有规定作业项目均已全面完成,并符合要求,记录与资料完整无误,方可迁站。

3. 外业数据质量检核

观测成果的外业检核是确保外业观测质量,实现预期定位精度的重要环节。所以,当观测任务结束后,必须在测区及时对外业观测数据进行严格的检核;并根据情况采取淘汰或必要的重测、补测措施。按照相关要求,对各项检核内容严格检查,确保准确无误,才能进行后续的平差计算和数据处理。

2.1.2　卫星导航定位测量仪动态测量

2.1.2.1　RTK 测量原理

RTK(Real Time Kinematic)是全球卫星导航定位技术与数据通信技术相结合的载波相位实时动态差分定位技术,它能够实时地提供测站点在指定坐标系中的三维定位结果。基本思想是:在测区内选择部分控制点作为基准站,测量时在基准站上安置一台 GNSS 接收机,连续观测所有可见 GNSS 卫星,并将其观测数据如测站坐标、观测值、卫星跟踪状态及接收机工作状态通过无线电传输设备,实时地发送至用于移动测量的 GNSS 接收机(移动站)。移动站 GNSS 接收机在各待定点上依次设站观测,在接收 GNSS 卫星信号的同时,通过无线电接收设备,接收基准站传输的观测数据,然后根据相对定位的原理,在基准站坐标位置确定的前提下,实时地计算并显示移动站 WGS-84 坐标系的坐标,并根据设置的转换参数以及投影方法实时计算出移动站的平面坐标和高程的三维坐标成果及精度,以满足测量和实时导航的需求。RTK 技术的成功开发使 GNSS 动态测量的精度和效率都得到了提高。

RTK 测量可分为单基准站 RTK 测量和网络 RTK 测量两种方法。单基准站 RTK 测量只是利用一个基准站,并通过数据通信技术接收基准站发布的载波相位差分改正参数进行 RTK 测量。网络 RTK 测量是指在一定区域内建立多个基准站,对该地区构成网状覆盖,并进行连续跟踪观测,通过这些站点组成卫星定位观测值的网络解算,获取覆盖该地区和某时间段的 RTK 改正参数,用于该区域内 RTK 用户进行实时 RTK 改正的定位方式。有条件在控制测量时宜优先采用网络 RTK 测量。

RTK 与动态相对定位方法相比,定位模式相同,仅要在基准站和流动站间增加一套数据链,实现各点坐标的实时计算、实时输出,以达到“精度、速度、实时、可用”等各方面的要求,如图 6-2-1 所示。作业范围目前一般为 10 km 左右,精度可达到 cm 级,适用于实施平面控制测量、断面测量、地形测量及施工放样测量。

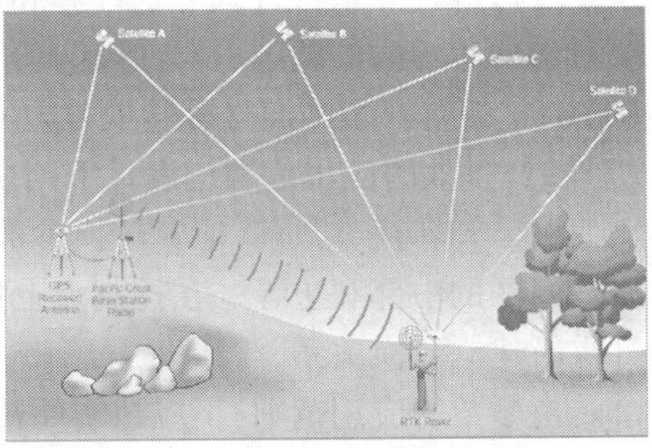

图 6-2-1　RTK 定位原理示意图

RTK 定位技术已应用于各种控制测量、地形测图、工程放样等生产中。如控制测量,传统的工程控制测量常采用三角网、导线网等方法进行,要求点间必须通视,使用人员较多,还需花费相当时间来完成,测量精度需在外业工作结束,进行相应计算后才知晓。采用常规的静态测量,在外业测设过程中不能实时知道定位精度,如果测设完成后,回到内业处理后发现精度不符合要求,还必须返测。而采用 RTK 来进行控制测量,测一个控制点在几分钟甚至几秒钟内就可完成,能够实时知道定位精度,如果点位精度满足用户要求,就可以停止观测,完成测量任务目标。

2.1.2.2　RTK 测量操作要求

(1)RTK 作业前应收集以下资料:

①测区的控制点成果及卫星定位测量资料。

②测区的坐标系统和高程基准的参数包括:参考椭球参数,中央子午线经度,纵、横坐标的加常数,投影面正常高,平均高程异常等。

③卫星坐标系与所测坐标系两者的坐标转换关系。

(2)RTK 测量应选用双频卫星定位接收机,其标称误差应不大于 10 mm+2×$10^{-6}D$(D 为参考站到检查点的距离)。

(3)基准站应采用三脚支架方式架设天线进行作业,测量过程中仪器的圆气泡应严格稳定居中。

(4)平面控制点应进行 100%的内业检查和不少于总点数 10%的外业检测。校核可按图形校核或进行同精度导线联测,测量技术要求应符合表 6-2-1 的规定。

表 6-2-1　RTK 平面控制点校核测量技术要求

等级	边长校核		角度校核		导线联测校核	
	测距中误差(mm)	边长较差的相对中误差	测角中误差(″)	角度较差限差(″)	角度闭合差(″)	边长相对闭合差
一级	≤15	1/14 000	≤5	14	≤$16\sqrt{n}$	1/10 000
二级	≤15	1/7 000	≤8	20	≤$24\sqrt{n}$	1/6 000
三级	≤15	1/4 000	≤12	30	≤$40\sqrt{n}$	1/4 000
图根	≤20	1/2 500	≤20	60	≤$60\sqrt{n}$	1/2 000

注:n 为测站数。

(5)坐标系统转换关系应符合下列规定:

①计算转换时应根据测区范围及具体情况,对起算点进行可靠性检验,并采用合理的数学模型进行多种点组合方式分别计算和优选。

②对于面积较大的测区,可分区求解转换参数,相邻分区应不少于 2 个重合点。

(6)RTK 控制测量平面坐标转换残差不应大于 2 cm。

(7)转换参数的应用范围应满足下列要求:

①使用已知转换参数前,应对转换参数的精度、可靠性进行分析和实测检查。检查点应分布在测区的中部和边缘。在控制点上检核,平面较差不应大于 5 cm,超限时,应分析原因并重新建立转换关系。

②转换参数的应用范围,不应超越原转换参数计算所覆盖的范围。

(8)RTK 测量时,开始作业或重新设置基准站后,应至少在一个已知点上进行检核,在控制点上检核,其平面位置较差不应大于 5 cm。

(9)RTK 一测回观测应符合下列规定:

①观测前应对仪器进行初始化。

②观测值应在得到 RTK 固定解,且收敛稳定后开始记录。

③每测回的自动观测个数不应少于 10 个观测值,并取平均值作为定位结果。

(10)测回间应对仪器重新进行初始化,测回间的时间间隔应不少于 60 s。

(11)参考站(基准站)的建立应符合下列规定:

①应根据测区面积、地形地貌和数据链的通信覆盖范围,均匀布设参考站。

②参考站(基准站)站点应选在便于安置仪器、地基牢固、地势相对较高的地方,且周围无高度角超过 15°的障碍物,无强烈干扰接收卫星信号或反射卫星信号的物体。

③参考站(基准站)的有效作业半径不应超过 15 km。

④当接收机天线需要对中、整平时,应精确对中、整平,且对中误差不应大于 5 mm;需要量取天线高时应精确量取至 1 mm。

⑤正确设置仪器参数及测站信息。

⑥接收机天线与电台天线之间的距离,不宜小于 3 m。

⑦电台频率的选择,不应与作业区其他无线电通信频率相冲突。

(12)流动站设置应满足下列要求:

①正确设置和选择测量模式、基准参数、转换参数和数据链的通信频率等。

②流动站的初始化,应在视野比较开阔的地点进行。

③作业中,若出现卫星信号失锁情况,应重新初始化,并经重合点测量检查合格后,方可继续作业。

④作业结束前,应进行已知点检查。

⑤每日观测结束,应及时转存测量数据至计算机,并做好数据备份。

(13)RTK 碎部测量应符合下列规定:

①作业要求:

A. 作业时,应采用带圆气泡的对中杆架设天线进行测量,观测历元数应大于 5 个。

B. 利用 RTK 进行碎部点平面坐标测量和高程测量应分别符合表 6-2-2、表 6-2-3 的技术要求。碎部点 RTK 高程应联测五等及以上水准点,检测碎部点 RTK 高程可采用三角高程或水准方法,检测较差不超过 300 mm。

表 6-2-2　碎部点 RTK 平面坐标测量主要技术要求

点位中误差(mm)	方法	起算点等级	流动站到基准站距离(km)	测回数
图上 0.5	单基站 RTK	四等及以上	≤15	≥1
		三级及以上	≤10	

表 6-2-3　碎部点 RTK 高程测量主要技术要求　(单位:cm)

类别	模型内符合中误差	高程中误差	检测较差
平原、丘陵	±10.0	±15.0	30.0
山区	±15.0	±22.5	45.0

C. 作业前后应进行已知点检核，平面位置较差不应超过 5 cm，高程较差不应大于 $30\sqrt{D}$ mm（D 为参考站到检查点的距离，km）。

D. 观测前设置的平面收敛精度不大于 2 cm，垂直收敛精度不大于 3 cm。

②数据采集时应采用下列检查措施：

A. 分区作业时，各区应测出界线外图上 5 mm。

B. 不同参考站作业时，流动站应检测一定数量的地物重合点。点位较差不应大于图上 0.6 mm，高程较差不应大于基本等高距的 1/3。

C. 对采集的数据应进行检查处理，删除或标注作废数据、重测超限数据、补测错漏数据。

2.1.3　利用 RTK 技术进行起点距测量

（1）求解转换参数。将 GNSS 基准站架设在断面已知点（A）上，设置好参考坐标系、投影参数、差分电文数据格式、发射间隔及最大卫星使用数，关闭转换参数和七参数，输入基准站坐标（该点的 WGS-84 坐标）后设置为基准站。

（2）将移动站架设在另一个已知点（B）上，设置好参考坐标系、投影参数、差分电文数据格式、接收间隔，关闭转换参数和七参数后，求得该点的固定解（WGS-84 坐标）。

（3）通过 A、B 两点的平面坐标，利用随机软件可求得转换参数。

（4）建立任务，设置好坐标系、投影、转换参数。

（5）在手簿设定断面两端端点，确定断面线位置。

（6）（外业）数据采集。将基准站架设在求转换参数时的基准点上，且坐标不变。连接好流动站，待流动站初始化完成后，沿断面线（有的仪器屏幕有显示）在岸上施测断面地形点，等到观测精度满足精度限差时，人工记录输入地形属性。

2.2　地形测绘

2.2.1　平面控制测量及平差

为了限制误差的累积和传播，保证测图和施工的精度及速度，测量工作必须遵循“从整体到局部，先控制后碎部”的原则。即先进行整个测区的控制测量，再进行碎部测量。控制测量的实质就是测量控制点的平面位置和高程。测定控制点的平面位置工作，称为平面控制测量；测定控制点的高程工作，称为高程控制测量。

2.2.1.1　卫星定位平面控制测量

（1）卫星定位平面控制测量可采用静态或动态测量方式进行施测。三、四等平面控制网应采用静态测量，一、二、三级平面控制网可采用静态测量或 RTK 测量。各等级卫星定位平面控制网的主要技术要求，应符合表 6-2-4 和表 6-2-5 的规定。

表 6-2-4　静态卫星定位测量平面控制网的主要技术要求

等级	平均边长（km）	仪器标称精度		约束点间的边长相对中误差	约束平差后最弱边相对中误差
		固定误差 a(mm)	比例误差系数 b(mm/km)		
三等	4.5	≤5	≤2	≤1/150 000	≤1/70 000
四等	2.0	≤10	≤5	≤1/100 000	≤1/40 000
一级	1.0	≤10	≤5	≤1/40 000	≤1/20 000
二级	0.5	≤10	≤5	≤1/20 000	≤1/10 000

表 6-2-5　动态卫星定位测量平面控制网的主要技术要求

等级	相邻点间距离（m）	点位中误差（mm）	相对中误差	起算点等级	流动站到基准站距离（km）	测回数
一级	≥500	≤50	≤1/20 000	—	—	≥4
二级	≥300	≤50	≤1/10 000	四等及以上	≤6	≥3
三级	≥200	≤50	≤1/6 000	四等及以上	≤6	≥3
				二等及以上	≤3	
四级	≥100	≤50	≤1/4 000	四等及以上	≤6	≥2
				三等及以上	≤3	

各等级控制网的基线长度中误差，按式(6-2-2)计算：

$$\sigma = \sqrt{a^2 + (bD)^2} \tag{6-2-2}$$

式中　σ——基线长度中误差，mm；

a——固定误差，mm；

b——比例误差系数，mm/km；

D——平均边长，km。

(2)卫星定位平面控制网的设计与布设原则：

①应根据测区的实际情况、精度要求、自然地理条件、接收机的类型和数量以及已有的测量资料进行综合设计。

②卫星定位控制网布设应遵守从整体到局部、分级布网的原则，首级网应全面布设，加密网可以逐级布设、越级布设或布设同级全面网。

③首级控制网布设时，应连测 2 个以上高等级国家控制点或者地方独立坐标系下的高等级控制点，并均匀分布于测区。当测区较大时，还应适当增加重合点数。

④控制网宜由独立观测边构成 1 个或若干个闭合环或附合路线；各等级控制网中构成闭合环或附合路线的边数不宜多于 6 条。

⑤各等级控制网中独立基线的观测总数不宜少于必要观测基线数的 1.5 倍。

⑥对于采用单基准站 RTK 方法测图的测区，在控制网的布设中应顾及参考站点的分布。

(3)卫星定位控制网选点应符合下列规定：

①控制网点应选在便于安置仪器设备、交通便利、土质坚实、有利于加密和扩展的地方。静态控制测量中，控制点要保证至少有 1 个通视方向；动态控制测量中控制点总数不应少于 3 个，其中应保证至少有 3 个或 2 对以上相互通视的点位。

②控制网点位应布设在没有强烈干扰卫星信号接收的干扰源且无强烈反射信号的物体，高度角在 15°以上无成片连续遮挡物的视野开阔地区。

③对于能够长期保存、离测区较远的平面控制点，应考虑图形结构且便于以后控制点的加密。

(4)卫星定位控制测量中控制点埋石应符合下列规定：

①各等级控制网点周围应有醒目的保护装置，以防止车辆或机械的碰撞。

②各等级的卫星定位控制点应埋设永久性测量标志，标石应满足平面、高程共用的要求。

③控制点标石的中心标志应用铜、不锈钢或其他耐腐蚀、耐磨损的材料制作，并应安放正直、镶接牢固；控制点标志中心应刻有清晰、精细的十字丝或嵌入直径小于 0.5 mm 的不同颜色的金属；标志顶部应为圆球状，并应高出标石面。

④控制点标石可采用混凝土预制或现场灌注；利用基岩、混凝土或沥青路面时，可现场凿孔灌注混凝土埋设标志。

(5)卫星定位控制测量外业观测应符合下列规定：

①在观测前，作业组应根据测区的地形、交通状况、网的大小、精度高低、仪器数量、卫星定位网设计方案、卫星预报表、地理环境等编制作业调度表。

②作业调度表应包括观测时段、测站号、测站名称及接收机号等。

③各接收机采样间隔应设置一致。

④接收机天线高应量测至 mm，测前、测后各量测 1 次，2 次较差不应大于 3 mm，并取平均值作为最终结果。

⑤确认天线等各项连接完全无误后，方可接通电源，启动接收机。

⑥开机后，接收机有关指示显示正常并通过自检后，方可输入有关测站和时段控制信息。

⑦观测前，应对接收机进行预热和静置，直至可正常作业状态，同时应检查电池的容量、接收机的内存和可储存空间是否充足。

⑧接收机在开始记录数据后，应注意查看有关观测卫星数量、卫星号、相位测量残差、实时定位结果及其变化、存储介质记录等情况。

⑨在观测过程中不应靠近接收机使用对讲机、手机等无线通信工具；雷雨季节架设天线时应防止雷击，雷雨过境时应关机停测，并卸下天线。

⑩作业人员在作业期间不应离开仪器，并应防止仪器受到振动或移动，防止人或其他物体靠近天线。

⑪观测站的全部预定作业项目，经检查均已按规定完成，且记录与资料完整无误后方

可迁站。

⑫外业观测时，各级卫星定位静态平面控制测量作业的基本技术指标应符合表 6-2-6 的规定。

表 6-2-6　卫星定位静态平面控制测量作业的基本技术要求

等级	三等	四等	一级	二级
接收机类型	双频或单频	双频或单频	双频或单频	双频或单频
仪器标称精度	5 mm+$2\times10^{-6}D$	10 mm+$5\times10^{-6}D$		
观测量	载波相位			
卫星高度角(°)	≥15	≥15	≥15	≥15
有效观测卫星数	≥5	≥4	≥4	≥4
观测时段长度(min)	≥60	≥45	≥30	≥30
数据采集间隔(s)	10～30	10～30	10～30	10～30
点位几何图形强度因子 PDOP	≤6	≤6	≤8	≤8

注：D 为距离，km。

(6)卫星定位控制测量外业记录应符合下列规定：

①外业应现场记录原始观测值和其他记录项目，包括控制点点名、观测日期、天气情况、时段号、接收机类型及其编号、天线编号、观测开始与结束时间以及相应时刻量取的天线高。

②各时段观测结束后，应及时将每天外业观测记录结果录入计算机硬盘或其他存储介质。

③接收机内存数据文件在传输到机外存储介质上时，不应进行任何编辑、修改。

(7)卫星定位数据处理应符合下列规定：

①基线解算模式应符合下列规定：

A. 解算模式采用单基线解算模式或者多基线解算模式，每个同步观测图形应选定一个起算点。

B. 起算点的单点定位观测时间，不宜少于 30 min。

C. 解算成果，应采用双差固定解。

②同步环、异步环检核应符合下列规定：

A. 卫星定位控制测量外业观测的全部数据应经同步环、异步环和复测基线检核。

B. 同步环各坐标分量闭合差及环线全长闭合差，应满足式(6-2-3)～式(6-2-7)的要求：

$$W_x \leqslant \frac{\sqrt{n}}{5}\sigma \qquad (6\text{-}2\text{-}3)$$

$$W_y \leqslant \frac{\sqrt{n}}{5}\sigma \qquad (6\text{-}2\text{-}4)$$

$$W_z \leqslant \frac{\sqrt{n}}{5}\sigma \tag{6-2-5}$$

$$W = \sqrt{W_x^2 + W_y^2 + W_z^2} \tag{6-2-6}$$

$$W \leqslant \frac{\sqrt{3n}}{5}\sigma \tag{6-2-7}$$

式中 n——同步环中基线边的个数；

W_x、W_y、W_z——同步环坐标分量闭合差，mm；

W——同步环环线全长闭合差，mm；

σ——基线长度中误差，mm，按式(6-2-2)计算。

C. 异步环各坐标分量闭合差及环线全长闭合差，应满足式(6-2-8)～式(6-2-12)的要求：

$$W_x \leqslant 2\sqrt{n}\sigma \tag{6-2-8}$$

$$W_y \leqslant 2\sqrt{n}\sigma \tag{6-2-9}$$

$$W_z \leqslant 2\sqrt{n}\sigma \tag{6-2-10}$$

$$W = \sqrt{W_x^2 + W_y^2 + W_z^2} \tag{6-2-11}$$

$$W \leqslant 2\sqrt{3n}\sigma \tag{6-2-12}$$

式中 n——异步环边数；

W_x、W_y、W_z——异步环坐标分量闭合差，mm；

W——异步环全长闭合差，mm。

③复测基线长度的校差应满足式(6-2-13)的要求：

$$\Delta d \leqslant 2\sqrt{2}\sigma \tag{6-2-13}$$

式中 Δd——基线的长度校差。

④无约束平差计算应符合下列要求：

A. 应在 WGS-84 坐标系中进行三维无约束平差，并提供各观测点在 WGS-84 坐标系的三维坐标、各基线向量三个坐标差观测值的改正数、基线长度、基线方位及相关的精度信息等。

B. 无约束平差的基线向量改正数的绝对值应满足式(6-2-14)～式(6-2-16)的要求：

$$V_{\Delta x} \leqslant 3\sigma \tag{6-2-14}$$

$$V_{\Delta y} \leqslant 3\sigma \tag{6-2-15}$$

$$V_{\Delta z} \leqslant 3\sigma \tag{6-2-16}$$

式中 $V_{\Delta x}$、$V_{\Delta y}$、$V_{\Delta z}$——基线分量的改正数绝对值。

⑤约束平差计算应符合下列要求：

A. 应在国家坐标系或地方坐标系下，对通过无约束平差后的观测值进行二维或三维约束平差。

B. 对于已知坐标、距离或方位，可强制约束，也可加权约束。约束点间的边长相对中误差，应满足表 6-2-4 中相应等级的规定。

C. 控制网约束平差的最弱边边长相对中误差,应满足表 6-2-4 中相应等级的规定。

D. 约束平差中,基线分量的改正数与经过剔除粗差后的无约束平差结果的同一基线相应改正数较差应满足式(6-2-17)~式(6-2-19)的要求:

$$dV_{\Delta x} \leqslant 2\sigma \tag{6-2-17}$$

$$dV_{\Delta y} \leqslant 2\sigma \tag{6-2-18}$$

$$dV_{\Delta z} \leqslant 2\sigma \tag{6-2-19}$$

式中　$dV_{\Delta x}$、$dV_{\Delta y}$、$dV_{\Delta z}$——同一基线约束平差基线分量的改正数。

(8)平差结果应输出观测点在相应坐标系中的二维坐标或三维坐标、基线向量的改正数、基线长度、基线方位角等,以及相关的进度信息。需要时,还应输出坐标转换参数及其精度信息。

2.2.1.2　**导线测量**

1. 导线测量概念与导线布设形式

将控制点用直线连接起来形成的折线,称为导线,这些控制点称为导线点,点间的折线边称为导线边,相邻导线边之间的夹角称为转折角。另外,与坐标方位角已知的导线边相连接的转折角,称为连接角。

通过观测导线边的边长和转折角,根据起算数据经计算而获得导线点的平面坐标,即为导线测量。导线测量布设简单,每点仅需与前、后两点通视,选点方便,应用灵活。导线的布设形式如图 6-2-2 所示。

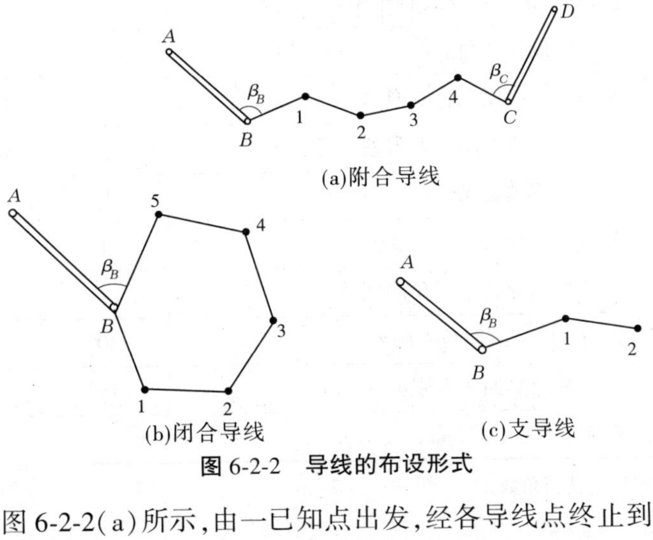

图 6-2-2　导线的布设形式

附合导线如图 6-2-2(a)所示,由一已知点出发,经各导线点终止到另一已知点,形成附合于已知点的伸展型导线。闭合导线如图 6-2-2(b)所示,由一点(或已知点)出发,经各导线点仍回到原出发点,形成一个闭合多边形的导线。支导线如图 6-2-2(c)所示,由一已知点出发,经导线点后,既不返回原出发点,又不终止于另一已知点的开放型导线。图中双线是连接已知坐标点的基线。

经纬仪量距导线测量是常用的导线测量方式,做独立测区首级控制时,应布设闭合导线或多闭合环导线。做加密控制时,可布设附合导线、闭合导线或支导线。

经纬仪量距导线测量工作内容包括外业工作的查勘选点、导线水平角观测、边长测量、起始方位角或连接角的测定，内业工作有导线网的平差和导线点的坐标计算。

2. 导线测量的外业工作

1）查勘选点

查勘选点是依据导线的总体布设，图上设计，进入测区进行实地查勘，并按选点要求将导线点落实于地面上。

查勘选点前应先进行导线网设计，各导线边长应大致相等。导线点应选在地势较高、视野开阔、地面坚实，易于寻找和保护的地点，并便于控制点加密与测图。导线点应统一编号，当导线网为闭合导线时，编号顺序应为反时针方向。在水文站测图，应利用已有测验标志点兼作导线点。

2）经纬仪量距导线测量的技术要求

经纬仪量距导线测量的技术要求见表 6-2-7。

表 6-2-7　经纬仪量距导线测量的技术要求

<table>
<tr><th colspan="2">项目</th><th colspan="3">技术要求</th></tr>
<tr><td colspan="2">导线全长(m)</td><td colspan="3"><1.5M</td></tr>
<tr><td colspan="2">平均边长(m)</td><td colspan="3">100~300</td></tr>
<tr><td colspan="2">最短边长(m)</td><td colspan="3">50</td></tr>
<tr><td colspan="2">基本控制导线边长相对误差与导线相对闭合差限差</td><td colspan="3">1/4 000</td></tr>
<tr><td colspan="2">图根控制导线边长相对误差与导线相对闭合差限差</td><td colspan="3">1/2 000</td></tr>
<tr><td colspan="2">导线最多折角数</td><td colspan="3">15</td></tr>
<tr><td colspan="2">基本控制导线角度闭合差限差</td><td colspan="3">$\pm 25'' \sqrt{n_\beta}$</td></tr>
<tr><td colspan="2">图根控制导线角度闭合差限差</td><td colspan="3">$\pm 50'' \sqrt{n_\beta}$</td></tr>
<tr><td rowspan="5">水平角观测</td><td>仪器型号</td><td>J_2</td><td>J_6</td><td>J_{15}</td></tr>
<tr><td>基本控制导线水平角测回数</td><td>1</td><td>2</td><td></td></tr>
<tr><td>图根控制导线水平角测回数</td><td></td><td>1</td><td>2</td></tr>
<tr><td>前、后半测回角差限差</td><td>20″</td><td>40″</td><td>90″</td></tr>
<tr><td>两全测回角差限差</td><td>15″</td><td>30″</td><td>60″</td></tr>
<tr><td colspan="2">仪器对点差限差(mm)</td><td colspan="3">3</td></tr>
</table>

注：M 为测图比例尺分母；n_β 为折角数。

3）导线转折角（水平角）的观测

仪器对中对准选择的导线点，以已知或已测导线方向为后视，待测导线方向为前视观测水平角。水平角应采用测回法观测导线前进方向左角。观测时仪器水平盘水准气泡偏离中心不得超过一格，测角限差与测回数应满足表 6-2-7 的要求。

4）导线边长的测量

一般以某一导线点为起点，相邻某导线点为终点，用钢尺丈量或光电测距仪测定导线边长。边长相对闭合差计算，应满足表 6-2-7 的规定。当在基本控制导线网下仅发展一次图根网,或不做二次图根网加密时,图根控制导线边长的相对误差与导线相对闭合差分别为1/2 000和1/1 000。

5)起始方位角或连接角的测定

目的是确定整个导线的方向,也就是与高级控制点连接,以获取坐标和方位角的起始数据。对于测区面积较小,使用独立坐标系统,可用罗盘仪直接测定控制网起始边的磁方位角,假定起始坐标。

3. 导线测量成果平差

(1)单节点导线应先计算结边方位角与节点坐标的最或然值,然后按附合导线进行平差。

(2)多闭合环导线可用逐次平差法,但平差的次数不应多于3次。

2.2.1.3 小三角测量

1. 小三角网形式

在地面上选定一系列点,构成连续三角形,测定三角形各顶点水平角或边长,并根据起始(基线)边长、方位角和起始点坐标,经过数据处理确定各顶点平面位置的测量方法称为三角测量。三角测量根据观测的内容的不同,有测角网、测边网和边角网三种。小三角测量是在面积小于15 km^2 的测区内布设的边长较短的三角测量。

三角测量的外业工作包括设计网形,查勘选点进行布设;基线测量(仅限于独立测区的首级控制进行此项工作);水平角观测,包括三角形内角、方位角或连接角的测定;三角点的高程测量。内业工作包括进行三角网的精度评定、三角网(锁)的平差计算、三角点的坐标计算。

三角形的各个顶点称为三角点,各三角形连成网(锁)状,常用三角网的基本图形见图6-2-3,具体说明如下:

(1)小三角锁。图6-2-3(a)为一条基线 *AB* 和若干个三角形组成的小三角锁,图6-2-3(b)为两端基线 *AB* 和 *CD* 组成的小三角锁。

(2)中心多边形。由若干个三角形共有一个顶点组成的中心多边形,如图6-2-3(c)所示,*AB* 为基线。

(3)四边形。以 *AB* 为基线具有对角线的四边形,如图6-2-3(d)所示。

(4)线形锁。在两个高级控制点 *A*、*B* 间布设的小三角锁,如图6-2-3(e)所示。

2. 小三角锁测量的外业工作

1)三角锁布设选点

确定三角锁的布置形式,并选定基线位置及小三角点的位置。根据测区面积与测图比例尺,需要时,确定布设三角网平面控制的分级,一般分2~3级。测区内或其附近有国家三角网或其他单位的高级控制网时,首级控制的小三角网可选用插锁法或插网法形式布设。独立测区的首级控制小三角网可选用三角锁、中点多边形、大地四边形布设。加密图根三角网宜采用线形三角锁布设。

三角点在测区内应均匀分布,并应选在地势较高、通视条件良好的地点,要求三角形所有方向均通视;在一个点上的各边长不宜相差过大;要利于三角网的加密,基线边的地面坡度应不大于1/10;在水文站测图,可利用已有测验标志点兼作三角点。

当进行实地选点时，应先找出已知点或起始边点(独立测区首级控制)。用三角网布设图采用图解交会法依次定出地面点。三角点选好后，应埋设标志并编号，除永久性标志点埋设标石外，其余均可打桩固定点位，便于寻找需绘制点位图。

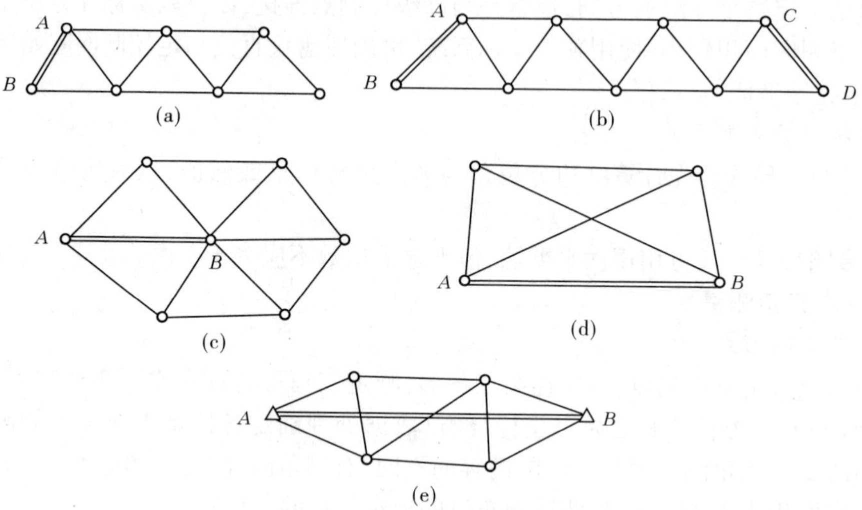

图 6-2-3　常用三角网的基本图形

2) 三角网测量主要技术要求

三角网宜布设呈近似等边三角形。各三角形边长和三角网内图形个数，应符合表 6-2-8 所列的三角测量主要技术要求。各三角形内角应不小于 30°，受地形限制时的个别角应不小于 25°，对图根三角网求距角应不小于 30°，个别图形的求距角应不小于 20°。

表 6-2-8　三角测量主要技术要求

等级	边长	测角中误差限差(″)	起始边边长相对中误差限差	最弱边边长相对中误差限差	三角锁中图形个数	水平角测回		三角形内角闭合差限差(″)	方位角闭合差限差(″)
						DJ_2	DJ_6		
小三角	≤500a	13	1/8 000	1/4 000	≤12	1	3	40	$20\sqrt{n_a}$
图根三角	≤1.7R	25	1/4 000	1/2 000	≤13		1	75	$40\sqrt{n_a}$

注：R 为测图允许最大视距长度，当测图比例尺为 1:500、1:1 000、1:2 000、1:5 000 时，R 值分别为 60 m、100 m、180 m、300 m；n_a 为传递方位角的角个数；a 为边长在图上的 mm 值。

3) 基线边测量

基线长度是推算小三角锁其他各边长的起始数据，可用钢尺精密量距或测距仪进行测量。其测回数，各项限值和改正项等主要技术指标应符合水文测量规范有关要求。基线丈量结束应进行精度评定。

基线边长的相对中误差，用式(6-2-20)、式(6-2-21)计算，且应满足表 6-2-8 的技术要求。

$$M_B = \frac{m_B}{B} \tag{6-2-20}$$

$$m_B = \pm \sqrt{\frac{\sum \delta^2}{n_0(n_0 - 1)}} \tag{6-2-21}$$

式中　M_B——边长相对中误差；

m_B——基线边长中误差；

B——基线全长，m；

δ——测回值与各测回均值的差值；

n_0——测回数，即往返丈量总次数。

当用小三角网做首级控制，图根控制仅需做一次加密时，其起始边、最弱边边长相对中误差分别取 1/4 000 与 1/2 000。当图根网为一次加密，或小测区仅需用图根三角网一次布网时，其起始边、最弱边边长相对中误差分别取 1/2 000 与 1/1 000。

4）水平角观测

小三角锁的水平角观测，因各测站上观测的方向往往多于两个，一般采用全圆测回法观测。其测回数、各项观测误差应执行水文测量规范的有关规定。当水平角观测中观测误差超限时，应重测。在一个图形三个角均观测后，应按三角形内角和（理论上三角形内角和为 180°）的条件计算闭合差，并应满足表 6-2-8 的技术要求。

测角中误差的计算。由三角网中各三角形的闭合差 f 值，求出其平方和值 $\sum f^2$ 后，三角网中 n 个三角形的测角中误差 m_β 用式（6-2-22）计算：

$$m_\beta = \pm \sqrt{\frac{\sum f^2}{3n}} \tag{6-2-22}$$

最弱边相对中误差用式（6-2-23）计算：

$$\frac{m_{B_n}}{B_n} = \pm \sqrt{\left(\frac{m_{B_0}}{B_0}\right)^2 + \left(\frac{m_\beta}{\mu \times 10^6}\right)^2 K \sum R} \tag{6-2-23}$$

式中　$\frac{m_{B_n}}{B_n}$——最弱边边长相对中误差；

$\frac{m_{B_0}}{B_0}$——起始边边长相对中误差；

m_β——测角中误差；

μ——对数模，值为 0. 434 3；

K——系数，三角锁为 2/3，大地四边形为 0. 4，中点多边形为 0. 5；

R——图形强度函数，$R = \delta_a^2 + \delta_a\delta_b + \delta_b^2$，$\delta_a$、$\delta_b$ 为 2 个求距角正弦对数秒差，以对数第六位为单位。

5）基线边方位角的测定

当所施测水平角为起始方位角或连接角时，三角网的连接角观测应执行同级三角网水平角观测技术要求的规定。与高级控制点连接的小三角锁，只需测定连接角，就可推算出起始方位角。独立测区首级控制需要测定起始边方位角时，大测区应采用恒星观测起始边方位角，小测区可采用罗盘仪测定起始边磁方位角。

6)三角网精度评定

三角网的基线测量(独立测区首级控制)和水平角观测结束后,应进行三角网精度评定计算。内容包括:基线边长的相对中误差、测角中误差计算;最弱边相对中误差计算,各项中误差值,均应满足表6-2-8规定要求。

3. 三角测量的平差计算

三角测量的平差计算可采用近似平差法,各布网形式需进行的条件平差,应符合下列要求:

(1)仅有1个起始边的单三角锁,应进行图形条件平差。

(2)两基线间的单三角锁,应进行图形条件平差与基线条件平差。

(3)两固定边间的单三角锁,应进行图形条件平差、方位角条件平差和边条件平差。

(4)中点多边形应进行图形条件平差、水平角条件平差和极条件平差。

(5)大地四边形应进行3个图形条件平差和1个极条件平差。

(6)线形三角锁应进行图形条件平差与连接角条件平差。

2.2.2　数字测图

2.2.2.1　**数字测图概念**

传统的图解法测图是利用测量仪器对地球表面局部区域内的各种地物、地貌特征点的空间位置进行测定,并以一定比例尺按图示符号将其绘制在图纸上。

数字地图是用数字形式存储全部地图信息的“地图”,它是用数字形式描述地图要素的属性、定位和关系信息的数据集合,是存储在具有存取性能的介质上的关联数据文件。

电子地图是数字地图符号化处理后的数据集合,它具有地图的符号化数据特征,并能快速实现图形的平面、立体和动态跟踪显示,供人们在屏幕上阅读和使用。数字地图是电子地图的基础,电子地图是数字地图的一种常见的输出或表现形式。

数字测图(也称数字化测图、机助成图)就是利用全球卫星导航系统(GNSS)、全站仪或其他外业测量仪器在野外进行数字化地形数据采集,在制图软件的支持下,通过计算机处理生成数字测绘成果的方法。数字测图实质上是全解析机助测图方法。大比例尺地面数字测图是20世纪70年代电子速测仪问世后发展起来的。发展的两个阶段:一是利用全站仪采集数据、电子手簿记录、做草图,计算机编辑成图;二是利用智能化的外业数据采集软件、计算机直接进行数据处理(全站仪+笔记本电脑或掌上电脑)。

数字测图的作业过程与使用的设备和软件、数据源及图形输出的目的有关。但一般都包括数据采集、数据处理和图形输出这三个基本阶段。

2.2.2.2　**数字测图方法**

在我国,目前获得数字地图的主要方法有三种:原纸质图数字化、航测数字成图、地面数字测图。但不管哪种方法,其主要作业过程均可分为数据采集、数据处理及地形图的数据输出三个步骤。

目前,地面数字化测图的测绘方法主要是使用全站仪、RTK、CORS等,在野外实地采集地形图全部要素信息,以电子数字形式记录测量数据,再经过计算机的进一步处理,生成数字地形图。与白纸测图不同，数字化测图在外业采集时，必须在工作现场以计算机能够识别的数字形式采集和记录测点的连接关系及地形实体的地理属性。目前，数字化测图野外数据采集主要有草图法数字测记模式、电子平板测绘模式、RTK 测绘模式等。

草图法数字测记模式是一种野外测记、室内成图的数字测图方法。使用的仪器是带内存的全站仪，将野外采集的数据记录在全站仪内存中，同时配画标注测点点号的工作草图，到室内再通过通信电缆将数据传输到计算机，结合工作草图利用数字化成图软件对数据进行处理，再经过人机交互编辑形成数字地图。

电子平板测绘模式是用笔记本电脑模拟测图平板，在野外直接将全站仪与笔记本电脑连接在一起，测量数据实时传入笔记本电脑，现场加入地理属性和连接关系后直接成图。电子平板测绘实现了数据采集、数据处理、图形编辑现场同步完成，实现了“所见即所测”。

RTK 测绘模式是利用全球卫星导航系统（GNSS）、计算机、数据通信和互联网网络等技术，通过 RTK 采集数据，数字化测图软件实现外一体化成图。

2.2.2.3　**数字化测图软件**

目前，常用的数字化测图软件有南方 CASS、开思 SCS、测霸 EPSW、瑞得 RDMS、威远图 SV300 等。

CASS 系列与 SCS 系列都是基于 AutoCAD 平台开发的，二者功能相似，各有特点，都有电子平板方式、原图数字化方式及内外业一体化三种作业方式。具有量算定点、图形复制、绘制多功能复合线以及地籍表格绘制与图纸管理等功能。CASS 是南方测绘公司在 AutoCAD 上开发的数字化测绘软件，有 AutoCAD 的全部功能，其编辑功能很强，数字化成图真正可以达到内外业一体化。CASS 成图软件历经 5.0、5.1、6.0、7.0、7.1、9.0 和 9.1 的逐步升级，目前广泛应用于地形和地籍成图以及工程测量三大领域。

EPSW 系列集测和绘功能于一体，可用于各种大比例尺数字地形图、地籍图、管线图、地物平面图、断面图等。可实时成图，即测即显，所显即所测，现场成图，真正达到了内外业一体化；具有多种碎部测量方法；一步测量法，测图根的同时测量碎部，再平差。

RDMS 系列是基于 GIS 平台的专门测绘用软件，具有电子平板方式，亦可利用电子手簿或全站仪所存储的测量数据传到计算机上再以交互编辑的方式成图。其地籍表格的处理方便快捷。

威远图 SV300 系统具有高效强大的地图绘制功能；多种数据采集方式；灵活方便的属性数据录入、编辑；实现复杂的等高线绘制；强大的专题图制作功能；人性化的工程管理概念；严密的质量控制体系，保证工程质量；多样化的数据转换接口；提供道路设计、土方计算、矢量化功能。

以上各种数字化测图软件的操作与应用可参考相关软件操作使用手册。

2.2.2.4　**数字测图技术要求**

（1）数字地形图测绘可采用全站仪测图、RTK 测图等方法。数字测图时，图根控制点（包括高级控制点）的密度，应以满足测图需要为原则，不宜低于表 6-2-9 的规定。

表 6-2-9　图根控制点密度规定

测图比例尺	1:500	1:1 000	1:2 000	1:5 000
图根点数(点数/km^2)	32	12	4	2

(2)全站仪测图应符合下列规定:

①选用仪器测角中误差不大于 6″,测距固定误差不应大于 10 mm,比例误差系数不大于 5×10^{-6}。

②测图应使用能满足内业数据处理和图形编辑基本要求的应用程序。数据传输到计算机软、硬盘时,宜将测量数据以常用格式输出。

③测图可采用草图法、编码法或内外业一体化的实时成图等方法,应满足下列要求:

A. 采用草图法作业时,应现场绘制草图,且对测点进行编号,测点编号应与仪器的记录点号相一致。绘制草图时,宜简化标示地形要素的位置、属性和相互关系等。

B. 采用编码法作业时,宜采用通用编码格式,也可使用软件的自定义功能和扩展功能建立用户的编码系统进行作业。

C. 采用内外业一体化的实时成图法作业时,应实时确立测点的属性、连接关系和逻辑关系等。

D. 在地形较为复杂的地区作业时,对于仪器无法直接测量的点位,可采用几何作图方法进行测量。

④全站仪测图的测距长度,不应超过表 6-2-10 的规定。

表 6-2-10　全站仪测图的最大测距长度

比例尺	最大测距长度(m)	
	地物点	地形点
1:500	160	300
1:1 000	300	500
1:2 000	450	700
1:5 000	700	1 000

2.2.3　水下地形测绘

水下地形测量是指测绘如河道、水库、湖泊等水域水面以下的地形,其作业内容包括控制测量、测深点定位、测深、判别底质和绘制地形图等。测绘水下地形时,往往不能直接测出测点高程,而是用水面高程(水位)及水深测量间接求出测点高程,因而需要同时观测测点断面或附近的水位。水下地形测量时机一般选在低水位平稳时期进行。水下地形测量可采用断面法或散点法。

断面法,多应用于河道、水库等水下地形测量。设置的断面方向大致与水流方向垂直,观测较为方便,有序的横断面布点能较好地控制水道地形变化情况,使所测地形较好地反映其基本地形特征。设置断面间距应满足有关规范要求，并在两岸地面上分别埋设 1~2 个断面桩，测定其平面位置及高程。作业时，测船沿断面线前进测深，并确定测深点起点距或平面位置。

散点法，测深的方向及点间距由测船上的测量人员控制。以河道水下地形测量为例，在水面流速较大等情况下，测船难以直线航行，测点控制比较困难，可使用如图 6-2-4 所示的河道水下地形散点法。测船不断往返斜向航行，每隔一定距离测定一点。如一种可选方式是，先由 1 顺水斜航到 2，再由 2 顺水斜航到 7，然后自 7 沿岸逆航至 3，再由 3 顺水斜航到 4……依此类推。

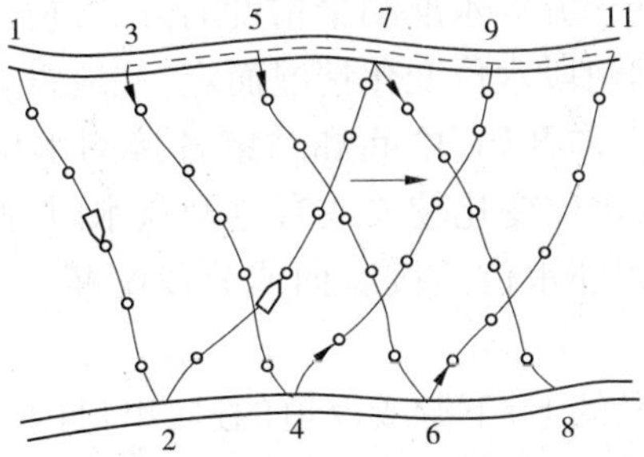

图 6-2-4　河道水下地形散点法示意图

(1) 水下地形平面定位可选用前方交会（全站仪、经纬仪前方交会）、经纬仪视距、全站仪极坐标法、卫星定位法等。

①采用全站仪、经纬仪前方交会法，应符合下列规定：

A. 测点交会角应为 20°~160°，个别点交会角应不小于 15°。

B. 每一测站测量开始前，应对相邻控制点进行检查：平面检查测角误差应不大于 4′；检测相邻测站点高程，其误差应小于 1/5 基本等高距。

C. 每测定 1~5 个断面应归零方向一次，若归零差超过±4′，则应重测；每站结束时，应归零并予以记录。

②采用经纬仪视距或全站仪极坐标法，应符合下列规定：

A. 经纬仪平面检查应符合①条第 B. 款的规定。

B. 无反射棱镜，以船体或其他反射物作为流动台定位照准目标进行测距定位时，每一测站开测前，经纬仪和全站仪应进行调校。

C. 经纬仪最大视距不应大于 450 m，测距仪应根据仪器的标称精度和相应比例尺地形图的精度要求确定最大距离。

D. 水下地形平面定位的照准目标（立尺点、反射棱镜或其他作为激光反射面的物体），其中心位置与测深仪探头应在同一铅垂线上，最大偏差应小于 0.2 m。

E. 采用极坐标法定位，如测站与测区平面垂直角较大时，应观测垂直角进行水平距离改正。

③采用卫星定位法，应符合下列规定：

A. 卫星定位天线平面（基准站、流动台）15°仰角以上应无大片障碍物阻挡卫星信号。

B. 基准站至测区应视野开阔，无高大建筑物或高山阻挡，并远离无线电发射源、高压输电线等,其距离不应小于 200 m。

C. 基准站天线安装时,应利用脚架对中整平。当测站点上建有寻常标时,应先卸去觇标顶部,然后在标志中心投影点安置天线。

D. 卫星定位作业过程中,有效观测卫星数应不少于 4 颗。点位几何图形因子(PDOP)值应不大于 7。

E. 卫星定位流动台天线相位中心与测深仪换能器中心位置,应在同一铅垂线上,最大偏离值应小于 0.2 m。

F. 测图比例大于 1∶2 000 时,应进行延时改正。

(2)水位观测应采用不低于五等水准测量精度的方法进行测量。

(3)水位接测次数应根据河段水位变化情况而定,并应符合下列规定:

①非感潮河段应在每天工作开始、中间和结束各接测水位一次(水位平稳时可只在开工、结束各接测水位一次);水位变化较大或有急剧跌水时,则应增加接测次数,并在跌水上、下游加测水位,且根据相邻水位差按断面或分段配赋。若水位较差不大于 0.1 m,则取平均值。

②感潮河段应在施测河段的上、下游或汊道的进、出口门处设立两组临时水尺(两尺间距最大不超过实时潮差 0.2 m),按不少于 10 min 间隔同时观读水位。当河段内 10 km 最大落差小于 0.2 m 时,则一组临时水尺水位可应用于上、下游各 5 km。潮汐强度较大的,应每 2 km 设立水尺。

(4)潮流区河段上、下游水尺的最大距离不应大于 10 km,且水位观读次数应增至每 10 min 观读一次。插补各断面测时水位最大偏差应小于 0.2 m。

(5)湖泊及水库应在四周设立水尺,上、下游水尺最大距离不应大于 10 km,湖面宽超过 3 km 时应考虑横比降的影响,并分区进行推算。水尺设立应避开回水区。

2.2.4　地形图测绘方案编制

编制地形图测绘方案时,要结合地形图测绘项目的自然地理情况及测量单位技术人员、仪器设备现状,按照客户或合同甲方及有关测绘规范、标准的技术要求,按照下列格式编制地形图测绘方案。

1 任务概述

2 测区自然地理概况

3 作业依据

4 测量技术方案

4.1 准备工作

(1)资料准备;

(2)技术准备;

(3)仪器准备。

4.2 地形测量

(1)平面首级控制测量

1)选点、埋石;

2）布网形式和观测方式；

3）计算和检核；

4）精度指标。

（2）高程控制测量

1）水准路线布设；

2）水准路线观测；

3）水准平差。

（3）加密控制测量

1）导线布设；

2）导线观测；

3）导线计算。

（4）地形图地形测量

1）全站仪数字化测图；

2）成图软件完成地形图成果。

5 测绘成果质量及安全保障措施

5.1 质量管理及质量保证措施；

5.2 安全生产管理及安全保障措施。

6 测量进度计划及保障措施

7 提交资料成果

7.1 地形图成果；

7.2 控制点及加密点坐标成果；

7.3 控制点及加密点点之记；

7.4 各种观测手簿及原始记录；

7.5 技术设计书；

7.6 技术总结报告；

7.7 上级或合同规定需要提交的其他成果资料。

2.2.5　测绘技术总结报告编写

测绘技术总结是在测绘任务完成后，对测绘技术设计文件和技术标准、规范等的执行情况，技术设计方案实施中出现的主要技术问题和处理方法、成果（或产品）质量、新技术的应用等进行分析研究、认真整理，并做出的客观描述和评价。测绘技术总结为用户（或下工序）对成果（或产品）的合理使用提供方便，为测绘单位持续质量改进提供依据，同时为测绘技术设计、有关技术标准、规定的制定提供资料。测绘技术总结是与测绘成果（或产品）有直接关系的技术性文件，是长期保存的重要技术档案。

测绘技术总结分项目总结和专业技术总结。专业技术总结是测绘项目中所包含的各测绘专业活动在其成果（或产品）检查合格后，分别总结撰写的技术文档。专业技术总结所包含的测绘专业活动范畴以及各测绘专业活动的作业内容按照《测绘设计技术规定》（CH/T 1004—2005）中 5.3.3 的规定把握。项目总结是一个测绘项目在其最终成果（或产品)检查合格后,在各专业技术总结的基础上,对整个项目所做的技术总结。对于工作量较小的项目,可根据需要将项目总结和专业技术总结合并为项目总结。

项目总结由承担项目的法人单位负责编写或组织编写;专业技术总结由具体承担相应测绘专业任务的法人单位负责编写。具体的编写工作通常由单位的技术人员承担。技术总结编写完成后,单位总工程师或技术负责人应对技术总结编写的客观性、完整性等进行审核并签字,并对技术总结编写的质量负责。技术总结经审核、签字后,随测绘成果(或产品)、测绘技术设计文件和成果(或产品)检查报告一并上交和归档。

2.2.5.1 测绘技术总结编写的主要依据

(1)测绘任务书或合同的有关要求,顾客书面要求或口头要求的记录,市场的需求或期望。

(2)测绘技术设计文件,相关的法律、法规、技术标准和规范。

(3)测绘成果(或产品)的质量检查报告。

(4)本项目适用时,以往测绘技术设计、测绘技术总结提供的信息以及现有生产过程和产品的质量记录和有关数据。

(5)其他有关文件和资料。

2.2.5.2 测绘技术总结的编写要求

(1)内容真实、全面,重点突出。说明和评价技术要求的执行情况时,不应简单抄录设计书的有关技术要求;应重点说明作业过程中出现的主要技术问题和处理方法、特殊情况的处理及其达到的效果、经验、教训和遗留问题等。

(2)文字应简明扼要,公式、数据和图表应准确,名词、术语、符号和计量单位等均应与有关法规和标准一致。

(3)测绘技术总结的幅面、封面格式、字体与字号参照《测绘技术总结编写规定》(CH/T 1001—2005)附录A。

2.2.5.3 测绘技术总结的编制

测绘技术总结(包括项目总结和专业技术总结)通常由概述、技术设计执行情况、成果(或产品)质量说明和评价、上交和归档的成果(或产品)及其资料清单四部分组成。

(1)“概述”的主要内容。概要说明测绘任务总的情况,例如,任务来源、目标、工作量等,任务的安排与完成情况,以及作业区概况和已有资料利用情况等。

(2)“技术设计执行情况”的主要内容。主要说明、评价测绘技术设计文件和有关的技术标准、规范的执行情况。内容主要包括生产所依据的测绘技术设计文件和有关的技术标准、规范,设计书执行情况以及执行过程中技术性更改情况,生产过程中出现的主要技术问题和处理方法、特殊情况的处理及其达到的效果等,新技术、新方法、新材料等应用情况,经验、教训、遗留问题、改进意见和建议等。

(3)“成果(或产品)质量说明和评价”的主要内容。简要说明、评价测绘成果(或产品)的质量情况(包括必要的精度统计)、产品达到的技术质量指标,并说明其质量检查报告的名称和编号。

(4)“上交和归档的成果(或产品)及其资料清单”的主要内容。分别说明上交和归档成果(或产品)的形式、数量等,以及一并上交和归档的资料文档清单。

2.2.5.4　项目总结的内容

1. 概述

概要说明项目来源、内容、目标、工作量，项目的组织和实施，专业测绘任务的划分、内容和相应任务的承担单位，产品交付与接收情况等；项目执行情况：说明生产任务安排和完成情况，按定额规定的条络统计有关的作业量和作业率，经费执行情况等；作业区概况和已有资料的利用情况。

2. 技术设计执行情况

(1)说明生产所依据的技术性文件，包括项目设计书、项目所包括的全部专业技术设计书、技术设计更改文件，以及有关的技术标准和规范。

(2)说明项目总结所依据的各专业技术总结。

(3)说明和评价项目实施过程中，项目设计书和有关技术标准、规范的执行情况，并说明项目设计书的技术更改情况(包括技术设计更改的内容、原因的说明等)。

(4)重点描述项目实施过程中出现的主要技术问题和处理方法、特殊情况的处理及其达到的效果等。

(5)说明项目实施中质量保证措施(包括组织管理措施、资源保证措施和质量控制措施以及数据安全措施)的执行情况。

(6)当生产过程中采用新技术、新方法、新材料时，应详细描述和总结其应用情况。

(7)总结项目实施中的经验、教训(包括重大的缺陷和失败)和遗留问题，并对今后生产提出改进意见和建议。

3. 测绘成果(或产品)质量说明与评价

说明和评价项目最终测绘成果(或产品)的质量情况(包括必要的精度统计)，产品达到的技术指标，并说明最终测绘成果(或产品)的质量检查报告的名称和编号。

4. 上交和归档测绘成果(或产品)及其资料清单

分别说明上交和归档成果(或产品)的形式、数量等，以及一并上交和归档的资料文档清单。主要包括：

(1)测绘成果(或产品)：说明其名称、数量、类型等，当上交成果的数量或范围有变化时需附上交成果分布图。

(2)文档资料：包括项目设计书及其有关的设计更改文件、项目总结、质量检查报告，必要时也包括项目所包含的专业技术设计书及其有关的专业设计更改文件和专业技术总结、文档簿(图历簿)以及其他作业过程中形成的重要记录。

(3)其他须上交归档的资料。

2.2.5.5　专业技术总结的主要内容

1. 概述

概要说明测绘项目的名称、专业测绘任务的来源；专业测绘任务的内容、任务量和目标，产品交付与接收情况等；计划与实际完成情况、作业率的统计；作业区概况和已有资料的利用情况。

2. 技术设计执行情况

(1)说明专业活动所依据的技术性文件，内容包括专业技术设计书及其有关的技术设计更改文件,必要时也包括本测绘项目的项目设计书及其设计更改文件;有关的技术标准和规范。

(2)说明和评价专业技术活动过程中,专业技术设计文件的执行情况,并重点说明专业测绘生产过程中,专业技术设计书的更改情况(包括专业技术设计更改内容、原因的说明等)。

(3)描述专业测绘生产过程中出现的主要技术问题和处理方法、特殊情况的处理及其达到的效果等。

(4)当作业过程中采用新技术、新方法、新材料时,应详细描述和总结其应用情况。

(5)总结专业测绘生产中的经验、教训(包括重大的缺陷和失败)和遗留问题,并对今后生产提出改进意见和建议。

3. 测绘成果(或产品)质量情况

说明和评价测绘成果(或产品)的质量情况(包括必要的精度统计)、产品达到的技术指标,并说明测绘成果(或产品)的质量检查报告的名称和编号。

4. 上交测绘成果(或产品)和资料清单

说明上交测绘成果(或产品)和资料的主要内容和形式,主要包括:

(1)测绘成果(或产品):说明其名称、数量、类型等,当上交成果的数量或范围有变化时需附上交成果分布图。

(2)文档资料:专业技术设计文件、专业技术总结、检查报告、必要的文档簿(图历簿),以及其他作业过程中形成的重要记录。

(3)其他须上交和归档的资料。

第3章 测验仪器设备安装与维护

3.1 安装调试

3.1.1 土壤含水量自记仪器安装

自动墒情监测仪器在使用前应检测合格。批量安装前应进行该批次产品抽样检测，每种型号规格产品按中标数量的3%~5%进行抽样检测。批量安装前有条件的可进行野外比测试验。根据人力和财力确定比测周期，比测周期宜覆盖不同季节和不同土壤湿度等级。自动仪器安装前应对站点位置的土壤质地进行分析，率定土壤含水量计算公式。土壤质地相同的可移用其他土壤墒情监测站土壤含水量计算公式。原则上每个传感器所在土层均应率定，如果各层土壤质地相似，可对一个土层进行公式率定。

3.1.1.1 张力计

张力计有指针式和电子压力传感器两种类型。张力计安装前应进行外观检查，真空表指针应指示零点且转动灵活。同时，应进行排气和密封检查，具体方法应符合下列规定：

(1)打开密封顶盖，将清洁冷开水注入管内，陶土管壁有水渗出并形成水滴。

(2)当连接管、集气室、贮水杯内均充满水后盖紧密封盖，陶土管不再滴水时用吸纸擦干陶土管，放在通风处让其自然干燥。当真空表读数达30~50 kPa时，轻轻敲击真空表及连接管，使表头和连接管内气体聚集在集气室顶，再将陶土管浸入水中使真空表指针回零，打开密封盖加水排气。

(3)重复上述过程，使真空表读数达80 kPa。排气后将陶土管浸入水中，以待安装。

埋设张力计时应避免扰动原状土壤，应用直径等于或略小于陶土管直径的钻孔器，开孔至待测深度，在钻孔底部放入少量泥浆后插入张力计，使陶土管与土壤紧密接触并将地面管子周围的填土捣实，防水分沿管进入土壤。

3.1.1.2 中子水分仪

埋设中子水分仪测管时，应根据观测要求布置监测点并确定测量深度。监测点一经设置后不应随意变动，应保证土壤含水量观测资料的一致性。中子水分仪测管的材质可为铝合金管或硬塑料管，管材应有一定的强度和防腐蚀性能，防止管壁变形和腐蚀。用塑料管时，塑料材质应符合产品要求，应避免使用聚氯乙烯管和含氢量高的塑料管。测管安装方法应符合下列规定：

(1)测管安装时不应使测管受土壤和外力的过分挤压，并应防止管壁与土壤接触不良形成水分流入下层土壤的通道。接近地表的部分管壁周围土壤应压实，以防止地表水流入。

(2)中子水分仪测管安装时钻孔的直径应与测管外径一致,使测管与土壤密切接触,测管的外径应同中子仪底座匹配。

(3)中子仪测管顶端应高出地面 10 cm,以防止地表水灌入导管内,对探测管造成损坏。

中子仪测管下端应用锥型底盖密封,防止地下水分的进入,测管上端应用橡皮塞密封,防止雨水及地表水的进入。在灌溉或降雨过程后,放下中子探测管前应检查测管内是否有积水,有积水时不能进行测量。导管安装前应向管内注水并保持数小时,检查导管底部密封处是否漏水,若漏水则不得使用。

3.1.1.3　介电类固定埋设自动监测传感器的安装步骤与要求

介电类固定埋设自动监测传感器安装分固定埋设探针式水平插入的传感器和固定埋设导管式传感器。其中,固定埋设导管式传感器分有护管安装和无护管安装两种类型。

(1)固定埋设探针式水平插入的传感器的安装应满足下列规定:

①传感器平行于地面安装,按照安装剖面开挖、仪器定位、仪器埋设、现场联机检查、原状土回填等步骤进行。

②安装前应检查探针及传输连接线是否正常。

③安装的开挖平面与四周相邻物体间距不小于 1 m,开挖范围不应小于 1.0 m(长)×0.5 m(宽);应同时在各采集深度层分别取土样,用于测定其土壤水文、物理常数,挖出的原状土按顺序分层放置。

④传感器在开挖剖面上应分层埋设,为避免上层传感器影响水分自然下渗干扰下层监测仪器数据,各层传感器埋设时应在垂直方向上错开,相邻层水平间距宜错开 30 cm 左右。

⑤在插入原状土内之前,应先用模拟探针(引导探针)插入或采用安装器安装,模拟探针或安装器的尺寸不应大于传感器实际探针尺寸。

⑥安装时应保持探针水平,使探针完全插入原状土内,防止探针与原状土接触不实,影响测量精度。

⑦连接线在线槽中不宜拉得太紧,避免回填土沉降后,将传感器连接线拉断。

⑧传感器安装完毕后,经现场联机检查,确认传感器工作正常后再进行原状土回填操作。分层回填原状土,传感器周围的原状土应分层压实。

⑨应及时检查安装区域,若回填土发生沉降,应适当给予补充并进行压实处理。

⑩具体安装步骤与要求,应参阅相应的产品说明书。

(2)有护管传感器的安装应满足下列规定:

①需要安装支架的,应调整支架保持平稳。

②根据采集深度选择合适长度的护管。

③利用土钻或敲击方式将护管按采集深度分段压入土层,将护管中土壤取出并分层取土样,用于测定其土壤水文、物理常数。

④重复上述步骤,直至将护管按采集深度要求压入土中,同时使护管顶部高出地面不小于 20 cm。

⑤应保证护管垂直,护管与土壤间要保持严密接触,不应存有缝隙。

⑥将护管的内壁和顶部擦拭干净,将防水堵头置入护管底部并拧紧,在管顶按要求安装密封顶盖。

⑦将传感器放置在护管中,按要求放置干燥剂防潮,再将连接电缆与接口控制器连接,扣上顶盖,完成安装。

⑧现场联机检查,确认监测仪器工作正常。

⑨具体安装步骤与要求,应参阅相应的产品说明书。

(3)无护管传感器的安装应满足下列规定:

①利用土钻钻孔,取出土壤,注意取土过程中,保持土钻垂直。

②分层取土样,直到取土深度满足设备的安装深度要求,用于测定其土壤水文、物理常数。

③均匀用力将传感器按压入孔洞中,注意土壤和传感器间要保持严密接触,不应存有缝隙,直到传感器安装到位,安装完成。

④现场联机检查,确认监测仪器工作正常。

⑤具体安装步骤与要求,应参阅相应的产品说明书。

3.1.2 土壤含水量自记仪器调试

3.1.2.1 张力计

使用张力计法监测土壤含水量时,应首先确定各监测点的土壤水分特性曲线。张力计测量土壤土水势(负压值)的范围宜为1~80 kPa,张力计法不适用于干旱状态的土壤,但可用于灌溉耕地、喷灌和滴灌土地。张力计用于定位测量土壤含水量时,可按观测要求定点布设。为减少张力计因陶土管渗水而产生相互影响,任意两支张力计的间距不应小于30 cm。张力计埋设深度的土壤含水量超过其测量范围时,接近地面且含水量变化幅度大的土层可用烘干法测量土壤含水量。张力计应在埋设1~2 d后,当仪器内的压力与陶土头周围的土壤负压平衡时方可正常观测。读数前可轻击真空表,消除指针摩擦对观测值的影响。用于测量土壤含水量的张力计只有在气温为0 ℃以上才能正常观测,气温等于或低于0 ℃时应拆除真空表头使其自然排干管内水分,防止冻坏。

3.1.2.2 中子水分仪

对于只给出"土壤中的实测读数"(R)的中子水分仪,应测试其标准读数 R_w;并根据监测点土壤通过试验率定土壤含水量曲线,建立体积含水量 θ 和计数比 R/R_w 的关系,其直线方程为

$$\theta = m(R/R_w) + C \tag{6-3-1}$$

式中 θ——体积含水量,以小数记;

m——直线斜率;

R——中子仪土壤中的实测读数;

R_w——标准计数;

C——相关直线的截距。

对于直接给出体积含水量的中子水分仪,在不同土壤质地区域观测时应对中子水分仪的读数进行校核。有较大误差时应通过率定修正。

应对中子水分仪进行定期(1~2 年)率定。若更换探测器,应对仪器重新进行率定。

野外观测土壤含水量时,首先应按说明书的规定读取标准计数,并在没有外部放射性物质或高含氢物质的环境下进行。读取的当前标准计数与既往标准计数的误差应在规定的标准误差范围内。

3.2 维修养护

3.2.1 常用土壤墒情监测仪器管理

3.2.1.1 张力计

张力计在使用过程中若集气室气体过多,应进行补水排气,补水时应慢慢打开密封盖,注入凉开水或蒸馏水,排出气体,或用针管注水排气。注水时管内失压,管内水外流至土壤将影响含水量的测量精度,补水日期应记录在表上。使用电子压力传感器的张力计,宜具有温度自动补偿功能,由数据采集器进行自动连续测量。

3.2.1.2 中子水分仪

操作人员在使用中子水分仪前应进行专门的培训和操作训练,应熟悉所持型号的中子水分仪的使用和保养方法、辐射防护方法及国家有关放射源使用和保管的规定,并应在当地相关主管部门登记,取得含放射源仪器的使用许可证。中子水分仪应有完整的技术资料和使用说明书,中子仪在使用前应进行率定和检验。

中子仪使用期间要防止中子管内凝结水对测定结果的干扰。凝结水的存在对测量结果影响很大,特别在早上。测定之前要进行检查,发现这种情况应及时处理,确保测定结果的准确可靠。

3.2.2 常用土壤墒情监测仪器日常维护

3.2.2.1 张力计的维护

张力计在使用一段时间后应进行清洗。方法是:小心取出张力计,把陶土管冲洗后放在漂白粉溶液中浸泡 30 min,再置入稀盐酸溶液中浸泡 1 h,然后泡入清水中冲洗干净。

机械表头长期使用后,由于弹性元件长期受力而变形,产生读数误差,表头应在使用 3~6 个月后进行校验和偏差测定,以校正读数。

3.2.2.2 中子水分仪的维护

中子仪发生故障时不应随意拆卸,应送指定的单位进行修理。中子源在发生意外情况遗失或外露时应及时报告有关部门,并应隔离辐射区域,防止核辐射对人体的损害和扩散。在观测过程中,观测人员应按操作规则搬运和使用中子水分仪,应设有专门的房间,配有专门的工作人员保管中子水分仪。保管室与居室、工作室应有一定的距离。禁止未经培训的人员使用中子仪,仪器应做好防护工作,妥善保管,防止非操作人员及未成年人接近。使用中子水分仪应按国家环保部门对含放射源仪器的管理办法执行。

3.2.2.3 介电类移动自动墒情监测和维护要求

(1)介电类移动自动墒情监测应满足下列规定:

①首次监测或监测位置有较大变动时,应填制土壤墒情监测站说明表、绘制土壤墒情监测站监测位置图。

②每个采集深度宜测量两次土壤含水量,取算术平均值。当两次平行测量结果差值大于 2%时,应加测一次,取其测量结果差值不大于 2%的两次进行算术平均。

(2)探针式水平插入监测步骤应满足下列要求:

①用挖土锹开挖一个土槽,开挖尺寸为 0.7 m(长)×0.4 m(宽)×0.5 m(深)。

②在挖好土槽的一侧剖面,用米尺测量表层干土厚(精确到 1 cm)、作物根系深度。

③在插入原状土内之前,应先用引导探针平行于地面插入原状土内,引导探针尺寸不应大于传感器实际探针尺寸。

④均匀用力使传感器探针完全插入原状土内,插入时不得上下或左右摇晃,防止探针与原状土接触不实,影响测量精度。

⑤探针插入待测土层后,连接好传感器数据线,打开仪器电源开关;进入系统操作界面,确认监测站码,设置采集深度,选择土壤质地、计算公式等参数。

⑥待仪器输出稳定后,开始读数。

⑦每次监测后将传感器探针上的土用干布擦拭干净,避免引起监测误差。

⑧监测结束后,将挖掘出来的土体填回土槽,减少对耕地(作物)的影响。

(3)探针式垂直插入监测步骤应满足下列要求:

①用取土打孔钻(带有刻度的圆钢管/洛阳铲等)在垄台(地表面)打孔,孔径应大于传感器直径,取土钻孔时应向同一方向旋转,不得左右摇晃。

②根据采集深度确定钻孔深度,如图 6-3-1 所示,由式(6-3-2)计算。

$$h = H - \frac{L}{2} \qquad (6\text{-}3\text{-}2)$$

式中　h——钻孔深度,cm;

H——采集深度,cm;

L——探针深度,cm。

③在钻好的采样土孔,用米尺测量表层干土厚(精确到 1 cm)、作物根系深度。

④均匀用力使传感器探针垂直插入原状土内,使探针中心处于采集深度。

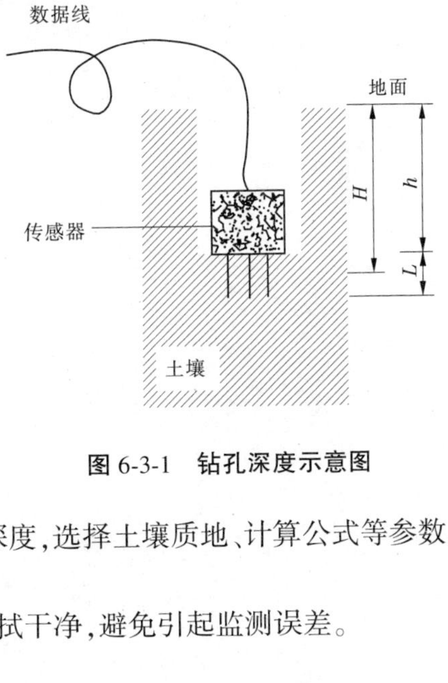

图 6-3-1　钻孔深度示意图

⑤连接好传感器数据线,打开仪器电源开关;进入系统操作界面,确认监测站码,设置采集深度,选择土壤质地、计算公式等参数。

⑥待仪器输出稳定后,开始读数。

⑦每次监测后将传感器探针上的土用干布擦拭干净,避免引起监测误差。

⑧监测结束后,填平土孔。

(4)有护管传感器监测步骤应满足下列要求:

①检查专用监测套管与四周土壤间是否严密接触,有无缝隙(若有缝隙,应用原状土将缝隙填平),有无积水浸泡(有水浸泡时,不宜监测)。

②打开套管顶盖，检查套管内部有无异常。检查无误后，方可监测。

③将传感器放入套管内，使传感器中心位于采集深度。

④固定好传感器，连接传感器与遥测终端设备(RTU)数据线。

⑤打开仪器电源开关，进入系统操作界面，确认监测站码，设置采集深度，选择土壤质地、计算公式等参数。

⑥待仪器输出稳定后，开始读数。

⑦监测结束后，关闭仪器电源，断开数据线，取出传感器，盖好套管顶盖。

(5)无护管传感器监测步骤应满足下列要求：

①用专用取土钻在土壤的表层慢慢地往下旋转，根据采集深度确定钻孔深度。

②将取土钻从土壤中拔出，并将泥土从管中慢慢取出。

③在钻好的采样土孔，用米尺测量表层干土厚(精确到 1 cm)、作物根系深度。

④将传感器插入已打出的孔位上，用力下插。如果下插不能到位，可使用橡皮锤轻击传感器顶部(注意一定要用一块木板支撑，以防破坏顶部结构)，直到安装深度满足要求。

⑤土壤含水量监测步骤同(4)有护管传感器监测步骤④~⑦。

第 4 章　水文情报预报

4.1　水情分析

4.1.1　水情专题报告编写

水情(汛情或旱情)专题分析报告的主要内容包括概括描述重大汛情、旱情或其他水文突发事件的形成原因、发生过程、主要特点、影响范围、持续时间、发展趋势等。专题分析报告编制主要内容如下:

(1)概况。对区域内发生的场次洪水、旱情等水文事件的成因和主要特点进行高度概括。

(2)气象成因。对洪水等水文事件的环流背景、天气形势、影响系统、物理条件等进行研究分析。必要时可与当地气象部门共同研判。

(3)降水量。分析降雨量级、雨区移动路径、降水区域分布图、笼罩面积,与历史同期均值比较,短历时暴雨极值及历时排序,与典型年比较分析,重现期分析确定。

(4)水情。

①江河洪水包括洪水概况,洪水组成,洪水量级,超警戒水位(或超保证水位),水位、流量、长短历时洪量等极大值及历史排序,与典型年比较,遭遇分析,重现期分析。

②旱情和枯水包括旱情和枯水概况,降水量,土壤墒情,地下水位,水库塘堰蓄水,旱情分布,持续时间,旱情等级,江河水位或流量极小值及历史排序,与典型年比较分析,重现期分析确定,水位(流量)降至或低于常年同期最低(小),30 天来水量比常年同期偏少几成以上等。

(5)雨水情主要特点。

①降水量特点。区域内发生的不同历时(1 h、3 h、6 h、12 h、24 h 等)最大降水量统计分析,历史排位,重现期等,出现的主要暴雨场次的雨量、范围、强度描述,致洪暴雨分析等;反之,统计分析雨量小、无雨日持续时间长等旱情特点。

②水情特点。以江河洪水为例,对洪水进行定性,说明是流域性洪水、区域性洪水还是局部性洪水,水位、流量、高水位持续时间等水文要素特点,超警戒保证历史最高(最大)水位(流量)情况、洪水重现期以及洪水排位等。旱情、枯水特点类似江河洪水特点描述方法。

4.1.2　阶段雨水情总结

阶段(年、月或汛期)雨水情总结编写应在对时段内(年、月或汛期)雨水情监测数据分析统计的基础上进行,结合本流域(或区域)的历史水文数据特性、规律,用文字、图(柱状图、饼图、过程线图、关系线图、等值线图、等值面图等)、表等形式,对阶段内雨水情发展、变化过程、特征等进行分析、对照、概括、归纳的技术过程。其编制提纲和基本内容简略叙述如下:

(1)概述。对流域(或区域)时段内(年、月或汛期)雨水情进行概括描述。全流域(或区域)时段内面平均降水量与多年面平均降水量比较结果(距平、偏大、偏小等),时空分布特点,最大降水量(发生时间),蒸发等;全区河流洪水发生情况,最大洪峰流量(出现时间),洪水历时,径流量大小变化,水库蓄水、冲淤变化及运用情况及与往年(或历史)比较,河道冲淤变化等。

(2)雨情。以时间顺序(月份、季节、汛期、非汛期等),用文字、图表等形式详细描述各时期、各场次的降水量、降水强度,时空分布的变化、特点,与往年(历年)对比情况等。

(3)水情。根据流域(区域)或行政区特点,按干支流(或洪水发生)顺序用文字、图表等形式详细描述各场次洪水的洪峰流量、发生时间、历时、洪峰水位、径流量等,与往年(历年)对比情况,重现期等;区域内水库、堰闸运用及蓄放水情况等。

(4)小结。以简练的文字对阶段(年、月或汛期)雨水情特点给予概括总结,并对雨水情监测、预测及规律性认识等方面存在的不足提出意见或建议。

4.1.3 水情预警发布相关规定

我国对水情预警发布有较严格的要求,相关规定如下:

(1)水情预警是指向社会公众发布的洪水、枯水等预警信息,一般包括发布单位、发布时间、水情预警信号、预警内容等。

(2)水情预警依据洪水量级、枯水程度及其发展态势,由低至高分为四个等级,依次用蓝色、黄色、橙色、红色表示,即:洪水蓝色预警(小洪水)、洪水黄色预警(中洪水)、洪水橙色预警(大洪水)、洪水红色预警(特大洪水);枯水蓝色预警(轻度枯水)、枯水黄色预警(较重枯水)、枯水橙色预警(严重枯水)、枯水红色预警(特别严重枯水)。

(3)水情预警由水文机构按照管理权限向社会统一发布,具体规定如下:

①全国涉及多流域(片)的水情预警发布工作由水利部信息中心负责。

②流域(片)内涉及多省(自治区、直辖市)的水情预警发布工作由流域水文机构负责。

③省(自治区、直辖市)辖区内的水情预警发布工作由省级水文机构负责。

④红色和橙色两级水情预警发布需经同级防汛抗旱指挥机构审核。

(4)水情预警由水文机构根据发布权限,通过广播、电视、报纸、电信、网络等媒体统一向社会发布。各媒体应当按照国家有关规定和防汛抗旱要求,及时播发、刊登水情预警信息,并标明发布单位和发布时间,不得更改和删减水情预警信息。

(5)有关地区和部门应依据水文机构发布的水情预警信息,按照防汛抗旱应急预案,及时启动相应响应。社会公众应及时做好避险防御工作,减轻水旱灾害损失。

(6)非法或未按规定向社会发布水情预警的,依据法律法规及有关规定追究有关责任人的责任。

(7)各流域、省级水文机构应结合流域(片)或辖区内水旱灾害的特点,具体细化洪水、枯水等级预警标准，报同级防汛抗旱指挥机构审批，并报水利部信息中心备案。

各地可以根据实际需要，参照有关规定，增设凌汛、潮位等水情预警种类。

4.1.4　水情预警报告编制

水情预警发布前，负责预警报告编制的水文机构应结合区域内雨水情监测数据分析发生洪水（或枯水）等预警事件成因及其发展态势，再结合预警等级、图标、标准等确定水情预警报告编制内容。下面是水利部黄河水利委员会水文局发布的一则洪水黄色预警报告信息。

水利部黄河水利委员会水文局 2018 年 7 月 10 日 12 时 30 分发布洪水黄色预警：受前期降雨影响，河源区各主要水文站流量持续上涨，预计黄河唐乃亥水文站流量将于 7 月 10 日 18 时前后超过 3 000 立方米每秒，达到洪水黄色预警标准，未来水势仍将缓慢上涨。水利部黄河水利委员会水文局请沿黄各相关单位及社会公众密切关注雨水情变化，及时做好洪水防御及避险减灾工作。

4.2　洪水预报

4.2.1　流域产流和汇流的基本概念

从降水开始到形成流域出口断面径流的整个过程，称为径流形成过程。这一过程在理论上可分为流域产流和汇流两个阶段：一是降雨经过截留、填洼、下渗等损失后，剩下的部分称为净雨，在数量上等于它形成的径流深。在我国常称净雨量为产流量，降雨转化为净雨的过程为产流过程，净雨的计算称为产流计算。二是净雨沿地面和地下汇入河网，并经河网汇集成流域出口径流的汇流过程，与之相应的计算称汇流计算。二者结合起来，即为流域产汇流计算。它们之间的关系可简明地概括为图 6-4-1 所示的流程。产流过程主要是雨水的垂向运动，其结果是分布在流域上的净雨过程。汇流则主要是水流在水平方向的运动，其结果是出口断面的径流过程。

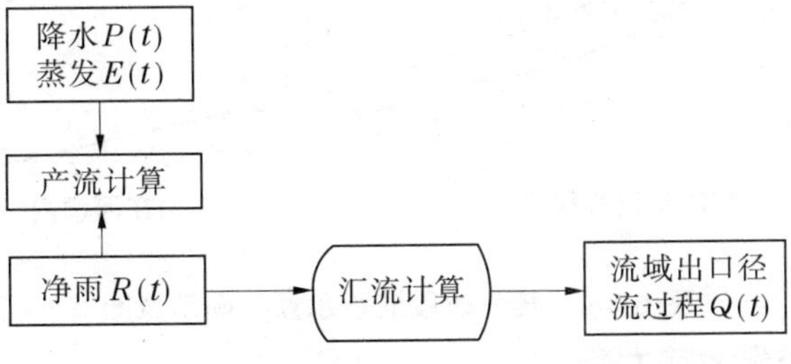

图 6-4-1　由降雨过程推求径流过程的流程

在产流阶段的预报任务就是求出降水在扣除蒸发、下渗、截留等损失后所产生地表径流的净雨量（用一次洪水过程的径流深表示），一般由流域降雨—径流相关图查得。流域在产流过程中主要受流域内各种因素对降雨的调蓄作用影响，流域的调蓄作用为洪水预报提供了一定的洪峰预见期；流域降水在各点产生的净雨，经过坡地和河网汇集到流域出口断面,形成流域出口的径流过程,这个包括坡地和河网汇流的全过程称流域汇流。按净雨流至出口的途径和特性不同,进行汇流分析计算时,一般将它分为地面汇流和地下汇流。地面径流一般是洪水的主要成分。实际工作中一般采用净雨量和流域出口断面流量资料,将坡地汇流和河网汇流视为一个总体分析出流域汇流单位线,常用于洪水预报。

4.2.2 马斯京根法河道流量演算

流量演算法是在圣维南方程组简化的基础上,利用河槽的水量平衡方程替代连续性方程,用河段的蓄泄关系替代动力方程,然后联立求解,将河段的入流过程演算为出流过程的方法。

4.2.2.1 基本原理

河段流量演算是由以下两个基本公式组成的。

无区间入流情况下,河槽某时段水量平衡方程(见图 6-4-2)为

$$\frac{(Q_{上,1}+Q_{上,2})\Delta t}{2}-\frac{(Q_{下,1}+Q_{下,2})\Delta t}{2}=S_2-S_1=\Delta S \tag{6-4-1}$$

河段蓄水量与泄流量的蓄泄方程为

$$S=f(Q) \tag{6-4-2}$$

式中　$Q_{上,1}$、$Q_{上,2}$——时段始、末的上断面入流量;

$Q_{下,1}$、$Q_{下,2}$——时段始、末的下断面出流量;

Δt——计算时段;

S_1、S_2——上、下断面间时段始、末的时段蓄水量;

ΔS——时段 Δt 内上、下断面之间河槽增加的蓄水量,涨水为正,落水为负;

S——时段任意流量 Q 对应的槽蓄量。

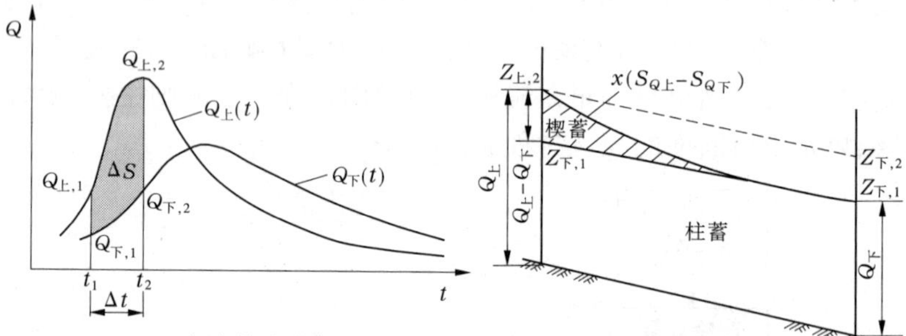

图 6-4-2　某一时段河段水量平衡示意图

4.2.2.2 马斯京根流量演算方程

马斯京根法由麦卡锡(G. T. McCarthy)于 1938 年在美国马斯京根河流域应用而得名。该方法主要是建立马斯京根槽蓄曲线方程,并与水量平衡方程联立求解,进行河段洪水演算。

洪水波经过河段[见图 6-4-2(b)]时,水面线下的蓄水量 S 可分为两部分,即从下断面水位平行河底做平行线(相当于河段发生稳定流流量 $Q_下$ 的水面线),该线下的柱蓄量

$S_{Q下}$和该线与水面线间楔蓄量 $x(S_{Q上}-S_{Q下})$。其中，$S_{Q上}$、$S_{Q下}$分别为上、下断面流量 $Q_上$、$Q_下$的稳定流槽蓄量；x 为槽蓄系数，亦称流量比重因素，反映 $Q_上$对 S 影响的相对程度。于是可得

$$S = S_{Q下} + x(S_{Q上} - S_{Q下}) \tag{6-4-3}$$

稳定流时，河段槽蓄量与流量存在下面的关系：

$$S_{Q上} = KQ_上,\ S_{Q下} = KQ_下 \tag{6-4-4}$$

式中　K——稳定流情况下的河段传播时间。

将式(6-4-4)代入式(6-4-3)，得马斯京根槽蓄曲线方程为

$$S = K[xQ_上 + (1-x)Q_下] = KQ' \tag{6-4-5}$$

$$Q' = xQ_上 + (1-x)Q_下 \tag{6-4-6}$$

联解水量平衡方程式(6-4-1)和马斯京根槽蓄曲线方程式(6-4-5)，可得马斯京根法流量演算方程为

$$Q_{下,2} = C_0Q_{上,2} + C_1Q_{上,1} + C_2Q_{下,1} \tag{6-4-7}$$

其中　$C_0 = \dfrac{0.5\Delta t - Kx}{K - Kx + 0.5\Delta t}$，$C_1 = \dfrac{0.5\Delta t + Kx}{K - Kx + 0.5\Delta t}$，$C_2 = \dfrac{K - Kx - 0.5\Delta t}{K - Kx + 0.5\Delta t}$

$$C_0 + C_1 + C_2 = 1 \tag{6-4-8}$$

式中，C_0、C_1、C_2 都是 K、x、Δt 的函数。对于某一河段而言，只要确定了 K、x、Δt，便可求得 C_0、C_1、C_2。于是，由入流过程 $Q_上(t)$ 和初始条件 $Q_{下,1}$，通过式(6-4-7)逐时段演算，可推得出流过程 $Q_下(t)$。

4.2.2.3　马斯京根法流量演算实例

设 $C_0=0.226$，$C_1=0.538$，$C_2=0.236$，则马斯京根法流量演算见表 6-4-1。

表 6-4-1　马斯京根法流量演算

时间（日 T 时）	$Q_上$ (m^3/s)	$C_0Q_{上,2}$ (m^3/s)	$C_1Q_{上,1}$ (m^3/s)	$C_2Q_{下,1}$ (m^3/s)	$Q_下$ (m^3/s)
(1)	(2)	(3)	(4)	(5)	(6)
18T08	2 050				2 040
18T14	2 860	646	1 100	481	2 230
18T20	4 300	972	1 540	526	3 040
19T02	4 820	1 090	2 310	717	4 120
19T08	4 700	1 060	2 590	972	4 620
19T14	4 350	983	2 530	1 090	4 600
19T20	3 750	848	2 340	1 090	4 280
20T02	3 200	723	2 020	1 010	3 750
20T08	2 700	610	1 720	885	3 220
⋮	⋮	⋮	⋮	⋮	⋮

注：(1)、(2)栏数据及(6)栏中的“2040”为已知，(3)、(4)、(5)栏数据及(6)栏中的其他数据是根据马斯京根法流量演算方程推算。

4.2.3　降雨径流关系及分析计算方法

4.2.3.1　基本概念

在进行流域产流计算时,根据流域降水、蒸发、流域出口断面流量过程等实测资料,经分析计算得到的降水量、流域蓄水量或前期影响雨量,按相关分析方法,建立它们与径流深之间的相关图,这些相关图反映了流域的产流规律。应用此相关图可以由降雨计算出相应的产流量。这种图一般是没有固定的数学模型,称为经验的降雨径流相关图。

做流域经验降雨径流相关图前,必须先对实测暴雨、径流和蒸发等资料做一定的整理分析,以便在定量上研究它们之间的因果关系和规律。

4.2.3.2　降雨资料的整理与分析

产流计算中需要计算与洪水对应的流域平均雨量、各时段雨量和降雨强度等。降雨场次的划分一定要与洪水场次的划分相对应。流域平均雨量的计算有算术平均法、泰森多边形法、等雨量线法。

(1)算术平均法。

$$\overline{P}=\frac{P_1+P_2+\cdots+P_n}{n}=\frac{1}{n}\sum_{i=1}^{n}P_i \tag{6-4-9}$$

式中　$\overline{P}$——某时段的流域平均雨量,mm;

P_i——该时段第 i 站的降雨量,mm,$i=1,2,\cdots,n$;

n——雨量站站数。

(2)泰森多边形法。

$$\overline{P}=\frac{P_1f_1+P_2f_2+\cdots+P_nf_n}{F}=\sum_{i=1}^{n}P_i\frac{f_i}{F} \tag{6-4-10}$$

式中　F——流域面积,km^2;

$P_1,P_2,\cdots,P_n$——各雨量站的雨量值,mm;

$f_1,f_2,\cdots,f_n$——各雨量站代表的泰森多边形面积,km^2。

(3)等雨量线法。

$$\overline{P}=\frac{1}{F}\sum_{i=1}^{n}P_if_i \tag{6-4-11}$$

式中　F——流域面积,km^2;

f_i——流域内各相邻等雨量线间的面积,km^2;

P_i——(与 f_i 对应)由相邻的等雨量线值平均计算所得,mm。

4.2.3.3　径流资料的整理与计算

1.洪水场次的划分及次洪水总径流深计算

所挑选的洪水,多数情况下,与本次降雨对应的径流过程不仅包括本次降雨形成的地面径流、地下径流,而且包括前期降雨的地下径流。计算时,应把非本次降雨产生的径流都划分出去,称洪水场次划分。若划分后的场次洪水水量为 W_t,则这次降雨形成的总径流深(包括地面径流和地下径流)R 为

$$R = \frac{W_t}{F} \tag{6-4-12}$$

2. 地面径流、地下径流分割及计算

得到的总径流还要进一步划分为地面径流和地下径流。径流分割的方法很多,有水平线分割法、斜线分割法等。地面径流、地下径流分割后,分割线上面的部分即地面径流 W_s,下面的部分即地下径流 W_g,分别除以流域面积 F 即得到地面径流深 R_s、地下径流深 R_g。

$$R_s = \frac{W_s}{F}\ ,\ R_g = \frac{W_g}{F} \tag{6-4-13}$$

3. 流域前期影响雨量 P_a 的计算

降雨开始时流域是干旱还是湿润,对此次降雨产生径流的多少影响极大。流域前期影响雨量 P_a 是表示流域干湿程度的指标(定量)。在绘制经验降雨径流相关图时,一般都要计算这一因素做参数,以便绘出多条曲线,提高预报的精度。

(1) P_a 的计算算式为

$$P_{a,t+1} = k_a(P_{a,t} + P_t) \leq W_m \tag{6-4-14}$$

式中　$P_{a,t}$、$P_{a,t+1}$——t、$t+1$ 日开始时的前期影响雨量;

P_t——第 t 天的流域降水量;

k_a——流域蓄水消退系数;

W_m——流域蓄水容量,我国大部分地区的 W_m 值为 80~120 mm。

流域蓄水消退系数 k_a,各月可近似一个平均值,即 $k_a = 1 - \frac{\overline{E}_m}{W_m}$, $\overline{E}_m$ 为流域月平均日蒸散发能力,近似等于水面蒸发量。

(2) P_a 计算算例(见表 6-4-2)。

某流域经分析求得 $W_m = 100$ mm,7 月多年平均的流域日蒸散发能力为 5.0 mm,8 月为 6.2 mm,由此算得:

7 月　$$k_{7月} = 1 - \frac{5.0}{100} = 0.950$$

8 月　$$k_{8月} = 1 - \frac{6.2}{100} = 0.938$$

计算得知,7 月 18、19 日这两天雨量很大,并从流量资料看出产生了洪水,可认为 P_a 已达到 W_m,故取 20 日开始时的 P_a 为 100 mm,其后逐日的 P_a 按式(6-4-14)计算。如 7 月 21 日 $P_a = 0.950(100+10.1) > 100$ mm, $P_a = 100$ mm;7 月 22 日 $P_a = 0.950(100+1.4) = 96.3$ mm;以后以此类推,结果列于表 6-4-2 第(4)栏。

4.2.4　经验单位线法汇流计算

4.2.4.1　流域汇流经验单位过程线简介

单位过程线法由谢尔曼(L. K. Sherman)于 1932 年提出,至今仍是汇流计算中应用最为普遍的方法。因它是由流域实测的雨洪资料反推而得的,所以又称为由黑箱分析法求得的经验单位线。

表 6-4-2　P_a 计算示例

日期(月-日)	P_t(mm)	k_a	P_a(mm)	说明
(1)	(2)	(3)	(4)	(5)
07-18	78.2	0.950		
07-19	35.6			
07-20	10.1		100	
07-21	1.4		100	
07-22			96.3	
07-23			91.5	
07-24			86.9	
07-25			82.6	
07-26			78.5	
07-27			74.6	
07-28			70.9	
07-29	11.3		67.4	
07-30	0.5		74.8	
07-31			71.5	
08-01		0.938	67.9	
08-02	7.6		63.7	
08-03	32.6		66.9	
08-04	16.0		93.3	
08-05			100	
⋮	⋮		⋮	

1. 单位线的定义

在一个特定的流域上,在单位时段内均匀分布的单位净雨量所形成的流域出口站的地面径流过程线称为单位线。单位线有 3 个基本要素:①单位线洪峰流量(q_m);②洪峰滞时(T_p,从净雨中心到单位线洪峰的时距);③单位线总历时(T_d)。在我国,单位线净雨深一般取 10 mm,单位时段可根据流域的大小、汇流历时长短和实际需要而定。一般可取 1 h、3 h、6 h、12 h、24 h 等,大致是流域出口过程涨洪历时的 1/3~1/4。

2. 单位线基本假定

由于实际降水不可能恰巧是一个单位和上述限定的某段,因此在分析单位线时,要事先做 3 个基本假定:①在单位时段内净雨深不同,所形成的地面径流过程的总历时相同;②(倍比假定)如果单位时段内净雨深不是一个单位,而是 n 个单位,那么它形成的流域出口流量过程线的流量则为单位线的 n 倍;③(叠加假定)如果净雨历时不是一个时段,而是 m 个时段,那么各时段净雨量所形成的流量过程之间互不干扰,出口断面的流量等于各时段净雨量所形成的流量之和。这 3 个假定,就是将流域视为线性系统,符合倍比叠加原理。单位线三要素示意图见图 6-4-3。

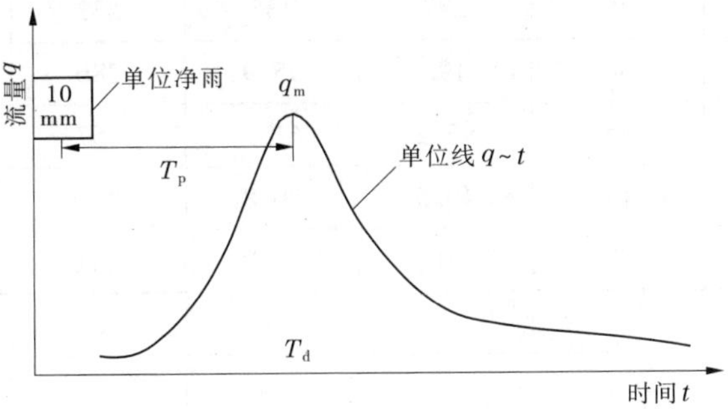

图 6-4-3　单位线三要素示意图

4.2.4.2　用单位线法进行汇流计算

应用单位线法进行汇流计算,即用单位线法推求(预报)洪水流量过程,其原理仍然是单位线的基本概念和三项基本假定。现以表 6-4-3 为例,对其计算步骤说明如下:①流域降水地面净雨过程列于该表第(2)栏,本流域经验单位线列于表中第(3)栏;②按单位线倍比假定,求得各时段净雨的地面径流过程,结果列于表中第(4)、(5)栏;③按单位线叠加假定将第(4)、(5)栏的同时刻流量叠加,得总的地面径流过程,列于第(6)栏;④地下径流过程为已知,列于表中第(7)栏;⑤将第(6)、(7)栏的地面径流、地下径流过程叠加,得第(8)栏要预报的洪水流量过程。

表 6-4-3　××河××站用单位线由降雨推求洪水过程(F=5 050 km^2)

时间(日 T 时)	地面净雨 h(mm)	单位线 q(mm)	各时段净雨的地面径流过程(m^3/s)		总的地面径流过程(m^3/s)	地下径流过程(m^3/s)	预报的洪水流量过程 Q(m^3/s)
			38.1	12.3			
(1)	(2)	(3)	(4)	(5)	(6)	(7)	(8)
15T08	38.1	0	0		0	35.0	35.0
15T14	12.3	23	87.6	0	87.6	35.0	123
15T20		1 423	5 421	28.3	5 450	35.0	5 490
16T02		338	1 280	1 750	3 030	35.0	3 070
16T08		215	819	416	1 240	35.0	1 280

续表 6-4-3

时间（日 T 时）	地面净雨 h（mm）	单位线 q（mm）	各时段净雨的地面径流过程（m^3/s）		总的地面径流过程（m^3/s）	地下径流过程（m^3/s）	预报的洪水流量过程 Q（m^3/s）
			38.1	12.3			
(1)	(2)	(3)	(4)	(5)	(6)	(7)	(8)
16T14		157	598	264	862	35.0	897
16T20		110	419	193	612	35.0	647
17T02		78	297	135	432	35.0	467
17T08		50	190	95.9	286	35.0	321
17T14		25	95.2	61.5	157	35.0	192
17T20		13	49.5	30.8	80.3	35.0	115
18T02		0	0	16.0	16.0	35.0	51.0
18T08				0	0	35.0	35.0
合计	50.4						

第 5 章　土壤墒情监测

5.1　监　测

5.1.1　土壤水分常数测定

5.1.1.1　基本概念

土壤水分常数主要有饱和含水量、田间持水量和凋萎含水量。当用体积含水量描述时，分别以符号 θ_s、θ_m、θ_a 表示，用质量含水量描述时，分别以符号 ω_s、ω_m、ω_a 表示。

饱和含水量指土壤处于水分饱和状态的含水量。

田间持水量指土壤样品毛管悬着水的最大含量。

凋萎含水量指植物因缺水发生凋萎时的土壤含水量。

5.1.1.2　饱和含水量取样测定

对代表性地块和临时监测站需测定其饱和含水量。测定方法是：在田间用环刀采取原状土壤，在实验室中用滤纸和吸水石板扎住环刀上下侧，防止土壤的遗失，置入冷开水中浸泡 2 d 后取出，用烘干法测出其饱和含水量。

5.1.1.3　田间持水量取样测定

田间持水量的野外测定应在长期降水或饱和灌溉后施行。测定方法是：用地膜或秸秆及土壤覆盖测验地块的表面，以防土壤水分蒸发。自然排水 2 d 后，按土壤干容重的采样布置，用环刀采样并加盖，装入塑料袋中，用称量烘干法测出其质量含水量和体积含水量。

田间持水量室内可用威尔科克斯(Wilcox)法测定。威尔科克斯法也称环刀法(或土壤容重钻)，是用环刀在欲测地段上采取原状土，同时在同一土层上取些散状土，带回室内，将前者放入水中(水不没环刀顶)浸一昼夜。散状土经风干，通过孔径为 1 mm 的土筛，装入环刀。将装有湿土的环刀的有孔盖子打开，连同滤纸一起放在盛风干土的环刀上。经过 8 h 吸水后，从盛原状土的环刀中取 15～20 g 土样，用称量(重)烘干法，测其含水量。经过重复测量，求出同一土层含水量的平均值，即为该层的田间持水量。

墒情监测站可在不同深度取样测定田间持水量，深度平均田间持水量按式(6-5-1)计算：

$$\bar{\theta}_m = \frac{\sum_{i=1}^{n} \theta_{mi} h_i}{H} \tag{6-5-1}$$

式中　$\bar{\theta}_m$——监测土层深度平均田间持水量(%)；

θ_{mi}——第 i 土层的田间持水量(%)；

h_i——第 i 土层的平均土壤厚度,cm;

H——土层深度,cm。

5.1.1.4 凋萎含水量取样测定

凋萎含水量的野外观测可在作物发生凋萎的情况时施测,也可在实验室通过种植试验来测定。即在不大的容器中种植作物,待其根系完全发育时,让其自然消耗土壤中的水分,当叶片发生枯萎时测其土壤含水量。

有条件的地方可用离心机法或压力板仪法测定土壤水分特性曲线,确定土壤含水量和土壤吸力(基模势)的关系,并由土壤水分特性曲线来确定饱和含水量、田间持水量和凋萎含水量。

5.1.1.5 土壤相对湿度的概念及计算方法

土壤相对湿度就是土壤含水量占田间持水量的百分数,计算方法为:土壤相对湿度=土壤含水量/田间持水量。

墒情监测站监测深度平均土壤湿度,是指各监测深度土层平均土壤含水量与平均田间持水量的百分比,按式(6-5-2)计算:

$$\beta = \frac{\bar{\theta}}{\bar{\theta}_{\mathrm{m}}} \times 100\% \qquad (6\text{-}5\text{-}2)$$

式中 β——监测土层深度平均土壤湿度(%);

$\bar{\theta}$——监测土层深度平均土壤含水量(%);

$\bar{\theta}_{\mathrm{m}}$——监测土层深度平均田间持水量(%)。

5.1.2 土壤墒情监测成果精度评定

5.1.2.1 精度要求

人工取土烘干法用于率定或校准自动监测仪器监测精度时,应按照规定的采样操作程序,在某一监测点的同一采集点深度重复取样 3 次,采用人工取土烘干法进行测量,得出 3 次测量土壤重量含水量的结果,其最大值与最小值 $\delta \leqslant 1.0\%$。

人工取土烘干法在实际生产应用时,按照规定的采样操作程序,在某一监测点的同一采集点深度重复取样 2~3 次。采用人工取土烘干法进行测量,所得出同一采集点深度的 2~3 次土壤重量含水量监测结果,其 2 次土壤重量含水量监测结果差值的绝对值,或 3 次结果中最大值与最小值之差值的绝对值不应大于 1.5%。

介电类自动墒情监测仪器用于实验室检测时,固定埋设自动墒情监测和人工便携式自动墒情监测仪器,在实验室环境条件下,依照规定的检测方法和步骤,将仪器测量体积含水量数据转换为重量含水量与人工取土烘干法重量含水量数据进行统计分析,其土壤重量含水量测量的绝对误差的平均绝对值 $\delta \leqslant 2\%$。

介电类自动墒情监测仪器用于野外监测时,对野外固定埋设自动墒情监测方式,其监测数据与人工取土烘干法相比,在仪器量程范围内,其土壤重量含水量绝对误差的平均绝对值 $\delta \leqslant 4\%$。对野外采用人工便携式自动墒情监测方式,其监测数据与人工取土烘干法相比,在仪器量程范围内,其土壤重量含水量绝对误差的平均绝对值 $\delta \leqslant 3\%$。

5.1.2.2　精度评价

对土壤墒情监测成果,应从可靠性、代表性、完整性等方面进行合理性分析。可靠性是指土壤墒情监测数据取得过程的方法符合规范要求,计算正确;代表性是指土壤墒情监测数据具有空间和时间上的代表性;完整性是指无缺测、漏测等现象,资料数据能完整地反映土壤墒情在空间和时间上的变化情况。

5.1.2.3　整编成果质量要求

经过整编后的土壤墒情资料,其成果质量应满足以下要求:

(1)土壤墒情整编资料质量定性标准。①项目完整,图表齐全;②资料可靠,方法正确;③考证清楚,说明完备;④数字准确,符号无误。

(2)土壤墒情整编资料成果数字质量标准。①无系统错误;②无特征值错误;③其他数字错不超过 1/2 000。

5.2　资料整编

5.2.1　介电类土壤墒情自动监测仪器参数率定

5.2.1.1　率定原理

介电类土壤墒情自动监测仪器是根据土壤中的水和其他介质介电常数之间的差异原理,测量土壤含水量。介电类土壤墒情自动监测仪器的土壤体积含水量 θ 与其介电常数 ε_r 之间理论上(数学模型)是一个一元三次多项式,即 $\theta = a_0 + a_1\varepsilon_r + a_2\varepsilon_r^2 + a_3\varepsilon_r^3$。对仪器参数率定时,将传感器在土壤含水量系列中进行测试,同步测量其输出电压,最终完成多组含水量—电压数据。再通过回归分析拟合成一元三次多项式,确定回归系数(a_0、a_1、a_2、a_3),即可得到该传感器的特性方程(一元三次多项式)。

5.2.1.2　参数率定过程

(1)试验时应选择在能代表当地土壤类型的天然土层取土样。确定取样深度、取土样总量等。

(2)按照介电类土壤墒情自动监测仪器《操作手册》,在率定试验前将自动监测仪的初始公式进行设置。

(3)经过土样处理、测量饱和含水量、测量田间持水量、测量土样不同含水量等,完成多组含水量 θ 与其介电常数 ε_r(电压)试验数据。以介电常数 ε_r(电压)的平均值为自变量,以对应含水量 θ 为因变量,采用最小二乘法拟合成 $\theta = a_0 + a_1\varepsilon_r + a_2\varepsilon_r^2 + a_3\varepsilon_r^3$ 一元三次多项式,该多项式即为对应站点土壤参数公式。

5.2.2　土壤含水量及相关要素过程线绘制

土壤墒情监测站资料整编期间,为了能直观反映测站年度(或某一时期)内土壤含水量的变化过程,往往需要绘制土壤含水量过程线图。绘制土壤含水量过程线图时,要综合考虑时段内土壤含水量数值的变化幅度,采用合适的比例尺,以土壤质量含水量为纵坐标,时间为横坐标。把对应时间的土壤含水量值一一点绘到坐标纸上,最后用线段把各相邻点顺序连接在一起,就完成了土壤含水量过程线图(见图 6-5-1)的绘制。现在土壤含水量过程线图基本都是利用计算机完成。

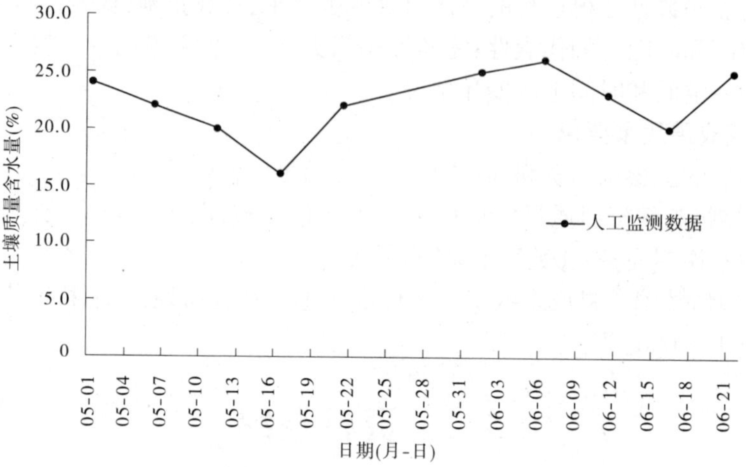

图 6-5-1　某站 2019 年 10 cm 土壤含水量过程线

有时为了分析土壤含水量与其他相关要素(如降水、地下水埋深等)的相关关系,往往会把土壤含水量及其他相关要素过程线点绘在一幅图上,可直观反映土壤含水量大小与其他相关因素变化的规律性。资料整编时,借此来分析判断年度土壤含水量监测资料的合理性和代表性。

降水、地下水埋深等其他相关要素过程线点绘同图 6-5-1,横坐标为时间,纵坐标为降水量、地下水埋深等其他相关要素数值。坐标比例根据实际数值进行调整,或全部位于左侧纵轴,或分别位于左、右两侧纵轴,以能反映各要素变化过程,以及图形整体布局合理为准。

第6章　地下水观测

6.1　观　测

6.1.1　地下水位监测仪器选择

6.1.1.1　地下水井分类

按地下水监测目的,地下水监测站(井)分为基本监测站、统测站和实验站;水位基本监测站和水质基本监测站可按管理级别分为国家级监测站、省级重点监测站和普通基本监测站。生产用井不宜作为水位基本监测站,可选择不受开采影响的民井、生产井作为水位统测站。

根据水井井径的大小和开凿方法的不同,可分为管井和筒井两类。管井的直径小,通常小于0.5 m,而深度比较大,常用钻机开凿。筒井的直径大,可达1 m到数米,而深度较浅,通常用人工开挖。

根据水井揭露的地下水类型,水井分为潜水井和承压水井两类。无论潜水井还是承压水井,根据揭露含水层的程度和进水条件不同,都可分为完整井和不完整井两类。凡是贯穿整个含水层,在全部含水层厚度上都安装有过滤器,并能全面进水的井,称为完整井;如果水井没有贯穿整个含水层,只有井底和含水层的部分厚度上能进水,则称为不完整井。

6.1.1.2　地下水位监测仪器选择

地下水位监测仪器与方法紧密联系,从仪器与人工操作的关系来说,可分为人工观测仪器和自动监测仪器。人工观测仪器包括测盅、电接触悬锤等器具,自动监测仪器有浮子式地下水位计、压力式地下水位计等。

地下水的测井与仪器的关系,主要反映在井口径和仪器尺寸,一般大口径测井容许大尺寸仪器,小口径测井不容许大尺寸仪器。当测井口径大于40 cm、地下水埋深较浅时,可直接用地表水的浮子式自记水位计测量地下水位;测井口径小于15 cm或地下水埋深较深时,用能在10 cm口径的测井中工作的浮子式地下水位计。有些更小的浮子式地下水位计可安装在口径5 cm的测井中工作,但小浮子浮力小,应注意与系统要求灵敏性的配合;压力式地下水位计体积较小,多可用于5 cm及以下口径的水位测井。

地下水位监测仪器的选择,还要结合测井环境、电源等条件;有远传需求时,还应考虑通信问题。

6.1.2　地下水测井维护

有条件地区,地下水测井应修筑井台、围栏,井台要用砖石浆砌,并用水泥砂浆护面;井口应覆盖金属或钢筋混凝土井盖,避免监测井遭受自然或人为破坏,造成监测井堵塞、淤积,影响水位和水质。井盖中间留有孔洞,便于安装自动监测设备的感应探头;井口固定点标志是测量地下水位的标志,应设置在不易磨损、碰撞的井口内侧。

地下水测井的维护措施主要包括对井孔维护性清淤、维护性抽水及透水灵敏度试验。

(1)维护性抽水。每季度第一个月上旬,在监测日数据采集之后,应安排一次抽水,抽水时间一般为 30～60 min。

(2)维护性清淤。每年低水位期,对监测井深进行一次测量,当监测井内淤积物淤没滤水管或井内水深小于 1 m 时,应及时清淤或换井。

(3)定期校测高程。基本水准点高程,应 10 年校测 1 次;校核水准点高程,应 5 年校测 1 次;固定点高程和地面高程,应 5 年校测一次。井口或各水准点若有变动迹象,应随时校测。

(4)透水灵敏度试验。国家级基本监测站宜每年进行 1 次透水灵敏度试验,省级重点基本监测站应每 2 年进行 1 次透水灵敏度试验,普通监测站应每 3～5 年进行 1 次透水灵敏度试验。

(5)当向井内注入灌水段 1 m 井管容积的水量,水位复原时间超过 15 min 时,应进行洗井。

6.2 资料整编

6.2.1 地下水位资料整编

6.2.1.1 地下水位监测资料整编成果表

地下水位监测资料整编成果表有:地下水位自动监测资料摘录成果表、地下水位逐日监测成果表、地下水位 5 d 监测成果表、地下水位年特征值统计表、地下水位统测成果表等。

6.2.1.2 地下水位监测资料整编

地下水位监测资料整编应按下列步骤进行:

(1)考证基本资料。

(2)审核原始监测资料。

(3)编制成果图、表。

(4)编写资料整编说明。

(5)整编成果的审查验收、存储与归档。

统计数值时,平均值采用算术平均法,尾数按四舍五入处理;挑选极值时,若多次出现同一极值,则记录首次出现者的发生时间。

6.2.1.3 地下水位自动监测摘录成果表

地下水位自动监测资料摘录成果表见表 6-6-1。

6.2.1.4 地下水位资料整编说明

(1)资料整编的组织、时间、方法、内容及工作量概况。

(2)水位监测站的调整、变更情况。

(3)水位监测方法、精度、高程测量、校测和测具检定概况。

(4)监测资料的质量评价。

(5)存在问题及改进意见。

6.2.2 地下水水温资料整编

6.2.2.1 水温资料整编基本要求

(1)缺测水温资料不得插补;经审核定为“可疑”的水温监测资料按“缺测”对待。

表 6-6-1　地下水位自动监测资料摘录成果表

______省(自治区、直辖市)________市(州、盟)________县(市、旗)　　　基面名称__________

自记仪型号		监测站	名称		位置	______乡(镇)______村		高程(m)	固定点	
			类别			地理坐标	东经 ° ′ ″		地面	
			编号				北纬 ° ′ ″	井深(m)		

日期	月份						
	1			…	12		
	平均	最高	最低	…	平均	最高	最低
1				…			
2				…			
⋮				…			
30				…			
31				…			
月统计 日平均最高水位(m)				…			
月统计 发生日期				…			
月统计 日平均最低水位(m)				…			
月统计 发生日期				…			

年统计	最高水位	最低水位	年均水位	年变幅	年末差
	____m 月　日	____m 月　日	____m	____m	____m

制表:________　　年　月　日　校核:________　　年　月　日　审核:________　　年　月　日

(2)水温监测资料只进行年统计,包括年平均水温值,年最高、最低水温值及其发生的月份,年内水温变幅,当年末与上年末的水温差。

(3)年内缺测一次者,进行年不完全统计;超过一次者,不进行年统计。

(4)经基本资料考证、原始监测资料审核和数值统计并合格的各监测站水温资料,应编制“地下水水温监测成果表”,表式样见表 6-6-2。

6.2.2.2　水温资料整编说明

(1)资料整编的组织、时间、方法、内容及工作量概况。

(2)水温监测方法、精度、测具检定概况。

(3)监测资料的质量评价。

(4)存在问题及改进意见。

表 6-6-2　地下水水温监测成果表

_____年_______省(自治区、直辖市)_______市(州、盟)_______县(市、旗)　　　　(单位:温度 ℃,埋深 m)

序号	监测站			位置				地理坐标						3 月 26 日			6 月 26 日			9 月 26 日			12 月 26 日			年统计									备注
	名称	类别	编号	乡(镇)	村	方向	距离(m)	东经			北纬			水温	气温	埋深	水温	气温	埋深	水温	气温	埋深	水温	气温	埋深	平均			最高水位		最低水温		年水温差	年末水温差	
								°	′	″	°	′	″													水温	气温	埋深	值	月	值	月			

制表:__________年　月　日　　校核:__________年　月　日　　审核:__________年　月　日

第7章 水质监测

7.1 入河排污口调查

7.1.1 入河排污口基本情况调查

入河排污口调查与监测,应能较全面、真实地反映流域或区域排放污水所含主要污染物种类、排放浓度、排放总量和入河排放规律;客观地反映节水和用水定额、污水处理和循环利用率、水域纳污能力及排污总量限值等基本状况。

对入河排污口污水进行调查、测量和采集样品时,应采取有效防护措施,防止有毒有害物质、放射性物质和热污染等危及人身安全。

入河排污口基本情况调查应包括以下主要内容:

(1)入河排污口的类型、数量和位置分布。类型为企业废污水、生活污水、医疗污水、市政污水(含城镇集中式污水处理设施排水)、混合污水等。

(2)入河排污口排放方式,即连续排放、间歇排放和季节性排放等。

(3)废污水入河方式,即漫流、明渠、暗管、泵站、涵闸、潜没等。

(4)入河排污口准确地理坐标位置(经纬度准确到秒)。

(5)入河排污口设置管理单位、排污单位、排入的河流、水域、水功能区。

7.1.2 点源入河排污口调查

7.1.2.1 点污染源

1. 工业废水

由工业污染源排放的工业废水产自工业生产过程,其来源、水量及性质随生产过程而异,一般可分为工艺废水、设备冷却水、原料或成品洗涤水、设备和场地冲洗水,以及由于跑冒滴漏产生的废水等。废水中常含有工业生产原材料、中间产物、产品及其他杂质。工业废水所含的主要污染物性质,通常可分为有机废水、无机废水、有机物和无机物的混合废水、重金属废水、含放射性物质的废水和造成热污染的废水等;按产生废水的行业可分为造纸废水、制革废水、农药废水、印染废水、电镀废水、焦化废水等。

2. 生活污水

由生活污染源排放的污水称为生活污水。生活污水主要来自家庭、商业、机关、学校、旅游服务业务及其他城市公用设施,包括厕所冲洗水、厨房洗涤水、洗衣机排水、沐浴排水及其他排水等。生活污水含纤维素、淀粉、糖类、脂肪、蛋白质等有机类物质,其浓度可以用生化需氧量或化学需氧量表示。生活污水还含氮、硫、磷等的无机盐类及多种微生物、病原体和悬浮物等。

7.1.2.2　工业企业类入河排污口调查

工业企业类入河排污口调查应包括以下内容：

(1)企业名称、厂址、企业性质、生产规模、产品、产量、生产水平等。

(2)工艺流程、原理、工艺水平、能源和原材料种类及成分、消耗量。

(3)供水类型、水源、供水量、水平衡、水的重复利用率。

(4)生产布局、物料平衡、污水排放系统和排放规律、主要污染物种类、排放浓度和排放量、污水处理工艺及设施运行情况。

(5)入河排污口位置和控制方式。

7.1.2.3　城镇居民生活类入河排污口调查

城镇居民生活类入河排污口调查应包括以下内容：

(1)城镇人口。

(2)居民生活区布局。

(3)自来水供水量、居民用水定额。

(4)生活污水去向。

7.1.2.4　医疗污水类入河排污口调查

医疗污水类入河排污口调查应包括以下内容：

(1)医疗机构分布和医疗用水量。

(2)医疗污水处理设施及运行情况。

(3)入河排污口位置及控制方式。

7.1.2.5　市政污水类入河排污口调查

市政污水类入河排污口调查应包括以下内容：

(1)城市下水道管网分布状况、服务人口、服务面积和污水收集率等。

(2)城镇集中式污水处理设施日处理能力、运行状况及入河排污口位置和控制方式。

(3)市政污水入河排污口位置、数量和控制方式。

(4)生活垃圾处理场位置、处置方式及垃圾填埋渗滤液的控制。

7.1.3　非点源污染源调查

7.1.3.1　面污染源

面污染源包括农村灌溉水形成的径流、农村废水、地表径流和其他污染源。数量很小、分布很广的点污染源，也可视为面污染源。

农村废水包括农业废水和农村居民生活污水。农业废水指在农作物栽培、畜禽饲养、农副产品加工等过程中排出的影响人体健康和环境质量的废水或液态物质；农村居民生活污水一般分散排放，未统一收集。农村废水中含有较多病原体、悬浮物、化肥、农药、耗氧有机物、氨氮、磷、不溶性固体物质和盐分等。

大气中所含的工业生产废气及汽车尾气等通过重力沉降或降雨淋溶进入地表水体，水上交通及旅游活动造成水体污染，也可看作是对水体的面污染源。

天然污染源多属面污染源，如水与土壤之间的物质交换，气流刮起的泥沙、粉尘进入水体影响水体水质的过程；地表水下渗和地下水流动将地层中某些矿物质溶解，带入水体中,使水中盐分、微量元素、重金属或放射性物质浓度增高而使水质恶化的过程等。

7.1.3.2　流域或区域入河排污口调查

流域或区域入河排污口的调查范围应包括以下区域:

(1)县级以上城市市区、人口集中的小城镇及其城镇工业园、经济开发区和其他工业聚集区。

(2)建有化工、冶炼、采矿、造纸、印染、屠宰、酿造、木材加工等工业企业的村镇。

(3)县(区或乡)农业生产和生活区,如禽畜与水产养殖区、规模农田灌排区等。

7.1.3.3　农村生活污染源调查

农村生活污染源调查应包括以下内容:

(1)农村常住人口数量、经济条件、生活方式。

(2)农村生活垃圾、生活污水的产生情况。

(3)农村家庭生活供水情况、有无下水装置、户数等。

(4)农村生活污水和生活垃圾集中处理方式或分散处理方式,不同处理方式的农户数。

7.1.3.4　农业生产污染源调查

农业生产污染源调查应包括以下内容:

(1)农田面积及主要农作物品种。

(2)农药的使用品种、品名、有效成分及含量、使用方法和使用量、使用年限等。

(3)化肥的使用品种、数量和方式。

(4)农田灌溉方式和用水量、农田退水流向。

(5)规模化集约化禽畜养殖场养殖品种、数量,污水处理设施及运行情况,排污方式,入河排污口位置及控制方式。

(6)其他农业废弃物。

7.2　入河排污口监测

7.2.1　入河排污口流量测验

7.2.1.1　监测频次和监测时间

(1)入河排污口污水流量和水质同步监测的频次应符合以下要求:

①入河排污口调查性监测每年不少于 1 次;监督性监测每年不少于 2 次。

②列为国家、流域或省级年度重点监测的入河排污口,每年不少于 4 次。

③因水行政管理的需要所进行的入河排污口抽查性监测,依照管理部门或机构的要求确定监测频次。

(2)入河排污口污水流量测量和采样应符合以下要求:

①入河排污口为连续排放的,每隔 6~8 h 测量和采样 1 次,连续施测 2 d。

②入河排污口为间歇排放的,每隔 2~4 h 测量和采样 1 次,连续施测 2 d。

③入河排污口为季节性排放的,应调查了解排污周期和排放规律,在排放期间,每隔

6~8 h 测量和采样 1 次,连续施测 2 d。

④入河排污口发生事故性排污时,每隔 1 h 测量和采样 1 次,延续时间可视具体情况而定。

⑤入河排污口污水排放有明显波动又无规律可循的,则应加密测量和采样频次;入河排污口污水排放稳定或有明显排放规律的,可适当降低测量和采样频次。

⑥入河排污口受潮汐影响的,应根据污水排放规律及潮汐周期确定测量间隔与频次。

⑦有条件的,可根据监测结果绘制入河排污口污水和污染物排放曲线(浓度时间、流量时间、总量时间),优化调整监测频次和监测时间。

7.2.1.2 测验方法

根据不同的入河排污口和具体条件,可选择下列方法之一进行入河排污口流量监测。但在选定方法时,应注意各自的测量范围和所需条件。

(1)流速仪法。根据水深和流速大小选用合适的流速仪。使用流速仪测量时,一般采用一点法。当废污水水面较宽时,应设置测流断面。仪器放入相对水深的位置,可根据水深和流速仪器悬吊方式确定,点流速测验历时不得少于 100 s。

(2)浮标法。适用于底壁平滑,长度不小于 10 m,无弯曲,有一定液面高度的排污渠道。

(3)三角形薄壁堰法。堰口角为 90°的三角形薄壁堰,为废污水测量中最常用的测流设备。适用于水头(H)在 0.05~0.035 m,流量 $Q \leqslant 0.1\ m^3/s$,堰高(P)大于 $2H$ 时的污水流量的测定。

(4)矩形薄壁堰法。适用于较大污水流量的测定。

(5)容积法。适用于污水量小于 $1.0\ m^3/min$ 的排污口。测量时用秒表测定污废水充满容器所需的时间。容器容积的选择应使水充满容器的时间不少于 10 s,重复测量数次,取平均值。

(6)入河排污口为管道输送污水的,可根据不同情况,分别采用超声波流量计和电磁流量计测流。

7.2.1.3 技术要求

入河排污口流量监测应符合以下规定:

(1)采用流速仪、浮标、薄壁堰测量污水排放量时,测验环境条件、技术要求和精度等符合现行国家和行业有关技术标准的规定。

(2)施测入河排污口的前 3 d,无明显降水。

(3)所使用的流量计、流速仪定期进行计量检定。

7.2.2 入河排污量计算

流域或区域入河排污口监测,其监测的入河排污口污染物质量和污水排放量之和应分别大于该流域或区域入河污染物质量和污水排放总量的 80%。入河排污口监测应同步施测污水排放量和主要污染物质的排放浓度,并计算入河污染物排放总量。

入河排污量应按以下方法与要求计算:

(1)在某一时间间隔内,入河排污口的污水排放量按式(6-7-1)计算:

$$Q = Vat \tag{6-7-1}$$

式中　Q——污水排放量,t/d;

V——污水平均流速,m/s;

a——过水断面面积,m^2;

t——1 日排污时间,s。

(2)装有污水流量计的排污口,排放量从仪器上读取。

(3)经水泵抽取排放的污水量,由水泵额定流量与开泵时间计算。

当无法测量污水量时,污水排放量可根据经验计算公式(6-7-2)推算:

$$Q = qwk \tag{6-7-2}$$

式中　Q——污废水排放量,t/d;

q——单位产品污水排放量,t/单位产品;

w——产品日产量,单位产品/d;

k——污水入河量系数。

入河排污口污水量测量结果应采用水量平衡等方法进行校核。对有地表径流或地下径流影响的入网排污口,在计算排污量时,应予以合理扣除。

入河排污口排污量应按入河各测次分别计算,取加权平均值;根据调查的入河排污口周期性或季节性变化的排放规律,确定排污天数,计算年排放量。

7.2.3　入河排污口水样采集

7.2.3.1　监测断面(点)布设

入河排污口监测断面(点)布设可符合以下要求:

(1)监测断面(点)可选择在入河排污口(沟渠)平直、水流稳定、水质均匀的部位,但应避免纳污河道水流的影响。有一定宽度和深度的,应按地表水监测有关技术规定的要求布设监测断面(点)。

(2)有涵闸或泵站控制的排污口,在积蓄污水的池塘、洼地内或涵闸、泵站出口处设置监测断面(点);水网与河口地区应避免河道往复与潮汐水流的影响。

(3)城镇集中式污水处理设施的进出水口应分别设置采样点。

(4)根据农田灌溉方式和退水流向,在灌区主要退水口布设监测断面(点);有多处农田退水口门时,应控制监测区域入河退水总量的 80%以上;建有农田小区径流池的,可在径流池内布设监测断面(点)。

7.2.3.2　水样采集

入河排污口水样采集应符合以下要求:

(1)采样器和样品容器的选择与使用应符合地表水监测有关技术要求;每次使用后应按规定的洗涤方法清洗,保证清洁,避免沾污和交叉污染。

(2)排污口(沟渠)水深小于 1 m 时,应在 1/2 水深处采样;水深大于 1 m 时,应在 1/4 水深处采样。

(3)采样时应注意除去水面的杂物、垃圾等漂浮物。同时,避免搅动底部沉积物,防止异物进入采样器。

(4)在排污暗管(沟、渠)落水口处或观察孔采样,可直接用采样桶采集。

(5)用样品容器直接采样时,应反复用水样冲洗数次后再行采样。但当水面有浮油时,采油的容器不能冲洗。

(6)入河排污口监督性或抽查性监测可以采集瞬时样品。污水排放不稳定、污染物浓度有明显变化时,可分时间段采样。但在各次采样时,应注意采样量与实时的污水流量成比例,保证混合样品具有代表性。

(7)用自动采样器进行自动采样时,当污水排放量较稳定,污染物浓度变化较小时,可采用时间比例采集混合样;污水流量和污染物浓度随时间变化大于20%时,应采用流量比例采集混合样。

(8)测定pH、悬浮物、溶解氧(DO)、化学需氧量(COD)、五日生化需氧量(BOD_5)、硫化物、油类、有机物、余氯、粪大肠菌群、放射性等项目的样品,不宜采集混合样,须单独采集。

第 8 章　泥沙测验

8.1　测　验

8.1.1　比重瓶检定

比重瓶检定,每年不应少于 1 次。比重瓶在使用期间,应根据使用次数和温度变化情况,用室温法及时进行校测,并与检定图表对照,当两者相差超过表 6-8-1 所列的比重瓶检定允许误差(g)时,该比重瓶应停止使用,重新检定。比重瓶检定允许误差(g)是指瓶加清水的质量误差。

表 6-8-1　比重瓶检定允许误差　(单位:g)

天平感量(mg)	比重瓶容积(mL)					
	50	100	200	250	500	1 000
1	0.007	0.014	0.027	0.033	0.065	0.130
10	0.03	0.03	0.04	0.05	0.08	0.14

8.1.1.1　恒温水浴法检定比重瓶

(1)将洗净后待检定的比重瓶注满纯水,放入恒温水槽内,然后往水槽内注清水(或纯水)直至水面达到比重瓶颈(如果注入的是纯水,可以将比重瓶全部淹没)。

(2)调节恒温器,使温度高于室温约 5 ℃。

(3)待到达预定温度时,测定瓶内和瓶外的水温,认为稳定后,测记瓶中心的温度,准确至 0.1 ℃。

(4)从水槽中取出比重瓶并用同温度的纯水加满,立即盖好瓶塞,用手抹去塞顶水分,用干毛巾擦干瓶身,检查瓶内有无气泡(若有气泡应重装),然后放在天平上称量,准确至 0.001 g(擦比重瓶时要轻、快、干净,切勿用力挤压比重瓶,以防瓶内水分溢出。取放比重瓶应握住瓶颈,不得用手触及瓶身)。

(5)重复上述步骤,直至相应温度的称量差不超过 0.002 g。取不超差的均值为采用质量。

(6)再调节恒温器,使温度升高约 5 ℃,再重复以上步骤,如此每隔 5 ℃测定温度和称量一次,直至所需的最高温度。

8.1.1.2　室温法检定比重瓶

(1)将待检定的比重瓶洗净,注满纯水,测量瓶中心的温度,准确至 0.1 ℃。

(2)再用纯水加满比重瓶,立即盖好盖子,用手抹去塞顶水分,用干毛巾擦干瓶身,检查瓶内有无气泡(如有气泡,应重装),然后放在天平上称量,准确至 0. 001 g。

(3)重复以上步骤,直至二次称量之差不大于 0. 002 g。取不超差的均值为采用质量。

(4)将称量后的比重瓶妥为保存,不得使用。待气温变化 5 ℃左右,将比重瓶取出洗净,再按上述步骤,称比重瓶盛满纯水的总质量。如此,室内温度每变化约 5 ℃时,测定温度和称量一次,直至取得所需要的最高、最低及其间各级温度的全部检定资料。

8. 1. 1. 3　绘制比重瓶瓶加清水质量与其相应温度关系的检定曲线

以比重瓶瓶加清水质量为横坐标,其相应温度为纵坐标,绘制比重瓶检定曲线。用室温法检定的比重瓶,必须在各温度级全部检定后方可绘出曲线提供使用。

8. 1. 2　分析筛检查与校正

8. 1. 2. 1　分析筛检查

分析筛检查通常使用镜鉴法。用于镜鉴法的仪器有显微镜或台式投影仪,对于粗筛网孔还可用普通放大镜。台式投影仪检查的操作步骤如下,其他仪器设备检查步骤类同于台式投影仪检查的操作步骤:

(1)根据筛标孔径,选用所需物镜,将筛子平整放在工作台上,旋转变阻器手轮至电阻最大处,然后将电源打开。

(2)对准鉴定方位和区号,一般每个筛面检定 13 处,筛面检定点位分布示意图如图 6-8-1 所示。这些区域应包括目测到的最大网孔。检测按区号由小到大的顺序进行。

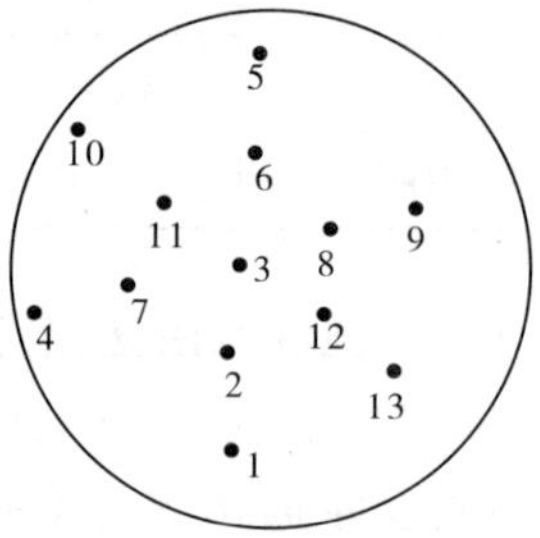

图 6-8-1　筛面检定点位分布示意图

(3)调整镜头光源、焦距和电阻器,以能清晰看到检定处的筛孔和丝径为度。

(4)检测孔径:调整工作台位置,使检定处某孔的一边丝径左(右)边缘与影屏上垂直线平行并重合,读纵向测微手轮读数 a_{xi1};转动纵向测微手轮使该孔另一边丝径左(右)边缘与影屏垂直重合,读纵向测微手轮读数 a_{xi2};则该孔(i 为孔编号)被检测方向(x)孔径为

$$a_{xi} = |a_{xi1} - a_{xi2}| \tag{6-8-1}$$

同样,可检测计算方向(y)的孔径。

(5)检测丝径:调整工作台位置,使检定处某孔的一边丝径左边缘与影屏上垂直线平行并重合,读纵向测微手轮读数 b_{xi1};转动纵向测微手轮使该孔同边丝径右边缘与影屏垂直重合,读纵向测微手轮读数 b_{xi2};则被检测丝径(i 为丝编号)为

$$b_{xi} = |b_{xi1} - b_{xi2}| \tag{6-8-2}$$

(6)粗筛孔(D>0. 1 mm)每区观读纵横两方向各 5 个孔径、5 个丝径;细筛孔(D<0. 1 mm)每个区观读纵横两方向各 10 个孔径、10 个丝径。

(7)观读过程中发现异常情况,如明显的损坏点、丝径生锈、筛网松弛等情况,应在记录中注明。

检查过程中,将鉴定筛子的手轮微尺读数记入记录表中,计算观测的孔、丝径值。计

算所测网孔与筛标网孔尺寸的差值，计算实际网孔的平均尺寸、丝径平均尺寸等（纵横两方向不用分别计算）。

任一检测网孔与标定尺寸的偏差限可按式（6-8-3）计算：

$$X = \frac{2W^{0.75}}{3} + 4W^{0.25} \tag{6-8-3}$$

式中　X——网孔标定尺寸偏差限，μm；

W——网孔标定尺寸，μm。

网孔平均尺寸的偏差限可按式（6-8-4）计算：

$$Y = \frac{W^{0.98}}{27} + 1.6 \tag{6-8-4}$$

式中　Y——网孔平均尺寸的偏差限，μm。

检查、计算完成后，需要对分析筛的检查成果进行评价，评价的质量标准为：

（1）金属丝表面应该光滑，不得有裂纹、起皮和氧化皮，网面应平整、清洁，不得有断丝、跳丝、并丝、松丝、折痕、锈蚀及机械损伤。

（2）任一检测网孔的尺寸不应超过 $W \pm X$（见表 6-8-2）。

（3）网孔平均尺寸 $\overline{W}$ 不应超过 $W \pm Y$（见表 6-8-2）。

（4）筛网孔、丝径尺寸及偏差限值见表 6-8-2。

（5）筛子经检查符合以上各项标准，继续按筛标尺寸使用，否则应停止使用。

表 6-8-2　筛网孔径、丝径及偏差限值

筛网标注孔径 W（μm）	筛网标注丝径 S（μm）	孔偏差限 X（±）（μm）	孔偏差限 Y（±）（μm）	丝径偏差限 s（±）（μm）
5 000	1 600	430	158	20
4 000	1 400	367	127	18
2 000	900	226	66	14
1 000	560	141	34	10
500	315	89	18	8
250	160	58	10	5
125	90	38	6	4
100	71	34	5	4
62	45	26	4	3
50	36	23	4	3

8.1.2.2　分析筛校正

分析筛校正通常使用标准沙法。分析筛校正所需的仪器设备包括标准筛 1 套、分度值 0.1 mg 的天平 1 台，以及烘箱、振筛机、玻璃皿、毛刷等其他设备。

分析筛校正前需要配制标准沙样或购置标准粒子。配制标准沙样应选取坚硬不易分裂、不具黏性、级配均匀的沙子约 300 g,分批(每次 50~100 g)倒入按孔径大小依次排列好的标准筛上,盖好盖子,放在振筛机上,振动 15 min,取下来,把留在各筛上的沙粒,按孔径大小,分别扫入有编号的玻璃皿中,待全部沙子过筛完毕后,从各杯中称取等量的沙子混合,混合后的沙量约为 100 g,此混合样品即为标准沙样。

将配置好的标准沙样在 100~110 ℃温度下的烘箱内烘干,冷至室温后,倒入按孔径大小顺序排列好的标准筛中,按筛分析的方法步骤进行过筛,过筛后,精确称量各级筛上沙量,准确至 0.001 g。然后,将沙样混合在一起,进行第二次过筛。计算各筛上两次沙量的相对误差,若不大于 2%,即取两次的算术平均值作为该次的分析结果。否则,应重复以上混合、过筛、计算、比较的过程,直至符合要求。

用标准筛分析过的沙样,再烘干,冷却至室温后,倒入按孔径大小顺序排列的被校正的筛中,按上述方法步骤进行过筛。

按筛分析的计算方法,分别计算标准筛和被校正筛分析同一样品的小于某粒径沙量百分数。将标准筛和被校正筛分析同一样品的两条级配曲线绘在同一坐标系。按被校正筛孔径的标示尺寸查读被校正筛级配曲线小于某粒径沙量百分数,再查读同一百分数标准筛级配曲线对应的纵坐标值(粒径),即为被校正筛的孔径校正值。

8.1.3 泥沙颗粒级配分析

8.1.3.1 **筛分法**

1. 主要设备

(1)分析筛。筛孔为φ标准孔径系列尺寸或其他分级法划分的孔径系列尺寸。孔径 2 mm 以上各级宜选用筛框尺寸 400 mm 或 200 mm 的圆孔粗筛;孔径 0.062~2 mm 各级宜选用筛框尺寸 200 mm 或 120 mm 的方孔编织筛。方孔编织筛网底为耐腐蚀、耐磨损和高强度材料编织,经纬线互相垂直、无扭曲、无断丝、触感无凹陷。筛框均为硬质不易变形的材料,周缘光滑无缝隙。

(2)振筛机。应附有定时控制器,运行时差为每 15 min 不超过 15 s。

(3)音波自动筛分仪。

(4)其他设备。分度值 10 mg 和 1 mg 的天平各一台;电热干燥箱、超声波清洗机、游标卡尺、软质毛刷、平口铲刀等。

2. 沙量要求

沙样中含有粒径大于 20 mm 的颗粒时,沙量应大于 500 g;沙样中粒径大于 2 mm 的颗粒占总沙量 10%以上(10%以下)时,沙量不应少于 80(60)g;沙样中粒径小于 2 mm 时,沙量不应少于 50 g,当取样有困难时,沙量可适当减少,但应在备注中说明情况。

3. 干沙筛分析步骤

(1)对粒径大于 2 mm 的颗粒。称量试样沙量;将依粒径分级法划分孔径系列的圆孔粗筛组装成套;将试样置于套筛最上层,逐级手摇过筛,直至筛下无颗粒下落;当样品沙量过多时,可分几次过筛,同一组的颗粒,可合并称量计算。

(2)对粒径小于 2 mm 的颗粒。称量试样沙量;将依粒径分级法划分孔径系列的方孔编织筛和底盘组装成套;将试样倒在套筛最上层,用软质毛刷拂平,加上顶盖;移入振筛机座上,套紧压盖板,启动振筛机,定时振筛 15 min。若用音波自动筛分仪,按规定的分析时间操作。

(3)逐级称沙量。对粒径大于 2 mm 的颗粒,从最上一级筛盘中挑出最大颗粒,用游标卡尺量其三轴并称其质量,列为第一粒径组;分别称各级筛盘中的沙量,或由小到大逐级累计称沙量。

当累计总沙量与试样沙量之差超过 2%时,应用备样重新分析。

4. 水沙法筛分析步骤

水沙法筛分析主要用于很细的泥沙分析,一般不能装成套筛进行多级一次分析,通常的做法是,将试样置于最大孔径筛上,高水压冲洗,使小于该筛孔径细沙通过;然后将已经通过最大孔径筛的水沙样置于次大孔径筛上,高水压冲洗,使小于该筛孔径细沙通过……直至分到预定的最小孔径筛。收集各级筛上水沙样,烘干,称量沙量。

5. 泥沙颗粒级配计算

筛分法、尺量法、粒径计法一般是分别称量粒径级间各组沙量,粒度级配用式(6-8-5)计算:

$$P_{cfi} = \frac{\sum_{1}^{i} m_{cfi}}{\sum_{1}^{n} m_{cfi}} \times 100 \tag{6-8-5}$$

式中　P_{cfi}——沙样小于某粒径沙量百分数(%);

m_{cfi}——相邻粒径级之间的沙量系列;

i——测试粒径级、相邻粒径级之间及累加序列号,n 为序列总长,$i=1,2,\cdots,n$,i 一般对应的特定粒径级为 0. 062 mm、0. 125 mm、0. 25 mm、0. 50 mm、1. 0 mm、2. 0 mm、4. 0 mm、8. 0 mm、16. 0 mm、32. 0 mm、64. 0 mm 及大于 64. 0 mm 等的各适合粒径段,尺量法可不按此分级而按分成若干自由组分级。

6. 筛分法粒度级配计算表

筛分法粒度级配计算表见表 6-8-3。

表 6-8-3　______站筛分法分析记录计算表

(2009 颗分 2)

施测号数		沙样种类			
施测断面		取样日期	年　月　日		
垂线测点号		分析日期	年　月　日		
垂线起点距	m	总沙量	g	粒径试样量	g
计算公式:$P_{cfi} = \frac{\sum_{1}^{i} m_{cfi}}{\sum_{1}^{n} m_{cfi}} \times 100$		式中　P_{cfi}——小于某粒径沙量百分数(%)系列; m_{cfi}——相邻粒径级之间的沙量系列; i——测试粒径级、相邻粒径级之间及累加序列号,n 为序列总长,$i=1,2,\cdots,n$			

续表 6-8-3

粒径(mm)	分级沙量				累积沙量(g)	小于某粒径沙量百分数(%)
	皿号	皿质量(g)	皿加沙质量(g)	沙量(g)		

备注说明:

分析:　　　　计算:　　　　校核:

8.1.3.2　**尺量法**

1. 主要设备

(1)分离筛。孔径(圆孔)64 mm,外框直径 400 mm。

(2)游标卡尺。如图 6-8-2(左边为电子游标卡尺,右边为普通游标卡尺)所示,游标卡尺是一种测量长度、内外径、深度的量具。游标卡尺由主尺和附在主尺上能滑动的游标两部分构成。主尺一般以 mm 为单位,而游标上则有 10、20 或 50 个分格,根据分格的不同,游标卡尺可分为十分度格游标卡尺、二十分度格游标卡尺、五十分度格游标卡尺等。游标卡尺的主尺和游标上有两副活动量爪,分别是内测量爪和外测量爪,内测量爪通常用来测量内径,外测量爪通常用来测量长度和外径。

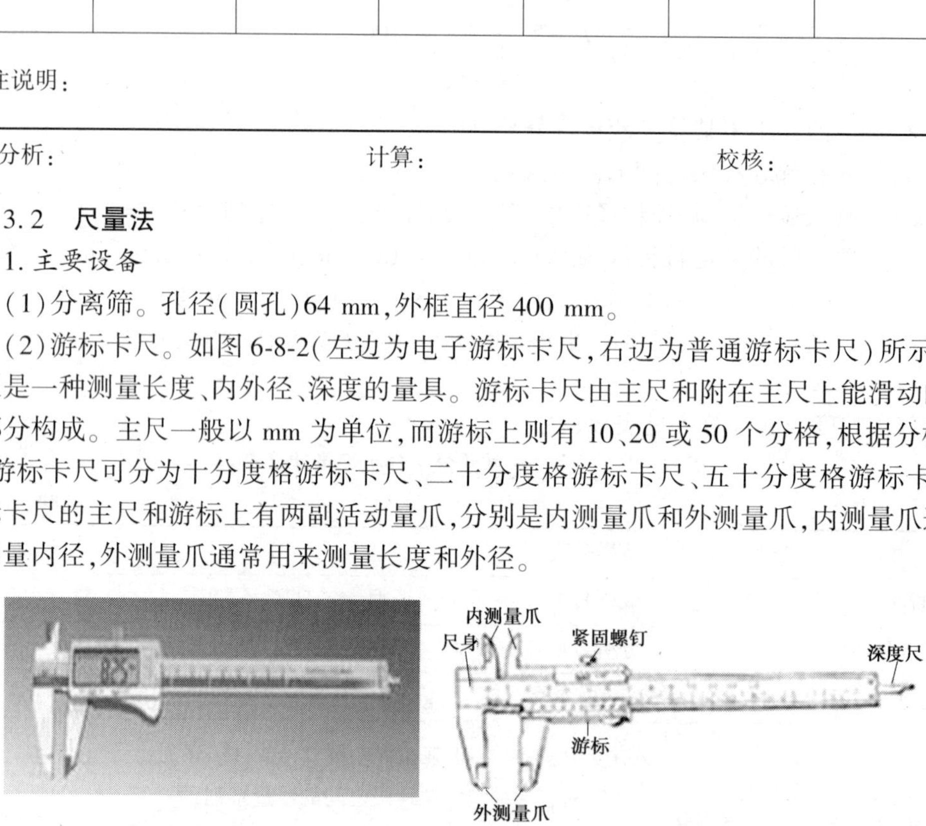

(a)电子游标标尺　　(b)普通游标卡尺

图 6-8-2　游标卡尺

泥沙粒径测量可选分度值 0.1 mm 的游标卡尺，这种精度的游标卡尺，尺身上的最小分度是 1 mm，游标尺上有 10 个小的等分刻度，总长 9 mm，每一分度为 0.9 mm，比主尺上的最小分度相差 0.1 mm。量爪并拢时尺身和游标的零刻度线对齐，它们的第一条刻度线相差 0.1 mm，第二条刻度线相差 0.2 mm，…，第 10 条刻度线相差 1 mm，即游标的第 10 条刻度线恰好与主尺的 9 mm 刻度线对齐。当量爪间所量物体的线度为 0.1 mm 时，游标尺向右应移动 0.1 mm。这时它的第一条刻度线恰好与尺身的 1 mm 刻度线对齐。依此类推，当游标的第二、三……条刻度线跟尺身的 2 mm、3 mm……mm 刻度线对齐时，说明两量爪之间有 0.2 mm、0.3 mm……mm 的宽度。在测量大于 1 mm 的长度时，整的 mm 数要从游标"0"线及尺身相对的刻度线读出。

实际工作中常用精度为 0.05 mm 和 0.02 mm 的游标卡尺。它们的工作原理和使用方法及精度与 0.1 mm 的游标卡尺相同。

(3)台秤(或杆秤)、天平。台秤(或杆秤)分度值 10 g；天平分度值 1 g。

2. 分析步骤与技术要求

(1)将全部样品用 64 mm 孔径筛分离，筛下部分用筛分法分析。

(2)筛上卵石颗粒，依粒径大小次序排列后，分成若干自由组，其中最大粒径列为第 1 组。

(3)每组挑选最大一颗或两颗用游标卡尺量其三轴，用式(6-8-6)计算各组最大颗粒的几何平均粒径 D_i 为

$$D_i = \sqrt[3]{abc} \qquad (6\text{-}8\text{-}6)$$

式中　a——颗粒长轴方向的长度，mm；

b——颗粒垂直于 a 方向的最大宽度，mm；

c——颗粒垂直于 a 和 b 方向的最大厚度，mm。

(4)当整个样品卵石数量少于 15 颗时，应逐颗测量。

(5)分别称量各组沙量。

3. 尺量法粒度级配计算表

尺量法粒度级配计算同式(6-8-5)。尺量法分析记录计算表见表 6-8-4。

表 6-8-4　________站尺量法分析记录计算表

（2009 颗分 1）

<table>
<tr><td>施测号数</td><td></td><td>沙样种类</td><td></td></tr>
<tr><td>施测断面</td><td></td><td>起点距</td><td>m</td></tr>
<tr><td>取样日期</td><td>年　月　日</td><td rowspan="2">总沙量</td><td rowspan="2">g</td></tr>
<tr><td>分析日期</td><td>年　月　日</td></tr>
<tr><td colspan="2">计算公式：$P_{cfi} = \frac{\sum_{1}^{i} m_{cfi}}{\sum_{1}^{n} m_{cfi}} \times 100$</td><td colspan="2">式中　P_{cfi}——小于某粒径沙量百分数(%)系列；
m_{cfi}——相邻粒径级之间的沙量系列；
i——测试粒径级、相邻粒径级之间及累加序列号，n 为序列总长，$i=1,2,\cdots,n$</td></tr>
</table>

续表 6-8-4

组号	D_{max}(mm)				分组沙量(g)	累积沙量(g)	小于某粒径沙量百分数(%)
	a	b	c	$\sqrt[3]{abc}$			

备注说明：

施测：　　计算：　　校核：

8.1.3.3　**粒径计法**

1. 主要设备

(1)粒径计管。粒径计法的主要器具是粒径计管。根据适用粒径范围和沙量不同，可分别选用不同规格粒径计管。粒径计管应垂直安装在稳固的分析架上。分析架位置适中，照明良好，避免热源影响和阳光直射，管高和两管间距(通常将若干粒径计管安装于同一分析架)以便于注样操作为宜。颗粒分析时，粒径计管应盛澄清的天然河水。粒径计管要求如下：

①粒径计管下端 80~100 mm 处应开始逐渐收缩，至管底口内径 8 mm，管内壁光滑，管身顺直，中部弯曲矢距小于 2 mm。粒径计管的沉降始线、盛水水面线、最大粒径终止线等标记应用钢尺准确测量，标划清晰。

②对管长 1 300 mm、内径 40 mm、沉降距离 1 250 mm、最大粒径观读沉距 1 000 mm 的粒径计管，由管的下口向上量至 1 250 mm 处应为沉降始线，始线以上 5 mm 处为盛水水面线，始线以下 1 000 mm 处(管的下口向上至 250 mm 处)为最大粒径终止线。

③对管长 1 050 mm、内径 25 mm、沉降距离 1 000 mm、最大粒径观读沉距 800 mm 的粒径计管，由管的下口向上量至 1 000 mm 处应为沉降始线，始线以上 5 mm 处为盛水水面线，始线以下 800 mm 处(管的下口向上至 200 mm 处)为最大粒径终止线。

(2)注样器。由带柄玻璃短管与皮塞盖组成。管长 45 mm，外径为 34 mm 或 22 mm，柄长 20~30 mm。注样器盖为一圆薄片，直径略大于注样器外径，并用细线与管柄连接。

(3)其他器具。洗筛，孔径 0.062 mm；天平，感量 1 mg；温度表，量度 0~50 ℃，分度值 0.5 ℃；接沙杯，容积 30~50 mL；尾样放淤杯，容积 500 mL 或 2 000 mL；电热干燥箱、玻璃干燥器、秒表和时钟等。

2. 分析试样准备

试样经过大于 1 mm(或 2 mm)孔径洗筛除去杂质后，再经 0.062 mm 孔径筛水洗过筛将其分离为两部分，筛上部分用本法分析。当沙量超过本法规定范围时，可用两只或多只注样器盛装，分别分析，同粒径级的沙量合并处理，计算成果。

3. 分析步骤

(1) 分沙接沙。

①将粒径计管下端管口套上皮嘴，管内注入纯水至水面线。

②为每只粒径计管配备 5~6 个接沙杯，并注满纯水。

③观测管内水温，准备操作时间表和计时钟表。

④将注样器加上盖片，手握注样器，拇指按住盖片，摇匀试样，在预定分析前 10 s 将注样器倒立，松开拇指，将试样移入粒径计管内，按预定的分析开始时间，迅速准时接触水面，同时开动秒表，旋紧皮塞，观读和记录最大粒径到达"终线"的时间。

⑤当管口旋紧皮塞后，立即拔掉下管口皮嘴，放上第 1 个接沙杯。当第 1 组粒径沉降历时终了时，迅速将杯移开，同时换上第 2 个接沙杯，如此交替接、换，直至最后一级。

⑥将管内余样放入尾样杯，澄清后，将沉积泥沙移入小于 0.062 mm 粒径级的样品中参加细沙级配分析。

(2) 烘干。各接沙杯澄清后，小心倾出上层清水，移入电热干燥箱，在 100~105 ℃条件下烘至无明显水迹后，再继续烘干 1 h，切断电源。

(3) 称量计算。待干燥箱内温度降至 60~80 ℃后，将接沙杯移入干燥器内，加盖冷却至室温，逐个称量，并用式(6-8-7)计算各粒径组(系列)沙量：

$$W_{si} = W_{sib} - W_b \tag{6-8-7}$$

式中　W_{si}——某粒径组沙量，g；

W_{sib}——某粒径组沙、杯总质量，g；

W_b——某杯空杯质量，g。

4. 粒径计法粒度级配计算表

粒径计法粒度级配计算同式(6-8-5)。粒径计法分析记录计算表见表 6-8-5。

表 6-8-5　________站粒径计法分析记录计算表

(2009 颗分 3)

施测号数		沙样种类			
施测断面		取样日期	年　月　日		
垂线测点号		分析日期	年　月　日		
垂线起点距	m	总沙量	g	粒径试样量	g
粒径计号		分析水温	℃		
计算公式：$P_{cfi} = \dfrac{\sum_{1}^{i} m_{cfi}}{\sum_{1}^{n} m_{cfi}} \times 100$		式中　P_{cfi}——小于某粒径沙量百分数(%)系列； m_{cfi}——相邻粒径级之间的沙量系列； i——测试粒径级、相邻粒径级之间及累加序列号，n 为序列总长，$i=1,2,\cdots,n$			

续表 6-8-5

粒径(mm)	分级沙量				累积沙量(g)	小于某粒径沙量百分数(%)
	杯号	杯质量(g)	杯加沙量(g)	沙量(g)		

备注说明：

分析：　　计算：　　校核：

8.1.3.4 吸管法

1. 主要设备

(1)吸管。为吸样容积 20 mL 或 25 mL 的玻璃质大肚型直管，底部封闭，进水口开在近底四周的侧壁上，孔眼 4 个，孔径为 1.0~1.5 mm。吸管的标称容积应经校核，当误差超过 0.1 mL 时，吸样容积应加“改正值”或修正容积刻划。吸管后端敞口连接有吸气球。

吸管吸样的深度刻划，应加“吸管放入沉降筒内引起的水面上升距离”校正值。

(2)量筒。容积为 600 mL 或 1 000 mL，高约 450 mm。悬移质颗粒分析时，量筒中应盛澄清的天然河水。

(3)其他设备。手持搅拌器或双管机械搅拌器，孔径为 0.062 mm 洗筛、盛沙杯、温度计、烘箱等。

2. 反絮凝处理和试样制备

(1)用 1 mm 孔径洗筛除去样品中的杂质。

(2)用 0.062 mm 孔径洗筛将试样分成两部分，筛下部分做反凝处理。筛下部分若沙量过多，应进行分样。

(3)将试样移入沉降分析量筒内，加纯水至有效容积 2/3 处，用搅拌器强烈搅拌 2~3 min，搅拌速度每分钟往返不少于 30 次。

(4)选用和加入反凝剂，再搅拌 2 min，加纯水至规定刻度，静置 1.5 h 后，即可进行分析。

3. 操作步骤

(1)分级吸样。

①测记悬液体积和温度，准备好吸管、盛沙杯、计时表、操作时间表、分析记录表等。

②用搅拌器在量筒近底处强烈搅拌 10 s，然后上下搅拌 1 min(往复约 30 次)，使悬液中泥沙均匀分布，搅拌器每次向下应触及筒底，向上不能提出水面。

③搅拌停止后，随即在液面下中部处吸代表样一次、测记体积、测算沙量(置换法或

烘干称量法)，并换算出预定体积的总沙量。

④吸样的粒径级应能控制样品的级配变化，一般为 0. 031 mm、0. 016 mm、0. 008 mm、0. 004 mm，必要时可以分析到 0. 002 mm，其相应的吸样深度分别为 200 mm、200 mm、100 mm、100 mm、50 mm。

⑤在各粒级规定(计算)的时间分次实施吸管取样测试。吸管应垂直缓慢自量筒中央插入和取出，吸样历时为 15 s(在规定时刻前后的时间大致相等)，吸样速度应均匀，吸样历时和吸样深度应掌握准确。

⑥试样容积为 1 000 mL 或 600 mL 时，每次吸样宜为 25 mL 或 20 mL，吸多了不应倒回，吸少了不应再吸，按实际吸样体积计算沙量。

⑦吸出试样注入与粒径级相应的盛沙杯内，并用少量纯水冲洗吸管内壁，清洗液一并注入盛沙杯中。记录盛沙杯编号和对应吸取的试样情况。

(2)烘干和称量各盛沙杯内沙量。

4. 吸管法粒度级配计算

(1)当吸样体积多于或少于预定体积时，应用式(6-8-8)进行沙量改正计算：

$$w_g = \frac{v_g}{v_s} \times w_s \tag{6-8-8}$$

式中　w_g——预定吸样体积中的沙量，g；

w_s——实际吸样体积中的沙量，g；

v_g——预定吸样体积，mL；

v_s——实际吸样体积，mL。

(2)吸管法称量的是小于某粒径的各级沙量，级配按式(6-8-9)计算：

$$P_{xgi} = \frac{W_{xgi} - a}{W_{xgz} - a} \times 100 \tag{6-8-9}$$

式中　P_{xgi}——吸管法单个自然沙样小于某粒径沙量百分数(%)；

W_{xgi}——称量的各接杯并改正到预定体积的沙量(小于某粒径级沙量)，g；

W_{xgz}——悬沙搅拌均匀时随即吸样的预定体积的沙量，g；

a——吸样体积内的分散剂剂量，g。

i——测试粒径级序列号，i 一般对应的特定粒径级为 0、0. 001 mm、0. 002 mm、0. 004 mm、0. 008 mm、0. 016 mm、0. 031 mm、0. 062 mm。

5. 吸管法分析记录计算表

吸管法分析记录计算表如表 6-8-6 所示。

8. 1. 3. 5　消光法

1. 仪器简介

消光法分析颗粒级配的仪器是光电颗粒分析仪，通用电源 AC220 V±22 V，50 Hz±1 Hz，要求光源稳定。仪器由精良的点光源变为平行光的光学系统，光狭缝尺寸一般为 1. 5 mm×20 mm。沉降盒厚宜为 12 mm，宽宜为 40 mm，高度应保证沉降距离 100 mm。扫描装置应使一个样品的测试历时不超过 10 min。光电机构与沉沙盒之间的距离宜为 110 mm。有自动记录或微机自动处理系统。

表 6-8-6 ______站吸管法分析记录计算表

（2009 颗分 4）

施测号数		沙样种类	
施测断面		取样日期	年　月　日
垂线测点号		分析日期	年　月　日
垂线起点距	m	总沙量	g
量筒号	容积　cm³	分析试样总量	g

计算公式：$P_{xgi}=\dfrac{W_{xgi}-a}{W_{xgz}-a}\times 100$

式中 P_{xgi}——小于某粒径沙量百分数(%)系列；

W_{xgi}——称量的各接杯并改正到预定容积(小于某粒径)的沙量系列，g；

W_{xgz}——悬沙搅拌均匀时随即吸样的预定容积的沙量，g；

a——吸样体积内的分散剂剂量，g；

i——测试粒径序列号

粒径	吸样深度	吸样容积	杯号	杯和沙量	杯质量	沙量	分散剂量	净沙量	小于某粒径沙量百分数
(mm)	(cm)	(cm³)		(g)	(g)	(g)	(g)	(g)	(%)

备注说明：

分析：　　　　计算：　　　　校核：

其他设备有量筒、吸管、搅拌器、天平、洗筛及温度计等。

2. 试样制备

(1)用分样器分取符合要求的沙量。

(2)用置换法测定试样沙量。

(3)将已知沙量的试样过 0.062 mm 孔径的洗筛，筛上部分用其他方法测定级配，筛下部分接入 600 mL 量筒中。

(4)给量筒内试样加入适量的反凝剂，并加纯水 300~500 mL，充分搅拌分散，静置 1.5 h 后做消光法分析。

3. 操作步骤

(1)开机检查:包括开机预热、仪器检查(扫描方式、存储记录、沉降距离等检查)。

(2)加样测试:

①充分搅拌量筒中制备好的样品,停止搅拌的同时,随即用吸管吸取适量试样注入沉降盒内,加纯水至满刻度线并测记水温。

②搅拌沉降盒内试样使其均匀,停止搅拌的同时开始沉降记时。

③在沉降过程中,根据选择的沉降扫描方式对试样进行扫描。

(3)成果输出:

①根据选用的仪器情况,事先输入或在分析结束后填写样品来源、取样日期、分析日期和试样水温等。

②输出电子数据文件,打印级配数据表、级配曲线。

8.1.4　颗粒级配曲线绘制

河流泥沙颗粒粒径尺度谱系很宽,从微米级到厘米级,而级配是0~100%,在正分直角坐标系很难匹配坐标轴标度,通常将粒度坐标进行压缩变换,常用的有半对数坐标系(粒度坐标用对数、级配坐标用正分数值)和对数概率坐标系(粒度坐标用对数、级配坐标用正态概率数值)。

泥沙颗粒分析后的数据都可在半对数坐标系中绘制泥沙颗粒级配曲线。利用对数概率坐标系绘制泥沙颗粒级配曲线时,过去都是在成品对数概率坐标系底图上手工绘制曲线,下面介绍用Excel软件绘制对数概率坐标系泥沙颗粒级配曲线的方法。用Excel软件绘制对数概率坐标系级配曲线格式如图6-8-3所示。

设计思路是:规划横向主网格线的粒径值和纵向主网格线的级配值,分别变换为对数值和正态分布积分值,在算术坐标系 X (Y) 轴,填点各正态分布积分值(各粒径对数值)和最小粒径对数值(最小正态分布积分值)构成的起始点,用粒径对数值(正态分布积分值)的极大差(最大最小值的差)做 Y (X) 误差线构成网格线。同样方法也可绘制次网格线。原来的算术坐标系 X (Y) 轴及网格线选择“无”而隐去。绘制粒度曲线时,将粒径值变换为对数值,将级配值变换为正态分布积分值,变换后的值作为添加数据源系列在同一坐标系绘出曲线。

主要的作业过程是,准备主网格线绘制数据,填点坐标轴的点并调整坐标轴位置,绘制主网格线,准备次网格线数据,并加绘次网格线,准备粒度曲线数据绘制粒度曲线。

具体的绘制方法步骤见《河流泥沙颗粒分析规程》(SL 42—2010)。

8.1.5　泥沙颗粒级配计算

8.1.5.1　平均粒径及平均沉速计算

绘出级配曲线即可查读需要的粒径和级配数值,开展平均粒径计算,因而,不管是自然沙样、某方法分析的沙样、各综合平均、时段(日、月、年)平均等都可计算出相应的平均粒径。

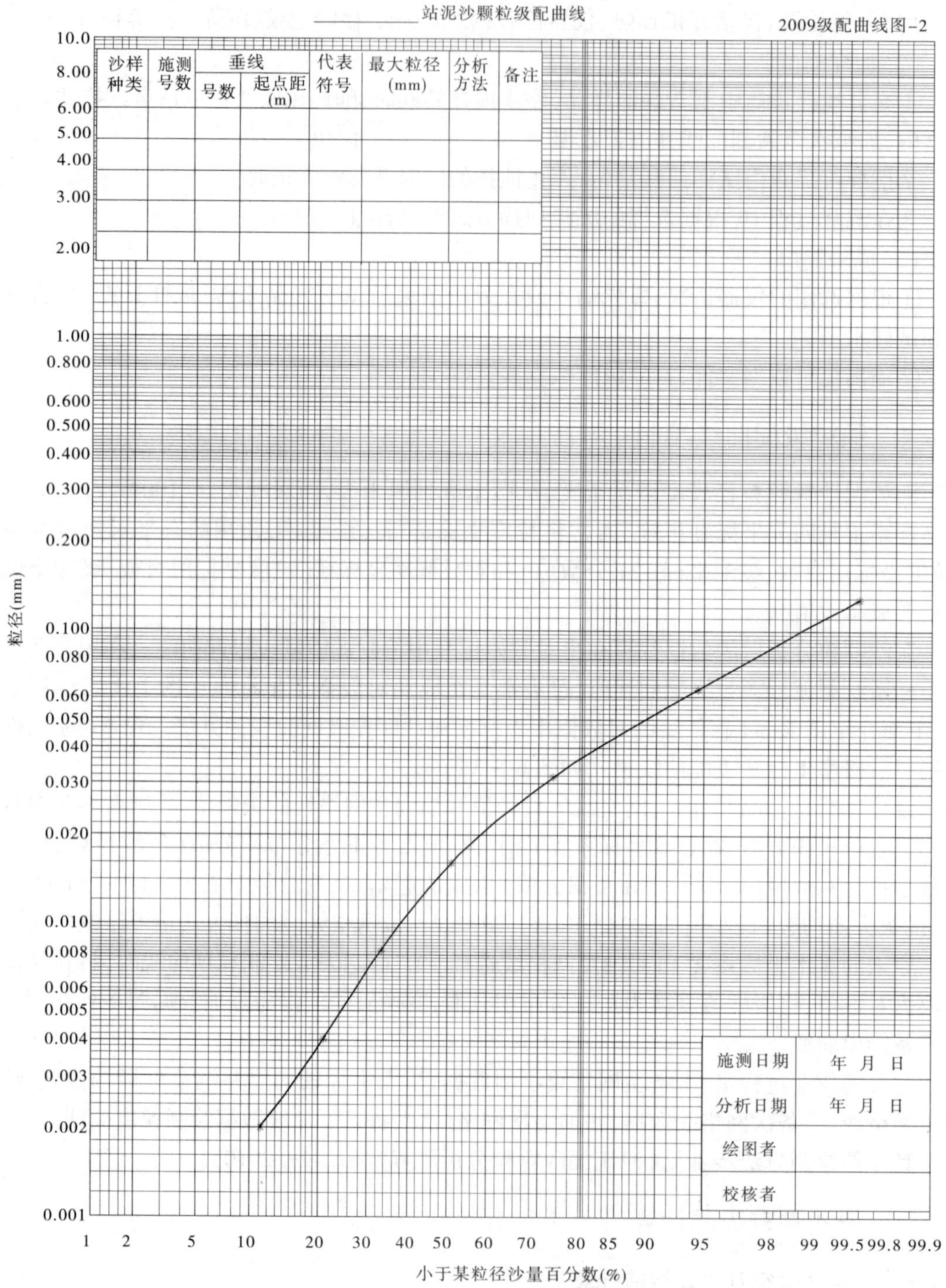

图 6-8-3　对数概率坐标系级配曲线

1. Φ分级法计算平均粒径的组距

0.001~0.002 mm、0.002~0.004 mm、0.004~0.008 mm、0.008~0.016 mm、0.016~0.031 mm、0.031~0.045 mm、0.045~0.062 mm、0.062~0.088 mm、0.088~0.125 mm、0.125~0.25 mm、0.25~0.35 mm、0.35~0.50 mm、0.50~0.70 mm、0.70~1.0 mm、1.0~1.5 mm、1.5~2.0 mm、2.0~4.0 mm、4.0~8.0 mm、8.0~12.0 mm、12.0~16.0 mm、16.0~24.0 mm、24.0~32.0 mm、32.0~48.0 mm、48.0~64.0 mm、64.0~90.0 mm、90.0~128 mm、128~250 mm、250~350 mm、350~500 mm、500~700 mm、700~1 000 mm。

2. 平均粒径计算

按各组距的上、下限粒径 D_{Ui}、D_{Li} 系列，在级配曲线上查读对应的各组级配 P_{Ui}、P_{Li} 系列数值，按式(6-8-10)~式(6-8-12)计算平均粒径 $\bar{D}$：

$$\bar{D} = \frac{\sum \Delta P_i D_i}{100} \tag{6-8-10}$$

$$D_i = \sqrt{D_{Ui} D_{Li}} \tag{6-8-11}$$

$$\Delta P_i = P_{Ui} - P_{Li} \tag{6-8-12}$$

式中　D_i——组平均粒径系列；

ΔP_i——组级配系列数值；

i——粒径级系列序号。

下限组即第 1 组的平均粒径 D_1 取级配曲线可查读最小粒径的 1/2，相应第 1 组的级配差 ΔP_1 取该查读最小粒径的级配 $P_1(P_1-0)$。

若样品的粒径最大值能确定，最上组距级的上限点 D_{Ui} 可取该确定值。

组平均也有用 $D_i = \frac{1}{3}(D_{Ui} + D_{Li} + \sqrt{D_{Ui}D_{Li}})$ 公式计算，很难说 $D_i = \sqrt{D_{Ui}D_{Li}}$ 或其他哪个公式更好或更适用，我国河流泥沙颗粒分析规程推荐 $D_i = \sqrt{D_{Ui}D_{Li}}$。

关于 $\bar{D} = \frac{\sum \Delta P_i D_i}{100}$ 分母取 100，可以如下理解：从概念说，级配曲线的起点应该为(0,0)，并且“下限组即第 1 组的平均粒径 D_1 取级配曲线可查读最小粒径的 1/2，相应第 1 组的级配差 ΔP_1 取该查读最小粒径的级配 $P_1(P_1 - 0)$”，即低端再增加一级，可以使式(6-8-10)的各级累积级配 $\sum \Delta P_i$ 等于 100。

若样品的粒径最大值能确定，最上组距级的上限点 D_{Ui} 可取该确定值(可不按该组距级的规定取值)是考虑泥沙颗粒较大时，能够测得最大实际粒径，而此粒径不恰好等于粒径分级和组距分级的规定粒径。

3. 平均粒径计算表

平均粒径通常用表 6-8-7 实施计算。

表 6-8-7　________站平均粒径计算表

（2009 题分 10）

施测号数		泥沙类型	
施测断面		施测日期	年　月　日

计算公式：$\bar{D} = \frac{\sum \Delta P_i D_i}{100}$；$\Delta P_i = P_{Ui} - P_{Li}$；$D_i = \sqrt{D_{Ui} D_{Li}}$

粒径 D(mm)	小于某粒径沙量百分数 P(%)	某组沙量百分数 ΔP(%)	某组平均粒径			$\Delta P \cdot D$
			D_U	D_L	D(mm)	
⋮						

$\bar{D} = \frac{\sum \Delta P_i D_i}{100} =$　　　　（mm）

备注说明：

计算：　　　　　　　　　　　　校核：

4. 平均沉速计算

平均沉速可根据实际需要进行计算，公式为

$$\bar{\omega} = \frac{\sum \Delta P_i \omega_i}{100} \tag{6-8-13}$$

$$\omega_i = \sqrt{\omega_{Ui} \omega_{Li}} \tag{6-8-14}$$

式中　$\bar{\omega}$ ——平均沉速，cm/s；

ΔP_i ——组级配系列数值；

ω_i ——组平均沉速系列，cm/s；

ω_{Ui}、ω_{Li} ——组上、下限粒径沉速系列，cm/s。

8.1.5.2　**垂线平均级配计算**

计算垂线平均级配的基本原理是部分输沙率加权。悬移质垂线平均级配计算的含义是，垂线平均级配各粒径级小于某粒径沙量百分数与单宽部分面积的水体输沙率的乘积，等于各点位级配各粒径级小于某粒径沙量百分数与点位所跨深度、单点输沙率乘积的和。

垂线积深法测验的样品的级配系列符合部分输沙率加权原理且为一个样品，其样品的级配系列即为垂线平均级配系列。垂线混合法水样做分析时，其系列成果即为垂线平均级配系列。《河流悬移质泥沙测验规范》(GB/T 50159—2015)中规定的垂线混合法，虽不测流速，但是按取样历时比例取样混合，符合流量加权的取样原理，故垂线混合水样分析成果,可直接作为垂线平均级配。

垂线用选点法(六点法、五点法、三点法、二点法)测速取样做颗粒分析时,应按下列公式计算垂线平均级配系列。

1. 畅流期

五点法

$$\overline{P}_{XJi}=\frac{\begin{pmatrix}P_{Di0.0}C_{s0.0}V_{0.0}+3P_{Di0.2}C_{s0.2}V_{0.2}+3P_{Di0.6}C_{s0.6}V_{0.6}\\+2P_{Di0.8}C_{s0.8}V_{0.8}+P_{Di1.0}C_{s1.0}V_{1.0}\end{pmatrix}}{(C_{s0.0}V_{0.0}+3C_{s0.2}V_{0.2}+3C_{s0.6}V_{0.6}+2C_{s0.8}V_{0.8}+C_{s1.0}V_{1.0})}\tag{6-8-15}$$

三点法

$$\overline{P}_{XJi}=\frac{P_{Di0.2}C_{s0.2}V_{0.2}+P_{Di0.6}C_{s0.6}V_{0.6}+P_{Di0.8}C_{s0.8}V_{0.8}}{C_{s0.2}V_{0.2}+C_{s0.6}V_{0.6}+C_{s0.8}V_{0.8}}\tag{6-8-16}$$

二点法

$$\overline{P}_{XJi}=\frac{P_{Di0.2}C_{s0.2}V_{0.2}+P_{Di0.8}C_{s0.8}V_{0.8}}{C_{s0.2}V_{0.2}+C_{s0.8}V_{0.8}}\tag{6-8-17}$$

2. 封冻期

六点法

$$\overline{P}_{XJi}=\frac{\begin{pmatrix}P_{Di0.0}C_{s0.0}V_{0.0}+2P_{Di0.2}C_{s0.2}V_{0.2}+2P_{Di0.4}C_{s0.4}V_{0.4}\\+2P_{Di0.6}C_{s0.6}V_{0.6}+2P_{Di0.8}C_{s0.8}V_{0.8}+P_{Di1.0}C_{s1.0}V_{1.0}\end{pmatrix}}{\begin{pmatrix}C_{s0.0}V_{0.0}+2C_{s0.2}V_{0.2}+2C_{s0.4}V_{0.4}\\+2C_{s0.6}V_{0.6}+2C_{s0.8}V_{0.8}+C_{s1.0}V_{1.0}\end{pmatrix}}\tag{6-8-18}$$

二点法

$$\overline{P}_{XJi}=\frac{P_{Di0.15}C_{s0.15}V_{0.15}+P_{Di0.85}C_{s0.85}V_{0.85}}{C_{s0.15}V_{0.15}+C_{s0.85}V_{0.85}}\tag{6-8-19}$$

式中　$\overline{P}_{XJi}$——垂线平均级配系列,i 为粒径级系列编号;

$P_{Di0.0},\cdots,P_{Di1.0}$——0.0,…,1.0 各相对水深或有效相对水深处的级配;

$C_{s0.0},\cdots,C_{s1.0}$——0.0,…,1.0 各相对水深或有效相对水深处的测点含沙量,kg/m^3;

$V_{0.0},\cdots,V_{1.0}$——0.0,…,1.0 各相对水深或有效相对水深处的测点流速,m/s。

3. 选点法通用计算公式

悬移质垂线选点法平均级配通用计算应按测点对应的部分水深$(\Delta h)_j$和其相应部分单宽输沙率 C_jV_j 加权计算垂线平均级配,通用计算公式如下:

$$\overline{P}_{XJi}=\frac{\sum_{1}^{n}(\Delta h)_jC_jV_jP_{Di}}{\sum_{1}^{n}(\Delta h)_jC_jV_j}\tag{6-8-20}$$

式(6-8-20)中内部单点水深权$(\Delta h)_j$为该点与上、下相邻测点均分其间水深的和,但边界邻点上(下)的水深全计入边界邻点的水深。

在水库异重流或壅水区，水沙沿水深分布不符合天然河流的规律，垂线测点不能按相对水深或有效相对水深的 0.0、0.2、0.4、0.6、0.8、1.0 布置，应根据垂线测点布置用式(6-8-20)计算平均级配。

悬移质垂线平均级配通常用如表 6-8-8 所示的表实施计算。

表 6-8-8　××站悬移质垂线平均级配计算表

（2009 颗分 6）

施测号数		施测日期	年　　月　　日
施测断面		垂线起点距	(m)
垂线号		垂线水深	(m)
垂线平均流速	(m/s)	垂线平均含沙量	(kg/m³)
垂线最大粒径	(mm)	最低点至床面距离	(m)

$$\text{通用计算公式：}\overline{P}_{\text{XJ}i}=\frac{\sum_{1}^{n}(\Delta h)_j C_j V_j P_{\text{D}i}}{\sum_{1}^{n}(\Delta h)_j C_j V_j}$$

权水深 Δh(m)															$N_{累积}$ $\sum N=$
流速 V(m/s)															
含沙量 C(kg/m³)															
单位输沙率 CV [kg/(s·m²)]															
$N=(\Delta h)CV$ (kg/s)															
$\frac{N}{\sum N}=k$															垂线平均小于某粒径沙量百分数
粒径 D_i (mm)	p	kp	p	kp	p	kp	p	kp	p	kp	p	kp	p	kp	$\overline{P}_{\text{XJ}}=\sum kp$ (%)
⋮															

备注说明：

计算：　　　　　　　　　　　　校核：

8.1.5.3　断面平均级配计算

计算断面平均级配的基本原理也是部分输沙率加权。悬移质及推移质断面平均级配公式，均为部分输沙率加权并按梯形法则计算；床沙断面平均级配，是按部分水面宽加权计算。

悬移质用积深法、选点法、垂线混合法取样做分析者，断面平均级配应按式(6-8-21)计算：

$$\bar{P}_{XMJi}=\frac{[(2q_{s0}+q_{s1})\bar{P}_{XJi1}+(q_{s1}+q_{s2})\bar{P}_{XJi2}+\cdots+(q_{s(n-1)}+2q_{sn})\bar{P}_{XJin}]}{[(2q_{s0}+q_{s1})+(q_{s1}+q_{s2})+\cdots+(q_{s(n-1)}+2q_{sn})]}\tag{6-8-21}$$

式中　$\bar{P}_{XMJi}$——断面平均级配系列，i 为粒径级系列编号；

$\bar{P}_{XJi1},\bar{P}_{XJi2},\cdots,\bar{P}_{XJin}$——各取样垂线平均级配；

q_{s0}、$q_{s1},\cdots,q_{sn}$——以取样垂线分界的部分输沙率，kg/s。

悬移质全断面混合法取样做分析，其成果即为断面平均级配。

悬移质断面平均级配通常用如表 6-8-9 所示的表实施计算。

表 6-8-9　××站悬移质断面平均级配计算表

(2009 颗分 7)

施测号数		施测断面		施测日期　　年　　月　　日
断面输沙率	$\sum q_s=$　　　kg/(s · m)		断面最大粒径　　mm	

计算公式：　$\bar{P}_{XMJi}=\frac{[(2q_{s0}+q_{s1})\bar{P}_{XJi1}+(q_{s1}+q_{s2})\bar{P}_{XJi2}+\cdots+(q_{s(n-1)}+2q_{sn})\bar{P}_{XJin}]}{[(2q_{s0}+q_{s1})+(q_{s1}+q_{s2})+\cdots+(q_{s(n-1)}+2q_{sn})]}$

垂线号数															
部分输沙率 [kg/(s · m)]															
相邻部分输沙率之和 q_s [kg/(s · m)]															断面平均小于某粒径沙量百分数 $\bar{P}=\sum kp$ (%)
$\frac{q_s}{\sum q_s}=k$															
粒径 D_i (mm)	p	kp	p	kp	p	kp	p	kp	p	kp	p	kp	p	kp	
⋮															

备注说明：

计算：　　　　　　　　　　　　校核：

8.1.6 悬移质泥沙测验方法选择

悬移质测验尽可能选用多线选点法，在测验条件困难和时间受限时，可根据断面情况采用符合流量加权原理的其他方法。悬移质测验有些方法直接测算的是输沙率，有些方法直接测量的是断面平均含沙量。

8.1.6.1 多线选点法

在测验条件和时间允许时，一般应采用断面多线垂线选点法施测输沙率，与流量的断面多线垂线选点法配合，以符合输沙率测验的流量加权原理。测得断面多线垂线多点的含沙量，可绘制含沙量垂线分布曲线、垂线平均含沙量沿断面线的分布曲线及断面含沙量等值线，可为断面及垂线含沙量分布规律的研究和断面垂线及垂线测点的精简分析积累资料。本法由输沙率和流量推算断面平均含沙量。

8.1.6.2 等部分水面宽布线垂线积深采样全断面混合法

测验河段为单式河槽且水深较大的站，可采用等部分水面宽全断面混合法进行悬移质输沙率测验。技术要求为：按等部分水面宽布设测沙垂线；垂线用积深法取样；各垂线积深取样的提放速度相同；仪器进水管嘴的管径在各垂线保持不变；各垂线采集的水样合并为1个水样；现场合并水样和量容积时，不得损失水样和泥沙。

用积深法采集的水样，其含沙量即为符合流量加权原理的垂线平均含沙量，本法符合输沙率测验的流量加权原理。

8.1.6.3 等部分面积布线垂线选点等历时采样全断面混合法

矩形断面用固定垂线取样的站，可采用等部分面积全断面混合法进行悬移质输沙率测验。技术要求为：在各个等部分面积的中心布设测沙垂线；各垂线用相同的垂线水样合并法取样；各垂线的取样历时相等；仪器进水管嘴的管径在各垂线保持不变；各垂线采集的水样合并为1个水样；现场合并水样和量容积时，不得损失水样容积和泥沙。

当部分面积不等时，应按部分面积的权重系数（部分面积与总面积的比值）分配各垂线的取样历时。各垂线按分配的取样历时，再由采用的某种"垂线水样合并法"确定各测点的取样历时（例如，某垂线分得取样历时为80 s，采用"二点水样合并法"取样，则相对水深0.2 d、0.8 d 处各采集40 s水样进行混合），将全断面取得的水样合并后处理，即得断面平均含沙量。本法符合输沙率测验的流量加权原理。

8.1.6.4 等部分流量布线垂线等容积采样全断面混合法

断面比较稳定的站，可采用等部分流量全断面混合法进行悬移质输沙率测验。技术要求为：在各个等部分流量的中心布设测沙垂线；各垂线取样容积相等；各垂线采集的水样合并为1个水样；现场合并水样和量容积时，不得损失水样和泥沙。

当各垂线取样容积不相等（各垂线取样容积相差大于10%）时，则各垂线水样应分别处理，用各垂线含沙量的算术平均值作为断面平均含沙量。本法符合输沙率测验的流量加权原理。

采用悬移质输沙率测验水样进行颗粒分析时，采用流速仪法选点法测流的，悬移质输沙率测验水样可兼作颗粒级配分析沙样，也可在同一测沙垂线上，另取水样做颗粒分析；经试验分析确定的各种全断面混合法，可兼作输沙率颗粒级配的取样方法。试验分析前，全断面混合法的取样垂线数目，一类站不应少于5条，二、三类站不应少于3条。

8.2　资料整编

8.2.1　单站悬移质输沙率资料合理性检查

（1）审查悬移质输沙率资料应符合下列规定：

①审查实测悬移质输沙率成果表，检查单沙、断沙测验方法，取样仪器，取样位置等。

②审查单沙过程线，单沙测验应控制沙量变化过程。

③审查推沙方法与单断沙关系。

A. 用单断沙、流量（水位）输沙率关系曲线法整编的站，应审查高、中、低沙测点分布，高沙延长范围，突出点的分析处理，检验结果，定线精度等。

B. 用比例系数过程线法整编的站，应审查其连线依据、变化趋势、输沙测次控制情况等。

C. 审查推沙使用的各种实测点及结点数据整理，各时段推沙结束时间整理的正确性。换用曲线或改变推沙方法时，其前后应衔接。

（2）悬移质输沙率和含沙量资料的综合合理性检查重点是相邻上、下游站沙量的合理性检查，同时检查是否已完成初作和校审两道工序。综合合理性检查应符合下列规定：

①上、下游含沙量、输沙率过程线对照：在没有支流汇入或支流来沙量较小时，上、下游站的含沙量过程线之间常有一定的关系。利用这种特性来检查其含沙量过程线形状、峰谷、传播时间、沙峰历时等的合理性。

在支流入汇影响较大，或区间经常发生冲淤变化的河段，应考虑可能对上、下游站含沙量关系的影响。

②上、下游月、年平均输沙率对照：上、下游各站月、年平均输沙率对照，有跨月沙峰时，可用两月月平均输沙率之和检查沿河长输沙率变化的合理性。受区间支流来沙影响的区段，应将上游站与支流站输沙率之和列入与下游站比较。同时，应考虑区间冲淤影响的因素。

8.2.2　单站悬沙颗粒级配资料合理性检查

（1）审查泥沙颗粒级配资料应符合下列规定：

①审查实测悬移质颗粒级配成果表及实测悬移质单样颗粒级配成果表。

②审查月、年平均颗粒级配曲线的合理性。

③审查悬移质断颗的推求方法,单断颗关系曲线定线精度应符合规范规定。

(2)泥沙颗粒级配资料的综合合理性检查,首先应检查是否已完成初作和校审两道工序。综合合理性检查应符合下列规定:

①悬移质颗粒级配资料的上、下游对照:用小于某粒径的沙重百分数沿河长演变或用月、年平均颗粒级配曲线进行检查。

②在流域内土壤地质等自然地理条件基本相同,而区间又无严重冲淤时,悬移质颗粒沿程变细,若有相反情况,应分析原因。

第9章 测站布设

9.1 选址查勘

9.1.1 降水量站选址查勘

为使观测数据具有代表性,必须根据站网规划的设站地点进行现场查勘。查勘前,要先了解设站目的,收集设站地区自然地理环境、交通和通信等资料,并结合地形图确定查勘范围,做好相关准备工作。

9.1.1.1 降水量站选址查勘内容

查勘范围为拟设站地点2~3 km^2。查勘内容包括自然地貌、地形及高程高差特征;植被和常种农作物;河流、湖泊、水工程的分布;居民点和交通、通信、邮电、当地经济文化等方面情况;影响降水障碍物的分布等。

查阅资料或调查气候特征、降水和气温的年内变化及其地区分布,初(终)霜、雪和结冰融冰的大致日期、常年风向风力及狂风暴雨、冰雹等情况。

9.1.1.2 降水量站观测场地的环境要求

风对降水量观测影响很大,因此观测场地应避开强风区,其周围应空旷、平坦,不受突变地形、树林和建筑物以及烟尘的影响,使在该场地上观测的降水量(深)能代表水平地面上的降水深。

观测场不能完全避开建筑物、树木等障碍物的影响时,雨量器(计)离开障碍物边缘的距离不应小于障碍物顶部与仪器口高差的2倍,保证在降水倾斜下降时,四周地形或物体不致影响降水落入观测仪器内。

在山区,观测场不宜设在陡坡上、峡谷区和风口处,要选择相对平坦的场地,使承雨器口至山顶的仰角(与水平面的夹角)不大于30°。

当因条件限制,难以找到符合要求的雨量观测场地时,可设置杆式雨量器(计)。杆式雨量器(计)应设置在当地雨期常年盛行风向的障碍物的侧风区,杆位离开障碍物边缘的距离不应小于障碍物高度的1.5倍。在多风的高山、出山口、近海岸地区的降水量站,不宜设置杆式雨量器(计)。

原有观测场地受各种建筑影响已不符合要求时,应重新选择。

在城镇、人口稠密地区设置的专用降水量站,观测场选择条件可以适当放宽。

9.1.1.3 降水量站考证簿的编制

考证簿是降水量站最基本的技术档案,是使用降水量资料必需的基础资料,应在查勘设站任务完成后及时编制。以后若有变动,应将变动情况及时填入考证簿。

考证簿内容有:测站沿革,观测场地的自然地理环境,平面图,观测仪器,通信、交通、委托观测员等方面情况。考证簿编制应备份及存为电子文档,分别存放。

公历逢“5”年份,应全面考证降水量站情况,修订考证簿;逢“0”年份也可重新进行考证。降水量站考证内容有变化或迁移时,应随即补充或另行建立考证簿。

9.1.2　水面蒸发站选址查勘

水面蒸发量观测场是根据流域的气候、水文特征和自然地理条件布设的,用于探索水体的水面蒸发及蒸发能力在不同地区和时间上的变化规律。

水面蒸发量观测场地查勘前,要先了解设站目的,收集设站地区自然地理环境、交通和通信等资料,并结合地形图确定查勘范围,做好查勘设站的各项准备工作。

9.1.2.1　陆上水面蒸发场地环境要求

(1)选择蒸发场,首先必须根据站网布设规划考虑其区域代表性。场地附近的下垫面条件和气象特点,应能代表和接近该站控制区的一般情况,反映控制区的气象特点,避免局部地形影响。蒸发场位置一般宜与水文站相结合,也可脱离水文站建立独立的蒸发场。

(2)蒸发场四周必须空旷平坦,以保证气流畅通。避免在陡坡、洼地和有泉水溢出的地段,或邻近有丛林、铁路、公路和大工矿的地方设站。在附近有城市和工矿区时,观测场应选在城市或工矿区常见风向的上风向。观测场附近的丘岗、建筑物、树木、篱笆等障碍物所造成的遮挡率应小于10%。凡新建蒸发场必须符合这些要求。原有蒸发场不符合要求的,应采取措施加以改善或搬迁。

受条件限制,无法改善或搬迁,其遮挡率小于25%的,仍可在原场地观测,但必须实测障碍物情况,并在每年的逐日蒸发量表的附注栏内,将遮挡率加以说明。凡遮挡率大于25%的,必须采取措施加以改善或搬迁。

(3)陆上水面蒸发场离较大水体(水库、湖泊、海洋等)最高水位线的水平距离应大于100 m。

(4)选择场地应考虑用水方便。水源的水质应符合观测用水要求。

9.1.2.2　陆上水面蒸发场遮挡率测算

障碍物的测定,可用经纬仪进行。以蒸发器为圆心,以磁北方向为零度,以地面高度为零,测出每一障碍物两侧的方位角及其高度、距离,按顺时针方向依次记录每一障碍物的名称和折实系数(折实系数是指障碍物的实际遮挡面积与障碍物整体面积之比。如一般建筑物均无孔隙,其折实系数为1;而各种树木、篱笆等往往有一定孔隙,其折实系数小于1)。

障碍物遮挡率的计算。场地周围某障碍物遮挡率 ΔZ 用式(6-9-1)计算:

$$\Delta Z = \frac{H}{L}BC \tag{6-9-1}$$

式中　H——障碍物高度,m;

L——障碍物与蒸发器的水平距离,m,障碍物各点与蒸发器的距离是不等的,应取平均值;

B——障碍物两侧方位角之差占整个圆(360°)的百分数;

C——折实系数,取小数点后两位。

场地四周各障碍物遮挡率之和,即为场地总的遮挡率 Z,用式(6-9-2)计算:

$$Z = \frac{H_1}{L_1}B_1C_1 + \frac{H_2}{L_2}B_2C_2 + \cdots + \frac{H_n}{L_n}B_nC_n = \sum_{i=1}^{n}\frac{H_i}{L_i}B_iC_i \tag{6-9-2}$$

当场地四周全部被高度与距离之比为 1 的密实障碍物所包围时,其遮挡率为 100%。

由于各风向的频率不同,按上述方法算出的遮挡率不能完全真实地反映障碍物对场内蒸发条件的影响程度。为此,凡有风向频率资料的站,应先算出八个方位的遮挡率,然后用风向频率加权计算场地总的遮挡率。

9.1.2.3　水面蒸发场考证资料的编制

蒸发场设置后,要编制考证资料,并将蒸发场说明表及平面图列入考证簿。当场地迁移、四周地物显著变化、观测项目调整、蒸发器型号改变时,均应补充和修订考证资料。

9.1.3　地下水观测井选址查勘

水利水文行业的地下水观测井以观测潜水浅层地下水位为主,一般多在冲积平原、山麓坡积台地、河谷川道盆地等设井。

选址查勘前要收集水文地质资料,了解设井区域的地质构造背景和地层控制条件、岩土类型及层次分布等。同时,收集和地下水有关的气候、气象、水文及农业耕植的资料,并进行与地下水关联的初步分析。到考察区后,要观察地形地貌,尽可能到附近深沟或断层出露处查看地层状况。

访问居民,考察民井。对提水量较少的居民点或家用民井,询问一般井打多深,水深变幅多大,水深变化有哪些主要影响因素等;对农业灌溉用机电提水井,除询问一般井打多深,水深变幅多大,水深变化有哪些主要影响因素等外,还应询问稳定出水能维持多长时间或能有多少出水总量,出水量为什么会下降或衰减,是否有抽不出水的情况及原因,抽不出水后多长时间能恢复到稳定出水状态等。通过询访,对该地地下水状况有基本了解。

拟设井位宜选择在地形稳定便于建设处,且临时占地应设计用后恢复方案。此项选址查勘工作,可与设计、施工及供地单位联合一起实施。

9.1.4　流量站选址查勘

规划或准备设立水文站前,应对流域地质、地貌、河流特性、工程措施及资料、开发规划等进行仔细的勘察、调查。在确定测验河段的位置和进行断面布设时,应勘察河势,了解河道弯曲段和顺直段长度、两岸和堤防控制洪水的能力等。具体工作内容为:

(1)河流特性勘察。

①调查鉴别断面控制或河槽控制的稳定程度,确定控制断面的位置。

②调查分流、串沟、回流、死水以及边滩宽度,以供分析是否便于布置测验设施。在初步选定的河段内测量若干个河道断面,并测绘其中一个断面的流速分布。

③了解河床组成、断面形状、冲淤变化、沙洲消长史和河道变迁史,以及各级水位的主泓、流速、流向及其变化情况,并勘察河床上岩石、砾石、漂石、砂、壤土、黏土、淤泥等沿测验河段的分布。

（2）选择测验方案及设备的勘察。选择测验方案及设备，了解洪水涨、落缓急程度，历史最高、最低水位和最大漫滩边界，粗估最大、最小流量，调查洪水来源以及水土流失和泥石流形成原因。

（3）流域自然地理情况的调查。勘察地质、地貌，了解分水岭闭合情况，有无客水引入及内水分出。

（4）流域内建设工程措施及其测量控制情况的调查。调查了解蓄、引水工程的现状（规模、数量等）及其近期、远景规划安排；农田水利、水土保持措施的类型及其可能对洪水泥沙产生的影响；河道通航、木材流放季节及其放运方式；拟建测站附近的高程控制点、平面控制点的坐标位置、高程及其等级。

（5）其他。测验河段断面附近的桥梁、交通道路、电源、通信覆盖、村落居民、能否建设站院等涉及水文站建站和正常开展工作的有关情况。

9.2　设施布置

9.2.1　降水及蒸发观测场设施布置

9.2.1.1　降水场地设置要求

（1）观测场地面积仅设一台雨量器（计）时为 4 m×4 m；同时设置雨量器和自记雨量计时为 4 m×6 m；雨量器（计）上加防风圈测雪及设置测雪板或地面雨量器的降水量站，应加大观测场面积。

（2）观测场地应平整，地面种草，其高度不宜超过 20 cm。场地四周设置栏栅防护，场内铺设观测人行小路。栏栅条的疏密以不阻滞空气流通又能削弱通过观测场的风力为准，在多雪地区还应考虑在近地面不致形成雪堆。有条件的地区，可利用灌木防护。栏栅或灌木的高度一般为 1.2~1.5 m，并应常年保持一定的高度。杆式雨量器（计），可在其周围半径为 1.0 m 的范围内设置栏栅防护。

（3）观测场内的仪器安置要使仪器相互不受影响，观测场内的小路及门的设置方向，要便于进行观测工作，一般降水量观测场地平面布置如图 6-9-1 所示。

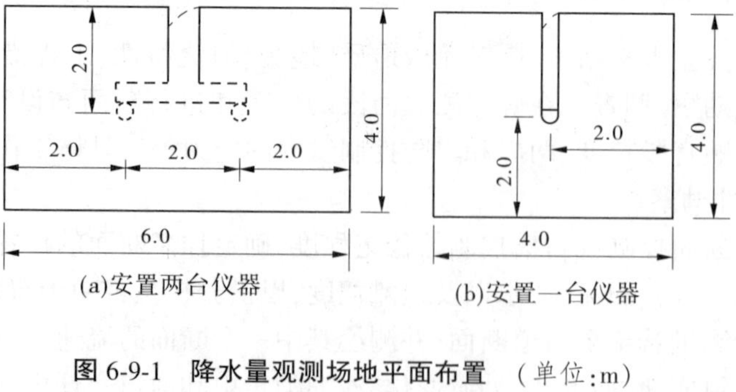

(a)安置两台仪器　(b)安置一台仪器

图 6-9-1　降水量观测场地平面布置　（单位：m）

（4）在观测场地周围有障碍物时，应测量障碍物所在的方位、高度及其边缘至仪器的距离，在山区应测量仪器口至山顶的仰角。

9.2.1.2　陆上水面蒸发场的设置要求

(1)场地大小应根据各站的观测项目和仪器情况而定。设有气象辅助项目的场地应不小于 16 m(东西向)×20 m(南北向),没有气象辅助项目的场地应不小于 12 m×12 m。

(2)为保护场内仪器设备,场地四周应设高约 1.2 m 的围栅,并在北面安设小门。为减少围栅对场内气流的影响,围栅尽量用钢筋或铁纱网制作。

(3)为保护场地自然状态,场内应铺设 0.3~0.5 m 宽的小路。进场时只准在路上行走。

(4)除沼泽地区外,为避免场内产生积水而影响观测,应采取必要的排水措施。

(5)在风沙严重的地区,可在风沙的主要来路上设置拦沙障。拦沙障可用秫秸等做成矮篱笆或栽植矮小灌木丛,以不影响场地气流畅通。

水文站的降水量、蒸发量观测场通常建在一起,应通盘考虑场地设置。

仪器的安置应以相互之间不受影响和观测方便为原则。高的仪器安置在北面,低的仪器顺次安置在南面。仪器之间的距离,南北向不小于 3 m,东西向不小于 4 m,与围栅距离不小于 3 m。陆上水面蒸发场仪器布设如图 6-9-2 所示。一般在尺寸 16 m×20 m 的观测场布局 7 个仪器位,在尺寸 12 m×12 m 的观测场布局 4 个仪器位。

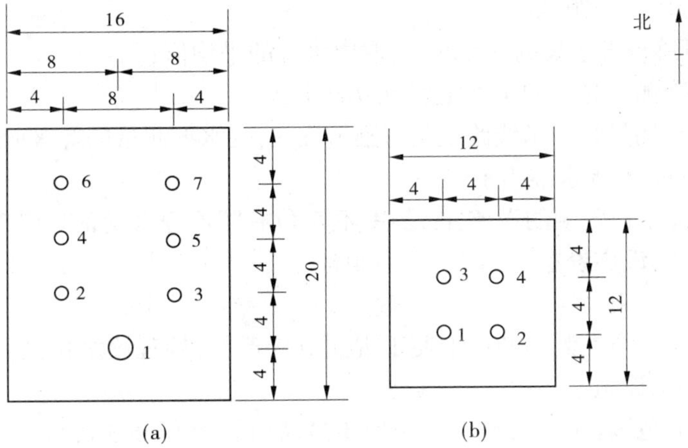

1——E-601 型蒸发器;2——校核雨量器;3——20 cm 口径蒸发皿;
4——自记雨量计或雨量器;5——风速仪(表);6、7——百叶箱

图 6-9-2　陆上水面蒸发场仪器布设　(单位:m)

9.2.2　水尺断面布设和水位观测设施设置

9.2.2.1　水尺断面布设

水文测站的水位观测断面主要有基本水尺断面和比降水尺(上、下)断面。水尺断面设置要求安全、便于设备安装与观测,应避开易发生崩塌、滑坡、涡流、回流等影响的地点。

1. 基本水尺断面的布设

河道站的基本水尺断面,宜设在河床稳定、水流集中的顺直河段中间,并与流向垂直。感潮河段站的基本水尺断面宜选在河岸稳定、不易冲淤、不易受风浪直接冲击的地点。

堰闸站的上游和下游基本水尺断面应设在堰闸上游和下游水流平稳处,上游断面与堰闸的距离不宜小于最大水头的 3~5 倍；下游断面距消能设备末端的距离不宜小于消能设备总长的 3~5 倍。

水库库区站的基本水尺断面应设在坝上游岸坡稳定、水流平稳且水位有代表性的地点。当坝上水位不能代表闸上水位时，应另设闸上水尺。当需用坝下水位推求流量时，应在坝下游水流平稳处设置水尺断面。湖泊站的基本水尺断面应设在有代表性的水流平稳处。

当发生地震、滑坡、溃坝、泥石流等突发性灾害，造成河道堵塞需要观测水位时，基本水尺断面的布设可视观测目的要求和现场具体情况而定。

2. 比降水尺断面的布设

一般比降水尺断面分两个断面设置在基本水尺断面的上、下游。当受地形等条件限制时，也可用基本水尺断面兼作比降上断面或下断面。

在比降上、下断面间河段不应有水流流入或分出，河底坡降和水面比降均无明显转折。比降上、下断面的间距可按式(6-9-3)进行估算：

$$L = \frac{2}{\Delta Z^2 X_S^2}\left(S_m^2 + \sqrt{S_m^4 + 2\Delta Z^2 X_S^2 S_Z^2}\right) \tag{6-9-3}$$

式中 L——比降断面间距，km；

ΔZ——河道每千米长的落差，mm，取中水位的平均值；

X_S——比降测算允许的不确定度可取 10%；

S_m——水准测量每千米线路上的标准差，mm，视水准测量的等级而定，三等水准为 6 mm，四等水准为 10 mm；

S_Z——比降水位观测的误差，mm，中、高水位有防浪静水设备时按 2~5 mm 计。

9.2.2.2 水位观测设施设置

1. 水尺的布设原则

水尺设置的位置应在测验断面上便于观测员接近，直接观读水位处。在风浪较大的观测点，宜设置静水设施。

水尺观读控制范围，应高(低)于测站历年最高(低)水位 0.5 m 以上(下)，在此变幅可沿断面分高低安置多支水尺。相邻两支水尺的观测范围应有不小于 0.1 m 的重合；当风浪经常性较大时，重合部分可适当增大。当水位超出水尺的观读范围时，应及时增设水尺；当河道接近干涸或断流，水边即将退出最后一支水尺时，应及时向河心方向增设水尺。

同一组基本水尺，各支水尺宜设置在同一断面线上。当因地形限制或其他原因不能设置在同一断面线时，其最上游与最下游水尺的水位差不应超过 1 cm。同一组比降水尺，若不能设置在同一断面线上，偏离断面线的距离不得超过 5 m，同时任何两支水尺的顺流向距离偏差不得超过上、下比降断面间距的 1/200。

临时水尺布设：当原水尺损坏，原水尺处冻实或干涸；断面出现分流且分流流量超出总流量的 20%；发生特大洪水或特枯水位，超出原设水尺的观读范围；分洪溃口以及出现其他特殊情况应及时设置临时水尺，以保证水位测验正常进行。

2. 直立式水尺设置

直立式水尺的水尺板应固定在垂直的靠桩上，靠桩宜呈流线型，可用型钢、铁管或钢筋混凝土等材料制作,或用直径 10~20 cm 木桩做成。当采用木桩时,表面应做防腐处理。安装时,应将靠桩筑注在稳固的岩石或水泥护坡上,或直接将靠桩打入河床。

靠桩入土深度应大于 1 m。松软土层或冻土层地带,宜埋设至松上层或冻土层以下至少 0.5 m;在淤泥河床上,入土深度不宜小于靠桩在河底以上高度的 1.5 倍。

在阻水作用小的坚固岩石或混凝土块石的河岸、桥墩、水工建筑物上,可直接刻绘刻度或安装水尺板。

水尺应与水平面垂直,安装时应吊垂线校正。

3. 矮桩式水尺设置

矮桩式水尺的矮桩材料及入土深度与直立式水尺靠桩相同,桩顶应高出床面 10~20 cm,桩顶应牢固并呈水平面,木质矮桩顶面宜打入直径为 2~3 cm 的金属圆头钉,以便放置测尺。两相邻桩顶的高差宜在 0.4~0.8 m,平坦岸坡宜在 0.2~0.4 m。

4. 倾斜式水尺设置

倾斜式水尺的坡度应大于 30°。倾斜式水尺应将金属板固紧在岩石岸坡上或水工建筑物的斜坡上,按斜线与垂线长度的换算,在金属板上刻划尺度,或直接在水工建筑物的斜面上刻划,刻度面的坡度应均匀,刻度面应光滑。一般每间隔 2~4 m 应设置高程校核点。

倾斜式水尺的尺度刻划方法:一是用测定水尺零点高程的水准测量方法在水尺板或斜面上均匀测定几条高程控制线,然后按比例内插需要的分划刻度。二是先测出斜面与水平面的夹角,然后按照斜面长度与垂直长度的换算关系放线涂绘或制作模板喷漆绘制水尺刻度。

5. 临时水尺的设置

临时水尺可采用直立式或矮桩式,并应保证在使用期间牢固可靠。当发生特大洪水、特枯水位或水尺处干涸冻实时,临时水尺应在原水尺失效前设置。

当在观测水位时才发现观测设备损坏时,可立即打一个木桩至水下,使桩顶与水面齐平或在附近的固定建筑物、岩石上刻上标记,先用校测水尺零点高程的方法测得水位后,再设法恢复观测设备。

6. 测针式水位计的设置

测针式水位计的结构由支架支撑着能上下移动或滑动的测杆组成,测杆下端有能灵敏反映水面的测针,测杆有从测针端起算(0 值)的刻度数,与支架上对应的水位计固定点(基准点)配合,能读出测针端到固定点的测杆长度读数。

测针式水位计的设置,以能测到历年最高水位和最低水位为宜。当同一断面需要设置两个以上水位计时,水位计可设置在不同高程的一系列基准板或台座上,但应处在同一断面线上;当受条件限制达不到此要求时,各水位计偏离断面线的距离不宜超过 1 m。

安装时,应将水位计支架紧固在用钢筋混凝土或水泥浇筑的台座上,测杆应与水面垂直,安装时可用吊垂线调整,并可加装简单的电器设备来判断指示针尖是否恰好接触水面。

7. 悬锤式水位计的设置

悬锤式水位计由测绳测尺及悬吊的重锤和绕线滚筒支架构成,测绳测尺有从圆锥体悬吊锤锥端起算(0 值)的刻度数,与支架上对应的水位计固定点(基准点)配合,能读出吊锤锥端到固定点的测绳长度读数。

悬锤式水位计宜设置在水流平顺无阻水影响的地方,能测到历年最高、最低水位。

安装时,支架应紧固在坚固的基础上,滚筒轴线应与水面平行,悬锤重量应能拉直悬索。安装后,应进行严格的率定,并定期检查测索引出的有效长度与记数器或刻度盘读数的一致性,其误差应小于±1 cm。

安装的各类人工观测水尺及水位计均应测量水尺零点高程和水位计固定点(基准点)的高程(测量方法见本教材操作技能——中级工水文普通测量模块)。

8. 自记水位计的设置

自记水位计设置位置,除考虑基础稳定、不易水毁外,还应考虑其观测水位的代表性,以及水位观测的连续性。

9.2.3 水准点设置

9.2.3.1 水准点设置原则

测站水准点分基本水准点和校核水准点两种,测站的基本水准点是测站的高程控制点,不仅据以引测校核水准点和其他固定点高程,并起着控制和固定测站基面的作用;校核水准点主要为及时就近校核水尺零点高程之用。其设置应符合下列规定:

(1)基本水准点应设置在测站附近历年最高水位以上或堤防背河侧较高处,且地形稳定、便于引测和保护的地点。

(2)测站应在不同的位置设置 3 个基本水准点,1 个明标 2 个暗标。当测站附近(以距基本水尺断面小于 5 km 为宜)设有国家水准点时,可设置 1 个基本水准点。基本水准点相互间距宜为 300~500 m,相互间距小于 300 m 时,会受局部地形的变化影响;大于 500 m 时,将增大引测误差。

明标作为常用基本水准点,设在易于保护和引测的地点;另 2 个非常用基本水准点,做成暗标,妥善保护。暗标通常埋于地下,用时挖开;明标通常畅露或筑护坑加盖。

测站设置 3 个基本水准点不仅使应用方便和可靠,且相互联测可检验某水准点高程的变动。当然,多于 3 个基本水准点适当有冗余也是可以的,但少于 3 个基本水准点就不能通过本站水准点的联测发现问题。

(3)当基本水准点离水尺断面较远时,可设置校核水准点。校核水准点应设在地形稳定、便于引测的地点。当测站只设有 1 个基本点时,宜设置 2 个校核水准点。

测站只设 1 个基本水准点时,还宜设置 2 个校核水准点,作为基本水准点校测的参证点,以随时掌握基本水准点的变动情况。

(4)测站水准点应统一编号,以后无论其高程是否变动,都不应改变其编号,必要时可加辅助编号。

9.2.3.2 基本水准点标石的形式与适合设置的条件

水准点标石类型很多,应根据当地的实际条件,选择适合形式,并按下列要求设置埋设:

(1)混凝土普通水准标石。适用于土层不冻或最大冻土深度小于 0.8 m 的地区。在翻浆、沼泽和盐碱地区使用时,需加涂沥青,以防腐蚀。规格如图 6-9-3 所示。

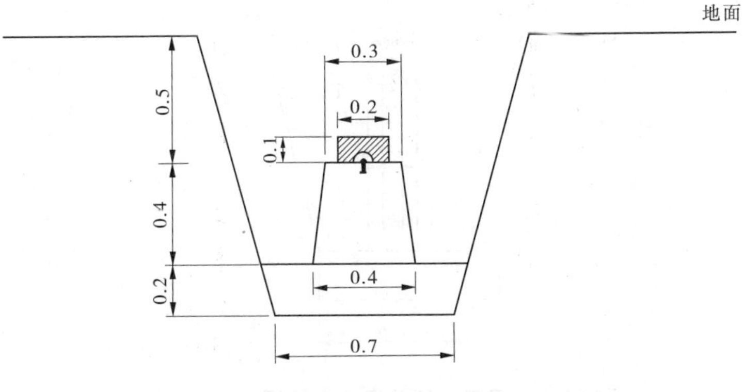

图 6-9-3　混凝土普通水准标石　(单位:m)

(2)岩层普通水准标石。适用于坚硬岩石层露出地面或在地面以下小于 1.5 m 的地点。埋设时,应对基岩层外部覆盖物和风化层进行彻底清理,基岩层露出部分不应有裂缝或剥落现象。在基岩层上开凿一个坑,须用水洗净,浇灌钢筋混凝土,坑的深度应不小于 0.5 m。规格如图 6-9-4 所示。

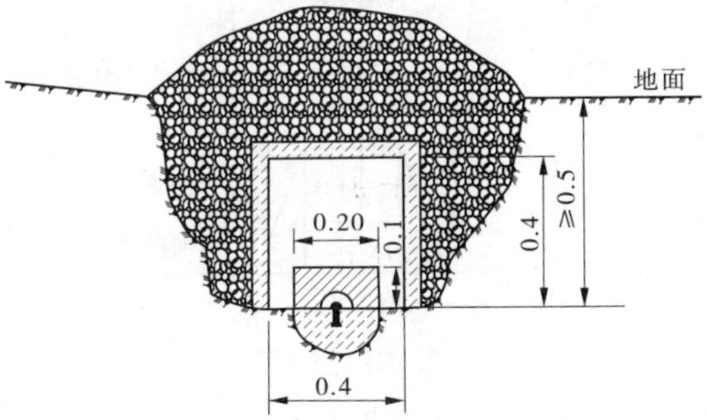

图 6-9-4　岩层普通水准标石　(单位:m)

(3)冻土地区水准标石。有四种类型:混凝土柱普通水准标石、钢管普通水准标石、爆破型混凝土柱普通水准标石、永冻地区钢管普通水准标石,皆适用于冻土深度大于 0.8 m 的地区。混凝土柱水准标石由横断面为 0.20 m×0.20 m 的方柱体或直径为 0.2 m 的圆柱体与底盘组成;钢管水准标石由外径不小于 0.06 m、管壁厚度不小于 0.003 m 的钢管与混凝土基座组成,钢管内灌满水泥砂浆,表面须涂抹沥青,并用布和麻线包扎,然后涂一层沥青;在永久冻土地区埋设水准标石,允许用定向爆破技术将坑底扩成球形或其他规则形状,现场浇灌基座,插入钢管或利用土模浇灌柱石,基座至少在最大冻土深度以下 0.5 m。规格如图 6-9-5~图 6-9-8 所示。

(4)螺旋钢管标石。适用于沙漠或流沙地区。埋设时,将螺旋纹的钢管旋入流沙层以下的土壤中,使水准标志露出地面。钢管在距地面以下 1.0 m 处,用栓钉将木制根络固结在钢管上,以增加钢管的稳定性。标石埋设地点应选在植物丛生的地方,并在正北方 5 m 处埋设木桩作为指标位置。规格如图 6-9-9 所示。

(5)墙脚水准标志。适用于坚固建筑物或直立石崖处,如房屋、纪念碑和桥基等处。

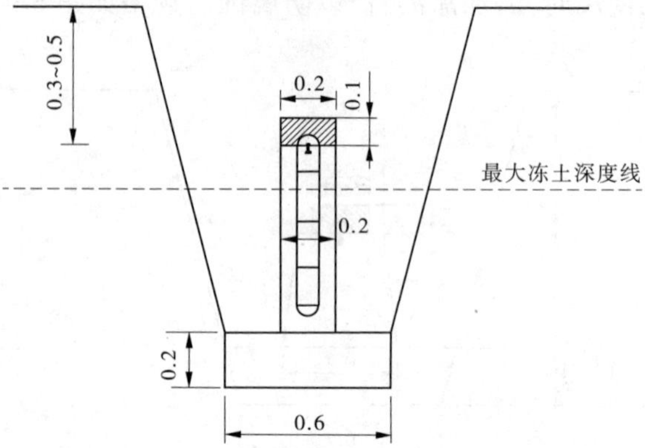

图 6-9-5　混凝土柱普通水准标石　(单位:m)

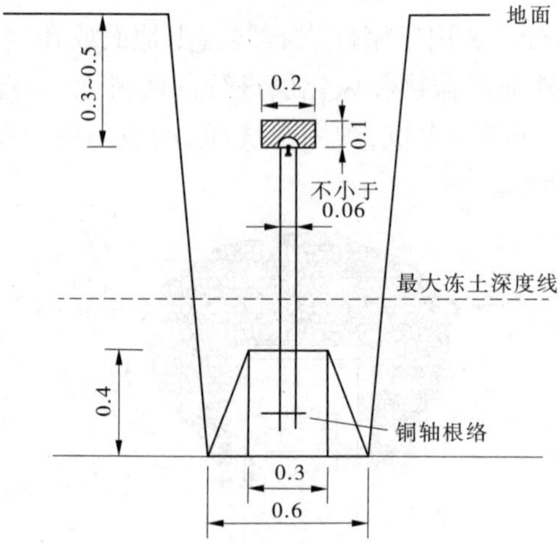

图 6-9-6　钢管普通水准标石　(单位:m)

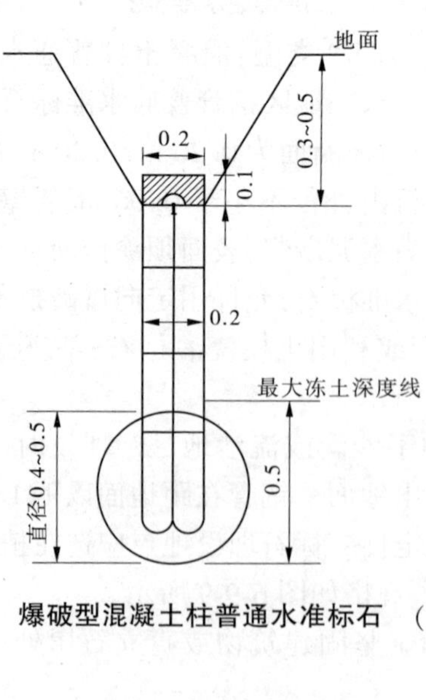

图 6-9-7　爆破型混凝土柱普通水准标石　(单位:m)

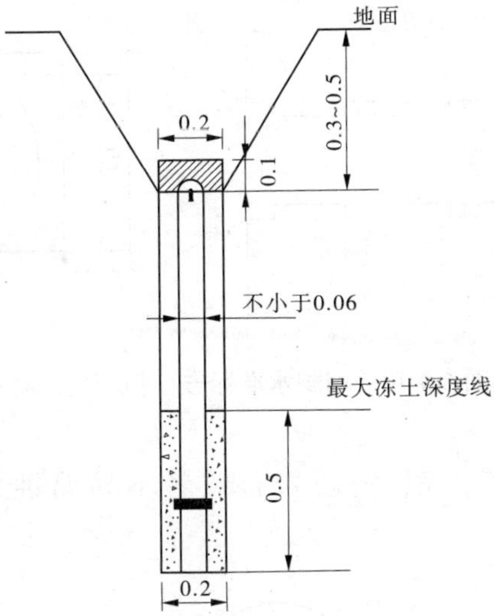

图 6-9-8　永冻地区钢管普通水准标石　（单位：m）

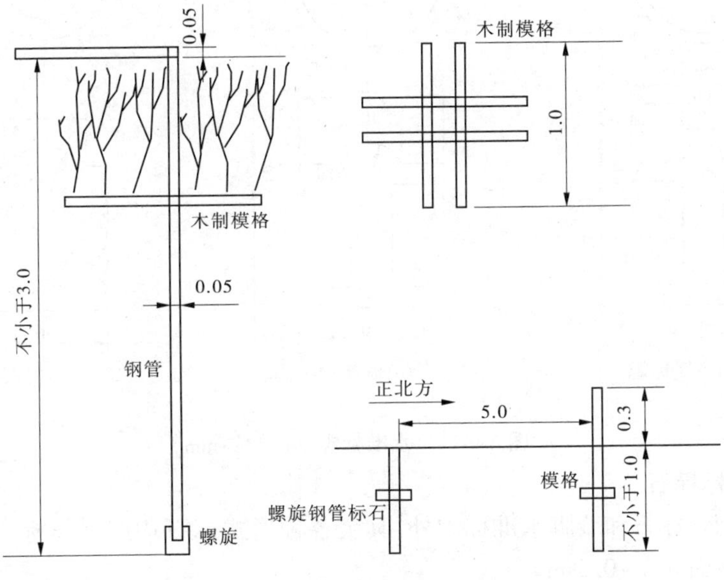

图 6-9-9　螺旋钢管标石　（单位：m）

墙脚水准标石距地面 0.4～0.6 m 处水平方向放置。埋设时，须在墙壁上挖凿孔洞，洗净浸润放入标志后灌满水泥使圆鼓部与墙齐平，为凝固前严防标志动摇。规格如图 6-9-10 所示。

(6)坚硬石料标石。适用于有条件制作的地区，可以用整块花岗岩、青石等凿制成，其规格同混凝土标石。埋设时，其底盘应在现场浇灌。

9.2.3.3　**水准标志的制作**

水泥混凝土或钢管制作类型的水准标石，均应在标石顶端中央镶嵌特制的水准标志，并使标志上端的半球突出部分高出标石的顶面。坚硬石料标石应在其顶端，参照水准标

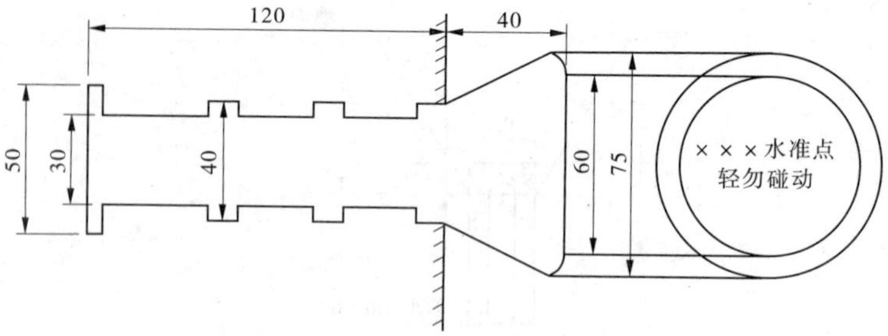

图 6-9-10　墙脚水准标志　（单位:mm）

志凿成半球状突出部分。

水准标志可用陶瓷、玻璃钢、坚硬岩石或者不易腐蚀的金属制作，标志形状如图 6-9-11 所示。

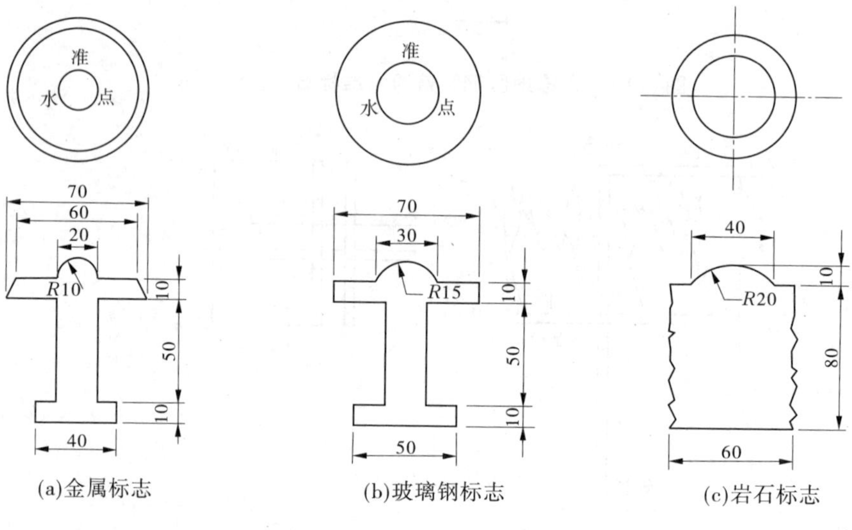

图 6-9-11　水准标志　（单位:mm）

9.2.3.4　明标标石

除螺旋钢管标石和墙脚水准标志外，其余各种形式标石均应加长标身，埋设时，使标石顶端露出地面 0.1～0.2 m。

9.2.3.5　水准点的外部整饰要求

（1）除螺旋钢管标石和外墙脚水准标志外，其他形式的水准标石埋设时，均应在水准点外围挖防护沟，暗标应在水准点标石顶预设指示盘，在正北方向 1.4 m 地面上埋设指示碑，具体埋设要求见图 6-9-12。

（2）明标水准点的标石顶端露出地面埋设，无须设置指示碑，为加强水准点的保护，可用混凝土预制件或砖、石等设置水准点保护井（坑），并盖上井盖。

9.2.3.6　校核水准点的设置

校核水准点的设置可参照上述要求适当放宽。

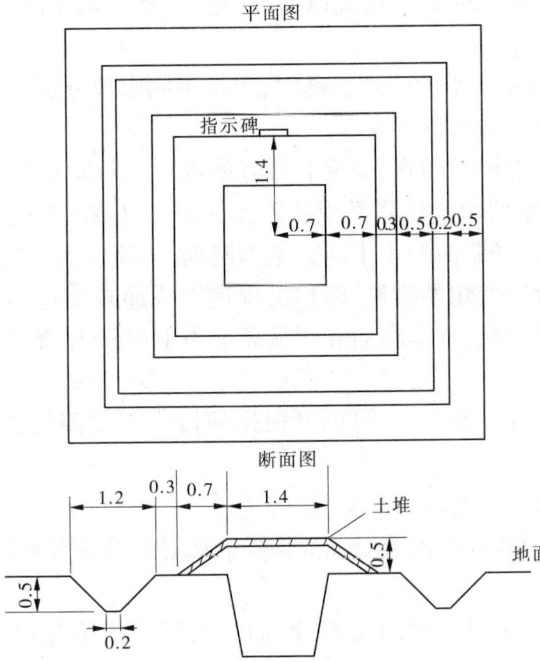

图 6-9-12　**水准标石防护沟**　(单位:m)

9.2.4　流量测验断面布设和测验设施设备配置

9.2.4.1　流量测验断面布设

1. 流速仪法测流断面的设置要求

(1)应选择在河岸顺直、等高线走向大致平顺、水流集中的河段中央,可与基本水尺断面重合。当需进行浮标法测流或比降水位观测时,可将浮标法测流中断面、比降断面与流速仪法测流断面重叠布设,配合应用。

(2)按高、中、低水位分别施测流速、流向。流速仪法测流断面应垂直于断面平均流向,偏角不得超过 10°。当超过 10°时,应根据不同时期的流向分别布设测流断面,不同时期各测流断面之间不应有水量加入或分出。

(3)低水期河段内有分流、串沟存在,且流向与主流相差较大时,分流、串沟宜分别垂直于流向布设测流断面(此测流断面的方向可不同于主流河道的测流断面)。

(4)在水库、堰闸等水利工程的下游布设流速仪法测流断面,应避开水流异常紊动影响。

2. 浮标法测流断面的设置要求

浮标法测流除应选择在河岸顺直、等高线走向大致平顺、水流集中的河段中央设置上、中、下三个断面,分流、串沟可分别布设断面外,还应符合下列规定:

(1)浮标法测流的中断面宜与流速仪法测流断面、基本水尺断面重合。当有困难时,可分别设置,但两断面间不应有水量加入或分出。

(2)上、下浮标断面必须平行于浮标中断面并等距,且其间河道地形的变化小;上、下浮标断面的距离应大于最大断面平均流速的 50 倍；当条件困难时可适当缩短，但不得小于最大断面平均流速的 20 倍。

(3)当中、高水位的断面平均流速悬殊时，可按不同水位分别设置上、下浮标断面。

3. 比降面积法测流断面的设置要求

使用比降面积法要求河段顺直，糙率有较好的规律。断面布设应符合以下要求：

(1)断面布设的基本要求。比降面积法测流的河段，应布设上、中、下 3 个比降断面。中比降断面位于上、下比降断面的正中间。基本断面、流速仪测流断面应尽可能与中比降断面重合。断面形状沿程变化不明显，面积沿程递增或递减变化基本均匀或受地形限制时，也可只设上、下比降断面，基本断面和测流断面由上（下）比降断面兼。断面线应垂直流向，偏角不超过 10°。

(2)断面间距。上、下比降断面间距可根据河段水面比降的大小按经验确定，或按式(6-9-3)进行估算。

4. 走航式 ADCP 测流断面的设置要求

利用走航式 ADCP 测流时，测流断面除应符合流速仪法测流断面的基本要求外，还应满足下列要求：

(1)断面平均流速不宜小于 0.1 m/s，断面最大流速应不超过 ADCP 的标称技术指标。

(2)测验断面形状宜对称，水深沿断面不应出现陡坎。

(3)河床组成横向分布一致，避免水草等植物生长。

(4)对于可涉水的断面，不宜采用人工拖曳浮体涉水渡河测量，宜采用简易缆道渡河（人工涉水拖曳浮体走航测量会破坏局部流场，也会干扰 ADCP 声束正常测流）。

(5)采用 GNSS 作为船速参考时，应避免选择 GNSS 受多路径误差影响大的断面（测验河段两岸的建筑、树木等，都可能会对 GNSS 的差分改正信号造成多路径误差，导致船速计算带来较大的不可控误差）。

9.2.4.2 流量测验设施设备配置

1. 水文铅鱼缆道测流系统

1)水文铅鱼缆道的适用条件

水文铅鱼缆道是为把水文测验仪器送到测验断面任一指定位置以进行测验作业而架设的一套索道工作系统，由缆索、驱动、信号三大系统组成，并由岸上操作控制，进行江河流量、泥沙等测验工作的水文测站专用设备。符合下列条件之一的水文测站宜建立水文铅鱼缆道：

(1) 流速较大，跨度一般不超过 500 m，采用缆道设备比用测船、缆车等进行测验能提高测洪能力及测验精度的测站。

(2)测验河段下游有险滩、桥梁、水工建筑物等，用测船测验安全得不到保证的测站。

(3)有特殊需要的测站。

2)水文铅鱼缆道系统的主要设备

(1)驱动设备：包括电动绞车、配电柜及交流变频技术设备等。

(2)信号系统：包括水深、起点距、流速、水面、河底信号的采集，信号传输接收设备、记时器等。

(3)控制设备与系统:手动、自动控制技术及设备,有条件的测站宜采用计算机测流控制系统。

(4)应用软件:包括流量测验自动控制、记载、计算、分析处理等应用软件。

(5)悬吊测验设备:包括铅鱼、流速仪、流向仪等。

(6)照明设备:满足夜间测验的照明设备,如特种探照灯等。

(7)图像监视系统:包括摄像头、变焦镜头、云台、控制器、监视器等设备。

2. 水文悬杆缆道测流系统

河宽、流速较小河流的流量测验可按相关规范规定采用悬杆缆道。悬杆缆道主要设施设备除将悬索和铅鱼换为悬杆外,其他主要设备同铅鱼缆道的主要设备。

3. 水文缆车测流系统

采用水文缆车测验的测站,可配置固定缆车或可升降缆车。水文缆车测流系统主要设备基本同铅鱼缆道测流系统的主要设备。其中,悬吊设备应配置缆车。采用升降水文缆车的测站应配置在缆车上操作的控制设备、电动设备、传动设备和电源等。

4. 机动船测流的仪器、设备

采用机动船测验的测站,应按表 6-9-1 所列机动测船分类及其设备配置主测船一艘,辅测船可按需配置。

表 6-9-1　机动测船分类及其设备配置

设备	船型			
	大型	中型	小型	次小型
主机功率及船长	主机功率>300 kW;船长>25 m	主机功率 150~300 kW;船长 15~25 m	主机功率 75~150 kW;船长 10~15 m	主机功率<75 kW;船长<10 m
起锚机	机械或电动	机械或电动或人力	机械或人力	
副机	>24 kW	满足起锚、水文测验设备、夜间测验照明等用电需要		
悬吊设备	电动绞车 1~2 套或电动绞车和吊杆、悬杆设备各 1 套			手动绞车或吊杆、悬杆设备
铅鱼	每套绞车配 2~3 个	每套绞车配 1~3 个	每套绞车配 1~2 个	每套绞车配 1~2 个
流速仪(含信号接收、计时仪器)	每套悬吊设备配 3~5 架	每套悬吊设备配 2~4 架	每套悬吊设备配 2~3 架	2~3 架

续表 6-9-1

<table>
<tr><th rowspan="2">设备</th><th colspan="4">船型</th></tr>
<tr><th>大型</th><th>中型</th><th>小型</th><th>次小型</th></tr>
<tr><td>计算机测流控制系统</td><td colspan="3">每套悬吊设备 1 套</td><td></td></tr>
<tr><td>流速测算仪</td><td>每套悬吊设备 2 个</td><td>每套悬吊设备 1~2 个</td><td>每套悬吊设备 1~2 个</td><td>备 1~2 个</td></tr>
<tr><td>流向仪</td><td colspan="2">需要时可按标准规定选 1~2 种</td><td colspan="2">需要时可按标准规定选 1 种</td></tr>
<tr><td>测深设备</td><td colspan="3">配超声波测深系统 1 套或超声波测深仪 1~2 台;测深锤 2~4 个;测深杆根据需要配置</td><td>超声波测深仪 1~2 台;测深锤 1~2 个;测深杆根据需要配置</td></tr>
<tr><td>定位设备</td><td colspan="3">根据需要配置 GNSS 定位系统或全站仪或六分仪、经纬仪、测距仪</td><td>根据需要配置全站仪或六分仪、经纬仪、测距仪</td></tr>
<tr><td>通信设备</td><td colspan="3">对讲机 2~3 对。多条测船测验时,可配备数据实时传输系统 1 套</td><td>对讲机 1 对</td></tr>
</table>

5. 非机动船测流的仪器、设备

采用非机动测船的测站,应配置主测船 1 艘,辅测船可按需配置。流量测验设备除测船无主机、副机外,其他设备配备可参照表 6-9-1 中、小型测船配置,并可根据需要配备船用发电机。

6. 浮标流量测验的主要设备

(1)浮标投放器、计时器。

(2)电动绞车设备,采用电动驱动的测站应配置。

(3)浮标定位设备,采用交会法测定浮标的测站,可配经纬仪、平板仪等仪器,有条件的测站可配全站仪。

(4)通信设备,应配对讲机 2~3 对。

7. 桥上测流的主要设备

桥测设备应配置机动或非机动桥测车。车上应有测流用的动力系统、机械系统、操作控制系统、信号系统、记录计算设备、测深仪器、铅鱼、流速仪、流速测算仪、无线通信设备等,夜间测验应配置照明设备。

8. 其他流量测验方法的设备

(1)超声波时差法测流设备:主要有超声换能器、水位计、测量主机、专用软件、传输接口、电缆、电源等。

(2)动船法流量测验设备:应按表 6-9-1 配置。采用 ADCP 测流的测站应配 ADCP 主机、罗盘、运动传感器、定位设备、计算机和专用软件等。

(3)堰槽法测流设备:采用堰槽法测流的测站应配备高精度水位计。

(4)水工建筑物法测流设备:采用水工建筑物测流的测站,应配备上、下游水位测量装置,闸门开启高度的测量装置及数据处理软件系统。

(5)比降面积法测流设备:采用比降面积法测流的测站,上、下游比降断面的水位观测应配备自记仪器。

(6)涉水测流设备:涉水测验时应配备测杆、流速仪、流速测算仪、自动记录装置等,测量人员应配备防水服等。

(7)采用电波流速仪测流的可配电波流速仪及相应计算软件。

(8)有流向测验任务的测站可选配机械式流向仪、磁感应式流向仪、海流仪等。

(9)侧扫雷达测流系统应建设塔架平台,并配置雷达探头和处理传输计算系统及电源等。

(10)采用无人机测流的宜配置无人机和有关测验观测仪器设备。

为方便起见,表 6-9-2 汇总列出了水文测站流量测验主要仪器设备配置。

表 6-9-2　水文测站流量测验主要仪器设备配置汇总

仪器设备名称	单位	大河重要控制站	大河一般控制站	区域代表站	小河站	说明
流量测验设备						
缆道设备	套	√	√	√	√	
测船	艘	√	√	√	√	按需配置
水文绞车	台	√	√	√	√	
浮标投放器	套	1	1	1	1	
绞车控制装置	套	√	√	√	√	
流速仪	架	5~10	4~6	3~5	3~5	按规范要求
流速测算仪	台	√	√	√	√	按规范要求
流向仪	架	√	√	√	√	
铅鱼	只	2~4	2~4	1~3	1~3	
超声波测深仪	台	√	√	√	√	按需酌增
测距仪	台	√	√	√	√	
GNSS	套	√	√			
ADCP(声学多普勒流速剖面仪)	套	√	√	√		
计算机测流控制系统	套	√	√	√	√	
探照灯	盏	2	1~2	1	1	

续表 6-9-2

仪器设备名称	单位	大河重要控制站	大河一般控制站	区域代表站	小河站	说明
岸标照明设备	套	√	√	√	√	按需配置
电波流速仪	套	√	√	√	√	
冰情观测设备	台	√	√	√	√	
其他流量测验设备	台	√	√	√	√	

注：本表摘编自中华人民共和国行业标准《水文基础设施建设及技术装备标准》(SL 276—2002)，√代表按相关测验规范要求和测验工作需要设置，“数字”为必选项，“空格”为不选项；水文实验站测验设施按需建设。

9.2.5　水文缆道设计

水文缆道设计前应进行深入细致的查勘，收集水文气象、地形地质等基础资料，做好分析论证。无资料的地区，可参考上、下游或附近地区水文测站的有关资料进行设计。收集的水文气象资料主要包括水位、水深、水面宽、流速、流量、含沙量、风速、气温、雷电等要素的特征值，以及河道通航、堤防、河床组成等其他资料。

水文缆道设计主要包括缆道悬索(主索、工作索、滑轮、行车架、滑轮组)设计、塔架(柱)[荷载计算、自立塔架(柱)、拉线柱]设计、基础[绞车基础、塔架(柱)基础、锚碇]设计、水文绞车设计选型、测控系统(测控装置、信号装置及传输系统)设计、防雷设计等。

9.2.5.1　缆道设计标准

水文缆道设计标准包括以下主要指标：

(1)防洪标准(通常用洪峰流量及水位作标准的参量)。水文缆道设计防洪标准应根据水文测站的重要性确定，其中，大河重要控制站为100年一遇，或不低于近50年以来发生的最大洪水；大河一般控制站为50年一遇至100年一遇，或不低于近30年以来发生的最大洪水；区域代表站或小河站为30年一遇至50年一遇。测验河段有堤防的测站，不应低于堤防的防洪标准，在堤防内的机组和控制台地面不宜低于堤顶或防洪标准水位1.0 m。

(2)测洪标准(通常用洪峰流量及水位作标准的参量)。水文缆道设计测洪标准应根据水文测站的重要性确定，其中，大河重要控制站建设的铅鱼或吊船缆道，应按实测50年一遇至100年一遇洪水的标准，或不低于当地和下游保护区防洪标准进行设计，吊船缆道的设计流速不宜超过5.00 m/s；大河一般控制站建设的铅鱼、悬杆或吊船缆道，应按实测高于30年一遇洪水的标准，或不低于当地和下游保护区防洪标准进行设计，吊船缆道的设计流速不宜超过5.00 m/s；区域代表站或小河站建设的铅鱼、悬杆或吊船缆道，宜按实测20年一遇至30年一遇洪水的标准进行设计。采用悬杆悬挂流速仪、测深杆测深的吊箱缆道的设计流速不宜超过4.00 m/s，设计水深不宜超过5.0 m。浮标缆道应按高于铅鱼缆道或实测超标洪水的设计标准进行设计。

(3)抗震防雷设计标准类别。大河控制站的水文缆道按《建筑工程抗震设防分类标准》(GB 50223—2018)中的甲类建筑抗震设防,区域代表站按乙类建筑抗震设防,小河站按丙类建筑抗震设防。各类测站的水文缆道均按《建筑物防雷设计规范》(GB 50057—2010)中的第三类防雷建筑物要求设计。

(4)安全系数确认原则。对水文缆道主要构件承受的荷载及组合,应在科学分析的基础上,选择其中最大的 2~3 种不利因素进行组合,确定安全系数。

9.2.5.2　缆道类型与结构主件

根据悬吊测验平台类型的不同,水文缆道可分为铅鱼缆道、缆车(吊厢)缆道、吊箱缆道、悬杆缆道、浮标缆道等;按照跨数的多少可分为单跨缆道和双跨缆道;按照驱动情况可分为人力缆道和电(机)动缆道;按照工作索(包括牵引索、循环索、起重索、拉偏索等)在行车上是否封口可分为开口式和闭口式。选择具体的缆道类型,应根据测站地形、自然环境、断面状况、水位变幅、流速大小、动力来源,以及测流、取沙方式等确定。以铅鱼缆道为例,图 6-9-13 为开口式游轮缆道基本形式示意图,图 6-9-14 为闭口式游轮缆道基本形式示意图。

铅鱼缆道系统宜由承载索(主索)、工作索(循环索、起重索、拉偏索)、塔架(柱)、拉线、锚碇、滑轮、运载行车、测验平台、驱动绞车、运行控制设备、信号传输系统、缆道房和防雷系统等组成。

吊船缆道适用于河床适宜船舶航行与停靠、流速流态较好的通航河段,跨度大不宜设置铅鱼缆道,水深大最枯水位时能保证船舶航行与停靠,符合水文测验要求的河流上的水文站。吊船缆道系统宜由承载索(主索)、工作索(吊船索)、塔架(柱)、拉线、锚碇、运载行车、测验平台和防雷系统等组成。

缆车(吊厢)缆道适用于使用测船困难、水位变幅大、漂浮物较多、流冰、泥沙测验困难河流的水文站。吊厢缆道系统应包括主缆道和拉偏副缆道。

浮标缆道适用于陡涨陡落的山溪性河流、流速大、漂浮物较多或冬季流冰密度较大河流的水文站。浮标缆道系统应由浮标投放绞车、绞车机座、循环索、支架、支架基础、导向滑轮、控制箱及缆道房组成。

9.2.5.3　缆道布设要求

缆道测流断面(缆道断面)宜与基本水尺断面重合。布设缆道时,应综合考虑水文测验、施工建设和生产生活等因素,因地制宜、布局协调,经过技术、经济比较后合理确定,并应符合下列要求:

(1)建在城镇或风景名胜区的缆道,类型与布设应符合当地的总体或区域规划要求。

(2)应根据测站地形,在可能的条件下缩小跨度,并保证足够的高度,确保缆道安全和河道船舶通航。

(3)其主跨两端点宜在同一水平线上,受条件限制不能等高时,两端点连线与水平线的夹角不宜大于 3°。

(4)工作索在平面和立面上应分开设置,在运行中不得产生相互摩擦。

(5)工作索的布设宜减少导向滑轮使用个数和钢丝绳的使用长度。

(6)受地形地物限制造成缆道主跨过大时,应安装滑轮支索架,以减小工作索垂度及避免工作索与主索之间缠绕。

(7)副索应与主索平行布设。

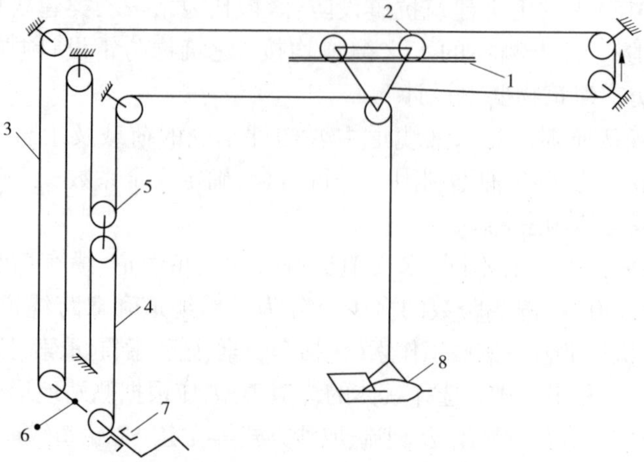

1—主索;2—运载行车;3—循环索;4—起重索;5—游轮;
6—水平绞车;7—垂直绞车;8—铅鱼

图 6-9-13 开口式游轮缆道基本形式示意图

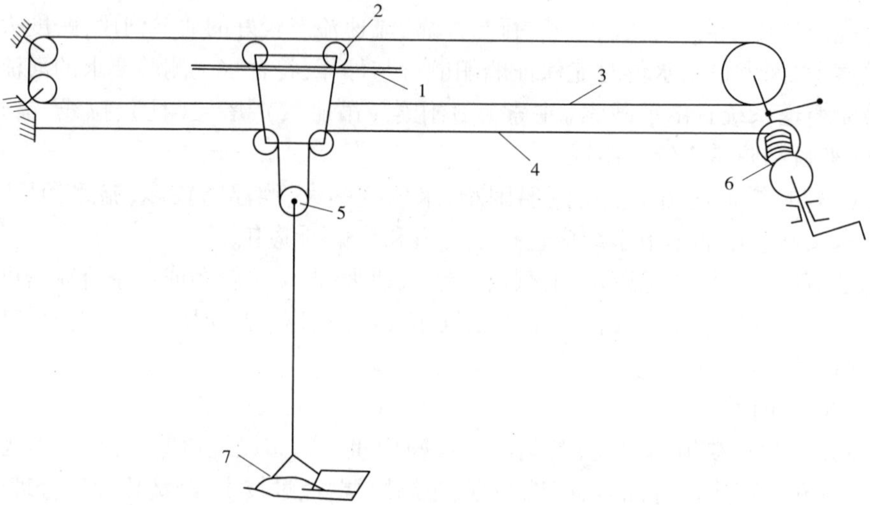

1—主索;2—运载行车;3—循环索;4—起重索;5—游轮;6—绞车;7—铅鱼

图 6-9-14 闭口式游轮缆道基本形式示意图

9.2.6 水位观测平台设计

地表水水位观测平台形式结构与使用的水位计类型关联很强,目前主要应用有浮子水位计、雷达及超声波水位计(分水面以上非接触用法和水下河底用法)、充气压力平衡水位计、压电型压力水位计等种类,其常用的平台介绍如下。

9.2.6.1 河流浮子水位计测井式平台

河流浮子水位计常用的平台主体是测井,使河水进入测井的水面与河水水面平齐。浮子漂浮在测井的水面将感知的水位经测索传递到后端的记录单元,测井起稳定水面、保护仪器的作用。按测井在断面上的位置可分为岛式、岸式和岛岸结合式。其中,岛式的测井离开河岸独立水中,建设和安装检修仪器靠小船等攀上测井,适用于河床稳定,不易受冰凌、船只和漂浮物撞击的测站;岸式的测井建设在河岸上,同时建设引水进水管与河水连通,使进入测井的水面与河水水面平齐,适用于岸边稳定、岸坡较陡和淤积较少的测站,也可用于断面附近经常有船舶停靠,河流漂浮物和冰排较多的测站;岛岸结合式的测井是将测井和河岸用通行桥连接起来,适用于中低水位易受冰凌、漂浮物和船只碰撞的测站。实际上多数河流或测站的浮子水位计平台是岛岸结合式的。

与测井配合的建设部分除通行桥外,还有下部的进水管路和上部的仪器房等。

河流浮子水位计测井式平台建筑结构的材料可用管材(金属或其他材料)、钢筋混凝土、砌体等。进水管可以是水平、虹吸和虹连等方式,水平进水管适用于岸坡较稳定、滩地较低以及河流含沙量较少的测站;虹吸和虹连进水管适用于河床较稳定、滩地较高以及河流含沙量较大的测站;双斜管型适用于岸坡稳定、水位变幅较大的水库站,常用于滚动式浮子水位计。

水位计测井基本功能是:井内水位在不失去与井外水位平齐的前提下,造成克服井外风浪影响适于仪器工作的小环境。

为直观起见,下面简绘示出几类河流浮子水位计测井式平台图。图 6-9-15 为岛岸结合式直立型测井平台示意图,图 6-9-16 为岸式平台进水管布置形式示意图,图 6-9-17 为双斜管型平台结构示意图,图 6-9-18 为斜坡型平台结构示意图。

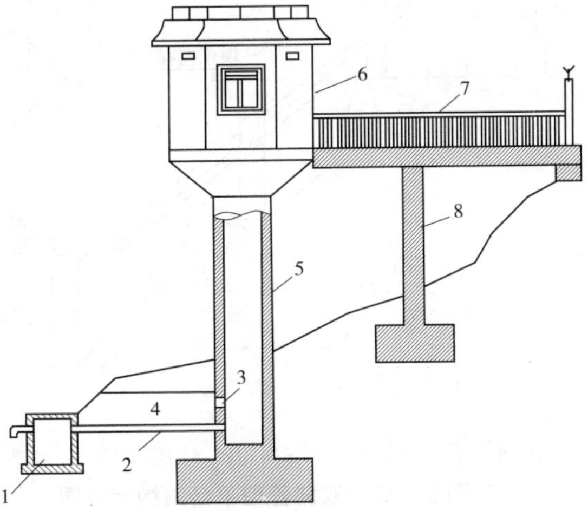

1—沉沙地;2—进水管;3—检修孔;4—掏沙廊道;
5—测井;6—仪器室;7—栈桥;8—桥墩

图 6-9-15　岛岸结合式直立型测井平台示意图

9.2.6.2　雷达及超声波水位计支柱悬臂型平台

雷达及超声波水位计常用支柱悬臂型平台,一般的主体结构由立柱支架、斜拉杆悬臂、维修平台等组成。仪器箱安装在维修平台上或支架适当位置,探头传感器图悬挂在悬臂临水端水面之上,在支架上还可安装日照式太阳能供电组件,图 6-9-19 为雷达及超声

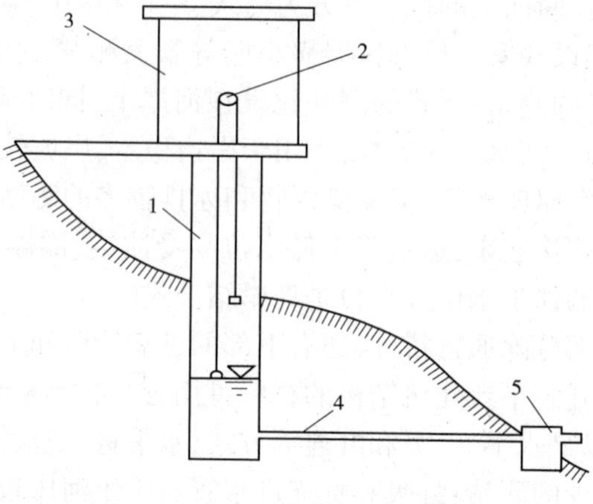

1—测井;2—水位仪;3—仪器房;4—进水管;5—沉沙池

图 6-9-16　岸式平台进水管布置形式示意图

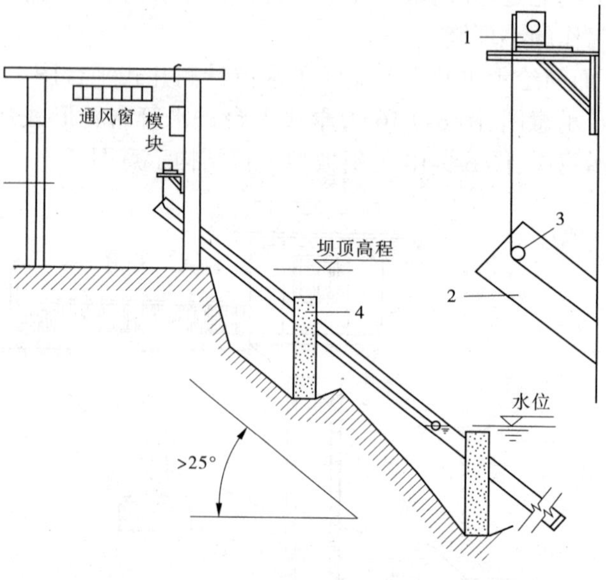

1—水位计;2—斜管;3—导向轮;4—固定支座;5—仪器房

图 6-9-17　双斜管型平台结构示意图

波水位计支柱悬臂型平台结构示意图(图中仪器箱安装在支架顶端)。

9.2.6.3　水位计探头在水下河底的安装平台

超声波水位计采用水下河底安装时,要在河床上建造安装基础平台,以便安装超声波水位计换能器探头,要求是保证探头稳固并使探头声波主束与水面垂直。充气压力平衡水位计的出气孔在水下河床,宜建造坑基平台或桩柱平台,要求是保证出气孔探头稳固,并使出气孔与水流方向正交,避免流速水头对着出气孔而产生流动压力。压电型压力水位计在水下河底也可建造坑基平台或桩柱平台,也有不在河底而装在陡岸壁或渠道侧墙上等方式,同样要注意克服流动压力影响。

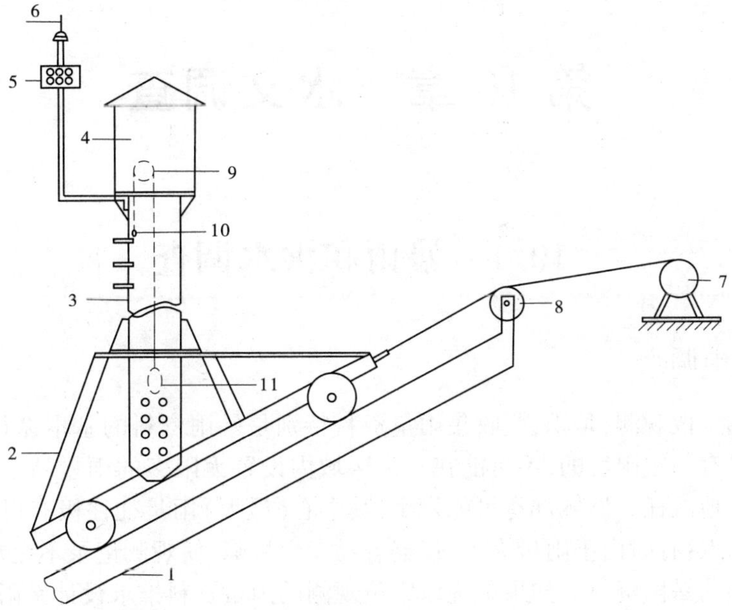

1—轨道;2—行车;3—活动测井;4—仪器室;5—太阳能电池;6—天线;
7—绞车;8—转向轮;9—传感器传动轮;10—平衡锤;11—浮子

图 6-9-18　斜坡型平台结构示意图

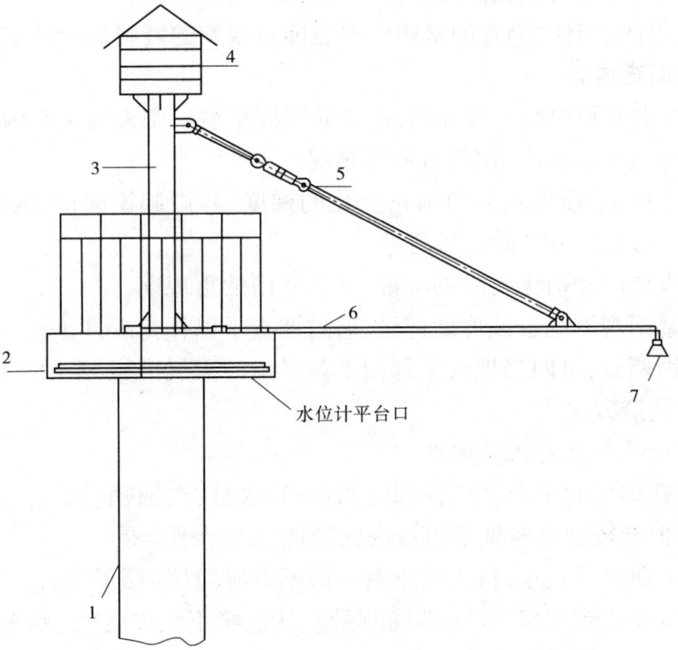

1—支架;2—维修平台;3—仪器箱立柱;4—仪器箱;
5—斜拉杆;6—悬臂;7—水位传感器

图 6-9-19　雷达及超声波水位计支柱悬臂型平台结构示意图

第 10 章　水文调查

10.1　暴雨和洪水调查

10.1.1　暴雨调查

雨量站的定位观测,是积累、收集雨量资料特别是暴雨资料的基本途径,但其站网的布设密度总是有一定限度的,不可能在一个区域内设置无限多的雨量站。由于暴雨或特大暴雨在一个地区任一地域都有可能发生,其中心(最大)雨量往往极有可能发生在没有雨量站的空白点;有时由于雨量太大,仪器容易发生故障,使观测记录不完整或出错,往往难以得到准确的暴雨资料。如果单纯以定位观测的雨量资料推求设计暴雨或估算可能最大暴雨,则可能使推算成果偏小,带来不安全的后果。因此,及时开展暴雨调查工作是非常必要的。

暴雨调查是掌握特大暴雨,研究暴雨地区性规律及洪水成因的重要手段,与洪水调查工作是相辅相成的。我国各地发生过的一些特大暴雨,其暴雨中心雨量、面雨量分布很多都是通过调查获得的。有时调查的暴雨资料也能对观测的资料进行核实或订正。

10.1.1.1　暴雨调查内容

暴雨调查时,由暴雨中心一带开始,逐步向四周扩展。调查的主要内容有:

(1)暴雨中心及暴雨范围、雨轴分布等情况。

(2)暴雨中心雨量、沿雨轴方向雨量变化的梯度、暴雨起讫时间、时程分配及移动情况,确定各调查点的不同历时最大暴雨量。

(3)结合调查访问和历史文献的考证,确定暴雨的重现期。

(4)对特大暴雨观测记录或可疑记录,通过调查予以补充或订正。

(5)暴雨成因调查,可向当地气象部门了解暴雨的天气形势、暴雨成因等方面情况。

10.1.1.2　暴雨调查方法

1. 承雨器的选择和盛雨状况调查

当地群众放在露天的生产、生活用具,如水桶、水缸、汽油桶、锅、盆、坛、罐等器皿,都可作为承雨器。但能较准确测到暴雨量的比较理想的承雨器是:

(1)容量较大而口径较小,特大暴雨时一般不会漫溢(如坛子等)。

(2)承雨器口径比较规格,易于准确测量。其边缘不太厚,无溅水现象(尽量选择近于锐缘的器具)。

(3)暴雨期间位于比较空旷地点,受房屋、大树或其他建筑物影响较少。如果不能满足,则承雨器最好在建筑物的迎风方向,而不能在背风方向。

(4)雨前承雨器内确无积水,雨后也未曾取水或注水。若雨水已经倒出,则器内水痕比较清楚或易于指认。

2. 暴雨量的确定

对承雨器内雨水尚存在的,可酌情加上蒸发量后倒出称量,再折算成体积。对雨水已经倒出的,则可根据指认的水痕位置,重新注水率定。注水的水量也可称量后折算成体积,并用式(6-10-1)计算雨量。

$$P = \frac{10 \times V}{A} \tag{6-10-1}$$

式中　P——降水量,mm;

V——由承雨器倒出或注入水的体积,cm^3;

A——承雨器口的受雨面积,cm^2。

如果水量是称重得到的,其体积 $V(cm^3)$ 由式(6-10-2)计算:

$$V = \frac{W}{\gamma} \times 1\ 000 \tag{6-10-2}$$

式中　γ——水的密度,g/cm^3,取 $\gamma = 1\ g/cm^3$;

W——由承雨器倒出或注入水的质量,kg。

则降水量由式(6-10-3)计算:

$$P = \frac{10 \times \frac{W}{\gamma} \times 1\ 000}{A} = 10^4 \times \frac{W}{A} \tag{6-10-3}$$

计算承雨器口受雨面积 A 时,当承雨器口缘较厚而平缓时,其承雨口径(或围缘线)可采用内外径(或围缘线)的平均值;当内缘高出外缘,坡度较陡时,也可采用内径(或围缘线);若口缘有明显脊线,则承雨器口径(或围缘线)以量至脊线为准。

3. 暴雨出现时间的调查

暴雨出现时间主要是通过询问调查,宜询问亲历暴雨过程身心健康的成年人,了解记录暴雨的开始、结束时间,最猛雨强出现时段或时刻,能描述整个过程更好。

4. 暴雨调查成果资料整理编制

在暴雨现场调查结束后,应整理编制暴雨调查成果资料,主要内容有:暴雨调查时间、地点、见证人、承雨器名称及盛水状况、暴雨发生情况及描述、降雨历时,调查降水量、可靠性等。必要时,可根据实测雨量资料和暴雨调查资料,点绘降水区域的暴雨降水量等值线图,绘制暴雨历时—面积—平均雨深关系曲线图等。

10.1.1.3　历史暴雨调查

向当地老人了解如此暴烈的降雨情况多少年前出现过,更上辈分的过世老人传说过当地典型的暴雨情况等。或者查阅历史文献、碑记,了解古建筑物冲毁、灾情等方面情况,并可与洪水调查成果进行比对核实,为推算暴雨重现期(排列序位)准备辅助资料。

10.1.1.4　实测暴雨量的复核

位于特大暴雨中心的雨量站,往往因自记仪器来不及反应雨量,不能正常记录,而用雨量筒人工观测,又不能按正常的方法及时观测和量测,有时一次降雨过程中需要采用几种不同规格的临时测雨器观测。还有可能一些站未能采取有效措施,不能准确地按时掌握特大暴雨过程。出现此类情况的雨量站,其实测暴雨量就有必要在暴雨以后进行调查核实。

实测暴雨量调查复核的重点是总雨量及各个时段的分段雨量,调查对象主要是参加观测的有关人员。

对自记仪器,要检查在大雨期间反应是否灵敏,自记笔尖跳动幅度或翻斗及数据存储是否正常,仪器的记时是否准确,贮水器有无漫溢现象。

用雨量筒观测的站,降雨过大时,有的用雨量器的外套大筒直接接雨,用量雨尺在筒内直接量读雨深,在这种情况下要查明筒底直径与承雨口径是否一致。

调查中如果发现实测值不准或有漏测的,应根据调查结果订正或补充,时间欠准的也应做时间改正。但改正实测记录一定要经过多方比较,确认调查结果确实可靠,能作为改正依据时,在有关领导部门同意后才可以采纳。

10.1.2　洪水调查

洪水资料是水利枢纽、桥涵、给水、排水等水利工程设计所不可缺少的极其重要的一项水文资料,因水文观测资料在时间上和空间上的有限性,故需要进行洪水调查,以补充水文站观测资料系列的不足或丰富拟调查河段的洪水资料。

10.1.2.1　准备工作

在进行洪水调查前,要明确调查目的、任务和要求,研究调查方法,了解拟调查地区一般情况和产洪行洪条件,还需要做好以下准备工作:

(1)搜集资料。拟调查河段及附近测站历年洪水资料,如洪水位、洪峰流量、比降、糙率、水位流量关系曲线等;拟调查河段及邻近地区已有的洪水观测及相应暴雨资料、历史洪水研究资料、调查报告、分析成果等;拟调查河段的地形图、河道纵断面图等;沿河水准点位置及高程;与洪水调查有关的历史文献、文物、考证资料等。

(2)准备仪器、工具。调查需携带的测绘仪器、记录记载图表和计算工具、办公生活用品等。

(3)初步确定调查范围。根据调查目的、任务,确定开展调查的范围,并选择交通路线,编制具体工作计划。

10.1.2.2　现场实地调查

现场实地调查工作内容主要包括:

(1)了解情况。到达调查区域后,要与当地政府部门接触,说明进行洪水调查的目的和意义,争取得到支持和帮助。可到有关部门搜集资料,了解河道变迁情况、洪水淹没范围、村寨分布、受灾情况等。

(2)查勘河道。对拟调查河段进行实地查勘,要了解河段控制条件、河床稳定性、断面特征、主槽河滩组成和支流加入、急滩、卡口、跌水等情况,便于选择合适的调查河段和断面。

(3)实地访问。在选定调查河段后,按调查内容进行深入、细致、全面的访问,可个别访问拜访,也可召开座谈会。要虚心访问,原话或原意如实记录。

(4)现场核实。对于调查访问到的资料,应在现场进行初步整理和综合分析,若发现问题,要在现场核实。

在进行洪水调查勘测的同时,应辅以摄影、摄像。主要拍摄洪水痕迹位置、河槽及河滩覆盖情况、河道平面情况。在拍摄洪水痕迹时,视线应垂直于痕迹,平行于地面,尽可能地显示附近地物地貌;拍摄碑文、壁字,可先涂以白粉或黑墨,能使字迹清楚;拍摄水印,可用手指点位置;拍摄河床覆盖情况时,视线应与横断面垂直,有时为确定有关物体的大小,可用测尺作为陪衬;拍摄河道形状、水流流势,要登高,以求全貌。拍摄时,还应记录所拍对象、地点、方向,并加以简要说明。

10.1.2.3　选择调查勘测河段

(1)要满足调查目的和要求。如为水利工程设计而调查,可选择尽量靠近工程地点的调查河段;如为延长洪水系列,可选择水文测站邻近河段作为调查河段。

(2)调查河段应有一定的长度,且比较顺直,无大的支流、分流、变动回水及阻水影响。

(3)各处断面形状相近,河道平面位置及断面变化不大。

(4)当没有较为理想的河段时,可选在急滩、卡口、剧烈弯道或桥涵等的上游,或选在向下游收缩的河段,避免选在扩散河段。

10.1.2.4　洪水痕迹调查和评定

洪水痕迹(泥印、水印,人工刻记等)是确定洪水最高水位,绘制洪水水面曲线和计算洪峰流量的直接依据,对于洪水调查成果质量影响很大。

(1)洪水痕迹调查。洪水痕迹应在现场由当地群众指认,或者由调查人员自己辨认,对每一洪痕点的可靠程度要能够做出判断,一般认为有具体标志物的洪痕可靠程度较高。洪水痕迹经确认后,要对其位置以红漆等有效标记做好标志,便于随后测量。

(2)洪痕可靠程度评定。洪水痕迹经调查确认后,要对其做出可靠性评价,给出“可靠”“较可靠”和“仅供参考”的结论。

凡是洪痕指认者亲身经历,印象深刻,所讲情况逼真,旁证确凿,且标志物固定,洪痕位置具体、清晰,估计洪痕可能高程误差小于0.2 m的,认为是可靠的洪水痕迹。

凡系洪痕指认者亲身经历,印象比较深刻,所讲情况比较逼真,旁证材料较少,且标志物有变化,洪痕位置基本能确定,估计洪痕可能高程误差在0.2~0.5 m的,认为是较可靠的洪水痕迹。

若被调查人听传说,或印象不深,所述情况不够清楚具体,缺乏旁证,且标志物已有较大变化,洪痕位置不具体,估计洪痕可能高程误差在0.5 m以上的,认为是仅供参考的洪水痕迹。

10.1.2.5　洪水调查的测量

(1)洪痕的水准测量。洪水痕迹高程测量一般应从附近已有水准基点接测,并注明使用基面。若附近无水准基点,可以自行设立,并假定高程。重要洪痕高程可用四等水准测量,一般的洪痕高程用五等水准测量。

(2)河道纵断面测量。纵断面测量可顺主流布置测点,测点间距可视河道的纵坡变化程度而定。底坡转折处需有测点,在急滩、跌水以及水工建筑物的上下游要增加测点。

测河道纵断面的同时要施测水面线,当两岸水位不等时,要同时测定两岸水位。若施测持续数日，水位有显著变动的，应设立临时水尺，读记各日水位，将各日所测水面线加以改正。

(3)河道横断面测量。选取的横断面数量要能反映出断面面积变化及其形状沿河长的特性。在平直整齐的河段可以少取，在曲折或不均匀的河段应多取，在洪水水面坡度转折的地方要选取断面。断面间距一般在 100～500 m。

选取的断面应尽量靠近已确定的洪水痕迹，且应垂直于洪水时期的平均流向。

在测量横断面时，要在测量记载簿中记载断面各部分的河床质的组成及粒径、河滩上植物生长情况（草、树木、农作物的疏密情况）、阻水建筑物的情况（地埂、石坝、土墙等）及有无串沟等情况，以确定河槽及河滩糙率。

(4)河道简易地形测量。进行河道简易地形测量，可更好地确定调查河段长度及洪水期水流情况，一般要测至最高洪水位以上。测量内容应有：导线及永久水准点位置，施测期间河流水边线，洪水痕迹及横断面位置，洪水淹没范围内的灌滩简略地形，阻水建筑物（房屋、堤坝、桥梁、树木等）、支流入口、险滩、急流、村庄等位置。

10.1.3　洪灾损失调查

洪灾是指由于暴雨、长期阴雨或冰雪大量融化，引起山洪暴发、江河泛滥或积水成灾，造成财产受损等并危及人员安全的一种自然灾害。在进行洪灾统计时，除通用的灾情统计指标外，还包括降水量、降水距平、降水距平百分率、旱涝指数、洪峰流量等特定指标。

10.1.3.1　洪灾调查

洪灾调查是水文部门配合主管部门对因洪涝所造成灾害情况进行调查、评估、统计的工作。洪灾情况统计包括正在发生的和历史上发生的，涉及的具体内容主要包括：

(1)洪灾发生的时间、地点。

(2)洪灾的等级或大小，是由职能部门或科学界确定的对洪涝灾害进行衡量的标准，是与灾情严重程度呈正相关关系的指标。

(3)洪灾造成的人身伤亡情况，如受灾人口、死亡人口、受伤人口等。

(4)洪灾造成房屋倒塌与损坏情况。

(5)农作物受灾情况，包括受灾面积、成灾面积、绝收面积等。

(6)学校、医院等公共事业，以及工业、商业等受破坏的情况。

(7)水利、交通、通信、电力等的受损情况。

(8)各种直接经济损失及其分类情况等。

10.1.3.2　灾害损失评估

灾害损失评估的基本内容包括如下方面：

(1)确定灾害损失评估的具体对象与评估时段。

(2)对灾害事故危害的区域等进行实地勘查。

(3)对灾害事故损失从不同角度进行评价。

(4)对灾害事故损失进行核实。

10.1.3.3　灾害损失评估方法

根据国内外的理论与实践，较为通用的灾害损失评估方法主要有以下几种：

(1)调查评估法。

(2)专家评分评价法。

(3)人力资本法。

(4)影子价值法(又称恢复费用法)。

(5)市场价值法。

(6)海因里希法。

(7)西蒙兹法。

各种灾害事故的损害后果都不外乎人员伤害与财产损失以及其他相关损失(间接损失)。直接损失包括人身伤害、财产物资损失、其他损失,间接损失主要包括间接经济损失与间接非经济损失两类。洪涝灾害调查评估的实施也遵从这一原则。

10.2　枯水和旱情调查

10.2.1　枯水调查

在河流出现历年某个时段最低水位、次低水位或最小流量、次小流量时,要进行当年枯水调查。历史枯水调查可根据实际需要进行。

10.2.1.1　当年枯水流量调查

当年枯水流量调查可按如下方法开展:

(1)调查时机。应在枯水发生后及时进行。

(2)调查方法。应通过实地走访、现场查勘、资料收集等方法,实地了解流域、河道特性,并调查枯水期间水量的来源和河段取用水情况。收集历年枯水水位、流量等水文要素数据,收集流域旱情气象等有关资料。

(3)直接测量枯水水文要素。当河流有水流时,应对其水位、流量进行测量。

(4)间接测量枯水流量。利用枯水痕迹开展断面过流面积、比降等测量,利用水力学公式计算枯水流量。

(5)对重要的枯水痕迹可进行摄影,或设立永久性标志。

10.2.1.2　历史枯水流量调查

历史枯水调查可通过收集历史文献、文物中关于旱情的描述,用历史上发生的重大事件,群众最易记忆的事件,或由调查的旱情比较,判断确认分析枯水发生的时间和成因。确定枯水流量宜勘测河段并尽力还原到当时的状况考察之。资料充分时,可探讨枯水最低水位或最小流量及重现期。河流断流、干涸情况等宜相机调查。

10.2.2　旱情调查

供水低于正常需水的缺水事件通常称为干旱。对农业来说,农作物在生长过程中,所需水分得不到充分供应,植株缺水,生长受到抑制的表现(如卷叶、黄叶、落叶、落铃、枯萎等)称为旱情。

10.2.2.1 旱情调查内容

(1)旱情发生的时间、地区、分布范围、成因和破坏程度等。

(2)旱情发生前和发展期间受灾区域的土壤含水量等墒情信息。

10.2.2.2 旱情调查方法途径

旱情调查宜采用下列方法和途径:

(1)收集气象、国土、农业、水利和民政等部门的监测和统计资料。

(2)收集水库等水利工程蓄泄水相关数据。

(3)统计计算降水、径流、蒸发、土壤墒情、地下水变化过程和特征值,分析出现旱情成因。

10.2.2.3 历史旱情调查

历史旱情发生时间的调查可采用下列方法:

(1)收集历史文献文物、民间的谚语、传说中关于旱情灾害的描述等。

(2)用历史上发生的重大事件、最易记忆的事件进行对比分析等。

(3)对灾害发生区域内多处调查日期进行相互对照。

旱情调查所收集的第一手资料应真实可靠,且能通过多种灾害数据进行相互印证。灾害核心区的各种灾害实物证据和数据信息是旱情调查的重要资料。

10.2.3 旱灾损失调查

旱灾是我国的主要自然灾害之一,通常是因久晴无雨或少雨、降水量较正常年份同期明显偏少并引起工农业生产尤其是农业生产损失的一种气象灾害。旱灾的严重程度一般取决于前期降水量、干旱的持续时间、空气温度和湿度、风力、地下水位及农作物的种类和生长期等诸多方面。

根据旱灾的性质,它可以分为大气干旱与土壤干旱两种;根据旱灾发生的时间,它可以分为春旱、夏旱、秋旱和冬旱以及冬春连旱、夏秋连旱等。

(1)旱灾调查是对旱灾情况进行调查、评估、统计的工作。旱灾情况统计包括正在发生的和历史上发生的,涉及的具体内容主要包括:

①旱灾发生的时间、地点。

②旱灾的等级或大小,它是由职能部门或科学界确定的对旱灾进行衡量的标准,与灾情严重与否呈正相关的关系。古代多用定性的“特大旱灾、大旱灾及一般旱灾”描述旱灾,当代农业旱灾分为4个等级,4级为减产8成以上,称严重灾;3级为减产5~8成,称重灾;2级为减产3~5成,称中等灾;1级为减产0~3成,称轻灾。

③旱灾对人的影响情况,如受灾人口、死亡人口等。

④农作物受灾情况。包括受灾面积、成灾面积、绝收面积等。

⑤各种直接经济损失及其分类情况等。

(2)旱灾损失评估的目的是确定旱灾事件的实际损失或风险损失。其基本内容包括:

①确定旱灾损失评估的具体对象与评估时段。

②对旱灾事件危害的区域等进行实地勘查。

③对旱灾损失从不同角度进行评价。

④对旱灾损失进行核实。一般可以采用如下指标来对旱灾灾情进行评价:降水量、温度、湿度、旱期、降水距平百分率、干旱面积、帕尔默干旱指数(*PDSI*)。

各种灾害事故的损害后果都不外乎人员伤害与财产损失以及其他相关损失(间接损失)。直接损失包括人身伤害、财产物资损失、其他损失。间接损失主要包括间接经济损失与间接非经济损失两类。旱灾调查评估的实施也遵从这一原则。

第 11 章　管理与培训

11.1　技术管理

11.1.1　水文站测洪方案编制

水文站洪水测验方案是测站为应对不同量级洪水的测验，根据测站现有人员、设施设备等情况，结合本站洪水特性及历史洪水测验经验制订的洪水测验预案。水文站测洪方案的编制一般在每年汛前准备期间进行。方案编制应遵循科学合理的原则，编制的方案应切合实际，具有较强的可操作性，能够有效指导各级洪水测验，保障洪水测验质量。方案编制的内容应全面、准确，格式应规范、统一，通常一个测区各水文站的测洪方案一般以统一架构的图表形式列出有关内容。

2000～2001 年，水利部水文局组织力量编制汇编了《全国重要水文站测洪及报汛方案》（共 201 个水文站），较规范地统一了测洪及报汛方案的编制模式和内容，对一般水文测验方案的编制有示范意义。《全国重要水文站测洪及报汛方案》的总格局模式是 4 表 5 图，具体为：

表 1　××水文站基本情况一览表；

表 2　××水文站较大洪水测洪及报汛方案；

表 3　××水文站大洪水测洪及报汛方案；

表 4　××水文站特大洪水测洪及报汛方案；

图 1　××水文站位置示意图；

图 2　××水文站测验河段平面图；

图 3　××水文站测流断面大断面图；

图 4　××水文站测流断面水位面积关系曲线（图 3、图 4 可合绘为一幅图）；

图 5　××水文站报汛水位流量关系曲线。

黄河潼关水文站某年的测洪及报汛方案示例见表 6-11-1 和表 6-11-2。

表 6-11-1　黄河潼关（八）水文站基本情况

<table>
<tr><td rowspan="4">测站概况</td><td>站号</td><td>40104360</td><td>测站编码</td><td>40104360</td><td>建站时间</td><td colspan="2">1929 年 2 月</td></tr>
<tr><td>所在地点</td><td colspan="2">陕西省渭南市潼关县秦东镇</td><td colspan="4">东经 110°20′北纬 34°37′</td></tr>
<tr><td>所在河流</td><td colspan="2">黄河流域黄河水系黄河</td><td>集水面积</td><td>682 166 km²</td><td>距河口距离</td><td>1 138 km</td></tr>
<tr><td>使用基面</td><td colspan="2">大沽</td><td>警戒水位</td><td></td><td>保证水位</td><td></td></tr>
</table>

续表 6-11-1

水沙特征	洪水主要来源于干流龙门以上和渭河、北洛河。其中,黄河来水陡涨陡落,历时较短;而渭河来水持续时间较长。一般沙峰滞后于洪峰,洪水时浪大流急,断面上涟子水、回流水等复杂水情多有出现,给测验造成很大困难。当渭河、北洛河有高含沙水流时,往往对测验河段造成大范围冲刷,黄河、渭河来水来沙差异较大时有时会发生河道异重流现象。水位流量(曲线)关系散乱,一般渭河来水逆时针绳套曲线机会较多,黄河来水顺时针绳套曲线机会较多,流速含沙量横向分布复杂多变,汛期水沙量分别占年总量的 58%、80%

	项目	出现日期	相应水位(流量)	施测方法
水文特征	实测最高水位　332.65 m	1961-10-21	蓄水	人工观测
	调查最高水位			
	实测最大流量　14 000 m^3/s	1977-08-03	328.47 m	流速仪
	建站以来最大流量　15 400 m^3/s	1977-08-06	330.33 m	线推
	实测最大流速　6.60 m/s	1954-07-13	10 600 m^3/s	浮标
	实测最大水深　13.0 m	1970-08-03	8 420 m^3/s	测深锤
	实测最大含沙量　911 kg/m^3	1977-08-06	15 400 m^3/s	横式采样器

测验河段及断面情况	本站测验河段在黄河、渭河、北洛河汇合口下游 6 km 左右。测验河段内现有 2 个基本断面:即基上 2 616 m 潼关(六)水位观测断面(三门峡水库潼关高程断面);基下 165 m 潼关(八)水位兼测流断面。测验河段从潼关(六)到潼关(八)断面全长约 3 km,两岸之间一般洪水河宽 900 余 m,右岸为砌石护坝,左岸为土坡。潼关(八)基本水尺断面上游约 2.6 km 处有铁路桥,基上 130 m 处有公路桥。左岸上游 2.5 km 处有风陵渡抽水站,右岸上游 2.0 km 处有港口抽水站,基下约 600 m 处建有控导工程。本测验河段为游荡性宽浅河道,一般水面宽 500 余 m,洪水时水面宽达 900 m 以上。河床为细泥沙组成,断面冲淤变化较大,主流位置常有摆动,枯水期水流宽浅分散,常有浅滩、分流、串沟。大水时出现回流、壅水,测验困难。流向在中高水较顺直,小水时将主流摆向左岸,流向偏角较大,有时流向偏角达 40°多。水位流量关系复杂多变

测验项目	降水量、水位、流量、单沙、输沙率、泥沙颗粒分析、冰情、水质监测	测洪标准	18 800 m^3/s

		编号	类别	高程(m)	绝对高程(m)	位置	形式
测验设施设备	水准点位	BM3	基本	333.042	333.042	原七断面观测房院内仓库南墙根	暗标
		82-095 明	基本	332.251	332.251	铁路桥北扬水站宿舍东第二屋门前	明标
		BDX1	校核	331.513	331.513	基下 165 m 流速仪测流断面右岸标志桩上游 37 m	明标
		BDX2	校核	329.935	329.935	基下 165 m 流速仪测流断面左岸标志桩上游 22 m	明标
		BDX3	校核	331.158	331.158	基本水尺断面自记水位计台上东南角螺栓	明标
		BDX4		331.246	331.246	下比降水尺断面右岸	明标

续表 6-11-1

测验设施设备	水位设置及观测方式	潼关(六)水位站、潼关(八)基本水尺断面设有非接触式超声波自记水位计,同时各设一组直立式水尺。潼关(八)下比降水位采用直立式水尺观测
	断面标志	按照要求设置,标牌桩点齐全,满足各级洪水测验要求。基下 165 m 断面有一条标志索,跨度为 1 500 m
	基线、仪器	基线设于右岸,长 500 m,经纬仪交会定位
	缆道	双跨双缆,热镀锌防腐、自立式钢支架吊船过河缆道 1 道,设计测洪能力 18 800 m^3/s,1998 年 9 月建设。主缆直径 34.5 mm,主跨 1 560 m。钢支架高 38.5 m,支墩高程 367.5 m
	测船	A302 吊机船 1 艘,1998 年 6 月建成,钢质全焊接,长 26 m。双机柴油机,主机型号 6135ACaB2,功率均为 150 马力,航速 19.5 km/h,排水量 49.34 t。水文绞车 1 套(手动、电动变频调速),用于日常测验。 A305 吊机船 1 艘(15 m 浅水测量船),2002 年 12 月建成,钢质全焊接,两台主机型号 CUMMNs 6BTA5,功率均为 150 马力,航速 22.0 km/h,排水量 17.5 t。水文绞车 1 套(手动、电动变频调速),与快艇配合进行滩区及串沟测验。 快艇:长 6 m,55 马力和 40 马力操舟机各 1 台,用于洪水滩区及串沟测验,配有手持悬杆用于流速测量
	吊厢	无
	其他	公路桥用于投放浮标
测验测具仪器		J_2B_{1002} 经纬仪 2 架、S_2B_2 水准仪 2 架、DS_3 水准仪 1 架、WILD 水准仪 1 架、水准尺 3 对、LS_{45} 流速仪 1 架、LS25-1 流速仪 20 架、LS25-3A 流速仪 4 架、手持流向仪 2 个、横式采样器 7 个、沙样桶 200 只、1/100 天平 1 架、TB_{3002} 电子天平 1 架、秒表 4 块、各类测深杆 50 根、250 kg 铅鱼 2 个、150 kg 铅鱼 1 个、350 kg 铅鱼 1 个、30 kg 铅鱼 1 个、测深锤 2 个、JDZ-1 数字存储雨量计 1 台、HW-1000 非接触式超声波自记水位计 4 台、计算机 2 台
水尺和测井设置		潼关(六)断面设直立式固定水尺 4 支,为钢管永久性水尺,控制水位变幅 326.00~333.00 m。潼关(八)基本水尺断面兼上比降断面设 HW-1000 型非接触超声波自记水位计 2 台,直立式水尺 4 支,为钢管永久性水尺,控制水位变幅 325.20~333.40 m。下比降断面有超声波自记水位计和直立式水尺 5 支,为钢管永久性水尺,控制水位变幅 325.20~333.20 m。比降间距为 555 m
报汛情况		向 11 个部门提供水情服务。拍报单位:黄河防总、黄河小北干流陕西河务局、山西省三门峡库区管理局、陕西省三门峡库区管理局、陕西防指、三门峡水利枢纽管理局、三门峡库区水文水资源局、渭南地区防指、河南省防办、黄河上中游水调办、潼关河务局
通信设备		有线电话 3 部,移动电话 1 部。无线电台 1 部,数传终端 1 台,对讲机 3 对 | 报汛(值班)电话 | (0913)3971171

续表 6-11-1

电力供应	自配变压器 2 台,但供电线路为农用电,用电不能保证。有备用电源(24 kW 发电机 1 台)。另船上备有 24 kW 发电机 1 台,变频调速仪 2 台,用于测验
交通工具	皮卡汽车 1 辆,雅马哈摩托车 1 辆
人员情况	实有人数:33 人 ,编制人数:40 人; 人员结构:工程师 1 人,政工师 1 人,助工 1 人,技术员 2 人,高级技师 1 人,技师 2 人,高级工 10 人,中级工 5 人,初级工 1 人,见习期、学徒一共 9 人

表 6-11-2　黄河潼关(八)水文站大洪水测洪及报汛方案

流量指标值			15 000~18 800 m^3/s
水位观测	要求		确保正常观测无漏误
	基本断面		用 HW-1000 型非接触超声波自记水位计进行观测,仪器故障或脱流时用直立式水尺进行观测或操平
	比降断面		基本断面兼上比降断面,下比降用直立式水尺进行观测或操平
	勘选断面		
流量测验	方案 1	方案描述	此级洪水在设计测洪能力之内,可用流速仪法测流,机船测主槽,浅水测量船、操舟机测滩地
		定位	用标志索定位,浮标法测验用经纬仪交汇法定位。负责人马治全、雷广利等
		测深	用测深杆和测深锤测深。负责人代运通等
		测速	用流速仪测速。负责人马治全等
	方案 2	方案描述	水情复杂或漂浮物较多时,改用浮标法测速,实测断面或借用邻近实测断面资料计算流量
		定位	用经纬仪交汇法定位。负责人马治全、雷广利等
		测深	实测断面时用测深杆或测深锤,无法出船时借用邻近断面资料。负责人马治全、雷广利等
		测速	用浮标测速。负责人马治全、雷广利等
泥沙测验	方案 1	单沙	等流量五线 0.5 一点法测取
		断沙	与测流配合采用垂线选点断面多线法取样或垂线混合法或全断面混合法测取
	方案 2	单沙	无法出船时,近岸边一线或桥上垂线混合法测取
		断沙	暂时不测

续表 6-11-2

报汛方案	要求	报汛项目为降水量，水位，流量，含沙量，日、旬、月平均流量，旬、月水沙总量。依据实测点或按高水报汛曲线并参考历年高水水位流量关系趋势查读流量报汛，不得延误
	段次	$Q_M \geqslant 10\ 000\ m^3/s$，加报过程，拍报级别为6级、含沙量大于25 kg/m^3 时随测随报且报沙峰过程
	途径、手段、方法	通过手机短信或有线电话报汛
组织指挥、人力运用、后勤技术支援		局领导、站长负责大洪水测报指挥。副站长、主任工程师负责浮标法测验（流）、单沙取样、水情报汛。吊船测验时吊机船、操舟机共需船员8人，流量测验需测工8人；浮标测验时需测工8人，输沙率测验需测工10人。水位观测4人[包括潼关（六）断面]，降水观测及报汛2人，后勤保障2人。水质监测2人，洪水期局预备队支援测洪
特殊情况下的测洪报汛方案（夜间、溃口分流等）		可确保在公路桥上用浮标法测流。力争测报无误
存在与需要解决的问题		

由示例可见，水文站测洪方案基本架构和主要内容为：

（1）测站基本情况。

①测站概况：测站编码、建站时间、所在地点（行政区划）、地理位置（经纬度）、所在河流、集水面积、距河口距离、使用基面、警戒水位（流量）、保证水位等。建站时间、站址、集水面积等基本信息中，属水文年鉴刊印的项目，其填写应与上年水文年鉴一致，本年发生变动的填写变动后信息。

②水沙特性：洪水来源，各来源区洪水的表现，测站水沙关系、水位流量关系、单断沙关系的变化情况，特殊水流情况等。

③水文特征值：实测最高水位、调查最高水位、实测最大流量、建站以来最大流量、实测最大流速、实测最大水深、实测最大含沙量等项目。要求填写项目名称、数值、出现日期、相应水位（流量）、施测方法等信息。

④测验河段及断面情况：测验河段长度、河道弯曲状况、测站控制、河床组成、河道冲淤变化、河槽形态、水流摆动、流向变化、上下游建筑物和影响、测验断面布设、河段比降、水面宽等情况。

⑤测验项目及测洪标准：测验项目依本测站任务书中规定的测验项目，按规范用语填写。如"降水""水位""流量""单沙""输沙率""颗分""蒸发""水质""比降""水温""气温""冰情""墒情""气象"等。测洪标准按照现有流量测验设施设备设计测洪能力的最大值填写。

⑥测验设施设备、测验测具仪器：测验设施设备主要包括水准点、水位、断面、基线、水

文缆道(含吊箱)、测船、浮标投放器等设置或配置情况。测验测具仪器应说明测站为满足各水文要素测验所装备的主要仪器名称、型号、数量等。

⑦其他内容:主要包括报汛情况、通信设备、电力供应、交通工具、测站人员情况等。

(2)测验方案。

各级洪水测洪方案编制的主要内容为:水位流量防汛指标值、水位观测方案、流量测验方案(需有备用方案)、泥沙测验方案(需有备用方案)、组织指挥、人力运用、后勤技术支援、特殊情况下的测洪方案、存在与需要解决的问题等项目。

分级洪水测验方案中应尽可能利用水文测验新技术应用,如雷达水位计、ADCP、雷达流速仪、泥沙在线测验技术,以及GNSS等测量技术的应用。

①水位流量防汛指标值。

对于某水文站,其防汛指标是指在现有条件下所能够测验到的各级洪水,以水位或流量表述。一般把重现期为10~20年的洪水,或因河道断面控制条件发生转折变化时对应的洪水定义为较大洪水;把重现期为20~50年的洪水,或本站实测最大洪水以下洪水,或本站测验设施建设标准以内的洪水定义为大洪水;把重现期大于50年的洪水,或本站测验设施建设标准以上的洪水定义为特大洪水。根据以上定义确定各级洪水的流量及相应水位,即本站本级洪水的水位流量防汛指标值。一般按较大洪水、大洪水、特大洪水分级制订洪水测验方案。

②水位观测方案。

介绍各水位观测断面的水位观测设施、方法、人员。要求各级洪水的水位观测均“确保正常观测,控制水位变化过程,满足报汛和整编要求”。测站水位自记设施或高位水尺应能测记本站建设标准的最高水位。

③流量测验方案。

方案描述应简要说明本级洪水测验方法、实施步骤及定位、测深、测速等各岗位人员安排等。通常流量测验可采用流速仪法、浮标法、电波流速仪法、水力学法等。较大洪水宜采用流速仪法、浮标法等;大洪水可选用流速仪法、浮标法、水力学法等,水面较宽、水深较大的测站,宜配置GNSS定位,应实测或合理借用相应断面;特大洪水可采用浮标法、电波流速仪法、水力学法、水工建筑物法(或桥上测流)、漂浮物法等,合理借用断面。

④泥沙测验方案。

单沙测验方案:较大洪水应采用常规测验方法、按测站任务书合理布置测次,并宜有一个备选方案;大洪水采用常规方法测验,争取测得较完整的泥沙过程;特大洪水可采用常规方法测验,无法实现时,采用水边或桥梁上取沙,在保证测验安全的前提下测得较完整的泥沙过程。

断沙(断面输沙率、断面平均含沙量)测验方案:较大洪水时,断沙测验应以选点法和垂线混合法为主,含沙量变化较快时选用全断面混合法,测次根据含沙量转折变化合理布置;大洪水时,断沙测验应以垂线混合法和全断面混合法为主,测次根据含沙量转折变化合理布置,整个沙峰过程不少于3次;发生特大洪水,泥沙测验特别困难时,可停测断沙,注意观察情况,条件允许及时安排测验断沙。

⑤特殊情况下的测洪方案。

水位:自记水位计出现故障或脱流、水尺脱流或观测断面道路被切断不能靠近等特殊情况有应急方案。方案主要内容应包括:观测方法的选择(临时断面、观测方式等)、仪器设备选用、人员配置、交通线路等。

流量:出现定位系统、测深系统、测速系统、水文缆道、测船故障,大面积停电等特殊情况应有应急措施方案,主要内容应包括:备用测验断面(位置)选择、备用起点距测验方式及仪器设备的选择、备用水深测验方式及仪器设备的选择、备用流速测验方式及仪器设备的选择、备用渡河测流的选择、备用机电设备的选择、人员配置、交通线路等。

泥沙:制订单、断沙不能正常测验的应急方案,内容应包括:备用测验断面(位置)选择、备用单沙测验方式及仪器设备的选择、备用断沙测验方式及仪器设备的选择、人员配置、交通线路等。

安全:出现站院、房屋被淹、损毁等异常情况危及人员、资料、档案、仪器设备的安全,需要制订人员撤离、物品转移等的应急措施方案。方案内容应包括人员组织、转移地点、路线、交通方式、通信联络等措施。

(3)相关图。

方案应有"测站位置示意图""测验河段平面图""基本断面大断面图""水位面积关系曲线图""水位流量关系曲线图"等。各图应简洁、清晰、准确,坐标比例合适,相关标注全面、合规。

11.1.2 水文站流量测次精简分析

(1)水文站流量实测次数的多少,与测站水位流量关系的稳定性、流量的变幅、测站特性、用户对实测流量的要求等因素有关。《河流流量测验规范》(GB 50179—2015)对流量测验次数的布置有如下规定:

①水文站一年中的测流次数,应根据高、中、低水各级水位的水流特性、测站控制条件、测验精度、定线推流要求,以及实际需求等综合确定,能够准确掌握各个时期的水情变化,合理控制各级水位和水情变化过程转折点。当发生的洪水、枯水超出历年实测流量的相应水位时,应对超出部分增加测次。

②潮流量测验应根据试验资料确定的各代表潮期合理布置测次。每个潮流期内潮流量的测速次数,应根据流速变化的大小、缓急程度适当分布,能够准确掌握全潮过程中流速变化的转折点。

③结冰河流的测验次数及分布应能够控制流量变化过程或冰期改正系数变化过程。

④新设站初期应适当增加测流次数。

因此,流量实测次数的多少,应根据测站水流特性、河道断面控制情况、设站需求等因素确定,总的要求是能准确推算出逐日流量和各项特征值,满足水情报讯、资料整编等测站任务书的要求。

当水文站运行一定时间,积累一定数量的流量实测资料后,可以开展流量测次的精简分析。开展流量测次精简分析的水文站一般要求应有 10 年以上实测资料,或 3 年以上实测资料且高、中、低水位级各有不少于 30 次的实测流量资料。经过分析,若能够建立水位等水文要素与流量之间稳定的或确定的相关关系,则可以对测站流量测次数进行精简。例如,某受水库频繁调节下泄流量影响下的水库出库站,其水位过程变化幅度大且呈明显的锯齿状,在受影响的初期应主动增加流量测次,以尽可能地控制每一次较大幅度的水位变化过程,积累够一定时间或一定数量的实测资料后,经过分析,认为在某一个水位变幅范围内其水位流量关系是稳定的,即可确定在该水位变幅范围内的流量测次精简方案为:年初完整测验一个水位变化过程的流量,年中进行 1~2 次的校测,其他时间该水位变幅范围内可不再实测流量。再如,某水文站已积累几十年的流量实测资料,经过分析,认为其汛期可概化出一条综合关系线,非汛期可按每月 2 次的定日测流,综合考虑后确定该站的流量测次精简方案为:汛期采用间测模式,每 3 年校测 1 年,非汛期采用巡测模式,每月的 10 日和 20 日测流。

(2)制订水文站流量测次简化方案,一定要说明该方案的适用条件,包括适用时段、流量范围、测验方式等,还应说明在什么情况下必须恢复正常的流量测验。流量测次精简分析工作一般包括以下环节和内容:

①收集资料。收集所有的实测流量资料,以及相关的降水、水位、比降、水深、流速、含沙量等资料,必要时还要收集上、下游站的流量等资料,从单次资料质量、过程对照、水位—流量(面积、平均流速)关系等方面对所收集资料进行甄别,剔除明显不合理的数据,把认为质量可靠的资料按一定的规则进行排序等整理。

②建立相关关系。结合测站水流特性,尝试分别建立流量与其他水文要素之间的相关关系,主要是水位与流量的相关关系,其他如比降与流量的关系、平均水深与流量的关系、上游站流量与本站流量的关系等,若相关关系比较复杂,可以考虑多因素相关,如在水位流量关系中增加降水量等因素,以求得相关性较强的关系线。为方便计算机推算流量,可对最终确定的相关线拟合出相关公式。

③确定简化测验方案。根据分析结果,结合测站人员情况、基础设施及技术装备情况、设站目的及测站任务书要求等因素,综合确定流量简化方案,并给出方案执行规则。

④绩效评估。简化方案实施后的前 3 年,每年应对方案实施情况开展绩效评估,出具评估报告。评估内容包括上一年度方案执行情况,执行过程中出现的问题及处理情况,执行前后效益对比,是否继续执行原方案。若需修订,提出修订的理由及具体的修订方案。

11.1.3　水文测站任务书编写

水文测站任务书狭义是测站水文业务任务书,是落实测站水文业务的基本文件,水文测站人员依据本站任务书组织生产和实施具体业务,业务质量管理者依据该站任务书检查和评价该站生产情况水平。原则上生产管理部门按年度编制测站任务书,测站应组织学习测站任务书,并按任务书将测验及管理业务分解到岗位,要求各岗位的承担人员除熟悉本岗位的任务情况落实执行措施外,还应熟悉联系紧密的有关岗位的任务情况。站长或业务站长需知道本站各岗位的任务情况,还应知道测区其他测站的任务。

水文测站任务书的编写依据是测站设站目的、年度任务、技术装备等情况,还有与测验业务有关的技术标准、规范。编写之前应掌握相当多的有关测站生产、技术管理运行情况(需要时应专门调研),参阅历年特别是前两年度的测站任务书及其他测区的测站任务书。

目前,各地测站任务书由不同级别的管理机构组织编发,尚未形成全国性的测站任务书编写导则。比较有代表性的两种测站任务书模式为:简单模式,仅规定测站应该完成什么任务,达到什么质量要求;复杂模式,不仅规定测站应该完成什么任务,达到什么质量要求,还详细规定测站每一项任务怎么做。下面以黄委中游水文水资源局编发的吴堡水文站的任务书为主要参考,介绍编写测站任务书的一般程式和内容提要。

11.1.3.1 测站基本情况和测验总体要求(总则)

(1)制定测站任务书的目的:如将“该站的水文资料成果质量符合新的技术标准,基本工作任务满足新形势下国家防汛和国民经济建设的要求”等作为制定本任务书的目的。

(2)测站基本信息:测站站名、所属流域水系和河名、测站行政位置、地理坐标、设站年月、测站沿革、集水面积、距河口距离等。

(3)测站性质地位等级:如黄河吴堡站为国家基本水文站,国家重点水情报汛站,一类精度流量、泥沙站;为黄河干流控制站,控制吴堡断面以上黄河的水沙量变化,为全年驻测站等。

(4)汇流区即本站以上流域或与上游站之间区段的自然情况(需要时写):如水系类型特点、流域或区域几何特征、下垫面地势、质地、植被情况、水利工程情况、水文气象概况及重要事件或特征值、社会人文情况等。还可以写测站基本情况,如测验河段控制特性、断面布设、水文特征值、设施设备配置、人员组成等。

(5)测报内容名目及要求:如测验项目(水位、流量、降水、泥沙、水面比降、冰凌、水质监测等)观测、测验或拍报的次数、时间及办法,各种报表报送的时限、地点、方法和份数,各种测验资料的整理要求和时限,资料档案报表的管理方法,其他有关事项等内容。

(6)“总体要求”:测报时间一律为北京时间;平水期、洪水期、畅流期、冰期的划分,洪峰标准,洪水实测流量控制变幅,流量单次质量合格率,水情拍报差错率的规定;合理布置测次,严密控制水沙过程,保证各级洪水测得到、测得准、报得出,杜绝缺测、漏测、缺报、漏报等事故的发生;强化质量管理,“随测、随记、随算、随整理、随分析”提高单次质量;认真做好资料整编工作,做到方法正确,成果合理、可靠,符合刊印标准;加强对水文规律的分析研究,加强测站特性分析,总结测报工作等。

11.1.3.2 基础工作

组织职工开展岗位练兵,加强学规(范)练功(基本功)活动,进行考试或考核(次数),学习、考试或考核情况要有记录。

分析测站特性规律,特别是近几年的新情况,制订切实可行的测报方案(包括测报标准以内的各级洪水和超标准洪水测报方案);修订单站预报方案、高水报汛曲线(同时套绘大断面),及时上报。组织洪水测报演习(次数)。

检查维修养护基础设施,包括水准点位的分布、等级的说明,高程数值校测的要求;测验渡河设施设备(缆道、测船、机舟、各类仪器工具等)的维修养护要求和达到的水平;机电设备检修方法要求;实验室建设与仪器工具等配备补充要求。

安全生产、人身安全及测站安全防范要求,测站保护区巡查制度和实施办法。

11.1.3.3 **测报工作**

1. 降水、蒸发观测

降水、蒸发观测仪器工具的类型和适用的条件,检查维护的要求,降雨、降雪的观测段次和技术质量保证措施,资料整理,应急办法等。有些站还有管理辅导群众雨量站的任务,也要写明具体安排。

2. 水位观测

水位观测的仪器类型,在本站的分布,各适合的观测条件,人工观测水尺等在平水、洪水的观测段次和技术要求,资料整理等。保证自动仪器的正常运行和通信畅通,写明校测比测和订正要求、人工观测和仪器观测的配合、应急办法等。还要写清洪水期的时间控制和涨幅控制要求。总之,要以水位观测测次布设应能测到完整的水位变化过程,满足计算逐日平均水位、推算各种水位特征值及流量等水文要素为目的来安排观测工作。

3. 流量测验

规定不同水流条件下的测验方法;平水期、洪水期流速仪选点法测验垂线测点和断面垂线布置,测次和分布;浮标测验的断面借用和浮标系数采用,流量计算方法和要求;冰期测流的要求;其他测流方法的应用和要求等。注意如与基本断面、比降断面水位观测等同时测验项目的配合,年度大断面测量也常纳入流量测验项目。

4. 悬移质泥沙测验

结合仪器设备配备情况规定输沙率测验的方法和年度平水期、洪水期的测次和分布,采用选点法测验要规定垂线测点和断面垂线布置;规定单沙和相应单沙测验方法、掌控条件和控制过程的要求及取样时间;规定实验室处理泥沙样品的方法;规定颗粒分析沙样的取样和选送方法等;规定冰期、高含沙量等特殊情况时的测验方法。总之,悬移质输沙率测验测次布设的原则是:在单样含沙量测验的配合下,取得点绘单沙与断沙、单颗与断颗关系曲线所必须的和足够的实测点据;悬移质输沙率测验的目的是准确推算逐日输沙率、含沙量及各种输沙特征值。

5. 水文情报和本站预报

规定水情报告单位、内容和时期、时间,做到随测算、随整理、随分析、随发报,不错报、不漏报、不缺报、不迟报,严格执行拟报校核、发报校核、收报校核、转发报校核制度和水情室值班制度。出现较大水雨情时,应及时回答地方政府和防汛部门的询问,需要时提供水雨情信息。非汛期出现特殊水情,应按汛期有关规定发送水雨情报。明确水情报表填校和存档要求。

熟练掌握该站洪水预报方案,随时了解上游实时来水情况,注意总结经验教训,确保预报精度和合格率水平。根据上游水情,估计到达本站的洪水流量和时间,安排测验工作。

11.1.3.4 整编工作

1. 原始资料整理

原始资料整理与测验计算紧密结合，如规定三、四等水准测量，水尺零点高程测量，大断面测量必须随测随算随分析，不符合质量规定时现场返工重测。规定各类原始资料校核限时完成。实行水位观测、摘录资料随测（随摘）、随算、随点绘、随分析制度，并规定洪水期、平水期校核完成时间，规定月统计、各日日平均水位计算及过程线校核完成时间等。

实行流量测验资料随测、随算、随点绘、随分析制度，发现问题时应查明原因，决定取舍。规定流量测验资料校核在平水期、洪水期完成时间等。要求年高水流量测次还应点绘于历年水位流量、水位面积、水位流速关系曲线图上进行线型趋势对照。

规定悬沙水沙样达到沉淀时限后应及时分析处理，处理后的资料当即计算，随即点绘单沙过程线、单断沙关系曲线草图检查分析，发现问题应查明原因及时处理，并将情况备注于记载簿中。规定资料校核限时完成。要求年高沙测次还应点绘于历年单断沙关系曲线图上进行线型趋势对照。

2. 中间、辅助性图表绘制

规定完成实测大断面成果编表、绘图及校核工作时间，要求大断面图中必须按规定标注集水面积、距河口距离、调查历史最高洪水位及其相应流量，实测最高洪水位及其相应流量，测时水位、河床组成、图例、签名框等，并与上一年度汛前实测大断面图进行套绘，两岸部分变化较大时应在表下附注栏中予以说明。规定图中还要绘制竖向同一水位坐标轴的水位面积关系曲线（横坐标轴分别标注断面起点距、断面面积标志点和数值）。

规定水位过程线标注流量测点和河干、连底冻符号；要求流量电算结果出来后及时点绘分析流量过程线并标注流量测点符号；点绘单沙过程线并标注输沙率测次和颗分送样测点符号。要求水位流量、单断沙关系曲线工作草图应在平时随测算、随点绘、随分析中建立并在生产中使用，测验中存在的问题和曲线的走向应通过对工作草图的实时分析加以解决，在测验问题和曲线走向未解决之前，不得绘制成果图。同时，规定中间、辅助性图表绘制初做、校核、复核、送审完成时限。

规定各种整编说明书、水尺零点高程考证表、各种分析图表等在资料审查前完成并经过初做、校核、复核等手续。

3. 整编成果表编制

要求水位、流量、泥沙电算整编计算部分，在资料审查前，完成电算录入并经过初做、校核、复核 3 遍手续，完成上机计算并输出全部整编成果表，完成重点抽查和全部表面检查。规定水位、流量、泥沙电算整编综合制表部分，在资料审查前，完成各种成果表、摘录表、统计表和逐日冰流量表的底表编制并经过初做、校核、复核 3 遍手续，然后进行重点抽查、相互核对和全部表面检查。

要求降水量电算整编部分，在资料审查前完成面雨量对照检查和插补改正、电算录入并经过 3 遍手续、上机计算并输出全部整编成果表、重点抽查和全部表面检查。

在资料审查前，全部按规定要求检查各种整编成果表的附注、说明，必须达到符合规定的质量要求。

在站整编成果必须符合现行有关规范、文件及补充规定。在站整编完成后，资料质量的定性标准应达到：项目完整，图表齐全；考证清楚，定线合理；资料可靠，方法正确；说明完备，规格统一；数字准确，符号无误。在站整编完成后，资料质量在成果的数字方面应达到：无系统性错误（无整编方法错误，无连续数次、数日、数月或影响多项、多表的错误）；无特征值错误；其他数字错误不超过1/10 000。

11.1.3.5　资料档案报表管理

1. 水文资料管理

水文资料由专人保管，站内人员使用需履行登记手续，外部借阅由站长根据上级有关规定审批。

水位、降水等按月整理的原始资料由主管人负责平时的保管，次月3日必须将上月资料整理好，完成应做手续后，移交给资料保管人；流量测验记载计算资料完成三遍手续后，由主管人按测次随时移交资料保管人；群众雨量站资料完成三遍手续后，由辅导人员随时移交保管人员；其他中间、辅助性图表、整编成果表等可根据完成情况，随时移交保管人员。

2. 档案管理

测站记事簿、测站技术档案、测站设施设备档案、测站汛前检查档案、测站考证资料、水文调查资料、历年整编成果、测报方案、高水报汛曲线以及上级下达的各种规范、文件、管理制度等测站重要且需较长时间保存的资料均属档案管理的范围。档案管理也由专人负责，任何人使用都必须履行借阅登记手续。有关测站的重要事项均应由站长负责记入“测站记事簿”中。

属档案管理的资料必须统一建档登记入册。档案管理人员更换时，履行严格的清单签名移交手续并记入记事簿。未经建档登记，一般不得借阅。上级下达的技术文件、各种规范、规章制度等本站收到后应当即登记建档。

3. 报表管理

水文报表的管理由水文资料管理人员负责，使用报表的人员根据需要向报表管理人员领取，非工作需要不得随意拿用。报表管理人员每年根据本站用量向局领取。水文报表必须使用局统一印制的报表，不得自行制作或印制。水文报表更新或更换表式后，管理人员要及时换领新报表，不能再用旧的表式。

11.1.3.6　其他工作

若有测站考证、洪枯水调查、暴雨调查等项目，也应写明具体要求和实施方法。

11.1.4　水文测站业务检查

水文测站业务检查的主要内容与测站任务书有对应关系，任务书中规定的方法、测次、质量要求都是检查对应的目标内容。检查的方式方法一般有现场查看、测试，查阅资料，听取汇报，设置场景演示等。编写测站业务检查办法前，应充分熟悉测站基本情况、人员编配、设施设备、任务目标、作业环节、质量要求等。

现设某站以设施设备，降水、蒸发，水位观测、测流、测沙，内业报汛，资料管理与整编各为一岗位组，该站业务检查的主要内容可参考如下。

11.1.4.1 设施设备

断面桩、杆、牌、点，水位计台、测井，码头，支架基础，缆索锚碇，气象（降水、蒸发）观测场，道路等维护完好程度检查；水准仪、经纬仪、全站仪等基本测量仪器的检查；基线、辐射杆点位间距、水准点、支架顶移位、缆索垂度、断面标志索牌等的测量和资料记载检查；测船，轮机，行车、吊厢类升降平台，供电线路，照明器具，电机等机电设备检查等。

11.1.4.2 降水、蒸发

配备的降水、蒸发仪器器具包括记载传输系统是否完好、能否正常运行的检查；风速风向仪检查；运用过程的定期检查与故障检查排除；资料整理是否规范的检查；整编质量检查等。

11.1.4.3 水位、流量、泥沙

水尺、水位计及配套系统仪器检查；数据记载、整理、过程线绘制的检查；水位摘录与流量等配合检查；水位整编成果检查等。

测流计时、测距（起点距测量）、水深测量、流速测量、流量测量仪器检查；悬杆、悬索等起吊器具检查；浮标准备和施放设备运转检查；流量测验方式方法和实施过程检查；记载计算规范程度和质量控制检查；水位流量关系曲线检查；各种有关图件绘制检查；整编成果检查等。

水温计、测沙采样器具、在线测沙仪检查；贮存运送水沙样器具检查；泥沙实验室仪器设备检查；泥沙测验方式方法和实施过程检查；记载计算规范程度和质量控制检查；单断沙关系曲线检查；各种有关图件绘制检查；整编成果检查等。

水位观测、测流、测沙生产过程联系紧密，比如悬沙输沙率测验通常和流量测验一并进行，测流时一般要观测水位、点绘水位流量关系曲线、分析流速和含沙量分布图等，牵涉岗位人员较多，因此除本岗位检查外，要注重协调关系和检查耦合衔接环节。

11.1.4.4 内业报汛

内业主要是完成外业记载计算未完成的后续计算（如输沙率记载计算表要待实验室完成含沙量测算后才最后完成等）和校核资料，要检查外业资料交接借还各环节手续，严防丢失。要检查数表资料数据的完善程度和质量水平，要检查图件曲线的绘制质量等。

报汛是测站平时使用资料较多的岗位，要注意交接手续检查。报汛业务本身是非常严格的作业，绘图查图、摘录数据、登记编发等环节务必细心检查；收到上游或其他测站发到本站的报汛资料，也要慎重处理及时报告负责人，注意或提醒检查后续环节，尤其是重要汛情，要特别注意。

11.1.4.5 资料管理与整编

整理和管理资料的环节手续较多，一般一个阶段（如一月编月报时）或一场洪水后应梳理一次资料。

整编是平时不断关注测验成果，分阶段整理分析资料，完成在站整编的业务，要检查作业程序，检查处理有关问题的环节，要检查质量水平。前面降水、蒸发和水位观测、测流、测沙岗位也有整编成果检查的内容，与此岗位是配合的关系，应共同努力保证质量。

水文测验的操作环节是水文数据产生的基础,后续应用和分析研究的资料由此传递或衍生,这里一旦粗放或出错,后面的质量就无保证。因此,应重视诸如水尺读数、测深杆弯曲倾斜及读数、测点定位、流速信号数和计时、取样容积测量等是否准确的现场旁站监理式自查和监查。

11.1.5　水文测站作业流程

作业流程是指作业事项的活动流向顺序,包括实际作业过程中的作业环节、步骤和程序。标准化的作业程序,就是将某一事件的标准操作步骤和要求以统一的格式描述出来,用来指导和规范日常的工作。水文测站工作模式相对固定,工作内容重复性强,具有规范作业流程的条件。而水文工作的重要性,也需要规范作业,以利于水文产品质量的持续改进和不断提高。水文测站作业流程分阶段性工作作业流程和单项工作作业流程。阶段性工作主要包括汛前准备、洪水测报、资料整编等,单项工作以测站任务书规定的水位、流量等各水文要素测验、报汛、整理为主。随着水文信息化水平的不断提高,水位测报、降水测报等工作已实现自动测报,其作业流程与传统意义的作业流程会有较大差异,资料整编改革也使该项工作的作业流程有了较大变动。

以下列出部分工作的作业流程以做导引。

11.1.5.1　汛前准备工作作业流程

汛前准备既是为测报汛期可能出现的各级洪水做准备,也是为全面完成年度各项工作打基础。关于汛前准备的概念,汛前准备中的“汛前”可以理解为一个时间的概念,从水文年的角度来讲,汛前即为年初;而“准备”的内容则涵盖年度业务技术的全面工作,包括为洪水测报、凌情测报、中低水测报、水质测验、水资源管理与调度、水文测报水平升级与水文现代化建设等而做的硬件方面的准备,也包括学规练功、专业培训、测报方案、科学研究等非工程性准备;既有为当年测报工作而进行的年度计划、设备增补维修等年度准备,也有智力投资、大型设施设备建设等长远准备。因此,汛前准备可以从两个角度去理解:第一,汛前准备是在每年汛期到来之前这一特定的时间内对全水文年度的水文测报工作,尤其是汛期可能出现的各级洪水的测报工作进行准备;第二,汛前准备是为年度水文工作以及水文事业的可持续发展而进行的准备工作。

汛前准备工作作业流程包括以下几个主要环节:

(1)思想和知识准备。组织学习上级机构有关汛前准备的文件和上级领导的指示精神,学习相关的法律法规和规章制度,学习行业技术规范、测站任务书、作业指导书等。

(2)组织准备。根据有关要求和本站实际,制定或修订测站各项管理制度,完善制度体系。召开汛前准备工作动员会,安排布置各项工作,责任落实到人。

(3)物资准备。一方面准备为完成汛期工作所需的物资,一方面准备为完成年度全部工作所需的物资,并做好必要的防洪物资储备。

(4)技术准备。包括基础设施的管护维修和技术装备的养护检定、洪水测报方案的编制、新技术装备的应用演练、各量级洪水的测洪演习等。

(5)汛前准备工作的自查和总结。在自我检查的基础上,做好汛前准备工作的总结,编写总结报告,迎接上级工作检查。

(6)问题处理。针对本站总结中的问题和上级检查反馈的问题,能整改的按时整改到位,不能整改的说明原因,争取上级帮助解决。在问题解决之前,应有应急替代方案。

11.1.5.2 洪水测报工作作业流程

洪水测报工作作业流程包括以下几个主要环节:

(1)测前动员。召集测站人员,通报可能出现的洪水量级、洪水在本站河道断面的表现、测洪过程需要注意的安全事项,按测洪方案进行人员分工和物资准备。

(2)方案学习。参加测洪人员学习测洪方案,熟悉本岗位的工作技术要求和安全生产要求,准备、检查完成本岗位工作所必需的器具,确保测洪过程中的正常应用。

(3)洪水测验。立足本职工作岗位,服从测洪指挥人员安排,积极与其他岗位职工密切配合,严格按照有关规范操作,在保证安全生产的前提下,测好洪水过程的每一次流量并做好相应配合作业项目。

(4)水情报汛。根据测站报汛任务书要求,结合本站水情特性,在对测验成果审核无误的前提下,严格报汛拟报、校报手续,及时准确报送出每一份水情信息。

(5)技术总结。洪水测报结束,及时召集测洪报汛人员,分析本次洪水特性,总结测报过程中的经验和问题,形成洪水测报工作总结。

11.1.5.3 水尺设置工作作业流程

直立式水尺设置工作作业流程包括以下几个主要环节:

(1)准备水尺靠桩。水尺靠桩的材质可以是木质或钢质,木质应为坚硬顺直的圆木,否则应加工至符合要求。木质或钢质靠桩直径应使标准尺板能完全贴合在其某一个面上。

(2)尺板准备。尺板以搪瓷产品为主,其整体尺寸(长度、宽度等)、刻度刻画、颜色、数字等指标应符合规范。

(3)靠桩设置。靠桩埋设宜结合河床河岸及预设情况,入地设置完成后应垂直、牢固。

(4)水尺安装。尺板与靠桩应结合牢固,多尺板拼接的,尺板拼接间隙宜小于 2 mm。水尺安装位置应便于人员观测,注意与同组水尺间上下游距离控制、观测范围控制及同组相邻水尺间的重合要求。

(5)水尺编号。按规范对水尺进行编号,并把编号标记在水尺明显位置。

(6)水尺零点高程测量。按三等或四等水准测量要求对水尺零点高程进行测量,把合格的测量结果记入规定的记载计算簿中,或存入有关档案资料中。

11.1.5.4 水尺定时观测工作作业流程

直立式水尺定时观测工作作业流程包括以下几个主要环节:

(1)观测前准备。准备好水位观测记载本等技术资料,以及静水、除冰、除草等简易器具,根据测站任务书要求,在规定的每日定时观测时间,提前到达观测现场,观察水尺附近水面情况,处理漂浮物等对水尺观测的可能影响。

(2)水位观测。在要求的观测时间点,按规范观读水尺读数,确认最终的水尺读数。

(3)现场记载。把最终确认的水尺读数记入水位观测记载表,并计算水位。

(4)附属项目观测。根据测站任务书要求,按规范观测并记载风力风向和水面起伏度,把认为必要的其他情况记入备注栏。

11.1.6　技术总结和技术论文撰写

11.1.6.1　水文测站技术报告编写提示

报告适用于向上级机关汇报工作、反映情况、提出意见或者建议,答复上级机关的询问。报告属上行文,一般产生于事后和事情过程中。水文测站的业务基本属于技术生产试验,因此这里的上行报告主要是技术试验和技术总结报告。下面以年度技术生产总结的基本内容为背景,提示式地介绍技术报告一般编写方法。

首先写标题,如《××站××××年水文测报总结报告》。

其次写正文,应把握以下三点:

(1)开头概括说明全文主旨。将一定时间内各方面工作的总情况,如依据、目的,对整个工作的估计、评价等做概述,以点明主旨。

(2)主体是正文的核心,内容要丰富充实。将工作的主要情况、主要做法,取得的经验、效果等,分段加以表述,要以数据和材料说话,内容力求既翔实又概括,力争表、图、文并茂。

(3)结尾要具体切实。写工作上存在的问题,提出下步工作具体意见、计划。

最后署名,关于报告署名和报告定稿时间,无封面时可写在标题之下,也可写在报告最后;有封面时,写在封面的下部。

编写水文测站测报总结报告要熟悉测站的生产过程和占有大量的基本素材,内容素材主要来自测站任务书、质量检查记录、技术会商和技术会议记录、岗位或个人业务报告,也可组织召开测站年度测报总结会听取情况介绍和研讨协商重要问题。写法上根据测站生产组织情况或年度任务实施过程特点,可按主要岗位或项目分节介绍全年各岗位或各项目的工作情况和业绩成果,也可按工作阶段如汛前准备、洪水测报、资料整编等叙述各阶段工作情况和业绩成果,有专门基建任务或专题试验研究项目等重要技术生产业务的应列为专节写出,典型事例或特殊情况或重要问题也应专节写出。报告中应整理出有关情况的图表,与文字叙述结合,以便加深理解。有的上级业务管理机构设计有专门的报告图表,可按要求编制。报告应注意总结经验、存在问题及教训,也可写出对下年度工作应抱的态度或需要上级解决的问题,以体现测报业务的连续性和可持续发展。

关于测站基本情况是否写,或是简写还是详写,与报告上报领导级别机构有关,如向熟悉测站情况的勘测局或水文水资源局上报,可简写或只写年度重要特殊情况;若考虑到报告继续上传,则应详写,以使不熟悉该测站情况的上级或本测区之外的机构有背景概念,易于理解报告中其他重要情况。

认为有必要时,也可写一个总体报告,再附若干专门报告。专门报告应题目明确,内容集中。报告内容较多时,可以列出目录。

11.1.6.2　科技论文撰写提示

凡对自然科学、工程技术科学领域的现象(或问题),运用概念、判断、证明和反驳等逻辑思维手段,进行分析、阐明自然科学的原理、定律和科学技术研究中的各种问题及成果的文章,都属于科技论文的范畴。科技论文建立在科学实验(或试验)的基础上,是一种具创新性的科学研究成果的记录,是进行成果推广和交流的手段,也是考核科技人员业务能力和学术水平的重要指标。它是人类知识宝库的基本单元,或为人类精神财富的一部分,并能为科学界有效地利用,对经济建设和社会进步起推动作用。

科技论文在情报学中又称为原始论文或一次文献,应按照各个科技期刊的要求进行电子和书面的表达。

从概念说,科技论文应有理论性、创新性和科学性,概括起来,论文分为理论型、实验型、描述型和设计型等四大类。理论型论文的重点在于理论证明和分析,有抽象的理论推导和运算,或对客观事物和现象的观测数据进行分析、综合、概括及抽象化,并通过归纳、演绎、模拟等过程,提出某种新的理论和见解。实验型论文的重点在于设计实验以及对实验结果的观察和分析。它也可分两种:一种是介绍实验本身为目的,重在说明实验装置、方法和内容;另一种是通过对实验结果的分析和讨论,从而认识客观规律。实验型论文的正文结构主要是由实验报告的结构演化而来,并已形成一定约定俗成的格式,一般有“材料和方法”“结果”和“讨论”等三部分。此三部分仍可做适当调整,其重点内容则必须对实验做说明和分析。描述型论文对研究对象进行描述和说明,向读者介绍新发现的某种客观事物或现象,论文的结构通常由描述和讨论两大部分构成。设计型论文是指对新产品、新工程等最佳方案进行全面论述的书面技术文件,一般由设计说明和设计图纸组织而成。其内容有理论或实验,也有设计的描述说明(包括图纸)。上述学术论文的“四分法”是相对的,理论型论文中也可能有描述,也会引用一些实验材料,实验型论文中也有必要的理论分析和描述;描述型论文也不是全无理论分析。但因研究目的手段不同,各有重点。当然,有些论文可能介于上述几类论文中间,这得看其如何归类。

水文业务中积累了较多水流泥沙分布规律等素材,可总结抽象模型或检验原有模型撰写理论论文;水文测验本身就有试验的意义,可以写成实验型论文的机会为多;水文测验可观测到许多水流泥沙现象,也可撰写描述型论文;工程建设、设备设计改造的典型也可写成设计型论文。处于生产前线的技术工作者,主要应以生产实践为撰写论文的基础和背景。

科技论文的格局,大致可分为提示部分、主体部分和备查说明部分。提示部分首先用简洁、恰当的词组写出题目,准确显明的反映文章的主要内容。署名作者是指在论文主题内容的构思、具体研究工作的执行及撰稿执笔等方面的全部或局部上做出主要贡献的人员,能够对论文的主要内容负责答辩的人员,是论文的法定著作权人和责任者。摘要是简明写出确切地记述论文目的、方法、结果、结论等具有文献意义的重要内容。为了便于读者寻找文献,特别是适应计算机自动检索的需要,应在摘要后给出 3~8 个能反映文献特征内容、通用性比较强的关键词。

主体部分通常可先写引言(前言、序言、概述),简明介绍科技论文的背景(相关领域的前人研究历史与现状),本文著者的意图与分析依据,追求的目标,研究范围和理论、技术方案的选取等,主要回答"为什么"撰写本文这个问题。然后展开写正文,正文是科技论文的核心组成部分,主要回答"怎么研究"这个问题。正文应充分阐明科技论文的观点、原理、方法及具体达到预期目标的整个过程,并且突出一个"新"字,以反映科技论文具有的首创性。根据需要,论文可以分层深入,逐层剖析,按层设分层标题。科技论文写作不要求文字华丽,但要求思路清晰,合乎逻辑,用语简洁准确、明快流畅;内容务求客观、科学、完备,要尽量让事实和数据说话;凡用简要的文字能够说清楚的,应用文字陈述,用文字不容易说明白或说起来比较烦琐的,应由表或图来表达描述。物理量和单位应采用法定计量单位。后面写结论,结论是整篇文章的最后总结,主要是回答"研究出什么"。它应该以正文中的实验或考察中得到的现象、数据和阐述分析作为依据,由此完整、准确、简洁地指出:一是由研究对象进行考察或实验得到的结果所揭示的原理及其普遍性;二是研究中有无发现例外或本论文尚难以解释和解决的问题;三是与先前已经发表过的(包括他人或著者自己)研究工作的异同;四是本论文在理论上与实用上的意义与价值;五是对进一步深入研究本课题的建议。如果不可能导出应有的结论,也可以没有结论而进行必要的讨论。

备查说明部分主要是参考文献,它是反映文稿的科学依据和著者尊重他人研究成果而向读者提供文中引用有关资料的出处,或为了节约篇幅和叙述方便,提供在论文中提及而没有展开的有关内容的详尽文本。被列入的论文参考文献应该只限于那些著者亲自阅读过和论文中引用过,而且正式发表的出版物,或其他有关档案资料,包括专利等文献。

科技论文的写作一般可采用确定题目、收集整理资料、拟出提纲、撰写初稿、斟酌修改、定稿,达到主题突出、论点鲜明、结构严谨、层次分明。

11.2　技能培训

11.2.1　水文勘测工技能

水文勘测工是依靠水文勘测技能知识,利用仪器设备,按照技术规程,实施水文要素测报、水文资料整编、水文调查和水文观测场地勘察测量的人员。基础主体是使用勘测仪器设备,勘测、记录、整理、传送水体的水位、流量、含沙量等水文资料和信息,进行水体水质变化取样、化验的人员。为了保证和提高水文勘测工的业务技能水平,中华人民共和国人力资源和社会保障部、水利部共同组织有关专家,制定了《水文勘测工国家职业技能标准(2019 年版)》,为水文勘测工职业教育、职业培训和职业技能鉴定提供了科学、规范的依据。本书就是与该标准配套的教材。按照水文行业业务特点,各级水文勘测工除等级培训受训外,还有围绕具体岗位和承担业务的学习任务。

从《水文勘测工国家职业技能标准(2019 年版)》的要求和本书的内容看,水文勘测工的技能要求高,内容丰富。简略概括,水文勘测及水文勘测工技能有如下一些特点:

(1)水文勘测的项目类型内容涉及面较宽。从职业技能标准的功能看,有降水量观测、水面蒸发观测、水位观测、地下水观测、冰清观测、流量测验、泥沙测验、水质取样、土壤墒情监测、测站水文情报水文预报、水文测量、水文调查、测站布设、测验仪器设备安装与维护、管理与培训、新技术推广等。

(2)水文勘测的方法、设施设备及仪器类型等不但多且跨度大。以流速面积法流量测验为例,测量的要素就有起点距、水深、流速、流向偏角等。起点距测量的方法、设施设备及仪器器具有直接尺量,测距仪测量,采用基线的经纬仪、六分仪测距,水文缆道测距,卫星定位测距等。水深测量的方法、设施设备及仪器器具有测深杆、测深锤、回声测深仪器等。流速测量的方法、设施设备及仪器器具有浮标法、转子式流速仪、电磁流速仪、超声波流速法、ADCP 等。水位、泥沙等项目测量的方法及仪器器具类型也很多。

仪器类型的层次跨度很大,如临水建筑物可以标划水尺观测水位,但雷达水位计采用了最新技术;古典原始的浮标称不上仪器,但 ADCP 是当代的高新技术;取样、量积、烘干、称量是直观的悬沙含沙量测量方法,激光粒度仪分析泥沙粒度是当代的高新技术等。从全国及全球水文勘测的方法、设施设备及仪器器具使用看,差别也非常大。我国水文测验条件复杂多样,技术方法和技术装备适用性和实际应用等不尽相同,新技术不断推进应用,老技术还不能完全淘汰,技能标准制定和教材编写应考虑到这些实际情况。

(3)水文勘测资料整理作业有分析研究的成分。水文测验有测量和试验(实验)的含义,水流的流动多变使简单的重复测量难以实现,建立难测要素与易测要素的关系如水位流量关系,建立非水文要素物理量与水位要素直观测量值的关系如含沙量测量仪器与取样测量值的关系(既有实用意义,也有检验作用),如此两种方法、仪器等测量同一物理量对比资料衔接联系的相关分析等用得很多。过程线也很常用,误差试验分析、质量控制研究几乎贯彻在各个方面。这些和此处未提及的更多内容都表明水文勘测的资料整理有分析研究的成分。

(4)水文勘测技能需要广博宽泛的基础知识支持。为更有效地支撑上述水文勘测业务及水文勘测工的技能,需要学习的基础知识很多,如水文学、气象学、水力学、水质污染与环境、机械、电力、电子、计算技术、计算机技术等都会用到。

水文勘测技师和高级技师具有水文勘测工培训教师的资格,应有广博的知识和丰富的实际经历经验,需要学习培训方案、教案编写的有关知识,训练直接担当教学的能力。水文勘测技师承担培训的范围大致在测站和勘测队,高级技师承担培训的范围宜在地市级及省级测区。

水文勘测工等级培训受训分理论知识和操作技能两个方面,理论知识又分基础知识和技能相关知识两部分。具体培训受训有在教室按教材讲课、野外实际操作或仿真演练、内业整理资料作业实习等一般方式。

11.2.2　水文测站业务学习和技能培训方案编制

水文测站业务学习和技能培训的目的和目标是满足本站业务生产对人力资源的要求,保质保量实施测站生产,完成业务任务。所以不同于系统的业务培训,水文测站业务学习和技能培训应是普遍全面学习和岗位自学辅导以及兼顾等级升级学习。

水文测站业务学习和技能培训方案的一般内容结构为目的目标、学习内容、方式方法、时间安排、督察考核等。

方案通常按年度编制，分全站人员学习和个人学习两方面。编写全站人员业务学习和技能培训方案，要熟悉本站业务，了解职工知识水平，应以测站任务书和测站业务检查办法为导引，从有关规范规程和手册及教材中选择内容，在集中辅导的基础上，要求各自自学，组织答疑讨论，加深理解，力求掌握并结合实际情况，贯彻实施测站任务书，使测报成果达到应有质量。

个人方案主要结合年度岗位学习相关内容、演练相关业务。由个人写学习计划，记学习笔记，撰学习心得，订圆满完成任务的措施，根据经验提出可能的困难和克服的办法等。

等级升级学习方案主要按国家职业技能标准鉴定要求，学习配套教材相关内容。

上述各方案在充分讨论，比较完善后可以汇编公布，以使大家明确目标内容，努力学习，建设成为学习型的测站。

关于学习，还可考虑的方面提示如下：

普遍学习和重点学习。水文测验的标准、规范和规程是实施生产保证质量的依据，体现着成熟的方法和做法，普遍学习应按种类、章节安排时间，由专人讲解，一起交谈理解，主要达到拓宽知识面、了解多种技能的目标。但标准、规范和规程又是对全国来考虑的，因此应选择适合本区本站的内容重点讲解，共同讨论，肯定和发扬本站正确的做法，否定和改进不适当的做法。规范标准种类很多，本站常用的要详细学习，不常用的只做了解性学习。

岗位自学和交流拓展。将各业务岗位自学计划纳入测站学习方案，督导岗位自学，选择时机由岗位现职人员向全站或相关紧密岗位人员交流学习心得体会，或提出疑难问题共同探讨解决的途径和办法。在技能方面还可实施岗位实习或岗位感受，以拓宽岗位视野，为岗位应急顶替储备人力资源。

在站升级学习主要靠自学，各级别的人员应制订有关学习计划，这类计划也可纳入测站学习方案，一同督导。测站可创造有利机会使之在较多适合级别等级的岗位学习实训，取得感受，帮助理解等级要求的系统知识。

检查业务作业质量，总结出现的不符合规定的操作和记载计算的各类问题，整理后集中讲解研讨，纠正错误，完善不足。这是很有效的学习方法，也应写进测站业务学习方案中。

若有必要，也可写明考核内容和方法，如检查评比学习笔记、有普遍意义内容的出题答卷记分、某种业务作业竞赛、指定操作表演等。

11.2.3　业务技能培训实施

业务培训实施可以有两方面的认识：一是结合水文测站业务学习和技能培训方案安排学习，可根据学习的内容和进度编习题和案例，督导检查，辅导实训。二是在有关机构组织下承担系统的业务培训教学，这种教学按指定的课程标准（大纲）和教材实施。系统培训教学要了解受训学员文化、等级、来源或工作地、承担过的主要业务等基本情况，以便针对大多数人员情况备课和组织教案。

现就系统培训教学的备课和教案编写予以提示。

备课主要是思索如何将知识技能向学习者讲明白的过程,要求充分熟悉要讲的内容、本内容与已有知识的关联、可能遇到的知识障碍和克服办法、以往讲课的经验、容易接受的实例、如何调动学习情绪等。编写教案一是依据课程标准(大纲),二是依据教科书(教材),还要考虑学生的实际情况、教学的环境来掌握,不能完全依赖课程标准(大纲)和教科书,教案设计要灵活多样,注重实效。教案应当是教学思路的提纲性方案,撰写出来的教案也只是实施教学过程的一个骨架结构,不能将每一个想法、每一件事都写进教案中去。但教案中必须有教学内容(教学课题)、教学目标、教学重点、教学难点、板书设计(或演示文稿. ppt)、主要教学方法、教学工具、各阶段时间分配、教学过程、教师活动、学生活动、各阶段设计意图、课后评价与反思等内容。

设计完成一个教案的同时,在备课教师的头脑中就会形成一个完整的授课方案。在教学实施的过程中,会有许多的不定因素出现,要靠备课时准备充分,靠平时的知识积累,靠实事求是地真诚对待,要在课堂教学中展示出自己的特色来,不能出现任何的科学性错误。同时,要充分发挥出学习者的主观能动性。

下面以水文勘测中级工流量测验中完成流速仪法流量测验记载计算表的记载计算为例,试写出参考教案。

培训题目:____站测深、测速记载及流量计算表(畅流期流速仪法)使用。

培训目的:掌握该表使用方法,能在实际测流中应用。

培训重点:表中数值的记载和计算。

培训难点:流速仪测点流速计算和由测点流速计算垂线平均流速。

讲解内容和程序:

(1)复习流速仪选点法流量测验实施过程,讲解流速仪流速计算公式结构和测验应用。

(2)复习选点法垂线平均流速计算方法。由于垂线较多,还要进行断面面积、流量等计算,要选择和统计特征值,要记载测验时间、天气、仪器型号等,并且资料要存档备查,引出应设计专门统一的记载计算表的意义。

(3)给出"____站测深、测速记载及流量计算表(畅流期流速仪法)",讲解表的总体结构。

该表的结构分为表头部分、记载计算部分、统计部分。重点讲解记载计算部分各项目间的关系,如起点距与间距的关系、水深与平均水深的关系、流速仪位置和测点流速的关系、垂线平均流速与部分平均流速的关系等。然后详细讲解每一栏目、项目等的记载计算填写要求。

(4)设计一两条垂线做示例,演示有关记载计算方法。重点指明,多点测验的测速垂线号、起点距、水深等只记载在该垂线第一测点的行,其他行不记;测点流速用流速仪流速计算公式计算;垂线平均流速由相应公式计算。

(5)设计仿真数据,由教师按测验过程场景读出如测深垂线号、测速垂线号、起点距、水深、按五(三、二)点法测流速、水面(0.2、0.6、0.8、1.0)流速信号数为××、时间×××秒……由受训学员听记填写在“____站测深、测速记载及流量计算表(畅流期流速仪法)”规定的栏目内,然后计算。

(6)抽查受训学员完成的记载计算表,讲解不完善或出错的地方,征询其他学员有否认为出错或拿不准的地方,再讲解。

(7)询问学员不明白的地方,共同探讨。

(8)简略总结所讲内容,加深认识。

(9)建议思考问题,根据本站的具体情况重新设计或简化“____站测深、测速记载及流量计算表(畅流期流速仪法)”。

总之,在教学方案的指导下,将有关内容(包括实训内容)组织成课时,按课时备课和编写教案,开展教学,实施培训。

教学的效果应使大多数学员能够理解原理、掌握方法、会在实际作业中应用。

第 7 篇　操作技能——高级技师

第 1 章　流量测验

1.1　测　验

1.1.1　浮标流速系数试验

1.1.1.1　浮标系数影响因素

浮标系数是影响浮标法流量计算的一个重要因素，浮标系数是一个受多因素影响的综合参数，其大小受河床组成、断面控制、水流特性、风速、风向、含沙量和浮标形式、材料、入水深度等因素影响。规范中关于浮标系数计算公式是一个半理论半经验公式，必须通过试验与分析，确定某站(或某河段)的浮标系数，才能有效提高浮标测流精度。

1.1.1.2　浮标系数试验

1. 技术要求

(1)有条件的测站，应以流速仪法测流和浮标法测流进行比测试验推算水面浮标系数；无条件比测试验的测站，可采用水位流量关系曲线法和水面流速系数法确定浮标系数。浮标系数应由断面流量除以断面虚流量，或由断面平均流速除以断面平均虚流速，或断面平均流速除以中泓、漂浮物浮标流速计算而得。

(2)水面浮标系数的试验，关系曲线不应过多外延。并应逐年积累资料，增大比测试验的水位变幅。高水部分应包括不同水位和风向、风力(速)等情况的试验资料，试验次数应大于 20 次。

(3)对各种浮标法测流方案的浮标系数，应按测流方案分别进行试验分析。

(4)水面浮标系数的外延，当高水部分的浮标系数基本稳定时，可顺关系曲线趋势外延 20%查用；浮标系数不稳定时，可外延 10%查用；当浮标法测流水位超过浮标系数的允许外延幅度 10%~20%时，误差可能会随之增大，应根据测站特性，经过综合比较分析，谨慎确定浮标系数。

2. 断面浮标系数比测试验

(1)开展比测试验时，浮标法测流的时间，应尽量保证与流速仪法测流时间相一致。

用流速仪法测流，得到断面流量。同时，用浮标法测流，得到断面虚流量。断面流量除以断面虚流量就是浮标系数。为了保证流速仪法测得的流量与浮标法测得的流量为同一水位下的流量，浮标法测流的时间，应放在流速仪法测流时间的中间时段。当受条件限制而不能放在中间时段时，应在多次试验中的涨、落水时分别交换流速仪测流和浮标法测流的先后次序，且交换的次数宜相等，以减少系统误差，提高浮标系数的精度。

(2)根据不同的试验方案，分别绘制浮标流速横向分布曲线查读虚流速，不得仅绘制一次多浮标流速横向分布曲线图，在其上反复查读不同试验(抽样)方案对应的虚流速。

断面浮标系数的试验,各有效浮标在横向上的控制部位,应和流速仪各测速垂线的布设位置彼此相应。根据不同的试验方案,也可从多浮标比测试验资料中抽取符合试验要求的有限浮标数,分别绘制浮标流速横向分布曲线,查读并计算断面平均虚流速。同时,从多测速垂线的比测试验资料中抽取与有限浮标数相应的流速仪有限测速垂线数,计算断面平均流速。断面平均流速除以断面平均虚流速,即可得到各种试验方案的浮标系数。

3. 中泓浮标系数和漂浮物浮标系数的试验

中泓浮标和漂浮物浮标一般用于高水期的流量测验,而且只有高水位时的浮标系数,才适用于高水位时的流量测验。因此,中泓浮标系数和漂浮物浮标系数的试验,也应在高水期与流速仪法测流所选用的一种测流方案做对比试验,并可与断面浮标系数的试验结合进行。

洪水期间,由于漂浮物的类型很不一致,其相应的系数也不相同。因此,要求漂浮物浮标系数的试验尽可能地具有广泛代表性。当其他时间用流速仪法测流时,若遇有可供选择的漂浮物,也可及时测定其流速,以补充试验资料的不足,有利于漂浮物浮标系数的分析。

高水期开展浮标系数试验比较困难,可采用代表垂线进行浮标系数的试验分析。试验方法和技术要求应符合下列规定:

(1)根据流速仪实测流量资料,可建立 1~3 条代表垂线平均流速的平均值和断面平均流速的关系曲线,并选用其中一条最佳关系曲线确定代表垂线。对于不同测流方案的浮标系数,应分别确定各自的代表垂线。

(2)在选用的代表垂线上,应采用流速仪施测垂线平均流速,通过已定的关系曲线转换为断面平均流速,并应按均匀浮标法、中泓浮标法(若干浮标)、漂浮物浮标法(若干浮标)分别施测浮标流速,计算出相应的断面平均虚流速;用断面平均流速除以各相应的断面平均虚流速,分别得出代表垂线法的均匀浮标、中泓浮标、漂浮物浮标的流速系数。

(3)代表垂线法试验得出的浮标系数应与断面浮标系数或中泓浮标系数、漂浮物浮标系数的试验成果一起进行综合分析。当变化趋势与测站特性相符时,可作为正式试验数据使用。

(4)高水期代表垂线位置随水位变动频繁的站,不宜采用代表垂线法试验浮标系数。

4. 多沙河流浮标系数试验

对于多沙河流,含沙量影响着垂线流速分布曲线的线型,进而改变浮标系数的数值,是影响浮标系数的一个重要因素。因此,开展多沙河流浮标系数的试验,应同时施测单样含沙量。试验及应用时,根据含沙量、浮标流速和浮标系数之间的关系选用浮标系数。或者通过建立含沙量、水面流速、水面流速系数的关系,间接确定浮标系数。

5. 小浮标系数试验

小浮标系数试验,应在流速仪测速允许最小水深或最小流速的临界水位处(时),选择无风或小风天气进行。试验时,在每条测速垂线上,同时用流速仪和小浮标分别施测其垂线平均流速和浮标流速,重复施测 10 次。

每一次流速仪和小浮标的比测均可得出一个小浮标系数,重复比测 10 次得到 10 个小浮标系数,10 次的算术平均值即是该垂线的平均小浮标系数,全部垂线平均小浮标系数的算术平均值即是该断面的小浮标系数。

1.1.1.3　浮标系数试验分析报告编写提要

为了保证浮标法测流精度,满足测验目的,浮标系数试验结束后,应认真编写试验分析报告。浮标系数试验分析报告应对试验过程进行全面总结、分析,测站、断面特性、前期的试验方案及浮标的材质、形式、入水深度、试验开展情况等要简要概述,取得的资料数据要详细分析,要系统研究成果,明确结论,存在问题要提出,酌情提建议。其格式和内容如下。

1. 浮标系数试验目的、意义

阐述浮标系数试验开展的目的和意义(包括试验项目立项的前提等),产生的经济效益和社会效益。

2. 浮标系数试验的依据、条件

围绕试验目的,理清技术路线,明确试验依据。试验的依据一般包括法律法规、技术规范规定、上级主管部门下发的文件要求,以及本单位开展试验所具备的人员技术条件、设备资金条件、以前研究的基础,可借用参考的资料成果等。

3. 技术方案

该部分主要对浮标系数试验技术方案进行描述和评价,包括测站、断面特性、试验技术方案及浮标的材质、形式、入水深度等的详细描述。

4. 人员、仪器等技术准备

浮标系数试验时,人员、仪器等技术准备和试验安全生产保障措施的总结。

根据编制的技术方案,对浮标系数试验所用到的仪器设备进行检修维护和技术标定,购置补充器具,制作试验用图表等。贵重仪器设备的安全、试验资料的安全和保密等也应述及。

5. 开展试验研究的情况

该部分主要说明试验开展的情况,试验过程中发现的问题与处理、资料取得情况等是需要重点阐述的内容。

6. 浮标系数试验资料分析评估

对试验取得的资料进行分析计算,评估浮标系数试验结果与试验前期目标的符合性,并对本试验做出最终的结论性评价。该部分主要包括对资料分析方法的正确性、对分析中所采用的技术指标等的论证与检验,以及资料的取舍利用情况、分析计算过程关键图表等内容。

7. 取得的试验成果

浮标系数试验取得的结论性成果,包括浮标系数随参数的变化规律、系数的应用范围、适用条件等结论。试验过程存在的问题和不足(包括断面、水流等自然条件的限制等),还需要补充和积累的试验资料等。

1.1.2　流量测验的Ⅰ、Ⅱ、Ⅲ型误差试验

1.1.2.1　试验的一般要求

(1)为了保证流量测验误差试验的质量,试验应在每个测区内选择一个具有测站代表性、测验条件适宜试验的水文站进行。

（2）为了提高试验资料的代表性和效用，在高、中、低水位之间，分涨、落水段均匀布置试验测次，且应在水流较稳定的条件下开展试验。

（3）试验前，应收集试验河段的水道地形图、测流断面大断面图及已有的流速横向和纵向分布、水位流量特征值等基础资料；制订流速仪法流量测验误差试验方案，包括单次流量的测深和测宽误差、测点有限测速历时不足导致的误差（Ⅰ型误差）、测速垂线测点数目不足导致的垂线平均流速计算误差（Ⅱ型误差）、测速垂线数目不足导致的误差（Ⅲ型误差）分量的试验与布置方案；制订试验原始记载表及其他相关试验数据等记载表。对专门配置的试验仪器进行详细检查，在一个阶段的试验结束后，应对流速仪进行检定；在试验过程中应观察和记载自然环境、仪器状况和人为因素等方面的异常情况或其他影响试验的情况。

（4）试验期间，对一类精度的水文站，水位变幅不应超过 0.10 m；对二、三类精度的水文站，水位变幅不应超过 0.30 m。当水情变化急剧难以满足水位变幅要求时，可适当减少测速垂线数、同一垂线的重复测量次数、测点数。在测验河段的几何特征和水力特征基本稳定的条件下，可将试验时间不同，但水位相同或接近的试验样本合并为同一系列，作为同时间、同水位条件下的重复试验样本处理。

1.1.2.2　Ⅰ型误差试验

Ⅰ型误差是由于测速历时不足，不能消除流速脉动影响所引起的测点流速测验误差，一般称为测点流速的脉动误差，误差大小与测速历时长短有关。流速仪法Ⅰ型误差试验的一个目标，就是为了选择或验证既能保证测点一定测验历时时均流速的精度，又能有效缩短测验历时的最合适的测点流速测验历时。通常的试验步骤如下。

1. 选择垂线

试验时，首先需要在测流断面内选择具有代表性的 3 条垂线（或 3 条以上垂线）。选择的一般原则是：一条垂线在断面中泓处（最深点），为水深最深垂线，另两条按最深垂线水深的 30%和 60%选择。高、中、低水位都如此选择。

2. 确定测点

在每条测速垂线上取 2~3 个测点。取 2 个测点，位置一般在相对水深 0.2、0.8 处；取 3 个测点，位置为相对水深 0.2、0.6、0.8 处。特殊情况下，也有仅在相对水深 0.6 一点处开展试验。

3. 确定测速历时

测点测速时，应进行长历时连续测速。每一点的测速总历时一类站不少于 2 000 s，二、三类站不少于 1 000 s。在一个测速总历时内，一般应控制水位涨落变化不超过断面平均水深的 5%。

4. 记录时段流速

在进行长历时连续测速过程中，如果使用机械转子流速仪，可每隔 10~20 s 或较短时段观测 1 个等时段流速，使测得的时均流速个数不少于 100 个。

如果使用电波多普勒类间歇瞬时测速仪器，原始测量时段可以更短，但总的测速历时不能短。

1.1.2.3　Ⅱ型误差试验

Ⅱ型误差是指因垂线上测点数不够,不能完全控制流速沿垂线的垂向分布,所产生的垂线平均流速的计算误差。

流速仪法Ⅱ型误差试验,应根据已有的流速分布资料,选取中泓处和水深不同的垂线5条以上作为试验垂线,在高、中、低每级水位中分别进行试验。浅水时用悬杆悬吊流速仪测速,深水用悬索悬吊流速仪测速。在每条垂线上的每次试验应符合表 7-1-1 的要求。

表 7-1-1　Ⅱ型误差试验

站类	每水位级试验测次(次)	一次试验水位变幅(m)	单条垂线上测点数(点)	重复施测流速次数(次)	测点测速历时(s)
一类精度站	>2	≤0.1	11	10	60~100
二、三类精度站	>2	≤0.3	11	10	60~100

注:当二、三类精度的水文站不能满足本表规定时,单条垂线上测点数、重复施测流速次数和测点测速历时可分别减少为 5 点、6 次和 30~50 s。

1.1.2.4　Ⅲ型误差试验

Ⅲ型误差是指因断面上测速垂线数不够,不能完全控制流速沿断面的横向分布,所产生的断面平均流速的计算误差。

流速仪法Ⅲ型误差试验,其测速垂线宜均匀布设,应能控制断面地形和流速沿河宽分布的主要转折点,无大割大补。试验次数不少于 20 次,并均匀分布在高、中、低水位级。不同水面宽的测站可按表 7-1-2 的规定开展Ⅲ型误差试验。

表 7-1-2　Ⅲ型误差试验

试验要求		垂线平均流速施测方法		单个测点测速历时(s)	
水面宽(m)	布设最少测速垂线数目(条)	二点法	三点法	一类精度站	二、三类精度站
$50 \leq B \leq 1\ 200$	50~60	0.2、0.8	0.2、0.6、0.8	60~100	30~60
$25 \leq B < 50$	30~50				
$B < 25$	>25				

注:水面宽 B 大于 1 200 m 时,试验断面上至少布设的试验测速垂线数目宜大于 60 条。

1.2　资料整编

1.2.1　流量资料的考证插补及综合合理性检查

“水位流量关系曲线上突出点取舍”“缺测流量资料如何插补”“上下游洪峰流量及洪水总量异常”“测站日平均流量及特征值异常”“河段上下游(水库)水量不平衡”等,是流量资料整编中的难点和重点。整编期间,一般通过对资料进行考证分析、插补及综合合理性检查等手段去解决。

1.2.1.1 资料考证

对于水位流量关系曲线上的突出点,应通过检查原始流量记载计算表、绘制水位面积及水位流速关系曲线、考证(调查)测验过程中断面附近河岸及水流的异常情况及评估作业人员的综合技术素质等途径,确定影响该次实测流量的可能因素,最终决定对该次实测流量的取舍。

对于洪峰流量和当年最枯流量,也应该进行技术考证。

对于历史最大流量或最小流量的考证,按流量调查的有关方法进行。

1.2.1.2 资料插补

对于缺测资料,如果缺测时间较短,应尽可能通过上下游站或邻近站的资料对照等方法进行内插或借用,以使资料完整。对缺测资料的插补,应在整编时加以说明。缺测时间较长时不宜进行插补。

1.2.1.3 流量资料的综合合理性检查

1. 上下游洪峰流量过程线及洪水总量对照

1)检查图表

用洪水期上下游逐时流量过程线及各站洪水总量对照表配合检查。

将上下游各站洪水期逐时流量过程线用同一纵横比例尺绘于同一图上。有支流入汇的河段,可将上游站与支流站的流量按其洪峰传播到本站所需对应时间值相加合成,将其合成流量过程线绘入图中。

将上下游各站选取的几次主要相应洪峰的洪水总量及其起止时间,分别列成对照表。在计算洪水总量时,一般不割除基流。截取洪峰时,注意使上下游各站的截割点与洪峰传播时间相应。

2)检查内容

洪水沿河长演进,其上下游过程线是否相应;洪峰流量沿河长变化及其发生时间是否相应合理;洪水总量是否平衡;河槽蓄水量与出水量是否大致相等。

2. 上下游逐日平均流量过程线对照

利用逐日平均流量过程线图进行此项检查,其绘制方法与上下游逐时流量过程线相同。

检查上下游站流量变化是否相应。在做冰期流量对照时,应结合冰情记载进行。对冰期流量测次较少或冰情复杂、有流冰堆积、冰塞等现象引起回水时,要详细检查。

3. 月年平均流量对照表检查

将上下游、干支流各站(包括引入、引出控制站)月年平均流量汇列在一起,用水量平衡方法检查沿河水量变化是否合理。

在上下游站区间面积较大或区间水量所占比重较大时,可根据区间面积及附近相似地区的径流模数来推算区间的月、年平均流量,并汇总列入。在降水量较多的月份,区间的月年平均流量也可借用相似地区的降水径流关系推算,然后将上游站的流量与区间流量之和列入,与下游站比较。

有湖泊或水库时,将用流量单位表示的月、年容积变量列入,并将入湖或入库站流量与容积变量之差列入,与下游站比较。

用水量较大地区,可将水量调查成果列入,与上下游比较。

4. 流量随集水面积演变图检查

流量随集水面积演变图能直观地反映出流量沿河长增减的规律,必要时可绘此图检查。

(1)绘制方法。以各站的同步流量(年平均流量或年径流量、一个月或连续几个月的平均流量、洪水总量等)为纵坐标,集水面积为横坐标,点绘关系点,相邻点用直线连接,可绘制出流量沿集水面积增减的折线。

(2)检查内容与作用。将历年同类曲线绘在同一图上,检查有无特殊变化情况;检查沿河长及区间水量增减情况,还可了解水量来源及各地区水量比例;比较各地区的径流深(或径流模数)变化。

5. 水库水量平衡检查

凡设有进、出库站,而进库站控制的面积占水库集水面积绝大部分(50%以上)的水库,可用水库水量平衡表进行对照检查。

1) 水量平衡表的编制内容

(1)来水量。包括进库站径流量、区间径流量、库面降水量等。

(2)去水量。包括水库泄放径流量、库面蒸发量等。

(3)其他。水库容积变量(一般库容增加为正,减小为负)。

2)对照检查

计算平衡差额。平衡差额等于"来水量"减"去水量"再减"水库容积变量"。平衡差额包括渗漏、库岸调节和测验误差、推算误差等。平衡差额通常有一定限度。当平衡差额数量较大或有其他反常现象时,要深入分析原因。

6. 月年最大(最小)流量对照表检查

本表按测站自上游至下游(遇有大支流把口站插入)的顺序排列。月、年最大最小流量及出现日期分编两张表。检查时,可参照各站过程线,并考虑河段内水流传播规律。必要时,绘制年径流深等值线图进行检查。

1.2.2 技术试验分析报告编写提示

为了保证流量测验精度,满足测验目的,或为了验证某些水工程设计效果及有关河流的理论,需要在流量测验中开展专门的试验。这些试验包括浮标系数试验,流量测验Ⅰ、Ⅱ、Ⅲ型误差试验,流量精简试验,新仪器应用试验,测验方法比测试验,工程泄流试验,垂向流速分布理论试验等。开展专门的试验之前需要周密的计划,以确保试验的顺利完成。试验结束后,应认真总结,形成专题试验报告。

流量测验专题试验报告应有对试验全面总结的意义,前期的论证和方案要深化并简明阐述,试验开展情况要讲清楚,对取得的资料数据要分析,要系统研究成果,明确结论,并提出问题及建议。编写题目宜简明,讲究描述方式方法的逻辑性,数据准确,文字贴切。各具体试验有其特殊性,现将一般的程式和内容提示如下:

(1)试验目的、意义。

只有那些目的明确、意义重要、可能产生显著效益(经济效益和社会效益)的试验才有开展的价值,也是试验项目得以立项的前提。因此,流量测验试验开展的目的和意义要阐述清楚,包括为什么要开展本试验,试验要达到什么目的,试验完成后可能产生什么样的经济效益或社会效益等。试验深化、扩大的目标和修正的目标也要论述充分。

(2)试验的依据、条件。

围绕试验目的,理清技术路线,明确试验依据。试验的依据一般包括法律法规、技术规范规定、上级主管部门下发的文件要求,以及本单位开展试验所具备的人员技术条件、设备资金条件、以前研究的基础,可资借用参考的资料成果等。

(3)技术方案。

该部分主要对技术方案进行描述和评价。

根据本单位现有的人员、技术、经济、物资等条件,编制科学可行的技术方案。编制的方案既要符合现实和适用等条件,又要体现技术先进的理念。为此,可能还需要进行大量的野外现场查勘,以及必要的技术调研等前期准备。

如果在试验过程对技术方案有所修正,则在总结时,还要说明方案的适合性和修订原因、情况、效果等。

(4)人员、仪器等技术准备和试验安全生产措施保障。

该部分主要是对所有技术准备和安全生产等工作进行系统全面的总结。

根据编制的技术方案,在组织开展试验之前,可能需要对人员进行必要的技术培训、对试验所用到的仪器设备进行检修维护和技术标定、购置补充器具、制作试验用图表等。

安全生产包括试验实施的全过程,既有人员的人身安全,也有贵重仪器设备的安全,还包括试验资料的安全和保密等。因此,在开展试验前应制定安全生产措施,可能还要配置必要的安全防护设备。

(5)开展试验研究的情况。

该部分主要说明试验开展的情况,试验过程中发现的问题与处理、资料取得情况等是需要重点阐述的内容。

在试验过程中或资料分析后可能会发现需要补充试验资料,故及时调整完善试验方案,达到最终满足试验目的的要求。这部分补充的试验情况及取得的成果也应一并写入开展试验研究的情况。

(6)试验资料分析评估。

对试验取得的资料进行分析计算,评估其与试验目标的符合情况,并对本试验做出最终的结论性评价。该部分主要包括对资料分析方法的正确性、分析中所采用的技术指标等的论证与检验,以及资料的取舍利用情况、分析计算过程关键图表等内容。

(7)取得的试验成果。

取得的试验成果既包括内容性的满足试验目的的结论性成果,特别是新发现性质的成果,也包括试验达到目的取得成功所形成的产品性的文字报告、有形产品、专利技术、人才培养等。同时,对试验过程中的影像图片文字实物等过程成果也要进行归类整理,对技术资料进行整编装印,一并作为试验成果资料。

(8)结论与建议。

该部分主要是对本试验的过程和结果进行的总结,概括描述试验所取得的成果及结论,为今后需要改进完善或继续深入试验研究提供建议。

1.2.3 流量测验Ⅰ、Ⅱ、Ⅲ型误差试验分析计算

1.2.3.1 Ⅰ型误差试验资料分析计算

对于取得的Ⅰ型误差试验资料,先进行合理性分析,剔除原始流速测量系列中存在的不稳定趋势的资料,然后分别进行测点、垂线和断面的Ⅰ型相对标准差估算。

1. 测点Ⅰ型相对标准差的有关计算

描述计算脉动误差有考虑和不考虑流速牵连影响的问题,牵连影响是指某一原始测量时段的流速自然存在或因测速仪器惯性而受其他原始测量时段流速的影响,物理成因比较复杂,数学处理常用所谓的自相关函数近似。下面分 3 种情况介绍测点Ⅰ型相对标准差的有关计算。

(1)不考虑流速牵连影响(或原始测量时段流速独立)的原始测量时段级误差按式(7-1-1)、式(7-1-2)计算:

$$\overline{V} = \frac{\sum_{i=1}^{I} V_i}{I} \tag{7-1-1}$$

$$S(t_0) = \sqrt{\frac{\sum_{i=1}^{I} \left(\frac{V_i - \overline{V}}{\overline{V}}\right)^2}{I - 1}} \tag{7-1-2}$$

式中 t_0——原始测量时段,s;

V_i——原始测量系列中第 i 个 t_0 时段的流速值,m/s;

i——t_0 的序号;

$\overline{V}$——原始测量系列(I 个)的算术平均值,m/s;

I——t_0 系列的总数(样本容量);

$S(t_0)$——原始测量系列各 t_0 流速脉动(Ⅰ型)的相对标准差(%)。

(2)不考虑流速牵连影响(或原始测量时段流速独立)的原始测量时段级若干倍 nt_0 的误差计算。

实用上,因试验的原始测量时段 t_0 很短,和实际测速历时差距较大,常取原始测量时段级若干倍 nt_0(n 取整数)的平均流速为误差计算单元,如原始测量时段为 10 s,而一般测速历时为 100 s,则取 $n=10$ 考察计算有关误差比较恰当。关于 nt_0 的流速值系列,可考虑用“$1\sim n$, $n+1\sim 2n$, $2n+1\sim 3n\cdots$”的原始测量分段接续模型,也可考虑用“$1\sim n$, $2\sim n+1$, $3\sim n+2\cdots$”的原始测量的滑动模型。

若规定 j 为 nt_0 的序号,各 nt_0 的平均流速 $\overline{V}_{nt_0 j}$ 用式(7-1-3)计算:

$$\overline{V}_{nt_0 j} = \frac{\sum_{n=1}^{N} V_{jn}}{N} \tag{7-1-3}$$

式中　n ——各 j 中 t_0 的序号；

N —— n 的总数；

V_{jn} ——第 j 个 nt_0 中第 n 个原始测量时段的流速，在每个 j 中共有 N 个 V_{jn} 。

作为全系列看，式(7-1-3)可以计算出 J 个 $\overline{V}_{nt_0j}$ (J 为 j 系列的总数)。

j 个 nt_0 平均流速对长历时连续测速平均流速的相对标准差 $S(nt_0)$ 用式(7-1-4)计算：

$$S(nt_0) = \sqrt{\frac{\sum_{j=1}^{J}\left(\frac{\overline{V}_{nt_0j} - \overline{V}}{\overline{V}}\right)^2}{J-1}} \tag{7-1-4}$$

式中　j —— nt_0 的序号；

J —— nt_0 系列的总数(样本容量)；

$\overline{V}$ ——由式(7-1-1)计算的原始测量系列(在原式共 I 个，在此处共 J 个)的算术平均值，m/s。

(3)流速牵连影响的物理机制相当复杂，下面给出一种考虑流速牵连影响的原始测量时段级若干倍 nt_0 的误差计算公式(7-1-5)、式(7-1-6)，可参考试用。

$$S^2(nt_0) = \frac{S^2(t_0)}{N}\left[1 + 2\sum_{j=1}^{J-1}\left(1 - \frac{j}{J}\right)\hat{\rho}(j)\right] \tag{7-1-5}$$

$$\hat{\rho}(j) = \frac{I-j}{I}\frac{\sum_{i=1}^{I-1}(V_i - \overline{V})(V_{i+1} - \overline{V})}{\sum_{i=1}^{I}(V_i - \overline{V})^2} \tag{7-1-6}$$

式中，t_0、V_i 、$\overline{V}$ 、$S(t_0)$ 及 i 、I 意义同式(7-1-1)、式(7-1-2)，$S^2(t_0)$ 是 $(S(t_0))^2$ 的一种写法；$S(nt_0)$ 及 n、N、j、J 意义同式(7-1-3)、式(7-1-4)，$\hat{\rho}(j)$ 为时段位移原始测量系列 t_0 或其若干倍 nt_0 的流速脉动(Ⅰ型)的自相关函数，用于描述脉动牵连影响的自相关和惯性测速仪器(如机械转子流速仪前 t_0 的惯性会带到后 t_0 的测速)的自相关。

为了便于理解上述各式的应用，现设计一个流速脉动试验，大致以 6 s 间隔测量某点流速达到 1 200 s，即取得 200 个流速数值系列 V_i ，编号为 $i = 1,2,\cdots,200(I = 200)$，可以按式(7-1-1)计算出 $\overline{V}$ ，按式(7-1-2)计算出不考虑流速牵连影响(或原始测量时段流速独立)的原始测量时段级的误差 $S(t_0)$ 。

若使 $n = 5$，$nt_0 = 30$ s，考虑用“$1 \sim n$ ，$n+1 \sim 2n$ ，$2n+1 \sim 3n$ …”原始测量分段接续模型，j 为 nt_0 的序号，则编号为 $j = 1,2,\cdots,40(J = 40)$，由各自 j 中已知的 V_{jn} 和 $N = 5$ 经式(7-1-3)可计算出 J 个 $\overline{V}_{nt_0j}$ ，经式(7-1-4)可计算出不考虑流速牵连影响(或原始测量时段流速独立)的原始测量时段若干倍 nt_0 的误差 $S(nt_0)$ 。

由已知的 V_i 、I 经式(7-1-6)可计算出 $\hat{\rho}(j)$ 系列；由式(7-1-2)计算出 $S(t_0)$ ，将 $n = 5$ 和 $N = 5$、$J = 40$、j 系列编号、$\hat{\rho}(j)$ 系列等代入式(7-1-5)就可计算出考虑流速牵连影响的

原始测量($t_0=6$ s)时段 5(n)倍 $nt_0=30$ s 的误差 $S^2(nt_0=30\ \mathrm{s})$ 或 $S(nt_0=30\ \mathrm{s})$ 。

若使 $n=5$, $nt_0=30$ s,考虑用“1～ n ,2～ $n+1$,3～ $n+2$…”的原始测量的滑动模型,$j=1,2,\cdots,195(J=195)$,同样可进行不考虑和考虑流速牵连影响的 $S(nt_0)$ 的计算。

2. 垂线Ⅰ型相对标准差的计算

垂线Ⅰ型相对标准差按式(7-1-7)估算:

$$S_{ej}^2(nt_0)=\sum_{k=1}^{K}d_k^2S_k^2(nt_0) \tag{7-1-7}$$

式中　$S_{ej}(nt_0)$ ——测点流速历时为 nt_0 的第 j 条垂线的Ⅰ型相对标准差(%);

K——用以确定垂线平均流速的垂线测点数(k 为其序号);

d_k——确定垂线平均流速时测点流速的权系数;

$S_k(nt_0)$——测点 k 处的流速历时为 nt_0 的Ⅰ型相对标准差(%)。

3. 断面Ⅰ型相对标准差的计算

断面Ⅰ型相对标准差按式(7-1-8)估算:

$$S_e^2(nt_0)=\frac{1}{M}\sum_{j=1}^{M}S_{ej}^2(nt_0) \tag{7-1-8}$$

式中　$S_e(nt_0)$——当测点流速历时为 nt_0 时的断面Ⅰ型相对标准差(%);

M——用以确定单次流量Ⅰ型误差的测速垂线数(j 为其序号)。

1.2.3.2　Ⅱ型误差试验资料分析计算

1. 分析计算

Ⅱ型误差用十一点法计算垂线平均流速,并把该值作为垂线平均流速的近似真值;按规范规定分别计算一点法、二点法、三点法、五点法等少点法的垂线平均流速;用少点法计算的垂线平均流速除以近似真值,得到相对平均流速;按下列公式估算流速仪法的Ⅱ型误差。

$$V_{r(i,j)}=\frac{\overline{v_i}}{\overline{V}_{11}} \tag{7-1-9}$$

$$\overline{V}_{r(i)}=\frac{1}{J}\sum_{j=1}^{J}V_{r(i,j)} \tag{7-1-10}$$

$$\hat{S}_i=\overline{V}_{r(i)}-1 \tag{7-1-11}$$

$$\hat{\mu}_i=\frac{1}{N}\sum_{n=1}^{N}\hat{S}_{in} \tag{7-1-12}$$

$$S_{Pi}^2=\frac{1}{N-1}\sum_{n=1}^{N}(\hat{S}_{in}-\hat{\mu}_i)^2 \tag{7-1-13}$$

式中　$\overline{v_i}$ ——少点法计算的垂线平均流速,m/s;

i——少点法编号,如一点法、二点法、三点法、五点法等可分别对应为 $i=1$、2、3、5 等;

$\overline{V}_{11}$——同垂线 j 次重复试验各十一点法计算的垂线平均流速的均值,m/s;

$V_{r(i,j)}$——第 i 少点法同垂线第 j 次重复试验垂线的相对垂线平均流速(%);

J——统计分析的同垂线重复试验总数;

$\overline{V}_{r(i)}$——同垂线第 i 少点法重复试验的垂线相对平均流速的算术平均值(%)；

$\hat{S}_i$——同垂线第 i 少点法试验的Ⅱ型相对误差(%)；

$\hat{S}_{in}$——第 n(n 为垂线编号)条垂线第 i 少点法试验的Ⅱ型相对误差(%)；

$\hat{\mu}_i$——N 条垂线(n 为垂线编号)第 i 少点法试验Ⅱ型相对误差平均值,即已定系统误差(%)；

S_{Pi}——第 i 少点法试验Ⅱ型相对标准差(%)。

2. 一般规律

通常情况下,对于Ⅱ型标准误差来说,五点法的Ⅱ型标准误差较小,但垂线流速施测历时过长;一点法误差较大,必须通过适当增加垂线数的方法来减少误差;二点法的误差适中,历时较少,且能测得最大点流速,可作为常测法运用。对于Ⅱ型系统误差,高水位时较小,低水位时较大,且有正有负,具体情况因站而异。

1.2.3.3　Ⅲ型误差试验资料分析、计算

在对取得的试验资料进行分析计算时,采用已消除了不稳定因素的流速和相应水深,按平均分割法计算流量,作为流量的近似真值;对多线断面流量做抽线精简计算时,应保留控制断面形状和横向流速分布转折处的测速垂线,再按均匀抽取垂线的原则,计算得出少线断面流量;按下列公式估算流速仪法的Ⅲ型误差:

$$\hat{\mu}_m = \frac{1}{N}\sum_{i=1}^{N}\left(\frac{Q_{mi}}{Q_i} - 1\right) \tag{7-1-14}$$

$$S_m = \sqrt{\frac{1}{N-1}\sum_{i=1}^{N}\left[\left(\frac{Q_{mi}}{Q_i} - 1\right) - \hat{\mu}_m\right]^2} \tag{7-1-15}$$

式中　$\hat{\mu}_m$——测速垂线减少为 m 条时引起的相对系统误差(%)；

S_m——测速垂线减少为 m 条时引起的相对标准差(%)；

Q_{mi}——第 i 次试验测速垂线减少为 m 条时计算的断面流量值,m^3/s；

Q_i——第 i 次试验测速垂线为多条计算的断面流量,近似真值,m^3/s；

N——Ⅲ型误差试验的总测次数。

1.2.4　单次流量测验成果的不确定度计算

单次流量测验成果的(总)不确定度由流量测验各分项的总随机不确定度和总系统不确定度构成。总随机不确定度包括断面Ⅰ型随机不确定度、Ⅱ型随机不确定度、Ⅲ型随机不确定度、测深及测宽随机不确定度、流速仪率定随机不确定度;总系统不确定度由测宽系统不确定度、测深系统不确定度、流速仪检定系统不确定度构成。

1.2.4.1　单次流量总随机不确定度计算

单次流量总随机不确定度按式(7-1-16)计算:

$$X'_Q = \left[X_m'^2 + \frac{1}{m+1}\left(X_e'^2 + X_p'^2 + X_b'^2 + X_d'^2 + X_c'^2\right)\right]^{1/2} \tag{7-1-16}$$

式中　X'_Q——单次流量总随机不确定度(%)；

X'_m——断面Ⅲ型随机不确定度(%)；

X'_e——断面Ⅰ型随机不确定度(%)；
X'_p——断面Ⅱ型随机不确定度(%)；
X'_b——断面测宽随机不确定度(%)；
X'_d——断面测深随机不确定度(%)；
X'_c——断面流速仪率定随机不确定度(%)；
m——单次流量断面布设的测速垂线数。

1.2.4.2　单次流量总系统不确定度计算

单次流量总系统不确定度按式(7-1-17)计算：

$$X''_Q = (X''^2_b + X''^2_d + X''^2_c)^{1/2} \tag{7-1-17}$$

式中　X''_Q——单次流量总系统不确定度(%)；
X''_b——测宽系统不确定度(%)；
X''_d——测深系统不确定度(%)；
X''_c——流速仪检定系统不确定度(%)。

1.2.4.3　单次流量测验总不确定度估算

单次流量测验总不确定度按式(7-1-18)估算：

$$X_Q = (X'^2_Q + X''^2_Q)^{1/2} \tag{7-1-18}$$

式中　X_Q——单次流量测验总不确定度(%)；
X'_Q——单次流量总随机不确定度(%)；
X''_Q——单次流量总系统不确定度(%)。

1.2.4.4　单次流量系统误差估算

单次流量系统误差由Ⅱ型系统误差和Ⅲ型系统误差构成，可按式(7-1-19)估算：

$$\hat{\mu}_Q = \hat{\mu}_m + \hat{\mu}_s \tag{7-1-19}$$

式中　$\hat{\mu}_Q$——单次流量系统误差(%)；
$\hat{\mu}_m$——Ⅱ型系统误差(%)；
$\hat{\mu}_s$——Ⅲ型系统误差(%)。

1.2.4.5　各分项不确定度及系统误差估算

(1)测宽随机不确定度不应大于2%，测宽系统不确定度不应大于0.5%。

(2)测深误差应符合表7-1-3的规定。

表 7-1-3　测深允许误差

水深(m)	X'_d(%)			X''_d(%)
	悬索	测深杆	测深仪	
<0.8		3		0.5
0.8~6	2	2	1.5	
>6	1	1	1.1	

注：X'_d、X''_d 分别为置信水平95%测深随机不确定度和系统不确定度。

(3)流速仪应在检定槽中进行精确的检定，在流速仪适用范围内，当流速大于或等于

0. 5 m/s 时,流速仪检定随机不确定度不应大于 1%;系统不确定度不应大于 0. 5%。

(4)测点有限测速历时不足导致的Ⅰ型误差不应超过表 7-1-4 的规定。

表 7-1-4　Ⅰ型允许误差

站类	方法	高水			中水			低水		
		历时(s)								
		100	60	30	100	60	30	100	60	30
		X'_e(%)								
一、二、三类精度水文站	一点法	7	8	9	8	9	12	10	12	16
	二点法	5	6	7	6	7	9	7. 5	9	11
	三点法	4	5	6	4. 5	5. 5	8	6	7	10

注:X'_e 为置信水平 95%的Ⅰ型随机不确定度。

(5)测速垂线测点数目不足导致的Ⅱ型误差不应超过表 7-1-5 的规定。

表 7-1-5　Ⅱ型允许误差

站类	计算规则	高水		中水		低水	
		X'_p	$\hat{\mu}_s$	X'_p	$\hat{\mu}_s$	X'_p	$\hat{\mu}_s$
一类精度水文站	一点法	4. 2	0. 9~-1. 0	4. 5	1. 0~-1. 0	4. 8	1. 0~-1. 0
	二点法	3. 2	0. 7~-1. 0	3. 5	0. 9~-1. 0	3. 6	1. 0~-1. 0
	三点法	2. 4	0. 5~-0. 5	2. 8	0. 7~-0. 7	3. 0	0. 8~-1. 0
二、三类精度水文站	一点法	5. 9	1. 0~-1. 0	6. 1	1. 0~-1. 0	6. 2	1. 0~-1. 0
	二点法	4. 7	0. 7~-1. 0	4. 8	1. 0~-1. 0	4. 9	1. 0~-1. 0
	三点法	4. 0	0. 5~-0. 7	4. 3	0. 9~-0. 8	4. 4	1. 0~-1. 0

注:1. X'_p 为置信水平为 95%的Ⅱ型随机不确定度。

2. $\hat{\mu}_s$ 为Ⅱ型系统误差。通过试验资料分析,垂线流速分布形式的不同,其Ⅱ型系统误差有正、负变化,不能将其作为恒定系统误差处理。表中 $\hat{\mu}_s$ 为Ⅱ型系统误差变化区间。根据误差统计理论,采用时可视具体情况取不同计算规则的最大负值的 30%~50%进行估算。

(6)测速垂线数目不足导致的Ⅲ型误差不应超过表 7-1-6 的规定。

1. 2. 4. 6　单次流量测验精度评价

根据单次流量测验数据(高中低水、垂线布设、测速历时、流速仪检定、测速点布设、测深及测宽方式)等具体情况,计算出单次流量各分项不确定度、总随机不确定度和系统误差。根据资料用途或服务对象的要求,若计算的单次流量总随机不确定度 X'_Q 和系统误差 $\hat{\mu}_Q$ 符合“操作技能——技师流量部分”中的表 6-1-1 规定,则本次流量测验精度满足要求,即测验方案可行。

表 7-1-6　Ⅲ型允许误差

站类	断面测速垂线数目	允许误差(%)					
		高水		中水		低水	
		X'_m	$\hat{\mu}_m$	X'_m	$\hat{\mu}_m$	X'_m	$\hat{\mu}_m$
一类精度水文站	5	5.2	−2.1	6.1	−2.4	8.8	−3.5
	10	3.3	−1.3	4.3	−1.7	5.6	−2.2
	15	2.5	−1.0	3.5	−1.4	4.3	−1.7
	20	2.1	−0.8	3.0	−1.2	3.6	−1.4
二类精度水文站	5	6.0	−2.4	7.0	−2.8	9.0	−3.6
	10	3.8	−1.5	4.9	−2.0	5.7	−2.3
	15	2.9	−1.2	4.0	−1.6	4.4	−1.8
	20	2.4	−1.0	3.5	−1.4	3.7	−1.5
三类精度水文站	5	7.0	−2.8	8.5	−3.4	10.3	−4.1
	10	4.4	−1.8	5.6	−2.2	6.5	−2.6
	15	3.4	−1.4	4.4	−1.8	5.0	−2.0
	20	2.8	−1.1	3.7	−1.5	4.1	−1.6

注:1. X'_m 为置信水平 95%的Ⅲ型随机不确定度。

2. $\hat{\mu}_m$ 为Ⅲ型系统误差。

第 2 章　水文情报预报

2.1　洪水预报

2.1.1　马斯京根法河道流量演算系数分析确定

河道洪水演算的两个基本假定，一是河段中的水面线为直线，流量沿程变化是直线的；二是河段中的某断面流量 Q' 与河段的蓄水量 W 之间为单一的线性关系。马斯京根法是河段流量演算方程经简化后的线性有限解，它要求参数 K、x 为常量，也要求流量在计算时段内和沿程变化呈直线分布。

2.1.1.1　K、x 的确定

马斯京根蓄泄方程（$S = K[xQ_{上} + (1 + x)Q_{下}] = KQ'$，$Q' = xQ_{上} + (1 - x)Q_{下}$）的 S 和 Q' 呈线性关系，这表明 Q' 是 S 下的稳定流量，该流量可以通过调整 x，使 Q' 与 S 的关系线成为单一直线来求得。由实测流量资料率定 K、x 的时候，常采用试算法。就是对某一次洪水，一方面计算各个时刻的槽蓄量 S；另一方面设一 x 值，由式 $Q' = xQ_{上} + (1 - x)Q_{下}$ 计算各时刻的 Q'，点绘 $S \sim Q'$ 关系线，当成为单一直线时，该 x 即为所求的 x，而该直线的斜率即为所求的 K 值。取多次洪水做相同的计算，就可确定该河段的 K、x 值。若各次洪水的 K、x 值比较接近，则取平均的 K、x 作为本河段综合确定的成果；若变化较大，则分析其变化规律，以便演算时依实际情况选用。

2.1.1.2　马斯京根法几个问题的分析

（1）K 的综合。K 基本上反映河道稳定流的传播时间。理论上，K 应随流量增大而减小，不少实测资料表明也是这样。因此，当各次洪水分析的 K 值变化较大时，可建立 K 与流量的关系。应用时，根据不同的流量取不同的 K 值。

（2）x 的综合。流量比重因素 x，反映楔蓄在河槽调蓄中的影响。对于一定的河段，x 在洪水涨落过程中基本稳定，但也有随流量增加而减小的趋势。天然河道的 x，一般介于 0.20~0.45，特殊情况下也有小于零的。实用中，当发现 x 随流量变化较大时，也可建立 x 与流量的关系线，对不同的流量取不同的 x。

（3）演算时段 Δt 的确定与选择。演算时段 Δt 既不可太大，也不可太小。太大则流量在 Δt 时段内不呈直线变化，太小则会不符合流量沿程呈直线分布的要求。主要应考虑以下两点：一是为使摘录的洪水数值能比较真实地反映洪水的变化过程，Δt 不能取得太长（大），以保证流量过程线在 Δt 内近于直线；二是为了计算中不漏掉洪峰和在时段初、末时刻河段内的水面线近于直线，最好取 Δt 等于河段传播时间 τ。这样上游站在时段初出现的洪峰，Δt 后就正好出现在下游站，而不会卡在河段中，使河段的水面线呈上凸曲线。但有时为了照顾前面的要求，也可取 Δt 等于 τ 的 1/2 或 1/3，这样计算洪峰的精度差

了一些,但能保证不漏掉洪峰。若使二者都得到照顾,则可把河段划分为许多子河段,使 Δt 等于子河段的传播时间,然后自上而下进行多河段连续演算,推算出下游站的流量过程。

(4)预见期问题。由式 $Q_{下,2}=C_0Q_{上,2}+C_1Q_{上,1}+C_2Q_{下,1}$ 可知,要知道时段末的 $Q_{上,2}$ 才能推算 $Q_{下,2}$,故马斯京根法用于预报一般是没有预见期的。不过如果取 $\Delta t=2Kx$,则 $C_0=0$,$Q_{下,2}=C_1Q_{上,1}+C_2Q_{下,1}$,就可以有一个时段的预见期了。如果上断面的入流是由降雨径流预报等方法先预报出来,则可以得到一定的预见期。因此,该法在预报中仍得到了广泛的应用。

2.1.2　降雨径流经验相关图及产流计算

根据实测降雨、径流资料建立降雨径流经验相关图,预报净雨过程或推求设计净雨过程。由分析计算得到的降雨量、流域蓄水量或前期影响雨量,按相关分析的方法,建立它们与径流深之间的相关图。这些相关图反映了流域的产流规律,应用此相关图可以由降雨计算出相应的产流量。常用的降雨径流经验相关图有 $P\sim P_a\sim R_s$ 三变量相关图法和 $P+P_a\sim R$ 相关图法两种。

2.1.2.1　$P\sim P_a\sim R_s$ 三变量相关图法

以次降雨量 P 为纵坐标,以相应洪水的地面径流深 R_s 为横坐标,可按分析计算的流域场次降雨、洪水资料成果,把对应的 P、R_s 一一点绘在坐标图上,并把各点对应的流域前期影响雨量 P_a 值注在各点旁,然后按点群分布的趋势,照顾大多数点据,绘出一组以 P_a 为参数的等值线,即为 $P\sim P_a\sim R_s$ 三变量相关图法(见图 7-2-1)。

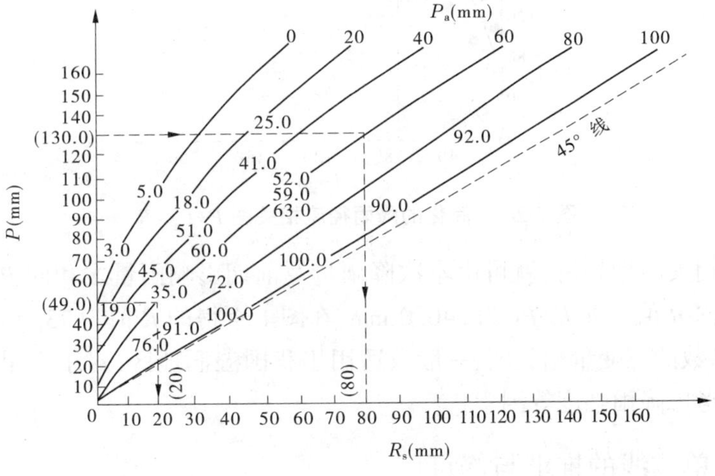

图 7-2-1　某流域三变量降雨径流相关图

该图应符合下列规律:P 相同时,P_a 越大,损失愈小,R_s 愈大,故 P_a 等值线的数值是自左至右增大的;P_a 相同时,P 愈大,损失相对于 P 愈小,dR_s/dP 愈大或 dP/dR_s 愈小,$P_a\sim R_s$ 线的坡度随 P 的增大而减缓,但也不应小于 45°,因为降雨总有下渗等损失,dR_s 总要小于 dP。

相关图做好后，应从总体上进行分析评定，看它的精度是否达到了预报要求，如果达到了，则该图即可应用于产流（净雨）计算。否则，应采取措施，使之达到要求的精度。

$P \sim P_a \sim R_s$ 相关图做好后，就可根据降雨开始时的 P_a 选择曲线，按照降雨过程雨量数值，用累计各时段的降雨过程数值，在图上查出相应的径流深，然后将相应的径流深两两相减，得到各时段的降雨所对应的时段净雨（实际是将径流深量看作净雨量）。假设在图 7-2-1 的流域上有一次降雨，降雨开始时的 $P_a=60$ mm，可选择 $P_a=60$ mm 的那条曲线，第一时段降雨 49.0 mm，第二时段降雨 81.0 mm，则可在 $P_a=60$ mm 的线上，查得 $P=49.0$ mm 的 $R_s=20.0$ mm，$P=(49.0+81.0)$mm 的 R_s 为 80.0 mm，由此进一步推算出第二时段的净雨为 80.0−20.0=60.0（mm）。若为多时段降雨，各时段净雨的查算方法可以此类推。若降雨开始时的 P_a 不在某一条等值线上，则用内插法查算。

2.1.2.2　$P+P_a \sim R$ 相关图法

当遇到降雨径流资料的相关点较少时，可采用绘制简化的降雨径流相关图 $P+P_a \sim R$，如图 7-2-2 所示，即以次降雨量 P 及其对应的前期影响雨量 P_a 之和为纵坐标，以相应洪水的总径流深 R 为横坐标，把分析计算的 $P+P_a$、R 值一一点绘在坐标图上，然后根据点群分布情况，过点群中心，绘一条光滑的曲线。

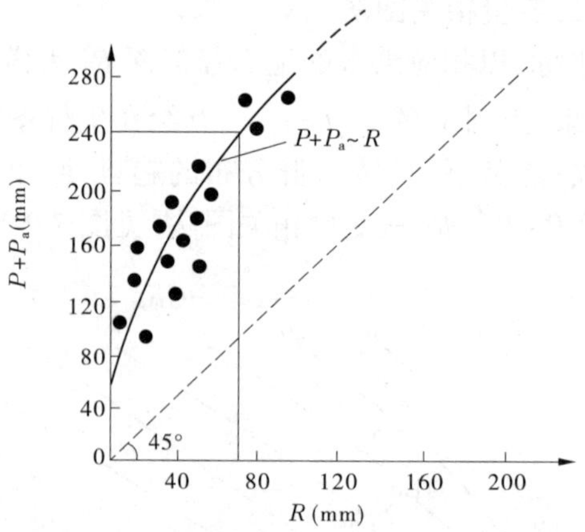

图 7-2-2　简化的降雨径流相关图 $P+P_a \sim R$

$P+P_a \sim R$ 相关图做好后，就可由本次降雨量及前期影响雨量之和即 $P+P_a$，在图上查出对应的径流深 R 值。如 $P+P_a$ 为 240.0 mm，在图上查得的 R 值为 73.0 mm。

以 P_a 为参数的三变量相关图，一般只适用于我国湿润地区，对于干旱、半干旱地区，除 P_a 外，还要考虑降雨强度等因素。

2.1.3　经验单位线的推求与修订

2.1.3.1　单位线的推求

推求单位线是根据实测的流域降水和相应的出口断面流量过程，运用单位线的倍比假定、叠加假定来反求。用已知净雨量及其对应的径流过程推求单位线的方法很多，一般用缩放法、分解法和试错优选法等。

（1）缩放法。如果流域上恰有一个单位时段且分布均匀的净雨 h 所形成的一个孤立洪峰。那么,只要从这次洪水的流量过程线上割去地下径流,即可得到这一时段降雨所对应的地面径流过程线 $Q \sim t$ 和地面净雨 h(等于地面径流深)。利用单位线的倍比假定,对 $Q \sim t$ 按倍比 $10/h$ 进行缩放,便可得到所推求的单位线 $q \sim h$。

(2)分解法。如果流域上的某次洪水是由几个时段的净雨所形成,则需用分解法求单位线。此法是利用单位线的倍比、叠加假定,先把实测的总的地面径流过程分解为各时段净雨的地面径流过程,再按缩放法的步骤求得单位线。

(3)试错优选法。当地面净雨有 3 个或 3 个以上时段时,用分解法推求单位线常因计算过程中误差累积太快,使解算工作难以进行到底,在这种情况下比较有效的办法是改用试错优选法。

试错优选法就是先假定一条单位线,按倍比假定计算各时段净雨的地面径流过程,然后按叠加假定将各时段净雨的地面径流过程按时程叠加,得到计算的总地面径流过程,若能与实测的地面径流过程较好地吻合,则所设单位线即为所求。否则,对原设单位线予以调整,重新试算,直至吻合最好。

2.1.3.2　单位线的检查和修订

推算单位线时,由于资料精度、产流方案、洪水过程分割及单位线的倍比、叠加假定局限性等原因,推算出的单位线往往会出现径流深不等于 10 mm、历时不正确、单位线不光滑等不合理的现象,应分析原因并做检查和修订。

(1)推算的单位线径流深应等于 10 mm,否则,应根据资料情况进行修订。

(2)推算的单位线历时 T_d 应满足下式的要求:

$$T_d = T - t_s + 1 \tag{7-2-1}$$

式中　T_d——单位线历时(时段数);

T——洪水地面径流历时(时段数);

t_s——地面净雨历时(时段数)。

即修订后的单位线底宽应等于 $T-t_s+1$,形状为光滑的铃形曲线,并且使用这样的单位线做还原计算,即用该单位线由地面净雨推算地面径流过程,与实测的地面径流过程相比,误差最小。

2.1.3.3　单位线法存在的问题及处理方法

单位线的倍比、叠加假定是近似的,并不完全符合实际。因此,一个流域上各次洪水分析的单位线常常有些不同,有时差别还比较大。那么,在做洪水预报或推求设计洪水时,到底该选用哪条单位线呢?为解决这一问题,必须分析单位线存在差别的原因,并采取妥善的处理办法。

1. 净雨强度对单位线的影响及处理方法

理论和实践都表明,其他条件相同时,净雨强度越大,流域汇流速度越快,用这样的洪水分析出来的单位线的洪峰比较高,峰现时间也提前;反之,由净雨强度小的中小洪水分析的单位线,洪峰低,峰现时间也要滞后。针对这一问题,目前的处理方法是:分析出不同净雨强度的单位线,并研究单位线与净雨强度的关系。进行预报或推求设计洪水时,可根据具体的净雨强度选用相应的单位线。

2. 净雨地区分布不均匀的影响及处理方法

同一流域,净雨在流域上的平均强度相同,但当暴雨中心靠近下游时,汇流途径短,河网对洪水的调蓄作用减少,从而使单位线的峰偏高,出现时间提前;相反,暴雨中心在上游时,大多数的雨水要经过各级河道的调蓄才流到出口,这样使单位线的峰较低,出现时间推迟。针对这种情况,应当分析出不同暴雨中心位置的单位线,以便洪水预报和推求设计洪水时,根据暴雨中心的位置选用相应的单位线。

当一个流域的净雨强度和暴雨中心位置对单位线都有明显影响时,则要对每一暴雨中心位置分析出不同净雨强度的单位线,以便将来使用时能同时考虑这两方面的影响。

以上是单位线法的两个主要问题及处理方法。此外,也可能还会遇到其他问题,例如暴雨移动路线的影响,则应分析其影响程度和原因,采取相应的对策。

2.2　洪水预报评定

2.2.1　洪水预报及方案精度评定

2.2.1.1　洪水预报一般要求及工作程序

1. 洪水预报一般要求

(1)洪水预报的对象一般是江河、湖泊及水工程控制断面的洪水要素,包括洪峰流量(水位)、洪峰出现时间、洪量(径流量)和洪水过程等。应不断提高洪水预报精度和增长有效预见期。

(2)编制洪水预报方案要求必须使用不少于 10 年的水文气象资料,其中应包括大、中、小水各种代表性年份,并保证有足够代表性的场次洪水资料,湿润地区不少于 50 次,干旱地区不少于 25 次,当资料不足时,应使用所有洪水资料。

洪水预报方案的可靠性取决于编制方案使用的水文资料的质量和代表性,必须采用代表年的全部水文资料制作洪水预报方案。对于代表年份中大于样本洪峰中值的洪水资料应全部采用,不得随意舍弃。当资料代表性达不到此要求时,洪水预报方案应降一级使用。

洪水预报方案建立后,应进行精度评定和检验,衡量方案的可靠程度,确定方案精度等级。方案的精度等级按合格率划分。精度评定必须用参与洪水预报方案编制的全部资料。精度检验应引用未参加洪水预报方案编制的资料(不少于 2 年)。当检验精度等级低于评定精度等级时,应分析原因,当情况不明又无法增加资料再检验时,洪水预报方案应降级使用。

(3)经精度评定,洪水预报方案精度达到甲、乙两个等级者,可用于发布正式预报;方案精度达到丙等者,可用于参考性预报;丙等以下者,只能用于参考性估报。

(4)洪水预报应采用多种方案和途径,在进行现时校正和综合分析判断的基础上,确定洪水预报数据。

(5)预报员应密切关注了解天气形势的发展变化,凡用预报的降雨量对水文情势的发展进行推算预报,在发布预报时应向用户说明预报的依据和可靠程度。

(6)每年汛后应对洪水预报方案进行评价,从技术上分析、总结成功的经验或失误的

原因。当发现下列情况之一时,应对方案进行修订、补充或更新:

①实测水文资料已超出原水文预报方案数值范围。

②积累的新资料表明水文规律已发生变化。

③由于自然演变或人类活动影响,流域、河段或断面水文情势发生变化。

④采用新方法、新技术可以提高精度或增长有效预见期。

2. 水文预报工作的基本程序

(1)制订预报方案。分析预报要素的形成规律,建立由过去的观测资料推算水文预报要素大小和出现时间的一整套计算方法,即水文预报方案。制订的方案按照《水文情报预报规范》要求的允许误差进行评定和检验。只有质量优良和合格的方案才能付诸应用。

(2)进行作业预报。将现时发生的水文气象信息,经过预报方案算出即将发生的水文预报要素大小和出现时间,及时将信息发布出去,这个过程称为作业预报。若现时水文气象信息是通过自动化采集、自动传送到预报中心的计算机内,由计算机直接按存储的水文预报模型程序计算出预报结果,这样的作业报称为联机作业实时水文预报。

2.2.1.2 洪水预报方案精度评定

(1)洪水预报精度评定应包括预报方案精度等级评定、作业预报的精度等级评定和预报时效等级评定等。

由于影响水文现象的因素众多且情况比较复杂,预报值与实际值之间总有一定的差别(包括水文特征的数值及出现时间),这种差别称为预报误差。预报误差的大小反映了预报精度,预报精度在生产上是极为重要的,精度不高的预报,在生产上只能作为参考;至于精度太差的预报,反而会带来损失和危害。因此,在制订预报方案及发布水文预报时,必须对预报精度进行评定。

精度评定的目的在于,应用预报方案时,可了解方案的可靠性以及预报值的精确程度,以便做到心中有数,对预报方案是否可用做出判断;同时,通过精度评定,分析存在的问题,及时改进,促进水文预报技术和理论的发展和提高。

评定和检验都应采取统一的许可误差和有效性标准。评定是对编制方案的全部点据,按其偏离程度确定方案的有效性,然后用没有参加方案编制的预留系列对方案进行检验。在制作预报方案时,应当说明方案的误差,以便具体考虑使用预报成果。

(2)洪水预报精度评定的项目包括洪峰流量(水位)、洪峰出现时间、洪量(径流量)和洪水过程等。具体项目可根据预报方案的类型和作业预报发布需要确定。

(3)洪水预报误差的指标可采用以下三种:

①绝对误差。水文要素的预报值减去实测值为预报误差,其绝对值为绝对误差。多个绝对误差值的平均值表示多次预报的平均误差水平。

②相对误差。预报误差除以实测值为相对误差,以百分数表示。多个相对误差绝对值的平均值表示多次预报的平均相对误差水平。

③确定性系数。洪水预报过程与实测过程之间的吻合程度可用确定性系数作为指标,按式(7-2-2)计算:

$$DC = 1 - \frac{\sum_{i=1}^{n}[y_c(i) - y_o(i)]^2}{\sum_{i=1}^{n}[y_o(i) - \bar{y}_o]^2} \tag{7-2-2}$$

式中　DC——确定性系数(取2位小数);

$y_o(i)$——实测值;

$y_c(i)$——预报值;

$\bar{y}_o$——实测值的均值;

n——资料序列长度。

(4)许可误差是依据预报成果的使用要求和实际预报技术水平等综合确定的误差允许范围。由于洪水预报方法和预报要素不同,对许可误差做如下规定:

①洪峰预报许可误差。降雨径流预报以实测洪峰流量的20%作为许可误差,河道流量(水位)预报以预见期内实测变幅的20%作为许可误差。当流量许可误差小于实测值的5%时,取流量实测值的5%;当水位许可误差小于实测洪峰流量的5%所相应的水位幅度值或小于0.10 m时,则以该值作为许可误差。

②峰现时间预报许可误差。峰现时间以预报时间至实测洪峰出现时间之间时距的30%作为许可误差,当许可误差小于3 h或一个计算时段长,则以3 h或一个计算时段长作为许可误差。

③径流深预报许可误差。径流深预报以实测值的20%作为许可误差,当该值大于20 mm时,取20 mm;当该值小于3 mm时,取3 mm。

④过程预报许可误差。取预见期内实测变幅的20%作为许可误差。流量小于实测值的5%,当水位许可误差小于以相应流量的5%对应的水位幅度值或小于0.10 m时,则以该值作为许可误差。预见期内最大变幅的许可误差采用变幅均方差σ_Δ,变幅为零的许可误差采用$0.3\sigma_\Delta$,其余变幅的许可误差按上述两值用直线内插法求出。

当计算的水位许可误差$\sigma_\Delta>1.00$ m时,取1.00 m;计算的$0.3\sigma_\Delta<0.10$ m时,取0.10 m。算出流量许可误差$0.3\sigma_\Delta$小于实测流量的5%时,即以该值为许可误差。

变幅均方差按式(7-2-3)计算:

$$\sigma_\Delta = \sqrt{\frac{\sum_{i=1}^{n}(\Delta_i - \bar{\Delta})^2}{n-1}} \tag{7-2-3}$$

式中　Δ_i——预报要素在预见期内的变幅;

$\bar{\Delta}$——变幅的均值;

n——样本个数。

(5)预报项目的精度评定规定。

①一次预报的误差小于许可误差时,为合格预报。合格预报次数与预报总次数之比的百分数为合格率,表示多次预报总体的精度水平。合格率按式(7-2-4)计算:

$$QR = \frac{n}{m} \times 100\% \tag{7-2-4}$$

式中　QR——合格率(取1位小数);

n——合格预报次数;

m——预报总次数。

②预报项目的精度按合格率或确定性系数的大小分为三个等级。精度等级规定见表 7-2-1。

表 7-2-1　预报项目精度等级

精度等级	甲	乙	丙
合格率(%)	$QR\geq 85.0$	$85.0>QR\geq 70.0$	$70.0>QR\geq 60.0$
确定性系数	$DC\geq 0.90$	$0.90>DC\geq 0.70$	$0.70>DC\geq 0.50$

(6)预报方案的精度评定规定。

①当一个预报方案包含多个预报项目时,预报方案的合格率为各预报项目合格率的算术平均值。其精度等级仍按表 7-2-1 的规定确定。

②当主要项目的合格率低于各预报项目合格率的算术平均值时,以主要项目的合格率等级作为预报方案的精度等级。

2.2.2　洪水作业预报的精度评定

作业预报精度评定方法与预报方案相同。用(每次)预报误差 σ 与许可误差 $\sigma_{许}$ 之比的百分数大小作为作业预报精度分级指标,按表 7-2-2 的规定划分四个精度等级。

表 7-2-2　作业预报精度等级表

精度等级	优秀	良好	合格	不合格
分级指标($\sigma/\sigma_{许}$)(%)	分级指标≤25.0	25.0<分级指标≤50.0	50.0<分级指标≤100.0	分级指标>100.0

一段时期或一个汛期作业预报的优秀率、良好率、合格率用高于和等于各个精度等级的预报次数占总次数的百分率统计。

洪峰预报时效用时效性系数表示,按式(7-2-5)计算:

$$CET = EPF/TPF \tag{7-2-5}$$

式中　CET——时效性系数(取 2 位小数);

EPT——有效预见期,指发布预报时间至本站洪峰出现的时距(取 1 位小数),h;

TPF——理论预见期,指主要降雨停止或预报依据要素出现至本站洪峰出现的时距(取 1 位小数),h。

洪峰预报时效等级按表 7-2-3 的规定确定。当 $CET>1.00$ 时为超前预报,它是在洪峰预报依据要素尚未出现时发布的洪峰预报。

多次预报的总体时效等级可用各次预报的时效性系数的平均值来计算。

表 7-2-3　洪峰预报时效等级

时效等级	甲(迅速)	乙(及时)	丙(合格)
时效性系数	$CET\geq 0.95$	$0.95>CET\geq 0.85$	$0.85>CET\geq 0.70$

第 3 章 土壤墒情监测

3.1 监 测

3.1.1 区域土壤墒情监测

3.1.1.1 站网布设

土壤墒情监测站网应以旱情和旱作农业、牧业的地理格局分区为背景,根据国家宏观控制和地区需求布设国家墒情监测站网和各级地方站网。国家墒情监测站网的密度在山区、丘陵区和平原区,单站控制的耕作面积应在 3 000~30 000 hm^2、10 000~50 000 hm^2、30 000~90 000 hm^2,地方站网密度由地方根据具体情况确定。墒情监测站宜均匀分布,有条件的应靠近水文站、气象站、雨量站。需要时应在相同地貌和构造条件上建设墒情监测站和配套地下水测井。

墒情监测站网可分为基本监测站网和临时监测站网。基本监测站网应承担灌溉耕地(或牧场)和非灌溉耕地(或牧场)的墒情监测任务,配备墒情要素监测所必需的仪器设备,进行长期监测和资料整编。基本监测站的监测位置应相对稳定,监测位置一经确定不得随意改变,以保持墒情监测资料的一致性和连续性。临时监测站网根据当地当年或当季旱情发展情势选点布设,直接服务于当地农牧业当年或当季掌握土壤旱情墒情信息的需要。

土壤墒情监测站网规划图上作业前应调查了解区域自然地理、水文气象、地质地貌、土壤植被、人文经济、农田水利工程及农业种植等情况,规划图上作业期间或完成后应实地勘察,确定站点地块及有关建设事项。

3.1.1.2 基础性项目测量实施

站网布设后,还要进行代表性地块位置确定和实施基础性项目测量。基础性项目测量实施包括对观测点的土壤类型质地、颗粒级配、密度(容重、比重)、孔隙度、水分特性曲线、饱和含水量、田间持水量、凋萎含水量等项目开展测量,测量成果作为基础资料数据。

3.1.2 土壤水分自动监测仪器率定

3.1.2.1 探针式(环刀法)

在具备标准烘干条件的实验室,环刀法既可为监测仪器率定公式,又可对监测仪器的率定公式进行校准。

环刀尺寸以传感器探针完全插入后,探针距离环刀内壁不宜小于 1 cm,必要时可定制符合尺寸要求的环刀。两个环刀盖中一个无孔,另一个有孔。率定操作如下:

(1)在监测地块避开土壤中的石块、作物根系或杂物,用环刀采集土壤 2 份,保持 2

份土壤的一致性及土壤原有密实度。在有孔的环刀盖内侧垫上滤纸，盖好两端环刀盖，带回实验室。

(2)去掉环刀无孔盖，将环刀有孔盖一面朝下放入平底容器中，缓慢加水，保持水面比环刀上缘低 1~2 mm，浸泡 24 h 以上，浸泡过程中要随时补水，保持容器内水位不变。

(3)将传感器垂直缓慢插入环刀内土壤，要求探针位置居中，不得触碰环刀壁，且探针完全插入土壤不留空隙。传感器插入环刀后在试验过程中随同环刀一起称重，直至烘干前方可拔出。

(4)将传感器连接至 RTU，经过多次测量传感器电压不再升高，认为该土壤达到饱和含水量状态，记录此时传感器电压 V_0。

(5)将环刀、土壤、传感器和滤纸整体从水中取出，悬空放置在不吸水的支架上，让土壤中重力水自然下渗。当环刀底部不再滴水，并且测量传感器电压在一定时间内维持在某一数值不再下降时，认为该土壤含水量为田间持水状态，即刻断开传感器与 RTU 连接，将传感器、环刀、湿土和滤纸放入托盘整体称重，记录此时传感器电压 V_1 及重量 G_1。

(6)称重及测量电压时，应注意保持传感器相对于环刀和土壤稳固不动，避免传感器晃动造成探针与土壤间出现空隙。

(7)连接 RTU，每隔一定时间监测传感器电压下降情况，依据电压下降幅度确定测量时间，记录传感器、湿土、环刀、滤纸、托盘的总重量(记为 G_i)和对应时间的传感器输出电压(记为 V_i)。

(8)试验过程中应保持环刀内土壤自然晾干，不得对其吹风或烘烤。试验数据不宜小于 20 组，并均匀涵盖土壤含水量从高到低变化过程。当传感器电压不再下降，土壤接近干土状态时，停止试验。

(9)拔出传感器(传感器探针上附着的土壤清理干净放回环刀内)，将环刀连同土壤进行标准烘干，称量环刀+干土重量、传感器重量、托盘重量、滤纸重量，再去除土壤称量环刀重。(环刀+干土重量)-环刀重量=干土重量，记为 ω_g。

(10)按式(7-3-1)计算各次测量土壤样本的重量含水量：

$$\omega_i = \frac{G_i - G_1}{\omega_g} \times 100 \quad (i = 2,3,\cdots) \tag{7-3-1}$$

式中　ω_i——第 i 次监测的重量含水量，百分数表示(%)；

G_i——第 i 次监测，环刀+湿土重量+传感器重量+托盘+滤纸的重量，g；

G_1——第 1 次监测，环刀+干土重量+传感器重量+托盘+滤纸的重量，g；

ω_g——原状土干土重，g。

(11)根据相关数据计算各测次土壤重量含水量 ω_i，建立重量含水量 ω_i 和对应的传感器电压 V_i 关系曲线。该工作可利用电脑上的制表软件开展，用相关系数 R^2 对建立的关系曲线精度评估，当 $R^2 \leqslant 0.95$ 时，认为点线关系吻合程度较低，应重做试验。

(12)建立土壤含水量与传感器电压公式时，不得人为加入原点数据(土壤含水量为 0，传感器电压为 0)。

(13)将土壤饱和电压代入率定公式，可得出该土壤的饱和含水量。

(14)当监测仪器原有率定公式时，可将试验计算出的各测次实际重量含水量与试验过程中利用 RTU 原率定公式显示的土壤含水量比较分析，对原率定公式进行校准。

3.1.2.2　**导管式**

导管式传感器实验室率定主要步骤和方法如下：

（1）土样取样。取样为现场取样，在传感器埋设地田间取样。取样方法按照传感器埋设深度分层取样。导管式传感器埋设深度为 10 cm、20 cm、40 cm 的应分三层取样。

（2）土样预处理。取足量土样平铺在阴凉通风处风干。风干后，先将土碾碎，用孔径 2 mm 的土壤筛过筛，获得土样备用。根据需要可用孔径 1 mm 的土壤筛再筛一遍。

（3）制备特定质量含水量土样。对各层土样，分别配制不同湿度的样本，每层制作样本的土壤体积含水量区间不少于 7 个，分别为小于 10%、10%～15%、15%～20%、20%～25%、25%～30%、30%～35%和大于 35%7 个等级，导管式传感器埋设深度为 10 cm、20 cm、40 cm 的需分 3 层，需配制不少于 21 个样本。配置完成的土样搅拌均匀后，放入恒温恒湿培养箱或密封塑料袋内静置平衡 24 h。水样采用去离子水或者蒸馏水。

（4）填装土柱制备标准土样。预制含水量土样静置 24 h 后，取出搅拌均匀，分多层装填。依据设计土柱高度分层，每层高度 2 cm。每层装入的土样量依据分层数平均分配。装填中为使导管式传感器外管壁与土样紧密接触，可先放入导管式传感器再装填土样。

（5）数据测量。用导管式传感器对土样含水量进行测量，获取测量值，每个土样定点测量 6 次。

（6）环刀取样。通过专用环刀在各个土柱样本中取样烘干、称重，每个土柱取 3 个样本，获得对应样本的实际土壤含水量值。

（7）公式率定。对烘干称重法获得的土壤含水量值与传感器测量值进行分析比较，使用一元回归的方法做出烘干称重法获得的土壤含水量值与传感器测出的频率（或电压值）之间的关系，得出率定公式（一般为三次方多项式）。

3.2　资料整编

3.2.1　土壤墒情资料整编说明

土壤墒情资料整编说明是墒情监测年度资料整编的一项重要内容，是对本站年度墒情监测情况和资料整编情况的概述和总结，其内容包括：

（1）监测情况。简要说明监测站位置，监测点布设情况，土壤特性，年度降水、蒸发，作物情况等；监测方式（人工监测、移动监测、自动监测）及采集点数目、深度；墒情监测中存在的问题及处理方法，包括人为因素和仪器因素所导致的资料缺测、漏测、质量不合规等情况，提出处理和改进方法的建议。

（2）资料整编情况。简要叙述资料整编组织及开展过程，所采用的整编方法。对缺测、漏测资料的插补计算，合理性检查发现问题的处理等。

（3）资料整编成果质量评定。按照规范要求，对整编成果质量做出客观评价。

（4）遗留问题及建议。

3.2.2 土壤墒情有关分析报告

3.2.2.1 监测站网查勘报告内容提示

国家级和地方级墒情与旱情监测网的站点，在代表性地块和监测区域的查勘后应写出查勘报告，报告的内容包括：

(1)测区概况。自然地理概况、水文气象、地质地貌、土壤植被、人文经济、农田水利工程及农业种植情况等。

(2)站点布设和监测方案。如测站分布图、地形简图、依据的规范和具体监测的方式方法、仪器工具配备等。

(3)基础测试资料数据整理分析。如固定观测点及巡测点的土壤质地及颗粒级配曲线、土壤密度(容重、比重)、土壤孔隙度、土壤水分特性曲线、饱和含水量、田间持水量、凋萎含水量、各种作物的适宜含水量、最低限度的临界含水量等土壤物理特性和土壤水分特性资料数据。

3.2.2.2 土壤墒情监测分析报告结构内容提示

土壤墒情监测分析报告一般分为四个部分：第一部分说明检测时间、监测数据出处和来源。第二部分描述本地当前农田土壤墒情和旱情状况(综合评价)；不同类型农田土壤墒情和旱情级别与土壤平均含水量；主要种植作物的生育期及作物表象；农田土壤墒情和旱情发展预测。第三部分针对农田土壤墒情与旱情变化情况，结合当前种植作物的生育期和长势状况，结合不同旱作类型区情况提出具有可操作性的生产指导建议；若需要灌溉，要提出灌溉水量要求。第四部分为有关监测点数据的图表。

3.2.2.3 土壤墒情和旱情报告内容提示

土壤墒情和旱情是国家农业的基础情报，国家和地方的墒情监测站网的站点负责向各级政府及业务主管部门和有关单位报告墒情与旱情。在发生旱情时，一般情况下每10 d报告一次墒情和旱情，报告时间为当月的1日、11日、21日。旱情严重时5 d报告一次墒情和旱情，报告时间为当月的1日、6日、11日、16日、21日、26日。有特殊需求的，每个观测日后的第2天向报送单位发送墒情监测信息。

区域技术业务主管部门汇总分析检测数据后编制墒情和旱情的专门报告，报告内容为气象要素、土壤含水量、地下水埋深、作物的水分状态、作物的生理状态、旱情发生的日期、旱情发生持续时间、干旱程度及作物的受旱面积等。

作物的水分状态可由涝、渍、正常、缺水、受旱来表示。

作物的生理状态可由正常、缺水、萎蔫、发黄、枯死来描述。

作物的生长阶段可分为播种期、苗期、拔节期、孕穗期、灌浆期、成熟期等6个阶段。

当日天气情况可用晴、阴、雨来表示。

3.2.3 土壤墒情时空分布规律分析

随着全球气候变暖，干旱成为困扰人类社会正常生产、生活的重大自然灾害。在获得土壤墒情监测数据的基础上，应开展墒情发展变化趋势的预报，开展墒情时空分布规律的分析。

3.2.3.1　土壤墒情的时程变化规律

通过对相同埋深（如 20 cm）的土壤墒情数据统计分析可以发现，汛期土壤墒情变化剧烈，主要是由于期间降水量、水分的蒸发量和作物的吸收量的变化均比非汛期大。当太阳辐射强度增强、气温增加、作物需水量大时，土壤水分含量因蒸发和被作物吸收而降低；当降水量增加时，土壤水分含量上升。非汛期降水量、蒸发量、气温相对偏低，土壤水分含量也会下降，受地表低温影响，土壤水分变化相对稳定、缓慢。

3.2.3.2　土壤墒情的垂向变化规律

一般在较浅的土层，土壤含水量变化波动较大。随着土层深度的增加，土壤含水量变化波动会明显减小，即随着土层深度的增加，变异系数有减小的趋势。

3.2.3.3　土壤墒情的增长与消退规律

无灌溉条件的旱地，土壤水分主要来源于降水。雨前土壤含水量一定时，增墒值会随降水量增大而增大；降水量一定时，初始土壤含水量越小，增墒值越大；当初始土壤含水量大于一定数值（如 30%）时，无论降水量大小，增墒值都增长缓慢，甚至不增长。不同深度土层的水分消退快慢也不同，当初始土壤水分值一定时，土层越浅，土壤水分消退越快。

第 4 章　地下水观测

4.1　观　测

4.1.1　不同类型区地下水设站监测

4.1.1.1　水位基本监测站的布设

(1)水位基本监测站应分别沿着平行和垂直于地下水流向的监测线布设。

(2)各基本类型区、开采强度分区的水位基本监测站布设密度可参照表 7-4-1。

表 7-4-1　水位基本监测站布设密度表　（单位：眼/10^3km^2）

基本类型区名称		监测站布设形式	开采强度分区			
			超采区	强开采区	中等开采区	弱开采区
平原区	冲洪积平原区	全面布设	8~14	6~12	4~10	2~6
	内陆盆地平原区		10~16	8~14	6~12	4~8
	山间平原区		12~16	10~14	8~12	6~10
	黄土台塬区	选择典型代表区布设	宜参照冲洪积平原区内弱开采区水位基本监测站布设密度布设			
	荒漠区					
山丘区	一般基岩山丘区					
	岩溶山区					
	黄土丘陵区					

(3)各特殊类型区的水位基本监测站布设密度可在表 7-4-1 的基础上适当加密；冲洪积平原区中的山前地带，水位监测站布设密度宜采用表 7-4-1 相应开采强度分区布设密度的上限值。

(4)国家级水位基本监测站宜占水位基本监测站总数的 20%左右，省级行政区重点水位基本监测站宜占水位基本监测站总数的 30%左右。

(5)国家级水位基本监测站和省级行政区重点水位基本监测站主要布设在特殊类型区内和三级基本类型区(冲洪积平原区、内陆盆地平原区、山间平原区)的边界附近。

(6)生产井不宜作为水位基本监测站的监测井。

(7)国家级水位基本监测站应采用专用水位监测井并实行自动监测；省级行政区重点水位基本监测站宜采用专用水位监测井，宜实行自动监测；实验站监测井宜采用自动监测。

4.1.1.2　**开采量基本监测站的布设**

（1）针对各水文地质单元的各地下水开发利用目标含水层组，分别布设开采量基本监测站。

（2）在基本类型区内的各开采强度分区，应分别选择1组或2组有代表性的生产井群，布设开采量基本监测站；每组井群的分布面积宜控制在5～10 km^2，开采量基本监测站数不宜少于5个。

（3）特殊类型区内的生产井，均应作为开采量基本监测站。

4.1.1.3　**泉流量基本监测站的布设**

（1）山丘区流量大于1.0 m^3/s、平原区流量大于0.5 m^3/s的泉，均应布设为泉流量基本监测站。

（2）山丘区流量不大于1.0 m^3/s、平原区流量不大于0.5 m^3/s的泉，可选择少数具有较大供水意义者，布设为泉流量基本监测站。

（3）具有特殊观赏价值的名泉，宜布设为泉流量基本监测站。

4.1.1.4　**水质基本监测站的布设**

（1）水质基本监测站布设应符合《水环境监测规范》（SL 219—2013）的相关要求。

（2）水质基本监测站宜从经常使用的民井、生产井及泉流量基本监测站中选择布设，不足时可从水位基本监测站中选择布设。

（3）水质基本监测站的布设密度，宜控制在同一地下水类型区内水位基本监测站布设密度的10%左右，地下水水化学成分复杂的区域或地下水污染区应适当加密。

（4）国家级水质基本监测站宜占水质基本监测站总数的20%左右，省级行政区重点水质基本监测站宜占水质基本监测站总数的30%左右。

4.1.1.5　**水温基本监测站的布设**

（1）沿经线方向布设水温基本监测站。

（2）水温基本监测站宜从水质基本监测站中选择布设，不足时可从开采量基本监测站或泉流量基本监测站中选择布设。

（3）水温基本监测站的布设密度宜控制在同一区域内水位基本监测站布设密度的5%左右，地下水水温异常区应适当加密。

4.1.1.6　**统测站与试验站布设**

除有特殊要求外，统测站只设水位和水质有关监测项目。

水位统测站应在水位基本监测站的基础上加密布设，布设密度宜控制在同一区域内水位基本监测站总数的3～5倍。应选择不受开采影响的民井、生产井作为水位统测站。

水质统测站应在水质基本监测站布设的基础上加密布设，布设密度宜控制在同一区域内水质基本监测站总数的1～3倍。

应根据试验目的，确定相应实验站的布设密度、监测项目及监测频次。

4.1.2　地下水自动监测设备

地下水自动监测设备包括地下水位自动监测设备、地下水水温自动监测设备、地下水出水量自动监测设备、地下水水质自动监测设备等。

4.1.2.1　**地下水位自动监测仪器**

能自动测量地下水位的仪器主要有浮子式地下水位计和压力式地下水位计等。

4.1.2.2　**地下水水温自动监测仪器**

人工测量地下水水温时应用各种数字式温度计测温，流出地面后可以用一般温度计测水温。自动测量水温的传感器一般和其他传感器安装在一起，构成水位、水温测量传感器，多参数水质传感器等。单独自动测量水温的仪器使用半导体、铂电阻等传感器。这些仪器都应达到测温准确性和便于使用的要求。

4.1.2.3　**地下水出水量自动监测设备**

地下水以泉水方式自动流出地面时，出水量的测量和渠道流量测量方式相同；地下水以水泵抽出地面时可以以渠道或管道流量的方式进行测量。地下水出水量自动监测的传感器可采用水表、超声波流量计、电磁流量计、堰槽等。

4.1.2.4　**地下水水质自动监测设备**

地下水水质监测方法可以分为人工采样分析和自动监测两种方法。自动监测又可分为电极法水质自动测量和抽水采样自动分析方法，大多采用电极法水质自动测量仪器。

人工测量时一般都只在现场采集水样，带回实验室分析。也可以使用便携式自动测量仪在现场进行人工自动测量和采样现场分析。地下水采样一般使用地下水采样泵和采样器，形式较多。

(1)电极法水质直接测量仪器的传感器(水质测量电极或相应的测量元件)放入水体中，能直接感测或转换得到某一水质参数的数值。感应头直接感应水质，没有可动部件，可以较长时期在水中工作，连续测量，但某一种电极只能测得某一种水质参数。

(2)地下水水质自动分析仪器工作时要从地下水测井中直接抽取水样。在地下水埋深较深，以及需要分层采样时，对水样采取设备有特殊要求。极少将水质自动分析仪器安装在地下水测井现场自动测量地下水水质。

(3)人工在现场直接测量地下水水质的仪器有两类：一类是便携式直接法水质测量仪，另一类是便携式水质分析仪。这两类仪器主要用于地表水水质的现场人工测量，都需要现场采取水样(或投放入水体中)进行测量。

随着科学技术及信息技术的快速发展，地下水监测自动化程度越来越高，地下水自动监测系统建设势在必行。地下水自动监测系统建设包括传感器、遥测终端机、数字存储、传输和供电设施等设备的选择及安装调试。地下水自动监测系统选用的设备应经过国家授权质检或其他机构的产品型式试验检测；信息传输方式可优先选用无线公网，无线公网未覆盖地区可选用超短波或卫星信道；供电方式可优先采用低功率内置电池和太阳能浮充式直流供电。

4.2　资料整编

4.2.1　地下水资料整理分析及整编说明

4.2.1.1　地下水位监测数据整理分析

（1）编制代表性监测点的地下水位动态及影响因素综合图表。

（2）根据全年地下水位监测资料，划分地下水位动态类型和动态成因类型，并编制相应图表。

（3）运用数理统计方法，分析多年地下水位动态类型、变化幅度、变化趋势等。

（4）编制枯、丰水期地下水位埋藏深度及等水位（压）线图，并确定地下水位下降漏斗区的范围及中心。

（5）编制当年末与上年末同期水位变化差值分布图，表示出水位上升区、下降区及其变化差值。

（6）编制历年地下水位下降漏斗演变剖面图，并分析演变趋势。

4.2.1.2　地下水水量监测数据整理分析

（1）编制代表性监测点单井出水量变化过程及影响因素综合图表。

（2）编制代表性泉涌水量变化过程及影响因素综合图表。应用多年资料求得泉水量衰减方程及其消耗系数，计算泉涌水量的保证程度。

（3）按行政区或水文地质分区统计年度地下水开采量，编制开采井密度分布图、开采模数分区图等图件。

4.2.1.3　地下水水温监测数据整理分析

（1）结合水温监测数据的季节、年度和多年周期性变化特征，分析地下水水温随时间的变化规律。

（2）编制代表性地段主要开采层（或专门研究热动态的含水层）水温变化及影响因素综合过程线。在水温异常或变化较大的情况下，需要编制地下水水温特征值升降变化梯度分布图。

（3）根据地下水水温变化特征，分析判断地下水补给、径流、排泄条件，地表水与地下水补排关系及各含水层间的水力联系等。

4.2.1.4　专门监测点监测数据整理分析

在整理为了防治与地下水有关的环境地质问题而专门布设的监测点的监测数据资料时，应分析它与地下水位、开采量、开采强度及开采方式的关系。

4.2.1.5　地下水资料整编说明

地下水资料整编说明一般包括以下内容：

（1）资料整编的组织、时间、方法、内容及工作量概况。

（2）监测站的调整、变更情况。

（3）监测方法、精度、高程测量、校测和测具检定概况。

（4）监测资料的质量评价。

(5)存在问题及改进意见。

4.2.2　地下水动态分析报告

影响地下水动态的因素分为自然因素和人为因素。自然因素包括气候及气象、水文、地质、土壤、生物等。对于潜水,气候、气象和水文是主要的因素;对于深层承压水,地质因素的作用是主要的。人为因素包括修建水利工程、地下水开采以及人工回灌、人为污染等。

地下水的动态类型主要包括降水入渗型、蒸发型、人工开采型、径流型、水文型(江河互补型)、灌溉入渗型、冻结型、越流型等。

地下水动态报告分汛期地下水动态报告、年度地下水动态报告。编制内容应包括:

(1)综述自然条件和社会生产活动背景下的地下水概况。

(2)本年(汛期)内降水量的时空分布概况,与上年(汛期)降水量时空分布的比较,与多年平均(多年汛期平均)降水量的比较。

(3)本年(汛期)末及年(汛期)内最高、最低地下水位(或埋深)的时空分布概况,与上年(汛期)末及年(汛期)内最高、最低地下水位(或埋深)时空分布的比较。

(4)本年(汛期)内地下水开采量,与上年(汛期)地下水开采量的比较。

(5)本年(汛期)内水文地质环境问题概况,与上年(汛期)水文地质环境问题的比较。

(6)降水量、开采量、水位(或埋深)、水质的动态变化对当地地下水资源量的影响。

(7)编制统计数表,编制年降水量等值线图,年末及年内最高、最低地下水位(或埋深)等值线图。

第 5 章　水质监测

5.1　应急监测

5.1.1　应急监测断面布设

应急监测断面(点)布设,应根据有关规范规定和污染物在水体中稀释、扩散的物理化学特征确定,并符合以下要求:

(1)现场监测的监测断面(点)布设应以事故发生地点及其附近水域为主,根据现场地形地貌等具体情况和水流方向、扩散速度或流速等污染水体的特性布设监测断面(点)。

(2)河流监测应在事故地点及其下游布设监测断面(点),同时要在事故发生地的上游采集对照样;结合水流条件和污染物特性布设分层采样点,当地表水中污染物为石油类时,则可布设表层监测断面(点)。

(3)湖泊、水库应以事故发生地点为中心,按水流方向在一定间隔的扇形或圆形布点采样,同时采集对照样品,并根据污染物的特性在不同水层采样。

(4)地下水监测应以事故发生地为中心,根据所在地段的地下水流向,采用网格法或辐射法在事故发生地周边一定范围内布设监测井采样;同时,沿地下水主要补给路径,在事故发生地上游一定距离设置对照监测井采样。

(5)重要饮用水源地等敏感水域,应根据污染水体的传播特性(扩散速度、时间和估算浓度)布设监视监测断面(点)。

(6)对水污染事件和水生态环境破坏事件发生后,滞留在水体中短期内不能消除、降解的污染物,或水体短期内不能恢复正常,应实施动态监测。监测要求为:

①按实时水情变化,采取不同的监测频次和跟踪(移动)方式进行监测,以确定污染的影响范用、程度和行进速度。

②水污染动态监测应根据污染物的性质和数量及水文要素等变化特点,设置若干个监测断面(点);饮用水源取水口应设置监测断面(点)。

③根据当地实时水文情势,可采用水文、水质等模型对水污染事件演进过程进行模拟和预测,并运用模型计算结果布设和调整监测断面(点)。

5.1.2　应急监测仪器与分析方法

5.1.2.1　应急监测仪器

水质应急监测仪器一般应符合设备轻便、易于携带、操作简便、快速分析等特点,适用于野外作业,并具有数据处理、计算和存储等功能。移动实验室或现场监测使用的水质监测管,便携式、车载式监测仪器等监测手段,能快速检定污染物的种类,并给出定量或半定量的测定数据。

多普勒流量仪,快速检测箱,紫外、可见分光光度计,极谱仪,傅里叶变换红外光谱仪,气相色谱仪或气相色谱质谱仪,液相色谱仪或液相色谱质谱仪,综合毒性测定仪等仪器,属于车载式或便携式应急监测仪器设备,与移动实验室中的其他标准配置结合,能够很好地开展应急监测。

5.1.2.2 应急监测分析方法

(1)应急监测的分析方法可选择按入河排污口监测或其他适用的标准分析方法;当无国家和行业标准分析方法时,可选用国内外其他标准和企业标准。

(2)应急现场监测应选择操作步骤简便、快速、灵敏,直接或间接指示污染物变化,具有一定测量精度的分析方法。

(3)对于已知污染物的突发性水污染事件,应根据已知污染物来确定主要监测项目;同时,应考虑污染物在环境中可能产生的反应,衍生成其他有毒有害物质的可能性。

(4)对于未知污染物的突发性水污染事件,应按下列方式通过污染事故现场的一些特征及对周围环境的影响,结合当地原有污染源信息等,确定主要污染物和监测项目。

(5)应急现场监测记录应按规定格式进行详细填写,保证信息的完整性,并有审核人员的签名。监测任务完成后,监测记录应归档保存。

5.1.3 应急监测样品采集及安全作业

5.1.3.1 应急监测样品采集

应急监测样品采集应符合以下要求:

(1)对于所有采集的样品,应分类保存,防止交叉污染。

(2)现场无法测定的项目,应立即将样品送至实验室分析。

(3)应对事故发生地点、采样现场进行定位、录像或拍照。

(4)采集样品时,应尽可能同步施测流量。如有必要,应同时采集受到污染水域的沉积物样品。

(5)现场应采平行双样,一份供现场快速测定,一份供送回实验室测定;现场平行测定率应不低于20%,实验室测定同时应测定有证标准物质质控样品。

(6)保存留样,以备复检或其他用途;未经批准,不得擅自处置。

5.1.3.2 应急监测安全防护

应急监测人员应采取有效安全防护措施,并符合以下要求:

(1)应急监测人员必须有二人以上同行进入事故现场。

(2)采样人员进入事故现场应按规定佩戴防护服、防毒面具等防护设备,经事故现场指挥、警戒人员的许可,在确认安全的情况下进行采样;采集水样时,应穿救生衣和佩戴防护安全绳。

(3)进入易燃、易爆事故现场的应急监测车辆应配有防火、防爆安全装置;在确认安全的情况下,使用现场应急监测仪器设备进行现场监测。

(4)对送实验室进行分析的有毒有害、易燃易爆或性状不明样品,特别是污染源样品应用特别的标识(如图案、文字)加以注明,以便送样、接样和检验人员采取合适的防护措施,确保人身安全。

(5)对含有剧毒或大量有毒有害化合物的样品,不得随意处置,应做无害化处理。

5.2　水污染事件调查

5.2.1　水污染事件

5.2.1.1　水污染突发事件产生的原因与特征

水污染突发事件产生的原因一般有:生产过程中人为或其他非正常工况;有毒有害品在贮存中意外事故;运输过程中交通事故或泄漏;平时累积在某些自然环境下造成污染事件。水污染突发事件有以下特征:

(1)形式多样性:有核污染、农药污染、有毒化学品污染及溢油污染等事故。产生的方式由在生产、贮存、运输中使用和处置不当所引起。

(2)发生的突发性:一般的水环境污染是常量排污,有固定的排污方式和途径。而突发性水环境污染事件往往无固定排污方式,在人们意料之外。

(3)危害的严重性:一般水环境污染多产生于生产过程之中,短期内排污量少,相对危害小,不破坏正常生活和生产秩序。而突发性水环境污染事件,往往在极短时间内一次性大量泄漏有毒物或发生严重爆炸,短期内难以控制,破坏性大,损失严重。

(4)处理处置的艰巨性:由于事件的突发性、危害的严重性,所以很难在短期内控制,加之污染面大,又给处理处置带来不少困难。

(5)发生的规律性:水污染突发事件有其难以预料的一面,但也有其规律性一面,即污染源集中处(生产、使用、贮存、运输)是突发事故的发生源。工艺落后、制度不健全、管理不善、防范不足是发生突发事件的直接原因。

5.2.1.2　重大水污染事件

重大水污染事件指下列情形之一:

(1)长江、黄河、松花江、辽河、海河、淮河、珠江干流、太湖及其他重要河流、湖泊、水库发生或可能发生大范围水污染。

(2)县级以上城镇集中供水水源地发生水污染,影响或可能影响安全供水。

(3)因水污染导致人群中毒。

(4)水污染直接损失在10万元以上。

(5)因水污染使社会安定受到或可能受到影响。

(6)其他影响重大的水污染事件。

5.2.1.3　水污染突发事件简要描述的内容

(1)事故发生的时间、接到通知的时间及到达现场的时间。

(2)事故发生的具体位置。

(3)事故发生的性质、原因及伤亡损失情况。

(4)主要污染物的种类、流失量、浓度及影响范围。

(5)污染物的有害特性及采取的应急措施、处理结果,事故直接、潜在或间接的危害、社会影响、遗留问题和防范措施等。

5.2.2　水污染事件简要报告

5.2.2.1　水污染事件的报告原则

(1)重大水污染事件遵循“谁获悉、谁报告”的原则。各级地方水行政主管部门或流域管理机构对发生在辖区内的重大水污染事件,应立即逐级上报上一级水行政主管部门,并报告当地人民政府。紧急情况下,可以越级上报。上报的同时,应向可能受到影响的上下游或左右岸相关地区水行政主管部门通报。

(2)重大水污染事件报告需经领导签发,做到信息及时、内容准确,并执行国家保密的有关规定。

5.2.2.2　水污染事件简要报告

在第一时间对水污染突发事件简要描述汇报后,还应尽快形成水污染事件调查的简要报告。简要报告(表)主要用于水污染事件或水生态破坏事件过程中的通报,应视情况提交初报或续报。简要报告应包括以下主要内容:

(1)事件发生地点、时间、起因和性质、基本过程、受害和受损情况。

(2)主要污染物、数量和污染类型、已采取的应急处置措施。

(3)危及或可能危及饮用水水源等敏感水域的情况,以及发展趋势与影响范围、处置情况、拟采取的措施及下一步工作建议。

(4)受到或可能受到事件影响的水环境敏感点的分布示意图。

(5)事发现场的有关音像记录等。

(6)应急预案的启动,应急监测断面布设、断面间距离、采样频次与时间及人员分工的安排。

(7)水域水文情势分析和可能影响的敏感水域分析,事发地和污水团演进沿程各时段动态监测结果;水污染影响程度、范围和发展趋势预测分析与评价。

(8)基本结论与有关建议。

上报的突发事件信息均应按规定备份存档,并应记录简要报告上报的方式、事件、上报人、接收单位、接收时间和接收人等。

5.2.3　水污染事件调查报告

调查报告是在处理突发事件完毕后,对事件的处置措施、过程和结果的总结上报,应包括以下主要内容:

(1)事件发生的时间、发现或获悉时间,到达现场及监测时间。

(2)事件发生的性质、原因及损失情况。

(3)事件发生的具体位置坐标、周边水系与水文情势、饮用水水源等敏感水域分布状况。

(4)主要污染物种类、物理与化学性质、危害与危害程度。

(5)污染物进入水体的方式、数量与扩散方式、浓度及影响水域,或发生藻类暴发及生态危害范围。

(6)实施应急监测方案,包括采样点位、监测项目和分析方法、监测时间和频次。

(7)简要说明污染物对人群健康、水生态环境的危害特性及处理处置建议。

(8)附现场示意图、影像、监测结果,以及必要的有关信息与来源说明。

(9)调查和监测单位及负责人盖章签字。

第 6 章　泥沙测验

6.1　测　验

6.1.1　悬移质泥沙测验成果质量检查

实际技术业务工作中，检查、评估、指导、控制悬沙测验质量，一方面应以仪器、测验方法作为基础，以各种先验规律做检查，并把检查的信息反馈回去调整测验方法。另一方面是开展误差试验，评估和计算误差数值，总结作业方法，调整作业方案。

6.1.1.1　从测验方式方法控制成果质量

1. 仪器检验

悬沙采样测验的仪器种类较多，瞬时的横式采样器仍在使用，瓶式、皮囊、调压等采样器用得也较多。对这些仪器首先要了解熟悉性能指标和适用条件，做必要的检查和试验，看其是否泄漏（发现横式采样器会泄漏，应检查是杂草夹在筒盖或密封胶垫老化等）、是否能取到规定的容积，孔嘴是否滞流（在使用皮囊采样器时，试验发现到临底高含沙低流速状况和初冬水温较低时会滞流）等。还要检验对水流的干扰情况、进口流速系数是否符合规定等。

要熟悉自动或在线或现场测沙仪原理，熟练操作，要清楚率定状况与使用状况的差别等。

水样的实验室处理用的仪具也很多，同样要熟悉原理与操作，对仪具要按规定检验，如比重瓶实际容积与标称容积是否相符合等。

仪器自动化水平不高时，人员操作对质量影响极大，且人员的失误常常难以查找原因和不易弥补，因此要加强演练，质量检查时要强调责任心。

2. 测验方法

选点法要检查断面垂线、测点布置是否合理，数量是否符合规定，位置是否准确，采样器及其他测沙仪器是否按规定操作，现场记载是否及时准确，同时观测的项目是否相配合等。

用积时式采样器进行等部分水面宽全断面混合法、等部分面积全断面混合法、等部分流量全断面混合法测验，可以提高效率，但为符合流量加权原理，有较严格的作业要求，要注意培训人员、加强指导，以保证质量。

3. 试验研究单沙测验方法

单沙测验是控制过程的基本方法，但各站特性差异很大，没有统一的方法，要分别进行试验研究。用多线测验时要注意垂线的分布，用特定位置处的垂线测验时要考虑测点的分布，同时都要兼顾泥沙颗粒分析对悬沙水样的要求。黄河中、下游许多站因河床变化较剧烈,经过试验多采用等流量五线 0.5 或 0.6 一点法混合做单沙反复试验。

6.1.1.2 由经验知识检查成果质量

通过理论学习和工作实践,可以获得水文泥沙方面一定的经验知识,用这些经验知识可以检查水文泥沙测验的质量。

1. 从悬沙的断面分布检查质量

点绘测点含沙量沿垂线的分布图,点绘垂线平均含沙量沿断面的分布图,由测点含沙量绘制断面含沙量等值线图等,同时绘制流速分布的对应图线,对比检查本次测验成果与本站特性是否一致。

2. 由过程线检查测次控制

绘制水位、流量、含沙量过程线,分析其相应情况,检查悬沙测次控制是否良好。

悬沙测次过程控制在洪水时特别重要,它的定量评定现行规范尚未明确规定。不过,按照一般"抽简法",我们可以在各站各类洪水过程安排很多测次计算洪水的总输沙量作为标准值,然后在能够控制洪峰形态的条件下精简测次计算洪水的输沙量,积累一定的资料后,分各类洪水评估测次误差,并且考虑测验条件,确定误差控制指标及相应的测次。典型正态的洪水沙峰单沙测次宜按 8 次考虑,起点落平各 1 次,涨坡落坡各 2 次,峰顶 1 次,备用 1 次。

3. 单断沙关系检查

单断沙关系常是检查测验质量的重要方法,如果单沙明显偏大或偏小,垂线上有可能是单样位置偏下或偏上,或多线时可能垂线位置不当。

4. 邻站输沙平衡对照检查

此法对输沙量较大、河床稳定,且区间无加水和引水的河段效果较好。对于冲积河床,由于有河床泥沙的冲淤交换,效果较差,但用多年长期的资料平衡对照,且考虑河床演变,也会发现系统性问题。

实际检查后要综合分析,若属偏差,制订改进方案,反复试验以提高质量。但有时会发现新的现象。例如:黄河潼关断面高含沙量河道异重流现象就是综合检查分析发现的重要现象。1975 年前在该断面历年的水文测验中,常常发现底层水流含沙量大于上层含沙量几倍,甚至几十倍,单断沙关系图上也常出现明显偏离点。最初作为错误看待,后来采取有意增加垂线测点等加强测验的措施,并且在 1975 年的几场洪水时垂线用七点或更多的测点测沙测速,绘出悬沙断面分布的各种图线。分析发现,渭河高含沙量水流潜入黄河低含沙量水流,形成分层流动,出现河道异重流。这一成果不但为潼关站改进测沙方法提供了支持,也丰富了人们对河流泥沙的认识。

6.1.1.3 通过误差评估检验和改进计算方法提高成果质量

后面我们要阐述这方面的内容,其实用价值在于将信息反馈到改进测验的实施过程,其具体应用可提高成果质量,如单断沙关系误差超过控制指标或检验通不过,经多绘几条曲线改进后,显然会提高成果质量。改用适用性较好、精度较高的计算方法,也会提高成果质量。

另外,应用"3σ 规则"进行相关曲线检验也是发现错误的有效方法。

以上三个方面,我们用了"控制""检查""提高"三个词语表述其对成果质量的作用,意义显然是不同的，控制在于减少失误，检查在于发现错误，提高在于限制误差。

6.1.2　悬移质泥沙测验误差评估与试验

6.1.2.1　悬移质泥沙测验误差评估

1. 悬移质泥沙测验原理与误差评估思路

流量和悬移质泥沙是比较复杂的江河水流测验项目，其较严格的单次测验一般是在河流设定断面，根据当时观察或经验估计的水深、流速和含沙量的分布情况，布置若干测验"垂线"测量其水深，在垂线水深范围安排数个"测点"测量各点的流速和含沙量（或采取含沙浑水水样送实验室测定含沙量），按测点代表的水深范围加权计算各垂线的平均流速和平均含沙量，由相邻垂线的平均流速的均值（称部分平均法）与垂线间夹持面积相乘之积计算这部分断面的流量（另一种称为平均分割法计算流量的方法是，以某测速垂线为考察对象，分别均分与两侧相邻测速垂线间夹持的面积作为该测速垂线的对应面积，相乘计算部分流量），各部分断面的流量累加得全断面的流量；由相邻垂线的平均含沙量的均值与相应部分断面的流量之积计算这部分断面的输沙率，各部分断面的输沙率累加得全断面的输沙率；全断面的输沙率与全断面的流量之比为断面平均含沙量。流量与悬移质泥沙较简单的单次测验常在较严格的单次测验基础上简化。至于掌握流量与悬移质泥沙的演变过程，则常建立水位及其他易测要素（方法程序简单可及时观测）与流量或断面平均含沙量的关系，由前者推算后者。

可以看出，流量和悬移质泥沙较严格的单次测验相当于一个工程施工过程，并且由于在测验过程中流水不停，测算的断面流量 Q、断面输沙率 Q_s 和断面平均含沙量 C 等江河水文物理量有两个明显的特点：一是难于取得所谓的客观真值，二是不易在真值不变的条件下进行重复测量。另外，还有如何确定测算的水文物理量的代表时刻等问题。

一个由测算而得到的物理量的完整描述应包括方法、量值和误差。我国业务水文界对流量与悬移质泥沙单次测验获得的断面流量 Q、断面输沙率 Q_s 和断面平均含沙量 C 的误差衡量过去常用"精简对比法"，即以断面多线多点测算的成果做标准，评定各种减线减点后测算成果的误差，用来选择既能保证一定成果精度又能减少工作量和缩短测验历时的测验方法。这种评定方法只能求出各种精简条件下的成果总误差，而成果总误差是由各直接测量的因素及其误差传递过来的，实用时难于由总误差推求或分配推算出组成成果各直接测量的源误差，也就不易找出影响成果误差的主要因素。

流量和悬移质泥沙测验误差评估体系的基本思路是：对影响误差的各种因素在不同条件下分别多次试验测量，获得很多数据后用统计的办法计算评估各因素和各种情况的源误差，给出统计指标值。概括地说，采用的基本路线是：单因素试验积累资料，统计推算源误差规律，应用时考虑条件选择适宜数值，按误差传递方法合成出目标函数量的误差。

流量和悬移质泥沙测验的目标函数量主要指断面流量 Q、断面输沙率 Q_s 和断面平均含沙量 C，这些量是由若干直接观测量推算出来的，它们的误差用直接观测量的误差合成估算。

2. 测量误差评估的一般约定

开展误差评估，应对误差统计模型、类型、样本容量等做出约定，这是理论研究和实践

应用的前提条件之一。根据流量与悬沙测验的误差研究情况,拟做如下约定:

(1)测量误差采用相对误差 m 描述。

(2)同一条件下的源误差可组成一个误差系列样本,进行统计处理的样本容量不小于 30。

(3)认为源误差和目标函数误差系列分布符合高斯正态规律,可用高斯正态分布描述。

(4)统计误差的评估用不确定度表述,置信区间和置信系数由需要和可能确定(通常分别取 95%和 2.0)。

(5)将直接测量的各量看作相互独立,由其计算出的目标函数量或结果量的误差可用独立变量函数误差传递的方法推求。

(6)系统误差和随机误差分别处理,总误差由两者合成,总不确定度用合成后的误差与置信系数的积表达。

3. 源误差的评估准则

观测值的误差是对真值或标准值来说的,流量与悬沙测验的真值难以确定,常用标准值评估误差。设标准值为 B_i,被评估的观测值为 G_i,相对误差为 E_i,误差系列样本统计均值为 μ(常作为系统误差),统计方差为 m^2(m 即均方差或统计标准差),不确定度为 X,置信系数为 z,样本容量为 I,则源系列误差用下列一组公式评估:

$$E_i = \frac{G_i}{B_i} - 1 \tag{7-6-1}$$

$$\mu = \frac{1}{I}\sum_{i=1}^{I} E_i \tag{7-6-2}$$

$$m^2 = \frac{1}{I-1}\sum_{i=1}^{I}(E_i - \mu)^2 \tag{7-6-3}$$

$$X = zm \tag{7-6-4}$$

流量、悬沙测验误差试验中与所用仪器有关的量,水流、泥沙脉动量,垂线测速、取样方法及计算规则影响的量,泥沙水样实验室处理的影响量等,满足 B_i、G_i 的对应测量,获得对应数据对及形成系列,可应用这些公式计算源误差。

4. 以垂线平均值为基础的垂线归并计算法则

因垂线上各测点代表着不同的区间,对垂线总值的影响程度不同,在计算垂线平均值时具有不等的贡献。当我们以垂线平均值作为后续目标量或结果量的计算基础时,应用下述法则将测点值归并为垂线值。

设各测点的标准值为 b_i,应用观测值为 g_i,垂线贡献权系数为 W_i,则垂线平均标准值 B_i 和观测值 G_i 分别为

$$B_i = \sum_{i=1}^{n} W_i b_i \tag{7-6-5}$$

$$G_i = \sum_{i=1}^{n} W_i g_i \tag{7-6-6}$$

5. 悬沙测验源误差的分类和标准值、被评估的观测值的选取

悬沙测验的直接测量量较多,源误差主要是观测值和标准值的偏差,实际应用时标准

值和观测值的试验选取是基础，下面按仪器性能、水流条件、计算方法等分类说明。

(1)与所用仪器工具有关的量，如水面宽 b 和水深 d、测速仪器 e、取样仪器 C_{yq}。

评估误差时将精度高、性能好的仪具获得的成果作为标准 B_i，常规仪器的相应成果作为观测值 G_i。

(2)水流、泥沙脉动量 c 和 $C_{sⅠ}$。

评估误差时，把经过较长历时测量认为消除了脉动影响的时均值作为标准 B_i，把某种常规历时观测的时均值作为观测值 G_i。

(3)垂线测速、取样方法及计算规则影响的量 P、$C_{sⅡ}$，断面测速、取样垂线布设及计算规则影响的量 F_m 和 $C_{sⅢ}$(或 f_n)。

将控制了变化趋势的垂线多点法和断面多线法的测算结果作为标准值 B_i，把相应垂线其他方法和断面较少垂线测算的成果作为观测值 G_i。

(4)泥沙水样实验室处理的影响量 C_{cl}。

将精度较高的仪器、方法处理的成果作为标准量 B_i，常用仪器、方法处理的成果作为观测值 G_i。

各因素量的试验可分项逐步开展，在积累了样本所需数量的资料后，统计分析各种条件下的源误差指标值。随着样本的扩大，以及采取减小误差、提高精度措施，源误差指标值将渐趋稳定。这是一个渐进、改进和提高的过程，应成为测站的经常性业务，也可选择代表性测站专门从事试验，成果供同类测站借用。

6.1.2.2　悬移质泥沙测验误差试验

1. Ⅰ型误差试验

Ⅰ型误差为垂线上单点取样的有限历时所引起的脉动误差。Ⅰ型误差试验，应在不同水位与含沙量级时，在中泓、中泓边和近岸边不同位置的 0.6 相对水深处实施，收集各种条件下的 30 组资料。使用瞬时仪器的，间歇连续取 30 个样品作为一组，各观测样品含沙量值作为 G_i，组平均含沙量值作为标准 B_i。使用悬沙仪器的，宜调整测试间歇周期为 1 s(或 2 s、5 s)，连续测试不少于 300 s，按 60 s 或 100 s 滑动计算的含沙量平均值作为 G_i，不少于 300 s 平均含沙量值作为标准 B_i。如测试间歇周期为 1 s 连续测试为 300 s，滑动计算含沙量是在 300 s 的含沙量值排序中取第 1~60 或 1~100、第 2~61 或 2~101、第 3~62 或 3~103，…，第 241~300 或 201~300 多组计算的含沙量平均值作为各 G_i；如测试间歇周期为 2 s 连续测试为 300 s，滑动计算含沙量是在 300 s 的含沙量值排序中取第 1~30 或 1~50、第 2~31 或 2~51、第 3~32 或 3~53，…，第 121~150 或 101~150 多组计算的含沙量平均值作为各 G_i。使用悬沙仪器测试获得的统计结果，可供积时式取样仪器Ⅰ型误差参考。

2. Ⅱ型误差试验

Ⅱ型误差，为有限取样点数和计算规则所引起的垂线平均含沙量的误差，也称简化垂线取样方法分析的误差。试验可按下列方法进行：

(1)在水沙变化较平稳时，应收集各级水位，包括中泓、中泓边与近岸边的不少于 30 条垂线的试验资料，试验应采用七点法或五点法同时测速，各点取样两次，取其均值。一类站各点水样应分别做颗粒分析，加测水温。

(2)一、二类站用七点法(水面、0.2、0.4、0.6、0.8、0.9、近河底)公式,三类站用五点法公式计算垂线平均含沙量作为近似真值,与三点法、二点法及各种垂线混合法比较,计算误差。一类站还应根据颗分资料计算床沙质粒径组的垂线平均含沙量近似真值,并分析误差。七点法可按式(7-6-7)计算垂线平均含沙量:

$$c_{h7}=\frac{(v_{0.0}c_{0.0}+2v_{0.2}c_{0.2}+2v_{0.4}c_{0.4}+2v_{0.6}c_{0.6}+1.5v_{0.8}c_{0.8}+(1-5\eta_b)v_{0.9}c_{0.9}+(0.5+5\eta_b)v_bc_b)}{v_{0.0}+2v_{0.2}+2v_{0.4}+2v_{0.6}+1.5v_{0.8}+(1-5\eta_b)v_{0.9}+(0.5+5\eta_b)v_b} \tag{7-6-7}$$

式中　v、c——流速和含沙量符号,下脚注的小数表示从水面起算的相对水深位置点;

η_b——从河底起算的近河底测点的相对水深;

v_b——η_b 的流速,c_b 是 η_b 的含沙量,数字 7 是垂线测点数。

(3)采用积深法时,开展积深法与七点法或五点法的比测试验,积累资料,分析积深法的测验误差。

3. Ⅲ型误差试验

Ⅲ型误差,为有限垂线数目和计算规则所引起的断面平均含沙量的误差,也称精简垂线数目分析的误差。试验可按下列方法进行:

(1)在水沙变化较平稳时,应收集各级水位、各级含沙量的 30 次以上的二点法(宜为 0.2、0.6)或一点法(宜为 0.6)或积深法的多垂线资料,每条垂线同时测速。一类站各垂线应分别做颗粒分析,加测水温。Ⅲ型误差试验垂线数目可按表 7-6-1 的规定布设。

表 7-6-1　Ⅲ型误差试验垂线数目

河宽(m)	<100	100~300	300~1 000	>1 000
垂线数	10~15	15~20	20~25	25~30

(2)计算断面输沙率和平均含沙量作为近似真值,然后按等部分流量的原则精简垂线数目,重新计算断面平均含沙量和评估误差。

(3)断面多垂线混合法同样可按照上述方法开展精简垂线数目的Ⅲ型误差试验。

4. 悬沙颗粒分析Ⅱ、Ⅲ型误差试验

(1)一、二类站开展七点法(水面、0.2、0.4、0.6、0.8、0.9、近河底)试验,收集试验资料后,可用式(7-6-8)计算垂线平均颗粒级配作为近似真值,并与简化的取样方法计算的垂线平均颗粒级配比较,进行误差分析。

$$p_{h7}=\frac{(p_{0.0i}v_{0.0}c_{0.0}+2p_{0.2i}v_{0.2}c_{0.2}+2p_{0.4i}v_{0.4}c_{0.4}+2p_{0.6i}v_{0.6}c_{0.6}+1.5p_{0.8i}v_{0.8}c_{0.8}+(1-5\eta_b)p_{0.9i}v_{0.9}c_{0.9}+(0.5+5\eta_b)p_{bi}v_bc_b)}{c_{0.0}v_{0.0}+2c_{0.2}v_{0.2}+2c_{0.4}v_{0.4}+2c_{0.6}v_{0.6}+1.5c_{0.8}v_{0.8}+(1-5\eta_b)c_{0.9}v_{0.9}+(0.5+5\eta_b)c_bv_b} \tag{7-6-8}$$

式中　p——代表颗粒级配;

其他符号意义同前。

(2)一、二类站按悬沙测验含沙量Ⅲ型误差试验的规定开展试验,收集试验资料后,可用式(7-6-9)计算断面平均颗粒级配作为近似真值,并与精简垂线数目后重新计算的断面平均颗粒级配比较,进行误差分析。

$$\overline{P}_i = \frac{(2q_{s-0} + q_{s-1})p_{ih-1} + (q_{s-1} + q_{s-2})p_{ih-2} + \cdots + (q_{s-(n-1)} + 2q_{s-n})p_{ih-n}}{(2q_{s-0} + q_{s-1}) + (q_{s-1} + q_{s-2}) + \cdots + (q_{s-(n-1)} + 2q_{s-n})} \quad (7\text{-}6\text{-}9)$$

式中　p——颗粒级配,脚注为颗粒分级和垂线序号;

q_s——垂线间输沙率,脚注为垂线序号。

5. Ⅰ、Ⅱ、Ⅲ型误差试验的有关说明

Ⅰ、Ⅱ、Ⅲ型等误差试验分析的水文测验目的是在限制一定的误差的要求下,尽可能减少单次悬沙测验的工作量(时间短点、测点少点等),以提高效率,或适应洪水等水沙变化很快时期需要的快速测验,通常也称为“精简分析”。

精简分析的基本思路是:以精密测试的输沙物理量结果为标准,以有效精简的方法重新计算相应输沙物理量,检验后者对前者的误差。精简成果的应用是在控制误差的要求下,用精简的合适方法代替精密测试的方法。试验要求在不同水沙条件都能开展,以便掌握更多情况,适应范围宽些,代表性好些。但对同一次试验应尽可能在水流平稳条件下进行,以保证测验过程的物理量的平衡逼真。

从测站管理和研究方面看,各试验收集到30次资料即可进行误差统计计算,以后逐步开展试验积累资料,扩大样本容量,重新计算和检验修正误差成果。当资料增加后,误差统计值会变化,但资料相当多后应趋于稳定。

6. 悬移质泥沙测验主要源误差控制指标的试验推求

为分析研究悬移质泥沙测验主要源误差控制指标,全国曾安排做了大量试验,情况如下。

1)仪器误差

仪器的随机误差,是当采样器处于标准工作状态下同世界气象组织推荐的USP61型参证仪器进行比测而得出的统计误差。1986~1988年,在长江朱沱站和黄河潼关站,对我国常用的七种采样器进行比测,取得数千数据,含沙量范围0~200 kg/m^3。分析确定,对积时式采样器一、二、三类站随机误差(统计标准差)的控制指标分别为5.0%、8.0%、10.0%,置信水平95%的不确定度(约为统计标准差的2倍)分别为10.0%、16.0%、20.0%,系统误差分别为1.0%、1.5%、3.0%。

2)C_{sI}型脉动误差

根据长江、湘江、黄河等18个水文站采用横式采样器试验的脉动资料,点绘取样次数n与相对标准差的关系曲线,求得平均关系为:多沙河流黄河支流6个站$m = 2.2/\sqrt{n}$,黄河干流两个站$m = 3.4/\sqrt{n}$;少沙河流长江10个站$m = 10.0/\sqrt{n}$;18站平均为$m = (2.2 \times 6 + 3.4 \times 2 + 10.0 \times 10)/\sqrt{n}/(6 + 2 + 10) = 6.6/\sqrt{n}$。其意义可理解为,平均来看,偶然一次测沙取样的脉动误差为6.6%,置信水平95%的不确定度(约为统计标准差的2倍)为13.2%,若重复取样n次,则不确定度为$13.2/\sqrt{n}$。

3)C_{sII}型垂线误差

1982~1986年,先后在黄河、辽河、都江10个站用八点法或七点法进行垂线测沙试验,共取得近500条不同含沙量级垂线资料,同时收集了长江干流4站1959~1974年七点法和五点法测沙概化垂线资料625条。通过精简测点分析,以二点法或三点法可以达到的精度为参考,一、二、三类站随机误差(统计标准差)的控制指标分别为6.0%、8.0%、10.0%,置信水平95%的不确定度(约为统计标准差的2倍)分别为12.0%、16.0%、20.0%,系统误差分别为1.0%、1.5%、3.0%。

4) $C_{s\mathrm{III}}$型断面布线误差

1982~1985年,在黄河、长江十多个站进行了$C_{s\mathrm{III}}$型断面布线误差试验,在断面按流速、含沙量转折变化布设不少于50条测速垂线,不少于25条测沙垂线,共取得140站次资料,按5条、10条、15条、20条、25条等部分流量法抽取计算悬沙物理量。经分析确定,一、二、三类站随机误差(统计标准差)的控制指标分别为2.0%、3.0%、5.0%,置信水平95%的不确定度(约为统计标准差的2倍)分别为4.0%、6.0%、10.0%,系统误差分别为1.0%、1.5%、3.0%。

6.1.3 单样含沙量取样代表性分析

悬沙测验单沙取样代表性分析的目标是希求建立点据密集、误差较小、线性稳定、换算系数接近1的单断沙关系。通常要求,采用单断沙关系的站,取得30次以上的各种水沙条件下的输沙率资料后,应进行单沙取样位置分析。在每年的资料整编过程中,应对单样含沙量的测验方法和取样位置,进行检查、分析。

6.1.3.1 断面比较稳定,主流摆不大的站

应选择几次能代表各级水位、各级含沙量的输沙率资料,绘制垂线平均含沙量与断面平均含沙量的比值($c_h/\bar{c}_s$)横向分布图,在图上选择($c_h/\bar{c}_s$)值等于1处附近,确定一条或两条垂线,作为单样取样位置,由此建立单断沙关系曲线,进行统计分析。一类站相对标准差不应大于7%,二、三类站不应大于10%。($c_h/\bar{c}_s$)值等于1的位置在断面可能有多处,在分析时应选取不同位置做比较,以选择最合适的位置。单沙取样垂线的测点数目和位置同原分析资料应一样。

6.1.3.2 断面不稳定,主流摆动大,无法固定取样垂线位置的站

可在中泓处选2~3条垂线,或用取样垂线不多于5条的全断面混合法等作为单沙取样方法,以建立较稳定的单断沙关系曲线并进行误差分析;实际单沙取样垂线的测点数目和位置应同原分析资料的单沙方法一样。“等流量五线0.6一点法混合”的单沙取样就属本法。

6.1.3.3 单沙取样断面与输沙率测验断面不一致

应在输沙率测验的同时,在单沙取样断面上选几条垂线取样,分别处理,进行误差分析。

6.1.3.4 单样含沙量测验方法,在各级水位应保持一致

当为复式河槽,需要在不同水位级采用不同测验方法和调整垂线位置时,应经资料分析确定并明确规定各种方法的使用范围。

6.1.3.5 高含沙量水流或实践证明悬沙分布均匀的情况

可在水边适当位置测取单沙。高含沙量水流一般是指含沙量达到200~400 kg/m³

以上具有非牛顿流体特性的水流,通常断面含沙量分布很均匀。

6.1.3.6 兼顾泥沙颗粒分析要求

单沙测验应兼顾泥沙颗粒分析单断颗级配关系的要求。

6.1.4 泥沙测验技术装备配置

6.1.4.1 悬移质泥沙测验技术装备

悬移质泥沙测验装备一般有采样器和测沙仪两种。用测船测验的测站每船应配3~5个瞬时式采样器,配2~4个积时式采样器(可选择瓶式采样器、调压积时式采样器、皮囊积时式采样器、泵式采样器)。用缆道测验的测站配3~6个具有无线遥控装置的瞬时式采样器,配3~6个积时式采样器。各站宜积极配置2~3套悬移质测沙仪。

处理悬移质泥沙水样的测站,泥沙室仪器设备配置见表7-6-2。

表7-6-2 ××测站泥沙室仪器设备配置

序号	设备名称	单位	数量	说明
1	烘箱	个	1~2	具有温度表、调温、保温、排气等装置;烘箱的温度应能保持在100~110 ℃
2	烘杯	个	20~50	
3	分沙器	个	1~2	
4	量杯	个	2~5	
5	天平	台	1~2	可选用电子天平或机械天平
6	水样桶(瓶)	个	50~200	满足5次输沙率测验要求
7	比重瓶	套	2~5	
8	温度计	只	3~5	刻度精确至0.1 ℃
9	干燥器	个	3~5	

6.1.4.2 泥沙颗粒分析技术装备

泥沙颗粒分析方法技术装备配置见表7-6-3。表中未列入开展泥沙表面离子、有机质含量测定和分析筛检查等的专用装备。

表7-6-3 各种泥沙颗粒分析方法技术装备

方法	主要仪器设备	适用条件
尺量法	精密游标卡尺	粒径大于64.0 mm的泥沙
筛分析法	分析筛、天平、台秤、振筛机、毛刷、盛沙杯、干燥器等	粒径范围0.062~64.0 mm的泥沙
粒径计	粒径计、注沙器、接沙杯、放淤杯、天平、比重瓶、温度计、分沙器、洗筛、烘箱等	粒径范围0.062~2.0 mm的泥沙

续表 7-6-3

方法	主要仪器设备	适用条件
吸管法	吸管、天平、量筒、盛沙杯、搅拌器、温度计、烘箱、比重瓶等	粒径范围 0.002~0.062 mm 的泥沙
消光法	光电颗粒分析仪、量筒、吸管、搅拌器、洗筛、温度计等	粒径范围 0.002~0.062 mm 的泥沙
激光法	激光粒度分析仪、量杯、分沙器、搅拌器等	粒径变化范围为 2×10^{-5}~2.0 mm

6.1.4.3 泥沙测验设施

一般情况下,应利用流量测验测船、缆道等设施进行泥沙测验,不再建立专用的泥沙测验设施。当流量测验设施不能同时满足泥沙测验要求时,可建专用泥沙测验设施。

6.2 资料整编

6.2.1 泥沙资料考证与审查

6.2.1.1 测站以上(区间)主要水利工程基本情况的考证

查清测站以上(区间)主要水利工程的分布及变动情况:如工程的名称、类别、标准和个数,有哪些新建或冲毁、废弃工程等。水库、堰闸站应对水库或堰闸工程指标进行考证。注意考察水工程引起的泥沙变化情况。

6.2.1.2 悬移质输沙率资料的水系对照审查

水系各站月年平均悬移质输沙率对照表,将摘录的同一水系从上游到下游各水文站的月年平均悬移质输沙率成列排序,从数值大小变化中可看出输沙情况的变化,进而了解各水文站区间产水产沙的大致情况。洪水水文要素摘录表以时间为索引摘录了相应的水位、流量和断面平均含沙量数据,提供掌握洪水水文要素演变过程情况。

6.2.2 输沙率单次测验成果误差评估

悬移质输沙率单次测验通常与流量测验结合进行,并且前者有关物理量的计算有流量因素,因此下面叙述一并考虑流量与悬移质单次测验成果的误差评估。

6.2.2.1 常见函数及误差传递公式

若和 Y_H、积 Y_J、商 Y_S 函数分别如下列各式:

$$Y_H = \sum_{i=1}^{K} x_i \tag{7-6-10}$$

$$Y_J = \prod_{i=1}^{K} x_i \tag{7-6-11}$$

$$Y_S = \frac{x_i}{x_{i-1}} \tag{7-6-12}$$

则据函数相对误差之方差式 $m_Y^2 = \frac{1}{Y^2}\sum_{i=1}^{K}(\frac{\partial f}{\partial x_i}m_i x_i)^2$，各函数对应的相对误差传递式为（$m_i$ 为均方差，m_i^2 为方差）：

$$m_H^2 = \frac{1}{Y_H^2}\sum_{i=1}^{K}(m_i x_i)^2 \quad (7\text{-}6\text{-}13)$$

$$m_J^2 = \sum_{i=1}^{K} m_i^2 \quad (7\text{-}6\text{-}14)$$

$$m_S^2 = m_i^2 + m_{i-1}^2 \quad (7\text{-}6\text{-}15)$$

另外，测量因素对结果量有影响，但不能用解析式表达时，可采用式（7-6-14）的平方和结构求目标量相对误差之方差。

在流量与悬移质泥沙测验的许多情况下，函数相对误差之方差 m_Y^2 与各分量相对误差之方差 $m_i^2, m_j^2, m_k^2 \cdots$，具有线性组合的关系，组合因子分别为 $a, b, c\cdots$ 时，可写为

$$m_Y^2 = am_i^2 + bm_j^2 + cm_k^2 + \cdots \quad (7\text{-}6\text{-}16)$$

设总量和分量的相对误差均为正态分布，对同一置信水平，其置信系数都相同，按式（7-6-4）反算后，有 $m_Y = X_{BY}/Z_a, m_i = X_{Bj}/Z_a \cdots$，代入式（7-6-16），得

$$X_{BY}^2 = aX_{Bi}^2 + bX_{Bj}^2 + cX_{Bk}^2 + \cdots \quad (7\text{-}6\text{-}17)$$

由此可知，函数误差的不确定度平方与方差有线性组合的同构性，据此由总量和分量的方差关系即可直接写出总量和分量间不确定度的解析关系式。

上述函数误差传递公式都是针对相互独立自变量考虑的，不考虑变量之间的关联及协方差。以下分析流量和输沙率中，也认为采样，实验室试样处理，测点、垂线、断面等计算各环节的要素量是相互独立的，可以应用上述有关公式。

6.2.2.2　流量的不确定度

设断面流量真值为 Q，实测流量为 Q_m，令 $Q/Q_m = F_m$。又知 Q_m 是由垂线分成的 m 部分流量累加而得出的，各部分流量 q_i 是相应部分宽 b_i，部分平均（垂线）水深 d_i 和部分（垂线）平均流速 v_i 的积，则以下三式成立：

$$q_i = b_i d_i v_i \quad (7\text{-}6\text{-}18)$$

$$Q_m = \sum_{i=1}^{m} q_i \quad (7\text{-}6\text{-}19)$$

$$Q = F_m Q_m \quad (7\text{-}6\text{-}20)$$

按式（7-6-10）、式（7-6-11）和式（7-6-13）、式（7-6-14）及式（7-6-16）、式（7-6-17），可将断面流量 Q 的不确定度表达为

$$X_Q^2 = X_{F_m}^2 + \frac{\sum_{i=1}^{m}[q_i^2(X_{b_i}^2 + X_{d_i}^2 + X_{v_i}^2)]}{(\sum_{i=1}^{m} q_i)^2} \quad (7\text{-}6\text{-}21)$$

其中，垂线流速 v_i 的误差是由垂线水流脉动 c、仪器精度 e、测速和计算规则 p 三因素引起的，可用下式表征：

$$X_{v_i}^2 = X_{c_i}^2 + X_{e_i}^2 + X_{p_i}^2 \quad (7\text{-}6\text{-}22)$$

当各部分流量 q_i 都相等(等流量布线),并且各部分流量区各项源误差分别取相等值时,并考虑式(7-6-22)后,式(7-6-21)可简化为

$$X_Q^2 = X_{F_m}^2 + \frac{1}{m}(X_b^2 + X_d^2 + X_c^2 + X_e^2 + X_p^2) \tag{7-6-23}$$

以上各式中各分项不确定度的意义由下角标字母代表的意义表示;角标 i 表示断面分成部分的序号。

6.2.2.3 **输沙率的不确定度**

设断面输沙率真值为 Q_s,实测输沙率为 Q_{sn},令 $Q_s/Q_{sn}=f_n$。又知 Q_{sn} 是由垂线分成的 n 部分输沙率累加而得出的,各部分输沙率 q_{sj} 是相应部分流量 q_j 和平均含沙量 c_j 的积,则以下三式成立:

$$q_{sj} = q_j c_j = b_j d_j v_j c_j \tag{7-6-24}$$

$$Q_{sn} = \sum_{j=1}^{n} q_{sj} \tag{7-6-25}$$

$$Q_s = f_m Q_{sn} \tag{7-6-26}$$

按式(7-6-10)、式(7-6-11)和式(7-6-13)、式(7-6-14)及式(7-6-16)、式(7-6-17),可将断面输沙率 Q_s 的不确定度表达为

$$X_{Q_s}^2 = X_{f_n}^2 + \frac{\sum_{j=1}^{n}[q_{sj}^2(X_{b_j}^2 + X_{d_j}^2 + X_{v_j}^2 + X_{c_j}^2)]}{(\sum_{j=1}^{n} q_{sj})^2} \tag{7-6-27}$$

其中,垂线流速 v_i 的误差同式(7-6-22);垂线含沙量 c_j 的误差是由垂线 $C_{s\,\mathrm{I}}$、$C_{s\,\mathrm{II}}$ 和仪器精度 Y_q、水样处理 c_1 四因素引起的,可用下式表征:

$$X_{c_j}^2 = X_{c_{s\,\mathrm{I}}}^2 + X_{c_{s\,\mathrm{II}}}^2 + X_{Y_q}^2 + X_{c_1}^2 \tag{7-6-28}$$

当各部分输沙率 q_{sj} 都相等,并且各部分流区各项源误差分别取相等值时,同时考虑式(7-6-22)和式(7-6-28),式(7-6-27)可简化为

$$X_{Q_s}^2 = X_{f_n}^2 + \frac{1}{n}(X_b^2 + X_d^2 + X_c^2 + X_e^2 + X_p^2 + X_{c_{s\,\mathrm{I}}}^2 + X_{c_{s\,\mathrm{II}}}^2 + X_{Y_q}^2 + X_{c_1}^2) \tag{7-6-29}$$

以上各式中各分项不确定度的意义由下角标字母代表的意义表示;脚标 j 表示断面分成部分的序号。

6.2.2.4 **输沙率法测量时断面平均含沙量的不确定度**

输沙率法测验的断面平均含沙量是由断面输沙率除以流量而得出的,因此应分别求出后两者的不确定度,再由其定量关系导出前者的不确定度。我们知道:

$$C = Q_s/Q \tag{7-6-30}$$

按式(7-6-12)、式(7-6-15)和式(7-6-16)、式(7-6-17),可知:

$$X_C^2 = X_{Q_s}^2 + X_Q^2 \tag{7-6-31}$$

6.2.2.5　把断面平均含沙量看作各垂线含沙量的线性组合时断面平均含沙量的不确定度

设断面平均含沙量真值为 C,实测断面平均含沙量为 C_m,令 $C/C_m=f_m$。一般可以认为 C_m 是各垂线(或所代表流区)含沙量 S_j 的线性组合,从全断面输沙率等于各部分输沙率之和的平衡知,组合系数 k_j 是各部分流量与全断面流量的比值。上述关系可写为

$$C=f_m C_m \tag{7-6-32}$$

$$C_m=\sum_{j=i}^{m} k_j S_j \tag{7-6-33}$$

各垂线平均含沙量的源误差[同式(7-6-28)]都取相等值时,按式(7-6-10)、式(7-6-11)和式(7-6-13)、式(7-6-14)及式(7-6-16)、式(7-6-17),可将断面平均含沙量 C 的不确定度表达为

$$X_C^2=X_{f_m}^2+\frac{\sum\limits_{j=1}^{m}(k_jS_j)^2}{(\sum\limits_{j=1}^{m}k_jS_j)^2}(X_{c_{\mathrm{s\,I}}}^2+X_{c_{\mathrm{s\,II}}}^2+X_{Y_{\mathrm{q}}}^2+X_{c_1}^2) \tag{7-6-34}$$

按各部分流量相等概括简化,当测沙垂线为 m 时,可用下式估算断面平均含沙量 C 的不确定度:

$$X_C^2=X_{f_m}^2+\frac{4}{3m}(X_{c_{\mathrm{s\,I}}}^2+X_{c_{\mathrm{s\,II}}}^2+X_{Y_{\mathrm{q}}}^2+X_{c_1}^2) \tag{7-6-35}$$

实际上 $4/3m$ 常用经验系数替代,此时与式(7-6-37)意义类同。

当断面各部分输沙率大致相等时,式(7-6-34)简化为

$$X_C=[X_{f_n}^2+\frac{1}{n}(X_{c_{\mathrm{s\,I}}}^2+X_{c_{\mathrm{s\,II}}}^2+X_{Y_{\mathrm{q}}}^2+X_{c_1}^2)]^{\frac{1}{2}} \tag{7-6-36}$$

当断面各部分输沙率不相等时,式(7-6-34)也可简化为

$$X_C=[X_{f_n}^2+\frac{k}{n}(X_{c_{\mathrm{s\,I}}}^2+X_{c_{\mathrm{s\,II}}}^2+X_{Y_{\mathrm{q}}}^2+X_{c_1}^2)]^{\frac{1}{2}} \tag{7-6-37}$$

式中　n——断面部分数;

K——断面含沙量分布不均匀时的修正系数,其值可通过资料分析确定,K 一般参考数值为 1.0~1.3,含沙量分布越不均匀,其值越大。

6.2.2.6　悬移质泥沙测量目标函数随机误差评估公式的选用

因悬移质泥沙测量精度试验要求和资料占有的不同,应选择不同的公式计算悬移质泥沙测量各目标量的随机不确定度。

(1)有详细的输沙率试验资料时,可选式(7-6-21)或式(7-6-23)、式(7-6-27)或式(7-6-29)和式(7-6-31)计算断面流量、输沙率和平均含沙量的不确定度。这套公式建立在较严密的悬移质泥沙测量原理基础上,有丰富悬移质泥沙测量理论的意义。

(2)为了事前估计一次悬移质泥沙测量的随机不确定度,可选用式(7-6-23)和式(7-6-35)及式(7-6-36)、式(7-6-37)估算流量和断面平均含沙量的随机不确定度,再由它们结合估计输沙率 Q_s 的不确定度,可从 $Q_s=QC$ 得出为

$$X_{Q_s}^2 = X_Q^2 + X_C^2 \tag{7-6-38}$$

6.2.2.7 与相对误差不确定度相应的带有误差限的目标函数绝对量值的估算

与相对误差不确定度相应的带有误差限的目标函数绝对量值的估算如下：

$$Q_{Mm} = Q(1 \pm X_Q) \tag{7-6-39}$$

$$Q_{sMm} = Q_s(1 \pm X_{Q_s}) \tag{7-6-40}$$

$$C_{Mm} = C(1 \pm X_C) \tag{7-6-41}$$

式中 Q_{Mm}、Q_{sMm}、C_{Mm}——一定统计置信水平下，给出误差限的流量、输沙率、含沙量的值域；

Q、Q_s、C——流量、输沙率、含沙量的真值。

工程实践中常用实测值替代真值的地位，套用上述公式，估计实测值在一定统计置信水平下的值域。

6.2.2.8 悬移质泥沙测量总误差的估算规则

（1）总误差 E 由系统误差 S 和随机标准差 m 用平方和的平方根方法合成，即

$$E = \sqrt{S^2 + m^2} \tag{7-6-42}$$

（2）总不确定度 X 用置信系数 Z_a 与总误差 E 之积表达，即

$$X = Z_a E \tag{7-6-43}$$

或用下式表达：

$$X^2 = X_S^2 + X_m^2 \tag{7-6-44}$$

式（7-6-44）等号右边分别为系统不确定度和随机不确定度的平方，并且

$$X_S = Z_a S \tag{7-6-45}$$

$$X_m = Z_a m \tag{7-6-46}$$

6.2.2.9 目标函数量不确定度估算示例

如表 7-6-4 所示，某测站由悬移质测量试验统计出的置信水平 95% 的各项源误差的不确定度及平方值列在第 2、3 行。一次输沙率测量，在断面布设 10 条测沙垂线，将断面分为 11 个流区（表中第 4 行），各流区的流量、输沙率列在表中 5、6 行。现进行断面流量、输沙率、含沙量不确定度的估算。

表 7-6-4 目标函数量不确定度估算示例

不确定度	X_b	X_d	X_c	X_e	X_p	X_{F_m}	X_{f_n}	$X_{c_{s\,I}}$	$X_{c_{s\,II}}$	X_{Yq}	X_{c_1}
数值（%）	2	3	3	4	3	3	5	13	6	9	4
$X^2(10^{-4})$	4	9	9	16	9	9	25	169	36	81	16
断面流区	1	2	3	4	5	6	7	8	9	10	11
q_i（m^3/s）	10	30	50	80	100	70	60	40	30	20	10
q_{si}（kg/s）	50	240	550	1 600	5 000	2 100	1 800	600	300	140	50

由表列有关数值可算得：

$$Q = 500\ m^3/s,\ \sum q_i^2 = 31\ 400(m^3/s)^2$$

$$Q_s = 12\,430\ \mathrm{kg/s},\ \sum q_{si}^2 = 36\,044\,700(\mathrm{kg/s})^2$$

(1)按输沙率法估算：

$$C = \frac{Q_s}{Q} = \frac{12\,430}{500} = 24.9(\mathrm{kg/m^3})$$

$$X_Q^2 = X_{F_m}^2 + \frac{\sum_{i=1}^{m} q_i^2}{Q^2}(X_b^2 + X_d^2 + X_c^2 + X_e^2 + X_p^2)$$

$$= \frac{9}{10^4} + \frac{31\,400}{500^2} \times \frac{4 + 9 + 9 + 16 + 9}{10^4}$$

$$= \frac{14.9}{10^4}$$

$$X_{Q_s}^2 = X_{f_n}^2 + \frac{\sum_{j=1}^{n} q_{s_j}^2}{Q_s^2}(X_b^2 + X_d^2 + X_c^2 + X_e^2 + X_p^2 + X_{c_{s\,\mathrm{I}}}^2 + X_{c_{s\,\mathrm{II}}}^2 + X_{Y_q}^2 + X_{c_1}^2)$$

$$= \frac{25}{10^4} + \frac{36\,044\,700}{12\,430^2} \times \frac{4 + 9 + 9 + 16 + 9 + 169 + 36 + 81 + 16}{10^4}$$

$$= \frac{106.4}{10^4}$$

$$X_Q = \sqrt{X_Q^2} = \sqrt{\frac{14.9}{10^4}} = 3.9\%,\ X_{Q_s} = \sqrt{X_{Q_s}^2} = \sqrt{\frac{106.4}{10^4}} = 10.3\%$$

$$X_C = \sqrt{X_Q^2 + X_{Q_s}^2} = \sqrt{\frac{14.9}{10^4} + \frac{106.4}{10^4}} = 11.0\%$$

按此估算，这次测量，流量、输沙率、断面平均含沙量的相对误差不确定度，有 95%的概率不超过 3.9%、10.3%、11.0%。

(2)按等流量布置垂线的有关公式估算：

$$X_Q^2 = X_{F_m}^2 + \frac{1}{m}(X_b^2 + X_d^2 + X_c^2 + X_e^2 + X_p^2)$$

$$= \frac{9}{10^4} + \frac{1}{11} \times \frac{4 + 9 + 9 + 16 + 9}{10^4}$$

$$= \frac{13.3}{10^4}$$

$$X_C^2 = X_{f_n}^2 + \frac{4}{3m}(X_{c_{s\,\mathrm{I}}}^2 + X_{c_{s\,\mathrm{II}}}^2 + X_{Y_q}^2 + X_{c_1}^2)$$

$$= \frac{25}{10^4} + \frac{4}{3 \times 11} \times \frac{169 + 36 + 81 + 16}{10^4}$$

$$= \frac{61.6}{10^4}$$

$$X_Q = \sqrt{X_Q^2} = \sqrt{\frac{13.3}{10^4}} = 3.6\%, X_C = \sqrt{X_C^2} = \sqrt{\frac{61.6}{10^4}} = 7.9\%$$

$$X_{Q_s} = \sqrt{X_Q^2 + X_C^2} = \sqrt{\frac{13.3}{10^4} + \frac{61.6}{10^4}} = 8.7\%$$

按这种考虑估算，表明这次测量，流量、输沙率、断面平均含沙量的相对误差不确定度，有 95%的概率不超过 3.6%、7.9%、8.7%。与(1)计算的对应值比较有偏差，这是由实际情况和简化式的要求不符及计算顺序不同等原因造成的。

6.2.3 河流泥沙测验试验分析报告编写

6.2.3.1 悬移质泥沙测验Ⅰ、Ⅱ、Ⅲ型误差试验报告

悬移质泥沙测验Ⅰ、Ⅱ、Ⅲ型误差试验分析的水文测验目的，是在限制一定误差的要求下，开展"精简分析"。因此，编写悬移质泥沙测验Ⅰ、Ⅱ、Ⅲ型误差试验分析报告，在注重试验过程描述的基础上，重点对试验收集的资料情况、资料分析成果及误差评价、试验最终的"精简分析"结论等进行分析总结，并对今后的应用事项及需要继续补充的试验给予说明。

6.2.3.2 悬沙测验单沙取样代表性分析报告

悬沙测验单沙取样代表性分析的目标是希求建立点据密集、误差较小、线性稳定、换算系数接近 1 的单断沙关系，即通过资料分析，筛选单样含沙量取样的最优位置，使在该位置(可以是一线一点、多线一点、多线多点)上的含沙量能够代表断面平均含沙量。因此，编写悬沙测验单沙取样代表性分析报告，在注重分析过程描述的基础上，重点对收集的单样含沙量资料情况、资料的代表性、资料分析成果及误差评价、最终的单样含沙量代表性结论等进行总结，并对今后的应用事项及需要继续补充的资料给予说明。

6.2.3.3 河流泥沙测验试验分析报告的一般格式

河流泥沙测验通俗的理解为测量和试验，包括测量的方法、程序和质量保证等内容。试验分析报告基本是根据试验的具体情况和分析的具体内容编写，但也应遵循一般的结构组织内容。现列出一般格式的提纲如下。

1. 明确试验报告的标题

标题要反映内容的主题，用词简明准确，避免用宽泛的概念，例如"悬移质测验试验"不要简单地写为"泥沙测验"。

2. 简述试验目标

试验目标是试验前预期成果或设想的结果，也有可能随着试验的深入有所修改，或与实际结果有出入，但应如实简述，使读者吸取经验教训。

若有必要，也可叙述同类试验以前是否做过、结果如何、本项目为什么还要做等。

3. 简述试验方案或技术路线

试验方案或技术路线也是事前的设计，是对试验实施有指导作用的内容。有时也是专门报告，可摘录主要内容。这部分内容与后面的试验实施应有呼应关联。试验方案一般是比较详细的方法、内容、步骤，技术路线则是考虑的基本方向、实施的主要阶段及作业内容。

4. 试验概况

试验概况包括开展试验的次数，每次的时间、地点（测站、断面、起点距，实验室）、人员组织与分工；自然情况（天气、水流等）；仪器类型、试验方法、试样过程、取得的成果等。

5. 试验的作业过程

若为多次试验，可按情况归类并分别描述；若 1 次、5 次、8 次水流和作业情况一样，可归为一类描述。作业过程也可能和数据分析、结果讨论联系。还应重视的是特殊情况，这有时会是新发现，有时可能是失误，前者要寻找机会再试验再验证，后者在分析资料时要慎重考虑或剔除。

6. 试验数据整理分析

在这个部分，数据可以使用各种形式给出，包括表格、图片或者图表。注意，在任何情况下，信息的来源、数据的细节和涉及的评论等都应该标注清楚。

作业过程不能反映的现象、规律等要在试验数据整理分析中挖掘。常说水文应由数据说话，或者说水文规律应由数据规律或规律的数据说话，都说明了试验数据整理分析的地位。要讲究数据的表达形式，数据多列成数表且多和图形、曲线等可视化的显示结合，用形象化思维帮助理性思维。

试验数据整理分析牵涉到误差统计精度评估等内容，应选择合适的模型，注意特殊数据的处理。水文测验的精度可分为需求精度和可能精度，前者与应用水文数据的工程目标任务有关，后者与水文测验的各种情况和条件有关。超越条件要求的高精度不现实，试验数据整理分析宜以可能精度成果为基础。

7. 讨论

讨论的主要目的是解释如何从数据结果得到最终的结论。还应该包括对特殊现象、数据的认识和解释，对局限性的分析，可能存在的问题，以及这些问题的解决办法等。

8. 结论

结论部分基于前面的介绍和数据结果等，通过概括总结而得，展现作者的观点。应该明确指出试验目标实现的程度，技术方案、作业过程适合与否，通过数据分析所得到的重要成果，让读者深切领会到该试验的意义和解决了的问题。

9. 其他

在报告的最后，应该列出报告中提及的参考资料，以及这些参考资料的全部信息。

有时报告写成论文的格式，应有摘要。有时报告篇幅较长，可写概述或绪论。有的试验已经做过较多前期工作，可写试验情况历史回顾。有的试验发现新情况，需要采取另外途径开展有关试验，可写建议等。

第 7 章　测站布设

7.1　站网规划

7.1.1　水文分区

（1）水文分区是根据流域或地区的气候、水文特征、自然地理条件和经济社会发展水平等情况划分成的区域。从不同的水文要素如降水、水面蒸发、流量、泥沙等考虑可有不同的水文分区，通常的水文分区主要按降水径流指标考虑，为在面上布设区域代表站获取径流资料，以满足内插径流特征值为目的的区划。分区时应遵循下列要求：

①选定做分区分析的水文资料，宜不受人为活动的显著影响，否则应进行还原处理。

②分区应适当考虑河系的完整性，避免做局部零碎分割，造成布站困难。

③分区应和站网密度分析相配合。

④分区应综合考虑地区水文特点、自然地理条件和水资源开发利用情况。

（2）水文分区方法可选用地理景观法、等值线图法、产流特性分区法、暴雨洪水参数法、流域模型水文参数法、主成分聚类法、自组织特征映射神经网络法等方法。

（3）在无水文资料地区水文站网的初建阶段，可根据气候与下垫面条件的相似和差异，进行分区。高大的山脊，山地到平原的转折，湖泊、沼泽、水网、荒漠的边缘，地质、土壤、植被、地貌形态等发生显著变化的地点，常可作为分区的边界。当水文站网密度超过容许最稀站网且实测资料年限超过 15 年时，应以内插水文要素某一精度指标为依据确定水文分区。

（4）有实测水文资料的地区，根据实测资料的情况，可采用主成分聚类分析、流域水文模型、自组织特征映射神经网络法等方法进行综合分区，也可利用其他分区成果，如水利区划、水资源评价分区、暴雨洪水参数图集的分区等作为站网规划的水文分区。

（5）当实测水文资料较少，不足以用某一精度指标确定水文分区时，可以用部分水文要素和气候因素的相似性进行综合性水文分区。

（6）积累一定年限的水文资料或流域下垫面发生变化、水文情势改变，需要对原有水文分区成果进行分析检验，检验合格率不小于 70%。检验的允许相对误差为：正常年径流深±5%，年径流量±10%，月径流量、洪量、洪峰流量±20%，其他有关水文要素允许误差可根据实际情况比照确定。

7.1.2　水文站网规划

7.1.2.1　原则和内容

（1）全国水文站网实行统一规划。编制水文站网规划，应当依据国民经济和社会发展的需要,遵循流域与区域相结合、区域服从流域,布局科学、功能齐全、结构优化,经济合理、防止重复、适度超前的原则。

(2)水文站网规划应根据需要与可能,立足于依靠站网的结构,发挥站网的整体功能,提高站网产出的社会效益和经济效益。规划的单类站网应注意与其他类站网之间的相互关系,以体现水文站网的整体功能和效应。

(3)进行水文站网规划,制定水文测站总体布局的主要内容包括站网现状与分析、规划原则与目标、单项监测项目测站布局与功能分析、多项目测站合成组网设点研究,以及扩延到测验方式、管理方式和效益评价等内容。

7.1.2.2　流量站网规划

按规划设立的流量站网,应满足下列要求:①按规定的精度标准和技术要求,收集设站地点的基本水文资料。②为防汛、抗旱、水资源管理等提供实时水情资料。③插补延长网内短系列资料。④利用空间内插或资料移用技术,在网内任何地点,能为水资源调查评价、开发利用和有效保护,涉水工程的规划、设计和施工,科学研究及其他公共需要,提供基本数据。⑤满足其他项目站网定量计算的需要。

1. 大河控制站

(1)控制大河径流沿程变化的大河干流流量站的布站数目,应按以下要求确定:①任何两相邻测站之间,正常年径流或相当于防汛标准的洪峰流量递变率(在无径流量或者洪峰流量资料时,可用流域面积递变率代替),以15%来估算布站数目的上限。②在干流沿线的任何地点,以内插年径流或相当于防汛标准洪峰流量允许误差的5%~10%来估计布站数目的下限。困难条件下,内插允许误差可放宽到15%。③根据需要与可能,在上、下限之间,选定布站数目。

(2)大河干流流量站的布设,还应按以下要求确定:①大江大河的重要河段、重点防洪区、重要城市附近,应根据防汛、抗旱需要,适当加密布设大河站。②大江大河省(自治区、直辖市、特别行政区)界、出入国境处应设站。③大江大河入海处、大支流的入汇处宜设站。④重要水功能区和水资源保护区宜设站。⑤大江大河干流流量控制空白区,宜结合区域经济社会发展情况设站。⑥重点水土流失区和大型引退水工程的上下游宜设站。⑦三角洲河口区,应在主要出海水道及重要分流水道分别布设流量站。

2. 区域代表站

区域代表站的布设,应能控制天然和实测流量特征值的空间分布,通过径流资料的移用技术,提供本水文分区内其他河流天然流量特征值或流量过程。同时,应满足水资源管理、防汛抗旱等方面功能要求。

(1)水文分区内布设站数可按下列方法确定:①用水文流域模型法或水文特征值法进行水文分区的地区,可用分区、分级法决定站数。将下垫面特征指标进行定量分级,一般面积级可分为3~6个级差。每个面积级宜设1~2个代表站。②用统计法进行水文分区的地区,可采用卡拉谢夫法、递变率-内插法等方法确定布站数目的上限与下限。可综合考虑需要与可能在上、下限之间决定每个分区的站数。决定站网密度下限的年径流特征值内插允许相对误差宜采用±5%~±10%。决定密度上限的年径流特征值递变率宜采用10%~15%。③对于分析计算较困难的地区,在水文分区内可按流域面积进行分级,一般情况下分为4~7级,每级设1~2个代表站。

(2)区域代表站的布设应综合考虑以下功能:①重要城镇上游宜布设测站,以满足防洪、供水和水工程规划、设计、管理运用等需要。②湿润地区集水面积在200~3 000 km^2,干旱地区集水面积在500~5 000 km^2,且易发生洪水灾害的山区河流宜布设测站,以满足山区防洪的需要。③集水面积大于1 000 km^2 的跨省(自治区、直辖市、特别行政区)界河流,且省(自治区、直辖市)界以上集水面积超过该河流面积的15%,宜在省(自治区、直辖市、特别行政区)界附近布设测站,以满足水资源配置、管理的需要(跨市、县界河流宜根据水资源配置、管理需要的具体情况确定,小于1 000 km^2 的可视具体情况设站)。④站网空白区宜根据旱情监测、水资源保护及开发利用的需要布设测站。⑤中小流域上中游宜根据水环境、水资源保护的需要布设测站。

3. 小河站

小河站布设应用分区、分类的方法,下垫面特征单一性突出的小流域,宜用分区、分类、分级布站。小河站的布设应能收集小面积暴雨洪水资料,探索产汇流参数在地区上和随下垫面变化的规律,满足防汛抗旱、水资源管理保护等需求。少数位置适中,地表、地下分水岭重叠较好的小河站可发挥区域代表站作用。

(1)小河站的布设应综合考虑以下功能需求:①暴雨山洪、泥石流灾害易发区,下游有中小城镇等防汛目标的河流,应在出山口或中小城镇上游布设小河站。②水资源问题突出的河流可根据需要在县级以上行政区界处布设测站。③在小流域的中上游,宜根据水资源、水生态保护,水土保持的需要布设小河站。

(2)小河站站址的选择应符合下列要求:①代表性较好。②水工程影响尽量小,通过辅助观测,能按照指定的精度要求,近似估计天然径流、泥沙的特征值。③面上分布均匀。④按面积级进行分级布站时,要兼顾坡降和地势高程的代表性。

7.1.2.3 水位站网规划

(1)河道水位站网的规划,应考虑防汛抗旱、水资源管理、河道航运、河床演变、水工程或交通运输工程的管理运用等方面的需要,确定布站数量及位置,一般现有流量站网中的水位观测点位可作为水位站网的基础考虑增加。对城镇等居民区和工矿企业等重要防护目标存在洪水灾害威胁的河流,以及易发生内涝的城市建成区,应重点布设水位站,水位站的设立地点应满足防汛的需要。

(2)水库、湖泊等的水位观测站网宜独立布设。水库、湖泊应布设反映水面总体水位的代表性的基础水位站,水库的代表水位站水位应能准确、灵敏地反映水库的库容变化,湖泊的代表水位站水位应能代表湖泊的平均水位。水库水位站布设数量的确定,以能够反映水库各级应用水位水面曲线的转折变化为原则。湖泊水位站布设数量的确定,以能够反映湖泊水面曲线的转折变化为原则。

(3)河口、沿海等的潮位站宜独立布设。潮位站的布设应选择在潮流界、潮区界附近,汊道口,汇流口,分流口,以及能灵敏反映潮汐水面线变化过程的位置。布站数量应根据观测目的和控制潮位变化过程曲线确定。

(4)对水资源配置有较大影响的闸坝工程应设立闸坝水位站。闸坝水位站的布设应以满足水量测算等水资源管理需求为原则,可在闸坝上(前)、下(后)分别设立。

7.1.2.4　泥沙站网规划

规划的泥沙站网应满足内插符合实用精度要求的各种泥沙特征值，以及为河道整治、水库管理运用等提供实时观测资料。

1. 大河控制站

在大河干流上，可根据多年平均输沙量的沿程变化，按下述直线原则，先估计布站数目的上限和下限，然后根据需要与可能，从现有流量站中，选定泥沙站：①以任何两相邻测站之间，多年平均输沙量的递变率不小于 20%～40%为原则，估计布站数目的上限。②在干流沿线的任何地点，以内插年输沙量的允许偏差的±（10%～15%）为原则，估计布站数目的下限。在条件特别困难的地区，内插的允许误差可放宽到±20%。

2. 区域代表站及小河站

（1）水文分区内泥沙区域代表站，可按下述要求，估计布站数目，并从相应的流量站网中，选择泥沙站：①沿多年平均输沙模数的梯度方向，任何两相邻测站之间，输沙模数的递变率以不小于 15%～30%为原则，估计分区内布站数目的上限。②在分区内任何地点，以内插年输沙模数的允许偏差的±（15%～20%）为原则，估计分区内布站数目的下限。在条件特别困难的地区，内插的允许误差可放宽到±25%。③根据需要与可能，以控制输沙模数在面上的变化为原则，从现有流量站中，选定泥沙站。④为弥补区域代表站控制作用的不足，可选择一部分小河流量站，作为小河泥沙站。

（2）在不具备分析论证条件的地区，可按下述方法确定泥沙站的数目：①在剧烈、极强度和强度侵蚀地区，应选不少于 60%的流量站作为泥沙站。②在中度侵蚀地区，可选 30%～60%的流量站作为泥沙站。③在轻度和微度侵蚀地区，可选 15%～30%的流量站作为泥沙站。

（3）下列流量站宜全部选作泥沙站：①流经中度及以上侵蚀地区，两岸及下游有重要城镇等防护目标的大江大河干流，自河流进入侵蚀地区以后的流量站。②流经地质条件不稳定的山区，下游有城镇、企业、居民集聚区分布的中小河流上的流量站。③位于国家确定的水土流失重点监测地区内的流量站。④作为城市生活、生产用水的主要水源河流，取水口附近及上游对取用水有影响的流量站。⑤位于水生态保护和修复范围内，年均含沙量大于 1 kg/m^3（轻度和微度侵蚀地区可按 0.5 kg/m^3）的流量站。⑥水文空白区内新设的流量站。⑦处在航运河流的流量站。⑧河网区主要水道及出海口治理非常重要的流量站。

7.1.2.5　降水量站网规划

（1）降水量站分为面降水量站和配套降水量站。面降水量站应能控制月、年降水量和暴雨特征值在大范围内的分布规律，设站以后应长期稳定监测。配套降水量站应与流量小河站或区域代表站同步配套观测，控制暴雨的时空变化，求得足够精度的面平均降水量，以探索区域降水量与径流之间的转化规律。

（2）雷达测雨控制的区域内应布设一定数量的地面降水量校正站，布站数量应能满足准确推算区域内面降水量精度的要求。

7.1.2.6　水面蒸发站网规划

（1）布设水面蒸发站网是为了满足流域面上蒸发计算和研究水面蒸发的地带规律等

的需要。在确定水面蒸发站网密度之前,应进行蒸发单一因子的水文分区。

(2)水面蒸发站的设置,应具有代表性好、观测成果能被移用范围大、与相关站网相协调的特征。选择时,主要考虑其在空间较大范围的代表性。在已布设蒸发站的流域内有大型水库、湖泊时,应重点规划布设水面蒸发站。干旱地区和重要引水区、粮食主产区、大型牧区,应适当加密布设水面蒸发站。

7.1.2.7 **地下水站网规划**

(1)地下水站网应能完整地掌握地下水动态,探求地下水运动规律,为国土整治、流域规划、生态环境保护、地下水动态预测、地下水资源的科学评价与合理利用提供基础资料;为防止因地下水持续升降而引起的海(咸)水入侵、水质恶化、次生盐渍化及地面沉降等不良环境或地质问题提供科学依据。

(2)地下水位站布设应满足:①在各个类型区内,沿平行于水文地质条件变化最大的方向,布设主观测线;在一般情况下以能判断两个监测站之间水文地质条件为原则,确定布站间距。然后在垂直于主观测线的方向,设置辅助观测线,布站间距可以适当放宽。②在各类型区内水文地质条件比较简单时,可均匀布站;在不同类型区交界地带、地下水异常地带,应加密布站。③应力求在平面上,点、线、面相结合,在铅垂方向上,形成不同层位的立体观测网。

7.1.2.8 **水质站网规划**

(1)水质站网可分为地表水水质站网、地下水水质站网和降水水质站网。水质站网规划应以水功能区划为基础,综合考虑与相关站网的协调。在重要的饮用水水源地、滩涂湿地、自然保护区等地区宜设置水质站,开展水生态调查与监测。

(2)地表水水质站网应重点在规划的地表水水功能区的河段布设,水质站主要应布设在以下区域或位置处:

①重要或较大河流的上游或接近源头处,未受人为直接污染的天然水域。

②重要江河的干流控制河段、较大支流汇入前的河口处、大型或重要湖泊(水库)出入口处,以及入海河流的河口处。

③重要水功能区或较大河流、湖泊(水库)的跨国境、省级行政区的分界处,在市、县级行政区分界处也可根据需要设置水质站。

④跨流域(水系)或地区调水工程的重要区段及其省级行政区界处,在市、县级行政区分界处也可根据需要设置水质站。

⑤重要供水水源地、国家级自然保护区、湿地保护区与具有水生态功能的重点河流、湖泊(水库)。

⑥重要入河(库、湖)排污口。

(3)地下水水质站网应以浅层地下水为主。水质站应布设在以下区域或位置处:

①不同水文地质区、植被区、土壤盐碱化区、泉水丰富区、地方病多发区、地球化学异常区、自然资源保护区。

②特殊类型区:建制市城市建成区、大型及特大型地下水水源地、超采区、次生盐渍化区和地下水污染区。

(4)降水水质站规划应重点监测的地区为:不同水文气象条件、不同地形与地貌区;

大型城市区、工业集中区和大气污染严重区；大型水库、湖泊区。

7.1.2.9　墒情站网规划

(1)水文行业的墒情站是监测土壤含水量的水文测站。土壤墒情监测站网的规划应统筹兼顾防汛抗旱、水资源管理、国家粮食生产安全、畜牧业发展等方面的需要，综合考虑与相关水文站网的协调、配套。规划布设的墒情监测站网，应能完整收集土壤墒情信息，为满足抗旱减灾决策、水利建设规划、水资源科学管理等需要服务。

(2)墒情站网的布设密度应根据历史上旱情和旱作农业、牧业的分布情况及耕作面积确定，也可按行政区划布设。

7.1.2.10　实验站及专用站规划

(1)对各类实验站应进行统一规划，合理布局。在同一个分区或分类单元内，不宜重复设立具有相同功能的实验站。

(2)因工程建设、科学研究、管理运用等特殊需要设立专用水文测站时，应统一规划。专用水文测站不应与基本水文测站重合，其观测项目、设站年限、观测资料整理与保存可根据实际情况确定。符合下列条件，宜设立专用水文测站：

①大型水利枢纽建设期间，宜在坝址上、下游附近设站；建成运行期间，宜在入库、出库处设站。

②跨流域调水工程宜在入口、出口处及重要控制节点设站。

③大型灌区、重要或大型引水企业宜在引水、退水口门处设站。

④其他涉水工程建设、运行期间，宜在水文情势或水环境发生重大变化或可能发生变化的区域设站。

⑤为实行最严格的水资源管理和河长制需要可设立水文测站。

7.1.3　水文站网调整

7.1.3.1　原则与内容

国家水文站网应保持相对稳定，并应根据经济社会发展服务需求，水文理论水平提高、水文测报技术进步、水文规律认识深入的实际情况，适时地进行水文站网的分析和调整。

水文站网的调整包括水文测站设立、撤销、合并、迁移，测站级别变动，测验项目增减，测验方式改变等。

国家基本水文站网中的国家重要水文测站和流域管理机构管理的一般水文测站的设立和调整，由省、自治区、直辖市人民政府水行政主管部门或者流域管理机构报国务院水行政主管部门直属水文机构批准，其他一般水文测站的设立和调整由省、自治区、直辖市人民政府水行政主管部门批准，报国务院水行政主管部门直属水文机构备案。专用水文测站的设立和调整应按照管理权限报流域管理机构或者省、自治区、直辖市人民政府水行政主管部门直属水文机构批准。

7.1.3.2　流量站网调整

对受涉水工程影响的流量站的调整和充实，可使受涉水工程影响前后的水文资料连续一致，满足站网规划的要求。流量站受水利枢纽工程影响程度分三个等级：轻微影响、中等影响、严重影响。其影响程度主要由水文资料的一致性受到破坏和水文测验断面水文特性受到破坏两方面决定。其中:测站月、年径流量、输沙量在涉水工程建设、运行前后改变小于10%,为轻微影响;改变在10%~50%,为中度影响;改变大于50%,为严重影响。水文站测验断面受涉水工程影响导致水位涨落率、水位流量关系等水文特性发生改变小于10%,为轻微影响;改变在10%~50%,为中度影响;改变大于50%,为严重影响。

流量站受水利枢纽工程影响轻微的,应保留测站,一般情况下,可不做辅助观测及调查。影响中等的,应保留测站,并应做辅助观测及调查。影响严重的,宜按下列要求调整:①水库以上流域内水工程影响不大,水文站宜上迁到水库改为水库基本水文站,继续观测。②大河站和区域控制站,通过调整测验方式或改变测验手段,可基本达到设站目的的,可原地保留相关测验项目。③水库以上流域内水工程有影响,但入库主干流或主要大支流的流域内水工程影响不大,且其相应集水面积的面积级与原测站属同一级,则测站可上迁至库尾,保持原有代表性的属性;如果上迁至库尾站的集水面积小于原代表站所代表的面积量级,则其属性应改变,可作为站网中新增站处理。④区域代表站失去代表站作用,且补充观测费用巨大,测站可撤销,或择址新建。

受其他涉水工程(架设管道、桥梁、高压线路等)影响的测站,若只影响测站水位流量关系等水文特性的改变,测站年际径流量、输沙量变化较小,可保留测站,宜在断面上、下游重新布设测验断面,或根据需要调整为巡测站或采用简化测验来满足工作需要。若无合适测验断面,可考虑迁站或降级为水位站。

流量站测流断面受下游蓄水工程回水淹没影响,应按如下要求调整:①只受稀遇洪水影响,且在影响期间仍可测流和测沙,测站应保留。②测验河段长期受淹,失去了测流和测沙条件,则应根据站网规划的实际需要与可能或下迁到蓄水工程坝址,或上移出淹没区,或撤销后另设新站;或根据需要,转为专用站。

对于需要进行补充辅助站观测的区域代表站和小河站,要求基本站和辅助站实测年径流量之和应大于还原后年径流的85%。

若流量站不能满足防汛抗旱,水资源管理、保护等功能性需求,达不到设站目的,应综合考虑测站重要性、资料系列等具体情况,适时调整。

当潮流量站已满足设站需求,或受涉水工程影响,测验边界条件发生变化,可适时进行调整。

7.1.3.3　水位站网调整

应根据防汛、旱情监测、试验研究等的需要,以及河道、水库、湖泊、海岸等边界条件的变化,及时调整水位站网的布设。

7.1.3.4　泥沙站网调整

水土流失加剧或水土保持等原因,造成河道泥沙输移量的改变,原泥沙站网明显不适合原规划需求的,应对泥沙站进行相应的增加、撤销、迁移等调整。调整后迁移到水库枢纽上、下游观测的基本水文站,应按规定进行水库淤积测验和出库沙量观测。监测水库和河渠引水的站,是否调整泥沙观测项目,可根据实际情况确定。位于水生态保护和修复范围内的泥沙站,以及水文空白区内的泥沙站,在取得15年以上连续观测资料后,经分析已满足设站目的,没有继续观测必要的,可考虑撤销部分泥沙站。

7.1.3.5　降水量站网调整

凡被撤销的区域代表站或小河站,其相应的配套降水量站除尚有报汛任务或作为面降水量站外,均可撤销。由于气候环境的变化和经济社会发展的需要,降水量站失去代表性或者降水量站网密度不能满足要求的,应及时进行调整。

7.1.3.6　水面蒸发站网调整

通过代表性检验,对于代表性差的水面蒸发站,条件许可,应迁到代表性好的地方;当迁址有困难,但附近有代表性较好的其他部门的蒸发站,可将其观测资料纳入本流域的水面蒸发站网;水面蒸发站撤销后造成大块空白区的,在没有有效补救措施之前,应保留继续观测。

7.1.3.7　地下水站网调整

由于地质条件和开采发生变化及经济社会发展的需要,地下水站失去代表性或站网密度不能满足要求的,应及时进行调整与补充。

7.1.3.8　水质站网调整

水质站的代表性发生较大变化时应及时进行调整,并保持其代表性。水质站的运行条件发生变化,可适时进行调整。为应对突发水污染事件而设置的临时水质站,在应急处置工作结束后可撤销。

7.1.3.9　墒情站网调整

由于气候环境的变化和经济社会发展的需要,墒情站失去代表性或站网密度不能满足要求的,应及时进行调整。

7.1.3.10　实验站及专用站网调整

根据工作需要和经济技术条件,应以流域为单元及时增加、补充实验站。达到设站目的,且不再具备继续开展研究价值的实验站,应及时撤销。因下垫面、气候环境等条件明显改变,实验站已无法满足设站目的时,应及时迁移或撤销。

当涉水工程运行方式发生变化时,可视具体情况对相关专用测站进行相应调整;当专用站收集的资料已满足工程运行需要或相关工程停止运行时,可按照有关程序撤销。

7.2　选址查勘

7.2.1　测站选址查勘与资料收集

7.2.1.1　外业勘测前资料收集

收集站网规划或站网设计等有关文件资料,了解设站目的,确定勘测内容、查勘范围;收集流域的地质、地物、地貌、河流特性、工程措施等资料,了解测站所在流域的水资源开发规划等情况;收集了解拟设站附近的水准点、交通、通信、城镇、村庄等情况和有关资料;收集设站地区的地形图(比例尺 1∶1万和 1∶2 000 为宜);了解河流洪水、枯水、结冰、封河、开河、河床演变等情况,并收集有关资料;收集了解拟设站上、下游已有水文站网情况和站网概况资料;了解设站断面附近河段支流汇入、分汊、引水、退水、分洪等情况;收集拟设站上游及附近的水文、地质、气象、滑坡、泥石流等资料;收集测站上游的水系、湖泊等资料，了解测站附近的水库、渠道、滞洪区、堤防等水利工程情况。

7.2.1.2 外业勘测与调查

勘测工作一般在枯水期进行。

流域面上情况：收集流域的地质、地物、地貌、河流特性、工程措施等资料，了解测站所在流域的水资源开发规划等情况，并勘察河势，了解河道弯曲和顺直情况，两岸和堤防控制洪水的能力，以及有无溢流缺口等。

测站控制条件：测验河段是否存在急滩、石梁、卡口、弯道、人工堰、闸坝等断面控制；测验河段附近顺直河段的长度；分析推断断面控制或河槽控制的作用情况，鉴别断面控制或河槽控制的稳定程度。

河流特性：调查测验河段附近分流、串沟、回流、死水及边滩宽度；了解河床组成、断面形状、冲淤变化、沙洲消长史和河道变迁史，以及各级水位的主泓、流速、流向及其变化情况；了解河床上沙石、淤泥等沿测验河段的分布；了解水草生长的季节和范围，封冻和流冰时间，冰坝、冰塞的地点和壅水高度。

测验断面下游变动回水情况：测验河段下游有水工建筑物时，应参考下游最近地点水工建筑物设计最高洪水位下的回水计算资料及实际观测资料，判别是否受其影响。测验河段下游一定距离内有河流或湖泊汇合时，应了解回水发生概率、传播的极限距离等情况。

洪水及枯水情况：了解洪水涨落缓急程度，历史最高水位、洪水漫滩水位、漫滩流量及最大漫滩边界；粗估最大、不同历时洪量，调查洪水来源、组成及水土流失和泥石流形成原因；调查或估算最大水深、最大流速、最大含沙量及最大水面宽度等。调查了解历史上最枯水位、最小流量、最小水深和最小流速；了解是否发生断流现象及断流的时间、历时等。

流域自然地理：勘察地物、地貌，了解分水岭闭合情况，有无客水引入及内水分出；勘察土壤分布、植被情况，了解水土流失及上游产沙情况；了解地质及水文地质情况，对石灰岩地区要重点了解喀斯特发育程度及分布情况。

测站工作生活条件：了解拟设站附近城镇、居民点、交通、医疗、学校等条件；了解拟设站址的供水、供电、通信条件；了解当地生活、生产、经济状况；了解土地、建筑等价格。

7.2.2 测站选址勘察报告编写

测站选址勘察报告应在现场实地查勘结束后及时编写，供有关领导部门审阅和将来具体承担观测工作的单位参考。勘察报告大致遵循相似的内容和格式，但报告编写人员的写作习惯不同，以及不同测站的实际情况不同，勘察报告可在完整、明白的基础上突出自身的特点。以下给出降水量、水面蒸发观测场查勘，以及流量站勘察报告编写的提示性大纲，其他站类测站选址勘察报告编写大纲可按此内容。

7.2.2.1 降水量、水面蒸发观测场查勘报告的编写大纲

报告一般应包括以下主要内容：

（1）查勘工作的组织、实际查勘范围和查勘进行情况。

（2）查勘地区的自然地理概况、河流及水文气象特征等方面的描述。

（3）拟选降水量、水面蒸发场地的描述，周边环境的描述。

(4)对拟选降水量、水面蒸发场的初步结论。

(5)存在问题及建议。

(6)查勘报告附件:附表、附图、音像资料等。

7.2.2.2　流量站勘察报告编写提示

流量站勘察报告编写一般应包括以下主要内容:

(1)勘察的目的、任务,主要工作人员的专业类别及技术水平,勘察时间和范围。

(2)整理各项调查资料,分类归纳成简明成果。

(3)推荐勘选的测验河段,阐述分析意见。

(4)提出对水文测验项目、方法和基本设施等布置工作的建议。

(5)查勘报告附件:附表、附图、音像资料等。

第 8 章　水文调查

8.1　暴雨和洪水调查

8.1.1　暴雨调查

8.1.1.1　暴雨调查成果合理性分析

在暴雨现场调查结束后，应整理编制暴雨调查成果资料，并对暴雨调查成果的合理性进行检查与分析。暴雨调查成果合理性分析方法主要有以下几种。

1. 同一地点重复调查值互相对照法

在同一地点最好根据群众对暴雨如雨情、承雨器位置及性能、承雨情况等的描述，能重复调查演算几个暴雨数值，选择其代表性较好和成果较可靠的，然后结合其他方面的合理性检查，核实定量。当几个重复调查值相差很小时，也可取其平均数作为最后调查结果。若相差很大，则要找到原因，再决定取舍。

2. 雨量等值线图对照法

调查到的暴雨数据，在结合实测暴雨绘入等值线图后，便可互相比较，当不便绘图时，也可将邻近地点的实测或调查暴雨量进行列表对照。分析时，应结合天气形势、地形条件等综合进行。若发现问题，应再做专门复查。

对于非常稀遇的暴雨调查成果在无法估计重现期时，其中心雨量可以同全国可能最大暴雨等值线图对照。

3. 雨洪调查成果对照法

通过雨洪调查成果对照，可及时发现存在的问题，并进行改正。

在资料整理中，除通过合理性检查，落实调查的暴雨量外，对暴雨重现期（序位排列）的调查成果，也可通过分析，做出评价。

暴雨调查成果的评价，可按表 7-8-1 的规定进行。

8.1.1.2　暴雨调查报告编写

在暴雨现场调查及资料整理工作任务完成后，应编写调查报告。主要内容有：

（1）调查工作的组织、任务、调查范围、工作进行情况。

（2）调查区域及调查河段的自然地理概况、河流及水文气象情况，暴雨的天气系统及成因。

（3）文献、文物资料的搜集、查访、印证情况。

（4）暴雨的规模、调查成果及可靠程度评价。

（5）调查成果的合理性检查结论及存在问题。

（6）报告附件，如附表、附图、影视、图片等。

表 7-8-1　暴雨调查成果评价

项目	等级		
	可靠	较可靠	供参考
指认人印象和水痕情况	亲眼所见，水痕位置清楚具体	亲眼所见，水痕位置不够清楚具体	听别人说，或记忆模糊，水痕模糊不清
承雨器位置	障碍物边缘距器口的距离，大于其高差的 2 倍	障碍物边缘距器口的距离，为其高差的 1~2 倍	障碍物边缘距器口的距离，小于其高差的 1 倍
雨前承雨器内情况	无其他物品，或有能准确量算其具体体积的其他物品	有其他物品，量算的体积不够准确	有其他物品，其体积数量记忆不清
雨期承雨器漫溢、渗漏情况	无	无	有

8.1.2　洪水调查

8.1.2.1　洪水调查内容与分类

1. 洪水调查的内容

选择适当的调查河段，查明洪水痕迹，测出洪水痕迹高程；查明洪水起涨时间、峰现时间、落平时间及洪水总历时；查明河道变化情况和调查断面冲淤变化幅度；查明调查河段内河床组成，河床糙率变化；搜集当地有关历史文献、古迹、碑刻、民谚等；考证洪水的相对大小及其在历史洪水中的排列序位；查明洪水相应暴雨的雨情、天气系统及成因；了解流域自然情况及水利、水保措施对于洪水的影响；进行调查河段内纵横断面及简易地形测量，根据需要可进行摄影或录像；估算洪峰流量、洪水总量及洪水重现期；编写洪水调查报告。

2. 洪水调查的分类

洪水调查按调查时间分为历史洪水调查和当年洪水调查。前者调查河段或流域内历史上曾经发生过的特大洪水；后者调查测站漏测洪水、设站以来实测最大洪水、流域内出现全流域洪水时无设站地区发生的洪水等。

按调查范围分为普遍调查和专门调查。前者对未进行过历史洪水调查的河段根据需要进行历史洪水的普查与考证；后者在指定地点调查某一年份洪水或对已调查过的洪水成果进行复查。

按调查方法分为实地调查和考证调查。前者到洪水发生地点对历史洪水及当年洪水进行现场实地调查；后者利用地方志、宫廷档案、水利专著等历史文献和碑记、石刻、古建筑物兴废、民谣等研究历史洪水的大小及其重现期。

8.1.2.2　调查洪水洪峰流量推算

1. 水位流量关系法

若调查的洪水痕迹靠近水文站且调查断面与水文站断面形态近似，调查水位超过已有水位流量关系曲线上限水位不多，则可用该水文站实测水位流量关系曲线，并进行延长，然后将水文站的水位流量关系曲线顺高程坐标轴方向适当平移作为调查断面的水位流量关系曲线（顺高程坐标轴方向平移的幅度为调查断面与水文站断面的高差），再用洪水痕迹高程推求洪峰流量。

2. 比降面积法

在均匀顺直的河段上，若各个断面的过水面积变化不大，则可将水面比降代入谢才-曼宁公式，即利用式(7-8-1)计算洪峰流量。糙率 n 值的确定：在有水文资料的河段，应根据实测结果绘制水位糙率关系曲线，并加以延长，可推求出调查洪水位时的河床糙率；在无实测资料的河段，糙率值可参考上下游或邻近河流上河槽情况相似的水文站的资料选定。

$$Q = \frac{1}{n} F R^{\frac{2}{3}} I^{\frac{1}{2}} = K I^{\frac{1}{2}} \tag{7-8-1}$$

式中　Q——洪峰流量，m^3/s；

F——过水断面面积，m^2；

R——水力半径，m；

I——水面比降，10^{-4}；

n——河床糙率；

K——输水率。

过水断面面积、水力半径、输水率可用选定比降段上、下断面的平均值。

在非均匀顺直河段，各过水断面面积有较大变化时，则要考虑流速水头的变化，水面比降 I 值要用能坡比降 I_e 来代替，见式(7-8-2)，洪峰流量由式(7-8-3)计算。

$$I_e = \frac{h_f}{L} = \frac{h + \frac{V_上^2}{2g} - \frac{V_下^2}{2g}}{L} \tag{7-8-2}$$

$$Q = K_m I_e^{\frac{1}{2}} = K_m \sqrt{\frac{h + \frac{V_上^2}{2g} - \frac{V_下^2}{2g}}{L}} \tag{7-8-3}$$

式中　K_m——上、下断面的平均输水率；

I_e——能坡比降，10^{-4}；

h_f——两断面间能坡的落差，m；

h——两断面间水面落差，m；

L——两断面间距离，m；

$V_上$、$V_下$——上、下断面的平均流速，m/s；

g——重力加速度，取 9.81 m/s^2。

在扩散河道，则需考虑由于水流扩散所产生的损失 $h_e = \alpha\left(\frac{V_上^2}{2g} - \frac{V_下^2}{2g}\right)$，$\alpha$ 值可取 0～1.0，一般采用 0.5，则洪峰流量计算公式可写成式(7-8-4)。

$$Q = K_m I_e^{\frac{1}{2}} = K_m \sqrt{\frac{h + (1 - \alpha)(\frac{V_{上}^2}{2g} - \frac{V_{下}^2}{2g})}{L}} \tag{7-8-4}$$

在弯曲河段,应减去弯道的水头损失,但其值不易估算,故在洪水调查时最好选择在顺直而均匀或断面向下游略微收缩的河段上,以避免弯道损失和扩散估算带来的误差。

3. 水面曲线法

当洪水调查河段较长,洪水痕迹较少,且由于各段河底坡降及横断面的变化,洪水水面曲线呈曲折形,难以用少数洪水痕迹所连直线求得洪峰流量时,则可使用水面曲线法推求洪峰流量。

水面曲线法是先假定一个流量,根据所选定的各段糙率 n 值,自下游一个已知的洪水水面点起向上游逐段推算水面线。然后检查这个水面线与各个洪水痕迹的符合程度。若大部分符合,则说明假定流量是准确的;否则,重新假定再行计算水面线,直到大部分符合为止。

利用水面曲线法计算上断面的水位见式(7-8-5)。

$$Z_{上} = Z_{下} + \frac{1}{2}\left(\frac{Q^2}{K_{上}^2} + \frac{Q^2}{K_{下}^2}\right)L - (1 - \alpha)(\frac{V_{上}^2}{2g} - \frac{V_{下}^2}{2g}) \tag{7-8-5}$$

式中 $Z_{上}$、$Z_{下}$——上、下断面的水位,m;

Q——假定流量,m^3/s;

α——当 $V_{上}<V_{下}$ 时,$\alpha=0$,当 $V_{上}>V_{下}$ 时,$\alpha=0.5$;

其余符号意义同前。

8.1.2.3 洪水调查成果合理性分析

洪水调查成果应从以下几方面进行合理性检查。洪峰流量成果宜采用多种方法计算,对各种计算成果应综合分析,合理选定。当几种方法计算的洪峰流量可靠程度相同时,可取算术平均值作为计算成果。

(1)洪痕的代表性和洪痕线分析,检查洪痕突出偏高和偏低产生的原因。

(2)与邻近地区水系上下游、干支流的洪峰流量、洪水总量进行对照。

(3)编制同次暴雨洪峰模数分布图,对照暴雨分布,检查上下游和区间洪峰模数(洪峰模数是控制断面的洪峰流量与该控制流域面积的比值,也就是计算单位时间单位面积上的产流量)合理性。

(4)建立同频率洪峰流量与流域面积关系进行分析。

(5)建立流域产汇流模型或上下游洪水相关关系,检查成果的合理性。

8.1.2.4 洪水调查报告编写

在洪水调查工作全部完成后,要及时编写洪水调查报告。主要内容有:

(1)洪水调查工作的组织、范围和总体情况。

(2)调查地区的自然地理概况、河流及水文气象特征等方面的概述。

(3)调查洪水的量级及相关情况描述和分析,成果可靠程度评价。

(4)对洪水调查成果做出的初步结论及指出存在的问题。

(5)调查报告的附件、附表、附图、声像资料等。

8.2　枯水调查

8.2.1　枯水调查内容

8.2.1.1　枯水调查内容

(1)当河流仍有流水时,应调查枯水的起、止时间,枯水时段水位、流量的变化情况,最低水位、最小流量及出现时间。

(2)当河流干涸时,要调查其断流起、止时间,断流天数,断流次数,每次断流的间隔时间和水流变化情况。

(3)调查流域旱灾面积,受旱程度及因干旱造成工农业减产和人畜饮水、地下水位下降、井水干涸等情况。

(4)当调查河段的上游受水工程影响较为严重时,要调查枯水期其上游灌溉水量、工业和生活用水量、跨流域引水量和蓄水工程蓄水变量。

(5)搜集枯水开始前期流域雨量、枯水期雨量、枯水期天气系统变化及成因等方面资料。

8.2.1.2　枯水调查的途径

要在枯水发生后及时进行调查:

(1)实地调查了解流域河道特性,深入细致访问当地群众,搜集与枯水有关的各种资料。

(2)当河流有水时,要观测相应的水位和进行流量测验,并调查水量减少的原因。

(3)对重要的枯水痕迹进行摄影或摄像。

8.2.2　枯水流量推算

8.2.2.1　利用实测资料推算

如果调查河段有实测水位、流量资料时,可用实测水位流量关系曲线低水延长法(延长幅度一般不超过总变幅的20%)、上下游流量相关法、流域退水曲线法等方法推算枯水流量。

8.2.2.2　利用水文比拟法推算

当调查河段没有实测水位流量资料时,可用水文比拟法、降雨径流模型法推算枯水流量,也可根据调查流域的旱灾情况,按相似流域的相应枯水年估算枯水流量。

如果某几个流域处在相似的自然地理条件下,则其水文现象具有相似的发生、发展、变化规律或特点。水文比拟法就是将有实测资料的中小河流域做参证(参证流域),计算出某些水文特征值,并进行影响因素分析,建立影响因素与水文特征值的估算关系,利用这些分析计算的成果模式,更换影响因素参数,应用到一些自然地理条件类似的无资料的中小河流域(相似流域)的一种简便方法。

水文比拟法在缺乏等值线图时是一个较为有用的方法。即使在具有等值线图的条件下,而研究流域面积较小,它的年径流量受流域自身特点的影响很大,因此对研究流域影响水文特征值的各项因素进行一些分析,可以避免盲目地使用等值线图而未考虑局部下垫面因素所产生的较大误差。所以,对于较小流域,水文比拟法更有实际意义。

8.2.2.3　利用降雨径流模型法推算

降雨径流模型法是通过研究流域降雨量与径流量的关系和有关影响因素,建立定量的数学模型,在本流域(区域)没有实测径流量的时期,按适合的条件模型由流域降雨量推算径流量的方法。

8.2.2.4　流量还原计算

水文断面水量还原计算是一项重要的基础工作。调查河段上游受水工程影响较严重时,可对其调查枯水流量进行还原计算。

还原计算的一般概念是,将水文站实测的径流量加上本应或原来流过水文断面而不再流过的水量,得到水文断面原来本应的径流量。

8.2.3　枯水流量合理性分析

调查枯水流量的合理性分析可用下列方法进行:

(1)用上下游、干支流、邻近站的同期枯水流量或枯水流量模数进行对照检查分析。

(2)用降雨径流模型推算枯水流量,与调查枯水流量进行对照检查分析。

(3)用上下游水量平衡方法进行检查分析。

枯水调查成果的可靠性评价,可按表 7-8-2 的规定进行。

表 7-8-2　枯水调查成果评价

项目	等级		
	可靠	较可靠	供参考
资料情况	资料来源真实可靠,并有部分实测枯水流量,论据清楚	资料基本可靠,枯水流量均为间接推算	枯水流量为估算,资料粗糙
计算方法	用实测水位流量关系曲线法、上下游流量相关法、流量退水曲线法等方法进行低水延长,其延长部分不超过总变幅的 20%	用实测水位流量关系曲线法、上下游流量相关法、流量退水曲线法等方法进行低水延长,其延长部分不超过总变幅的 25%	用降雨径流模型法、水文比拟法、枯水相似流域法估算
成果合理性	合理	基本合理	定性合理

8.2.4　枯水调查报告编写

在枯水现场调查及资料整理工作任务完成后,应编写调查报告。主要内容有:

(1)任务来源及调查人员组成,包括调查的缘由、项目、时间、区域、调查主持人、参加人员及所属单位。

(2)调查区概况,包括自然地理、流域水文特征及水工程概况,设立辅助站的河段概况,行政区划概况等。

(3)采用和参考的主要技术文献及调查方案。

(4)使用的主要仪器设备,包括水文测验和测绘时采用的主要仪器、型号、规格等。

(5)有关资料的收集和考证,包括收集了解调查区在调查前后的有关论证、旁证资料,查阅的有关历史文献文物资料。

(6)调查整编成果合理性检查,应采用多种途径分析调查成果合理性。

(7)成果审查和评价,包括主持成果审查的单位、人员、职称,资料可靠性评价等级,确定主要调查成果的采用值。

(8)报告附件,包括有关附表、附图和现场照片。

第 9 章　管理与培训

9.1　技术管理

9.1.1　测区巡测方案编制

通常所说的巡测主要是流量巡测，但随着水文事业的发展，泥沙和水质取样、地下水、土壤墒情（土壤含水量）等业务项目也逐步巡测起来。开展流量巡测的水文站，与常测驻测站相比，其使用的测流方法完全一样，但巡测需要配备巡测车或巡测船、野外生活用品、救生设备等。

实施巡测前，要分析测站情况和水文特性，研究巡测时机，考虑与相关项目结合的方式，准备需要的资料，选择一次多站的巡测路线，配齐技术装备，组织人力，还应考虑野外通信联系、生活和安全等，形成巡测方案，然后按方案结合具体情况开展巡测。

下面是流量和泥沙巡测方案编制介绍，其他业务项目的巡测方案编制可参照流量巡测方案编制的模式开展。

9.1.1.1　流量巡测方案编制

集水面积小于 10 000 km^2 的各类精度的水文站，符合下列条件之一者，可实行巡测：

（1）水位流量关系呈单一线，流量定线可达到规定精度，并不需要施测洪峰流量和洪水流量过程者。

（2）实行间测的测站，在停测期间实行检测者。

（3）枯水期、冰期水位流量关系比较稳定或流量变化平缓，采用巡测资料推算流量，年径流的误差在允许范围以内者。

（4）枯水期采用定期测流者。

（5）水位流量关系不呈单一线的测站，距离巡测基地较近，交通通信方便，能按水情变化及时施测流量者。

水位流量关系单值化是巡测的重要条件。多年来，为了扩大流量巡测范围，各地研究采取了许多方法实现水位流量关系单值化，应总结推广。

流量巡测方案编制主要包括以下内容：

测流方法：中常水流条件下采用流速仪法或声学多普勒流速仪法实测流量；洪水采用浮标法、电波流速仪法实测水面流速，借用断面面积计算流量，或利用比降面积法等水力学法推算流量；也可采用水工建筑物、量水建筑物测流。

测次布置：根据流量测次精简分析成果，确定巡测模式为常年巡测或季节性巡测，以及必要的流量测验次数和具体的测流时机。

精度要求：单次流量测验方案和精度，应根据测站的精度类别，按照现行河流流量测验规范及现行行业标准的规定执行。

巡测辅助项目:根据需要,确定开展流量巡测时必要的辅助测验项目,包括水位、降水量、泥沙、水温等。

测验设备:按照选定的测流方法装备流速仪、ADCP 等测流仪器,以及安装仪器的测流架、铅鱼、悬臂等悬吊设备。巡测车和巡测船既是巡测的交通工具,也是巡测设备的承载基础或作业平台,可根据巡测线路的实际情况选择。另外,相机配备水位、降水量、泥沙、水温等测流辅助项目的便携式测验器具。

测验保障设备:信息采集和存储设备、通信设备、安全防护设备、应急发电和照明设备、饮食饮水等生活设备、维修工具等。

巡测线路:单站巡测线路即自巡测基地到巡测站点之间的往返线路,一般应有备用线路。测区巡测线路即把测区内所有需要巡测的站点作为一个整体,根据前期的精简分析结果所确定的单站测验次数和时机,综合考虑人力、设备、站点位置等因素,拟定最优巡测线路。

人员配置:根据巡测路线数、巡测站点数、流量测验方式、辅助测验项目等情况确定必要的巡测人员配备数量。

制度保障:制定完善的巡测管理制度体系,如劳动纪律、安全制度、质量保障制度体系等。

9.1.1.2 泥沙巡测方案编制

泥沙巡测方案编制主要包括以下内容:

测沙项目:巡测站一般不宜开展悬移质输沙率和断面平均颗粒级配的测验,也不宜开展推移质泥沙测验。可开展悬移质单样含沙量和单样颗粒级配的测验。

测沙方法:正常水流条件下采用常测法开展悬移质单样含沙量和单样颗粒级配的测验;洪水时采用主流边或水边水面一点法等简易方法测验悬移质单样含沙量和单样颗粒级配。配备有泥沙在线测验仪器时,按仪器使用条件开展泥沙在线测验。

测次布置:根据泥沙测次精简分析成果,确定巡测模式为常年巡测或季节性巡测,以及必要的泥沙测验次数和具体的测流时机。

精度要求:单次泥沙测验方案和精度,应根据测站的精度类别,按照现行河流悬移质泥沙测验规范及现行行业标准的规定执行。

巡测辅助项目:根据需要,确定开展泥沙巡测时必要的辅助测验项目,包括水位、流量、水温等。

测验设备:按照选定的测沙方法装备横式采样器、积时式采样器,或振动式测沙仪、同位素测沙仪、红外测沙仪等在线测沙仪器,以及安装仪器的支架、铅鱼、悬臂等悬吊设备。巡测车和巡测船既是巡测的交通工具,也是巡测设备的承载基础或作业平台,可根据巡测线路的实际情况选择。另外,相机配备水位、流量、水温等测沙辅助项目的便携式测验器具。

测验保障设备:泥沙样品存储器具、信息采集和存储设备、通信设备、安全防护设备、应急发电和照明设备、饮食饮水等生活设备、维修工具等。

巡测线路:单站巡测线路即自巡测基地到巡测站点之间的往返线路,一般应有备用线路。测区巡测线路即把测区内所有需要巡测的站点作为一个整体，根据前期的精简分析结果所确定的单站测验次数和时机，综合考虑人力、设备、站点位置等因素，拟定最优巡测线路。

人员配置：根据巡测路线数、巡测站点数、泥沙测验方式、辅助测验项目等情况确定必要的巡测人员配备数量。

制度保障：制定完善的巡测管理制度体系，如劳动纪律、安全制度、质量保障制度体系等。

9.1.2 单站悬移质泥沙测验精简分析

水文站悬移质泥沙测验包括悬移质输沙率、含沙量和颗粒级配测验。不同精度类别的水文站，其悬移质泥沙测验项目（输沙率、含沙量、颗粒级配）和测验时段（汛期、全年）可能会有差别，测验精度要求也不相同。悬移质输沙率测验的目的是通过测验断面悬移质输沙率，推求出断面含沙量（断沙），与相应单样含沙量（单沙）建立单断沙关系，或检验已建立的单断沙关系，进而用单沙推求断沙，计算时段输沙量；悬移质单样含沙量测验的目的是通过测验断面单沙，控制含沙量变化过程，利用单沙通过建立的单断沙关系推求断沙；悬移质颗粒级配测验的目的是通过测验断面单样颗粒级配，控制颗粒级配变化过程，测验的单样颗粒级配和断面颗粒级配建立关系（单断颗关系）推求断面颗粒级配，并计算悬移质泥沙断面平均粒径等颗粒级配特征值。

水文站悬移质泥沙测验项目和实测次数的多少，与测站功能和测站精度类别等因素有关。《河流悬移质泥沙测验规范》（GB 50159—2015）规定悬移质输沙率和断面平均颗粒分析的测次分布一年内应主要分布在洪水期，具体的测验次数及测验时机分布应满足不同整编方法对关系线或过程线完整控制的要求，新开展输沙率和断面平均颗粒分析测验的测站，前 3 年内应适当增加测次；单沙测次分布应能控制含沙量的变化过程，较大洪水期间和含沙量变化较大的平水期应在规定基本测次数的基础上适当增加测次；单样颗粒分析测次宜分布在洪水期，非汛期宜分布少量测次，测次应能控制泥沙颗粒级配的变化过程。

当水文站运行一定时间，积累一定数量的悬移质泥沙实测资料后，可以开展悬移质泥沙测次的精简分析。开展悬移质泥沙测次精简分析的水文站一般要求应有 10 年以上实测资料，或 3 年以上实测资料且高、中、低水位级各有不少于 30 次的实测悬移质泥沙资料。

制订水文站悬移质泥沙测次精简方案，一定要说明该方案的适用条件，包括适用时段、悬移质泥沙范围、测验方式等，还应说明在什么情况下必须恢复正常的悬移质泥沙测验。

悬移质泥沙测次精简分析工作一般包括以下环节和内容：①收集资料。收集所有的实测悬移质泥沙资料，以及相关的降水、水位、流量等资料，必要时还要收集上下游站的悬移质泥沙等资料，从单次资料质量、过程对照、单断沙关系、单断颗关系、时段沙量计算等方面对所收集资料进行甄别，剔除明显不合理的数据，把认为质量可靠的资料按一定的规则进行排序等整理。②拟实施悬移质输沙率或断面平均颗粒分析的测次精简工作时，一般应建立单断沙或单断颗相关关系，拟合出历年综合性的单断沙或单断颗关系线。若单断沙或单断颗关系比较复杂，可以考虑多因素相关，如增加降水量、流量、上游站含沙量等因素，以求得相关性较强的关系线。或者按含沙量级或涨落水趋势等拟合多条综合性的单断沙或单断颗关系线。必要时，对最终确定的相关线拟合出相关公式，以方便计算机推算断沙或断颗。拟实施悬移质单样含沙量或单样颗粒分析的测次精简工作时，一般还应计算时段沙量，在满足误差要求的前提下，确定最少的单沙或单颗测验次数。③确定简化测验方案。根据分析结果，结合测站人员情况、基础设施及技术装备情况、设站目的及测站任务书要求等因素，综合确定悬移质泥沙测验简化方案，并给出方案执行规则。④绩效评估。简化方案实施后的前 3 年，每年应对方案实施情况开展绩效评估，出具评估报告。评估内容包括上一年度方案执行情况，执行过程中出现的问题及处理情况，执行前后效益对比，是否继续执行原方案，若需修订，提出修订的理由及具体的修订方案。

9.1.3 水文应急监测

水文应急监测是指因突发事件导致河流湖库等发生重大灾情或面临重大灾情威胁而开展的非常规水文监测活动。水文应急监测对象包括台风暴雨、超标洪水、堤坝溃决、泥石流、堰塞湖、枯水断流、水质污染、水生态恶化等。水文应急监测可以为应急管理机构准确预判灾情发展，科学应对灾情，有效防止和减轻灾害损失，提供及时准确的水文信息。为了更好地发挥水文应急监测在河流湖库重大灾情处置中的尖兵和哨兵的作用，水文部门需要根据以往对各类灾情应急监测的经验，结合现有的人力资源和设施设备装备情况，制订科学合理、可操作性强的各类灾情应急监测预案。

编制水文应急监测预案主要包括以下内容：

(1)突发事件类别和突发事件描述。突发事件主要类别有台风暴雨、超标洪水、堤坝溃决、泥石流、堰塞湖、枯水断流、水质污染、水生态恶化等，每一类突发事件的定义、缘由、典型表现、危害的大致范围和程度等信息应有较为准确的表述。

(2)水文应急监测流程。突发事件的发生发现、报告、会商、处置、总结等各环节都应有明确的人员责任、时限要求、人员物资技术安全等保障措施。

(3)应急监测队伍。根据人力资源情况，明确水文应急监测的专职人员和兼职人员及其责任分工，应急监测人员应具备过硬的专业技术素养、灵活有效果断的临时应变能力和足够的野外作业适应能力。

(4)应急监测装备。在常规水文监测装备的基础上，应急监测装备还应具有综合、便携、机动、能适应恶劣工作环境、满足一定精度要求。

(5)交通通信保障。交通车、交通船均应具备应对复杂地面、水面条件的良好性能，通信保障应有多方备份，尤其是尽可能配置卫星通信设备。

(6)安全与生活保障措施。为人员、设备、资料安全所必需的装备、制度等措施，帐篷、炊具、单兵作战必要的野外工作生活装备。

水文应急监测预案从实践中来，还要到实践中去，在实践中不断积累经验，完善预案。因此，在制订水文应急监测预案时尽可能地把各类突发事件，以及各类事件可能的影响范围、影响程度考虑周全；在预案执行的过程中除严肃纪律、严格流程、认真执行外，还应针对事件中出现的新情况、新问题及时调整应急监测方案,灵活应对过程中的突发情况;应急监测任务结束后,全面深入总结应急监测过程中的经验和教训,及时把这些宝贵的经验转化成方案,补充进应急监测预案,使各类水文应急监测预案不断地丰富、更新、完善。

9.1.4　技术业务综合报告编写

水文测区是水文业务管理的一个通俗概念,有水文自然分区(如某较大支流流域、某若干小河流区域、干流某区段)、行政分区和水文业务管理分区的意义,通常这些分区有统一性,分布若干水文站,由一个管理机构管理。水文测区技术业务综合报告就是围绕测区的业务开展和实施情况编写的呈报给上级的报告,最常见的是年度报告,也有阶段报告或专题报告。

报告的内容素材主要来自测站给测区管理机构的业务技术报告,测区机关本级业务管理部门巡站质量检查记录、技术会商和技术会议记录,本级机构开展的专门业务或集中性业务的情况等。写法上可按主要业务项目统计后分节介绍全年各项目的工作情况和业绩成果,也可按工作阶段如汛前准备、洪水测报、资料整编等叙述各阶段测区工作情况和业绩成果,有专门生产业务任务的应专节写出,典型事例或特殊情况或重要问题也应专节写出。报告中应整理出有关情况的图表,与文字叙述结合,以便加深理解。报告应注意总结经验与教训,也可写出对下年度工作的计划,以及需要上级解决的问题,以体现测报业务的连续性和可持续发展。

从测验资料分析本测区的水文规律,发现某些测站的特点或质量缺陷是技术业务综合报告编写前的一个基础工作,可先组织技术力量开展有关工作。由各测站的资料汇总为测区的业务技术报告,需要进行仔细的合理性分析,及时发现问题。常用的办法有干支流、上下游的水量平衡分析,降水量的面上分布及邻站的一致性合理性比较等。如点绘年、重要场次雨量站观测数据地理分布图(等值线等)观察测区降雨分布状况,查检明显偏大或偏小的测站,分析原因(曾发现极少数委托雨量观测有缺测现象)。有上下游关系的站,可套绘洪水流量过程线,分析洪水传播情势,对比各站洪峰测次控制和水位流量关系。分析区间无明显加水或失水上下游站的径流量,对比测验整编质量。分析流域降水和下垫面相近测站的径流深的一致性。总之,测区有关资料综合分析可发现单站自身不易觉察的一些问题,可以改进测验,提高质量水平。

必要时,也可写一个总体报告,再附录若干专门报告。专门报告应题目明确,内容集中。报告前面应写测区基本情况,附水系和测站分布图,有个背景概念,易于理解报告的其他重要情况。

9.1.5　测验质量检查评定

测验质量检查评定办法通常由测站管理机关统一制定,作为测区各站业务考核和工作评定的标准。目前,水文业务技术质量要求分布在各有关规范标准中,全国性的检查评定办法规定的比较宽泛。

检查评定办法宜包括检查的准备、组织、实施程序和指标体系及检查总结等。指标体系是检查评定办法的核心内容,一般为综合本区各站任务书中规定的方法、测次、质量要求,提出可资检查操作和比较评定的条文。但写法有正写和反写的方式,正写是达到要求给正面评价或得分,反写是达不到要求给反面评价或扣分(得负分)。因为测站的成绩总是主要的,所以反写扣分的方式似乎方便些。

考虑全国水文勘测的基本项目和主要项目,本节从水利部长江水利委员会水文局水文测验成果质量评定办法中节选"2 质量评定标准""6 流量评分标准",节选水利部黄河水利委员会中游水文水资源局水文站测报整质量评定办法部分内容,以案例的方式提供学习编写测验质量检查评定办法的参考。案例仍用原编号列出。

水利部长江水利委员会水文局水文测验成果质量评定办法(节选)

2　质量评定标准

2.1　一般规定

2.1.1　水文成果质量评定划分为优、良、合格、不合格四个等级。水文成果的使用价值分为"提供使用、部分成果提供使用、供参考、无使用价值"四类。

2.1.2　水文测站的综合质量等级评定按测站开展的测验项目进行综合评定。水文测验项目权重系数划分为:水(潮)位 0.2、流(潮)量 0.5、悬移质输沙率 0.4、悬沙颗粒分析 0.3、床沙 0.1、卵推 0.1、沙推 0.1、降水 0.1、蒸发 0.1、水温 0.1、岸温 0.1、风向风速 0.1、波浪 0.1、气温 0.1、相对湿度 0.1、蒸发器内水温 0.1、气压 0.1、日照 0.1、地温 0.1、云和能见度 0.1。

2.1.3　综合得分等于各项目的权重系数乘以该项目的得分之和。综合得分相同时,按项目多少排序。权重系数等于该项目系数除以本站各项目系数之和,计算的权重系数不进行舍入处理。

2.1.4　本办法未明确规定的项目,可比照类似条件相应条款扣分。

2.1.5　某项符合多项扣分标准,应按最高分值扣分。

2.2　水文测验项目质量评定

2.2.1　水文测验项目质量评定按基本、测验、分析、整编等工作类别赋分,每项工作扣分不应超过规定的赋分。

2.2.2　各工作类别的扣分之和不超过其规定的赋分,精确到 0.1 分。

2.2.3　各水文测验项目工作类别赋分分配见表 2.2.3。

表 2.2.3　各水文测验项目工作类别分数分配表

水文测验项目	工作类别				说明
	基本	测验	分析或整理	整编	
水(潮)位	25.0	50.0		25.0	
水(岸)温	25.0	50.0		25.0	
流(潮)量	25.0	50.0		25.0	
悬移质输沙率	20.0	60.0		20.0	
悬沙颗粒分析	15.0	20.0	40.0	25.0	

续表 2.2.3

水文测验项目	工作类别				说明
	基本	测验	分析或整理	整编	
床沙颗粒分析	15.0	20.0	45.0	20.0	
沙质(卵石)质推移质	15.0	20.0	45.0	20.0	
降水量	20.0	60.0		20.0	
水面蒸发	20.0	60.0		20.0	
波浪	20.0	60.0		20.0	
风向风速	20.0	60.0		20.0	
气温	20.0	50.0	10.0	20.0	
相对湿度	20.0	50.0	10.0	20.0	
蒸发器内水温	20.0	50.0	10.0	20.0	
气压	20.0	50.0	10.0	20.0	
日照	20.0	60.0		20.0	
地温	20.0	50.0	10.0	20.0	
云和能见度	20.0	60.0		20.0	

2.3　综合质量等级划分标准

2.3.1　综合质量等级划分为:水文测验项目测站综合质量得分 90.0~100 分为优等,75.0~89.9 分为良等,60.0~74.9 分为合格,59.9 分以下为不合格。

2.3.2　资料定性评定应符合下列要求:

1)水文测验项目资料有一项为不合格时,测站综合质量等级不得评为优等;

2)只供参考的资料,不得评为良等级;

3)伪造或故意损毁资料致使资料无使用价值的,其质量等级评定为不合格。

6　流量评分标准

6.1　基本工作

6.1.1　基本设施、测验设备检查最高扣 10.0 分;基线桩、断面起止桩校测最高扣 5.0 分;大断面、断面流向测量最高扣 10.0 分。

6.1.2　基本设施、测验设备检查、考证见通用评分标准。

6.1.3　大断面未按规范与任务书规定测量,缺测 1 次扣 3.0 分;测量超过 2 天的,每迟后 1 天扣 0.2 分;岸上部分借用不合理、水下控制不够和水深测量不符合要求的,每项扣 1.5 分;岸上测量不符合规定的扣 1.5 分。

6.1.4　断面流向未按规范与任务书规定测量,缺测 1 次扣 3.0 分;计算方法不正确的每次扣 2.0 分,用浮标法测量断面流向未计算流量浮标系数的,每次扣 1.0 分。

6.2　测验工作

6.2.1　水道断面测量与借用最高扣 5.0 分;测次、垂线、测点控制最高扣 25.0 分;单次成果最高扣 20.0 分。

6.2.2　水道断面未按规定施测的，每少一次扣 1.0 分；测验方法不当每次扣 0.5 分，影响成果使用的，扣 2.0 分。采用钢尺丈量大断面起点距时，应丈量往、返测距离，少一次扣 1.0 分。

6.2.3　当常用流速仪在使用 50 次后，未比测继续使用的，超过 1 次扣 0.2 分，累计最多扣 5.0 分。用不同型号的流速仪进行比测或把常用流速仪当备用流速仪使用的每次扣 2.0 分。

6.2.4　测速、测深垂线借用河底高程，借用错误的每线扣 0.5 分；借用不当的每线扣 0.1 分，每次最高扣 0.5 分；未按规定转移、增加测速垂线的每线扣 0.5 分，未按规定转移、增加测深垂线的每线扣 0.2 分。单项全年累计最高扣 5.0 分。

6.2.5　使用走航式声学多普勒流速仪测流的，仅施测一个测回其误差超出 2%未重测的、施测两个测回误差超出 5%未重测的每次扣 1.0 分；水深超出仪器测量范围而使用的，每次扣 1.0 分；对有“动底”，并配有 GNSS 而未使用 GGA 模式计算成果的，每次扣 0.5 分。

6.2.6　测次控制未按要求布置按下列规定扣分：

1）单一线型，测次未按水位级均匀分布，相邻测点间距大于当年水位变幅 20%的（水位变幅小于 5 m 或暴涨暴落河流大于 30%）每处扣 1.0 分；一日内连续施测 2 次以上而以后未出现同级水位减半扣分；对于坝下站按 1/3 分值扣分（正常调机或加大泄洪或突然关闸期间水位涨落较大无法测流不扣分）；一日内连续施测 2 次以上及无人值守站、巡测站，而以后未出现同级水位的不扣分。

2）绳套线型，由于测次控制不够，或峰顶、峰谷附近无测点，造成定线任意性较大时（其任意性较大是指经二人以上定线都合理的二条不同关系线，一类站同一水位的流量相对误差大于 3%，二、三类站同一水位的流量相对误差大于 5%，闸坝控制站流量相对误差大于 8%），每处扣 1.0 分；流量变化转折处，每少一测次扣 1.0 分（坝下站扣 0.3 分）。

3）实测流量过程线法，测次不能满足流量变化过程的要求，每少一测次扣 1.0 分，流量变化转折处，每少一测次扣 1.0 分。属月特征值扣 5.0 分，年特征值扣 10.0 分。

4）高水外延大于当年水位变幅 20%扣 2.0 分（年水位变幅在 2.0 m 内且外延不超过 0.1 m 的不扣分），每增大 5%时加扣 1.0 分（山溪性河流减半扣分）；巡测站高水外延大于当年水位变幅 30%时扣 3.0 分；高水延长超过 30%未进行两种方法比较的，扣 5.0 分。

5）低水外延大于当年水位变幅的 10%时扣 2.0 分，大于当年水位变幅的 15%时扣 2.0 分、每增大 5%时扣 1.0 分；巡测站低水外延大于 10%扣 3.0 分（年水位变幅在 2.0 m 内且外延不超过 0.1 m 的不扣分）；低水延长超过 15%未进行两种方法比较的，扣 3.0 分。

6）水位流量关系为单一线型的测站，遇特殊水情改变了单值关系，而未及时调整测验方法或增加测次，影响定线推流精度的，自发现之日起每少一次扣 2.0 分，影响推求月、年极值扣 3.0~10.0 分。发现改变单值关系后，调整了测验方法。水位流量关系定线两种方法接头处，因测次不够导致定线有任意性的，视情况扣 0.5~1.0 分或按缺测减半扣分。

7）实施流量间测的站，停测年份未按要求进行检测的，每少一个测点扣 2.0 分；当发现测站控制条件发生变化或发生稀遇洪水等情况,未及时恢复正常测流,影响推流精度的,视影响程度扣5.0~15.0分。

6.2.7　影响单次成果质量的按下列规定扣分:

1)随意减少测线的,每线扣0.5分;随意减少测点的,每点扣0.2分。

2)未按规定测量悬索偏角、垂线流向偏角、未进行偏角改正的每次扣0.5分。

3)计算相应水位方法不合理或计算错误的每次扣1.0分;未记测速垂线时间或水位,导致相应水位难以计算的,每次扣2.0分。

4)未实施现场"四随"的,每次扣0.2分;影响质量的每项每次扣1.0分。

5)测验方法不合理、仪器超过使用范围,每次扣0.5分或1.0分。测点位置放错扣0.1分。

6)水面流速系数、半深流速系数、岸边流速系数使用不当,每次扣0.5分,影响成果的每次扣1.0分。

7)未按规定施测死水边界或计算死水面积的,每次扣0.5分。

8)未按要求观测风向、风力等项目的,每项每次扣0.1分。

6.3　整编工作

6.3.1　定线精度、三种检验及不确定度计算最高扣5.0分;关系曲线放大、点绘、接头最高扣10.0分;其他错误最高扣10.0分。

6.3.2　测站 $Z \sim Q$ 关系三种检验及不确定度计算,未进行的扣5.0分;补作后发现定线不合理的按2.3.2处理。检验不完善或计算错误的扣1.0分。多年合并定线作三种检验缺少上年度资料样本的,扣2.0分;采用历年综合或上年关系曲线定线推流未进行 t 检验的扣1.0分。

6.3.3　单一线定线中,水位流量、水位面积、水位流速三种关系线,其流量与面积、流速的乘积,误差大于3%的,每处扣1.0分;三种检验中每种精度超限的,扣3.0分。

6.3.4　连时序法定线推流与辅助分析相矛盾,未加处理,每处扣1.0分;反常线段未做辅助分析的扣2.0分。

6.3.5　流量测验因环境影响误差过大,造成定线不合理未做分析说明的每处扣2.0分。

6.3.6　未使用微机辅助测流技术,无现场分析图表,或有图但比较随意,随手勾绘,每份资料扣0.1分。

6.3.7　年头年尾接头误差超过规定的,每处扣1.0分;换线接头误差超过规定的,每处扣3.0分。

6.3.8　突出点未分析的,每点扣0.5分;造成判断失误影响定线的扣2.0分。

6.3.9　因测点点错或漏点,$Z \sim Q$ 关系线每处扣0.5分,$Z \sim A$、$Z \sim V$ 关系线每处扣0.2分;影响定线的,连时序法每处扣1.0分,单一线每处扣2.0分,实测流量过程线每处扣3.0分,影响月年特征值按2.3.2处理。

6.3.10　用水工建筑物推流的测站,电功率明显不合理未做处理的,每处扣1.0分;若是流量转折点,扣2.0分;若影响月极值扣3.0分;影响年极值扣10.0分。

6.3.11　测站 $Z \sim Q$ 关系为单一线型(含单值化线)未做单一线历年综合分析的扣1.0分。

6.3.12　造成上下游站年水量不平衡的水文站，经综合分析确认系流量测验整编所致，年径流量相差超过±5%的，扣 10.0 分。

水利部黄河水利委员会中游水文水资源局水文站测报整编质量评定办法（节选）

降水观测

说明：①总降水日数按日降水量 200 mm、100 mm、50 mm、25 mm 分级统计。

②全部符合下列各▲条，为一个降水观测合格日：

▲仪器合格正常，器口水平，高度符合要求；

▲自记存贮完整，非汛期、汛期自记仪器故障期间按规定段制人工观测；

▲与邻站对照无不合理现象；

▲一日时差小于 2 min。

表 1　降水观测得分表

项目	技术要求	得分
合格率	降水观测合格日数占总降水日数的 100%	10
	降水观测合格日数占总降水日数的 95.0%～99.9%	5
	降水观测合格日数占总降水日数的 90.0%～94.9%	−5
	降水观测合格日数占总降水日数的<90.0%	−10
年最大日降水量	符合降水观测合格日条件为正分，不符为负分	±3
加分标准	日降水量大于等于 200 mm 且符合降水观测合格日条件，每天得分	15
	日降水量为 100～199.9 mm 且符合降水观测合格日条件，每天得分	10
	日降水量为 50～99.9 mm 且符合降水观测合格日条件，每天得分	5
	日降水量为 25～49.9 mm 且符合降水观测合格日条件，每天得分	2
扣分标准	自记期间日降水量未按要求进行人工读记者，每天得分	−0.5
	未对自记期间人工读记日降水量资料按原始要求进行整理者，每月得分	−5
	因资料质量问题，影响《水文资料整编规范》中“××流域××水系各时段最大降水量表(1)、表(2)”规定的时段降水量的挑选，每影响 1 个时段降水量，得分	−2
	自记雨量计故障连续达 5 天，次得分	−3
	日降水量缺测、漏测，丢失原始资料，每天得分	−2
	伪造、涂改原始资料，每天得分	−4

水情报汛

说明：①全部符合下列各▲条，为一份水情合格报：

▲所发报系任务书或有关规定应发报；

▲报文中电码符合规定；

▲报文中的数据正确；

▲各类报均按规定时限发出报文(实测流量洪水期1小时以内，平水期2小时以内报出，以平均时间计)；

▲含沙量估报误差小于等于±10%；

▲流量估报误差小于等于±10%。

②全部符合下列各▲条，为一个水情报汛合格日：

▲全日水情报无错报、迟报、缺报、漏报、多报；

▲报洪水过程次数合理；

▲全日无违犯水情有关制度现象。

③符合下列各▲条之一且未及时更正者即为一份错报：

▲报文不符合规定格式；

▲报文中数据电码有误或超过有关规定，流量、含沙量估报误差大于等于±20%；

▲报文数值表面矛盾且超舍入误差。

④水情报数为全年水情报总份数(1份报有几个收报单位仍统计为1份)。

⑤合格水情日数为全年合格水情报汛日总数。

⑥合格水情报数为全年合格水情报总份数。

⑦错报数为全年错报总份数。

表2　水情报汛得分表

项目	技术要求	得分
差错率	全年错报总份数占全年水情报总份数的1%为合格，每减0.1%得正分，每增0.1%得负分	±2
水情报合格率	全年合格水情报总份数占全年水情报总份数的98%为合格，每增0.1%得正分，每减0.1%得负分	±1
水情日合格率	全年合格水情日占全年规定水情日总数的98%为合格，每增0.1%得正分，每减0.1%得负分	±1
年最大峰顶报	年最大峰顶各水文要素报，合格得正分，不合格得负分	±3
加分标准	通信设备运行良好，水情报传输无误，年加分	5
	手机短信使用率90%及以上，年加分	2
	全年报总份数每200份，加分	3
	超大、大、中峰过程均在合格水情日，每峰分别加5、3、1分	
扣分标准	人为原因使通信中断，造成较大后果，次得分	-10
	错报为大错，每份得分	-5
	错报致不良后果(或引起上级水文局、地方防办追查)，引起直接经济或生命财产损失，每份再得分	-15

表 3　在站整编技术要求和得分表

项目	技术要求	得分条件	得分数值
项目完整	规定刊印和整理上交存档的资料无遗漏	缺一项目得分	-10
图表齐全	规定刊印和整理上交存档的图表无遗漏，包括各种刊印图表、辅助性图表、电算加工表等	缺一种得分	-5
考证清楚	规定考证的项目齐全、内容清楚，问题处理正确，不影响整编成果	不清楚每项得分	-2
定线恰当	关系线走向符合测站特性，关系图比例恰当，注字正确；高、低水延长超规定时用两种以上方法延长	影响成果改动超 5 天得分	-5
方法正确	原始资料计算、整理方法正确，整编方法正确	不正确每项次得分	-5
资料合理	经单站和面上合理性检查，原始和整编成果合理	不合理每项次得分	-5
说明完备	整编说明书说明详细、清楚，原始和整编图表说明、附注完备	不完备每项次得分	-5
规格统一	原始和整编图表格式、整编内容、说明附注内容规格统一	不统一每项次得分	-5
字迹清楚	原始、辅助性图表和整编图表填制按规定书写，工整、清晰，每页改动小于 10 处	不清楚（原始填写不规范）或每改动 10 处得分	-2
数字无误	原始、辅助性图表和整编图表无系统错误，大错率小于 1/10 000、一般错率小于 1/1 000	超过规定得分	-20
装订合格	原始、辅助性图表和整编图表装订均符合规定	不合格或填写不全、不正确、未装订者，每本得分	-2
按时完成	原始、辅助性图表整理和整编成果按规定时限完成并上交	不按时完成并上交，每页次或每迟 1 天得分	-1
手续齐全	按测站任务书要求	不全（该填写而空缺者）每页次得分	-0.5

9.2　技能培训

9.2.1　水文勘测工培训教材编写与教学实施

9.2.1.1　水文勘测工培训教师

培训水文勘测工五级/初级工、四级/中级工、三级/高级工的教师应具有本职业技师及以上职业资格证书或相关专业中级及以上专业技术职务任职资格；培训水文勘测工二级/技师的教师应具有本职业高级技师职业资格证书或相关专业高级专业技术职务任职资格；培训水文勘测工一级/高级技师的教师应具有本职业高级技师职业资格证书2年以上或相关专业高级专业技术职务任职资格。

9.2.1.2　培训教材编写大纲制定提示

大纲特指著作、讲稿、计划等经系统排列的内容要点。对技术业务培训来说有教材编写大纲、课程教学大纲、实习实践操作大纲等。大纲的一般文件形式为，先简单说明编写大纲的目的和考虑实现的目标，然后分等级层次以凝练的条文逻辑地列出各有关核心内容或标题。大纲也给出了认识描述事物或实施作业的大致程序，考究层次关系，避免不同层次的内容平行罗列。有了大纲才便于在其指导下展开论述、描述、说明、介绍、配置资料图表等更具体丰富的专业工作。下面就本水文勘测工培训教材编写大纲的制定及结构内容特点予以提示。

培训教材大纲按中华人民共和国人力资源和社会保障部制定的《水文勘测工国家职业技能标准(2019年版)》的要求编制。按该标准体系，本教材以水利职业道德、基础知识和操作技能的初级工、中级工、高级工、技师、高级技师各等级为分册或篇级，以职业功能为章级，以工作内容为节级，由技能要求和相关知识结合确定节下各小节具体内容。这种分级格局模块化建构的体系能较好地配合水文勘测工分级培训教学和分级技能鉴定设计方式的实施。

《水文勘测工国家职业技能标准(2019年版)》《水文勘测工》《水文勘测工题库》三者基本构成水文勘测工职业技能培训和等级鉴定实施较完整配套的资料体系。标准起着统领指导作用，也是教材编写的依据和提纲；教材编写出标准要求的内容，支撑培训的实施；依据教材编写和建设的题库可加深理解教材内容，提高培训效果，支持选题组卷考试的技能鉴定。

本教材分级分块编写的格局和传统的教材体系很不一样，传统的教材体系一般从宏观全局逐步向实际作业分解过渡，如先讲站网，再说断面，然后是项目、年度分布、方法仪具、要素记载计算、成果整理等。本教材书一般从具体简单作业逐步向宏观全局发展，如先认识工具、实施单项或单次观测测量，后叙述一般方法、年度分布，再说断面和站网建设等。编写中，需要调整处理各工级之间节级内容的技术业务衔接，避免重复，克服漏洞。另则，测验和整编交织不少，一般将简单的数据资料记载计算整理归于(外业)测验，水文资料整编及知识性论述的内容归于(内业)整编。

本教材基础知识内容主要取材于传统教材，主要是建立水文测验学的基础概念，明白一般原理，了解基本方法。技术作业内容主要取材有关标准、规范、规程，介绍成熟的生产作业方法和技能知识，同时吸收有关书籍的描述表述。教材内容体现以实用为本，设施设备仪器工具主要讲用法；项目要素测验主要讲做法；原始数据讲记法；中间和成果数据讲算法；表格讲填法；绘图讲画法；公式基本为使用公式；不易理解的方法给示例；难以写成条文或写成条文太空洞的内容给案例；概念围绕和服务于实用作业，点到为止。水文勘测工业务项目较多，涉及面较宽，作业方法和试验检验、仪器工具和设施设备、计算制图和分析研究内容十分丰富，本书只能根据水文勘测工的国家职业技能标准组织教材内容。

按照这一体系，大致来讲，初级工主要承担简单直观的观测测量和记载相关数据，做些协同作业的准备和辅助工作。中级工主要利用普通设施设备和常用仪器工具实施单项或单次观测测量，计算相关数据，初步整理资料。高级工主要利用自动化程度较高的设施设备和仪器工具组织实施协同作业的观测测量，资料计算整理和在站资料整编，检查维护普通的技术装备，承担中小测站一般技术业务管理。技师应能编制测验方案，组织一般测站的较复杂的多项目的联合作业，承担复杂项目的水文资料整编和一般审查，起草测站任务书、业务检查办法及业务报告，指导工级人员学习工作。高级技师学习后应从测区的高度，组织和承担水文测验的试验研究，开展水文调查，起草业务技术规划，实施培训教学和参与技能鉴定，编写测区技术业务和试验研究报告，审查或探索较复杂的技术问题等。

如果将概念、物理量、测验方法、数据资料记载整理等融合在一起，完整或按顺序地讲解一类(个)仪器、一种方法、一个要素项目，是另一种思路特色的教材编写大纲。

9.2.1.3　教材编写

教材编写主要是按照大纲收集组织材料，梳理逻辑关系，用流畅的文字描述现象，叙述原理，说明方法，注意增强图形图像等可视化形式。教材编写内容要考虑符合学员的知识基础水平和认知接受能力。要反映社会经济、科技发展状况和趋势，满足工作需要。选材要注意适于技能型人才实用性和实践性的特点，应是生产中常用的工作内容，并能明确反映从理论到实践的过程，要注重学员基本技能特别是动手技能的培养，避免重理论轻实践的现象，避免编入“难、繁、偏、细”的内容，对于理论性较深的知识点应直说结果和应用，少讲推导过程。要注意叙述方式的启发性，引入探索性学习，避免传统的注入式、填鸭式写法。

水文勘测工教材应是技术学科教材，不宜按学科课程教材组织内容。学科课程是学术的分类，是某科学领域的分类，学科课程对本学科的知识是系统的、全面的。但对专业课程的技术支持不够明确，对完成某一任务所需知识是不完整的，如数学、物理、水力学、水文原理、泥沙运动力学等均属学科课程。技术学科课程是为完成某一领域或某一任务由诸多学科知识的结合。对某一学科来说知识不完整，但为完成某项任务来说是完整的体系，它是一门综合课程。可采用行为导向法编写教材，先将本专业需要解决的各种问题经过筛选、归纳，分解成若干项主要工作任务，每一项任务为一个单元，在每一单元中编写解决该问题所需的文化基础、专业基础和专业知识。这样就使得教材任务目标明确，所学的文化课、专业基础课针对性强，避免了以往学科课程中学非所用、用非所学、基础知识重叠的现象。

9.2.1.4　教学实施

教学实施同本教材操作技能——技师部分的“11.2.3　业务技能培训实施”，同样都要了解受训学员文化、等级、来源或工作地、承担过的主要业务等基本情况，备课、编写教案及授课。但还要注意事先预测在教学过程中可能出现的问题。尽可能采用教学新技术(如电教视频等)。若为技师或高级工培训，宜增加共同讨论或典型交流等方式方法。

教学实施是实现教学目标的中心阶段，教学实施策略的选择既要符合教学内容、教学目标的要求和教学对象的特点，又要考虑在特定教学环境中的必要性和可能性，注重以下策略。

(1)学习心态的积极维持策略。如发展学生的好奇心，培养兴趣，促使学生“卷入”学习任务，教学方法灵活多样且把握教学难度等。

(2)教学内容的传输加工策略。如言语、板书及多媒体结合传输教学内容,注重互动合作学习,提倡超常认知,鼓励先理解者带动大家,合理地布置作业练习等。

(3)有效认知指导策略。如观察学生的信息接收特点,使之形成对信息的熟练反应;分析对问题的错误回答,增强正确的认知;尽可能总结简明的记忆模式强化记忆等。

(4)课堂秩序管理策略。听讲严肃,发言活跃,师生团结,上好每堂课。

9.2.2　水文勘测工试题编写

水文勘测工技能鉴定的基本方式是用试题对受鉴定者进行考核测试,考核测试的评分成绩是决定受鉴定者升级的基本依据。因此,要根据情况条件和作业步骤编写试题和评分办法支持技能鉴定。

技能鉴定的试题是升级试题,试题范围和难度水平应符合国家职业技能标准的要求,主要考核拟升级者的基本知识和技能,适用于普通从业人员。国家或行业还有技能竞赛,其方式也是用试题对参赛者进行考核测试,但难度水平要高些,适用于知识技能优秀的人员。

水文勘测工技能鉴定试题一般分三个方面:一是以水文勘测工教材知识内容为基础的理论知识题;二是外业操作技能题;三是内业作业题。现就这三个方面示例说明。

9.2.2.1　理论知识题

所谓理论知识题,一般要求围绕理论技能主线出题目,题目应独立完整,简明扼要,答案确切。围绕理论技能主线要求回答的问题属于行业技术知识,而不是一般语文修辞基础知识。

题目要从教材中凝练,避免长篇抄写大段文字,造成冗余,干扰主题。但应确保"独立完整",即注意克服缺头少尾无主题现象。如教材文字叙述"直立式水尺的靠桩入土深度应大于1 m。在淤泥河床上,入土深度不宜小于靠桩在河底以上高度的1.5倍。",改为淤泥河床直立式水尺入土深度要求的填空题目时,应为"在淤泥河床上,直立式水尺入土深度不宜小于靠桩在河底以上高度的(　　)倍。"或"直立式水尺在淤泥河床上入土深度不宜小于靠桩在河底以上高度的(　　)倍。"不能仅写为"在淤泥河床上,入土深度不宜小于靠桩在河底以上高度的(　　)倍。",而忽略"直立式水尺"这个主题。教材叙述可能几段或几句文字关联较紧密,在以某段文字凝练题目时,独立完整是很重要的事情,搞不好就无从理解题目。

题目应给出答案,答案应仔细斟酌推敲,避免出错。工程技术很少"标准答案",多为"最优答案",且"最优答案"有明显的时代特征,还有与实际情况结合的优劣之分,给出答案时也应考虑这些情况。

理论知识题的题型主要有填空题、单项选择题、多项选择题、判断题、简答题(论证题)及计算题等,现摘《水文勘测工题库》几道试题,示例如下,供参考。

(1)单项选择题

题干:在水位的涨落过程中,换读水尺比测是为了检验两支水尺观测的水位是否衔接,并可检验(　　)有无变动。

供选答案:A. 水尺零点高程　　B. 水尺高程　　C. 水位　　D. 水尺读数

答案:A

(2) 多项选择题

题干：做单次流量测验流速、水深和起点距测量记录的检查分析时，一般需要点绘(　　)。

供选答案：

A. 水位过程线图　　B. 垂线流速分布曲线图

C. 水道断面图　　D. 垂线平均流速或浮标流速横向分布图

答案：BCD

(3) 判断题

题干：绘制水位流量关系图时，水位在纵坐标，流量在横坐标，确定的水位流量关系线与横坐标轴宜呈 45°夹角。

答案：√

(4) 简答题

题目：简述比降面积法流量测验的原理。

答题要点：

(1) 比降面积法是用水力学的谢才-曼宁公式推算流量的一种方法。它是通过测量水面比降(能量比降)，用谢才-曼宁公式计算河段平均流速 $\overline{V}$，并测量河段若干断面的平均断面面积 A，从而将平均流速与平均断面面积相乘求得流量。

(2) 比降面积法适宜在稳定均匀流情况下使用，不宜用于水力因素和断面变化复杂情况的不稳定流。但对于一般情况下的不稳定流，在一个较短的时间段内，近似地认为其符合明渠稳定流条件，并且其沿程阻力系数在阻力平方区内，也可使用该法测算流量。

(3) 对于流量不随时间变化，水深、流速沿程变化的稳定均匀流，测出水面比降后，可用下列一组公式计算流量(公式本意用能量比降，稳定均匀流的能量比降可由水面比降或床面坡降替代)：

$$Q = A\overline{V};\overline{V} = C\sqrt{RS};C = \frac{1}{n}R^{1/6};R = \frac{A}{\chi}$$

式中　Q——断面流量，m^3/s；

A——断面面积，m^2；

$\overline{V}$——断面平均流速，m/s；

C——谢才系数；

R——断面水力半径，m；

S——水面比降；

n——河段糙率；

χ——断面湿周，m。

9.2.2.2　外业操作技能题示例——水文三等水准测量

外业操作技能题拟题任务主要是设计项目操作程序和评分表，除符合一般程序外，还要结合具体情况考虑方案。现以水文水准测量为例，说明编题与评分方式，供参考。

水准测量是水文勘测的基本项目之一，各地比较通用。作业过程一般为，勘察路线、设置桩点、架设仪器和立尺观测测量、记载观测数据、计算有关数值。通常的作业由 4~5 人为一小组实施，分别承担勘察、立尺、司镜、记载计算等岗位工作。本鉴定内容为司镜和记载计算，由一人在 40 min 内完成 4 站测量计算任务（从表 7-9-1 可看出作业过程与要求），经考评人员评分，提供给鉴定机构。

表 7-9-1　水文三等水准测量技能鉴定评分表

（适于自动安平水准仪；测量 4 站）

鉴定人员编号______　　姓名________　　最后得分________（总分 100 分）

项目	赋分		测算扣分细目	单站扣分数				细目扣分合计（扣分总和）
				1	2	3	4	
测量观测作业	22	1	仪器安装、拆卸生疏不完满，或损伤仪器扣 1.0~2.0					(2.0)
		2	仪器圆水平气泡未调进限圈每站扣 1.0 分					(4.0)
		3	迁站未转换三脚架脚每站扣 0.5 分					(2.0)
		4	测站观测时多次调焦每站扣 1.0 分					(4.0)
		5	测站违反观测读数程序每站扣 1.5 分（正确的观测读数程序为后黑—前黑—前红—后红）					(6.0)
		6	迁站过程未有效保护仪器出现明显磕碰每站扣 0.5 分					(2.0)
		7	迁站过程奔跑每站扣 0.5 分					(2.0)
单站计算	52	8	视距计算每错一个数值或未做扣 0.5 分（每站 4 个计算数值）					(8.0)
		9	单站前后视距差超限（2 m）每站扣 1.0 分					(4.0)
		10	累计前后视距差超限（5 m）每站扣 0.5 分					(2.0)
		11	高差计算每错一个数值或未做扣 1.0 分（每站 6 个计算数值）					(24.0)
		12	同尺黑红面差超限（2 mm）每尺位扣 1.0 分（共 8 尺位）					(8.0)
		13	同站黑红面差超限（3 mm）每站扣 1.5 分					(6.0)
累积及结果	20	14	前后视距总累计算错或未算每个值扣 1.0 分（共 2 个数值）					(2.0)
		15	水准尺读数、测站高差总累计值等检核数算错或未算每个值扣 1.0 分（共 9 个计算数值）					(9.0)
		16	总高差计算错或未计算总高差扣 3.0 分					(3.0)
		17	高差闭合差三等超限（$L<1$ km，±12 mm）扣 6.0 分					(6.0)

续表 7-9-1

项目	赋分	测算扣分细目		单站扣分数				细目扣分合计（扣分总和）
				1	2	3	4	
其他	6	18	书面不整洁扣 0.5~1.0 分					(1.0)
		19	其他扣分 0.0~5.0 分(原因由裁判写在评分表备注说明栏)					(5.0)
扣分总计 a				a=______				(100.00)

开始时间：______结束时间：______个人完成总历时(记至分钟)T=______（限时 40 min）
延时扣分 t=______分（限时 40 min，每延迟 1 min 减 2 分；最多延迟 5 min）
个人测算总得分 $A=100.00-a-t=$______

备注说明栏：1. 数值计算错只在本值扣分，不向后续传递扣分

考评员：　1　　　2　　　3　　　年　　月　　日
考评组长：　　　　　　　　　　　年　　月　　日

9.2.2.3　内业作业题示例——水位流量关系和日平均流量计算

1. 题目

和平水文站 2000 年 8 月 2~5 日实测流量成果见表 7-9-2。

表 7-9-2　和平水文站 2000 年 8 月 2~5 日实测流量成果

项目	测次									
	1	2	3	4	5	6	7	8	9	10
时间	2 日 9:40	3 日 8:30	4 日 0:00	4 日 4:30	4 日 8:24	4 日 15:36	4 日 21:30	5 日 0:00	5 日 10:30	5 日 18:00
水位(m)	93.50	94.95	96.00	96.53	95.92	94.68	95.00	95.80	96.50	97.20
流量(m^3/s)	1 520	2 100	2 600	3 050	3 330	2 950	3 520	4 200	4 750	5 300
断面面积(m^2)	1 350	1 540	1 690	1 820	1 800	1 750	1 850	1 930	2 050	2 130
断面平均流速(m/s)	1.13	1.36	1.54	1.68	1.85	1.69	1.90	2.18	2.32	2.49

(1)请按表 7-9-2 中数据在专用图纸上绘制水位过程线和流量过程线。

(2)请按表 7-9-2 中数据在专用图纸上绘制水位流量、水位断面面积、水位断面平均流速关系曲线。

(3) 请按表 7-9-2 中数据用面积包围法(48 加权法)计算 8 月 4 日的日平均流量。

(以上专用图表纸张水文测验业务单位都有备存)

2. 作业内容提示

题目的物理过程是一场小洪水后,河床发生冲刷,接着又来了较大洪水。经过小洪水冲刷,河道同水位断面面积增大,水流流速也相应增大。水位流量、水位断面面积、水位断面平均流速关系曲线从一个稳态向另一个稳态过渡,水位流量曲线一般表现为顺时针绳套。

要求在水文测验业务专用图表纸张上作业。数据用表 7-9-2 中数据,不再增加水位数据,不用在水位流量关系曲线推流。

3. 作业评分标准

作业评分标准见表 7-9-3。

表 7-9-3　作业评分标准

项目	赋分	扣分细目
一、水位过程线	10	①缺标题扣 1.0 分 ②坐标轴名称缺一处扣 1.0 分 ③坐标轴单位缺一处扣 1.0 分 ④坐标轴标度缺一处扣 1.0 分 ⑤实测点据未标符号或数字序号扣 1.0 分 ⑥点出点据但未连线扣 2.0 分 ⑦其他扣 3.0 分(原因写在备注说明栏)
二、流量过程线	10	扣分细目同“一、水位过程线”项目
三、水位流量关系曲线	30	扣分细目①、②、③、④同“一、水位过程线”项目 ⑤实测点据未标符号或数字序号扣 4.0 分 ⑥点出点据但未绘制曲线扣 10.0 分 ⑦曲线不光滑连续扣 2.0 分 ⑧关系曲线未显示出顺时针绳套扣 6.0 分 ⑨其他扣 4.0 分(原因写在备注说明栏)
四、水位断面面积关系曲线	20	扣分细目①、②、③、④同“一、水位过程线”项目 ⑤实测点据未标符号或数字序号扣 2.0 分 ⑥点出点据但未绘制曲线扣 6.0 分 ⑦曲线不光滑连续扣 2.0 分 ⑧关系曲线未显示出两条线趋势扣 4.0 分 ⑨其他扣 2.0 分(原因写在备注说明栏)

续表 7-9-3

项目	赋分	扣分细目
五、水位断面平均流速关系曲线	20	扣分细目同“四、水位断面面积关系曲线”项目
六、日平均流量计算	10	①转抄或计算数值每个错误扣 0.5 分,直至扣完(但数值计算错只在本值扣分,不向后续传递扣分) ②转抄数值不是流量而为水位或断面面积或断面平均流速,但时间权数正确扣 6.0 分 ③其他扣 2.0 分(原因写在备注说明栏)
备注说明栏:①卷面不整洁酌情扣 1.0~2.0 分		

考评员: 1　　2　　3　　　　年　月　日
考评组长:　　　　　　　　年　月　日

9.2.3 水文勘测工试题库建设

试题是题库建设的原材料,但题库建设不是很多试题的简单汇集,而有自身的编题规定和体例格式,以满足计算机检索的要求。人力资源和社会保障部职业技能鉴定中心编发有《理论知识题库开发指南》和《操作技能题库开发指南》,现就水文勘测工培训鉴定情况,结合《水文勘测工国家职业技能标准(2019 年版)》和本教材,简要介绍水文勘测工试题题库建设有关内容。

9.2.3.1 理论知识题库开发导引

1. 编制“理论知识鉴定范围及要素细目表”

“理论知识鉴定范围及要素细目表”是以国家职业标准为依据,根据标准中“比重表”确定的鉴定比重,分等级对“基本要求”和“相关知识”进行逐级(层)细分形成的结构化表格,是理论知识命题的基础依据。

“理论知识鉴定范围及要素细目表”按职业、分等级进行编制,即一个职业每一个等级编制一套细目表。

表 7-9-4、表 7-9-5 列出《水文勘测工》理论知识鉴定范围及要素细目索引表(高级工相关知识),参考该表说明有关内容。

表 7-9-4 的职业、等级、鉴定方式很明确。表中主要包括两个方面的内容:一是层次结构,即将理论知识鉴定要素按国家职业标准逐级细化后,组成具有多层次结构的表格;二是特征参数,即各层次鉴定要素的代码、重要程度指标、鉴定比重等参数指标。

根据国家职业标准中“基本要求”和“工作要求”中相关知识的内容,分别确定“理论知识鉴定范围及要素细目表”各级“鉴定范围”。

表 7-9-4 《水文勘测工》理论知识鉴定范围及要素细目索引表

职业:水文勘测工　　等级:高级工　　鉴定方式:理论知识　　页码:

鉴定范围					
一级		二级		三级	
名称代码 重要程度比例	鉴定比重	名称代码 重要程度比例	鉴定比重	名称代码 重要程度比例	鉴定比重
相关知识要求 B	85	降水量观测 A	6	观测作业 A	4
				资料整编 B	2
		流量测验 B	16	测验 A	8
				资料整编 B	8
		水文测量 C	15	水准测量 A	6
				断面测量 B	3
				地形测绘 C	6
		测验仪器设备安装与维护 D	10	安装调试 A	5
				维修养护 B	5
		水文情报预报 E	20	水情分析 A	14
				洪水预报 B	6
		冰情观测 F	2	测验 A	1
				资料整编 B	1
		土壤墒情监测 G	2	监测 A	1
				资料整编 B	1
		地下水观测 H	3	观测 A	2
				资料整编 B	1
		水质监测 I	3	现场采样 A	2
				样品现场处理 B	1
		泥沙测验 J	5	悬移质泥沙测验 A	3
				资料整编 B	2
		水面蒸发观测 K	3	观测 A	2
				资料整编 B	1

表 7-9-5 《水文勘测工》理论知识鉴定范围及要素细目索引表

职业:水文勘测工　　等级:高级工　　鉴定方式:理论知识　　页码:

代码	名称	重要程度	附注
B-A-A （相关知识—降水量观测—观测作业）			
001	空气温度和湿度的观测	X	
002	风的观测	X	
003	气象要素与降水量	X	
004	气象要素	X	
005	气象要素观测与设备	X	
006	气象要素观测记载	X	
007	风的观测记载	X	
008	风的观测	X	
B-A-B （相关知识—降水量观测—资料整编）			
001	气温日平均值计算及月、年特征值统计	X	
002	气温日平均值计算	X	
003	降水量观测误差	X	
004	降雨量观测误差及等值线绘制	X	
B-J-A （相关知识—泥沙测验—悬移质泥沙测验）			
001	悬移质输沙率的测次	X	
002	悬移质单次输沙率测验垂线的有关测量	X	
003	悬移质相应单样的采取	X	
004	烘干法处理水样	X	
005	过滤法处理水样	X	
006	置换法(含)沙量计算	X	
B-J-B （相关知识—泥沙测验—资料整编）			
001	单断颗关系图	X	
002	悬移质整编资料的延长与插补	X	
001	推求断面平均含沙量的方法	X	
002	流量和含沙量变化较大情况的日平均输沙率计算	X	

注:X 为职业活动必备的最重要的核心要素和知识点(占 80%以上);Y 为一般要素(不超过 15%);Z 为辅助性要素(不超过 5%)。

(1)理论知识鉴定范围一级。

理论知识鉴定范围一级是理论知识鉴定的总体要素。名称与国家职业标准对应,一般分为“基本要求”和“相关知识”，代码分别用大写英文字母“A”“B”表示。鉴定比重按国家职业标准确定。

表7-9-4、表7-9-5是《水文勘测工》高级工相关知识部分的理论知识鉴定范围及要素细目索引表，故鉴定范围一级代码用“B”表示。

代码鉴定范围一级“A”代表的“基本要求”另表列出。根据国家职业标准规定，“基本要求”为初、中、高三个等级必须掌握的内容，原则上，“基本要求”部分的范围和试题三个等级相同。

(2)理论知识鉴定范围二级。

理论知识鉴定范围二级是对“鉴定范围一级”的分解，一般对应国家职业标准中的“基本要求”和“工作要求”中的有关内容，将从业人员所应掌握的理论知识按所隶属的职业活动范围领域进行划分。名称与国家职业标准中“职业道德”“基础知识”和“职业功能”中有关内容对应。代码按其在鉴定要素细目表中的自然排列顺序，分别用大写英文字母“A”“B”“C”…表示。鉴定比重按国家职业标准确定。

(3)理论知识鉴定范围三级。

理论知识鉴定范围三级是对“鉴定范围二级”的分解，一般对应国家职业标准“基本要求”“工作内容”，将从业人员应掌握的理论知识按所隶属的工作内容范围进行划分，也可按知识单元进行划分。名称一般与国家职业标准中的“职业道德基本知识、职业守则、基础知识和工作内容”中有关内容相对应，或按知识单元确定名称。代码按其在鉴定要素细目表中的自然排列顺序，分别用大写英文字母“A”“B”“C”…表示。鉴定比重按国家职业标准确定，如国家职业标准未给出具体比重则按该鉴定范围重要性由专家具体确定。

(4)三级索引码。

三级索引码即将《水文勘测工》理论知识鉴定范围及要素细目索引表具有层次属性的三级代码用短线连接组成，如表7-9-4高级工相关知识的三级索引码“B-C-A”，表示鉴定范围的层次属性为一级的相关知识(代码B)、二级的流量测验(代码C)、三级的测验(代码A)的序列组合。三级索引码用作与后面水文勘测工理论知识鉴定点表和题库习题的索引联系。

(5)理论知识鉴定范围四级至六级。

理论知识鉴定范围四级至六级是对上一级鉴定范围的分解，一般可按知识单元进行逐级细分。大多数职业理论知识鉴定范围分至三级即可，若有必要细分至四至六级，请注意整个细目表结构层次应保持一致。名称、代码、鉴定比重编写要求同鉴定范围三级。

2. 确定鉴定点编制鉴定点表

理论知识鉴定点，是对最小级鉴定范围进行可鉴定性分析，并按知识体系内在逻辑深入细化到最小不可分割且独立可鉴定的“知识点”。

鉴定点的名称应准确表达鉴定点内涵，文字表述必须清楚明确、完整简练。表述时多用某某的概念、性质、特点、分类、方法、规则、原理等语句，避免针对教材中某“章”或某“节”的内容，而不是某个“知识点”，避免使用疑问句。

鉴定点代码按鉴定点在鉴定范围中的自然排列顺序，分别用数字“001,002,003…”表示。

鉴定点的重要程度是指每个鉴定点在整个鉴定点集合中的相对重要性水平，它反映了每个鉴定点与其他鉴定点相对重要程度。专家可根据经验确定各鉴定点的重要程度，并分别用“X、Y、Z”表示，X为最重要的核心要素，一般为职业活动必备的知识点；Y为一般要素；Z为辅助性要素。在鉴定要素细目表中，重要程度的数量分布一般是X占80%以上，Y不超过15%，Z不超过5%。

鉴定点数量根据实际情况确定。理论知识鉴定点数量一般为鉴定比重的2倍以上，每个等级的鉴定点总量最少为200个。

精品题库的鉴定点数量至少为鉴定比重的3倍以上，每个等级的鉴定点总量最少为300个。若有特殊情况，个别职业鉴定点数量可视具体情况而定。

3.“理论知识鉴定范围及要素细目表”和鉴定点表编写和审查基本要点

(1)层次结构及比重与国家职业标准对应，且能满足国家题库组卷需要。

(2)内容不超出国家职业标准范围。

(3)各层次代码及特征参数合理正确。

(4)鉴定点划分遵循“最小且独立可测量”原则。

(5)鉴定点一般只针对一个考核要点，尽量选择该职业必须掌握的知识或技能要素，即X点。

(6)内容相同或相近的鉴定点在同一级别内不能重复出现。

(7)同一鉴定点在不同级别出现时，名称一致。

(8)鉴定点名称、所用术语符合国家有关标准，文字表述正确且符合编制要求。

(9)鉴定点总量满足鉴定需要(一般X占80%以上，Y不超过15%，Z不超过5%)。

9.2.3.2 理论知识试题编写提示

1.理论知识试题编写基本原则

(1)严格按“理论知识鉴定范围及要素细目表”中所列鉴定点内容命制试题，所命试题不得超出鉴定要素细目表所涉及的内容范畴。避免采用学科化的思路，过分强调知识体系的完整性和内在关联性，从而导致要求考查的知识内容远远超出职业活动要求的倾向。

(2)把握试题难度，使试题的难度符合对应鉴定点的内容深度水平。避免采用传统的过分强调知识死记硬背和文字游戏式的提问方式，在内容上避免偏题，在表述上避免怪题。

2.理论知识试题编写步骤及要求

(1)根据“理论知识鉴定范围及要素细目表”确定试题对应的鉴定点，标注试题特征参数。

理论知识试题基本特征参数如下：

层次属性：指一道理论知识试题所对应的鉴定点；一般用鉴定点代码表示(如A—A—A—001)。

题型：依据国家职业资格等级对知识技能掌握程度的不同要求，不同等级的国家题库题型也有所区别。目前，国家职业资格五级(初级)、四级(中级)、三级(高级)全部采用客观试题，初级、中级采用单项选择题和判断题2种题型，高级采用单项选择题、多项选择题、判断题等 3 种题型。技师、高级技师可有简答题。编写试题时,初级、中级每个鉴定点下至少编写 4 道单选题、2 道判断题;高级每个鉴定点下至少编写 3 道单选题、2 道多选题、2 道判断题。单项选择题代码为“B”;判断题代码为“C”;多项选择题代码为“G”;简答题代码为“D”。

难度等级:由专家在试题编写时,对试题难度所做的难易程度等级的初步评定。一般分为易、较易、中等、较难、难五个等级,分别以 1、2、3、4、5 表示。难度以中等“3”为宜,偏易“1”或偏难“5”的试题尽量减少。

题目—目标一致性:反映一道试题所考内容与对应鉴定点内容间的一致程度。通常由命题专家进行评定。一般分为差、较差、中等、良好、优秀五种水平,分别用 1、2、3、4、5 表示。区分度越高越好。

(2)按要求编写试题。

编写单项选择题:即一道试题有 4 个备选答案,其中只有 1 个是正确答案,其他 3 个选项都是对正确选项有一定干扰性的干扰选项。

编写多项选择题:即一道试题有 5 个备选答案,其中有 2 个或 2 个以上正确答案。其他选项都是对正确选项有一定干扰性的选项。

单项选择题和多项选择题题干一般采用空缺句,题中的空缺部分用“(　　)”即“{.XZ}”表示,句尾一律用句号。

备选项号码一律用英文大写表示,并用“(　　)”圈起。

答案直接用选项字母表示。

编写判断题:题干一般采用陈述句,标准答案用“×”“√”表示。

3. 命题技巧提示

(1)通过改变题干考核关键点(改变括号位置)的方式进行反复命题。

(2)通过列举实例进行反复命题。

(3)通过改变选项内容(题干不变,在 4 个选项中至少改变 2 个选项的内容),进行反复命题。

(4)通过改变题干中数字进行反复命题。

(5)通过改变题干表述的方式进行反复命题。

(6)通过变换题型进行命题。

4. 编写理论知识试题容易出现的命题技术问题

(1)同一个鉴定点内试题没有与该鉴定点内容对应。

(2)反复命题技巧运用不当,造成重复命题。

(3)试题没有对应鉴定点的核心内容。

(4)单纯考核数字或文字记忆。

(5)选项无干扰性。

(6)试题答案不唯一。

(7)试题表述不完整,造成答案皆对或皆错或不唯一(这一错误常出现在从教材摘抄语句时缺少前提条件)。

(8)试题内容过于强调系统完整,给本题或其他“鉴定点”试题提供了正确答案的线索或提示。

(9)标点符号运用不当,特别是"、""，""："使用不当,让考生费解或误解。

(10)在编写基础知识试题时,涉及职业道德、法律、法规等内容要慎重。

5. 审查试题

除审查是否出现上述命题技术问题外,还要审查:

(1)试题内容与"理论知识鉴定范围及要素细目表"和鉴定点相对应,不超范围,也不缩小范围。

(2)初级、中级一个鉴定点内题量一般不少于6道题(单项选择题不少于4道,判断题不少于2道);高级一个鉴定点内题量一般不少于7道题(单项选择题不少于3道,多项选择题不少于2道,判断题不少于2道)。

(3)试题中术语与符号应采用法定计量单位和现有国家标准中规定或通用的术语、名称、符号等,不能用地方习惯用语及自定的符号、代号等。

(4)正确选项的字母应随机排列,避免出现多数正确答案为某一特定选项的现象。

(5)试题附图应清晰,不要过大,一般最大不超过100 mm×160 mm。若用手工绘图应使用碳素铅笔制作,并提供相应的原始图形;若用绘图软件作图,应提供绘图软件的名称、版本。

(6)试题的录入与校对直接影响国家题库内试题质量及由题库生成试卷的质量,同时又是检查试题内容与参数正确性的最后机会。为了确保试题的编写与录入质量,建议使用"三稿九校工作法",即3次打印文稿,每次由3人流水作业进行校对。

9.2.3.3　操作技能题库建设提示

水文勘测操作技能分外业操作与内业作业两个方面,前面"9.2.2　水文勘测工试题编写"节给出的2个示例,可以初步了解编题方法。但作为题库建设,有关内容要求也需了解,现予以提示。

1. 研究操作技能考核内容形成结构体系

依据国家职业标准,按照职业活动整体内在关系,确定本职业各等级的考核范围结构。一般要经过内容划分、等级划分,按科学性和可行性原则,确定各级别的鉴定范围。内容可按性质、主辅、领域划分,等级划分应该从职业活动范围和职业活动水平两个方面入手。经过内容和等级划分后,还应考虑现实可行性(可操作性)、等级差异性、集合整体性(同一等级内的各个鉴定范围集合必须能够反映该职业本等级的操作技能要求范围和水平)。最后形成以等级、考核内容二维为主结构,结合考虑考核方式方法、时间、要求、鉴定比重的多维次机构的体系(表)。

2. 选择操作技能考核鉴定项目或鉴定点

操作技能考核鉴定项目或鉴定点名称要简明;要说明本鉴定点操作时应达到的结果要求或技术标准;要分析作业步骤,分配分数;应分析考核点相应做出失误扣分评分标准。

外业操作技能考核鉴定项目实施应多考虑场地、设备等条件。

内业作业可从案例分析、方案策划、模拟题、情景题、计算题、简答题、论述题等确定考核题型。

3. 编写技能操作题

操作技能试题一般包括以下内容。

1) 准备要求

完成本试题要求的操作所需要准备的前提条件,一般分为考场准备和考生准备两部分。具体包括试题名称(视情况决定是否给出)、本题分值、考核时间、考核形式、考核有关说明和场地、材料、工具、设备及相应的其他准备条件。

试题名称是否出现可根据本职业特点而定,以不泄漏试题内容为原则,可以采取不给名称、给出大致名称、给出具体名称三种方式。

2) 考核要求

主要包括本题分值、考核时间、考核形式、具体考核要求和否定项说明。其中,本题分值、考核时间、考核形式和否定项说明均按考核鉴定项目或鉴定点的配分与评分标准有关内容填写;具体考核要求一般是鉴定点统一考核要求的细化。若有特殊需要,还可进行其他补充。

3) 配分与评分标准

一般采用考核鉴定项目或鉴定点统一的配分与评分标准,若试题有具体或特殊的配分与评分要求,则在各试题的配分与评分标准中说明。

我国已经举办过六届水文勘测(工)技能竞赛,各流域和省级也举办过同类竞赛,竞赛考试包括理论知识、内业作业和外业操作三个方面,还进行过计算机作业考试,积累了很多资料和经验(比如缆道测速、测船取样、浮标测验、流速仪拆装及雨量计安装调试、水准测量等都是很有代表性的外业操作项目),可以收集有关材料,参考编题。

为水文勘测工培训、鉴定、竞赛建立题库架构、出题、汇编试题、检验优化试题、丰富更新试题等题库建设业务是需要安排力量长期关注、不懈努力的事情。

9.2.4　水文勘测工技能鉴定实施

(1) 承担水文勘测工技能鉴定工作的专业技术人员一般应具备以下知识和技能条件:

①掌握水文勘测工应具备的基础知识,掌握水文勘测工各工级应具备的技能要求,以及对应的相关知识要求。

②具有培训水文勘测工各工级基础知识和技能要求相关知识的能力与经历。

③熟练掌握水文勘测工各工级一项或多项主要技能操作项目的实际操作及评分标准。

④具有对水文勘测工各工级考核时的组卷和判卷的能力与经历。

⑤具有应对水文勘测工各工级鉴定过程中突发技术事故的能力和经历。

(2) 承担水文勘测工技能鉴定工作的专业技术人员还应了解掌握技能鉴定的常识性知识,具体包括:

①水文勘测工职业定义。

使用勘测仪器设备,勘测、记录、整理、传送水体的水位、流量、含沙量等水文资料和信息,进行水体水质变化取样、化验的人员。

②职业等级。

本职业共设五个等级，分别为五级/初级工、四级/中级工、三级/高级工、二级/技师、一级/高级技师。

③职业环境及职业能力特征。

职业环境为室外、常温、潮湿，局部地区低温、高海拔。职业能力特征为具有一定的学习、分析、计算和表达能力；具有一定的空间感；四肢灵活，动作协调，无色盲。

④培训要求。

培训期限：全日制职业学校教育，根据其培养目标和教学计划确定。晋级培训期限：初级不少于 120 标准学时；中级不少于 150 标准学时；高级不少于 180 标准学时；技师不少于 180 标准学时；高级技师不少于 180 标准学时。

培训场地设备：理论培训场地应为满足教学需要的标准教室。实际操作培训场地应为具有必备的仪器、设备和设施，安全措施完善的场所。

⑤鉴定方式。

分为理论知识考试和技能操作考核。理论知识考试以笔试、机考方式为主，主要考核从业人员从事本职业应掌握的基本要求和相关知识要求；技能考核主要采用现场操作、模拟操作等方式进行，主要考核从业人员从事本职业应具备的技能水平；综合评审主要针对技师、高级技师，通常采取申报材料、答辩等方式全面评议和审查。理论知识考试、技能考核和综合评审均实行百分制，成绩皆达到 60 分及以上者为合格。

⑥鉴定时间。

理论知识考试时间不少于 90 min；技能考核时间：五级/初级工不少于 60 min，四级/中级工、三级/高级工不少于 90 min，二级/技师、一级/高级技师不少于 120 min；综合评审时间不少于 20 min。

⑦鉴定场所设备。

理论知识考试在标准教室或计算机机房进行；技能考核在具有必备的水文仪器、设备和设施，且安全措施完善的场所进行。

第 10 章　技术改造推广

10.1　技术改造

10.1.1　测验设施设备改进建议

水文测验有许多设施和技术装备,过去较长时期内,水文系统的设施设备技术条件较差。随着国家技术实力的不断增强和技术进步,以及水文业内认识的提高和投入的增长,水文系统的技术改造进展迅速。中华人民共和国行业标准《水文基础设施建设及技术装备标准》(SL 276—2002)的发布实施,明确了水文基础设施建设防洪标准及水文站、水位站测洪标准;规定了各级水文机构基础设施及技术装备配置原则;规定了水文测站基础设施建设及技术装备标准;规定了水文测站以上水文机构主要生产部门的基础设施建设和技术装备标准;给出了水文基本建设项目分类与设计概(估)算费用构成。近年来,全国水文通过专项规划与建设,争取国家对水文的资金支持,一些流域及省(自治区,直辖市)水文单位也提出水文测报技术升级行动,着力推进水文测验技术改进。随着国家经济实力的不断增强和科学技术的全面进步,新材料、新技术、新工艺的不断涌现,也为水文行业技术改进提供了条件。

技术进步是一个不断发展的过程,技术改造的范畴非常宽泛,但对于专门的技术部门或行业,总是沿着作业用途和已有状况探索的。水文测验行业的水文要素观测设施主要有水位观测设施,流量测验设施,泥沙测验设施,水质、地下水、降水、蒸发观测设施等。水文技术装备是水文机构为满足生产需要而配置的仪器、设备、工具及各种应用软件。《水文基础设施建设及技术装备管理规范》(SL 415—2019)对水文基础设施和技术装备给出了较为详细的分类。随着新技术、新方法、新材料,尤其是互联网技术的发展,通过新的技术途径改造渡河缆道工程、测船机器、仪器升降机具、水沙样品采取和存贮器具等技术改造工作取得很多成绩,电动机速度控制从可控硅到变频电机,仪器升降机具供电由远源传输到蓄电自用,深水多仓采样器,以及水位、降水等水文要素的自动测报等都是技术进步的成功范例。

技术改进可分为完善性改造和替代性改进两类。充分熟悉被改造对象的用途功能和使用中的问题才能进行完善性改造,充分了解用途相似有效的技术途径才能开展替代性改进。一般来说,发达国家技术先进,在资料性学习、借鉴,或通过引进技术进行消化吸收过程中,都需要具备一定的外文阅读能力,通过阅读有关外文资料,了解有关先进技术,帮助开展技术改进。

技术改进立项应按有关程序编制设计报告文本,一般包括立项名称、改进目标、改进内容、分析技术现状、论证改进的必要性可行性、改进的设计方案、施工技术与组织、安全可靠性评估、经费估算预算等。改造完成后,应开展试验运用,记录试验资料,评估性能效果,然后验收交付使用。技术含量高的技术改进试验使用过程还要编写操作规程,培训操作人员,为顺利使用做准备。

现介绍几个技术改进的实例,提供参考。

(1)低水测流渠道(槽)建设。在河渠流量测验业务中,我们总是着力探索水位流量关系单值化,企图通过水位的自动(连续)监测推求相应流量(连续数值),这是流量监测自动化的方式之一,其中谋求规整测验河段、稳定测流断面是重要的改造举措。中小河流或大江大河低水时,出现水流分汊及漫滩乱流现象,很难测准流量,水位流量关系曲线"很乱"。但流量不大,过流断面面积小,不少单位都提出在测验河段设计建设低水测流渠道(槽)的方案,以汇集水流方便测流,改善水位流量关系,使之单值化。水利部黄河水利委员会水文局黄河水文勘测设计院在与一些水文单位合作中,承担了不少此类设计任务,总结经验提出设计的主要把控点,如低水测流渠道(槽)宜建在近岸处以减轻抗洪防洪压力,在低水时可在河道临时修筑导流小堰,将分股及漫滩乱流导入测流渠道(槽);测流渠道(槽)的底坡应与河段的河床底坡一致,深度合适,测流渠道(槽)的过流面积及过流能力要大于设计流量需求;测流渠道(槽)的长度大于宽度的 5 倍且大于流速的 5 倍(仅考虑流速单位 m/s 的分子长度量 m 数);水位测流断面设置在测流渠道(槽)入口顺流向下延的 2/3 处附近,以避开入口段的乱流状态,相对达到稳定平顺,同时避开出口的影响。由于低水测流渠道(槽)断面规整,底坡稳定,糙率也稳定,测验断面所在的中后段近似均匀流,水位流量关系接近单值曲线,就可实现通过水位的自动(连续)监测推求相应流量(连续数值)的目标。与之配套的业务工作是通过流量巡测建立或检验及修正水位流量关系曲线。

(2)蓄电池供电电机驱动铅鱼或悬杆携带流速仪升降。测船测流时,传统的流速仪悬吊设备为人力驱动,水文绞车提升铅鱼或悬杆携带流速仪运动很费力,若改造为蓄电池供电电机驱动方式,可省时省力,但提升铅鱼或悬杆携带流速仪需要多大功率、多大容量的蓄电池能支持多长时间,需要仔细核算。黄委山东水文水资源局技术创新团队仔细核算了不同重量的铅鱼及悬杆携带流速仪的运动功率及启动电流等数值,又调研了市场的蓄电池容量、体积、重量、充电方式等情况,认为改进思路可行。通过详细设计研制,在艾山、泺口水文站安装应用成功。后来,此技术装备普遍推广应用在黄委吊厢上驱动铅鱼或悬杆携带流速仪升降系统,代替了原来的过河电线供电吊厢滑轴取电的既麻烦又不安全的系统。过去总认为提升铅鱼或悬杆携带流速仪需要的功率大,耗电多,蓄电池本身又很重,其实一算后知道其需要的功率并不大,耗电也不多,并且蓄电池技术进步很快,只要用心思考敢于实践就会成功。随着电动汽车等技术的进步,一些无电测站或建设电力供电系统困难及建设维护代价大的测站,就可以考虑将电动汽车的蓄电池及驱动系统移用到这些测站的水文缆道测验系统,定期将蓄电池运回基地充电即可。巡测车也可采用此类技术装备。

还用一些看起来技术含量不高但很有实用价值的工艺技术,在水文技术改进中可发挥作用。如在泥沙冲淤河流建设水文测验用码头、水位计平台、雷达侧扫测流仪平台、测流渠道(槽)等时宜注意多用桩基基础,增强抗洪能力。在水位观测的水尺桩、水准点等建设中，宜采用在桩点地钻孔预埋工程塑料管材，然后用混凝土浇筑，凝固稳定后再校测，有时比起预制桩体，挖坑埋设要方便简单。

10.1.2　测验方法改进建议

随着社会发展，水文站所处自然环境、社会环境会有不同程度的改变。水文测验方法的改进，一方面需要与当前的技术水平相适应，同时应满足社会经济发展对水文测验成果即时性、多样化、高质量的需求，以及水文行业自身发展解放生产力的需求。水文测验方式改进前，需要对水文站的测站功能进行分析评价，对水文站进行新的功能定位，据此确定水文测验方法的改进方向和程度。结合水文现代化发展的需求，对主要水文要素的测验方法改进提如下建议：

(1)流量测验。除防洪、水资源管理等对水文监测有特殊要求的水文站外，要求建设流量自动监测设施设备，实现流量在线监测。开展垂线平均流速分布模型法等流量测验方法分析研究，鼓励通过水位流量关系单值化，实行流量间测和巡测。

(2)水位监测。水位站采用在线自动监测远传方式，实现水位信息的采集、存储、传输、报汛、整编等全过程的自动化。

(3)降水量观测。降水量观测站采用在线自动监测远传方式，实现降水信息的采集、存储、传输、报汛、整编等全过程的自动化。鼓励开展水汽、雾、露、霜等与降水量相关的其他降水物的立体化自动定量监测。

(4)泥沙测验。鼓励开展悬移质、推移质和床沙质泥沙粒度的在线监测，以及推移质输沙率的在线监测等泥沙在线自动监测设备和技术的引进与自主研发。

(5)地下水、水温、土壤墒情监测等具备条件的应全部采用在线自动监测。推动水质实验室信息系统建设和仪器设备提档升级，实现地表水和地下水水质监测全指标分析。

10.2　新技术推广与应用

10.2.1　新技术推广应用原则

10.2.1.1　理念现代，技术先进

树立现代化发展理念，依靠科技创新和管理创新，大力应用先进技术手段和新仪器、新设备，提高水文测报自动化水平，改变水文站固守断面的建设运行模式，逐步淘汰浮标、吊箱等传统测验设施，减轻劳动强度，提高工作效率，解放生产力，避免低水平建设。

10.2.1.2　实事求是，因地制宜

在推进水文现代化建设过程中，各单位要从本流域和本区域的实际情况出发，结合当地自然地理、气候条件和河流特性，因地制宜，分类施策。要深入分析论证新技术、新设备适用条件，推行适宜本流域或区域特点的现代化发展模式，不照搬照套，不搞一刀切。

10.2.1.3　统筹兼顾，突出重点

水文现代化建设是一个系统工程，涉及多个方面，要统筹考虑水文工作各个方面和水文业务各个环节，统筹协调，全面推进现代化建设，全方位提高现代化水平。按照轻重缓

急、突出重点的原则,当务之急是要尽快补强"水文监测手段落后"和"水文数据处理服务水平低"两个突出短板。

10.2.1.4　开放共享,服务为本

提升水文服务和支撑保障水平是水文现代化建设的出发点和落脚点。要树立开放共享的理念,加强水文业务系统建设,建立完善水文信息服务平台,深化数据处理加工,不断丰富水文服务产品,为政府决策、经济社会发展和社会公众提供更好的水文信息服务。

10.2.2　新技术推广应用一般要求

新技术一般有提高效率和质量、容易与后续数据资料集成处理耦合衔接、减轻作业劳动强度及克服某些作业困难等功能。在可能的条件下,人们总是不懈地研发和推进新技术,但在某些方面或发展的某个时期,新技术躲避严酷风险、随机应变的智能性弱于人工。新技术的另一表现是相对性,即我之新技术可能非他之新技术,这时跨越式发展也是很有效的。新技术需要多加培育促进成熟,也需要稳定运用发挥效能,关注新技术发展和运用成熟的新技术都不可偏激。水文测验新技术推广应用宜循行或注意以下几个环节:

(1)在一个地区推广新技术,必须很好地调查研究。尤其是水文规律具有很强的地域性,新技术的应用也就受到很多因素的制约,在充分调查深入研究的基础上方能考虑推广应用。

(2)新技术推广应用立项应按有关程序编制报告文本,一般包括新技术、新仪器的性能特点、技术指标、直接运用或代替已有功能技术仪器的目标效能,分析应用场合条件和必要的改造使之适合需要的条件,或论证必要性、可行性,编制设计方案,施工技术与组织,安全可靠性评估,经费估算预算等。

(3)新技术仪器的建设或配置实施要做好工程建设和仪器安装调试的衔接,保证建安完成后能正常运用。

(4)新技术仪器配置后应开展试验研究。试验研究一般应达到三个目标:一是检验技术性能和对条件的适应性,以能相互改进提高;二是开展和已有观测测验手段的平行对比试验,建立数据资料的衔接关系;三是总结观测测验方法、程序和注意事项,形成作业规程。试验研究是非常重要的环节,在野外条件不能满足使用范围和重复性时,应创造条件开展实验室仿真试验。试验过程要有详细的记录,注意特殊情况,试验完成或做到相当程度后,应编撰详细的技术报告,提请审查。

(5)新技术仪器投入正常运用后,要做好维护维修。

(6)培训有关操作人员及运用管理人员。

10.2.3　水文测验新技术介绍

水文测验新技术是一个时代性很强的概念,较难确切定义说明。目前,传统的"水文测验"叫法逐步向"水文数据采集"或"水信息技术"称谓转变,概念上后者与水文测验新技术应用关联较强。水文数据采集新技术在向着自动化测量、长期自记存储、数据自动传输、信息系统化收集的方向发展。与原来的人员驻守手工作业的水文站传统作业模式相比,新技术的运用使其向自动测量、巡测、遥测的无人值守水文站发展。这两种发展方向

的表述可从非定义的角度帮助理解水文测验新技术的概念。

从 1980 年以来,一是能感应水文初源物理量(要素)的新型自动传感器大量出现,二是计算机技术的普遍应用,推进着我国水文测验新仪器研发迅速发展。如降水、水位、流速、含沙量等水文要素的自动测报仪器实现了这些信息的在线自动采集、存储和传输,改变了人工观测、记载、计算、发送等传统测报方法,使水文测站可以实现遥测、巡测等工作模式。降水、水位等的在线连续监测,以及 ADCP 等所取得的大量水深、流速资料,也为水文要素变化过程的微观研究提供了可能。因此,新仪器是水文测验新技术的基础代表,仪器工具的发展,在一定程度带动水文测验新方法、新理论的应用研究。

为对新技术仪器有比较具体的概念,现提示一些目前可考虑推广的仪器设备。

(1)水位测验仪器。

超声波水位计、雷达水位计、激光水位计、电子水尺、浮子式水位计、压力式水位计及其他水位自记设备,以及基于高性能视频的水位观测系统等。

(2)流速、流量测验仪器。

声学多普勒流速剖面仪(定点式 ADCP 和走航式 ADCP)、雷达测速(侧扫雷达、点雷达、电波流速仪、微波流速仪)、声学时差法流量计、基于高性能视频的在线流量监测系统等。

其中,雷达侧扫流速仪的雷达探头固定在高塔或其他合适的支撑平台上,不需要入水即可沿断面(或断面线)扫描一定宽度水面几乎连续点位的流速,获得断面上部分水面宽的横向流速分布,经过已经试验建立的与断面平均流速的换算关系,就得到了断面平均流速。在与实测或推求的断面过流面积相乘的配合下,推算出断面流量。雷达侧扫流速仪工作是间歇连续模式,由此能测算出密集瞬间时间点的流量,也就是流量过程,有很强的实用性。

一些单位在应急测验方案中,提出无人机携带雷达测流仪器,测量水面流速分布及推算洪水流量,该项技术装备配置和实现的技术路线均可行,宜鼓励试验应用。

(3)泥沙测量仪器。

目前的光电测沙仪、同位素测沙仪、超声波测沙仪、振动式测沙仪等均可实现泥沙含沙量的在线监测,激光粒度分析仪可实现实验室泥沙颗粒级配分析的全自动化,泥沙颗粒级配的在线监测技术也正在研发中。

(4)降水测量仪器。

翻斗式雨量计、虹吸式雨量计、浮子式数字雨量计、容栅式雨量计、称重式雨雪量计,以及高分辨率区域面雨量雷达自动监测系统等。

(5)现代通信和网络系统。

随着现代通信和网络技术的进步,自动化水文站、遥测遥感遥控水文站、无人值守水文站等将逐步成为现实。利用网络通信与控制技术,在办公室或异地观察并远程操控缆道等测验设施,同时利用各类分析处理软件,对测验信息即时分析、即时整编、即时用于水情报汛。

(6)其他新技术。

目前,全站仪、三维激光扫描仪等现代测绘和 3S(GNSS、RS、GIS)技术已在水文测量中大量应用;测深时已经应用了各类型的回声测深仪;综合了水平运行和起点距测算、竖直运行和水深探测、定点测速和综合计算等功能的缆道测流运行控制及测算系统的运用已在推广;测船测流控制及测算系统已有多代更新;网络通信已成为水情传输的主通道;计算机处理数据已经普及。这些以及未述及的新技术推广应用都显示了很好的效果,但技术进步永无止境,仍需努力。

参考文献

[1] 中华人民共和国国家质量监督检验检疫总局,中国国家标准化管理委员会. 水文情报预报规范: GB/T 22482—2008[S]. 北京:中国水利水电出版社,2008.

[2] 中华人民共和国住房和城乡建设部,中华人民共和国国家质量监督检验检疫总局. 水位观测标准: GB/T 50138—2010[S]. 北京:中国计划出版社,2010.

[3] 中华人民共和国住房和城乡建设部,中华人民共和国国家质量监督检验检疫总局. 地下水监测工程技术规范: GB/T 51040—2014[S]. 北京:中国计划出版社,2014.

[4] 中华人民共和国住房和城乡建设部,中华人民共和国国家质量监督检验检疫总局. 水文基本术语和符号标准:GB/T 50095—2014[S]. 北京:中国计划出版社,2014.

[5] 中华人民共和国住房和城乡建设部,中华人民共和国国家质量监督检验检疫总局. 河流悬移质泥沙测验规范 :GB/T 50159—2015[S]. 北京:中国水利水电出版社,2015.

[6] 中华人民共和国住房和城乡建设部,中华人民共和国国家质量监督检验检疫总局. 河流流量测验规范:GB 50179—2015[S]. 北京:中国计划出版社,2016.

[7] 中华人民共和国水利部. 水文基础设施建设及技术装备标准: SL 276—2002[S]. 北京:中国水利水电出版社,2002.

[8] 中华人民共和国水利部. 声学多普勒流量测验规范:SL 337—2006[S]. 北京:中国水利水电出版社,2006.

[9] 中华人民共和国水利部. 水文测船测验规范:SL 338—2006[S]. 北京:中国水利水电出版社,2006.

[10] 中华人民共和国水利部. 水位观测平台技术标准:SL 384—2007[S]. 北京:中国水利水电出版社,2007.

[11] 中华人民共和国水利部. 水文年鉴汇编刊印规范:SL 460—2009[S]. 北京:中国水利水电出版社,2009.

[12] 中华人民共和国水利部. 水文缆道测验规范:SL 443—2009[S]. 北京:中国水利水电出版社,2009.

[13] 中华人民共和国水利部. 河流泥沙颗粒分析规程:SL 42—2010[S]. 北京:中国水利水电出版社,2010.

[14] 中华人民共和国水利部. 水工建筑物与堰槽测流规范:SL 537—2011[S]. 北京:中国水利水电出版社,2011.

[15] 中华人民共和国水利部. 水情信息编码:SL 330—2011[S]. 北京:中国水利水电出版社,2011.

[16] 中华人民共和国水利部. 水文资料整编规范:SL 247—2012[S]. 北京:中国水利水电出版社,2012.

[17] 中华人民共和国水利部. 水文站网规划技术导则:SL 34—2013[S]. 北京:中国水利水电出版社,2013.

[18] 中华人民共和国水利部. 水面蒸发观测规范:SL 630—2013[S]. 北京:中国水利水电出版社,2013.

[19] 中华人民共和国水利部. 水环境监测规范:SL 219—2013[S]. 北京:中国水利水电出版社,2013.

[20] 中华人民共和国水利部. 水文测量规范:SL 58—2014[S]. 北京:中国水利水电出版社,2014.

[21] 中华人民共和国水利部. 降水量观测规范:SL 21—2015[S]. 北京:中国水利水电出版社,2015.

[22] 中华人民共和国水利部. 水文调查规范: SL 196—2015[S]. 北京:中国水利水电出版社,2015.

[23] 中华人民共和国水利部. 土壤墒情监测规范:SL 364—2015[S]. 北京:中国水利水电出版社,2015.

[24] 中华人民共和国水利部. 水文巡测规范:SL 195—2015[S]. 北京:中国水利水电出版社,2015.

[25] 中华人民共和国水利部. 河流冰情观测规范:SL 59—2015[S]. 北京:中国水利水电出版社,2015.
[26] 中华人民共和国水利部. 水文测站考证技术规范: SL 742—2017[S]. 北京:中国水利水电出版社,2017.
[27] 中华人民共和国水利部. 水文基础设施及技术装备管理规范: SL 415-2019[S]. 北京:中国水利水电出版社,2019.
[28] 雒文生,等. 河流水文学[M]. 北京:水利电力出版社,1992.
[29] 牛占,等. 水文勘测工[M]. 郑州:黄河水利出版社,2011.
[30] 朱晓原,等. 水文测验实用手册[M]. 北京:中国水利水电出版社,2013.
[31] 章树安,等. 土壤墒情监测与分析预测应用技术[M]. 北京:吉林大学出版社,2017.

附录 1 水文勘测工国家职业技能鉴定理论知识模拟试卷(高级工)

注 意 事 项

1. 答题前,考生在答题卡上务必用直径 0.5 毫米黑色墨水签字笔将自己的姓名、准考证号填写清楚。

2. 第一部分单项选择题共 40 小题,每小题 1.5 分,共 60 分;第二部分多项选择题共 10 小题,每小题 3 分,共 30 分;第三部分判断题共 10 小题,每小题 1 分,共 10 分。

3. 考试时间 100 分钟。

一、单项选择题(本题共 40 小题。在每小题给出的四个选项中,只有一项是符合题目要求的,将相应字母填入题内的括号内。

1. 按( )分类,水文测站分为基本站、实验站、专用站和辅助站四类。

A. 控制面积　　B. 观测项目
C. 测验控制精度　　D. 设站目的和作用

2. 水文循环包括许多过程。一般都要经过蒸发、降水(包括凝结过程)、径流形成(包括地面和地下径流以及下渗过程)和( )四个重要环节。

A. 冰川蓄水　　B. 大气水分输送　　C. 水能开发　　D. 水质污染

3. 河网密度:单位流域面积上的河流长度,即流域中( )和流域面积之比,基本单位为 km/km^2。

A. 干流总长度　　B. 支流总长度
C. 某支流总长度　　D. 干支流总长度

4. 水位是水体(如河流、湖泊、水库、海洋、沼泽等)的自由水面相对于( )的高程,其单位以 m 计。

A. 水尺零点　　B. 水准点　　C. 河底　　D. 基面

5. 水文资料中涉及的基面有绝对基面、假定基面、测站基面和( )等。

A. 水面基面　　B. 河底基面　　C. 冻结基面　　D. 河床基面

6. 横断面的流速分布的一种描述是,绘制垂线平均流速沿断面线(河宽)的分布曲线,一般情况曲线呈弓形曲线状,( )流速最大,逐步向岸边缩减为零。

A. 最大水深处　　B. 中泓　　C. 中泓某一水深处　　D. 水面宽 1/2 处

7. 单位时间内通过河流( )的泥沙质量称为输沙率。

A. 某一时段　　B. 某一河段　　C. 代表垂线　　D. 某一断面

8. 测船救生衣应按在船人员总数的( )配备,前甲板应配备 2 根安全救生带,每层甲板应配备 2 个救生圈。

A. 150%　　B. 100%　　C. 80%　　D. 120%

9.《水文站网规划技术导则》(SL 34—2013)明确规定,全国水文站网应实行统一规划;编制水文站网规划,应依据国民经济和社会发展需要,遵循流域与区域相结合、区域服从流域,布局科学、密度合理、功能齐全、结构优化,经济高效、(　)超前的原则。

A. 适度　B. 不应　C. 绝对　D. 不宜

10.《水位观测标准》(GB/T 50138—2010)适用于(　)、湖泊、水库、人工河渠、海滨、感潮河段等水域的水位观测。

A. 管道　B. 河流　C. 水路　D. 运河

11. 降水量观测包括测记降雨、降雪、(　)的时间和水量。

A. 降雾　B. 降雹　C. 降露　D. 降霾

12. 人工雨量器主要由承雨器、贮水筒、贮水器和器盖等组成,并配有专用的(　)。

A. 量杯　B. 量雨杯　B. 量筒　D. 比重瓶

13. 人工雨量器降雨量很大时,可(　)取水测量,并分别记在备用纸上,然后(　)得到降雨总量并记录。

A. 1 次　累加　B. 累加　分数次

C. 分数次　累加　D. 分累加　数次

14. 使用量雨杯读数时,视线应与(　)最低处平齐,观读至量雨杯的最小刻度,并立即记录,然后校对读数一次。

A. 水面　B. 水面凸面　C. 水面凹面　D. 水平面

15. 流速仪测流断面水尺编号的组号为(　)。

A. P　B. S　C. C　D. B

16. 某测站使用冻结基面,6 月 5 日日平均水位值为 11.51 m。已知该站冻结基面的高程为 -0.131 m(1985 高程基准基面以上米数),则该水位用绝对基面表示的值为(　)m。

A. -11.64　B. 11.64　C. -11.38　D. 11.38

17. 某 LS68-2 型流速仪的公式为 $V=0.007\,9+0.552\,4n$,测速时,101 s 时间内人工记录的音频信号输出数为 51 个,则该测点流速为(　)m/s。

A. 0.29　B. 5.59　C. 0.30　D. 0.287

18. 五点法相对水深 0.0、0.2、0.6、0.8、1.0 的测点流速分别为 0.21 m/s、0.54 m/s、0.50 m/s、0.38 m/s、0.12 m/s,则该垂线平均流速为(　)m/s。

A. 0.42　B. 0.35　C. 0.50　D. 0.28

19. 若断面有死水区且面积超过 3%,死水区面积(　)断面平均流速计算。

A. 全部参与　B. 不参与　C. 部分参与　D. 一半参与

20. 地下水位是指某一时刻地下水监测井(　)相对于某基面的高程,单位:米(m)。

A. 自由水面　B. 井口　C. 井底　D. 某固定点

21. 使用直线插补法插补短时间缺测水位,要求缺测期间水位变化平缓,或虽变化较大,但属(　)情况。

A. 跨越峰　B. 跨越谷

C. 跨越多个峰谷　D. 单一的上涨或下落

22. 采用连实测流量过程线法进行资料整编的测站,可点绘水位、流速、面积和流量(　)图,对照检查各要素变化过程的合理性。

A. 过程线　B. 相关线　C. 分布线　D. 关系线

23. 以断流水位为控制做低水延长时,以(　)为控制点,依趋势将水位流量关系曲线向下延长至需要的水位处即可。

A. 断流水位　B. 零流量

C. 坐标原点　D. 断流水位和流量为零的坐标(Z_0,0)

24. 做适线检验时,应按测点水位由低至高排列顺序,从(　)开始统计偏离正负符号变换,变换符号记 1,否则记 0。

A. 第一点　B. 第三点　C. 第二点　D. 第四点

25. 地面大气温度一般指地面以上(　)m 之间的大气温度。

A. 0.25~0.5　B. 1.25~2　C. 0.5~1　D. 2.25~3

26. 一类精度的水文站流速仪法单次流量测验允许的系统误差为(　)%。

A. -1~1　B. -2~1　C. -2.5~1　D. -1~2

27. 摘录洪水水文要素时,洪峰起涨前、落平后要多摘录(　)点,以满足割除基流的要求。

A. 1~2 个　B. 2~3 个　C. 3~5 个　D. 1 个

28. 水文三等水准测量使用中丝读数法计算平均高差时应取至(　)。

A. 0.05 m　B. 1 mm　C. 0.5 mm　D. 5 mm

29. 在河流主槽的河底高程和水面线发生较大变化时应进行(　)测量。

A. 测站地形　B. 基本断面　C. 浮标断面　D. 纵断面

30. 编报时段降水量及日降水量信息时,要列报天气状况。天气状况的标识符为(　),天气状况类型为:5 代表降雪,6 代表降雨夹雪,7 代表降雨,8 代表阴天,9 代表晴天。

A. "WQ"　B. "WS"　C. "WT"　D. "WR"

31. E-601B 型蒸发器的安装,蒸发器口缘高出地面(　)cm,并保持水平。埋设时可用水准仪检验,器口高差应小于 0.2 cm。

A. 10.0　B. 20.0　C. 30.0　D. 40.0

32. 地面观测场的人工雨量器的安装高度,以承雨器口在水平状态下至观测场地面的距离计为(　)m。

A. 0.5　B. 0.7　C. 0.9　D. 1.5

33. 集水面积是指河流横断面以上,分开相邻流域或河流地表集水的边界线所围成的(　)。

A. 斜面面积　B. 坡面面积　C. 垂直面积　D. 平面面积

34. 做流量与水位过程线对照检查时,应将水位、流量过程线绘在同一图上。必要时在流量过程线图上绘入各实测流量点据,在水位过程线图上绘各实测流量的(　)点据。

A. 比降水位　B. 相应水位　C. 开始水位　D. 结束水位

35. 在连时序法绘制的水位流量关系曲线上推求流量,要依据已定的时序曲线,用(　)水位直接在相应时段曲线上查算流量,即为所求流量。

A. 相应　　B. 加权平均　　C. 算数平均　　D. 瞬时

36. 全站仪测图一般采用(　)测量碎部点的平面位置。

A. 前方交会　　B. 极坐标法　　C. 三角高程法　　D. 水准测量

37. 自记水位计校测,当校测水位与自记水位系统偏差超过(　)cm 时,经确认后应重新设置水位初始值。

A. ±5　　B. ±3　　C. ±2　　D. ±1

38. 一般情况下,每月(　)的 8 时应报送土壤墒情。

A. 6 日、16 日、26 日　　B. 5 日、15 日、25 日

C. 2 日、12 日、22 日　　D. 1 日、11 日、21 日

39. 相应水位(流量)法是,根据以往的洪水过程资料,点绘上、下游站(　)洪峰水位(流量)相关图和上游站洪峰水位(流量)与洪水传播时间相关图,按图中的关系,来预报下游站未来的洪峰水位(流量)及出现时间。

A. 相同　　B. 相应　　C. 不同　　D. 同一

40. 河段内引起区间入流量变化的外因主要是区间面积上的(　)。

A. 基流　　B. 降雨　　C. 植被　　D. 土壤含水量

二、多项选择题(本题共 10 小题。在每小题给出的所有选项中,至少有二项是符合题目要求的,请将相应字母填入题内的括号中。多选或少选均不得分)

1. 与降水量关系较密切的气象要素有(　)等。

A. 气温　　B. 气压　　C. 风向

D. 湿度　　E. 风速

2. (　)等气象要素与蒸发关系较密切。

A. 气压　　B. 气温　　C. 风向

D. 湿度　　E. 风速

3. 走航式声学多普勒流速仪测验流量,(　)等产生的误差都会传递到成果。

A. 仪器入水深度测量　　B. 测验盲区流速插补方法

C. 水位、水深、水边距离测量　　D. 船速测量

E. 水准测量

4. 流量整编成果审查的内容主要有(　)审查。

A. 实测大断面成果表　　B. 实测流量成果表　　C. 逐日平均流量表

D. 洪水水文要素摘录表　　E. 逐日平均水位表

5. 水文三等水准测量使用中丝读数法时,高差限差为 3.0 mm 的是(　)。

A. 左右线路转点差　　B. 检测间歇点高差之差

C. 单站同尺黑、红面读数之差　　D. 同站黑、红面所测高差之差

E. 单站前后视距差

6. 水文测站(　)均应进行纵断面测量。

A. 地形测量　　B. 洪水调查

C. 河流主槽的河底高程发生较大变化时

D. 河流主槽的水面线发生较大变化时

E. 大断面测量

7. 蒸发池(器)中的水,要经常保持清洁,应随时捞取漂浮物,发现器内水体(　)时,应立即换水。

A. 变色　B. 有味　C. 出现青苔

D. 温度升高　E. 结冰

8. 在土壤墒情信息编码中,可编报(　)信息。

A. 降水量　B. 蒸发量　C. 土壤墒情

D. 流量　E. 含沙量

9. 地下水单站资料合理性检查报告中资料的单站合理性检查、分析,是将(年度)监测资料数据与(　)等进行全方位分析,保证单站资料的充分合理。

A. 出流量　B. 降水　C. 蒸发

D. 河道水位　E. 径流量

10. 以下数据是某一类精度水文站高水时流量测验的总随机不确定度,其中(　)超出了规范规定。

A. 4%　B. 5%　C. 6%

D. 7%　E. 8%

三、判断题(本题共 10 小题。将判断结果填入括号中,正确的填"√"错误的填"×")

(　)1. 基本水准点是水文测站用来引测断面、水尺和其他施设高程经常做校核测量的水准点,一般应设在尽量靠近观测断面的附近,便于经常引测的地方。

(　)2. 河道站水位观测的时间与次数应根据河流特性及水位上涨下落变化情况合理分布,以测到完整的水位变化过程,满足日平均水位计算、特征值统计、水文资料整编和水情拍报的要求为原则。

(　)3. 浮标投放顺序,自一岸顺次投放至另一岸。当水情变化急剧时,可先在两侧投放,再在中泓部分投放。

(　)4. 绘制水位流量关系图时,水位在纵坐标,流量在横坐标,确定的水位流量关系线与横坐标轴约呈 45°夹角。

(　)5. 若符号、适线和偏离数值三种检验(或其中一、二种检验)结果拒绝原假设,应分析原因,对原定线适当修改,重做检验。

(　)6. 在降雨前期因有上次降雨残留量,降雨量未满一斗时就会翻斗计量,造成部分降雨量值的延后,属于系统误差,不具抵偿性。

(　)7. 等高线是地图上高程相等的任意地形点间连成的闭合曲线。

(　)8. 每日 8 时要编报前一日的日降水量,并将每日 8 时作为前一日日降水量编码的观测时间。旬、月降水量为零时也要列报。

(　)9. 单位线是在单位时段内流域上均匀分布的流域降水深所形成的流域出口断面径流过程线。

(　)10. 置换法沙量计算公式中 $k=\dfrac{\gamma_s}{\gamma_s-\gamma_o}$ 称置换系数,是由浓缩浑水水样密度 γ_s 和水的密度 γ_o 决定的。

水文勘测工国家职业技能鉴定理论知识模拟试卷答案(高级工)

一、单项选择题

1. D 2. B 3. D 4. D 5. C 6. B 7. D 8. D 9. A 10. B
11. B 12. B 13. C 14. C 15. C 16. D 17. B 18. A 19. B 20. A
21. D 22. A 23. D 24. C 25. B 26. B 27. B 28. C 29. D 30. B
31. C 32. B 33. C 34. B 35. D 36. B 37. C 38. D 39. B 40. B

二、多项选择题

1. ABD 2. ABDE 3. ABCD 4. ABCD 5. BD 6. ABCD
7. ABC 8. ABC 9. BD 10. CDE

三、判断题

1. × 2. √ 3. × 4. √ 5. √ 6. × 7. × 8. √ 9. × 10. ×

附录 2　水文勘测工国家职业技能鉴定理论知识模拟试卷(技师)

注 意 事 项

1. 答题前,考生在答题卡上务必用直径 0.5 毫米黑色墨水签字笔将自己的姓名、准考证号填写清楚。

2. 第一部分单项选择题共 20 小题,每小题 1 分,共 20 分;第二部分多项选择题共 10 小题,每小题 2.5 分,共 25 分;第三部分简答题共 5 小题,每小题 5 分,共 25 分;第四部分计算题共 3 小题,每小题 10 分,共 30 分。

3. 考试时间 100 分钟。

一、单项选择题(本题共 20 小题。在每小题给出的四个选项中,只有一项是符合题目要求的,将相应字母填入题内的括号内)

1. (　)水质主要与含水层岩石的化学成分和补给区的地质条件有关。

A. 大气降水　　B. 地表水　　C. 地下水　　D. 动态水

2. 涉水测验人员必须穿救生衣,水深在(　)m 以上时,或遇暴雨、雷电天气时,禁止涉水测验。

A. 1.5　　B. 0.8　　C. 0.6　　D. 1.0

3. 人工雨量器承雨器口内直径为 200 mm,量雨杯的内直径为 40 mm。降在承雨器口 1 mm 的降雨量,倒入量雨杯内的高度为(　)mm。

A. 25　　B. 20　　C. 10　　D. 5

4. 当相邻时段的降水强度小于或等于(　)mm/h(少雨地区可减少)者,可予合并摘录,合并后不跨过 2 段的分界时间。也可根据需要规定不跨过 4 段或 8 段的分界时间,但同一站同年资料合并标准统一,并维持相对稳定。

A. 2.0　　B. 2.5　　C. 1.0　　D. 1.5

5. 测深杆测量水深,对于河底不平整或波浪较大的断面,以及水深小于 1 m 的垂线,其限差按 3%控制。河底为乱石或较大卵石、砾石组成的断面,应在测深垂线处和垂线上、下游及左、右侧共测五点。四周测点距中心点,小河宜为(　)m,大河宜为(　)m。并取五点水深读数的平均值为测点水深。

A. 0.2　0.6　　B. 0.1　0.2　　C. 0.3　0.6　　D. 0.2　0.5

6. 同一组基本水尺,宜设置在同一断面线上。当因地形限制或其他原因不能设置在同一断面线时,其(　)水尺的水位落差不应超过 1 cm。

A. 最上游与断面线　　B. 断面线与最下游

C. 左右岸　　D. 最上游与最下游

7. 推流时段表中某一线号对应的接头水位和流量,是指该线号(　)推流时分的水位和流量,也是下一线号(　)推流的水位和流量,其作用是检查两条曲线是否衔接。

A. 开始　终止　　B. 终止　开始

C. 开始　开始　　D. 终止　终止

8. 水准测量时,水准仪测量读数图像如图所示,其中丝读数为(　)mm。

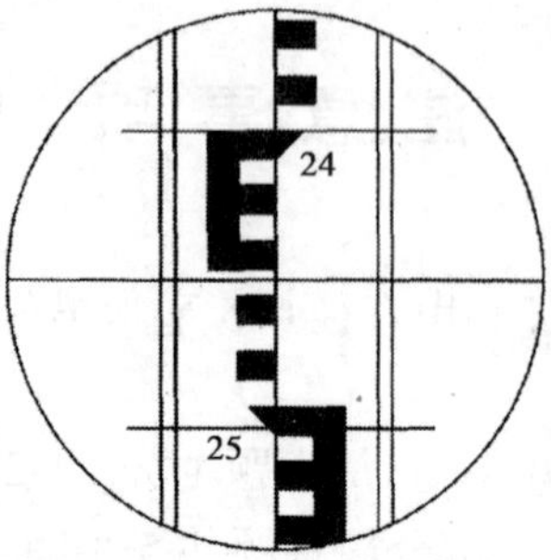

A. 2 453　　B. 2 400　　C. 2 507　　D. 2 547

9. 张力计用于定位测量土壤含水量,可按观测要求定点布设张力计,为减少张力计因陶土管渗水而产生的相互影响,任意两支张力计的间距不应小于(　)。

A. 10 cm　　B. 30 cm　　C. 50 cm　　D. 100 cm

10. 溅水误差。较大雨滴降落到地面上,可溅起(　)m 高,并形成一层雨雾随风流动降入地面雨量器(计),以及正好落在承雨器口边缘和防风圈上的雨滴溅入承雨器,导致降水量偏大而产生的误差。

A. 0. 6~0. 7　　B. 0. 5~0. 6　　C. 0. 4~0. 5　　D. 0. 3~0. 4

11. 定线推流方法应符合测站特性,本年所定曲线一般应与(　)曲线趋势基本一致,线与线之间的曲线过渡应合理,年初、年末曲线应衔接。

A. 历年　　B. 上游站　　C. 下游站　　D. 支流站

12. 水准测量中,为消除水准尺零点误差,采取(　)的方法。

A. 前、后视距离相等　　B. 测段偶数测站

C. 前、后视中使用同一根水准尺　　D. "后、前、前、后"的观测程序

13. 有堤防的测站大断面岸上部分测量,应测至(　)。

A. 堤防背河侧的地面　　B. 堤顶地面

C. 堤防背河侧　　D. 堤防迎水面

14. 水位流量关系受混合因素影响的站,在不同时期,随着某种因素的变化(　),水位流量关系显现出与该成因相应的分布规律。

A. 起主导作用　　B. 起次要作用　　C. 起辅助作用　　D. 不起作用

15. 复式河槽中,当水面漫滩以后,由于(　)增加很多,水位流量关系曲线会出现转折,但不像水位面积曲线那样显著。

A. 水位　　B. 水深　　C. 面积　　D. 流量

16. 根据《水文测量规范》(SL 58—2014),四等卫星定位(　)测量作业时,观测时段长应不小于 45 min。

A. 动态平面控制　　B. 静态平面控制

C. 动态高程控制　　D. 静态高程控制

17. 利用马斯京根法进行河道流量演算时,无区间入流情况下,河槽某时段水量平衡方程中时段Δt内上下断面之间河槽增加的蓄水量(　)。

A. 涨水为正,落水为负　　B. 涨水为负,落水为正

C. 涨水、落水均为正　　D. 涨水、落水均为负

18. 排污总量指某一时段内从排污口排出的某种污染物的总量,是该时段内污水的总排放量与该污染物(　)的乘积、瞬时污染物浓度的时间积分值或排污系数统计值。

A. 瞬时浓度　　B. 平均浓度　　C. 浓度　　D. 质量

19. 在山区,降水观测场不宜设在陡坡上、峡谷区和风口处,要选择相对平坦的场地,使承雨器口至山顶的仰角(　)30°。

A. 大于　　B. 小于　　C. 等于　　D. 不等于

20. 水文测站任务书编写依据是测站设站目的、年度任务、(　)和测站的技术装备等情况。

A. 人员配备　　B. 河流条件　　C. 技术标准规范　　D. 能力水平

二、多项选择题(本题共10小题。在每小题给出的所有选项中,至少有二项是符合题目要求的,请将相应字母填入题内的括号中)。

1. 水文测验过河缆道包括(　)等多种。

A. 水文缆车　　B. 吊船缆道　　C. 交通轨道　　D. 水文缆道

E. 铅鱼缆道

2. 不稳定河床要施测好断面面积的变化情况,就要(　)。

A. 合理增加布设测深垂线数目　　B. 注意控制好断面水深转折变化

C. 避免部分面积计算时出现"大割大补"　　D. 合理增加布设测速垂线数目

E. 增加水位观测次数

3. 河段内引起洪水波展开的内因主要有(　)。

A. 水质　　B. 土壤墒情　　C. 水位

D. 流量　　E. 附加比降

4. 土壤墒情整编资料审查的主要工作内容应包括(　)。

A. 抽查原始资料,对考证、监测方法、数据整理表、数据文件及成果表进行全面检查,其余只做主要项目检查

B. 对全部整编成果进行表面(格式)统一检查

C. 对缺墒期整编成果进行表面(格式)统一检查

D. 审查单站合理性检查结果,复查综合合理性检查成果表,做复查范围内的综合合理性检查

E. 统计错误情况,评定质量

5. 对于受不经常性冲淤影响的站,当需要在两相邻临时曲线间绘过渡线连接时,可根据过渡段的水位变化和关系点分布情况,分别采用(　)等方法处理。

A. 自然过渡　　B. 直线过渡　　C. 连时序过渡

D. 内插曲线过渡　　E. 直接跳线

6. GNSS网的布设通常有(　)等几种方式。

A. 开放型　　B. 星形　　C. 点连式
D. 边连式　　E. 混合式

7. 使用张力计法监测土壤含水量时,张力计法适用于(　)。
A. 灌溉耕地　　B. 干旱状态的土壤　　C. 喷灌土地
D. 各类土壤　　E. 滴灌土地

8. 入河排污口调查内容包括(　)等。
A. 污水排放方式　　B. 入河方式　　C. 排入水域
D. 排污单位　　E. 入河排污口设置管理单位

9. 河道站设置的基本水尺断面,应满足(　)。
A. 人员与设备安全　　B. 现场具体情况　　C. 垂直流向
D. 河床稳定、水流集中的顺直河段　　E. 水位自动测报

10. 在降水量信息编码中,可同时编报(　)类信息。
A. 水位　　B. 降水　　C. 蒸发
D. 流量　　E. 面积

三、简答题(本题共 5 小题)

1. 简述流速仪保养应符合哪些规定。
2. 简述断面测量中的水位观测和计算应符合哪些要求。
3. 简述降水量房顶观测场地环境与设置要求。
4. 简述河道站设置基本水尺断面要求。
5. 洪水调查包括哪些内容?

四、计算题(本题共 3 小题)

1. 小王根据 7 次实测流量成果,初步确定了一条临时水位流量关系曲线,下表是摘录该关系曲线上的数据,请你对小王定线精度进行评价。已知临时曲线定线精度指标为:随机不确定度不大于 8%、系统误差不大于±1%。测点标准差计算公式为

$$S_e=\left[\frac{1}{n-2}\sum\left(\frac{Q_i-Q_{ci}}{Q_{ci}}\right)^2\right]^{\frac{1}{2}}$$

实测流量 Q_i (m^3/s)	80.2	130	191	350	476	667	810	
查读流量 Q_{ci} (m^3/s)	80.3	131	186	355	450	642	811	

2. 为调查 2016 年 7 月发生在河南安阳的“7 · 19 特大暴雨”中心雨量,暴雨停止后,有关单位及时委派调查组在暴雨中心一带走访、调查。在一个比较空旷的院落发现了原来用作酿醋的“坛子”,经当地群众证实,暴雨前坛子里没有存水,雨后也未曾取水或注水。调查人员测量坛子高 1.516 m,坛子内水深 0.703 m;坛子口为圆形,内径 0.724 m,外径 0.786 m,口缘脊线口径 0.766 m;坛子下底内径 0.554 m,外径 0.608 m;由坛子倒出水

的(已酌情加上蒸发量)质量为 304.16 kg,水的密度 γ 取 1 g/cm^3。请你根据外业调查数据计算该调查点的暴雨量(计算结果取整毫米)。

3. 某测站控制流域面积 $F = 66\ 300\ \text{km}^2$,多年平均降水量 $\overline{P} = 650\ \text{mm}$,多年平均流量 $\overline{Q} = 560\ \text{m}^3/\text{s}$,计算多年平均年径流量、多年平均年径流深、多年平均径流模数、多年平均年径流系数。

水文勘测工国家职业技能鉴定理论知识模拟试卷答案(技师)

一、单项选择题

1.C　2.C　3.A　4.B　5.D　6.D　7.B　8.A　9.B　10.D
11.A　12.B　13.A　14.A　15.C　16.B　17.A　18.B　19.A　20.C

二、多项选择题

1.ABDE　2.ABC　3.CDE　4.ABDE　5.ACD　6.BCDE　7.ACE　8.ABCDE
9.ACD　10.BC

三、简答题

1.答题要点:

①流速仪在每次使用后,应立即按仪器说明书规定的方法拆洗干净,并加仪器润滑油。②流速仪装入箱内时,转子部分应悬空搁置。③储藏备用的流速仪,易锈部件应涂黄油保护。④仪器箱应放于干燥通风处,并应远离高温和有腐蚀性的物质。仪器箱上不应堆放重物。⑤仪器所有的零附件及工具应随用随放还原处。⑥仪器说明和检定图表、公式等应妥善保管。

2.答题要点:

①水位不大于5 cm时,应在同一岸观测开始和结束的水位,以其算术平均值作为计算水位。②水位变化大于5 cm时,应在各垂线测深时观测水位,各测点河底高程用相应观测的水位值作为计算水位。水位变化平稳时,也可由观测水位内插测深垂线相应水位。③横比降超过5 cm时,应进行横比降改正。④断面上有分流或串沟时,应对每个较大的分流和串沟至少在一岸观测一次水位,单独计算出各股水流的河底高程。

3.答题要点:

降水量观测应设置地面观测场。当地面观测场环境不符合要求时,可设置杆式观测场。特殊情况下,专用雨量站可设置房顶观测场。①房顶观测场可设在与四周其他障碍物高度基本一致的平顶房顶上。在空旷、平坦地区,独立房屋的房顶上不宜设置雨量器(计)。②承雨器口应高于房顶上的障碍物,至其他障碍物的最大仰角不大于30°。③雨量器(计)至墙体和房顶上障碍物边缘的距离不小于2 m。④应设置安全防护设施。

4.答题要点:

河道站的基本水尺断面,要求安全、便于设备安装与观测,宜设在河床稳定、水流集中的顺直河段中间,并与流向垂直,应避开易发生崩塌、滑坡、涡流、回流等影响的地点。感潮河段站的基本水尺断面宜选在河岸稳定、不易冲淤、不易受风浪直接冲击的地点。

5.答题要点:

洪水调查内容包括:洪水发生的时间、水系、河流及调查地点;最高洪水位的痕迹和洪水涨落变化,测量洪水痕迹的高程;发生洪水时河道及断面内的河床组成,滩地被覆情况及冲淤变化,测量河道纵横断面或河道简易地形(平面)图;了解流域自然地理情况和洪水的来源地区及组合情况;有关文献文物洪水记载的考证及摄影。最后写出洪水调查总结报告。

四、计算题

1. **解:**(表中黑体部分为计算过程)

实测流量 Q_i (m^3/s)	80.2	130	191	350	476	667	810	
查读流量 Q_{ci} (m^3/s)	80.3	131	186	355	450	642	811	
相对偏离 E_i(%)	**-0.12**	**-0.76**	**2.69**	**-1.41**	**5.78**	**3.89**	**-0.12**	**9.95**
E_i^2(%)^2	**0.01**	**0.58**	**7.24**	**1.99**	**33.41**	**15.13**	**0.01**	**58.37**

系统误差:$\mu = \frac{1}{n}\sum E_i = \frac{9.95}{7} = 1.4\%$(大于1%)

标准差:$S_e = \left[\frac{1}{n-2}\sum\left(\frac{Q_i - Q_{ci}}{Q_{ci}}\right)^2\right]^{\frac{1}{2}} = \left(\frac{58.37}{5}\right)^{\frac{1}{2}} = 3.4\%$

随机不确定度:$X'_Q = 2S_e = 6.8\%$(不大于8%)

由以上计算结果可知,所定曲线虽然随机不确定度满足精度指标要求,但系统误差超标,故小王应重新定线。

2. **解:**

$$P = \frac{10 \times \frac{W}{\gamma} \times 1\ 000}{A} = \frac{10 \times \frac{304.16}{1} \times 1\ 000}{3.14 \times \left(\frac{76.6}{2}\right)^2} = 660(\text{mm})$$

即该调查点的暴雨量为660 mm。

3. **解:**

(1)多年平均年径流量:

$\overline{W} = \overline{Q}T = 560 \times 365 \times 86\ 400 = 176.6(\times 10^8\ m^3)$

(2)多年平均径流深:

$$\overline{R} = \frac{\overline{W}}{F} = \frac{176.6 \times 10^8}{66\ 300 \times 1\ 000^2} \times 1\ 000 = 266.4(\text{mm})$$

(3)多年平均径流模数:

$$\overline{M} = \frac{\overline{Q}}{F} = \frac{560}{66\ 300} = 8.45\,[\times 10^{-3}\ m^3/(s \cdot km^2)]$$

(4)多年平均年径流系数:

$$\alpha = \frac{\overline{R}}{\overline{P}} = \frac{266.4}{650} = 0.41$$